AF554527

BULLETIN

MENSUEL

DE LA SOCIÉTÉ IMPÉRIALE

ZOOLOGIQUE

D'ACCLIMATATION

Paris. — Imprimerie de E. MARTINET, rue Mignon, 2

BULLETIN

DE LA SOCIÉTÉ IMPÉRIALE

ZOOLOGIQUE

D'ACCLIMATATION

FONDÉE LE 10 FÉVRIER 1854.

2e SÉRIE. — TOME II.

ANNÉE 1865.

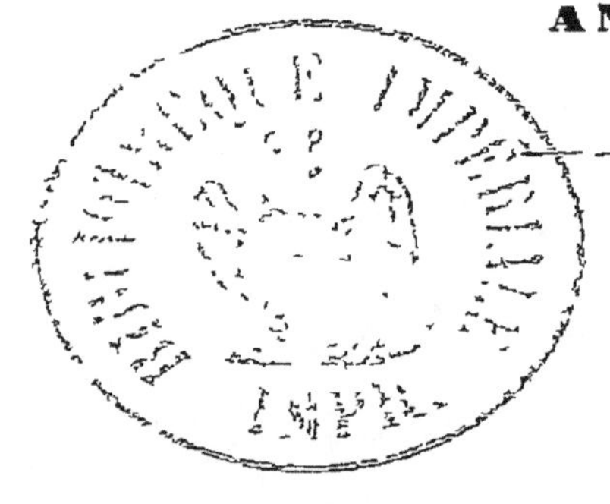

PARIS

VICTOR MASSON ET FILS,
PLACE DE L'ÉCOLE-DE-MÉDECINE,
ET AU SIÉGE DE LA SOCIÉTÉ,
HÔTEL LAURAGUAIS, RUE DE LILLE, 19.

1865

Paris. — Imprimerie de E. Martinet, rue Mignon, 2

BULLETIN

DE LA SOCIÉTÉ IMPÉRIALE

ZOOLOGIQUE

D'ACCLIMATATION

FONDÉE LE 10 FÉVRIER 1854.

2e SÉRIE. — TOME II.

ANNÉE 1865.

PARIS

VICTOR MASSON ET FILS,

PLACE DE L'ÉCOLE-DE-MÉDECINE,

ET AU SIÉGE DE LA SOCIÉTÉ,

HÔTEL LAURAGUAIS, RUE DE LILLE, 19.

1865

SOCIÉTÉ IMPÉRIALE ZOOLOGIQUE D'ACCLIMATATION.

ORGANISATION POUR L'ANNÉE 1865.

LISTE DES SOCIÉTÉS AFFILIÉES ET AGRÉGÉES
ET DES COMITÉS RÉGIONAUX,

ET DIXIÈME LISTE SUPPLÉMENTAIRE DES MEMBRES.

S. M. L'EMPEREUR, protecteur.

BUREAU ET CONSEIL D'ADMINISTRATION.

MM. DROUYN DE LHUYS, *président.*
A. DUMÉRIL,
Antoine PASSY,
De QUATREFAGES,
RICHARD (du Cantal), } *vice-présidents.*
Le comte d'ÉPRÉMESNIL, *secrétaire général.*
E. DUPIN, *secrétaire pour l'intérieur.*
A. GEOFFROY SAINT-HILAIRE, *secrétaire du Conseil.*
Le comte de SINÉTY, *secrétaire pour l'étranger.*
L. SOUBEIRAN, *secrétaire des séances.*
Paul BLACQUE, *trésorier.*
COSSON, *archiviste.*

MM. DE BELLEYME.	MM. CHATIN.	MM. J. CLOQUET.
Fréd. JACQUEMART.	COSTE.	Le baron LARREY.
RUFZ DE LAVISON.	Fréd. DAVIN.	RUFFIER.
Le Mis de SELVE.	POMME.	Le baron SÉGUIER.

Vice-président honoraire : M. le prince MARC DE BEAUVAU.
Chef du secrétariat : M. J. L. SOUBEIRAN.
Agent : M. GRISARD.

DÉLÉGUÉS DU CONSEIL EN FRANCE ET DANS LES COLONIES.

Bordeaux,	MM. BAZIN.	*Mulhouse,*	MM. Fr. ZUBER.
Boulogne-sur-mer,	AL. ADAM.	*Napoléon-Vendée,*	D. GOURDIN.
Caen,	LE PRESTRE.	*Poitiers,*	MALAPERT.
Cernay (Haut-Rhin),	A. ZURCHER.	*La Réunion,*	A. BERG.
Clermont-Ferrand,	H. LECOQ.	*Saint-Quentin,*	THEILLIER-DESJARDINS.
Douai,	L. MAURICE.		
Havre,	H. DELAROCHE.	*Toulon,*	TURREL.
Lyon,	C. BOUCHARD.	*Toulouse,*	JOLY.
Marseille,	Ant. HESSE.	*Wesserling,*	GROS-HARTMANN.

DÉLÉGUÉS DU CONSEIL A L'ÉTRANGER.

Barcelone, MM. Pascual y Inglada.
Batavia, Wassing.
Chang-haï (Chine), Édan.
Constantinople, Dufour.
Florence, Prince A. de Démidoff.
Francfort, Baron M. de Bethmann.
Lausanne, Chavannes.
Macao (Chine), Canete y Moral.
Madrid, Graells.
Milan, Ch. Brot.
Moscou, Kalinowski.
Philadelphie, MM. Th. Wilson.
Québec, Joly de Lotbinière.
Rio-de-Janeiro, De Capanema.
St.-Pétersbourg, Brandt.
Sydney (Australie), Mac Arthur.
Turin, Chevalier Baruffi.
Tiflis, Piaget.
Vienne, Arenstein.
Washington, T. Clemson.
Yedo (Japon), Rutherford-Alcock.

BUREAUX DES SECTIONS ET DES COMMISSIONS PERMANENTES.

1re Section. — Mammifères.

Richard (du Cantal), *délégué du Cons.*
Potel-Lecouteux, *président.*
Pigeaux, *vice-président.*
A. Gillet de Grandmont, *secrétaire.*
Luce, *vice-secrétaire.*

2e Section. — Oiseaux (Aviculture).

Cte d'Éprémesnil, *délégué du Conseil.*
Berrier-Fontaine, *président.*
A. Geoffroy St-Hilaire, *vice-présid.*
Hubert-Brierre, *secrétaire.*
Roger-Desgenettes, *vice-secrétaire.*

3e Section. — Poissons, Crustacés, Annélides, Mollusques (Pisciculture et Hirudiniculture).

Passy, *délégué du Conseil et président.*
Millet, *vice-président.*
Ch. Wallut, *secrétaire.*
Lobligeois, *vice-secrétaire.*

4e Section. — Insectes (Sériciculture et Apiculture).

Prince de Beauvau, *délég. du Conseil*
Guérin-Méneville, *président.*
Bigot, *vice-président.*
Luce, *secrétaire.*
L. Soubeiran, *vice-secrétaire.*

5e Section. — Végétaux.

Ferd. Moreau, *président.*
Roger-Desgenettes, *vice-président*
A. Dupuis, *secrétaire.*
Prillieux, *vice-secrétaire.*

COMMISSION PERMANENTE DE L'ALGÉRIE.

MM. Richard (du Cantal), *président;* le général Daumas, *président honoraire;* le prince Marc de Beauvau, Bigot, Chatin, Cosson, Dareste, Davin, du Pré de Saint-Maur, Victor Foucher, le vicomte Garbé, Guérin-Meneville, Laperlier, J. Michon, Millet, et A. Geoffroy Saint-Hilaire, *secrétaire.*

COMMISSION PERMANENTE DES COLONIES.

MM. A. Passy, *président;* Aubry-Lecomte, David, Dutrône, Malavois, Mennet-Possoz, Ramon de la Sagra, et Rufz de Lavison, *secrétaire.*

COMMISSION PERMANENTE DE L'ÉTRANGER (1).

MM. Drouyn de Lhuys, *président;* de Quatrefages, *vice-président;* J. Cloquet, David, Debrauz, Duperrey, Faugère, l'amiral Penaud, Poey, Ramon de la Sagra, Rosalès, Tastet, Taunay, Pierre de Tchihatchef, de Verneuil et Weddell.

(1) Les ambassadeurs, ministres, chargés d'affaires et consuls étrangers, qui résident à Paris, et qui sont membres de la Société, font de droit partie de la Commission de l'Étranger.

Commission climatologique. — MM. BECQUEREL, *président;* CHATIN, DUPERREY, J. DU PRÉ DE SAINT-MAUR, le comte d'ESCAYRAC DE LAUTURE, POEY, marquis de VIBRAYE, WEDDELL, et E. BECQUEREL, *secrétaire.*

Commission industrielle (pour l'examen des produits désignés comme propres à être introduits dans l'industrie). — MM. le baron SÉGUIER, *président;* DAVIN, FREMY, HEUZEY-DENEIROUSE, Fréd. JACQUEMART, LE PLAY, MENNET-POSSOZ, PELOUZE, Florent PRÉVOST, et Natalis RONDOT, *secrétaire.*

Commission médicale (pour l'examen des produits désignés comme jouissant de propriétés médicinales). — MM. J. CLOQUET, *président;* BOUCHARDAT, BOULLAY, E. CAVENTOU, CHATIN, J. GUÉRIN, N. GUILLOT, le baron LARREY, LEBLANC, MIALHE, Michel LÉVY, MICHON père, RUFZ DE LAVISON, et L. SOUBEIRAN, *secrétaire.*

LISTE DES SOCIÉTÉS AFFILIÉES ET AGRÉGÉES

A LA SOCIÉTÉ IMPÉRIALE ZOOLOGIQUE D'ACCLIMATATION

ET DE SES COMITÉS RÉGIONAUX.

Sociétés affiliées et Comités régionaux français.

La Société zoologique d'acclimatation pour la région des Alpes (Société zoologique des Alpes), à Grenoble.
La Société régionale d'acclimatation pour la zone du nord-est, à Nancy.
La Société du Jardin zoologique de Marseille.
Le Comité régional de la Société impériale d'acclimatation, à Bordeaux.
Le Comité colonial d'acclimatation de la Guyane française.
Le Comité colonial d'acclimatation de l'île de la Réunion.
Le Comité régional de la Société impériale d'acclimatation, à Poitiers.
Le Comité régional de la Société impériale d'acclimatation, à Alger.
Le Comité colonial d'acclimatation, à la Martinique.
Le Comité colonial d'acclimatation, à la Guadeloupe.
La Société centrale d'agriculture et d'acclimatation des Basses-Alpes, à Digne.
La Société d'horticulture et d'acclimatation de Tarn-et-Garonne, à Montauban.
La Société centrale d'agriculture, d'horticulture et d'acclimatation de Nice.
Le Comité d'aquiculture pratique de Marseille.

Sociétés affiliées et Comités régionaux étrangers.

La Société impériale d'acclimatation de Moscou.
Le Comité d'acclimatation des végétaux de Moscou.
La Société d'acclimatation et d'agriculture de Sicile (*Società di acclimazione e di agricoltura in Sicilia*), à Palerme.

Sociétés agrégées françaises.

Le Comice agricole de Toulon.
La Société d'agriculture de Verdun.
La Société d'agriculture des Bouches-du-Rhône, à Marseille.
La Société d'agriculture, arts et commerce de la Charente, à Angoulême.
La Société d'agriculture d'Alger.
La Société d'agriculture et de statistique de Roanne.

Commission climatologique. — MM. BECQUEREL, *président;* CHATIN, DUPERREY, J. DU PRÉ DE SAINT-MAUR, le comte d'ESCAYRAC DE LAUTURE, POEY, marquis de VIBRAYE, WEDDELL, et E. BECQUEREL, *secrétaire.*

Commission industrielle (pour l'examen des produits désignés comme propres à être introduits dans l'industrie). — MM. le baron SÉGUIER, *président;* DAVIN, FREMY, HEUZEY-DENEIROUSE, Fréd. JACQUEMART, LE PLAY, MENNET-POSSOZ, PELOUZE, Florent PRÉVOST, et Natalis RONDOT, *secrétaire.*

Commission médicale (pour l'examen des produits désignés comme jouissant de propriétés médicinales). — MM. J. CLOQUET, *président;* BOUCHARDAT, BOULLAY, E. CAVENTOU, CHATIN, J. GUÉRIN, N. GUILLOT, le baron LARREY, LEBLANC, MIALHE, Michel LÉVY, MICHON père, RUFZ DE LAVISON, et L. SOUBEIRAN, *secrétaire.*

LISTE DES SOCIÉTÉS AFFILIÉES ET AGRÉGÉES

A LA SOCIÉTÉ IMPÉRIALE ZOOLOGIQUE D'ACCLIMATATION ET DE SES COMITÉS RÉGIONAUX.

Sociétés affiliées et Comités régionaux français.

La Société zoologique d'acclimatation pour la région des Alpes (Société zoologique des Alpes), à Grenoble.
La Société régionale d'acclimatation pour la zone du nord-est, à Nancy.
La Société du Jardin zoologique de Marseille.
Le Comité régional de la Société impériale d'acclimatation, à Bordeaux.
Le Comité colonial d'acclimatation de la Guyane française.
Le Comité colonial d'acclimatation de l'île de la Réunion.
Le Comité régional de la Société impériale d'acclimatation, à Poitiers.
Le Comité régional de la Société impériale d'acclimatation, à Alger.
Le Comité colonial d'acclimatation, à la Martinique.
Le Comité colonial d'acclimatation, à la Guadeloupe.
La Société centrale d'agriculture et d'acclimatation des Basses-Alpes, à Digne.
La Société d'horticulture et d'acclimatation de Tarn-et-Garonne, à Montauban.
La Société centrale d'agriculture, d'horticulture et d'acclimatation de Nice.
Le Comité d'aquiculture pratique de Marseille.

Sociétés affiliées et Comités régionaux étrangers.

La Société impériale d'acclimatation de Moscou.
Le Comité d'acclimatation des végétaux de Moscou.
La Société d'acclimatation et d'agriculture de Sicile (*Società di acclimazione e di agricoltura in Sicilia*), à Palerme.

Sociétés agrégées françaises.

Le Comice agricole de Toulon.
La Société d'agriculture de Verdun.
La Société d'agriculture des Bouches-du-Rhône, à Marseille.
La Société d'agriculture, arts et commerce de la Charente, à Angoulême.
La Société d'agriculture d'Alger.
La Société d'agriculture et de statistique de Roanne.

DÉLÉGUÉS DU CONSEIL A L'ÉTRANGER.

Barcelone, MM. PASCUAL Y INGLADA
Batavia, WASSING.
Chang-haï (Chine), ÉDAN.
Constantinople, DUFOUR.
Florence, Prince A. DE DÉMIDOFF.
Francfort, Baron M. DE BETHMANN.
Lausanne, CHAVANNES.
Macao (Chine), CANETE Y MORAL.
Madrid, GRAELLS.
Milan, Ch. BROT.
Moscou, KALINOWSKI.
Philadelphie, MM. Th. WILSON.
Québec, JOLY DE LOTBINIÈRE
Rio-de-Janeiro, DE CAPANEMA.
St.-Pétersbourg, BRANDT.
Sydney (Australie), MAC ARTHUR.
Turin, Chevalier BARUFFI.
Tiflis, PIAGET.
Vienne, ARENSTEIN.
Washington, T. CLEMSON.
Yedo (Japon), RUTHERFORD-ALCOCK.

BUREAUX DES SECTIONS ET DES COMMISSIONS PERMANENTES.

1re SECTION. — Mammifères.

RICHARD (du Cantal), *délégué du Cons.*
POTEL-LECOUTEUX, *président.*
PIGEAUX, *vice-président.*
A. GILLET DE GRANDMONT, *secrétaire.*
LUCE, *vice-secrétaire.*

2e SECTION. — Oiseaux (Aviculture).

Cte d'ÉPREMESNIL, *délégué du Conseil.*
BERRIER-FONTAINE, *président.*
A. GEOFFROY St-HILAIRE, *vice-présid.*
HUBERT-BRIERRE, *secrétaire.*
ROGER-DESGENETTES, *vice-secrétaire.*

3e SECTION. — Poissons, Crustacés, Annélides, Mollusques (Pisciculture et Hirudiniculture).

PASSY, *délégué du Conseil et président.*
MILLET, *vice-président.*
Ch. WALLUT, *secrétaire.*
LOBLIGEOIS, *vice-secrétaire.*

4e SECTION. — Insectes (Sériciculture et Apiculture).

Prince de BEAUVAU, *délég. du Conseil*
GUÉRIN-MÉNEVILLE, *président.*
BIGOT, *vice-président.*
LUCE, *secrétaire.*
L. SOUBEIRAN, *vice-secrétaire.*

5e SECTION. — Végétaux.

Ferd. MOREAU, *président.*
ROGER-DESGENETTES, *vice-président*
A. DUPUIS, *secrétaire.*
PRILLIEUX, *vice-secrétaire.*

COMMISSION PERMANENTE DE L'ALGÉRIE.

MM. RICHARD (du Cantal), *président;* le général DAUMAS, *président honoraire;* le prince Marc de BEAUVAU, BIGOT, CHATIN, COSSON, DARESTE, DAVIN, DU PRÉ DE SAINT-MAUR, Victor FOUCHER, le vicomte GARBÉ, GUÉRIN-MENEVILLE, LAPERLIER, J. MICHON, MILLET, et A. GEOFFROY SAINT-HILAIRE, *secrétaire.*

COMMISSION PERMANENTE DES COLONIES.

MM. A. PASSY, *président;* AUBRY-LECOMTE, DAVID, DUTRÔNE, MALAVOIS, MENNET-POSSOZ, RAMON DE LA SAGRA, et RUFZ DE LAVISON, *secrétaire.*

COMMISSION PERMANENTE DE L'ÉTRANGER (1).

MM. DROUYN DE LHUYS, *président;* de QUATREFAGES, *vice-président;* J. CLOQUET, DAVID, DEBRAUZ, DUPERREY, FAUGÈRE, l'amiral PENAUD, POEY, RAMON DE LA SAGRA, ROSALÈS, TASTET, TAUNAY, Pierre de TCHIHATCHEF, de VERNEUIL et WEDDELL.

(1) Les ambassadeurs, ministres, chargés d'affaires et consuls étrangers, qui résident à Paris, et qui sont membres de la Société, font de droit partie de la Commission de l'Étranger.

La Société d'agriculture, sciences, arts et belles-lettres de l'Eure, à Évreux.
La Société d'agriculture du Puy-de-Dôme, à Clermont-Ferrand.
La Société des sciences naturelles et archéologiques de la Creuse, à Guéret.
La Société d'horticulture de la Gironde, à Bordeaux.
La Société d'agriculture, sciences, arts et commerce de la H.-Loire, au Puy.
La Société d'agriculture de l'arrondissement de Dôle.
La Société d'agriculture de la Haute-Garonne, à Toulouse.
Le Comice agricole de l'arrondissement d'Alais.
La Société des sciences, agriculture et arts du Bas-Rhin, à Strasbourg.
La Société d'agriculture de Seine-et-Marne, à Melun.
La Société d'agriculture de Provins.
La Société d'agriculture et de l'industrie de Tonnerre.
La Société d'agriculture, industrie, sciences et arts de la Lozère, à Mende.
Le Comice agricole de Melun et de Fontainebleau, à Melun.
La Société d'horticulture de Nantes.
La Société d'agriculture de Louhans.
La Société d'horticulture de Bergerac.
La Société d'agriculture de l'Ardèche, à Privas.
La Société d'horticulture et d'arboriculture de la Côte-d'Or, à Dijon.
La Société d'agriculture et d'horticulture de Châlon-sur-Saône.
La Section d'acclimatation de la Société d'émulation des Côtes-du-Nord, à Saint-Brieuc.
La Société d'agriculture de l'arrondissement de Saint-Omer.
La Société d'agriculture de la province de Savoie propre, à Chambéry.
La Société d'agriculture de Corte (Corse).
La Société centrale d'agriculture du département du Pas-de-Calais.
La Société d'agriculture, sciences et arts, et Comice de l'arrond. de Meaux.
L'Académie de Frotey-lez-Vesoul (Haute-Saône).

Sociétés agrégées étrangères.

La Société d'utilité publique de Lausanne.
L'Académie royale d'agriculture de Turin (*Reale Accad. d'agric. di Torino*).
La Société du Cercle littéraire de Lausanne.
La Classe d'agriculture de la Société des arts de Genève.
La Section d'industrie et d'agriculture de l'Institut génevois.
La Société impériale et royale d'agriculture de Vienne (*Die kaiserliche konigliche Landswirthschafts-Gesellschaft in Wien*).
La Société séricicole de Pologne (*Spolka jedwabniczu polska*), à Varsovie.
La Société agronomique du Frioul (*Associazione agraria Friulana*), à Udine.
La Chambre d'agriculture de Port-Louis.
La Société d'agriculture du duché de Nassau, à Wiesbaden.
L'Institut agricole catalan de San-Isidro (*Instituto agricola catalan de San-Isidro*), à Barcelone.
La Société d'agriculture de Valence.
La Direction centrale d'agriculture de Stuttgard.
L'Académie agronomique de Hohenheim.
La Société royale zoologique et botanique d'acclimatation de la Haye.
La Société d'acclimatation de Berlin.
La Société suisse de sériciculture, à Holderbank, canton d'Argovie (Suisse).

DIXIÈME LISTE SUPPLÉMENTAIRE

DES MEMBRES

DE LA SOCIÉTÉ IMPÉRIALE ZOOLOGIQUE D'ACCLIMATATION.

Membres admis du 17 juin 1864 au 24 mars 1865 (1).

MM.

ACHA (Son Exc. le général J. M.), président de la république de Bolivie.

ADHÉMAR DE CASE-VIELLE (le vicomte d'), rue de Grenelle-Saint-Germain, 42, et à Saint-Maurice, canton de Vezenobres (Gard).

AMARAL (le docteur Antonio Joaquim Gomes do), chirurgien-major à Santarem (Amazone).

ANDRIEU (Eugène), propriétaire, à la Ferté Saint-Aubin (Loiret).

ARRANGOÏZ (F. d'), ministre du Mexique à Londres (Angleterre).

ARTIN-BEY (Joseph), à Alexandrie (Egypte).

AUDEMAR (Auguste), avocat, à Toulon (Var).

AYMÉ (Léo), magistrat aux Sables-d'Olonne (Vendée).

BAGNERIS (Ch.), procureur impérial à Saint-Quentin (Aisne).

BALSAN (Charles), manufacturier au château du Parc, à Châteauroux (Indre).

BARAUDIARAN (G. de), ministre du Mexique en Italie, à Florence (Italie).

BEAUMONT (le vicomte F. de), secrétaire d'ambassade, à Rio-Janeiro, et rue du faubourg Saint-Honoré, 68.

BERLANDIER, négociant, à Barbentane (Bouches-du-Rhône).

BERSON (Eugène), propriétaire, 20, rue de Beauvais, et à Meulan (Seine-et-Oise).

BIGNON (Louis), agriculteur, propriétaire, à Theneuille, canton de Cérilly (Allier), et rue Lepelletier, 1.

BLOT (Hippolyte), professeur agrégé à la Faculté de Paris, membre de l'Académie de médecine, etc., rue de Choiseul, 9.

BONNES (le docteur Hippolyte-Michel), au château de Gléon, près de Sigean (Aude).

(1) Pour les membres antérieurement admis, voyez la *Liste générale des membres*, t. II, p. XXII à XLVII ; la *Première liste supplémentaire*, t. III, p. XII à XIX ; la *Deuxième*, t. IV, p. IX à XX ; la *Troisième*, t. V, p. XI à XXIV ; la *Quatrième*, t. VI, p. VII à XX ; la *Cinquième*, t. VII, p. VIII à XVI ; la *Sixième*, t. VIII, p. VII à XVI ; la *Septième*, t. IX, p. IX à XVI ; la *Huitième*, t. X, p. IX à XVI ; et la *Neuvième*, t. I, 2e série, p. V à XII.

Bosq (Gabriel-Pierre-René), intendant militaire, à Grenoble (Isère).

Boucherot (Félix), maire de Puteaux (Seine).

Bouts (Alfred), rue Saint-James, 8 bis, à Neuilly (Seine).

Braine (Auguste), notaire, rue du Collége, à Arras (Pas-de-Calais).

Brenier de Montmorand (le vicomte), consul de France, à Shang-haï (Chine).

Buisson (Charles), ancien notaire, séricicultеur, à la Tronche, près de Grenoble (Isère).

Bustillo (Rafaël), ministre des affaires étrangères, en Bolivie.

Calais, boulevard de Montrouge, 18.

Chamonard (François), négociant, port de Bercy, 41.

Chauviteau (Benjamin), vice-président du comice agricole de Saint-Gilles, membre du conseil d'arrondissement des Sables-d'Olonne, et propriétaire à la Bouchère, commune de Saint-Gilles-sur-Vie (Vendée).

Chevrier (Henri-Charles), à Saint-Gilles (Vendée).

Chil (docteur Gregorio), à Palmas (Grande Canarie).

Colpaert (Emile), rue des Halles, 4, et à Lima (Pérou).

Corio (le marquis Joseph), conseiller de la légation du Mexique, à Rome.

Cortadellas (don Facundo), Juez de primera instancia del partido de Mahon (Espagne).

Coutant (Alphonse), maître de Forges à Ivry (Seine).

Curlier (Jules), négociant, port de Bercy, 40.

Decroix, vétérinaire en premier, à la garde de Paris, caserne des Célestins, à Paris.

Delamardelle (le baron), avenue de Neuilly, 53.

Deschamps (Jules), rue Montmartre, 170 (*à la Ville de Paris*).

Diesbach (le comte Xavier-Eugène de), rue Barbet de Jouy, 34.

Divoff (Serge de), membre de la Société impériale d'acclimatation de Russie, à Moscou (Russie).

Domage (L.-François), rue du Transit, 25, Petit-Montrouge, Paris.

Doumet (A.), président de la Société d'horticulture de l'Allier, au château de Baleine, par Villeneuve-sur-Allier.

Doumet (E.), ancien député, commandeur de la Légion d'honneur, président de la Société d'horticulture et de botanique de l'Hérault, à Cette.

Duffié (Auguste), propriétaire, avenue Friedland, 151.

Dumas-Descombes (M. Joseph), propriétaire, rue du faubourg Poissonnière, 58.

Duseigneur (Kléber), négociant, séricicultеur, cours Morand, 29, à Lyon (Rhône).

Excelmans (le contre-amiral comte), membre du conseil général de la Loire, à Saint-Bonnet des Oulles, près de Saint-Galmier (Loire).

FLAJOLLET, sous-directeur du Grand-Hôtel, boulevard des Capucines.

FLORET (Joseph), ancien préfet, à Sorgues (Vaucluse), et rue de Rivoli, 16.

FOREST, aîné, gérant de la Compagnie des grands vins de Bourgogne, rue Royale Saint-Honoré, 6.

FRANQUEVILLE (de), conseiller d'État, inspecteur général des ponts et chaussées, directeur général au département des travaux publics, place du Palais-Bourbon, 3.

FRICK (Eugène), rue du faubourg Saint-Honoré, 116.

GALIBERT (A.), inventeur breveté d'un appareil de sauvetage applicable à la pêche des éponges et autres productions sous-marines; boulevard de Sébastopol, 73 (rive droite).

GASQUET (Stanislas-Eugène), architecte, à Hyères (Var).

GIRAUDEAU SAINT-GERVAIS (Abel), rue Richer, 12.

GOFFARD, propriétaire, rue des Saints-Pères, 51.

GONNEAU (Faustin), négociant, à Limoges (Haute-Vienne).

GRAND D'ESNON (le baron W.), propriétaire, au château d'Esnon, près de Brienon (Yonne).

GRENIER (Léon), administrateur de la *Revue française*, rue Jacob, 12.

GRIGNON (Ch.), rue d'Orléans, 52, Batignolles-Paris.

GUILBON (Nicolas-Augustin), juge de paix, à Vitry-sur-Seine (Seine).

HARVEY (Henry), à Orange free State (cap de Bonne-Espérance).

HÉDOUIN (le docteur), propriétaire, rue Saint-Florentin, 7.

HIBERT (Ch.), rue Saint-Lazare, 62.

HIDALGO (J. M.), ministre du Mexique à Paris, rue de Penthièvre, 7.

HOUTART (Jules), au château de Miaucourt, près de Courcelles (Belgique).

HUE, propriétaire, hôtel de France, à Bordeaux (Gironde).

HUNOLSTEIN (le vicomte d'), rue de la Chaise, 7.

JAQUES (Gustave), directeur de la Société d'acclimatation, à Liége (Belgique).

JORET (Pierre), place du Marché Saint-Honoré, 19.

JOUBERT (Auguste), ancien négociant, rue Drouot, 9.

JOUBERT (J. Eugène), à Saint-Gilles (Vendée).

LALLEMAND (E.), rue du Mont-Thabor, 12.

LALLEMAND, rue de Boulogne, 1.

LARGUIER DES BANCELS, étudiant en médecine, rue de l'Ecole de Médecine, 38.

LAS CASES (Auguste), pharmacien chimiste, à Montevideo (Uruguay).

LASSEAUX (Auguste), directeur des établissements de M. Buschenthal, à Montevideo (république de l'Uruguay).

LAURENT (l'abbé Léon-Augustin), économe au petit séminaire de Pont-à-Mousson (Meurthe).

LEFÈVRE (Benjamin), négociant, à Saint-Quentin (Aisne).

LE FORT (Edouard), directeur du journal *la Maison de campagne*, boulevard des Martyrs, 8.

LEJEUNE, professeur au deuxième gymnase, à Kazan (Russie).

LEVAILLANT (Jean), général de brigade, rue d'Epernay, à Sézanne (Marne).

LIBOREL (le baron Guillaume de), rue Mondovi, 1.

MALAPERT fils, professeur suppléant à l'Ecole préparatoire de médecine et de pharmacie, 11, rue Saint-Porchaire, à Poitiers (Vienne).

MARCOTTE (Joseph), à Choconin, par Meaux (Seine-et-Marne), et rue Saint-Lazare, 13.

MARINOVITCH, président du sénat de Serbie, à Belgrade.

MAURICE SAINT-VENANT (Auguste), représentant de maisons de commerce, place Michel, 2, à Saint-Pétersbourg (Russie).

MELIZANT (Gustave), lieutenant de vaisseau, rue Estelle, 10, à Marseille (Bouches-du-Rhône).

MOLITOR (le vicomte Pierre-Olivier), attaché au département des affaires étrangères, rue Saint-Lazare, 71.

MONTFLEURY (de), rue Gomboust, 4.

MOREAU DE VERNICOURT (Armand), secrétaire de la Société d'agriculture et président du conseil d'arrondissement de Boulogne-sur-mer, à Outreau, près de Boulogne-sur-mer (Pas-de-Calais).

NAU (Victor-Marie-Auguste), notaire à la Châtaigneraie (Vendée).

NAVOIT (Jacques), maire de Vigneux (Seine-et-Oise), et rue Guénégaud, 11.

NICOLE, avocat, rue Joinville, 34, au Havre (Seine-Inférieure).

PAGES (le baron Hérald de), 20, rue Caumartin.

PALLUAT DE BESSET (Joseph), à Saint-Etienne (Loire).

PEPOLI (le marquis), ministre d'Italie, à Saint-Pétersbourg (Russie).

PERRIO (François), président du Comité d'agriculture, rue des Pyramides, à Napoléonville (Morbihan).

PIAGET (Ch.), négociant, à Tiflis (Caucase-Russie).

PORTEAU (Evariste), juge d'instruction à Bressuire (Deux-Sèvres).

QUESADA (Vicente), avocat et rédacteur de la *Revista* de Buenos-Ayres, rue du Parque, 35, à Buenos-Ayres (confédération Argentine).

RAMBAUD (François-Casimir), courtier de commerce, 24, rue des Abeilles, à Marseille (Bouches-du-Rhône).

RAUTLIN DE LA ROY (E. de), avocat à la Cour impériale, maire de Le Pin (Seine-et-Marne), et rue Martel, 3.

RIBEROLLES (Paul de), propriétaire, rue Grégoire-de-Tours, à Clermont-Ferrand (Puy-de-Dôme).

RICHARD (Jules), substitut du procureur impéria à Bressuire (Deux-Sèvres).

ROCHEFORT (le comte de), secrétaire général de la préfecture de la Loire, à Saint-Etienne (Loire).

ROGER-DUBOS (le docteur), vice-consul de France, à Chihuahua (Mexique).

ROGER-DUBOS (Jean-Baptiste-Willeber), directeur de l'enregistrement et des domaines, à Angoulême (Charente).

ROUSSEL (Louis), propriétaire, au château de la Guette (Seine-et-Marne), et boulevard de Strasbourg, 21.

ROVIRA (Ernest-Edouard-François), enseigne de vaisseau à bord du *Montebello*, 31, rue Royale, à Toulon (Var).

RUEDEL (Edme), boulevard Richard-Lenoir, 115.

SENCIER, préfet de la Loire, à Saint-Etienne (Loire).

SERVOZ (Auguste), négociant, 14, rue Saint-Marc.

SOREAU, notaire, au Mans (Sarthe).

SUAREZ D'AULAN (le comte de), rue Jean-Goujon, 9.

TSCHITSCHERINE, conseiller d'ambassade de Russie, à Paris.

VALMONT (Paul de), rue Duvivier, 60, à Rochefort (Charente-Inférieure).

VINCE, rue de Sèze, 16.

VINCHON, maire de Laon (Aisne).

VUITRY (Son Exc. M.), ministre présidant le conseil d'Etat, rue Saint-Dominique, 62.

WAHARTE (Ch.), négociant, faubourg de la Cassine, à Sedan (Ardennes)

NEUVIÈME SÉANCE PUBLIQUE ANNUELLE

DE

LA SOCIÉTÉ IMPÉRIALE ZOOLOGIQUE D'ACCLIMATATION.

PROCÈS-VERBAL.

Cette séance a eu lieu à l'Hôtel de ville, salle Saint-Jean, le lundi 20 février 1865.

S. Exc. M. Drouyn de Lhuys, Ministre des affaires étrangères, Président de la Société, présidait la séance. A ses côtés avaient pris place au bureau : S. Em. Mgr le cardinal Donnet, archevêque de Bordeaux; M. le baron de Seebach, ministre de Saxe; M. Hidalgo, ministre du Mexique; M. Balcarce, ministre de la confédération Argentine; M. le maréchal Santa-Cruz; M. Herbet, conseiller d'État, directeur au département des affaires étrangères; MM. Richard (du Cantal), et de Quatrefages, vice-présidents de la Société; le comte d'Éprémesnil, secrétaire général; Soubeiran, secrétaire; baron Séguier, membre de l'Institut, et M. le docteur Martin-de Moussy.

L'estrade était occupée par MM. les membres du bureau et du Conseil, les présidents, vice-présidents et secrétaires des cinq sections et de la Commission des récompenses, avec un grand nombre de membres de la Société français et étrangers.

L'organisation de la séance avait été confiée, comme les années précédentes, aux soins d'une Commission composée de MM. E. Dupin, Fr. Jacquemart et le comte de Sinéty. M. le marquis de Selve avait bien voulu encore se charger d'en faire les honneurs avec plusieurs commissaires désignés parmi les membres de la Société.

— La séance a été ouverte par un discours de S. Exc. M. Drouyn de Lhuys, Président.

— M. le docteur J. Léon Soubeiran, secrétaire des séances, a ensuite rendu compte des travaux de la Société en 1864.

— M. Richard (du Cantal), vice-président, a lu une notice *Sur l'étude de la nature et les Sociétés d'acclimatation.*

— M. le docteur Martin de Moussy a donné lecture d'un mémoire intitulé : *Coup d'œil historique sur l'introduction et l'acclimatation des animaux domestiques du vieux continent, et principalement du Bœuf, dans le pays du rio de la Plata. État de l'industrie pastorale dans ces contrées.*

— M. le comte d'Éprémesnil, secrétaire général, a fait ensuite connaître les prix proposés par la Société et donné lecture du rapport sur les récompenses.

PRIX EXTRAORDINAIRES PROPOSÉS PAR LA SOCIÉTÉ ET ENCORE A DÉCERNER.

Séance publique annuelle du 10 *février* 1857.

I. Domestication complète, application à l'agriculture ou emploi dans les villes de l'Hémione (*Equus hemionus*) ou du Dauw (*E. Burchellii*).

La domestication suppose nécessairement la reproduction en captivité.
Concours prorogé jusqu'au 1er décembre 1867.
PRIX : Une médaille de 1000 francs.

II. Introduction et domestication du Dromée (Casoar de la Nouvelle-Hollande, *Dromaius Novæ Hollandiæ*), ou du Nandou (Autruche d'Amérique, *Rhea americana*).

On devra posséder six individus au moins, et avoir obtenu deux générations en captivité.
Concours ouvert jusqu'au 1er décembre 1865.
PRIX : Une médaille de 1500 francs.

III. Acclimatation en Europe ou en Algérie d'un insecte producteur de cire autre que l'Abeille.

Concours prorogé jusqu'au 1er décembre 1866.
PRIX : Une médaille de 1000 francs.

IV. Création de nouvelles variétés d'Ignames de la Chine (*Dioscorea batatas*) supérieures à celles qu'on possède déjà, et notamment plus faciles à cultiver.

Concours ouvert jusqu'au 1er décembre 1865.
PRIX : Une médaille de 500 francs.

Séance publique annuelle du 17 *février* 1859.

Introduction et acclimatation à la Martinique d'un animal destructeur du Bothrops lancéolé (vulgairement appelé Vipère fer-de-lance), à l'état de liberté.

On devra avoir obtenu trois générations.
Sont exceptées les espèces qui pourraient ravager les cultures.
Concours ouvert jusqu'au 1er décembre 1869.
PRIX : Une médaille de 1000 francs.

Séance publique annuelle du 14 *février* 1861.

Introduction, culture et acclimatation du Quinquina dans le midi de l'Europe ou dans une des colonies françaises.

Concours ouvert jusqu'au 1er décembre 1865.
PRIX : Une médaille de 1500 francs.

Séance publique annuelle du 20 *février* 1862.

I. Métissage de l'Hémione ou de ses congénères (Dauw, Zèbre, Couagga), avec la jument.

On devra avoir obtenu un ou plusieurs métis âgés au moins d'un an.
Concours ouvert jusqu'au 1er décembre 1866.
PRIX : Une médaille de 1000 francs.

II. Propagation des métis de l'Hémione et de ses congénères avec l'Anesse.

Ce prix sera décerné à l'éleveur qui aura produit le plus de métis. (Il devra en présenter six individus au moins.)
Concours ouvert jusqu'au 1er décembre 1866.
PRIX : Une médaille de 1000 francs.

III. Domestication de l'Autruche d'Afrique (*Struthio camelus*) en Europe.

On devra justifier de la possession d'au moins douze Autruches nées chez le propriétaire et âgées d'un an au moins.
Concours ouvert jusqu'au 1er décembre 1866.
PRIX : Une médaille de 1500 francs.

IV. Domestication de l'Autruche (*Struthio camelus*) en Afrique.

On devra justifier de la possession d'au moins trente-six Autruches, nées chez le propriétaire et âgées d'un an au moins.
Concours ouvert jusqu'au 1er décembre 1866.
PRIX : Une médaille de 1500 francs.

V. Introduction en France et reproduction en captivité du Dindon ocellé (*Meleagris ocellata*).

Concours ouvert jusqu'au 1er décembre 1867.
PRIX : Une médaille de 1000 francs.

VI. Reproduction en France du *Tetrao cupido*.

On devra présenter au moins dix sujets vivants, de seconde génération produite en captivité.
Concours ouvert jusqu'au 1er décembre 1865.
PRIX : Une médaille de 1000 francs.

VII. Reproduction en captivité du Lophophore (*Lophophorus refulgens*) en France.

On devra présenter au moins six sujets vivants, de seconde génération produite en captivité.
Concours ouvert jusqu'au 1er décembre 1867.
PRIX : Une médaille de 500 francs.

VIII. Reproduction du Goura (*Columba coronata*) en France.

On devra présenter au moins deux sujets vivants, de seconde génération produite en captivité.
Concours ouvert jusqu'au 1er décembre 1867.
PRIX : Une médaille de 500 francs.

IX. Introduction et acclimatation d'un nouveau Poisson alimentaire dans les eaux douces de la France, de l'Algérie, de la Martinique ou de la Guadeloupe, ou d'un Crustacé alimentaire dans les eaux douces de l'Algérie.

Concours ouvert jusqu'au 1er décembre 1866.
PRIX : Une médaille de 500 francs.
Le prix sera doublé, si le poisson introduit et acclimaté est le Gourami.

X. Acclimatation accomplie, en France ou en Algérie, d'une nouvelle espèce de Ver à soie produisant de la soie bonne à dévider et à employer industriellement.

Concours ouvert jusqu'au 1er décembre 1866.
PRIX : Une médaille de 1000 francs.

Séance publique annuelle du 10 février 1863.

Application industrielle de la soie du *Bombyx Cynthia*, Ver à soie de l'Ailante.

On devra présenter plusieurs coupes d'étoffes formant ensemble au moins 100 mètres, et fabriquées avec la soie dévidée en fils continus du *Bombyx Cynthia*, ou du *B. Arrindia*, ou de métis de ces deux espèces, et sans aucun mélange. Les tissus en bourre de soie sont hors de concours.
Concours ouvert jusqu'au 1er décembre 1865.
PRIX : Une médaille de 1000 francs.

Primes pour la propagation des Yaks.

1° *Animaux de pur sang.*

Pour tout éleveur qui présentera avant le 1er décembre 1865 quatre Yaks de pur sang, d'un an au moins, nés chez lui, conformes aux types conservés par la Société et reconnus de bonne conformation.

1er PRIX : Une prime de 2500 francs.
2e PRIX : Une prime de 2000 francs.

2° *Métis d'Yaks et de Vaches de travail.*

Pour tout éleveur qui présentera, avant le 1er décembre 1865, huit sujets d'un an au moins, nés chez lui et provenant de croisements d'une Vache de travail (race de montagne) et d'un Yak de pur sang.

1er PRIX : Une prime de 1800 francs.
2e PRIX : Une prime de 1200 francs.

Primes pour le dressage des Yaks.

1° *Bêtes de labour.*

Pour tout éleveur qui présentera au concours, avant le 1er décembre 1865, un attelage d'Yaks, ou de métis d'Yaks et de Vaches, pouvant labourer un hectare de terre en concurrence avec des bœufs de trait.

1er Prix : Pour le meilleur labour fait dans le moindre temps, une prime de 800 francs.
2e Prix : Une prime de 600 francs.
3e Prix : Une prime de 400 francs.
4e Prix : Une prime de 200 francs.

2° *Bêtes de somme ou de bât.*

Pour tout éleveur ou cultivateur qui présentera au concours, avant le 1er décembre 1865, un ou plusieurs Yaks ou métis d'Yaks et de Vaches de montagne, employés ordinairement comme bêtes de somme ou de bât, et pouvant porter des fardeaux en gravissant de fortes pentes.

1er Prix : Une prime de 500 francs.
2e Prix : Une prime de 300 francs.
3e Prix : Une prime de 200 francs.

Primes pour les Chèvres d'Angora.

1° *Animaux de pur sang.*

Pour tout éleveur qui présentera au concours, avant le 1er décembre 1865, douze sujets de pur sang âgés d'un an au moins et de trois ans au plus, nés chez lui, et dont les toisons seront reconnues d'une qualité égale à celle des types conservés au siége de la Société.

1er Prix : Une prime de 1500 francs.
2e Prix : Une prime de 1000 francs.

2° *Animaux métis.*

Pour tout éleveur qui présentera au concours, avant le 1er décembre 1865, douze sujets métis 3/4 de sang, nés et élevés chez lui, dont les toisons se rapprocheront le plus des types conservés.

1er Prix : Une prime de 1200 francs.
2e Prix : Une prime de 800 francs.
Les prix ne seront décernés qu'autant que les toisons seront jugées assez belles pour être employées dans l'industrie.

Primes pour les travaux théoriques relatifs à l'acclimatation.

A partir de 1863, les travaux théoriques sur des questions relatives à l'acclimatation pourront être récompensés, chaque année, par des médailles spéciales de 500 francs au moins.

Les ouvrages devront être imprimés et remis à la Société avant le 1er juillet de chaque année.

Séance publique annuelle du 12 février 1864.

I. Introduction d'espèces nouvelles.

Il pourra être accordé, dans chaque section, des primes d'une valeur de 200 à 500 francs, à toute personne ayant introduit quelque espèce nouvelle. Les animaux introduits devront être adultes et par paires.

II. Introduction et acclimatation d'un nouveau gibier pris dans la classe des Oiseaux.

Sont exceptées les espèces qui pourraient ravager les cultures.
On devra présenter plusieurs sujets vivants de troisième génération.
Concours ouvert jusqu'au 1er décembre 1873.
PRIX : Une médaille de 500 à 1000 francs.

III. Introduction en France du Talégalle de Latham.

On devra présenter au moins dix sujets vivants de la troisième génération, nés en France.
Concours ouvert jusqu'au 1er décembre 1873.
Prix : Une médaille de 500 francs.

Séance publique annuelle du 20 février 1865.

I. Propagation de la race ovine Graux de Mauchamp en dehors de la localité où elle a pris son origine (en France ou à l'étranger).

On devra justifier de la possession d'au moins 100 bêtes, nées chez le propriétaire et présentant le type de la race de Mauchamp pour la laine et une bonne conformation.
Concours ouvert jusqu'au 1er décembre 1868.
Prix : Une médaille de 1500 francs.

II. Domestication en France du Castor, soit du Canada, soit des bords du Rhône.

On devra présenter au moins quatre individus mâles et femelles, nés chez le propriétaire et âgés d'un an au moins.
Concours ouvert jusqu'au 1er décembre 1869.
PRIX : Une médaille de 500 francs. — Le prix sera doublé si l'on présente des individus de seconde génération.

III. Reproduction en captivité du Tragopan (*Ceriornis satyra*) en France.

On devra présenter au moins six sujets vivants de seconde génération produite en captivité.
Concours ouvert jusqu'au 1er décembre 1869.
PRIX : Une médaille de 500 francs.

IV. Vers à soie du Mûrier. — Études théoriques et pratiques sur les diverses maladies qui les atteignent. Les auteurs devront, autant que possible, étudier monographiquement une ou plusieurs des maladies qui atteignent les Vers à soie, en préciser les symptômes, faire connaître les altérations organiques qu'elles entraînent ; étudier expérimentalement les causes qui leur donnent naissance, et les meilleurs moyens à employer pour les combattre.

Concours ouvert jusqu'au 1er juillet 1868.
PRIX. Deux prix : l'un de 2000 francs, l'autre de 1000 francs.

V. Vers à soie du Mûrier. — Production de la graine indigène.

On devra avoir obtenu pendant quatre années consécutives de la graine saine, capable d'être utilisée dans les éducations industrielles, d'au moins 10 onces. La graine elle-même pourra et devra presque avoir été obtenue par l'élevage spécial de petites chambrées.

Les concurrents devront fournir la constatation légale des faits qu'ils ont obtenus.

Concours ouvert jusqu'au 1er juillet 1870.

PRIX : Une médaille de 5000 francs.

VI. Vers à soie du Mûrier du Japon.

Les mémoires devront indiquer :

1° Les résultats des éducations successives faites pendant les années 1865, 1866 et 1867, avec les graines de Vers à soie du Mûrier du Japon introduites en 1865 par la Société d'acclimatation.

2° Le meilleur emploi de cette graine pour l'amélioration de la situation séricicole.

3° Les avantages et les inconvénients de cette graine, la qualité et la quantité de la soie produite.

(Les auteurs devront exposer leurs observations et les méthodes suivies, de telle sorte que leur mémoire puisse servir de guide aux éducateurs.)

Concours ouvert jusqu'au 1er août 1867.

PRIX : Une médaille de 600 francs et une médaille de 400 francs.

Il sera accordé une médaille de 300 et une de 200 francs aux meilleurs mémoires traitant le même sujet pour la récolte de 1865.

Concours ouvert jusqu'au 1er août 1865.

PRIX PROVENANT DE FONDATIONS PARTICULIÈRES.

Séance publique annuelle du 17 février 1859.

Prix fondé par M. le docteur Sacc, membre de la Société.

Amélioration de la Chèvre d'Angora.

Concours ouvert jusqu'au 1er décembre 1866.

PRIX : Deux primes de chacune 100 francs pour les deux toisons les plus lourdes de Chèvre d'Angora.

Séance publique annuelle du 14 février 1861.

Prix fondés par un membre de la Société qui a voulu garder l'anonyme.

Deux primes, l'une de 200 fr., l'autre de 100 fr., seront décernées, *chaque année*, pour les bons soins donnés aux animaux ou aux végétaux, soit au Jardin d'acclimatation (prime de 200 francs), soit dans les établissements d'acclimatation se rattachant à la Société (prime de 100 francs).

Les pièces relatives à ce concours devront parvenir à la Société *avant le 1er décembre de chaque année.*

Séance publique annuelle du 10 février 1863.

Prix fondé par M. Althammer, d'Arco (Tyrol).

Domestication d'un nouveau Palmipède utile.

On devra présenter au moins dix sujets vivants de seconde génération produite en captivité.

Concours ouvert jusqu'au 1er décembre 1866.

PRIX : Une médaille de 1000 francs.

Séance publique annuelle du 12 février 1864.

Prix fondé par S. Exc. M. Drouyn de Lhuys, sénateur, Ministre des affaires étrangères, président de la Société.

Ver à soie Yama-maï. — Une médaille de 1000 francs sera décernée en 1868 pour la meilleure éducation en grand du Ver à soie Yama-maï.

On devra : 1° Avoir obtenu dans une seule saison une récolte assez considérable pour pouvoir livrer à la filature, et transformer en soie grége de belle qualité, au moins 100 kilogrammes de cocons pleins, ou 10 kilogrammes de cocons vides.

2° Avoir publié ou adressé à la Société un rapport circonstancié, pouvant servir de guide aux autres éducateurs, et indiquant le système suivi et les résultats obtenus au point de vue de la qualité, de la quantité et des bénéfices réalisés. Les concurrents devront faire parvenir les pièces à l'appui de leur candidature avant le 1er novembre 1867.

NOTA. — Les travaux accomplis, les observations ou les découvertes faites sur l'Yama-maï et sur son acclimatation et sa propagation d'ici au 1er décembre 1867, pourront prendre part aux récompenses ordinaires et annuelles de la Société, les droits des concurrents au prix spécial étant réservés.

Séance publique annuelle du 20 février 1865.

Prix fondé par Mme Guérineau, née Delalande.

Une grande médaille d'or sera décernée, le 10 février 1867, au voyageur qui, en Afrique ou en Amérique, aura rendu depuis huit années le plus de services dans l'ordre des travaux de la Société, principalement au point de vue de l'alimentation de l'homme.

Les pièces relatives à ce concours devront parvenir à la Société avant le 1er décembre 1866.

— La séance s'est terminée par la distribution des récompenses :

1° Le titre de membre honoraire a été décerné à M. le contre-amiral de LA GRANDIÈRE, gouverneur de la Cochinchine, pour ses nombreux envois d'animaux rares de nos colonies, et pour la création d'un jardin zoologique à Saïgon, et à M. Léon ROCHES, ministre plénipotentiaire de France à Yédo (Japon), pour son envoi considérable de graines de Vers à soie du Mûrier du Japon.

2° Une médaille d'or, celle que S. Exc. le Ministre de l'agriculture veut bien mettre chaque année à la disposition de la

Société, a été décernée à M. COUMES, directeur de l'établissement d'Huningue, pour le zèle avec lequel il propage les différentes espèces de poissons qui se reproduisent dans le vaste établissement placé sous sa direction.

3° Le prix fondé par M. Theillier-Desjardins, à M. HENNECART (de Combreux), pour reproduction en liberté de Colins de Californie. Une médaille d'argent a été décernée à M. Aimé LAURENCE pour ses études sur la même question.

4° Le prix de 100 francs pour la propagation et l'amélioration du Cerfeuil bulbeux, à M. FROMONT, à Bessancourt. Une récompense de 50 francs à M. VIVET, à Asnières.

5° Un prix de 100 francs à M. LEQUIN, pour une très-belle toison de Bouc d'Angora.

Il a été décerné en outre :

6° Vingt-trois médailles de première classe;

7° Treize médailles de seconde classe;

8° Quatre mentions honorables.

9° Les deux primes annuelles fondées par un membre anonyme.

10° Huit récompenses pécuniaires. (Voyez ci-après le rapport sur les récompenses, p. LXXII.)

Le Conseil, par décision prise le 24 février, a arrêté que les discours et les rapports prononcés dans cette séance seraient publiés *in extenso* dans le *Bulletin mensuel* de la Société, et placés en tête du volume en cours d'exécution.

Le Secrétaire des séances,

J. LÉON SOUBEIRAN.

DISCOURS D'OUVERTURE

Par Son Excellence M. DROUYN DE LHUYS,
Sénateur,
Ministre des affaires étrangères, Président de la Société.

Mesdames, Messieurs,

Rien n'est impossible à la science, disait Arago, en parlant du monde physique. Ne pouvons-nous pas appliquer cette parole au monde moral avec autant de vérité?

Devant la science, cette nouvelle souveraine, tombent un à un tous les obstacles élevés par la nature comme pour isoler les nations et les races. Sur terre, les rails et la locomotive ont anéanti les distances, perforé les chaînes de montagnes, franchi sur des ponts tubulaires de larges fleuves et des bras de mer; sur les océans, les steamers ont eu raison des courants et des vents contraires; partout le télégraphe électrique se rit de l'espace et du temps. L'élément de la foudre devient notre messager et porte nos lettres; le soleil fait nos portraits à bon marché. Nos fermiers, nouveaux Argonautes, vont sur des vaisseaux de feu, échanger en Australie, contre des toisons d'or, nos béliers de la Brie perfectionnés par Daubenton. Les rivières sont plus que jamais des chemins qui marchent, suivant l'ingénieuse expression de Pascal. Grâce à la vapeur, « il n'y a plus de Pyrénées », et la métaphore diplomatique de Louis XIV est devenue une réalité : le sifflet pacifique du chef de train retentit maintenant dans ces profondes vallées dont les échos répétaient jadis les sons belliqueux du cor de Roland.

Mais les barrières matérielles ne sont pas les seules qui séparent les peuples ; il en est d'autres plus hautes et plus puissantes. Au commencement de ce siècle, ce n'était pas la Manche et le Rhin qui nous séparaient le plus de l'Angleterre et de l'Allemagne, c'étaient les préjugés séculaires et les haines dites nationales. Où sont ces mauvais rêves d'une autre époque? Sans doute le progrès des temps a contribué beaucoup à les faire disparaître; mais, dans ce progrès même, la science a joué un rôle dont notre Société d'acclimatation démontre toute l'importance.

Nos pères eussent-ils pu prévoir qu'un jour viendrait où une Société, fondée en France, aurait en Angleterre, en Allemagne, en Russie et bientôt dans l'univers entier, des filles portant le nom de leur mère et proclamant cette parenté? Les pères de nos collègues de tout pays eussent-ils pu croire que leurs fils rendraient à la France cet hommage tout spontané? Voilà pourtant que, de Saint-Pétersbourg à Melbourne et de Berlin à Rio-Janeiro, vingt Sociétés d'acclimatation ont accepté votre nom, votre drapeau, votre devise, et, par des services journaliers, apprennent aux populations à aimer cette France que souvent peut-être on leur avait signalée comme une ennemie. Voilà que plus de quarante têtes couronnées et les princes les plus illustres ont inscrit leurs noms à côté de celui de l'Empereur des Français, notre premier protecteur.

Soyons reconnaissants, messieurs, envers les peuples qui donnent ces témoignages à notre œuvre. Ne le soyons pas moins envers les souverains qui la décorent de la plus auguste sanction. Mais soyons fiers aussi, nous en avons le droit, d'avoir mérité ces honneurs, en ajoutant un lien à ceux qui existaient déjà entre les membres de la grande famille humaine. Félicitons-nous d'avoir réuni sur notre liste les chefs religieux de la chrétienté et de l'islamisme, et ces empereurs, ces rois, que les intérêts politiques divisent si fréquemment ailleurs.

Cette heureuse influence de rapprochement et de fusion ne s'exerce pas seulement à l'étranger. Sans sortir de chez nous, ni même de cette enceinte, il est facile d'en constater les effets. Regardez autour de vous; jetez les yeux sur la liste de nos 3000 confrères, et vous reconnaîtrez sans peine qu'au moins, dans notre Société, ces barrières ont disparu. Vous y verrez figurer côte à côte des hommes de toute opinion, des hommes de loisir et des hommes d'étude, de simples citoyens et des grands de l'État, des noms nouveaux et des noms consacrés par une antique illustration ; si bien que le tableau de notre association est, en quelque sorte, un abrégé de toutes les classes intelligentes du pays, une France en miniature, mais une France où rien ne divise et où tout réunit.

Quelle magie avez-vous donc employée pour dompter ainsi quelques-uns des mauvais instincts de l'âme ? Il est facile de le voir : vous vous êtes donné un grand but à poursuivre en commun, et, pour réaliser votre idéal, vous avez appelé la science à votre aide. Une noble aspiration élève les esprits et épure les cœurs. Dans ce concours ouvert par l'amour de l'humanité, les nationalités se confondent, les rangs s'effacent, les préjugés se dissipent et les inimitiés s'éteignent. C'est ainsi que des nautoniers sans nombre, partis de rivages si éloignés et si divers, arrivent au même port en s'orientant sur la même étoile.

RAPPORT ANNUEL

SUR LES

TRAVAUX DE LA SOCIÉTÉ D'ACCLIMATATION,

Par M. J. L. SOUBEIRAN,
Secrétaire des séances.

MESDAMES, MESSIEURS,

« Le besoin provoque l'humanité au progrès (1). » S'il est vrai que l'homme ait des besoins incessants, et dont le nombre s'augmente tous les jours, il est également nécessaire qu'il travaille continuellement à accroître les produits naturels qui doivent les satisfaire. Parmi ces produits, beaucoup se sont trouvés sous sa main; il n'a donc eu qu'à choisir ceux qui pouvaient servir à sa nourriture ou à ses vêtements. L'arbre qui l'abritait, lui fournit son premier repas, mais alors il était nu. Quand l'arbre n'eut plus de fruits, l'homme devint chasseur, et passant d'un règne à un autre, il mangea la chair de l'animal qu'il avait tué, et tailla son premier vêtement dans sa dépouille sanglante. Plus tard il connut l'usage du feu, transforma le métal en armes et en outils, plaça sous sa domination le Mouton, la Chèvre, le Bœuf, et dès lors eut son repas de chaque jour assuré. Le lait et la chair de ses troupeaux suffirent à sa nourriture; le cuir du vêtement, remplacé par le poil et la laine, ne servit plus qu'à abriter sa demeure. Pendant longtemps encore, l'homme progressa, et soumit à sa domination, par son industrie et son labeur, tous les animaux, et cultiva tous les végétaux qui paraissaient devoir lui être utiles. Un jour vint cependant où, satisfait de ce qu'il possédait, il s'arrêta, croyant s'être approprié tout ce que la nature avait de trésors à lui livrer.

(1) Pelletan, *Profession de foi du* XIXe *siècle*, p. 62, 6e édit., 1864.

Comme les animaux et les plantes varient selon les régions, leurs climats et même les travaux de leurs habitants, il était naturel que, pour satisfaire des besoins nouveaux, l'homme pensât à emprunter à d'autres contrées les richesses qu'elles renfermaient pour suppléer à celles qu'il possédait déjà et augmenter son bien-être. Et c'est aussi un devoir pour lui de chercher à créer et à adapter à ses besoins et à ses goûts la substance vivante des deux règnes, pour la soumettre à sa puissance comme l'est déjà la matière brute (1).

Pendant de longs siècles les acquisitions de nouvelles espèces n'ont plus été que des exceptions, quelquefois même des produits d'un heureux hasard. Il faut arriver jusqu'à ces dernières années pour voir poser en principe la nécessité de l'acclimatation et formuler ses lois. C'est l'œuvre à laquelle vous vous êtes dévoués sous l'inspiration d'Isidore Geoffroy Saint-Hilaire (2) ; mais vous ne devez pas vous dissimuler les difficultés de la tâche que vous avez entreprise : ce sera seulement par des efforts persistants, par des soins minutieux et prolongés que vous pourrez réagir sur les espèces étrangères pour en former des races nouvelles adaptées à vos besoins. « Importer en France et domestiquer une espèce sauvage, » l'arracher à la fois à ses habitudes et à son climat originel, » c'est vaincre deux fois la nature. Si l'homme ne l'eût jamais » fait, on se demanderait si son pouvoir peut aller jusque-là ; » mais ce qu'il a pu, ce qu'il a fait, nous le voyons partout » autour de nous » (3), et ce nous est un sûr garant que vous pourrez le faire encore sur de nouvelles espèces.

Voilà tantôt onze ans que votre Société est constituée et progresse vers le but proposé à ses efforts par ses fondateurs : cette année encore, ses travaux se sont continués et nous devons vous en présenter un tableau fidèle. Trop heureux

(1) Docteur Bertillon, ACCLIMATEMENT, dans *Dictionnaire encyclopédique des sciences médicales*, 1864, t. I, p. 522.

(2) *Bulletin*, t. I, *Introduction*, 1854.

(3) Is. Geoffroy Saint-Hilaire, *Acclimatation et domestication des animaux utiles*, 1861, p. 42.

serons-nous si, comme les années précédentes, vous voulez bien nous accorder votre bienveillante attention.

De toutes parts, en France et à l'étranger, de nombreuses Sociétés, filles de la vôtre (1), se créent pour vous apporter le concours de leurs généreux efforts, et l'on peut dire que vous avez des adeptes, des missionnaires dans toutes les parties du monde. Mais nous devons une mention toute particulière à l'Australie (2), où, sous la généreuse initiative de vos membres honoraires, MM. Wilson et Mueller, l'acclimatation progresse chaque jour et fournit aux populations de nouvelles ressources, de nouvelles richesses. Pour concourir aux progrès de votre œuvre, il se fonde aussi, sous les latitudes les plus différentes, des jardins (3) destinés à réunir les éléments précieux que vous devez ensuite répandre par le monde entier, et vous avez été heureux d'apprendre la création de nouveaux jardins à Bordeaux, au Caire, à Saïgon, en Chine, etc.

Les conférences (4) que vous avez inaugurées il y a quelques

(1) A Hyères (*Bulletin*, 2e série, t. I, p. 67). — Le Comité d'acclimatation de Moscou, auquel nous devons un magnifique envoi d'animaux (*ibid.*, 2e série, t. I, p. 428), s'est transformé en Société impériale d'acclimatation (*ibid.*, p. 303).

(2) Ramel, *La Société d'acclimatation de Victoria* (*Bulletin*, 2e série, t. I, p. 378). — *The third annual Report of Acclimatisation Society of Victoria*, 1864.

(3) Gastinel, *Organisation d'un jardin zoologique et botanique au Caire* (*Bulletin*, 2e série, t. I, p. 619). — *Courrier de Saïgon*, 20 janvier 1865.

(4) Rufz de Lavison, *Des objections faites à la doctrine et à la pratique de l'acclimatation* (*Bulletin*, 2e série, t. I, p. 488). — Rufz de Lavison, *Sur l'ovologie* (*ibid.*, p. 556 et 631). — Maurice Girard, *Les auxiliaires du Ver à soie* (*ibid.*, p. 229, 308, 383, 444). — Decroix, *La viande de cheval au point de vue de l'alimentation* (*ibid.*, p. 703). — A. Gillet de Grandmont, *Conférences sur l'ostréiculture*. — Millet, *Conférences sur la culture de la mer et sur la pisciculture*. — Quihou, *Cultures du Jardin*. — A. Dupuis, *Sur les plantes de pleine terre en culture au Jardin*. — Docteur Blatin, *Sur les moyens de se préserver des insectes nuisibles*. — Bourguin, *Sur l'instinct ou l'intelligence des animaux au point de vue de la protection et de l'acclimatation*. — A. Geoffroy Saint-Hilaire, *Sur quelques animaux en cours d'expérimentation au Jardin d'acclimatation*.

années déjà, se continuent avec un égal succès au Jardin du bois de Boulogne, où d'habiles professeurs s'attachent à vulgariser les connaissances essentielles à posséder pour faire de l'acclimatation. Les noms seuls de MM. Rufz de Lavison, Girard, Hamet, Blatin, Millet, Toussenel, Gillet de Grandmont, etc., témoignent de l'importance des leçons qui sont données, et la sympathie de leur auditoire est la meilleure preuve de l'utilité de leur œuvre.

L'appel que vous avez adressé à la reconnaissance publique, en vue d'honorer la mémoire d'un grand naturaliste agriculteur, a été entendu, et vous avez, cet automne, inauguré le monument remarquable dû à l'habile ciseau de M. Godin. C'est au Jardin du bois de Boulogne que vous avez érigé cette belle statue, voulant en quelque sorte mettre votre Jardin, destiné aux applications des sciences naturelles à l'agriculture et à l'industrie, sous l'invocation de Daubenton (1), qui fut le plus actif et le plus dévoué propagateur de ces sciences, en raison des services qu'elles sont appelées à rendre à l'humanité. En payant cette dette à l'un des plus illustres représentants de la science, à celui que nous pouvons appeler le précurseur de l'acclimatation, vous avez accompli une œuvre qui est ordinairement l'apanage exclusif des gouvernements, et témoigné ainsi de la légitime influence que vous assurent vos travaux.

Vous avez suivi avec intérêt les éducations des Yaks et des Chèvres d'Angora (2), que, depuis deux ans vous avez confiés, à titre de cheptel, à quelques agriculteurs. Cette année encore,

(1) *Inauguration de la statue de Daubenton* (*Bulletin*, 2e série, t. I, p. 645). — *Discours* de M. de Quatrefages (*ibid.*, p. 647) ; de M. Richard (du Cantal) (*ibid.*, p. 649) ; de M. Viard, maire de Montbard (*ibid.*, p. 676). — Daubenton a été un des premiers à faire adopter les prairies artificielles en France ; à son exemple, Étienne Geoffroy Saint-Hilaire eut occasion, en 1815, d'en démontrer l'importance, comme l'a rappelé dans ces derniers temps notre vice-président M. Richard (du Cantal) : *Un épisode de la vie d'Étienne Geoffroy Saint-Hilaire* (*ibid.*, 2e série, t. I, p. 453).

(2) Hébert, *Rapport sur les Chèvres d'Angora et les Yaks* confiés à titre de cheptel à MM. Euriat-Perrin et Lequin (*Bulletin*, 2e série, t. I, p. 501).

de nouvelles naissances (1) ont augmenté vos troupeaux : l'état de vigueur de ces différents animaux, l'abondance de leur pelage, vous ont témoigné des bonnes conditions dans lesquelles ils se trouvent, et des soins intelligents qui leur sont donnés. Si les toisons des Chèvres adultes ne vous ont pas encore offert réunies toutes les qualités que vous êtes en droit d'en exiger (2), il n'en est pas moins certain que la race s'améliore dans quelques sujets : vous en avez eu la preuve dans la dépouille d'un jeune Bouc, qui vous a été soumise par un de vos chepteliers, M. Lequin (3).

Si vous continuez avec la même sollicitude des expériences commencées il y a quelques années déjà, cette persévérance, qui est un devoir pour vous, ne vous fait pas négliger les questions nouvelles qui peuvent surgir. A plusieurs reprises, on vous avait signalé la prodigieuse fécondité de quelques races de Moutons chinois (4), et vous aviez décidé une tentative d'introduction en France de Moutons *Ti-yang* (improprement, *Ong-ti*) (5). Grâce à la généreuse initiative de nos confrères de Shang-haï (6), et au concours dévoué de M. E. Si-

(1) *Bulletin*, 2e série, t. I, p. 55, 65, 364, 365, 418, 429.

(2) Les primes fondées par notre dévoué confrère M. Sacc, dans le bu d'encourager la production de belles et lourdes toisons de Chèvres d'Angora, n'ont pu encore être données cette année, les toisons présentées offrant encore beaucoup de jarre, et par conséquent n'étant pas dans les meilleures conditions industrielles ; mais tout permet d'espérer que dans un avenir prochain les primes, dont M. Sacc a bien voulu nous accorder la prorogation, seront méritées par quelqu'un de nos chepteliers. (*Bulletin*, t. I, p. 66.)

(3) Le jeune Bouc dont M. Lequin, de Lahayevaux (Vosges), nous a adressé la toison, offre des caractères très-remarquables de pelage, et pourra devenir un des types les plus beaux de la race.

(4) Fréd. Jacquemart, *Sur la fécondité de certaines races de Moutons chinois* (*Bulletin*, t. X, p. 423 ; — voyez aussi *ibid.*, IX, p. 143).

(5) M. Stanislas Julien a démontré l'incorrection des mots *Ong-ti* et *Yang-ti*, par lesquels on désigne certains Moutons de Chine, et exprimé le vœu que l'on n'emploie plus désormais que l'expression *Ti-yang* (*mouton des terres*), par opposition à *Thsao-yang* (*mouton des herbes*). (*Bulletin*, 2e série, t. II, p. 45.)

(6) *Bulletin*, 2e série, t. I, p. 220.

mon (1), qui mit à profit son retour en France pour veiller, pendant la traversée, sur ces animaux, vous avez reçu, il y a un an, un petit troupeau de ces Moutons. Mais, comme les femelles, pendant le voyage et dans les premiers temps de leur arrivée, n'avaient donné qu'un seul petit chacune (2), et comme, d'autre part, les caractères des Moutons que vous veniez de recevoir ne concordaient pas avec ceux des animaux qui se trouvaient depuis quelque temps en Angleterre (3), ou de ceux que possédait Son Exc. M. Rouher (4), vous n'avez pas voulu les déposer immédiatement chez les personnes qui vous en avaient fait la demande. Vous avez tenu tout d'abord à être bien au fait de leur véritable valeur, et vous avez confié cette étude à l'un de vos plus zélés confrères, M. Fréd. Jacquemart (5), qui s'est chargé aussi de vous renseigner sur la valeur des croisements de ces Moutons avec nos espèces indigènes. D'un autre côté, votre confrère M. Teyssier des Farges a institué des expériences sur le croisement du Bélier chinois avec des Brebis mérinos, et vous a déjà fait connaître les premiers résultats de ses observations (6).

Si les Moutons que vous avez reçus de Chine n'ont pas répondu entièrement à vos espérances, il en est encore de même, jusqu'à un certain point, des Lamas et Alpacas provenant de S. Exc. le président de la république de l'Équateur (7). En effet, ces animaux appartiennent à des types

(1) G. Eug. Simon, *Mémoire sur les bêtes à laine en Chine* (*Bulletin*, 2e série, t. I, p. 567, 683).

(2) *Bulletin*, 2e série, t. I, p. 294.

(3) Ces Moutons, offerts à la Société par la Société d'acclimatation de Londres, ont été ramenés à Paris par les soins de M. J. Cloquet. (*Bulletin*, IX, p. 570, 929 ; — *ibid.*, X, p. 459.)

(4) *Bulletin*, t. X, p. 425 ; 2e série, t. I, p. 65.

(5) *Bulletin*, 2e série, t. I, p. 294.

(6) Teyssier des Farges, *Croisement d'une race de Moutons chinois avec des Brebis mérinos* (*Bulletin*, 2e série, t. II, p. 19). Nous devons encore rappeler les observations de M. Giot, sur des croisements de moutons Romanowski avec des races françaises (*Bulletin*, 2e série, t. I, p. 57).

(7) *Bulletin*, t. X, p. 130.

différents de ceux que vous possédiez déjà ; mais bien qu'inférieurs à ceux de M. Roehn (1), ils n'en sont pas moins intéressants, car ils témoignent de l'heureuse influence du sang de l'Alpaca, dont un grand nombre d'entre eux tirent une origine plus ou moins directe (2). Cette dernière expérience, due à la générosité de son Exc. le président de l'Équateur, mérite, à tous égards, votre attention ; car elle prouve la possibilité de l'introduction en France des Alpacas et Lamas, non-seulement vivants, mais encore en aussi bonne santé que possible. Il est vrai que ce n'est qu'au prix de précautions minutieuses et de soins délicats qu'un tel résultat est obtenu. Mais si la sollicitude de MM. les officiers de la *Cornélie* et de la *Galatée*, si la manière dont leurs ordres ont été exécutés, ont pu donner une telle réussite, nous y trouvons la preuve que désormais, malgré les difficultés d'une pareille entreprise, des tentatives analogues ne seront pas rendues impossibles par les fatigues d'une traversée longue et pénible. En effet, sur trente-six individus embarqués, vingt et un ont touché le sol de la France, non pas tous en parfait état, mais tous dans des conditions telles qu'il leur a suffi de quelques jours d'une

(1) Les Alpacas de la Bolivie et de l'Équateur sont bien inférieurs à ceux du Pérou, où l'on peut trouver seulement une race pure, bien constituée et vraiment rustique. Les journaux ont à tort annoncé que les animaux introduits par M. Ledger en Australie provenaient du Pérou ; ce sont des Alpacas de Bolivie, qui vivent encore très-bien dans leur nouvelle patrie. — Voy. Ledger, *Documents sur les Alpacas*, lus à la Société d'acclimatation de New-South-Wales Sydney (*Sydney Herald*, 2 février 1864) (*Bulletin*, 2e série, t. I, p. 548, 623). Il résulte des faits observés en Australie par M. Ledger, qu'il ne faut, en aucun cas, laisser saillir les femelles avant l'âge de deux ans, si l'on veut obtenir des produits robustes de constitution et n'ayant perdu aucune des qualités qui font rechercher l'Alpaca.

(2) A. Geoffroy Saint-Hilaire, *Rapport sur les Lamas et Alpacas récemment amenés en France de la république de l'Équateur* (*Bulletin*, 2e série, t. I, p. 321). Ces animaux sont des Lamas très-petits, moins beaux que ceux du Pérou, mais ils étaient accompagnés d'Alpa-Lamas, croisement encore inconnu en Europe, et qui montre tout le parti qu'on peut tirer même des plus mauvais Lamas, en les associant aux Alpacas, car leur laine, déjà d'un certain mérite, se rapproche, par quelques qualités, par l'homogénéité surtout, de celle de l'Alpaca.

nourriture à la fois tonique et rafraîchissante pour reprendre tout leur embonpoint. C'est certainement aux soins intelligents qui leur ont été prodigués, aux excellentes précautions hygiéniques qui ont été prises, qu'il faut attribuer ce succès ; et sous leur heureuse influence on a pu éviter la terrible maladie qui avait déterminé la mort de la plus grande partie du troupeau ramené, en 1860, du Pérou, par M. Roehn. MM. le comte de Cornulier-Lucinière et Levêque, commandants de la *Galatée* et de la *Cornélie*, vous ont fait connaître, par des rapports très-intéressants (1), les précautions qu'ils avaient prises, et les détails de l'aménagement qu'ils avaient organisé pour mener à bonne fin l'importante et difficile mission qui leur avait été confiée. Vous avez, en outre, reçu de M. d'Estienne, lieutenant à bord de la *Cornélie*, le registre tenu, jour par jour, de toutes les particularités du voyage des Lamas et Alpacas. Dans ce travail, qui peut être cité comme un modèle, vous avez trouvé tous les éléments nécessaires pour assurer un succès égal à toute nouvelle tentative du même genre. Si chacune des expéditions qui vous sont faites était accompagnée d'un rapport aussi détaillé, votre œuvre serait singulièrement facilitée, car bientôt vous pourriez combattre avec avantage les causes multiples, et inconnues jusqu'à ce jour, qui font avorter trop souvent vos plus précieuses importations !

Diverses communications vous ont fait connaître l'état des Lamas et Alpacas confiés par vous à plusieurs de vos confrères, ou conservés au Jardin du bois de Boulogne, et vous ont rappelé les travaux les plus importants dont ces animaux ont été le sujet (2).

(1) Comte de Cornulier-Lucinière, *Rapport à Son Exc. le Ministre de la marine sur les Alpacas et Lamas transportés de Guayaquil à Brest* (*Bulletin*, 2e série, t. I, p. 393). — A. Levêque, *Rapport sur les Lamas et Alpacas transportés du Pérou à Toulon* (*ibid.*, p. 397).

(2) *Bulletin*, 1859, t. VI, p. 111, 113, 132. — Em. Colpaert, *Etudes sur les bêtes à laine du Pérou* (*Bulletin*, 2e série, t. I, p. 27, 121, 161, 250). — Rufz de Lavison, *Note sur les différentes tentatives d'introduction et d'acclimatation des Lamas et Alpacas qui ont lieu en Europe* (*Bulletin*, 2e série,

Nous devons vous rappeler encore les nouveaux essais de lord Powerscourt (1), pour introduire plusieurs espèces de Cerfs en Irlande, et en obtenir des croisements curieux ; les communications importantes de S. A. le prince P. N. Bonaparte, sur les Mouflons de Corse (2) ; de M. Chatin, sur le lait de Chamelle (3) ; de M. A. Geoffroy Saint-Hilaire, sur les Cerfs (4) ; A. Joyeux, sur le Hérisson (5).

Nous n'avons eu, jusqu'à ce jour, à vous signaler de succès obtenus pour l'incubation et l'éclosion de l'Autruche, que dans des contrées chaudes de l'Europe, à Florence, à Marseille (6), à Madrid (7) ou en Algérie (8). Mais ces faits, bien

t. I, p. 327). On trouve dans ce mémoire des détails intéressants sur la constitution de l'alimentation de ces animaux dans les diverses localités où on les élève. — Galmiche, *Rapport sur les Lamas introduits dans les Vosges* (*Bulletin*, 2e série, t. I, p. 456). Les faits observés par M. Galmiche démontrent les services que peut rendre le Lama comme bête de somme, d'une force restreinte, il est vrai, mais cependant suffisante pour les besoins d'une petite exploitation. Les animaux de M. Galmiche ont supporté sans aucun inconvénient les rigueurs de l'hiver de 1864. Malheureusement, depuis la lecture de ce rapport, la Société a été informée que la majeure partie du troupeau de M. Galmiche avait succombé à la suite d'une affection cutanée.

(1) Le vicomte Powerscourt, dont les travaux ont déjà été récompensés par la Société en 1863, continue avec le plus grand zèle ses études d'acclimatation des diverses espèces de Cerfs, et a introduit, cette année, en Irlande, quelques spécimens de Cerfs à bois gigantesques d'Allemagne. Il a obtenu également la reproduction en liberté des Mouflons.

(2) S. A. P. N. Bonaparte, *Sur le Mouflon de Corse* (*Bulletin*, 2e série, t. I, p. 389).

(3) Docteur A. Chatin, *Lait du chameau à deux bosses* (*Bulletin*, 2e série, t. I, p. 565).

(4) *Bulletin*, 2e série, t. I, p. 208.

(5) A. Joyeux, *Le Hérisson comme destructeur de serpents* (*Bulletin*, 2e série, t. I, p. 620).

(6) M. Suquet a obtenu encore cette année de nouvelles naissances (*Bulletin*, 2e série, t. I, p. 420).

(7) M. Graells annonce que les Autruches ont, en 1864, couvé et élevé des petits au *Buen-Retiro* ; c'est la cinquième fois que ce fait est observé par notre savant délégué. A *Casa de Campo*, les Autruches ont pondu, mais non couvé. (Voy. *Bulletin*, 2e série, t. II, p. 16.)

(8) M. Hardy a fait connaître (*Bulletin*, 2e série, t. I, p. 419) une nouvelle

que remarquables, pouvaient s'expliquer par la température générale, relativement élevée, de ces localités. Cette année, c'est un progrès manifeste dans les résultats obtenus, c'est une véritable stabulation de l'Autruche que nous avons à vous signaler ; aussi votre espérance de compter un jour l'Autruche au nombre des habitants de la basse-cour semble-t-elle près de se réaliser. Vous devez à M. Bouteille (1) la naissance de jeunes Autruches dans des conditions qui paraissaient, au premier abord, les plus défavorables; car c'est à Grenoble, sous le rude climat des Alpes, que notre zélé confrère a pu, avec le concours intelligent et dévoué de Mme Choplin, obtenir de jeunes individus dans le meilleur état de santé.

En Espagne (2), comme en Angleterre (3), les reproductions de Dromées se sont continuées, et les succès nouveaux de M. Bennett semblent annoncer pour un avenir prochain l'acclimatation de cet oiseau en Europe.

éclosion d'Autruches qu'il a obtenue, et fait observer que ses études lui ont donné la conviction que l'Autruche est monogame.

(1) Bouteille, *Sur une reproduction d'Autruches d'Afrique observée au jardin d'acclimatation de la Société régionale des Alpes, à Grenoble* (*Bulletin*, 2e série, t. I, p. 506). Ces animaux ont couvé dans une chambre avec une grande régularité, bien que cependant les personnes qu'ils ont l'habitude de voir vinssent tous les jours faire le service autour d'eux. Le matin on les faisait sortir un quart d'heure et on leur donnait leur repas. Puis ils rentraient au nid, pour n'en plus bouger de vingt-quatre heures. On les menait comme les meilleures couveuses de Cochinchine, et les animaux ne se sont pas montrés une seule fois rebelles. Après cette stabulation, qui s'est prolongée quarante-six jours, il est né deux jeunes parfaitement bien portants, et pour lesquels la femelle a montré autant de sollicitude qu'elle manifestait d'indifférence pour les œufs. Les petits ne se placent jamais que sous le mâle, et ne reçoivent pas de nourriture de leurs parents. Ce fait, observé par M. Bouteille, est des plus importants.

(2) Les Dromées ont couvé encore en 1864 à *Casa de Campo*, et recommencé leur ponte en janvier 1865.

(3) M. W. Bennett, de Brockham-Lodge, a continué ses essais d'acclimatation de Casoars avec le plus grand succès ; il en a élevé sept, cette année, qui proviennent de la couvée annoncée il y a un an. La ponte de cette année a été un peu retardée par l'incubation de l'an dernier et les soins prolongés donnés à la jeune famille.

Les tentatives faites par MM. Hennecart et Aimé Laurence (1) pour obtenir la reproduction du Colin de Californie en liberté ont aussi appelé votre sérieuse attention, car elles promettent à nos chasseurs un gibier nouveau, en vous démontrant la possibilité prochaine d'une véritable acclimatation de ce joli oiseau. Nous pourrons sans doute bientôt vous annoncer le même succès pour le Colin à plumes lancéolées, récemment introduit par M. Leroux (2), et pour d'autres oiseaux non moins précieux, parmi lesquels nous citerons le Tragopan du Népaul (*Ceriornis satyra*), dont M. John Stone (3) a obtenu des produits ces deux dernières années. Et sans doute le temps n'est pas éloigné où nos volières et nos faisanderies se seront enrichies des *Song-ky* (4), des Tragopans (5), des *Peucrasia* de la Chine, et des Euplocomes de la Cochinchine (6), dont les premiers spécimens, venus en France et même en Europe, vous ont été procurés par de généreux donateurs.

Ces nouvelles et précieuses espèces ne vous ont pas fait oublier les oiseaux de basse-cour (7) : vos collections se sont enrichies de plusieurs races curieuses (8), et vous avez accordé vos encouragements à Mme la comtesse Koucheleff (9), qui

(1) Aimé Laurence, *Reproduction des Colins de Californie en liberté* (*Bulletin*, 2e série, t. I, p. 402).

(2) *Bulletin*, 2e série, t. I, p. 159, 204.

(3) M. John Stone a pu obtenir en 1863 et 1864 la reproduction, à Londres, du *Ceriornis satyra*, dont il avait pu introduire, depuis quelques années déjà, plusieurs individus, ainsi que d'autres précieuses espèces de Phasianidés.

(4) *Bulletin*, 2e série, t. I, 718.

(5) Outre les Tragopans ordinaires dont le Jardin du bois de Boulogne a acquis cette année une paire, il s'est enrichi de nouveaux individus du Tragopan de Temminck, que lui avaient envoyés M. Dabry.

(6) Rufz de Lavison, *Note sur l'Euplocomus prelatus, et sur quelques envois de la Cochinchine et du Mexique* (*Bulletin*, 2e série, t. I, p. 175).

(7) Sacc, *Note sur le Canard musqué* (*Bulletin*, 2e série, t. I, p. 257).

(8) Rufz de Lavison, *Rapport sur le Jardin en* 1864 (*Bulletin*, p. 719).

(9) Mme la comtesse Koucheleff s'est occupée, avec le plus grand zèle, de l'introduction en Russie des meilleures races de Poules françaises (Houdan, la Flèche, Crèvecœur), et a surtout cherché à les répandre en grand dans l'économie rurale, ainsi que les plus belles races bovines anglaises et françaises.

a introduit en Russie nos meilleures espèces de volailles.

Parmi les mémoires qui vous ont été adressés, vous avez remarqué ceux sur l'éducation des Merles moqueurs, de M. Chiapella, sur le *Tetrao cupido*, de M. Grandley Berkeley.

Il y a deux ans, le Pic vert (1), qui avait été cité à votre barre comme destructeur d'arbres, obtenait de vous l'attestation que ses services, comme destructeur d'insectes, compensaient et au delà les quelques méfaits qu'on pouvait lui reprocher. Cette année, en décidant que l'Alouette (2) n'est pas un oiseau de passage, vous avez appelé sur elle la protection de la loi. Trop heureux seraient les nombreux oiseaux insectivores, ces utiles protecteurs de nos récoltes contre des myriades de déprédateurs cachés, si vous pouviez leur assurer aussi protection contre les ennemis imprévoyants et nombreux qui leur livrent une guerre acharnée et incessante (3).

Il y a soixante ans, un homme auquel n'a pas été rendue la justice qu'il méritait, Rauch (4), frappé du dépeuplement de nos fleuves, de nos rivières, de nos étangs, disait : « On » devrait former une commission fixe et spéciale, qui eût la » mission et les moyens de voyager, d'observer et d'enrichir » sans interruption nos eaux de peuplades nouvelles.... Ces » travaux, d'une importance si majeure, dont les succès se- » raient certains, qui créeraient une des plus riches veines » alimentaires à la nature, seraient dignes des plus éclatants

(1) *Bulletin*, t. IX, p. 137, 173, 339, 356, 424, 470, 706, 807.

(2) *Bulletin*, 2e série, t. I, p. 204.

(3) La protection aux oiseaux insectivores a été, de nouveau, demandée par notre zélé confrère M. Turrel (*Bulletin*, p. 762), et au Congrès international d'horticulture, tenu à Bruxelles, par MM. de Selys-Longchamps, Fée, Brongniart et Westmael (p. 182) : ces honorables savants ont rappelé à ce sujet les importantes observations de notre confrère M. Florent Prevost sur la nourriture des oiseaux.

(4) C'est Isidore Geoffroy Saint-Hilaire qui, le premier, a rappelé l'attention des naturalistes sur les travaux de Rauch, sur les ressources que peuvent offrir les étangs, les rivières et les fleuves, et qui l'a fait connaître comme un des précurseurs de l'œuvre que nous tentons. (*Acclimatation et domestication des animaux utiles*, 1861, p. 489.)

» encouragements (1). » Il nous est donné de voir ce vœu en partie réalisé, et sous l'impulsion que lui ont donnée d'illustres savants que vous êtes fiers de compter parmi vous, la pisciculture est devenue une des branches les plus importantes de vos études. Nous n'avons pas besoin de vous rappeler les remarquables travaux de notre illustre confrère M. Coste (2), et le précieux concours qu'il veut bien prêter à votre œuvre pour prouver à tous quelle part vous accordez à la pisciculture, et chaque année vous témoignez par de nombreuses récompenses de l'intérêt avec lequel vous suivez ses progrès. Ce ne sont pas seulement de nouvelles tentatives qui fixent votre attention, mais vous savez aussi reconnaître, comme aujourd'hui, par quelques-unes de vos plus glorieuses récompenses, des travaux déjà anciens et qui se continuent encore en ce moment. L'établissement d'Huningue, dont la renommée est universelle, et qui fournit chaque année à des milliers de pisciculteurs des myriades d'œufs fécondés des meilleures espèces de poissons, est dirigé, depuis sa fondation, par M. Coumes (3), auquel vous allez donner un éclatant témoignage de votre sympathie, en le comptant au nombre de vos lauréats.

Nous devons vous signaler aussi les travaux du pilote Guillou, qui, depuis longtemps déjà, donne tous ses soins à des expériences de pisciculture marine, et dont vous avez

(1) Rauch, *Harmonie hydro-végétale et météorologique*, t. II, p. 162, an X.

(2) Les immenses services rendus à la science, et à la culture des eaux en particulier, par M. Coste, sont appréciés de tous ceux qui s'occupent de ces graves questions, et nous aurions à citer son nom à chaque phrase, car presque tout ce qui s'est fait en pisciculture, a été fait sous son inspiration et par son influence. (*Bulletin*, 2e série, t. I, p. 293.)

(3) M. Coumes, outre les travaux nombreux qu'il a exécutés à Huningue, et que lui demande la diffusion d'une énorme quantité d'œufs fécondés dans le monde entier, a publié plusieurs mémoires importants sur la pisciculture, parmi lesquels nous citerons : *Sur la pisciculture en Angleterre, en Ecosse et en Irlande*, in-4 ; *Notice historique sur l'établissement de pisciculture d'Huningue*, in-4.

voulu, par une nouvelle récompense, encourager les persévérants efforts (1).

Les tentatives, jusqu'à ces derniers temps infructueuses, d'introduction du Gourami dans nos eaux, ont enfin, cette année, donné de plus heureux résultats. Si la France n'a reçu encore qu'un seul de ces poissons vivants (2), l'Algérie, plus heureuse, en doit plusieurs individus à l'obligeance de M. Perrot de Chamarelle (3), au moment même où, à l'autre extrémité de l'Afrique, au cap de Bonne-Espérance, d'autres Gouramis arrivaient vivants aussi (4). C'est un premier pas dans la conquête de ce précieux poisson, pour la France d'une part, et pour l'Australie d'autre part, ces deux émules en acclimatation. La persistance opiniâtre qu'ont montrée jusqu'à ce jour MM. Manès et Berg (5), de la Réunion, et particulièrement MM. Liénard de Maurice (6), ne se démentira certes pas à la veille du succès, et nous assure une acquisition depuis si longtemps désirée.

Ce n'est pas seulement le Gourami dont l'Australie entreprend la conquête pour ses eaux, elle y a déjà transporté plusieurs espèces européennes (7), et dans ces derniers temps

(1) Les services rendus à la pisciculture marine par le pilote Guillou ont été exposés dans un mémoire de M. A. Gillet de Grandmont, sur les *Viviers-laboratoires de Concarneau, leur description, leur avenir* (*Bulletin*, t. I, p. 261), et par M. O. S... (*Revue britannique*, 5e série, 1865, t. I, p. 155). Sous son intelligente direction, le laboratoire, d'une superficie de 6000 mètres, où la mer entre deux fois par jour, offre de grandes quantités de poissons et de crustacés en stabulation et aux divers âges.

(2) *Bulletin*, t. X, p. 739, 763 ; 2e série, t. I, p. 615.

(3) *Bulletin*, t. X, p. 697, 701.

(4) *Bulletin*, 2e série, t. I, p. 217-305, 380.

(5) MM. Manès et Berg ont depuis longtemps donné tous leurs soins à l'introduction du Gourami en France et en Égypte ; mais jusqu'à ce jour le succès n'a pas récompensé leurs efforts, comme on pouvait l'espérer. (*Bulletin*, 2e série, t. I, p. 539, 696.)

(6) M. Liénard, qui a donné à la Société de nombreuses preuves de son zèle, n'a pu amener qu'un seul Gourami à Marseille, mais avait eu l'heureuse pensée d'en laisser cinq en Égypte, chez M. Coulon. (*Bulletin*, 2e série, t. I, p. 615.)

(7) Hébert, *Tentatives d'introduction de diverses espèces de poissons*

le Saumon et la Truite y ont fait leur apparition. Pour obtenir ce résultat, M. Youl (1) a dû conserver dans la glace les œufs fécondés pour retarder leur éclosion, et, par ses soins persévérants, par son opiniâtreté indomptable, il a bien mérité que vous joigniez vos félicitations à celles du public anglais et australien.

Les tentatives de repeuplement des eaux de l'Algérie par des espèces alimentaires, si glorieusement inauguré par nos confrères MM. Cosson et Kralik (2), se continuent; et malgré les difficultés sans nombre contre lesquelles ils ont à lutter, MM. Pichon et Tourniol (3), et le général Liébert (4), ont réussi à introduire dans l'oued Boutan de nouvelles espèces; et leurs premiers succès, bien que peu prononcés encore, permettent d'augurer au mieux pour la réalisation complète du but qu'ils poursuivent.

Parmi les nombreux collaborateurs qui vous ont transmis des documents sur leurs expériences et leurs essais de repeu-

dans les eaux de l'Australie (*Bulletin*, 2e série, t. I, p. 305). MM. Glyn et Johnson ont rendu compte à l'Association britannique de trois tentatives infructueuses d'introduction du Saumon en Australie (*Moniteur*, 5 décembre 1863).

(1) Ramel (*Bulletin*, 2e série, t. I, p. 433); *Heureuse arrivée en Australie des œufs de Saumon conservés dans la glace* (*ibid.*, p. 440). La Société a été heureuse d'apprendre que les persévérants efforts de M. Youl avaient trouvé le plus généreux et le plus dévoué concours chez MM. Money, Wigram, Tonkin, Officer et Ramsbottom. M. Millet, qui a remarqué que le froid ralentit considérablement l'action vitale des embryons, en a tiré cette conclusion, qu'on pourrait, par ce moyen, reculer l'époque de leur éclosion, et a proposé l'usage de la glace pour mener à bonne fin les expéditions lointaines d'œufs de poissons (*ibid.*, 434).

(2) *Bulletin*, 1862, t. IX, p. XC.

(3) Pichon et Tourniol, *Lettre au Président de la Société* (*Bulletin*, 2e série, t. I, p. 435). Les résultats obtenus ne sont encore que bien peu de chose, mais les auteurs ont eu à lutter contre des difficultés sans nombre, et ont pu faire vivre dans l'oued Anasseur quelques Truites et Saumons; ce qui les encourage à continuer leurs expérimentations.

(4) Général Liébert, *Note sur les essais de pisciculture tentés à Milianah* (*Bulletin*, 2e série, t. I, p. 374).

plement des eaux, nous vous rappelons MM. Schram (1), Sicard (2), Lhermite (3), Malard (4), Wallon (5), Nicolle (6), Carbonnier (7), Grand d'Esnon (8), des Nouhes de la Cacau-

(1) Schram, *Essais de pisciculture tentés au jardin botanique de Bruxelles* (*Bulletin*, 2e série, t. I, p. 374). M. Millet a rappelé, à l'occasion de ce mémoire, que toutes les observations faites jusqu'à ce jour confirment ce point très-important, à savoir, que la Truite, confinée dans l'eau douce, y atteint un développement bien plus considérable que le Saumon. Il fait observer aussi que le Saumon peut, sans émigrer à la mer, se reproduire, soit naturellement, soit artificiellement, dans les eaux douces captives : il insiste sur ce point, que les Truites peuvent, sans inconvénient, vivre dans les eaux calcaires. (*Ibid.*, p. 375.)

(2) M. Sicard (de Marseille), qui s'adonne avec grand soin à la pisciculture, a institué des expériences sur le degré de salure de l'eau que les Truites et Saumons peuvent supporter. Ces expériences, importantes au point de vue de l'acclimatation de ces poissons dans les rades de la Méditerranée et dans les lacs et canaux du littoral, semblent démontrer que 2 degrés et demi de salure leur sont plus favorables que l'eau douce. Ils meurent à 3 degrés et demi. (*Ibid.*, p. 205, 206.)

(3) M. Lhermite, qui s'occupe avec zèle de pisciculture, a introduit la Truite dans la *Boude*, où l'on en pêche depuis lors, et en a conservé dans ses bassins. Ces poissons lui servent à opérer lui-même des fécondations artificielles. (*Ibid.*, p. 67.)

(4) M. Malard, qui a organisé sur les bords de la Meuse un important établissement, a imaginé un ingénieux système de clarification et de refroidissement des eaux ; il ne lâche l'alevin en rivière que lorsqu'il a trois mois (*ibid.*, p. 615). Nous croyons devoir insister sur l'importance de la précaution prise par M. Malard, car il peut ainsi sauver beaucoup plus de jeunes alevins.

(5) Sous l'inspiration de la Société d'acclimatation de Tarn-et-Garonne, M. Wallon a fait, depuis plusieurs années, de nombreuses éducations, qui lui ont permis de verser des quantités d'alevin dans la Garonne, le Tarn, l'Aveyron, et d'en fournir au département des Landes pour le repeuplement du bassin de l'Adour. (*Ibid.*, p. 300.)

(6) M. Nicolle a établi aux environs du Havre une anguillerie qui occupe près de 2 hectares, et commence à en obtenir des produits marchands. (*Ibid.*, p. 750.)

(7) *Bulletin*, 2e série, t. I, p. 212, 744.

(8) M. Grand d'Esnon, dans l'Yonne, a fait d'importantes éducations de Truites, et réussit surtout qu'il emploie des œufs fécondés sur place. Les Saumons n'ont pas donné de bons résultats. (*Ibid.*, p. 754.)

dière (1), J. Schlumberger (2), de Causans (3), de Tillancourt (4), Lamiral (5), Roger-Desgenettes (6), etc., et nous devons une mention toute particulière à nos zélés confrères MM. Millet (7), René Caillaud (8) et Gillet de Grandmont, dont les importants rapports vous ont appris combien, dans nos diverses provinces, vous avez de nombreux coopérateurs.

Des spécimens très-intéressants des divers âges des Écrevisses à pattes rouges vous ont été présentés par M. Sauvadon (9), qui, depuis plusieurs années, se livre fructueuse-

(1) M. des Nouhes de la Cacaudière continue avec succès ses travaux de pisciculture : il a observé que les Saumons réussissent moins bien que les Truites ; la nourriture qu'il donne à ses poissons consiste en pain, et tous les animaux qu'on détruit chez lui, pies, geais, vipères, hannetons, etc.

(2) *Bulletin*, 2e série, t. I, p. 589.

(3) M. de Causans, propriétaire du lac de Saint-Front (Haute-Loire), dont la Société connaissait déjà les travaux (*Bulletin*, p. 585), a établi des frayères artificielles, et aussi par fécondation artificielle il a pu introduire chaque année, dans ses eaux, plusieurs milliers de Truitelles écloses sur place, et élevées dans des rigoles alimentées par les eaux mêmes du lac. Le produit, qui était insignifiant, est aujourd'hui de 6500 à 7000 francs pour 33 hectares. (*Bulletin*, 2e série, t. I, p. 771.)

(4) M. de Tillancourt, qui a organisé avec beaucoup de soins son établissement de pisciculture, y a établi ses appareils d'éclosion dans un ruisseau artificiel couvert, et distribue ses poissons dans trois bassins différents suivant les âges ; il a observé que les aliments naturels étaient préférables aux artificiels. (*Bulletin*, 2e série, t. II, p. 46.)

(5) *Bulletin*, 2e série, t. I, p. 358.

(6) *Bulletin*, 2e série, t. I, p. 743.

(7) M. Millet a fait, outre de nombreuses communications sur divers sujets de pisciculture, part à la Société des résultats de ses fécondations artificielles de jeunes Lavarets, qu'il a montrés vivants et dont il a indiqué les meilleurs modes de propagation. (*Ibid.*, p. 151.)

(8) M. René Caillaud, dont le zèle pour tout ce qui a rapport à la pisciculture marine ou fluviatile est bien connu de la Société, et qui donne tous ses soins à la tenir au courant des progrès de cette partie de nos études, a résumé dans un mémoire important : *Aperçu de l'état actuel de la pisciculture fluviatile dans diverses localités de la France* (*Bulletin*, 2e série, t. I, p. 580, 735), les faits qu'il a observés dans ses voyages en 1864.

(9) M. Sauvadon, qui a organisé à Clairefontaine, un important établissement d'hirudiniculture, a eu l'idée d'y adjoindre des bassins pour l'élève des

ment, à Clairefontaine, à l'éducation de ces crustacés; et votre confrère, M. le marquis de Selve (1), qui a organisé à Villiers un vaste établissement de pisciculture, vous a transmis des renseignements qui témoignent des chances heureuses de ses éducations.

L'ostréiculture (2), cet art que connaissaient les Romains, et que nous pouvons cependant dire né d'hier, continue à occuper de nombreuses personnes, et vous avez pu vous convaincre, par le concours des produits qui a eu lieu cet automne au Jardin du bois de Boulogne, de l'excellence des produits qu'elle peut, dès à présent, fournir au consommateur. Parmi un grand nombre d'ostréiculteurs, vous avez remarqué Mme Sarah Félix, MM. Thibault et Battandier (3), Rouché (4), Kemmerer (5), etc., qui, sur les côtes de l'Océan,

poissons, et de tenter l'éducation des Écrevisses à pattes rouges; après de nombreux essais infructueux, il a fini par triompher de toutes les difficultés, et ses éducations se font bien. Il a remis à plusieurs reprises, au Jardin du bois de Boulogne, des spécimens d'Écrevisses aux divers âges. (*Bulletin*, 2e série, p. 770.)

(1) M. le marquis de Selve, avec la coopération obligeante de M. Carbonnier, a établi cette année des bassins pour l'éducation des Écrevisses à pattes rouges. Son établissement, très-bien aménagé, promet de donner des résultats avantageux. (*Bulletin*, t. I, p. 421.)

(2) C'est à notre dévoué confrère M. Coste que l'on doit les premières observations sur le moyen de repeupler les huîtrières, dévastées par des pêches faites sans nul souci de l'avenir, et par son initiative les mesures les plus efficaces pour prévenir la perte des *naissains* d'Huîtres ont été prises; nous devons donc lui reporter tout l'honneur de cette initiative, qui doit transformer en riches *mines alimentaires* des rivages restés incultes jusqu'à ce jour. — A. Gillet de Grandmont, *Ostréiculture à l'île de Ré* (*Bulletin*, 2e série, t. I, p. 180). — O. S... *l'Ostréiculture en France* (*Revue britannique*, 5e série, 1865, t. I, p. 121).

(3) MM. Thibault et Battandier ont obtenu de beaux résultats qui ont encouragé les populations voisines à mettre en culture plus de 60 hectares de rochers inféconds.

(4) M. Rouché est un des premiers qui ait eu l'idée d'utiliser le plateau de Chatelaillon, qui découvre aux marais d'équinoxe : d'après son exemple, un grand nombre d'établissements d'ostréiculture s'y sont formés et commencent à donner des produits.

(5) M. le docteur Kremmerer a fait connaître les résultats de ses travaux

travaillent à rendre fertiles des rivages improductifs; de même que le comité d'aquiculture de Marseille (1) se préoccupe de fertiliser les côtes de la Méditerranée.

Rappelons encore des mémoires importants qui vous ont été soumis sur le Muge d'eau douce (2), sur la pisciculture marine à Arcachon (3), sur les Mollusques de l'Algérie (4), sur les Anguilles (5), sur les Salmonidés (6), sur la ponte des Poissons de mer (7), sur les Chevrettes (8), et quelques

dans un ouvrage intitulé : *Réhabilitation sociale des riverains des mers par les industries du rivage*, 1864.

(1) Le comité d'aquiculture de Marseille, avec l'aide de MM. Lamiral, Vidal, Sicard, Lucy (*Bulletin*, p. 205), se livre à des travaux importants pou augmenter la production ichthyologique de nos côtes méditerranéennes, et concourt activement aux travaux de notre Société.

(2) M. René Caillaud a fait connaître à la Société les progrès de l'élevage du Muge et même du Bar en eau douce, en Vendée et surtout chez M. Labbé (*Bulletin*, p. 57). — M. Millet, dans une communication sur l'importance de l'étude de la température et de la densité des eaux pour la pisciculture, a insisté sur ce fait, que le Muge vit et prospère dans les eaux douces marquant zéro degré à l'aréomètre, comme dans les eaux marines, dont la salure s'élève à 8 degrés. (*Bulletin*, p. 361.)

(3) Les viviers d'Arcachon, où l'on élève beaucoup de Muges et d'Anguilles, et dont M. Millet a présenté les plans, dessins et modèles, fournissent aujourd'hui les marchés de Bordeaux et des pays voisins, aux époques où la pêche est impraticable en mer, et donnent un produit moyen de 300 francs par hectare. (*Bulletin*, p. 71.)

(4) Baron Aucapitaine, *Sur les Mollusques céphalopodes du littoral de l'Algérie*. (*Bulletin*, 2e série, t. I, p. 460.)

(5) M. Lauzat a signalé (*Bulletin*, p. 770) les inconvénients que présente l'introduction de l'Anguille dans les eaux destinées aux autres espèces de poissons. — M. Millet fait remarquer que l'introduction de l'Anguille dans les eaux où elle manque offre des avantages qui compensent ces inconvénients, et préconise sa propagation ; elle peut vivre et prospérer dans des eaux qui ne sont pas favorables aux autres poissons. (*Bulletin*, p. 773.)

(6) *Bulletin*, 2e série, t. II, p. 55.

(7) M. Millet, qui a continué ses recherches sur les époques de la ponte des Poissons de mer, a montré à la Société les caractères qui permettent de reconnaître au premier coup d'œil l'époque plus ou moins prochaine de la ponte. (*Bulletin*, p. 150.)

(8) Delidon, *Notice sur les Chevrettes, et principalement sur celles de*

autres questions importantes par plusieurs de vos confrères.

L'année qui vient de finir vous a fourni encore de nouvelles observations relatives à la sériciculture (1), et les rapports sur les éducations des diverses espèces de Vers à soie n'ont pas été moins nombreux ni moins intéressants que les années précédentes ; mais il est un fait auquel nous devons une mention toute spéciale. M. Léon Roches, ministre de France à Yédo (Japon), profitant de ce que de nouvelles victoires remportées par notre flotte lui permettaient de dicter des conditions au taïcoun, a fait servir le succès de nos armes aux progrès de l'acclimatation, en obtenant le droit d'acheter des graines de Vers à soie du Mûrier. C'est ainsi qu'il a pu procurer à la France une notable quantité de cette précieuse graine, dont jusqu'à ce jour le commerce était prohibé, et par conséquent entravé par mille difficultés, et sa généreuse initiative aura peut-être pour résultat la régénération de la sériciculture française. La faveur avec laquelle a été accueillie la répartition des graines dont vous vous êtes occupés avec le concours du gouvernement, témoigne de l'importance du service que vous avez rendu, en donnant de nouveaux moyens de combattre les maladies qui déciment les Vers à soie. Du reste, pour arriver à la connaissance exacte de l'utilité de cette importation, vous avez fondé des prix pour les rapports qui vous en feront le mieux apprécier la valeur (2), en vous indiquant les phases par lesquelles auront passé les éducations.

Saint-Gilles-sur-Vie (*Vendée*) (*Bulletin*, 2e série, t. I, p. 512). Après avoir indiqué les moyens employés pour la pêche de ces animaux et donné quelques détails sur son histoire naturelle, M. Delidon annonce des expériences sur la reproduction en viviers. Une autre note de M. Delidon (*ibid.*, p. 770) indique comme moyen d'obtenir le *verdissement* des Huîtres, de les mettre dans des *claires* où l'argile renferme du sulfure de fer.

(1) J. Pinçon, *Éducation de Vers à soie au Jardin d'acclimatation* (*Bulletin*, 2e série, t. I, p. 408). — *La pébrine observée chez les Yama-maï* (*ibid.*, p. 341). — J. Guichard, *Vers à soie de l'Ouaddy, graine d'Egypte* (*ibid.*, p. 481). — *Sur la sériciculture en Perse* (*ibid.*, p. 438).

(2) *Bulletin*, 2e série, t. II, p. XVII. Des éducations précoces faites dans divers établissements du Midi ont donné les meilleurs résultats, et permettent de penser que la sériciculture pourra tirer de ces graines un très-bon parti.

En attendant que les faits viennent donner leur consécration à vos efforts, vous avez témoigné de notre gratitude à M. Léon Roches, en lui décernant la plus haute de vos récompenses, le titre de membre honoraire.

Le service éminent que M. Léon Roches vient de rendre à la sériciculture française vous rappelle ceux de son prédécesseur au Japon, M. Duchesne de Bellecourt (1), auquel vous avez dû les premiers *Bombyx Yama-maï* (2). Les expériences commencées en 1863 sur ce Ver quercien du Japon se sont continuées, pendant la campagne dernière, avec un succès égal chez quelques-uns de nos confrères, et vous avez constaté les mêmes réussites que par le passé chez MM. Chavannes (3), Frérot (4), Baumgartner (5), Personnat (6), Ligouhne (7), Raymondo Toninz (8), Mme veuve Boucarut (9) et presque tous

(1) M. Duchesne de Bellecourt avait fait les plus grands efforts pour procurer à la Société les meilleures races de Vers à soie du Mûrier du Japon, et donné à notre Société les preuves les plus manifestes de son bienveillant concours.

(2) La Société, dans le but de favoriser les éducations de *B. Yama-maï*, a inséré dans son *Bulletin* (2e série, t. I, p. 522, 592) un mémoire de M. Blekman, *Sur la culture du Ver à soie sauvage Yama-maï au Japon.*

(3) M. Chavannes a fait connaître à la Société ses nouvelles observations sur l'éducation du *B. Yama-maï*, et lui a fait don d'une partie des œufs qu'il avait obtenus (*Bulletin*, 2e série, t. I, p. 700). Il a fait observer aussi que les naissances ne se font bien que de + 12 degrés à + 15 degrés ; les Vers nés à + 9°,5 périssent presque infailliblement. Les produits des Vers nourris sur des rameaux plongeants ne réussissent pas.

(4) M. Frérot, qui a continué ses importantes éducations, fait remarquer que les papillons mâles éclosent plus tôt que les femelles, et qu'il est important de retarder les premiers pour assurer les accouplements.

(5) M. Baumgartner a reconnu les bons effets de l'humidité pour faciliter l'éclosion : si la température s'abaisse aussitôt après la naissance, les Vers périssent, tandis que dès qu'ils ont déjà mangé depuis deux ou trois jours, ils supportent très-bien le même abaissement de température.

(6) M. Personnat a adressé à la Société un nouveau rapport qui renferme les détails les plus intéressants sur les moyens de conduire à bien les éducations d'*Yama-maï*.

(7) M. Ligouhne a continué avec succès ses éducations de *B. Yama-maï* et de *B. Cynthia*.

(8) M. Raymondo Toninz s'est très-bien trouvé d'humidifier les œufs pour faciliter leur éclosion.

(9) Mme veuve Boucarut, dont la commission des récompenses a déjà

vos lauréats de l'an dernier, en même temps que des éducations remarquables étaient obtenues par MM. Sacc (1) et Blain (2), dont vous n'aviez connu les travaux de 1863 que trop tardivement pour que vous puissiez leur accorder la récompense qu'ils avaient méritée. Malheureusement, vous avez eu quelques revers à constater, surtout dans les environs de Paris : ce fait peut peut-être s'expliquer par la réunion au Jardin du bois de Boulogne de presque tous les cocons des petites éducations, effectuée pour obtenir le plus grand nombre possible de fécondations; mais ces cocons provenant d'éducations différentes et différemment conduites ont donné des papillons, les uns forts et robustes, les autres faibles et malades, et de leur accouplement il a dû résulter des produits médiocres (3). Quoi qu'il en soit, nous pouvons affirmer que l'acclimatation du *Bombyx Yama-maï* est en bonne voie, et que bientôt la sériciculture européenne le possédera en toute assurance.

Nous ne sommes malheureusement pas en mesure d'exprimer les mêmes espérances pour le Ver à soie du Chêne de Chine (*B. Pernyi*) (4), et les éclosions obtenues l'an dernier,

signalé à plusieurs reprises les remarquables travaux et rapports, a continué à nous tenir au courant de ses diverses éducations avec le même zèle que par le passé.

(1) M. Sacc, dont la Société a su apprécier le dévouement, avait, en 1860, exprimé des craintes sur les résultats de son éducation de *B. Yama-maï*, mais plus tard il nous a annoncé une des plus belles réussites obtenues. La Société a été heureuse de rectifier une erreur qui reposait sur l'absence de renseignements ultérieurs de notre dévoué confrère (*Bulletin*, 2e série, t. I, p. 367). En mai 1864, M. Sacc annonçait de nouveau la beauté de ses récoltes du Ver quercien (*Bulletin*, p. 356).

(2) M. Blain (d'Angers) a obtenu 400 éclosions en 1864; 310 Vers ont été élevés en chambre, 40 en plein air, tous ont réussi aussi bien ; 140 femelles ont donné 170 grammes de graine fécondée. M. Blain a remarqué que plus les fécondations sont réussies, plus le nombre d'œufs pondus diminue. Il pense qu'il faut, autant que possible, retarder l'éclosion jusqu'en avril.

(3) M. Rufz de Lavison a fait observer que les *B. Yama-maï* atteints par la maladie sont ceux qui ont été nourris par les premières pousses du Chêne ou par les feuilles du Cognassier. (*Bulletin*, 2e série, t. I, p. 362.)

(4) A. Pichon, *Sur les Vers à soie du Chêne* (*B. Pernyi*) *de Chine et le Khouo-ki* (*Bulletin*, 2e série, t. I, p. 299).

avec les cocons envoyés par M. Perny (1), ou rapportés par M. E. Simon (2), ont été en général très-mauvaises (3) : aussi l'expérience est-elle à recommencer encore.

Quant au *B. Cynthia*, son éducation, qui tend à se généraliser, se continue avec succès dans diverses contrées (4), par MM. Sicard, Forgemol, et l'un de vos plus zélés confrères, M. de Milly (5), a pu mettre à votre disposition 2 kilogrammes de cocons pour les soumettre à des expériences industrielles. M. Jean Roy (6) vous a indiqué, dans un mémoire important, tout ce que sa pratique lui a suggéré pour l'éducation du *B. Arrindia* (7); et d'autre part, M. Gélot vous a fait connaître les succès de M. Carlos Lix (8), qui assurent une nouvelle source de richesse à la confédération Argentine.

M. Roger-Desgenettes vous a rapporté un fait qui témoigne de la résistance au froid des cocons du *B. Cecropia* (9), et ce fait vous a rappelé l'observation du maréchal Vaillant.

L'insecte à cire de la Chine (10), dont l'acclimatation vous

(1) P. Perny, *Envoi de cocons de Vers à soie du Chêne de Chine* (*Bulletin*, 2e série, t. I, p. 218).

(2) Eug. Simon, *Sur un envoi de Bombyx Pernyi* (*Bulletin*, 2e série, t. I, p. 218).

(3) Fréd. Jacquemart, *Note sur le Bombyx Pernyi* (*Bulletin*, 2e série, t. I, p. 121).

(4) Forgemol, *Sur le Bombyx Cynthia, et sur un nouveau mode de culture de l'Ailante* (*Bulletin*, 2e série, t. I, p. 462).

(5) M. Léon de Milly a fait connaître, par un rapport très-intéressant, le résultat de ses éducations de *B. Cynthia*, qui continuent à prospérer, et a mis généreusement à la disposition de la Société, pour des expériences industrielles, 2 kilogrammes de cocons (*Bulletin*, 2e serie, t. I, p. 774).

(6) J. Roy, *Considérations sur l'acclimatation du Bombyx Arrindia* (*Bulletin*, 2e série, t. I, p. 38, 132, 188, 270).

(7) Mme la comtesse de Corneillan a adressé une note *Sur l'éducation du Bombyx Arrindia* (*Bulletin*, 2e série, t. I, p. 221), et a fait connaître aussi un système de *transporteurs*, imaginé par elle pour pouvoir faire voyager les cocons (*ibid.*, p. 60, 221).

(8) Carlos Lix, *Educations de Vers à soie du Ricin* (*Bulletin*, 2e série, t. I, p. 545).

(9) *Bulletin*, 2e série, t. I, p. 433.

(10) Stan. Julien, *Renseignements sur la cire végétale de la Chine et sur*

paraît si désirable, et que nous avions espéré voir introduit chez nous par les soins de M. E. Simon, ne s'est pas développé, et nous avons à vous annoncer encore un échec.

Diverses communications ont appelé votre attention sur l'importance des Mélipones (1), et les meilleurs moyens d'assurer leur introduction, et sur l'acclimatation aujourd'hui accomplie en Australie des Abeilles liguriennes (2), qui y trouvent, dans les fleurs des *Acacia* et des *Eucalyptus*, les éléments d'une abondante récolte pour leurs ruches.

De nombreux rapports sur la culture des plantes qui leur avaient été confiées vous ont été adressés par vos confrères MM. Philippe (3), le comte de Sinety, le baron Pichon, de Milly (4), Brierre (de Riez) (5), Aubé (6), Hardy (7),

les insectes qui la produisent (*Bulletin*, 2e série, t. I, p. 63, 225). — Maréchal et Cogniet, *Note sur une sorte de cire originaire de la Chine* (*ibid.*, p. 544). — Eugène Simon, *Sur un envoi d'insectes à cire* (*ibid.*, p. 63 et 218).

(1) H. Hamet, *Sur la Mélipone du Mexique* (*Bulletin*, 2e série, t. I, p. 302).

(2) Ramel, *L'Abeille ligurienne à Melbourne* (*Bulletin*, 2e série, t. I, p. 442). — Ramel, *Des Eucalyptus envisagés au point de vue du miel et de la cire* (*ibid.*, p. 776).

(3) Philippe, *Sur l'Eucalyptus globulus et l'Hovenia dulcis* (*Bulletin*, 2e série, t. I, p. 196).

(4) Léon de Milly, *Note sur le Sorgho et sur le Moha* (*Bulletin*, 2e série, t. I, p. 376). Il a trouvé de grands avantages au Sorgho, à la condition de le donner en vert, mêlé à de la paille hachée, et seulement l'inconvénient de geler : il lui préfère le *Moha* (*Panicum germanicum*), qui est très-recherché par les animaux, soit à l'état frais, soit à l'état sec, et dont les frais de culture sont beaucoup moindres.

(5) M. Brierre (de Riez) a continué avec le même zèle ses cultures de plantes étrangères, et a fait parvenir à la Société une collection de dessins qui représentent ses végétaux aux diverses époques de leur développement.

(6) Ch. Aubé, *Sur la culture de l'Igname de Chine par semis de graines* (*Bulletin*, 2e série, t. I, p. 48). Il pense que le semis est le seul procédé qui permettra d'obtenir des racines globuleuses ; mais jusqu'à présent la forme globuleuse n'a pas persisté au delà de la seconde année de culture.

(7) Hardy, *Sur les Ignames cultivées au Jardin d'acclimatation d'Alger* (*Bulletin*, 2e série, t. I, p. 75). — *Sur l'Eucalyptus globulus* (*ibid.*, p. 223).

Quihou (1), Roger-Desgenettes (2), et il a été mis sous vos yeux des spécimens des végétaux les plus remarquables : parmi ceux-ci, nous devons une mention toute spéciale au Cerfeuil bulbeux, dont il vous a été soumis des lots qui témoignaient de l'influence heureuse de la culture sur ses qualités (3).

Des mémoires importants sur divers végétaux vous ont été présentés par MM. Pigeaux (4), Guillier (5), Sturrock (6), Turrel (7), Lombard (8), Guichard (9), Herbet (10).

La possibilité de la culture en France de l'arbre qui fournit le vert de Chine vous est aujourd'hui démontrée, et les échantillons remarquables qui vous ont été présentés par Mme veuve Delisse (11) vous ont prouvé que l'agriculture sera facilement en mesure de fournir à l'industrie tout le *Lo-za* qui lui sera devenu nécessaire, le jour où les procédés de fixation de la matière colorante seront devenus pratiques.

(1) Quihou, *Sur la poire de terre Cochet* (*Bulletin*, 2e série, t. I, p. 530. — Voyez *Bulletin*, x, p. 344. — *Rapport sur les végétaux cultivés au Jardin d'acclimatation* (*ibid.*, p. 46).

(2) Roger-Desgenettes, *Le Camellia soumis à la température de nos hivers sous le climat de Paris* (*Bulletin*, 2e série, t. I, p. 533).

(3) *Bulletin*, 2e série, t. I, p. 542.

(4) Pigeaux, *Note sur le Maté* (*Bulletin*, 2e série, t. I, p. 344).

(5) A. Guillier, *Des attentions à prendre pour recueillir les graines et les envoyer au loin* (*Bulletin*, 2e série, t. I, p. 483).

(6) Robert Sturrock, *Note sur la production du Jute, Corchorus olitorius* (*Bulletin*, p. 609).

(7) Turrel, *L'hiver de 1863-1864 à Toulon* (*Bulletin*, 2e série, t. I, p. 599, 756). L'influence des températures exceptionnelles auxquelles peuvent être soumis les êtres sur lesquels la Société porte ses études est trop incontestable pour qu'on puisse négliger d'en tenir compte ; et les observations contenues dans le mémoire de M. Turrel sont donc très-importantes pour l'histoire de l'acclimatation.

(8) Lombard, *Culture de l'arbre à thé dans l'Inde anglaise* (*Bulletin*, 2e série, t. I, p. 473).

(9) Guichard, *Maïs de Cuzco* (*Bulletin*, 2e série, t. I, p. 482).

(10) *Bulletin*, 2e série, t. I, p. 702.

(11) *Bulletin*, 2e série, t. I, p. 775.

De riches collections vous ont été adressées des diverses parties du monde, et vos généreux donateurs vous ont fait part des produits les plus intéressants du règne végétal, ou vous ont procuré les animaux les plus rares et les plus précieux.

Sa Majesté l'Empereur (1) nous a continué sa bienveillante protection, et nous a donné fréquemment des preuves de l'intérêt qu'il porte à notre œuvre. Nous devons aussi nos remercîments au prince Napoléon, qui n'a cessé de témoigner de sa sympathie pour nos travaux (2).

Nous devons aussi proclamer notre reconnaissance pour Sa Majesté le roi de Suède et de Norvége, qui nous a offert des animaux précieux des contrées septentrionales (3).

Remercions également des nombreuses preuves de sympathie qu'ils nous ont données LL. Exc. les Ministres d'État, des affaires étrangères (4), de la marine (5), de l'agriculture et du commerce (6), et nos membres honoraires MM. Delaporte (7), Mueller (8), Perny (9), Wilson, E. Simon (10) et Duchesne de Bellecourt (11).

De toutes les parties du monde il vous a été fait de nombreux et riches envois, et nous devons ici vous rappeler les

(1) S. M. l'Empereur, qui a bien voulu donner à la Société le troupeau de Lamas et Alpacas offert par le président de la république de l'Équateur, a aussi enrichi les collections du Jardin de plusieurs espèces rares d'oiseaux, et n'a cessé de témoigner de sa bienveillance accoutumée pour la Société.

(2) *Bulletin*, 2e série, t. I, p. 297.

(3) *Ibid.*, p. 417.

(4) *Ibid.*, p. 70, 74, 178, 292.

(5) *Ibid.*, p. 67, 70, 175, 177.

(6) *Ibid.*, p. 63, 368.

(7) La belle collection d'animaux réunie par M. Delaporte, et dont M. le capitaine Fiérard avait bien voulu opérer le transport, n'a malheureusement pas supporté les fatigues de la traversée de Bagdad en France.

(8) *Bulletin*, 2e série, t. I, p. 217, 297.

(9) *Ibid.*, p. 143, 218.

(10) *Ibid.*, p. 408.

(11) *Ibid.*, p. 68, 144, 295, 617.

noms de MM. Chartron (1), Chavannes (2), de Milly (3), de Montebello (4), Cocastelli (5), David (6), Sacc (7), maréchal Santa-Cruz (8), Gillet de Grandmont (9), MMmes de Corneillan (10), Delisse (11) en Europe; de MM. Chabaud (12), Faidherbe (13), Lejean (14), Hardy (15), Sala (16), Manès, Liénard, en Afrique; de MM. Dabry (17), Buissonnet (18), Hayes (19), Perrottet (20), Germain (21), Outrey (22), en Asie; de MM. Gauldrée-Boilleau (23), Tardy de Montravel (24), de Courtenay (25), de Lesseps (26), en Amérique; de M. de Castelnau (27), en Australie, qui ont généreusement enrichi vos collections.

Mais, parmi eux, nous devons une mention toute spéciale à M. le contre-amiral de la Grandière (28), qui, non-seulement vous a procuré les espèces les plus rares de la Cochinchine, mais qui témoigne de toute l'importance de votre œuvre par la création à Saïgon d'une pépinière et d'un jardin zoologique destinés à réunir les espèces les plus précieuses pour la France.

Nous sommes forcés, messieurs, de clore par de tristes paroles ce résumé analytique que, malgré sa longueur, nous regardons encore comme bien insuffisant pour donner de vos travaux l'équitable idée qu'ils méritent. Cette année encore, quelques-uns de nos confrères manquent à nos travaux, décimés que nous sommes par la mort, qui n'épargne ni grands ni petits.

Nous conserverons la mémoire de Sa Majesté le roi de Wurtemberg, qui donnait à nos travaux toute sa sympathie, et qui travaillait lui-même aux progrès de l'agriculture, con-

(1) *Bulletin*, 2e série, t. I, p. 215, 291.— (2) *Ibid.*, p. 695, 700. — (3) *Ibid.*, p. 775. — (4) *Ibid.*, p. 424. — (5) *Ibid.*, p. 479. — (6) *Ibid.*, p. 292. — (7) *Ibid.*, p. 145, 699. — (8) *Ibid.*, p. 58, 369. — (9) *Ibid.*, p. 23, 70, 216. — (10) *Ibid.*, p. 60, 207.— (11) *Ibid.*, p. 775. — (12) *Ibid.*, p. 220, 221, 297. — (13) *Ibid.*, p. 295, 296. — (14) *Ibid.*, p. 542, 622. — (15) *Ibid.*, p. 356. — (16) *Ibid.*, p. 421. — (17) *Ibid.*, p. 144, 538, 621. — (18) *Ibid.*, p. 142, 220. — (19) *Ibid.*, p. 360, 422. — (20) *Ibid.*, p. 65. — (21) *Ibid.*, p. 618. — (22) *Ibid.*, p. 619. — (23) *Ibid.*, p. 72. — (24) *Ibid.*, p. 477. — (25) *Ibid.*, p. 157. — (26) *Ibid.*, p. 144, 431, 616. — (27) *Ibid.*, p. 217.

sidérant comme un titre de gloire le nom de premier fermier de l'Allemagne qui lui était donné.

Il y a deux jours à peine, un des membres de notre Conseil était enlevé prématurément à la science par une mort imprévue, et nous avons appris avec stupeur que M. Gratiolet venait de succomber au moment où il allait recueillir les fruits de ses longs et importants labeurs.

Nous rappellerons aussi à votre souvenir MM. le maréchal duc de Malakoff, le duc de la Rochefoucauld de Doudeauville, le prince de la Cisterne, le duc d'Essling, le baron de Bourgoing, le comte de Choulot, le marquis de Gourgues, Vrolik, Villeneuve, Viel, Hachette, Gros (de Wesserling), Jacottot, Josse, Ahmed ben Rouilat, Ernest André, Conte, Félix Réal, Ferrière le Vayer, Gérard (Étienne), docteur Poisson, Riant père, docteur Bergeron, Bouchet, Bonnefoy, Boissy d'Anglas, Blondat, Bizat, Girard-Desprairies, Numa Lafont, Maigne, Veneau de la Foucardière, Monnier, Lherbette, Mestayer, de Rivocet, J. Serre, Sabatier, Sieburg, Tardy de Montravel, de Prulay et Jules Gérard, le tueur de lions.

Mais si nous avons fait des pertes regrettables, nous avons recruté de nouveaux confrères qui viennent nous apporter le concours de leur science et de leur dévouement. A eux donc, comme à nous qui sommes encore sur la brèche, de continuer l'œuvre commencée sans nous laisser abattre par quelques insuccès passagers, ou parce que notre but ne nous apparaît que dans le lointain ; car nous devons nous rappeler avec Audubon (1) « qu'il faut une longue série d'années pour » dompter la nature et lui faire oublier ses besoins natifs et » ses instincts d'indépendance. Combien d'essais dont le » résultat devait être avantageux à l'homme, ont été abandonnés en désespoir de cause, alors que quelques années » de plus de soins persévérants eussent produit l'effet désiré ! »

(1) Audubon, *The Birds of America*, 1826.

L'ÉTUDE DE LA NATURE

ET LES SOCIÉTÉS D'ACCLIMATATION,

Par M. RICHARD (du Cantal).

Un naturaliste éminent du XVIe siècle, Pierre Belon, a dit dans le remarquable ouvrage qu'il a publié en 1558, sous le titre de *Remontrances sur le défaut de labour et culture des plantes :* « Il ne se fault pas excuser sur la longueur du temps » pour entreprendre choses séantes au bien public. »

Cette réflexion, messieurs, a dû frapper les philanthropes, au point de vue agricole surtout. En consultant l'histoire des progrès des sciences naturelles appliquées aux nécessités de la vie, on voit, en effet, avec quelle lenteur de nouvelles conquêtes sont faites sur les productions si multipliées que la nature tient toujours à notre disposition. Que de preuves viendraient à l'appui de ce fait, si l'on voulait les produire ! que d'exemples nous aurions à citer, pour en démontrer l'authenticité !

Mais je dois me borner ici à vous entretenir d'un progrès qui date d'hier, et dont la marche, exceptionnellement rapide aujourd'hui, semble vouloir nous dédommager des difficultés qu'il a eues à se produire jusqu'à notre époque. Je veux parler des Sociétés d'acclimatation qui se fondent sur plusieurs points du globle, pour explorer ensemble, partout, les ressources que Dieu a mises à la disposition de ses créatures, et les approprier à nos besoins.

La pratique de l'acclimatation des végétaux et des animaux utiles, comme celle de leur domestication, a été indispensable aux premiers hommes qui, du point où ils se sont multipliés d'abord, se sont répandus dans toutes les latitudes. C'est à eux que nous devons la grande majorité des espèces que nous possédons et qui forment la base la plus solide de nos richesses; toutefois, il faut l'avouer, nous ne les avons guère augmentées jusqu'ici. Ces richesses ont été obtenues dans un temps où de grandes difficultés s'opposaient peut-être à leur précieuse conquête sur la nature vivante. Aujourd'hui, la science, qui faisait défaut à ceux qui nous les ont transmises, nous rend faciles les moyens de les multiplier et de les améliorer dans des proportions dont nous ignorons l'étendue ; et cependant, comme l'a si judicieusement fait remarquer Isid. Geoffroy Saint-Hilaire : « Qu'avons-nous fait pour achever une » œuvre si admirablement et si utilement commencée ? »

L'histoire des Sociétés d'acclimatation se rattache trop directement à celle du Muséum d'histoire naturelle, pour la passer sous silence ; permettez-moi de vous en dire quelques mots.

Le Muséum d'histoire naturelle de Paris, qui contient dans quelques mètres carrés tous les éléments nécessaires pour donner une idée des merveilles de la création, est le monument le plus beau, le plus digne, que le génie humain ait pu élever à la gloire de l'Auteur de la nature. D'innombrables échantillons de ses ouvrages, vivants ou morts, mais en parfait état de conservation, y forment une exposition universelle permanente ; et par elle, on peut juger de la différence qu'il y a entre les œuvres du Créateur et celles des hommes, périodiquement mises sous nos yeux dans les exhibitions de l'industrie humaine. Cette différence n'est pas difficile à établir ; elle est frappante pour tout le monde. Devant un semblable parallèle, quel homme ne serait pas convaincu de son infériorité relative, et ne reconnaîtrait pas la vérité avancée par Buffon, quand il a dit : « Toutes les idées des arts ont » leurs modèles dans les productions de la nature. Dieu a » créé, l'homme imite ; toutes les inventions des hommes, soit » pour la nécessité, soit pour la commodité, ne sont que des » imitations assez grossières de ce que la nature exécute avec » la dernière perfection. »

Si l'on réfléchit aux services rendus aux sciences et aux arts, à l'agriculture et à l'industrie, par le Jardin des plantes ; quand on suit les cours variés de ses illustres professeurs, et que l'on consulte les travaux de leurs prédécesseurs ; lorsqu'on observe la ménagerie de cet établissement, les cultures diverses des végétaux qu'il a acclimatés, ou dont la naturalisation est à l'étude dans ses serres ou en pleine terre: si, enfin, on examine les immenses collections de ses cabinets, choisies dans les règnes de la nature et classées dans un ordre si méthodique, si bien raisonné, qu'il semble avoir été indiqué par le Créateur lui-même; quand on s'imagine que l'histoire de chacun des sujets qui composent ce prodigieux assemblage d'objets si divers a été faite, et que les lois qui les régissent, ont été étudiées et commentées dans tous leurs détails, on est toujours saisi d'un profond sentiment d'admiration et de gratitude pour les hommes qui ont doté notre patrie d'un pareil foyer de science et de gloire, et de tant de richesses accumulées. Or, messieurs, ces richesses représentent les produits minéraux, végétaux et animaux de toute la terre et des mers, étonnés de se trouver réunis dans un espace aussi rétréci, après avoir joui de si vastes étendues dans tous les climats, de tant de liberté dans toutes les parties de l'univers entier. Honneur, messieurs, aux naturalistes voyageurs qui ont tant de fois exposé leur vie, ou qui l'ont perdue, pour procurer à la France tous ces trésors; aux savants qui, par leurs persévérants efforts, ont obtenu un si magnifique résultat! Honneur aux gouvernements, aux princes éclairés et aux administrateurs amis des lumières, qui n'ont jamais manqué de protéger ceux qui consacrent leur existence à l'étude des sciences, pour les répandre ou les appliquer dans l'intérêt de l'humanité.

La fondation du Muséum d'histoire naturelle date de 1640. Son enseignement fut d'abord dirigé vers l'étude des sciences médicales; mais un siècle après, lorsqu'en 1739, Buffon fut appelé à la haute direction de cet établissement, il voulut en faire le plus éclatant foyer de la science de la nature, non-seulement appliquée à l'étude de la médecine, mais à celle de toutes les productions de la création, pour étendre la puissance de l'homme sur l'univers. C'est à cette époque, surtout, que fut reprise avec activité l'idée de conquérir des espèces que nous ne possédons pas encore, soit dans le règne végétal, soit dans le règne animal. « C'est Buffon, dit Isidore Geoffroy » Saint-Hilaire, qui a rappelé les modernes à l'œuvre négligée » de la domestication des animaux. C'est de lui qu'est venue » l'impulsion. Nous ne faisons, après un siècle, que réaliser » ses vues. »

Les Sociétés d'acclimatation reprennent donc l'œuvre des premiers hommes dont Buffon, Daubenton, Thouin et Isidore Geoffroy Saint-Hilaire ont si bien fait ressortir l'importance, et elles cherchent à l'accomplir, comme si elles voulaient donner raison à Lacépède, quand il a dit au commencement de ce siècle : « *La science de la nature doit changer la face du globe.* »

La première Société d'acclimatation qui s'est fondée a pris naissance au Jardin des plantes, foyer de l'idée qui a présidé à sa création, et c'est un des plus illustres professeurs de cet établissement, Isidore Geoffroy Saint-Hilaire, qui a dirigé ses premiers travaux. En peu de temps des Sociétés analogues se sont formées non-seulement dans plusieurs régions de la France, mais chez diverses nations, pour travailler de concert, sans rivalité jalouse, à l'œuvre commune, nous pourrions presque dire aujourd'hui à l'œuvre universelle, dont la France a pris l'initiative il y a quelques années à peine. Ces Sociétés, encouragées par des souverains, par de grands dignitaires d'États, qui se sont mis à leur tête, concourent à établir entre les peuples des relations qui seront d'autant plus durables, qu'elles ont l'amour du bien pour origine, et pour conséquence la recherche des moyens de le produire. Or, messieurs, les conquêtes paisibles qui en seront le résultat, seront communes et profitables à tous les peuples qui les feront ; et loin de provoquer entre eux des dissensions et des troubles, ces conquêtes ne feront que stimuler leur zèle réciproque pour les étendre, et se les rendre mutuellement fructueuses. Et qui peut nous dire, messieurs, tous les avantages qui en résulteront pour l'humanité entière? Voyez quel bien a produit, en Europe surtout, l'acclimatation d'une modeste plante américaine de la famille des Solanées. Qui aurait pu prévoir, avant son importation, de quel secours serait pour nos subsistances l'acclimatation de la Parmentière si longtemps dédaignée, repoussée de nos tables comme avilissante, et tellement méprisée, qu'on la croyait à peine bonne à donner aux porcs. L'épithète de mangeur de pommes de terre était injurieuse. Et sans les travaux de l'immortel propagateur de la culture de ce tubercule précieux, et l'intervention de Louis XVI, combien de temps nos populations auraient été privées des bienfaits d'une alimentation qui les a plus d'une fois préservées des affreuses tortures de la faim? Qui aurait pu prévoir encore, messieurs, que l'œuf presque microscopique d'un papillon chinois transporté en Europe fournirait une chétive chenille qui fabriquerait pour le luxe du monde entier un fil de matière animale comme celui de l'araignée, propre à faire des étoffes précieuses, aussi brillantes que solides, et qui sont pour l'industrie une énorme branche de commerce. Si une maladie désastreuse de cet insecte acclimaté a, dans ces derniers temps, porté le trouble dans la production de la soie de diverses contrées de l'Europe, M. le Président de notre Société a fait venir de l'extrême Orient des graines de Vers à soie qui préserveront peut-être un grand nombre de nos sériciculteurs du fléau qui sévit sur nos produits indigènes.

S'il était nécessaire de démontrer, par d'autres faits, quels services les Sociétés d'acclimatation sont appelées à rendre, partout où elles s'organisent, on pourrait citer encore le Muséum d'histoire naturelle de Paris. Quelle immense quantité de végétaux précieux alimentaires ou industriels, ou d'ornement, cet établissement n'a-t-il pas acclimatés et répandus dans le monde entier depuis plus d'un siècle! Chaque année, depuis les travaux de Thouin jusqu'à ceux de M. Decaisne, le Muséum envoie des végétaux dans toutes les contrées, soit pour enrichir les forêts, les champs, les jardins potagers et les vergers, soit pour embellir les promenades, les parterres et jusqu'à l'étroite fenêtre de la modeste mansarde de l'ouvrier. Qui pourrait nous faire connaître l'étendue des transactions auxquelles toutes ces plantes acclimatées et améliorées ont donné lieu dans l'industrie du cultivateur, du vigneron, du forestier, du maraîcher, du pépiniériste, du fleuriste, du manufacturier ? Combien de bras n'ont-ils pas été employés à leur multiplication, au voisinage de nos grands centres de population surtout ! Combien de familles d'honnêtes ouvriers n'ont-elles pas trouvé le travail et l'aisance dans leur culture et dans tous leurs modes d'exploitation commerciale ! N'est-ce pas du Jardin des plantes qu'est parti en 1720 le premier plant de Café qui a été cultivé aux Antilles, et qui a été, depuis cette époque, une source de prospérité et de richesse agricole des colonies ?

Mais, messieurs, les Sociétés d'acclimatation n'auront pas pour but unique de se procurer mutuellement des végétaux et des animaux qui, répartis sur divers points du globe dans des conditions de climat et de milieu analogues, peuvent être conquis avec succès par des échanges réciproques. Elles auront une mission plus élevée à remplir ; elles feront naître le goût et apprécier le besoin de l'étude de la nature partout où leur action étendra sa salutaire influence, parce que l'utilité de cette étude, beaucoup trop négligée dans la pratique, sera démontrée par les avantages qu'elle procurera. Ces Sociétés feront comprendre de plus, que si les peuples civilisés ont reconnu la nécessité d'enseigner à la jeunesse l'histoire des événements humains, il n'est pas moins utile d'étudier l'histoire des phénomènes de la nature, qui sont la conséquence constante et toujours régulière des œuvres de Dieu. Et permettez-moi ici, messieurs, une simple réflexion : si nous examinons bien, au fond, quelles sont les véritables conditions qui forment la base de notre bonheur ici-bas, sommes-nous bien sûrs de trouver l'étude de la première de ces deux histoires plus apte à nous rendre heureux, que l'étude de la seconde ? Et qui sait, messieurs, si, par leurs utiles travaux dans tout le globe, les Sociétés d'acclimatation ne donneront pas l'éveil à quelques puissants génies auxquels il ne manque que l'occasion, pour se dessiner et se produire. L'humanité n'est pas plus épuisée aujourd'hui dans son moral et dans son physique que dans le temps passé. Dieu ne lui a pas retiré ce qu'il a mis dans son cœur et dans son cerveau en la créant. Si elle a donné les Hippocrate, les Aristote, les Pline à l'antiquité; les Buffon, les Linné, les Daubenton, les Cuvier, les Geoffroy Saint-Hilaire, les Pallas aux temps modernes, et les savants contemporains qui continuent leurs travaux, pourquoi ne donnerait-elle pas à l'avenir ses grands naturalistes, pour continuer l'étude profonde des lois divines qui régissent l'univers? Ces naturalistes continueraient ainsi à reculer les limites actuelles de la science ; et qui sait quelles richesses inconnues la mine ouverte par leurs prédécesseurs renferme encore dans son sein pour le bien-être humain ?

Dans ce grand mouvement intellectuel, signe caractéristique de notre époque, qui agite aujourd'hui la société européenne; dans cet empressement de nos populations à suivre les cours divers de nos facultés ou de l'enseignement libre, à Paris ou en province; enfin, dans ces recherches opiniâtres de la lumière et du bien, recherches dont nous sommes témoins, et qui sont toujours stimulées, toujours sollicitées par les légitimes espérances de tous les amis du progrès, la science de la création n'offre-t-elle pas à ceux qui la cultivent des satisfactions qu'on n'est pas toujours assuré de trouver ailleurs? Or, messieurs, quel champ plus vaste que celui qui nous est ouvert par l'étude de la création peut être offert à l'intelligence de l'homme avide de savoir; et que faut-il aux Sociétés d'acclimatation, à ces Académies libres d'utilité publique, qui s'organisent partout, pour faire comprendre l'immense étendue de ce champ, sa grande fertilité, son inépuisable fécondité? Il leur faut, messieurs, le flambeau qu'elles portent, pour découvrir la vérité ; le dévouement dont elles font preuve, pour la soutenir et en assurer le triomphe, et la philanthropie qui les anime, pour en répandre les bienfaits.

COUP D'ŒIL HISTORIQUE

SUR L'INTRODUCTION ET L'ACCLIMATATION

DES

ANIMAUX DOMESTIQUES DU VIEUX CONTINENT

ET PRINCIPALEMENT DU BŒUF

DANS LES PAYS DU RIO DE LA PLATA;

ÉTAT DE L'INDUSTRIE PASTORALE DANS CES CONTRÉES.

Par M. le docteur MARTIN DE MOUSSY.

Mesdames, Messieurs,

Les efforts de la Société impériale d'acclimatation pour augmenter le domaine et le bien-être de l'homme ont été accueillis par la faveur du monde entier. Le nouveau continent vous le témoigne par l'ardeur que ses gouvernants mettent à favoriser vos essais si désintéressés et si grands dans leurs résultats, par l'activité que déploient ses habitants à tenter, à votre exemple, d'enrichir leur pays par l'introduction d'espèces animales et végétales nouvelles. Ils y étaient d'ailleurs encouragés par le souvenir de ce qui s'y était accompli il y a trois siècles, grâce à l'énergie et à l'activité des premiers colons, lors de l'introduction et de l'acclimatation en grand des espèces domestiques européennes : du Bœuf, du Cheval, de l'Ane, du Mouton, de la Chèvre et du Porc. La multiplication rapide et immense de ces animaux est un fait capital, non-seulement dans l'histoire de la colonisation américaine, mais encore pour la société humaine entière. — Il peut donc être intéressant de vous présenter quelques détails historiques sur cette introduction et les circonstances qui l'accompagnèrent. Je me bornerai toutefois au tableau de ce qui s'est passé et se passe encore aujourd'hui dans les vastes contrées qui forment le bassin de la Plata, c'est-à-dire presque au tiers du continent sud américain. J'ai habité ce pays vingt années, je l'ai parcouru tout entier ; j'ai vu tout ce dont je vais avoir l'honneur de vous entretenir.

Les pays de plaines sont devenus de bonne heure le domaine de l'industrie pastorale. La nature du sol couvert de pâturages, ici permanents, là seulement alimentaires pendant une courte saison de l'année, obligea à la vie nomade de nombreuses nations de l'ancien monde. Cet état, qui commence pour certains peuples avec l'histoire de l'humanité, s'est continué jusqu'à l'époque actuelle ; il se continuera encore jusqu'à ce que l'accroissement de la population générale du globe ait obligé d'augmenter les terrains de culture, et de remplacer par des prairies artificielles les pâturages naturels, trop irréguliers dans leur production par suite des intempéries des saisons, et dont l'étendue doit être toujours considérable pour un troupeau de quelque importance.

Ces conditions, que présentent dans l'Europe orientale et dans la haute Asie les steppes russes et mongoles, le nouveau monde les offre dans de vastes parties de son ensemble, aussi bien vers le nord que vers le sud. En effet, qui de nous ne connaît, par les récits des voyageurs et des romanciers, les grandes prairies qui s'étendent du Mississippi aux montagnes Rocheuses, déserts de verdure que d'innombrables Bisons parcourent encore ? qui n'a entendu parler des plateaux septentrionaux du Mexique livrés depuis l'origine à l'industrie pastorale ? Si, de là, nous portons les yeux vers la partie méridionale de ce continent, nous y verrons deux régions principales où nos grandes espèces domestiques se sont multipliées au point d'y reprendre parfois l'état sauvage : ce sont les *llanos*, ou plaines de l'Orénoque situées dans la zone torride ; les *pampas*, ou plaines de la Plata, lesquelles, placées sous un climat plus tempéré, douées d'une terre riche et fertile, ont des pâturages plus substantiels, et nourrissent un plus grand nombre de bestiaux.

Dans sa partie supérieure, c'est-à-dire du 30e au 35e degré de latitude sud, la pampa proprement dite s'étend depuis les bords du fleuve Parana jusqu'au massif central argentin formé par les chaînes de Cordova et de San-Luis. Dans sa partie inférieure, à compter de l'embouchure de la Plata, elle va de l'océan Atlantique aux Andes. Le rio Negro, par 40 degrés de latitude en moyenne, la sépare de la Patagonie, avec laquelle elle se confond pour l'aspect et la nature du sol. Cette superficie de terrain, absolument plate et presque partout recouverte d'un épais tapis de verdure, comprend 600 000 kilomètres carrés ; elle embrasse toute la province de Santa-Fé, une partie de celle de Cordova et de San-Luis, la vaste province de Buenos-Ayres entière, et la presque totalité du territoire indien du Sud. Deux cent mille habitants, dont trente mille Indiens encore à l'état barbare, peuplent la région pampéenne. Dans ce chiffre, nous ne comprenons pas naturellement les habitants des villes et bourgs, plus denses et plus serrés vers le littoral, mais seulement ceux qui vivent dans les fermes isolées de la prairie, exclusivement livrés aux soins des troupeaux.

A côté de la population pastorale des pampas, il faut placer celle de l'État oriental de l'Uruguay, celle des provinces Argentines d'Entre-Rios et Corrientes, qui font de l'élève du bétail leur industrie principale ; enfin quelques parties du Paraguay et des provinces Argentines du nord, telles que Santiago del Estero, Tucuman et Salta, dont les portions orientales se confondent avec les plaines du grand Chaco. L'agriculture, réduite à d'étroits espaces en de rares localités, y laisse un champ immense à la vaine pâture. Si nous remontons vers le nord-est, nous verrons en diverses parties du Brésil, surtout en se rapprochant des rivières Parana et Uruguay, l'élève du Bœuf en honneur, quoique le climat et le terrain lui soient moins propices. Ce n'est toutefois qu'en redescendant vers le sud, dans les anciennes Missions orientales et dans la province de Rio-Grande, que l'on retrouve les grandes fermes à bétail si multipliées dans la pampasie argentine.

C'est donc sur d'énormes espaces et dans des localités bien diverses du bassin de la Plata, que le prince de nos animaux domestiques, le Bœuf, a prospéré de manière à non-seulement pourvoir largement aux besoins locaux, mais encore à donner lieu à une exploitation industrielle qui permet l'exportation annuelle de deux millions de cuirs secs ou salés, et de plus d'un demi-million de quintaux de viande sèche, sans compter les autres matières animales, produit immense qui, joint à celui des laines, permet le commerce le plus fructueux avec l'Amérique du Nord, le Brésil, l'Europe, et, en particulier, la France, dont le chiffre d'affaires prime aujourd'hui celui de toutes les autres nations dans la Plata.

Grâce aux bonnes conditions du sol et du climat, il n'a fallu que peu de temps pour cette multiplication prodigieuse, pour cette acclimatation si complète de nos belles espèces domestiques. A partir de la reconnaissance du rio de la Plata par Sébastien Cabot, en 1527, les premiers efforts des Espagnols pour s'établir sur ses rives avaient été d'abord victorieusement repoussés par les indigènes. Mendoza avait dû abandonner Buenos-Ayres, dont il avait tenté vainement la fondation, et tous ses chevaux, le principal instrument de guerre des Castillans dans leurs expéditions américaines, avaient succombé pendant la guerre acharnée qu'il eut à soutenir contre les Querandis, et l'affreuse famine qui décima les nouveaux colons. Toutefois rien ne pouvait vaincre la ténacité des hommes de fer de la conquête : repoussés des bords de la Plata, les successeurs de Mendoza s'internèrent dans le Paraguay où ils s'établirent, et Ayolas y fonda, en 1536, la ville de l'Assomption. Après la mort de ce chef, Martinez de Irala, qui prit sa succession, assura l'existence de la colonie par son énergie et la sagesse de sa politique avec les Indiens qui peuplaient le pays, et dont il favorisa la fusion avec les Espagnols. Bientôt il se mit en relation avec le Pérou, à travers le Chaco, où il sut découvrir des routes oubliées depuis. C'est par ces voies, conquises sur le désert et les hordes indiennes qui en défendaient le passage, que furent amenées par Nuflo Chavès, en 1550, les premières Chèvres et Brebis qui firent souche dans cette partie de l'Amérique du Sud. Jusque-là les indigènes du Paraguay n'avaient aucun animal domestique ; ils vivaient de chasse, de pêche et d'une agriculture rudimentaire : les Espagnols leur rendirent un immense service en introduisant chez eux les espèces européennes.

L'histoire n'a point oublié les noms de ceux auxquels le bassin de la Plata est redevable de l'animal domestique qui fait aujourd'hui sa principale richesse : nous avons nommé le Bœuf. Cet animal y fut importé de la côte du Brésil, et voici comment. — Vers le premier tiers du XVIe siècle, des aventuriers espagnols et portugais avaient fondé, dans l'île de Cañané, près du port actuel de Santos, la colonie de San-Vicente, qu'ils se disputèrent longtemps et qui resta définitivement au Portugal. C'était de ce point que de hardis colons, en se dirigeant directement à l'ouest, avaient fini par gagner le Paraguay. En 1542, l'adelantado Alvar Nuñez Cabeza de Vaca, si fameux par ses aventures dans la Floride, avait pris cette route, et, sans perdre un seul homme, avait franchi les quatre cents lieues de pays inconnus qui séparent ce port de la colonie de l'Assomption. Onze ans plus tard, en 1558, par cette même voie, les frères Goës amenèrent huit Vaches et un Taureau, origine première, suivant les historiens de l'époque, de tout le bétail bovin qui couvre aujourd'hui les pâturages de la Plata. Ces animaux précieux durent être disputés à la faim, à la fatigue, à la flèche des sauvages, à la traversée de l'immense et torrentueux Parana, aux mouches venimeuses des forêts du Monday, aux précipices de la Cordillère paraguayenne. Enfin, après un voyage de plusieurs mois, la petite caravane arriva saine et sauve à l'Assomption, et fut accueillie avec un enthousiasme bien naturel par les habitants et leur intelligent gouverneur Irala, qui comprenait toute la richesse que les frères Goës apportaient à la colonie. Ces derniers récompensèrent Gaete, l'un de leurs compagnons commis aux soins de ce bétail pendant la route, par le don d'une Vache. La valeur de ce présent était sans prix. Les colons le comprirent si bien, qu'il en resta un proverbe : *Aussi cher que la vache de Gaete*, dit-on, lorsqu'il s'agit d'une chose d'une valeur considérable.

Apprécié et soigné par les habitants du Paraguay, comme il devait l'être, le troupeau des frères Goës et de Gaete prospéra; des Chevaux et des Juments étant arrivés déjà, tant par la voie de San-Vicente que par les navires qui remontaient le Paraguay et le Parana, au bout de quelques années tous les colons avaient des bestiaux. En 1572, Garay en portait à Santa-Fé dont il jetait les fondements, et, en 1580, à Buenos-Ayres, qu'il relevait de ses ruines. Avant la fin du siècle, déjà Bœufs et Chevaux étaient devenus assez nombreux pour former des troupeaux errant à l'état sauvage dans l'étendue de la pampa. Les Indiens du Chaco et des plaines du Sud s'emparaient du Cheval qu'ils dressaient à la manière des Espagnols et qu'ils employaient de plus à leur nourriture; les colons du littoral commençaient à former des fermes à bétail ou estancias, et se mettaient à chasser le Bœuf devenu sauvage, rien que pour son cuir. A côté de ces herbivores, depuis longtemps déjà on avait l'Ane, le Porc, le Chien et les Volailles de diverses espèces. On n'y associa aucun autre animal du pays. Le seul qui fut alors domestiqué par les indigènes, le Lama, appartenait exclusivement aux régions andines.

Cette multiplication extraordinairement rapide du bétail, non-seulement à l'état domestique, mais encore à l'état sauvage, s'explique sans difficulté. Avant la colonisation, les immenses pâturages de la région pampéenne n'étaient peuplés que de diverses espèces d'animaux inoffensifs, tels que : Cerfs, Guanaques, Tatous, Viscaches, Nandous ou Autruches américaines, qu'y poursuivaient sans trop d'ardeur de rares tribus indiennes, car une population autochthone de quelque densité ne se rencontrait qu'au bord des rivières. Parmi les animaux carnassiers, le Jaguar n'abandonnait pas le voisinage des forêts, des ruisseaux et des marécages; l'Aguara, ou Loup rouge, n'était pas de taille à attaquer le gros bétail, et le Couguar n'était guère à craindre que pour la Chèvre et le Mouton, et, pour veiller sur ce même bétail, on avait des Chiens de grande taille, devenus quelquefois aussi redoutables que les Aguaras et les Couguars. Rien n'empêchait donc la multiplication du Bœuf et du Cheval, qui bientôt, comme nous venons de le voir, devinrent assez communs pour suffire, et bien au delà, au besoin des colons et des tribus indiennes, qui profitèrent naturellement du trésor qui venait, pour ainsi dire, les chercher dans leurs déserts.

Ces animaux étaient de race espagnole, déjà belle par elle-même. Sous l'influence d'un climat heureux, d'une terre féconde, loin de dégénérer, ils s'améliorèrent, et sans avoir été jamais croisés avec des races nouvelles, Bœufs et Chevaux atteignirent ces belles formes, cette taille élevée qui les font admirer de tous les éleveurs européens. Arrivés dans la pampa, ceux-ci s'étonnent, en effet, de rencontrer de tels types chez des sujets qui n'ont jamais connu d'autre toit que le ciel, d'autre nourriture que l'herbe de la plaine, enfin un pâturage naturel que les intempéries des saisons ne laissent pas toujours suffisamment réparateur.

Toutefois nous pensons qu'une cause spéciale a singulièrement favorisé le développement et la santé du gros bétail dans la Plata : cette cause, c'est la présence du sel dans toute l'étendue des pampas, dans toute la Bande orientale, dans l'Entre-Rios, à Corrientes, au Chaco même, et dans le nord de la Patagonie. En effet, dès que le sol cesse d'être salé, la reproduction est moins rapide. On trouve les animaux moins robustes, leur chair moins délicate, et les épizooties se manifestent. Nulle part ce phénomène ne se montre d'une manière plus remarquable que dans les anciennes missions qui font aujourd'hui partie de la province brésilienne de Rio-Grande do Sul : là, à mesure que l'on avance vers le nord, le sol devenant moins salé, le pâturage, malgré sa belle apparence, n'est plus que d'une qualité médiocre pour le bétail; et si l'on veut conserver celui-ci, il faut lui préparer des gâteaux d'argile mêlée de sel, qu'il vient lécher près des habitations. C'est encore pour le même motif que, sur les versants orientaux des Andes, on encastre dans les murailles en pierre sèche de l'estancia des briques de sel recueillies dans les lacs salés des plateaux. Les troupeaux, grâce à ce moyen, ne se perdent pas dans les bois, rappelés qu'ils sont sans cesse au centre du domaine par la présence du minéral qui est indispensable à leur santé.

Le bon état des grands troupeaux de moutons qui hantent les salines de la brûlante province de Santiago del Estero ne peut guère s'expliquer que par l'abondance du sel qui gorge les rares végétaux qu'ils trouvent à y brouter. C'est à cette cause enfin que les pampas de Buenos-Ayres et de Santa-Fé doivent leur aptitude à l'élève des nombreux bestiaux qui les couvrent. Indépendamment des Bœufs et des Chevaux, les Moutons s'y propagent d'une manière extraordinaire, et les méthodes si efficaces et si fructueuses de raffinement que l'on y suit, sont éminemment favorisées par cette qualité du sol. En 1833, la production de la laine ne dépassait pas 3000 balles ; en 1863, les provinces de la Plata en ont exporté pour l'Europe 90,000, soit plus de 35 millions de kilogrammes. La haute valeur de ce produit commence à amener une révolution dans l'industrie locale : on restreint l'élève du Bœuf, devenu trop nombreux, pour donner plus d'extension à celle de la Brebis, que l'on croise avec les meilleurs Béliers de Rambouillet et de Saxe importés d'Europe à grands frais. Un reproducteur de bonne race, rendu en parfait état sur les lieux, n'y vaut, en effet, pas moins de 2000 francs.

Lorsque le bétail se fut ainsi développé dans la région pampéenne, les habitants furent naturellement amenés à se contenter de cette facile industrie. Le gouvernement colonial faisait de larges concessions de terrain, à la condition de *poblar* (peupler), c'est-à-dire de bâtir une chaumière, d'y placer quelques pâtres pour veiller au bétail demi-sauvage qui couvrait la concession. Les familles en bons rapports avec l'autorité purent acquérir ainsi d'immenses possessions territoriales. On vit des fermes (*estancias*) compter dix, vingt, quarante lieues même de superficie. Le terrain non occupé devait revenir à l'État ; mais il était facile d'éluder cette clause conservatrice, et l'on arriva ainsi à l'époque de l'indépendance, où l'immigration étrangère venant jeter ses excitations à la fortune et au bien-être, au milieu d'une population jusque-là habituée à vivre de peu et de la manière la plus frugale, le sol acquit une valeur dont l'accroissement ne s'arrêta plus.

On fut amené conséquemment à une délimitation entre les terres appartenant aux particuliers et celles de l'État, enfin à un véritable cadastre, incomplet sans doute, mais qui se régularise et se perfectionne chaque jour. En vingt années, nous avons vu la propriété territoriale décupler de valeur dans les provinces du littoral, et cette hausse du prix du sol s'étend à tout le reste de la confédération Argentine et aux États voisins.

Rien n'était et n'est encore moins difficile que cette exploitation du bétail dans une grande ferme de la région pampéenne. Les limites de la propriété une fois fixées, on s'occupe d'assurer la provision d'eau, soit par l'aménagement du ruisseau ou des lagunes naturelles qui s'y rencontrent, soit par le creusement de puits, ou même encore de mares artificielles dans la portion la plus déclive du terrain, où les eaux pluviales viennent naturellement se rassembler. Sur le point le plus élevé, d'où la vue puisse embrasser l'ensemble du pâturage, on construit une maison en torchis ou en briques cuites au soleil, et l'on y ajoute un hangar pour abriter les cuirs et les laines, une hutte isolée qui sert de cuisine. A côté, de vastes enceintes, ou *corrales*, formées de pieux solidement enfoncés en terre, doivent recevoir à jour fixe les Bœufs ou Chevaux que l'on veut habituer à la vue de l'homme, et qui, abandonnés sur le terrain de l'estancia, y deviendraient sauvages, si l'on ne les réunissait de temps à autre. On comprend que ces constructions durent être fort rustiques dans le principe ; la plupart le sont encore et ne renferment que le strict nécessaire : des lits de cuir, des bancs, une table grossière, un bloc de bois, quelquefois une simple tête de bœuf pour siége, tels sont les meubles de la primitive estancia. Joignez à cela une marmite de fer destinée au bouillon, une grande broche à rôtir, une bouilloire pour le maté, et voilà la batterie de cuisine dans sa rude simplicité.

Il faut dire cependant que, depuis un demi-siècle, beaucoup de ces établissements se sont donné plus de confortable, et dans la partie voisine des fleuves, on en trouve aujourd'hui qui renferment tout ce qui est nécessaire à une vie commode et aisée ; mais ces créations luxueuses ont été longtemps l'exception.

Dans la hutte de branchages, qui sert de cuisine, le feu se fait sur un foyer de pierres sèches qui en occupe le milieu, et la fumée s'échappe par un trou pratiqué dans le toit. L'hiver, tous les domestiques de la ferme couchent autour de ce foyer, enveloppés dans leur *poncho* (manteau platéen dont l'usage est général). L'été, ils préfèrent dormir en plein air, ou sous la *ramada*, simple toit de broussailles sèches porté sur quatre pieux, sous lequel ils font la sieste durant le jour et où l'on abrite du soleil les chevaux sellés pour le travail ou le voyage.

Quant au propriétaire et à sa famille, il habite le corps de la ferme, composé de deux ou trois pièces, dont une sert à donner l'hospitalité au voyageur. Pieux usage que la division croissante du sol n'a pas encore effacé, et que l'absence de centres de population sur de vastes espaces rend nécessaire. Riches ou pauvres, tous les Argentins y sont fidèles : à quelque rang de la société qu'il appartient, partout le passant trouve encore à partager l'abri de la ferme opulente, ou de la simple chaumière construite en branches entrelacées et en torchis, qui porte le nom de *rancho*. Bien des fois, dans nos voyages, il nous est arrivé, lors de l'adieu du matin, d'apprendre que le propriétaire avait abandonné son lit pour nous le céder. Généralement, le repas du soir réunit tous les habitants de l'estancia. Il se compose toujours d'une pièce de viande rôtie en plein air ou à la cuisine, sur la grande broche que nous avons nommée, et que l'on plante en terre devant les convives. Les maîtres d'abord et leurs hôtes, accroupis autour, y taillent de longues tranches qu'ils mangent saupoudrées de sel, et le plus souvent sans pain ; le bouillon ne vient qu'après. Puis une corne remplie d'eau circule. On fume l'inévitable cigarette, en devisant des occupations de la journée, et l'on va se reposer. Au point du jour, les chevaux sont sellés, et chacun part, le voyageur pour continuer sa route, le propriétaire et ses *peons* pour vaquer aux divers travaux qu'exige l'estancia.

Hors des époques de la castration et de la marque des animaux, ces travaux consistent à faire le *rodeo*, c'est-à-dire à galoper autour du terrain et à ramener doucement les animaux vers un point central, où on les laisse quelque temps, pour les habituer à la vue de l'homme, les accoutumer à sa voix et les amener à se laisser conduire lorsqu'on les vend pour les *saladeros* (abattoirs du littoral), ou pour aller former plus loin le noyau d'une autre ferme.

Ces soins sont indispensables pour obtenir une reproduction plus active du bétail; il procrée moins à l'état sauvage, à cause des combats que les taureaux se livrent entre eux, tandis que dans les fermes, on n'en conserve qu'un pour cinquante vaches.

On ne s'occupe du lait de ces dernières que lorsqu'elles ont un veau, et la quantité qu'elles donnent est faible : les fromages que l'on fabrique sont médiocres; on n'en fait de bons que dans les montagnes de *Tucuman* et de *Salta*.

Les *peons* les plus habiles s'occupent à dompter les jeunes Chevaux de trois ans ou des Bœufs pour le trait ; d'autres, à tresser des cuirs pour les lazos, les boules et divers autres usages. Tout ceci n'exige qu'un travail assez court, et la journée, en résumé, est modérément occupée. Il en est tout différemment, à l'automne, époque de la marque des animaux. Alors, du lever au coucher du soleil, tout le personnel de l'établissement est employé à cette rude besogne. Dès la veille, les animaux qui doivent subir cette opération ont été rassemblés dans le *corral*. On en fait sortir l'un après l'autre les jeunes taureaux de dix à dix-huit mois, et on les lace au passage. Ceci se fait à pied, et les hommes y déploient autant de vigueur que de sang-froid : pendant que le peon le plus robuste entraîne le jeune animal, deux le renversent et l'assujettissent, un autre l'opère, et un cinquième appose sur la cuisse, à l'aide d'un fer chaud, la marque du possesseur. Cette triple manœuvre est si habilement pratiquée, qu'elle n'exige pas plus de deux minutes par animal.

Les travaux de l'industrie pastorale sont ceux que l'homme de la campagne exécute avec le plus de plaisir, et devant lesquels il ne recule jamais, quelque fatigants, quelque dangereux même qu'ils soient, car il met un extrême amour-propre à les bien faire. Habitué à l'usage du cheval dès sa plus sa tendre enfance, les courses les plus violentes, les plus soutenues ne sont rien pour lui : à ce point devue, il accomplit des prodiges. C'est dans les fermes de la région pampéenne que se groupe la population généralement métisse, à laquelle on a improprement donné le nom de *race de gauchos*, lequel ne doit s'appliquer, en réalité, qu'à certains individus, sans feu ni lieu, possédés du goût de la vie errante, sûrs qu'ils sont de trouver partout l'hospitalité. Mais cette désignation a fini par passer dans la langue usuelle, pour désigner tous les habitants de la plaine qui s'occupent exclusivement du bétail et sont domestiques ou journaliers dans les estancias. Cette classe d'hommes a incessamment recruté les bandes des chefs de parti dits *caudillos*, qui ont joué un rôle si bruyant dans la Plata depuis cinquante années. Courageux et dociles, insensibles aux intempéries des saisons, habitués qu'ils sont à la vie en plein air, ils ont toujours fait d'excellents soldats, lorsqu'ils ont été bien commandés.

Les fermes bien administrées, soit par le propriétaire lui-même, soit par un majordome ou intendant, doivent tripler leur bétail tous les trois ans. On comprend donc le chiffre élevé des bénéfices recueillis par l'industrie pastorale, et combien celle-ci doit être populaire dans la Plata, où elle trouve des conditions économiques si favorables. En effet, un personnel restreint suffit pour une estancia de moyenne grandeur, possédant, par exemple, un pâturage de deux lieues carrées, lequel, dans les localités favorisées, peut nourrir 6000 têtes de gros bétail. Dans les meilleures circonstances, un homme peut suffire pour 2000 animaux.

Les pâturages considérés comme les plus avantageux sont ceux qui exigent le moins de surveillance : aussi n'aime-t-on pas beaucoup le voisinage des bois, qui contribue à rendre le bétail moins docile ; celui-ci aimant à s'y garer dans les chaleurs, et il est difficile de l'en faire sortir. Les champs découverts sont donc préférés, et l'on ne trouve que des plaines de ce genre dans la région pampéenne, alors que l'Entre-Rios, Corrientes, Santa-Fé et Cordova ont de grands bois. Il est vrai que, d'autre part, la proximité des forêts est avantageuse à la ferme, surtout dans le principe, par les matériaux qu'elle lui fournit, et qu'en outre elles rendent les sécheresses moins funestes au bétail, qui trouve alors à s'y nourrir.

Jadis cette industrie était exclusivement aux mains des fils du pays, possesseurs de la terre, et dont les principales familles avaient de ces énormes estancias que nous avons signalées, et qui contenaient des 30 000 et 40 000 têtes de bétail. Aujourd'hui, beaucoup d'étrangers ont acquis à leur tour des propriétés territoriales, et formé de grandes fermes où le bon aménagement du sol a permis de doubler la quantité d'animaux sur un pâturage ; on a soigné davantage la production mulassière, origine d'un vaste commerce avec le Chili et la Bolivie.

Enfin, comme nous l'avons déjà indiqué, on s'est occupé avec ardeur de l'élève et du raffinement de la Brebis, abandonnée à elle-même jusqu'à 1820, et devenue aujourd'hui un animal même plus important que le Bœuf dans la Plata : c'est ainsi qu'en un demi-siècle, la valeur des exportations à l'étranger a décuplé.

Mais on ne s'est pas seulement livré à l'exploitation des animaux anciennement acclimatés, on importe aujourd'hui des Taureaux et des Vaches des meilleures espèces européennes, pour améliorer la race bovine au point de vue de la production du lait ; on a introduit des Chèvres d'Angora et de Cachemire ; et quelques propriétaires intelligents songent à former dans la Sierra de Cordova, si favorable à cette création, puisqu'elle y nourrit le Guanaque à l'état sauvage, des fermes d'acclimatation et de domestication pour l'Alpaca et la Vigogne : ce qui serait une source nouvelle de richesses pour le pays.

Dans un autre ordre de produits acclimatés, nous citerons l'Abeille, importée d'Europe depuis 1857 seulement, qui s'est immensément multipliée dans toutes les provinces de la Plata ; les tentatives faites dernièrement pour rétablir l'industrie séricicole, autrefois florissante dans la province de Mendoza, mais où, en 1852, une épidémie détruisit tous les Bombyx du Mûrier.

Vous n'ignorez pas, messieurs, que la Société a reçu dernièrement avis de la réussite des efforts tentés à Montevideo, à Buenos-Ayres, à Corrientes, au Paraguay, pour y naturaliser le Ver à soie du Ricin, arbre qui croît partout à l'état silvestre dans cette région. Les essais faits à Corrientes par M. Lix ont été suivis d'un succès complet, et sa réussite a donné plus d'un utile exemple dans sa province. Les tentatives de ce genre faites à la colonie de San-José, dans l'Entre-Rios, par M. Peyret, son directeur, ont également réussi, mais les colons ne les ont pas continuées, trouvant plus lucrative la culture de l'Arachide, comme objet d'exportation.

Toutes les conquêtes de l'homme dans le règne animal peuvent donc s'acclimater rapidement et sûrement dans les régions du rio de la Plata. La salubrité du climat, la beauté du ciel, la fertilité du sol, leur y font des conditions que nul autre point du globe ne présente sur une aussi large échelle. Ajoutons enfin que sur cette terre féconde et bienveillante, la race caucasienne s'est implantée sans aucune de ces difficultés qu'elle a rencontrées dans les régions tropicales. Elle y croît, elle y multiplie; absorbant sans la détruire, mais en la modifiant heureusement, la famille indigène, elle y transforme également le peu d'éléments d'origine africaine qui y avaient été importés; et, de tous ces éléments divers, il se forme une race nouvelle, européenne et chrétienne, d'instincts, de mœurs et de coutumes, et qui, sous un ciel tempéré comme celui du sud de l'Italie, conserve l'intégrité des forces physiques et intellectuelles que lui a communiquées le sang généreux de ses premiers colons.

RAPPORT

AU NOM DE LA COMMISSION DES RÉCOMPENSES (1)

Par M. le comte d'ÉPRÉMESNIL,
Secrétaire général de la Société.

MESDAMES, MESSIEURS,

La Commission des récompenses a été heureuse de rencontrer, cette année encore, des faits aussi nombreux qu'intéressants, qu'elle a pour mission spéciale de signaler à votre attention et à votre reconnaissance.

De nouvelles espèces animales et végétales ont été introduites pendant le cours de cette année. Certains animaux déjà acclimatés ont fait un pas de plus vers la domestication. Enfin, l'application industrielle, surtout en pisciculture, a fait de notables progrès.

C'est là un ensemble que nous sommes heureux de constater, et qui prouve une fois de plus que nous marchons d'un pas égal et soutenu vers le but élevé que nous nous sommes proposé.

RÉCOMPENSES HORS CLASSE.

Membres honoraires.

Deux titres de membre honoraire sont décernés cette année.

Le premier, à M. le contre-amiral DE LA GRANDIÈRE, commandant en chef et gouverneur des établissements français en Cochinchine. — Nous devons au zèle éclairé de M. le contre-amiral de la Grandière de nombreux envois d'oiseaux très-intéressants, et particulièrement le Pigeon de Nicobar, et la création à Saïgon d'une pépinière très-importante d'acclimatation. C'est pour nous un devoir que nous

---

accomplissons avec bonheur, que de témoigner publiquement notre reconnaissance à ceux de nos concitoyens qui, au milieu des plus graves occupations, pensent à enrichir la France des précieuses espèces qu'ils rencontrent dans les pays lointains.

M. le docteur GERMAIN a prêté son concours dévoué et efficace aux généreuses intentions de M. de la Grandière ; nous sommes heureux de lui adresser tous nos remercîments.

Le second titre de membre honoraire a été accordé à M. Léon ROCHES, ministre plénipotentiaire de France à Yédo (Japon). — Le nom de M. Léon Roches, en ce moment, est justement populaire dans toutes les contrées de la France atteintes si gravement par les souffrances de l'industrie séricicole. Nous pouvons espérer légitimement que M. Léon Roches aura grandement contribué à diminuer la gravité de ce déplorable fléau. Pour nous qui savons avec quel désintéressement non exempt de périls M. Léon Roches a saisi l'occasion, unique peut-être, de rendre à son pays un service de l'ordre le plus élevé, nous savons qu'il a bien mérité déjà le titre que nous lui décernons aujourd'hui.

Une troisième récompense hors classe, la *grande médaille d'or*, offerte par Son Exc. M. le Ministre de l'agriculture, a été décernée à M. COUMES, ingénieur en chef des travaux du Rhin, directeur de l'établissement de pisciculture d'Huningue. — Il n'est pas un pays au monde où aient pénétré les pratiques de la pisciculture qui ne soit l'obligé de l'honorable directeur de l'établissement d'Huningue. Personne de nous n'ignore avec quelle sollicitude infatigable M. Coumes répond aux demandes qui lui sont faites. Ce n'est pas ici le lieu de faire l'énumération vraiment prodigieuse des œufs des meilleures espèces de Salmonidés distribués par l'établissement d'Huningue ; le nom de son habile directeur restera attaché à jamais à la vulgarisation de la pisciculture, aux services qu'elle rend, à ceux, surtout, qu'elle est appelée à rendre lorsqu'elle passera plus généralement encore du cadre restreint des expériences à la pratique économique et industrielle.

PREMIÈRE SECTION. — *Mammifères.*

Médailles de 1re classe.

MM. le comte CORNULIER-LUCINIÈRE, capitaine de vaisseau.
A. LÉVÊQUE, capitaine de vaisseau.
D'ESTIENNE, lieutenant de vaisseau.
CHAUSSONNET, médecin auxiliaire de la marine.

Grâce aux soins intelligents et dévoués prodigués sous l'inspiration de ces messieurs aux Alpa-Lamas donnés par la république de l'Équateur, pendant leur traversée, ces précieux animaux sont arrivés en France en bonne santé. C'est la première fois qu'un semblable résultat a été obtenu.

M. GALMICHE, inspecteur des forêts à Remiremont. — Emploi aux usages domestiques des Lamas dans les Vosges.

Récompense pécuniaire de 50 francs.

M. Jean BLAISE, berger de M. Euriat-Perrin, pour les soins qu'il a donnés aux Chèvres d'Angora de cheptel.

DEUXIÈME SECTION. — *Oiseaux.*

Médailles de 1re classe.

M. DABRY, consul de France à Hang-kéou (Chine). Rappel de médaille de 1re classe, pour les envois intéressants d'oiseaux et de graines.

M. BERTHEMY, ministre de France à Pékin, pour envoi de magnifiques oiseaux de Mandchourie, inconnus jusqu'alors en France.

M. BOUTEILLE, secrétaire général de la Société d'acclimatation des Alpes, pour reproduction d'Autruches en domesticité et commencement de domestication.

M. CHIAPELLA, introduction en France du Merle polyglotte, de l'Amérique du Sud, et reproductions nombreuses d'oiseaux exotiques.

M. FERY D'ESCLANDS, auditeur à la Cour des comptes, introduction d'oiseaux de l'île de Madagascar en France.

M. JOHN STONE (Angleterre), introduction et reproduction de plusieurs Gallinacés de la Chine et de l'Inde, en particulier du Tragopan.

Médailles de 2e classe.

Mme la comtesse KOUCHELEFF (Russie), introduction en Russie des meilleures races de Poules françaises.

M. LEROUX (A.), introduction en France du Colin à plumes lancéolées de Californie.

Mention honorable.

M. FIÉRARD, capitaine au long cours, s'est chargé gratuitement du transport en France des animaux envoyés par M. Delaporte.

Récompense pécuniaire.

Mme CHOPLIN, 100 francs, soins donnés aux Autruches de M. Bouteille à Grenoble.

Nous avons en outre à remercier MM. RÉUNIER et le colonel MARCHEZ pour leurs intéressants envois d'oiseaux.

TROISIÈME SECTION. — *Poissons, Crustacés, Annélides.*

Médailles de 1re classe.

M. CARBONNIER, pour ses nombreux travaux en pisciculture et l'introduction de plusieurs espèces de poissons au Pérou.

M. CHANTRANT, pour ses expériences piscicoles au collége de France.

M. GUILLOU, pilote à Concarneau (Finistère), nombreux succès de pisciculture marine, et direction de laboratoires importants et de grands viviers de reproduction.

M. SCHRAM (Belgique), expériences nombreuses dignes de tout notre intérêt.

M. WALLON, à Montauban, travaux piscicoles menés à bien sous la direction de la Société d'acclimatation de Tarn-et-Garonne.

M. BOS (Joseph), fermier de M. le comte de Causans, à Saint-Front (Haute-Loire), application industrielle, réussie sur une grande échelle, des préceptes de la pisciculture.

Médailles de 2e classe.

M. LIÉNARD (île Maurice). Rappel de médaille.

MM. AUBIN (île Maurice), MANÈS (Réunion), PERROT DE CHAMARELLE (île Maurice), qui se sont occupés avec zèle de l'introduction en Égypte, en France et en Algérie du Gourami.

M. le baron GRAND D'ESNON, pisciculture dans l'Yonne.

M. MALARD, à Commercy (Meuse), multiplication de plusieurs espèces de poissons.

MM. PICHON et TOURNIOL, nombreux essais de pisciculture en Algérie.

M. SAUVADON (Seine-et-Oise), propagation de l'Écrevisse à pattes rouges.

Mentions honorables.

M. BRÉNIER, soins donnés aux Gouramis envoyés en Algérie.
M. LHERMITTE, travaux piscicoles.

Récompenses pécuniaires.

M. Bruman, pêcheur à Cherbourg, 100 francs, pour ses envois à l'aquarium du Jardin.

MM. Compras, 100 francs, et Dropsy, 50 francs, éducation, propagation piscicole dans la Seine, l'Oise et l'Artoise.

M. Jousset, 50 francs, pisciculture dans la Vendée.

M. Rouché, 100 francs, ostréiculture à Chatelaillon (Charente-Inférieure).

Nous sommes heureux d'avoir à adresser nos félicitations à M. Trotabas, lieutenant de vaisseau, pour l'intérêt qu'il a témoigné aux expériences de pisciculture marine.

A MM. Gervais, Doumet fils, de Tillancourt et J. Schlumberger, pour leurs études de pisciculture.

Quatrième section. — *Insectes.*

Médailles de 1re classe.

M. Blain, à Angers, éducation heureuse de Vers à soie *Yama-maï*.

M. Chartron, envoi de graines de Vers à soie du Mûrier.

M. C. Lix (confédération Argentine), culture en grand du Ver à soie du Ricin.

M. Sacc (Espagne). De récents renseignements nous ont fait connaître l'heureuse éducation de *Bombyx yama-maï* obtenue par notre savant et zélé collègue.

Médaille de 2e classe.

M. Sermant (Drôme), éducations de Vers à soie.

Mention honorable.

M. DE SAULCY, éducations de Vers *Yama-maï.*

Récompense pécuniaire.

Mlle J. FLON, 100 francs, éducation de *Bombyx Mori.*

Nous avons constaté avec plaisir que les personnes qui, l'année dernière, avaient entrepris heureusement l'éducation du *Bombyx yama-maï*, ont continué avec persévérance les expériences qu'elles avaient commencées.

CINQUIÈME SECTION. — *Végétaux.*

Médaille de 1re classe.

M. ANCEAU, jardinier à Misy. — Sous l'inspiration de notre dévoué collègue, M. le comte de Sinéty, M. Anceau a fait réussir, grâce à son habileté bien connue, l'acclimatation du Bambou comestible.

Mme veuve DELISSE a continué avec succès les cultures de végétaux exotiques entreprises par notre regretté collègue M. Delisse, en particulier celle du Lo-za.

Médaille de 2e classe.

M. BOISSON, culture du Coton.

MM. le marquis de FOURNÈS et ARNAUD ont persévéré dans leurs entreprises pleines d'intérêt sur la culture du Cotonnier dans le Gard ; nous faisons des vœux pour qu'ils obtiennent des résultats pratiques que leurs efforts ont bien mérités.

La Société est heureuse d'avoir à distribuer cette année deux prix qui avaient été mis précédemment au concours.

Le premier, de 500 francs, relatif à la reproduction du Colin de Californie en liberté, fondé par notre généreux collègue M. Theillier-Desjardins, a été décerné à M. HENNECART, à Combreux (Seine-et-Marne). Vous trouverez consignés dans le *Bulletin* les ingénieux moyens employés pour obtenir ce résultat vraiment intéressant.

La Société a donné, en outre, une médaille d'argent à notre collègue M. Aimé LAURENCE, à Châtellerault (Vienne), qui, lui aussi, mais à un degré moindre, a obtenu la reproduction du Colin de Californie en liberté.

Le second prix de 100 francs, fondé par la Société pour la propagation et l'amélioration du Cerfeuil bulbeux, a été décerné à M. FROMONT, jardinier de M. Vavin, à Bessancourt (Seine-et-Oise).

Un accessit de 50 francs a été accordé à M. VIVET, à Asnières, pour le même objet.

Les primes offertes par notre honorable collègue M. Sacc, relatives aux toisons d'Angora, n'ont pas été gagnées cette année ; cependant la Société a cru devoir accorder un prix de 100 francs à M. LEQUIN, directeur de la ferme-école de Lahayevaux (Vosges), pour une très-belle toison de jeune Bélier angora.

Deux primes annuelles fondées par un confrère anonyme.

Prime de 200 francs, à M. ROUARD, faisandier au Jardin d'acclimatation.

200 francs à M. BLONDEL, gardien des Mammifères au Jardin d'acclimatation.

BULLETIN

MENSUEL

DE LA SOCIÉTÉ IMPÉRIALE

ZOOLOGIQUE

D'ACCLIMATATION

FONDÉE LE 10 FÉVRIER 1854.

I. TRAVAUX DES MEMBRES DE LA SOCIÉTÉ.

LA ZOOLOGIE ET LA PRODUCTION ANIMALE

Par M. RICHARD (du Cantal).

(Séance du 10 février 1865.)

Les animaux domestiques sont indispensables aux travaux de l'agriculture ; ils le sont aussi au commerce et à l'industrie. Ils sont de plus les premiers éléments de la puissance et de la prospérité des nations. « Autrefois, a dit Buffon, ils » faisaient toute la richesse des hommes, et aujourd'hui ils » sont encore la base de l'opulence des États, qui ne peuvent » se soutenir et fleurir que par la culture des terres *et par* » *l'abondance du bétail.* »

D'autre part, les produits des animaux sont de première nécessité dans l'état actuel de notre civilisation. Si ces précieux auxiliaires venaient à nous manquer, l'agriculture et le commerce seraient anéantis, nous serions en proie à la famine et à toutes les calamités qui en seraient la conséquence ; nous serions réduits à la condition du sauvage, qui seul pourrait se passer d'animaux domestiques, en vivant de pêche, de chasse, de fruits et de racines. Heureusement, ce malheur n'est pas à craindre, nous n'avons donc pas à nous en occuper; mais notre production animale peut être augmentée et perfectionnée, et c'est la zoologie qui doit nous en enseigner les moyens. Elle a, sous ce rapport, de grands services à rendre à l'agriculture, en l'éclairant sur l'art de multiplier et de perfectionner les espèces que nous possédons. Voyons comment elle pourrait y parvenir.

Un animal doit être considéré comme une usine isolée, vivante, qui transforme les matières premières qu'elle consomme, en produits qu'elle nous fournit. Ainsi, au moyen du fourrage ou du grain, ces usines, que nous employons quelquefois comme locomotives ou comme force motrice (le Cheval, l'Ane, le Mulet et le Bœuf, en sont la preuve), fabriquent la viande, le lait qui nous nourrissent; le beurre, la graisse, qui servent à la préparation de nos aliments, et elles donnent à l'industrie les cuirs, les laines, les poils, les cornes, les crins, les os, les suifs, tous les produits animaux enfin, qui, diversement modifiés dans nos manufactures, sont employés aux usages divers de l'économie domestique ou des arts mécaniques. De plus, ces usines vivantes savent se pourvoir de tous les éléments indispensables au bon entretien des appareils chimiques ou physiques qui les composent, et qui, comme tous les instruments, s'useraient par leur travail incessant, s'ils n'étaient entretenus et convenablement réparés suivant leurs besoins. On sait d'ailleurs ce qui résulte du défaut de cet entretien par une alimentation insuffisante ou de mauvaise nature.

Si nous admettons avec tous les naturalistes (et comment ne pas l'admettre) qu'un animal est une usine composée d'appareils divers de physique et de chimie qui, comme les usines organisées par la main de l'homme, fonctionnent plus ou moins bien, suivant la bonne ou la mauvaise nature de leur confection, ne devons-nous pas être convaincus que, pour faire un bon choix de ces usines vivantes, et pour les perfectionner, il faut en avoir étudié avec soin les rouages en particulier, et la constitution en général. Si dans nos usines de produits chimiques, ou dans nos manufactures d'objets divers, les fabricants ne connaissaient ni la nature des produits qu'ils exploitent, ni les dispositions des machines qu'ils emploient, et dont ils surveillent l'action, pense-t-on qu'ils arriveraient à des résultats heureux ? De tristes expériences nous ont quelquefois démontré le contraire.

Jusqu'à nos jours, à l'exception du Chien, à l'égard duquel on a moins le droit d'être exigeant, parce qu'il n'est ni un animal alimentaire, ni industriel, nous pouvons dire qu'une seule espèce de nos animaux domestiques a été perfectionnée de manière à bien répondre au but de son élevage : je veux parler de l'espèce ovine. Or, ce résultat est dû, on le sait, à l'application de la zoologie, qui a appris à bien connaître le Mouton dans ses détails anatomiques, comme dans son ensemble.

Buffon comme Daubenton insistèrent, à la fin du dernier siècle, pour bien faire comprendre l'importance de l'étude de la science des animaux que nous élevons; et à notre époque, deux naturalistes éminents, Isidore Geoffroy Saint-Hilaire, et notre vice-président M. de Quatrefages, ont démontré dans leurs ouvrages, que l'étude de la zoologie est nécessaire pour bien comprendre les règles qui doivent diriger les éleveurs dans le perfectionnement de nos espèces animales. Malheureusement, cette étude pratique a été trop négligée depuis la mort de Buffon et de Daubenton, et c'est ce qui explique l'état arriéré de la zootechnie, comparativement à l'état des progrès actuels de la zoologie.

Dans son ouvrage sur l'acclimatation et la domestication des animaux utiles, Isidore Geoffroy Saint-Hilaire se plaint de ce que l'étude des animaux domestiques n'a pas été faite comme il l'aurait désiré, par des savants illustres qui auraient pu faire fleurir leur élevage, en imitant l'exemple donné par Daubenton surtout. « L'étude des animaux domestiques, dit-il, » a été longtemps trop négligée par les naturalistes; et au- » jourd'hui encore la plupart d'entre eux semblent consi- » dérer la détermination exacte d'une race domestique comme » d'un bien moindre intérêt que celle de la plus insignifiante » des espèces zoologiques. . . . . J'ai déjà essayé, à » plusieurs reprises, de montrer combien est regrettable cet » abandon par les naturalistes d'une des plus riches parties » de leur domaine. L'étude des animaux domestiques inté-

» resse en réalité la science à tous les points de vue : elle » l'éclaire dans la partie théorique et même philosophique, » aussi bien que dans les applications pratiques, et l'on s'éton- » nerait qu'on ait pu si longtemps en oublier ou en mécon- » naître l'intérêt, si l'on ne savait, par de nombreux exemples, » combien la vérité a de peine à se dégager de l'influence de » l'esprit de système et du joug des opinions régnantes.

» Le temps me permettra-t-il jamais de réunir en un corps » d'ouvrage le résultat de mes études sur un sujet si longtemps » négligé, et que j'ai eu à considérer successivement sous les » aspects les plus variés?... »

Le temps n'a malheureusement pas permis à notre président de réaliser son projet. C'est un malheur pour l'agriculture de notre pays. Héritier de la science de Daubenton, dont il avait embrassé les idées pratiques avec enthousiasme, il aurait rendu un grand service à nos éleveurs en les éclairant sur l'art de perfectionner les races, art bien difficile à exercer avec fruit, sans le concours de la zoologie appliquée.

M. de Quatrefages nous a montré, de son côté, avec quel soin il s'est attaché à l'étude des races dans les végétaux et les animaux, et à l'examen des lois qui président à leur formation. En 1854, année de la fondation de la Société impériale d'acclimatation, le savant professeur du Muséum d'histoire naturelle a dit, dans son ouvrage publié sous le titre de *Souvenirs d'un naturaliste*, pourquoi la zootechnie est encore si arriérée en France. Voici comment il s'est exprimé : « La » zoologie, jusqu'à ces derniers temps, était seule restée en » dehors des applications immédiates, donnant au bout de » l'an un bénéfice net. Les lumières qu'elle jetait sur les » phénomènes de la vie ne suffisaient pas pour appeler sur » elle l'attention de ce vulgaire qui compte dans ses rangs » tant d'hommes éminents d'ailleurs, mais n'estimant que la » science de leur choix. Autant que les plus illustres, bien » des savants ne comprenaient rien aux applications immé- » diates d'un savoir qu'ils ne possédaient pas. Ils ne voyaient » pas, par exemple, que *la question de l'élève du bétail* et de » la *création des races domestiques*, ces deux problèmes que

» l'empirisme a parfois abordés avec bonheur, *ne pourrait être* » *définitivement résolue que par la zoologie*. A cet égard, ils » pensaient des zoologistes comme eussent fait les métallur- » gistes des derniers siècles, de nos chimistes d'aujourd'hui. »

Il y aura un siècle bientôt que Daubenton a prouvé le fait incontestable soutenu par M. de Quatrefages, quand il dit que *la question de l'élève du bétail et de la création des races domestiques ne peut être définitivement résolue que par la zoologie*. Mais c'est surtout dans son remarquable ouvrage sur l'*unité de l'espèce humaine*, que M. de Quatrefages étudie les races d'animaux et de végétaux, et les lois naturelles qui président à leur formation. Les principes qu'il développe sont rigoureusement les mêmes que ceux que Daubenton et Isidore Geoffroy Saint-Hilaire ont adoptés, parce qu'ils sont puisés à la même source, à la source de la vérité dévoilée par l'étude des phénomènes de la nature. Le livre d'anthropologie de M. de Quatrefages semble être fait autant pour les agriculteurs que pour les naturalistes et les philosophes, et je ne serais pas surpris que des agriculteurs lui eussent déjà fait cette observation. Ceux-ci, en effet, ont dû trouver, comme moi, dans son ouvrage, des développements, des théories dont la pratique agricole confirme l'exactitude. Le passage suivant, dans lequel l'auteur parle de l'influence des milieux sur les espèces vivantes, nous fournira une preuve de ce que j'avance. « Pour pouvoir pleinement se développer, dit » M. de Quatrefages, tout individu doit être en harmonie » complète avec les conditions d'existence, *avec le milieu* » où il vit : toute espèce, pour se propager et s'étendre, doit » satisfaire à la même exigence. Du moindre désaccord entre » ces deux termes résultent la souffrance pour l'individu, » l'amoindrissement pour l'espèce. Bien que souffrant dans » certaine limite, l'individu peut fournir sa carrière à peu » près entière ; mais les effets du désaccord s'accumulant à » chaque génération, et s'aggravant par le fait de l'hérédité, » comme on le verra plus tard, l'espèce ne saurait durer » indéfiniment dans un milieu qui lui serait même très-peu » contraire. Il en serait d'elle comme du rocher, que finit

» par percer la chute incessante de faibles gouttes d'eau. Si » l'espèce était absolument invariable, elle périrait nécessai- » rement dans cette lutte prolongée, où la puissance des » conditions défavorables grandirait de toutes ses pertes et » de sa faiblesse croissante. Lors donc qu'une circonstance » quelconque aura produit le désaccord dont était ici question, » il faudra nécessairement, ou que l'espèce disparaisse au » bout d'un temps donné, ou que l'harmonie se rétablisse. » Les modifications que suppose cette dernière alternative » porteront ordinairement sur l'espèce qui, variable comme » on l'a vu, réagira pour s'accommoder à des conditions nou- » velles. Voilà comment, dans une multitude de circonstances, » se formeront les races dont nous allons nous occuper. »

Pour appuyer par des faits l'opinion qu'il soutient, M. de Quatrefages examine toutes les transformations qui s'opèrent dans les races, soit dans le règne végétal, soit dans le règne animal, sous l'influence du milieu où vivent ces races, ou sous celle qu'exerce sur elles la main de l'homme qui les multiplie et les façonne à son gré. L'homme éclairé, en effet, a une action telle sur la production de la nature, qu'il la modèle presque à sa fantaisie, suivant ses besoins ou ses goûts. Voyez les belles fleurs qu'il a obtenues de familles diverses de plantes, pour orner les jardins, les parterres, les promenades publiques. Quels fruits délicieux, quels beaux légumes n'a-t-il pas fait produire à des végétaux sauvages qui dégénéreraient et perdraient leurs qualités acquises, si le savoir qui a présidé à leur perfectionnement cessait son action, s'ils étaient livrés sans entraves à celle de la nature. « Toute race végétale ou animale qui échappe à la culture, à » la domesticité », dit avec raison M. de Quatrefages, « perd » un certain nombre de caractères qu'elle leur devait, et se » rapproche du type sauvage. » Les plus brillantes fleurs, les fruits les plus savoureux, les plus beaux légumes de nos potagers, perdraient de leurs qualités acquises, s'ils ne recevaient plus les soins auxquels ils les doivent, parce que la nature ne perd jamais ses droits imprescriptibles. Et si, par adresse, l'art éclairé par la science l'oblige à faire des concessions en notre faveur, son action incessante, éternelle, n'est jamais anéantie ; elle est toujours dans toute sa force latente ; elle le prouve sans jamais y manquer, quand l'obstacle que la science lui a opposé a cessé. Comme l'a dit Buffon, « *la nature reprend ses droits quand on la laisse agir en liberté* ». C'est là une loi décrétée par le Créateur; et s'il a donné à l'homme le génie pour modifier les conséquences de son action, il lui a refusé le pouvoir de la rapporter.

L'homme modifie donc à son gré, par la science, les productions de la nature, partout où il les cultive; et leur perfectionnement, à notre point de vue, est en raison de la part que le savoir spécial a prise à les améliorer. Il n'est pas un observateur sérieux qui puisse nier ce fait incontestable. La nature elle-même, dont les lois varient quelquefois dans des détails, suivant les divers points du globe où elles sont étudiées, modifie des types que l'homme lui impose, pour les approprier aux nouvelles conditions des milieux dans lesquels ils sont appelés à vivre et à se multiplier. C'est surtout sur ce fait incontestable que M. de Quatrefages appuie son opinion pour démontrer l'unité d'origine de l'espèce humaine. Pour mon compte, je ne saurais être assez de son avis, et je suis convaincu que, s'il était permis à l'homme de modeler, par les moyens que la science indique, la matière humaine (qu'on me permette cette expression), comme il pétrit la matière végétale ou animale, il obtiendrait, par l'action des milieux, combinée avec sa propre action, non-seulement les différentes races d'hommes qui existent aujourd'hui, mais de nouvelles races qui n'existent pas, ce qui embarrasserait peut-être un peu les polygénistes. Les différentes variétés de végétaux et d'animaux obtenus, soit par l'action des climats, soit par celle des croisements ou des accouplements des sexes, n'autorisent-elles pas tout homme qui observe ces transformations à avoir cette opinion? Voyez comme l'a fait remarquer Buffon, et comme l'a dit M. de Quatrefages, quelles modifications a subies le Chien partout où il est. Ce pauvre animal a été non-seulement transformé dans sa conformation, dans sa taille, dans son tempérament, dans l'organisation anatomique de diverses parties de son squelette, mais encore dans son intelligence, dans son moral. On a été jusqu'à détruire chez certaines races l'instinct le plus enraciné, le plus vivace de la nature vivante, l'instinct de conservation. Le Bouledogue, par exemple, a été fabriqué de telle façon, que pour cet animal, le danger de perdre la vie est inconnu. Dans une lutte, il se précipite tête baissée contre tout ce qu'il doit combattre, sans reculer, sans hésiter un instant, quel que soit son adversaire. La mort seule, qu'il affronte comme si elle n'existait pas pour lui, peut le réduire, l'arrêter, et il la subit sans avoir paru connaître le sentiment naturel si puissant qu'inspire son approche.

On parle, pour appuyer la théorie du *polygénisme*, de la différence d'intelligence qui est remarquée dans les diverses races de l'espèce humaine; n'est-elle pas pour le moins aussi frappante dans l'espèce canine?

M. de Quatrefages divise les races en trois ordres. Dans le premier ordre, sont les races sauvages ou naturelles; dans le deuxième, les races domestiques ou artificielles. Enfin les races libres ou marronnes, c'est-à-dire celles qui, ayant été domestiques, sont redevenues sauvages, forment le troisième ordre. Voulant me borner ici à l'examen des animaux, je ne suivrai pas l'auteur dans le développement qu'il donne à ses idées pour les motiver sur les végétaux; je ne parlerai donc que des mammifères.

Pour le naturaliste, la distinction des races faite par M. de Quatrefages, en sauvages ou naturelles, et domestiques ou artificielles, est rigoureusement juste. L'animal sauvage est l'œuvre exclusive de la nature. L'art n'a rien fait pour lui; il n'y a donc rien d'artificiel dans son individu. Il n'en est pas de même de l'animal domestique, l'art a toujours plus ou moins contribué à sa modification. Ici point de contestation possible.

Mais la distinction établie par M. de Quatrefages pour le naturaliste, ne saurait convenir à l'agriculteur; voici pourquoi. L'agriculteur ne s'occupe que de l'animal domestique. L'animal sauvage ne le préoccupe pas; il ne lui est même pas connu. Cependant il a aussi à établir une distinction importante entre les races qu'il élève. Pour lui, certaines races domestiques sont naturelles aux lieux où elles sont produites. Les autres sont artificielles dans ces mêmes lieux. Je vais tâcher d'appuyer, par les faits que nous observons tous les jours, l'idée qui motive cette distinction essentielle que j'ai cru devoir faire pour la pratique de l'éleveur.

Chaque pays a son mode de culture, son genre de produits végétaux, comme il a aussi ses races particulières d'animaux. Prenons d'abord la France pour champ d'observation, et examinons nos diverses races ; nous verrons combien est fondée la différence que j'établis entre une race domestique naturelle et une race domestique artificielle. Voyons nos races de chevaux : nous y trouverons des races naturelles et des races artificielles. Si nous allons dans le nord de la France, par exemple, nous remarquerons, dans le Pas-de-Calais, un cheval de gros trait, connu sous le nom de *Cheval boulonnais*, trapu, bien roulé, fortement charpenté, bien musclé, un modèle de force musculaire. Ce type si estimé, élevé dans les pâturages du pays, nourri avec les fourrages qu'on y récolte, soigné et logé à la mode du lieu, depuis un temps plus ou moins éloigné, conserve toujours les caractères zoologiques propres à la race locale formée dans le pays; et ces caractères lui sont toujours conservés, parce qu'ils lui sont naturellement donnés dans le milieu où il vit et où il est né. C'est là ce que j'appelle une race naturelle, parce que, bien que cet animal soit domestique, l'art actuel ne contribue nullement à lui conserver son type; il le doit à la nature du lieu : rien n'est plus exact.

Si nous examinons le Cheval du Perche, celui de la Franche-Comté, nous trouverons également dans ces deux pays des chevaux de trait bien distincts, avec leurs caractères zoologiques tranchés et constants dans les localités où on les observe. Or, ces animaux doivent, comme les boulonnais, leurs marques distinctives, leur tempérament, leurs formes, aux conditions du milieu dans lequel ils sont nés et élevés ; et ces animaux se transmettent leurs qualités comme leurs défauts et leur ressemblance, de génération en génération, parce que les conditions spéciales de conformation qui les font distinguer, leur sont données par la nature du milieu où leur race a été formée, et où elle a toujours vécu telle qu'elle est, depuis qu'elle y est. Ces races sont aussi des races naturelles. Aussi tous ces chevaux boulonnais, percherons ou franc-comtois, ont tous, chacun dans sa localité, une ressemblance, un air de famille qui les fait reconnaître partout où on les observe.

Mais dans les trois régions de la France dont je viens de parler, et qui élèvent des chevaux de trait propres à chaque localité, il y a ou il peut y avoir des éleveurs qui font des chevaux pour les hippodromes. Ceux-ci, pour bien courir, pour gagner des prix, doivent avoir une conformation bien différente de la conformation de la race locale ; et pour leur conserver leur type de chevaux coureurs, il faut bien se garder de les traiter comme les autres chevaux du pays. Si, comme eux, ils étaient abandonnés dans les pâturages, soumis aux mêmes soins, logés, nourris de la même manière, livrés enfin à toutes les influences atmosphériques ambiantes, ils dégénéreraient, ils perdraient de leurs caractères spéciaux de chevaux de vitesse, pour se rapprocher des caractères donnés à la race du lieu par le milieu où elle vit. Que faut-il donc faire pour prévenir cette transformation ? Il faut les soustraire, par l'art, aux influences de la nature du lieu, de manière à leur conserver la conformation de leur type qui est et doit être la même partout, en Angleterre comme en France, dans le Boulonnais comme dans le Perche, la Franche-Comté ou ailleurs. L'art seul fait ce cheval tel qu'il est partout ; son élevage est essentiellement artificiel, et son type ne peut être conservé qu'à ce prix. Ces coursiers sont ainsi traités de manière à être soustraits aux influences des milieux et de l'hygiène des autres animaux. On leur donne une alimentation appropriée à leur nature ; on les enveloppe de couvertures, de flanelles, pour les soustraire à une température qui pourrait réagir sur eux ; on leur fait prendre un exercice étudié, réglé suivant leur âge, suivant les épreuves qu'ils doivent subir, le poids qu'ils doivent porter dans les épreuves, et la distance qu'ils doivent parcourir. On emploie enfin tous les moyens commandés par l'art d'élever le Cheval d'hippodrome, art étudié dans ses détails les plus minimes; car il y va du gain ou de la perte de sommes souvent considérables.

L'élevage du Cheval de course est donc la conséquence d'une étude spéciale, faite par des hommes spéciaux, partout où ce cheval est élevé. Ce type est donc artificiel, parce que, pour être obtenu et être conservé tel qu'il est, il faut, à tout prix, le soustraire aux influences directes de la nature des lieux où il vit.

Les autres races, au contraire, sont naturelles, parce qu'elles sont formées, naturellement, par les influences du milieu dans lequel elles se reproduisent et se conservent toujours les mêmes.

Le Cheval camargue, qui est un cheval léger, est encore un type naturel, parce que sa race, formée dans l'île qu'il habite, y vit et s'y reproduit dans les mêmes conditions de milieu, depuis qu'elle y est. Rien n'empêcherait de faire à côté de lui, dans le même lieu, le type artificiel d'hippodrome.

Si nous examinons l'espèce bovine, nous ferons les mêmes observations sur les races, parce que les mêmes causes produisent les mêmes effets sur elles. Nos races bovines de France sont parfaitement distinctes : la race flamande, remarquable par sa finesse, son développement et sa qualité laitière; la cotentine, si précieuse par sa qualité butyreuse; la race charolaise, bien roulée, avec ses formes arrondies, potelées; la petite race bretonne, élevée dans les Landes; la race franc-comtoise, la morvandelle; le type salers, si connu aujourd'hui; le type aubrac; enfin les races limousine, agenaise, gasconne, basadaise, marchoise, choletaise, etc., ont toutes des caractères tranchés, qu'elles doivent aussi aux influences naturelles des lieux qui les produisent: elles doivent donc, par conséquent, être considérées comme des races naturelles par les agriculteurs qui les élèvent.

Mais, depuis quelques années, on a introduit en France des races anglaises, des Durham, des Angus, des Devon, des Hereford, des Ayr; et ces animaux, perfectionnés par les Anglais, ont des qualités particulières, des caractères spéciaux qu'ils ne peuvent conserver en France dans toute leur pureté que par l'emploi des moyens mis en œuvre par les éleveurs qui les ont améliorés. S'ils sont livrés, comme nos races indigènes, aux influences des localités où ils sont importés, ils finiront par perdre les qualités que l'art leur a données, pour se rapprocher des races des pays où ils ont été importés.

Si nous voulions examiner ce qui se passe dans l'élevage de notre espèce ovine et de notre espèce porcine, nous trouverions absolument les mêmes exemples de formation de races naturelles et de races artificielles. Les premières seraient dans ces espèces, comme dans l'espèce chevaline et bovine, caractérisées par les formes propres aux races élevées sous l'influence des milieux, de la nourriture et de toutes les conditions hygiéniques naturelles qui les ont façonnées; les secondes se feraient distinguer par des qualités spéciales, par une conformation, par un tempérament enfin, qui seraient la conséquence des moyens étudiés et employés par l'art de l'éleveur pour les soustraire aux agents locaux qui ont formé les races naturelles dans le but de faire des races artificielles.

Dans la pratique, cette distinction en races domestiques naturelles, et en races artificielles, est plus importante qu'on ne le pense vulgairement pour les éleveurs. Les races naturelles, en effet, produit naturel du sol où elles sont élevées, ont toute la rusticité, toute la sobriété d'un type habitué à subir les influences des milieux dans lesquels elles sont abandonnées dans leur état de domesticité. Les races artificielles, au contraire, préservées des influences des milieux, améliorées par des moyens spéciaux prescrits par un art étudié et bien appliqué, ne peuvent, sans dégénérer, être abandonnées comme les races naturelles, à la simplicité des soins de la nature des lieux où elles sont importées. De combien de déceptions n'ont pas été victimes des éleveurs qui, croyant bien opérer, se sont procuré des reproducteurs artificiels qui leur paraissaient très-beaux pour améliorer leurs races naturelles. La destruction complète de quelques-unes de nos races locales, croisées sans interruption avec des races artificielles, reconnaît-elle d'autres causes? Si les éleveurs, plus instruits sur leur profession, avaient su élever leurs produits avec l'art qui avait servi à former les reproducteurs adoptés par eux, ils auraient pu arriver à des résultats plus ou moins heureux; mais traitant leurs élèves métis comme les élèves des races naturelles, la dégénérescence est arrivée, et avec elle la perte des races locales et celle de leurs qualités originelles. C'est là ce qui a fait dire à M. de Quatrefages, que « *tout individu, pour pouvoir pleinement se développer, doit être en harmonie complète avec les conditions d'existence, avec le milieu où il vit..., ou du moindre désaccord entre ces deux termes résultent la souffrance pour l'individu, l'amoindrissement pour l'espèce.* »

Si la science de la nature appliquée à la production animale était plus répandue chez nos éleveurs, de pareilles fautes ne seraient pas commises dans les croisements des races. On saurait que les produits d'un reproducteur formé par l'art a besoin de l'art pour vivre de manière à se développer convenablement. Ce que je dis ici est si vrai, que lorsque des femelles d'un type naturel sont fécondées par un mâle d'un type artificiel, les produits qui en résultent sont d'abord généralement plus beaux, en naissant, que ceux de la race locale pure. Ils conservent même cette supériorité pendant l'allaitement, parce que le lait des mères, si elles sont bonnes nourrices surtout, les soustrait à l'action de la nourriture ordinaire du lieu où ils naissent. Mais lorsqu'au sevrage, ces jeunes croisés sont soumis au même régime que des jeunes sujets de la race locale, ils dépérissent à vue d'œil. La rusticité leur manque, et bientôt ils se rabougrissent, et ils sont d'autant plus au-dessous des types du lieu, qu'ils leur étaient supérieurs en naissant et pendant l'allaitement. Ces animaux, d'une existence déclassée désormais au lieu où ils sont nés, n'ont, ni les qualités du père, proscrites par leur régime actuel, ni celles de la mère, qui du moins a conservé celles de la race locale, quelque minimes qu'elles soient, et la rusticité, la force vitale nécessaire pour résister au milieu dans lequel elle a été élevée. J'ai bien des fois fait cette observation, soit dans mes études en France, soit à l'étranger, et je n'ai pas à citer un seul fait contraire à la théorie que je soutiens ici.

Si nous voulions maintenant jeter un coup d'œil sur ce qui se passe dans la formation des races dans les espèces végétales, nous trouverions que ce que je soutiens ici sur les races animales se reproduit de la même manière dans le règne végétal, sous l'influence des mêmes causes. Les hommes éclairés sur la culture des végétaux et sur leur amélioration ne l'ignorent pas. Ils savent parfaitement qu'une plante soigneusement élevée dans une serre, avec toutes les précautions exigées pour son perfectionnement, ou pour le but spécial proposé par sa culture particulière, dégénérerait, si elle était livrée à la merci des influences des milieux naturels aux lieux où elle serait importée, pour y être cultivée comme les autres végétaux, sans autres soins que ceux de la nature. Cette plante, comme l'animal artificiel, perdrait les qualités que l'art lui aurait données, et se rapprocherait de celles du lieu où elle serait appelée à vivre et à se reproduire. Cette règle, qui est générale dans la vie des êtres animés, n'a pas et ne peut pas avoir d'exception, parce que la nature ne peut rendre qu'en raison de ce qu'elle reçoit ; et si elle permet à l'homme de modifier, par l'élevage, ses productions ordinaires et naturelles, elle nous prouve que l'étude seule de ses lois peut nous enseigner par quels moyens nous pouvons arriver à des résultats heureux.

Pour conclure, nous pouvons dire qu'un éleveur éclairé en agriculture et en zootechnie pratique pourra adopter une race artificielle, parce qu'il saura la conserver avec ses qualités acquises, par des soins et une alimentation convenables. Souvent même il formera des races artificielles, s'il y trouve avantage, avec ses races naturelles, par des accouplements ou des croisements raisonnés, et par un régime approprié. Mais la masse de nos éleveurs français n'élève encore que des races naturelles, et bien des années s'écouleront sans doute encore avant que, comme les Anglais, par exemple, nous possédions l'art de façonner les races suivant les vraies règles indiquées par la zoologie. Or, comme l'a prouvé Daubenton au siècle passé, et comme l'a dit M. de Quatrefages, ces règles sont les seules qui puissent guider à coup sûr nos agriculteurs dans leurs opérations d'élevage et de perfectionnement de nos races diverses d'animaux domestiques.

SUR LES

TRAVAUX D'ACCLIMATATION EN ESPAGNE EN 1864.

LETTRE ADRESSÉE A M. LE PRÉSIDENT DE LA SOCIÉTÉ IMPÉRIALE D'ACCLIMATATION

Par M. GRAELLS,
Délégué de la Société impériale d'acclimatation à Madrid.

Madrid, le 24 janvier 1865.

Monsieur le Président,

Je vous adresse cette lettre pour remplir un des devoirs que m'impose le caractère de votre délégué en Espagne ; car je dois vous tenir au courant des progrès que fait l'acclimatation dans la Péninsule. J'annoncerai d'abord à la Société que la direction générale de l'instruction publique, voulant donner à notre jardin zoologique une organisation plus complète, m'a chargé de rédiger un nouveau règlement qui puisse satisfaire à tous les besoins de l'acclimatation en Espagne. J'ai rempli ma mission, et le nouveau règlement a été soumis au ministre de l'instruction publique, pour obtenir l'approbation de Sa Majesté. J'en adresserai un exemplaire à la Société dès qu'il sera publié. En attendant, je vous annoncerai que, d'après les dispositions qu'il renferme, notre jardin zoologique d'acclimatation doit établir des succursales dans les diverses localités de la Péninsule, pour satisfaire à tous les besoins de l'acclimatation. Le jardin doit confier également à des particuliers, sous la surveillance de son directeur, des essais d'introduction et de propagation. Il entreprendra également l'acclimatation en liberté d'espèces destinées à la chasse ou à la pêche, dans les propriétés de l'État et chez les personnes qui voudront bien s'associer au jardin pour ces intéressants travaux, et à la tête desquelles se trouvent déjà Leurs Majestés, le maréchal Serrano, et plusieurs autres personnes notables.

On va prendre dès à présent les dispositions nécessaires pour faire venir des colonies et des pays d'outre-mer toutes les espèces animales ou végétales utiles. Le jardin les cédera aux particuliers qui en feront la demande, contre le remboursement des frais d'acquisition et de transport. Le jardin se chargera aussi de procurer toutes les espèces qu'on peut trouver en Europe, et que désireront nos acclimatateurs.

Sa Majesté le roi continue avec ardeur ses grandes plantations et semis de Conifères exotiques à la Casa de Campo, où est situé aussi son parc d'acclimatation. Dans ce parc, placé sous ma direction, nous avons obtenu l'an dernier deux couvées de Cygnes noirs de la Nouvelle-Hollande, l'une en janvier, l'autre en octobre. Les Autruches y ont pondu, mais n'ont pas couvé, de même que les Dromées, qui commencent leur ponte actuellement.

Les Autruches du Buen-Retiro ont donné, cette année, une couvée, de laquelle nous avons obtenu deux petits élevés aujourd'hui. C'est la cinquième reproduction obtenue à Madrid.

Le Kanguroo géant continue à produire chaque année. Les Lamas de la Granga et d'Aranjuez sont en bon état.

Nous avons obtenu cette année, au jardin d'acclimatation, des reproductions de Lama, d'Acouchi, de Porc de la Chine, de Tridactyle de la Havane, des Canards de la Caroline et de Bahama, des Oies du Canada et d'Égypte, des Faisans mélanote et de Cuvier, et surtout de la Grue du Mexique (*Toquilcayou* ou *Coccayouhque* de Fernandez), qui déjà l'an dernier avait couvé.

Les amateurs de l'acclimatation viennent faire leurs achats à notre établissement, comme ceux de Paris à celui du bois de Boulogne, et chaque jour le nombre s'en accroît. Je dois une mention spéciale à Mme Julia Pémartin, riche propriétaire (de Xérès), qui vient de consacrer déjà plus de deux millions de réaux à la fondation d'un jardin botanique et zoologique d'acclimatation à Xérès. Cette dame, pour laquelle je solliciterai une des récompenses de la Société, a des bâtiments qui vont par tout le monde, et oblige ses capitaines à lui rapporter toutes les espèces animales ou végétales rares qu'ils peuvent acquérir pendant leur voyage. Parmi les personnes qui s'occupent à propager les espèces utiles, je citerai M. Carvajal y Pizaro, à Cacères, qui tente de les multiplier dans ses vastes possessions d'Estramadure. Le maréchal Serrano, protecteur toujours aussi ardent de l'acclimatation en Espagne, met à notre disposition ses immenses possessions en Andalousie, et se charge, avec la plus grande générosité, de tous les frais de nos expérimentations. Pour nous, c'est un véritable Mécène. Nous avons reçu une première collection d'animaux vivants de M. Espada, naturaliste attaché à l'expédition scientifique espagnole chargée d'explorer les côtes du Pacifique. Nous citerons, entre autres, cinq Guanacos, un Chinchilla, un *Procyon lotor*, deux *Myopotamus coypu*, deux *Dolichosis patagonica*, quatre Cygnes à cou noir, onze *Bernicla guineensis*, douze *Agelasius aureus*, dix-huit *Zenaida aurita*, dix *Notura perdicaria*, deux *Fuligula metopias*, et deux *Dafila bahamensis*. M. Marcos Ximénès de la Espada a été attaché, avant de partir pour l'expédition du Pacifique, comme aide-naturaliste au jardin zoologique, et je me plais à signaler sa coopération à mes travaux d'acclimatation, en même temps que ses riches introductions d'animaux nouveaux. Avant cet envoi, je ne connaissais le Lièvre de Patagonie (*Dolichosis patagonica*) que par des descriptions et des figures; mais à la vue de cet animal si doux, si caressant, si familier, de la taille d'un *Moschus*, et dont le pelage pourra être utilisé par la pelleterie, je n'hésite pas à affirmer que sa multiplication sera une véritable conquête pour nous. Cet animal, dont d'Azzara a donné une description très-exacte, a des qualités analogues à celles du Chevreuil commun, et n'est pas timide comme le sont les Léporidés. Je signalerai encore à la Société les services rendus à l'acclimatation par deux de nos gardiens, MM. Moran et Pinilla, qui donnent tous leurs soins à nos animaux, et auxquels nous devons la reproduction des Agoutis, de la Grue du Mexique et d'un grand nombre d'oiseaux intéressants. Ils ont obtenu, en particulier, une belle race de Lapins béliers, que nous appelons *Lapin Pinilla*.

La pisciculture, depuis la publication de mon traité, trouve des adhérents en Espagne; et à Cadix, en ce moment, une société de pêcheurs se forme pour faire des essais piscicoles dans les Hesteros du Puerto de Santa-Maria, tandis qu'à Bilbao on va établir des bancs artificiels d'Huîtres.

J'ai quelque espoir d'obtenir un petit troupeau de véritables Alpacas et Vigognes domestiques, dont la sortie du Pérou et de la Bolivie n'est pas aussi difficile, m'assure-t-on, qu'on le dit. La Vigogne, à ce que me rapporte une personne qui arrive du Pérou, où elle a dirigé pendant quatorze ans une bergerie de Moutons et d'Alpacas de plus de quatre-vingt mille têtes, est facile à domestiquer, si on la prend jeune et si on la fait allaiter par des Alpacas. Les Indiens en élèvent ainsi quelques-unes qui suivent leurs femmes et leurs enfants comme des chèvres.

CROISEMENT
D'UNE RACE DE MOUTONS CHINOIS
AVEC DES BREBIS MÉRINOS,

Par M. TEYSSIER DES FARGES.

(Séance du 16 décembre 1864.)

Depuis quelque temps il a été introduit en France, de contrées lointaines, par les soins de la Société d'acclimatation et de nos agents à l'extérieur, plusieurs races de Moutons, dont quelques-unes méritent de fixer au plus haut degré l'attention des agriculteurs. Parmi ces races figure en première ligne, selon nous, les Moutons envoyés de Chine par M. Simon, placés en avril 1864 au Jardin d'acclimatation par S. Exc. M. Rouher, et qu'il ne faut pas confondre avec ceux donnés précédemment par l'éminent ministre, bien que ces derniers aient aussi leur mérite.

Les Moutons dont nous voulons dire aujourd'hui quelques mots (1), sans avoir une conformation aussi parfaite que celle des races perfectionnées de l'Europe, ont des formes très-satisfaisantes. La tête, un peu busquée, est légère et gracieuse, l'ossature assez menue, la peau fine et souple, qualités qui indiquent une chair délicate et moins filandreuse que celle de beaucoup d'autres races. Ils ont l'air éveillé, intelligent, doux, rustique. Les oreilles sont pendantes, la queue courte et assez large à la base. Le cou est un peu long; le corps pourrait être plus près de terre, la poitrine plus large, la côte plus

(1) Dans le Bulletin de la Société, numéro de juillet 1863, M. Fr. Jacquemard a fait connaître ces mêmes Moutons ; mais il s'est attaché principalement à les considérer au point de vue de la viande, tandis que nous pensons que c'est autant au point de vue de la laine qu'il convient de les envisager. Sous ce rapport, ils nous paraissent offrir une précieuse ressource et répondre à d'immenses besoins.

ronde, le gigot plus descendu. Cependant, comme conformation, la plupart de nos races ne les valent pas.

Chez la mère, le pis est très-développé; chez le mâle, on remarque le rudiment d'une seule corne au milieu et au sommet du front.

Mais ce qui distingue essentiellement ces précieux animaux, c'est leur fécondité, puis leur laine.

En juillet 1863, la mère a mis bas quatre agneaux : trois ont été nourris par elle ; le quatrième a été élevé au biberon, la mère l'ayant repoussé. Le 14 janvier 1864, c'est-à-dire six mois après, cette même mère a mis bas trois autres agneaux qu'elle a allaités parfaitement et qui se sont très-bien développés. Cette race produit dans l'espace de douze à quatorze mois deux portées de chacune trois, quatre et quelquefois cinq agneaux. Il est inutile d'insister sur une aussi admirable vertu prolifique.

Elle donne une laine lisse, presque sans ondulation, d'une certaine finesse, blanche, douce et soyeuse, ayant de l'analogie avec les laines lisses anglaises, spéciales d'ailleurs à ce pays et qu'on ne paraît pas pouvoir produire dans d'autres contrées; elle n'en a pas cependant tout à fait le nerf, non plus que le lustré et la longueur. La mèche est régulière et le degré de finesse paraît moins varier dans les différentes parties du corps que chez beaucoup d'autres races. Sous le rapport du nerf, cette laine doit être susceptible d'en avoir plus, le changement si complet de régime et le milieu dans lequel ont vécu ces animaux ayant dû nécessairement exercer une grande influence sur la qualité de la toison. Au toucher, on trouve un soyeux qui se rapproche de celui du cachemire et qui est glissant comme lui.

Il ne s'agit donc pas d'utiliser cette laine dans la fabrication des draps, mais elle doit se prêter merveilleusement à l'emploi du peigne et à la fabrication des étoffes de Roubaix, de Turcoing et des fabriques analogues.

Il existe à la base même de la mèche des petits poils jarreux qui devront disparaître au peignage, en tombant dans la blousse. Ce n'est donc pas là un inconvénient réel.

En présence des besoins considérables de laines lisses, besoins qui augmentent sans cesse, aussi bien en France que dans le monde entier, on ne saurait trop répéter que les animaux dont il s'agit méritent la plus sérieuse attention. Il y a quelque temps, les négociants de Bradford envoyaient aux colons de la Nouvelle-Zélande une décision aux termes de laquelle ils leur recommandaient instamment de substituer les races à laine lisse à toutes les autres races.

En ce qui concerne spécialement la France, nous produisons très-peu de laines lisses, et encore sont-elles communes et employées presque uniquement à la fabrication des objets de passementerie. Aussi nos industriels sont-ils obligés d'aller s'approvisionner à l'étranger, principalement en Angleterre, et à très-haut prix.

On peut craindre que la laine de ces Moutons japonais, très-facile à peigner, ne soit un peu glissante pour la filature.

Nous pensons qu'on pourrait remédier à cet inconvénient, si tant est qu'il devînt sensible, par des croisements judicieusement opérés avec des Brebis mérinos d'une bonne conformation, telles qu'on en trouve dans certains troupeaux de la Brie, notamment chez M. Garnot (de Genouilly), à mèche longue, fine et douce. Au troisième sang, on devrait obtenir d'excellents résultats. On aurait plus de tassé et de nerf; on diminuerait le glissant du soyeux; enfin on produirait plus de viande. Peut-être les qualités prolifiques s'en ressentiraient-elles dans une certaine mesure? Mais cela même étant, il n'en faudrait pas moins persister. En outre, il est facile de conserver la race pure. On pourrait aussi croiser avec le Dishley, bien que le Mérinos nous paraisse de beaucoup préférable.

Il est inutile d'ajouter que de tels essais doivent être dirigés par des hommes de tact et de pratique. Le tact et la pratique, c'est, on l'a dit avec raison, l'histoire naturelle en action. Il faut, en outre, faire suivre un régime parfaitement approprié au but qu'on se propose d'atteindre. Du reste, toutes les tentatives de ce genre, quand elles ne sont pas faites avec le soin et l'expérience qu'elles réclament toujours, ne manquent jamais d'échouer.

En résumé, nous pensons que les Moutons chinois dont il s'agit sont appelés à rendre en France, pour les laines lisses, les mêmes services que les Moutons espagnols pour les laines mérinos. Quant au produit en viande, il en sera d'eux comme des autres animaux de boucherie; c'est une question de soin et de nourriture.

La Société d'acclimatation rendra donc un service signalé si elle parvient à propager la précieuse race dont nous venons de dire un mot. Il suffit de se rendre compte des besoins des fabriques pour s'en convaincre.

D'un autre côté, il importe de se préoccuper de plus en plus des races ovines, qui tendent constamment à se substituer aux races bovines dans la grande culture, par suite de la rareté et de la cherté toujours croissante de la main-d'œuvre.

Enfin, à un autre point de vue plus général, les principaux moyens de perfectionnement de l'agriculture, et l'Angleterre en est un exemple frappant, consistent dans la multiplication du bétail et des engrais, dans l'extension de la culture des plantes fourragères et des plantes sarclées.

C'est aider à résoudre ces différents problèmes que d'introduire une race dont la vertu prolifique est inouïe et qui porte une toison dont les mérites lui assurent des débouchés aussi certains que considérables.

Après avoir étudié ces animaux, il m'a semblé que pour le croisement, le Mérinos devait être préféré au Dishley et au Southdown, parce qu'il importait d'affiner la laine et de faire disparaître la jarre, et que ce défaut s'effacerait plus facilement avec la première race qu'avec les deux autres.

Je me suis concerté avec M. Roux, négociant en laines fort expérimenté, et M. Garnot (de Genouilly), l'un de nos meilleurs éleveurs de Mérinos; puis j'ai demandé qu'on voulût bien me confier le Bélier que M. Rouher allait envoyer au Jardin d'acclimatation. Cette demande ayant été accueillie, j'ai expédié cet animal à M. Garnot, le 11 avril 1864. Ainsi que j'ai eu l'honneur d'en informer précédemment la Société, ce Bélier, d'une remarquable rusticité, a montré une ardeur pour la lutte telle que le Bouc seul peut le rappeler.

Sept belles Brebis n'ayant pas encore porté et choisies pour cet essai, ont été luttées par lui. Six ont amené dans le temps voulu chacune un agneau seulement. La septième en a amené deux (un mâle et une femelle). Il y a au total égalité de sexe : quatre mâles et quatre femelles.

L'ensemble de la conformation, à huit semaines, est sensiblement meilleur que celle du père et tient beaucoup plus de celle de la mère. Ainsi le corps est plus ramassé que chez le père, la poitrine plus développée, le cou plus court, la côte plus ronde, la culotte plus large. La tête rappelle celle du père ; ce sont les mêmes oreilles. Cependant le nez est un peu moins busqué, et l'on sent chez les mâles le rudiment des deux cornes du Mérinos, tandis que le chinois n'a qu'un rudiment de corne au sommet du front. La queue est à la base identiquement la même que celle du père, puis elle se termine par une queue allongée semblable à celle du Mérinos et qui paraît comme ajoutée. La toison tient beaucoup de celle du père ; mais elle est plus tassée, plus fine, très-brillante et très-soyeuse. On remarque encore de la jarre. A deux mois et demi le tassé était triple de celui de la laine du père, la longueur de la mèche de 8 centimètres ; ce qui indique qu'à un an elle pourra être triple : dès à présent elle pourrait être peignée.

Ces agneaux, venus au monde en même temps qu'une centaine de mérinos purs, ont devancé ces derniers d'une manière sensible sous le rapport de la vivacité et de la précocité. Dès la naissance, ils couraient comme des lièvres ; peu de temps après, ils ont essayé de mâcher le fourrage, la betterave, le grain, lorsque les autres n'y songeaient nullement. Tout annonce chez ces animaux une très-grande rusticité et de la précocité.

A un mois, les mâles pesaient en moyenne chacun 14 kilogrammes, les femelles 12, poids vif. A deux mois et demi, le mâle premier né pesait 22 kilogrammes ; la femelle aussi première née, 22 kilogrammes également. Elle a donc plus profité que le mâle dans les six dernières semaines.

On a déjà compris que, suivant les lois de la nature, le père et la mère ont laissé, dans une proportion à peu près égale, leur empreinte sur leur descendance.

Avant d'émettre une opinion sur ce premier croisement, il est indispensable d'attendre que les agneaux soient arrivés à un degré de développement suffisant, la croissance modifiant souvent beaucoup les individus au bout d'un certain temps.

Cependant il nous paraît difficile de ne pas espérer qu'il peut y avoir là les éléments d'une race rustique, précoce et pouvant fournir une laine d'un débouché facile, à la condition de mélanger les sangs avec tact, opération assurément fort délicate, mais que nous pensons pouvoir mener à bien si le mâle reproducteur peut être conservé; car, pour compléter cette expérience, nous en aurons encore besoin lorsque nos petites agnelles seront en âge d'être couvertes.

Quant à la fécondité exceptionnelle de la race chinoise, il n'y avait pas à y compter, le père ne pouvant transmettre à la mère d'une autre race cette aptitude, mais seulement aux enfants. Avec une Brebis chinoise et un Bélier mérinos on pouvait réussir au premier sang. Autrement la réussite était peu probable, autant du moins qu'on peut se prononcer en pareille matière.

SUR LE TAPIR.

LETTRE ADRESSÉE A M. LE PRÉSIDENT DE LA SOCIÉTÉ IMPÉRIALE D'ACCLIMATATION

Par M. F. CHABRILLAC.

(Séance du 27 janvier 1865.)

Monsieur le Président,

Pendant un séjour de vingt ans dans les différentes provinces du Brésil, j'ai pu étudier les nombreux animaux qui peuplent les immenses solitudes de ce vaste empire, dans l'intention de publier, lorsque je le pourrais, le résultat de mes observations. J'ai déjà eu l'honneur de vous transmettre quelques lignes sur le *Cariama*, intéressant oiseau qui fait dans le Brésil une guerre acharnée aux reptiles qui y abondent, et vous daignâtes permettre l'insertion de ce petit travail dans les annales de la Société zoologique d'acclimatation.

Je prends aujourd'hui la liberté de vous adresser une courte notice au sujet d'un animal bien plus intéressant encore, dont l'acclimatation serait, j'en suis persuadé, très-facile, et d'autant plus précieuse, qu'elle fournirait à nos tables un aliment aussi sain qu'abondant : c'est du Tapir que je veux parler. Ce pachyderme, très-commun dans certaines localités, habite le bord des rivières et tire exclusivement sa nourriture du règne végétal ; il acquiert d'assez grandes dimensions, car j'en ai possédé un qui pesait plus de 300 kilogrammes. Sa chair est très-estimée dans le pays, où j'ai eu l'occasion d'en manger bien souvent, et je puis assurer qu'elle ne le cède en rien, pour la saveur et les qualités nutritives, aux meilleures viandes que nous avons en Europe ; boucanée, elle se conserve longtemps et acquiert un goût qui serait apprécié par nos gourmets les plus délicats. Le cuir du Tapir est aussi très-recherché ; malheureusement, la préparation défectueuse à laquelle il est soumis au Brésil ne permet pas d'en tirer tout le parti qu'on pourrait en obtenir en Europe.

Voici, monsieur, les titres du Tapir à l'attention des zoologistes qui se sont imposé la tâche de doter notre patrie des productions que la Providence a répandues sur le globe entier. Je vais maintenant vous tracer un tableau succinct des mœurs de cet animal, et vous reconnaîtrez que, sous tous les rapports, il mérite bien qu'on s'occupe de lui.

Le Tapir est d'un naturel timide, le moindre bruit l'effraye; il recherche la plus profonde solitude, et s'éloigne peu des lieux où il a établi sa demeure. C'est pendant l'obscurité de la nuit qu'il cherche sa nourriture; le jour il va se cacher dans les fourrés les plus épais, où il reste dans l'immobilité la plus complète. Poursuivi par le chasseur, il plonge dans les eaux profondes, dont il s'éloigne très-peu, et y reste submergé assez longtemps pour aller reparaître quelquefois à une assez grande distance. Malgré ces habitudes, le Tapir en captivité se passe facilement d'eau; il n'en exige que pour étancher sa soif. Il ressemble au *Cabiai capybara*, le plus grand des rongeurs du Brésil, dont presque toute la vie se passe dans les marais et les rivières, et qui vit parfaitement dans les lieux les plus secs lorsqu'il est captif. Si le Tapir a le malheur de tomber dans le piége qui lui a été tendu, et si l'on parvient à le conduire vivant dans une habitation, on ne tarde pas à voir la timidité du prisonnier se dissiper peu à peu, pour faire place à la plus grande familiarité; après cinq ou six jours de captivité, il vient recevoir de la main de son maître, et la nourriture qui lui est nécessaire, et les caresses, auxquelles il est très-sensible. Il aime la société de l'homme, s'attache à ceux qui lui donnent des soins, et montre une prédilection toute particulière pour les enfants, dont il partage les jeux sans jamais leur faire le moindre mal. J'ai conservé pendant deux ans un Tapir pris encore jeune, sur les bords du rio San Francisco, province das Alagoas; il passa tout le temps de sa captivité dans la cour d'un collége fréquenté par deux cents élèves, avec lesquels il jouait comme le chien le plus intelligent, sans jamais offenser même ceux qui quelquefois se plaisaient à le contrarier. Lorsque l'heure de la récréation arrivait, il se montrait tout joyeux, témoignant son contentement par les sauts et les courses auxquels il se livrait. Lorsque les élèves paraissaient ne point faire attention à lui, il allait les exciter, les provoquer à venir partager ses ébats ; mais quand il était par trop tourmenté par ses compagnons de jeux, loin de chercher à se défendre en leur faisant du mal, il courait se réfugier dans une auge pleine d'eau à son usage, et là, faisant entendre un grognement de satisfaction, il semblait narguer ses persécuteurs, qui de guerre lasse le laissaient en repos, et revenait bientôt se livrer à de nouveaux exercices. Cet intéressant animal, qui dans le principe ne mangeait que de l'herbe verte, s'était accoutumé à toute espèce de nourriture ; on lui donnait tous les débris de la cuisine, dont il s'accommoda très-bien, sans que santé parût en souffrir le moins du monde. Il mourut d'une blessure qu'il se fit à la jambe en tombant sur des débris de bouteille.

J'ai vu dans la province du Para un jeune Tapir né en captivité, qui sortait tous les jours dans les champs, accompagné de sa mère ; ils s'éloignaient ensemble de l'habitation pour aller paître et jouer sur les bords de la rivière, assez éloignés, et ne manquaient jamais de revenir à la maison, dès qu'ils avaient satisfait leur appétit.

Une personne digne de foi m'a rapporté le fait suivant, qui prouve combien le Tapir s'attache à celui qui lui donne des soins, et quelle facilité il y aurait à le réduire à la domesticité. Un habitant de Santa Maria de Belem (Para) possédait un Tapir très-familier qu'il offrit à un ami, commandant un des vapeurs qui font le service de la côte du Brésil. Cet officier, qui aimait les animaux, accepta le cadeau, et peu de temps avant le départ, le Tapir fut embarqué par son maître, qui le conduisit à bord. Il ne donna au principe aucun signe d'inquiétude ou de crainte ; mais, lorsqu'il vit s'éloigner l'embarcation qui l'avait transporté avec celui auquel il s'était attaché, et qu'il ne trouva plus autour de lui que des visages étrangers, il commença à s'agiter, à se plaindre et à manifester la plus vive impatience. Au moment où le vapeur se mit en mouvement, le pauvre Tapir entra en fureur ; il se mit à courir de côté et d'autre, jusqu'à ce qu'il parvint à un sabord encore ouvert et se précipita à la mer et nagea de toutes ses forces vers la terre. Le vapeur était en route, on ne put songer à poursuivre le fugitif; mais au voyage suivant, le commandant eut le plaisir d'apprendre que le Tapir était arrivé sain et sauf à terre, où il était chez son maître, qui ne voulut se séparer à aucun prix d'un animal dont l'attachement était si sincère.

Voilà, monsieur, ce que j'avais à vous dire du Tapir. Si je ne me trompe, cette acquisition serait bien précieuse pour la France, et elle ne présenterait pas de grandes difficultés. Le Tapir se rencontre dans toute l'étendue du Brésil, depuis l'Amazone jusqu'à la Plata. Dans le sud de l'empire, la température est assez basse en hiver pour me faire croire que notre climat conviendrait parfaitement à ce nouvel hôte ; on pourrait d'ailleurs user de ménagements dans le principe, avant de le livrer à toute la rigueur du froid de l'hiver.

Soyez assez indulgent, monsieur, pour communiquer ces notes à la Société zoologique d'acclimatation, si toutefois vous pensez qu'elles puissent l'intéresser. Je me ferai un plaisir et un devoir de soumettre à votre sage appréciation les observations que j'ai pu recueillir dans mes voyages, sur d'autres animaux appartenant à la faune du Brésil, si vous croyez que par là je puisse rendre quelque service à la science.

Veuillez agréer, etc.

F. CHABRILLAC.

RAPPORT

SUR LES GRAINES DE VERS A SOIE DU CAUCASE

ADRESSÉ A SON EXC. M. LE MINISTRE DES AFFAIRES ÉTRANGÈRES, PRÉSIDENT DE LA SOCIÉTÉ,

Par M. H. JOHN VON FELS,
Vice-consul gérant de Danemark, vice-consul de Suède et de Norvége.

(Séance du 28 octobre 1864.)

Monsieur le Ministre,

Permettez-moi de signaler à votre bienveillante attention les heureux et féconds résultats des expéditions que j'ai dirigées vers le Caucase, dans l'intérêt de l'industrie séricicole.

Votre Excellence n'ignore pas les terribles épreuves qui ont pesé et qui pèsent encore sur cette industrie, l'une des plus belles sources de la richesse publique de la France. Par suite de la maladie qui s'est attaquée aux graines de Vers à soie, la culture du Mûrier, presque abandonnée dans les départements méridionaux, livre les fabriques de Lyon et de Saint-Étienne à la merci de la Chine et du Japon ; en sorte que la France paye aujourd'hui à l'étranger un tribut que l'étranger s'estimait trop heureux naguère de lui payer à elle-même.

Des efforts de tout genre ont été faits pour conjurer le fléau. Les savants ont cherché à en pénétrer les causes, afin d'arriver à en fixer le remède. Ils ont échoué. D'un autre côté, les industriels ont tenté de substituer aux graines indigènes abâtardies des graines plus vivaces de provenance étrangère, de l'Orient notamment. En outre, grâce au patronage du gouvernement et au concours actif et éclairé de la Société d'acclimatation, l'Espagne, le Portugal, la Syrie, la Turquie, l'Asie Mineure, etc., ont été explorés. Malheureusement, les produits importés de ces divers pays n'ont donné que des résultats insuffisants, et l'industrie qu'il s'agissait de régénérer est encore en souffrance.

C'est au milieu de ces circonstances que la maison Folsch et Cie, de Marseille, dont je suis l'un des chefs traditionnels, se joignant à l'élan général, conçut le projet d'aller demander aux provinces russes transcaucasiennes les graines auxiliaires que l'on avait en vain cherchées ailleurs.

L'entreprise était hardie, difficile. Une maison de Lyon, qui l'avait déjà essayée, n'y avait recueilli que déceptions. L'agent envoyé par elle sur les lieux, avec la mission restreinte d'y acheter seulement des cocons, découragé par les obstacles de tout genre que lui suscitèrent les jalousies des Arméniens et le mauvais vouloir des Tartares, s'était hâté de battre en retraite, abandonnant une partie de son capital engagé, et ne rapportant en France qu'une cargaison d'une qualité douteuse, et plus propre, par conséquent, à amortir qu'à exciter le zèle d'autres explorateurs.

Cependant, bien qu'elle n'ignorât aucun détail de cette mésaventure, la maison Folsch et Cie ne se découragea pas. Forte de ses bonnes intentions, de son désir ardent de rendre service à une industrie éminemment française, elle se mit résolûment à l'œuvre. Ses débuts, je dois l'avouer, eurent lieu sur la foi de renseignements assez vagues : que savait-elle des ressources séricicoles du Caucase ? Rien, sinon que vingt ans auparavant des graines milanaises avaient été introduites dans ce pays, et qu'il ne serait pas impossible peut-être, car on n'avait osé le lui affirmer, d'en retrouver la trace. Mais ces renseignements avaient du moins pour elle cet avantage qu'ils répondaient tout à fait au but capital de son projet, savoir, celui d'importer du Caucase en France non-seulement de beaux cocons, mais encore et surtout de bonnes graines.

Je ne vous raconterai pas, monsieur le Ministre, les diverses péripéties que notre expédition a eu à traverser. Les mêmes obstacles, les mêmes dangers qui avaient entravé le voyage de l'agent lyonnais, et d'autres, plus graves encore, l'assaillirent. Le mérite d'en avoir triomphé revient tout entier à l'habile chef qui la dirigeait, M. Teissonnier, l'un de nos associés. Sans m'arrêter donc à cette phase souvent tragique de notre entreprise, je me bornerai à dire à Votre Excellence que le succès, et un succès inespéré, est venu enfin couronner nos efforts, et nous promettre pour l'avenir un sérieux dédommagement à nos sacrifices.

Je parlais tout à l'heure des graines milanaises introduites dans le Caucase. Ce sont ces graines que, dès leur arrivée à Nouka, nos agents se mirent à rechercher, et auxquelles, une fois trouvées, ils s'attachèrent exclusivement. Les graines d'autre provenance, principalement de race tartare, ne valent en effet absolument rien.

Des opérations de grainage effectuées sur cette base nous ont donné, pour la première campagne, 350 kilogrammes. Des graineurs français, qui avaient suivi nos agents à la piste, en rapportèrent, de leur côté, 200 kilogrammes.

Arrivées en France, les graines dont il s'agit n'y rencontrèrent d'abord, auprès de nos éducateurs, qu'un accueil peu empressé. Il nous fallut lutter, lutter énergiquement pour vaincre la suspicion dont elles étaient l'objet, et les faire accepter. Cette suspicion, du reste, était fort naturelle, les éducateurs, trompés tant de fois par des marchands sans conscience, étant en outre travaillés par les manœuvres d'importateurs de graines d'autre origine qui s'efforçaient de jeter du discrédit sur tout ce qui ne venait pas des localités dont ils avaient entrepris l'exploitation.

Mais tandis que durait la lutte, une seconde expédition organisée par nous avait déjà pris la route de Nouka, entraînant à sa suite plusieurs nouvelles compagnies de graineurs, tant français qu'italiens. Cette seconde expédition profita heureusement des études faites par la précédente. Elle eut, de plus, la chance de trouver la population indigène mieux disposée. Celle-ci, comprenant enfin qu'il était de son intérêt de traiter favorablement des étrangers disposés à l'enrichir, avait abandonné ses mauvaises graines locales pour ne plus livrer à l'éclosion que des graines milanaises, les seules, je le répète, qui méritent véritablement d'être importées du Caucase en France

Permettez-moi, monsieur le Ministre, de mettre sous vos

yeux quelques chiffres propres à vous donner une idée exacte des progrès du grainage dans ces contrées:

En 1859. . . .	500	à	600	kilogrammes.
1860. . . .	1 500	à	2 000	—
1861. . . .	3 000	à	4 000	—
1862. . . .	6 000	à	8 000	—
1864. . . .	15 000	à	20 000	—

Je passe sous silence une quantité à peu près égale de graines fabriquées à la tartare. Je me suis déjà expliqué sur leur peu de valeur. Les importateurs qui ont pris de ces graines aux lieux de production n'en ont obtenu que de mauvais résultats.

Sur la somme totale des graines fabriquées à la française que je viens d'avoir l'honneur de soumettre à Votre Excellence, la maison Folsch et Cie peut revendiquer pour sa part environ la moitié, sauf toutefois cette dernière année. N'est-ce pas là une preuve frappante de son exceptionnelle activité? J'ajouterai que le rendement des graines fournies par elle justifie leur bonne qualité de la manière la plus éclatante. Ces graines rendent communément, par 25 grammes, 40 kilogrammes de cocons, soit, pour 20 000 kilogrammes de graines, environ 32 millions de kilogrammes de cocons. Certaines chambrées sont même allées au delà : on en a vu produire, par 25 grammes de graines, 45$^{kil.}$,50 et jusqu'à 55 kilogrammes de cocons. Or, dans ces dernières années, les cocons se sont vendus de 5 à 6 francs le kilogramme. Qu'on juge par là du mouvement que les importations de la maison Folsch et Cie impriment à l'industrie séricicole.

Ce mouvement n'est pas près de se ralentir; il tend, au contraire, à se développer chaque année davantage. Telle est la conséquence d'une situation désastreuse toujours persistante. En effet, les dernières récoltes de Vers à soie dans le midi de la France n'ont pas été meilleures que par le passé. Toutes les graines de provenance étrangère, même celles qui ont été apportées de Chine par voie de Sibérie, ont échoué, et il est à craindre qu'elles n'échouent longtemps encore, car, au rapport de voyageurs dignes de foi, tout les pays de production, y compris la Chine, fréquentés par les graineurs français, sont infectés. Seule la graine de Nouka est demeurée sans reproches et a donné des résultats satisfaisants.

Les efforts et les sacrifices que j'ai faits dans l'intérêt de l'industrie séricicole m'ont valu les témoignages les plus flatteurs, soit de la part des nombreux éducateurs familiarisés déjà avec les graines de Nouka, soit de la part de plusieurs Sociétés agricoles.

La Société impériale d'acclimatation elle-même les a signalés dans un de ses rapports. Partout on a compris qu'il ne s'agissait point ici d'un simple expédient éphémère, mais d'un service sérieux dont la conséquence plus ou moins prochaine devrait être la régénération d'une race trop profondément viciée pour pouvoir jamais se relever.

Je serais heureux, monsieur le Ministre, que ces appréciations trouvassent un écho favorable auprès de Votre Excellence, et qu'elles me méritassent de sa part cette haute approbation et cette gracieuse bienveillance qui seraient pour moi à la fois une récompense et un encouragement.

J'ai l'honneur, etc.

H. John von Fels.

SUR LE CHOIX DES CHÊNES

DESTINÉS A LA NOURRITURE DU BOMBYX YAMA-MAÏ,

Par M. BELHOMME.

(Séance du 27 janvier 1865.)

Le *Bombyx yama-maï,* d'après les données qui nous viennent du Japon, paraît se nourrir de plusieurs espèces de Chênes ; il en a été de même dans les essais tentés en France. Ainsi dans le Midi, le Chêne vert, le Chêne tauzin, le Chêne, liége ; dans le Nord, le Chêne pyramidal, le Chêne pédonculé, le Chêne des Apennins, le Chêne à gros fruits, dans l'éducation faite en commun avec M. de Saulcy en 1864, nous ont donné d'heureux résultats ; cependant ce dernier mérite la préférence, et c'est spécialement sur lui que je vais insister.

Le Chêne à gros fruits est indigène de l'Amérique du Nord, mais il commence à se répandre dans les cultures. Sa multiplication jusqu'à ce jour s'est faite de greffes, vu le peu de sujets capables de donner des graines ; sa végétation est rapide, mais surtout sur les pieds francs : il met le double de temps à croître sur pieds greffés. Le Chêne à gros fruits, comme beaucoup d'espèces à feuilles caduques, est susceptible d'affecter toutes les formes désirables ; il suffit de le tenir par la taille et le pincement. Les sujets que l'on veut élever en futaie s'atrophient souvent, faute du soin de surveiller les têtes, qui sont sujettes à se bi- et trifurquer ; de là une mauvaise forme.

Il faut au Chêne à gros fruits un terrain sablonneux, mais humide ; les engrais végétaux lui sont plus favorables que les engrais animaux. Les binages souvent répétés sont de nécessité incontestable.

Les jeunes pieds mis en pots à l'automne peuvent se forcer dans un appartement ou une orangerie, sans addition de calorique ordinaire ; mais il faut les tenir près des croisées, et autant que possible là où le soleil donne ; on obtient par ce procédé une avance de végétation, dans le cas où une éclosion prématurée se développerait.

Le Chêne pédonculé, certaines années, est sujet à une cloque sur les feuilles, surtout par les sécheresses; le Chêne à gros fruits en est rarement atteint.

Ce Chêne offre tous les avantages désirables, pour l'éducation du ver du Japon ; les feuilles sont larges, tendres, et d'une végétation précoce, comparativement aux espèces indigènes de nos pays septentrionaux.

Le Yama-maï est plus à son aise et plus commodément, pour faire son cocon, sur les feuilles du Chêne à gros fruits, vu qu'elles portent souvent jusqu'à 20 centimètres de longueur, sur 8 centimètres aux lobes les plus larges ; elles sont plus tendres que celles de nos Chênes indigènes, et cela pendant la durée de l'éducation. La foliaison s'opère, en moyenne, vers le commencement de mai, tandis que les nôtres, à part les années exceptionnelles, n'offrent leur foliaison que vers le 15 mai. Cette précocité naturelle est à considérer, si, par circonstances particulières, les éclosions n'étaient pas retardées.

Il y aurait donc avantage, si quelques sériciculteurs projetaient une plantation, de la faire d'avance en Chênes à gros fruits, surtout étant d'une végétation aussi rapide que les nôtres.

Dans les grandes éducations, la tenue des Chênes en haie, à une hauteur d'un mètre, serait préférable, tant sous le rapport de la surveillance pour les oiseaux que de la visite des larves, et autant que possible dans une vallée abritée par des forêts ou des collines, pour l'hygiène des larves.

J'insiste donc sur cette espèce, dont la nourriture paraît très-saine, puisque les chenilles atteignent les plus fortes dimensions.

La coloration des cocons est la même que les cocons dont les larves ont été nourries par nos Chênes européens.

Je prie la Société impériale d'acclimatation de recevoir ces détails pratiques, dans le but de concourir avec plus de précision à la réussite de l'avenir du Ver à soie du Japon.

NOTE
SUR L'ÉCORCE DE L'ARBUSTE A PAPIER DU JAPON

Par M. DUCHESNE DE BELLECOURT (1).

(Séance du 28 octobre 1864.)

On sait combien les Japonais se montrent, envers les étrangers, sobres de renseignements sur les procédés qu'ils emploient dans leur fabrication.

Toutefois il a été possible d'obtenir quelques fragments de l'écorce de l'Arbre à papier, comme aussi quelques données malheureusement fort peu complètes sur le traitement que doit subir cette écorce pour être convertie en pâte à papier.

Les indigènes qui ont fourni ces fragments affirment qu'ils ont été extraits de l'arbuste appelé *Kago* (sorte de Tilleul). Un botaniste anglais, M. John C. Weight, le désigne sous le nom japonais de *Ka-so* (*Broussonnetia papyrifera*). Les mêmes informateurs indigènes déclarent que les produits de cet arbuste varient suivant les différentes natures de terrain, où il croît. Dans les provinces centrales du Japon, en Miho, en Etsisen, l'écorce du *Kago* (ou *Ka-so*) produirait le papier fin, dit papier de soie, tandis que le même arbuste tiré des provinces plus méridionales, telles que celle d'Yssé, par exemple, donnerait un papier plus solide.

Il y a plusieurs fabriques de papier dans les provinces méridionales de Satsouma et de Tsikonjo.

Pour convertir l'écorce du *Kago* (ou *Ka-so*) en pâte propre à fabriquer le papier, il faudrait faire tremper les morceaux d'écorce dans l'eau fraîche pendant plusieurs jours ; puis séparer l'écorce extérieure des couches blanches qu'elle protége, piler la partie blanche et la faire détremper dans de l'eau. Puis on placerait dans le même baquet une certaine quantité

(1) Cette note accompagnait un échantillon de l'écorce de cet arbuste, indiqué au Japon sous le nom de *Kago*, suivant les uns, et *Ka-so*, suivant d'autres.

d'écorce de lierre contenue en un sac de toile, et on laisserait le sac détremper avec les morceaux d'écorce qui se réuniraient et s'agglutineraient au contact des résidus sortant du sac. Puis on placerait le mélange agglutiné dans un cadre que l'on remuerait pendant longtemps, et jusqu'à ce qu'il ait pris la consistance d'une pâte qui serait alors placée sur une surface plane.....

Ces renseignements me paraissant insuffisants, j'ai cherché à leur réunir ceux que d'autres personnes auraient pu obtenir de leur côté, et j'ai utilisé les informations recueillies par M. John C. Weight, qui a séjourné quelque temps au Japon. Je donne ici la traduction de ces informations, qui sont consignées d'ailleurs en appendice dans l'intéressant ouvrage publié sur le Japon par mon collègue d'Angleterre sir Rutherford Alcock.

M. Weight s'exprime ainsi sur l'Arbre à papier et sur la fabrication de ce papier :

Arbuste Ka-so (Broussonnetia papyrifera), arbre à papier du Japon.

« Cet arbuste n'est cultivé qu'à cause de son écorce, qui forme la matière première de la fabrication du papier. Les branches sont coupées tous les ans, après la chute des feuilles, en décembre et en janvier. Elles ont alors quatre et cinq pieds de longueur.

» Ces branches sont immergées pendant plusieurs jours, après quoi on enlève l'écorce. On sépare la couche extérieure de la couche intérieure, qui est blanche, et que l'on destine aux meilleurs produits de papier. Cette écorce est alors battue jusqu'à ce qu'elle forme pâte, puis on la lave et on la nettoie avec soin. Cela fait, on accumule cette pâte dans un baquet, et elle est prête à être convertie en papier.

» Pour fabriquer le papier, on prend une quantité très-faible (presque imperceptible) de cette pâte. On l'étend sur une surface plane en y maintenant la quantité nécessaire pour obtenir l'épaisseur désirée, et en laissant écouler le reste. Le papier étant fabriqué à la main et les feuilles de papier japonais n'étant pas fort grandes, les surfaces planes sur lesquelles on applique la pâte sont elles-mêmes de petites dimensions. On met sécher ces applications au soleil, et le papier est dès lors prêt à être employé.

» Dans le district de Kanagaun, on trouve trois espèces de plantes dont on peut faire du papier : soit le *Broussonnetia papyrifera*, le *Buddleia* (species) et l'*Hibiscus* (species). On emploie l'écorce des deux premières et la racine de la dernière. Toutefois le *Broussonnetia* est le plus ordinairement employé, et on ne lui ajoute guère en mélange que de petites quantités des deux autres espèces. »

Il n'est pas hors de propos d'ajouter ici ce qui a été écrit au sujet de la fabrication du papier par le savant Kæmpfer, dont l'ouvrage est reconnu, par tous ceux qui ont habité le Japon, comme le plus précieux jalon des observations qui peuvent être faites sur cet intéressant pays :

« Le papier est fait, au Japon, de l'écorce du *Morus papyrifera sativa*, ou véritable arbre à papier, de la manière suivante. Chaque année, après la chute des feuilles, qui arrive au dixième mois des Japonais, ce qui répond communément à notre mois de décembre, les jeunes rejetons, qui sont fort gros, sont coupés de la longueur de trois pieds au moins et mis en paquets, pour être ensuite mis à bouillir dans de l'eau avec des cendres. S'ils sèchent avant qu'ils bouillent, on les laisse tremper vingt-quatre heures durant dans l'eau commune, et ensuite on les fait bouillir. Ces paquets ou fagots sont liés fortement ensemble, et mis debout dans une ample et grande chaudière qui doit être bien couverte ; on les fait bien bouillir jusqu'à ce que l'écorce se retire si fort, qu'elle laisse voir à nu un bon demi-pouce du bois à l'extrémité. Lorsque les bâtons ont bouilli suffisamment, on les tire de l'eau et on les expose à l'air jusqu'à ce qu'ils refroidissent; alors on les fend sur la longueur pour en tirer l'écorce, et l'on jette le bois comme inutile. L'écorce, après qu'on l'a séchée, est la matière dont ensuite on doit faire le papier, en lui donnant une autre préparation, qui consiste à la nettoyer de nouveau et à tirer la bonne de la mauvaise. Pour cet effet, on la fait tremper dans l'eau pendant trois ou quatre heures. Étant ainsi ramollie, la peau noirâtre est raclée avec la surface verte qui reste, ce qui se fait avec un couteau qu'ils appellent *kaadsi kusaggi*, c'est-à-dire *rasoir de kaadsi*, qui est le nom de l'arbre. En même temps aussi l'écorce forte, qui est d'une année de crue, est séparée de la mince qui a recouvert les jeunes branches. Les premières donnent le meilleur papier et le plus blanc ; les dernières produisent un papier noirâtre d'une bonté passable. S'il y a de l'écorce de plus d'une année mêlée avec le reste, on la trie de même et on la met à part, parce qu'elle rend le papier le plus grossier et le plus mauvais de tous ; tout ce qu'il y a de grossier, les parties noueuses, et ce qui paraît défectueux et d'une vilaine couleur, est tiré en même temps pour être gardé avec l'autre matière grossière.

» Après que l'écorce a été suffisamment nettoyée, préparée et rangée, selon les divers degrés de bonté, on doit la faire bouillir dans une lessive claire. Dès qu'elle vient à bouillir, et tout le temps qu'elle est sur le feu, on est perpétuellement à la remuer avec un gros roseau, et l'on verse de temps en temps autant de lessive claire qu'il en faut pour abattre l'évaporation qui se fait, et pour suppléer à ce qui se perd par là. Cela doit continuer à bouillir jusqu'à ce que la matière devienne si mince, qu'étant touchée légèrement du bout du doigt, elle se dissolve et se sépare en manière de bourre et comme un amas de fibres. La lessive claire est faite d'une espèce de cendres de la manière suivante. On met deux pièces de bois en croix sur une cuve, on les couvre de paille ; sur quoi ils mettent des cendres mouillées. Ils y versent de l'eau bouillante qui, à mesure qu'elle passe au travers de la paille pour tomber dans la cuve, s'imbibe des particules salines des cendres, et fait ce qu'ils appellent lessive claire.

» Après que l'écorce a bouilli de la manière qu'on vient de dire, on la lave : c'est une affaire qui n'est pas d'une petite conséquence en faisant du papier, et doit être ménagée avec beaucoup de prudence et d'attention. Si l'écorce n'a pas été assez lavée, le papier sera fort, à la vérité, et aura du corps, mais il sera grossier et de peu de valeur ; si, au contraire, on l'a lavée trop longtemps, elle donnera du papier plus blanc, mais plus sujet à boire, et malpropre pour écrire. Ainsi, cet article de la manufacture doit être conduit avec beaucoup de soin et de jugement pour tâcher d'éviter les deux extrémités que nous venons de marquer. On lave dans la rivière, et l'on met l'écorce dans une espèce de van et de crible au travers duquel l'eau coule, et on la remue continuellement avec les mains et les bras, jusqu'à ce qu'elle soit délayée à la consistance d'une laine ou d'un duvet doux et délicat. On la lave encore une fois pour faire le papier le plus fin, mais l'écorce est mise dans un linge au lieu d'un crible, à cause que plus on lave, plus l'écorce est divisée, et serait enfin réduite en des parties si menues, qu'elles passeraient au travers des trous du crible et se dissiperaient. On a soin, dans le même temps, d'ôter les nœuds ou la bourre, et les autres parties hétérogènes, grossières et inutiles, que l'on met à part avec l'écorce grossière, pour le mauvais papier. L'écorce, étant suffisamment et entièrement lavée, est posée sur une table de bois uni et épais pour être battue avec des bâtons de bois dur, *kusnoki*, ce qui est fait ordinairement par deux ou trois personnes, jusqu'à ce qu'on l'ait rendue aussi fine qu'il le faut. Elle devient avec cela si déliée, qu'elle ressemble à du papier qui, à force de tremper dans l'eau, est réduit comme en bouillie et n'a quasi plus de consistance.

» L'écorce ainsi préparée est mise dans une cuve étroite avec l'infusion glaireuse et gluante du riz et celle de la racine *Oreni*, qui est aussi fort glaireuse et gluante. Ces trois choses mises ensemble doivent être remuées avec un roseau propre et délié, jusqu'à ce qu'elles soient parfaitement mêlées et qu'elles forment une substance liquide de la même consistance. Cela se fait mieux dans une cuve étroite ; mais ensuite cette composition est mise dans une cuve plus grande qu'ils appellent, en leur langage, *fine :* elle ne ressemble pas mal à celle dont on se sert dans nos manufactures de papier. On tire de cette cuve les feuilles une à une dans leurs moules, qu'on fait de jonc au lieu de fil d'archal : on les appelle *mijs ;* il ne reste plus qu'à les faire sécher à propos. Pour cet effet, on met les feuilles en piles sur une table couverte d'une double natte, et l'on met une petite pièce de roseau qu'ils appellent *kamakura*, c'est-à-dire coussin, entre chaque feuille; cette pièce, qui avance un peu, sert ensuite à soulever les feuilles et à les tirer une à une. Chaque pile est couverte d'une planche ou d'un ais mince de la grandeur et de la figure des feuilles de papier, sur laquelle on met des poids, légers au commencement, de peur que les feuilles, encore humides et fraîches, ne se pressent si fort l'une contre l'autre qu'elles fassent une seule masse; on surcharge donc la planche par degrés, et l'on met des poids plus pesants pour presser et exprimer toute l'eau. Le jour suivant on ôte les poids; les feuilles sont alors levées une à une avec le petit bâton *kamakura* dont on vient de parler, et, avec la paume de la main, on les jette sur des planches longues et raboteuses faites exprès pour cela: les feuilles s'y tiennent aisément à cause du peu d'humidité qui leur reste encore. Après cette préparation, elles sont exposées au soleil, et lorsqu'elles sont entièrement sèches, on les prend pour les mettre en morceaux, on les rogne tout autour, et on les garde pour s'en servir ou pour les vendre.

» J'ai dit que l'infusion de riz, avec un léger frottement, est nécessaire pour cet ouvrage, à cause de la couleur blanche et d'une certaine graine visqueuse qui donne au papier une consistance et une blancheur agréables. La simple infusion de la fleur de riz n'aurait pas le même effet, à cause qu'elle manque de cette viscosité qui est une qualité nécessaire. L'infusion dont je parle se fait dans un pot de terre non vernissé, où les grains de riz sont trempés dans l'eau ; ensuite le pot est agité doucement d'abord, mais plus fortement par degrés; à la fin on y verse de l'eau fraîche, et le tout est passé au travers d'un linge: ce qui demeure doit être remis dans le pot et subir la même opération en y mettant de l'eau fraîche, et cela est répété tant qu'il reste quelque viscosité dans le riz. Le Riz du Japon est le plus excellent pour cela, étant le plus blanc et le plus gras qui croisse en Asie.

» L'infusion de la racine *Oreni* se fait de la manière suivante. La racine, pilée ou coupée en petits morceaux, est mise dans l'eau fraîche ; elle devient glaireuse dans une nuit, et propre à l'usage destiné, après qu'on l'a passée au travers d'un linge. Les différentes saisons de l'année demandent une quantité différente de cette infusion mêlée avec le reste. Ils disent que tout l'art dépend entièrement de cela. En été, lorsque la chaleur de l'air dissout cette sorte de colle et la rend plus fluide, il en faut davantage, et moins à proportion en hiver et dans les temps froids. Une trop grande quantité de cette infusion mêlée avec les autres ingrédients rendrait le papier plus mince à proportion, et trop peu, au contraire, le rendrait épais, inégal et sec. Une quantité médiocre de cette racine est nécessaire pour rendre le papier bon et d'une égale consistance. Pour peu qu'on soulève les feuilles de papier, on peut s'apercevoir aisément si l'on en a mis trop ou peu. Au lieu de la racine *Oreni*, qui quelquefois, surtout au commencement de l'été, devient fort rare, les papetiers se servent d'un arbrisseau rampant nommé *Sane-kadsura*, dont les feuilles rendent une gelée ou glu semblable à celle de la racine *Oreni*, mais qui n'est pas tout à fait si bonne.

» J'ai parlé aussi du *Juncus sativus*, qui est cultivé au Japon avec beaucoup de soin et d'adresse ; il devient haut, délié et fort : les Japonais en font des voiles de navires et de fort belles nattes pour couvrir leurs planches.

» J'ai fait remarquer ci-dessus que les feuilles de papier, lorsqu'elles sont fraîchement levées de leurs moules, sont mises en piles sur une table couverte de deux nattes. Ces deux nattes doivent être faites différemment : celle de dessous est plus grossière, et celle de dessus est plus claire, faite de joncs plus fins qui ne sont pas entrelacés trop près l'un de l'autre, afin de laisser un passage libre à l'eau, et ils sont déliés pour ne point laisser d'impression sur le papier.

» Le papier grossier, destiné à servir d'enveloppe et à d'autres usages, est fait de l'écorce de l'arbrisseau *Kadse-kadsura* avec la même méthode que nous venons de décrire. Le papier du Japon est très-fort, on pourrait en faire des cordes. On vend une espèce de papier fort et épais, à Suruga (c'est une des plus grandes villes du Japon et la capitale d'une province de même nom). Ce papier est peint fort proprement et plié en grandes feuilles. » (Extrait de Kæmpfer, in-4°, t. II, *Suppl.*)

Il est également intéressant d'ajouter que le savant docteur Siebold, qui a longtemps résidé au Japon, doit avoir réuni, dans le jardin botanique qu'il s'est créé en Hollande, divers échantillons des *végétaux* employés au Japon à la *confection du papier*.

Je joins ici quelques fragments de l'écorce du *Kago* (ou *Ka-so*), et différents spécimens des papiers japonais.

N° 1. *Papier à lettres officielles*, destiné à de hauts fonctionnaires, ou papier ministre. Les ministres du taïcoun ou les daïmios ont seuls le droit d'écrire sur d'aussi grand papier ; les lettres des fonctionnaires d'un ordre moins élevé sont écrites sur un plus petit format. Ce papier est appelé *oschô.*

N° 2. *Papier à enveloppes*, appelé *djô-chiô-nichi*, fabriqué aux environs de Yédo.

N° 3. Papier sur lequel les Japonais écrivent les traductions des lettres officielles.

(Ce papier est moins consistant, comme pour indiquer que les Japonais attribuent moins de considération à ce qu'ils écrivent en langue étrangère qu'à ce qu'ils écrivent en leur propre langue.)

Ce papier est appelé *gampi* et *torinoko*, suivant la province où on le fabrique. Le *gampi* est fabriqué non loin de Yédo. Le *torinoko* sort des fabriques du sud du Japon.

N° 4. Papier pour impression, dessins, fabriqué près de Yédo.

N°s 5 et 5 *bis*. Papier dit *yosino*, ou papier de soie.

N° 6. Papier de soie avec dessins imprimés, et appelé *katatsi* lorsqu'il a reçu ces impressions

Il est aussi un papier assez fort et glacé que l'on prépare avec un mélange de colle, de poussière de pierre appelée *verre moscovite* et *d'alun*. On en fait les éventails à peintures. Les Européens l'emploient comme abat-jour de lampe en le faisant orner de dessins japonais.

Cet échantillon manque ici aujourd'hui, mais sera fourni prochainement.

II. EXTRAITS DES PROCÈS-VERBAUX DES SÉANCES GÉNÉRALES DE LA SOCIÉTÉ.

SÉANCE DU 13 JANVIER 1865.

Présidence de M. DROUYN DE LHUYS.

Le procès-verbal de la séance précédente est lu et adopté.

M. le Président fait connaître les noms des membres nouvellement admis.

MM. DOMAGE (Louis-François), à Paris.
HARVEY (Henry), à Orange Free-State (Cap de Bonne-Espérance).
HUNOLSTEIN (le vicomte d'), à Paris.
LE FORT (Edouard), directeur du journal *la Maison de campagne*, à Paris.
LEVAILLANT (Jean), général de brigade, à Sézanne (Marne).
PALLUAT DE BESSET (Joseph), à Saint-Étienne (Loire).

— M. le Président informe l'assemblée de l'arrivée de 12,500 onces de Ver à soie du Mûrier du Japon envoyées par M. Léon Roches. Il résume les objections faites au mode de vente aux enchères, adopté par le Conseil, et établit que c'est le seul moyen d'éviter des accaparements et de parer à des inconvénients plus sérieux. Du reste, le Conseil, dans sa détermination, a suivi la direction qui lui avait été donnée lorsque le soin de répartir ces graines lui a été confié.

— M. de Quatrefages exprime la vive reconnaissance de la Société pour les bons soins que dans cette circonstance, comme toujours, M. Drouyn de Lhuys a bien voulu donner à cette importante opération, non-seulement comme notre Président, mais surtout comme ministre des affaires étrangères. L'assemblée s'associe à la pensée de M. de Quatrefages par ses acclamations unanimes.

— M. H. Dejoux, président de la Société de l'agriculture de l'Ardèche, propose de voter des remercîments à M. Léon

Roches pour son initiative si zélée dans cette importante affaire.

— M. de Quatrefages, qui a remplacé M. Drouyn de Lhuys au fauteuil de la présidence, fait observer que c'est à la Commission des récompenses, actuellement réunie, qu'il appartient de proposer à la Société le meilleur témoignage de sa reconnaissance envers M. Léon Roches.

— M. Ramel adresse la traduction du discours prononcé par M. Wilson à la séance du 16 décembre. (Voyez *Bulletin.*)

— M. Lequien transmet un rapport du vétérinaire chargé de soigner le jeune Yak dont la maladie a pris un caractère très-grave, et qui a succombé,

— M. Stanislas Julien, membre de l'Institut, professeur de chinois au collége de France, écrit à M. le secrétaire général pour lui montrer l'incorrection des noms *Yang-ti* et *Ong-ti* par lesquels on désigne certains moutons de Chine, et exprime le vœu qu'on n'emploie plus désormais que l'expression *Ti-yang* (pour dire *mouton des terres*), par opposition à *Thsao-yang*, et non *Yang-Tsao* (*mouton des herbes*).

— M. de Codrika, consul général de France à Batavia, adresse une réponse aux questions contenues dans la circulaire de la Société sur les plantes et les animaux de sa résidence.

— M. Dabry, consul de France à Hang-keou (Chine), annonce l'envoi de plusieurs oiseaux : 1° un Faisan doré (*Kin-ky*) ; 2° un Coq du *Kiang-si* (espèce très-recherchée dans le pays) ; 3° un Coq de combat du *Ho-nan ;* 4° une espèce de Martin-pêcheur (*Tsoui-nao*) dont les Chinoises emploient les plumes comme ornement ; 5° une petite Tortue (*Lou mao Kouei*, Tortue au poil vert) ; 6° enfin une boîte contenant des cocons vivants de Vers à soie du Camphrier et de l'arbre à suif (*Stillingia sebifera*). Une note jointe à la lettre de M. Dabry donne la description des cocons et des chenilles de ces deux espèces.

— M. le secrétaire, en déposant sur le bureau les cocons qui ont été rapportés en France par M. l'abbé Fechoz, fait connaître que les autres animaux ont succombé en voyage.

— M. Sacc transmet une note de M. Aquarone sur le moyen

à employer pour obtenir des oiseaux de basse-cour des œufs fécondés. — Renvoi à la Commission des récompenses.

— M. des Nouhes de la Cacaudière adresse une note sur ses travaux de pisciculture en 1864.

— M. le directeur du Jardin du bois de Boulogne transmet une lettre de M. de Causans, qui lui a envoyé 200 œufs de Truite saumonée du lac de Saint-Front (Haute-Loire).

— M. de Tillancourt, président du comice agricole de Château-Thierry (Aisne), adresse un mémoire sur les essais de pisciculture qu'il a faits, durant ces trois dernières années, dans son vaste domaine de la Doultre.

Au nombre des résultats intéressants de ces essais, il en est un qu'il importe de signaler à l'attention des pisciculteurs : c'est que les Truitelles *abandonnées à elles-mêmes* dans un bassin en plein air ont atteint, en huit mois, un développement beaucoup plus considérable que des Truitelles de même espèce et de même âge placées dans des conditions identiques, mais dans des bassins complétement fermés, où elles ne recevaient qu'une *nourriture artificielle.*

— M. Dufour, délégué de la Société à Constantinople, adresse le résumé de ses observations séricicoles en 1864.

— M. Bonhoure adresse une brochure intitulée : *la Question séricicole, le mal, le remède* (1865).

— M. Ligouhne transmet son rapport sur ses éducations de *Bombyx yama-maï* en 1864.

— M. de Saulcy adresse ses remercîments pour les graines de *Bombyx yama-maï* qui lui ont été envoyées.

— De nombreuses demandes de graines de Ver à soie du Mûrier du Japon et de *Bombyx yama-maï* sont adressées par divers sériciculteurs.

— M. Goujon, horticulteur à Braisne, envoie un légume de *Dolichos sesquipedalis*, long de 50 centimètres, qui a poussé dans son jardin, et auquel il donne improprement le nom de *Haricot solitaire*, qui a été déjà appliqué à une variété de Haricot *Bagnolet*.

— M. Brierre (de Riez) adresse un nouveau rapport, accompagné de dessins, sur ses cultures de plantes étrangères.

— M. le docteur Kemmerer fait hommage d'un travail intitulé *Réhabilitation sociale des riverains des mers par les industries du rivage.*

— M. le Président transmet une note de M. Ramel sur les *Eucalyptus* et les avantages de leur propagation au point de vue de la production du miel et de la cire en Algérie. (Voy. au *Bulletin*.)

— M. Rufz de Lavison dépose : 1° une note de M. Fresne sur le moyen de remédier aux cris des Pintades ; 2° une lettre de M. Vidant sur les œufs hardés.

— M. Rufz de Lavison présente une portion de cercle de tonneau recouverte d'œufs, qui a été envoyée au Jardin d'acclimatation par M. le capitaine Fremont, et qui a été trouvée en mer par 14° 45′ latitude nord et 28° 30′ longitude ouest.

— M. Millet, qui a eu l'occasion d'examiner cet objet quelques jours après son arrivée au jardin, donne à ce sujet quelques renseignements intéressants.

Le morceau de cercle est de bois des Iles ; il a la grosseur du doigt, et se trouve entièrement recouvert, sur toute sa longueur, de petits œufs jaunâtres ; dans son ensemble, il a l'aspect d'un long bâton sur lequel seraient agglutinés des grains de mil. Les œufs, plongés dans l'eau, de mer ont repris l'eau perdue par la dessiccation ; ils ont alors présenté une forme sphérique et un diamètre d'un millimètre et demi environ. Ils ne reposent pas directement sur le bois, mais sont portés par des fils qui font partie d'une espèce de trame ou feutrage formé de filaments ténus, élastiques et très-extensibles, qui enveloppent le morceau de bois à peu près comme les fils d'un fuseau ou d'une navette. Ces pédicules mobiles et extensibles permettent aux œufs de ne pas rester agglomérés, et en même temps de flotter dans l'eau et de résister à l'action des courants ou des flots. A l'aide du microscope ou d'une forte loupe, on reconnaît que chaque œuf est soutenu sur plusieurs fils évasés en forme d'entonnoir et tordus ou enlacés à la base : cette position de l'œuf sur chacun de ces fils rappelle celle du gland du Chêne sur la cupule qui le supporte.

Étudiés dans leur constitution intime, autant que pouvaient

le permettre les altérations causées par un commencement de dessiccation, les œufs ont présenté des embryons n'ayant encore atteint que leur première période de développement. Toutefois la disposition et la nature des granulations et la position de l'embryon *sur le vitellus* ont permis à M. Millet de constater avec certitude que ces œufs ont été pondus par un poisson marin que notre confrère propose de désigner sous le nom de *Poisson fileur*.

— M. Decroix lit une note sur le progrès de l'hippophagie en France. La proposition de souscription qu'il fait à la Société est envoyée à l'examen du Conseil.

— M. Lucy donne quelques détails sur les travaux du comité d'aquiculture de Marseille, et dépose une photographie d'un bouchot mobile garni de Moules à Toulon.

— M. Millet communique une lettre par laquelle M. Ramel lui annonce que les Sauterelles ont dévoré les feuilles de tous les arbres de notre colonie du Sénégal; celles des Eucalyptes ont seules été respectées.

Cette précieuse espèce d'arbres a été obtenue à l'aide de graines envoyées au Sénégal par notre confrère M. Ramel, et semées en place; leur végétation est très-vigoureuse, car l'accroissement en hauteur est de 7 à 8 mètres durant une saison de neuf mois.

Dans cette même lettre, M. Ramel donne l'extrait d'un journal anglais, le *Builder*, qui annonce l'arrivée à Twickenham (établissement de pisciculture de la Société d'acclimatation de Londres) de quatorze jeunes poissons de l'espèce *Silure d'Europe* (*Silurus glanis*), provenant de la propriété de M. Lakeman, de Capochein (Valachie).

En donnant un juste tribut d'éloges aux efforts de la Société d'acclimatation pour accroître et varier les produits alimentaires, le journal fait remarquer que depuis la Carpe, dont l'introduction remonte à deux cents ans, le Silure est le premier poisson qui ait été importé en Angleterre; qu'il peut atteindre le poids de 50 à 55 livres en quatre ans, quand il trouve une nourriture abondante; que le goût de sa chair a été trouvé, par des Anglais, supérieur à celle du Saumon; et qu'une notoriété scientifique prétend que c'est le seul poisson qui mérite d'être introduit dans les eaux de l'Angleterre, particulièrement dans les lacs où la tourbe abonde.

— A l'occasion de cette communication, M. Millet présente les observations résumées ci-après :

Le Silure est le plus grand des poissons d'eau douce de l'Europe ; on l'a nommé la *Baleine des eaux douces*. Il a la tête aussi large que la poitrine ; sa bouche arquée occupe toute la largeur du devant de la tête ; ses mâchoires sont garnies d'un très-grand nombre de dents petites et recourbées, et au fond de la gueule existent quatre os de forme ovale, hérissés de dents aiguës.

On le trouve quelquefois en France, dans le Rhin et ses affluents ; mais il est très-abondant en Allemagne, en Russie et en Suède, où il se tient généralement dans les profondeurs des lacs et des cours d'eau, sur les fonds argileux et vaseux.

Dans le Volga et le Danube, ce poisson atteint souvent une longueur de 4 à 5 mètres, et l'on en a pêché un qui pesait plus de 60 kilogrammes. En Poméranie, on en a vu un qui avait la gueule assez grande pour qu'on pût y faire entrer un enfant de six à sept ans. Une organisation de cette nature rend le Silure d'autant plus redoutable, qu'il a des instincts très-voraces ; il s'attaque même à l'espèce humaine : on en a pris qui avaient dans l'estomac des débris d'enfants. Cette voracité l'a fait exclure, en beaucoup d'endroits, des étangs et des lacs où il causait de grands ravages sur les meilleurs poissons et sur les espèces des plus fortes dimensions.

Ces inconvénients inhérents à la nature même du Silure ne sont compensés ni par un accroissement rapide et régulier, ni par la qualité de la chair. Cette chair blanche, grasse, assez agréable au goût, est généralement mollasse, visqueuse et difficile à digérer. Les opinions, toutefois, varient sur ses qualités comme aliment ; cela peut tenir de la différence des saisons et des eaux, et surtout de l'âge du poisson. Dans les meilleures conditions, elle a de l'analogie avec celle de l'Anguille et de la Lotte ; mais elle est beaucoup moins délicate.

Il faut ajouter ici que, par sa forme et la couleur de sa peau, le Silure est d'un aspect peu agréable.

Des essais d'acclimatation ont été faits en France à diverses époques et sur divers points. M. Dietrich avait introduit plus de 500 Silures provenant d'Allemagne dans ses étangs du Bas-Rhin ; ils ont disparu à la suite des inondations et des gelées. M. Valenciennes en a rapporté de Prusse : ces poissons, déposés dans les bassins de Versailles, ne se sont pas reproduits, et n'ont pris qu'un faible accroissement. M. Coste en avait introduit quelques-uns dans les lacs du bois de Boulogne ; ils ont tous péri. Enfin les essais tentés par M. Millet dans quelques cours d'eau, et dans plusieurs tourbières des départements de l'Aisne et de la Somme, n'ont pas donné, au bout de plusieurs années, des résultats assez satisfaisants, quant à l'accroissement du poisson et à la qualité de sa chair, pour les continuer sur une plus grande échelle.

D'après tous ces faits, M. Millet pense que l'introduction du Silure dans les rivières et les lacs de l'Angleterre qui nourrissent les meilleures espèces de poissons, le Saumon et la Truite, pourrait avoir les plus funestes conséquences : d'une part, le Silure, en raison de sa voracité, absorberait une masse considérable d'excellente chair pour ne livrer ensuite à la consommation qu'un produit bien inférieur en quantité et surtout en qualité ; et, d'autre part, il deviendrait bientôt un obstacle très-sérieux à la multiplication et à la propagation des bonnes espèces.

La Lotte, que l'on peut nommer un Silure de petite dimension, a été introduite dans le lac de Genève ; elle s'y est propagée au point d'être aujourd'hui considérée comme l'une des plus puissantes causes de destruction de cette excellente Truite nommée la Forelle du Léman.

On ne saurait donc trop appeler l'attention de nos confrères de la Société de Londres sur les inconvénients et les dangers de l'acclimatation du *Glanis* dans les eaux anglaises, notamment dans les lacs qui sont peuplés de Truites. Ce ne serait pas, en effet, faire une bonne acclimatation que d'introduire dans ces eaux des espèces nuisibles ou inférieures en qualité à celles qui y existent.

— M. de Quatrefages, qui partage entièrement, à cet égard, la manière de voir de M. Millet, fait observer qu'il a eu plusieurs fois l'occasion de manger des Silures, et qu'il en a trouvé la chair peu délicate et peu agréable au goût.

— M. Martin de Moussy appuie cette opinion, et fait connaître que les Silures, qui sont très-abondants aux embouchures des fleuves et des rivières d'Amérique, ont une chair si peu estimée, qu'elle n'est mangée que par les classes les plus malheureuses de la population.

— M. Lucy présente une peau de Chèvre provenant de Trébizonde, et par conséquent venant du Tibet. Cette peau, qui doit appartenir à la race cachemirienne, en diffère par l'absence complète de jarre.

SÉANCE DU 27 JANVIER 1865.

Présidence de M. A. Passy, vice-président.

Le procès-verbal de la séance précédente est lu et adopté.

M. le Président proclame les noms des membres nouvellement admis.

MM. Beaumont (le vicomte F. de), secrétaire d'ambassade, à Rio-Janeiro.

Corio (le marquis Joseph), conseiller de la légation du Mexique, à Rome.

Doumet (A.), président de la Société d'horticulture de l'Allier, au château de Baleine, par Villeneuve-sur-Allier.

Doumet, ancien député, à Cette.

Frick (Eugène), à Paris.

Grenier (Léon), administrateur de la *Revue française*, à Paris.

Jaques (Gustave), directeur de la Société d'acclimatation de Liége.

MM. MONTFLEURY (de), à Paris.

NAU (Victor-Marie-Auguste), notaire à la Châtaigneraie (Vendée).

PORTEAU (Evariste), juge d'instruction à Bressuire (Deux-Sèvres).

RICHARD (Jules), substitut du procureur impérial à Bressuire (Deux-Sèvres).

SUAREZ D'AULAN (le comte de), à Paris.

— Des remercîments pour leur récente admission sont adressés par MM. Guilbon, le comte Suarez d'Aulan et Ed. Le Fort.

— M. Tallien de Cabarrus annonce l'envoi de ses observations sur les plantes et les animaux de Guatemala, où il a sa résidence.

— M. Buckland, agent de la Société d'acclimatation de Queen's-land, écrit pour demander des renseignements sur le lieu où il pourrait se procurer les meilleurs Baudets, dont cette Société veut tenter l'introduction.

— M. Manès, de l'île de la Réunion, adresse un nid de *Gourami*, et annonce qu'il va prendre toutes les mesures nécessaires pour en expédier de nouveaux avec les œufs intacts. — Remercîments.

— M. Belhomme, directeur du jardin botanique de Metz, donne des détails sur les avantages de la culture du Chêne à gros fruits pour l'éducation des vers de *Bombyx yama-maï*.

— MM. de Saulcy et Ligoubne remercient des graines de *Bombyx yama-maï* qui leur ont été adressées.

— M. F. Guilhem (de Nîmes) fait don de graines de Ver à soie du Mûrier provenant du haut Caucase, et ayant jusqu'à présent évité la maladie.

— S. Exc. le Ministre des affaires étrangères transmet un rapport de M. Buisson, que le Conseil a délégué pour examiner et vérifier les graines de Vers à soie du Japon envoyées par M. Roches.

— De nombreuses lettres et pièces relatives à la distribution des graines de Vers à soie du Japon sont envoyées à l'examen de la commission spéciale.

— M. C. Personnat remet son rapport sur ses éducations de *Bombyx yama-maï* en 1864.

— Mme Delisse annonce l'envoi d'une collection de cépages du Bordelais, qu'elle a réunis pour joindre aux végétaux que M. Simon emporte en Chine.

— M. le baron Pichon offre une partie de sa récolte de Pommes de terre d'Australie, et fait connaître ses observations sur cette culture. — Remercîments.

— M. Pierre Gilbert, commissaire de la marine, venant de la Nouvelle-Calédonie, fait don à la Société de deux Pins de Norfolk, qui ont été déposés au Jardin du bois de Boulogne.

— M. A. Lavallée fait don à la Société d'un kilogramme de Brome de Schrader pour être distribué aux membres qui en désirent. — Remercîments.

— MM. Fontaine et Duflot, grainiers à Paris, présentent 1° Une botte de *Bromus Schraderi*, provenant d'un semis fait sur couche le 15 février 1864, et repiqué en couche dans une bonne terre de jardin, les pieds distancés de 50 centimètres. L'échantillon soumis est le résultat de la seconde coupe faite le 25 novembre. 2° Quelques pieds qui ont végété à l'air libre cet hiver, après la seconde coupe.

— MM. Fontaine et Duflot mettent à la disposition des membres une certaine quantité de vrai Haricot *solitaire*, variété du Haricot *Bagnolet*, qu'il ne faut pas confondre avec le *Dolichos sesquipedalis*, dont un échantillon a été présenté à la séance précédente. — Remercîments.

— M. le consul de France, à Riga, informe la Société qu'il lui expédiera vers le milieu de février la graine de Pin de Riga qui lui a été demandée, pour être distribuée aux membres de la Société.

— S. Exc. le Ministre des affaires étrangères transmet un mémoire de M. Roger-Dubos, vice-consul de France, sur la culture du Cotonnier à Chihuahua.

— M. le secrétaire, en informant la Société que le Conseil, dans le but de favoriser la vulgarisation de la viande de cheval, a souscrit pour une somme de 500 francs, annonce qu'un certain nombre de membres de la Société et de la Société protectrice des animaux organisent un banquet dans lequel la viande de Cheval formera le principal aliment. Ce banquet doit avoir lieu dans les premiers jours de février.

— M. Chatin, à propos de la présentation faite par MM. Fontaine et Duflot, donne les détails suivants :

Le Brome de Schrader (*Bromus Schraderi*). Ce précieux fourrage sur lequel notre confrère M. A. Lavallée vient d'appeler l'attention des agriculteurs et dont il offre des graines à la Société, est une plante originaire de l'Amérique septentrionale, où sa culture paraît être ancienne.

Le Brome végète avec vigueur, même aux approches de l'hiver, alors que la plupart des autres graminées fourragères sont arrêtées dans leur développement et que les légumineuses (Luzernes, Sainfoin, Trèfles) sont atteintes par la gelée.

La Société peut voir, par les pieds mis sous ses yeux par MM. Fontaine et Duflot, pieds dont les pousses n'ont pas en ce moment même moins de 30 à 35 centimètres de hauteur, quelle riche pâture le Brome offre dans une saison où la nourriture verte fait complétement défaut.

Mais le Brome de Schrader, déjà recommandable comme pâture d'hiver, ne l'est pas moins par sa végétation d'été. La continuité de sa poussée permet que, comme la Luzerne, on le coupe à peu près trois fois par an, fin avril, en juillet et fin septembre. Au moins peut-on assurer qu'il donnera toujours, même dans les années sèches, une bonne seconde coupe.

Le Brome donne de la graine, par ses nombreux épillets qui mûrissent et remontent successivement, depuis juin jusqu'en novembre. Cette propriété devra être mise à profit pour la récolte de la graine.

Le Brome ne se multiplie pas seulement par ses graines, qu'on doit semer fin mars (ou en juillet, après la maturation des premières graines), mais aussi par éclats enracinés de la plante développée. On fera bien, dans les petites cultures spécialement destinées à la production des graines dont on s'occupera cette année, de semer en lignes, graine par graine, à une distance de 20 centimètres ; la même distance sera observée pour le repiquage des éclats.

Le Brome a la tige grosse et les feuilles assez larges ; cependant il est tendre et fort recherché des animaux. M. A. Lavallée l'a donné avec succès à de jeunes Porcs, après l'avoir divisé par le hache-paille.

Il n'est pas sans intérêt, pour l'histoire du Brome de Schrader, de rappeler que, dès l'année 1844, M. Bossin en faisait mention dans le compte rendu des expériences agricoles entreprises à Limours sous sa direction. Il disait alors de cette plante : « *espèce annuelle*, très-précoce, qui pourrait convenir pour les sables secs et siliceux ; cette graminée nous vient de l'Allemagne... » Comme tous les botanistes, M. Bossin avait cru à tort la plante annuelle, parce que, contrairement à la végétation ordinaire des espèces pérennantes, elle donne des graines dès la première année du semis.

— M. Frédéric Jacquemart annonce qu'il a récolté l'an dernier 1100 grammes de graines par le semis de 5 grammes de graines de Brome de Schrader.

— M. d'Ernemont demande si cette plante augmente les qualités butyreuses du lait, et fait remarquer que c'est là le point capital à observer dans l'application de cette plante.

— M. Chatin dit que des expériences n'ont pas encore été faites, qu'il sache, dans ce sens, mais que le résultat sera probablement avantageux, car on a remarqué que des Porcs auxquels on en avait donné, se sont tenus en très-bon état de graisse.

— M. Lelion (d'Amiens) fait observer que pour pouvoir résoudre la question posée par M. d'Ernemont, il faut d'abord propager la plante, et que ce ne peut être que plus tard que des expériences décisives sur sa valeur pourront être instituées.

— M. Millet lit un mémoire qui résume une partie de ses recherches sur le mouvement circulatoire du sang des jeunes *Salmonidés*, tels que Saumon, Truite, Ombre et Féra. Notre confrère en déduit des conséquences très-importantes pour les pratiques de la pisciculture.

La vitalité des Salmonidés, dans le premier âge, aurait pour limite inférieure 2 degrés au-dessous de zéro, et pour limite supérieure, 30 degrés au-dessus de zéro.

Les exigences de la respiration chez la Truite, et en général chez les Salmonidés, croissent avec la température ; l'eau dans laquelle vivent ces poissons doit être beaucoup plus aérée, ou renouvelée beaucoup plus souvent, quand la température dépasse 15 degrés, que quand elle reste inférieure à 10 degrés.

Le transport des œufs embryonnés et celui des jeunes Salmonidés exige beaucoup moins d'air ou moins d'eau sous une température basse que sous une température élevée. Les œufs fécondés peuvent subir de longs trajets et parcourir de très-grandes distances quand ils sont enfermés dans un milieu humide dont la température s'écarte peu de zéro : c'est ainsi qu'à l'aide de la glace fondante, on vient de transporter avec succès, d'Angleterre en Australie, des œufs de Saumon et de Truite fécondés artificiellement.

Enfin, la température la plus favorable au développement des jeunes Salmonidés paraît être placée entre 10 et 15 degrés.

— M. Gélot donne lecture d'un rapport sur une nouvelle espèce de Vers à soie faisant ses cocons sur les troncs de l'*Espinilla;* 2° d'un rapport sur les éducations du Ver à soie du Ricin faites par M. Lix, de Corrientes ; 3° d'une note sur des échantillons de soies de Ricin et de l'Ailante teintes en diverses nuances par M. Michel d'Hombres, de Nîmes.

— M. Forney présente à la Société un nouveau système d'étiquettes pouvant se conserver très-longtemps.

— M. le secrétaire donne lecture d'une note de M. Chabrillac sur le Tapir. (Voyez au *Bulletin*, p. 25.)

— M. Ramel communique une lettre de M. Denis (d'Hyères) sur ce fait, qu'en décembre 1864, le *Laurus camphora* restait seul sans être couvert de neige, tandis que tous les autres arbres en étaient chargés, et que sa végétation n'a été aucunement troublée par l'abaissement considérable de la température.

Le secrétaire des séances,

J. L. SOUBEIRAN.

III. FAITS DIVERS ET EXTRAITS DE CORRESPONDANCE.

Lettre adressée à Son Exc. M. le Ministre des affaires étrangères par M. TRICOU, *gérant du consulat de France au Caire.*

Caire, le 28 janvier 1865.

Monsieur le Ministre,

Le Vice-Roi a été informé que la Société impériale d'acclimatation attendait divers envois d'animaux qui doivent arriver en France par Suez. Voulant donner à cette Société une nouvelle marque de sa protection, Ismaël-pacha a décidé que tous les envois de ce genre seraient transportés gratuitement à travers l'Égypte.

Je m'empresse de mander cette bienveillante décision à Votre Excellence, afin qu'elle puisse en aviser le Conseil de la Société.

Veuillez agréer, etc.

Le gérant du Consulat,
Signé TRICOU.

Lettre adressée à M. le Ministre des affaires étrangères, président de la Société impériale d'acclimatation, par M. A. DE PINA, *consul de France à Sumatra.*

Padang, le 25 septembre 1864.

Monsieur le Ministre,

Depuis mon arrivée à Sumatra, je me suis occupé de rechercher, pour la Société impériale d'acclimatation, les espèces nouvelles d'animaux particulières à cette île qui pourraient avantageusement compléter celles que possède déjà la France. Je suis parvenu à me procurer un certain nombre d'Oiseaux qui, vraisemblablement, doivent s'acclimater en Europe, notamment deux variétés de Pigeon, dont l'une est vert mêlé de violet, et l'autre cramoisi foncé, appelée par les indigènes *Pœnei;* des Cailles d'une espèce toute petite, dont la chair est très-délicate, ainsi que deux sortes de Tourterelles ; le *Kceweau*, Faisan de Sumatra, dit *Faisan Argus*, etc... Mais il ne s'est pas encore présenté une occasion favorable pour envoyer ces animaux en France. Il n'est pas venu de navire français à Padang depuis plus de deux ans, et aucun de ceux qui sont sortis sous pavillon étranger n'était à destination d'un port de France. Il reste, en outre, la difficulté de la nourriture pendant la traversée de trois à quatre mois que peut durer le trajet par le cap de Bonne-Espérance. Ces oiseaux, extrêmement sauvages, dépérissent dès qu'ils sont en captivité, et ne se nourrissent que de fruits frais (particulièrement de Bananes). J'ai déjà perdu un très-grand nombre de ceux que j'avais réunis avec beaucoup de peine, et que je conservais en cage pour les habituer à manger du grain. Le transport par la malle m'a paru, d'un autre côté, trop dispendieux pour être tenté. Toutefois, lorsqu'il sera à ma connaissance que les Messageries impériales ont prolongé leur service jusqu'à Batavia, je ferai tous mes efforts pour essayer, par leur entremise, un premier envoi de ces animaux à la Société d'acclimatation.

Je me propose d'y joindre en même temps deux variétés de singes : un *Siamang,* grand singe noir à longs bras que l'on croit être le *Gibbon,* et un petit singe roussâtre, appelé par les Malais *Simpei.* Je pourrai également envoyer, quand il y aura un navire à voile, un jeune Buffle blanc. Les naturels de Sumatra n'emploient que des Buffles pour les transports et les charrois de tout genre.

Ces animaux, puissamment forts, résistent à la fatigue et au travail, et ne coûtent presque rien à nourrir. Les indigènes sont très-friands de la viande du Buffle, ils la préfèrent à celle du Bœuf, et leurs jours de fêtes et de réjouissances sont marqués par le plus ou moins grand nombre de ces animaux tués.

Agréez, etc.,

Signé A. DE PINA.

Lettre adressée à M. le Président de la Société impériale d'acclimatation par M. Edmond LE PRIEUR.

Monsieur le Président,

Permettez-moi de porter à votre connaissance les quelques observations que j'ai pu recueillir sur une éducation de métis de Faisan ordinaire et de Poule naine pattue.

Le 6 février 1863, je mis ensemble un jeune coq Faisan et une jeune Poule de couleur brune, nés tous deux dans le courant de l'année 1862, et n'ayant encore, par conséquent, produit ni l'un ni l'autre. Le ménage était parfait, aussi comptais-je sur une réussite immédiate; cependant mon attente fut trompée. Dix-sept œufs donnés par ma Poule en deux pontes furent mis en incubation sans aucun résultat ; pas un n'avait été fécondé.

Que faire alors? Après réflexion, je résolus de séparer mes oiseaux pour ne les réunir qu'au moment où le Faisan commencerait à entrer en amour. Je retirai donc ma Poule le 11 décembre 1863, et ne la réunis avec le Faisan que le 19 mars 1864 Elle ne fut pas plutôt lâchée dans le parquet, que le coq s'approcha rempli d'ardeur ; alors quelle fut ma joie, lorsque je vis ma Poule non-seulement rester en place, mais encore se baisser et se laisser côcher. Ayant tout observé et vu, je pouvais compter sur une reproduction certaine. Aussi, cette fois, monsieur le Président, mes expériences ne furent pas trompées.

Dans les premiers jours d'avril ma Poule commença à pondre de deux jours l'un. Cette ponte se composa de six œufs (ce petit nombre est dû probablement à la captivité), que la mère se mit à couver avec une grande assiduité, sachant fort bien éloigner le Faisan lorsqu'il approchait trop du panier dans lequel elle couvait. Enfin, au bout de vingt-deux jours, j'eus le plaisir de trouver sous ma couveuse quatre petits très-vifs et ayant tous du duvet aux pattes ; quant aux deux autres œufs, l'un renfermait un embryon mort à moitié grosseur, l'autre était clair.

J'élevai ces quatre métis avec la patée à Faisans ; aujourd'hui ils sont complétement adultes, et bien que la mère soit de petite race, ils ont tous atteint la taille du Faisan ordinaire. Leur plumage est brun, et le duvet qu'ils avaient étant jeunes, se trouve remplacé par de petites plumes très-courtes et assez nombreuses.

Telles sont, monsieur le Président, les observations que je prends la liberté de vous communiquer.

Veuillez agréer, etc.

Edmond LE PRIEUR.

IV. CHRONIQUE.

SOCIÉTÉ D'ACCLIMATATION.

PRÉSIDENCE DE M. DE QUATREFAGES.

Paroles prononcées par M. Ed. Wilson *à la séance d'ouverture.*

« Monsieur le Président,

» Cette Société très-distinguée m'ayant fait l'honneur insigne de m'accorder, l'an dernier, la grande médaille d'or, comme témoignage de l'appréciation des services que je puis avoir rendus à la cause de l'acclimatation en ma qualité de président de la Société de Victoria,

» Je suis heureux de profiter de mon arrivée accidentelle à Paris, la veille de la reprise des séances de votre Société, pour vous exprimer en personne toute ma reconnaissance pour cette haute distinction dont j'ai été l'objet.

» Décerner à un humble résidant des antipodes un tel témoignage de l'appréciation de ses services, est l'indice de ce véritable esprit de cosmopolitisme qui constitue l'essence même de notre entreprise.

» Aussi puis-je vous assurer, monsieur le Président, que l'honneur que vous m'avez conféré a été vivement apprécié, non-seulement par moi-même, mais par le conseil et par tous les membres de notre Société.

» Je pense que ce doit être un sujet de haute satisfaction pour les éminents personnages qui se sont si souvent réunis dans cette enceinte pour chercher à donner une impulsion effective à la grande idée de l'acclimatation, d'apprendre qu'elle a poussé les racines les plus profondes et les plus vivaces même dans les parties les plus nouvelles et de toute récente formation de ces distantes contrées. A peine une colonie a-t-elle été fondée soit en Australie, soit à la Nouvelle-Zélande, qu'aussitôt on y a organisé quelque projet d'acclimatation. Et comme presque en général on nous fait l'honneur de prendre la Société de Victoria pour modèle ; et comme nous-même nous avons cherché sur tous les points principaux à imiter celle de France, nous espérons que les membres de cette grande Société voudront bien toujours nous considérer tous comme unis à elle par cette espèce de relation filiale.

» Notre Société, je suis heureux de le dire, est éminemment prospère. A l'allocation annuelle du gouvernement, qui est de 3000 livres sterling (75 000 fr.), viennent s'ajouter le montant assez important des souscriptions particulières.

» On dirait en vérité que cette entreprise est spécialement adaptée aux magnifiques nouvelles contrées de l'autre hémisphère, généralement mal pourvues d'animaux indigènes utiles, mais merveilleusement capables d'en produire dans de larges proportions.

» Pour ménager le temps de cette grande assemblée, je lui donnerai en deux mots un spécimen de nos travaux en Australie. Je citerai le Saumon dont le transport, à de telles distances, peut être considéré, je pense, comme un des plus grands faits dans la science de l'acclimatation.

» Vous serez sans doute très-aise d'apprendre, messieurs, que quand je partis de la colonie, il y a environ six semaines, les jeunes poissons se maintenaient dans un aussi bon état que s'ils eussent été dans leurs eaux primitives, et que nous avons tous les motifs pour espérer un succès complet. (Traduit de l'anglais par M. RAMEL.)

Concours ouverts par l'Association internationale pour le progrès des sciences sociales.

Au congrès de Bruxelles, un membre de l'Association, M. Dutrône, conseiller honoraire à la cour d'Amiens (France), a offert au conseil une médaille d'or de la valeur de 200 francs, pour être décernée à la société ou au jardin d'acclimatation qui, avant la prochaine session du congrès, se serait organisé sur les bases et avec le programme d'action qui seraient reconnus comme devant être les plus efficaces.

CONCOURS. — SOCIÉTÉS ET JARDINS D'ACCLIMATATION ZOOLOGIQUE OU BOTANIQUE.

Médailles d'or et de vermeil à l'effigie du roi.

(Module 50 millimètres.)

La section d'économie politique, s'occupant de la *richesse publique* sous toutes ses formes, a reçu la première proposition faite en ces termes :

« Le développement de la richesse agricole occupe un rang si élevé dans la science sociale, que j'ai cru devoir attirer l'attention du congrès sur un nouveau genre d'association appelée à augmenter considérablement cette richesse : — richesse qui, outre qu'elle fournit à tous nos premiers besoins matériels, présente l'avantage moral de conserver à la vie régénératrice des campagnes les jeunes populations entraînées vers le gouffre asphyxiant des villes où elles vont s'éteindre misérablement.

» Les nouvelles sociétés dont je veux parler sont les sociétés d'acclimatation. L'extension des richesses agricoles, qu'elles ont pour but, porte sur le règne animal et le règne végétal dans leurs espèces principales.

» Il y aura tantôt cent ans, Buffon disait :

« L'homme ne sait pas assez ce que peut la nature, et ce qu'il peut sur » elle. Au lieu de la rechercher dans ce qu'il ne connaît pas, il aime mieux » en abuser dans ce qu'il en connaît. »

» Puis, à cet enseignement critique il fait succéder un fécond enseignement pratique, en consacrant à l'étude de toutes les productions de la nature le Muséum d'histoire naturelle, où, plus tard, Etienne Geoffroy Saint-Hilaire créa la ménagerie, première pierre de cet édifice que, soixante ans après, son digne fils achevait par la Société d'acclimatation et son Jardin du bois de Boulogne.

» Notre ambition, a dit M. Drouyn de Lhuys, en séance solennelle de la Société d'acclimatation, est d'ajouter, dans le règne animal et dans le règne végétal, des nouveautés utiles à nos anciennes richesses.....

» Toutes les acclimatations données par le passé sont une garantie de celles que l'avenir peut accorder à des sociétés spéciales bien organisées.

» De pareilles sociétés, en multipliant les richesses végétales et animales nécessaires à nos premiers besoins, augmentent le bien-être des populations, et leur permettent de se développer plus nombreuses, sur un espace donné : avantage inappréciable dans notre Europe si étroite. Obtenir de tels résultats, c'est pour ainsi dire ajouter à la création et agrandir le monde.

» Désirant donc que les sociétés et les jardins d'acclimatation se multiplient et se perfectionnent dans leur organisation, je m'empresse de mettre à la disposition de l'Association internationale une médaille d'or (valeur 200 francs), pour être, à la prochaine session du congrès, décernée à la société d'acclimatation qui, d'ici à cette époque, se sera organisée sur des bases et avec le programme d'action qui seront reconnus comme devant être les plus efficaces. » *Signé* DUTRONE. »

Cette médaille d'or fondée au congrès de Bruxelles sera décernée au congrès de 1865, conformément à la proposition qui précède.

Et la seconde des dix médailles de vermeil fondées au congrès de Gand, comme il est dit ci-dessus, sera décernée à la société ou au jardin d'acclimatation qui, d'ici à la prochaine session du congrès, aura fait le plus de progrès.

Les sociétés qui voudront concourir adresseront, avant le 1er juillet 1865, au comité de l'Association internationale, rue de l'Enclume, n° 19, un exemplaire de leurs statuts et règlements, ainsi qu'un compte rendu de leurs travaux.

(Extrait du *Moniteur belge*, du 31 octobre 1864.)

V. BULLETIN DES CONFÉRENCES ET LECTURES.

Compte rendu des deux conférences faites par M. Toussenel au Jardin d'acclimatation,

le 16 et le 30 juin 1864,

PAR M. LE DOCTEUR PIGEAUX.

Dans deux intéressantes conférences où se pressait un public d'élite, M. Toussenel, dont chacun connaît les charmantes recherches sur la zoologie passionnelle, vient d'exposer ses vues particulières sur l'acclimatation, dont il nous a esquissé l'histoire rétrospective. L'analogie passionnelle, où il est passé maître, lui a fourni les principales données d'un problème dont la solution est l'œuvre même de toutes les sociétés d'acclimatation.

Prenant la question ainsi qu'il convient, pour en faire sentir et apprécier la portée au début de la formation des sociétés, M. Toussenel a vivement fait ressortir les misères et les souffrances de l'humanité au sortir de l'édénisme, alors qu'il fallut demander au travail et à l'industrie les ressources alimentaires jusque-là si spontanément et si libéralement fournies par la nature.

L'industrie humaine, aux prises avec la nécessité, pourvut insensiblement à tous les besoins de notre espèce ; les arts en naquirent : comme ils sont l'œuvre de l'homme, notre mode de création, ils attestent que nous participons de la nature divine, et que seul entre tous les animaux nous pouvons lui rendre un hommage réellement senti.

Si Dieu a tout créé, l'homme, par son intelligente coopération, a tout conquis, tout modifié à son avantage, dans l'œuvre primitive de la nature. Les fruits, les fleurs, les animaux et les matières premières de toute industrie, se sont transformés, améliorés par les soins incessants de l'homme ; mais toutes les œuvres de l'homme sont périssables, il ne conserve ses conquêtes que grâce à son incessante activité : sans elle tout retourne à son état primitif, à l'état de barbarie d'où les sociétés primitives l'ont fait sortir, grâce à leurs travaux d'appropriation, et spécialement par le ralliement, par la domestication et l'accclimatation des animaux.

Comment s'est opérée cette métamorphose, qui est bien l'œuvre de l'homme, et qui constitue son histoire essentielle, c'est le but de ces deux conférences.

Si misérables sont d'abord les ressources de l'homme, si disproportionnés sont ses moyens pour lutter contre la nature, la vaincre et la contraindre à nous tout donner, qu'on a dû tout d'abord croire et admettre l'intervention directe des dieux (*deus nobis hæc otia fecit*).

Hâtons-nous de le dire, à lui seul l'homme eût été impuissant à parfaire une telle entreprise. La misère et la souffrance eussent été à tout jamais son partage, sans l'intervention d'un animal qui s'est rallié à l'homme, qui l'a civilisé *en lui créant des loisirs*, en le soustrayant à l'abrutissante nécessité de pourvoir avec sa seule ressource à ses besoins de chaque jour, pour lui et pour sa famille. Cet animal, *c'est le Chien.* Il l'a relevé de son anthropophagie primitive : par lui l'homme est passé de la sauvagerie à l'état patriarcal ; en lui donnant *le troupeau*, qui est impossible sans lui, le Chien a bien mérité de l'humanité, qui, en récompense et comme pour attester sa profonde gratitude, lui a élevé des temples, l'a placé parmi les constellations et l'a divinisé autant qu'elle l'a pu.

En attribuant les mêmes honneurs à tous les héros primitifs, les Orphée, les Thésée, les Hercule, les Bacchus, tous dompteurs de bêtes et grands chasseurs, on a certes plus exagéré leurs services que ceux du Chien. On ne saurait trop admirer le désintéressement de cet animal, qui, pour se rallier à l'homme, n'a pas craint de s'attirer la haine de tous les animaux sauvages. qui le tuent impitoyablement toutes les fois que l'occasion se présente, comme félon et traître à leur cause. Il en a été de même pour tous les animaux que l'industrie du Chien a donnés à l'homme ; tous ils sont devenus hostiles à leurs congénères, jusqu'à leur refuser le don d'amoureuse merci tant qu'ils sont libres dans leur choix.

Tous les animaux sauvages, sans en excepter l'homme, tyrannisent les êtres faibles : les mâles battent et tuent même leurs femelles et leurs enfants, et ceux-ci n'ont pour se soustraire à leur brutalité qu'à se réfugier sous l'aile protectrice de la société. La civilisation n'est entrée dans le monde que par le besoin de protection et par une juste réaction contre les abus de la force.

La conquête du Cheval a donné à l'humanité un essai nouveau dont elle avait le germe, et qui a été un progrès réel sur l'état patriarcal. L'aristocratie, la féodalité, *la chevalerie* a longtemps dominé le monde et adapté ses institutions à de nouveaux besoins, tout en les améliorant. Aussi partout où cette institution s'est maintenue et vit encore, le Cheval, perfectionné, y jouit d'une considération toute particulière ; là aussi il se reproduit avec toutes les perfections désirables : l'Arabie, l'Angleterre et l'Allemagne seront encore longtemps la terre féconde du Cheval de sang, du Cheval de guerre par excellence.

Aux yeux de M. Toussenel, l'homme est le parangon et le résumé de la création ; les plantes et les animaux n'en sont que les ébauches analytiques : pour les bien connaître et les classer, il faut, en prenant l'homme pour commun diviseur, les réduire tous au même dénominateur. La zoologie passionnelle n'a pas d'autre but ; l'analogie est la clef qui ouvre les yeux et dévoile tous les mystères de la création. Connaître un animal, une plante, un minéral, c'est révéler une ou plusieurs tendances de l'humanité. La Guêpe zébrée et féroce explique les tendances de la barbarie aussi évidemment que le Bourdon symbolise le patriarcat. Les Fourmis et leurs myriades d'essaims, leurs labeurs incessants et leurs mœurs intimes, révèlent les tendances de la démocratie, qui ne peut vivre et prospérer qu'en retranchant sans pitié les êtres improductifs. Les Abeilles, qui produisent le miel et la cire, deux substances éminemment aromatiques et comburantes, personnifient le communisme et les douceurs de la royauté féminine. Les Termites, enfin, si faibles, si pulpeux, qui néanmoins font des travaux si gigantesques, où la mère est presque un mythe et une divinité, n'ont pas encore révélé toutes les transitions constitutives réservées à l'humanité.

L'étude du Règne végétal n'est pas moins féconde dans ses révélations symboliques. La Rose double, œuvre de l'homme, explique la théorie si abominée de Malthus, qui déclare que nul n'a droit de vie ici-bas, si la prévision des parents n'a au préalable pourvu à tous ses besoins, et sa stérilité correspond à la rare fécondité du riche qui donne au pauvre accès au banquet de la vie et à cette aisance si enviée, où il trouvera bientôt la même stérilité qui rétablit l'équilibre en proclamant la sagesse du Créateur et la pondération de toutes ses œuvres.

Parlant au sein du Jardin d'acclimatation et devant beaucoup d'adeptes de cette œuvre civilisatrice, M. Toussenel n'a pas manqué de proclamer bien haut et avec une effusion de cœur bien sentie les résultats merveilleux de cette institution. Il a fait voir par de nombreux exemples l'origine évidente de tous les trésors de la civilisation : tous nos végétaux, tous nos animaux perfectionnés découlent de cette source et proviennent de la domestication, de l'acclimatation pratiquée de tout temps et par toutes les contrées barbares ou civilisées ; tous ces êtres servent aux progrès de la civilisation par l'intervention active, directe et incessante de l'homme.

A l'appui de toutes ces assertions, qui n'en étaient pour ainsi dire que les corollaires, M. Toussenel a fait voir à son auditoire émerveillé la différence capitale qui existait au moment de la découverte du nouveau monde et de la conquête des deux royaumes du Pérou et du Mexique. Par le fait seul de la possession de la Vigogne et du Lama, le Pérou avait une très-haute civilisation et une grande douceur de mœurs ; tandis que le Mexique, privé de cette ressource alimentaire, avait une constitution féroce et faisait des guerres incessantes pour se procurer des victimes humaines et subvenir à l'insuffisance de son alimentation. Comme un des plus remarquables exemples de l'influence bienfaisante de la protection accordée par l'homme même à un seul animal, M. Toussenel cite les lois du Pérou, qui défendaient sous peine de mort de tuer les oiseaux de mer qui allaient se reposer sur certaines îles désertes près de ses côtes. Ce fait, futile en apparence, nous a ménagé le guano, qui sert aujourd'hui avec tant de succès et d'avantage à régénérer nos terres épuisées, et dont la valeur approximative est de plusieurs milliards.

L'œuvre de notre Geoffroy Saint-Hilaire, dit M. Toussenel en finissant, ajoute plus au bien-être des nations que toutes les spéculations philosophiques. Les précédents de l'acclimatation, bien compris, font voir ses succès et sa prospérité dans l'avenir : on peut prédire sans témérité sa propagation bienfaisante dans toutes les parties du monde.

I. TRAVAUX DES MEMBRES DE LA SOCIÉTÉ.

SUR LA GRAINE

DU

VER A SOIE DU MURIER DU JAPON

EXPÉDIÉE PAR M. L. ROCHES,

Ministre de France au Japon.

Par M. Frédéric JACQUEMART,

Délégué par la Société et chargé de ses pleins pouvoirs pendant les ventes du Midi.

(Séance du 10 mars 1865.)

Depuis quinze ans environ, un fléau comparable à la maladie de la Pomme de terre, à l'oïdium de la Vigne, mais peut-être plus terrible et plus général dans ses effets, a frappé successivement tous les Vers à soie d'Europe, et même ceux d'autres parties du monde.

Jusqu'à ce jour, la science a été impuissante à arrêter le mal. On en est réduit à ne compter que sur le temps pour user cette cruelle épidémie, comme il en a usé tant d'autres. Cependant, sous l'influence du fléau, les privations et les souffrances de nos départements du Midi producteurs de soie se sont accrues chaque année. Aujourd'hui, elles sont grandes pour tous, elles sont extrêmes pour ceux dont la soie est la seule récolte. Leur ruine est complète! Souffrances et ruines bien imméritées! car, lorsqu'on parcourt les contrées séricicoles, on conçoit une haute idée de leurs habitants, à la vue de ces montagnes pierreuses transformées en innombrables terrasses étagées et plantées de Mûriers, de ces amas de rochers dont toutes les fissures ont reçu des Mûriers, qui, pendant l'été, les revêtent de leur feuillage. C'est par des efforts persévérants, c'est par un travail intelligent et opiniâtre, qu'ils sont parvenus à donner à des monceaux de pierres une valeur égale et parfois supérieure à celle des bonnes terres labourables de nos meilleures contrées.

Les éducateurs ont fait mille tentatives, toujours infructueuses, pour se soustraire au fléau.

Dans le but de régénérer leurs races, ils demandèrent de la graine, au prix de grands sacrifices, d'abord aux pays d'Europe où la maladie des Vers à soie n'avait pas encore sévi; plus tard, le mal s'étant étendu, ils s'adressèrent à la Chine et aux pays d'Orient, sans être plus heureux.

Le commerce de la graine devint chose considérable; mais, il faut le dire, les éducateurs ont été si souvent trompés dans leurs achats, qu'aujourd'hui le découragement est général. Sur quelques points même, là où l'on peut utiliser autrement la terre, nous avons vu arracher des Mûriers.

C'est par plusieurs dizaines de millions de francs qu'il faut évaluer la perte annuelle supportée par la sériciculture, en France; c'est par des dizaines de millions qu'il faut évaluer les achats annuels de soie faits dans les pays d'Orient, pour compenser le déficit de nos récoltes, achats qui se payent en écus. Aussi ces énormes envois de numéraire figurent-ils parmi les causes des crises monétaires dont le commerce a souffert plusieurs fois, depuis quelques années.

Cependant un échantillon de graine de Vers à soie du Japon parvint en France en 1860.

Elle donna des vers très-sains, dont les descendants sont encore aujourd'hui vigoureux. Ce fait attira l'attention des sériciculteurs. Deux sociétés se formèrent dans le but d'envoyer des agents au Japon, pour se procurer de la graine. Mais, parvenus en Chine, les agents apprécièrent plus justement les difficultés, pour ainsi dire insurmontables, de l'entreprise, et des bruits de guerre avec le Japon étant survenus, ils retournèrent en Europe, emportant des graines de Chine de médiocre qualité.

M. Berlandier était alors en Chine (1863), à la recherche de bonnes graines. Dès qu'il sut qu'il pourrait en trouver au Japon, aucune considération ne put l'empêcher de s'embarquer pour cette contrée. A son arrivée, il se rendit chez M. Duchesne de Bellecourt, alors ministre de France au Japon, pour lui faire connaître le but de son voyage. M. le ministre de France, dans l'intention d'éclairer M. Berlandier sur toutes les impossibilités de son entreprise, crut devoir lui faire connaître que lui-même, bien qu'il fût dans le pays depuis longtemps, bien qu'il en parlât la langue, qu'il eût à ses ordres un personnel dévoué, n'avait pu encore se procurer de la graine pour répondre aux demandes de la Société impériale d'acclimatation ; qu'il devait enfin lui dire, ce qu'il savait sans doute déjà, que l'exportation de la graine était punie de mort.

M. Berlandier ne se découragea pas ; à force de persévérance, d'intelligence, d'audace et d'argent, il parvint, au péril de sa vie, chaque jour compromise, à se procurer d'abord un carton de graine, puis 50, puis 1000, puis davantage encore.

C'est de cette graine que M. Duchesne de Bellecourt a envoyé à la Société d'acclimatation, et qui lui parvint au commencement de 1864.

Après le départ de M. Berlandier, des Japonais avec lesquels il avait été en relation apportèrent encore des graines, qui furent achetées par des négociants et expédiées à Lyon.

M. Berlandier savait que la voie de mer avait été souvent fatale aux graines. Il espéra que la voie de terre serait préférable pour rapporter en France ses précieux cartons, et il n'hésita pas à la prendre.

Arrivé à Pékin, le 2 novembre 1863, il en repartit le 7, malgré les remontrances de M. Berthemy, ministre de France, qui lui signalait tous les dangers d'un pareil voyage entrepris par un Européen *seul*.

Ce n'est pas ici le lieu de raconter tous les épisodes émouvants de ce voyage extraordinaire. Nous dirons seulement que M. Berlandier traversa la Mongolie en trente-huit jours, la Sibérie en quarante-quatre jours, voyageant jour et nuit dans cette dernière contrée, malgré un froid de 38 degrés Réaumur, auquel il fut exposé pendant trente-deux jours.

Il arriva enfin au but, étonné de se trouver encore vivant, après une aussi terrible épreuve, dans laquelle la fatigue et la rigueur du climat avaient été ses moindres ennemis.

Malheureusement, les graines avaient beaucoup souffert de cette température extrême. Mais quelques-unes avaient résisté, et tous les vers qu'elles produisirent donnèrent leur cocon.

Les graines de même origine expédiées par M. Duchesne de Bellecourt, et par la voie de mer, à la Société d'acclimatation, donnèrent d'excellents résultats.

Si donc, au point de vue financier, M. Berlandier avait fait d'énormes sacrifices, dont il était victime, il éprouvait néanmoins la grande satisfaction d'avoir rendu un très-important service à la sériciculture, en lui faisant connaître l'existence d'une bonne graine et en lui rendant quelque espoir.

Ces faits étaient connus du gouvernement, et particulièrement de M. Drouyn de Lhuys, qui, en devenant Ministre des affaires étrangères, est resté de fait et de cœur le président actif et dévoué de la Société impériale zoologique d'acclimatation.

Les essais faits à Lyon (1860) sur la graine du Ver à soie du Mûrier du Japon, et à Paris (1861) sur la graine du *Bombyx yama-maï*, expédiée par M. Duchesne de Bellecourt, avaient suffisamment fait connaître à Son Excellence que le Japon renfermait des espèces très-intéressantes à étudier. Dès son arrivée au ministère (1862), M. Drouyn de Lhuys recommandait à M. Duchesne de Bellecourt de faire tous ses efforts pour procurer à la Société d'acclimatation des graines de ce pays.

Les expériences nouvelles, très-nombreuses et très-variées, et toutes suivies de succès, faites en 1863 et 1864 sur les mêmes espèces, démontrèrent de la manière la plus évidente que le Japon pouvait fournir à la sériciculture européenne les moyens de se régénérer et de renaître.

Aussi M. le Ministre des affaires étrangères donna-t-il à M. L. Roches, aujourd'hui ministre de France au Japon, les instructions les plus précises, pour faciliter de tout son pouvoir les achats de graines dans le pays, et lui fit-il connaître le haut intérêt que le gouvernement attachait à cette question.

Depuis, M. le Ministre des affaires étrangères a pu traiter directement, et avec tout le zèle qu'on lui connaît, cette même question avec les ambassadeurs du Japon qui sont venus en France en 1864. Elle figure au procès-verbal des conférences qui ont eu lieu à cette époque.

Quelques mois plus tard, après l'heureux combat de Simonosaki, M. L. Roches, animé d'une pensée toute patriotique, et sans se laisser arrêter par la crainte d'engager sa responsabilité, demanda au Kaïtoun et obtint l'autorisation d'acheter pour la France, à un prix fixé, 15 000 cartons de graines de Vers à soie du Mûrier, et de les choisir parmi les meilleurs.

« Afin, dit une correspondance officielle, d'écarter autant » que possible toutes les chances d'insuccès, M. L. Roches » s'assura le concours d'un homme spécial, expérimenté et » d'une honorabilité reconnue, M. Berlandier. » (Il était retourné au Japon en 1864, malgré la rude épreuve de 1863, pour se procurer de plus grandes quantités de graine, reconnue bonne.) « Il le chargea de diriger l'opération et » d'accompagner les graines jusqu'à leur destination.

» Sur plus de 40 000 cartons apportés à Yokohama, et » examinés avec le plus grand soin, 15 000, qui ne laissaient » rien à désirer sous le double rapport du poids et de la » qualité, ont été choisis. Pendant près d'un mois que cette » opération a duré, les cartons ont été exposés à la tempé- » rature nécessaire pour enlever l'humidité. »

Puis ils ont été emballés de la manière que nous allons décrire, parce que l'expérience en a démontré la perfection.

Les cartons, disposés par couples, dont les faces chargées d'œufs, mises en regard, étaient séparées par une feuille de papier interposée, avaient été rangés verticalement dans des caisses de bois d'une largeur égale à celle des cartons.

Dans le but de les fixer solidement et de laisser dans la boîte un volume d'air nécessaire à la bonne conservation des œufs, chaque dizaine était maintenue, en haut et en bas, par une tringle de bois clouée aux parois de la caisse.

Lorsqu'une caisse était remplie, elle était fermée avec soin, puis enveloppée d'une autre caisse de fer-blanc, plus grande 10 centimètres sur toutes ses dimensions. Le vide entre les deux caisses était rempli de charbon de bois fortement pilé ; puis la caisse de fer-blanc était soudée.

Ainsi, les œufs, suffisamment aérés, étaient abrités par l'enveloppe métallique contre l'humidité, par l'enveloppe de charbon contre les variations de température auxquelles les caisses pourraient être exposées pendant le voyage.

Toutes les conditions désirables étaient donc remplies.

Cet envoi était accompagné :

1° de 100 kilogrammes de cocons, destinés à faire connaître la qualité de la soie que devait produire la graine expédiée.

2° De 2000 pieds de Mûrier hâtif du Japon (*Morus japonica*). C'est avec les feuilles de cette variété que les Japonais nourrissent des vers appelés *trivoltini*, dont ils obtiennent ainsi trois récoltes.

3° De quelques livres de graines du précieux *Bombyx yama-maï*, qui se nourrit de la feuille du Chêne, et dont l'acclimatation en France est presque complète.

Le 10 novembre 1864, les graines furent expédiées pour la France, sous la surveillance de M. Berlandier, de Yokohama à Shang-haï, par le *Dupleix*, bâtiment de la marine impériale, et de Shang-haï à Suez, par le *Tigre*, des Messageries impériales.

Pendant la traversée, les caisses avaient été déposées dans l'entrepont et dans la cale de l'avant du navire. M. Berlandier évalue de 19 à 25 degrés Réaumur la température à laquelle elles furent exposées de Hong-kong à Suez, où elles arrivèrent en parfait état le 10 décembre 1864.

A Suez, M. Berlandier prit, avec le concours de M. Larousse, ingénieur hydrographe attaché à la Compagnie de l'isthme, les mesures nécessaires pour que le débarquement se fît avec soin et pour mettre les caisses à l'abri du soleil.

Il obtint, par l'intermédiaire de M. le consul de France à Suez, M. G. Didier, que le transport de Suez à Alexandrie se fît par un train de nuit ; surveilla lui-même le nouveau chargement, et partit avec ce convoi spécial pour Alexandrie. Là il eut recours encore à l'intervention de M. le consul général de France, M. Tastut, afin que le transbordement se fît avec toutes les précautions nécessaires; enfin, il fit voile pour Marseille, où il arriva heureusement le 3 janvier 1865.

Il est inutile d'ajouter que Son Excellence le Ministre des affaires étrangères, président de la Société impériale zoologique d'acclimatation, avait donné à tous les instructions les plus pressantes et indiqué les mesures à prendre pour la conservation de ce précieux envoi.

Cependant M. L. Roches rendait compte à Son Excellence le Ministre des affaires étrangères de ce qu'il avait cru devoir faire dans l'intérêt de la sériciculture française, et il annonçait que, pour solder toutes ses dépenses, il avait fait des traites sur France.

En présence des maux extrêmes supportés par nos départements du Midi, le gouvernement ne voulut pas répudier la belle pensée de son ministre au Japon. Il lui sembla que la Société impériale zoologique d'acclimatation, qui, depuis dix ans, s'est toujours occupée de la question des Vers à soie, à qui l'on doit l'introduction des *Bombyx yama-maï* du Japon et *Pernyi* du Chêne, espèces précieuses qui se nourrissent de la feuille de nos Chênes et qui seront bientôt complétement acclimatées, était dans d'excellentes conditions pour mener à bonne fin une opération aussi satisfaisante.

La Société impériale zoologique d'acclimatation, dont tous les actes, désintéressés, sont inspirés par l'amour du bien public, dont toutes les dépenses, et elles sont importantes, sont payées par des contributions annuelles prélevées sur tous les membres, cette Société, disons-nous, fut tout d'abord étonnée d'avoir à diriger une opération commerciale.

La première pensée de son conseil fut de distribuer les graines au prix coûtant. Mais lorsqu'il apprit qu'après le combat de Simonosaki, des négociants, profitant de l'affluence des graines apportées à Yokohama, sur la demande de M. L. Roches, et de la moindre surveillance des douanes, avaient acheté à leurs risques et périls environ 160 000 cartons, dont la moitié était destinée à la France, il ne voulut pas compromettre de si grands et de si respectables intérêts par des ventes faites à vil prix.

Il lui sembla dès lors que les prix devaient être naturellement fixés par le rapport de l'offre et de la demande, et que des enchères publiques, annoncées à l'avance, et faites dans les centres séricicoles, étaient le meilleur moyen de concilier les intérêts divers engagés dans la question.

Après avoir donné cette garantie au commerce, il prit toutes les mesures nécessaires pour que les graines parvinssent directement à l'éducateur, et surtout à l'éducateur des pays les plus malheureux.

En conséquence, il désigna, pour y faire des ventes, Nîmes, Avignon, Alais, Privas, Aubenas, Ganges, le Vigan, Largentière, Joyeuse, Montpellier, Valence, Lyon et Grenoble.

Il décida, afin d'éloigner les spéculateurs et de mettre la graine à la portée des plus humbles, que les ventes auraient lieu par lots d'un, deux, trois, cinq et dix cartons.

En opérant ainsi, la Société d'acclimatation a obtenu un prix moyen général de 17 fr. 55 c. par carton. Le prix moyen le plus élevé, 23 francs, a été obtenu à Lyon et à Valence; le prix moyen le plus bas, 11 fr. 05 c., à Ganges.

On peut donc dire que les prix ont été en rapport direct avec la prospérité des diverses contrées. A ce point de vue, la Société a encore atteint son but, puisque les plus malheureux ont payé moins cher.

Des cartons avaient été réservés pour les éducateurs éloignés des centres de vente désignés. Instruits par les journaux, ils étaient invités à adresser leurs demandes au siége de la Société. Elles y arrivèrent nombreuses, mais la plupart, malgré les mises en demeure nécessaires, sont restées sans effet; de là des retards apportés à la conclusion parfaite de cette opération.

Enfin, des graines ont été données, à titre d'échantillon, à tous les éducateurs, membres de la Société, qui voulaient étudier cette variété nouvelle.

En annonçant les ventes, la Société d'acclimatation s'est abstenue de faire valoir les mérites de la graine de M. Roches;

elle s'est bornée à en garantir l'origine, et nous avons entendu plusieurs fois les délégués de la Société répondre à des questions posées par des acheteurs :

La Société ne garantit rien, si ce n'est l'origine de la graine.

On ne pouvait être moins séduisant.

Cependant la Société, avant de livrer les cartons aux enchères, avait eu la précaution de les faire examiner tous, l'un après l'autre, par le respectable M. Buisson (de Grenoble), juge des plus compétents en pareille matière, afin de mettre de côté tout ce qui aurait une apparence douteuse.

La graine avait été si bien choisie, si bien emballée par M. Berlandier, que nous ne pensons pas qu'il y ait eu des rebuts.

Les cartons visités et acceptés par M. Buisson étaient aussitôt marqués avec un emporte-pièce, aux initiales de la Société, afin de constater leur origine, et de les distinguer ainsi des autres graines du Japon qui n'ont pu être choisies dans le pays avec les mêmes soins.

C'est après cet examen seulement que les ventes furent annoncées.

Dirons-nous que ces annonces provoquèrent chez plusieurs négociants de graine, qui craignaient sans doute que leurs opérations ne fussent compromises, des accusations malveillantes envers la Société d'acclimatation. Nos lecteurs peuvent juger combien elles sont injustes. Nous sommes convaincus que les accusateurs eux-mêmes regrettent aujourd'hui d'avoir méconnu les sages et loyales intentions d'une Société aussi honorable.

La prudence avec laquelle la Société d'acclimatation a dirigé cette opération l'a mise dans la situation de réaliser des bénéfices importants. Par des raisons que nous avons dites plus haut, on ne peut encore exactement les fixer; mais nous souhaitons qu'ils soient très-considérables, car ces bénéfices, comme toutes les autres ressources de la Société, seront consacrés au bien général.

Ainsi elle a fondé, il y a quelques jours à peine, des prix d'une importance totale de 10 000 francs :

1° Pour les meilleurs mémoires sur les éducations faites avec la graine du Japon, et les résultats obtenus ;

2° Pour les études théoriques et pratiques sur des maladies des Vers à soie ;

3° Pour la reproduction de bonnes graines indigènes.

On doit se demander quelles seront les conséquences de cette introduction de graines de Vers à soie du Mûrier du Japon.

Nous dirons d'abord qu'il a été fait en 1865 une éducation précoce avec de la graine produite en France en 1864 par les éducations de M. Berlandier, et que le coconnage a été excellent, c'est-à-dire, chose capitale, que la deuxième génération ne paraît pas être affaiblie.

Des éducations précoces ont également été faites avec de la graine qui vient d'arriver (1865) ; les éclosions ont été satisfaisantes et le coconnage a été bon.

Enfin, les cocons récoltés en France en 1864, comme ceux envoyés par M. L. Roches, donnent une belle soie grége, qui, sans être aussi fine que les belles qualités des Cévennes, est cependant très-bonne.

Espérons donc que la graine du Japon procurera, pendant quelques années au moins, à nos sériciculteurs, une race robuste et des récoltes fructueuses ; à notre industrie, de bons produits, et que pendant ce temps le fléau disparaîtra.

Espérons aussi que le gouvernement obtiendra promptement du Japon la libre sortie de sa graine, afin de réparer plus promptement les maux des contrées séricicoles.

Nous sommes en droit de compter sur la persévérante ardeur de M. le Ministre des affaires étrangères, pour hâter la solution de cette très-importante question.

S'il est superflu, après tout ce que nous venons de dire, de signaler à la reconnaissance publique les grands services rendus en cette occasion par M. Drouyn de Lhuys, Ministre des affaires étrangères, président de la Société impériale zoologique d'acclimatation, et par cette Société même ;

Par M. L. Roches, ministre de France au Japon, et par M. Berlandier, qui, arrivé en France, a encore bien voulu se charger des ventes à faire dans la moitié des villes désignées;

Si nous avons déjà dit ce qu'on devait au zèle de MM. Didier, consul à Suez; Larousse, ingénieur-hydrographe, à Suez, et Buisson (de Grenoble), qu'il nous soit permis de citer ici les noms des personnes qui ont prêté généreusement un concours dévoué à la Société d'acclimatation dans une opération toute nouvelle pour elle :

MM. de Hesse, délégué de la Société, et M. Folsch, négociant, à Marseille ;

MM. le comte Benoist d'Azy, Henri Merle, et J. Boyé, à Alais; Mugnier, à Avignon; Maumenet, à Nîmes; le baron G. de Baumefort, à Joyeuse; Goullyon, à Ganges; Clerc, à Valence; Bouteille, à Grenoble; Duseigneur et Bouchard, à Lyon;

M. Geoffroy Saint-Hilaire, secrétaire du conseil de la Société d'acclimatation : il a bien voulu accepter la mission de présider aux ventes de Valence, Lyon et Grenoble, en l'absence de l'agent général, devenu malade ;

M. Hébert, agent général de la Société, chargé par elle de recevoir les graines à Marseille, d'organiser les ventes dans chaque ville, et d'assister à une partie de ces ventes.

La longueur de cette liste explique suffisamment le succès d'un nouveau genre que vient d'obtenir la Société d'acclimatation.

Ses adhérents et ses amis sont dans le monde entier; la pureté et l'élévation de ses vues lui méritent la bienveillance de tous, et chacun de ses membres y puise cette confiance audacieuse qui fait triompher les grandes causes (1).

(1) *Note de la rédaction.* — Après la lecture de ce Rapport, M. le Président a fait remarquer que M. Fr. Jacquemart avait rendu justice à tout le monde, excepté à lui-même, qui avait cependant prêté le plus actif concours à la Société dans cette circonstance, comme toujours. L'assemblée, par ses acclamations unanimes, a ratifié les paroles de M. le Président.

INSTRUCTION

POUR LE TRANSPORT DES GOURAMIS,

Par M. COSTE,
Membre de l'Institut.

(Séance du 24 février 1865.)

J'ai toujours été si profondément convaincu de la possibilité de faire arriver en France des Gouramis vivants, que, dès 1855 et depuis, j'ai demandé au gouvernement de vouloir bien donner des ordres pour que les navires de l'État qui visitent les régions lointaines où vit cette espèce en essayassent le transport. Ce que l'administration n'a pas fait, des membres de cette Société l'ont tenté, et si leurs louables efforts n'ont pas été couronnés d'un entier succès, au moins ont-ils démontré qu'il est possible d'enrichir nos eaux de ce précieux poisson.

Pour atteindre ce but, la difficulté est grande, on ne saurait se le dissimuler ; peut-être même aurons-nous encore à enregistrer plus d'un essai infructueux ; mais ici, comme en toutes choses, la persévérance aidée de l'expérience triomphera de tous les obstacles. Voici, à mon avis, par quels moyens on peut les atténuer et arriver au meilleur résultat.

L'expérience nous a démontré que les poissons, à quelque espèce qu'ils appartiennent, qu'ils vivent dans la mer ou dans les eaux douces, sont d'autant plus faciles à transporter qu'ils sont plus jeunes.

L'expérience nous a encore démontré qu'un vase d'une capacité déterminée pouvait recevoir un nombre de poissons d'autant plus grand que ces poissons étaient plus petits.

Nous savons aussi que les pertes occasionnées par le transport à grande distance sont d'autant moindres, que l'eau des récipients peut être renouvelée plus souvent.

Nous savons enfin que lorsqu'il n'est pas possible de renouveler fréquemment l'eau d'un vase, la mortalité y est en raison du nombre et de la taille des sujets que l'on y réunit :

n'en contient-il qu'un petit nombre et de très-jeunes, la perte est insignifiante, et souvent nulle; y a-t-il encombrement et les poissons sont-ils un peu forts, tout peut périr et périt quelquefois.

Ces données de l'expérience nous indiquent en partie ce qui est à faire pour tenter efficacement le transport du Gourami.

Il faudra s'attacher avant tout à choisir les plus jeunes alevins qu'il sera possible de rencontrer. Il n'y aurait même pas d'inconvénient à les prendre quelques jours après leur naissance. Ce n'est pas à dire qu'il ne faille pas tenter l'expérience avec des sujets qui auraient déjà 5 à 6 centimètres de long; mais, lorsqu'on aura le choix, c'est aux très-jeunes qu'il faudra donner la préférence. Il conviendra aussi de les répartir par taille, de ne pas réunir de trop gros individus avec des individus trop faibles. Ce qui est sans inconvénient pour des transports de quelques heures peut en avoir de fâcheux lorsqu'il s'agit d'une longue traversée.

Après le choix des sujets, il y a à se préoccuper aussi des conditions au milieu desquelles leur transport doit s'effectuer, c'est-à-dire des vases et de l'eau.

Les vases seront de terre ou de bois et auront une contenance de 40 à 50 litres. Des futailles de la capacité de 120 à 150 litres, coupées en deux, préalablement macérées et bien lavées, me semblent parfaitement propres à servir de récipient. Ces sortes de baquets, se rencontrant partout et pouvant être multipliés autant qu'il est besoin, ont encore ceci d'avantageux, qu'il est facile de leur adapter des anses de forte corde, soit pour les suspendre, afin de les préserver du roulis, soit pour aider à leur déplacement.

De pareils récipients, remplis de 30 à 40 litres d'eau seulement, pourront recevoir une centaine d'alevins de 2 à 3 centimètres de long; cinquante à soixante de 4 centimètres, et vingt-cinq environ de 5 à 6 centimètres. Il est bien entendu que les nombres que j'indique ici ne sont pas absolus, et que quelques sujets de plus ou de moins ne sauraient nuire à l'expérience.

L'eau des récipients, aussi bien que la provision destinée

à la renouveler durant le voyage, sera prise, en tant que cela se pourra, dans les bassins, les rivières, les fleuves où s'effectuera la pêche des alevins. Dans le cas où il serait impossible de remplir cette condition, l'eau employée devra être bien aérée, sans souillure et sans mauvais goût. Les plantes aquatiques qui végètent sans prendre racine, contribuant à conserver et même à purifier l'eau, il sera bon d'en introduire quelques tiges dans les baquets, ne fût-ce que pour offrir un abri aux jeunes poissons.

Mais soit que l'on introduise des végétaux aquatiques dans les récipients, soit que l'on croie préférable de ne pas user de cet expédient, il faudra, pendant la traversée, en renouveler plusieurs fois l'eau, sinon en totalité, du moins en partie. Combien de fois cette opération devra-t-elle être mise en pratique? C'est ce qu'il est difficile de dire, par la raison que des circonstances imprévues, et se répétant plus ou moins fréquemment, peuvent chaque fois la rendre nécessaire. Ce qu'on peut dire d'une manière générale, c'est qu'il faudra fournir aux jeunes poissons de l'eau nouvelle toutes les fois que l'on s'apercevra qu'ils éprouvent du malaise, ce qui se traduit ordinairement par une mortalité plus grande que de coutume.

Lorsque des causes imprévues, prolongeant la traversée, feront craindre que la provision d'eau ne soit pas suffisante pour les renouvellements de toute la campagne, on devra utiliser celle qui a déjà servi, en la filtrant à travers des éponges pressées au fond d'un entonnoir. Mais il ne faudra avoir recours à ce moyen que dans les cas extrêmes.

Du reste, plus les sujets seront jeunes, moins il sera nécessaire de changer l'eau des baquets. Ce qui est vrai pour d'autres espèces qui ont besoin d'une eau fraîche et fréquemment aérée, me paraît devoir l'être surtout pour les Gouramis, qui peuvent vivre dans des eaux stagnantes, peu renouvelées et à température assez élevée. Mais cette température ne pouvant pas dépasser certaines limites sans devenir nuisible, il serait bon d'avoir des provisions de glace pour en modérer l'intensité.

Quoique les jeunes poissons puissent, en général, supporter facilement un assez long jeûne sans souffrir, il en est cependant qui dépériraient s'ils n'étaient nourris. J'ignore si le Gourami est de ce nombre. Dans tous les cas, comme en ceci l'excès de prévoyance ne peut être nuisible, il serait bon de se pourvoir, soit d'œufs que l'on ferait durcir et dont on donnerait aux alevins le jaune grossièrement délayé, soit de farine de viande qu'on leur distribuerait par petites pincées. Mais, à mon avis, les distributions ne devront pas être journalières : il suffira de les faire tous les deux ou trois jours, en ayant le soin d'enlever soigneusement à l'aide d'une pipette de verre tout ce qui n'aura pas été consommé dans les huit ou dix premières heures. Lorsqu'on traversera des zones chaudes, on diminuera, par prudence, le nombre des distributions, et l'on retirera plus tôt, du fond des vases, les résidus des substances alimentaires ; ces substances, étant fermentescibles et se décomposant d'autant plus facilement que la température est plus élevée, pourraient altérer le liquide.

La pipette, déjà utile et même indispensable pour enlever du fond des récipients, sans tourmenter les petits poissons, toutes les impuretés qui s'y déposent, ne le sera pas moins pour aérer l'eau, lorsqu'il sera urgent de le faire. Il suffira, à cet effet, de la plonger dans le vase, de la laisser s'emplir, de la soulever ensuite, en laissant s'écouler d'une certaine hauteur le liquide qu'elle renferme.

Comme on ne saurait trop prévoir, pour assurer le succès d'une expérience de ce genre, il importerait que les baquets qui contiendront les alevins fussent placés dans des conditions différentes. Les uns seraient mis sur le pont, au grand air et en plein soleil ; les autres, placés également sur le pont, seraient préservés de la grande lumière et des rayons solaires par une sorte d'écran de canevas grossier ; d'autres seraient descendus à fond de cale ou dans les entreponts. En variant ainsi les conditions, on multiplierait, ce me semble, les chances de réussite, et, dans tous les cas, on en retirerait des lumières pour l'avenir. Si, pour éviter les inconvénients du roulis, une partie des récipients, sinon tous, étaient suspendus, ce n'en serait que mieux.

En résumé, pour que le transport du Gourami puisse se faire avec quelque chance de succès, il faut :

1° Choisir de très-petits alevins.

2° Distribuer ces alevins dans plusieurs récipients.

3° Éviter d'en mettre un trop grand nombre dans chaque récipient.

4° Renouveler l'eau en totalité ou en partie, lorsqu'il y aura nécessité de le faire.

5° L'aérer de temps en temps.

6° Ne distribuer des aliments aux alevins qu'autant qu'on le jugera nécessaire.

7° Enlever soigneusement du fond des baquets, avec une pipette de verre, les aliments qui n'auraient pas été consommés dans les huit premières heures, les déjections et autres impuretés qui contribueraient à corrompre le liquide.

8° Enfin, placer les récipients dans des conditions variées.

SUR

QUELQUES ANIMAUX DE PARCS ET DE VOLIÈRES

Par M. J. CORNELI,
à Hontheim (Pays-Bas).

(Séance du 24 février 1865.)

Depuis que la Société impériale d'acclimatation existe, bien des animaux étrangers, et surtout ceux d'Australie, se sont multipliés chez les amateurs. Mais il arrive souvent que, faute de soins bien entendus, des animaux précieux périssent, et que des sommes relativement considérables se trouvent perdues.

J'ai fréquemment entendu des Français se plaindre de n'avoir pas un journal qui rendît compte des différents essais d'acclimatation qui se font : on lirait avec intérêt dans cette feuille, disent-ils, les résultats heureux ou malheureux obtenus ; chacun contribuerait, suivant ses moyens, à sa rédaction et chacun profiterait de l'expérience d'autrui.

Ce journal existe, c'est le *Bulletin* de la Société impériale d'acclimatation. D'où vient la timidité des amateurs d'animaux en France? Le nombre de ceux qui s'occupent de l'éducation des mammifères et des oiseaux est considérable pourtant.

L'Allemagne possède déjà dans le *Thiergarten* du docteur Weinland, dans le *Zoologische Zeitung* du jardin zoologique de Francfort, des moyens puissants de communication. Ces journaux ont non-seulement développé le goût de l'histoire naturelle outre-Rhin, mais ils ont souvent aidé des gens d'expérience.

A ces recueils mensuels est venu se joindre, dans ces derniers temps, le magnifique ouvrage du savant directeur du jardin zoologique de Hambourg, le docteur Brehm. Son livre, *Illustrirtes Thierleben*, est, en effet, un véritable monument élevé à la zoologie et à l'art de faire vivre les animaux.

D'où vient donc que le *Bulletin* de la Société impériale d'acclimatation existant, nous n'y trouvions que rarement des observations, des notes, des renseignements sur l'élève des animaux utiles ou d'agrément qui sont acclimatables ?

Quoique étranger, je veux donner l'exemple en publiant le peu d'expérience que j'ai acquise et les quelques faits que je recueille chaque jour par moi-même.

J'espère que d'autres me suivront dans cette voie.

Le climat du pays que j'habite ne diffère que très-peu de celui du nord de la France, on doit donc penser que les animaux que j'ai conservés sans température artificielle peuvent très-bien subir les rigueurs des hivers de France.

AGOUTI (*Dasyprocta acuti*). — Les Agoutis ont passé en plein air les hivers assez rigoureux qui se sont succédé depuis 1862.

Ils vivent chez moi dans un enclos, n'ayant pour tout abri qu'une retraite d'un mètre carré environ, bien fourrée de paille, et dont l'ouverture, donnant au nord, reste toujours ouverte.

Ils ont produit dans les mois de novembre et mars. En décembre 1863, une femelle, empêchée par ses compagnons, ne put pénétrer dans les coulées pratiquées dans la paille de la niche ; ses pieds gelèrent. Mais cette aventure ne l'empêcha pas de vivre et de reproduire.

COCHON D'INDE (*Cavia porcellus*). — Les Cobayes vivent en liberté dans un enclos, sans d'autres abris que des Thuïas et quelques arbustes ; ils ont, dans ces conditions, résisté depuis plusieurs années à des températures de — 15 degrés. Ils courent dans la neige sans en souffrir. Et cependant je ne possède que la variété albine, qui est de beaucoup plus délicate que l'ordinaire.

KANGUROUS (*Macropus Bennetti*, *Halmaturus Thetidis*, *Hypsiprymnus murinus*). — Les trois espèces de Kangurous que je possède, supportent très-bien les froids de —15 degrés, que nous avons parfois à subir. Ils ne rentrent le jour que très-exceptionnellement dans leurs cabanes. On peut, en vérité, admettre que ces animaux sont parfaitement acclimatés, car ils supportent même le climat de la Zélande (Pays-Bas).

CORNEILLE DE ROCHE (*Fregilus graculus*). —Cet oiseau est, sans contredit, un des plus charmants et des plus familiers, que l'on puisse avoir. Je le tiens en parfaite liberté.

Tous les matins, ma Corneille vient à ma fenêtre mendier son déjeuner ou une caresse. Dès que je sors, elle voltige au-dessus de ma tête ; au moindre encouragement, au premier signe d'appel, elle vient se poser sur mon bras et m'accable de caresses.

Depuis que les grands froids sont venus, elle couche à la ferme sur un grenier à foin ; l'été, elle choisit un Paulownia, dont les larges feuilles l'abritent. La Corneille de roche est un oiseau qu'on ne saurait trop conseiller aux amateurs qui habitent la campagne.

CHOUCARI (*Gymnorhina tibicen*). — Le Choucari est un oiseau beaucoup moins doux que le précédent; il a l'inconvénient d'attaquer souvent les animaux plus faibles que lui, mais ce défaut, sérieux pourtant, il sait se le faire pardonner par ses chants harmonieux qu'on ne peut se lasser d'admirer. Ses notes, fortes et vibrantes, ses accents variés, vous charment et vous enchantent.

Je tiens mes Choucaris dans un état de demi-liberté ; leur familiarité est extrême, et ils subissent impunément les plus grands froids.

FRINGILLES D'AUSTRALIE. — J'ai fréquemment obtenu en plein air des jeunes des espèces suivantes : *Steganopleura guttata*, *Astrilda ruficauda*, *Astrilda modesta*, *Donacola castaneothorax*, *Amadina modesta*, *Amadina castanotis*, *Poephila cincta*.

Les mêmes soins convenant à tous ces oiseaux, j'en parlerai sans les séparer.

J'avais, à différentes reprises, trouvé des jeunes gelés dans les nids ; aussi pris-je le parti d'encager les habitants de ma volière pendant la mauvaise saison, pour les empêcher de reproduire.

J'obtins ainsi d'assez bons résultats, mais mes oiseaux souffrirent de leur emprisonnement ; j'en perdis quelques-uns.

L'année suivante, je les laissai dans la volière, mais j'enlevai tous les nids, et ne les remis en place qu'au mois d'avril.

De la sorte, je réussis beaucoup mieux, je n'eus plus de mortalité à déplorer, et j'élevai les jeunes facilement, grâce à la saison, et quoiqu'ils nichassent principalement vers l'automne. J'obtins de très-bons produits en mai, juin et juillet.

PASSEREAUX DIVERS. — Le *Paroare huppé* (*Loxia cucullata*), le *Bruant commandeur* (*Emberiza gubernatrix*), le *Cardinal* (*Loxia cardinalis*), et plusieurs autres oiseaux insignifiants, qui choisissent mieux que les Fringilles australiens les saisons de leurs amours, réussissent très-bien dans mes volières ; ils y élèvent régulièrement leurs couvées.

PERRUCHE ONDULÉE (*Melopsittacus undulatus*). — Cette jolie Perruche, que tout le monde connaît, et que beaucoup ont élevée, produit en toutes saisons.

Le 5 septembre 1863, je mis six couples de ces oiseaux à part. De ces douze Perruches je perdis, le 19 mars, une femelle, puis une autre dans le courant de novembre : après un an (jour pour jour), j'avais obtenu quarante-deux petits bien portants, et plusieurs fois j'avais enlevé des jeunes morts et des œufs non fécondés, dont je ne notai pas le nombre. Est-il superflu de dire que je me sers, pour faire reproduire mes ondulées, de noix de coco évidées, dans lesquelles elles s'établissent pour nicher (1).

(1) Deux Bengalis piquetés ont déjà passé deux hivers de suite, sans en souffrir le moins du monde, dans la volière des ondulées, c'est-à-dire au grand froid ; mais je ne saurais affirmer si tous les oiseaux de cette espèce résisteraient aussi bien.

Perruche a croupion rouge (*Psephotus hœmatonotus*). — Perruche Edwards (*Euphema pulchella*). — Ces deux espèces ont déjà plusieurs fois reproduit chez moi, mais jamais dans des volières chauffées. Elles supportent très-bien le climat néerlandais. Leur ponte se fait avec succès même dans la rude saison : en ce moment (janvier 1865), les Perruches d'Edwards couvent.

Perruches platycerques. — J'ai possédé jusqu'à dix-huit variétés de Platycerques d'Australie, et j'ai observé que la mortalité frappait ces oiseaux, surtout à l'arrière-saison.

Elles mouraient comme frappées d'apoplexie, sans donner par avance aucun signe de maladie.

La dissection la plus soigneuse ne m'apprit pas la cause contre laquelle j'avais à lutter; je trouvai quelquefois un peu de sang extravasé dans le cerveau, le plus souvent rien. Mon savant ami, M. le docteur Bodinus, directeur du jardin zoologique de Cologne, un des hommes qui ont obtenu le plus de succès dans l'art de faire vivre et multiplier les animaux, a eu à regretter, comme moi, ces mortalités sans cause apparente. Il essaya de placer ces oiseaux à l'air libre, de les mettre dans dans des volières chauffées; rien n'y fit.

Pour ma part, je suis convaincu que ces Perruches vivent mieux à l'air libre que partout ailleurs, et qu'elles ne peuvent supporter que difficilement l'air vicié d'une volière chauffée (1).

J'ai obtenu des œufs du *Platycercus Pennantii* en 1863, mais j'eus le malheur de laisser échapper mes oiseaux après qu'ils eurent pondu leur troisième œuf. Je pus recouvrer la femelle seulement, encore mourut-elle du coup de fusil chargé d'eau qui avait été tiré sur elle pour la reprendre.

(1) L'auteur n'insiste peut-être pas assez sur l'origine australienne des Platycerques. La saison des amours pour la faune de l'hémisphère austral étant pour nos contrées la saison du repos général, de l'hiver, il nous semble imprudent d'exciter à la ponte hors de saison. Il faudrait au contraire s'efforcer d'empêcher la reproduction jusqu'en février et mars. (A. G. S. H.)

Le couple de *Platycercus sclerotis* que je possède, s'occupe en ce moment de son nid (janvier). Enfin, la *Perruche omnicolore* (*Plat. eximius*) et la *Perruche royale* (*Aprosmictus scapulatus*) m'ont donné chacune des œufs.

Je ne dirai rien des autres espèces de Platycerques, telles que *Pl. melanura*, *palliceps*, *Baueri*, car je n'en ai jusqu'ici rien obtenu. Je pense, d'ailleurs, que ces oiseaux ne peuvent reproduire qu'après avoir subi quelques années de volière.

CALLOPSITTE (*Callopsitta Novæ Hollandiæ*). — Cette jolie espèce produit régulièrement chez moi, hiver comme été. Elle supporte les abaissements de température les plus considérables sans en souffrir. Deux fois cependant je trouvai ses petits gelés dans le nid.

Je remarquai que, lorsque les nids (faits de vieux troncs de saule creusés) étaient placés à l'abri de la pluie, sous un toit, par exemple, il arrivait quelquefois que ces œufs fussent desséchés et comme cuits, lorsque l'incubation était terminée. Je remédiai à cet inconvénient en suspendant les nids en plein air, de façon que la pluie pût mouiller leurs parois extérieures, sans toutefois pénétrer à l'intérieur.

TOURTERELLE ZÉBRÉE OU A LARGE QUEUE (*Geopelia malaccensis*). — Depuis l'année 1861, cette espèce a parfaitement supporté chez moi les hivers dans une volière ouverte. Elle pondit plusieurs fois pendant l'hiver, trois ou quatre fois au printemps et à l'arrière-saison.

Elle supporte donc impunément — 14 degrés. J'en pourrais dire autant de la *Colombe à double collier* (*Columba bitorquata*).

COLOMBE LUMACHELLE (*Phaps chalcoptera*). — Cette espèce australienne me paraît assez délicate. Le 30 décembre dernier, le thermomètre descendit à 14 degrés, et j'observai que mes Colombes avaient le plumage hérissé ; elles paraissaient souffrir. Je les mis donc dans un endroit chauffé.

J'eus l'imprudence de les remettre à l'air libre le 23 janvier, croyant à une diminution de froid. Le 25, je les trouvai mortes au matin, après une nuit où le thermomètre était redescendu très-bas.

Colombe longup (*Ocyphaps lophotes*). — Cette Colombe est une des plus robustes que je connaisse, elle supporte les froids les plus rigoureux sans y penser.

Dès le mois de décembre, le mâle poursuit amoureusement sa femelle, ne cesse de roucouler et de faire la roue.

La Colombe longup reproduit fort bien ; il est seulement utile, comme pour la plupart des Colombes, d'ailleurs, qu'elle ne soit pas avec d'autres oiseaux de son espèce : en l'isolant de ses semblables, on évite des luttes et des combats fâcheux.

Colombe a tête bleue (*Sturnœnas* ou *Geotrygon cyanocephala*). — De quatre oiseaux de cette espèce que je possédais, un seul reste. Un premier mourut en novembre 1863 ; deux autres eurent les pattes gelées et moururent au commencement du printemps. Je me demande pourquoi la quatrième vit encore, puisqu'elle a dû subir avec ses sœurs les intempéries auxquelles elles étaient exposées, et qu'elle n'eut ni plus ni moins d'abri, ni plus ni moins de nourriture que les autres.

Colins (*Ortyx californica* et *virginiana*). — Chacun sait que ces oiseaux ne craignent nullement le froid, mais qu'il est nuisible d'exposer leur volière au midi, sans leur donner d'abri.

Poules et Faisans. — Les Gallinacés supportent en général très-bien le froid, mais on peut signaler un certain nombre d'exceptions à cette règle.

Ainsi, la Poule de Houdan, la Poule espagnole, celle de Nangasaki, ne prospèrent dans nos climats qu'entourées des plus grands soins ; exposées au froid, ces espèces ont les barbillons, la crête gelés, et ne se remettent jamais bien de ces atteintes.

Les Faisans, au contraire : Faisan doré (*Ph. pictus*), argenté (*Ph. nychthemerus*), de Bohême (*Ph. colchicus*), à collier (*Ph. torquatus*), Houppifère mélanote (*Euplocomus melanotus*), leucomèle (*Eupl. albocristatus*), de Cuvier (*Eupl. Cuvieri*), ne souffrent jamais d'une température de — 15 degrés.

Pour avoir chauffé les premiers *Houppifères* que je possédai, je les perdis. Ces oiseaux sont d'une grande rusticité. Depuis quatre ans ils perchent, été comme hiver, sur des branches d'arbres, ou même sur des rocailles, sans en souffrir le moins du monde. Mes Houppifères et Leucomèles sont tous les soirs perchés sur des pierres exposées aux vents du nord-est.

PAONS. — Quoique mes *Paons* couchent en plein air, je n'en ai jamais perdu par le froid, ni de blancs, ni d'ordinaires; je ne vis jamais que leurs pattes gelassent dans l'hiver. On m'a pourtant affirmé que cela pouvait arriver.

Je ne saurais parler en termes semblables de la rusticité des deux espèces suivantes :

COQ DES JUNGLES (*Gallus Sonnerati*). — Dans l'hiver 1863-64, je plaçai un Coq et une Poule de Sonnerat dans une volière non chauffée, où cependant jamais la température ne descend au-dessous de 8 degrés. Au printemps, mon Coq avait perdu ses ongles par suite de la gelée.

J'obtins cependant de ce couple dix œufs, d'où sortirent huit jeunes. Deux moururent par suite du piquage (un jeune Houppifère élevé avec les poulets de Sonnerat avait introduit dans cette famille cette déplorable coutume).

Pour épargner aux six survivants le sort des deux autres, je me décidai à lâcher ma couvée, et je la confiai à une Poule expérimentée, qui la conduisait tous les jours dans une grande prairie. Ce régime leur réussit à merveille; un froid de 3 ou 4 degrés qui survint, ne leur nuisit en rien.

COQ SAUVAGE DE JAVA (*Ayamalas, Gallus furcatus*).— Je ne possède cette espèce que depuis peu, mais je l'ai souvent étudiée et de très-près. Au moindre froid, la crête et les barbillons de ces oiseaux gèlent ; soumis à une température de 2 ou 3 degrés, l'oiseau dépérit et souffre. Cette espèce, une de celles qu'il est le plus difficile de rencontrer pure, même à Java, n'a jamais reproduit que je sache en Europe, si ce n'est une fois à Rotterdam, chez un amateur, où elle pondit trois œufs au mois de septembre.

Elle mérite à tous égards, par sa beauté, aussi bien que par les difficultés qu'il faut vaincre pour la conserver, d'occuper les amateurs.

Grande Outarde (*Otis tarda*). — Cette belle espèce européenne ne devrait pas craindre le froid, cependant les oiseaux que je possède semblent chercher toujours à se mettre à l'abri des vents.

J'ai remarqué que, quand la température s'abaisse, ou que le vent souffle, mes Outardes consomment double ration.

Grue couronnée, ou Oiseau royal (*Grus pavonina*). — La Grue couronnée ne peut endurer le froid impunément ; il est donc sage de la soustraire l'hiver à l'action de la température extérieure.

J'apprends qu'un amateur distingué, qui habite la Normandie, en a perdu trois sur quatre, qu'il possédait cet hiver. Toutes trois avaient des tubercules.

Cet oiseau est d'un caractère très-doux ; j'ai laissé ceux que je possède errer en liberté, ils ne manquent jamais de revenir au logis. Il est peu d'oiseaux qui décorent mieux une pelouse, un jardin.

Grue cendrée (*Grus cinerea*). — Cette espèce est beaucoup moins sensible que la précédente aux variations de la température, cependant je n'ai pas osé la laisser dehors. Ces Grues deviennent souvent dangereuses pour tout animal plus faible qu'elles ; je les ai même vues attaquer l'homme de leur bec puissant.

Si ces observations ont intéressé quelques-uns de nos collègues, qu'ils entrent dans la voie que je me suis permis de leur montrer. Ce n'est, à mon avis, qu'en nous entr'aidant les uns les autres, en nous communiquant les fruits de notre expérience, que nous pourrons faire avancer cet art qui n'a pas encore été dénommé, l'*art de faire vivre et multiplier les animaux*.

Chacun, j'en suis profondément convaincu, trouvera, dans les soins et les soucis que ses animaux lui occasionneront, les joies les meilleures, les plaisirs les plus véritables qu'il puisse se donner, quoique souvent il faille s'armer d'un peu de philosophie pour ne pas trop prendre à cœur les pertes et les insuccès auxquels on est exposé.

SUR LES RACES GALLINES,

Par M. POMME (1),

Membre du Conseil de la Société impériale d'acclimatation.

De toutes les conquêtes que l'homme ait faites dans la classe des Oiseaux (et elles sont nombreuses), la plus productive est celle du Coq et de la Poule. Les œufs, la chair de cette précieuse race constituent, en France, une portion importante de l'alimentation générale. L'œuf a sa place marquée dans les mets les plus délicats destinés aux tables somptueuses. Il est la ressource et le régal des tables plus modestes ; et, grâce à lui, la ménagère, en rentrant des champs, peut préparer promptement et facilement le repas du soir.

Dans notre pays, tout le monde connaît l'excellence de la chair de volaille. Sans elle, il n'est pas de festin complet, et le bon roi Henri voulait, comme preuve du bien-être général, que chaque paysan pût mettre la poule au pot.

Aussi la production des œufs et des Poulets est-elle considérable.

D'après un ouvrage (2) qui jouit d'une grande et légitime autorité, la France produit annuellement sept milliards d'œufs. Estimés à 7 centimes et demi l'un, prix moyen, ils représentent une somme de 525 millions de francs.

En admettant que chaque pondeuse produisît, en commun, soixante œufs par an, il existerait 117 millions de Poules. A ce chiffre, il faut ajouter 10 pour 100, soit 11 millions en chiffres ronds, pour les non-valeurs, c'est-à-dire les Coqs, les couveuses, les malades, etc.

Il en résulterait donc un total de 128 millions d'individus consacrés à la ponte et à la reproduction.

(1) Ce travail très-important, aujourd'hui surtout que l'éducation des Poules asiatiques tend à se répandre outre mesure au détriment de nos belles et bonnes races françaises, a été publié déjà dans l'*Annuaire de la Société*, mais il nous a paru utile de lui donner une plus grande publicité en lui accordant une place dans notre Bulletin.

(2) *Dictionnaire universel d'histoire naturelle.*

On estime que la production annuelle de jeunes Poulets égale le nombre des producteurs, soit 128 millions d'individus.

A 3 francs l'un, ce serait encore une somme de 384 millions de francs, ci.	384 000 000
A ajouter le produit des œufs.	525 000 000
Total.	909 000 000

Ces chiffres justifient, sans doute, l'importance donnée à la race galline, les soins qui lui sont prodigués, et la crainte de voir amoindrir une branche de produit si considérable.

Jusqu'à une époque qui date à peine de vingt-cinq ans, la France passait pour produire les meilleures races de Poules, lorsque apparurent tout à coup ces espèces nouvelles connues sous la dénomination de races asiatiques, et composées de Cochinchine de toutes couleurs, Poules du Gange, Brahmapootra, etc.

Ces nouveaux venus étaient séduisants, il faut en convenir, quoique inférieurs à ce qu'ils sont devenus depuis sous l'influence de notre climat et de soins tout particuliers. La beauté, l'ampleur de leurs formes, la nouveauté de leur aspect et de leur riche plumage, tout en eux concourut à inspirer de grandes espérances. On était fondé, en effet, à croire que par le croisement on obtiendrait une grande amélioration, un agrandissement considérable de nos races indigènes, si toutefois il ne valait pas mieux les remplacer par ces beaux étrangers.

Tout le monde se mit à l'œuvre. Les races indiennes furent cultivées avec un élan général. Non-seulement on éleva ces races pures, mais encore on les croisa avec toutes nos races indigènes ; on continue encore aujourd'hui avec ardeur, et si ce mouvement ne s'arrête promptement, les anciennes et bonnes espèces françaises disparaîtront ou se modifieront.

Serait-ce un avantage ? Il est permis d'en douter aujourd'hui.

Pour s'en convaincre, il suffit d'établir la comparaison entre nos Poules et celles d'Asie.

La Poule d'Asie commence à pondre plus tôt que la nôtre,

c'est vrai; mais elle s'arrête plus tôt aussi. La ponte, pour l'une comme pour l'autre, dure environ cinq mois.

La première donne de quinze à dix-huit œufs pondus assez rapidement, puis la fièvre d'incubation la prend. Après avoir élevé sa couvée, elle recommence une ponte nouvelle semblable à la précédente, et demande derechef à couver, et ainsi de suite. tant que dure la saison de pondre. Ceci est un grave inconvénient. On ne peut pas consacrer toutes les Poules d'une basse-cour à l'incubation, et cela trois ou quatre fois chacune dans un espace de cinq mois. Aussi est-on obligé de l'enfermer à part pour la guérir de son désir de couver ; il faut ensuite le temps nécessaire pour qu'elle se prépare à une nouvelle ponte. Tout cela exige plus de soin et demande un délai pendant lequel la Poule d'Asie ne donne pas d'œufs. Il y a donc, pendant les cinq mois de ponte, plusieurs temps de repos et d'incubation qui diminuent la production des œufs. Elle est couveuse, lourde et maladroite, écrase ses œufs et ses poussins, surtout au moment de l'éclosion. Ses œufs sont d'un petit volume et pèsent moins que les nôtres.

La Poule de France, au contraire (et ici il s'agit de cette Poule dite Poule commune de ferme (1), vive, alerte, ardente à tout, sans caractère de forme ni de plumage bien fixe, noire, grise, blanche, cailloutée, couleur perdrix, etc., d'une grosseur moyenne, et répandue sur toute la surface de notre pays), cette Poule, sauf quelques exceptions, commence à pondre dans les premiers jours de mars et continue jusqu'à la fin de juillet ; elle donne régulièrement un œuf tous les deux jours. Cet œuf est d'une belle grosseur. Quand elle couve (ce qui lui arrive trop rarement), elle quitte et reprend son

(1) Cette Poule est prise pour type de la Poule française, parce qu'elle couvre la France entière, qu'elle est la véritable Poule de produit, qu'elle réunit l'excellence de la chair à une grande et régulière production d'œufs, et que, plus que toute autre, elle est atteinte et altérée par le croisement. Mais cela n'ôte rien à la grande valeur des autres races françaises, telles que celles de la Flèche, de Crèvecœur, de Houdan, de Barbezieux et autres, moins généralement répandues, et constituant en quelque sorte une spécialité appartenant à certaines localités.

nid avec précaution et légèreté. Aussi elle n'écrase ni ses œufs ni ses poussins, et nous la voyons toujours suivie d'une nombreuse famille qu'elle conduit avec activité et élève rapidement.

Ainsi donc, comme pondeuse, comme couveuse, comme mère de famille, la Poule de France est supérieure à celle d'Asie.

Il en est de même pour la chair.

La Poule d'Asie présente à l'œil un volume plus considérable, il est vrai ; mais son volume tient surtout au grand développement de sa charpente osseuse ; ses muscles sont loin d'être aussi développés ; sa chair est fibreuse, sa peau dure, épaisse et jaune ; elle engraisse difficilement.

La nôtre a les os petits, les muscles développés ; sa chair est tendre, blanche et savoureuse, sa peau blanche et fine ; elle engraisse facilement et atteint même un degré de perfection remarquable.

Ainsi, comme bête de broche, notre Poule est encore supérieure, à tous égards, à celle venue d'Asie. Cela est si vrai, que les marchands de volailles repoussent ou achètent au rabais, sur les marchés des environs de Paris, les jeunes Poulets qui ont la patte jaune, et qui, par là, trahissent leur origine asiatique.

De ce qui précède, il résulte que la Poule d'Asie ne peut valoir notre Poule indigène, que le croisement ne peut presque rien ajouter aux avantages de la volaille française, et qu'il peut les affaiblir.

Lors de la grande et belle exposition de volatiles qui eut lieu, au commencement de 1862, dans le Jardin d'acclimatation du bois de Boulogne, le jury des récompenses était composé d'hommes d'un esprit distingué et observateur. Plusieurs avaient consacré leurs études et leurs soins à l'amélioration de la race galline, et l'un deux avait écrit, sur ce sujet, des pages que tout le monde a lues avec le plus vif intérêt. Sans doute ils donnaient leur approbation aux idées qui sont présentées ici, car ils n'hésitèrent pas à récompenser surtout ceux qui avaient présenté de beaux spécimens des anciennes races françaises, afin de donner approbation et encouragement à leurs efforts.

Est-ce donc à dire que la Poule d'Asie doive être proscrite et rejetée de toute basse-cour bien organisée pour le produit? Notre pensée ne va pas jusque-là.

Parmi les oiseaux que l'homme a fixés près de lui par la domestication ou par la captivité, un grand nombre sont des oiseaux d'agrément, de fantaisie, que l'on élève pour leur beauté, comme le Faisan doré et argenté de la Chine. A ce titre seul, la Poule d'Asie mériterait d'être cultivée et mise au premier rang ; mais elle offre encore des avantages plus solides.

Elle couve facilement, trop facilement. La nôtre a le défaut contraire, elle ne couve pas assez. De plus, la Poule d'Asie pond en général plus tôt que celle de France.

On doit donc conserver cette belle race asiatique pour orner nos basses-cours, et aussi pour donner, par le croisement, à nos Poules françaises, deux avantages qui ont leur mérite : celui de couver plus souvent, sans perdre leur légèreté, et celui de pondre plus tôt. Mais pour en arriver là, il est inutile de croiser toujours et à outrance, comme on le fait maintenant dans presque tous nos départements; une faible portion de la basse-cour est suffisante. Le reste, c'est-à-dire la très-grande partie, doit appartenir à l'espèce française pure, si l'on veut trouver réunis sur le même individu, chair blanche, tendre et savoureuse, engraissement facile et délicat, ponte abondante, constitution énergique et robuste.

En résumé, nous avons voulu établir : que la Poule d'Asie, soit comme pondeuse, soit comme couveuse, soit comme mère de famille, soit comme bête de broche, est inférieure à la Poule commune de France ; qu'il serait préjudiciable de substituer l'une à l'autre ; que le croisement enlève à nos races françaises plus d'avantages qu'il ne leur en apporte ; qu'il ne faut l'employer que dans les deux cas déterminés plus haut, et dans une faible proportion ; et enfin que ce qui peut être le plus utile, c'est de revenir à nos races indigènes, de reporter sur elles tous nos soins, toutes nos expériences, et de les améliorer par l'hygiène, la nourriture, par la sélection et par le croisement entre elles.

LE PIN DE RIGA,

Par M. CHATIN.

(Séance du 10 mars 1865.)

La Société impériale d'acclimatation poursuit un double but : l'introduction, pour arriver, dans la mesure du possible, à leur naturalisation, des espèces, variétés ou races étrangères utiles ; la vulgarisation de celles déjà introduites ou indigènes, qui l'emportent sur leurs congénères par l'importance de leurs produits.

Toujours prête, sous ce double point de vue, à prendre l'initiative, notre Société ne pouvait surtout rester spectatrice indifférente du grand mouvement qui, dans l'intérêt de l'accroissement de la richesse nationale, et souvent aussi dans le but d'élever une digue aux torrents dévastateurs en régularisant les cours d'eau, entraîne notre époque dans la voie des reboisements.

Un premier pas, qui, on peut en avoir l'assurance, ne sera pas le dernier, a été fait par elle. La Société vient de recevoir, à la demande de son conseil et par les soins du consul de France à Riga, M. Alb. Allou, une provision assez considérable de graines du très-estimé *Pin du Nord* ou *Pin de Riga*. Les graines sont mises à la disposition de ceux de nos confrères qui voudront donner une place dans leurs terres à cet arbre précieux, l'élever et concourir à sa propagation. Nous avons aussi offert une certaine quantité de graines au Muséum et à la Société impériale d'agriculture, convaincus qu'elles ne pouvaient être mieux placées.

Il est acquis, et sur ce point insister serait inutile, la traversée des Landes, de la Sologne et de la Champagne *la plus pouilleuse* en convaincrait les plus incrédules, les arbres verts ou résineux sont, de toutes les essences forestières, les moins difficiles sur la nature du sol. Comme les plantes grasses, ils semblent demander à la terre plutôt un appui que des aliments. Couvrons-en les sables arides, les bruyères de nos coteaux stériles, les terrains (on ne saurait dire les *terres*) crétacés sur lesquels rien ne croît, ou qui produisent avec effort une maigre pâture ne résistant même pas au soleil du printemps, et la végétation arborescente remplacera le désert, et nos enfants pourront faire succéder aux résineux qui les auront enrichis, tout en préparant le sol par le terreau de leurs feuilles successivement décomposées, les productifs taillis et les plantureuses futaies des essences feuillues.

Je n'ai pas à m'occuper ici de nos arbres verts indigènes très-répandus, du Pin maritime ou Pin de Bordeaux (*Pinus maritima*, Lamk, *P. pinaster*, Soland.), si précieux pour les dunes et les landes de la France méridionale, où, sans se préoccuper de la médiocre qualité de son bois, il est justement recherché pour les produits du gemmage (extraction de la térébenthine, etc.) et la rapidité de sa croissance ; ni du Pin sylvestre commun (*Pinus sylvestris*, L.), très-bonne essence qui croît sur les Alpes, le Cantal, les Cévennes, les Pyrénées, les Vosges, etc., et dont la culture s'est fort répandue dans le nord et le centre de la France. L'éloge du Pin sylvestre sera complet par cette simple mention, qu'il se rapproche le plus du Pin de Riga, par les qualités de son bois comme par ses caractères botaniques.

Le Pin de Riga (*Pinus sylvestris rigensis*) n'est même qu'une variété, peut-être qu'une race du Pin sylvestre, mais une race passablement distincte : pour le botaniste, par ses rameaux redressés au lieu d'être étalés, etc. ; pour le sylviculteur, par sa croissance plus rapide et sa taille plus grande ; pour l'ingénieur ou le constructeur, par l'élasticité de son bois, si recherché pour la mâture, qu'il n'est pas rare d'en voir les grosses pièces vendues de 3000 à 5000 francs.

Voici d'ailleurs, suivant M. Vilmorin, à qui l'on doit la création, dans sa propriété des Barres, commune de Nogent-sur-Vernisson (Loiret), d'une très-intéressante école forestière, les caractères qu'il attribue au Pin de Riga, par comparaison aux autres variétés du Pin sylvestre, qu'il cultivait dans des conditions exactement semblables :

« Tige d'ordinaire parfaitement verticale, soutenant bien sa grosseur ; souvent presque cylindrique jusqu'à moitié et plus de sa hauteur. Couronnes régulières et symétriques, composées de branches peu fortes, sensiblement égales entre elles, *ascendantes fastigiées*. Forme générale pyramidée élancée, qui rappelle le port du Peuplier d'Italie. Écorce d'un jaune rougeâtre prononcé à partir de 1 à 2 mètres au-dessus du sol, se détachant par écailles.

» La pousse, plus hâtive au printemps que celle du Pin de Haguenau, et beaucoup plus (de dix à quinze jours) que celle des Pins de Genève, de l'Ardèche (1) et leurs analogues. Elle est d'un vert pâle et nullement rougeâtre. La feuille moins glauque, moins longue et plus droite que celle du Pin de Haguenau, plus dressée contre la branche, est au contraire plus longue et moins large que dans les Pins de la race de Genève.

» Le cône est plus petit et plus court que celui particulièrement des Pins de Genève et analogues ; il est généralement gris, rarement un peu violacé, la pyramide des écailles peu saillante.

» Le bourgeon varie du jaunâtre au rougeâtre ; il est moins gros et moins résineux que dans la plupart des massifs (de Pins sylvestres) à branches horizontales ; la couleur des chatons mâles varie du jaunâtre au rouge pâle (2). »

Quant aux Pins d'Écosse envoyés d'Aberdeen à M. Vilmorin par M. Reid, telle était la diversité de leur port, qu'il se contente d'en dire : « Les Pins écossais ont assez généralement la tige verticale et les couronnes, quoique fortes, sont rarement aussi déformées par les gourmands que dans le Haguenau. »

En somme, M. Vilmorin juge comme il suit le Pin de Riga par rapport aux Pins sylvestres communs et d'Écosse :

(1) Variétés ou sous-variétés du Pin sylvestre.

(2) Vilmorin, *Exposé historique et descriptif de l'École forestière des Barres*, dans les *Mémoires de la Société impériale d'agriculture*, 1863, 1re partie, page 297. — Cette publication posthume est due à la digne veuve de M. Vilmorin, et aussi au zèle dévoué d'un collègue de ce dernier, mon savant et excellent ami M. Robinet.

« Ainsi, tandis que dans les forêts de la Russie et de la Lithuanie, il acquiert la dimension des plus grands Sapins (1), et fournit les tiges admirables qui, vendues dans nos ports et ceux d'Angleterre, sont payées depuis 1000 francs jusqu'à 5000 francs et plus, une grande partie des Pins sylvestres qui croissent dans les montagnes de la France, de la Suisse et de l'Allemagne, sont des arbres médiocres, mal conformés, impropres souvent à fournir même une pièce de charpente passable, enfin ne ressemblant en rien, par leurs dimensions et leurs qualités, à ceux dont il vient d'être parlé. »

Une question importante, longtemps discutée, se pose ici : Les différences si grandes entre le Pin du Nord et les Pins sylvestres du centre de l'Europe tiennent-elles uniquement au climat, au sol, à l'ensemble des conditions extérieures? Quoique les partisans de l'affirmative soient aujourd'hui peu nombreux, et se comptent surtout parmi les sylviculteurs de cabinet, je rappellerai quelques-unes des objections qui peuvent être faites à leur opinion. Ces objections sont, les unes théoriques, les autres, et celles-ci sont décisives, pratiques ou expérimentales.

Les considérations relatives au climat sont théoriques. Il est tout simple, dit-on, que le Pin du Nord ait un bois plus durable, plus élastique que le Pin de France ou de Suisse : c'est qu'il se développe sous un ciel plus inclément, dans les pays aux longs hivers ; les qualités de son bois ne sont que la conséquence de la lenteur de sa croissance. Ces affirmations, je vais le prouver, n'ont rien de sérieux.

Et d'abord l'inclémence du ciel, si elle est incontestée dans la saison d'hiver, n'est pas plus grande cependant que dans nos hautes montagnes du Dauphiné, de la Savoie et de la Suisse, où végète le Pin sylvestre. Dans ces montagnes, en effet, la zone des Pins se maintient à une altitude moyenne de 1200 mètres, tandis que dans la Lithuanie, la Courlande,

(1) Inutile de dire ici que les Sapins (*Abies*, et non *Pinus*) ont le bois de qualité inférieure, et se reconnaissent aux écailles des zones amincies à leur pointe, aux feuilles non par bouquets, etc.

la Livonie, la Finlande, comme sur les côtes de la Prusse, du Danemark et de la Suède qui complètent le cercle autour de la Baltique, c'est au milieu de plaines basses que croissent les grosses pièces si recherchées pour la mâture. Or, on le sait par les mesures thermométriques, les botanistes l'établissent par la ressemblance entre la flore des plaines du Nord de l'Europe et celle des hautes régions alpines du centre et même du Midi de l'Europe (si l'on s'élève plus haut encore), *l'altitude compense la latitude des lieux quant à la température.* C'est ainsi qu'en s'élevant du pied du Ventoux ou de l'Etna à leur sommet, on passe successivement de la région de l'Olivier à celle des petites herbes des plaines du nord de la Suède et de la Sibérie.

Mais ce n'est pas tout. Après avoir montré que l'hiver, saison de *végétation suspendue*, et partant moins importante à considérer, quant au développement du végétal, que la période de *végétation active*, n'est pas plus rigoureux dans les plaines du Nord que sur les montagnes de notre propre pays, il faut ajouter que les étés de ces mêmes plaines sont infiniment plus chauds que ceux de nos Alpes, considérées à l'altitude ou zone des arbres verts. Les météorologistes l'ont établi le thermomètre à la main; les voyageurs qui ont visité, en été, la région de la Baltique ou ont franchi les cols des Alpes, par la comparaison de leurs sensations; l'horticulteur, par la culture en plein air, dans le Nord, d'une foule de plantes ornementales ou alimentaires annuelles qui ne se développeraient pas à la température, relativement basse, des Alpes où prospère le Pin.

Ainsi donc, ce ciel prétendu si inclément du Nord est, en somme, plus favorable que celui de nos hautes montagnes à la croissance du Pin. Et c'est en effet ce qu'observe le sylviculteur, soit qu'il compare la taille des Pins du Nord à ceux des montagnes de la France ou de la Suisse à un âge donné, soit que, sur la coupe transversale du tronc, il mesure l'épaisseur des couches ligneuses d'accroissement.

Ce n'est donc, ni l'inclémence du climat, ni surtout la lenteur des développements (ce qui pouvait sembler justement paradoxal), qui donnent leurs grandes dimensions et les qualités du bois aux Pins du Nord.

Serait-ce la nature du sol ? Aucunement ; car le Pin de Riga vient sur les terrains siliceux, et plus rarement dans les sols calcaires, dans les régions de la Baltique comme dans l'Europe centrale.

Il y a d'ailleurs des observations, des expériences faites comparativement sous le même climat et dans le même sol sur le développement du Pin de Riga et du Pin sylvestre commun (ou d'espèces voisines), qui ne laissent aucun doute sur les avantages de la culture du premier dans les pays mêmes qui appartiennent en quelque sorte à celui-ci. Ces expériences culturales faites à peu de distance de Paris sont notamment celles de M. Vilmorin, que j'ai fait connaître plus haut avec détail, celles de M. Delamarre dans le beau domaine d'Harcourt qu'il a libéralement légué, dans l'intérêt de tous, à la Société impériale et centrale d'agriculture.

Mais avant de faire connaître les résultats expérimentaux de la culture des Pins à Harcourt, il n'est pas inutile d'entrer dans quelques explications sur un point qui semble controversable, savoir, *comment l'épaisseur plus grande des couches annuelles du bois* dans les Pins de Riga, aux grandes dimensions, se concilie, contrairement à ce qui semble devoir être, avec plus de dureté et d'élasticité que dans nos Pins sylvestres communs, aux développements plus lents. Il semble, en effet, admis, et à cet égard on semble être d'accord, qu'une *même essence* donne un bois plus dur dans un sol aride que dans les fonds humides. Et cependant des réserves doivent-elles être faites sur ces points : 1° que c'est plus habituellement les qualités relatives au chauffage que la dureté et l'élasticité même, qu'on a alors comparées ; 2° que la comparaison a été faite sur des bois de *mêmes dimensions* et non du même âge. Cette dernière réserve me paraît d'autant plus importante, que, sur deux arbres du même âge venus, l'un dans un sol maigre, l'autre dans un fond gras, le premier sera grêle et *presque tout aubier*, le second aura, avec de grandes proportions, un *duramen* (ou *cœur du bois*) relativement très-développé, et seulement les couches les plus extérieures à l'état d'aubier. C'est que la *transformation de l'aubier en bois dur est d'autant plus prompte, que la végétation est plus active.* Ce point incontestable ressort de la comparaison des deux arbres venus dans les conditions précitées ; il trouve sa confirmation dans ce fait, qu'on peut observer sur la tranche de la plupart des arbres que, sur un même tronc à développement inégal (ce qui est commun), le nombre des couches d'aubier est en raison inverse de l'épaisseur des couches du bois. Or, il ne viendra pas à la pensée d'admettre que, pour une espèce donnée, l'aubier des bois venus même dans un sol aride soit plus durable que le cœur du bois des pièces provenant d'un sol gras ou humide. L'examen anatomique du tissu s'accorderait avec l'observation du charpentier pour repousser une telle opinion. D'où l'on voit qu'en somme, il ne faut pas juger trop défavorablement les bois venant d'un sol fertile.

Comparons maintenant, et ceci nous ramènera au Pin de Riga et aux Pins sylvestres indigènes, les Chênes, principale richesse de nos forêts, quant à l'épaisseur des couches et à la valeur correspondante de leur bois.

Sous l'espèce commune des Chênes, que Linné nommait *Quercus robur*, on distingue aujourd'hui, ou deux variétés fort tranchées, ou deux espèces très-voisines. L'une de celles-ci est le Chêne *rouvre* (*Quercus sessiliflora*), l'autre le Chêne *blanc* ou *secondat* (*Quercus pedunculata*). Le Rouvre croît dans les lieux secs et se perd dans les lieux trop humides ; le blanc aime les lieux frais et languit sur les terres arides (1). Le Rouvre s'accroît lentement et ses couches ligneuses sont nécessairement minces ; le blanc est une essence plantureuse, qui se développe avec vigueur, soit en hauteur, soit en diamètre ; ses couches ligneuses sont nécessairement plus épaisses que celles du Rouvre. Et cependant, ce point est indiscutable, le bois du Chêne blanc est plus

(1) Cet habitat, méconnu par beaucoup de propriétaires, cause de fréquentes déceptions dans les reboisements.

estimé pour les constructions que celui du Chêne rouvre. Les hommes dont l'opinion fait loi, Cotta et Hartig, en Allemagne, Lorentz et Parade, etc., en France, sont tous d'accord sur ce point.

Ce qui donne la plus grande valeur aux bois (la dureté, la durée et l'élasticité) est donc conciliable avec la plus grande épaisseur des couches. Et ici encore l'anatomie justifie l'observation des sylviculteurs et des constructeurs, en montrant que des deux éléments de la couche annuelle, la première, ou plus interne, connue en sylviculture sous le nom de couche de printemps, à peu près de même épaisseur dans tous les sols, est formée de vaisseaux minces et peu résistants, tandis que la couche externe, dite couche d'été, parce qu'elle se produit la dernière, d'autant plus épaisse que l'*accroissement* est plus grand, est composée de fibres épaisses et très-résistantes qu'incrustent encore des dépôts en assurant l'inaltérabilité.

Le blanc, quoique (ou plutôt *parce que*) se développant plus vite que le Rouvre, lui est préférable pour les constructions (1), et parce qu'il a une plus grande épaisseur dans ses couches d'été, et parce que la proportion de l'aubier y est moindre.

En se reportant à tous les faits qui précèdent, rassurons-nous sur cette hypothèse, que le Pin de Riga transporté en France y changera ses qualités contre celles de nos Pins sylvestres ordinaires. Plus il conservera sa faculté de prendre de grands développements, et l'on va voir qu'il en sera ainsi, plus nous devrons être rassurés sur la qualité de son bois.

C'est, je l'ai indiqué plus haut, dans les plantations forestières du domaine d'Harcourt que se trouve la preuve expérimentale que le Pin de Riga conserve, dans le département de l'Eure comme dans celui du Loiret, et sans doute dans toutes les régions du nord, de l'est et du centre de la France,

(1) Le Rouvre est préféré pour faire des merrains, à cause de la facilité de le fendre en suivant les couches de vaisseaux ou couches de printemps ; il doit aussi au rapprochement de ces couches formant veines d'être recherché par les ébénistes.

ainsi que dans les contrées analogues par leur climat, la force de végétation à laquelle il doit de produire sur les côtes de la Baltique des pièces de bois d'une taille et d'une solidité sans égales en Europe.

En 1840 furent plantés chez M. Delamarre, à Harcourt, par les soins de Michaux, des massifs formés, les uns de Pin laricio, dit aussi Pin de Calabre (1), Pin de Corse (*Pinus laricio*), d'autres de Pins sylvestres d'origine française, quelques-uns de Pin noir ou Pin d'Autriche. Les plantations furent faites avec de jeunes sujets de trois ans. Le sol siliceux, en pente, exposé au midi, n'était qu'une aride bruyère.

Il ne fut pas planté alors de Pins de Riga, mais un semis, que M. Pepin fait remonter à 1810, avait précédé la plantation de Michaux. Les Pins de Riga étaient donc plus âgés que leurs congénères, à Harcourt, d'environ vingt-huit à trente ans.

Or, voici ce qui résulte des mesures prises en 1852 sur les Pins sylvestres, en 1860 sur les mêmes Pins, sur le Laricio, le Pin d'Autriche et celui de Riga, par notre confrère M. Pepin, membre de la Société impériale d'agriculture et délégué de celle-ci pour la gestion du domaine d'Harcourt (2).

En 1852, les Pins sylvestres mesuraient, les plus grands, de 5^{m},60 à 5^{m},80 de haut sur 0^{m},42 de circonférence, à un mètre du sol; mais le plus grand nombre était compris entre 3 et 5 mètres de haut et 0^{m},17 et 0^{m},40 de tour.

En 1860, les Pins sylvestres avaient atteint une hauteur, les uns de 8^{m},80 sur 0^{m},60 à 0^{m},66, les autres de 6^{m},60 de haut sur 0^{m},30 de tour.

A la même époque, les Pins d'Autriche, essence à végétation lente, mais surtout appropriée aux terres calcaires, à la

(1) Lorentz et Parade, surtout préoccupés de la question forestière pratique, réunissent comme étant identiques le Pin de Corse et le Pin de Calabre, distingués comme sous-variétés d'une espèce, elle-même voisine du Pin maritime.

(2) Pepin, *Plantation de Pins faite en 1840 sur les bruyères de Sainte-Opportune, près d'Harcourt* (*Eure*) (*Bulletin de la Société impériale et centrale d'agriculture de France*, t. XVII).

Champagne par exemple, et que M. Ad. Brongniart regarde comme très-propres, par le développement de leurs ramifications, à former des avenues, mesuraient seulement, les plus grands, 7m,80 sur 0m,56, la plupart ne dépassant pas 6 mètres de haut sur 0m,30 de circonférence.

Mais les Pins de Corse, d'une végétation plus rapide, avaient les dimensions suivantes en hauteur et en circonférence. Les plus grands, 11m,45 sur 0m,67; les plus petits, 9 mètres sur 0m,40. Ces Pins de Corse, très-élancés, droits et bien proportionnés, sont, dit M. Pepin, très-recherchés pour faire des échelles.

Quant aux Pins de Riga du semis de 1810, beaucoup n'avaient pas, en 1860, moins de 25 mètres de haut et de 1m,30 de circonférence. L'avantage est donc au Pin de Riga quant aux développements (et sans doute aussi, pour les motifs donnés plus haut, par les qualités du bois).

On pourra d'ailleurs vérifier en 1890, par la mesure des Pins sylvestres, laricio et d'Autriche, si je me trompe en avançant que lorsqu'ils auront atteint l'âge qu'avaient en 1860 les Pins de Riga du domaine d'Harcourt, ils seront loin d'atteindre aux dimensions offertes actuellement par ceux-ci. Je serai charmé que le contrôle en soit fait par le savant et aimable M. Pepin.

Il ne paraît pas que le Pin maritime ait été, en même temps que les espèces précitées, l'objet d'observations à Harcourt. Mais voici un fait qui se présente dans des conditions assez comparables. Il y a environ vingt-cinq ans, c'est-à-dire vers 1840, époque de la plantation par Michaux à Harcourt, que fut exécuté, sur quelques hectares du bois Saint-Pierre d'Yvette, le boisement, par le Pin maritime, d'un coteau siliceux couvert de bruyères et exposé au sud-est. Or, les plus grands arbres provenant de ce semis ne dépassent pas actuellement 9 à 10 mètres de haut sur à peu près 0m,60 de circonférence. Beaucoup ont une tige courbe, ayant perdu leur pointe, soit par la piqûre d'insectes, soit par les déprédations des Cerfs qui ont la mauvaise habitude de rechercher les Pins, dont ils se plaisent à déchirer les écorces, à tel point que souvent ils en mettent le bois complétement nu sur une étendue considérable (1) ; soit enfin par des accidents de végétation, etc. Le Pin maritime, dont la culture est si avantageuse dans nos régions méridionales, ne pousse avec vigueur dans le Nord que pendant ses premières années. Son bois est d'ailleurs de qualité inférieure, et il ne supporte pas, ou mal, la transplantation.

Les terrains qui conviennent à la culture du Pin de Riga, comme à la plupart des autres Pins, sont, au premier rang, les terrains siliceux (sables, sables argileux, schistes, granites, etc.), sans toutefois exclure les terres calcaires, surtout celles auxquelles les sables et les argiles sont associés.

Indépendamment de la nature minéralogique ou chimique du sol, il faut considérer son état plus ou moins humide. Le Pin de Riga croît fort bien dans les terres arides ; il se développe mieux encore dans celles qui gardent un peu de fraîcheur.

On peut lui consacrer avec avantage, dans le nord et le centre de la France, les pentes sud-est, sud, ouest et sud-ouest, que couvrent des bruyères arides, et où toute végétation arborescente, autre que celle des essences résineuses, serait impossible ou chétive, les autres versants étant généralement réservés pour les arbres feuillus (Châtaignier, Chênes, etc.), qui demandent plus de fraîcheur et produisent une rente incomparablement plus élevée.

Semis, éclaircies, élagage du Pin. — Des trois modes de semis forestiers, en *trous* ou *poquées*, en *bandes alternes*, en *plein*, lequel préférerons-nous ? L'un ou l'autre, suivant le but à atteindre.

Pour reboiser de petites clairières ou jeter çà et là quelques Pins dans un parc, nous nous contenterons de faire des trous (ou défoncements) de 50 à 60 centimètres carrés, et après avoir remis la terre en place, nous placerons quinze à vingt graines (en les espaçant) sur chaque trou, et les recouvrirons de 2 centimètres de terre (2).

(1) Les Cerfs ont du plaisir à se frotter contre la rude écorce des Pins ; ils déchirent aussi cette écorce avec leurs dents.

(2) A moins d'avoir été fixé par des essais préalables, sur la bonne qualité

A mesure que les Pins se développeront, on les éclaircira, ne laissant en place que celui de la plus belle venue. Les plants enlevés dans l'éclaircie pourront être repiqués ailleurs, en se rappelant que les arbres verts ne doivent pas être transplantés en hiver, mais avant l'arrêt de la séve ou après son retour, savoir en septembre et octobre, en avril et mai.

Le semis par bandes alternes sera préféré pour reboiser les terrains en pente, soit que les clairières aient une certaine étendue, soit qu'il s'agisse d'un reboisement complet. Plus l'inclinaison du sol sera rapide, plus étroite devra être la bande défoncée, plus large la bande à laisser en friche; et ce, non-seulement parce que celle-ci doit soutenir les terres et s'opposer aux ravinements, mais aussi parce qu'avec de larges bandes de défoncement (ce qu'il faut ramener à l'horizontalité), on aurait, du côté supérieur, des talus élevés qui intercepteraient les communications de haut en bas.

En général, on variera la largeur des défriches de 20 à 50 centimètres, les bandes réservées gardant une largeur qui pourra être égale au double.

Sur les défriches de 20 à 30 centimètres de largeur, le semis occupera le milieu de la ligne sur une largeur de 10 à 15 centimètres. Quant aux bandes de 40 à 50 centimètres de large, elles recevront deux lignes de semis à peu près également espacées l'une de l'autre et des bords de la bande.

En plaine et sur une terre peu inclinée, on sèmera en plein, sur labour ou mieux sur défonce (de 40 centimètres à 1 mètre de profondeur, suivant le sol). Ce semis en plein peut avoir lieu, soit à la volée, soit en lignes espacées de 20 à 25 centimètres, ce qui est préférable pour les soins de sarclage et de binage qui peuvent être nécessaires dans les

des graines de Pin, on les sème toujours assez dru, eu égard aux plants à obtenir : c'est qu'il est malheureusement habituel qu'un bon nombre de graines aient perdu leur faculté germinative dans l'espèce de torréfaction appliquée aux cônes pour leur extraction.

premières années du semis (1). Sur les côtes maritimes et dans tous les lieux exposés à des vents violents, il est nécessaire d'orienter les lignes de façon que celles-ci brisent le vent, au lieu de se présenter à lui en enfilade. Cette précaution est d'autant plus nécessaire, que c'est le plus souvent alors dans des sables, c'est-à-dire dans un sol offrant aux Pins une base sans solidité, que les plantations ont lieu. Le danger pour celles-ci est encore aggravé par cette circonstance, que les racines des Pins, au lieu de se fixer par un long pivot, sont généralement traçantes. Le Pin maritime peut offrir des avantages spéciaux pour la plantation des dunes, même dans le Nord, en raison de la rapidité de sa croissance pendant les premières années qui suivent le semis.

On pourra, au lieu de semer *en place*, élever le plant en pépinière pour le mettre en place à l'âge de deux à quatre ans. Le Pin de Riga, comme la plupart des autres (le Pin maritime seul ne peut être repiqué), se prête aisément à l'élevage en pépinière. On se trouvera bien de le repiquer, à l'âge d'un an, à 10 centimètres de distance, sur des lignes ou rigoles espacées elles-mêmes de 20 centimètres; deux ou trois ans plus tard, on le mettrait en place, les plants à 40 centimètres les uns des autres.

Quand on a semé en place, et aussi, bien qu'à un degré moindre, surtout dans les premières années, quand on a repiqué le plant élevé en pépinière, il faut procéder aux éclaircies, à mesure que le plant grandit.

Et ici je ne saurais trop insister sur ce point : *détruire dans les éclaircies les Pins à rameaux tombants, et réserver ceux à rameaux ascendants ou redressés*. Ces derniers seuls, à tige élancée et non affamée par de longues branches aux couronnes inférieures, donneront de belles pièces de charpente.

Entre les Pins à rameaux tombants, pour lesquels le sylvi-

(1) On se trouvera bien, dans les semis en place, de mêler aux Pins de Riga, etc., quelques graines de Pin maritime. Celui-ci, qui prend tout d'abord un grand accroissement, protégera le jeune plant, et sera, après ce petit service rendu, détruit à la première éclaircie.

culteur doit être sans pitié, et les Pins à rameaux redressés, se trouvera une catégorie plus ou moins nombreuse d'arbres à rameaux horizontaux. On réservera de ces derniers ce qui sera nécessaire pour le boisement complet de la futaie.

Une pratique dont je me suis fort bien trouvé pour la conduite des massifs de Pins (au bois de Saint-Pierre d'Yvette dont il a été question précédemment à l'occasion du Pin maritime), et que je recommande avec confiance, consiste à retrancher l'extrémité des branches (des branches horizontales et inférieures surtout) qui tendent à prendre trop d'accroissement, au grand détriment de la flèche. Ce mode de direction des arbres, recommandé incidemment par Lorentz et Parade, développé par M. le vicomte de Courval pour les essences à feuilles caduques, m'a donné les meilleurs résultats, appliqué aux résineux (Pins sylvestres et Pins maritimes). Ce pincement ou amputation des branches gourmandes devra être d'autant plus considérable, que, par suite de négligence, on aura laissé prendre à celles-ci plus de développement. On devra toutefois n'amputer les grosses branches qu'au delà des couronnes de rameaux les plus rapprochées du tronc, de façon à laisser à l'arbre une forme générale de pyramide à base élargie.

Du pincement des branches à l'élagage, il n'y a qu'un pas. Les branches inférieures, d'abord amputées ou pincées pour arrêter leur essor, devront le plus souvent finir par tomber sous la serpe de l'élagueur. Alors encore le pincement aura été une pratique très-utile, en diminuant, par l'arrêt de leur accroissement, le volume des branches, et par suite la largeur de la cicatrice que leur chute laissera sur le tronc.

L'élagage des arbres résineux doit-il se faire rez tronc, ou à une certaine distance de celui-ci, en laissant ce qu'on appelle des *chevilles ?* Je n'hésite pas à condamner les chevilles chez les arbres résineux, comme le *moignon* dans les arbres feuillus ; mais, plus encore pour les premiers que pour les seconds, il est utile, afin d'éviter de grandes pertes de séve et de diminuer la surface des cicatrices, de procéder quelques années d'avance, pour les grosses branches, au pincement ou rapprochement de celles-ci sur les rameaux les plus voisins du tronc.

On ne saurait assez proscrire cette pratique ancienne, et non encore partout abandonnée, de laisser à la nature elle-même le soin de l'élagage et de l'éclaircie des massifs résineux par le dépérissement spontané des branches inférieures et des sujets les plus faibles. Indépendamment alors du bois mort perdu ou de nulle valeur, on entrave considérablement le développement des arbres qui doivent survivre. Tout le monde a vu ces perchis de Pins, qui, faute d'avoir été éclaircis, se composaient de longs et grêles brins incapables de se soutenir sans l'appui qu'ils se prêtaient mutuellement, et retombaient en arc, ou brisés, sur le sol, dès que cet appui leur manquait.

Il est d'ailleurs compris, que pour les Pins comme pour le Chêne, etc., des réserves trop espacées poussent à la production de grosses branches latérales aux dépens de l'accroissement de la flèche.

Je ne terminerai pas sans faire la remarque que si, dans cette note sur le Pin de Riga, à l'occasion de laquelle je suis entré dans le détail de quelques faits généraux pouvant, au point de vue de la culture des autres arbres verts, avoir leur utilité pour les personnes étrangères à la science du forestier, j'ai passé sous silence les Sapins proprement dits, c'est que ces arbres d'une si belle venue, si ornementaux et, somme toute, richesse de nos forêts alpines où ils croissent spontanément, ne fournissent qu'un bois de qualité inférieure. Je recommanderai plus volontiers, pour certains sols, la culture des Cèdres, et surtout celle des Mélèzes, arbres à bois de grande valeur, qui se plaisent dans les sols humides, et qui, suivant ce que nous a fait connaître notre très-savant collègue M. le baron Séguier, prennent, dans ses terres, un beau développement dans de l'*argile pure*, terre plastique généralement impropre à la végétation.

Au résumé, le Pin de Riga se présente, par l'ensemble de ses qualités, comme devant tenir la tête des essences résineuses dans les régions du centre, aussi bien que dans celles du nord de l'Europe. Et ce ne sera pas un des moindres services rendus par la Société impériale d'acclimatation d'avoir fait venir de ses lieux d'origine, pour les répartir libéralement entre ceux de ses membres placés dans des conditions favorables pour le cultiver et le répandre à leur tour, ce bel arbre, non moins propre à orner les parcs qu'à former des forêts, et qui ne se trouve aujourd'hui en France que chez un petit nombre de personnes. Cette fois encore, si la Société fait chose utile, le mérite doit en revenir à son illustre et dévoué président, M. Drouyn de Lhuys, qui, dans sa constante sollicitude pour son pays, met avec tant d'empressement, toujours dans l'intérêt le mieux entendu de la chose publique, l'influence et les relations du ministre des affaires étrangères au service du président de la Société d'acclimatation.

Mais si la Société vient de faire la première part au Pin de Riga, elle ne perd pas de vue, pour ne parler ici que des essences résineuses, celles de ces dernières qui le suivent de près, et peuvent lui être associées ou lui être substituées en certaines conditions. C'est ainsi qu'elle espère vulgariser à leur tour, par la distribution de graines d'une origine qu'elle s'efforcera de rendre sûre, le Pin laricio (ou Pin de Corse et de Calabre), qui souvent disputera au Pin de Riga les terres siliceuses ; le Pin noir ou d'Autriche, qu'on ne saurait trop répandre dans les contrées à sol calcaire, où, tout en produisant un bois de très-bonne qualité, il réussit mieux que les autres espèces de Pins ; le Mélèze, qui fera l'ornement et la richesse de ces fonds humides et argileux dans lesquels M. le baron Séguier l'a vu prospérer, fonds qui ne produisent aujourd'hui que des herbes grossières ou de faux bois mêlés à des essences bâtardes.

USAGE DE LA COCA EN EUROPE [1],

Par M. le docteur PIGEAUX.

(Séance du 10 mars 1865.)

Est-il bon, est-il désirable d'introduire l'usage de la Coca parmi les populations européennes, soit comme succédanée du Thé ou du Café, soit comme un stimulant spécial qui peut répondre à certains besoins des classes nécessiteuses, soit enfin en vertu de propriétés aromatiques qui lui sont propres et qui en font une des boissons les plus agréables qu'on puisse proposer à ceux que le Thé et le Café surexcitent et dont elle n'aurait pas les inconvénients? Poser la question de ce point de vue, est pour nous la résoudre très-affirmativement.

L'usage de la Coca dans la Bolivie existe de temps immémorial : depuis la découverte du nouveau monde, son emploi s'est toujours maintenu, soit dans les classes inférieures, sous forme de masticatoire auquel on a toujours attribué les propriétés les plus évidentes, comme de suspendre momentanément le sentiment de la faim et de la soif, et de soutenir les forces pendant un certain temps en l'absence de toute autre substance alimentaire ; soit dans la bourgeoisie, où l'infusion de Coca, sous forme de thé, s'est toujours maintenue à cause du goût aromatique qui la distingue et qui plaît à tous ceux qui en ont une fois contracté l'habitude. L'arbre qui la fournit (*Erythroxylon coca*) est très-répandu dans la Bolivie, et pourrait facilement se propager aux environs d'Oran ou dans la vallée de San-Francisco. Sa récolte et son mode de conservation sont des plus simples, et n'exigent aucune des prépa-

(1) Voyez, pour les détails et les renseignements, l'article *Coca*, publié par M. le docteur Martin de Moussy (*Description de la confédération Argentine*, t. I, p. 492).

rations qui rendent le Thé de l'Inde si difficile à cultiver autre part qu'en Chine, à cause du bas prix de la main-d'œuvre.

Nous ne craignons pas d'affirmer que les feuilles de la Coca ne redoutent pas la comparaison, pour la délicatesse de leur goût, avec le Thé de Chine le plus renommé, si ce dernier était privé des principes odorants et aromatiques que lui communiquent les fleurs de l'*Olea fragrans* et de diverses autres plantes de la famille des Labiées qu'on a coutume d'encaisser avec lui. L'infusion des feuilles de la Coca peut de tout point rivaliser avec celle du Thé ; elle en a, à peu de chose près, l'apparence et la coloration, et pourrait sinon la remplacer, au moins lui être substituée dans bon nombre de cas où ses vertus particulières la recommandent.

Après avoir fait, soit seul, soit en compagnie, un fréquent usage de la Coca, pendant plus de trois mois, avec des feuilles qui m'avaient été confiées par la Société en vue d'une expérimentation attentive, nous pouvons assurer que l'usage de la Coca devrait être préconisé sous le patronage de la Société d'acclimatation. Nous la préférons de beaucoup aux Thés avariés par la longue traversée et le séjour prolongé dans la cale des navires, qui constituent les 99 centièmes des Thés du commerce. Elle est beaucoup plus inoffensive pour la plupart des estomacs, et surtout par l'absence de toute surexcitation nerveuse dont son emploi est complétement indemne. Ce devrait être, à mon avis, le thé habituel des femmes, des enfants, et surtout de toutes les personnes qui s'occupent de travaux d'esprit.

Non-seulement l'usage de la Coca facilite le travail de la digestion, mais il ralentit sensiblement, en la prolongeant, l'influence des substances absorbées. Avec une simple tasse de café ou une assiettée de potage on peut, sans peine, attendre le repas du soir, pour peu que l'on interpose quelques tasses d'infusion de Coca.

Les Indiens, qui mâchent les feuilles de la Coca pendant les plus longues courses et presque sans manger, ne se plaignent jamais de la faim tant qu'ils ont de cette substance à leur disposition. Cette particularité incontestable, sans être le privilége exclusif de la Coca, devrait surtout en conseiller l'introduction, soit dans l'armée de terre ou de mer, soit parmi les travailleurs de la campagne, où elle remplacerait avec un immense avantage la détestable habitude de mâcher du tabac, dont la nicotine est un des moindres inconvénients. Le prix de la Coca, sans être insignifiant (environ 5 francs le kilogramme rendu aux ports d'embarcation), est beaucoup moindre que celui du Thé le plus médiocre, car il en faut moitié moins en poids pour obtenir une infusion d'égale force. Si l'usage s'en vulgarisait, il est très-probable que de nombreuses plantations en maintiendraient le prix assez bas pour ne pas le rendre onéreux aux classes ouvrières. La Coca peut d'ailleurs bien plus aisément que le Thé de Chine être prise sans sucre, étant bien plus aromatique.

Les feuilles de Coca sont hygrométriques comme toutes celles qui sont conservées par la simple dessiccation ; mais il est facile de les maintenir en bon état et avec toutes leurs propriétés, dans une boîte bien close ou dans des sacs doublés d'une feuille d'étain.

Nous finissons cette étude sur l'emploi des feuilles de Coca en les recommandant pour leurs facultés digestives, pour la suavité de leur parfum, sans toutefois affirmer les qualités aphrodisiaques dont les Indiens de la Bolivie les ont de tout temps gratifiées, en raison de la virilité remarquable qu'ils conservent jusqu'à l'âge le plus avancé.

II. EXTRAITS DES PROCÈS-VERBAUX DES SÉANCES GÉNÉRALES DE LA SOCIÉTÉ.

SÉANCE DU 10 FÉVRIER 1865.

Présidence de M. A. Passy, vice-président.

Le procès-verbal de la séance précédente est lu et adopté.

M. le Président fait connaître les noms des membres nouvellement admis.

MM. Berlandier, négociant à Barbentanne (Bouches-du-Rhône).
Buisson (Charles), ancien notaire, à la Tronche, près de Grenoble.
Diesbach (Xavier-Eugène, comte de), à Paris.
Dusseigneur-Kléber, négociant, à Lyon.
Rambaud (François-Casimir), courtier de commerce, à Marseille.
Rovira (Ernest-Édouard-François), enseigne de vaisseau, à Toulon.

— M. le comte de Diesbach adresse ses remercîments pour sa récente admission.

— Son Exc. le Ministre de l'agriculture et du commerce annonce qu'il met à la disposition de la Société, pour être décernée dans la séance annuelle du 20 février, une médaille d'or grand module.

— M. Richard (du Cantal) annonce qu'il se rendra à Paris pour la séance publique, où il doit lire un travail sur les Sociétés d'acclimatation et sur l'influence qu'elles exercent dans le monde. Il adresse en même temps un *Mémoire sur la zoologie et la production animale*. (Voy. au *Bulletin*, p. 1.)

— M. le vice-consul de France à Halifax transmet une réponse au Questionnaire par M. John Willis. — Renvoi à la commission.

— M. Buckland adresse une nouvelle demande de renseignements sur les Baudets mulassiers.

— Mme Godefroy, qui a apporté de l'île de la Réunion des graines de Palmiste rouge et de Citrouille du Cap, demande des Faisans argentés et dorés pour les introduire à la Réunion. — Le Conseil a décidé que le Jardin serait autorisé à remettre ces animaux à Mme Godefroy.

— Son Exc. le Ministre des affaires étrangères transmet deux ouvrages de M. Coumes sur la pisciculture, que le Ministre de l'agriculture offre à la Société. — Remercîments.

— M. Sicard adresse de nouveaux détails sur ses expériences d'acclimatation du Saumon et de la Truite saumonée à Marseille.

— M. le comte de Causans fait connaître que les résultats avantageux qu'il retire de l'exploitation du lac de Saint-Front (Haute-Loire) sont principalement dus au concours intelligent et dévoué de son fermier Joseph Bos.

— M. le marquis de Selves appelle l'attention de la Commission des récompenses sur les travaux de M. Carbonnier.

— Son Exc. le Gouverneur général de l'Algérie transmet une demande de la Société impériale d'agriculture d'Alger, qui désire obtenir une certaine quantité de graines de Vers à soie du Mûrier du Japon.

— M. Sacc, en remerciant des graines de *Bombyx yama-maï* qui lui ont été adressées, signale à la Société plusieurs personnes qui pourraient s'occuper utilement de l'éducation de ces vers.

— Des remercîments pour les graines de *Bombyx yama-maï* qui leur ont été envoyées sont adressés par MM. de Milly, Zanardini, comte Taverna, Morin, Roger-Desgenettes, Auzende, Voisin, de Galbert, James Lowe, Frérot, Blain, Baruffi, Cornalia, Sermant et Mme veuve Boucarut.

— M. Meynard (de Valréas) annonce l'envoi d'un échantillon de graines de Vers à soie à cocons jaunes de race nouvelle. — Remercîments.

— M. Personnat père adresse un Rapport sur ses éducations de *Bombyx yama-maï* à Limoges.

— M. André Leroy annonce qu'il a dans ses pépinières des Chênes de Chine, et qu'il compte nourrir avec leurs feuilles quelques-uns des Vers qu'il a reçus. Il informe aussi la Société que les Mûriers du Japon qui lui ont été adressés n'ont aucunement souffert du voyage.

— M. A. Dupuis fait hommage d'une brochure qu'il vient de publier sur les pépinières de M. André Leroy. — Remercîments.

— MM. Personnat père et de Poumayrac de Masredon adressent des rapports sur la culture de diverses plantes.

— M. Léon Maurice, délégué de la Société, donne des détails sur sa culture de *Lo-za*, qui végète très-bien en pleine terre à Douai, mais n'a pas encore fructifié. Il résiste très-bien à l'action du froid.

— Son Exc. le Ministre des affaires étrangères transmet le programme de l'Exposition universelle d'horticulture qui doit s'ouvrir à Amsterdam, sous la présidence d'honneur de Son Altesse Royale le prince d'Orange.

— MM. Penaud Jolly et Cie informent la Société qu'ils peuvent mettre à sa disposition la *Botanique* de M. Gaudichaud (*Voyage de la Bonite*) à prix très-réduit.

— M. Pepin fait hommage de deux brochures : 1° *Rapport sur le concours agricole et horticole de Mirande* (*Gers*); 2° *De la taille et des soins à donner aux arbres plantés en ligne sur les promenades publiques et les routes.* — Remercîments.

— M. Lequin (de Lahayevaux) informe la Société de la mort d'une jeune Yak qui avait heureusement mis bas une jeune génisse qui vient bien. Le vétérinaire, dont le rapport est annexé à cette lettre, attribue cette mort au farcin.

M. Leblanc fait observer que le farcin est une maladie qui ne se présente pas chez les ruminants, et, d'après le rapport du vétérinaire, conclut que l'animal a succombé à la phthisie.

— M. Rufz, en communiquant à la Société une lettre de M. Fiolet, donne les détails suivants :

« Le Hocco est un des volatiles exotiques dont l'acclimata-
» tion est très à souhaiter autant comme oiseau alimentaire
» que comme oiseau d'ornement. Sa reproduction en Europe
» est assez rare pour que nous devions recueillir tous les

» faits qui en rendent un témoignage authentique. M. Fiolet, » un des membres de la Société, résidant à Saint-Omer, » a obtenu, en 1863, trois métis d'un Hocco pauxi avec un » Hocco du prince Albert. En 1864, il en a obtenu sept; mais » arrivés au mois de décembre, ces jeunes Hoccos sont morts » en 1863 comme en 1864. Au moment où il nous écrivait, » M. Fiolet ne possédait plus qu'une seule de ces reproduc- » tions. Il avait remarqué que sur ces petits morts les os des » jambes se cassaient facilement, il en a envoyé un au Jardin » d'acclimatation pour être examiné. J'ai trouvé, en effet, que » les os de ce jeune Hocco étaient très-friables et se cassaient » comme du verre, aussitôt qu'on essayait de leur imprimer » la moindre courbure. Cette friabilité dépendait de l'amin- » cissement de la couche compacte des os. Outre cette alté- » ration, on remarquait une grande maigreur des muscles, » et dans les intestins les traces d'une diarrhée qui n'avait » rien de particulier. M. Fiolet attribue cet état des os au » métissage, et peut-être à la naissance tardive des jeunes » Hoccos. La ponte ayant lieu en juillet, l'éclosion n'arrive » qu'en août; et lorsque vient l'hiver, les animaux sont trop » jeunes et trop faibles pour supporter cette saison. Il est cer- » tain que ces deux causes de débilitation suffisent pour expli- » quer cette dégénérescence du Hocco. Une habitation exposée » au soleil et une nourriture particulière pourraient être » opposées à cette disposition. »

— M. Président signale les services rendus à l'acclimatation et à la Société par M. Léon Roches, qui a adressé, dans ces derniers temps, les graines de Vers à soie du Mûrier du Japon, dont la Société vient d'opérer la répartition. Il rappelle également que M. le vice-amiral la Grandière, commandant en chef et gouverneur des établissements dans la Cochinchine française, a envoyé des animaux du plus grand intérêt (*Columba nicobarica*, *Pavo spiciferus*, *Euplocomus prelatus*). Mais ces importations ne sont pas les seuls services de l'amiral : il a fondé à Saïgon un jardin d'essai, et l'on prépare les animaux et les plantes à supporter un long voyage d'importation en France, en même temps qu'on s'occupe d'y introduire nos animaux et nos plantes d'Europe. M. le Président propose au Conseil de voter la nomination de ces deux éminents collaborateurs au titre de membre honoraire. — L'assemblée, par un vote unanime, ratifie cette proposition.

— M. le comte de Sinéty donne lecture d'une lettre de M. Aillaud de Luzerne (de Céreste) sur les Chênes truffiers :

« . . . . . M. le comte a, je crois, parfaitement raison de » n'ajouter aucune foi au système des *Chênes truffiers* et de » la *Mouche productrice ;* les gens intelligents et pratiques de » nos contrées ne croient pas non plus à l'intervention de la » Mouche, mais ils ne doutent point d'une chose, qui est » acquise et passée dans le domaine des faits positifs, c'est » qu'il y a des Chênes truffiers et des Chênes non truffiers, » et qu'en semant des glands de Chêne truffier, on obtient » des truffières là où l'on n'en avait jamais vu, à la condition » toutefois qu'on ne sorte point de la zone où les Truffes viennent et se produisent naturellement : car il me paraît probable qu'on n'obtiendrait pas le même résultat en allant » planter des Chênes truffiers dans des régions toutes différentes sous le rapport du climat et de la nature du sol.

» Dans le Midi, et notamment en Provence, on a réussi, » à peu près partout où on l'a tenté, à créer des truffières » artificielles plus ou moins productives. Dans la plaine de » Carpentras, je vois, chaque fois que je vais au pays de » ma femme, une magnifique truffière qui a été créée par » M. Rousseau, et qui borde la grande route : c'est ce qu'on » peut appeler une truffière-jardin. M. Rousseau en retire, » dit-on, un grand produit, surtout depuis qu'il peut l'arroser » en été, au moyen du canal de la Durance, fait à peine » depuis deux ou trois ans. Ce qui me le fait croire sans » peine, c'est que M. Rousseau, qui n'est point un fantaisiste, » mais précisément un négociant, et, qui plus est, un négociant de Truffes, ne convertit pas son champ en jardin, en » vigne, en prairie, comme il pourrait le faire avec avantage, » grâce aux eaux du canal de Carpentras. . . . . »

— M. A. Geoffroy Saint-Hilaire donne lecture d'une lettre

de M. Graells, délégué à Madrid, sur les travaux d'acclimatation faits en Espagne en 1864. (Voy. au *Bulletin*, p. 15.)

— M. Soubeiran donne lecture d'un Mémoire de M. C. Personnat *sur les éducations de Vers à soie du Chêne et leur acclimatation dans divers climats.*

— M. A. Geoffroy donne à la Société quelques détails sur les *Hémippes* qui sont nouvellement arrivés au Jardin du bois de Boulogne, et sur le *Tolypeutes conurus* (*Tatou apar*).

— M. Decroix donne quelques renseignements sur les Chevaux qui ont été servis au banquet d'hippophages qui a eu lieu le 6 courant, et fait remarquer que c'étaient des animaux vieux et qui n'avaient pas été soumis à un repos plus ou moins prolongé.

A ce sujet, MM. Jacquemart, Lelion (d'Amiens), Leblanc, Geoffroy Saint-Hilaire, Passy, Richard et Millet font plusieurs observations desquelles il résulte que la viande de cheval est acceptée très-facilement comme nourriture, qu'elle est préférable provenant d'animaux maigres que d'animaux gras, et que l'objection des maladies n'est pas sérieuse, car il y aura des inspecteurs pour les chevaux comme il y en a pour les animaux de boucherie ordinaire.

SÉANCE DU 24 FÉVRIER 1865.

Présidence de M. A. PASSY, vice-président.

Le procès-verbal de la séance précédente est lu et adopté.

— M. le Président proclame les noms des membres nouvellement admis.

MM. BERSON (Eugène), à Meulan (Seine-et-Oise).

CHAUVITEAU (Benjamin), membre du conseil d'arrondissement des Sables-d'Olonne, à la Bouchère (Vendée).

COLPAERT (Emile), à Lima (Pérou), et à Paris.

DUMAS-DESCOMBES (Marie-Joseph), à Paris.

GRAND D'ESNON (le baron W.), au château d'Esnon, près de Brienon (Yonne).

MM. Melizant (Gustave), lieutenant de vaisseau, à Marseille.
Pages (le baron Hérald de), à Paris.
Ruedel (Edme), à Paris.

— MM. Palluat de Besset et E. Doumet adressent leurs remercîments pour leur récente admission.

— Son Altesse Impériale la Princesse Mathilde, Son Altesse la Princesse Baciocchi, Son Altesse Impériale et Royale le comte d'Aquila, Mgr l'archevêque de Paris, et M. le Préfet de la Seine expriment leurs regrets de ne pouvoir assister à la séance publique de la Société.

— Des remercîments pour les récompenses qui leur ont été décernées dans la séance publique du 20 février sont adressés par MM. Schram, Galmiche, A. Laurence, A. Levêque, Bouteille, d'Estienne, Lequin, Chiapella, Boisson, Malard, Wallon, de Saulcy, Sacc, comte de Cornulier-Lucinière, J. Blaise, Blain, Dropsy, Compras, et Mmes Delisse et Chopelin.

— Son Exc. le Ministre des affaires étrangères annonce que le vice-roi d'Égypte a donné des ordres pour que les animaux qui seraient expédiés à la Société d'acclimatation par la voie de Suez soient transportés gratuitement à travers le territoire égyptien. — Des remercîments unanimes sont votés à Son Altesse pour cette nouvelle marque de protection.

— M. le Président transmet les offres de services de M. Colpaert, qui va partir pour l'Amérique du Sud avec une nouvelle mission scientifique, et demande des instructions.

— M. le Président offre au nom de M. Jeannel (de Bordeaux), un travail *sur la variabilité et la flexibilité des espèces*. — Remercîments.

— M. le Président annonce que le jardinier en chef du Luxembourg, sur les ordres de M. le grand référendaire, a réuni cent dix cépages pour être expédiés à la Société d'acclimatation de Victoria, et attend la caisse à la Ward qui doit lui être envoyée du Jardin du bois de Boulogne.

— M. Faudon écrit pour annoncer que les Yaks qui lui sont confiés sont en très-bon état, ainsi que les métis qu'ils ont produits. Mais, en raison du peu de lait que donnent les femelles, de leur peu de docilité au travail, et de leur caractère se rapprochant de celui de la race caprine, les habitants du pays leur préfèrent la Vache et l'espèce mulassière.

— M. Stanislas Julien fait remarquer que, dans le *Bulletin*, n° 12, de 1863, page 731, ligne 12 et 17, on a imprimé *Tfuren-nong* au lieu de *Nong-thing-tchsiouen-chou* (Traité complet d'agriculture), et plus bas *Kastfong* au lieu de *Kaotsong* (empereur de la dynastie des *Thang*, qui a régné de 650 à 683).

— M. le Président de la Société régionale d'acclimatation pour la zone du nord-est, en remerciant des graines de *Bombyx yama-maï* qui lui ont été adressées, annonce que le troupeau de Lamas élevé par M. Galmiche a été cruellement décimé par la gale, et demande si la Société ne pourrait pas lui donner une nouvelle femelle. — Renvoi au Conseil.

— M. Leprestre, délégué de la Société, dans une lettre à M. Soubeiran, annonce que les pontes ont commencé chez lui : il a déjà 3 œufs de Céréopse, 8 œufs de Casoar, 7 œufs de Bernache des Sandwich, et que cinq femelles de Kangurou de Bennett sont pleines.

— M. Leprieur communique quelques observations sur une éducation de métis de Faisan ordinaire et de Poule naine pattue. (Voy. au *Bulletin*, p. 58.)

— M. A. Costa fait hommage d'un Mémoire : *Della pescicultura nel golfo di Napoli*, in-4°, 1865. — Remercîments.

— M. le professeur Coste dépose des instructions qu'il a rédigées pour le transport des Gouramis, et qui doivent être envoyées à M. Imhaus, pour une nouvelle tentative.

— M. Sicard adresse des études d'aquarium faites à Marseille en février 1865, et des observations météorologiques du 30 octobre au 31 décembre 1864.

— MM. de Saulcy et Personnet transmettent quelques observations sur les *Bombyx yama-maï* qu'ils ont reçus récemment de la Société.

— Plusieurs demandes de graines de diverses espèces de Vers à soie sont adressées par des membres de la Société.

Plusieurs lettres de remercîments pour l'envoi de graines de *Bombyx* sont déposées sur le bureau.

— M. Luigi Pellini fait hommage d'un Mémoire : *Il Baco del Giappone, ultima speranza del baconomo italiano*, in-8, 1865. — Remercîments.

— M. Garcin (de Lyon) annonce qu'il doit recevoir prochainement une certaine quantité de graines de *Bombyx yama-maï*, qu'il pourra céder aux éducateurs à des conditions qui seront indiquées ultérieurement.

— M. Buvry, au nom de la Société d'acclimatation de Prusse, remercie des graines de *Bombyx yama-maï* qui lui ont été envoyées, et fait connaître qu'ayant reçu directement du Japon une certaine quantité de graines de Vers à soie du Mûrier, il renonce aux cartons que notre Société avait mis à sa disposition sur la demande de l'ambassade de Prusse à Paris.

— Son Exc. le Ministre des affaires étrangères transmet, au nom de M. le préfet du Loiret, une demande de plusieurs agronomes de l'arrondissement de Pithiviers, qui désireraient obtenir, par l'entremise de la Société et du consul de France à Ningpo, des bulbes des diverses variétés de *Crocus* cultivées en Chine.

— M. le consul de France à Riga annonce l'envoi de graines de Pin de Riga, qu'il a fait recueillir sur la demande de la Société.

— MM. Brierre (de Riez) et Boucher adressent des Rapports sur leurs cultures.

— M. le comte de Tromelin fait connaître qu'il cultive, aux environs de Morlaix, en pleine terre, des arbres verts, des Araucarias, des Cactus, des Yuccas, et d'autres plantes qui généralement résistent assez bien aux rigueurs de l'hiver. Ce qui est le plus redoutable pour les plantes est, d'après M. de Tromelin, l'humidité d'une part, et la trop grande précocité de la végétation d'autre part.

— M. Loise, grainier fleuriste, demande que la Société veuille bien déléguer un de ses membres pour visiter ses collections de Jacinthes.

— Des demandes de graines de plantes sont adressées par plusieurs de nos confrères.

— M. A. de Lacerda fait hommage d'une caisse de graines de Cotonnier jaune indigène de Bahia, et d'un échantillon d'étoffe fabriquée avec ce coton. — Remercîments.

— M. J. Dessaix adresse deux numéros du journal *le Léman*, où il a fait connaître les travaux de la Société et les progrès de l'acclimatation. — Remercîments.

— M. Aymard-Bression fait hommage de plusieurs de ses ouvrages : 1° *La France à Londres en* 1862 ; 2° *L'industrie sucrière indigène et son véritable fondateur ;* 3° *Coup d'œil sur l'exposition franco-espagnole de Bayonne*. — Remercîments.

— Mme L. Bouchard-Huzard fait hommage d'une *Notice bibliographique sur les publications faites par la Société centrale d'agriculture de France de* 1761 *à* 1862. — Remercîments.

— M. Aubé fait don à la Société d'un travail de M. le docteur Laboulbène *sur les insectes tubérivores, avec la réfutation de l'erreur qui, attribuant les Truffes à la piqûre d'un insecte, les a fait assimiler aux galles végétales* (1863).

— A l'occasion du procès-verbal, une série d'observations sont présentées par MM. Aubé, Richard (du Cantal), Millet, Pomme, Vavasseur et de Sémalé sur les avantages et les inconvénients que peut présenter l'usage de la viande de cheval comme aliment.

— M. David, qui a continué avec le même succès ses cultures de Pomme de terre d'Australie, fait don à la Société d'un certain nombre de tubercules remarquables par leur volume. — Remercîments.

— M. le Président annonce l'ouverture du scrutin pour l'élection du Bureau et d'une partie des membres du Conseil, et désigne, pour faire le dépouillement des votes, une commission composée de MM. Aubé, Dupin, baron Séguier, A. Geoffroy Saint-Hilaire, comte de Sinéty.

— M. le Président informe la Société que, par suite de l'état de santé de M. Hébert, auquel il est impossible de continuer ses fonctions, le Conseil a décidé des modifications dans l'administration de la Société, et que M. le docteur Soubeiran est chargé, comme chef du secrétariat délégué du Conseil, de la direction des bureaux de la Société.

— M. Berlandier, qui a été chargé par M. Léon Roches de rapporter à la Société les graines de Vers à soie du Mûrier du Japon, et qui a réussi à opérer dans les meilleures conditions cette heureuse importation, offre à la Société des graines de Tabac et des cocons de Vers à soie qu'il a recueillis en Cochinchine.

M. le Président adresse à M. Berlandier les remercîments de la Société pour cette présentation, et surtout pour le zèle qu'il a déployé pour assurer l'heureuse introduction des graines de Vers à soie qu'il a rapportées du Japon.

— M. le docteur Gillet de Grandmont porte à la connaissance de la Société, au nom de M. Coste absent, deux résultats remarquables obtenus en pisciculture.

Il s'agit de Saumons originaires du Rhin, expédiés à l'état d'œufs embryonnés par l'établissement d'Huningue, et élevés, les uns, dans le lac Pavin, par M. Rico, dont on connaît les intéressantes études sur ce sujet : ils ont atteint la taille marchande ; les autres élevés par M. Gervais, dans l'Hérault, où jamais ce poisson ne s'était rencontré, non plus que dans aucune des rivières qui se jettent dans la Méditerranée, avant les tentatives d'introduction du doyen de la Faculté des sciences de Montpellier. Un rapport du préfet du département signale ces résultats à l'attention du conseil général. Sur les marchés on rencontre aujourd'hui des Saumons de 3 livres et plus.

Notre confrère ajoute : « Quand, pour la première fois, on » confinait dans les eaux douces captives le Saumon, que son » instinct porte périodiquement vers la mer, on se trouvait » devant un problème difficile. Le Saumon de 45 à 50 centi- » mètres que je présente en donne presque la solution, » puisque ce poisson a pris assez de développement pour être » classé parmi les pièces de grande taille. En outre, l'obser- » vation a souvent montré les organes disposés à la repro-

» duction ; cependant celle-ci aura-t-elle lieu dans ces espaces » confinés ? Peut-être ! si l'on y dispose des ruisseaux et des » frayères. Mais toujours il sera possible de recourir à la » fécondation artificielle qui donnera une génération plus » apte à vivre et à grossir dans les eaux douces ; les descen- » dants plus ou moins éloignés de cette famille artificielle » arriveront à se reproduire dans ces conditions, et la science » aura créé le Saumon des lacs. C'est là de la véritable accli- » matation. »

— A l'occasion des observations présentées par M. Gillet, M. Millet rappelle à la Société qu'il a déjà, en diverses circonstances, signalé les inconvénients de la domestication du Saumon dans les eaux douces captives ; que ce poisson fraie toujours dans les eaux *douces* et jamais dans les eaux *salées* ou *saumâtres;* qu'il ne séjourne habituellement que pendant un an ou dix-huit mois, à l'état d'alevin ou de Saumoneau, dans les fleuves et les rivières, dont il descend le cours pour se rendre à la mer ; que là seulement il prend, même en peu de temps, les qualités et les dimensions qui le font rechercher par la consommation. Notre confrère rappelle enfin que tous les essais faits ou répétés dans ces dernières années, et dans les conditions les plus variées et même les meilleures, ont donné des résultats qui confirment pleinement l'opinion qu'il a émise, à cet égard, il y a déjà une douzaine d'années, à savoir, que dans les eaux douces captives réunissant les conditions favorables aux Salmonidés, on ne doit pas hésiter à donner la préférence aux Truites, notamment à la grande Truite des lacs. M. Millet cite, à ce sujet, les importants résultats obtenus par M. de Caussans dans le lac de Saint-Front, qui donne, en Truites, un revenu annuel moyen de 6500 à 7000 francs sur une étendue de 23 hectares.

— M. de Sémalé qui, l'année dernière, s'est adressé à M. Rico, concessionnaire du lac Pavin, pour avoir des alevins de Truite et de Saumon, fait observer que M. Rico lui-même l'a engagé à ne pas se liver à des essais de domestication du Saumon, parce que *ce poisson ne prospère pas dans les eaux captives*, et qu'il cherche toujours à s'en échapper.

— M. A. Geoffroy Saint-Hilaire donne lecture d'une Note de M. Corneli sur ses éducations d'oiseaux de volière. (Voy. au *Bulletin.*)

— M. Pigeaux lit une Note sur plusieurs prix dont il propose la fondation à la Société. Après plusieurs observations faites sur ce travail par MM. Millet, Aubé, le comte d'Éprémesnil, de Sémalé et Lecreux, l'examen des propositions de M. le docteur Pigeaux est renvoyé au Conseil.

— M. J. Lecreux lit un Rapport sur ses cultures dans le département du Nord. A ce sujet, M. Soubeiran fait observer que le *Lo-za* ne paraît pas donner de fruits dans le Nord, puisque ni M. Lecreux, ni M. Maurice, ni M. Jacquemart n'en ont obtenu, tandis que Mme Delisse a présenté des pieds surchargés de fruits. Or, comme le principe colorant réside dans le fruit, c'est donc seulement dans le midi et le centre de la France qu'il y aura avantage à cultiver le *Lo-za*.

— M. le Président fait connaître le résultat du scrutin. Le nombre des votants était de 388. (Outre les billets de vote déposés dans l'urne par les membres présents, beaucoup de bulletins avaient été envoyés sous pli cacheté et contresigné, ou dans des lettres adressées, soit à M. le Président, soit à M. le Secrétaire général.) Les votes ont été répartis de la manière suivante :

	MM.	
Président	Drouyn de Lhuys	386
Vice-Présidents	Duméril	388
—	A. Passy	388
—	De Quatrefages	388
—	Richard (du Cantal)	387
Secrétaire général	Comte d'Éprémesnil	386
Secrétaires	E. Dupin	386
—	A. Geoffroy Saint-Hilaire	386
—	Comte de Sinéty	386
—	J. L. Soubeiran	386
Membres du Conseil	Baron Séguier	388
—	J. Cloquet	387
—	Baron Larrey	386
—	Ruffier	385

En outre, d'autres membres ont obtenu des voix pour

diverses fonctions. En conséquence, sont élus pour l'année 1865 :

	MM.
Président	Drouyn de Lhuys.
Vice-Présidents	Duméril.
—	A. Passy.
—	De Quatrefages.
—	Richard (du Cantal).
Secrétaire général	Comte d'Éprémesnil.
Secrétaire pour l'intérieur .	E. Dupin.
Secrétaire du Conseil	A. Geoffroy Saint-Hilaire.
Secrétaire pour l'étranger . .	Comte de Sinéty.
Secrétaire des séances	J. Léon Soubeiran.
Membres du Conseil	J. Cloquet,
—	Baron Larrey.
—	Ruffier.
—	Baron Séguier.

SÉANCE DU 10 MARS 1865.

Présidence de M. DE QUATREFAGES, vice-président.

Le procès-verbal de la séance précédente est lu et adopté.

— M. le Président proclame les noms des membres nouvellement admis :

MM. ADHÉMAR DE CASE-VIELLE (le vicomte d'), à Saint-Maurice (Gard), et à Paris.
LALLEMAND (Et. Fr.), à Paris
LALLEMAND, à Paris.
RAUTLIN DE LA ROY (E. de), avocat à la cour impériale, maire de le Pin (Seine-et-Marne), et à Paris.
RIBEROLLES (Paul de), à Clermont-Ferrand.

— MM. le vicomte d'Adhémar de Case-Vielle, Périer et Chevrier adressent leurs remercîments pour leur récente admission.

— Des lettres de remercîments pour les récompenses qui leur ont été décernées sont adressées par MM. Chartron, Pichon, Tourniol, Sauvadon, Grand d'Esnon et Carbonnier.

— M. le baron Larrey écrit pour remercier de sa récente nomination comme membre du Conseil de la Société.

— M. Baruffi, délégué de la Société, transmet un numéro de la *Gazette officielle* du royaume d'Italie, où il a fait insérer un article sur la prochaine exposition de Chiens.

— M. Dabry adresse quelques échantillons de laine achetée en Chine, et donne quelques renseignements sur leur valeur dans le pays. — Ces laines, très-grossières, sont renvoyées à l'examen de M. A. Geoffroy Saint-Hilaire.

— M. Euriat-Perrin donne quelques renseignements sur les produits de la tonte des Chèvres d'Angora qui lui ont été confiées, et qui ont donné 27 kilogrammes de laine.

— M. le docteur Chavannes, délégué à Lausanne, adresse deux Notes relatives à l'empoissonnement du lac Léman dont la pêche appartient, partie à la Suisse et partie à la France. Dans la première de ces Notes, notre confrère donne des détails très-intéressants sur l'établissement de pisciculture fondé par l'État de Vaud. Cet établissement est déjà en mesure de jeter, cette année, dans le lac 150 000 Truitelles de la belle espèce dite *Forelle du Léman*, ou grande Truite des lacs; à l'avenir, les opérations d'incubation et d'éclosion pourront porter sur 800 000 alevins environ. Dans la deuxième Note, M. Chavannes demande que la Société d'acclimatation veuille bien prendre part à ces travaux de réempoissonnement, en envoyant, pendant quelques années consécutives, une certaine quantité de jeunes Muges, espèce qui peut vivre et prospérer dans l'eau douce, et qui a le précieux avantage de ne pas être piscivore. Notre zélé confrère se met entièrement à la disposition de la Société pour assurer le succès de cette importante acclimatation. — Renvoi au Conseil et à la 3e Section.

— M. Chevrier, de Saint-Gilles (Vendée), adresse des échantillons de *naissains* d'Huîtres qu'il a obtenus par procédés artificiels : les collecteurs qui lui ont le mieux réussi sont la pierre et la coquille.

— M. le docteur Chavannes adresse une Note sur la résistance au froid du *Bombyx yama-maï*, et sur la possibilité de naturaliser cette espèce dans l'Europe centrale.

— M. de Monval annonce qu'il a soumis à des essais précoces des graines de Vers à soie du Mûrier du Japon provenant de M. Léon Roches, et adresse une bruyère chargée de cocons provenant de ces éducations. — Remercîments.

— M. Dusseigneur annonce que les éducations précoces de la graine du Japon ont déjà donné dans plusieurs établissements des résultats qui permettent de concevoir les meilleures espérances de la campagne prochaine. Il informe la Société que les cocons envoyés du Japon par M. Léon Roches ont été filés et ont donné un rendement meilleur qu'il ne le supposait d'abord, vu l'état dans lequel ils étaient arrivés. Le rendement a été de 9 kil.,60 de soie grége, 17 dix-huitièmes deniers. — Remercîments.

— M. le capitaine Beavan, de l'armée de Sa Majesté Britannique dans les Indes, fait parvenir à la Société des cocons d'*Antherea Paphia*, qui malheureusement sont arrivés ayant souffert du voyage et du mode d'emballage. — Remercîments.

— M. Rivière, jardinier en chef du Luxembourg, informe la Société que les Vignes destinées à l'Australie sont dans une caisse à la Ward et toutes disposées à être expédiées.

— M. le capitaine Lebrun adresse un Rapport sur ses cultures à Dives-sur-mer, et quelques échantillons des graines qu'il a obtenues.

— M. Bossin présente à la Société quelques tubercules de Pomme de terre dite *de trois mois*, qui lui paraît offrir de sérieux avantages, comme toutes les Pommes de terre précoces, qui, en raison même de leur précocité, sont exemptes de la maladie. M. Pepin dit que cette Pomme de terre offre en effet des qualités remarquables, et pense que la Société devrait en distribuer une certaine quantité pour en favoriser la culture. — Renvoi au Conseil.

— Mme veuve Delisse donne quelques nouveaux détails sur ses cultures de *Lo-za* : « Depuis les premières expériences de » M. Delisse, les *Lo-za* ont toujours gardé la pleine terre : » aujourd'hui, ces arbustes ont de 2 à 3 mètres de hauteur;

» ils constituent presque des arbres. Ils n'exigent aucun soin » particulier qu'une ou deux façons au pied, comme les Pommiers et les Poiriers ; ils sont branchus presque depuis la » base, mais on les élague un peu pour leur donner meil- » leure mine. Mès *Lo-za* sont partie dans une terre un peu » calcaire et partie dans une terre argileuse, les deux natures » de terrains qui leur conviennent pareillement; du reste, je » crois que le *Lo-za* s'accommoderait un peu de tout, au moins » ici, où il est tout à fait acclimaté. Nous avons fait plusieurs » semis en pleine terre et sans aucune préparation particu- » lière. Je vais faire semer des graines au premier jour dans » un mauvais terrain sec, sablonneux, pour en faire une haie. » J'aurai cependant le soin de les faire arroser un peu, si le » printemps est sec et de tenir la terre, un peu travaillée au » pied, au moins les deux premières années. A chaque été, les » arbustes se couvrent de graines en bouquet sur chaque » branche, comme on peut le voir sur les échantillons » adressés à la Société; vers octobre, ces graines, vertes » d'abord, se fanent et passent au noir : elles ne sont parfai- » tement mûres qu'en novembre. »

— M. Delidon adresse une Note sur l'*Atriplex halimus* et sur les avantages de sa culture sur les bords de la mer.

— M. Pauthier offre à la Société un travail sur la comptabilité agricole en partie double réduite à sa plus simple expression.

— M. Cormery adresse ses remercîments pour les graines qu'il a reçues de la Société.

— M. Brierre (de Riez) adresse un nouveau Rapport, accompagné de dessins, sur ses cultures.

— MM. Fontaine et Duflot offrent à la Société, pour être distribuée à ses membres, une nouvelle quantité de graines du Brome de Schrader. — Remercîments.

— M. le général de Mylius dépose quatre exemplaires de son programme fixant au 24 août prochain la distribution des prix aux trois discours les plus méritants écrits en faveur de la tolérance religieuse universelle, et annonce l'envoi d'un tableau qui contient les principes de la tolérance basés sur l'Évangile. — Remercîments.

— M. le secrétaire général du comice agricole de l'arrondissement de Lille demande l'échange des *Archives de l'agriculture du nord de la France* avec le *Bulletin* de la Société. — Renvoi au Conseil.

— Il est déposé un numéro du *Courrier de Saïgon* du 20 janvier 1865, qui renferme divers renseignements sur l'établissement zoologique de cette colonie.

— M. d'Estienne informe la Société que son beau-frère, M. Mège, a pu rapporter quelques animaux de la Guyane et des Antilles, et donne les détails suivants sur l'introduction du Quinquina dans les Antilles.

« Déjà depuis quelques années, la Société d'acclimatation » s'est occupée de l'introduction du Quinquina dans nos » Antilles. Plusieurs essais infructueux semblaient devoir » éloigner encore l'époque où nos colonies jouiraient des » avantages de cet arbre précieux à tant de titres.

» M. Mège s'est mis en relation avec M. le docteur Saint-» Pair, médecin en chef de la Guadeloupe, qui s'est empressé » de lui montrer des plants de Quinquina en parfaite venue.

» M. le docteur Saint-Pair l'a chargé de vouloir bien en » donner connaissance à la Société, et je suis heureux de » pouvoir lui servir d'intermédiaire. Une cinquantaine de » plants de Quinquinas âgés d'environ six mois de semis ont » été apportés de Java, l'année dernière, et mis en terre » aussitôt au camp Jacob, à la Guadeloupe, à 545 mètres » d'altitude au-dessus de la Basse-Terre : une quarantaine ont » péri ; aujourd'hui dix plants sont dans un fort bon état, ils » paraissent vigoureux et très-sains.

» Le docteur Saint-Pair les croit définitivement acquis aux » Antilles ; il espère, par leur moyen, répandre cet arbre, dont » l'incontestable utilité se fait sentir surtout à la Basse-Terre, » où des fièvres pernicieuses sévissent presque constamment. » M. le docteur Saint-Pair en fera faire de nombreux semis, » sitôt que les plants actuels donneront des graines ; on obviera » ainsi à l'inconvénient du transport des graines, qui perdent, » dit-il, leur vertu germinative après quarante jours de leur » séparation de l'arbre. Les plants que l'on a pu mener à

» bonne fin avaient été placés et conservés dans des bambous » pour leur transport. Ils étaient désignés sous le nom de » *Cinchona Pahudiana;* ils paraissent appartenir, selon le » docteur Saint-Pair, au *Cinchona oblongifolia.*

» Au passage de la séve, le docteur Mègc, ayant examiné » leurs caractères botaniques, remarqua qu'il y a absence de » la fossette caractéristique à chaque aisselle des nervures » de la face inférieure des feuilles, ce qui les rapprocherait » des *Condaminea.*

» Le pétiole des feuilles n'est pas ailé comme dans le *cali-* » *saya*, peut-être le sera-t-il dans un âge plus avancé. Les » nervures des feuilles sont purpurines, la médiane surtout; » les feuilles sont elliptiques-oblongues.

» Les plants ont un peu moins d'un mètre d'élévation, on » n'a pas pu déterminer les autres caractères botaniques; » mais ils paraissent devoir prospérer, et, grâce au zèle » intelligent et éclairé de M. le docteur Saint-Pair, on peut » considérer dès à présent le Quinquina comme une acquisi- » tion de nos colonies des Antilles. »

— M. le docteur Rufz de Lavison annonce que deux paires de Céréopses ont donné des couvées au Jardin : la première paire, sur cinq œufs, a donné quatre petits ; la seconde, trois petits sur quatre œufs. Les premiers œufs ont été pondus en janvier, et l'incubation a duré trente et un jours.

— M. Rufz donne ensuite quelques renseignements sur un métis de Bélier du Sénégal et d'une Brebis Bomarsund. M. Chatel a obtenu aussi une race rustique, peu difficile à nourrir, donnant deux portées par an, à laine très-fine, mais ne paraissant pas devoir être jamais ni abondante ni longue. La chair de cet animal a paru à M. Rufz agréable et rappelant un peu celle du Chevreuil ; mais elle était un peu sèche et un peu dure, ce qui tenait peut-être un peu à l'âge du Bélier.

— M. A. Geoffroy Saint-Hilaire annonce que le Jardin s'est enrichi d'une paire de Rouloul (*Cryptornis cristata*), et donne des détails sur les diverses espèces de Perdrix, Colins et Francolins qui sont élevés au bois de Boulogne. (Voy. *Bulletin.*)

— M. Fréd. Jacquemart donne lecture d'une Notice sur l'importation en France de graines de Vers à soie du Mûrier du Japon faite en 1865, grâce aux soins de M. Léon Roches. (Voy. au *Bulletin*, p. 65.)

— M. le Président rappelle à l'assemblée le déplorable état auquel est arrivée la sériciculture, par suite de la maladie qui sévit sur les Vers à soie depuis plusieurs années ; les prix se sont avilis de plus en plus, et dans un grand nombre de localités les habitants ont été réduits à émigrer. C'est donc avec bonheur que nous devons voir dans la nouvelle importation de Vers à soie du Mûrier du Japon le moyen de régénérer cette précieuse branche de l'industrie agricole. La Société doit ses remercîments à toutes les personnes que M. Jacquemart vient de citer comme ayant apporté le plus généreux concours à cette œuvre, mais elle ne doit pas oublier que M. Jacquemart a omis de citer sa part dans cette opération, et pourtant elle a été aussi grande que l'on pouvait l'attendre de son zèle et de son dévouement.

La Société vote par acclamation des remercîments unanimes à MM. Berlandier, Hesse, Folsch, Benoist d'Azy, H. Merle, J. Boyé, Mugnier, Maumenet, le baron G. de Baumefort, Goullyon, Clerc, Bouteille, Duseigneur, Bouchard, Hébert, Geoffroy Saint-Hilaire, et particulièrement à M. Jacquemart.

— M. Pigeaux pense que la maladie dépend du Mûrier, et désirerait qu'on fît l'expérience du procédé turc, qui consiste à prendre des Mûriers sauvages pour nourrir les Vers, procédé dont il a constaté les bons effets à Brousse.

M. le Président dit que l'emploi du Mûrier sauvage ne préserve pas les Vers de la maladie ; car, dans les contrées infestées par la maladie, sa substitution au Mûrier greffé n'a pas enrayé la maladie : cependant il offre des avantages qui ont été constatés dans beaucoup de localités. Ses observations lui permettent d'annoncer que la maladie des Vers semble faiblir sur l'ensemble des contrées séricicoles ; et sans doute par l'usage des petites éducations, et surtout sous l'influence, si importante en toutes choses, d'une hygiène convenable, on arrivera à triompher du fléau qui désole nos sériciculteurs.

— M. le docteur Pigeaux donne lecture d'une Note sur les observations qu'il a faites sur l'usage de la Coca (*Erythroxylon coca*).

Quelques observations sur cette plante et son emploi sont présentées par MM. le baron Séguier, Chatin, Quatrefages et Martin de Moussy.

— M. Chatin lit un Mémoire sur le Pin de Riga dont il se fait en ce moment une distribution de graines. (Voy. au *Bulletin*, p. 96.)

— M. le baron Séguier, qui a vu cultiver avec succès le Pin de Riga dans le Morbihan, fait observer qu'il faut prendre quelques précautions pour qu'il ne verse pas et ne se torde pas. Il croit qu'en semant en bandes assez larges et drues, qu'on éclaircirait plus tard, on aurait de plus beaux résultats. M. le baron Séguier se trouve bien en Bourgogne de la culture du Laricio et du Pin de Calabre, qui y poussent très-rapidement. Quant au Mélèze, dont le bois est excellent, il se trouve parfaitement des terrains glaiseux, comme le Pin de Weymouth, qui devient très-beau, mais dont le bois est détestable.

Une discussion sur la valeur comparative du Pin de Riga et du Pin sylvestre s'engage entre MM. Chatin et Millet.

Le secrétaire des séances,

J. L. SOUBEIRAN.

III. CHRONIQUE.

Pétition en faveur de la race bovine sans cornes.

Dans les départements du Calvados, de la Manche, du Nord, de la Meurthe, de la Côte-d'Or, de la Marne, de la Vienne, du Lot, etc., la pétition suivante a été adressée à M. le Ministre de l'agriculture, du commerce et des travaux publics, en faveur des races bovines *sans cornes*. Parmi les signatures on remarque celle de M. le duc d'Harcourt.

Mars 1865.

Monsieur le Ministre,

Les soussignés, vos compatriotes, viennent, avec une entière confiance dans votre justice, demander à Votre Excellence, pour les Français, ce qu'un de vos prédécesseurs a cru devoir faire seulement pour nos voisins d'outre-Manche.

En 1857, par décision particulière, et publiée après le programme général du concours de Poissy, il fut accordé, pour ce concours, des primes spéciales aux bœufs de races *sans cornes* présentés par les éleveurs de la Grande-Bretagne.

Ce programme supplémentaire portait :

RACES SANS CORNES
(Angus, Aberdeen, Galloway, etc.).

CLASSE 7e. — *Bouvillons sans cornes, n'excédant pas trois ans.*

1er prix........ 1500 francs.
2e prix.......... 1000
3e prix.......... 1000

CLASSE 8e. — *Bouvillons ou Bœufs sans cornes, au-dessus de trois ans.*

1er prix.......... 1200 francs.
2e prix........ 1000
3e prix......... 900

L'exhibition des bœufs *désarmés* fut magnifique, et révéla aux bouchers et aux agriculteurs français que les races *désarmées* d'Angus, d'Aberdeen et de Galloway fournissent la meilleure viande de boucherie de toute la Grande-Bretagne.

D'un autre côté, des éleveurs et de savants naturalistes français se sont plu à rappeler et à mettre en lumière que les races *sans cornes* du Suffolk et du Norfolk sont les meilleures laitières des trois royaumes unis.

Quand nous faisons appel à l'âme noble et bienveillante de Votre Excellence, et dans des jours où l'on se préoccupe, à juste titre, d'améliorer le sort des populations ouvrières, — il serait superflu d'ajouter que la race *désarmée* étant moins dangereuse que les races *à cornes*, mériterait *humanitairement* la préférence sur celles-ci, alors même qu'elle ne serait *matériellement* que leur égale.

Mais des hommes qui ont fait la gloire de leur pays par leur érudition et leurs travaux *consciencieux*, — nous voulons parler du feu professeur Neuman, en Hollande ; du feu professeur Bibbe, en Allemagne ; du feu professeur Verheyen, directeur de l'École vétérinaire en Belgique, — ont rappelé que, dans l'antiquité, Pline et Columelle avaient reconnu et signalé la supériorité des races bovines *sans cornes* sur celles qui sont surchargées de ce redoutable ornement; et ils ont, par leurs propres expériences, confirmé celles de leurs immortels prédécesseurs.

Après cela, il n'est pas étonnant que les races *désarmées* importées d'Angleterre en France, ou formées par le croisement de ces races anglaises avec nos meilleures races françaises, aient constitué dans nos provinces une race nationale *sans cornes*, méritant les encouragements de l'administration, comme elle a mérité les préférences des bouchers et des éleveurs progressistes, ainsi que le patronage de plusieurs corps savants en France et à l'étranger.

Votre Excellence pourra s'en convaincre par la lecture des rapports faits :

1° A la Société impériale d'acclimatation, par M. Urbain Leblanc, président de la Société impériale et centrale de médecine vétérinaire de Paris, et membre de l'Académie impériale de médecine, au nom d'une commission composée de : MM. le marquis de Selve, membre du conseil de la Société d'acclimatation, *président;* le professeur Barral, directeur de l'*Agriculture pratique ;* le professeur Magne, maintenant directeur de l'École impériale vétérinaire d'Alfort, et J. Valserres, économiste.

2° A la Société protectrice des animaux, par le même professeur M. Magne ; par M. Aug. Duméril, professeur au Muséum d'histoire naturelle et vice-président de la Société impériale d'acclimatation, et par M. le marquis de Montcalm-Gozon, au nom d'une commission composée de : MM. le vicomte de Valmer, *président;* le comte de Chamois, le docteur Blatin, le docteur Lobligeois, Charlier, *vétérinaire ;* Durand, *ancien directeur des approvisionnements de Paris;* Forest, *ancien maître boucher ;* Leblanc, *président de la Société impériale vétérinaire ;* Lescuyot, *ancien syndic de la boucherie de Paris ;* Poisson, *secrétaire général près les conseils d'hygiène*, et le vicomte de Pommereux.

3° A ces deux sociétés par l'ancien Syndicat de la boucherie de Paris, présidé d'abord par M. Vesque, puis par M. Bellamy, encore président des mandataires de cette même boucherie.

4° Enfin, à MM. les bourgmestres de Gand et de Bruxelles, au nom de jurys constitués à cet effet, et composés : 1° de M. Husson, professeur à l'École vétérinaire de Bruxelles ; de deux vétérinaires, inspecteurs de la boucherie de Gand, et du doyen de la boucherie de cette ville ; 2° de MM. le professeur Verheyen, directeur de l'École vétérinaire de Belgique ; Husson, professeur à la même école ; Douterluigne, vétérinaire de la maison du roi, et Jacquemyns, vétérinaire, directeur de l'abattoir de Bruxelles.

Ce ne sera donc que stricte justice d'accorder aussi, par un programme supplémentaire, des primes spéciales aux taureaux, vaches et génisses *sans cornes*, et d'origine française, qui seraient présentés aux prochains concours régionaux. En effet, les éleveurs qui se livrent à la propagation des races *désarmées* envoient, logiquement, à la boucherie les veaux *à cornes* qui leur naissent, alors même que, parfois ceux-ci, aux autres points de vue de la conformation, présentent quelques avantages *matériels* sur certains veaux *désarmés* qu'ils conservent ; faisant ainsi droit à l'intérêt *humanitaire* qui s'attache à ces derniers.

Les soussignés, en terminant, aiment à rendre hommage aux judicieuses appréciations de Votre Excellence, qui ne restreint pas la sphère de l'agriculture aux simples intérêts *matériels*, mais qui se plaît à y faire progresser aussi les intérêts MORAUX, HUMANITAIRES.

(Suivent les signatures.)

La Société a dès longtemps fait connaître ses justes sympathies pour la propagation des *races désarmées*. (Voyez notamment les *Bulletins* de juillet 1858, et le compte rendu de la séance publique annuelle de 1862.)

Incubation artificielle des Canards en Chine.

M. J. Wilson, dans une lettre adressée à M. le docteur Williams, donne les renseignements suivants sur les moyens employés par les Chinois pour faire éclore artificiellement les œufs de Canards. L'établissement, situé dans une de ces maisons basses, à devanture ouverte, qui servent ordinairement au commerce chinois, offrait en avant une chambre à plancher de terre, séparée par une cloison d'une pièce placée sur le derrière et divisée en trois compartiments, l'un pour les fourneaux et le charbon de bois, l'autre pour l'incubation, et le troisième intermédiaire servant de corridor. Au moment où M. Wilson fit sa visite, on ne chauffait pas les chambres, et la température extérieure était d'environ 90 degrés Fahrenheit (32 degrés centigrades). Dans la chambre destinée à l'incubation, un plancher élevé de 4 pieds au-dessus du sol était disposé pour laisser placer dessous, en cas de nécessité, les fourneaux : l'atmosphère était lourde et étouffante, mais on ne sentait ni gaz ni fumée. Il y avait dix barils garnis d'un papier épais comme une couverture, épais et spongieux et de fabrication spéciale pour les incubations, en feuilles de 4 à 5 pieds : la couche de ce papier était d'environ 3 ou 4 pouces d'épaisseur ; puis se trouvaient des lits superposés d'œufs et de ce papier flanelle, et sur le tout était placé un couvercle léger, formé aussi de papier. Cet arrangement permet d'obtenir une protection efficace contre les changements brusques de température pour les œufs, qu'on laisse ainsi jusqu'au dix-huitième ou dix-neuvième jour de l'incubation, moment où on les porte dans la première pièce.

Cette pièce, à façade entièrement ouverte, est garnie, sur ses deux côtés, de planches distantes de 18 pouces environ les unes des autres, s'étendant sur toute la longueur de la cloison, et larges d'environ 4 pieds. La plus basse est à environ un yard (90 centimètres) du sol. Au moment où M. Wilson y arriva, toutes les planches étaient couvertes d'œufs près d'éclore, placés sur deux ou trois épaisseurs du papier flanelle, et recouverts aussi de plusieurs feuilles de ce papier. Une partie de ces œufs, qui venaient d'être apportés sur les planches, donnaient à la main une sensation de chaleur plus élevée que celle du milieu ambiant. Une autre partie commençait à éclore et des hommes étaient occupés à les retirer. Ils jetaient sans précautions les petits éclos, et les œufs déjà *béchés*, dans des paniers, sans se soucier de les blesser ou de leur briser les membres : ils disaient, au contraire, que la fracture des coquilles facilitait singulièrement la sortie des Canetons. Ceux-ci, après être éclos et s'être séchés, étaient placés dans des paniers de bambou, faciles à transporter : on leur donnait pour nourriture une sorte de gazon haché qui paraissait leur plaire beaucoup et qu'ils recherchaient avec appétit. Pour éviter qu'ils ne dispersassent cet aliment avec leurs pattes, il était mis dans des sortes de paniers à claire-voie plus larges du fond, et dont les montants, réunis en une tête par leur extrémité supérieure, offraient une disposition analogue à celle des râteliers des chevaux : ils pouvaient facilement passer la tête au travers, mais ne pouvaient piétiner la nourriture. M. Wilson présume que les Canetons sont promptement portés aux bateaux, car il n'en vit pas qui eussent plus d'une semaine. (*Narrative of the Expedition of an American squadron to the China seas and Japan, performed in the years* 1852, 1853, 1854, *by the Commodore M.* C. PERRY, page 251, 1856.)

Protection des Oiseaux insectivores.

Le Bulletin du Congrès international d'horticulture qui s'est tenu à Bruxelles en 1864 contient (page 183) quelques observations sur les Oiseaux insectivores. M. de Selys-Longchamps a fait observer que, pour lui, le seul moyen de remédier aux ravages des insectes nuisibles, c'est la protection des Oiseaux, et particulièrement des Oiseaux insectivores. Il rappelle qu'une Société s'est constituée à Bruxelles pour la protection des animaux, et qu'elle fait les plus grands efforts pour propager, dans cette voie, les excellentes doctrines qui ont été répandues en France par plusieurs praticiens et naturalistes, et notamment par la Société impériale d'acclimatation. C'est certainement un des meilleurs moyens de protéger l'agriculture que d'assurer la conservation des Oiseaux utiles, et l'on y arrivera par la plus grande publicité donnée aux bienfaits dont nous sommes redevables aux Oiseaux insectivores. En effet, lorsque les populations campagnardes seront bien pénétrées du rôle utile que ces êtres si intéressants jouent dans la création, au lieu de les voir détruire avec indifférence, au lieu de prendre plaisir à leur voir dresser toutes sortes d'embûches, ces populations seront les premières à se montrer aussi ardentes à défendre les Oiseaux qu'elles l'ont été jusqu'à présent à les poursuivre. Cette question est si importante, que M. de Selys-Longchamps désire que le Congrès veuille bien l'appuyer de son autorité. MM. Fée, Brongniart et Wesmael ont insisté tout particulièrement sur l'importance de la question. M. Fée a rappelé que, dans plusieurs départements de la France, ceux de la Meurthe et du Bas-Rhin, par exemple, il existe des ordonnances de police qui interdisent la destruction des Oiseaux. M. Brongniart dit que la question a été étudiée d'une manière toute spéciale en France; elle a été traitée notamment dans un rapport remarquable fait par M. Bonjean, sur une pétition qui avait été adressée au sénat, rapport fondé en grande partie sur les recherches intéressantes faites pendant un grand nombre d'années par M. Florent Prévost. Ce naturaliste ne s'est pas seulement appliqué à observer les différentes espèces de nourriture des Oiseaux ; il a fait de plus des relevés très-curieux sur la quantité énorme d'insectes qu'ils dévorent; et il en a tiré la conséquence que les Oiseaux jouent un rôle immense dans la destruction des insectes. C'est donc un point qui intéresse tout le monde et qui a fixé l'attention des plus hautes autorités de la France.

M. Wesmael a fait observer que ce ne sont pas seulement les Oiseaux insectivores qu'il faut protéger, mais bien aussi les granivores; car il a eu souvent l'occasion d'observer la nourriture des jeunes moineaux, et il a remarqué qu'elle était essentiellement animale ; il a constaté encore que les jeunes Pinsons se nourrissent exclusivement de lépidoptères et de différents autres insectes.

A la suite de cette discussion, le Congrès a décidé que le vœu de la protection aux Oiseaux sera transmis au gouvernement belge.

Société d'acclimatation de Victoria, à Melbourne.

Au dîner de la Société d'acclimatation de Victoria, à Melbourne, le 6 juillet 1864, M. Wilson, président, a porté un toast à la Société d'acclimatation de France et à son président, M. Drouyn de Lhuys. Il dit que la Société d'acclimatation de Paris doit être regardée comme la mère de celle de Melbourne; que c'est en France que la fondation d'une société de cette nature a pris naissance, et que, depuis que celle-ci a été fondée, elle a pris un développement des plus rapides et que ses résultats ont été des plus brillants. Il remercie la Société d'acclimatation de Paris de l'intérêt qu'elle a pris à celle de Melbourne et de la coopération qu'elle a bien voulu lui accorder. M. Wilson remercie également M. Drouyn de Lhuys, ministre des affaires étrangères, des bons offices ou services qu'il a rendus à la Société de Melbourne, et rappelle que celui-ci a étendu sa bienveillance non-seulement sur la Société d'acclimatation de France, mais aussi sur les sociétés étrangères qui s'occupaient de ce même genre de travaux; il ajoute qu'il associe au toast qu'il porte le nom de M. le comte de Castelnau, représentant de la France dans la colonie, qu'une circonstance particulière avait empêché d'assister au dîner.

M. Follet, consul de France, a répondu, au nom de M. le comte de Castelnau, en assurant que les succès de la Société d'acclimatation de Victoria seraient toujours accueillis avec un grand plaisir par la Société d'acclimatation de France.

(G. Cap.)

IV. BULLETIN DES CONFÉRENCES ET LECTURES.

Conférence sur l'oologie,

PAR M. RUFZ DE LAVISON,
Directeur du Jardin d'acclimatation du bois de Boulogne.

Dans la précédente conférence, je vous ai sommairement exposé la formation et la composition des diverses parties contenues sous la coque de l'œuf. Il existe une si grande différence entre les matières inorganiques qui entrent dans la composition des œufs et le Poulet qui en provient, qu'il m'a été facile de vous faire admirer la puissance qui organise en si peu de temps une matière inerte en apparence, de manière à former un animal complet et d'une structure si compliquée.

Aujourd'hui votre attention sera moins dramatiquement excitée. Je veux la reporter de la puissance de la nature sur le génie de l'homme, et vous montrer tout le parti que l'homme sait tirer de l'étude d'un détail, c'est-à-dire de la seule coque des œufs, et que de problèmes il peut soulever et résoudre par cette étude si simple en apparence et si bornée.

Nous avons fait la dernière fois de l'ovologie proprement dite, nous allons faire aujourd'hui de l'oologie.

L'oologie est l'étude de la configuration de l'œuf comme corps physique, comme contenant des divers liquides et des diverses membranes auxquels la coque calcaire sert d'enveloppe.

L'oologie est donc la plus restreinte, la plus modeste des études dont l'œuf peut être l'objet.

Mais même ainsi considérée, vous allez voir qu'il y a dans l'œuf bien des choses à examiner.

Il y a le nombre ou la quantité d'œufs produits, qui n'est pas la même pour chaque espèce d'oiseau.

Il y a le volume des œufs, leur poids, la nature ou composition de la coquille et sa coloration.

Ce sont là autant de chapitres d'un gros volume.

I. *Du nombre des œufs.* — Tous les oiseaux ne pondent pas le même nombre d'œufs. Il y en a qui n'en donnent qu'un et d'autres beaucoup. Le nombre le plus ordinaire est de 5 ou 7. Les exceptions en moins sont plus rares que les exceptions en plus. Le maximum 24, le minimum 1, ne sont pas communs.

Une première grande division doit être établie entre les animaux à l'état libre ou sauvages et ceux qui sont en domesticité. Les animaux à l'état libre ont une production limitée de 12 ou 15 œufs au plus.

Les animaux domestiques ont une ponte plus considérable. Ainsi la production moyenne des Poules de basse-cour, qu'on ne laisse pas courir, est évaluée à 60 œufs environ. On voit certaines Poules cochinchinoises donner, dit-on, jusqu'à 200 et 300 œufs.

Les oiseaux qui pondent un certain nombre d'œufs ne les pondent pas tous à la fois et à la suite; d'ordinaire il y a entre la ponte de chaque œuf un intervalle de deux à trois jours, et après la ponte de 15 à 20 œufs il y a un temps de repos. L'animal éprouve le besoin de couver et le manifeste par certains signes. La ponte générale d'une année se compose de plusieurs pontes particulières et successives.

On a constaté quelques circonstances qui peuvent accélérer la ponte. Si l'on prive un oiseau de ses œufs à mesure qu'il les pond, il est reconnu que la ponte continue au delà de l'époque où elle s'arrêterait naturellement. Le fait se vérifie tous les jours sur les Poules et même sur les petits oiseaux en liberté. On a vu les moineaux à qui l'on retirait ainsi les œufs, en pondre plus de cinquante dans une année.

Aristote parle de certaines Poules d'Illyrie qui pondaient jusqu'à trois fois par jour. Suivant Ryaczynski et Boutelkoc, il y a des poules en Samogitie et à Malaca qui donnent aussi deux œufs par jour.

Le froid a une influence marquée sur la production des œufs. Il est de notoriété que lorsque l'hiver se prolonge, la Poule est en retard. D'ordinaire la ponte devance un peu le printemps, varie suivant les espèces, commence en février pour les Palmipèdes, en mars pour les Poules, en avril pour les Faisans. La ponte peut être considérée, fin juin, comme terminée pour la généralité des oiseaux.

Les oiseaux de l'hémisphère austral, où les saisons suivent un ordre inverse à celui où elles se succèdent dans l'hémisphère boréal, pondent, surtout dans les premiers temps de leur arrivée, suivant l'ordre des saisons de leur climat natal. C'est ce qui se voit chez les Cygnes noirs d'Australie, l'Oie d'Égypte et les oiseaux du Cap.

L'intervention de l'homme peut modifier l'époque et la durée de la ponte chez un grand nombre des espèces domestiques. Il y parvient en les maintenant dans une température plus élevée. Dans certains endroits en Alsace, par exemple, beaucoup de poulaillers sont, dit-on, chauffés par des poêles. On estime à 30 œufs par Poule le surcroît de ponte qu'on obtient par cette chaleur artificielle. Mais dans la plupart des fermes on se contente de maintenir les Poules dans les étables et dans les écuries ou sur des fumiers, où elles peuvent avoir les pattes chaudes. C'est ainsi qu'on peut obtenir des œufs même en hiver.

On y réussit encore par l'abondance et la qualité de la nourriture. Tous les éleveurs admettent que certaines nourritures, l'avoine, le blé, le sarrasin le chènevis, et des pâtées où il entre des matières animales, stimulent ponte plus que l'orge et les substances herbacées.

A ce point de vue, la production des œufs a été comparée à celle du lait, dont la sécrétion peut être excitée presque à volonté; mais l'analogie physiologique ne me paraît point complète. La grappe ovarienne, dont le nombre d'œufs, ainsi que nous l'avons vu dans la dernière conférence, est fixé, ne peut être comparée à la sécrétion des mamelles, dont le fonctionnement peut être indéfini. En général, les oiseaux qui se nourrissent de substances animales sont moins féconds que les phytophages et les granivores. Cette observation semblerait contraire à la recommandation, faite par beaucoup d'éleveurs, de donner aux Poules des vers et même de la viande de cheval pour activer la ponte.

Le rapprochement continuel, et, si l'on peut ainsi parler, l'oisiveté résultant de la captivité, sont aussi des excitations.

Le nombre des œufs donnés par chaque espèce est moindre au début et à la fin de la période pendant laquelle dure la ponte : ainsi les Poules, la première année et pendant la quatrième, donnent moins d'œufs que pendant la deuxième ou la troisième année. Il en est de même de celles qui sont âgées, faibles ou malades ; après cinq ans, le plus ordinairement, la plupart des Poules ne pondent plus.

On ne connaît pas le nombre des œufs de l'Autruche à l'état de liberté, mais on l'a vue, en captivité, ces années dernières, en produire jusqu'à 72. Je tiens ce fait de M. Lucy, un des principaux administrateurs et fondateurs du jardin zoologique de Marseille. Cette fréquence de la ponte en captivité est un des caractères qui peuvent faire espérer que l'Autruche est un animal facilement domesticable.

Plus les œufs sont exposés à des causes multipliées de destruction, plus ils sont nombreux ; leur quantité augmente ou diminue non-seulement en raison du danger qu'ils courent dans le lieu d'incubation, mais aussi selon le rôle assigné par l'ordonnateur suprême de l'économie générale de la nature à l'espèce qu'ils doivent propager.

Les animaux de proie ne donnent qu'un petit nombre d'œufs. Ceci paraît être une précaution providentielle. Si les Aigles et les Vautours produisaient comme les Poules, le monde entier ne suffirait pas à leur voracité.

Il a été remarqué que les oiseaux dont l'enfance exigeait des soins et une certaine éducation de la part de leur père et de leur mère, et qui dès leur sortie de la coque ne pouvaient se tirer d'affaire par eux-mêmes et se procurer leur nourriture, les Pigeons, par exemple, ne venaient pas au monde par couvées nombreuses. Le père et la mère, obligés de les *gaver*, c'est-à-dire de leur verser dans le bec une nourriture préparée, n'auraient pu suffire à l'alimentation et à l'élevage d'une progéniture nombreuse. Ceux, au contraire, qui dès la sortie de la coque peuvent courir et voler, comme font les jeunes Poussins, les petits Canards, et en général les oiseaux domestiques, peuvent se laisser aller à des pontes indéfinies.

Buffon a reconnu que chez les oiseaux, comme chez les mammifères, la multiplication est en raison inverse de la taille. Les grandes espèces produisent moins que les petites ; il faut en excepter l'Autruche et les Pigeons. Si les Pigeons ne donnent que deux œufs à la fois, comme leur ponte a lieu tous les mois et même deux fois par mois, elle ne peut être considérée comme une ponte restreinte.

Plus les œufs sont gros proportionnellement à l'animal, moins la ponte est abondante. Les grèbes ne donnent qu'un seul gros œuf.

Quant aux Poules, leur ponte est extrêmement variable, à cause des circonstances que nous venons d'énumérer, non-seulement suivant les races, mais suivant les individus. Il serait impossible de dire le nombre moyen d'œufs que peut donner une Poule. Cette appréciation est surtout très-difficile à faire dans un établissement comme celui du Jardin d'acclimatation, où l'observation porte sur un assez grand nombre de Poules à la fois. Peu de personnes trouveront de l'intérêt à porter quelque précision dans une pareille étude. C'est pourquoi on s'est toujours contenté d'approximations très-vagues.

On sait aussi vaguement que les Poules ne pondent que pendant une certaine époque de leur vie, rarement avant un an ; que le maximum de leur fécondité est entre deux et trois ans ; qu'après cet âge, leur ponte diminue, et cesse chez le plus grand nombre à six ou huit ans ! Mais sur ce point encore on se contente d'une expérience générale ; jamais il n'y a eu d'expérimentation ou d'enquête pour arriver à une connaissance plus exacte.

Généralement on croit que la mue fait cesser la production des œufs. En suivant cette question au Jardin d'acclimatation, je suis arrivé à penser que la mue avait moins d'influence qu'on ne croyait sur la ponte.

Le commerce des œufs en France est considérable. Le nombre de ceux consacrés à la reproduction, ou livrés à la consommation, ne pourrait être apprécié. Mais l'exportation, dont on a le chiffre officiel, s'élève actuellement à plusieurs millions, et a lieu surtout en Angleterre et dans les États limitrophes de la France.

A propos du nombre des œufs que peuvent donner les oiseaux domestiques, et particulièrement les Poules, il s'est élevé une question qui, sous le rapport pratique, n'est pas sans importance. Est-il possible d'activer la ponte et de faire rendre à une Poule, en un temps donné, un plus grand nombre d'œufs que celui qu'elle donnerait naturellement ?

Il y a deux manières de considérer l'ovaire. Ou bien c'est une glande qui sécrète des œufs, comme les mamelles sécrètent le lait ; cette sécrétion peut être sans limite. Ou bien l'ovaire est une grappe d'œufs dont le nombre est limité, et qu'elle doit rendre en un terme prescrit et divisé par intervalles. Quelques observateurs ont essayé de préciser ce nombre, et l'ont porté à 600 pour la Poule. Nul doute, ainsi que nous l'avons établi dans notre précédente conférence, que de ces deux manières d'expliquer la fécondité de l'ovaire, la seconde ne soit plus conforme à l'examen anatomique. J'ai vérifié sur certains oiseaux, la Perdrix par exemple, que le nombre des ovules était bien en rapport avec le nombre des œufs que l'oiseau donne durant l'âge de la ponte. Cependant il faut admettre que bien des ovules n'arrivent point à terme ; qu'un certain nombre peuvent avorter, détruits et atrophiés par la pression des ovules voisins ou par quelque autre cause. Mais admettons que l'ovaire ne soit qu'une agrégation d'ovules. S'il y a, comme l'expérience générale l'a constaté, des conditions hygiéniques qui peuvent exciter la ponte, ce ne peut être en fournissant incessamment des matériaux nouveaux, comme cela a lieu pour la sécrétion du lait, mais bien en accélérant la maturation et la chute des ovules, de telle sorte qu'une Poule rendrait en trois ou quatre ans les œufs qu'elle aurait donnés, sans stimulation, en six ou huit. On prévoit quelle peut être la conséquence énonomique d'une telle pratique. C'est qu'il serait sans avantage de conserver une Poule dont la fécondité aurait été épuisée et ne pourrait être renouvelée par un surcroît d'alimentation, qu'il serait alors plus profitable de lui donner une autre destination, de la faire passer à l'engraissement, de même qu'on fait pour les bœufs dont les forces ne peuvent plus donner le même travail, après un certain âge.

Mais convient-il dans tous les cas de pousser à cette ponte accélérée ? Lorsque les œufs sont destinés à la consommation, on conçoit que leur plus grande production soit un bénéfice net, quoique certains observateurs prétendent que les œufs non fécondés sont des aliments moins nourrissants que les œufs fécondés.

Mais pour la production, les œufs obtenus par des pontes stimulées et accélérées seront-ils aussi bons que ceux qui sont obtenus dans l'ordre naturel, suivant la saison, et après des intervalles de repos favorables à leur maturation ? Je sais bien que l'acte du Coq est pour beaucoup dans la fécondation, mais suffit-il à lui tout seul et ne faut-il pas qu'il rencontre des ovules dans un certain état de maturité ? D'abord il me paraît conforme à l'analogie physiologique, que toute action vitale surexcitée perd de sa force et de ses qualités au delà de certaines limites, et l'expérience porte à penser que la grande proportion des œufs clairs qui a lieu chez tous les oiseaux élevés dans les établissements semblables au Jardin d'acclimatation doit compter au nombre de ses causes les stimulations imprimées à la ponte par les conditions hygiéniques dans lesquelles on est obligé de tenir les animaux.

C'est pourquoi si l'œuf est produit pour être alimentaire, point de doute, il faut activer la ponte par tous les moyens connus, et obtenir dans le moins de temps possible tous les œufs de la grappe ovarienne, afin de livrer après l'animal à l'engraissement, diminuer ses frais de nourriture, et augmenter son rendement commercial.

Si l'on veut considérer quel peut être le résultat d'une pareille conduite sur une vaste échelle, dans une grande production manufacturière, on verra à quelle différence considérable on peut arriver.

Mais pour les œufs destinés à la reproduction, il n'est pas démontré qu'il y ait le même avantage à agir ainsi.

II. *Volume des œufs.* — Le volume des œufs est très-variable dans la série ornithologique, vous pouvez en suivre l'échelle de gradation. L'œuf de Colibri, que Seba compare à un grain de poivre blanc, mesure 4 millimètres de diamètre, tandis que celui de l'Épyornis, cet oiseau dont on ne connaît que les œufs, mesure 31 centimètres. L'Épyornis est presque un oiseau fabuleux qu'on suppose vivre dans les forêts du centre de l'île de Madagascar. Les grands musées d'histoire naturelle possèdent seuls quelques-uns de leurs œufs. Dernièrement un capitaine de navire marchand a voulu nous en vendre un au prix de 2000 francs.

La grosseur de l'œuf est généralement en raison de la taille des oiseaux, il y a cependant des exceptions à cette règle. L'œuf du Coucou n'est pas plus gros que celui de la Mésange ou de certains petits oiseaux que le Coucou surpasse de beaucoup en volume. C'est même une des circonstances qui facilitent la supercherie par laquelle le Coucou fait couver ses œufs par ces petits oiseaux, en les substituant aux leurs qu'il détruit. Affreuse tromperie dont il est difficile de se rendre compte dans l'ordre de nos idées morales.

Les oiseaux domestiques ont des œufs plus gros que leurs congénères demeurés en liberté. Les œufs des Canards sauvages n'ont que 50 à 55 millimètres de diamètre, tandis que ceux des Canards domestiques ont 60 à 65 millimètres. Il serait à souhaiter que l'on suivît cette comparaison sur les autres espèces parallèles.

En général, les œufs des oiseaux terrestres, sous le rapport de la grosseur, sont plus proportionnels à la taille de l'animal que les œufs des oiseaux aquatiques.

Dans un même groupe le volume des œufs n'est pas toujours le même; chez les Gallinacés, l'œuf de la Pintade n'est pas aussi gros que celui de la Poule.

Et dans une même espèce il y a des races et des individus qui donnent des œufs d'une grosseur particulière, cela se voit surtout chez les Poules.

Les oiseaux trop jeunes ou trop âgés, ceux qui sont faibles, malades ou mal nourris, donnent des œufs moins gros.

Dans une même ponte, les produits sont généralement inégaux, le dernier œuf est toujours le plus petit. Chez les familles primipares, les œufs les moins gros sont ordinairement le premier et le dernier.

Quand les oiseaux font plusieurs couvées, les œufs de la première et de la dernière ponte sont un peu moins volumineux que ceux de la première.

En général, dans le commerce des œufs, où l'œuf est le plus souvent considéré comme aliment, les plus gros œufs sont vendus plus cher, surtout au détail. Mais lorsqu'il s'agit de la production, est-il bien sûr que les plus gros œufs sont ceux qui doivent donner les plus gros poussins? Il faudrait, pour décider ce point, être bien fixé sur le rôle des deux principaux éléments qui entrent dans la composition de l'œuf, le vitellus, ou jaune, et l'albumen, ou blanc.

Comme le poids me paraît un meilleur critérium des qualités des éléments de l'œuf que le volume, au chapitre *poids de l'œuf* nous reviendrons sur cette question. Mais je ferai déjà observer que les Poules dites cochinchinoises ne donnent pas des œufs dont la grosseur soit proportionnée au volume de la Poule.

Lorsqu'un œuf paraît beaucoup plus gros que son volume ordinaire, le double par exemple, il est probable que c'est un œuf à deux jaunes. En traitant de l'ovologie, j'ai dit comment ces œufs à deux jaunes pouvaient être produits.

Au contraire, un œuf peut être beaucoup plus petit qu'il n'est d'ordinaire;

il est alors qualifié d'œuf nain, *ovum centeninum*. On a vu des œufs de Poule qui étaient de la grosseur d'une cerise ou d'une groseille ; il n'est pas rare d'en trouver de la grosseur des œufs de Pigeon. La plupart de ces monstruosités en plus ou en moins ont été observées parmi les oiseaux domestiques, mais on en possède aussi des exemples recueillis dans les nids des oiseaux en liberté. Presque toujours la dimension moindre provient de l'absence du jaune ; ces œufs ne contiennent que de l'albumine. Dans ces cas il est arrivé que les chalazes forment dans l'œuf un cordon vertical contourné. Ce cordon a été pris pour l'embryon d'un serpent, d'où le nom d'*œufs de serpent* donné à ces œufs. Comme ces œufs sont souvent le résultat d'une fécondité épuisée, et comme il arrive souvent aux vieilles Poules de prendre le plumage, le chant et les allures du Coq, on a cru aussi que ces œufs étaient pondus par des Coqs. Dans un ouvrage intitulé *Promenade à Bude*, et publié en 1774, on lit qu'un Coq fut brûlé vif sur la place de cette ville pour avoir pondu un œuf de cette sorte. Au temps de Buffon, cette erreur était assez répandue pour qu'il ait cru devoir la réfuter.

Les œufs qui contiennent des petits incomplétement développés à leur naissance et qui doivent achever de se développer dans des nids, sont d'un volume moindre que ceux dont les petits sortent tout développés et prêts à se tirer d'affaire d'eux-mêmes. Le prince Charles Bonaparte a donné une grande importance à cette distinction, en la prenant pour base de la classification des oiseaux, divisés par lui en *Altrices*, qui nourrissent leurs petits, et *Præcoces*, dont les petits se nourrissent tout seuls.

Les œufs des animaux du Nord (Guillemots, Pingouins) sont très-gros, parce que plus les corps sont gros, plus ils gardent la chaleur. C'est ainsi que la nature se montre en tout et partout fidèle aux lois générales.

III. *Du poids des œufs.* — Le poids des œufs varie non-seulement suivant les espèces, mais aussi suivant les races. Le poids est en raison du volume. L'œuf de l'Autruche pèse autant que vingt-deux œufs de Poule.

Buffon dit que l'œuf de la Poule pèse 44^{gr},61. M. Dumas l'a trouvé de 58^{gr},50. Dans de nombreuses pesées faites par moi au Jardin zoologique, j'ai trouvé que le poids des grandes races de Poules indigènes ou exotiques était de 60 à 67 grammes.

Les plus gros œufs que j'ai rencontrés sont ceux dont il m'a été présenté une douzaine par M. Audy, vétérinaire à Compiègne et membre de la Société d'acclimatation. M. Audy m'a assuré que ces œufs provenaient de Poules originaires du Périgord et qu'il avait transportées à Compiègne. Il a ajouté que les œufs qu'il me présentait étaient de la moindre dimension de ceux produits ordinairement par ses Poules, qu'il n'était pas rare d'en trouver qui pesaient 120 et 140 grammes sans être des œufs à double jaune.

Généralement on dit que la Poule de Crèvecœur donne des œufs de 80 grammes.

L'œuf de la Poule ordinaire, qui ne pèse que 68 grammes, provient évidemment de quelque croisement, ainsi que l'indiquait la nuance jaune de la coquille.

Ce résultat différentiel dans le poids de l'œuf ancien avec celui des œufs de notre temps m'a porté à penser que cette différence devait provenir du soin que l'on donne aujourd'hui à la basse-cour, et que l'œuf, comme le grain de blé, pouvait grossir par la culture. D'après les comparaisons des poids, l'œuf actuel aurait gagné un tiers de plus.

L'œuf de la Poule commune, même aujourd'hui, ne pèse que 48 grammes. On peut juger par là combien les bonnes races sont plus productives que les communes, même sous le rapport de la production des œufs, et quel avantage peut être obtenu dans cette branche de l'économie de la ferme.

J'ai essayé aussi d'établir le poids proportionnel des parties constituantes de l'œuf. On peut voir que pour toutes les races, ces proportions sont à peu près les mêmes ; qu'à mesure que l'œuf diminue de volume, la proportion du blanc diminue plus que celle du jaune, et qu'ainsi les petits œufs ont plus de jaune que les gros, proportionnellement à leur volume. Mais le poids de leur coquille est aussi plus grand. C'est l'inverse de ce que M. Moquin-Tandon a constaté chez les oiseaux sauvages ; la coque, chez les grandes espèces, qui donnent de grands œufs, est plus épaisse et plus lourde.

On s'est demandé si l'on pouvait diminuer l'épaisseur de la coque, comme on parvient à faire disparaître les cornes des bœufs. L'existence des œufs hardés pourrait permettre d'arriver à un tel résultat, mais la disparition de la coque tournerait-elle au profit des autres parties constituantes de l'œuf? Cela est fort douteux ; ce qu'il y a de certain, c'est que les œufs à coque mince ne sont pas sans inconvénients pour l'incubation ou le transport, ils se cassent facilement.

Les œufs dont les jaunes sont les plus gros, comme les Brahma et les Cochinchinoises, sont ceux qui donnent les plus gros Poulets.

Suivant Audouin, le poids de l'œuf stérile est plus faible que celui de l'œuf fécond ; il serait aussi moins nutritif.

Il serait curieux de chercher quelle peut être l'influence, sur la fécondité de l'œuf, d'une légère différence dans la proportion normale de ses parties constituantes. On voit, d'après les petits œufs, que la proportion du blanc peut être notablement réduite ; en serait-il de même de celle du jaune ? Cette recherche n'est pas impossible, si l'on peut avoir dans l'inspection de la cicatricule un critérium sûr de la fécondité des œufs.

Suivant M. Giot, la Poule des champs produit abondamment, ses œufs ont un goût supérieur ; leur jaune surtout est recherché par les cuisiniers, qui, sous le rapport de la coloration et pour la préparation de certaines sauces, les estiment dans la proportion de un pour trois ordinaires. M. Gayot a constaté que la proportion du jaune de ces œufs l'emportait sur celle des œufs ordinaires (ce qui est d'accord avec leur fécondité plus assurée).

La nourriture plus animalisée que les Poules trouvent dans les champs, et l'air plus pur, peuvent influer sur la plus grande coloration du jaune.

Certaines nourritures, dit-on, peuvent avoir le même effet : suivant M. Prangé, l'orge augmente le volume du jaune, et le seigle favorise le développement du blanc.

De tous ces faits il semble résulter que l'homme peut avoir sur la production des œufs la même action que celle dont il a donné des preuves si brillantes et si efficaces sur toutes les autres parties de la matière animale, laine, chair, os ou lait.

Augmenter le volume du jaune, dit M. Gayot, diminuer la proportion du blanc, ne donner à la coquille que son poids le plus strictement nécessaire, ce sont là les termes d'un intéressant problème à résoudre.

Quand on abandonne à eux-mêmes des œufs féconds ou inféconds, ils perdent de leur poids environ 33 milligrammes par jour. Les matières intérieures se dessèchent, se réduisent, et finissent par n'être plus qu'un résidu solide qui se rétracte vers le petit bout de l'œuf, à l'opposite de la chambre à air. J'ai vu ainsi des œufs qui pesaient 60 grammes, après deux ans, ne plus peser que 25.

Pendant l'incubation, cette diminution du poids est plus rapide et plus notable encore ; à la fin elle est de près d'un gramme, surtout pour les œufs fécondés. C'est pour cela que ces œufs flottent lorsqu'on les met dans l'eau, et c'est ce qui a donné lieu à cette pratique de certaines ménagères, de juger par la flottaison de la fécondité de l'œuf. Les œufs clairs, qui ne contiennent pas de poussin, tombent au fond de l'eau ; les œufs fécondés, qui ont un poussin, surnagent.

IV. *De la forme des œufs.* — Il suffit d'un coup d'œil jeté sur cette collection, pour reconnaître que la forme des œufs n'est pas la même pour tous et qu'elle offre autant de diversité que leur volume et leur poids. On a pu ramener les formes à six principales ou formes types : la forme cylindrique, la forme ovalaire, la forme sphérique, la forme ovée, la forme ovoïconique, la forme elliptique.

Au lieu de s'ingénier à définir ces formes par des mots, il suffit de vous prier de jeter les yeux sur le tableau où elles sont dessinées, pour vous en donner une idée nette et vous faire voir les différences des unes avec les autres.

Ajoutez maintenant les formes intermédiaires qui résultent de la combinaison de ces différentes formes, et vous aurez l'ensemble et la collection de toutes celles que peuvent présenter les œufs.

On peut dire d'une manière générale que la forme ovée appartient aux Passereaux et aux Gallinacés ; que la forme ovoïde est propre aux Rapaces et aux Palmipèdes, la piriforme aux Échassiers et à quelques Palmipèdes, la courte à plusieurs Gallinacés et à plusieurs Échassiers, et la sphérique aux oiseaux de proie nocturnes et aux Alcyons.

Chaque espèce d'oiseau ayant une forme, un volume, un poids d'œuf particuliers, on conçoit comment les œufs peuvent fournir des caractères propres à déterminer les espèces, et devenir un moyen de classification.

Vous savez que la classification est le but de l'histoire naturelle ; que telle est son importance, qu'on a pu dire qu'une science bien faite ou une bonne classification étaient deux mots synonymes ; aussi voyez-vous tous les grands naturalistes s'efforcer d'avoir leur classification : les uns l'établissent sur la considération des formes du bec, d'autres sur celle du pied ou de l'aile, comme étant les parties les plus faciles à saisir et qui frappent la vue; d'autres prennent pour base la nature des aliments, d'autres la configuration du sternum, ceux-ci certaines analogies, ceux-là certaines différences.

Le plus grand nombre réunissent tous ces différents caractères et font servir les plus saillants dans chaque espèce, pour déterminer cette espèce : c'est ce qui constitue ce que l'on appelle la *méthode naturelle*. Vous concevez de quelle importance et de quelle valeur peuvent être dans la méthode naturelle de classification des oiseaux les caractères oologiques. Dans les cas douteux, où les autres caractères peu prononcés peuvent laisser incertain sur l'espèce à laquelle tel ou tel oiseau doit être rapporté, les considérations tirées de son œuf peuvent fournir un caractère déterminant.

Non pas que je dise qu'il faille s'en rapporter à ce caractère seul. Lorsqu'on base une classification sur un caractère seul, quelque varié, quelque important que soit ce caractère, on fait un système : tel est, en botanique, le système de Linné, fondé sur la considération de la fleur.

Ce n'est donc pas comme caractère systématique, mais comme caractère de la méthode naturelle, qu'il faut dans l'histoire naturelle se servir des œufs, et par conséquent joindre toujours à leur description celle de l'animal qui les produit.

Dans les œufs d'une race ou d'un même individu, tous n'ont pas une orme identique : les uns sont, par exemple, plus allongés que les autres. Dès la plus haute antiquité, ces différences individuelles ont préoccupé l'esprit humain, et l'on a pensé qu'elles pouvaient dépendre de la différence des sexes. Aristote enseigne que les œufs ronds contiennent des mâles et les œufs plus allongés des femelles. Cette opinion, reprise à différentes fois et soumise au contrôle de l'observation, a été combattue ou soutenue sans qu'on ait pu s'arrêter encore à une solution. Les uns soutiennent l'opinion inverse de celle d'Aristote, c'est-à-dire que les mâles viennent des œufs allongés et les femelles des œufs ronds. MM. Etienne Geoffroy Saint-Hilaire et Florent Prévost, après de nombreuses vérifications, inclinent pour l'opinion d'Aristote. Enfin, l'opinion générale aujourd'hui est que les mâles et les femelles viennent indifféremment des œufs ronds ou des œufs allongés. Si les mâles ou les femelles donnaient lieu à des œufs d'une forme constante, certaines espèces où ces formes constantes dominent, celle des hiboux par exemple, ne devraient donner qu'un seul sexe, suivant que l'on affecterait la forme ronde seulement aux mâles ou seulement aux femelles.

Dans les croisements d'espèces, la forme des œufs n'est pas modifiée; l'expérience nous apprend, contrairement à l'opinion de Buffon, que le mâle n'exerce aucune action sur la figure de l'œuf pondu : une Poule fécondée par un Faisan ou par une Pintade donnera des œufs exactement semblables aux œufs fécondés par son propre coq. Tout récemment cette discussion a été ravivée à propos de l'opinion émise sur la possibilité de faire procréer à volonté, par les mammifères, des mâles et des femelles. De nouvelles vérifications ont été établies dans ce jardin par M. Coste et par moi, et après l'examen d'un grand nombre d'œufs, nous sommes arrivés à ce résultat que les œufs allongés ou les ronds contiennent indifféremment des mâles et des femelles.

Une autre question qui a été agitée à propos de la forme des œufs, est celle relative à l'extrémité de l'œuf qui sort la première de l'oviducte ; en d'autres termes, si c'est par le gros bout ou par le petit bout que les œufs sont pondus. Car vous savez que, quelle que soit la forme des œufs, les bouts offrent une différence bien appréciable à l'œil. Les opinions sont aussi partagées sur cette question. Aristote croyait que les œufs sortaient par le gros bout. Aujourd'hui, d'après les vérifications de M. le professeur Duméril père, on s'est arrêté à l'opinion que le plus ordinairement les œufs sortaient par le gros bout, mais qu'il n'est pas rare qu'ils puissent sortir par le petit bout. C'est ce que M. Coste a vérifié, sur des œufs examinés, dans l'oviducte même. Ainsi l'enfant sort du sein de la femme le plus ordinairement par la tête et quelquefois aussi par les pieds. Il arrive quelquefois à l'œuf, comme au fœtus humain, de se présenter par le travers, ainsi que j'ai pu le constater plus d'une fois sur les volailles pendant la saison de la ponte. Alors il y a véritablement *distocie*. Quelques fermières savent bien qu'il faut, dans ces cas, aider les Poules, et produisent avec le doigt une véritable version de l'œuf. Il arrive même quelquefois qu'un œuf, ne pouvant sortir, bouche le passage à ceux qui viennent après. Ceux-ci, pressés, comprimés les uns contre les autres, entassent dans l'oviducte une masse anormale où l'on peut reconnaître les différents jaunes et les différentes couches formées par le blanc de l'œuf ; le volume de ces masses distend l'oviducte, qui finit par se rompre, et ces ruptures donnent lieu à des épanchements dans le péritoine, et par suite à des péritonites mortelles. J'ai constaté que, pendant la ponte des oiseaux, cette cause de mort était assez fréquente.

Les œufs, suivant les différentes conformations de l'oviducte et les accidents de leur évolution abdominale, peuvent offrir des anomalies dans leur forme. De là des *œufs aplatis* ou plus allongés que de coutume ; sillonnés de rayons, au lieu d'être lisses ; des œufs à doubles coques, ou avec des appendices très-variés, qui leur donnent l'apparence de cornues ou de bouteilles à goulot. Toutes les collections possèdent des exemples de ces formes anormales. Nécessairement, l'infécondité de l'œuf en est la conséquence, ou bien il y a formation de poussins anormaux, autrement dit de monstruosités. C'est en se fondant sur cette observation que quelques naturalistes, Étienne Geoffroy Saint-Hilaire, le premier, sont parvenus à produire des monstruosités. C'est en comprimant certaine partie de l'œuf, en lui retirant la lumière, et bouchant les pores de la coquille, ainsi que vous le verrez plus tard, qui servent à la respiration de l'animal, qu'ils sont parvenus à faire presque à volonté ces monstruosités.

De nos jours, quelques naturalistes ont donné de la forme des œufs, suivant les espèces d'oiseaux, des explications assez ingénieuses. Ainsi, on a dit que la forme dépendait du mode de station de l'oiseau ; que les oiseaux qui, comme les Grèbes et les Pingouins, se tiennent debout, donnaient des œufs allongés, et les Hiboux, au contraire, qui sont ramassés sur eux-mêmes, des œufs ronds. D'autres ont prétendu que la configuration de l'œuf était, en raison de l'oiseau qu'il doit contenir. Si l'oiseau a un col long et des parties hautes, allongées, l'œuf doit être allongé. Enfin, plus anatomiquement, on a rattaché la forme de l'œuf à celle du sternum. Vous savez que la configuration du sternum est si variée dans les différentes sortes d'oiseaux, qu'on a pu la prendre comme un caractère de classification. Or, suivant que le sternum est court ou allongé, on a pensé que les œufs devaient se mouler sous leurs formes.

Ces trois explications de la forme des œufs, la station debout, la configuration du poussin et celle du sternum, sont, pour ainsi dire, trois côtés de la même explication. Car, évidemment, ces trois choses se tiennent et dépendent les unes des autres : la station debout, de la configuration du sternum, et de celle-ci la forme du poussin. Elles sont donc toutes trois admissibles, comme pouvant exercer une certaine influence sur la forme des œufs.

Suivant M. Hardy, la captivité influe d'une manière sensible sur la forme des œufs. Les Vautours, les Aigles, les Goëlands, les Oies, les Nandous, lorsqu'ils sont captifs, pondent des œufs plus allongés qu'à l'état de liberté. Cette remarque peut être vraie pour les œufs des gros oiseaux, mais rien de semblable ne s'observe chez les petits oiseaux de volière. Probablement parce que les gros oiseaux sont plus gênés en captivité que les petits dans les cages qui les renferment.

V. *Coquille ou enveloppe des œufs.* — Toutes les coquilles d'œufs présentent de petits orifices qui sont les voies d'absorption d'exhalation, par où se fait la respiration du petit animal contenu dans l'œuf. Nous avons vu que c'était au moyen de ces pores que s'effectuaient la chambre à air et la diminution du poids de l'œuf. C'est sur la connaissance de ce fait que sont fondés tous les procédés pour la conservation des œufs : on les place dans un corps liquide ou solide, sel ou huile, qui bouche les pores et empêche l'entrée de l'air et la décomposition de l'œuf. C'est aussi sur ce fait, comme nous l'avons dit, que repose toute la théorie des monstruosités produites à volonté.

Ces pores sont plus ou moins apparents, suivant les espèces d'œufs. Très-visibles chez l'Autruche, par exemple, ils le sont à peine à l'œil nu chez d'autres oiseaux, quoique leur fonctionnement n'en soit pas pour cela moins actif.

Beaucoup d'œufs sont pondus nus, secs et lisses ; d'autres sont imprégnés d'une matière grasse et glutineuse. Tels sont, pour la plupart, les œufs des oiseaux qui vivent dans l'eau ou dans des lieux très-humides. Cette couche glutineuse autour des œufs est destinée à les préserver d'être pénétrés par l'eau, et peut-être à leur conserver un certain degré de chaleur nécessaire à l'entretien de la vie.

La surface extérieure de la coquille est lisse chez le plus grand nombre des oiseaux, raboteuse et grenue chez d'autres, tels que les Hoccos et les Marails.

La surface intérieure est toujours lisse. On a dit que, quelle que soit la coloration de la face extérieure, si diversement colorée, comme nous allons le voir tout à l'heure, la surface intérieure était toujours blanche. Nous verrons qu'il n'en est pas toujours ainsi, et que cette surface intérieure offre quelquefois des nuances qui sont le reflet de la couleur extérieure, affaiblie et vue à travers la couche calcaire qui constitue la coquille.

L'épaisseur de la coquille varie aussi suivant les espèces ; elle est généralement plus épaisse et plus dure chez les oiseaux d'eau et chez les espèces qui habitent les contrées du Nord : probablement cette plus grande épaisseur est encore un moyen de conserver la chaleur.

Toujours, même dans les moindres détails des choses, nous retrouvons l'esprit infini qui préside à l'ordre et à l'arrangement de l'univers.

Dans un œuf ou plutôt dans les œufs d'une même espèce, l'épaisseur de la coquille n'est pas toujours la même dans tous les points. C'est ce que l'on reconnaît facilement lorsque l'on mire les œufs. Il y a évidemment çà et là, et dans un ordre très-irrégulier, des points plus opaques, et par conséquent plus épais. Quelques-uns ont voulu considérer, comme une des causes de l'infécondité de certains œufs, la multiplication et l'exagération de ces taches naturelles, et rattacher ainsi ces variations d'épaisseur à la théorie des monstruosités produites à volonté. Ils ont voulu voir dans ces taches opaques, empêchant la respiration, les mêmes effets produits par les corps appliqués sur l'œuf pour en boucher les pores.

La coquille est ordinairement plus solide et plus épaisse au gros bout qu'à l'extrémité opposée.

L'épaisseur est en rapport avec la grosseur de l'œuf, de sorte que les gros œufs ont, la plupart du temps, une coquille plus épaisse que les petits œufs.

La substance calcaire de la coquille se compose généralement de :

Matière organique unie à du soufre, ou gluten animal....	0,47
Sous-carbonate de chaux et de magnésie...	0,896
Phosphate de chaux........................... ..	0,57
Oxyde de fer..............	»

Je ne crois pas qu'il existe beaucoup d'analyses comparatives de la qualité, du nombre et des proportions des divers éléments qui entrent dans la composition de la coque des œufs des différents oiseaux. Ce travail serait à faire, pour vérifier si cette composition est la même dans toutes les coquilles.

On a dit que vers la fin de l'incubation, les coquilles s'amincissaient, et que leurs éléments résorbés servaient à la formation des os, en même temps qu'elles devenaient plus faciles à se casser, pour donner passage aux poussins, au moment de la naissance.

Ce qu'il y a de certain, c'est que quelques œufs sont plus minces que d'autres et exposés à se casser plus facilement ; de là les précautions prises par la nature pour empêcher que cet accident n'ait lieu pendant l'incubation, sous le poids des mères. C'est-à-dire la nécessité des nids, l'industrie de leur formation, si variée et si remarquable, et la diversité des poses des oiseaux pendant l'incubation. Quelques-uns appuient sur les œufs ; d'autres se tiennent à genoux, ou même simplement debout par-dessus, suivant leur poids et leur taille.

Nous avons vu que l'œuf pouvait être entièrement privé de sa coque, et n'avoir pour enveloppe que sa membrane albugine, et que c'était là ce qu'on appelait des œufs hardés.

VI. *Coloration des œufs.* — Ceux qui n'ont vu que les œufs des Poules de nos contrées peuvent croire que les œufs sont généralement blancs. Mais en jetant les yeux sur cette collection, encore qu'elle ne soit pas complète, vous verrez combien il est loin qu'il en soit ainsi. Vous avez sous les yeux, pour ainsi dire, la gamme de toutes les couleurs ; excepté quelques nuances très-claires, le jaune, par exemple, aucune n'y manque. Il y a des œufs bleus, rougeâtres, verdâtres, jaunâtres, olivâtres. Eh bien, lorsque l'on compte ces œufs et que l'on en établit le rapport avec le nombre des oiseaux connus, qui est de 8850, on trouve que les œufs blancs ne comptent que pour un cinquième au plus des oiseaux d'Europe, et qu'elle est encore moindre pour les oiseaux exotiques.

La coloration blanche n'est pas toujours pure, elle se nuance de gris ou de jaune, et offre une teinte plus ou moins sale.

On a cherché la raison de cette diversité de coloration. Ainsi, comme la plupart des œufs blancs proviennent des oiseaux nocturnes, on a pensé que c'était pour les pouvoir faire reconnaître dans l'obscurité de la nuit ou au fond des trous où ces oiseaux les cachent, que la nature leur avait donné cette coloration. Ils auraient pu être plus facilement cassés par les couveuses, s'ils avaient été d'une teinte plus foncée. On a remarqué que certaines colorations d'œufs se confondaient avec celle des objets ambiants : on a pensé que c'était pour les dérober à l'avidité des autres oiseaux qui en feraient leur proie. Tel est l'aspect grisâtre des œufs de l'Alouette, qui de loin ne peuvent être distingués des mottes de terre entre lesquelles le nid est déposé, et se trouvent ainsi préservés de l'atteinte des oiseaux de proie. Cette recherche des causes finales, cette étude des harmonies de la nature sont pleines de charmes. Elles donnent à l'étude de l'histoire naturelle un caractère religieux qui plaît à l'imagination.

Parmi les œufs colorés, il y a une première grande division à établir. Il y a les colorations uniformes et les colorations par taches.

Les colorations uniformes sont plus ou moins prononcées, sans qu'on ait pu encore donner l'explication de ces différences. C'est inutilement qu'on a essayé de les rattacher à l'action des climats, à la concordance du plumage ou à toute autre cause. Une foule d'exceptions contredisent ces explications.

Ainsi, à ceux qui ont prétendu que les œufs les plus colorés se rapportaient aux contrées intertropicales, où, sous l'action du soleil, toutes les couleurs sont plus vives, on peut citer beaucoup de pays tempérés, et même de ceux qui sont le plus au nord, où les oiseaux donnent des œufs très-colorés.

La dépendance de la coloration des œufs de celle du plumage est une opinion professée par Buffon, qui s'en servait pour conclure que l'œuf de la

Poule étant blanc, la coloration primitive et naturelle de la Poule sauvage devait être blanche, et que la domesticité seule avait produit les nuances variées que nous lui voyons aujourd'hui. Il ne faut pas se livrer à beaucoup de comparaisons entre les œufs des oiseaux et leur plumage, pour reconnaître que cette opinion de Buffon n'a pas pour elle la majorité des faits. Ainsi, les œufs des Corbeaux sont loin d'être noirs, etc. D'autres ont fait dépendre la couleur de la nature de l'alimentation. Bahler croit que les excréments de l'urine y sont pour quelque chose.

Quant aux taches, leurs formes sont très-variées. On a essayé de les coordonner en les rapportant à quelques formes principales : c'est ainsi qu'on les désigne en *points*, en *taches* et en *macules*, suivant leurs dimensions plus ou moins grandes. Quelques-unes offrent des dessins particuliers, représentent des *zigzags*. Mais rarement ces dessins sont réguliers. Cependant l'imagination populaire a voulu quelquefois y voir des dessins d'animaux et même des écritures avec un sens suivi.

Ce qu'il y a de certain, c'est que quelles que soient les variétés individuelles de nuances ou de dessin qu'offrent les œufs uniformément colorés, ou bien les œufs tachés, dans la plupart des groupes d'oiseaux qui les produisent, ces colorations sont assez constantes pour fournir un caractère très-important, et qui peut servir, comme les autres, et plus encore que les autres caractères tirés des œufs, à la classification de ces oiseaux.

Quelques-unes de ces colorations sont légères et superficielles et s'en vont par le frottement ou par le lavage, ou par l'action du temps et de la lumière ; d'autres sont plus profondes, plus persistantes. Quelques-unes se prononcent davantage sous l'influence calorifique de l'incubation ou de l'exposition à l'air. Dans un œuf de Tinamou, la coloration atteint presque la moitié de l'épaisseur ; dans celui du Casoar, elle dépasse un peu cette limite, et devient à l'air presque noire.

Certaines nuances sont assez prononcées pour se manifester, à la face interne de l'œuf, par des reflets plus ou moins sensibles qui permettent presque de dire que cette face interne est aussi quelquefois colorée. Généralement, la face interne des œufs offre une teinte blanche, excepté chez les Aigles et les Buses, où elle est légèrement verdâtre.

La coloration des œufs, quoique pouvant servir de caractère zoologique, n'est point tellement régulière, suivant les genres ou même suivant les espèces, qu'on puisse se servir de ce caractère unique pour systématiser une classification. Dans un même genre, on trouve des espèces à œufs blancs, d'autres à œufs uniformément colorés ou tachetés. Et même dans l'espèce Poule, on sait que si le plus grand nombre des races donnent des œufs blancs, il y en a certaines qui produisent des œufs jaune nankin : telles sont les races asiatiques.

Les œufs tachetés sont plus nombreux que les blancs et les unicolores réunis. La grandeur des taches augmente ordinairement avec celle de l'œuf.

Dans les œufs tachetés, on a noté que c'était au gros bout que les taches étaient en plus grand nombre et plus marquées. Elles sont semblables à des larmes arrondies, anguleuses ou arquées et en zigzag.

On s'est beaucoup ingénié à rechercher la cause ou plutôt le mode de formation de ces diverses colorations. Tous les œufs même les plus colorés commencent par être blancs. On a constaté que les colorations ne se produisaient que lorsque l'œuf est entièrement recouvert de sa coquille et se trouve arrivé dans la dernière partie de l'oviducte et prêt à être expulsé au dehors. Et comme dans un assez grand nombre de cas, on trouve sur l'œuf des taches de sang pur, on a pensé que ces taches n'étaient que le résultat de l'imprégnation du sang, et surtout du fer que contient ce sang, modifié par les acides qui se trouvent dans l'urine, laquelle urine est versée dans le cloaque et lubrifie l'œuf au moment de son expulsion. *Color ovorum*, dit Aristote, *secernitur a sanguine*. Mais cette explication, applicable tout au plus aux taches, n'expliquait point les colorations uniformes. C'est pourquoi on en a cherché une autre. L'analyse chimique a démontré que les matières colorantes dépendaient d'une matière azotée particulière, qu'on a désignée sous le nom de *chromine*. On a pensé que cette matière était élaborée dans les profondeurs de l'organisation, puisqu'on pouvait la modifier par l'alimentation. Les œufs des oiseaux nourris par la garance offrent une teinte rosée, très-sensible à la face interne de la coquille. On a, en effet, constaté qu'il existait dans la partie de l'oviducte, près du cloaque où s'effectuait la coloration, un appareil particulier destiné à sa sécrétion, et qui consiste en follicules visibles à l'œil, et desquels on peut, par la pression, recueillir des gouttelettes de la matière sécrétée.

M. Florent Prévost a examiné l'oviducte d'une femelle de Casoar, morte à l'époque de la ponte : il a trouvé les parois de ce canal tapissées, dans une partie de son étendue, de cryptes nombreux, gorgés de matière colorante d'un vert pâle. M. Prévost a recueilli des portions de cette matière et a remarqué qu'elle devenait foncée par l'exposition à l'air.

Cette explication, qui est la dernière émise dans la science, est aussi la plus satisfaisante, et nous nous y arrêterons.

Telles sont, messieurs, quelques-unes des considérations auxquelles l'étude de l'enveloppe de l'œuf a donné lieu. Si nous reprenions ces considérations suivant chaque groupe d'oiseaux, vous verriez le parti qu'on en peut tirer pour la classification ornithologique. Je dis que ce sont là quelques-unes des considérations, car il y en a bien d'autres encore, ainsi que vous pouvez en juger par un excellent travail de notre vice-président, feu Moquin-Tandon, dans la *Revue de zoologie*, et aussi par la grosseur du volume que voici, rempli seulement de considérations oologiques : c'est le dernier, et l'un des plus complets et des meilleurs livres écrits sur la matière. Il est de M. O. Desmurs. Le sujet est traité avec autant d'agrément que de savoir. Je vous engage à le lire et à le méditer ; vous reviendrez certainement de cette lecture avec une bonne impression. Vous comprendrez la puissance et l'étendue de l'esprit humain, en voyant le parti qu'il peut tirer des moindres objets, lorsqu'il s'applique à leur étude.

V. BULLETIN TRIMESTRIEL DU JARDIN D'ACCLIMATATION.

(QUATRIÈME TRIMESTRE DE 1864.)

I. — On peut dire que, cette année, il n'y a presque pas eu d'automne. Dès les premiers jours d'octobre, il s'est produit un abaissement subit et considérable de la température. Le thermomètre est tombé à —1 degré. Un vent glacial et la clarté du ciel aidant, il s'en est suivi des gelées blanches qui ont détruit la végétation. Au commencement de novembre, il a gelé comme en plein hiver. Après un adoucissement dans la première quinzaine de décembre, le froid a repris avec plus d'intensité vers la fin. De tout cela il en est résulté une température moyenne fort au-dessous de la moyenne générale de la saison.

Malgré cet hiver prématuré, comme le temps a été plutôt sec qu'humide, il n'a pas été trop défavorable à la santé des animaux. Plusieurs des espèces que nous avions rentrées les années précédentes ont été, cette année, laissées en plein air, sans qu'elles aient eu à en souffrir. Tels sont les Perruches callopsittes, Edwards, et ondulées, les Perdrix de Chine, les Tragopans, les Crossoptilons et les Lophophores. Des Hoccos, sans chauffage dans la volière, où le thermomètre est descendu à —3 degrés, se sont aussi bien trouvés que ceux placés dans la serre, érigée en volière d'hiver.

Cette volière d'hiver est une installation nouvelle de cette année. C'était une des serres destinées à la reproduction des plantes placées près du jardin d'hiver ; elle a été disposée pour servir de retraite pendant la saison aux Perroquets, Colombi-gallines, Marails, Passereaux, et en général à tous les oiseaux originaires des climats chauds. Des plantes ornementales entremêlées aux brillants plumages de ces oiseaux font de cette serre une décoration des plus pittoresques. Bien qu'il soit très-difficile d'y maintenir une température régulière à cause de l'étendue du bâtiment, le séjour des oiseaux dans cette serre a paru, depuis trois mois, leur être très-favorable.

La mue, chez quelques Poules, s'est prolongée jusqu'à la mi-novembre ; chez trois elle a été double, et entre les deux mues ces Poules ont servi à une couvaison.

La ponte, très-réduite en octobre, a été nulle en novembre, et n'a commencé à reprendre que dans la dernière quinzaine de décembre chez les Poules nègres, Java noires, Breda bleues et Cochinchine coucous.

Les Pigeons, même dans cette saison, pondent peu, donnent un plus grand nombre d'œufs clairs et élèvent mal les petits qu'ils mènent à éclosion.

Huit œufs pondus fin septembre par une femelle Cygne noir, et couvés par elle, ont été clairs.

II. *Naissances.* — Parmi les mammifères nous avons eu, en *octobre*, un Cerf du Paraguay, deux Chevrotains de Ceylan ; en *novembre*, un Cerf cochon, un Bouc d'Égypte, un Bélier du Sénégal, cinq Lapins, quatre Léporides; en *décembre*, deux Béliers et deux Brebis Ti-yang sans oreilles : une de ces Brebis a un rudiment d'oreille plus prononcé ; chaque portée a été de deux ; six Chevreaux du Sénégal, une Chevrette de Tuggurt, un Bélier et une Brebis de l'Yémen, une Brebis sans laine, deux Chevreaux demi-sang Angora.

III. — *Mortalité.*	Octobre.	Novembre.	Décembre.
Mammifères.	10	11	19
Poulerie	8	27	26
Volière.	74	126	112
Rivière.	34	37	69

En mammifères importants, nous n'avons perdu qu'un Tapir arrivé de Cayenne, cet été, en assez mauvais état, qui avait paru se rétablir, mais chez lequel on a trouvé des tubercules ; deux Kangurous de Bennett ; un Cerf du Paraguay, mort à la suite d'une fracture de la mâchoire qu'il s'était faite en se heurtant contre les grillages de son parc ; une Biche du Mexique ; une Biche Aristote très-vieille ; deux Tatous encoubert, pendant les grands froids ; un Agouti.

La grande mortalité de la volière est composée surtout d'un grand nombre de jeunes Faisans, qui comptent dans le chiffre pour 167, et de Colins pour 43. Ces oiseaux, dont il est fait approvisionnement pour la vente, meurent surtout dans les premiers jours de leur entrée ; ils se battent entre eux. Les forts empêchent les faibles de manger. En effet, après la mort, on ne trouve chez la plupart aucune lésion organique, mais seulement une grande maigreur, le jabot et le gésier vides. Chez ceux qui succombent après un plus long séjour, il n'est pas rare de trouver des productions tuberculeuses, surtout dans le tissu cellulaire du cou et des cuisses. Un Faisan *albo-cristatus* nous a présenté les séreuses du cou et des réservoirs aériens saupoudrés et comme enfarinés d'une poussière blanchâtre qui paraissait également de nature tuberculeuse.

En oiseaux précieux, nous avons eu surtout à regretter un Tragopan, un Coq de roche, deux Tinamous, et une femelle Lophophore, morte dans toute sa graisse, et chez laquelle il a été trouvé une hémorrhagie intestinale.

Une femelle Casoar, qui avait été prise d'une violente angine qui faisait craindre sa mort, en a été guérie par une hémorrhagie spontanée par l'anus ayant donné près de trois à quatre onces de sang pur.

Il n'y a eu apparence de la maladie pseudo-membraneuse que sur un groupe de Poules Crèvecœur envoyées de la Flèche.

Jusqu'à présent, excepté les rats et les souris qui pullulent au Jardin, mais qui ne s'attaquent qu'aux œufs, aux oiseaux naissants ou à ceux qui sont morts, on n'avait eu à combattre aucun autre animal nuisible. Dans le courant de novembre, on constata que les oiseaux de rivière, Bernaches, Canards, qui ne sont pas renfermés la nuit, étaient la proie d'un animal dont l'espèce ne pouvait être déterminée par les gardes et piégeurs appelés de tous côtés à notre aide. On en était réduit à faire monter une garde nocturne pour préserver les animaux, dont plusieurs des plus précieux, Céréopses, Canards d'Australie, Bernaches de Magellan, avaient succombé. Les veilleurs reconnurent que l'animal destructeur portait un grelot dont le tintement était perçu distinctement. Plusieurs fois il fut tiré au juger, mais sans succès. Enfin, au bout d'un mois d'éveil et d'alertes, un soir, un promeneur du bois de Boulogne aperçut un Renard, près de la porte Dauphine, qui se tenait dans l'un des caniveaux donnant écoulement aux eaux dans le fossé des fortifications. Les gardes, avertis, enfumèrent l'animal, qui fut tué à sa sortie du trou. On reconnut qu'il portait effectivement un grelot, et une enquête constata qu'il sortait de chez un marchand de vin exproprié à la barrière de l'Étoile, et qu'après avoir exploité plusieurs basses-cours du quartier des Ternes, il avait gagné le bois de Boulogne.

C'est la première fois qu'un pareil fait s'est produit ; depuis l'ouverture du Jardin jusqu'alors, nous n'avions eu aucune attaque de Fouine, Putois, Loutre ou Belette. Les seuls animaux nuisibles que nous avons eu à combattre étaient les rats et les moineaux, qui enlèvent une partie notable de la nourriture distribuée aux animaux des parcs et volières.

IV. *Aquarium.* — Il a été fait un grand nettoyage de l'Aquarium, qui, depuis trois ans et demi, fonctionnait sans qu'on eût eu besoin d'y toucher. Le sable des bacs et une partie de l'eau de mer ont été renouvelés. On avait remarqué que les poissons mouraient plus promptement que dans les commencements, ce qui provenait des qualités de l'eau infectée par les détritus des animaux qui y étaient morts. Dans ce nettoyage, on a découvert dans le bac des Crustacés un petit Homard, et dans celui des Congres plusieurs petits Congres, qui sont, sans aucun doute, des naissances obtenues dans l'Aquarium.

Dans les premiers jours de décembre, les Actinies ont essaimé. Autour de chaque Actinie mère on a remarqué comme une sorte de poussière blanche dont les formes n'ont pas tardé à se déterminer, sans qu'on puisse dire le nombre fourni par chacune. Les ovules ont paru sortir de la base de l'Actinie.

Durant les temps de gelée tous les animaux marins, particulièrement les Actinies, mangent moins.

Depuis le commencement de novembre, les Truites se poursuivent ; elles ont fait un trou dans le sable, et les femelles, dont le ventre paraissait plus développé, se frottaient contre le sable et le frappaient de leur queue. Vers la mi-décembre, le ventre des Truites a paru plus aplati : évidemment la ponte a eu lieu, sans qu'on ait pu encore reconnaître les points où les œufs ont été déposés.

Nous avons reçu de l'établissement d'Huningue :

15 novembre 1864.	25,000	œufs de Féra (grande espèce).
19 —	4,000	œufs de Truite grande des lacs.
19 —	5,000	œufs de Truite saumonée.
3 décembre.	15,000	œufs de Féra (petite espèce).
10 —	80,000	id. id.
20 —	1,000	alvins de Féra (grande espèce).
23 —	5,000	œufs de Saumon du Rhin.

M. Doumet fils, de Cette, a envoyé trois Méduses, deux Loups de la Méditerranée (*Labrax lupus*) d'une assez jolie taille, une jeune Dorade (*Chrysopterus aurita*), deux *Trigla hirundo* aux nageoires bleues, deux *Hippocampes*, des *Soles*, des *Aplysies* et une espèce d'Athérine, l'*Athérine Joël.*

L'aquarium a reçu aussi, dans ce quatrième trimestre, de M. Delidon, notaire à Saint-Gilles-sur-Vie : 1° des petites et grosses Chevrettes ; 2° des Moules en chapelets, provenant des parcs de la Bodelinière, élevées avec moitié eau douce et moitié eau salée ; des Sourdons, des Palourdes, des Pèlerines ou coquilles de Saint-Jacques et des Éponges.

V. *Dons.* — De Sa Majesté l'Empereur, une Gazelle dorcas.

De Son Altesse le prince Halim, une Chèvre d'Angora.

De M. l'amiral de la Grandière, une Spatule blanche, une Grue Antigone, deux Coqs coucous et trois Poules, un Coq et une Poule noirs, une Poule dorée pattue, un Coq nègre à crête simple, un Coq et trois Poules de soie.

De M. Germain, vétérinaire au corps expéditionnaire de Cochinchine, deux Ibis de Macé.

De M. Turc, chirurgien de marine, deux Poules sultanes.

De M. le lieutenant-colonel Marchaise, un Coq faisan bleu et un Cerf rusa de Cochinchine.

De M. Delidon, quatre Vanneaux ordinaires et trois Pluviers.

De M. Chesnay, un Hocco alector.

VI. *Jardin.*	Octobre.	Novembre.	Décembre.
Température moyenne à six h. du matin.	6°	0°	— 0°
A trois heures après midi.	16°	+ 8°	+ 2°
Minimum.	+ 1°	— 7°	— 11°
Maximum	+ 22°	+ 13°	+ 9°

Ce quatrième trimestre n'a pas été la saison des jardins. Les gelées de la première quinzaine d'octobre avaient détruit toutes les fleurs.

On a récolté deux variétés de Betteraves : l'une, dite *globe aplati*, à cause de sa forme aplatie, prend un gros volume et ne s'enfonce presque pas en terre, ce qui permettra de la cultiver dans des sols peu profonds ; l'autre, dite *crapaudine* ou *écorce*, à cause de sa peau qui ressemble aux écorces d'arbres, est une plante potagère à chair rouge et bien délicate.

La collection des Pommes de terre cultivées au Jardin d'été a été de seize variétés.

Dès octobre, la floraison des Camellias du jardin d'hiver a commencé et a continué lentement les mois suivants.

On s'occupe de retourner les gazons, qui s'appauvrissent rapidement dans le sol perméable du Jardin, autrefois la plaine dite des Sablons, et dont la porosité est telle, qu'il absorbe et boit en quelque sorte, en peu de temps, même la terre végétale dont on est obligé de le revêtir pour faire les moindres plantations.

VII. *Dons.* — De M. Poudra, officier supérieur en retraite, un Agave d'Amérique.

Du jardin botanique de Saïgon, 3 caisses de plantes et 10 variétés de graines.

Du comité correspondant de Pondichéry, une caisse de graines.

De la Société impériale : 1° venant de M. Édouard Loarix, trois espèces de graines des Indes orientales; 2° venant de M. Rodolphe Germain, une collection de graines de Cochinchine.

De M. Faure, des graines de Café de l'île de Cuba.

De M. Germain, directeur du jardin botanique de Saïgon, quatre espèces de graines.

De M. Beaudoin, capitaine d'infanterie de marine, des graines de Pandanus de la Nouvelle-Calédonie, venant de M. Pancher, et une collection de graines du sud de l'Australie.

De M. Dufaure, plusieurs jeunes plants de Café de l'île de Cuba.

Le Jardin a compté : en octobre, 23 734 visiteurs ; en novembre, 11 328 ; en décembre, 10 147. Le total des visiteurs a été, pour l'année 1864, de 259 140.

Le Directeur du Jardin d'acclimatation,

RUFZ DE LAVISON.

I. TRAVAUX DES MEMBRES DE LA SOCIÉTÉ.

NOTE

SUR LES RÉSULTATS OBTENUS

AU JARDIN D'ACCLIMATATION DU CAIRE

PENDANT UNE PÉRIODE DE DEUX ANNÉES,

Par M. le professeur **GASTINEL**,
Directeur de cet établissement.

(Séance du 7 avril 1865.)

La Société impériale d'acclimatation de France ayant bien voulu me faire l'honneur de m'admettre parmi ses membres, je me fais un devoir de venir personnellement lui en exprimer une profonde gratitude, et de l'entretenir un instant de la création au Caire d'un jardin d'acclimatation, à la direction duquel j'ai eu l'honneur d'être appelé par la confiance de Son Altesse le vice-roi, qui, appréciateur éclairé des choses utiles, veut donner au nouvel établissement tout le développement dont il est susceptible. C'est là une œuvre appelée à exercer en Égypte une heureuse influence sur le progrès des arts agricoles, et à laquelle tous ceux qui ont à cœur les intérêts de l'agriculture, qui sont les véritables intérêts des peuples, ne pourront qu'applaudir.

Déjà, vers la fin du siècle dernier, pendant l'occupation française, qui a laissé en Égypte de si honorables souvenirs pour le nom français, M. le professeur Delile, qui faisait partie de cette phalange de savants illustres composant l'Institut d'Égypte, voulant mettre à profit les heureuses conditions climatologiques de cette contrée, avait conçu le projet de la doter d'un jardin de culture expérimentale pour étudier tout type du règne végétal pouvant être utilisé aux divers besoins de l'homme. Dans ce but, un terrain d'une étendue d'environ 5 hectares, dans le voisinage du palais de l'Institut d'Égypte, devait être affecté à cette nouvelle création, quand les événements qui survinrent empêchèrent au savant professeur de mettre son projet à exécution.

Aujourd'hui, le vice-roi Ismaïl, obéissant à de nobles inspirations, jugeant que le jardin en voie de création était un peu éloigné de la ville et n'avait pas une étendue suffisante pour le rendre digne de sa destination, et voulant fonder un établissement analogue à ceux qui, en Europe, excitent à si juste titre l'admiration universelle, a décidé de créer un jardin zoologique et botanique dans un terrain appartenant à l'État, sur la belle avenue de Choubra, dépendant du palais de Kasr-el-Nouza, à un quart d'heure au nord de la ville. Le choix de ce terrain est on ne peut plus heureux, et son étendue, qui est d'environ 20 hectares, permettra non-seulement d'établir dans les meilleures conditions des parcs destinés aux animaux les plus intéressants, mais encore de faire sur une grande échelle des études suivies sur l'acclimatation d'un grand nombre d'espèces végétales utiles, étrangères au pays.

Une fois l'étendue du terrain bien déterminée, j'ai fait faire par le chef des cultures, M. Pélot, horticulteur très-distingué, un tracé qui a reçu la haute sanction du vice-roi, et qui comprend deux grandes divisions bien distinctes : la partie zoologique et la partie botanique proprement dite. Une machine à vapeur établie sur le Nil, qui n'est éloigné que de vingt minutes environ, permettra, au moyen d'un canal existant, la construction d'une rivière où les oiseaux aquatiques pourront prendre leurs ébats, et dont le courant, sans cesse alimenté, fournira l'eau nécessaire aux animaux et aux arrosements du jardin. Les premiers travaux d'installation sont actuellement en voie d'exécution. Les divers essais de culture commencés dans l'ancien jardin ont été repris et continués dans le nouveau, essais qui ont porté sur les meilleures variétés de blé connues, sur un grand nombre d'arbres fruitiers d'Europe, sur des plantes industrielles, sur quelques espèces médicinales, et enfin sur de nombreuses variétés de plantes ornementales étrangères. Les résultats de ces diverses cultures ont été des plus encourageants. Ceux surtout que nous ont fournis les céréales, sur lesquelles ont porté nos premières études, nous font concevoir les plus belles espérances pour l'avenir agricole du pays. L'intérêt qui s'attache à cette question est si grand, que nous croyons utile d'entrer dans quelques développements qui feront bien ressortir toute l'importance d'un établissement comme celui que nous avons mission de créer et d'organiser.

Tout le monde sait que la culture des blés en Égypte constitue une des sources principales de la richesse nationale par les immenses quantités de grains que le commerce d'exportation fournit à l'Europe. Un travail d'analyse exécuté sur les nombreuses variétés de blés égyptiens nous a permis d'apprécier nettement leur valeur nutritive. De notre travail est résultée cette conséquence, que les blés égyptiens n'offrent pas, en général, la richesse des bons blés d'Europe en principes alibiles, ce qui explique bien pourquoi ils ne peuvent jouir sur les grands marchés de la même faveur commerciale. Il y avait donc évidemment un très-haut intérêt à faire des études suivies sur les meilleures espèces à introduire et à naturaliser sur le sol égyptien. C'est ce que nous avons fait, en priant S. Exc. M. Kœnig-bey, dont la sollicitude éclairée pour les progrès agricoles est bien connue de la Société impériale d'acclimatation, dont il est un des membres les plus dévoués, de nous faire venir d'Europe une collection des variétés de blés les plus estimées. Ces diverses espèces de blés, au nombre de trente-trois, y compris celles que j'ai pu me procurer sur place, ont été semées dans des carrés spéciaux bien préparés, à côté des meilleures espèces de blés égyptiens qui devaient nous servir de terme de comparaison. L'ensemencement de tous ces blés a eu lieu pendant le mois de décembre de l'année 1862, et après leur levée, ils ont parcouru toutes les phases de la végétation dans les meilleures conditions. Plusieurs ont présenté des chaumes très-élevés, portant de magnifiques épis qui faisaient bien augurer du succès de nos cultures. A l'époque des vents chauds du khamsin, dans les premiers jours du mois de mai, les blés qui étaient presque arrivés à maturité n'ont pas eu à souffrir, mais ceux dont les épis étaient encore verts ont dû nécessairement subir l'influence de ces vents funestes, et n'ont pu acquérir leur développement normal. En effet, à cette époque de la végétation, sous l'influence d'une élévation de température anormale, l'albumine, qui prédomine dans le périsperme du grain, se trouve en partie coagulée. Dès lors, la formation du gluten, de l'amidon, du sucre et des autres principes du blé, est incomplète, et le grain est pauvre en principes alibiles. Cette circonstance nous a fourni une utile indication pour devancer l'époque des semailles, du moins pour les blés étrangers, de manière que ceux-ci soient à peu près arrivés à maturité à l'époque du khamsin.

Lors de la récolte de tous ces blés, qui a eu lieu en mai 1863, nous en avons déterminé le rendement et le poids à l'hectolitre. Ces opérations nous ont démontré que les blés étrangers, tels que ceux de Pologne, du Caucase, de Russie, de France, d'Algérie, d'Angleterre, de Naples, de Lausanne, de Xérès, qui n'avaient pas souffert de l'action du khamsin, avaient bien conservé leurs caractères, puisqu'ils dépassaient la moyenne des rendements, ainsi que le poids légal de 70 kilogrammes à l'hectolitre, poids auquel le commerce attache un grand prix. Voilà déjà un premier résultat bien satisfaisant, que nous nous plaisons à signaler en raison même de son importance.

Quant aux blés égyptiens, tels que ceux de Lyon, Sanafir et Galioub, Monfalout et Fayoum, et le Sindiouny, ils ne se sont point montrés inférieurs aux précédents comme rendement et comme poids.

Après ces premières opérations, il était important de déterminer la richesse de nos blés en principes alibiles. C'est ce à quoi nous sommes parvenu en en dosant le gluten, qui, de tous les matériaux composant le blé, est celui qui en est le principe azoté essentiellement nutritif, et qui, par conséquent, présente le plus d'intérêt.

Les femmes du peuple, à qui incombe le soin d'approvisionner leurs familles, emploient, pour apprécier la valeur nutritive du blé qu'elles veulent acheter, un moyen qui, tout grossier qu'il est, ne leur fournit pas moins d'utiles indications. Elles broient entre les dents une pincée de grains, de manière à former une pâte, dont le plus ou moins de consistance et de plasticité, leur fait connaître si ce blé est plus ou moins apte à la panification. En un mot, c'est d'après la consistance et la plasticité, variant avec la proportion et la qualité du gluten, que la valeur nutritive d'un blé est appréciée par elles.

Pour doser le gluten de tous nos blés, une même quantité de farine a été extraite de chacun d'eux par une mouture et un blutage soignés, et une fois les glutens obtenus, ils ont été bien lavés et pesés exactement après leur dessiccation. Dans cette opération du dosage du gluten, la plupart des blés étrangers ont présenté une grande supériorité sur les blés égyptiens, comme quantité et qualité du gluten, ceux de Monfalout et Fayoum exceptés. En effet, le blé de Pologne nous a donné 24 pour 100 de gluten sec, celui du Caucase 22, celui de Russie 21, des blés anglais de 18 à 20, celui de France 18, celui de Médéah 18. Quant aux blés égyptiens, ceux de Monfalout et Fayoum seulement ont donné 18 pour 100 de gluten sec. Dans les autres blés indigènes, les proportions de gluten décroissent de 14 à 10 pour 100. En outre, une circonstance qui donne aux blés étrangers que nous avons cités une supériorité incontestable, c'est la qualité du gluten. En effet, dans ceux-ci, le gluten à l'état hydraté est d'un gris clair, élastique et homogène; une fois sec, il est translucide, luisant, et présente beaucoup d'homogénéité, tandis que le gluten des blés indigènes est plus foncé en couleur, n'a presque pas d'élasticité, et est opaque et rugueux. Ces différences tiennent, ainsi que je l'ai constaté par de nombreuses analyses, à ce que, dans les glutens des blés européens déjà cités, la glutine est bien plus abondante que dans les glutens des blés indigènes. En effet, dans les premiers, la glutine; qui en est le principe azoté fondamental, le principe alibile le plus assimilable, qui, par sa transparence et sa plasticité, contribue à rendre le gluten homogène, lisse, translucide et luisant, entre dans une proportion qui varie de 30 à 35 pour 100 de gluten ; tandis que dans les glutens des blés indigènes, la proportion de glutine descend jusqu'à 8 pour 100, les autres principes immédiats du gluten, tels que la caséine et la fibrine, s'élevant à proportion. Ces grandes différences dans les proportions de glutine expliquent bien pourquoi les glutens des blés indigènes ne présentent pas, en général, le même état d'agrégation moléculaire que ceux dans lesquels la glutine se trouve en proportion la plus élevée. Une autre circonstance qui, dans certains blés indigènes, tend à rendre le gluten visqueux, mou, peu ou point élastique, c'est la présence de l'acide acétique, dans lequel le gluten est soluble. Elle peut servir à nous expliquer pourquoi le pain de certains blés contenant un pareil gluten est peu levé, non élastique et visqueux.

Il ressort donc de la quantité et de la qualité du gluten fourni par les blés étrangers soumis aux essais, que les résultats provenant de leur culture sont des meilleurs, puisqu'ils renferment une telle proportion de cette matière azotée, qu'elle constitue un maximum de richesse leur donnant la plus haute valeur commerciale; car tout le monde sait que les blés ont, en général, d'autant plus de valeur, qu'ils sont plus riches en gluten, surtout quand ce dernier produit présente une composition normale et les caractères qui lui sont propres.

Des essais de culture ont été aussi pratiqués sur d'autres céréales venues d'Europe, telles que plusieurs variétés d'avoine, d'orge et de seigle. Les résultats obtenus comme rendement et comme poids ont été des plus satisfaisants. L'acclimatation de ces bonnes espèces ne pourra qu'augmenter le nombre des produits utiles et créer de nouvelles ressources. Le seigle principalement présente un intérêt tout particulier. L'introduction en Égypte de cette graminée sera un grand bienfait pour la classe peu aisée, car non-seulement on peut la cultiver dans des terres sablonneuses, maigres, légères, mais encore sa farine produit un pain savoureux, d'odeur agréable, qui peut se garder frais pendant nombre de jours, et qui, bien plus nourrissant que le pain de dourah commun, dont fait usage le peuple dans les villages, pourra très-avantageusement le remplacer. Nous savons bien que des habitudes routinières et des préventions fortement enracinées seront peut-être longtemps encore dans les campagnes un obstacle à la culture du seigle, mais nous espérons qu'elles disparaîtront lorsque, grâce à l'initiative du gouvernement de Son Altesse, les propriétés de cette intéressante graminée seront bien appréciées.

Voilà, pour la première année, les résultats que nous avons obtenus de nos essais sur les céréales d'Europe, et qui, nous sommes heureux de pouvoir le dire, sont des plus encourageants.

Quant à ceux que nous a présentés la récolte de 1864, ils ne diffèrent pas sensiblement des premiers pour les céréales cultivées dans les conditions ordinaires; mais à l'égard de celles qui ont été traitées par le procédé si ingénieux de fécondation artificielle de l'agronome hongrois, M. Hooïbrenk, nous avons pu constater dans le rendement une augmentation d'environ un quart, ce qui semble militer beaucoup en faveur de l'emploi de ce procédé. Les résultats que nous en obtiendrons cette année nous fixeront définitivement, j'espère, sur sa valeur.

Voilà donc déjà deux récoltes de céréales se présentant dans les meilleures conditions. Les résultats obtenus de leur culture sont des plus encourageants; il ne leur manque que la sanction du temps pour les rendre concluants. Nous espérons qu'avec le concours de quelques heureuses circonstances, telles que la mise en pratique des assolements, des ensemencements opérés assez tôt pour que les blés soient à peu près arrivés à maturité à l'époque du khamsin, des engrais azotés employés avec discernement, des arrosements ménagés avec mesure, nous pourrons non-seulement conserver aux meilleures variétés de blés les caractères qui leur sont propres, mais encore améliorer celles dont l'état d'infériorité serait bien reconnu.

Une circonstance qui m'entretient dans cette espérance, c'est la richesse en gluten du blé de Russie, dont j'ai pu me procurer des graines sur place, et qui, cultivé dans les environs du Caire depuis six ans, peut, croyons-nous, être considéré aujourd'hui comme un blé égyptien, c'est-à-dire comme un blé acclimaté.

Ensuite le blé originaire de France, également riche en gluten, provient aussi d'une quatrième récolte faite dans les environs du Caire ; de sorte que si, dans deux ou trois ans, ce blé présente la même richesse en gluten, nous pourrons encore le considérer comme un blé acclimaté.

Nous avons enfin un autre blé extrêmement remarquable comme rendement, comme poids et comme richesse en gluten : c'est le blé dur de Médéah (Algérie), que je considère comme une des meilleures espèces connues, et dont la culture en Égypte me paraît appelée à un grand avenir, au point de vue de la conservation de sa richesse en principes alibiles, en considérant que le pays dont il est originaire appartient au même continent que l'Égypte, circonstance qui, nous le croyons, a une grande valeur.

Si, dans quelques années, nos efforts peuvent être couronnés de succès, nous ferons répandre par les soins du gouvernement, dans tout le pays, les espèces que l'expérience nous aura désignées comme les meilleures, comme les plus productives.

Aucune question agricole ne présente, en Égypte, une si haute importance que celle qui a pour objet l'acclimatation de bonnes espèces de blés, qui, une fois réalisée, sera une conquête précieuse pour le pays, et répondra à un besoin du premier ordre, en permettant aux producteurs de livrer au commerce des grains d'une valeur équivalente à celle des meilleures espèces connues. Ils se trouveront ainsi largement dédommagés de leurs soins par la plus-value qu'acquerront les nouveaux produits.

Nous avons maintenant à rendre compte à la Société impériale d'acclimatation des travaux entrepris en vue de l'amélioration de l'opium égyptien.

La question de la production de l'opium en Égypte touche à la fois aux intérêts de la science, du commerce et de l'humanité. Cette substance, récoltée dans la haute Égypte, et qui, sous le nom d'*opium thébaïque*, avait autrefois une certaine célébrité, est loin de jouir aujourd'hui de la même faveur commerciale que les opiums de Smyrne ou de Constantinople, et que ceux de France.

Cet état d'infériorité tient non point à la variété de Pavot cultivée, naturellement riche en principes actifs, mais bien à des causes dont les producteurs ne se rendent pas assez compte. Ainsi, les incisions pratiquées aux capsules à une époque trop peu avancée de la maturité, pendant laquelle l'élaboration des sucs est incomplète, des arrosements trop fréquents qui rendent ces mêmes sucs trop aqueux, et par-dessus tout les nombreuses falsifications que font subir à l'opium les producteurs d'abord, les acheteurs ensuite, afin d'en augmenter le poids, telles sont les causes principales qui tendent nécessairement à rendre l'opium égyptien pauvre en principes actifs, et par suite à le déprécier dans le commerce.

Chargé, comme professeur de chimie à l'École de médecine du Caire, de titrer les différents opiums avant leur admission dans les magasins de la pharmacie centrale des hôpitaux, j'ai pu me convaincre par de nombreuses analyses que la plupart des opiums apportés de la haute Égypte ne contenaient presque pas de morphine, ou en contenaient de si faibles proportions, qu'il était impossible de les accepter pour l'usage médicinal. La morphine étant le principe actif le plus important de l'opium, il a fallu, dans cet état de pénurie, faire venir d'Europe de l'opium à titre déterminé en morphine, afin que le médecin pût toujours compter sur l'action des médicaments opiacés journellement délivrés aux malades. Dans cet état de choses, mon devoir m'imposait l'obligation d'étudier à fond la question de la production de l'opium, pour déterminer les conditions les plus favorables à l'obtention d'un produit occupant le premier rang dans la matière médicale, quand il contient la somme normale des principes actifs qui constituent sa valeur thérapeutique.

Pour atteindre le but important de la production d'un opium type, j'ai fait semer pendant le mois de décembre de l'année 1862 de la graine de Pavot de la haute Égypte, qui est l'espèce à fleurs blanches, dans un carré spécial préalablement bien préparé à l'aide d'engrais azotés et d'arrosements suffisants. Les Pavots ont promptement levé et ont parcouru toutes les phases de la végétation dans les meilleures conditions. Au commencement d'avril 1863, les capsules étant presque arrivées à maturité, nous les avons incisées et en avons recueilli un suc laiteux un peu rosé et consistant, qui s'est bientôt concrété en prenant une couleur d'un brun foncé. C'était là notre première récolte d'opium, dont il était intéressant de connaître la teneur en morphine. Je me suis donc attaché à titrer cet opium par le procédé Guilliermond modifié, qui est prompt, facile à exécuter, et qui satisfait bien à toutes les conditions d'un dosage exact. Ce procédé consiste à épuiser un poids donné d'opium par de l'alcool à 71° centésimaux, et à traiter ensuite la dissolution par de l'ammoniaque, qui décompose le méconate de morphine contenu naturellement dans l'opium, de telle sorte qu'il se forme du méconate d'ammoniaque qui reste dissous, tandis que la morphine, devenue libre, se dépose à l'état cristallisé. La narcotine, autre principe alcaloïde de l'opium, mise aussi en liberté pendant la réaction, mais plus légère que la morphine, reste en suspension dans le liquide, de sorte que, par la décantation, on la sépare facilement. Il ne s'agit plus alors que de jeter la morphine sur un filtre, de la laver, la faire sécher; de la laver ensuite à l'éther, pour dissoudre et entraîner les dernières traces de narcotine, et enfin d'en prendre le poids exact après dessiccation. Ce procédé de dosage m'a donné 10 pour 100 de morphine pour l'opium récolté la première année au jardin d'acclimatation, tandis que les nombreux échantillons d'opium soumis antérieurement à mon examen ne contenaient pas de cet alcaloïde, ou n'en contenaient guère plus de 2 ou 3 pour 100, lors même qu'ils étaient vierges de toute falsification. Cette morphine présentait bien d'ailleurs les caractères qui lui sont propres : petites aiguilles prismatiques à quatre pans, insolubles dans l'eau et dans l'éther, solubles dans l'alcool, rougissant par l'acide azotique et bleuissant par le sesquichlorure de fer.

Voilà donc un opium qui peut, thérapeutiquement et commercialement, entrer en concurrence avec les meilleurs opiums connus, et acquérir, par conséquent, une valeur bien supérieure à celle des opiums récoltés jusqu'à présent dans la haute Égypte.

Ce premier résultat a été assez encourageant pour que Son Altesse le vice-roi nous ait donné l'ordre de reprendre l'année suivante ces essais de culture sur une plus grande échelle. Ce sont les résultats obtenus la seconde année que je me fais un devoir de soumettre au jugement de la Société.

A l'époque de la floraison, nous avons remarqué parmi les Pavots quelques pieds à fleurs violettes, qu'il était intéressant de traiter à part, afin de nous assurer s'il n'y aurait pas quelque différence entre l'opium fourni par cette variété et celui provenant du Pavot à fleurs blanches. C'est ce que nous avons fait en recueillant isolément les deux sortes d'opiums dans les premiers moments de la maturité des capsules. Les caractères physiques des deux produits sont identiquement les mêmes : couleur brune foncée à l'extérieur, un peu rousse à l'intérieur, odeur vireuse très-prononcée, saveur âcre, amère et nauséeuse. Quant aux caractères chimiques, ils sont aussi les mêmes dans les deux sortes et se résument dans les suivants : traités par l'eau froide, les deux opiums donnent un liquide rougeâtre foncé qui s'éclaircit facilement par le dépôt d'un résidu insoluble formé d'une matière résinoïde. La dissolution rougit le papier bleu de tournesol, et donne avec les sels de sesquioxyde de fer une coloration rouge, avec le chlorure de calcium un abondant précipité de méconate de chaux, et avec l'ammoniaque un précipité abondant, principalement composé de morphine. Ce sont là les caractères des bons opiums.

En présence de la richesse en morphine de l'opium récolté l'année précédente, il y avait tout intérêt à titrer les deux variétés d'opiums. C'est ce que nous avons fait en les traitant toutes les deux par le procédé Guilliermond. Le résultat de notre examen chimique a été le suivant : l'opium du Pavot à fleurs blanches nous a donné 10,40 pour 100 de morphine pure, et l'opium du Pavot à fleurs violettes nous a donné 12,20 pour 100 de morphine également dans un grand état de pureté constaté par les caractères que nous avons déjà signalés.

La richesse de l'opium obtenu la première année me donnait l'espérance que nous parviendrions à réhabiliter l'opium égyptien et à lui rendre son ancienne célébrité. Aujourd'hui, en présence des résultats obtenus l'an dernier, et qui sont supérieurs aux précédents, cette espérance est devenue une certitude, car ce rendement de 12,20 pour 100 en morphine provenant d'un opium fourni par une variété de Pavot indigène, constitue un maximum de richesse donnant à ce produit une valeur supérieure à celle des opiums de l'Asie Mineure.

De tout ce qui précède, il résulte que l'obtention d'un opium au titre indiqué réalise la solution d'un problème important, car il touche à des intérêts du premier ordre.

Nous osons espérer que la Société impériale d'acclimatation et son illustre président, qui porte un si vif intérêt à tout ce qui peut contribuer à l'accroissement des sources du bien-être général, voudront bien accueillir avec bienveillance cette communication, qui pourra les édifier sur la nature et l'importance des travaux qui nous sont confiés.

DU FAISAN DE L'INDE

Par M. A. TOUCHARD.

(Séance du 7 avril 1865.)

Voici la ponte des Faisans arrivée, et l'élevage de ces oiseaux s'est tellement répandu en France, qu'il serait peut-être bon de faire connaître aux personnes qui vont se livrer à leur éducation, sur quelles espèces elles doivent fixer leur choix; je veux parler aujourd'hui du Faisan commun et du Faisan de l'Inde.

Cette dernière espèce, qui n'a été introduite en France que depuis quelques années, est très-recherchée des amateurs, à cause de la beauté de son plumage et de sa fécondité extraordinaire. Ce bel oiseau est maintenant si répandu, qu'il ne se vend pas beaucoup plus cher que le Faisan ordinaire.

Quelques personnes ont donné, jusqu'à ce jour, la préférence au Faisan commun, parce qu'il est plus gros ; mais pour le chasseur, c'est plutôt la quantité des pièces à tirer qu'il recherche que leur grosseur. Que lui importe, en effet, 200 ou 300 grammes de plus ou de moins dans la pièce qu'il abat ! Il lui faut des émotions souvent répétées et de nombreuses occasions d'exercer son adresse. Ce petit défaut, si c'en est un, a beaucoup nui à la propagation du Faisan de l'Inde, et cependant il le rachète par de bien grandes qualités.

Le Faisan de l'Inde, plus farouche que le Faisan commun, est moins facile à chasser que ce dernier; il court moins longtemps devant le chien. Son départ est prompt, son vol rapide et soutenu ; il faut plus d'adresse pour l'abattre et plus de science pour le retrouver, car il se remise loin de l'endroit d'où il est parti. Cette espèce ne conviendra pas aux personnes qui aiment une chasse facile, où l'adresse et la vivacité du coup d'œil ne sont pas nécessaires. Elle ne s'approche jamais des habitations comme le Faisan commun, qui va souvent se faire tuer dans les basses-cours qui avoisinent les bois, surtout dans sa jeunesse.

Le Faisan indien recherche les fourrés les plus impénétrables ; toujours en éveil, il fuit au moindre bruit : aussi ne convient-il pas dans les faisanderies, où l'on rattrape les Faisans à cinq ou six mois, car il est excessivement rare d'en prendre sous une cage à poulets. Ces habitudes sauvages sont avantageuses pour les personnes qui veulent peupler des bois d'une grande étendue ; elles économisent les frais assez considérables d'une faisanderie. Le Faisan ordinaire, qui est moins farouche, convient mieux aux parcs et aux bois de peu d'étendue ; il s'éloigne peu des endroits où sa nourriture lui est habituellement donnée, et il est facile à rattraper. Mais sa familiarité cause souvent sa perte ; les braconniers l'attendent, soir et matin, à sa sortie du bois, lorsqu'il va chercher sa nourriture en plaine.

Tels ne sont pas seulement les avantages du Faisan de l'Inde sur le Faisan ordinaire ; ses plus grandes qualités, celles qui devraient le faire choisir à l'exclusion du Faisan commun, sont :

Sa grande fécondité : la Poule de l'Inde pond en moyenne 40 à 50 œufs, quelquefois 60 et 70 ; la Poule faisanne ordinaire ne donne en moyenne que 16 à 20 œufs, quelquefois 25 à 30, mais c'est rare. On peut donc affirmer, sans se tromper, que la ponte du Faisan de l'Inde est *double* de celle du Faisan commun. Cette ponte est plus précoce de vingt jours au moins. Il a été observé, et cela depuis plusieurs années, qu'il est plus ardent, et, qu'en captivité, il donne beaucoup moins d'œufs clairs que le Faisan commun.

L'éclosion se fait plus facilement ; les petits sont tout de suite vifs et vigoureux. Lorsqu'ils sont plus âgés, ils se piquent moins, bien que retenus dans des volières de peu d'étendue : c'est là un véritable avantage pour les petits amateurs.

Le croisement du Faisan de l'Inde avec le Faisan ordinaire convient parfaitement aux personnes qui ont de belles chasses ; on obtient ainsi un Faisan d'un plus joli plumage, moins gros, il est vrai, que ce dernier, mais un peu plus vif, et surtout beaucoup plus fécond. Ce croisement étant déjà fort répandu, il est assez difficile de trouver des Faisans indiens de race pure.

Le Faisan de l'Inde doit avoir le cou mince et entouré d'un large collier blanc. La tête est petite ; il la rejette en arrière lorsqu'il court. La gorge a des reflets violets plus clairs que ceux du commun. Le bas du dos et le dessus des ailes sont d'un vert très-clair ; les flancs sont jaune clair, et toutes les plumes qui les composent sont marquées d'un petit point noir régulier. La queue est courte et pointue.

La femelle, beaucoup plus petite que la Poule faisanne commune, se distingue facilement de cette dernière par son cou allongé et sa tête petite ; son plumage est aussi plus clair.

Les œufs sont vert-olive foncé, presque ronds et beaucoup plus petits que ceux du Faisan commun. Les femelles pondent plus la seconde année que la première ; elles sont très-bonnes à la reproduction pendant cinq et six ans.

On reconnaît les Faisandeaux de l'Inde dès leur naissance, à la petitesse de leur tête, qui est ronde, au lieu d'être allongée comme chez le Faisan commun ; les raies noires du corps et de la tête sont pâles chez ce dernier et très-marquées chez l'indien.

On reconnaît tout de suite un Faisan indien croisé à sa grosseur, à son dos rouge à reflets verts ; ses ailes sont plus grises, ses flancs sont mouchetés irrégulièrement sur un fond jaune foncé. Il est aussi moins farouche que l'indien, car c'est un signe caractéristique de la race pure.

NOUVEAU SYSTÈME DE PÊCHE.

RÉSERVOIRS DE DÉPOT, BATEAUX-VIVIERS ET CONSERVATION DU POISSON,

Par M. SABIN BERTHELOT,
Consul de France à Sainte-Croix de Ténériffe,
Membre honoraire de la Société impériale d'acclimatation.

(Séance du 24 mars 1865.)

Parmi les poissons qui alimentent la pêche locale de Sainte-Croix de Ténériffe, il est une foule d'espèces qui n'entrent que pour une faible partie dans la masse des produits que réclament les besoins de la consommation générale. Ce sont premièrement les poissons sédentaires, qui, dans les eaux du littoral où ils vivent et se propagent, s'écartent peu de leurs retraites habituelles, et, en second lieu, les poissons aventuriers, vaguant par troupes plus ou moins nombreuses dans toute l'étendue de notre zone maritime. Ces derniers, fixés temporairement sur certains fonds qui leur offrent une nourriture abondante, se déplacent aux époques de la reproduction, à la recherche des frayères où les alevins doivent trouver à leur tour la pâture convenable à leur développement.

La plus grande partie des espèces qu'on doit considérer comme la principale ressource de l'alimentation publique se compose au contraire de poissons migrateurs qui passent et repassent tous les ans le long de la côte.

Il existe entre les poissons sédentaires ou aventuriers et les espèces de passage des différences marquantes qu'il importe de prendre en considération. La pêche des poissons sédentaires et aventuriers est très-éventuelle, et c'est elle pourtant qui fournit à la consommation journalière le poisson le plus recherché, et dont la rareté a fait augmenter le prix. La pêche du poisson de passage, au contraire, est presque toujours assurée ; ses produits se vendent à des prix plus modérés, et, par conséquent, plus à la portée de toutes les classes. C'est de cette masse de poissons migrateurs, qui affluent chaque année aux époques des passages et apportent l'abondance sur nos marchés, que nos établissements de salaison tirent tout leur aliment (Sardines, Anchois, Thons, Bonites, Morues, Harengs, Maquereaux, etc.).

On pourra parvenir, par de sages prévisions et de bons règlements, en ce qui concerne les poissons sédentaires et aventuriers, à repeupler les fonds de pêche que les mauvaises méthodes et les engins destructeurs n'ont déjà que trop épuisés. Filets dormants ou flottants, de traîne ou de drague, palangres, nasses et bourdigues, tout est mis en œuvre, jour et nuit, pour enlever ce qui peut encore se reproduire dans les eaux de notre littoral; mais cette multitude d'engins dont le pêcheur dispose, n'est plus en rapport avec les résultats qu'il obtient, et, la plupart du temps, les bénéfices de la pêche ne compensent ni ses dépenses ni ses peines.

Dans la pêche du poisson de passage, les conditions ne sont plus les mêmes, et les moyens, agissant sur de grandes masses, sont en général plus efficaces, à en juger du moins par l'importance des résultats, car ici c'est par milliers que l'on compte. Cinq à six cents Thons, du poids moyen de 40 kilogrammes, ont été cernés à la fois dans une madrague : un seul bateau en a pris jusqu'à 172 aux courantilles volantes; on cite des coups de filet de 30 000 Sardines, de 18 000 Maquereaux, et des pêches de Harengs bien plus fructueuses encore. Un seul homme a pris souvent plus de 200 Morues en un jour. Ainsi, nos pêcheurs peuvent employer sans crainte les procédés les plus expéditifs pour se rendre maîtres des poissons voyageurs. Qu'ils redoublent d'activité, qu'ils multiplient les moyens d'action, le poisson de passage est une manne providentielle qui ne leur fera jamais défaut, et quelles que soient les pertes qu'éprouvent dans leurs migrations ces bandes innombrables qui viennent nous payer leur tribut, ils peuvent être certains de les retrouver chaque année tout aussi nombreuses. Depuis plus de dix siècles que les nations scandinaves commencèrent à pêcher le Hareng, d'immenses légions de ces poissons migrateurs continuent de fréquenter les mers du

Nord ; les Morues n'ont cessé de se montrer en grand nombre sur les bancs de Terre-Neuve et d'Islande, et les produits annuels de la pêche de la Sardine, dans nos ports de la Méditerranée et sur nos côtes occidentales, sont encore estimés en moyenne à plus de 2 millions de francs.

La pêche du poisson de passage dépassant de beaucoup les besoins de la consommation journalière, la plus grande masse de ses produits serait perdue, si elle n'était susceptible d'être conservée par la salaison. Il n'en est pas ainsi du poisson sédentaire ou aventurier, qu'on ne sale pas et qu'il faut nécessairement livrer tout de suite à la consommation, car la vente ne saurait en être retardée sans préjudice, à moins de pouvoir le conserver vivant. Cet inconvénient a fait penser sans doute à la création des viviers, sortes d'entrepôts alimentaires où l'on peut garder l'excédant de la pêche dont on ne trouve pas assez promptement le débit : ces réservoirs n'auront pas eu une autre origine. Il importait d'avoir le poisson sous la main, afin de se ménager une ressource dans les moments de disette, lorsque la pêche ne donnait pas, ou que les mauvais temps retenaient les barques au port. Mais ces entrepôts alimentaires n'auraient pu suffire aux besoins de la consommation sans être incessamment pourvus de poissons par des bateaux-viviers installés pour la conservation et le transport des produits de la pêche à l'état vivant. Ce système d'approvisionnement, qu'il serait si important d'organiser sur nos côtes, est établi depuis longtemps au Cambodge, dans tout l'empire d'Annam, en Chine, de même qu'au Japon. La pêche s'y fait avec des bateaux-viviers qui apportent le poisson dans les réservoirs de dépôt, où il est livré ensuite aux consommateurs. Dans certaines localités, c'est simplement à bord des bateaux pourvoyeurs que s'opère la vente. Au Japon, les réservoirs à poissons sont de véritables établissements de pisciculture, sortes de bassins à écluses, où les différentes espèces qu'on y renferme sont séparées par des clayonnages de bambous ; les procédés de la fécondation artificielle y sont appliqués à la production d'espèces hybrides.

Les Romains, qui portèrent si haut l'art de construire des

viviers, durent avoir aussi à leur service des bateaux de pêche avec réservoirs à poissons, car, sans cette condition, comment aurait-on pu présenter sur les tables somptueuses de ces riches gourmets de Rome, auxquels Juvénal a fait allusion dans sa cinquième satire, tous ces poissons pêchés dans des parages très-éloignés de la capitale de l'empire et qu'on se procurait à tout prix : « *Les beaux Rougets de Corse ou des roches de Taormina, et ces grosses Murènes sorties des gouffres siciliens ?*... Les mers d'Italie étaient épuisées pour satisfaire à la voracité des opulents patriciens ; les pêcheurs, incessamment à l'œuvre, n'en laissaient plus grandir les poissons, et la province fournissait la métropole... (1). »

Nous assistons aujourd'hui à la rénovation des viviers, car l'invention, comme on voit, date de loin. Je vais donc exposer les avantages que nous pourrons en retirer pour les besoins de la consommation locale et l approvisionnement des marchés de l'intérieur.

Le poisson provenant de la pêche côtière n'arrive à terre ordinairement que cinq à six heures après avoir été pris, et dans cet état, quelle que soit la rapidité du transport, il n'est guère possible, le plus souvent, de le conserver assez frais pour les villes trop éloignées de la mer. Or, cet inconvénient n'est plus à craindre, si l'on peut, à volonté, le tirer vivant des parcs de réserve et l'expédier aussitôt. La création de ces dépôts serait donc une excellente mesure de prévision, qui assurerait des ressources lorsque le poisson est rare, et permettrait de réserver l'excédant de pêche quand les produits de la mer dépassent les besoins. Mais pour atteindre ce double but, il faut, comme je l'ai déjà dit, que ces réservoirs puissent s'approvisionner en poissons vivants, ce qui ne peut avoir lieu qu'avec des barques installées à cet effet. C'est donc tout un nouveau système de pêche qu'il s'agit d'établir, à l'imitation de celui qui fonctionne déjà aux États-Unis, à la

(1) *Mullus erit domino, quem misit Corsica, vel quem*
Taurominitanæ rupes.....

(Juvénal, *Sat.*, V.)

Havane, et qu'on vient récemment d'introduire aux îles Canaries.

Ce que nous devons rechercher, aujourd'hui que les voies ferrées relient la plus grande partie des villes de l'intérieur avec la côte, c'est d'augmenter autant que possible les ressources de l'alimentation publique, afin de faire participer toutes les classes aux produits variés de la mer. Les parcs de réserve et les bateaux-viviers nous en faciliteront les moyens. Avant donc d'entrer dans de plus longs développements sur une question aussi importante, je donnerai d'abord quelques détails sur les parcs à poissons qui doivent servir d'entrepôts, et sur les bateaux-viviers chargés de les alimenter.

Les parcs à poissons peuvent être de diverses sortes. A la Havane, ce sont de grandes et fortes caisses quadrangulaires, à fond plein pour recevoir le lest convenable. Les bordages de ces viviers flottants ont un quart de mètre de large, et laissent entre eux, sur les côtés des caisses, un vide ou écart d'environ un pouce, afin que l'eau puisse s'introduire facilement. La partie supérieure est consolidée, vers le milieu, par une forte traverse, et de grandes planches, d'un quart de mètre de large, placées horizontalement, forment, sur le pourtour, un plain-pied qui facilite le service, et empêche, dans les oscillations que ces caisses peuvent éprouver, que les poissons ne s'échappent par les deux espaces qui restent ouverts comme des écoutilles de chaque côté de la traverse. Le fond des caisses est solidement construit, afin de pouvoir résister au poids dont il est chargé pour les faire plonger.

Ces caisses flottantes mesurent $2^{m},50$ de long sur $1^{m},50$ de large et $1^{m},33$ de profondeur. Elles sont mouillées près du môle, dans des eaux pures où la mer est presque toujours un peu houleuse, condition essentielle pour la bonne conservation du poisson. Elles sont presque entièrement submergées, et ne ressortent guère que de 25 à 30 centimètres au-dessus de l'eau. Le fond du mouillage où on les place doit être de roche, de vase ou d'herbe marine; les fonds de sable pourraient nuire aux poissons lorsque la mer est trop tourmentée. Pour éviter l'inconvénient des eaux troubles, on doit toujours donner la préférence aux fonds de roches, et mouiller ces réservoirs flottants par deux ou trois brasses de profondeur.

Chaque caisse, de celles qu'on emploie à la Havane, peut contenir 200 à 250 poissons, du poids de cinq à dix ou douze livres. Quatre de ces réservoirs suffisent pour entreposer les 600 ou 900 poissons qui composent ordinairement le chargement d'un bateau-vivier.

Les poissons renfermés dans ces caisses peuvent y vivre pendant un mois, en les nourrissant avec de la chair hachée des espèces les plus communes. On a soin en même temps d'introduire parmi les poissons du vivier une vingtaine de Homards ou de Langoustes, afin que ces grands crustacés mangent les poissons morts qu'on ne pourrait retirer, et purgent le réservoir de toutes les saletés et des productions marines qui s'y forment. Il est des poissons malades qui se présentent eux-mêmes aux écoutilles du vivier, et qu'il faut retirer aussitôt pour préserver les autres.

Aux États-Unis, de même qu'en Angleterre, les viviers sont des bassins de maçonnerie et à écluses pour le renouvellement de l'eau. Les bassins d'expérience, creusés dans le roc vif, à Concarneau, en Bretagne, sont chez nous des viviers modèles, dont l'excellente installation ne laisse rien à désirer. Mais quel que soit le mode qu'on adopte, les poissons destinés à la consommation pour les besoins journaliers peuvent rester renfermés, sans le moindre inconvénient, dans les viviers flottants aussi bien que dans les bassins artificiels.

Quant aux bâteaux-viviers affectés à la pêche pour l'approvisionnement des réservoirs de dépôt, leur construction exige des conditions spéciales qui m'obligent d'entrer dans des explications plus détaillées.

Les bateaux-viviers de construction américaine (États-Unis) sont appareillés en goëlettes, et presque tous de 40 à 60 tonneaux de jauge. Ils s'expédient des ports du Sud pour aller pêcher sur les côtes de la Floride, et vendre ensuite leur poisson à la Havane. L'entreprise de pêche établie à Cuba, qui achète les cargaisons américaines pour alimenter ses viviers flottants, possède aussi des bateaux qui pêchent pour son compte. Ce sont des barques montées en grande partie par des pêcheurs canariens (1). Ces petits bâtiments, appareillés en cutter, sont tous d'une marche supérieure. Ils ont la même jauge que ceux des États-Unis, et leur équipage se compose de six hommes seulement, savoir : le patron, le pilote, le cuisinier et trois matelots.

Le réservoir ou vivier, de même que dans les bateaux américains, est séparé de la poupe et de la proue par deux fortes cloisons et reste isolé au centre du bateau, dont il occupe environ un quart de la capacité. Une espèce de faux pont, un peu cintré, ferme presque tout le dessus de ce réservoir, qui n'est en communication avec le pont que par deux écoutilles superposées, celle du faux pont qui recouvre le vivier, et l'écoutille du pont avec laquelle elle coïncide. Ces deux écoutilles, qu'unissent ensemble de fortes cloisons bien calfatées et consolidées par des écrous, forment la margelle du réservoir. C'est par là qu'on peut, à volonté, visiter le vivier et y déposer ou en retirer le poisson. La mer pénètre dans le réservoir, sans le moindre danger, par un grand nombre de trous pratiqués à environ 50 centimètres au-dessous de la ligne de flottaison. Ces trous, percés de part en part sur les fonds du bateau, dans la partie qui correspond au vivier, ont environ deux pouces de diamètre. Ils sont doublés de plomb et rabattus en dedans et en dehors. Il y en a plusieurs rangées entre chaque couple. Il est important de les visiter à tous les voyages et de les bien nettoyer des substances marines qui peuvent les obstruer. L'intérieur du vivier doit aussi être tenu très-propre.

Ainsi placé au centre de la barque, le vivier reste isolé des autres aménagements et remplit toutes les conditions désirables ; le faux pont qui le recouvre s'étend de la cloison de

(1) Les îles Canaries ont toujours fourni de nombreux émigrants à l'île de Cuba, qui a été de tout temps le rêve doré des insulaires de cet archipel. Beaucoup d'entre eux, habitués à la pêche dès leur enfance, se dédient à cet e industrie en arrivant à la Havane, et trouvent aussitôt de l'emploi à bord des *viveros*.

la chambre jusqu'à l'étrave. Les bordages de ce plancher ont au moins un pouce trois quarts d'épaisseur et sont assujettis par des écrous. Le poisson renfermé dans le vivier n'éprouve aucun trouble, et l'eau se maintient toujours au même niveau dans la margelle, qui reste ouverte pour le service.

Le lest de la barque occupe l'espace compris entre le pont et le faux pont, afin que la pression de l'eau du vivier ne soulève pas les bordages du plancher qui recouvre ce réservoir, malgré les écrous qui les assujettissent. On peut lester en outre les parties de la cale qui restent libres.

Ce vivier, dont l'intérieur est doublé de zinc, est divisé de poupe à proue en deux compartiments par une cloison percée de trous et qui n'arrive pas jusqu'à la margelle, afin que les poissons puissent passer d'un bord à l'autre. Cette cloison, fixée vers le bas sur le fond de cale et vers le haut sur une forte traverse, sert de point d'appui quand on veut descendre dans le vivier pour le visiter ou bien pour en retirer le poisson.

Les bateaux-viviers, *balandros-viveros*, ou simplement *viveros*, comme on les désigne à la Havane, vont faire la pêche dans le golfe du Mexique, sur les atterrages du Yucatan et sur la côte de la Floride, où ces barques se rendent en cinq ou six jours de navigation. Les pêcheurs choisissent pour leurs opérations des fonds variant depuis cinq jusqu'à dix-huit brasses seulement, fréquentés par diverses espèces de Serrans et de Pagres. Dès qu'ils ont atteint ces parages, ils commencent leur pêche à la ligne de fond, armée de deux ou trois hameçons fixés à distance sur la même ligne. Ces hameçons sont de la grandeur de ceux dont se servent nos pêcheurs de Morue ; mais les pêcheurs des *viveros* les emploient souvent sans barbillon, pour que les poissons se décrochent plus facilement.

Les bateaux-viviers effectuent leur retour à la Havane après vingt-cinq jours de campagne, avec un chargement de 600 à 900 poissons vivants, qui représentent en moyenne un poids de plus de 3000 kilogrammes. C'est une cargaison d'environ 10 000 francs, obtenue sans grandes dépenses (1) et réalisée en moins d'un mois, car ordinairement la pêche s'opère en dix jours, et souvent même trente à quarante heures suffisent pour effectuer tout ce chargement.

Aussitôt les opérations de la pêche terminées, les barques se remettent en route pour Cuba sans perte de temps. Lorsqu'elles éprouvent des calmes dans leur navigation de retour, on a soin d'agiter souvent l'eau du vivier et de vérifier s'il ne renferme pas quelques poissons morts, qu'il faut retirer tout de suite. L'agitation de l'eau dans ce réservoir est absolument nécessaire à la bonne conservation du poisson ; lorsqu'elle reste quelque temps stagnante, cette eau perd une partie de l'oxygène dont les poissons ont besoin : car, dès que cette agitation vient à cesser, on voit tous ces pauvres animaux se présenter à l'entrée de la margelle, la tête à fleur d'eau,

(1) Un simple aperçu des dépenses d'armement et des frais d'expédition suffira pour faire apprécier l'économie qui préside à ces entreprises de pêche et les grands bénéfices qu'on en retire.

DÉPENSES.

Solde mensuelle de l'équipage.

Le patron	35 piastres.
Le pilote	25 —
Le cuisinier	10 —
Les 3 matelots pêcheurs à 20 piastres	60 —
	130 piastres.

Frais et achats.

Vivres de campagne pour un mois de pêche	27 1/4
Frais d'expédition, faux frais et radoubs	50
Total	207 1/4

Ces 207 1/4 piastres fortes, réduites en francs, au change de 5 fr. 50 c. pour la piastre, font 1119 fr. 15 c.

Nota. — Il est permis à l'équipage de pêcher de nuit pour son compte, et le produit de cette pêche, qui se sale et se vend ensuite à la Havane, rapporte à chaque homme de 10 à 20 piastres par mois en sus de sa solde.

PRODUITS.

Un chargement de poissons à l'état vivant, composé en moyenne de 750 poissons du poids moyen de 9 livres, donne 6750 livres, ou environ 3375 kilogrammes, qui, au prix moyen de 1 fr. 75 ou 6 1/2 réaux la livre de 16 onces (prix courant du poisson frais à la Havane), produisent la somme de 11 812 fr. 50

A retrancher les dépenses et frais	1 119 fr. 15
Reste pour le produit net d'un mois de pêche	10 693 fr. 35

Nota. — L'évaluation établie sur la pêche la plus faible, c'est-à-dire sur 600 poissons du poids moyen de 8 livres, et sur le prix de vente le plus bas, qui est de 1 fr. 35 c. la livre à la Havane, donnerait encore 5400 fr. pour produit net. Ainsi, en ne supposant que *sept* campagnes de pêche par an, on peut estimer le bénéfice annuel à plus de 70 000 fr., si l'on s'en tient à la première évaluation, et à 37 800 fr., d'après la deuxième.

pour venir respirer l'air vital. Mais, moyennant les précautions que j'indique, ils se conservent sans souffrir de la stabulation forcée qu'ils ont à subir pendant le voyage, et même, comme je l'ai déjà dit, ils peuvent ensuite vivre encore un mois dans les caisses flottantes où l'on va les déposer.

Mais ce qui étonnera bien davantage, c'est que tous ces poissons pêchés à la ligne ne se ressentent pas, du moins en apparence, de la blessure que leur a faite l'hameçon, ni des tourments qu'ils ont soufferts quand on les a retirés de l'eau, ni de l'opération à laquelle on les soumet et que je vais faire connaître dans tous ses détails.

Les poissons qui vivent habituellement dans les grandes profondeurs de la mer s'écartent peu de certains cantonnements, auxquels les pêcheurs espagnols ont donné le nom de *placeres*. Aucun filet ne saurait les atteindre dans ces retraites sous-marines où la ligne seule peut parvenir, et de là naît la nécessité de les pêcher à l'hameçon. Ceux qu'on prend de cette manière sur des fonds de soixante à quatre-vingts brasses, ou plus encore, arrivent toujours morts lorsqu'on les retire ; mais s'ils sont pêchés au contraire par des profondeurs qui ne dépassent pas plus de vingt brasses, ils vivent encore, bien qu'à demi suffoqués par un gonflement qui se produit à l'intérieur. Tous leurs mouvements semblent alors paralysés, et, dans cet état de torpeur, si on les rejetait à l'eau après les avoir décrochés, ils resteraient renversés et flottants sans pouvoir se retourner, et probablement qu'ils ne tarderaient pas d'expirer; mais en les piquant avec un poinçon au-dessous d'une des nageoires pectorales, pour laisser échapper l'air qui les étouffe, ils reprennent aussitôt toute leur vitalité.

J'avoue que ce ne fut d'abord qu'avec défiance que je reçus les premières communications sur les moyens employés pour la conservation à l'état vivant de ces poissons pêchés à la ligne ; mais après avoir interrogé plusieurs patrons pêcheurs, j'ai pu me convaincre de l'exactitude de leurs renseignements. Un patron canarien, qui a fait la pêche avec les bateaux-viviers de l'île de Cuba, m'a montré lui-même, sur plusieurs poissons, la manière d'opérer, et, plus récemment, j'ai vu arriver, sur la rade de Sainte-Croix, un chargement de poissons vivants, tous pêchés aux lignes de fond sur la côte du Sahara, à plus de cent lieues des Canaries. J'appelle donc toute l'attention des ichthyologistes sur les faits que je porte à leur connaissance et dont je tâcherai de donner l'explication.

Parlons d'abord de l'instrument qui sert à opérer les poissons.

Les pêcheurs employés sur les bateaux-viviers mettent dans l'opération de la ponction des poissons une assurance et une dextérité des plus surprenantes. L'instrument grossier dont ils se servent, est un petit tube de fer de la grosseur d'une plume de corbeau, taillé en bec de flûte par un des bouts et ouvert à l'autre extrémité. Ce tube est enchâssé dans un manche de bois qu'il traverse dans toute sa longueur. La partie du tube avec laquelle on opère, ressort en dehors du manche seulement de 2 centimètres et demi, afin d'éviter que le poinçon ne s'enfonce trop au moment de l'opération. La longueur totale de l'instrument est d'environ 12 centimètres. Cette espèce de poinçon creux a reçu le nom de *pica*, pique ou lancette.

Dès que le poisson est tiré de l'eau, on lui relève une des grandes nageoires pour lui enfoncer l'instrument à un pouce en dessous, en ayant soin de n'attaquer que la peau et les chairs adhérentes, sans intéresser aucune autre partie. L'opération s'exécute en un clin d'œil, et le poinçon est à peine enfoncé, qu'on sent l'air qui s'échappe par l'autre bout du petit tube. Le pêcheur le retire aussitôt, et lance le poisson dans le vivier de la barque, où il recommence à nager. Quant à la blessure que lui a faite l'hameçon, on s'en préoccupe peu, car elle ne paraît pas affecter des organes bien sensibles chez ces animaux à sang froid. Si l hameçon est de ceux à barbillon, il peut arriver qu'il se soit engagé dans la gorge ou dans les membranes plus ou moins charnues qui enveloppent les os maxillaires, l'intérieur des opercules ou la voie palatine; mais ce n'est guère que dans des cas exceptionnels qu'il pénètre assez avant pour intéresser des viscères dont la désorganisation pourrait compromettre la vie du poisson. Ces sortes de cas sont fort rares, et, lorsqu'ils se présentent, les pêcheurs s'abstiennent d'opérer, et la chair du blessé sert de pâture à ceux qui survivent.

Comment les pêcheurs sont-ils parvenus à obtenir ces résultats? Par quelle induction des hommes sans les plus simples notions de la science en ce qui tient aux phénomènes de la vie et aux fonctions des organes, sont-ils arrivés à cette pratique? Voilà des questions auxquelles je ne saurais répondre; mais ces faits ne dénotent pas moins de la part de ces habiles pêcheurs des connaissances qui étonneront bien des savants.

On savait, d'après les expériences qui avaient été faites sur des poissons de la Méditerranée par MM. Biot et de Laroche (1), et que M. Jurienne avait répétées sur les Perches du lac de Genève (2), que les poissons pêchés à la ligne et retirés rapidement de grandes profondeurs présentaient tous les signes de l'asphyxie, soit qu'ils n'eussent pas le temps de comprimer leur vessie natatoire ou de la vider de l'air qu'elle contient. Cuvier a parlé de ce curieux phénomène. « L'air, dit-il, n'étant » plus comprimé par la grande colonne d'eau qui pesait sur » lui, rompt la vessie ou se répand dans l'abdomen, ou bien » il se dilate extrêmement et fait saillir l'œsophage et l'estomac » par la bouche. » J'ajouterai que l'estomac augmente considérablement de volume, qu'il est expulsé hors de la gorge, que souvent même il ressort par la bouche, et que les yeux sortent de leur orbite. Ainsi l'observation est exacte, j'ai pu bien des fois le constater moi-même; mais tout s'était arrêté là.

Toutefois je ne crois pas, dans la plupart des cas du moins, à la rupture de la vessie natatoire; il doit suffire qu'elle se dilate outre mesure pour peser sur l'abdomen, repousser l'estomac et l'œsophage hors de la gorge, et produire la perturbation qu'éprouve le poisson au moment

(1) *Mém. de la Société d'Arcueil*, et *Ann. du Muséum.*

(2) *Mém. de la Société de phys. et d'hist. nat. de Genève*, 1821.

qu'on le tire violemment par l'hameçon auquel il est pris. Les poissons sont formés, pour ainsi dire, tout d'une pièce ; ils n'ont pas de cou, leur tête est unie au corps, et c'est ce qui explique cette prompte saillie de l'estomac, qui vient obstruer tout de suite l'entrée de la gorge, fermer le passage de l'eau, et interrompre l'action des branchies. Dès lors les fonctions des organes respiratoires restent suspendues, et l'abdomen se gonfle sous la pression de l'air intérieur. Il résulte de ce désordre une sorte d'asphyxie plus ou moins complète, selon la profondeur d'où le poisson est tiré et la promptitude ou la lenteur que l'on met dans cette manœuvre. C'est ainsi que dans la pêche à la palangre, comme je l'ai dit en traitant de cet art, les poissons restés captifs pendant plusieurs heures expirent sur les lignes.

Qu'on se figure un poisson vigoureux et de grande taille, se tourmentant en désespéré sur la ligne qu'on lui a tendue : conçoit-on l'ébranlement qu'il éprouve au moment que le fatal hameçon le retient par la gorge et qu'on le tire brusquement des profondeurs de la mer? De là ces mouvements violents qui obligent d'abord le pêcheur à laisser filer sa ligne, en la halant alternativement pour fatiguer le poisson, le *noyer*, pour parler comme les gens du métier, puis de tirer au plus vite, mais alors sans grands efforts, car l'animal suffoqué, gonflé par l'asphyxie, remonte de lui-même à la surface de l'eau, et n'est plus qu'un corps mort que le courant emporte.

Pour trouver la véritable cause de cette asphyxie, doit-on considérer la vessie natatoire des poissons comme un auxiliaire des organes de la respiration? S'il en était ainsi, il faudrait alors, pour expliquer ce phénomène, tenir compte du rôle que joue tout l'appareil respiratoire (1). Cependant une

(1) J'incline à croire que ce sont principalement les organes de la respiration qui sont en jeu dans la crise qui s'opère au moment de la capture des poissons dans les circonstances exposées. La respiration est aussi nécessaire aux poissons qu'aux autres animaux; l'eau qu'ils font sans cesse affluer et passer à travers les branchies, par les mouvements que leurs mâchoires impriment aux opercules, entretient la respiration et la circulation du sang par la quantité d'oxygène nécessaire à la vie que cette eau leur fournit.

objection se présente : beaucoup de poissons manquent de vessie natatoire, et la science n'a pas encore expliqué comment les fonctions importantes qu'on attribue à cet organe s'exécutent parfaitement chez les poissons qui en sont privés. L'usage probable de cette vessie, selon les ichthyologistes, serait de maintenir les poissons en équilibre avec l'eau, et de les rendre plus pesants ou plus légers qu'elle, à mesure qu'ils compriment cet organe ou qu'ils le dilatent pour faciliter leurs mouvements d'ascension ou d'immersion.

Mais sans m'arrêter davantage sur les conséquences qu'on pourrait déduire de l'objection que je viens de faire, je reviens à cette curieuse opération que les pêcheurs des bateaux-viviers font subir aux poissons qu'ils retirent des profondeurs indiquées, et qui s'offrent à eux avec tous les caractères d'une asphyxie presque complète.

C'est ordinairement le patron de la barque qui se charge, pendant la pêche, de l'opération de la ponction. Il est des patrons qui opèrent souvent plus de cent poissons dans la même journée, sans en manquer un seul. — Lorsqu'il s'agit d'un Serran de l'espèce qu'ils nomment *Cherné* (1), les pêcheurs y mettent certaines précautions. Le Cherné est un poisson chez lequel le foie est très-développé, et, pour éviter de lacérer cet organe, ils enfoncent la pointe de leur instrument entre la deuxième et la troisième écaille, sous la nageoire pectorale du côté droit. Mais ils évitent surtout de faire une blessure saignante, bien qu'ils emploient une sorte d'antiphrase pour désigner une opération qui ne produit aucun épanchement sanguin. Ainsi ils disent : « *Sangrar el pez paza sacarle el viento* » (saigner le poisson pour lui tirer le vent).

La meilleure manière d'opérer en général, quelle que soit l'espèce de poisson, est d'enfoncer le bout du poinçon à 2 1/2 centimètres au-dessus de la nageoire pectorale de

(1) D'après la description des pêcheurs, cette espèce américaine se rapprocherait beaucoup par ses caractères du *Serranus caninus* ou du *Serranus acutirostris*, qu'on désigne aussi sous le nom de *Cherné* aux Canaries.

droite, en dirigeant l'instrument vers la région de l'épine ou des reins. Cette indication des patrons les plus expérimentés démontre évidemment que le poinçon pénètre jusqu'à la vessie natatoire, adhérente à l'épine dorsale, vers la partie la plus rapprochée des nageoires principales. On a dès lors l'explication de l'effet rapide produit par la ponction. La vessie se vide de l'air qu'elle contient aussitôt que la pointe de l'instrument a percé les tuniques qui l'enveloppent et que la tension a rendues plus faciles à perforer. D'autre part, le gaz qui gonfle le sac de l'estomac, trouvant une issue ouverte, s'échappe à l'instant par le canal qui l'unit à la vessie et le met en communication avec elle (1). Aussi voit-on incontinent cet organe se rider et rentrer dans la gorge, pour reprendre sa position normale.

J'ai eu occasion de communiquer à M. le docteur F. Steindachner mes renseignements sur l'opération que les pêcheurs font subir aux poissons qu'ils veulent conserver vivants dans le vivier de leur barque. La bonne fortune, en me procurant la connaissance de ce naturaliste distingué pendant son séjour à Ténériffe, en février dernier, m'a favorisé sous plus d'un rapport (2). Le docteur Steindachner, attaché au Mu-

(1) « La vessie, suivant les espèces, communique tantôt avec l'œsophage, tantôt avec l'estomac. » (Cuvier, *Hist. natur. des Poissons*, t. I, p. 387-389.)

(2) L'heureuse rencontre à Ténériffe du docteur Steindachner m'a été très-utile pendant que, dans mon isolement, je m'occupais de terminer la rédaction des derniers chapitres de mon ouvrage. Ce zélé ichthyologiste a eu la bonté de me fixer sur la détermination de certains poissons de ces mers, dont la description laissait encore à désirer. Je dois en outre à son obligeance et à l'intérêt qu'il a paru prendre à mes travaux sur les pêches maritimes, plusieurs renseignements précieux, et entre autres la connaissance d'un ouvrage récent du savant professeur C. E. de Siebold (*Die Suessnassenfische von Mitteleuropa*, Leipzig, 1863), qui embrasse la description détaillée de tous les poissons d'eau douce de l'intérieur de l'Europe.

Le professeur de Siebold paraît avoir étudié avec attention, sur différentes espèces du genre *Coregonus*, le curieux phénomène du gonflement des poissons pêchés par de grandes profondeurs dans les lacs de la Suisse, de l'Allemagne, de la Suède et de la Norvége. D'après ses observations, la vessie natatoire se présente toujours, dans ces circonstances, extrêmement gonflée sous la pression de la colonne d'eau. La délicatesse des tuniques de

séum impérial de Vienne, en qualité d'ichthyologiste, s'occupait de réunir une superbe collection de poissons des îles Canaries. Un jour qu'il venait d'acheter aux pêcheurs de Sainte-Croix un magnifique Serran (*Serranus fimbriatus*, Low) du poids de vingt livres, pêché par plus de cent cinquante brasses de profondeur, je profitai de cette circonstance pour pratiquer devant lui l'opération de la ponction sur ce beau poisson, qui présentait, quand on l'apporta, tous les signes des désordres qu'il avait dû souffrir pendant sa capture : yeux hors de leur orbite, abdomen ballonné, sac stomacal prodigieusement gonflé et formant comme une grosse vessie à l'entrée de la bouche, restée entièrement ouverte. — A la sécheresse des écailles du poisson et de l'enveloppe de son estomac, tendue comme la peau d'un tambour, à la rigidité de ses branchies, on reconnaissait tout de suite qu'il avait été pris depuis plusieurs heures. Je proposai néanmoins à M. Steindachner d'opérer, afin qu'il pût juger lui-même de l'effet de la ponction, et j'enfonçai le poinçon à environ un pouce de profondeur, sous la nageoire pectorale de droite, en dirigeant l'instrument vers la région des reins. On comprendra que le résultat de l'opération ne pouvait se manifester d'une manière complète sur ce poisson mort : cependant, quelques secondes s'étaient à peine écoulées, que je sentis l'air s'échapper par la blessure ; l'abdomen se dégonfla

cette vessie contribue plus encore à sa dilatation chez les Corégones. Le gonflement insolite qui se produit, donne lieu au déplacement des viscères renfermés dans l'abdomen, et notamment à l'expulsion du sac stomacal hors de la gorge. La compression qu'éprouvent tous les vaisseaux sanguins serait, suivant M de Siebold, la principale cause de la mort de ces poissons, qui se gonflent parfois de telle sorte, dit-il, que la vessie crève avec explosion.

La plupart des espèces du genre *Coregonus*, principalement le *C. hiemalis*, désigné vulgairement en Allemagne sous le nom de *Kropfling* (poisson goîtreux), habitent des fonds de plus de quarante brasses. Leur vessie natatoire doit donc éprouver à ces profondeurs une pression de 7 atmosphères et demi (de Siebold, *op. cit.*). — Plusieurs auteurs avaient déjà parlé de ce phénomène : Bloch, *Hist. des Poissons d'Allemagne*, 1782-84 (t. I, p. 174), au sujet du *Coregonus murœna* ; P. S. et Hartmann, *Ichthyologia helvetica* 1827, au sujet du *Salmo salvelinus*, L.

aussitôt, et le sac stomacal, resté vide, glissa peu à peu dans le fond de la gorge.

Tout porte à croire que la blessure que reçoit le poisson dans un de ses organes les plus essentiels ne tarde pas de se cicatriser, puisque, en se ranimant, il recommence à nager, et qu'il peut vivre encore longtemps dans les réservoirs où on le tient renfermé.

Mais quoi qu'il en soit, et bien loin de prétendre avoir donné une explication concluante des faits exposés sur la pratique des pêcheurs, j'engage au contraire les naturalistes à éclairer par des études anatomiques plus approfondies ce qu'il y a encore d'obscur ou de vague dans un phénomène aussi intéressant.

Complétons maintenant ces renseignements par d'autres détails.

Dès que les poissons sont décrochés, il importe de les laisser le moins possible sur le pont du bateau, où l'on répand à chaque instant des seaux d'eau de mer, afin de le tenir toujours humide. Le contact de ce plancher échauffé par le soleil pourrait être très-nuisible, et c'est pourquoi on ne cesse de le rafraîchir. Aussitôt que les poissons sont opérés, on les pousse avec le pied dans le vivier, en les faisant glisser par la margelle ouverte au ras du pont. « Nous sommes presque constamment dans l'eau pendant cette pêche, me disait naguère le patron de *vivero* auquel je suis redevable de ces renseignements; aussi portons-nous de grosses bottes américaines pour nous garantir des piqûres, car les *Samas*, comme les *Chernés*, sont de forts poissons auxquels il ne fait pas bon de se frotter.

La chair du Requin est le meilleur appât, et, à son défaut, les pêcheurs amorcent leurs lignes avec la chair de Cherné.

Dès que le poisson a mordu à l'hameçon, on le tire hors de l'eau sans le haler trop précipitamment, en ayant soin qu'il ne choque pas contre le bord à l'instant qu'il quitte la mer et qu'il est hissé dans la barque, car tout poisson *hoyé*, c'est-à-dire meurtri, est bientôt mort. Les poissons retirés avec trop de violence arrivent tous avec l'estomac hors de la bouche, même sans avoir été pêchés par de grandes profondeurs. L'opération qu'on leur fait subir les remet tout de suite, il est vrai, en état de nager, mais la réussite est bien plus certaine lorsque l'estomac est à peine saillant.

Les précautions à prendre dans cette pêche obligent les pêcheurs à ne la faire que de jour. Ils emploient cependant une partie de la nuit à pêcher pour leur compte, et salent alors le poisson qu'ils prennent, ou bien le consomment frais.

A leur retour à la Havane, les barques s'accostent aux caisses flottantes, mouillées près du môle, et la cargaison vivante est transbordée dans ces réservoirs de dépôt au moyen d'une grande poche de filet fixée sur un cercle que soutient un manche de 2 mètres de long. Cet engin sert à saisir les poissons dans le vivier de la barque et à les passer ensuite dans les caisses. La manœuvre est d'abord assez facile, à cause du grand nombre de poissons entassés dans le vivier; mais lorsqu'il n'en reste plus que quelques-uns, il faut renoncer à ce moyen, car ils s'échappent pour éviter le filet, et alors, en dernière ressource, on est forcé de les pêcher une seconde fois. Malgré cet inconvénient, ils sont bientôt pris au moindre appât qu'on leur présente, affamés qu'ils sont par le jeûne qu'ils ont enduré pendant la traversée.

Hâtons-nous de conclure de tout ce qui précède :

Que des parcs de réserve établis dans nos ports et alimentés par des bateaux-viviers nous assureraient d'immenses ressources par les approvisionnements dont on pourrait toujours disposer au besoin.

Que le service de ces bateaux est applicable à tous les genres de pêche pour le transport du poisson à l'état vivant dans les parcs de réserve ou bassins de dépôt, et que, par la méthode que j'ai décrite, on peut aussi conserver dans le même état beaucoup de poissons de fond qui ne se pêchent qu'aux lignes.

Ainsi ce nouveau système de pêche, dont l'application semble impérieusement réclamée par les besoins d'une consommation toujours croissante, résout une question économique des plus importantes. Mais nos pêcheurs ne peuvent mettre ce système en pratique sans que des armateurs leur viennent en aide et s'associent à leurs entreprises; car, avant tout, il leur faut des bateaux et des viviers, le reste est leur affaire. Avec des barques pontées d'un port suffisant, bien équipées, capables de tenir la mer en toute saison, ils pourront se porter dans les parages, sans n'avoir plus à se préoccuper ni du temps, ni de la distance. Assurés désormais de la conservation de leur pêche, un champ plus vaste s'ouvre devant eux; l'assurance du succès doit les enhardir, et leur vieille expérience les guider vers les points les plus favorables à leurs opérations. C'est par des profondeurs moyennes qu'ils trouveront ces poissons estimés, devenus aujourd'hui si rares : les Gades, les Daurades, les Bars de l'Océan, les grands Serrans, les Spares, les Merlans et les beaux Pagels de la Méditerranée; toutes ces belles espèces, en un mot, qui se plaisent sur les frayères où elles rencontrent à la fois une nourriture abondante et des abris pour leurs alevins. Aux pêcheurs de nos ports de l'Ouest est réservée l'exploration du golfe de Gascogne et de la côte de Biscaye, les atterrages de l'Angleterre et de l'Ecosse, et même tout le littoral de la mer du Nord; à ceux de nos plages méridionales, les fonds poissonneux de l'Algérie, de la Corse, de la Sardaigne et des îles Baléares. Puissent-ils répondre tous à mon appel, et bien comprendre les avantages d'un système susceptible d'un développement illimité, qui répond à tous les besoins et dont les premiers ils retireront bénéfice.

(*Extrait d'un ouvrage inédit sur les pêches maritimes.*)

SUR L'INTRODUCTION RÉCENTE DU GOURAMI EN FRANCE,

ET INSTRUCTIONS RELATIVES A CE SUJET.

LETTRE ADRESSÉE A M. LE PRÉSIDENT DE LA SOCIÉTÉ IMPÉRIALE D'ACCLIMATATION

Par M. BARTHÉLEMY-LAPOMMERAYE.

(Séance du 5 mai 1865.)

Monsieur le Président,

Il me paraît juste et convenable de faire passer sous vos yeux les observations auxquelles l'arrivée de nouveaux Gouramis va donner lieu, et que je suis chargé de recueillir. Si, de l'Algérie, où un dépôt a été fait, l'an dernier, de ces poissons précieux, des renseignements périodiques parvenaient à la Société d'acclimatation, il deviendrait possible de former un corps de doctrine dont l'avenir, plus encore que le présent, pourrait profiter.

Par une lettre du 14 courant, M. E. Liénard me donnait avis que, par le paquebot du 15, M. Autar du Bragard arriverait à Marseille avec un lot de Gouramis.

Le 15, vers le soir, j'avais la visite de ce bienveillant accompagnateur, et je prenais immédiatement possession d'une grande amphore de verre, protégée extérieurement par un treillis de joncs légers, dans laquelle se trouvaient onze poissons, sur dix-neuf embarqués à l'île Maurice, vers la dernière quinzaine de mars. J'apprenais de ce voyageur, rempli de soins pour son dépôt, que la traversée de Maurice à Suez avait été parfaitement belle, et que le trajet d'Alexandrie à Marseille avait été accidenté. *Dans cette période de huit jours, huit Gouramis étaient morts.*

Pris au dépourvu, comme je l'étais, par cet arrivage inattendu, j'ai dû aller au plus pressé, qui consistait à transvaser les poissons, pour les loger plus commodément dans un très-grand récipient sphérique de verre, où nous élevons et conservons les Cyprins dorés de la Chine. Une insolation bienfaisante leur était promise pour la journée du lendemain, et, avec elle, l'aération de l'eau, très-fraîche encore, du voyage, que j'ai cru prudent de maintenir.

La température extérieure, ce jour-là, n'avait pas été au-dessous de 20 degrés ; elle marquait 22 degrés dans les appartements non chauffés.

C'est dans ces conditions, en apparence favorables , que les Gouramis ont passé leur première nuit à Marseille, nuit qui a dû se passer pleine d'angoisses pour mes protégés, et que j'aurais pu croire néfaste ; car, le lendemain au matin, quatre Gouramis, des plus forts, étaient sur le flanc, au fond du vase, respirant à peine et paraissant toucher à leur dernière heure.

Les rayons de notre beau soleil ont opéré d'une manière satisfaisante, puisque, après quelques heures, trois des poissons terrassés, sur quatre, avaient pris de l'énergie et voguaient à peu près à pleines voiles, dans la direction des quatre points cardinaux de leur domaine transparent.

Je n'ai pas hésité à procéder au changement de l'eau du récipient. L'opération a été conduite avec prudence, car les Gouramis ont une grande énergie de mouvement, et l'installation était achevée en quelques minutes.

L'eau dans laquelle ils ont été plongés est une eau putéale, provenant d'une source profonde, chaude en hiver, glacée en été, alimentée et modifiée dans ses propriétés chimiques par les infiltrations des eaux de la Durance, dont le sous-sol de la ville tout entière est saturé par les bouches d'arrosage des plantations publiques, par la déperdition, inévitable, des bornes-fontaines, et le parcours incessant de ce liquide dans les ruisseaux et gondoles de chaque rue.

La seconde nuit a été entourée de quelques précautions, dont la matinée de ce jour a démontré l'à-propos. En effet, le dernier malade était sur pied à mon lever matinal. Il a suffi d'emballer le globe de verre dans une couche épaisse de grosse paille et de bourrer le tout dans une caisse, sous l'entourage général d'une pièce d'étoffe de laine. Ce procédé, simple et conservateur, à ce qu'il paraît, sera maintenu jusqu'à nouvel ordre.

Aujourd'hui la température est tiède, mais le soleil d'avril nous fait défaut.

Je désirerais que vous voulussiez bien demander à M. Talabot l'autorisation de procéder à l'installation des Gouramis dans sa belle villa du Rouccas-Blanc, où se trouvent des bassins favorables, des bâches, une serre à Ananas ; en un mot, toutes les conditions les meilleures pour l'action d'une vive lumière, d'une chaleur développée et l'influence de l'air marin. M. Talabot n'est pas seulement un ingénieur de génie, c'est encore un savant botaniste et un amateur zélé des produits du règne animal. J'aime à ajouter, par une douce expérience, que sa bienveillance n'est pas moindre que son savoir.

J'ai l'honneur d'être, etc.

BARTHÉLEMY-LAPOMMERAYE.

P. S. — M. l'agent général de la Société impériale zoologique d'acclimatation vient de m'adresser des instructions formulées par M. Coste, de l'Institut, ayant trait à la transportation des poissons en général, et aux conditions sous l'empire desquelles il importe qu'elle s'accomplisse.

Je voudrais prendre la liberté très-grande d'y ajouter quelque chose, en ce qui concerne spécialement les Gouramis. Plusieurs notions, les unes dictées par la science, d'autres résultant de connaissances locales ou d'observations recueillies, ne seront jamais de trop, si elles peuvent conduire au but désiré.

De quelques conditions indispensables pour la transportation en France des Gouramis de l'île Maurice.

1° *Question d'opportunité.*

Il est indispensable de circonscrire le temps favorable à l'importation des Gouramis entre les mois d'avril et de septembre. En dehors de ces limites rigoureuses, on marche à l'insuccès. *Opera et impensa peribit.*

Vers nos parages méditerranéens, le printemps est douteux, le plus souvent. La saison d'automne, au contraire, est généralement belle et se prolonge quelquefois, par insensible transition et par quarantaine, à partir de la Saint-Martin. Cette période de deux fois vingt jours s'appelle, traditionnellement, à Marseille, *été de Saint-Martin.*

On *peut* donc, sans trop de craintes, transporter jusqu'à fin septembre ; mais on ne *doit* pas commencer la transportation avant le mois d'avril.

Ce qui vient de se passer démontre jusqu'à l'évidence l'indispensabilité de cette précaution.

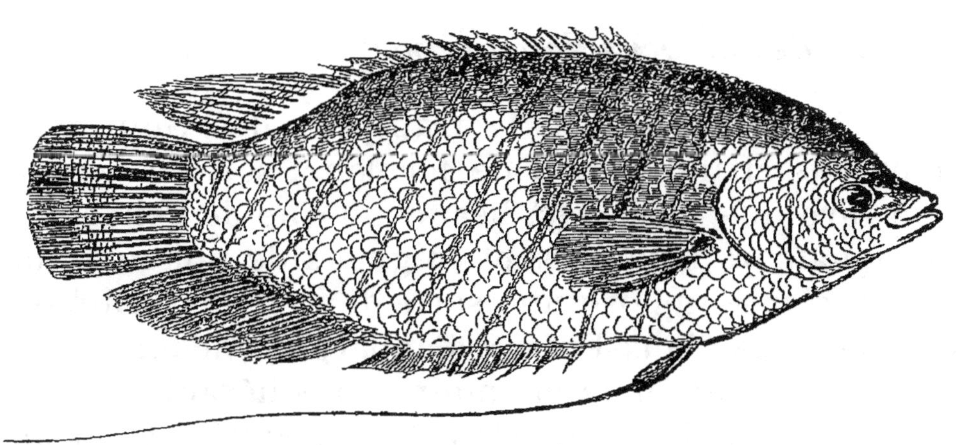

(Cette figure a été empruntée au *Journal de la Ferme*, n° du 1er avril 1865.)

Un contingent de dix-neuf Gouramis, embarqué sur le bateau long courrier de Maurice à Suez, dérade de cette île vers le 20 mars, pour arriver réglementairement à Marseille le 15 avril.

La navigation s'accomplit le plus heureusement possible, sous la chaude influence d'une température élevée. Le transit par l'Égypte n'amène aucune influence notable. Tout est pour le mieux jusqu'à Alexandrie.

Le trajet méditerranéen, en huit jours, avec escale à Malte, offre de notables modifications de la température. L'influence africaine a disparu. On sent déjà l'approche de la zone tempérée, à son degré méridional, il est vrai, et pourtant, nonobstant le soleil radieux, les brises rafraîchies qui circulent entre l'Afrique septentrionale, d'un côté, et les bords méridionaux de l'Espagne de l'autre, deviennent fatales à quelques Gouramis.

La conclusion à tirer de ce fait qui s'est produit dans d'autres circonstances à l'encontre des Gouramis, c'est que, pour eux, le mois d'avril est moyennement hospitalier, et qu'il faut recourir, dans l'intérêt de la conservation de ces poissons, à des précautions hygiéniques dont ils n'avaient nullement besoin, quand la navigation s'accomplissait entre l'île Maurice, le fond du golfe Persique et toute l'étendue de la mer Rouge (1).

2° *Des moyens de transport des Gouramis.*

Je n'ai jamais approuvé le transport des Gouramis dans des appareils étriqués, soit de ferblanc, soit de verre. Il est vrai de dire que c'est déjà beaucoup que de rencontrer des accompagnateurs bénévoles et soigneux de poissons, dont la qualité précieuse impose une sorte de responsabilité morale, sans qu'on exige d'eux l'usage d'appareils encombrants, avec une consommation plus ou moins considérable de liquide. Laissons aux patriotiques Mauriciens, restés Français par l'esprit et le cœur, les essais restreints, avec de petits contingents et de petits succès, généralement parlant; mais conseillons, recommandons à notre belle marine nationale, à nos braves et intelligents officiers, les moyens que M. Coste signale dans ses instructions si nettement formulées.

(1) Onze Gouramis, sur dix-neuf, partis de Maurice le 20 mars dernier, viennent d'arriver vivants à Marseille. Ce résultat me paraît déjà fort satisfaisant, et démontre que le printemps n'est pas une saison trop défavorable pour le transport de ces poissons. En nous arrivant dans cette saison, ils ont devant eux six mois au moins de bonne température, pour commencer leur acclimatation. Cependant le transport à une autre époque, comme le conseille M. Barthélemy-Lapommeraye, ne doit pas être négligé, surtout si cette époque coïncide avec celle des éclosions, attendu qu'alors on pourrait peupler les baquets d'une plus grande quantité d'alevins. (COSTE.)

Il fut un temps où l'importation des plantes exotiques vivantes était hérissée de nombreuses difficultés. Que de pertes regrettables par des causes multiples ! Avec les serres portatives, perfectionnées et si commodes pour leur arrimage, des lots considérables de plantes précieuses, quelquefois inédites, arrivent, sans coup férir, du fond de l'extrême Orient, jusqu'aux régions hyperboréennes de l'Europe, dans les serres impériales de Moscou et de Saint-Pétersbourg.

Les demi-futailles recommandées par M. Coste sont un excellent moyen, comme complément; afin d'en rendre facile la vidange, je les voudrais pourvues, à la base, d'un fort robinet de buis (1).

Pourquoi ne pas déposer au fond de ces barriques une bonne tranche de terre vaseuse des bassins, étangs ou fossés dans lesquels, à Maurice, on entretient les Gouramis. Ces tranches, couvertes de leur végétation, seraient un précieux auxiliaire de la transportation, en ce sens que rien ne serait changé dans les habitudes de ces poissons, de même qu'ils seraient garantis contre les chocs, en cas de tangage et de roulis (2).

Tout est prévu par M. Coste, quant au nombre des Gouramis, selon le plus ou moins de capacité du récipient.

Pour ce qui est de la taille, j'avais toujours pensé, moi très-humble, comme le savant professeur du collége de France, qu'il fallait donner la préférence aux alevins. Il faudra, sans doute, aux éleveurs une somme bien plus grande de soins, de patience et de temps pour la marche de l'accli-

(1) Le robinet que M. Barthélemy-Lapommeraye propose d'adapter à la base des baquets, est un moyen de rendre les vidanges faciles, et je ne puis qu'en recommander l'emploi. (COSTE.)

(2) Le dépôt, au fond des baquets, d'une tranche de terre vaseuse, couverte de végétaux, me paraît devoir être tenté. Mais je ne serais pas d'avis qu'on en fît l'application à tous les récipients ; car, si, par imprévu, la présence de cette terre vaseuse amenait la corruption de l'eau, le sort de toute l'expédition pourrait être compromis. (COSTE.)

matation; mais l'espérance se fortifiera de plus en plus. N'a-t-on pas dit :

> Petit poisson deviendra grand
> Pourvu que Dieu lui prête vie !

3° *Du renouvellement du liquide.*

Les Gouramis étant des Poissons stagnatiles par leur essence, et dont les habitudes ont été modifiées à ce point qu'on a pu, heureusement, limiter leur habitat aux proportions de simples mares, de bassins cimentés, presque à des flaques d'eau, il est facile de comprendre que, comme le dit avec autorité M. Coste, le changement d'eau, pendant la traversée, peut être réparti en séries de quelques jours, de quatre jours, par exemple, pour des récipients moyens contenant une douzaine de poissons, à la condition toutefois de fournir à l'eau des moyens suffisants d'aération. En grandissant l'échelle de proportion du contenant et du contenu, la nécessité d'un renouvellement plus rapproché du liquide et son aération plus complète sont également recommandées. La pipette mise en œuvre dans l'intervalle du changement d'eau constitue un moyen de salubrité. Elle doit s'adresser, avant tout, aux défécations, et celles-ci ne sont jamais bien abondantes, en raison de la presque abstinence des Gouramis. Elle doit soigneusement respecter les parties sédimenteuses formant un lit sur lequel ces poissons aiment à se frotter.

4° *De l'alimentation des Gouramis.*

Bien des résidants de l'île Maurice, bien des voyageurs qui nous visitent, disent aux éleveurs de Gouramis : Donnez-leur des mouches à manger, donnez-leur du pain, donnez-leur des vermisseaux.

M. Coste dit à son tour : La nourriture qui convient à ces poissons est celle que, partout, on peut emprunter au jaune d'œuf durci et à la farine de viande. J'admets d'autant plus volontiers cette recommandation, qu'elle est passée à l'état de fait accompli, en matière de pisciculture. N'a-t-elle pas été corroborée par l'application chez les Chinois, les premiers et les plus habiles pisciculteurs du monde !

A bord d'un navire, on peut toujours avoir des œufs, au moyen de poules pondeuses, soit encore, et dans des proportions bien plus larges, par les moyens usités de conservation.

Toujours on peut avoir, en provision, de la farine de viande.

Jaunes d'œufs et farine seront donc fournis avantageusement aux Gouramis, d'après M. Coste, si, comme pour le fromage de l'un des aphorismes d'Avicenne, *dederit avara manus !*

Peut-on espérer de rencontrer à bord, en toute saison, des mouches, passagères incommodes, embarquées gratis ?

Le pain, objet de première nécessité partout ailleurs qu'en Angleterre et sur ses maisons flottantes, permettra toujours un émiettement facile et une distribution qu'il faut savoir limiter.

Oserai-je, après ces moyens rationnels que je viens d'exposer, en omettant sciemment les introuvables vermisseaux, une alimentation spéciale que m'indique une jeune et aimable créole mauricienne : ce sont des feuilles fraîches de roses du Bengale ou autres. « Notre vaste canal à Gouramis, dit-elle, est entouré d'une haie de rosiers. J'en effeuille quelques fleurs au profit de nos poissons, qui les consomment. Ils mangent aussi quelques autres végétaux dont le nom échappe à ma mémoire. »

Quant aux rosiers, il serait possible d'en embarquer un ou deux vases en pleine végétation, au double point de vue de l'agréable et de l'utile.

5° *Exposition des récipients.*

Si, comme je le pense, les Gouramis sont des poissons diurnes, happant les mouches à la surface des eaux, l'insolation doit leur convenir. Cependant la comparaison à faire de l'influence produite par l'exposition libre, tempérée ou soustraite à la lumière vive, ne doit pas être négligée.

Les derniers Gouramis arrivés ont été placés dans la seconde de ces combinaisons.

En résumé, je m'incline devant l'ensemble des prescriptions de M. Coste, parce qu'elles proviennent d'un maître éminent de la science ; et, si j'exprime, en un point essentiel, celui des époques, une opinion, c'est qu'elle a son importance, et que l'expérience lui vient en aide. Je rattache à quelques autres parties des instructions qui m'ont été transmises divers détails auxquels M. Coste, dans son esprit de bienveillance, réservera un accueil favorable.

Comme le docte professeur, je crois que l'acclimatation des Gouramis, non-seulement en France, mais même dans notre Midi, sera chose essentiellement difficile, quelque persévérance qu'on y apporte. Il s'agit, avant tout, d'exiger de ces poissons qu'ils s'habituent à une température dont l'écart d'avec celle de leur patrie originelle est si considérable. Cette habitude ne peut être que l'œuvre du temps, en faisant suivre à l'acclimatation des étapes nombreuses, rationnellement échelonnées, après des reproductions successives solennellement constatées dans chacune d'elles.

L'AGRICULTURE ET L'ACCLIMATATION
AUX INDES NÉERLANDAISES.

Par M. Th. VIENNOT,
Chef de bureau au Ministère des Affaires étrangères.

(Séance du 7 avril 1865.)

Vers la fin du XVIe siècle (1595), Cornelius Houtman abordait à Bantam, sur la côte nord-est de Java, et, trois ans plus tard (en 1598), il créait à Sumatra le premier établissement qui devait disputer aux Portugais le privilége du riche commerce de l'archipel de la Sonde. En 1619, date de la fondation de Batavia, élevée sur les ruines de la cité de Djacatra, commence à se développer cette vaste domination qu'un des peuples les moins nombreux de l'Europe exerce depuis cette époque aux dernières limites de l'Orient. On sait le soin que mirent les Hollandais à cacher le plus longtemps possible aux autres peuples maritimes les ressources de leur conquête. La *Compagnie commerciale d'Amsterdam*, dans l'espoir de mieux vendre les épices, avait décidé que la Cannelle ne croîtrait plus qu'à Ceylan, la Muscade qu'à Banda, le Giroflier qu'à Amboine, le Camphre qu'à Bornéo ; et, pour assurer son monopole, elle poursuivait à main armée la destruction des précieux végétaux qui donnaient ailleurs les mêmes produits. C'était une spéculation mal calculée ; car, d'après le comte de Hogendorp, les frais annuels de surveillance et de contrainte se montaient souvent à 3 millions de florins, tandis que la vente des épices ne dépassait pas 2 millions. Il fallut l'occupation de Java par les Anglais pour mettre un terme à ce régime. Pendant cette occupation, qui dura de 1811 à 1816, la géographie et les productions de Java furent l'objet des beaux travaux de sir Stamford Raffles et de Crawford, et l'administration reçut de salutaires réformes, dont la Hollande n'eut qu'à s'inspirer, lorsqu'à la paix générale elle rentra en possession de son ancienne colonie. Elle laissa désormais croître les arbres à épices, et l'abolition successive, en 1824 et en 1827, des mesures sévères encore en vigueur à Amboine, au sujet des plantations de Girofliers et de Muscadiers, effaça les dernières traces du mode primitif d'exploitation. La mémorable administration du gouverneur général Van der Capellen, dont les errements furent continués par ses successeurs MM. du Bus, Van den Bosch, etc., substitua à ces lois d'oppression le système actuel des cultures gouvernementales qui, soutenu par les puissants capitaux de la *Société de commerce des Pays-Bas*, et après avoir traversé une période de tâtonnements pénibles, paraît désormais concilier équitablement le respect des institutions et des mœurs locales avec une production, toujours obligatoire il est vrai, mais non moins profitable aux populations indigènes qu'à la métropole (1).

Depuis l'exemple donné par les Anglais, les Hollandais ont publié sur l'archipel de la Sonde plusieurs ouvrages importants, dont un des plus récents est la relation d'un voyage exécuté, en 1852-1857, dans les îles de Java, Sumatra, Bornéo, Célèbes et aux Moluques, par M. le docteur Buddingh, ancien président de la *Société des arts et sciences de Batavia*, et chargé de l'inspection générale des affaires du culte protestant et de l'instruction publique dans la colonie (2). Loin de partager les jalouses préoccupations d'un autre âge, l'auteur a été frappé des analogies de climat et de sol qu'offriraient, selon lui, les possessions hollandaises en Océanie et l'Afrique française, et il en conclut que l'on pourrait introduire en Algérie, avec de grandes chances de réussite, les cultures dont il décrit les procédés et les résultats (3). C'est

(1) Voyez, dans le *Constitutionnel* du 16 janvier 1865, des extraits d'un discours prononcé au congrès de l'*Association internationale pour le progrès des sciences sociales*, siégeant à Amsterdam en octobre dernier, par M. Rochussen, ancien gouverneur général des Indes et ministre des finances et des colonies des Pays-Bas.

(2) *Les Indes orientales néerlandaises*. Rotterdam, 1861. 3 vol. in-8 avec planches et carte.

(3) Cette opinion est exprimée dans une lettre jointe à une analyse très-étendue de son ouvrage, que l'auteur, de passage à Paris, a bien voulu soumettre à Son Exc. M. Drouyn de Lhuys, président de la Société impériale d'acclimatation, et qui a fourni les matériaux de la présente Notice.

dans la pensée, d'ailléurs conforme au cadre du *Bulletin*, d'appeler l'attention de nos colons sur les indications si neuves et si curieuses consignées dans le livre de M. Buddingh, que nous en donnerons ici un résumé.

Le but que nous nous proposons nous dispense de suivre ce savant voyageur dans les détails qu'il fournit sur la production du sucre, du riz, de l'indigo et du tabac à Java. Disons brièvement qu'en 1854, la récolte y a été de 1 156 203 pikols (71 684 586 kilogr.) de *sucre* (1); de 28 259 152 pikols (1 752 067 424 kilogr.) de *riz* (appelé *padi* dans la langue du pays), et de 657 986 livres (328 992 kilogr.) d'*indigo*, ce dernier provenant de trois cent soixante-cinq fabriques. Quant au *tabac*, treize fabriques du gouvernement en ont expédié 16 100 pikols (998 200 kilogr.) sur les marchés d'Europe; quatre autres fabriques dirigées par des Javanais et une foule d'établissements d'ordre inférieur approvisionnent la population indigène, qui mâche le tabac mêlé au bétel, ou le fume sous forme de cigares enveloppés de la feuille du *Pisang*.

Nous rangerons dans une seconde catégorie les cultures introduites dans l'archipel à diverses époques, depuis le Cacaoyer, apporté à Célèbes par les Espagnols, vers 1560 ou 1570, jusqu'au Quinquina, essayé seulement depuis une dizaine d'années.

Le *Cacaoyer*, que les habitants de Célèbes appellent *Kawa Bengala* (Café du Bengale), a produit à Manado, en 1854, 1500 pikols (7750 kilogr.). Les jeunes plants obtenus de semis sont transplantés en rangées et séparés entre eux par un intervalle de 10 pieds. Vers l'âge de quatre ou cinq ans, l'arbuste atteint 4 ou 5 pieds de hauteur, et présente une couronne de 6 pieds de diamètre, formée de feuilles ovales, d'un vert foncé. Il peut donner des fruits dès lors, bien que ce soit plus ordinairement vers six ou sept ans, lorsqu'il s'élève à 8 ou 10 pieds. Le fruit, jaune ou rouge, oblong comme le

(1) Le *pikol*, mesure locale, équivaut à 125 livres d'Amsterdam ou 62 kilogrammes. La production en sucre de la résidence de Batavia, omise par M. Buddingh, n'a pu être comprise dans le total ci-dessus.

Concombre, avec des sillons latéraux, renferme de vingt à trente graines ou amandes, d'une couleur violette ou gris cendré. Pour les convertir en chocolat, on les grille, on les épluche, et on les réduit sous un cylindre en une pâte qu'il suffit de dissoudre dans l'eau et de faire bouillir. Le produit de chaque Cacaoyer est de 5 à 6 livres (environ 3 kilogr.) de graines.

Quelques pieds de *Cafier*, transportés à Batavia dans le siècle dernier (1), se sont si merveilleusement multipliés à Java, qu'en 1854 l'île entière comptait 225 132 508 arbustes appartenant au gouvernement, et ayant donné 1 083 846 pikols (64 798 452 kilogr.) de café; sans tenir compte des jeunes plantes non encore en rapport, ni des cultures particulières ou industrielles. A Manado (Célèbes), M. Buddingh a vu le premier pied planté soixante ans avant sa venue. Les plantations gouvernementales dans cette résidence renfermaient 462 500 Cafiers ayant produit 22 934 pikols (1 418 908 kilogr.) de café. A Sumatra, on trouve des plantations de cet arbuste à une hauteur de 3000 pieds au-dessus de la mer.

Le Cafier demande en effet un terrain montagneux et une température de 60 à 75 degrés Fahrenheit (15°,56 à 23°,89 centigrades). A la sortie des pépinières où il a été semé, on le plante à 7 ou 8 pieds d'intervalle, à l'abri d'arbres élevés capables de le protéger contre les rayons trop ardents du soleil. Il s'élève ordinairement à 10 ou 13 pieds, hauteur qui va rarement jusqu'à 20 pieds. L'arbuste commence à produire vers l'âge de cinq ou six ans, et continue à le faire pendant vingt ans. On suit dans la récolte deux méthodes, celle du Brésil ou celle des Indes occidentales. Dans le premier système, les fruits sont séchés au soleil jusqu'à ce qu'ils noircissent; on les porte alors au moulin, où, à l'aide de

(1) Rappelons, à cette occasion, que les premiers Cafiers furent apportés de Batavia à Amsterdam, et que, sous Louis XIV, un consul français se procura dans les serres de cette ville et transmit au Jardin du Roi, à Paris, la plante d'où provint celle qui fut soignée avec tant de dévouement par de Clieux dans la traversée de la Martinique, et qui fut la souche de nos belles plantations des Antilles.

pilons, on en sépare la chair et la capsule ou seconde enveloppe de la double fève. Le deuxième système consiste à soumettre les fruits fraîchement cueillis à l'action immédiate du pilon pour en ôter la chair et la capsule interne; on les jette ensuite dans des réservoirs pour les laver et les nettoyer minutieusement; après quoi on les fait sécher au soleil ou au grand air, avant de les mettre en magasin. Il faut trois arbustes pour produire 2 livres (1 kilogr.) de café sec.

La culture du *Thé* date, à Java, de l'année 1829. En 1854, l'île entière possédait 14 307 768 arbustes, et vingt-six fabriques y avaient livré ensemble 1 547 458 livres (773 709 kilogr.) de thé à la consommation. Cette plante aime un sol montagneux et une température de 65 à 75 degrés Fahrenheit (18°,33 à 24°,89 centigrades). Rien de beau comme l'aspect des plantations, dont chacune compte de 70 000 à 100 000 arbustes, et occupe vingt-cinq à trente familles de cultivateurs indigènes. On sème les graines dans des pépinières d'où l'on tire les jeunes plants pour les repiquer en ligne, à une distance de 4 pieds les uns des autres. L'arbuste ne dépasse pas un pied et demi à 2 pieds; la récolte se fait pendant la saison des pluies, à l'âge de deux ans. Le thé est *noir* ou *vert*, selon le mode de préparation. Pour obtenir le premier, on fait sécher les feuilles au soleil et on les laisse fermenter en magasin; on les grille alors, à deux reprises, à petit feu, dans un pot de fer; on les roule fortement entre les mains, et l'on achève la dessiccation sur un feu de charbon très-doux. Pour fabriquer le thé vert, on soumet les feuilles immédiatement deux ou trois fois à l'action du feu, sans les faire préalablement sécher au soleil ni fermenter; on les roule dans les mains; on les serre ensuite fortement (toujours dans les mains) afin d'en exprimer le suc; enfin on les dessèche dans un pot de fer, sur le feu, en les remuant constamment. Le thé dit *pekao* provient des feuilles recueillies au sommet de la plante et aux extrémités des branches. Il faut les feuilles de huit arbustes pour préparer 2 livres (1 kilogramme) de thé.

La *Cochenille* a été introduite à Java, en 1830, avec le

Nopal (*Cactus coccinellifer*), sur lequel vit l'insecte. Ce dernier a reçu des naturels le nom de *Koutoi* (pou). On propage le Cactus par boutures, c'est-à-dire en mettant en terre des feuilles coupées sur la plante à leur articulation, et en les y enfonçant jusqu'à moitié, à 3 pieds d'intervalle. Les jeunes plants sont placés en rangées espacées de 6 pieds entre elles, et dirigées de l'ouest à l'est, afin de mieux exposer les insectes au midi. Lorsqu'ils sont âgés de seize à vingt mois, on les peuple de la manière suivante. On attache à l'une des feuilles, à l'aide d'une épine du Nopal sauvage, un cornet de papier renfermant de trois à cinq femelles fécondées. Au bout de quinze jours, la plante, que l'on a eu soin d'abriter par une natte, est couverte de jeunes insectes qui s'y fixent et y demeurent immobiles. Après soixante ou soixante-dix jours, on les en détache, et on les fait sécher dans des fours portés à une chaleur modérée. Les mères, qui meurent aussitôt après la ponte, fournissent un produit inférieur appelé *zacatillo*. Immédiatement après la récolte, il faut émonder le Nopal, le laver, l'enduire de graisse, et le laisser reposer pendant six ou sept mois. La Cochenille exige une température de 76 à 80 degrés Fahrenheit (24°,44 à 26°,67 centigrades). On l'emballe dans des caisses de fer-blanc contenant 50 kilogrammes. Il faut 45 000 insectes pour faire 1 kilogramme.

Il est probable que le *Vanillier* aura été apporté en même temps du Mexique que la Cochenille. Cet arbrisseau délicat croît si rapidement à Java, qu'il donne souvent des fleurs et des fruits dès la première année. Le Vanillier, comme toutes les Orchidées exotiques, est un parasite ; on le propage en en détachant des rameaux qu'on place au pied des arbres sur lesquels les jeunes plantes grimpent et se fixent. La fécondation de ses fleurs, fermées naturellement, a besoin d'une aide étrangère : en Amérique, elle s'opère par le bec des oiseaux ou la trompe des insectes, qui percent la fleur pour y chercher le miel ; à Java, l'homme se charge de ce soin, en pratiquant l'incision avec un canif. Pour préparer les gousses, on les fait sécher et on les abandonne à une légère fermentation qui en développe le délicieux arome ; on les emballe alors dans des boîtes de fer-blanc hermétiquement soudées pour l'exportation.

Nous avons dit qu'à l'époque du voyage de M. Buddingh, la culture du *Quinquina* était encore à l'état naissant. Après des essais préalables qui avaient eu lieu en 1852 et 1853 au jardin botanique de Buitenzoorg, près de Batavia, le gouvernement colonial fit planter en 1855, à Bandong, dans la résidence de Préangers (Java), cent quarante-quatre jeunes plants de l'espèce péruvienne réputée la meilleure, le *Cinchona calisaya*. On sait aujourd'hui que les résultats de l'épreuve ont été des plus satisfaisants (1).

Quand nous aurons nommé encore le *Cotonnier*, qui donne à Sumatra quelques produits médiocres, et le *Mûrier*, apporté à Java en 1828, et qu'on a définitivement renoncé, en 1847, à propager, ainsi que l'élève des Vers à soie, à la suite de plusieurs tentatives infructueuses, nous aurons épuisé la liste des plantes étrangères introduites dans l'Inde néerlandaise avec le succès que nous venons de constater pour toutes les autres.

Il nous reste à mentionner les plantes à épices, qui ont, de tout temps, fait la renommée et la fortune de l'archipel asiatique, et dont les méthodes de culture sont antérieures à la domination européenne, qui n'a eu qu'à les encourager pour son compte. Bien que la plupart de ces espèces soient depuis longtemps naturalisées dans les anciennes colonies françaises (à l'île de la Réunion, aux Antilles et à Cayenne), les procédés indigènes que fait connaître M. le docteur Buddingh peuvent offrir d'utiles renseignements aux pays nouveaux, tels que l'Algérie, où il s'agirait de les expérimenter. Nous terminerons donc par les modes applicables aux quatre principaux arbustes à épices, savoir : le Poivrier, le Muscadier, le Giroflier et le Cannellier.

Le gouvernement possède à Bantam, à Kediri et à Patjitan (Java), et à Bencoulen (Sumatra), de grandes plantations de

(1) Voyez la brochure de M. Rochussen sur la *culture du Quinquina à Java* (Paris, 1863), et *Bulletin*, t. X, p. 198 et 264.

poivre, produisant en tout 9545 pikols (591 790 kilogr.) de cette denrée. En 1854, il comptait, dans la seule résidence de Patjitan, 804 587 pieds en plein rapport et 629 121 jeunes plants. Le *Poivrier* est une plante sarmenteuse grimpante, qui a besoin d'être soutenue et abritée par d'autres végétaux. A Java, on emploie à cet usage un arbuste appelé *Pohontellor*, dont la tige mince s'élève à une hauteur de 10 ou 12 pieds, et se couronne d'un abondant feuillage ; à Sumatra, on a recours à un arbuste appelé *Tjankrieng*. On met les jeunes Poivriers en terre tout près de ces tuteurs, autour desquels leur tige s'élance à la façon des Convolvulus, et qu'on tient espacés de 3 pieds entre eux. La récolte commence vers trois ou quatre ans ; elle diminue vers sept ans, et cesse tout à fait après douze ans. Pour avoir le poivre *noir*, on cueille les grains encore verts et on les fait sécher au soleil jusqu'à ce qu'ils noircissent. Veut-on avoir du poivre *blanc*, il faut une troisième opération, qui consiste à faire tremper les grains dans l'eau jusqu'à ce que l'enveloppe extérieure se détache d'elle-même. Une seule plante en plein rapport donne de 6 à 7 livres de poivre (de 3 à 3 kilogr. et demi). Le poivre *à queue*, ou *cubèbe*, se distingue de l'espèce ordinaire par son long pédoncule, qu'on a soin de lui laisser en cueillant les fruits demi-mûrs pour les faire sécher.

Le *Muscadier* est un arbre d'un port élégant, qu'on a comparé à l'Oranger, d'une hauteur moyenne de 40 pieds, et dont le feuillage luisant et à grandes dimensions forme une touffe de 20 pieds de diamètre. Il se plaît à l'abri d'autres arbres plus élevés, et veut une température de 80 à 86 degrés Fahrenheit (de 26°,67 à 30 degrés centigrades). M. Buddingh en a vu des plantations sur le haut des montagnes de Banda, où la chaleur variait de 74 à 78 degrés Fahrenheit (de 23°,33 à 25°,56 centigrades). La récolte a lieu en avril et en juillet ou août. Le Muscadier commence à produire vers dix ans, et donne environ deux mille fruits pendant toute l'année ; il vit jusqu'à quatre-vingts ans. Les fruits sont mûrs au bout de neuf mois, et s'ouvrent d'eux-mêmes, laissant voir la chair blanche intérieure et le macis ou espèce d'arille qui enveloppe la capsule. On les récolte à l'aide d'un long bâton armé d'un crochet à son extrémité. On ôte immédiatement la chair extérieure, qui est verte et dure ; on détache le macis, qu'on laisse au pied de l'arbre et qu'on expose plus tard au soleil. Les fruits sont portés au grenier ou dans un lieu sec, sur des planches. Lorsque la chair blanche est complétement desséchée, on l'enlève, et l'on frappe doucement la capsule intérieure jusqu'à ce qu'elle se brise et laisse échapper le noyau, qui est la *muscade* proprement dite. On distingue dans le commerce les noix, selon qu'elles sont grasses, maigres, moyennes, infectées d'insectes ou cassées. Ces fragments sont broyés, et la poussière, bien tamisée, est exposée pendant quatre à six heures à la vapeur de l'eau bouillante. Lorsqu'elle est suffisamment humectée, on la met dans un sac sous un pressoir, qui en exprime une matière grasse solide, appelée *beurre de muscade*, et à laquelle on attribue des propriétés antirhumatismales.

Pour multiplier le Muscadier, on sème les fruits mûrs dans des pépinières, et l'on en retire les jeunes sujets à l'âge de deux ans. On les plante à 24 pieds de distance ; les arbres qui les abritent doivent être à 48 pieds les uns des autres. Les Muscadiers à fleurs femelles donnent seuls des fruits ; mais la présence du Muscadier à fleurs mâles est indispensable pour la fécondation des autres. On cultive cet arbuste principalement dans les îles Banda (Moluques), et en petite quantité à Amboine et à Bencoulen (Sumatra). En 1854, les trente-quatre plantations des îles Banda renfermaient 424 573 pieds, rapportant 537 861 livres (226 893 kilogr.) de muscades, 131 389 livres (65 694 kilogr.) de macis, et 2597 livres (1298 kilogr.) de noix cassées ; tandis qu'à Amboine, la récolte n'était que de 3472 kilogr. de muscades et 553 kilogr. de macis, et qu'à Bencoulen ces quantités respectives descendaient à 124 et à 25 kilogrammes.

Le *Giroflier* a également besoin de l'ombre des grands arbres et d'un sol humide et pierreux. Il forme une pyramide d'un vert foncé, tout parsemé d'innombrables fleurs roses; sa hauteur est de 25 pieds, sur un diamètre de 15. Dans les pépinières, on le propage au moyen de caisses remplies de bon terreau; on y place les fruits dès qu'ils tombent de l'arbre, en les répandant à la surface, sans les enfoncer, à un demi-pouce d'intervalle, et en les couvrant d'un lit d'herbe finement hachée. Au bout d'un mois, les jeunes sujets sont en état d'être mis dans les plantations, où l'on doit laisser entre eux un intervalle de 20 pieds. A Amboine, on sème les fruits directement, soit dans les jardins, soit dans les bois. Le Giroflier peut donner des fleurs, dites *clous de girofle*, dès l'âge de huit ans, mais la cueillette ne commence ordinairement qu'à quinze ou dix-huit ans. La plante dure cinquante ans et quelquefois un siècle entier. Après la récolte, les clous sont exposés au soleil pendant quatre ou cinq jours, puis apportés dans les magasins, où on les emballe dans de grands sacs de toile. Chaque pied produit de 1 à 2 kilogrammes.

Le gouvernement possède à Buitenzoorg (Java) un petit jardin d'essai spécial pour les Girofliers. A Noussalant, l'une des îles Moluques, il existe des plantations de 25 000 arbustes; mais le centre principal de cette culture est Amboine, qui, en 1854, comptait 405 639 pieds, produisant 580 592 livres (290 296 kilogr.) de clous de Girofle.

Le *Cannellier*, bel arbre de la famille des Lauriers, aux larges feuilles luisantes, s'élève à 40 ou 50 pieds, couronné d'une ample masse de verdure. On en distingue dix espèces, dont huit sont cultivées à Java. Le gouvernement en a des plantations à Warong-gou, à Krawang, à Banjoumas, à Bajelin, à Madioun et à Kediri. En 1854, quarante-six de ces établissements produisaient 172 139 livres (86 019 kilogr.) de cannelle, 17 814 livres (8942 kilogr.) de raclures, et 28 livres (14 kilogr.) d'huile. On sème les fruits dans des pépinières; les jeunes plants doivent être placés à l'abri de hauts arbres, comme les Girofliers et les Muscadiers. Une température de 74 à 78 degrés Fahrenheit (23°,33 à 25°,56 centigrades) est ce qui convient le mieux au Cannellier. Il vit de cinquante à soixante ans. On peut commencer à dépouiller les rameaux à trois ans. On emploie un petit couteau pour racler l'écorce extérieure, et l'on enlève, en la fendant dans toute sa longueur, la seconde écorce, qui constitue la *cannelle.* Quelques heures après la cueillette, on roule en tubes les bandes de cette écorce, et on les expose au grand soleil pendant deux jours; on les lie alors en bottes de 12 kilogrammes, et on les dépose dans les magasins. Les raclures de l'écorce extérieure servent à fabriquer l'*huile de cannelle*, qu'on retire aussi des feuilles de l'arbre. Le noyau des fruits donne une matière grasse solide, qu'on nomme assez bizarrement *graisse de spermaceti;* enfin on obtient, des grosses tiges et des racines soumises à la distillation, une espèce de camphre. On estime qu'il faut 125 livres de cannelle fraîche pour produire 100 livres ou 50 kilogrammes de cannelle à l'état sec.

II. EXTRAITS DES PROCÈS-VERBAUX DES SÉANCES GÉNÉRALES DE LA SOCIÉTÉ.

SÉANCE DU 24 MARS 1865.

Présidence de M. A. Duméril, vice-président.

Le procès-verbal de la séance précédente est lu et adopté.

M. le Président fait connaître les noms des membres nouvellement admis :

MM. Delamardelle (le baron), à Neuilly.
Gasquet (Stanislas-Eugène), architecte à Hyères.
Hédouin (le docteur), à Paris.
Hue, propriétaire, à Bordeaux.
Lasseaux (Auguste), directeur des établissements de M. Buschenthal, à Montevideo.
Lejeune, professeur au 2e gymnase, à Kazan (Russie).
Liborel (le baron Guillaume de), à Paris.

— M. le baron W. Grand d'Esnon adresse ses remercîments pour la médaille qui lui a été décernée.

— Son Exc. le Ministre de l'agriculture et du commerce informe la Société qu'il lui accorde, cette année comme les précédentes, à titre d'encouragement à l'agriculture, une subvention de 1500 francs. — Remercîments.

— M. le docteur Lafon (de Saint-Soulle) adresse à la Société quelques renseignements sur les Baudets du Poitou, et sur la valeur de ces animaux et celle de l'emploi de certaines races de Juments pour obtenir de belles Mules. Il donne aussi des détails qui tendent à assurer le fait de produits résultant de l'accouplement d'un Coq Brahmapootra avec une petite Poule pattue dite anglaise.

— M. Sabin Berthelot, membre honoraire de la Société, adresse un extrait d'un ouvrage inédit sur un nouveau mode de pêche, dont l'expérience a déjà prouvé les bons résultats dans les endroits où il est déjà mis en pratique. (Voy. au *Bulletin*, page 176.)

— M. Lamiral adresse un Mémoire sur la culture, la pêche et le commerce des Huîtres.

— M. Paul Gervais fait hommage d'une brochure intitulée : *Études de pisciculture faites dans le département de l'Hérault pendant l'année* 1864. — Remercîments.

— Son Exc. le Ministre des affaires étrangères transmet plusieurs exemplaires de la Notice que M. Fréd. Billot vient de publier sur *M. Berlandier et ses voyages dans l'extrême Orient*. — Remercîments.

— M. Baruffi, délégué de la Société, adresse un numéro du journal officiel du royaume d'Italie dans lequel il a inséré un article sur l'utilité des Vers à soie querciens. — Remercîments.

— M. le baron Anca, président de la Société d'acclimatation de Sicile, donne de nouveaux détails sur l'introduction de la Cochenille, qu'il a fait venir d'Algérie. La ponte et l'éclosion ayant eu lieu en route, il n'y avait plus à l'arrivée qu'un petit nombre d'insectes vivants. Une partie, ayant été mise à l'air sur un Cactus, a succombé, tandis qu'une autre partie déposée sur un Cactus en serre y a parfaitement prospéré et a déterminé l'épuisement complet du végétal. Transportés dans une chambre sur un autre Cactus, ils y ont pondu abondamment. Ces expériences, malheureusement interrompues par la maladie de M. le baron Anca, témoignent des bonnes conditions qui se trouvent réunies dans les régions maritimes de la Sicile, et notre zélé confrère demande que la Société veuille bien le mettre à même de renouveler ses expériences. (Voy. au *Bulletin*.)

— Des remercîments pour les graines de Vers à soie qui leur ont été envoyées sont adressés par MM. Lereboullet, et André Leroy.

— M. Beavan adresse une Note publiée dans les *Annales de la Société entomologique* de Londres sur le *Bombyx Paphia*, par son neveu, qui a récemment offert à la Société des cocons de ce Ver à soie. — Remercîments.

— M. le secrétaire communique la Note rédigée par M. Berlandier sur les soins à donner aux graines de Vers à soie du Mûrier du Japon :

« Du 5 au 15 avril, mettez les cartons contre un mur sans » préparation, les graines changent par la température naturelle ; alors chauffez un peu plus, et dès que vous verrez » deux ou trois Vers éclore, mettez une enveloppe de papier » aux cartons, et vingt-quatre heures après ils doivent être » éclos régulièrement.

» 1re MUE. — Quatre jours. Donner feuille coupée trois fois » le jour.

» 2e MUE. — Quatre jours. Donner à manger quatre fois le » jour feuille coupée.

» 3e MUE. — Six jours. Toujours feuille coupée cinq fois » par jour.

» 4e MUE. — Six ou sept jours. Leur faire manger pendant » vingt-quatre heures des feuilles entières autant qu'ils » veulent ; et commencer ensuite à prendre avec la main les » Vers mûrs pour les mettre sur la bruyère, sans cela beaucoup rentrent dans la litière et font un cocon bien inférieur. »

— M. le secrétaire de l'ambassade du Brésil informe la Société que le gouvernement brésilien désirerait renouveler ses tentatives d'introduction des meilleures espèces d'Oliviers et de Châtaigniers, et a recours encore dans cette occasion aux bons offices de la Société pour les lui procurer.

— Son Exc. le Ministre des affaires étrangères transmet au nom de M. le docteur de Grosourdy, un exemplaire de l'ouvrage en quatre volumes qu'il vient de publier sur la flore médicale et usuelle de l'Amérique méridionale et des Antilles, sous le titre de *El medico botanico criollo.* — Remercîments.

— Son Exc. le Ministre des affaires étrangères fait remettre une petite caisse renfermant des oignons et graines de plantes de l'Afrique centrale qu'une dame européenne, Mlle Tynne, de retour d'un voyage à l'intérieur de ce continent, a donnée à M. Cany, chancelier du consulat du Caire. Cette caisse renfermait : 1° Cinq *oignons à Coton.* Lorsque la floraison est passée, l'intérieur de l'oignon se convertit en un duvet cotonneux (*Pancratium ?*). — 2° *Fèves de Djouds.* Ces graines comestibles se trouvent dans des coques fermées, attachées au pied de la plante sous terre, comme les Arachides. — 3° *Fèves grimpantes*, à belles fleurs (*Dolichos*). — 4° Gousses de graines de *Patates* de Bongo (Légumineuses). — 5° Graines de *Gardenia souterrain*. Cet arbuste se développe sous terre, les fleurs seules apparaissent au dehors. — 6° Graines d'un arbuste à fleurs semblables à la Violette (*Statice ?*). — 7° Graines de fleurs diverses récoltées à Bongo (Légumineuses).

— Son Exc. le Ministre des affaires étrangères informe la Société que M. le vicomte Brenier de Montmorand, consul général de France à Shang-haï, lui annonce l'envoi de graines de *Tchou-ma* (*Urtica nivea*).

— Des remercîments de graines reçues dans ces derniers temps sont adressés par MM. le baron d'Aigueperse, Boucher, de Kirwan, Lynen et Bodecker, Lemaistre-Chabert, le maréchal Vaillant, Boisnard Grandmaison et Denis.

— Son Exc. le Ministre des affaires étrangères adresse le programme d'une exposition internationale d'instruments aratoires et de produits agricoles, horticoles et forestiers, qui aura lieu à Cologne du 12 juin au 2 juillet. Le comité de cette exposition exprime le désir que la Société veuille bien faire connaître à ses adhérents son vif désir d'y voir figurer les produits de la sériciculture française, qui occupe un si haut rang en Europe.

— Son Exc. le Ministre des affaires étrangères informe la Société qu'une exposition internationale de fruits et de légumes doit avoir lieu à Londres, du 9 au 16 décembre prochain, par les soins de la Société royale d'horticulture d'Angleterre.

— M. le général de Mylius adresse un tableau sur la bienveillance mutuelle entre tous les peuples, pour joindre aux pièces contenues dans sa communication du 10 mars.

— M. Millet lit un Rapport au nom de la 2e Section, sur l'introduction du Muge dans le Léman, et où il exprime le vœu que des dispositions soient prises immédiatement pour récolter sur notre littoral plusieurs milliers de jeunes Muges à l'état d'alevins de premier âge, et les transporter vivants dans le lac Léman. Ces opérations seraient faites aux frais de la

Société, au printemps et à l'automne des années 1865 et 1866. — L'examen de ces questions est renvoyé au Conseil.

— M. Pierre Pichot donne lecture d'une Note sur les Moutons prolifiques et les prétendus Lamas sans laine de Cadix, dont il a été question dans une des dernières séances. Il démontre que c'est par erreur que l'on a rapporté au véritable Lama (*Auchenia lama*) un animal tout différent, à toison dure et grossière, pouvant servir d'animal de boucherie, et qui n'est qu'une Chèvre sauvage (*Capra hispanica*), dont le nom local espagnol est *Llama*, et signifie simplement Chèvre sauvage, sorte de Bouquetin.

— M. le comte de Saint-Aignan donne lecture d'un Mémoire dans lequel il expose les causes qui lui paraissent influer plus spécialement sur la destruction du gibier en France, et appelle en même temps toute la sollicitude de la Société d'acclimatation sur le dépeuplement de nos cours d'eau.

Notre confrère résume son travail dans des propositions relatives à la réglementation de l'exercice de la chasse et de la pêche. — Ces propositions sont renvoyées à l'examen des 1re, 2e et 3e Sections, qui sont invitées à se réunir, à cet effet, en commission spéciale.

— A l'occasion de cette communication, M. Millet annonce que le Corps législatif est, en ce moment, saisi d'un projet de loi sur la pêche du Saumon et de la Truite (*Monit. univ.* du 24 février dernier).

Notre confrère fait remarquer que les dispositions essentielles de ce projet de loi ont été prises dans le Rapport qu'il a présenté, au nom d'une commission spéciale, dans la séance du 28 mars 1856, sur les mesures à prendre pour assurer le repeuplement des cours d'eau de la France. Ces dispositions sont relatives : 1° aux barrages qui empêchent la libre circulation du poisson ; 2° à la vente, colportage et débit du poisson en temps prohibé ; 3° aux exceptions, durant cette période, en faveur des opérations de pisciculture ; 4° aux peines concernant le poisson enivré ou empoisonné ; 5° à l'interdiction absolue de la pêche, pendant un temps déterminé, dans les parties des cours d'eau réservées pour la reproduction du poisson.

M. Millet ajoute que la Société d'acclimatation ne peut que se féliciter de voir prendre en très-sérieuse considération, par le conseil d'État et le Corps législatif, les vœux qu'elle a émis, il y déjà neuf ans, sur cette importante question.

— M. le professeur J. Cloquet présente deux Pommes, dites *d'argent*, qu'il a reçues de M. Lesèble, membre de la Société. Ces Pommes viennent de la propriété de Rochefuret, commune de Balaie, près de Tours. Elles sont d'une très-bonne qualité, et ont le privilége de se conserver pendant deux et trois ans sans altération sensible (avantage pour les voyages de long cours et pour l'exportation dans les pays méridionaux). Les deux Pommes présentées par M. Jules Cloquet sont de la récolte de 1864. — A mettre en expérience à la Société d'acclimatation.

— M. A. Duméril met sous les yeux de la Société un dessin représentant un *Silurus glanis* de grandes dimensions, et communique une Note de M. Sacc au sujet de ce poisson.

M. Sacc trouve que M. Millet s'alarme à tort, pour l'avenir des Saumons et des Truites, de l'introduction du *Silurus glanis* dans les eaux douces de l'Angleterre ; il peut se tranquilliser, car jamais personne n'a vu le Silure dans les eaux propres au développement de ces vivaces espèces. A l'appui de cette opinion, il rappelle que le lac de Bienne se déverse dans celui de Neuchâtel par la Broie, canal large et peu profond, à courant insensible, dont le fond vaseux sert d'abri au Silure ; or, malgré la proximité et la communauté d'eaux, jamais on ne pêche le Silure dans le canton de Neuchâtel, parce que les eaux y sont courantes. Le Silure ne nage pas, il rampe ; de là vient qu'il lui faut des fonds vaseux dans lesquels il se cache complétement, ne laissant voir au dehors que les deux gros barbillons dont sa vaste gueule est garnie, et dont il se sert, au dire des pêcheurs, pour attirer les autres poissons, qui, dans ces terrains-là, ne sont guère que le Goujon et la Tanche.

En Suisse, où ce poisson porte le nom de *Saluth*, sa viande est peu estimée ; on en trouve du poids de 50 kilogrammes et au-dessus. Toutes les observations de MM. Millet et de Quatrefages sont du reste absolument justes; aussi M. Sacc ajoute-t-il qu'il ne peut trop désirer avec eux qu'on ne répande pas ce poisson, détestable sous tous les rapports.

SÉANCE DU 7 AVRIL 1865.

Présidence de M. A. DUMÉRIL, vice-président.

— Le procès-verbal de la séance précédente est lu et adopté après une observation de M. Vavasseur sur sa rédaction.

— M. le Président proclame les noms des membres nouvellement admis:

MM. CORNY (Léonce de), au château de la Broche, par Étrépagny (Eure).
MONTBEL (le comte de), au château d'Argent, à Argent (Cher).
MORPURGO (Ch. Marc), à Paris.
SAGERET (Ernest), à Paris.

— M. Gasquet adresse ses remercîments pour sa récente admission.

— M. Teyssier des Farges dépose sur le bureau un échantillon de laine d'un Agneau mâle de cinq mois, issu d'un croisement opéré entre un Bélier chinois de Son Exc. M. Rouher et une Brebis mérinos. La toison pèse $1^{kil.}$,520, la mèche mesure environ 12 centimètres de longueur. En blanc, cette laine doit rendre environ 70 pour 100, c'est-à-dire le double de la laine mérinos d'Agneau ou à peu près; la toison équivaut donc à une toison mérinos de 3 kilogrammes, en suint. L'Agneau est vigoureux et en bon état, comme ses frères et sœurs issus du même croisement.

— M. Davin ajoute que cette laine à brins très-longs offre cette qualité remarquable de ne pas avoir de jarre, tandis que chez les Agneaux croisés de M. Jacquemart, la laine, quoique plus fine, conserve encore une certaine quantité de jarre : il y a donc très-manifestement, dans l'échantillon présenté par

M. Teyssier des Farges, une preuve très-marquée de la prédominance de l'influx mérinos.

— M. Beavan transmet un article publié dans un journal anglais par son neveu, M. R. C. Beavan, lieutenant à l'armée du Bengale, sur la chasse à l'Ours dans l'Inde. — Remercîments.

— M. A. Touchard adresse une Note sur le Faisan de l'Inde. (Voy. au *Bulletin*, page 173.)

— Son Exc. M. le Ministre des affaires étrangères informe la Société que M. Desnoyers, consul de France à Honolulû, expédie par la voie de Brême une paire d'Oies sauvages de l'île Hawaï. M. Desnoyers, d'après l'opinion d'un naturaliste anglais, résidant aux îles Sandwich, annonce que l'archipel hawaïen ne possède ni plantes ni animaux qui puissent être appréciés en Europe, ou qui puissent y être expédiés avec succès. — Remercîments.

— M. Highford Burr (d'Aldermaston) adresse une Notice sur la fécondation artificielle des Poissons. — Remercîments.

— Un numéro du journal *le Dauphiné*, renfermant un article de pisciculture par M. le comte de Galbert, est déposé sur le bureau.

— M. Antonio de Lacerda (de Bahia) prie la Société de vouloir bien lui procurer des œufs de Carpe fécondés, pour peupler un petit lac d'une de ses propriétés, et demande des œufs du Ver à soie du Ricin pour utiliser cette plante, qui pousse chez lui à l'état sauvage.

— MM. Bianchi et Duseigneur font connaître les observations suivantes sur les cocons de Vers à soie du Mûrier du Japon qu'ils ont fait filer pour la Société. Ces cocons, achetés à bas prix à Yokohama, ont été vendus ainsi à cause de leur mauvaise qualité apparente ; mais, ainsi qu'il arrive fréquemment pour les objets à bon marché, ils doivent encore avoir été payés trop cher, vu leurs vices cachés. Après les avoir fait trier, les 92$^{kil.}$,30 de cocons se composaient de 80$^{kil.}$,25 de cocons filables et de 12$^{kil.}$,05 de cocons hartés indévidables, ou cocons doubles. Nous avons vu fréquemment, dans les cocons du Japon, une quantité de cocons percés par la *harte*, ou Ver parasite; il paraît qu'ils y sont plus habituellement sujets que d'autres, et dès lors le cocon n'est bon à rien pour la filature. (Récemment même, M. T. Lory, de la Réunion, nous fit remettre une bruyère très-volumineuse de cocons, dont *pas un* n'avait échappé à ce genre d'avarie.) Il était permis de croire que le mal se bornerait pour vos cocons à ce qui était visible. Mais en outre il s'y est trouvé une certaine proportion de cocons provenant de grainage, dans l'intérieur desquels le papillon avait lâché sa liqueur alcaline, sans pouvoir néanmoins en sortir, et qui, à cause de cela, avaient conservé l'apparence de bons cocons. Ces cocons mis dans l'eau chaude se tachent immédiatement à l'endroit baigné par le Ver, et la soie décreusée en cet endroit rend le cocon très-difficile à dévider. C'est à ces divers défauts et à la faiblesse générale de la coque que le mauvais rendement à la bassine est dû. Postérieurement à vos cocons, nous avons filé un essai d'une autre importation, qui nous a donné, pour 5$^{kil.}$,100 de cocons, un rendement de 1 kilogramme de soie.

— M. Berlandier informe la Société qu'il possède environ 500 grammes de graines de *Bombyx yama-maï*, d'excellente provenance du Japon, et demande qu'il lui soit indiqué un débouché pour ce placement.

— Des remercîments pour les graines de Vers à soie qui leur ont été données sont adressés par MM. Blayac et le marquis de Juigné.

— M. Adelelmo, comte Cocastelli, adresse un Mémoire sur ses éducations du *Bombyx Cynthia* pendant l'année 1864.

— M. Chartron (de Saint-Vallier) adresse à la Société divers échantillons de graines de Vers à soie du nord de la Chine, et dont il pense que plusieurs viennent de pays d'où il n'en avait pas encore été importé en Europe. — Remercîments.

— M. G. de Lausanne transmet de nouveaux renseignements sur ses cultures de diverses espèces de Bambous à l'air libre, dans les environs de Morlaix. — M. le secrétaire fait remarquer les succès obtenus par M. G. de Lausanne, qui, depuis plusieurs années déjà, s'est occupé de cette question, et informe les membres de la Société qui voudraient, à l'exemple de MM. G. de Lausanne, J. Cloquet et comte de Sinéty, s'occuper de propager ces plantes, que récemment M. Carrière a publié dans le *Journal de la Ferme et des Maisons de campagne* d'excellentes instructions à ce sujet.

— Son Exc. M. le Ministre des affaires étrangères transmet une lettre de M. Siebold, qui rappelle la proposition faite par lui, l'année dernière, de céder les plantes du Japon cultivées dans son établissement de Leyde, et qui paraîtraient les plus dignes d'être introduites en France comme espèces usuelles, forestières ou d'ornement. Il exprime le désir que M. Chatin, qui s'est rendu à Amsterdam pour y prendre part aux travaux du jury de l'*Exposition universelle d'horticulture*, soit chargé d'examiner et de choisir provisoirement dans le jardin de Leyde les végétaux dont il s'agirait de faire l'acquisition. — Renvoi au Conseil.

— Son Exc. M. le Ministre des affaires étrangères informe la Société que M. Godeaux, ancien consul à Hong-kong, a rapporté une certaine quantité de graines de Chanvre chinois qu'il met à la disposition de la Société. — Remercîments.

— M. Bossin informe la Société qu'il ne sera possible de se procurer des Pommes de terre de trois mois qu'à l'automne prochain, et renouvelle l'offre de ses bons offices pour la Société. — Remercîments.

— M. Brierre (de Riez) adresse un nouveau Rapport sur ses cultures de végétaux exotiques.

— Des remercîments pour les graines qu'ils ont reçues sont adressés par MM. Mion, Delaplace, Garnier, Petit, baron d'Aigueperse, le marquis de Kerouart et le vicomte de Morteuil.

— Le comité général de l'exposition internationale de Cologne remercie la Société du concours qu'elle lui a prêté en répandant ses circulaires aux principaux éducateurs et fabricants de soie en France.

— La Société d'agriculture et d'acclimatation du département de Tarn-et-Garonne annonce qu'elle ouvrira un concours et une exposition du 9 au 11 juin 1865.

— M. P. G. de Dumast fait hommage d'un travail intitulé : *Sur l'enseignement supérieur tel qu'il est organisé en France, et sur le genre d'extension à y donner* (in-8, 1865). — Remercîments.

— M. Gastinel, directeur du jardin d'acclimatation du Caire, qui a pris place au bureau, donne lecture d'un travail *Sur les résultats obtenus au jardin d'acclimatation du Caire pendant une période de deux années.* (Voy. au *Bulletin*, p. 161.)

— M. Ramel, à la suite de ce travail, rappelle à la Société qu'il y a quinze mois environ, il lui a signalé un Blé précoce, d'origine japonaise, et cultivé avec succès dans les régions chaudes de l'Amérique septentrionale et même dans le Texas, et qui lui paraît pouvoir donner d'excellents résultats dans le bassin méditerranéen : il vient à maturité six semaines avant les espèces ordinaires, et assure les récoltes contre les coups de vents chauds qui soufflent au moment ou peu avant la récolte. Les conditions dans lesquelles se trouve aujourd'hui l'Amérique du Nord ne lui ayant pas permis de se procurer, comme il l'avait désiré, cette précieuse espèce, il demande que la Société s'adresse à M. Léon Roches pour en obtenir directement du Japon.

— M. Millet fait observer que le procédé Hooïbrenk n'a pas donné en France des résultats aussi satisfaisants que ceux indiqués par M. Gastinel.

— M. le baron Séguier, après avoir rappelé les conclusions défavorables du rapport de Son Exc. le maréchal Vaillant à S. M. l'Empereur sur le procédé Hooïbrenk, remarque que les Blés fleurissent successivement en plusieurs jours, et que cette organisation est défavorable pour l'application de la frange, car il faudrait la passer plusieurs fois sur les Blés, et le préjudice causé par le passage des opérateurs compense et au delà le bénéfice du procédé.

— M. Ramel informe la Société que Mme Devenport a pu introduire à Adelaïde (South Australia) des *Bombyx Cynthia* vivants, dont une partie a été distribuée à Melbourne, et, d'autre part, que le produit des Abeilles liguriennes a été des plus remarquables en Australie.

— M. le secrétaire donne lecture d'une Note de M. Touchard sur le Faisan de l'Inde. (Voy. au *Bulletin*, p. 173.)

— M. le baron Séguier signale à la Société un fait dont il doit la connaissance à notre confrère M. Florent Prévost : c'est que depuis l'introduction des Perdrix Gambra dans les forêts de la couronne à Fontainebleau et à Compiègne, elles se sont croisées avec des Perdrix rouges, et ont donné naissance à des petits qui sont inféconds. Il pense donc que le fait doit être pris en considération par les personnes qui veulent introduire de nouveaux gibiers dans nos forêts, puisque, loin d'augmenter la quantité du gibier, cela pourrait amener à sa disparition forcée et rapide. Quant aux couvées très-nombreuses, il rappelle la pratique généralement suivie dans les fermes, de ne pas laisser les œufs dans le nid, de peur que les premiers pondus n'éprouvent un commencement d'incubation qui leur serait très-préjudiciable.

— M. Rufz de Lavison confirme ces observations de M. le baron Séguier.

— M. le secrétaire donne lecture d'un Mémoire de M. Sabin Berthelot : *Sur un nouveau système de pêche, réservoirs de dépôt, bateaux-viviers et conservation du poisson.* (Voy. *Bulletin*, p. 176.)

SÉANCE DU 21 AVRIL 1865.

Présidence de M. A. PASSY, vice-président.

Le procès-verbal est lu et adopté après une observation de M. P. Pichot.

— M. le Président proclame les noms des membres nouvellement admis :

MM. APOSTOLOPOULO (Jean C.), agronome, à Grignon.
BÉARN (de), attaché à la Légation de France à Mexico, à Paris.
BERNARD (Armand), propriétaire au Puits-Barbot (Maine-et-Loire).
DESMEURE (J.), directeur du jardin zoologique à Florence.

MM. Durand, vétérinaire de l'armée, directeur du troupeau et des bergeries du gouvernement, à Ben-Chekao, près de Médéah.
Fischer (Alfred), propriétaire colon, à Médéah.
Heeren (J. H.), ministre des Villes libres, à Paris.
Herran (Jean-Victor), ministre plénipotentiaire de la république de Honduras, à Paris.
Le Biguais (Hervé-Auguste), receveur des douanes, au Fenouiller (Vendée).
Lehman (Alfred), négociant, à Bordeaux.
Margadel (de), propriétaire, à la Pasqueraie (Maine-et-Loire).
Marion (Édouard), au château de Faverges (Isère).
Moncy (Félix de), propriétaire, à Paris.
Noinville (le comte Paul de), à Paris.
Raveret-Wattel (Casimir), attaché au cabinet du Ministre de la guerre, à Paris.
Rouget (Alphonse), à Paris.

— M. de Cambefort, attaché à la Légation de France au Brésil, et M. Bellot, vice-consul de France à San-Salvator (Amérique centrale), offrent à la Société de lui procurer les animaux les plus intéressants de leur résidence. — Remercîments.

— M. de Gérendo, consul de France à Porto, adresse une Notice sur les animaux du Portugal, et une Note de M. Barboze du Bocage sur les Chèvres sauvages.

— Son Exc. M. le Ministre des affaires étrangères transmet une lettre de M. Garnier, premier drogman du consulat général de France en Égypte, qui donne des détails sur les animaux domestiques et sauvages, ainsi que sur les oiseaux du Soudan qui ont frappé son attention au point de vue de leur acclimatation en Europe. (Voy. au *Bulletin.*)

— M. le président de la Société zoologique d'acclimatation des Alpes adresse ses remercîments pour le don qui a été fait à cette Société d'un Casoar mâle.

— M. le comte de Roscoat demande à acquérir une paire de Moutons *Ti-yang* (race pure).

— M. Ramel appelle l'attention de la Société sur l'importance qu'aurait l'introduction en Europe de l'*Argus* (*Phasianus Argus*), un des plus beaux oiseaux qui existent.

— M. A. Touchard adresse une *Note sur les Houppifères et leur croisement*. (Voy. au *Bulletin*.)

— M. Sicard envoie un nouveau travail intitulé : *Études de pisciculture fluviatile faites à Marseille en* 1865.

— M. Turrel transmet une brochure de M. Rimbaud : *De la pêche côtière en France* (in-8°, 1865). — Remercîments.

— M. Chavannes, délégué à Lausanne, annonce qu'il réunit les documents nécessaires pour établir le devis de ses expériences projetées d'acclimatation du Muge dans le lac Léman.

— M. Lereboullet fait hommage d'un *Rapport sur les éducations de Vers à soie du Mûrier faites dans le département du Bas-Rhin pendant* 1864 (in-8°, 1865). — Remercîments.

— Son Exc. M. le Ministre des affaires étrangères transmet une lettre de M. de Gerendo, consul de France à Porto, qui fait remarquer que la graine de *Bombyx Mori* (*race portugaise*) est de qualité supérieure, et qui adresse un spécimen de cette graine, dite *des montagnes occidentales*, pour faire des essais. Cette graine, déjà en éclosion, a été immédiatement remise au Jardin du bois de Boulogne.

— Mlle Flon, Mme Ch. Lardy, Mme veuve Boucarut, MM. Bonnaire, comte de Galbert, Chavannes et Blaise, adressent leurs remercîments pour les envois de graines de *Bombyx* qui leur ont été faits.

— Son Exc. M. le Ministre des affaires étrangères transmet une Notice de M. l'abbé David, missionnaire lazariste, sur le climat, la constitution géologique et les productions naturelles du nord de la Chine, et qui lui a été adressée par notre confrère M. Berthemy, ministre de Pékin. (Voy. au *Bulletin*, p. 236.)

— M. Dufour, délégué à Constantinople, annonce l'envoi de bulbes du *Crocus sativus* d'Anatolie, pour en tenter la culture en France.

— Mme veuve Delisse adresse les renseignements suivants sur ses cultures de Bambous :

« Les *Bambusa nigra*, *mitis* et *verticillata* furent envoyés » d'Algérie à M. Delisse, au commencement de 1862, par » M. Hardy : ils furent plantés tout de suite, placés et conservés » en serre tempérée, puis ils passèrent à la serre froide. Ce ne » fut qu'au milieu de l'été 1862 qu'ils furent livrés à la pleine » terre. Ils supportèrent bien l'hiver 1862-63 dans un terrain » de grave exposé au midi. On leur a donné des soins ordi- » naires de nettoyage, sarclage, arrosage, un peu de bon » terreau. Ces temps derniers on les a changés de place pour » les réunir au Bambou de l'Himalaya, qui, lui, est tout à fait » acclimaté depuis six à huit ans au moins : le terrain grave- » leux et le terrain humide lui conviennent également. » Mme Delisse en a eu de magnifiques touffes en marais. Les » trois *Bambusa nigra*, *mitis* et *verticillata* sont moins beaux, » mais ils sont arrivés extrêmement petits : la reproduction » en est assez difficile, les éclats sont maigres et reprennent » avec peine ; néanmoins, avec de bons soins, elle les consi- » dère maintenant comme acquis à nos cultures. »

— M. Brierre (de Riez) adresse un Rapport et un dessin sur une des plantes qu'il cultive. — Remercîments.

— Il est déposé sur le bureau un numéro du *Courrier de Saigon*, du 20 février 1865, renfermant un travail de M. Thorel, chirurgien de la marine, sur les arbres forestiers de cette colonie, et une Note de M. Garnier sur un Cotonnier arborescent.

— Son Exc. M. le Ministre des affaires étrangères offre à la Société, au nom de M. le docteur Buddingh, l'analyse manuscrite de la relation de son voyage, faite par lui-même, sur le texte hollandais imprimé. — Remercîments.

— M. le docteur Rufz de Lavison, directeur du Jardin du bois de Boulogne, lit une *Note sur les Faisans acquis et à acquérir*.

— M. Durieu de Maisonneuve informe la Société que le jardin des plantes de Bordeaux possède en ce moment un Cygne blanc et un Cygne noir qui se sont accouplés et dont les œufs sont aujourd'hui en incubation. Il tiendra la Société au courant de ce qui se présentera plus tard.

— M. de Quatrefages dit qu'il se rappelle un fait analogue, mais tous les œufs, sauf un, étaient clairs.

— M. Millet lit un Rapport, au nom des 1re, 2e et 3e Sections réunies en commission spéciale, sur les mesures relatives à la conservation et à la police de la pêche. Après quelques observations de M. Pigeaux, de Sémalé, Wallut et Gillet de Grandmont, les conclusions du rapport sont adoptées à l'unanimité. (Voy. au *Bulletin.*)

— M. le comte d'Esterno lit un Rapport, au nom des 1re, 2e et 3e Sections réunies en commission spéciale, pour l'examen des mesures relatives à la conservation et à la police de la chasse. (Voy. au *Bulletin.*)

Après quelques observations de MM. Pichot, Millet, Lecreux, Pigeaux, Wallut, de Sinéty et Quatrefages, le rapport est adopté à l'unanimité.

Le secrétaire des séances,

J. L. SOUBEIRAN.

III. CHRONIQUE.

QUELQUES OBSERVATIONS

sur les productions naturelles, le climat, la constitution géologique du nord de la Chine,

Écrites sur la demande de M. Berthemy, ministre de France à Pékin,

Par l'abbé DAVID, missionnaire lazariste résidant dans le Tché-li (décembre 1864).

Je pense que, après les relations et les envois faits à la Société d'acclimatation par M. Eugène Simon, il reste peu de choses à apprendre, et moins encore à acquérir, de cette partie de l'empire chinois, qui est beaucoup plus pauvre qu'on ne pensait avant qu'on pût y pénétrer et que les anciennes relations pouvaient le faire croire. Néanmoins, puisque ainsi le désire M. Berthemy, notre ministre à Pékin, dans son zèle pour la prospérité de cette belle œuvre qui a pour but d'enrichir la France et l'Europe par l'introduction de nouvelles et utiles espèces animales et végétales, je vais tâcher d'écrire les quelques observations que j'ai faites depuis deux ans et demi que je me trouve à Pékin, sur les productions naturelles de cette partie du Céleste empire, afin qu'on sache à quoi s'en tenir sur les ressources de cet Eldorado.

Climat. — La faune et la flore d'un pays dépendent beaucoup de son climat : quelques mots donc sur les conditions météorologiques de Pékin ne seront pas inutiles. Il peut être caractérisé en peu de mots :

1° Par une grande sécheresse, qui n'est interrompue qu'en été par quelques orages. Dans toute l'année dernière, j'ai noté trente chutes de pluie ou de neige ; elles sont insignifiantes pour la plupart, excepté pendant les grandes chaleurs, où quelques orages nous procurent d'abondantes averses qui ne durent que peu d'heures ; les rosées ne commencent qu'à la fin de juin et continuent jusqu'en automne.

2° Par un ciel habituellement serein ; le phénomène du mirage est très-fréquent dans notre plaine. L'atmosphère est souvent agitée, surtout au printemps, et de violents vents du nord soulèvent une douce poussière qui parfois obscurcit le soleil.

3° Par la régularité des saisons.

4° Par un long et brûlant été, par un hiver long aussi et très-sec. Depuis les premiers jours de mai, le thermomètre commence à marquer à l'ombre un maximum de 30 degrés et plus, et cela dure, à peu près journellement, jusqu'en septembre ; les chaleurs de 40 degrés ne sont pas rares ici, et en juillet dernier, une après-midi, le thermomètre est monté à l'ombre jusqu'à 43 degrés par un ciel couvert et orageux. Les gelées commencent en octobre, et vers la mi-décembre toutes les rivières et même la mer, aussi loin que la vue peut s'étendre, sont glacées sur une épaisseur de plusieurs pieds parfois, et même dans beaucoup de ruisseaux les eaux ne forment qu'une énorme masse solide. C'est en mai qu'a lieu le dégel. Pendant trois mois environ, le minimum de froid oscille entre 8 et 12 degrés, allant, par exception, jusqu'à 18 degrés. Néanmoins les froidures de Pékin semblent fatiguer moins que celles de Paris, sans doute à cause de la sécheresse habituelle de l'air.

On se demande naturellement quelle peut être la cause de cette rigueur de nos hivers, dans un pays situé sous la même latitude que Naples... Elle ne dépend pas de l'altitude de cette plaine, puisque Pékin n'a pas 10 mètres d'élévation au-dessus du niveau de la mer. Il ne faut pas non plus la chercher dans nos innombrables montagnes du nord, qui toutes sont peu élevées et très-rarement couvertes de neige. Peut-être le haut et l'immense plateau de Gobi contribue-t-il à refroidir les fréquents vents de N.-O. qui nous en arrivent ? Ou mieux, la cause principale du froid n'est-elle pas dans la constante sérénité de notre ciel, qui favorise une immense perte de chaleur par l'irradiation. D'ailleurs, pour tout dire, faudrait-il observer que nous, Européens, avons tort de prendre, en jugeant des climats, pour terme de comparaison, notre pays, qui se trouve dans des conditions exceptionnelles, surtout dans les parties occidentales.

Géologie. — Après le climat, ce sont les conditions géologiques qui influent le plus sur les productions d'un pays : j'en dirai donc quelques mots sans empiéter sur le domaine de l'histoire naturelle pure. Toute cette grande plaine du Tché-li a été déposée par les eaux à une époque qui paraît relativement peu reculée, et les flots de l'Océan baignaient le pied de nos montagnes, qui en sont maintenant éloignées de 40 à 50 lieues. Aujourd'hui Tien-tsin est à 12 lieues de la mer, et les livres chinois parlent du temps qu'elle arrivait à cette ville ; aussi notre golfe, qui diminue rapidement, finira-t-il par disparaître entièrement, si le fleuve Jaune, qui a autrefois débouché dans la mer Jaune, continue à porter dans le golfe de Tché-li l'immense quantité de boues dont ses eaux sont chargées. J'ai trouvé des coquilles comme celles qui abondent actuellement sur les plages de Takou, à plus de 60 lieues loin de la mer. Nos autres fleuves qui se versent dans notre mer y déchargent aussi beaucoup de limon, mais jamais une pierre, ni même du gravier.

Comme nos montagnes sont très-sèches, le petit nombre de ruisseaux qu'on y rencontre se perdent pour la plupart avant d'arriver à la plaine ou en y arrivant, et quelque part qu'on perce des puits, on trouve bientôt de l'eau, mais souvent jaunâtre. Les efflorescences salines et nitreuses sont très-abondantes. Toute cette plaine est bien moins sablonneuse qu'on ne dit généralement ; la couche d'humus y est assez profonde ; et au-dessous se trouve une puissante couche de terre jaunâtre un peu argileuse, mais non compacte. On ne saurait dire quel en est l'élément constitutif dominant, les montagnes qui lui ont donné origine renfermant tout autant de matières calcaires que de masses granitiques ou porphyriques. Une particularité que je n'ai observée que dans ces pays, c'est que dans tous les champs on trouve une multitude de concrétions calcaires en forme de pommes de terre, auxquelles les Chinois donnent le nom de *patates de pierre.*

De même que toutes les grandes chaînes de montagnes, les nôtres sont constituées au centre par des masses granitiques, porphyritiques et basaltiques, et sur les bords de la ligne par différents terrains stratifiés, dont les plus récents se rapportent à la formation carbonifère : toutes les formations intermédiaires entre celle-là et les dépôts très-modernes semblent complétement manquer ici. D'ailleurs, les strates sont métamorphiques, profondément modifiées ; les calcaires sont souvent changés en marbres de différentes variétés, parmi lesquels abondent les blancs un peu veinés, les saccharoïdes; il y a aussi une jolie brèche jaune rouge, qui rappelle les brocatelles d'Espagne. Les charbons minéraux, dont les dépôts abondent, ont été privés de leur bitume, et l'on ne porte guère à Pékin que des houilles maigres ; je ne connais qu'une localité où l'on exploite la houille grasse, qui est d'ailleurs négligée par les Chinois, à cause de sa fumée ; et c'est non loin de là que j'ai rencontré quelques fossiles végétaux. Ce sont les premiers signalés dans ce pays, où ils doivent être excessivement rares, à cause du métamorphisme des sédiments.

La Chine, en général, n'a pas de hautes montagnes, et le nord ne fait pas exception à la règle générale. Je suis allé sur les sommets réputés les plus élevés de cette province et d'une partie de la Mongolie orientale, et j'ai trouvé qu'ils n'atteignent pas 2000 mètres d'altitude. Dans quelques vallées très-rares, on rencontre de misérables bois, ou mieux des taillis, qui ont été souvent incendiés ; les Chinois ont détruit depuis longtemps les forêts qui autrefois couvraient leurs montagnes, et aujourd'hui ils continuent encore cette œuvre de vandalisme en arrachant jusqu'aux racines des broussailles qui se hasardent à croître à leur portée. Ce déboisement général doit sans doute contribuer à augmenter la sécheresse de ces régions.

Végétation. — Elle est tardive faute d'humidité suffisante dans la plupart des endroits, puisqu'il ne commence à tomber de la pluie qu'à la fin de juin au plus tôt : j'ai trouvé, le 25 juin, des montagnes sur lesquelles des Ormeaux n'avaient pas encore bien ouvert leurs bourgeons, pour la cause que je viens d'indiquer. Quand l'automne a été pluvieux, la terre conserve son humidité pendant l'hiver, à l'état de glace ; laquelle, se fondant au printemps, permet à certaines plantes de végéter alors. Mais, en général, ce n'est qu'en juillet que la végétation est bien développée ici, à peu près comme elle l'est en France à la fin de mai.

D'après ce qui vient d'être dit, on doit s'attendre à ce que ce pays ne nourrisse pas une flore riche et variée. En effet, des recherches actives faites sur une immense étendue en trois saisons ne m'ont procuré qu'un millier d'espèces de plantes, et je crois qu'il faudra bien des années et des travaux pour qu'on parvienne à doubler ce nombre. Les espèces printanières sont peu abondantes ; l'été et plus encore l'automne donnent les meilleures récoltes au botaniste. Les végétaux cryptogames inférieurs sont fort rares à cause de la sécheresse. Il n'est pas jusqu'à notre mer qui n'offre le désolant aspect de la pauvreté végétale : quelques *Zostera* et très-peu d'Algues se rencontrent seulement sur ses bords. Les immenses plaines basses qui l'avoisinent dans toute notre province sont trop récentes, et partant trop salines, pour qu'elles puissent offrir autre chose que quelques Salsolées, quelques Statices, etc. Le reste de la plaine, impitoyablement tourmenté jusqu'aux plus petits recoins, n'offre presque nulle part un peu de végétation spontanée, dans laquelle on reconnaît bien moins d'espèces européennes que dans les montagnes un peu élevées.

Végétaux indigènes. — En fait d'arbres, nous avons, dans les plus hautes montagnes, un Mélèze ; un Sapin médiocre qui n'a rien de commun avec les espèces européennes ; un Pin analogue, je crois, au *Pinus sylvestris;* le Thuïa de Chine (un Éphédra se trouve vers la Mongolie en abondance), deux Bouleaux, un Tremble et trois autres Peupliers peu remarquables ; deux Chênes à cupules glabres et à glands allongés, et deux autres à cupules hérissées et à glands peu développés, dont l'un a des feuilles très-grandes, et l'autre les a semblables à celles du Châtaignier. Je crois que cette dernière espèce n'est pas indigène. Le Noyer commun offre plusieurs variétés comme en Europe ; il y a, en outre, le Noyer sauvage, dont la feuille développée est composée de dix-neuf folioles. On y trouve aussi un Frêne ou deux ; un Fusain, arbre moyen, outre l'espèce arbuste ; un Poirier à petits fruits très-durs, un Pommier à fruits gros comme un pois, un Cerisier Padus ; deux ou trois Tilleuls, dont l'un, à grandes feuilles, ressemble à celui dit de Hollande. Outre l'Ormeau appelé chinois, qu'on voit auprès de toutes les habitations, en plaine et en montagne, et qui devient très-grand, il y en a un autre analogue à l'*Ulmus montana*, avec la variété à très-larges samares. Le Châtaignier est très-rare ici ; les châtaignes, petites, mais très-sucrées, que l'on vend à Pékin, viennent surtout du King-tong, partie orientale de la province. Outre le grand Saule communément répandu autour des villages, on en trouve deux ou trois autres espèces dans les montagnes, ainsi que le Sorbier des oiseaux.

Je n'ai point rencontré ici, ni entendu dire qu'il y ait près de Pékin des bois d'Érables. Les deux espèces du pays sont : l'une un petit arbuste, et l'autre (*Acer truncatum*) un arbre médiocre fort peu élégant. L'Abricotier se rencontre très-abondamment à l'état sauvage : la variété à fruits plats et acides donne des amandes douces qu'on vend à Pékin ; il y a aussi le Pêcher sauvage, et un autre arbrisseau qui tient des deux arbres précédents, sans être ni l'un ni l'autre, mais dont les fruits ne valent rien. On rencontre encore abondamment, dans les montagnes médiocres, le Mûrier sauvage à feuilles pubescentes, le Micocoulier (*Celtis*), l'*Ailantus*, le *Kœlreuteria* ; j'ai trouvé des Charmes dans un seul endroit. Mais les arbres que je m'attendais à voir représentés ici, et qui n'y existent pas du tout, ce sont le Cèdre et l'Aune ; je ne connais pas non plus le Pin aquatique.

Les arbres que la culture a introduits dans la plaine sont : le Saule pleureur (à fleurs *staminifères*), l'Acacia julibrizin, le beau Sophora du Japon, le Salisburie ou Gingko, le Pin à écorce blanche, un grand Genévrier, un Pavia (sorte de Marronnier), un *Diospyros* à gros et bons fruits jaune d'orange; trois variétés de Pruniers, dont deux à fruits roses ronds, et l'autre jaunes, ovales, peu bons (je n'ai jamais vu de Prunier sauvage en Chine) ; plusieurs variétés de Jujubiers à bons fruits, assez grands, qui poussent dans les terrains les plus ingrats ; le Poivrier chinois ou *Fagara* ou *Xanthoxylon*, et peu d'autres arbres d'ornement qu'on me dit se retrouver aussi dans le midi.

On vend à Pékin, en été, quelques misérables petites Cerises insipides qui viennent des montagnes voisines ; il paraît qu'il y en a de rouges et de blanches. On ne voit ici que cinq ou six variétés de Pommes, assez médiocres, dont aucune ne saurait faire bonne figure en Europe, excepté peut-être une qui ressemble à celle appelée *Carlo* en Italie, et une autre, petite, rouge, qui mûrit en octobre, et qui, croissant en très-grand nombre sur un arbre moyen à rameaux dressés, pourrait former une jolie plante d'ornement par l'éclat de ses fruits couleur de corail. Le Grenadier croît ici dans les lieux abrités : il y a les variétés ordinaires à fleurs doubles, à fleurs blanches, à feuilles très-petites.

C'est dans les serres qu'on cultive l'Oranger à fruits digités (main de Fo); le Citronnier à écorce très-mince, que les Chinois ne mangent pas ; le Laurier-rose commun, le Palmier à chanvre, quelques Jasminées. Les autres arbrisseaux du pays sont le *Lilas*, dont j'ai trouvé trois espèces différentes dans nos plus hautes montagnes, à l'état sauvage ; deux ou trois Noisetiers propres au pays ; un *Philadelphus*, deux *Deutzia*, quatre *Spirœa* en arbustes, trois *Rhamnus*, un Cornouiller, un *Viburnum*, un grand *Hydrangea* à fleurs insignifiantes, deux Rhododendrons ; un autre arbuste du même genre, à grandes et nombreuses fleurs roses que je viens de rencontrer dans les parties les plus fraîches de nos montagnes du nord ; trois *Xylosteum*, un Chèvrefeuille, une sorte de Genêt à quatre folioles (mais point de véritable espèce de ce genre, si commun en Europe); une sorte d'Ormeau à énormes aiguillons. Les arbustes les plus communs du pays sont à fleurs papilionacées généralement roses : l'un des plus remarquables, qui croît en abondance sur les coteaux les plus secs du nord, à la hauteur d'un pied, se distingue par ses grandes grappes de fleurs roses, inodores, etc.

En fait d'arbustes grimpants, j'en ai trouvé, dans les hautes montagnes, un remarquable par le délicieux parfum de ses fleurs solitaires blanches, auxquelles succède une *grappe* de baies rouges ; six espèces de Clématites, dont une seule européenne (*Cl. vitalba*), dont les Chinois *mangent* avec délice les feuilles cuites à la manière des épinards, comme ils se nourrissent aussi de feuilles tendres d'Ormeau. Outre une Vigne sauvage à grandes grappes noir rougeâtre, mangeables, qui diffère de l'espèce européenne, il y a en abondance deux autres arbustes grimpants peu éloignés du genre *Vitis*, et à fruits non mangeables et d'un jaune rouge l'un, l'autre d'un bleu indigo, ou de turquoise, quand les graines ne sont pas bien mûres. Il y a aussi cinq ou six plantes grimpantes de la famille des Asclépiadées. Le Lierre est ici inconnu.

Les Jujubiers à petits fruits ronds, d'une acidité agréable, et les Gattiliers (*Vitex incisa*), couvrent la plupart des montagnes médiocres. Plus haut on trouve aussi trois espèces de Groseilliers, dont un à gros fruits épineux comme le maquereau, deux Framboisiers ; les Chinois ne les cultivent point. Mais il n'y a ici aucune des espèces de Ronces si communes en Europe ; aucune espèce du genre Bruyère, également abondant en Occident. Il y a encore un Sureau (*S. racemosa*), deux Sumacs (y compris le *Rhus cotinus*), deux Épines-vinettes, un petit Cerisier haut d'un pied, qui croît abondamment au bord des champs en montagne, et qui se charge en juillet de fruits rouges, à pulpe consistante, d'un goût très-agréable. Il y a deux Rosiers à médiocres fleurs roses odorantes dans les hautes montagnes : ceux qu'on cultive à Pékin ne valent pas grand'chose ; la petite Rose jaune y est très-commune. Les Vignes que l'on cultive dans quelques *jardins*, et dont on est obligé d'ensevelir sous terre tous les ceps en hiver, se réduisent à trois ou quatre variétés d'assez belle apparence, mais d'un goût fade, portées ici de l'Asie centrale, où il paraît qu'il y en a beaucoup, entre autres la variété sans pepins que l'on vend en quantité à Pékin. Les Européens essayent ici de faire du vin de raisin ; mais on est obligé d'ajouter au moins un dixième de sucre, pour qu'il ne se gâte pas.

Les Poires qu'on vend à Pékin appartiennent à trois ou quatre variétés, remarquables par leur insipidité, caractère commun, du reste, à tous les fruits de ce pays-ci, et qu'on retrouve aussi, me dit-on, dans ceux de la Corée. Deux variétés de pêches attirent l'attention plus par la grosseur de l'une et par la forme aplatie de l'autre que par leur saveur. En un mot, le nord de la Chine possède peu de fruits, et aucun, d'après moi, ne mérite les honneurs de l'acclimatation dans notre belle France.

Quant aux plantes herbacées de ce pays-ci, il serait trop long même d'en indiquer les principales ; et si quelqu'un désirait les connaître, il pourrait s'adresser au Muséum, où j'envoie un herbier assez copieux. Ainsi donc, après avoir fait observer que, non-seulement les fossiles, mais encore la plupart des genres européens ont leurs représentants dans la flore pékinoise, j'indiquerai au hasard quelques plantes connues même de ceux qui ne s'occupent pas de botanique. Nous avons sur nos montagnes trois Lis rouges (y compris le *bulbiferum*), une Hémérocalle, une Amaryllis, une Fritillaire, quelques rares Orchidées ; quatre Iris assez misérables, six ou sept Violettes (les Primevères sont encore introuvables pour moi); plusieurs Campanules, Gentianes, la Polémoine commune, la Morelle noire, rouge ; la Stramoine, la Jusquiame noire, l'Alkékenge ; point de *Verbascum* ; plusieurs Aconits, à peine cinq ou six Renoncules, une Anémone bleue, deux Pivoines, une Dauphinelle. Un grand *Nelumbo* orne nos étangs, où il n'y a point de Nénuphars véritables, en compagnie des *Sagittaria*, *Alisma*, *Cyperus*, etc. Dans les plateaux élevés, et surtout vers la Mongolie, on trouve en abondance le Pavot jaune (*meconopsis*) ; on cultive le Pavot (*somniferum*) pour faire l'opium, et bientôt les Chinois pourront se passer du secours des Anglais pour s'empoisonner. On trouve aussi un peu partout, des Liserons, des *Ipo-*

mœa, un Houblon propre au pays; trois Orties, dont l'une à feuilles palmées ; la Bardane, le Pissenlit, le Plantain, la Fumeterre, etc., etc. Mais point de Lamium, point de Pâquerettes, de Chicorées, etc. La Réglisse abonde vers la Mongolie, où l'on trouve aussi plusieurs Asperges sauvages, des Valérianes; mais le fameux Ginseng ne se trouve que fort loin en Mandchourie. Ce qui frappe les yeux du nouveau venu dans ce pays-ci, c'est la grande abondance des Armoises, appartenant à beaucoup d'espèces.

On cultive, dans les jardins, peu de fleurs. La Rose trémière, les Tagètes, la Reine-marguerite; le Chrysanthème dit des Indes, qu'on ente souvent sur l'Armoise vivace et dont on obtient de nombreuses et très-belles variétés ; le Soleil, la Tubéreuse venue d'Europe, un seul Narcisse, plusieurs jolies Amarantes, trois ou quatre OEillets, la Balsamine, le Basilic, le Zinnia, le Pêcher nain à fleurs doubles, un Jasmin : voilà à peu près les richesses des parterres de Pékin. Je ne dois pas oublier la Pivoine rose, odorante, dont on voit des champs couverts au commencement de l'été, parce que les Chinois s'en servent pour des cérémonies superstitieuses.

Comme plantes alimentaires, on trouve dans nos jardins : la Carotte commune (que je n'ai jamais rencontrée à l'état sauvage), le Persil chinois à goût désagréable, le Fenouil, la Coriandre ; la Moutarde blanche, que les Chinois utilisent très-bien pour la cuisine ; le Pé-tsaé, dont les Chinois consomment une énorme quantité, et qui vaut pour eux plus que tous les autres légumes réunis ; les Européens le trouvent aussi fort bon et de meilleure digestion que les divers Choux d'Occident. Depuis peu d'années, on cultive aussi, vers la Mongolie, quelques Choux européens venus de la Russie, mais les Chinois n'y prennent pas goût. Un Chou-rave donne d'énormes souches arrondies. Les Radis chinois sont allongés et fort bons ; il y en a de très-grands, qui n'en sont pas moins bons. On a ici la Rave et le Navet, que l'on confit au sel et qu'on mange coupés en petits morceaux comme ordinaire et seul condiment du Riz ou du petit Millet cuit à l'eau, qui fait la nourriture presque unique de ces populations. Il y a aussi les Épinards (que jadis l'Europe reçut de Chine), et d'autres Chénopodées, l'Aubergine, le Piment long, l'Oignon sans tête, le Poireau et deux ou trois autres mesquines plantes du même genre.

En été, les Chinois font une très-grande consommation de Pastèques à pulpe ou rouge, ou jaune, ou blanche ; de plusieurs petits Melons peu goûtés des Européens, de Concombres ordinaires, de plusieurs Potirons ; de Courge (*Lagenaria*) qu'ils font frire quand elle est tendre et qui est fort estimée ; d'une autre Cucurbitacée à minces tiges grimpantes, à feuilles très-découpées, à fruits très-longs et minces, comme ridés, etc. Outre deux autres Cucurbitacées sauvages propres au pays, on en trouve une autre fort jolie, soit dans les jardins de Pékin, soit sauvage en montagne. Elle est vivace, grimpe longuement sur les arbres, a des feuilles semblables à celles de la Vigne, des fleurs blanches dont la corolle est terminée par de longs filaments très-minces, odorantes le soir ; le fruit a la forme et la couleur de l'orange, un goût sucré, et est employé en médecine, de même que la racine, qui est médiocre. On l'appelle *Koua-loou*.

Les Chinois n'ont pour toute salade qu'une misérable Laitue qui ne pomme pas, mais ils emploient au même usage et avec avantage les petites tiges tendres de Radis qu'ils font germer *ad hoc* dans l'eau. Depuis quelques années, ils commencent à cultiver dans les montagnes la Pomme de terre, qu'ils ont reçue de l'Asie centrale, et à laquelle ils donnent souvent le nom de *Batate des mahométans.* Il préfèrent à celle-ci l'Igname et la Batate douce qu'on cultive ici en grande quantité.

On sait combien les Haricots sont nombreux en Chine ; la longueur et la chaleur de l'été de Pékin permettent d'y cultiver toutes les espèces de l'empire, de même que les plantes annuelles des pays chauds. Ils ont le petit Pois ordinaire, mais pas la Fève, ni la Lentille, ni le Pois chiche ; point d'Artichauts, de Cardons, d'Asperges, de Salsifis, etc. Ils utilisent aussi le Pourpier commun, qui croît partout en été, et couvre les chemins en compagnie du *Tribulus terrestris*, qui est très-abondant.

Tabac. — Le Tabac qu'on cultive ici en grande quantité, est à grandes feuilles décurrentes et à fleurs roses ; aucune loi n'en empêche la culture. Le célèbre Endlicher n'ose pas se prononcer sur l'origine du Tabac chinois. Il y a lieu de croire qu'il n'a pas une patrie différente de celle du Tabac d'Europe, car ici l'usage du tabac à priser ne remonte qu'à une centaine d'années, et celui de la pipe ne s'y est généralisé qu'à l'arrivée de la dynastie actuelle, avant laquelle époque, il y avait des lois qui le défendaient aux Chinois, sans doute parce que c'était une mode nouvelle et étrangère introduite peut-être par les premiers navigateurs européens. De plus, j'entends dire qu'aucun livre ancien ne fait mention du tabac. Aujourd'hui tout le monde fume, hommes et femmes, et jusqu'à de jeunes filles de quinze ans parfois. Une femme tartare ne sortira jamais sans avoir à la main ou pendus aux habits une longue pipe, une jolie bourse à tabac brodée et le briquet. Une dame comme il faut se fait accompagner d'une servante qui n'a d'autre office que celui de charger et d'allumer la pipe de sa maîtresse. L'amadou ordinaire dont on se sert, se fait avec les feuilles sèches et bien pilées d'une Carduacée commune aux montagnes, qu'on trempe dans l'eau de nitre, et dont on fait ensuite une sorte de papier grossier. On emploie encore au même objet les têtes bien mûres du Typha ou Massette. Ce sont les missionnaires portugais qui ont enseigné au Chinois à faire le tabac à priser en poudre impalpable ; ceux-ci le parfument avec de l'eau de rose, ou mieux avec les fleurs du Moly-hoa ou *Nyctanthes*, qui vient du midi, et ne vit à Pékin qu'en serre.

Plantes oléagineuses. — La première est le Sésame, qui donne la meilleure huile ; puis ils ont une grosse Labiée à petites fleurs blanches qu'ils nomment *Sou-tze*, et qui donne beaucoup d'huile, mais peu bonne à manger. On emploie pour l'éclairage, et rarement pour la table, l'huile du Ricin, qu'ils sèment au bord des champs pour empêcher les bêtes de mordre aux moissons. On fait encore de l'huile avec les amandes douces d'abricots, avec les noix, et vers la Mongolie, avec la semence de Lin (dont ils ne savent pas retirer le fil) et avec la graine de la Moutarde. L'huile qu'on extrait de la semence du Cotonnier ne sert qu'à la lampe. L'Arachide, qu'on cultive en grand vers le midi, ne sert guère ici que comme fruit de dessert, et rarement pour l'huile.

Plantes textiles. — Dans cette plaine, on cultive le Coton un peu partout; le meilleur vient dans les lieux sablonneux, quoique les terres grasses donnent les récoltes les plus abondantes. Nos cultivateurs en distinguent deux variétés, dont une, la meilleure, a une semence plus petite, avec les fils qui n'y adhèrent presque pas. Quoique le Lin commun et plusieurs autres espèces du même genre croissent dans nos montagnes, les Chinois ne savent pas en retirer le fil, et ils ne le cultivent, vers la Mongolie, que pour en faire de l'huile qu'ils emploient à la cuisine... Ils emploient au même usage celle qui est retirée de la graine de Moutarde, qui est encore de pire qualité. Ils ne font guère que des cordes avec les fils d'un grand Chanvre communément cultivé ici, de même qu'avec ceux, peu forts, d'une grande et belle espèce d'*Abutilon* qui croît partout spontanément : c'est une plante annuelle. Dans la partie orientale de notre province, on cultive beaucoup de Mûriers ordinaires, avec les jeunes pousses desquels on fait le papier blanc. Je ne sache pas qu'on utilise ici, au même usage, le Mûrier dit à papier (*Broussonnetia*), qui est assez commun à Pékin, mais que je pense provenir de la Corée ou du Japon. Le gros papier commun se fait avec la paille du blé.

Blés. — Nos provinces du Nord produisent une grande quantité de Blé à grain dur, dont les Chinois font de mauvais petits pains ou des pâtes ressemblant assez au macaroni d'Italie. Ils n'ont ici que deux variétés de Froments, dont l'une se sème au printemps et l'autre en automne. Il y a une Orge qu'on distille pour faire de l'alcool, et, je crois, un Seigle peu répandu; l'Avoine se cultive vers la Mongolie et les endroits les plus élevés; le Maïs, dans toute la plaine et dans les vallées chaudes, même à Jéhol et en Mandchourie. Le Sorgho offre beaucoup de variétés, de même que le petit Millet, qui, bouilli à l'eau et accompagné de quelques herbes salées, forme la principale et presque unique nourriture du peuple. Le Riz est réservé aux riches. La province produit le Riz aquatique en plusieurs endroits, même tout près de Pékin. Le Riz appelé de montagne se cultive en quantité dans les parties orientales de la province; on le sème dans la terre ordinaire à Froment, et on ne le transplante point comme l'espèce aquatique: c'est le Riz que nous mangeons à Pékin, et que nous trouvons tout aussi bon que celui du midi, que les Chinois lui préfèrent.

Les Chinois cultivent aussi plusieurs autres grains sous les noms de *Chondre*, glutineux et sucré, employé à faire le vin chinois; de *Meï-dre*, même genre que le précédent, non sucré; de *Peï-tze*, qui croît dans les lieux bas humides et même inondés. Ces deux derniers se cuisent à la manière du petit Millet. On n'a ici qu'une espèce de Blé-sarrasin qu'on récolte dans les montagnes et même en plaine, quand la sécheresse y a fait manquer la récolte du Froment.

Plantes industrielles. — A cause de la rigueur des hivers de Pékin, on ne doit pas s'attendre à ce que les Bambous puissent y prospérer : il n'y en a, en effet, qu'une espèce qui y résiste bien et qu'on voit assez communément dans les jardins de Pékin ; il donne des tiges minces comme le doigt, mais très-ligneuses, fortes et souples, auxquelles il faut plusieurs années pour croître à une certaine hauteur. On en fait, entre autres usages, d'excellents manches de fouet.

Comme plantes colorantes, je ne connais ici que le *Polygonum tinctorium*, qui donne la couleur *bleue*, et qu'on cultive beaucoup, surtout vers l'Orient ; deux ou trois *Rhamnus* épineux qui abondent sur nos montagnes, et de l'*écorce* desquels les Chinois retirent une couleur *verte* ; ils n'en savent pas utiliser les fruits. Ils obtiennent une couleur *noire* des feuilles de *Kœlreuteria*, que la Chine a donné à l'Europe, et qui croît partout dans nos montagnes, où il acquiert les proportions d'un grand arbre. Un autre grand arbre très-commun dans nos montagnes occidentales, que les Chinois appellent *Hoaï-chou* (un *Ailantus*), donne une belle couleur *jaune* ; c'est des grandes panicules de ses fleurs qu'on l'obtient.

Plantes aquatiques alimentaires. — Les plantes que les Chinois d'ici cultivent dans les mares et les étangs sont : le Nélumbo à belles fleurs roses, dont on mange la racine rafraîchissante, soit crue, soit confite au sel, et même les semences (je n'ai jamais vu ici les Nénuphars blanc et jaune de France) ; un *Cyperus* à grande et très-longue racine ; le *Sagittaria*, dont on utilise comme aliment, l'épaisse souche ou collet, et deux variétés de Châtaignes d'eau ou Macres.

Le seul Roseau qui croît au pays est un misérable *Phragmites* dont on utilise les tiges annuelles pour couvrir les toits.

Province de Pékin.

I. Mammifères. — A. *Alimentaires.* — *Moutons* (deux variétés). — L'une, de grande taille, à chanfrein très-arqué ; queue de la moitié plus courte que dans l'espèce ordinaire, très-épaisse et un peu plate, formée de deux masses adipeuses développées sur les deux côtés des vertèbres caudales ; laine peu estimée des Chinois. On en tue une grande quantité à Pékin, mais ils viennent pour la plupart de Mongolie. Ils sont ordinairement blancs avec la tête noire ; cornes médiocres. C'est une très-belle variété. La seconde variété est beaucoup plus rare et ne se voit que dans nos montagnes. Taille médiocre ; queue longue et chargée de graisse dans sa partie supérieure, mais bien moins que dans la variété précédente ; laine longue, même dans les pieds jusqu'aux ongles.

Bœufs. — Dont la viande n'a rien de remarquable, ressemblant moins au Bœuf d'Europe qu'au Bœuf indien des jungles ; très-peu de lait. Animal fort doux, comme, du reste, toutes les bêtes domestiques d'ici ; appliqué aux mêmes travaux que partout ailleurs. La variété sans cornes est très-commune. Ici il n'y a point d'Yaks, de Buffles, ni de Zèbres.

Porc. — Nain sans exception, à longues soies hérissées ; museau très allongé, oreilles tombantes ; ventre touchant souvent jusqu'à terre ; queue roulée et non pas tombante. Je pense que cette variété provient du Sanglier qui habite encore en petit nombre quelques localités de nos montagnes, et qui ne me semble différer en rien de celui d'Europe. Les Chinois tuent indifféremment leurs porcs en toute saison, même dans le fort de notre long et brûlant été, et tout le monde en mange, même les Européens, sans y reconnaître aucune des qualités malfaisantes ou indigestes de la viande du Porc d'Europe. Cela provient-il de ce qu'on ne leur donne d'autre nourriture que celle que ces animaux trouvent dans les montagnes de Tartarie, d'où l'on porte presque tous ceux que l'on consomme à Pékin.

La Chèvre d'ici n'offre rien de remarquable. La variété sans cornes est très-commune ; taille moyenne ; poils longs, noirs ou gris, dont les Chinois ne tirent aucun parti.

Il n'y a point de Lapin sauvage ici, et les rares individus domestiques, blancs ou noirs, que l'on connaît dans le pays, sont d'origine étrangère et absolument semblables à ceux de France.

Le Cerf existe encore en petit nombre dans quelques-unes de nos montagnes un peu moins déboisées que les autres ; pendant l'hiver on en porte aux marchés de Pékin quelques-uns qui ont été tués et volés par les braconniers dans les parcs impériaux de Tartarie. Les individus diffèrent beaucoup de taille entre eux. Y en a-t-il de plusieurs espèces ? sont-elles les mêmes qu'en Europe ?

Une raison de la grande rareté du Cerf dans ce pays, c'est la guerre à outrance que les Chinois lui font au printemps, pour avoir ses bois ensanglantés et jeunes, qui se vendent bien plus cher que leur poids d'or, pour les pharmacies de tout l'empire.

Les Chinois vendent aussi excessivement cher, pour le même usage, les ossements du Tigre et de la Panthère, de même que le sang de la Chèvre sauvage et le peu d'ossements fossiles que le hasard leur fait découvrir.

Le Chevreuil d'ici (*Cervus pygargus* de Pallas) est au contraire très-abondamment répandu dans l'intérieur de toutes nos montagnes occidentales et septentrionales, et pendant tout l'hiver nos marchés en sont fournis, ainsi que d'une multitude de *Hoang-yang*, ou Antilopes à goître, qu'on porte de Mongolie à dos de chameau, et qui est un des meilleurs gibiers qu'on puisse avoir.

Le parc impérial de Pékin renferme un très-grand nombre de ces animaux, qui s'y multiplient beaucoup, de même que quelques *Élans*, qui résistent à nos rigoureux étés. On me parle aussi d'une autre espèce de Cerf qu'on y aurait vu et qui aurait la peau tachetée comme l'Axis et le Daim ; mais ce dernier animal n'existe pas ici, quoiqu'on ait affirmé le contraire.

On rencontre aussi sur les marchés de Pékin, qui sont aussi richement approvisionnés en hiver qu'ils sont misérables en été et en toute autre saison, quelques rares Chèvres sauvages qui habitent assez communément les rochers les plus escarpés de nos montagnes, et dont un seul individu, que j'ai examiné l'an dernier, se distinguait par une large plaque jaune sur le poitrail.

Le Chevrotain à musc est devenu à peu près introuvable, non-seulement dans toute cette province jusqu'aux limites de la Mongolie, à l'occident, mais encore dans les innombrables montagnes qui forment cet énorme massif qui sépare notre province de la Mandchourie et du Cobi septentrional.

De l'Argali, qui existe seulement à une cinquantaine de lieues à l'ouest de Pékin, je n'ai pu avoir encore qu'une paire d'énormes cornes. Il paraît pourtant que l'espèce n'est pas rare dans ces montagnes, et un témoin oculaire m'a assuré en avoir vu des troupes de quarante à cinquante, bondissant sur les plateaux les plus élevés des montagnes.

Le Lièvre de Pékin est le *Lepus tolaï* de Pallas ; il est assez répandu dans toutes les montagnes et sur quelques points incultes de la plaine. Les Chinois le chassent à l'*autour*.

B. *Mammifères industriels, auxiliaires, etc.* — Le plus remarquable à Pékin est le Chameau à deux bosses, qui n'offre point plusieurs variétés, comme il a été avancé, mais constitue un type uniforme, remarquable en hiver par son abondante laine, qui donne alors à ce grotesque animal un air assez imposant ; tandis qu'il n'y a rien de plus laid à voir que cette paisible bête dans sa parure d'été, alors que de larges lambeaux de sales poils, se détachant des différents points de son corps, laissent voir la grossièreté de sa construction, tout en lui donnant, pour surcroît d'agréments, un air déguenillé difficile à décrire. Ce Chameau, aussi sobre ici que partout ailleurs et peut-être plus docile encore, est presque indispensable, même à Pékin, dans l'état actuel des choses : c'est lui qui porte à la capitale le seul combustible du pays, le charbon de terre, dont les différents dépôts sont exploités assez loin d'ici ; la chaux ; les laines de Mongolie, dont on fait des feutres grossiers qui servent de matelas aux Chinois. Ce pauvre animal travaille sans relâche pendant huit mois de l'année ; ce n'est que dans le fort de l'été qu'on l'envoie paître et se refaire en liberté dans les plaines de Mongolie. Là il s'engraisse bientôt, et ses bosses amaigries, ridées, pliées et tombantes, se redressent en s'emplissant de nouvelles provisions de *vivres*. Les Chinois utilisent, pour la boucherie, la viande des Chameaux incapables de travail, de même que leur laine, dont ils font des cordes et des tapis grossiers. Une particularité digne de remarque, c'est que ces animaux à allures si lentes d'ordinaire, sont capables de faire des courses incroyables ; en cas de besoin, les Chameaux de poste qui font le service de Mongolie doivent faire 800 lis en un jour, c'est-à-dire, plus de 80 lieues (en vingt-quatre heures). On me dit pourtant qu'ils meurent souvent après de pareilles journées.

Le Bœuf, l'Ane, le Cheval, le Mulet, rendent ici les mêmes services qu'ailleurs. On remarque la docilité, la solidité et la sobriété de ce dernier, qu'on emploie de préférence au Cheval pour traîner les voitures et pour monture ordinaire.

A l'égard de ces animaux, deux remarques doivent être faites : 1° Les Chinois ne maltraitent ni ne battent presque jamais leurs bêtes, et n'emploient pour les dresser que la douceur et les caresses. C'est sans doute la raison de leur douceur. 2° Les Mulets et les Chevaux sont gras et ont fort bonne mine, quoiqu'ils traînent de lourdes charrettes dix ou douze heures par jour, en moyenne. Comme il n'y a *aucune* prairie artificielle en Chine, la seule et invariable nourriture de ces animaux consiste en paille sèche, hachée, de petit Millet, à laquelle on mêle quelques poignées de graines de Sorgho ou de Maïs, ou de son; et avec cela ils se portent parfaitement bien, et sont très-robustes. Les Chinois ont soin d'arroser préalablement ce mélange qui est fort économique et aussi avantageux que toute autre méthode d'alimentation; ils n'omettent pas non plus de faire promener quelque temps les Chevaux fatigués par la course, avant de les rentrer à l'écurie, et de laisser les Mulets se rouler dans la poussière *tout à leur aise*. Ils regardent ceci comme une mesure d'hygiène importante.

C. *Accessoires.* — *Chien.* — Races peu nombreuses et sans intérêt. Outre le petit Carlin, déjà fort connu en Europe sous le nom de Chien de Pékin, et qui se distingue par son front très-bombé, par son nez retroussé et par son naturel hargneux et très-peu aimable, il n'y a de digne d'attention que le Chien dit Mongol, grande et belle variété qui ressemble assez au Mastiff du Tibet, à poils médiocrement allongés, noirs, avec une tache jaune d'ocre sur les yeux et aux quatre pattes. Il supporte difficilement les étés de Pékin ou s'y abâtardit bientôt. Le Chien ordinaire d'ici, qui est chargé de l'entretien de la propreté (relative) de la ville, est un Chien de taille moyenne, assez svelte, roux jaunâtre, ressemblant beaucoup au Chacal. Les Chinois n'ont aucun Chien de chasse, et les quelques individus qu'ils portent aux Européens sous le nom de *Lévrier*, sont des Chiens kurdes emmenés de l'Asie centrale.

Chat. — Chat ordinaire, avec la variété à long poil; mais on ne connaît point ici de Chats *à oreilles tombantes* et *à queue courte*, qui sont signalés dans l'instruction aux voyageurs en Chine.

D. *Mammifères sauvages.* — Le grand Tigre à long poil visite de temps en temps notre province; il est plus commun dans la forêt impériale de Jéhol, où il vit de Cerfs, de Chevreuils, sans jamais inquiéter les hommes. Les Chinois redoutent beaucoup plus la Panthère, qui est commune dans toutes nos montagnes où il y a quelques restes de forêts. Il y a un mois, on en a pris deux sur les montagnes situées à trois ou quatre lieues à l'ouest de Pékin. Cette Panthère paraît appartenir à l'espèce commune, dont elle ne se distingue que par une fourrure plus longue que la nature lui donne pour résister aux rigueurs de nos hivers. Il y a un autre grand carnivore, de la taille de la Panthère, mais qui fait moins peur aux Chinois, qui l'appellent *Ngaé-yé-pao*; c'est certainement une espèce distincte. Mais je n'ai pu encore la voir par moi-même; je ne saurais dire si c'est le Léopard ou l'Once décrit par Buffon. Il faut en dire autant d'une quatrième espèce de grand Félien, de moitié plus petite que les précédents, et que je n'ai pas eu encore la chance d'examiner, quoiqu'on le dise plus commun que ses congénères. Le Chat sauvage paraît ne pas différer de celui d'Europe. Une seule espèce de Putois tient ici lieu de Belette et de Marte. Les Chinois, qui emploient tant les fourrures dans leurs vêtements, ont détruit, depuis de longs siècles, tous les animaux du pays qui pouvaient leur en fournir ; et aujourd'hui ils vont s'approvisionner jusqu'en Russie, en Mandchourie et en Corée.

Deux espèces (au moins) de Renards se rencontrent encore ici. Les Loups sont très-communs et redoutables dans les montagnes : dans le seul mois de juillet que j'ai passé à quatre journées (50 lieues) au nord de Pékin, au delà de la grande muraille, une douzaine de personnes en ont été étranglées à peu de distance de la maison que j'habitais. Un des moyens dont les apathiques Chinois se servent pour détruire ces redoutables voisins, sont des appâts de viande empoisonnée qu'ils répandent çà et là ; le poison dont ils se servent est une Cicindèle rouge, qui abonde dans leurs montagnes et dont j'ai envoyé des échantillons au Muséum. Leurs montagnes nourrissent encore quelques Ours noirs analogues à l'*Ursus tibetanus ;* un Blaireau, un Hérisson comme en Europe ; une grosse Taupe différente ; deux Écureuils de terre sans pinceaux aux oreilles, un Ptéromys, dans les forêts septentrionales ; un Souslik fort commun, une petite Gerboise, dans les parties limitrophes de la Mongolie ; une Musaraigne, quelques Muriens, etc. Mais on peut dire que cette partie du monde est très-pauvre en mammifères. Il faut en dire autant des oiseaux.

P. S. — J'ai oublié de parler de l'Hémione qui habite au nord-ouest, dans la partie du désert qui avoisine notre province. Les Chinois qui vont à la chasse de l'*Antilope gutturosa* connaissent cet animal, et disent qu'ils en prennent quelques rares fois, et se nourrissent de sa chair qu'ils disent être un excellent manger, surtout quand il est jeune. Au moment où j'écris, on vient de m'apporter un individu adulte de l'herbivore dont j'ai parlé sous le nom de Chèvre sauvage. C'est une Antilope dans le genre du Chamois.

Oiseaux. — A. *Domestiques*. — La Poule ordinaire ne se distingue pas de la Poule commune de France. Il y a aussi la Poule à plumes frisées, la Poule sans queue, la Poule à pattes très-courtes : la Poule à plumes laineuses et effilées, ayant la crête et les caroncules noir bleuâtre ; la Poule à *os noirs*, à la viande de laquelle les Chinois attribuent des propriétés médicinales, etc. Point de Dindons, de Paons, de Pintades, de Faisans à l'état domestique.

Le Canard domestique provient sans doute de la même souche (*A. boschas*) que celui d'Europe ; néanmoins le chinois paraît plus grand, et c'est par exception qu'il n'est pas blanc. L'Oie domestique, au contraire, a un type différent : elle a sur le front un énorme tubercule de la même couleur jaune que le bec ; a une voix encore plus éclatante, le plumage toujours blanc. Elle doit descendre de l'*Anser cycnoides*.

Voilà tous les oiseaux domestiques du pays.

On sait que la Chine est le pays favori des Faisans : le nord de la Chine nourrit une énorme quantité de Faisans à collier ; le Faisan à calotte blanche et à très-longue queue, est cantonné sur quelques pics inaccessibles qui produisent des Thuïas, des pepins desquels cette espèce fait sa nourriture favorite. Voilà peut-être pourquoi la chair de ce superbe oiseau est loin d'avoir la finesse des autres espèces. Quelques Européens, qui ont fait une excursion jusqu'à la forêt impériale de Jéhol, prétendent y avoir vu des Faisans noirs ou d'un noir bleuâtre. L'avenir montrera si cela est vrai. J'ai été aussi assez près de ces lieux-là, sans rien entendre de cette espèce. Je viens d'apprendre aussi qu'un Faisan à panache blanc a été vendu à Pékin pour la table, il y a quelques années : c'est peut-être le magnifique nouveau Faisan que M. Swinhoe vient de découvrir dans l'île Formose.

A propos du Hoki, ou *Crossoptilon mandchouriense*, que M. Berthemy, notre ministre à Pékin, vient de procurer en vie à la France, et que je découvrais ici à la même époque que M. Swinhoe le faisait connaître dans un article de journal, je ne dirai autre chose, sinon que ce bel oiseau, qui semble fait pour la basse-cour et qui était une conquête facile dont l'industrie pékinoise n'a pas profité, est maintenant ici un oiseau fort rare, et beaucoup plus rare encore en Mandchourie, d'après mes observations, que dans les montagnes occidentales de cette province, où il se propage dans des taillis et des ravins presque impénétrables. Le nom de *Crossoptilon pekinense*, que je lui donnai dès le commencement dans ma collection ornithologique, me paraît donc plus juste et plus convenable.

Un autre Gallinacé intéressant du pays, et un gibier préférable même au Faisan, c'est un *Pucrasia* ou Eulophe, qui habite les montagnes boisées, où il se nourrit de toute sorte de graines, de glands, d'herbes. En hiver, les marchés de Pékin en sont assez bien fournis, non pourtant en aussi grande abondance que de Faisans à collier, dont le prix ordinaire est de 5 francs la demi-douzaine. Le Hoki et le Faisan à longue queue n'y apparaissent, au contraire, que tout à fait accidentellement.

Les anciens voyageurs ont parlé aussi du Faisan doré, du Faisan argenté, et même de l'Argus, comme habitant ces contrées : je puis affirmer que cela n'est point vrai, au moins pour aujourd'hui, et que les Chinois d'ici n'en connaissent pas même les noms. Si on lit attentivement leurs descriptions inexactes, on verra facilement auxquelles des espèces que j'indique elles doivent se rapporter : ce sont le Faisan à longue queue, le Hoki et l'Eulophe qui ont donné lieu à beaucoup d'erreurs qu'on lit dans Grosier, etc.

Deux espèces de Perdrix habitent nos montagnes, la *Bartavelle*, qui est la même qu'en Europe, et une Perdrix grise de nouvelle espèce, qui affectionne les grandes hauteurs et dont j'ai déjà envoyé plusieurs exemplaires à votre Muséum. Mais la prétendue grande Perdrix de Mongolie est inconnue ici. Ce qui nous vient de Mongolie, non pas régulièrement, mais quand la récolte du blé-sarrasin manque dans l'Asie centrale, et alors en très-grandes troupes, c'est le *Syrrhaptes*, ou Tétras paradoxe, qui diffère des Gangas principalement par ses curieuses pattes tridactyles semblables à celles des Gerboises. Les Outardes, qui nous arrivent aussi l'hiver des mêmes régions, sont la grande Outarde de France et la petite Outarde commune ou Canepetière. Je n'ai pas cependant encore pu examiner cette dernière, et ne me prononce pas absolument sur l'identité d'espèce.

En fait d'oiseaux chanteurs, les Chinois nourrissent en cage quelques rares Serins (venus d'Europe), beaucoup de Calandres fauves de Mongolie, des Sylvains Calliopes, quelques Tarins. Mais c'est le ramage intarissable des Calandres qui obtient la préférence des sympathies de nos Chinois, qu'on voit, à toute heure du jour et dans toutes les rues de la ville, se promenant avec une jolie cage à la main, tandis que l'oiseau continue à babiller comme s'il était dans ses steppes. Sans passer en revue ici tous les oiseaux du pays (dont le nombre est inférieur à ceux qu'on rencontre sur quelque point que ce soit de l'Europe méridionale), je dirai que, selon les observations que j'ai faites depuis trois ans, environ un quart ou plus sont des espèces étrangères à l'Europe. Les véritables Fauvettes manquent complétement au pays; nous manquons du Rossignol, du Rouge-gorge, du Merle, du Chardonneret, de la Linotte, du Serin, du Pinson, du Moineau, qui est remplacé dans nos maisons par le Friquet (le même qu'en France), qui remplit avantageusement toutes ses fonctions.

Les oiseaux qu'on rencontre ordinairement dans les endroits où il y a quelques arbres, c'est-à-dire dans toutes les villes et villages, sont la Pie commune, la Corbine (*Corvus corone*), le Friquet susdit, et quelques Milans (*Milvus ater*) remarquables par leur familiarité et leur hardiesse, qui les porte parfois à enlever un morceau de viande jusque dans les mains des personnes. Ceux-ci sont sédentaires. L'hiver nous amène le Choucas de Daourie et le Freux, et l'été, le Loriot chinois, la Pie bleue à tête noire, le Drongo à plumes filiformes sur la tête, et quelques autres qui ne font que passer. Le beau Geai d'outre-mer à longue queue est sédentaire dans nos montagnes, de même que dans tout l'empire; il mériterait les honneurs de la naturalisation en France, où il s'acclimaterait très-aisément, et serait un bel ornement des bois, non-seulement par sa beauté, mais encore par son babil agréable, par son chant fort et varié qu'il prodigue en toute saison. Il se nourrit d'insectes, de fruits, de tout, sans nuire aux récoltes des Chinois. Un autre oiseau, fort commun aussi dans les montagnes, et remarquable par son chant varié qu'il fait entendre toute l'année, est une espèce de Moqueur de la grosseur d'un Merle, qu'il serait aussi très-facile d'introduire et de propager en Europe, où il rivaliserait avec le Rossignol, le Merle et autres chantres des bocages, ayant sur eux l'avantage de ne jamais se reposer et de ne pas quitter le pays, parce qu'il sait, par sa nourriture, tirer parti de tout, des insectes, des chenilles, de toute sorte de graines, de semences de graminées, et que d'ailleurs il est assez fin pour profiter des moindres broussailles pour se dérober à ses divers ennemis, aux oiseaux de proie qui abondent ici plus qu'en Europe, et dont les Chinois dressent ici pour la chasse l'Épervier ordinaire, ainsi qu'une autre espèce plus petite, et l'Autour. Je ne les ai point vus employer à cet usage aucune des espèces de Faucons du pays, dont je n'ai rencontré encore ici que la Crécerelle, le Kober et le F. pèlerin (très-rare). Dans les montagnes, on voit l'Aigle royal (commun), l'Aigle fauve de Mongolie. Les Vautours n'existent pas ici; je n'ai vu de cette famille qu'un Gypaète à Jéhol. Le Pygargue ordinaire abonde près de la mer et des étangs, à la suite des Canards qui y abondent, et parmi lesquels j'ai déjà reconnu douze espèces européennes, outre cinq autres propres à ces régions et dans lesquelles je compte le beau Kasarka, qui n'est qu'accidentel en Europe. L'Oie sauvage passe en excessive abondance, et s'arrête au printemps dans les pièces d'eau du milieu de Pékin, où descend aussi souvent le Cygne sauvage (*C. musicus*). Le gros Pélican crépu passe en automne et paraît commun. Une multitude de Hérons viennent en été passer la nuit sur les arbres des palais impériaux du centre de Pékin, qui sont en hiver couverts de myriades de corbeaux: nous y avons le Héron cendré, l'Aigrette, la petite Aigrette, le Bihoreau (*Nycticorax*), le Butor et un Blougios propre au pays. La Cigogne noire est commune aux montagnes ; en trois ans, je n'ai aperçu qu'un vol de Grues ordinaires, et une Grue demoiselle (*Grus virgo*) a été tuée non loin d'ici, à la fin de cet été. Pour avoir une idée plus complète de notre population emplumée, il faut ajouter que Pékin est visité, en été, par l'Hirondelle ordinaire (*H. rustica*), par l'Hirondelle de Daourie et par le Martinet commun, mais jamais par l'Hirondelle de fenêtre ; que plusieurs Gobe-mouches y passent aussi, ainsi que seize espèces de Bruants, parmi lesquels ne se trouve point l'Ortolan ; que nous avons la Bécasse commune mais très-rare ; beaucoup de Bécassines, de Bécasseaux, le Vanneau huppé, le Pluvier doré, le grand Courlis, l'Huîtrier, la Spatule ; que les trois espèces d'Harles d'Europe existent également ici.

Néanmoins, et quoiqu'un observateur très-attentif puisse trouver ici un certain nombre d'oiseaux, et que moi-même, depuis trois ans que je parcours le pays, j'en aie pu déjà reconnaître deux cent cinquante-trois espèces, auxquelles on pourra en ajouter quelques autres, surtout dans les aquatiques, je persiste à dire que le nord de la Chine est pauvre en volatiles, et que surtout le nombre des espèces sédentaires est très-restreint et se réduit à six ou sept seulement, dont pourtant les individus sont très-nombreux, parce que les Chinois ne s'en soucient pas, même quand ils nuisent aux moissons, comme le Friquet, la Pie, le Corbeau.

Reptiles.— On ne tire presque aucun profit des reptiles, qui sont d'ailleurs fort insignifiants. J'ai observé jusqu'à aujourd'hui cinq Couleuvres, une Vipère cantonnées dans les plus hautes montagnes, deux petits Lézards gris, un Gecko ; une Tortue fluviatile à nez pointu, commune dans tous nos cours d'eau et qu'on me dit se retrouver aussi dans tous les fleuves de la Chine. Les œufs qu'elle dépose dans des trous, au bord de l'eau, au nombre d'une vingtaine, sont réputés venimeux par les Chinois, et employés dans leur médecine. Ils sont parfaitement ronds, et gros seulement comme une cerise, quoique l'animal acquière la longueur d'un demi-mètre. Il paraît qu'il y a aussi deux espèces de petites Tortues terrestres, dont une, grosse comme le poing, est odorante.

Batraciens.— Trois seules espèces de Grenouilles aquatiques (la Rainette n'y existe pas) ; deux ou trois Crapauds employés dans la médecine chinoise. Je n'ai pu encore découvrir trace d'aucune espèce de Salamandre et d'autres Batraciens modèles.

Poissons. — Les espèces de poissons du pays qu'on porte aux marchés de Pékin sont très-peu nombreuses (une dizaine) et peu remarquables. Les plus estimés sont une Carpe et un Saumon qui est loin d'avoir la finesse de ses congénères d'Europe. Comme tous nos cours d'eau sont d'une excessive saleté, on comprend que les poissons doivent s'en ressentir. Il y a trois espèces d'Anguilles, dont une a les couleurs variées. En hiver, on nous apporte, gelés, des poissons du Leao-tong et de Mandchourie : le plus remarquable est un Esturgeon assez gros.

On n'élève point artificiellement de poissons ici, sinon le Cyprin doré, qui offre beaucoup de variétés : la plus remarquable que j'aie observée à Pékin a le corps noir, trapu, les yeux très-gros et saillants, comme sortis des orbites, la queue très-grande, transversale et trifide ; il est excessivement grotesque, et se vend beaucoup plus cher que les autres, c'est-à-dire environ un demi-franc l'un.

Insectes. — La faune entomologique du nord de la Chine n'offre pas non plus de grandes richesses, et bien qu'il y ait des insectes intéressants sous le rapport de l'histoire naturelle, je n'y trouve aucune particularité qui mérite d'être mentionnée à l'attention de la Société d'acclimatation. Néanmoins, comme dans ce travail (qui s'étend beaucoup plus que je ne pensais en le commençant), mon intention n'est pas de signaler seulement des espèces utiles et dignes d'acclimatation, mais de donner une idée telle quelle, mais vraie, des ressources de ce pays, et de détromper par là ceux qui s'imagineraient encore que l'intérieur de la Chine renferme des richesses inconnues, on voudra bien me pardonner de donner encore quelques courts détails sur l'intéressante classe des insectes que la main de Dieu a semés avec tant de profusion dans la nature, et qui sont les agents de phénomènes très-importants.

Coléoptères. — Un Européen qui n'est pas entomologiste croirait se retrouver dans sa patrie en voyant nos insectes ; il observerait pourtant bien vite qu'ils sont ici beaucoup moins variés en espèces, et même, avec très-peu d'attention, il reconnaîtrait qu'ils diffèrent pour la plupart spécifiquement de ceux d'Occident. Les apathiques Chinois n'étudient pas plus l'entomologie que toutes les autres parties de l'histoire naturelle ; mais, comme ils mettent dans leurs médecines une quantité incroyable de choses différentes, il y a aussi plusieurs insectes de l'ordre des Coléoptères qui y sont employés, comme une belle Cicindèle à élytres rouges, abondamment répandue dans leurs montagnes, et qui est un poison violent, surtout pour les loups, qu'ils détruisent en hiver, au moyen d'appâts de viande à laquelle ils mêlent quelques-unes de ces Cicindèles. Un Géotrupe de la plaine a aussi un très-grand emploi comme sudorifique, etc. Les Cantharides de plusieurs espèces, qui abondent sur ces montagnes, ne sont point utilisées. Quand certaines espèces de Lamellicornes sont très-abondantes, il paraît qu'on en utilise les larves pour faire de l'huile à brûler. La larve et même l'insecte parfait d'un Scarabée qui ressemble assez au Monodon d'Europe, et qui vit aussi dans le terreau, sont particulièrement recherchés comme un aliment délicat par les Chinois, comme il l'est par les renards...

Du reste, les larves de Hannetons, de Lucanes et autres coléoptères si nuisibles à l'agriculture en Europe, sont ici fort peu redoutées, et même sont peu nombreuses, quoique différentes espèces de Cétoines soient très-abondantes. Je suis porté à croire que les innombrables bandes de Corbeaux et de Choucas cendrés. qui se répandent en hiver dans nos campagnes, où ces animaux butinent paisiblement pendant cinq mois de l'année, sans qu'aucun Chinois songe à les inquiéter, doivent contribuer à diminuer beaucoup le nombre des ennemis des récoltes, d'autant plus dangereux qu'ils se cachent dans les racines des végétaux. Je crois aussi que les *Pics* (le Cendré, l'Épeiche et une troisième espèce du pays), qui sont ici très-abondants partout jusqu'au milieu des *villes*, où personne ne les tourmente, doivent aussi détruire beaucoup de larves nuisibles aux arbres.

Orthoptères. — Le phénomène des Sauterelles voyageuses est assez fréquent dans cette province ; je n'en ai point observé, mais on me dit que ces insectes appartiennent tous à la même espèce, que les mâles sont jaunes et les femelles plus grandes, grises. Quand ce fléau arrive, les Chinois ne lui opposent que la patience ; seulement, dans les localités où les Sauterelles se sont abattues et où elles ont déposé leurs œufs après y avoir détruit toute végétation, on creuse de longs canaux où tombent en quantité les petits Orthoptères sans ailes, qu'on ensevelit sous la terre. Les Chinois n'en mangent pas beaucoup, à la manière des Arabes. La médecine du pays emploie les Grillons, les Courtilières, les Blattes, etc. On recherche les Mantes pour les faire combattre comme on fait pour les Cailles et pour les Coqs. Je dois faire observer ici que les Courtilières, en se multipliant à l'excès dans certains cantons, ravagent des champs entiers, et que les Chinois, réputés si industrieux et si bons observateurs, n'ont trouvé aucun moyen pour les détruire, non plus que les autres insectes nuisibles. Les païens se contentent de faire, à cet effet, des cérémonies superstitieuses, d'afficher des papiers de différentes couleurs remplis d'imprécations contre tout ce qui peut endommager les récoltes...

Névroptères. — Les différents insectes de cet ordre protéiforme n'offrent aucune particularité digne d'être rapportée.

Hyménoptères. — Plusieurs sont employés en médecine. L'Abeille d'ici me paraît la même que l'européenne ; à cause de la sécheresse et du peu de fleurs de ces pays, il y a peu d'endroits où l'on puisse en élever. Ce sont des troncs d'arbres percés qu'on leur donne ordinairement pour ruches. Le miel est transparent, de bonté médiocre ; pour le prendre, on emploie une fumée quelconque qui oblige les Abeilles à se cantonner dans un coin de leur demeure, en abandonnant une partie des rayons qu'on enlève.

Hémiptères. — Les Cigales sont nombreuses et aussi ennuyeuses ici que partout ailleurs. Il y en a pourtant, dans les montagnes, une dont on pourrait décorer le cri du nom de *chant*, attendu qu'elle varie, modifie et module sa voix d'un manière fort curieuse. La médecine chinoise fait usage de la dépouille sèche de la larve des Cigales. Il y a quelques jolis Fulgoriens qui sont sans usage, comme les autres nombreux insectes de cet ordre. La Punaise ordinaire est aptère ici aussi, et très-commune ; les Chinois ne savent pas s'en préserver. Je ne dois pas oublier de dire que l'instinct de ce peuple, qui aime l'uniformité et la monotonie en tout et pour tout, dans l'ordre physique comme dans l'ordre intellectuel, trouve un plaisir particulier à entendre le *cri-cri-cri* de la Cigale ; on en tient beaucoup dans de jolies petites cages, comme aussi plusieurs espèces de Criquets et de Sauterelles. Je pense que la Société d'acclimatation n'en voudra pas.

Lépidoptères. — On est étonné du petit nombre des papillons de ce pays : jusqu'à présent je n'y ai observé qu'une centaine d'espèces diverses, et je doute que les recherches ultérieures augmentent de beaucoup ce nombre ; les espèces nocturnes sont encore relativement moins nombreuses.

Les Chinois n'élèvent pas ici de Vers à soie : il paraît qu'ils donneraient une soie de qualité tellement inférieure, qu'il n'y a pas la peine de s'en occuper. Il n'y a pas non plus d'espèces dites sauvages.

Il est curieux de rencontrer, dans cet extrême Orient, bon nombre de papillons qui sont absolument les mêmes qu'en France. De quatre espèces du genre *Papilio*, dont deux (*P. Bianor* et *P. Paris*) très-grands et magnifiques, noirs, saupoudrés de vert et de bleu, une se trouve aussi en Europe, *P. Machaon*. Les autres vieilles connaissances que le lépidoptériste rencontre ici sont : le *Parnassius Apollo*, *Pieris Rapæ*, *P. daplidice*, la gracieuse *Leucophasia Sinapis*, la Gazée (*Leuconea Cratægi*), le Citron (*Gonopteryx Rhamni*), la Vanesse G, l'Atalante, la Belle-Dame, l'Antiope, le Paon de jour, la petite Tortue, l'*Argynnis adippe*, *Melitæa Athalia*. De sept Satyres, un est européen, *S. Phædra* ; d'une dizaine de Nymphaliens, deux seuls sont aussi en Europe : *L. Ilia* et *L. Aceris*. Parmi les Lyconites, nous revoyons les *Lycona Argus*, *Battus* et ..... ; les *Polyommatus Rhœas* et *Virgaureæ*, les *Thecla Betulæ* et *Spini* ; parmi les huit ou dix Hespériens, le *Thanäostages*, je crois, est aussi en France. Le genre *Zygena*, si riche en jolies espèces en Europe, n'est point représenté dans le nord de la Chine, et de cette famille nous n'avons que le *Syntomis Phegea* et trois *Procris*. Des Sphingides, nous retrouvons ici l'*Acherontia Atropos*, le *Macroglossa stellatarum*, le *Deilephila lineata*, les *Sphinx Convolvuli* et *Pinastri*. Parmi les nocturnes, qui sont très-peu nombreux ici, je ne reconnais que peu d'espèces européennes, comme le *Chelonia purpurea*, *Catocala* jaune, *Dicraxura Salicis*, *Liparis dispar*, *Bombyx* du Saule, et peu d'autres. Le plus beau nocturne du pays est celui qui est appelé *B. mirabilis*, rare. Nous n'avons point ici l'Atlas ni les Paons de nuit d'Europe.

Les insectes de l'ordre des Diptères et de celui des Aptères n'offrent de remarquable que leur incommodant grand nombre, quoiqu'ils appartiennent à un nombre fort restreint d'espèces. Des Myriapodes, les Chinois font entrer dans leur médecine les Iules, les Scolopendres, les Scutigères; de même que plusieurs Araignées, dont aucune n'est réputée venimeuse ici ; les petits Scorpions, qui pullulent partout, et jusqu'aux Lombrics de terre.

Les Vers parasites sont ici fort communs, malgré l'usage, fort utile selon moi, qu'ont les Chinois de ne boire l'eau qu'après avoir été bouillie, en infusion théiforme, etc. Les Européens, qui se dispensent trop facilement de cette précaution, payent souvent cher leur insouciance, et sont travaillés d'helminthes de plusieurs sortes.

Crustacés. — Toutes nos eaux, jusqu'aux plus petits ruisseaux des montagnes, nourrissent en abondance une petite Crevette que les Chinois mangent avec délices, mais il n'y a pas une seule Écrevisse d'eau douce. Un petit Crabe gris verdâtre se trouve aussi communément dans les rivières de la plaine et s'éloigne souvent de l'eau, où il paraît vivre moins qu'en plein air. Le Pé-ho renferme une autre grande espèce de Crevette excellente, qui mériterait d'être transplantée dans les fleuves d'Europe, s'il y avait moyen de le faire.

Mollusques. — Notre province offre excessivement peu de mollusques terrestres (à peine une dizaine) très-petits et insignifiants, aussi n'en tire-t-on aucun profit ; mais, d'un autre côté, l'horticulture et l'agriculture y gagnent d'autant plus. Il n'y a même qu'une seule petite espèce de Limace, qu'on voit très-rarement. Les eaux douces fournissent à la table de nos Chinois une Anodonte, une ou deux Mulettes, une *Cyrœna*, un autre bivalve intéressant assez grand, deux grandes Paludines. Mais toutes ces coquilles n'ont rien de remarquable comme saveur, et sont peu recherchées, même des Chinois. Les Huîtres qui vivent à l'embouchure de nos fleuves sont assez mauvaises pour qu'on ne songe pas à en porter à Pékin.

Je n'ai pas été jusqu'ici à même d'étudier les productions de notre mer, comme j'ai pu le faire pour une partie des objets terrestres, profitant du loisir que me laissait l'ignorance de la langue chinoise, ce que les fonctions de mon ministère ne me permettront guère plus désormais. Sans vouloir parler, d'après les renseignements des Chinois, j'ajouterai seulement qu'on pêche sur nos côtes un énorme Acalèphe gélatineux qui, m'assure-t-on, a plusieurs mètres cubes de volume informe ; on le coupe en tranches qui, saupoudrées d'alun et séchées au soleil, sont transportées et vendues en quantité dans Pékin et les autres villes du nord, comme un aliment de médiocre qualité.

Il y a aussi dans notre commerce une très-grande quantité d'Algues que les Chinois mettent dans leurs soupes et plusieurs autres mets, surtout dans les montagnes, où les Chinois sont très-sujets au goître ; ils disent que l'usage des Algues prévient ou arrête cette maladie, sans s'être jamais doutés de l'existence de l'iode qui donne cette vertu à ces végétaux.

IV. BULLETIN TRIMESTRIEL DU JARDIN D'ACCLIMATATION.

(PREMIER TRIMESTRE DE 1865.)

Ce premier trimestre est toujours le plus critique de l'année, surtout dans les jardins zoologiques. Celui de 1865 a été rempli de contrastes, neige, gelée, pluie. Quelquefois des journées printanières suivies de journées orageuses et de nuits glaciales. Février plus froid que janvier, et mars peut-être plus encore que février. Le 17 mars, le thermomètre était à 1 — 7, et le 29, il gelait encore. On peut donc dire que l'hiver s'est prolongé au delà des limites astronomiques, et l'on juge généralement que l'année est en retard d'au moins trois semaines.

I. *Ponte.* — A la fin de mars, les Canards domestiques avaient à peine donné quelques œufs. La ponte des Poules (pour un nombre de têtes à peu près égal) a été dans les proportions suivantes : janvier, 78 œufs ; février, 288 ; mars, 605. Le premier et le seul œuf de Faisan a été pondu par un Faisan argenté, le 26 mars. La ponte des Poules dans ces premiers temps était très-irrégulière.

Les Pigeons, pendant tout l'hiver, continuent à s'accoupler. Ce sont les races dites *de volière* qui pondent. Les grosses espèces sont plus retardataires ; mais, parmi les races qui pondent, il est rare qu'elles élèvent leurs deux petits ; presque toujours, au bout de huit à dix jours, il y en a un qui meurt.

Deux paires de Céréopses ont pondu. La première, du 20 au 29 janvier, a donné cinq œufs, dont quatre sont venus à éclosion le 3 mars, ce qui suppose à l'incubation, en la faisant partir du dernier jour de la ponte, le 29 janvier, une durée de trente-trois jours ; février n'ayant eu que vingt-huit jours et l'éclosion ayant duré vingt-quatre heures.

La seconde paire, sur quatre œufs, a donné trois petits, également après trente-trois jours d'incubation.

Dans le tableau des incubations du Céréopse à Londres, rapportées dans les *Proceedings* de la Société zoologique de Londres, année 1860, la durée de l'incubation est fixée à trente-cinq jours.

Les petits Céréopses, malgré le mauvais temps depuis leur naissance, vont très-bien. On les laisse dehors tout le jour, et on ne les rentre que la nuit avec la mère qui les a couvés. Ils ont été nourris avec une pâtée composée d'œufs, de riz et de cresson, millet, farine de maïs, choux et verdure naturelle.

Les Cygnes noirs n'ont donné encore que deux œufs au lieu de cinq, nombre qui jusqu'à présent avait représenté leur ponte. Leurs œufs d'automne avaient été tous clairs.

Les Oies d'Égypte, trois œufs au lieu de cinq, du 6 au 10 mars, époque où elles ont commencé à couver. Dès janvier les Bernaches des Sandwich et de Magellan ont paru se rechercher; mais à la fin de mars elles n'avaient pas commencé à faire leur nid.

Presque tous les oiseaux, dès janvier, ont paru entrer en amour. La Colombe grivelée a donné deux œufs; les Casoars quatre en février, six en mars, bien qu'on ne les ait jamais vus côcher.

Quelques incubations d'œufs pondus en hiver ont été expérimentées, afin d'apprécier la fécondité pendant cette saison. Chaque fois le nombre des œufs clairs a été trouvé très-considérable.

Des Poules ont été nourries pendant plusieurs mois avec de la poudre de garance bouillie dans de la pâtée de pomme de terre. Elles paraissaient, dans les premiers jours, avoir de la répugnance pour cette alimentation, et ne la prenaient que parce qu'elles étaient privées de toute autre nourriture. Leur ponte a été ralentie et ne s'est activée qu'après qu'on leur a rendu de l'avoine. Les œufs offraient, après plusieurs mois, une légère teinte rosée dont le siége paraissait être dans la membrane albumineuse plutôt que dans la coque calcaire. Celle-ci ne s'en imprégnait par plaques qu'après que les œufs ouverts avaient éprouvé un certain degré de putréfaction. L'albumen, le vitellus ou jaune, n'étaient point colorés et n'avaient au goût rien de particulier.

L'expérience sera continuée, et les œufs seront soumis à l'incubation, afin de voir si la coloration de la garance se reproduira dans les os ou dans quelque autre tissu des poussins.

II. *Naissances de mammifères :*

JANVIER. — Une Biche cochon, cinq Lapins béliers, trois Lapins angoras, un Bélier de Mauchamp, une Biche d'Aristote, une Brebis romaine, un Alpaca femelle, une Brebis hongroise, deux Chèvres du Sénégal, un Bouc du Népaul, deux Chèvres d'Égypte, une Chèvre du Sénégal, une Chèvre du Népaul.

FÉVRIER. — Une Chèvre croisée Angora et Tibet, trois Boucs d'Angora, trois Chèvres d'Angora, un Bélier de Naz, une Brebis, deux Béliers Romanow, une Brebis Romanow.

MARS. — Deux Béliers Romanow, une Brebis Romanow, un Alpaca mâle blanc, deux Brebis croisées Ti-yang et métis Naz Ti-yang, deux Boucs croisés Angora-Égypte, un Bouc d'Angora, une Chèvre d'Angora, un Cheval femelle shetlando-javanais, un Bélier de Siebenburg.

Deux Kangurous ont avorté; une femelle de Kangurou à lèvres blanches tenue longtemps avec un Kangurou géant mâle n'a rien produit. Ayant pu lui fournir un mâle de sa race, elle a donné un petit. Deux Kangurous de Bennett, qui portent en même temps, reçoivent dans leur poche tantôt l'un des petits, tantôt l'autre, sans paraître faire de différence entre le leur et celui qui leur est étranger.

III. *Dons.*

JANVIER. — De M. Thellot, un Coq malais croisé et une Poule; deux Coqs malais jeunes et cinq Poules.

De M. du Sommerard, un Mouflon de Corse, un Bélier nain et une Brebis.

De M. Servant, cinq Tétras huppecols.

De M. le baron de Rothschild, trois Faisans croisés Cuvier et argenté.

FÉVRIER. — De M. Thellot, une Poule malaise.

MARS. — De M. Vandal, directeur général des Postes, trois Roulouls de Singapore.

De M. A. Niedermeyer, une paire de jeunes Chiens terriers griffons écossais.

De M. d'Estienne, lieutenant de vaisseau, un Agouti femelle.

IV. *Mortalité.* — Malgré la prolongation du froid et les grandes variations de température, la mortalité de ce premier trimestre n'a offert rien de remarquable.

	Janvier.	Février.	Mars.
Mammifères.	18	6	1
Poulerie	17	12	20
Volière.	66	62	107
Oiseaux de rivière.	45	32	175

Parmi les mammifères, la mortalité a porté surtout sur le genre Cerf, dont plusieurs, entre autres un Hippélaphe, une Biche du Paraguay, et une Biche et un Cerf cochon de Ceylan, ont succombé à la dysenterie.

L'obligation de tenir ces animaux enfermés pendant presque tout l'hiver a paru leur être préjudiciable.

Une Antilope de Sœmmering est morte de congestion cérébrale. Une Antilope Nigault, par suite d'une nécrose d'une portion de l'arcade alvéolaire, qui, ne s'étant pas complétement détachée, s'était placée en travers et empêchait l'animal de fermer ses mâchoires et de saisir les aliments, a péri de faim. Cette cause pathologique n'a pu être reconnue qu'après la mort.

Chez les Poules, c'est l'affection catarrhale qui a occasionné presque toutes les pertes.

La mortalité de la volière a porté principalement sur les Faisans, qui, dans le chiffre des trois mois, compte pour 141.

Celle des oiseaux de rivière est grossie, en mars, par 152 *sauvagines* (Morillons, Siffleurs, Millouins), dont il est fait provision à cette époque de l'année.

En oiseaux précieux, nous avons eu à regretter un Coq de roche, un Faisan de Sœmmering, un versicolore du Japon, un *Rhinochetes jubatus*, un Cotinga, un Céréopse, deux Canards mandarins.

Les oiseaux des pays intertropicaux, Hoccos, Perroquets, Pénélopes, Colombi-gallines, placés dans la serre, qui a été constamment chauffée, mais où ils jouissent d'une certaine liberté de mouvement, ont paru se bien trouver de cette installation.

V. *Aquarium.* — La ponte des Truites a eu lieu, dans les bacs qui les contiennent, en décembre et en janvier. Les œufs ont été trouvés tout blancs dans le sable où ils étaient déposés, et ne sont pas venus à éclosion, probablement parce qu'ils ont été asphyxiés par le sable, qui était trop fin.

Les Crapauds de mer ont également pondu à partir du 12 janvier. Il est remarquable que toutes les femelles pondent sur le même tas, et ne passent à un second que lorsque le premier est assez gros.

Les Actinies ont continué d'essaimer par leur base.

Comme les Axolotls n'ont point frayé cette année dans l'Aquarium, tandis que ceux que nous avons donnés au Muséum l'ont fait dans la ménagerie des reptiles, dont la température est toujours plus élevée que celle de l'Aquarium, attribuant le manque de la fraie au défaut de la chaleur, nous avons placé quelques-uns de nos Axolotls dans la petite rivière de la grande serre d'hiver; rien encore n'a été obtenu. On a trouvé un Axolotl saisi entre les pattes d'une Grenouille rainette. Était-ce par hostilité ou par salacité? L'Axolotl était mort.

MM. René Caillaud, Ledentu, Morin de Rochefort, ont fait des envois à l'Aquarium. M. King (de Londres) a fait une fourniture d'Actinies, de Zoophytes et Mollusques des côtes nord de l'Angleterre.

Œufs fécondés reçus de l'établissement d'Huningue :

		Nombre d'œufs.	Morts.	Éclos.
6 janvier.	Ombre-chevalier.	4 000	140	3 860
19 —	Saumon du Rhin.	3 000	30	2 970
20 —	Ombre-chevalier.	2 000	20	1 980
26 —	Truite commune.	4 000	240	3 760
6 mars.	Truite des lacs.	2 000	50	1 950
12 —	Truite saumonée.	1 500	15	1 485
	Totaux.	16 500	495	16 005

Œufs fécondés déposés par M. le Ce de Causans :

2 janvier.	Truite saumonée.	200		200

Œufs fécondés déposés par M. Esnault Pelterie :

8 mars.	Truite des lacs.	500	20	480
12 —	Truite saumonée.	500	25	475

Œufs fécondés déposés par M. Caillaud :

6 avril.	Truite commune.	2 000		2 000
	Total général.			19 160

VI. *Jardin.*

	Janvier.	Février.	Mars
Température moyenne à six h. du matin.	+ 1°	+ 0°,5	— 0°
A trois heures après midi.	+ 6°	+ 8°	+ 5°
Maximum	+ 15°	+ 14°	+ 11°
Minimum.	— 6°	— 7°	— 6°

La basse température de cette saison, surtout si longtemps prolongée, a tenu la végétation dans un état complet de stagnation. A la fin de mars, le Jardin n'était pas différent de ce qu'il était en plein janvier. Le Jasmin à fleurs nues de la Chine a montré ses fleurs même sous la neige. En général, si quelques fleurs printanières ont souffert, tous les végétaux ligneux sont en très-bon état, car l'hiver a été long, mais pas très-rigoureux.

Mais, dans le jardin d'hiver, la floraison des Camellias, Azalées et Rhododendrons a été un peu en retard, et, faute de soleil, s'est faite lentement et successivement, suivant la force des arbustes. A la fin de mars, elle était loin d'être complète, comme dans les années ordinaires.

Le Jardin a reçu de M. Gilbert Pierre, ordonnateur de la Nouvelle-Calédonie, deux *Araucaria excelsa* ou Pins de Norfolk.

De M. Godefroy, de l'île de la Réunion, des graines de Palmette rouge de la Réunion et de Citrouille du Cap.

De M. Léon Roches, deux cents jeunes plants du Mûrier du Japon.

Visiteurs en janvier, 5781 ; en février, 8118 ; en mars, 9818.

Liste des espèces de Perdrix existant au Jardin
EN MARS 1865.

Francolin criard (*Francolinus clamosus*). Cap.
— d'Adanson (*Fr. bicalcaratus*). Sénégal.
— vulgaire (*Fr. ruficollis*). Syrie et Europe.
— à cou nu (*Fr. nudicollis*). Saint-Paul de Loanda.
— . . . . . . (*Fr. Achantensis*). Côte-d'Or (rio Pungo).
Perdrix bartavelle (*Perdix saxatilis*). Midi de l'Europe.
— rouge (*P. rubra*). Europe.
— Gambra (*P. petrosa*). Algérie, midi de l'Europe.
— ouakiki (*P. sphenura*). Nord de la Chine.
— grise (*P. cinerea*). Europe.
— brune [*P.* (*Ptilopachus*) *fusca*]. Afrique occidentale.
Caille ordinaire (*Coturnix dactylisonans*). Europe.
— de Pondichéry (*Cot. textilis*). Inde.
— à gorge rousse (*Cot. coromandelica*). Inde.
— d'Australie (*Cot. australis*). Nouvelle-Hollande.
Ganga cata (*Pterocles setarius*). Provence, Algérie.
— unibande (*Pter. arenarius*). Algérie.
— à ventre brûlé (*Pter. exustus*). Sénégal.
Colin houi (*Ortyx virginiana*). Etats-Unis.
— de Cuba (*O. cubaensis*). Cuba.
— zonécolins (*O. cristata*). Brésil.
— de Californie (*O. californica*). Californie.
— à plumes lancéolées (*O. plumifera*). Orégon, Etats-Unis.
— croisé de Colin houi et de Californie.
— croisé de Colin de Californie et de Colin à plumes lancéolées.
Tétras huppecol (*Tetrao cupido*). Etats-Unis.
Tinamou isabelle (*Rynchotes rufescens*). La Plata.
— tataupa (*Crypturus tataupa*). Brésil.
Rouloul couronné (*Cryptonyx cristata*). Inde.

Le Directeur du Jardin d'acclimatation,
RUFZ DE LAVISON.

I. TRAVAUX DES MEMBRES DE LA SOCIÉTÉ.

RAPPORT

SUR LES MESURES RELATIVES

A LA RÉPRESSION DU BRACONNAGE

Par M. le comte D'ESTERNO.

(Séance du 21 avril 1865.)

La question dont M. le comte de Saint-Aignan vous a saisis est sérieuse, puisqu'elle est relative à l'une de nos sources d'alimentation.

Vous le savez, c'est la nourriture animale qui manque particulièrement en France. Les ouvriers mangent trop de végétaux et pas assez de viande ; notre production de céréales suffit presque à la consommation du pays ; notre importation annuelle en matières animales dépasse habituellement 100 000 000.

La chasse n'arrivera jamais à combler ce vide énorme, mais elle peut arriver à le diminuer.

Nous avons devant nous une triple tâche ; nous devons : 1° chercher les moyens de développer les produits de la chasse ; 2° les mettre, si faire se peut, à la portée de tous ; 3° préserver de toute atteinte le droit de propriété, droit également respectable sous toutes ses formes.

Le braconnage entraîne à la fois la violation de la propriété, la démoralisation de ceux qui s'y livrent, et la destruction du gibier.

Le braconnier, vivant d'une industrie illicite et constamment en butte avec la loi, manque rarement de prendre des habitudes en harmonie avec son genre de vie. Constamment armé et parcourant les régions les moins habitées du pays, il s'accoutume à se faire craindre ; il commence par des menaces, et souvent il ne s'en tient pas là. Les tribunaux ont trop souvent à réprimer les voies de fait et quelquefois les meurtres commis par eux sur les agents de la force publique.

Les braconniers se comptent en France par centaines de mille, suivant certaines statistiques. Il se trouve parmi eux un certain nombre de repris de justice. Un nombre plus grand vit dans la débauche et l'oisiveté, et, dans leurs chasses de jour et de nuit, ils ne se font guère scrupule de faire main basse sur autre chose que le gibier. C'est une armée du désordre, d'autant plus redoutable qu'elle circule partout, et qu'elle est seule armée au milieu d'une population qui ne l'est pas.

Les braconniers obtiennent partout une sorte de tolérance inspirée, non-seulement par la terreur qu'ils inspirent, mais encore par l'habitude prise de leur acheter le produit de leur chasse. Des gens irréprochables d'ailleurs, et qui rejetteraient avec horreur l'idée d'acheter un autre objet volé, ne s'aperçoivent pas qu'ils se font recéleurs et complices d'un délit, quand ils achètent à un braconnier le gibier qu'il s'est procuré en se mettant en contravention avec la loi.

La commission s'est assurée que des fonctionnaires nombreux et d'un ordre élevé ne se faisaient nul scrupule de couvrir leurs tables de gibier, sans distinction de temps de chasse prohibée ou permise. Vous ne nous demanderez pas de préciser davantage et d'introduire ici des questions personnelles : mais des preuves irrécusables pourraient être produites. Le mauvais exemple donné par ceux qui devraient donner le bon, n'a pu manquer d'exercer une influence contagieuse, et le respect pour les lois de la chasse a cessé d'être considéré comme un devoir sérieux.

En recherchant les causes de cette aberration morale, on s'aperçoit qu'une lacune existe en France dans le commerce du gibier. Des préjugés enracinés empêchent presque tous les propriétaires de vendre le gibier provenant de leurs chasses; de sorte que le marché n'est guère approvisionné que par les chasseurs interlopes qui ont chassé sur la propriété d'autrui.

Nous ne trouvons pas, en pays étrangers, cette organisation défectueuse, et il serait désirable que les coutumes allemandes s'introduisissent en France. En Allemagne, nombre de grands seigneurs considèrent le gibier comme un des produits de leurs terres. Ils le gardent avec le plus grand soin; puis ils le vendent comme nous vendons le poisson de nos étangs. L'acheteur le porte au marché, et cette organisation amène, en Allemagne, une telle multiplication du gibier, qu'après avoir largement approvisionné la consommation de l'Allemagne, il arrive encore en masse sur les marchés français.

Au moment où nous montrerons au consommateur français de gibier une manière de l'obtenir en plus grande masse, et de le distribuer plus largement à ceux qui, du reste, ne refusent point de le payer, l'opinion reviendra immédiatement au producteur régulier et légitime. Le braconnier qui détruit ne sera plus préféré au propriétaire qui multiplie, et nous trouverons des appuis partout où nous trouvons aujourd'hui des obstacles.

Tenons compte du besoin de la consommation, et la consommation marchera avec nous.

M. de Saint-Aignan évalue à 35 000 000 de kilogrammes par an la chair de Lièvre qui pourrait être obtenue en France, et la chair de Perdrix à un poids presque égal. Il faut ajouter les autres espèces de petit ou grand gibier ; et nous appellerons l'attention notamment sur le Chevreuil, espèce inoffensive, très-bonne à manger, et qui, à l'encontre des autres grands animaux, ne se nourrit presque que de plantes inutiles, telles que les ronces en hiver et les diverses feuilles d'arbres en été. C'est par une erreur profonde qu'on a prétendu que la civilisation entraînait la destruction du gibier. Elle entraîne bien la disparition de quelques espèces trop puissantes ou dangereuses. On ne reverra probablement jamais en France l'Aurochs et l'Élan qui y résidaient autrefois. On cessera d'y voir le Loup et l'Ours, aussitôt que le gouvernement voudra sérieusement leur destruction. Mais en ce qui concerne les petites espèces, on les trouvera en bien plus grande abondance dans les parties les mieux cultivées de l'Allemagne et de l'Angleterre qu'en Pologne ou en Russie, pays comparativement arriérés.

On peut donc obtenir de la chasse une ressource alimentaire précieuse pour la qualité, et importante même pour sa quantité ; il faut pour cela empêcher le massacre du gibier, tel que le pratiquent aujourd'hui des destructeurs inintelligents. Le gibier a disparu presque entièrement de plusieurs départements, où les chasseurs sont réduits à poursuivre des Rouges-gorges et des Becfigues, et où une Perdrix est considérée comme une rareté. Si le braconnage continuait son œuvre d'extermination, on en arriverait au même point dans tous les autres, et le combat s'arrêterait faute de combattants.

Prévenons ce triste résultat : la destruction est rapide ; le repeuplement est difficile et long. Voici les mesures que notre commission vous propose.

M. de Saint-Aignan avait présenté deux moyens que la commission n'a pas cru pouvoir adopter. Vous trouverez leur défense dans la lettre ci-jointe adressée, en dernier lieu, à la commission par M. de Saint-Aignan.

Les voici :

1° Sur la plainte portée devant l'autorité compétente, par les commissaires de police, gendarmes ou gardes assermentés, et établissant présomption de chasse frauduleuse, tout individu porteur ostensible, vendeur, expéditeur ou déclarant de gibier, devra être cité par le magistrat pour justifier de la provenance de son gibier.

2° Tout marchand de gibier aura un registre paraphé, sur lequel il inscrira le nom de ceux qui lui vendraient du gibier à domicile, avec la quantité et la nature des pièces fournies.

Tout expéditeur de gibier par le chemin de fer pourra être également cité pour s'expliquer sur la provenance du gibier expédié.

Votre commission a cru que les moyens exceptionnels avaient peu de chance d'être admis, et que nous devions nécessairement nous maintenir dans le droit commun. Elle vous propose d'appuyer hautement les deux mesures suivantes, proposées par M. de Saint-Aignan :

« 1° Lorsque le gibier portera des traces de collet ou

» autres engins prohibés, le vendeur sera tenu de justifier » de sa provenance.

» 2° Les associations de chasseurs seront protégées et » encouragées. »

Elle vous propose d'appuyer aussi la mesure suivante proposée par M. Lecreux :

« Rémunérer largement tout individu amenant la décou- » verte de braconniers vendeurs ou recéleurs de gibier. »

Ces deux dernières propositions nous amènent naturellement à vous entretenir des associations pour la répression du braconnage, associations déjà existantes en France. Dans plusieurs villes, et notamment dans celles d'Amiens, Lille, Reims, Saint-Quentin, Rouen, Meaux, etc., des chasseurs se sont réunis et n'ont pas reculé devant les sacrifices nécessaires pour réprimer les maraudeurs et protéger la propriété.

Voici le tarif des primes accordées par la Société du Nord (Lille) à ceux qui auront constaté ou fait constater les faits du braconnage :

Chasse de nuit avec de grands filets.	100 fr.
Chasse de jour.	50
Détention de grands filets.	50
Chasse à l'aide de collets	50
Détention de collets.	30
Chasse de nuit à l'aide de fusil.	50 à 100
Chasse au fusil sans permis et en temps prohibé.	20
Chasse aux appeaux.	20
Vente et transport de gibier en temps prohibé.	20
Saisie de gibier pris à l'aide d'engins prohibés. . . .	40
Destruction de couvées ou de jeunes lièvres.	10

La Société décerne en outre deux *primes d'honneur* pour actions d'éclat :

Première prime d'honneur, 200 francs et une médaille.
Deuxième prime d'honneur, 100 francs et une médaille.

La Société de Rouen reçoit chaque année pour plus de 10 000 francs de cotisations, et son compte rendu du 23 juin 1864 annonce qu'elle a distribué, en primes pour la répression du braconnage et la destruction des animaux nuisibles, une somme de 9969 fr. 75 c.

Plusieurs préfets, ceux du Nord et de la Côte-d'Or entre autres, ont témoigné d'un bon vouloir non douteux pour la répression du braconnage; leurs bonnes dispositions n'ont pas trouvé partout l'appui qu'elles auraient mérité.

Une mesure prise par le ministère de la justice, probablement dans une vue d'économie, perpétue le braconnage: c'est l'ordre envoyé aux parquets et à la gendarmerie de poursuivre seulement les chasseurs non pourvus de permis de chasse, et de laisser aux particuliers le soin de poursuivre les chasseurs pourvus de permis. Tant que cette disposition sera maintenue, le braconnage subsistera en dépit de tous les efforts.

En résumé, votre commission nous propose de transmettre au gouvernement les demandes suivantes :

1° Que lorsque le gibier portera des traces de collets ou autres engins prohibés, son porteur soit tenu de justifier de sa provenance.

2° Que des agents de police se présentent en temps prohibé, comme consommateurs, chez les restaurateurs, marchands de gibier, buffets, etc., et dressent des procès-verbaux.

3° Que des instructions plus rigoureuses soient envoyées aux parquets, notamment en ce qui concerne les faits de chasse accomplis avec permis de chasse, mais sur la propriété d'autrui et sans autorisation du propriétaire.

4° Que les fonctionnaires publics soient invités à donner l'exemple du respect pour la loi, en s'abstenant de faire paraître sur leur table du gibier en temps défendu.

5° Que les associations de chasseurs pour la répression du braconnage soient protégées et encouragées.

6° Que les locations de terrains collectifs à des associations de chasseurs, dans toutes les communes où les propriétaires y consentiront, soient encouragées.

7° Que la vente du gibier tué à des jours donnés sur les terrains d'un seul ou de plusieurs, avec l'assentiment des propriétaires, telle, au surplus, qu'elle se pratique en Allemagne sur les terrains d'un seul ou de plusieurs, soit encouragée.

RAPPORT

SUR LES MESURES RELATIVES

A LA CONSERVATION ET A LA POLICE DE LA PÊCHE

Par M. MILLET.

(Séance du 21 avril 1865.)

Le dépeuplement des lacs et des cours d'eau est l'objet de l'incessante et bienveillante sollicitude de la Société d'acclimatation ; son *Bulletin* contient à cet égard divers travaux, notamment un rapport que j'ai eu l'honneur de lire dans la séance du 28 mars 1856, au nom d'une commission spéciale, sur les mesures à prendre pour assurer le repeuplement des eaux en bonnes espèces de poissons.

Aujourd'hui, le Corps législatif est saisi d'un projet de loi sur la pêche du Saumon et de la Truite. Les dispositions essentielles de ce projet ont été puisées dans le rapport que je viens de citer : la Société d'acclimatation ne peut donc que se féliciter de voir prendre en très-sérieuse considération, par le Conseil d'État et le Corps législatif, les vœux qu'elle a émis, il y a neuf ans, sur cette importante question.

D'autre part, notre confrère M. le comte de Saint-Aignan demande que la Société d'acclimatation veuille bien rechercher de nouveau les moyens les plus efficaces pour assurer la conservation et la police de la pêche et de la chasse.

Je viens, au nom des 1re, 2e et 3e Sections réunies à cet effet en commission spéciale, vous présenter ses vues relativement à la pêche.

Diverses causes ont contribué au dépeuplement des cours d'eau :

L'accroissement de la population, le renchérissement des denrées alimentaires, et les nouveaux moyens de communication ont donné une impulsion très-active à l'industrie de la pêche, qui s'est particulièrement exercée sur les espèces de poissons les plus recherchées en raison même de la qualité de leur chair et de leur valeur vénale; on a imaginé, dans ce but, des engins très-ingénieux, mais aussi très-destructeurs, dont on fait usage en tout temps, même pendant les saisons de la fraie.

Les abus de la pêche n'ont pas été les seules causes de la destruction des bonnes espèces. Un grand nombre d'établissements industriels déversent dans les rivières ou leurs affluents des substances nuisibles, qui font mourir le poisson ou qui l'éloignent des cantonnements les plus favorables à sa reproduction ou à son développement. Enfin, les travaux exécutés dans les rivières ont nui à la reproduction et à la conservation du poisson, et les nombreux barrages qu'ont nécessités les besoins de l'industrie, de la navigation et de l'agriculture, ont empêché certaines espèces, notamment le Saumon, d'accomplir les migrations nécessaires à leur développement et à leur multiplication.

Des mesures ont été prises pour remédier à cet état de choses.

La loi du 15 avril 1829 a réglementé la pêche sur les cours d'eau.

Nous aurons à examiner, en premier lieu, si cette loi est suffisante pour assurer aujourd'hui la conservation et la police de la pêche, et si la mise en pratique de ses prescriptions, dans une période de trente-six années, n'a pas fait reconnaître l'utilité de la modifier et de la compléter dans quelques-unes de ses dispositions.

L'article 26 de cette loi porte :

« Des ordonnances royales détermineront : les procédés et » modes de pêche qui, étant de nature à nuire au repeuplement des rivières, *devront être prohibés ;* les filets, engins » et instruments de pêche qui *seront défendus* comme étant » de nature à nuire au repeuplement des rivières, etc..... »

Le vœu de la loi a été rempli par l'ordonnance du 15 novembre 1830, dont les articles 5, 6 et 7 sont ainsi conçus :

« Art. 5. — Dans chaque département, le préfet déterminera, sur l'avis du conseil général, et après avoir consulté » les agents forestiers, les temps, saisons et heures pendant » lesquels la pêche sera interdite dans les rivières et cours » d'eau.

» Art. 6. — Il fera également un règlement dans lequel il » déterminera et divisera les filets et engins qui, d'après les » règles ci-dessus, devront être *interdits*.

» Art. 7. — Sur l'avis du conseil général, et après avoir » consulté les agents forestiers, il pourra *prohiber* les procédés et modes de pêche qui lui sembleront de nature » à nuire au repeuplement des rivières. »

Il résulte de ces dispositions que tout ce qui *n'est pas défendu* par les règlements locaux *est permis ;* elles ont, dès lors, des conséquences très-fâcheuses, car les pêcheurs, par un simple changement de nom et par une légère modification de forme, peuvent continuer à se servir d'engins destructeurs, sous la protection même de la loi : le règlement devient ainsi complétement impuissant devant les tribunaux. Il y a donc une modification importante à introduire : la loi devrait porter que tout ce qui n'est pas *nominativement permis est défendu.*

En exécution de l'article 5 précité, la pêche, en temps de *fraie,* est prohibée par un arrêté préfectoral. Il conviendrait, pour un grand nombre de localités, de faire étudier et de déterminer, aussi exactement que possible, les époques ordinaires de la fraie, eu égard aux divers cours d'eau et aux diverses espèces de poissons, pour être en mesure de reviser convenablement les règlements là où les prohibitions et les interdictions ne concordent pas avec les époques de la fraie, et où les règlements ne favorisent pas toujours la propagation des bonnes espèces au détriment des espèces inférieures. Dans un grand nombre de localités, l'intervention éclairée des agents de l'administration des forêts avait amené, dans cette partie du service, de salutaires et importantes améliorations.

D'après les décrets des 15 et 24 octobre 1863, la pêche de la *Truite* et du *Saumon* est prohibée, *du* 20 *octobre au* 31 *janvier*, dans les eaux douces et dans les eaux salées.

Cette prohibition générale n'a d'autre objet que d'interdire la pêche pendant la période présumée de la fraie de ces précieuses espèces; elle porte une entrave très-préjudiciable à l'industrie des pêcheurs pendant plus de trois mois, et prive la consommation, pendant le même espace de temps, d'une importante ressource alimentaire.

Ces inconvénients sont-ils compensés par des avantages réels? Nous ne le pensons pas.

En effet, dans plusieurs régions, notamment dans les localités montagneuses, la Truite fraye souvent avant le 20 octobre et pas au delà de novembre; dans d'autres, au contraire, notamment dans les pays de plaines, elle fraye en février et pas avant décembre.

Dans le premier cas, il n'y a aucun intérêt, pour la reproduction, à interdire la pêche en *décembre* et en *janvier;* et, dans le second cas, il n'y a aucun intérêt à l'interdire en *octobre* et *novembre*.

Il serait donc préférable de revenir à l'ancien mode de réglementation, d'après lequel les préfets, dans chaque département, déterminaient les saisons d'interdiction eu égard à la nature des eaux et à celle de leur peuplement.

Il conviendrait aussi de comprendre dans la prohibition l'*Ombre-chevalier*, dont la fraie coïncide généralement avec celle la Truite.

Dans les cours d'eau habités ou fréquentés par la Truite et le Saumon, on trouve généralement d'autres espèces de poissons qui frayent au printemps ou en été. En limitant la prohibition aux Salmonidés, on permet la pêche des autres poissons. Cette prohibition devient alors à peu près illusoire; car les pêcheurs, en général, ne rejettent pas à l'eau les Truites et les Saumons tombés dans leurs filets. Le seul moyen de rendre la prohibition efficace, c'est d'*interdire la pêche d'une manière absolue* pendant le temps nécessaire à la reproduction des bonnes espèces, dont il importe de favoriser la multiplication.

Les fécondations artificielles ne sont *praticables qu'en temps de fraie*. Il y aurait donc lieu de faire une exception à cette prohibition générale, à l'égard des personnes qui seraient autorisées à faire des fécondations artificielles, et qui seraient, à cet effet, munies d'un arrêté spécial du préfet du département. Ces autorisations ne seraient données qu'avec beaucoup de prudence et de réserve. On prendrait, par exemple, les mesures nécessaires : 1° pour ne jamais créer dans une région un monopole toujours très-profitable à certaines individualités, mais très-préjudiciable au développement de la pisciculture ; et 2° pour ne délivrer d'autorisations spéciales qu'aux personnes offrant de bonnes garanties d'exécution. Car, si l'on persévérait pendant quelques années encore dans la voie suivie par quelques pisciculteurs, on arriverait infailliblement à la destruction des meilleures espèces, notamment dans le Rhin et les lacs des contrées voisines, sans aucun avantage pour la pisciculture et sans aucune amélioration réelle pour les autres cours d'eau.

L'article 30 du Code de la pêche fluviatile porte textuellement :

« Quiconque portera, colportera ou débitera des poissons » qui n'auront point les *dimensions* déterminées par les » ordonnances, sera puni, etc..... Sont néanmoins exceptées » de cette disposition les ventes de poissons provenant des » *étangs* ou *réservoirs*. »

Il faudrait supprimer cette exception ; car, autrement, la liberté de vendre les poissons d'étangs ou de réservoirs rend toute prohibition *illusoire*.

Toutefois l'exception devrait être maintenue à l'égard du *fretin* ou de l'*alevin* destiné à l'empoissonnement ou au repeuplement des eaux.

En supprimant l'exception en faveur des étangs ou réservoirs, on appliquerait au poisson les mesures de police que l'on applique au *gibier* (1). On ne voit pas, en effet, les motifs pour lesquels on favoriserait la reproduction ou la conservation du gibier plus que celles du poisson : car le poisson entre dans l'alimentation générale en proportion au moins aussi forte que le gibier; il ne cause aucun dégât, le gibier en cause souvent de très-considérables à l'agriculture.

L'article 30, dont il s'agit, n'interdit la pêche, le colportage ou le débit des poissons que pour ceux qui *n'ont point les dimensions déterminées par les règlements*. Il serait donc très-important d'étendre cette interdiction aux poissons de toutes dimensions pendant le temps où la pêche de ces poissons est défendue.

D'après l'article 72 du Code de la pêche fluviale, l'amende peut être *réduite* au-dessous de 16 francs, et l'emprisonnement au-dessous de six jours. Les tribunaux, en appliquant trop souvent, dans certaines localités, les dispositions de cet article, rendent à peu près nul l'effet des poursuites dirigées contre les délinquants ou les contrevenants. Quelques membres de la commission ont, en conséquence, proposé de *supprimer* cet article, ou du moins de ne jamais l'appliquer en cas de *récidive*. Cette proposition n'a pas été adoptée par la majorité.

L'article 25 du même Code punit d'une amende et d'un emprisonnement quiconque aura *jeté* dans les eaux des drogues ou appâts de nature à enivrer ou à détruire le poisson. Les dispositions de cet article doivent être étendues à toute personne qui aurait *pêché* du poisson enivré ou empoisonné dans des eaux où elle n'aurait aucun droit de pêcher. Les propriétaires riverains auraient ainsi la faculté d'enlever les poissons dont les braconniers cherchent souvent à s'emparer en leur jetant des matières nuisibles, telles que la *chaux*, et notamment la *coque du Levant*.

La coque du Levant est une des substances les plus énergiques pour l'enivrement et la destruction du poisson; ses

(1) Article 4 du Code de la chasse : « Dans chaque département, il est » interdit de mettre en vente, de vendre, d'acheter, de transporter et de » colporter du gibier pendant le temps où la chasse n'y est pas permise. »

effets sont d'autant plus désastreux, que les braconniers peuvent la jeter dans l'eau à l'insu de tout le monde, et se la procurer, même dans les campagnes, à très-bas prix, chez les droguistes, les herboristes et les épiciers. Il y aurait, par conséquent, un intérêt réel à faire appliquer, d'une manière plus rigoureuse qu'on ne l'a fait jusqu'à ce jour, les dispositions des règlements sur la vente des substances vénéneuses : on éviterait, d'ailleurs, par l'application de ces mesures, les accidents qui résultent quelquefois de la présence de la coque du Levant, soit dans les eaux où elle a été introduite, soit dans les poissons livrés à la consommation (1).

On pourrait, du reste, interdire formellement la vente de cette substance, qui paraît être aujourd'hui sans usage même dans l'art vétérinaire, et qui ne sert réellement qu'à enivrer le poisson.

Quelques membres de la commission, et notamment M. le comte de Saint-Aignan, ont signalé les inconvénients du *rouissage des plantes textiles*, en exprimant le vœu que les dispositions de l'article 25 soient rendues applicables à cette opération.

Nous rappellerons à ce sujet que l'article 30 du projet du gouvernement l'interdisait dans les termes suivants :

« Le rouissage du lin, du chanvre et de toute autre plante » textile dans les fleuves, rivières, canaux et dans les ruis- » seaux y affluant, est *défendu*, sous peine d'une amende de » 25 à 100 francs. Toutefois, dans les localités où l'on ne » pourrait suppléer au rouissage dans l'eau par un autre

(1) La coque du Levant est le fruit du *Menispermum cocculus*, Lin. Aux termes de la loi du 21 germinal an XI, qui régit la vente des médicaments, les *droguistes* ne peuvent vendre que des *drogues simples*, en gros ; il leur est interdit d'en débiter au poids médicinal ; dès qu'une drogue est sortie de chez eux dans les conditions fixées par l'ordonnance du 29 octobre 1846, sur les substances vénéneuses, ils ne sont plus responsables. Quant aux *herboristes*, la vente des *substances vénéneuses* pour l'usage médical leur est implicitement interdite par l'ordonnance du 29 octobre 1846 (tit. II, art. 5) ; *ils ne peuvent vendre que des plantes vertes ou sèches.*

» moyen, le préfet, sous l'approbation du gouvernement, » pourra accorder les exceptions qu'il jugera nécessaires. »

Cet article du projet a été rejeté par la chambre des pairs. La conclusion à tirer de ce rejet est que le rouissage est *permis* dans tous les cours d'eau, du moins en le considérant au point de vue de la police de la pêche.

On ne pourrait pas même, dans certains cas, considérer le rouissage des plantes textiles comme une tentative d'empoisonnement du poisson prévue et punie par l'article 25 actuellement en vigueur. Car, dans cet article, le législateur suppose l'emploi d'un moyen frauduleux dans l'unique but de faire périr le poisson ou de l'enivrer; tandis que le rouissage a un tout autre but. On ne peut évidemment assimiler les plantes textiles à une drogue ou à un appât, et l'on ne peut pas dire qu'elles aient été jetées. D'ailleurs, les auteurs du projet de la loi de 1829 comprenaient qu'il fallait une disposition spéciale pour interdire le rouissage, et cette disposition a été écartée.

Toutefois, dans les cours d'eau navigables ou flottables, les préfets et les maires peuvent interdire le rouissage comme contraire à la *salubrité publique*. Les maires ont le même pouvoir, à l'égard de tous les cours d'eau qui ne sont ni navigables ni flottables et de toutes les eaux stagnantes.

L'article 11 du Code de la chasse punit d'une amende ceux qui auront pris ou détruit des *œufs* ou des *couvées* de cailles, perdrix, etc. Une amende devrait être infligée à ceux qui auraient pris des *œufs de poissons* ou qui auraient détruit des *frayères*.

Une exception serait faite à l'égard des personnes qui seraient autorisées à recueillir des œufs fécondés pour l'empoissonnement ou le repeuplement des eaux.

Dans un même but de conservation, on interdirait formellement, dans les cours d'eau, la *coupe des herbes en temps de fraie;* car les œufs de plusieurs bonnes espèces de poissons s'attachent aux herbes; d'ailleurs, le fretin et l'alevin y trouvent un refuge et un abri dans le premier âge. Il n'y aurait d'exception à cette interdiction que dans le cas où la coupe des herbes serait prescrite par l'autorité compétente, pour ne point entraver le service de la navigation ou celui de certaines usines, et pour assurer le libre cours des eaux. On pourrait toutefois, dans un grand nombre de localités, maintenir dans l'interdiction, sur chaque rive, un sixième ou un septième de la surface totale : cette réserve serait suffisante pour la ponte de plusieurs espèces de poissons qui frayent sur les herbes à proximité des rives, et pour la conservation de l'alevin. Elle aurait aussi un résultat utile pour la conservation et la propagation des larves, des coquillages et d'une multitude d'animaux qui contribuent dans une forte proportion à l'alimentation des poissons.

D'après les dispositions des règlements sur la chasse, des *primes* sont accordées à ceux qui détruisent des *animaux nuisibles*. Il y aurait lieu d'appliquer cette mesure aux cours d'eau, et d'encourager la destruction des *Loutres :* la Loutre est, en effet, un animal qui détruit une grande quantité de poissons, surtout à l'époque de la fraie.

Au sujet des animaux nuisibles, il ne faut pas perdre de vue que les *Oies* et les *Canards*, abandonnés en tout temps sur les cours d'eau, y détruisent beaucoup de *frai* dans les herbes, ou bien le dévorent, ainsi que le *fretin.* Il y aurait lieu d'*interdire* l'entrée de certains cantons de rivières pour les Canards et les Oies, pendant le temps de la fraie et du développement du jeune fretin.

Pour compléter les mesures de *repeuplement* et de *conservation*, il serait très-important de désigner, dans chaque cantonnement de pêche ou portion de rivière, une certaine étendue de bras, fossés, ruisseaux, noues, gares, etc., en communication avec ces rivières, dans lesquels on favoriserait la fraie naturelle, soit par une active et incessante surveillance, soit par des frayères artificielles ; *la pêche y serait interdite* pendant toute la durée de la fraie des meilleures espèces, et même pendant une ou plusieurs années, afin de ne pas endommager les frayères, et de ne pas troubler les jeunes poissons dans les retraites où ils trouvent à se reposer et à s'abriter.

Enfin, pour assurer encore d'une manière plus énergique et plus efficace l'application des règlements, et par une nouvelle assimilation des bonnes dispositions du Code de la chasse (art. 26), tous les délits en matière de pêche devraient être poursuivis *d'office* par le ministère public.

BARRAGES. — Sur un grand nombre de cours d'eau, on a construit et l'on construit encore, soit des usines, soit des barrages, écluses, etc., qui ne permettent pas au poisson de *circuler librement*, et surtout d'*aller frayer dans des endroits convenables*. Il en résulte nécessairement que la reproduction de plusieurs espèces devient impossible ou du moins insuffisante, et que, par suite, le dépeuplement des eaux s'opère très-rapidement.

Sans porter aucune entrave au service régulier des usines, de la navigation, du flottage et des irrigations, on peut facilement concilier les exigences de ce service avec celles de la reproduction naturelle du poisson.

Il suffirait, en effet, d'établir sur les points où la libre circulation, et surtout la remonte du poisson, sont devenues impossibles : soit des *passages libres*, toujours faciles à franchir par la Truite et par les migrateurs, tels que Saumon, Alose, Lamproie, etc. ; soit des *plans inclinés* avec barrages discontinus, qui feraient l'office de déversoirs ou qui serviraient à l'écoulement des eaux surabondantes ; soit enfin des *écluses*, que l'on tiendrait ouvertes à l'époque de la remonte ou de la descente.

L'organisation de ces passages naturels ou artificiels devrait être rendue *obligatoire* : 1° pour l'avenir, à l'égard des constructions, barrages, écluses, etc., qui seraient établis sur les cours d'eau, et qui, par leur situation, pourraient empêcher ou entraver la libre circulation, et notamment la remonte et la descente du poisson ; 2° dès à présent, à l'égard des établissements de cette nature qui existent sur les cours d'eau dont l'entretien est à la charge de l'État.

Enfin, dans un grand nombre de localités, les usiniers, et notamment les meuniers, ont établi et entretiennent soigneusement des *appareils de pêche* (les anguillières, par exemple) qui sont très-destructeurs. Nous avons vu, en différentes occasions, des appareils dans lesquels on pêchait *en une seule nuit* plus de 100 kilogrammes de poisson. On devrait prendre, dans le plus court délai possible, les mesures les plus énergiques pour faire disparaître ces appareils et en empêcher le rétablissement, par application des dispositions de l'article 24 du Code de la pêche, qui porte textuellement :

« Il est interdit de placer dans les rivières navigables ou » flottables, canaux et ruisseaux, aucun barrage, appareil ou » établissement quelconque de pêcherie, ayant pour objet » d'empêcher entièrement le passage du poisson. »

Curage. — Dans le curage des cours d'eau et des canaux, on perd presque toujours une grande quantité de poissons, surtout en *fretin* et en *alevin*, parce qu'on laisse le lit à sec, ou parce qu'on abandonne le poisson dans des eaux vaseuses ou bourbeuses qui le font périr promptement. On doit recommander et même prescrire, dans toutes les opérations de curage, de laisser écouler le jeune poisson avec les eaux, ou bien de le retenir et de le placer dans des réserves convenablement organisées, ainsi que cela se pratique pour la pêche de la plupart des étangs.

Dragage. — Le dragage bouleverse souvent et détruit les lits ou amas de graviers et de cailloux qui forment d'excellentes *frayères naturelles* pour un grand nombre de bonnes espèces de poissons, telles que Saumon, Truite, Ombre, Barbeau, etc. Il conviendrait, pour concilier les exigences du service des eaux et usines avec celles de la reproduction des poissons, de faire, dans les opérations du dragage, quelques réserves sur les points essentiellement favorables à la ponte des meilleures espèces.

Telles sont, messieurs, les considérations générales que votre commission m'a chargé de vous soumettre pour la solution pratique d'une question qui présente un très-haut intérêt; car, le rempoissonnement des eaux de la France, notamment en *poissons migrateurs*, produirait en abondance des aliments sains, substantiels et peu coûteux, et pourrait contribuer à donner, dans un avenir peu éloigné, une première solution du beau et grand problème de la vie à bon marché.

Ce rempoissonnement viendrait d'ailleurs largement compenser le déficit causé par le dessèchement d'étangs ou de lagunes, souvent insalubres, que l'industrie agricole, entrant dans une voie de progrès qu'on ne saurait trop favoriser, tend, chaque jour, à convertir en prairies ou en terres arables.

Dans le but de donner à l'examen de cette importante question toute la publicité qu'elle comporte, votre commission a l'honneur de vous proposer :

1° De faire insérer *in extenso* le présent rapport dans le *Bulletin* de la Société ; et 2° d'en faire un tirage à part, pour en envoyer des exemplaires au Ministre de la justice, au Ministre de la marine, au Ministre de l'agriculture, du commerce et des travaux publics, et aux préfets des départements.

Il ne suffit pas, en effet, messieurs, d'élaborer dans le silence du cabinet, et de venir ensuite produire en assemblée générale les mesures les plus propres à améliorer l'état bien déplorable de la plupart de nos cours d'eau au point de vue de la production du poisson.

Il faut, par tous les moyens qui sont en notre pouvoir, appeler la sollicitude du gouvernement et l'attention des propriétaires et des consommateurs sur l'opportunité et même sur l'urgence de l'application de ces mesures.

Il faut enfin prouver de plus en plus, par notre active et infatigable intervention dans toutes les questions d'intérêt général qui se rattachent à nos travaux, que la Société d'acclimatation est de *fait*, et pas seulement de *nom*, un *établissement d'utilité publique*.

ACCLIMATATION DU MÉRINOS EN FRANCE.

LETTRE ADRESSÉE A M. LE PRÉSIDENT DE LA SOCIÉTÉ IMPÉRIALE D'ACCLIMATATION

Par M. RICHARD (du Cantal),
Agriculteur,
Vice-président de la Société impériale d'acclimatation.

Ferme de Souliard (Cantal), le 27 avril 1865.

Monsieur le Président,

Le succès de la naturalisation du Mérinos en France est dû à Daubenton, dont on admire la belle statue au Jardin d'acclimatation de Paris. La Société impériale d'acclimatation a rappelé ce fait. Le *Moniteur* l'a signalé dans une Note de M. Friès. Toutefois, d'après les observations d'un savant justement estimé, consignées dans le *Moniteur* du 4 février 1864, Daubenton aurait *seulement* prouvé qu'on pouvait améliorer nos laines françaises et les rendre aussi fines que celles des races mérinos d'Espagne : l'honneur d'avoir acclimaté le Mérinos serait donc attribué à tort à ce grand naturaliste agriculteur.

Un simple examen des faits rétablira la vérité. Les expériences faites sur l'acclimatation du Mérinos en France, depuis Colbert jusqu'à Trudaine (de 1666 à 1766), furent sans résultat heureux ; nul ne le contestera. En 1766, Trudaine, qui attachait une grande importance à cette question, chargea Daubenton de l'étudier. Pour la résoudre, le savant naturaliste fonda la bergerie de Montbard, et il démontra d'abord que, par des croisements et des accouplements bien compris, on pouvait obtenir avec nos races françaises des laines aussi fines et aussi belles que les laines espagnoles. Dix ans lui suffirent pour le prouver. De 1766 à 1776, Daubenton, il est vrai, ne s'occupa que du perfectionnement de nos laines et nullement de l'acclimatation du Mérinos. S'il s'était borné à ce travail, l'observation signalée dans le *Moniteur* du 4 février 1864 serait juste.

Mais, dès 1776, le savant naturaliste agriculteur traita la

question de l'acclimatation du Mérinos espagnol, et il réussit. Pour prouver ce que j'avance, je le laisse parler lui-même. Voici ce qu'il a dit dans son *Instruction pour les bergers et les propriétaires de troupeaux*, après avoir parlé des résultats qu'il avait obtenus sur nos races françaises : « ..... En 1776, » il me vint des Béliers et des Brebis d'Espagne. Alors j'eus » sept races de bêtes à laine distinctes, y compris la race de » l'Auxois, qui est le pays où ma bergerie est située. *J'ai per-* » *pétué, jusqu'à présent, toutes ces races sans mélange*, pour » savoir ce qu'elles deviendraient dans ma bergerie. J'ai aussi » allié ces sept races entre elles pour avoir d'autres races » métisses, et pour connaître à quel degré elles influeraient les » unes sur les autres, relativement à l'amélioration des laines.

» Par ces expériences suivies avec les plus grandes précau- » tions pour qu'il n'y eût pas d'équivoque, j'ai amené toutes » les races de ma bergerie au degré de finesse de la laine » d'Espagne, sans tirer de *nouveaux Béliers de ce pays ni du* » *Roussillon*. »

Dès 1776, Daubenton reçut à sa bergerie de Montbard des mérinos d'Espagne. Il les étudia ; il les fit produire et multiplier en France, *sans mélange*. Donc il les acclimata. Nous en trouvons la preuve dans la publication de son *Instruction pour les bergers et les propriétaires de troupeaux*. La première édition de cet ouvrage parut en 1782. La question de l'acclimatation du Mérinos d'Espagne était alors pratiquement résolue à la bergerie de Montbard, puisque l'illustre fondateur de cet établissement a dit que, depuis 1776, *il n'avait plus tiré de ce pays* (d'Espagne) *de nouveaux reproducteurs*.

Daubenton démontra d'abord, de 1766 à 1776, qu'avec le concours de la science pratique de la nature, il avait pu rendre nos laines aussi belles que celles d'Espagne. De 1776 jusqu'à sa mort (31 décembre 1799), il prouva, à Montbard, à Alfort et au Muséum d'histoire naturelle, où il avait organisé une bergerie pour continuer ses études d'acclimatation, qu'on pouvait naturaliser le Mérinos d'Espagne en France et le multiplier.

Voilà les faits dans toute leur sincérité.

Statue de DAUBENTON au Jardin d'acclimatation du bois de Boulogne.

Après avoir rendu à Daubenton la justice qui lui est due, je ne dois pas négliger de dire quelle part prirent d'autres savants à la multiplication du Mérinos en France, après que le problème de son acclimatation fut résolu.

Le gouvernement, qui n'avait plus à redouter les insuccès du passé après les expériences de Daubenton, comprit de quelle importance serait, pour notre agriculture et notre industrie, l'introduction d'un troupeau de Mérinos espagnols en France. Louis XVI s'en occupa, et ce fut par l'intervention du baron Jean-François de Bourgoing, ministre plénipotentiaire de France à la cour de Madrid, que notre pays obtint en 1785 un troupeau de Mérinos de trois cent soixante têtes. M. de Bourgoing présida lui-même à l'expédition de ces précieux animaux pour la France. Il en parle avec détail dans le premier volume de la troisième édition d'un ouvrage remarquable qu'il publia sur l'Espagne (1). Il dit, dans cet ouvrage, que soixante de ces animaux périrent en route, et qu'après avoir passé l'hiver dans les landes de Bordeaux, le troupeau arriva à Rambouillet, où il perdit encore quarante sujets; il fut ainsi réduit à deux cent soixante têtes.

Rambouillet fut choisi pour établir la bergerie du troupeau espagnol. M. Bourgeois en fut nommé directeur. Une commission de savants fut chargée d'étudier les moyens de le multiplier; la question de son acclimatation était désormais hors de cause. Les membres de cette commission étaient : Tessier, qui fut inspecteur général des bergeries nationales; Huzard, de l'Institut, inspecteur général des écoles vétérinaires; Gilbert, Berthollet, Lhéritier, Cels, Vilmorin, Parmentier, Dubois et Rougier-Labergerie. Sur la proposition de Huzard et Gilbert, une école de bergers fut annexée à la bergerie, et c'est surtout de cette époque que date la multiplication du Mérinos en France. Ceux qui prirent le plus de part à cette opération si fructueuse pour la richesse nationale furent : Tessier, Huzard et Gilbert. Celui-ci, envoyé en Espagne pour choisir d'autres Mérinos et les ramener en

(1) Je dois à l'obligeance de M. de Bourgoing, ancien préfet, et à son fils M. le baron de Bourgoing, écuyer de l'Empereur, inspecteur général des haras, la communication de l'ouvrage que je signale ici.

France, mourut en 1798 dans la Péninsule, victime de son dévouement à sa patrie et à la science.

Les progrès faits par la bergerie de Rambouillet furent tels que, suivant Grognier, cet établissement répandit en France, de 1807 à 1809, 100 000 Mérinos purs que l'empereur Napoléon fit sans doute entrer en France en grande partie pendant le règne du roi Joseph, et 400 000 métis.

Ainsi donc, à Daubenton l'honneur d'avoir démontré la possibilité d'acclimater le Mérinos espagnol en France, progrès agricole qui n'avait pas été obtenu avant lui.

Aux savants chargés de la haute direction de la bergerie de Rambouillet l'honneur d'avoir si largement contribué à répandre en France ce précieux animal, dont l'élevage a été si fructueux pour notre agriculture et si avantageux pour notre industrie.

NOTE
SUR LES FAISANS ACQUIS ET A ACQUÉRIR,

Par M. le docteur RUFZ DE LAVISON,
Directeur du Jardin d'acclimatation.

(Séance du 21 avril 1865.)

Tous les Faisans sont originaires de l'Asie. L'introduction en Europe de ceux qui y sont aujourd'hui ne s'est faite que successivement et à plusieurs reprises.

Première introduction.

Pendant bien des siècles on n'a connu en Europe que le Faisan désigné aujourd'hui sous le nom de Faisan commun (*Phasianus colchicus*). L'introduction de cet oiseau est rapportée à l'expédition des Argonautes. Cette tradition mythologique est généralement acceptée comme le fait historique le mieux constaté. « Ces navigateurs, dit Buffon, en rapportant dans leur pays ce bel oiseau, lui firent un présent plus riche que celui de la toison d'or qu'ils étaient allés chercher. »

Encore aujourd'hui c'est dans les contrées qui entourent la mer Caspienne que l'oiseau du Phase, le *Phasianus colchicus*, se trouve en plus grand nombre et dans ses plus beaux types. De là il s'est répandu à l'est et à l'ouest, le long de la zone isotherme de l'ancien continent, dite zone tempérée. Mais cette propagation n'a dû se faire que bien lentement.

Il ne paraît pas que le Faisan de la Colchide ait été jamais commun dans l'ancienne Grèce. Il n'est mentionné, ni par Aristote, ni par aucun auteur grec. Les Romains ne l'apprécièrent pas beaucoup. Pétrone n'en parle pas, et Macrobe ne le comprend pas dans la liste qu'il donne de la gastronomie romaine, au treizième chapitre du livre des *Saturnales*. Il semble, d'après une phrase de Pline, que de son temps il fallait encore aller chercher le Faisan bien au loin : « *Aves ultra Phasidem amnem peti.* » On regarda à Rome, dit Buffon, comme une prodigalité insensée la fantaisie qu'eut Héliogabale de faire manger des Faisans à ses lions.

D'après les ornithologistes anglais, le Faisan n'existait pas en Angleterre avant l'année 1290 ; même en 1780, d'après le *British Zoology* (page 87), il ne s'y trouvait pas à l'état sauvage. Dans la note du *Guide du jardin zoologique de Londres*, il est dit du Faisan commun : « *C'est, comparativement, une récente addition aux mets servis sur les tables anglaises.* »

Suivant M. Toussenel, l'oiseau du Phase n'était guère connu en Europe avant les croisades ; ce n'est qu'à partir de cette époque, qu'il commence à paraître sur la table des empereurs et des papes, et remplace le Paon comme rôti d'honneur.

Voici quelques renseignements plus précis sur l'existence du Faisan en France, qui m'ont été communiqués par M. le baron de Noirmont, dont l'érudition et la compétence pour tout ce qui concerne la chasse vous sont bien connues par plus d'un savant article inséré dans la collection des Bulletins de la Société.

Les premiers Faisans ont probablement été importés dans les Gaules par les Romains.

Charlemagne en faisait élever dans ses villas (1).

Pendant l'époque féodale, les Faisans étaient en grand honneur ; les chevaliers prononçaient des vœux sur le Faisan comme sur le Paon et sur le Héron. Les rois et les grands feudataires, en accordant le droit de chasse aux habitants de certaines localités, en exceptaient souvent la chasse du Faisan, ou ne permettaient de le chasser que *noblement*, sans engins ni filets (2).

L'estime qu'on faisait alors du Faisan est encore attestée par une phrase du *Mesnagier de Paris*, ouvrage de la fin du xve siècle. Dans un menu pour un *disner de char*, ou dîner gras, le second mets est composé de « chappons, perdris,

(1) Capitulaire *De villis*, année 800.

(2) C'est ainsi que Jean, dauphin de Viennois, excepte le Faisan des oiseaux dont la chasse est permise aux habitants de Coynau. (Charte de l'an 1312.)

» connins, plouviers, cochons farcis, *faisans pour les sei-*
» *gneurs...* »

Le savant éditeur du *Mesnagier*, M. le baron J. Pichon, croit que ces derniers mots indiquent que le Faisan était un gibier recherché réservé aux seigneurs, et auquel, peut-être, ne pouvaient pas toucher les *servans* ou ceux qui dînaient après.

« Il ne faudrait cependant pas croire, ajoute-t-il, que le Faisan fût autrefois plus rare qu'aujourd'hui. On trouve dans le *Roy Modus* un chapitre qui enseigne à prendre cet oiseau, et dans un grand nombre d'alleux vendus par des seigneurs angevins aux XIVe et XVe siècles, on voit figurer des garennes à Perdrix et à Faisans. »

Le Faisan était pourtant considéré comme un oiseau rare sous le règne de François Ier. Champier dit que s'il n'avait le mérite de la rareté, le peuple n'en voudrait pas (1).

Dans les comptes des dépenses du *festin donné à la royne Catherine* (de Médicis) *au logis épiscopal de l'evesché de Paris, le* 19e *jour de juing* 1549, on trouve mention de 33 Faisans *au faict* de 70 sols tournois pièce; prix fort élevé, puisque dans le même document les poulets sont comptés au prix de 2 sols 6 deniers, et les poulets d'Inde, encore très-rares, de 20 à 30 sols (2).

Pierre de Quiqueran, évêque de Senez, dans son livre *De laudibus Provinciæ*, imprimé pour la première fois en 1551, dit que les Faisans abondaient alors en Provence, et ils y étaient en si grande quantité, qu'il compare ce pays à la Colchide, leur patrie d'origine.

A la fin du XVIe siècle, les rôtisseurs et les marchands de

(1) *Histoire de la vie privée des Français*, par Legrand d'Aussy, tome II. — On peut facilement expliquer la contradiction apparente entre cette allégation de Champier et le passage qui précède, en disant que, comme on le verra tout à l'heure, le Faisan, commun dans certaines contrées où l'on en élevait beaucoup, était rare partout ailleurs.

(2) Suivant les calculs de M. Bailly, dans son *Histoire financière de la France*, la livre tournois sous Henri II représentait environ 7 fr. 90 c. de notre monnaie. 70 sols tournois ou 3 livres 10 sols équivaudraient alors à 27 fr. 60 c.

volaille de Paris savaient engraisser les Faisans en mue comme les chapons (voyez l'*Agriculture et Maison rustique* de Charles Estienne, parachevée, puis augmentée par Jean Liébault, Paris, 1570).

L'art de la faisanderie a commencé sous les Valois, et s'est développé sous Henri IV et sous Louis XIII. Sous Louis XIV et Louis XV, on élevait des quantités prodigieuses de Faisans dans les capitaineries des chasses royales. Les anciens règlements des chasses pour les capitaineries royales et pour celles de l'apanage de la maison d'Orléans défendent, à peine de 100 livres d'amende, d'enlever les œufs des Faisans, et l'article XVI du même titre condamne à 150 livres de dommages tout gentilhomme possédant des terres enclavées dans ces capitaineries, qui se serait permis de tuer un de ces Faisans. On lit dans les Mémoires de Dangeau que le 20 juin 1684, le roi alla à deux de ses faisanderies, voisines de Versailles, voir 4000 Faisandeaux et 4000 Perdreaux qu'il fait élever, et que le 16 août de l'année suivante, il entra dans une faisanderie à Versailles, d'où il fit partir 5000 Perdrix et 2000 Faisans tout à la fois.

Sous Louis XIV, le marquis de Louvois faisait cependant venir de Hollande les œufs de Faisans destinés à peupler son parc de Meudon.

Au XVIIIe siècle, les Faisans étaient encore peu communs en dehors des pays de capitaineries. Buffon fait même remarquer qu'on ne voit pas qu'ils se soient multipliés dans la Brie, où il s'en échappe toujours quelques-uns des capitaineries voisines, et où même ils s'apparient *quelquefois* (1).

D'après Magné de Marolles, « il y a peu de contrées en France où se trouve le Faisan vraiment sauvage et indigène, et, en recherchant bien l'origine de ces oiseaux dans les endroits où il y en a, on retrouveroit probablement l'époque plus ou moins reculée à laquelle ils y ont été apportés ou bien

(1) Buffon serait bien surpris de voir le nombre considérable de Faisans qui, descendus des élèves de quelques faisanderies, vivent aujourd'hui et se multiplient en liberté dans les bois de ce même pays.

ont commencé à s'y propager par le voisinage de quelque terre qui en étoit autrefois peuplée et d'où ils se sont *étrangés*, n'ayant point trouvé le terrain à leur gré. »

A cette époque (1788), la Touraine était le pays de France où il y avait le plus de Faisans à l'état sauvage, probablement à cause des résidences royales qui y ont existé jusqu'au XVIe siècle. On les trouvait dans les forêts de Loches et d'Amboise; il y en avait une grande quantité dans la haute et basse forêt de Chinon, d'où ils se répandaient dans les plaines voisines et jusque dans les îles que forment la Vienne et le Cher. Il y en avait aussi en Anjou et en Berry, dans les montagnes du Forez, du Dauphiné et du Nivernais.

On voyait des Faisans dans plusieurs des îles du Rhin, près de Strasbourg, ainsi que dans les bois dépendants du territoire de cette ville. Ces Faisans provenaient originairement de faisanderies établies par quelques-uns des princes allemands qui possédaient des seigneuries en Alsace. Le préteur de Strasbourg, Kinglin, qui étalait un faste princier, avait beaucoup contribué à propager l'espèce, en faisant enfermer, vers 1750, des parties de forêts appartenant à la ville, qu'il en avait peuplées pour ses plaisirs, et où on les entretenait avec des soins tout particuliers (1).

Des nombreux Faisans signalés en Provence au XVIe siècle par Quiqueran, il n'en était resté que ceux qui habitaient Porquerolles, la plus grande des îles d'Hyères. Les Faisans multipliés dans l'île voisine de Port-Cros par le commandant militaire avaient été détruits, au bout de quelques années, par cet officier lui-même (2).

La forêt d'Espeyran, en Languedoc, fut peuplée de Faisans jusque vers le milieu du XVIIIe siècle. Ces Faisans, importés vers 1680 par l'abbé de Calvisson, alors titulaire de l'abbaye de Saint-Gilles, à laquelle appartenait la forêt, furent détruits en 1755 et 1756, pendant la maladie de M. de Monclus, évêque

(1) Il y a encore des Faisans dans les îles du Rhin.

(2) D'après M. le comte Lecouteulx, il existe encore quelques Faisans dans les îles d'Hyères.

d'Alais et abbé de Saint-Gilles, et pendant la vacance qui suivit sa mort.

Enfin on trouvait et l'on trouve encore des Faisans en Corse.

La Bruyère, dans son livre des *Ruses du braconnage mises à découvert*, nous a conservé l'évaluation du prix qu'on payait pour les diverses sortes de gibier à l'époque de la publication de cet ouvrage (1771). « Dans les lieux où il y a des Faisans, dit-il, les braconniers les vendent depuis 30 sols jusqu'à 50. Du côté de Dammartin en France, on ne les paye que 24 sols. Les coquetiers les vendent, aux environs de Paris, 3 et 4 livres. Quand ils n'y font pas leur compte, ils les font passer à Paris, et les vendent 5 à 6 livres. Dans le temps des étrennes j'en ai vu vendre 12 livres. »

M. de Noirmont dit qu'au commencement de ce siècle, dans le domaine des Minimes de Vincennes, qui appartenait à son aïeul, on tuait assez souvent des Faisans ; mais qu'il est porté à croire, d'après ses souvenirs d'enfance et ses traditions de famille, que depuis la destruction des chasses royales, le Faisan était devenu rare.

La révolution de 1789 ne fut point favorable au Faisan. Cet oiseau fut traité comme d'institution monarchique et nobiliaire. Ce fut presque sa destruction en France (ainsi qu'on peut le voir par le tableau officiel de la vente du Faisan sur le principal marché de Paris, que nous donnons ici) (1); mais on voit aussi par ce tableau qu'avec le premier empire recommença le repeuplement. Il a été longtemps borné aux forêts de la couronne et à quelques grands domaines des particuliers. Il y a vingt-cinq ou trente ans, on peut dire que le Faisan n'était pas un gibier commun, et qu'il se donnait en cadeaux assez considérés. Ce n'est que depuis quelques années que le Faisan s'est assez multiplié pour que le prix, au fort de la saison des chasses (novembre et décembre), soit tombé comme il est aujourd'hui, de 4 à 5 francs, et quelque-

(1) Le marché des volailles à Paris (dit la Vallée) a été établi en 1806. Il est consacré à la vente des volailles et du gibier par l'entremise de facteurs

fois à 3 francs, lorsqu'on les prend à la douzaine, ainsi que le fait m'a été attesté par notre collègue M. Chevet.

40 638 Faisans vendus en une seule année, sur le marché de Paris, sans compter tous ceux qui se donnent en cadeaux entre particuliers. Qu'elle démonstration des ressources que peuvent offrir l'élevage et l'acclimatation pour le ravitaillement du gibier. C'est ainsi que beaucoup de propriétaires entretiennent aujourd'hui leurs chasses. Le Jardin du bois de Boulogne a vendu à cet effet, en 1864, plus de 2000 Faisans vivants au prix moyen de 15 francs.

Le centre de la grande production actuelle des Faisans ne s'étend pas au-delà de 25 à 30 lieues de Paris (1); elle a lieu

qui tiennent des feuilles transmises à un bureau particulier de la Préfecture de police. C'est sur ces feuilles qu'ont été pris les relevés suivants :

Faisans vendus au marché de la Vallée, à Paris, de 1806 à 1864.

ANNÉES.	QUANTITÉS.	PRIX moyens.	ANNÉES.	QUANTITÉS.	PRIX moyens.	ANNÉES.	QUANTITÉS.	PRIX moyens.
					fr.			fr
1806	148	»	1826	1289	»	1846	1543	4 97
1807	154	»	1827	1890	»	1847	2336	4 56
1808	311	»	1828	1430	»	1848	3005	5 04
1809	427	»	1829	1340	»	1849	2782	5 83
1810	469	»	1830	4353 [1]	»	1850	3833	6 24
1811	263	»	1831	515	»	1851	3836	6 99
1812	456	»	1832	276	»	1852	4625	8 19
1813	477	»	1833	298	»	1853	6145	7 26
1814	937	»	1834	344	»	1854	7927	6 52
1815	1471	»	1835	564	»	1855	9371	6 82
1816	849	»	1836	698	»	1856	10218	7 13
1817	647	»	1837	700	»	1857	12970	7 02
1818	751	»	1838	627	»	1858	24090	6 29
1819	1069	»	1839	951	»	1859	30476	6 23
1820	792	»	1840	446	»	1860	25366	6 22
1821	863	»	1841	459	» [2]	1861	30267	5 47
1822	1080	»	1842	673	4 37	1862	26477	6 47
1823	1511	»	1843	705	5 42	1863	30501	5 76
1824	1026	»	1844	508	5 79	1864	40638	5 »
1825	1013	»	1845	972	5 44	1865		

[1] Par suite, sans doute, des journées révolutionnaires et du relâchement de la surveillance. La diminution des années qui suivent s'explique par la même cause.

[2] Il faut considérer que ces prix moyens sont établis sur tous les mois, ce qui les élève, pour le mois où l'on est au fort de la chasse.

(1) Il en vient en petit nombre de l'Angleterre et de l'Allemagne.

chez les gardes des forêts de la couronne et chez un grand nombre de particuliers. Car, même aujourd'hui, le Faisan commun, pour se propager, doit être l'objet d'un élevage spécial ; ce n'est pas à l'état de liberté qu'il s'en serait fait cette grande multiplication, qui permet à cet oiseau de résister au grand nombre des chasseurs et des braconniers qui lui font la guerre. L'élevage des Faisans a lieu dans les faisanderies, où ils trouvent un refuge et des soins particuliers, jusqu'à ce qu'ils puissent être lâchés en liberté. Les faisanderies royales, montées sur un grand pied, sont ordinairement dispendieuses. C'est au contraire une spéculation lucrative entre les mains de certains particuliers. « J'ai connu, dit M. Léon Bertrand dans son livre sur le Faisan, plusieurs établissements dans lesquels on n'élève pas moins de quatre à cinq cents Faisans chaque année. » Il y avait entre autres, au faubourg Saint-Antoine, petite rue de Reuilly, une faisanderie appartenant à un fabricant de papiers peints, qui, par la vente des Faisans et de leurs œufs, produisait un revenu considérable.

L'élève du Faisan commun doit servir d'encouragement et de guide pour la conduite qu'il faut tenir dans l'acclimatation de la plupart des oiseaux exotiques de cette espèce (1).

Deuxième introduction.

C'est vers la moitié du XVIIIe siècle que se fit en Europe l'introduction de trois autres Faisans, qui sont aujourd'hui bien répandus, sans l'être autant que le Faisan commun.

(1) Il s'est formé avec le temps plusieurs variétés du Faisan commun. On distingue, entre autres, le *blanc*, le *panaché* et le *cendré*. L'existence de ces variétés doit remonter assez haut. On reconnaît au musée de peinture de Paris, dans un tableau d'Oudry, un Faisan panaché qui se débat entre les pattes d'un chien. On lit, dans la *Vie de Louvois*, que dans une commande faite en Hollande, ce ministre recommandait de ne pas mettre de Faisans blancs. On sait que les variétés blanches du Paon sont en général tirées de la Norvége, la Pintade blanche de l'Angleterre ; les Faisans blancs provenaient surtout des Flandres. L'albinisme est attribué à la lumière des contrées du Nord. Cependant il n'est pas rare de voir des Faisans blancs naître, en beaucoup d'autres lieux, même au milieu de couvées du Faisan ordinaire, et continuer à se reproduire blancs.

Le premier de ces trois Faisans est le Faisan à collier (*Phasianus torquatus*); le second, le Faisan doré (*Phasianus pictus*), et le troisième, le Faisan argenté (*Phasianus nychthemerus*).

La domestication du Faisan à collier a commencé chez le duc de Northumberland, et celle du Faisan argenté dans les volières du célèbre fondateur du Musée britannique (Hans Sloane).

Dans les premiers temps de leur introduction, quelques naturalistes voulurent considérer les Faisans doré et argenté comme des variétés du Faisan ordinaire embellies sous un ciel plus beau. Mais, outre leurs traits de dissemblance, on ne tarda pas à reconnaître que les accouplements de ces Faisans avec le *Phasianus colchicus* étaient rares, et ne donnaient lieu qu'à des métis inféconds, tandis qu'il en était tout autrement entre celui-ci et le Faisan à collier, leurs produits ne perdant pas la fécondité; on fut donc obligé de reconnaître que les Faisans doré et argenté sont des espèces distinctes, tandis que le Faisan à collier pourrait bien n'être qu'une variété du Faisan commun et son représentant dans les contrées de l'extrême Orient.

Aujourd'hui, dans certains parcs, le Faisan à collier est presque aussi répandu que le Faisan commun. Il a été cependant remarqué que, malgré la facilité de leur mélange, lorsqu'ils sont ensemble dans un même habitat, l'un tend toujours à remplacer l'autre. Ces deux espèces, bien que s'accouplant, ne peuvent vivre ensemble. Cette remarque m'a été faite par Sa Majesté l'Empereur, dans une de ses visites au Jardin d'acclimatation.

Dans leur nouveauté, quelques naturalistes, Mauduit entre autres, pensèrent que le Faisan doré était d'un tempérament trop délicat pour pouvoir se multiplier beaucoup, et qu'il resterait toujours l'oiseau des riches volières. Plusieurs amateurs nous ont assuré qu'il y a trente ou quarante ans le Faisan doré se vendait encore 300 ou 400 francs la paire. Aujourd'hui, d'après la facilité que nous avons à nous le procurer, nous pensons que ce bel oiseau est presque un oiseau de basse-cour. Pendant toute l'année 1864, le Jardin d'acclimatation a pu l'acquérir au taux du Faisan ordinaire. « C'est, dit M. Toussenel, de tous les Faisans, celui dont l'éducation coûte le moins de peine et de frais. » Il s'en vend aussi à la Vallée pour la table; il y a, à Paris, des marchands qui ont la spécialité de ce commerce.

Vous connaissez tous l'excellent article de notre collègue M. Cosson, sur l'acclimatation du Faisan doré en liberté dans la forêt, article qui se trouve dans le tome VIII de nos *Bulletins*.

Tout ce que j'ai dit du Faisan doré est applicable aussi au Faisan argenté.

Troisième introduction.

On peut considérer comme une troisième introduction de Faisans en Europe celle des espèces nouvelles qui s'est faite depuis une dizaine d'années.

Dans celle-ci sont placés en première ligne les Faisans du genre Euplocome :

1° L'Euplocome à dos noir (*the black backed Kaleege, Gallophasis melanotus*).

2° L'Euplocome à huppe blanche (*the white crested Kaleege, Gallophasis albocristatus*).

3° L'Euplocome de Horsfield ou de Cuvier (*Horsfield's Kaleege, Gallophasis Horsfieldii*).

Ces trois Faisans se sont, en très-peu de temps, si bien acclimatés et reproduits, que leur prix, qui était, il y a quatre ans, lors de l'ouverture du Jardin du bois de Boulogne, de 400 francs, n'est plus que de 100 francs aujourd'hui, et tout porte à penser qu'ils seront bientôt au taux des Faisans dorés et argentés.

On a plusieurs *métis* de ces Faisans entre eux et même avec le Faisan argenté et l'*Euplocomus prælatus*.

Dans cette dernière importation de Faisans en Europe, nous devrions ranger plusieurs autres espèces introduites à peu près vers la même époque que les Euplocomes, telles que les Lophophores, le Faisan versicolore du Japon, celui de

Sœmmering, celui dit de Wallich, deux variétés de Tragopans, le Satyre et le Tragopan de Temminck, ainsi que le Faisan bleu (*Euplocomus prœlatus*), les *Crossoptilon* du Jardin d'acclimatation, et le *Pucrasia* de la vénerie impériale.

Plusieurs de ces espèces ont déjà donné de leurs produits dans différents jardins zoologiques, en moins grand nombre, il est vrai, que les Euplocomes. Mais rien ne doit empêcher d'espérer que leur multiplication s'effectuera aussi avec le temps et lorsqu'on aura une connaissance plus complète de leurs habitudes.

Mais, outre ces espèces de Faisans, les musées d'histoire naturelle possèdent en peaux, dans leurs vitrines, les spécimens d'un grand nombre d'autres.

C'est sans doute le succès des introductions déjà faites et la comparaison des espèces acquises avec le grand nombre de celles qui restent encore à acquérir, qui ont engagé la Société zoologique de Londres à faire dresser par son savant secrétaire, M. Sclater, en avril 1864 (voy. *Zoological Proceedings*), une liste des 56 espèces de Phasianidés dont le British Museum, par les grandes relations de l'Angleterre avec l'Inde et la Chine, a pu réunir dans ses vitrines les spécimens morts; 25 seulement ont été vus vivants à Londres. On a joint à cette liste les diverses synonymies sous lesquelles ces oiseaux ont été décrits par les naturalistes et par les voyageurs, ainsi que l'indication des lieux où il est possible de se les procurer. Une agence a été établie dans l'Inde pour en faciliter le transport en Europe, et, afin de mieux diriger les recherches, des planches, représentant dans toute la splendeur de leur plumage douze des principales espèces, font partie d'une instruction indiquant les précautions à prendre pendant le voyage de l'Inde en Europe.

C'est ce beau travail que je voudrais vous faire connaître, et qu'il me paraît important de répandre et de porter à la connaissance de nos collègues de la Société d'acclimatation, et surtout de MM. les consuls de France, des commerçants et des voyageurs français qui habitent les contrées où se trouvent ces beaux oiseaux, si dignes de notre envie, et qui montrent combien de précieuses conquêtes il y a encore à faire par l'acclimatation, et quelles richesses l'avenir tient en réserve à nos successeurs.

« Il n'est pas douteux, dit M. Sclater, que toutes les espèces de Phasianidés peuvent être introduites dans ce pays et se reproduire dans nos oiselleries. Sera-t-il possible, comme le prétendent les plus chauds partisans de l'acclimatation, d'en enrichir un jour la liste de nos gibiers de chasse, et cela sera-t-il d'un grand avantage pour les chasseurs? C'est ce que je ne m'arrêterai pas aujourd'hui à examiner (1). Il me suffit de constater que de bien des côtés il s'est manifesté, dans ces derniers temps, un grand désir de posséder des individus vivants de ces splendides oiseaux, et que j'ai reçu de nombreuses offres d'assistance de la part de nos correspondants dans différentes parties du monde, qui désirent savoir quels sont les Faisans que la Société a déjà possédés dans ses collections, et quels sont ceux dont elle désire le plus de faire l'acquisition. C'est pour répondre à ces bonnes dispositions que j'ai dressé la liste suivante de toutes les espèces de la famille des Phasianidés telle qu'elle est connue de moi. J'ai ajouté quelques remarques sur l'histoire générale de ces espèces, et quelques notes sur leur distribution géographique, autant qu'elle a pu être vérifiée.

» La famille des Phasianidés est un des types les mieux établis de l'ordre des Gallinacés. Cet ordre, suivant la classification la plus généralement adoptée, est placée entre les Colombes et la classe des Struthionidés. Cette famille se compose de six genres naturels et bien déterminés, à savoir : 1° les *Ptéroclides*, ou Perdrix de sable (*Gangas*), qu'on doit placer en première ligne, parce que ce sont les oiseaux qui montrent le plus d'affinité avec les Colombes; 2° les *Tétraonides*, qui comprennent les *Grouses*, les *Perdrix*, les *Odonto-*

(1) Le *Guide du jardin zoologique de Londres* est plus affirmatif. Page 19, on lit: « Le Faisan (*Phasianus colchicus*) n'est pas plus naturellement conformé pour vivre dans nos climats que les autres espèces qui habitent le Mongol, la Chine ou le Japon. »

phores, les *Cailles ;* 3° les *Phasianidés*, composés des Faisans, des Paons, des Dindons, des Pintadés ou Poules de Guinée ; 4° les *Crassidés* ou *Curassows* du nouveau monde, auxquels on doit adjoindre le genre *Meleagris ;* 5° les *Mégapodidés* ou Mégapodes ; et 6° enfin les *Tinamidés* ou Tinamous, qui sont la transition avec les Struthionidés. La distribution géographique de ces familles est indiquée dans le tableau suivant :

Regio Neotropica.	Regio Nearctica.	Regio Palæarctica.	Regio Æthiopica.	Regio Indica.	Regio Australiana.
....	....	Pteroclidæ.	Pteroclidæ.	Pteroclidæ.	....
Tetraonidæ.	Tetatronidæ.	Tetraonidæ.	Tetraonidæ.	Tetraonidæ.	Tetraonidæ.
....	Phasianidæ. (Meleagris.)	Phasianidæ.	Phasianidæ. (Numidinæ.)	Phasianidæ.	....
Cracidæ.					
....	....	....	....	Megapodidæ.	Megapodidæ.
Tinamidæ.	....				

» On voit par ce tableau que les vrais Phasianidés ne sont représentés, dans le nouveau monde, que par le genre *Meleagris*, et en Afrique que par les trois petits genres des Numidinés (1).

» C'est dans la région indienne que les Gallinacés ont atteint leur plus grand développement. C'est là qu'on en trouve les formes les plus prononcées et les plus splendides. Cependant

(1) Cette distribution des oiseaux sur la surface du globe est particulière à M. Sclater : il est de ceux qui admettent que les faunes de l'ancien et du nouveau monde ont été chacune l'objet d'une création spéciale. Par le mot *neo* il indique le nouveau monde, et par celui de *palæ*, l'ancien. Je considère, dit-il, tous les pays au nord de l'Atlas en Afrique, l'Europe entière et toute la partie septentrionale de l'Asie, comme formant une première division zoologique de la surface de la terre, à laquelle je crois que le titre de *palæarctica* ou de région septentrionale, *palæogean*, est bien applicable.

Le continent de l'Afrique, à partir du versant sud de l'Atlas, comprenant Madagascar (où les types propres à l'Afrique sont dans leur plus complète expression) et s'étendant jusqu'à la partie occidentale de l'Arabie, aux bords du golfe Persique, forme une seconde division. Les types africains, chez les animaux, prédominent dans toute cette circonscription, qui peut être appelée

quelques-uns ont émigré et se sont répandus dans les régions paléarctiques adjacentes.

» Les Phasianidés peuvent être divisés de la manière suivante :

Sous-famille	Genre	Distribution
PHASIANINÉS (35 espèces).	1. LOPHOPHORE. . .	Inde (nord).
	2. PUCRASIA. . . .	Inde (nord).
	3. PHASIANUS . . .	Est de l'Europe, Asie centrale, Chine, Japon et Inde (nord).
	4. THAUMALEA. . .	Asie centrale.
	5. CROSSOPTILON. .	Est et centre de l'Asie.
	6. EUPLOCOME. . .	Inde (nord), Birmanie, Sumatra, Java, Chine et Bornéo.
	7. COQ (*Gallus*). .	Inde, Birmanie, Sumatra, Java, et îles jusqu'à Timor.
	8. CERIORNIS. . .	Inde (nord) et Chine.
PAVONINÉS (8 espèces).	1. PAON.	Inde, Birmanie et Java.
	2. POLYPLECTRON .	Inde (nord), Birmanie et Sumatra.
	3. ARGUS	Malacca, Sumatra et Bornéo.
MÉLÉAGRINÉS (3 espèces).	1. MELEAGRIS. . .	Amérique (nord-est et centre).
NUMIDINÉS (10 espèces).	1. NUMIDA	Afrique.
	2. PHASIDUS . . .	Afrique (est).
	3. AGELASTUS . .	Afrique (est).

» Dans ce tableau des espèces de Phasianidés, je n'ai inscrit que celles qui m'ont paru vraies sans contestation. Chacune d'elles est représentée par quelques individus dans le British

zone éthiopique, ou région occidentale tropicale de l'ancien monde (*western palæotropical region*).

Une autre division tropicale du monde est constituée par le sud de l'Asie et les îles de l'archipel Indien, les Philippines, Bornéo, Java et Sumatra. Mais on ne saurait arrêter la limite précise de cette zone d'avec celle propre à l'Australie. C'est la région indienne proprement dite.

La région australienne forme une troisième région tropicale de l'ancien monde ; elle comprend : l'Australie, la Tasmanie, la Nouvelle-Guinée, où les types de cette région sont le plus prononcés, et les îles de l'océan Pacifique.

Ainsi l'ancien continent présente une zone septentrionale, ou *palæarctic*, et trois zones tropicales, dont l'indienne est la plus tempérée.

Le nouveau monde ne peut être divisé qu'en deux zones, nord et sud.

La zone nord, ou néarctique, s'étend du plateau de Mexico jusqu'aux pôles. Elle offre quelque analogie avec la zone paléarctique de l'ancien monde,

Museum (1). Je puis certifier que j'y ai vu des spécimens de toutes les espèces que je viens d'énumérer, la *Numida Pucheranii* exceptée (2).

par la présence de quelques types qui leur sont communs. Suivant Temminck, on trouve au Japon plus de cent quatorze espèces européennes.

La zone néotropicale ou méridionale embrasse tout le reste du vaste continent de l'Amérique, et a une faune spéciale et peut-être la plus riche de toute la terre. M. Sclater résume ainsi, dans le tableau suivant, la statistique ornithologique du globe :

La terre entière se compose de 45 000 000 de milles carrés, et comprend 7500 espèces d'oiseaux, environ un $\frac{1}{6000}$.

Création récente ou nouveau monde. 12 000 000 de milles carrés. 3000 espèces. $\frac{1}{4000}$	Création ancienne ou ancien monde. 33 000 000 de milles carrés. 4500 oiseaux. $\frac{1}{700}$
V. Région néarctique ou Amérique boréale 6 500 000 milles carrés. 660 espèces. $\frac{1}{9000}$	I. Région paléarctique ou ancien continent boréal. 14 000 000 de milles carrés. 650 espèces. $\frac{1}{21000}$

VI. Région néotropicale ou Amérique méridionale. 5 500 000 milles carrés. 22 500 espèces. $\frac{1}{2400}$	II. Région éthiopique ou continent africain. 12 000 000 de milles carrés. 1250 espèces. $\frac{1}{9600}$	III. Région indienne ou paléotropicale moyenne. 4 000 000 de milles carrés. 15 000 espèces. $\frac{1}{2600}$	IV. Région australienne ou paléotropicale. 3 000 000 de milles carrés. 1 000 espèces. $\frac{1}{3000}$

(1) La plupart aussi existent dans le Muséum d'histoire naturelle de Paris.

(2) Les *desiderata* actuels du British Museum sont l'*Euplocomus melanotus*, l'*Euplocomus Swinhoii*, la *Numida tiarata* et la *Numida Pucheranii*.

Sous-famille I. PHASIANINÉS.

Parcours. — La région paléarctique et indienne s'étendant jusqu'aux confins des régions australiennes.

Cette sous-famille comprend 8 genres et 35 espèces.

1er Genre. LOPHOPHORUS.

Espèce unique : *Lophophorus* (*Impeyan Pheasant*).

Habitat. — Versants sud des monts Himalayas, probablement dans toute leur étendue, mais certainement de Simla à Darjeeling, royaume de Cachemire, à une haute élévation. Nulle part très-abondant, mais assez généralement réparti.

2e Genre. PUCRASIA (3 espèces).

Parcours. — Versants sud des monts Himalayas.

1. PUCRASIA MACROLOPHA (*Satyra macrolopha*) (1).

Hab. — Himalaya, près Simla, à environ 5000 pieds au-dessus de la mer.

2. PUCRASIA CASTANEA (*Western Pucras*).

Hab. — Le Kafiristan.

3. PUCRASIA NEPALENSIS (*Nepalese Pucras*).

Hab. — Bhotan.

3e Genre. PHASIANUS (7 espèces).

Parcours. — Toute la région paléarctique de l'Europe au Japon. Une seule espèce se trouve quelquefois sur le versant sud des Himalayas.

Section A. *Phasianus.*

1. Le FAISAN COMMUN (*Phasianus colchicus*).

Hab. — Bords de la mer Caspienne, d'où il s'est répandu sur l'Asie et sur l'Europe.

2. Le FAISAN A COLLIER (*Phasianus torquatus, Chinese Pheasant*).

Hab. — Est de l'Asie, depuis la Transbaikalie jusque dans l'intérieur de la Chine méridionale.

Très-commun dans les terres plantées en coton, près de Shang-haï. Oiseau de montagne dans la Chine méridionale, où il est moins abondant. On le voit en captivité à Pékin, mais jamais à l'état sauvage.

L'espèce qui existe dans l'île Formose diffère un peu par le plumage.

3. Le FAISAN DE MONGOLIE (*Phasianus mongolicus, Mongolian Pheasant*).

Hab. — Montagnes de l'Altaï et du Tarbagataï, et probablement les parties avoisinantes de la Mongolie.

Schrenck a montré que le professeur Brandt s'était trompé en confondant ce Faisan avec celui de la Colchide, variété mongolique de Pallas.

(1) La faisanderie impériale possède aujourd'hui le *Pucrasia macrolopha.*

L'oiseau de Pallas n'est pas autre chose que le Faisan à collier (*Phasianus torquatus*). Le *Phasianus mongolicus* de Brandt est une variété propre aux montagnes de l'Altaï et du Tarbagataï. M. Gould cite un individu tué près de Semipalatinsk, situé sur le fleuve Irtisch, à 80° E. longitude. L'interposition de cette espèce si distincte entre deux espèces aussi rapprochées que le Faisan de Colchide et le Faisan à collier est vraiment très-remarquable (1).

4. Le FAISAN VERSICOLORE (*Phasianus versicolor, Japanese Pheasant*).

Hab. — Japon, Niphon. Il est douteux qu'on le trouve dans l'île de Jesso.

Assez commun aujourd'hui en Europe ; s'est reproduit dans les jardins de Londres et d'Anvers.

5. Le FAISAN DE SŒMMERING (*Phasianus Sœmmeringii, Sœmmering's Pheasant*).

Hab. — Japon, au voisinage de la rivière Simoda, et dans l'île de Niphon.

Section B. *Syrmaticus*.

6. Le FAISAN DE REEVES (*Phasianus Reevesii, Faisan vénéré, superbe, barred-tailed Pheasant*).

Hab. — Nord de la Chine, voisinage de Pékin.

Il est constant dans la Chine que ce Faisan se trouve dans le district de Taihoo, sur le bord nord du fleuve Yang-tsze-kiang (fleuve Bleu de la Chine).

Section C. *Catreus*.

7. Le FAISAN DE WALLICH (*Phasianus Wallichii, Wallich's Pheasant*).

Hab. — Nord-ouest des Himalayas, régions basses et moyennes.

Le Faisan de Wallich a été introduit en Europe par la Société zoologique de Londres en l'année 1857, en même temps que les trois Euplocomes ; mais il ne s'est pas autant propagé. Il ne se reproduit pas aussi facilement. Cependant plusieurs jardins zoologiques, notamment celui du bois de Boulogne, en possèdent des exemplaires.

4ᵉ Genre. THAUMALEA (2 espèces).

Parcours. — Les hauts plateaux de l'intérieur de l'Asie.

1. Le FAISAN DORE (*Thaumalea picta, Phasianus pictus, golden Pheasant*).

Hab. — La Daurie méridionale et la partie est du désert de Mongolie, s'avançant quelquefois jusqu'au fleuve Amour, l'intérieur de la Chine, les provinces de Kansu et de Sechuen. C'est de là qu'on le porte vivant sur les marchés de Canton.

(1) On peut voir au Jardin du bois de Boulogne ces trois espèces aussi rapprochées : *Phasianus colchicus, torquatus* et *mongolicus*.

2. Le Faisan de lady Amherst (*Thaumalea Amherstiæ*, *Lady Amherst's Pheasant*).

Hab. — Probablement la province chinoise du Yunnan et les régions adjacentes du Tibet.

Quelques individus de ce magnifique oiseau ont été offerts par le roi d'Ava à sir Archibald Campbell, qui les donna à la comtesse Amherst. Cette dame les garda en sa possession environ deux ans, et parvint à les apporter vivants en Angleterre, mais ils n'y vécurent que très-peu de temps.

M. Hodgson a pu se procurer quelques peaux de cet oiseau dans le Népaul ; il lui donne pour habitat les confins de la Chine et du Tibet. Ces peaux se trouvent dans le British Museum.

5e Genre Crossoptilon (2 espèces).

Parcours. — Le Tibet, l'intérieur de la Chine et la Tartarie.

1. Le Crossoptilon tibétain (Soryhi) (*Tibetan eared Pheasant*).

Hab. — Partie orientale du Tibet. On ne connaît qu'un seul spécimen de cette espèce rapporté par M. Hodgson, et qui se trouve dans le British Museum (1).

2. Le Crossoptilon auritum (*Pallas's eared Pheasant*).

Hab. — La Mantchourie, au nord de Pékin.

Cette espèce est plus blanche ; l'autre offre des teintes plus noires.

6e Genre. Euplocomus (12 espèces).

Parcours. — Les versants sud des Himalayas, la Birmanie, jusqu'aux contrées méridionales de la Chine et de l'île Formose, Sumatra, Bornéo, mais non Java.

Section A. *Diardigallus.*

1. Le Faisan bleu (*Euplocomus prælatus*, *Siamese Pheasant*).

Hab. — Siam, la Cochinchine, à l'est du Kieng-mai.

Le Musée britannique n'en possède qu'un exemplaire (2).

Section B. *Euplocomus.*

2. Euplocomus Vieilloti (*Vieillot's Fire-back*).

Hab.—La province de Mergui, Tanasserim, toute la Péninsule malaise, Sumatra.

(1) Le Jardin du bois de Boulogne a reçu de M. de Berthemy, ministre plénipotentiaire en Chine, trois individus de cette belle espèce, qui y vivent très-bien depuis près d'un an.

(2) Le Jardin du bois de Boulogne a reçu des amiraux Bonnard et la Grandière plusieurs mâles et une seule femelle de ce magnifique oiseau ; depuis deux ans qu'ils y sont, ils se portent très-bien. Un mâle vient d'être cédé au jardin de Londres.

On distingue facilement cet *Euplocomus* des deux espèces suivantes aux barres blanches qu'il a sur les côtés. Quelques spécimens du mâle et de la femelle ont été rapportés de Malacca au British Museum par M. Wallace.

3. EUPLOCOMUS IGNITUS (*Latham's Fire-back*).

Hab. — Probablement Sumatra.

Il y a plusieurs spécimens de cet oiseau dans le musée de Leyde et dans le British Museum. Mais on ne connaît pas bien son habitat. C'est à Batavia que Macartney a pu se procurer les individus qu'il a rapportés, mais M. Wallace m'a dit qu'il n'existait pas à Java d'autre espèce de Phasianidé que le Coq (*Gallus*) et le Paon (*Pavo*). Dans l'*Euplocomus ignitus*, les flancs sont d'un marron pâle mêlé de noir luisant. Le ventre est noir, et les quatre rectrices de la queue sont blanches, comme dans l'Euplocome de Vieillot.

4. EUPLOCOMUS NOBILIS (*Bornean Fire-back*).

Hab. — Bornéo.

Il y a dans le British Museum deux espèces de cet oiseau, provenant de Bornéo, et le musée de Leyde en a un de la même provenance. Ce spécimen ressemble beaucoup à l'*Euplocomus ignitus*, mais il s'en distingue par ses rectrices médianes couleur ventre de biche; son ventre est tout à fait marron. Un autre spécimen qui se trouve dans la collection de M. Wallace a été trouvé à Sarawak.

5. EUPLOCOMUS SWINHOII (*Swinhoe's Pheasant*).

Hab. — L'île de Formose.

Noir à reflets métalliques, ayant une aigrette et le dos blanc.

Section C. *Acomus*.

6. EUPLOCOMUS ERYTHROPHTHALMUS (*rufous-tailed Pheasant*).

Hab. — Sumatra. Assez commun dans les collections qui viennent de Malacca.

Il en existe un vivant au jardin de Rotterdam.

7. EUPLOCOMUS PYRONOTUS (*Bornean rufous-tailed Pheasant*).

Hab. — Bornéo.

M. Wallace en possède deux spécimens recueillis à Sarawak.

Il se distingue de l'*E. erythrophthalmus* par les traits blancs qu'offrent les plumes du bas-ventre; mais leurs femelles sont absolument semblables.

Section D. *Gennæus*.

8. Le FAISAN ARGENTÉ (*Euplocomus nychthemerus, silver Pheasant*).

Hab. — Sud de la Chine. On en tire dans le voisinage d'Amoy; il habite les coteaux boisés de l'intérieur de la Chine méridionale.

Section E. *Gallophasis.*

9. Euplocomus lineatus (*lineated Pheasant*).

Hab. — Tenasserim et Pegu, où il tient lieu de l'espèce suivante, l'Euplocome de Horsfield, auquel il se rattache par une série de formes intermédiaires trouvées dans l'Arracan.

Le Lophophore de Cuvier, admis par Temminck, paraît être une de ces formes intermédiaires.

10. Euplocomus Horsfieldi (*Horsfield's Kaleege*).

Hab. — Assam et Sylhet.

Cette espèce et les deux suivantes ont été introduites par la Société zoologique de Londres, en 1857. Depuis elles se sont reproduites chaque année dans tous les jardins zoologiques qui les ont possédées.

Au Jardin de Paris, depuis quatre ans, on en a obtenu plusieurs.

11. Euplocomus melanotus (*black-backed Kaleege*).

Hab. — Sikhim et Bhotan.

On en a obtenu au Jardin du bois de Boulogne plus d'une centaine et des métis.

12. Euplocomus albocristatus (*white-crested Kaleege*).

Hab. — Partie ouest des Himalayas. Rare dans les parages de Cachemire, beaucoup plus commun dans ceux qui avoisinent le Punjab.

Dans le catalogue que M. Gray a donné de la collection de M. Hodgson au British Museum, ce Faisan et celui d'Hamilton sont représentés comme les synonymes du *Gallophasis leucomelanos*. C'est une erreur, ces espèces sont distinctes. M. Blyth, dans une lettre, écrit qu'il y a trois vraies races et deux hybrides dans cette espèce. Des premières l'un est l'*E. albocristatus*, dont la crête est rarement blanche ; le blanc du croupion est au contraire toujours très-bien marqué. On ne le trouve que dans la partie ouest du Népaul. Le second est l'*E. melanotus* de Blyth, qui a toujours une crête noire, point de blanc sur le bas du dos. Il est commun à Darjeeling et dans le Népaul. L'*E. leucomelanos* est certainement un croisement entre les deux. L'*E. Cuvieri* vient d'Assam et de Sylhet ; il est blanc sur le bas du dos, mais d'un beau noir partout ailleurs. Il a produit des métis avec l'*E. lineatus* dans l'Arracan.

Si tel est le cas, le nom de *leucomelanos*, appartenant à un hybride, et non à une race véritable, doit être remplacé par celui d'*albocristatus*, donné par Gould. Le *Phasianus Hamiltonii* admis par Gray paraît être un jeune mâle de cette espèce *albocristatus*. Mais comme il ne vient pas du Népaul, c'est probablement un jeune mâle hybride. Dans les parages de Mussooree et de Simla nous n'avons que le véritable *Euplocomus* (*Gallophasis*) *albocristatus*. Toutes les autres espèces, d'après l'observation de Blyth, se trouvent plus à l'est. L'Euplocome à longue crête blanche est rare et ne se trouve que dans les individus bien adultes. Le plus ordinairement cette crête est d'un blanc sale, comme on le voit dans la planche de Gould. Cet oiseau est aujourd'hui tellement chassé par les braconniers du pays, qu'on peut dire qu'un viel *E. albocristatus* à crête bien prononcée est extrêmement rare.

7e Genre. GALLUS.

Parcours. — L'Inde, Ceylan, toute la Birmanie, Sumatra, Java, et les îles jusqu'à Timor, les Philippines.

1. GALLUS BANKIVA (*Bankiva jungle-fowl*).

Hab. — Java, Sumatra, Malacca; les contrées de la Birmanie, Assam, et les jungles de tout le nord de l'Inde, depuis les vallées sud de la région sous-himalayenne jusqu'aux parages de Vindhya et de la Nouvelle-Circassie; les Philippines, toutes les îles entre Java et Timor inclusivement, et aussi les Célèbes.

2. GALLUS STANLEYII (*Coq de la Fayette, Ceylanese jungle-fowl*).

Hab. — Ceylan.

3. GALLUS SONNERATII (*Coq de Sonnerat, Sonnerat's jungle-fowl*).

Hab. — Péninsule de l'Inde.

Assez commun dans les hautes jungles de l'Inde méridionale, de la Carnatic et de tout le versant est des Ghauts. Très-rare dans le Vindhya; ne se trouve point au delà. Royle a eu tort d'étendre son parcours jusqu'aux régions nord des Himalayas.

4. GALLUS VARIUS (*Coq varié, fork-tailed jungle-fowl*).

Hab. — Java, Lombock, Sumbawa et Flores.

M. Wallace a des spécimens de cet oiseau rapportés de Java et de Flores, qui offrent entre eux peu de variétés. Il en a vu à Lombock, et entendu dire qu'il était plus commun dans le Sumbawa.

8e Genre. CERIORNIS.

Parcours. — Versant sud des Himalayas, dans la Chine méridionale.

1. CERIORNIS SATYRA (*Tragopan satyrus, horned Tragopan*).

Hab. — Sud-est des Himalayas, Népaul, Sikhim, Bhotan.

2. CERIORNIS MELANOCEPHALA (*black-headed Tragopan*).

Hab. — Versant nord-ouest des Himalayas; régions élevées au nord-ouest de Simla, la partie méridionale du Punjab et les forêts du royaume de Cachemire. Il se nomme *Iewaz* dans ce pays.

3. CERIORNIS TEMMINCKII (*Temminck's Tragopan*).

Hab. — La Chine, aucune localité bien connue.

Il a été obtenu par M. Reeves de la ménagerie de Beale, et porté vivant en Europe (1).

(1) Le Jardin du bois de Boulogne a possédé cinq mâles de ce bel oiseau, envoyés par M. Dabry, consul de France à Han-keou.

4. CERIORNIS CABOTI (*Cabot's Tragopan*).

Hab. — La Chine.

Décrit dans la collection du docteur Cabot, et rapporté par lui de Malacca.

Sous-famille II. PAVONINÉS.

Parcours. — Toute la région indienne, Java, les Philippines. Ne se trouve pas en Chine.

1er Genre. PAVO.

Distribution. — Péninsule de l'Inde, Birmanie, Java.

1. PAVO CRISTATUS (*Paon à crête, common Pea-fowl*).

Hab. — Péninsule indienne, les Himalayas, jusqu'à 4000 pieds, et Ceylan, et les jungles salées du Punjab.

Pendant un temps je supposais que l'espèce de Paon de Ceylan pouvait être la même que l'espèce voisine appelée *Pavo nigripennis*; mais Sir J. Emerson Tennant m'a procuré une peau de Ceylan qui m'a permis de faire la comparaison, et j'ai trouvé que le Paon de Ceylan n'était autre que le Paon indien (*Pavo cristatus*).

2. PAVO NIGRIPENNIS (*black-winged Pea-fowl*).

Je suis encore à connaître quel est le lieu d'origine de ce Paon, que je considère comme une espèce très-distincte. Raffles (*Linn. Trans.*, XIII, p. 319) dit que le Paon commun est originaire de la péninsule malaise et de Java, et dans l'Appendice le Paon à crête est donné comme existant à Sumatra. Cet oiseau est peut-être le représentant du Paon commun dans la Malaisie.

3. PAVO MUTICUS (*Javan Pea-fowl*) (1).

Hab. — Birmanie et Malaisie, jusqu'au nord de l'Arracan ; Java, Sumatra.

Rapporté de la partie est de Java par M. Wallace, et, suivant ce voyageur, commun dans toute l'île.

2e Genre. POLYPLECTRON.

Parcours. — Depuis Assam, toute la Birmanie, Sumatra et Bornéo.

1. POLYPLECTRON CHINQUIS (*Indian Polyplectron*).

Hab. — Assam, Sylhet, Arracan et Tenasserim, jusqu'à Mergui.

C'est le Paon tibétain de Linné ; mais comme on ne le trouve point dans le Tibet, on ne saurait lui conserver ce nom. Nous avons reçu en 1857 (donnés par le babu Rajendra Mullick) deux mâles qui sont encore vivants dans le jardin. Ce gentleman nous en a encore envoyé une paire cette année, mais la femelle est malheureusement morte avant d'arriver en Angleterre. Il n'y a aucun doute que ce bel oiseau ne puisse vivre en captivité.

(1) Le Jardin d'acclimatation en a reçu plusieurs spécimens de l'amiral la Grandière, gouverneur de la Cochinchine.

2. Polyplectron bicalcaratum (*Hardwicke's Polyplectron*).

Hab. — Malacca : se trouve ordinairement parmi les peaux envoyées de cette contrée. Sumatra.

3. Polyplectron chalcurum (*Sumatran Polyplectron*).

Hab. — Sumatra.

On en voit dans le British Museum.

4. Polyplectron emphanes (*Napoleon's Polyplectron*).

Hab. — Peut-être Bornéo.

Se trouve au British Museum.

3e Genre. Argus.

Parcours. — Péninsule malaise, Sumatra et Bornéo.

1. Argus géant (*Argus giganteus, Argus Pheasant*).

Hab. — Malacca, jusqu'au nord de Mergui, Siam, les grandes forêts de Sumatra, toujours par paires ; les parties nord-ouest de Bornéo.

Ceux de Siam et de Bornéo constituent probablement deux variétés particulières.

Une autre espèce, l'*Argus ocellatus*, a été établie d'après quelques plumes qui se trouvent dans la collection du Muséum français ; mais l'oiseau même est inconnu.

Sous-famille III. MÉLÉAGRINÉS.

Parcours. — Amérique, au nord de Panama, et à l'est des montagnes Rocheuses, jusqu'au Canada.

1er Genre. Meleagris.

1. Meleagris gallopavo (*wild Turkey, Dindon*).

Hab. — Contrée est de l'Amérique du Nord.

2. Meleagris mexicana (*Mexican Turkey*).

Hab. — Plateau de Mexico.

3. Meleagris ocellata (*ocellated Turkey*).

Hab. — Guatemala, province de Peten et le Yucatan.

Sous-famille IV. NUMIDINÉS.

Parcours. — Afrique, y compris Madagascar.

1er Genre. Numida.

Section A. *Numida.*

1. Numida meleagris (*west African Guinea-fowl*).

Hab. — Ouest de l'Afrique, depuis la Gambie, à travers le pays d'Ashantee, jusqu'au Gabon, îles du cap Vert.

2. NUMIDA PTILORHYNCHA (*Abyssinian Guinea-fowl*).

Hab. — Est de l'Afrique, Abyssinie, Kordofan et Sennaar.

3. NUMIDA MITRATA (*mitred Guinea-fowl*).

Hab. — Sud Afrique et tout le long de la côte est opposée à Zanzibar, d'où un spécimen a été rapporté par le capitaine Speke.

4. NUMIDA TIARATA (*Tiara'd Guinea-fowl*).

Hab. — Madagascar.
Se trouve au Jardin de Paris.

Section B. *Guttera.*

5. NUMIDA CRISTATA (*crested Guinea-fowl*).

Hab. — Afrique (ouest), Sierra-Leone, Ashantee et Aguapim.

6. NUMIDA PUCHERANII (*Pucheran's Guinea-fowl*).

Hab. — Zanzibar.
C'est la forme de la *Numida cristata*, à l'est de l'Afrique, et probablement l'oiseau pris par Layard pour cette espèce.

7. NUMIDA PLUMIFERA (*plumed Guinea-fowl*).

Hab. — Zanzibar, cap Lopez, Afrique (ouest).
Se trouve au Musée britannique.

Section C. *Acryllium.*

8. NUMIDA VULTURINA (*vulturine Guinea-fowl*).

Hab. — Madagascar.

2e Genre. PHASIDUS.

Parcours. — Afrique (ouest).

1. PHASIDUS NIGER (*black Phasid*).

Hab. — Cap Lopez, Afrique (ouest).

3e Genre. AGELASTUS.

Parcours. — Afrique (ouest).

1. AGELASTUS MELEAGRIDES (*the Agelastes*).

Hab. — Afrique (ouest), Dabocrom, Gabon.
Se trouve au Musée britannique.

» Après avoir enuméré les cinquante-six espèces de la famille des Phasianidés dont j'ai pu acquérir la connaissance dans l'état sauvage, je dois faire remarquer que vingt-cinq d'entre eux ont été possédés vivants par la Société, à savoir :

1. *Lophophore de lady Impey.
2. *Pucrasia macrolopha.*
3. *Faisan de Colchide.
4. *Faisan à collier.
5. *Faisan versicolore.
6. Faisan de Reeves.
7. Faisan de Wallich.
8. *Faisan doré.
9. *Euplocome de Vieillot.
10. *Euplocomus erythrophthalmus.*
11. *Euplocome Faisan argenté.
12. *Euplocomus lineatus.*
13. *Euplocome de Horsfield.
14. **Euplocomus melanotus.*
15. **Euplocomus albocristatus.*
16. Coq de Bankiva.
17. *Coq de Sonnerat.
18. Coq (*furcatus*).
19. **Tragopan satyrus.*
20. *Tragopan melanocephalus.*
21. *Paon à crête.
22. **Pavo nigripennis.*
23. *Paon mutique ou spicifère.
24. **Polyplectron chinquis.*
25. *Argus giganteus.*

Le jardin zoologique de Londres possède présentement vivantes toutes les espèces marquées d'un astérisque (*).

Précautions à prendre pour le transport des Phasianidés en Europe.

Il est à souhaiter que les oiseaux que l'on veut envoyer en Europe soient nés ou aient été élevés en captivité, et soient ainsi préparés par une sorte d'apprentissage dans le pays même dont ils sont originaires.

Pour les oiseaux capturés, aussitôt qu'ils sont pris, les plumes de l'une de leurs ailes et celles de la queue doivent être coupées très-court.

On les placera dans un lieu où la lumière ne pénètre que par en haut et modérément. Le parquet de ce lieu sera couvert de gravier, de sable et de quelques plaques de gazon.

C'est là qu'on leur jettera la nourriture.

Il serait à désirer qu'un oiseau déjà apprivoisé pût être mis avec ceux qui sont plus sauvages : il leur apprendrait à manger ; car beaucoup d'oiseaux, dans les premiers temps de la captivité, se laissent mourir de faim.

Les oiseaux doivent être soumis à ces préparations préalables, jusqu'au moment où ils sont mis dans les cages de transport.

Leur nourriture, suivant les espèces, consiste en graines

de différentes sortes, baies, fruits, racines, insectes et verdure, telle que choux, laitues, ou bien pain ou biscuit trempés, lait, viandes hachées, œufs bouillis.

Les cages de voyage doivent être plus longues que hautes, divisées en compartiments de 18 pouces carrés. On ne leur donnera d'élévation que juste ce qu'il faut pour que l'oiseau puisse se tenir debout. Elles doivent être faites partout de planches, excepté par devant, où elles seront fermées par un fort grillage de fer. Cependant, si les oiseaux sont très-sauvages, de forts barreaux de bois sont préférables, mais on les tiendra assez rapprochés pour prévenir toute évasion. La paroi supérieure de la cage doit être garnie d'un bourrelet de paille ou de tout autre corps mou, afin d'empêcher qu'en se heurtant contre, les oiseaux ne se blessent la tête, ce qui a lieu très-souvent.

Une mangeoire mobile sera placée au devant de chaque cage. Un tiers de cette mangeoire sera de zinc pour recevoir l'eau; les deux autres tiers resteront pour les substances alimentaires. On aura soin de tenir toujours le parquet des cages bien garni de sable et de gravier, car ces matières sont nécessaires à la bonne digestion des oiseaux.

La partie antérieure de la cage devra être pourvue d'un rideau d'étoffe assez épaisse pour couvrir au besoin les oiseaux et leur donner le repos. Des ouvertures faites dans les parois de la cage seront toujours maintenues libres pour le renouvellement de l'air.

On placera les cages dans la partie du navire qui est la moins exposée à l'embarquement des lames de la mer, et autant que possible à l'abri de la pluie, du fort soleil ou de toute autre intempérie.

Les cages doivent être toujours propres; on enlèvera les débris de la nourriture par la partie antérieure, en prenant toutes les précautions pour que les oiseaux ne s'échappent point.

Afin que les oiseaux puissent avoir quelque nourriture verte durant le voyage, on aura soin de préparer sur des planchettes quelques petites plates-bandes de semence de navette, sénevé, ou de quelques autres végétaux faciles à pousser; de temps en temps on placera ces planchettes au fond des cages, comme on y place le sable et les racines.

La Société zoologique, pour faciliter les divers envois qui peuvent lui être faits, a des agents dans les principaux ports de l'Inde et de la Chine, auxquels on peut s'adresser pour faire les expéditions.

Il faut louer la Société zoologique de Londres d'avoir rappelé l'attention sur l'importance de l'introduction des Phasianidés en Europe, et d'avoir montré les riches acquisitions qu'il reste encore à faire dans cette famille. Il faut joindre notre coopération à la sienne, et, dans les pays qui relèvent de la France, inviter, je le répète, les commerçants, les consuls, les voyageurs français, à nous prêter leur concours, et diriger leurs recherches et leur bonne volonté par l'envoi d'instructions semblables à celles que la Société de Londres a fait parvenir à ses correspondants.

Nous rappelons, en terminant cette note, qu'il y a déjà quelques années, un naturaliste français, M. Toussenel, parcourant la liste des Faisans connus à cette époque, écrivait ces lignes : « Tous ces magnifiques gibiers seront aussi communs avant cent ans dans les forêts de l'Algérie et de la France que le Rouge-gorge et la Grive aujourd'hui. » Et il disait aussi : « La propagation du Faisan doit revêtir, aux yeux de tous les hommes d'État, le caractère le plus prononcé d'utilité publique. Quelle gloire pour un Colbert d'avoir descendu le prix du Faisan à la portée de toutes les bourses ! »

Vous avez vu comment cette dernière prédiction est aujourd'hui presque accomplie.

Espérons qu'il en sera de même de l'autre.

DES HOUPPIFÈRES ET DE LEUR CROISEMENT

Par M. A. TOUCHARD.

(Séance du 21 avril 1865.)

Je commencerai cet article en donnant connaissance des quelques observations que j'ai pu faire sur l'acclimatation du Houppifère. Car le *melanotus*, l'*albocristatus* et celui de *Cuvier* ou *Horsfieldii* n'en sont que trois variétés de mœurs tout à fait semblables.

Le Houppifère est originaire de l'Asie centrale, principalement de l'Himalaya; il fut d'abord introduit en Angleterre, d'où il vint en France. C'est une des plus nouvelles espèces de Faisans que nous possédons; son acclimatation a été si facile, qu'une paire, qui valait d'abord 300 à 400 francs, ne se paye plus aujourd'hui que 80 à 100 francs.

Le Houppifère a beaucoup de ressemblance avec le Faisan argenté : il en a les qualités sans les défauts; presque son égal en grosseur, il a sa familiarité et la fierté de sa démarche. La tête est ornée d'une huppe comme celle du Faisan argenté, et, si sa queue est moins longue et moins belle que celle de ce dernier, elles ont cependant entre elles quelque ressemblance.

Moins doux que le Faisan ordinaire, mais moins méchant que le Faisan argenté, il n'a pas, comme ce dernier, la mauvaise habitude de manger ses œufs; de plus, il revêt son beau plumage dès la première année.

Plusieurs personnes mal informées croient à tort qu'il ne reproduit qu'à deux ans; j'ai obtenu d'une paire de jeunes *melanotus* 22 œufs, qui, soumis à l'incubation, m'ont donné 16 petits. Il est rare d'obtenir une aussi belle ponte la première année, car la moyenne est de 12 à 15 œufs pour des sujets d'un an, et de 25 à 30 lorsqu'ils sont plus âgés.

On obtient donc une plus grande ponte lorsqu'ils sont plus âgés, mais les œufs ne sont pas fécondés dans une plus grande proportion que ceux qui proviennent des sujets d'un an.

C'est un grand avantage du Houppifère sur le Faisan argenté; car si la poule de ce dernier pond quelques œufs à un an, le coq n'est généralement bon à la reproduction qu'à deux ans.

Les œufs sont jaunes et plus petits que ceux du Faisan

argenté ; ils sont aussi privés des petits points blancs irréguliers que l'on remarque sur ceux de cette dernière espèce. Un mâle suffit à deux femelles, et l'on se demande ce qui a pu faire croire à certains amateurs, qu'on n'en devait mettre qu'une, parce que, disait-on, l'une des deux était tuée.

Ce fait a pu se produire une fois par hasard, mais j'en ai fait plusieurs fois l'expérience avec succès, même sur des sujets adultes déjà accouplés, et depuis j'ai vu chez différentes personnes des parquets composés de deux poules et un coq, sans qu'il en résultât de fâcheux accidents.

L'incubation dure vingt-quatre jours ; l'éclosion se fait assez facilement. Les petits sont vigoureux peu d'heures après leur naissance ; ils sont, dans leur jeunesse, d'un caractère tranquille et confiant, et ils diffèrent beaucoup en cela des autres Faisandeaux.

Élevés dans un trop petit espace, ils se piquent vers l'âge de deux mois comme les Faisans ordinaires, et j'ai cru remarquer que cette maladie leur restait plus longtemps qu'à cette dernière espèce.

Le Houppifère est, après l'indien, le Faisan le plus vigoureux que nous ayons. Lorsqu'il est effrayé, il se tue rarement au toit de sa prison ; il cherche à fuir, et j'en ai vu plusieurs se tuer en allant dans leur course frapper contre les grillages qui les entourent.

Je n'ai fait cette remarque qu'à l'égard des Houppifères, car les autres espèces de Faisans, au contraire, se tuent en cherchant à s'envoler perpendiculairement.

On a croisé le Houppifère avec le Faisan argenté ; et il y a en ce moment, au Jardin d'acclimatation, des métis de Houppifères mélanotes et de Cuvier avec des Faisans argentés.

Ces métis sont loin d'être beaux : ils tiennent plus du Houppifère que du Faisan ; le poitrail est noir, le dos est également noir mêlé de blanc. On prétend qu'ils sont féconds, mais il faut espérer que la science est satisfaite, et qu'avec de pareils résultats on ne poussera pas plus loin ces expériences, qui tendent à propager des variétés beaucoup moins belles que les races types.

Il n'y a que six ou sept ans au plus que les Houppifères

sont introduits en France, et on les a malheureusement déjà tellement croisés entre eux, qu'on n'aura plus dans quelque temps, si l'on n'y porte remède, que des métis de ces différentes espèces, car on est déjà dans l'incertitude sur le Houppifère de Cuvier ou *Horsfieldii*.

Le coq *melanotus* doit avoir la poitrine blanche, la huppe et le dos noirs, à reflets violets comme tout le reste du corps.

La femelle est d'un noir marron maillé de blanc.

Le coq *albocristatus* a la poitrine, la huppe et le dos blancs, toutes les autres parties de son corps sont noires.

La femelle est jaune cendré clair, d'un plumage beaucoup plus terne que la femelle *melanotus ;* il est impossible de la confondre avec cette dernière. Et cependant certains amateurs ont, je ne sais dans quel but, croisé ces deux espèces : ils ont obtenu des métis ressemblant aux *albocristatus*, sauf la hùppe, qui est noire ; les autres ressemblent aux *melanotus*, sauf le dos, qui a une légère teinte blanche.

C'est avec regret qu'on voit certaines personnes perdre ainsi les races par des croisements, et créer de nouvelles variétés bien inférieures aux véritables races.

Il est facile aux connaisseurs de reconnaître les coqs de race pure, mais il n'en est pas de même pour les femelles ; il faut une grande habitude pour distinguer celles qui sont croisées, et encore n'y arrive-t-on pas toujours. Les descendants s'en ressentent encore plus, et telle paire d'oiseaux paraît presque pure qui donne des petits très-dégénérés.

S'il y a encore beaucoup de *melanotus* et d'*albocristatus* de race pure, il n'en est malheureusement pas de même pour la race dite de Cuvier ou *Horsfieldii*. Les uns prétendent que le Houppifère de Cuvier doit avoir le bas du dos blanc, les autres qu'il doit être tout noir. Les premiers appuient leur opinion sur ce que ceux qui nous sont venus de Londres avaient cette couleur. Ce n'est pas une bonne raison, car le croisement a pu se faire à Londres.

Le croisement du *melanotus* et de l'*albocristatus* peut, en deux ou trois ans, donner ces *Horsfieldii* à croupion blanc.

Il n'y avait peut-être primitivement que ces deux variétés, on en a créé une troisième, et, avec des croisements faits avec soin, on en formera peut-être encore d'autres. On a obtenu du Faisan commun des variétés de couleur plus éloignées.

Mais s'il doit y avoir trois races, on devrait plutôt pencher pour l'espèce noire, car elle est plus difficile à obtenir du *melanotus* et de l'*albocristatus*, qui ont du blanc tous les deux, que la race *Horsfieldii*, qui a aussi du blanc sur le dos.

Il est fort possible que le croisement du Houppifère de Cuvier et du *melanotus* n'ait pas été fait primitivement par esprit de spéculation pour créer une troisième race.

Car, si la race dite de Cuvier existe réellement, il a dû être toujours fort difficile, même dans les premiers temps que ces oiseaux ont été importés, de distinguer la femelle *melanotus* de la femelle de Cuvier.

L'une était plus foncée que l'autre, mais bien peu; si peu même, que l'on n'a pas tardé à tout confondre, et qu'on ne peut plus maintenant distinguer l'une de l'autre.

Si l'on continue ainsi, il n'y aura plus dans dix ans que des Houppifères croisés, et ces Faisans auront le sort du Faisan de l'Inde, qu'il est maintenant si rare de trouver pur.

Ce serait véritablement dommage de laisser mélanger les races de cet oiseau, un des plus beaux que nous ayons pour l'ornement de nos volières, et le Jardin d'acclimatation ne devrait-il pas aussi donner l'exemple en n'achetant à aucun prix de ces Houppifères abâtardis ; ils tomberaient alors, car les amateurs, ne pouvant s'en défaire, n'en voudraient plus élever.

Je viens demander à la Société d'acclimatation de vouloir bien ordonner que les recherches soient faites sur cette espèce, car on ne sait vraiment plus à quoi s'en tenir. Elle seule peut faire résoudre les questions suivantes, qu'il importe tant aux amateurs de connaître le plus tôt possible pour fixer leur choix sur l'espèce à laquelle ils doivent se rallier.

Le Houppifère de Cuvier ou *Horsfieldii* est-il tout noir? ou a-t-il le croupion blanc?

Des personnes dignes de foi peuvent-elles affirmer en avoir reçu directement du pays ayant le croupion blanc ?

Comment est la femelle *Horsfieldii* ? et comment la distingue-t-on de la femelle *melanotus* ?

II. EXTRAITS DES PROCÈS-VERBAUX DES SÉANCES GÉNÉRALES DE LA SOCIÉTÉ.

SÉANCE DU 5 MAI 1865.

Présidence de MM. DE QUATREFAGES et DUMÉRIL, vice-présidents.

M. le Président donne lecture des noms des membres nouvellement admis :

MM. ARGOUGES (le vicomte d'), commandant particulier, à Mahé (Inde).

BROSSARD DE CORBIGNY (le baron), capitaine de frégate, à Paris.

CONQUÉRANT, procureur impérial, à Saigon.

GORDES (Henri), négociant, à Nangasaki.

ROZE (le contre-amiral), gouverneur par intérim de la Cochinchine et commandant de la division navale des mers de Chine, à Saigon.

VEKEMANS (Jacques), directeur du jardin zoologique d'Anvers.

— Son Exc. M. Drouyn de Lhuys, président de la Société, transmet une lettre de S. A. le vice-roi d'Égypte, qui veut bien réitérer l'expression de la bienveillance qu'il porte à notre institution et de son désir de nous en donner la preuve en toute circonstance. — Des remercîments seront adressés à Son Altesse pour ces témoignages si honorables pour notre Société.

— M. Frédéric Périer, au Mazeau, par Lymoutiers (Haute-Vienne), rappelle qu'il a fait à la Société ses offres de services pour ce qu'il lui plairait de lui adresser, surtout pour ce qui concerne le règne animal. — Remercîments.

— M. L. A. Bourguin fait hommage à la Société d'une *Notice sur Étienne Geoffroy Saint-Hilaire*. — Remercîments.

M. Duméril fait remarquer l'intérêt qu'offrent cette brochure et celle publiée d'abord sur Lamarck.

— MM. Blatin, Bourguin et Decroix offrent à la Société

trois exemplaires d'une brochure ayant pour titre : *Usage alimentaire de la viande de cheval.*

— M. le président de la Société fait parvenir un exemplaire d'une *Carte géographique du département du Cuzco* (*Pérou*), offert par M. Émile Colpaert, membre de la Société. — Remercîments.

— M. Albert de Surigny adresse quelques observations au sujet des exemplaires offerts par M. le général de Mylius, de son programme pour la distribution des prix aux discours écrits en faveur de la tolérance religieuse universelle.

— M. Eugène Simon, consul de France à Ning-po, membre honoraire de la Société, transmet divers noms de nouveaux membres, et entretient la Société des prochains envois de Poissons, Oiseaux et Vers à soie qu'il lui paraît possible de faire. Il ajoute que les différentes races de Poules françaises par lui emportées en Chine sont arrivées en parfait état.

— M. Rufz de Lavison, directeur du Jardin d'acclimatation, présente des caillots rouges qui, à simple vue, paraissaient être des caillots sanguins, rendus par une femelle Kangurou à lèvres blanches quelque temps après les approches du mâle.

— M. P. Vidal, instituteur à Montbel (Ariége), adresse une demande à cheptel de deux Brebis et un Bélier Ti-yang, un couple de Lamas et des Chèvres du Tibet et d'Angora.

— M. Bouteille (de Grenoble), annonce que les Casoars qu'il vient de recevoir vont bien ; mais comme ils sont en pleine mue, il n'a aucun espoir de les voir se reproduire cette année.

Il annonce également qu'il a failli perdre sa femelle Autruche, qui a gardé pendant plusieurs jours un œuf engagé dans le cloaque, ce qui l'empêchait de fienter. M. Bouteille est parvenu à briser l'œuf et à le retirer ; l'animal va bien, mais la ponte s'est arrêtée.

— M. le docteur Turrel, notre délégué à Toulon, adresse à la Société de nouvelles observations sur la *protection due aux Oiseaux*, et témoigne le désir de voir la Société représentée au congrès de l'Association internationale pour le progrès des sciences sociales, qui doit se réunir au mois d'août prochain, et s'occuper, entre autres choses, de l'étude de cette question.

— Diverses communications relatives à la récente introduction de Gouramis en France sont faites par MM. E. Liénard, Autard de Bragard et Barthélemy-Lapommeraye, et transmises par Son Exc. M. Drouyn de Lhuys.

— M. A. Autard de Bragard, ex-président de la Société d'acclimatation de l'île Maurice, qui vient de réussir à introduire onze Gouramis vivants à Marseille, offerts par la Société d'acclimatation de l'île Maurice à notre Société, rappelle, en nous annonçant cette bonne nouvelle, les soins pris par la Société d'acclimatation de l'île Maurice pour l'introduction du Gourami en France. C'est elle qui avait chargé un de ses membres, M. Ch. Bonnieux, de préparer des sujets vigoureux pour nous les expédier. C'est M. Autard de Bragard, alors président de la Société de l'île Maurice, qui a prié M. Aubin de les prendre à bord sous sa protection, et qui les a embarqués en donnant les instructions nécessaires pour la réussite de l'expédition.

— M. Barthélemy-Lapommeraye transmet des instructions sur ce sujet. (Voy. au *Bulletin*, p. 195.)

— M. le Président adresse à la Société une lettre de M. Paulin Talabot, directeur général des chemins de fer de Paris à Lyon et à la Méditerranée, qui met gracieusement à la disposition de notre Société le bassin d'une des terres de sa villa de Rouccas-Blanc pour l'installation de ces Gouramis. — Remercîments.

— M. Chauvin, membre de la Société, annonce que sa demande de concession de l'anse de Sainte-Anne en Trégastel est entrée dans une nouvelle phase, et qu'il espère qu'elle sera prise en considération. Il se propose de créer une nouvelle Société, sous le titre : *La culture de la mer*.

— MM. Eugène Robert (de Sainte-Tulle), Eugène Bonhoure (de Nîmes) et la Société d'agriculture de la Lozère, transmettent leurs remercîments pour l'envoi, à eux fait par la Société, de graines de Vers à soie du Mûrier.

— M. de Montval (d'Avignon) fait parvenir son rapport, comme directeur des magnaneries expérimentales d'Avignon, sur les essais précoces de 1865. — Remercîments.

— M. de Saulcy (de Metz) remercie la Société des graines de Vers à soie qui lui ont été adressées, et donne quelques détails sur ses éducations.

M. de Saulcy, assistant à la séance, fait en outre diverses communications sur l'éducation du *Bombyx yama-maï*. Les incubations marchent très-bien en ce moment, le résultat dépasse toutes les prévisions. Des branches de Chêne mises en pots et forcées pendant l'hiver ont parfaitement réussi à nourrir les Vers en attendant la pousse naturelle des feuilles de Chêne. D'un premier envoi de graines fait par la Société à M. de Saulcy, il a obtenu 113 éclosions sur 117 œufs. Il n'en a pas été de même d'un second envoi, dont il n'est resté que 56 larves après la première mue, sur un nombre assez considérable d'œufs. Il signale la nécessité de ne pas faire accoupler deux fois le même mâle : il a obtenu 162 beaux œufs provenant d'un second accouplement ; mais, à l'entrée de l'hiver, ces œufs se sont tous trouvés ombiliqués. Les Vers préfèrent pour nourriture le Chêne à gros fruits, qui est plus précoce et plus tendre que les autres. M. de Saulcy fait remarquer qu'en mettant des rameaux dans des fioles pleines d'eau contenant de la poudre de charbon de bois blanc et environ 2 grammes de sulfate de fer par litre, ces rameaux se conservent de huit à quinze jours sans altération. Des rameaux ainsi placés en janvier ont feuillé mieux et plus vite que s'ils eussent été forcés. Enfin, M. de Saulcy ajoute qu'il s'explique pourquoi les œufs blancs sont peu estimés des Japonais, parce qu'il a vu qu'en effet ils donnent tous des larves chétives.

M. de Quatrefages engage à continuer l'expérience de la nourriture par rameaux ainsi entretenus en les échelonnant jusqu'à la pousse normale des feuilles.

M. Millet fait observer qu'en plaçant des plants dans une serre deux mois d'avance, et en les arrosant avec de l'eau un peu tiède, on obtiendrait de bons résultats ; il approuve, du reste, le moyen employé par M. de Saulcy, en faisant remarquer que la feuille obtenue dans l'eau pure est pâle et mauvaise, que le sulfate de fer la rend plus substantielle, et qu'il engage à y mélanger un peu de sel marin.

— M. Guérin-Méneville ayant offert à la Société des graines du Jujubier (*Zizyphus orthacantha*) qui nourrit le *Bombyx* (*Faidherbia*) *Bauhiniæ*, et ayant bien voulu lui promettre une partie des œufs qu'il espère obtenir d'un certain nombre de cocons vivants du Ver à soie sénégalais, M. le Secrétaire fait observer que M. le général Faidherbe a aussi fait directement hommage à la Société de cocons de ce Bombyx dont il lui avait déjà fait un précédent envoi. M. le gouverneur du Sénégal a ajouté à cet envoi des fruits de ce *Zizyphus* et quelques branches comme spécimen. — Remercîments.

— La Société d'agriculture de la Drôme fait parvenir le bulletin de ses travaux, contenant des renseignements sur les éducations de Vers à soie, de race japonaise.

— MM. Gottschalk et Cie (de Paris) demandent à la Société des renseignements sur le mode d'expédition des graines de Vers à soie, du Japon en France.

— M. Jules Guibout, de Paris, adresse à la Société, de la part de M. H. Salats, de Saint-Quentin, des graines de Vers à soie du Mûrier avec une note relative aux éducations faites par ce dernier. — Remercîments.

— M. Hippolyte Dejoux, président de la Société d'agriculture de l'Ardèche, adresse ses remercîments pour l'envoi des graines de Vers à soie du Mûrier que lui a fait la Société.

— M. Viennot fait parvenir deux extraits du journal d'Annecy, *le Mont-Blanc*, relatifs à la sériciculture.

— M. le comte Adelelmo Cocastelli, de Goito (Italie), donne quelques détails sur ses éducations de diverses espèces de Vers à soie, et sur ses cultures de graines d'*Eucalyptus* et de Tabac du Japon. Il offre à la Société de lui envoyer de cette graine de Tabac pour 1866. — Remercîments.

— M. le docteur Berg (Réunion) informe la Société que les graines de Lo-za qu'elle lui a adressées n'ont pas levé.

— M. le général Faidherbe adresse à la Société quelques

numéros du *Moniteur du Sénégal*, contenant divers articles sur le Ver à soie sénégalais.

— Son Exc. M. le Ministre des affaires étrangères transmet un extrait d'une lettre adressée par M. Garnier à M. Tastu, à Alexandrie, sur le *Musenna*, dont il envoie un paquet d'écorce que les Abyssins emploient comme spécifique contre le ver solitaire. — Remercîments.

— M. le docteur Sacc écrit de Barcelone pour faire part de l'admirable succès obtenu par notre confrère Son Exc. M. le marquis de la Romana, à Palma, au sujet de la culture de l'*Eucalyptus globulus*, et demande à la Société des graines d'autres espèces d'*Eucalyptus* que désire aussi cultiver M. le marquis de la Romana. M. Sacc ajoute que ses éclosions de Yama-maï sont en bonne voie.

— M. Brierre de Saint-Hilaire de Riez envoie un dessin à l'huile et donne quelques détails sur ses cultures de végétaux.

— Deux numéros du *Courrier de Saïgon* contenant des articles relatifs à l'acclimatation en Cochinchine sont déposés sur le bureau.

— M. Thorel, chirurgien auxiliaire de la marine, adresse de Saïgon un travail très-détaillé contenant une liste de plantes qui comprend environ le tiers de la flore de Cochinchine; il espère, avant son départ pour la France, faire la description d'une grande partie de la flore de notre colonie. — Remercîments.

— M. Quihou, jardinier en chef du Jardin d'acclimatation, informe la Société que le Jardin possède en ce moment un nouveau Pommier à fleurs doubles, de Chine (*Malus kaido*), dont la grosseur et le vif coloris des fleurs font l'admiration des visiteurs. — Cet arbuste a été envoyé par M. Dabry.

— Un numéro du journal *le Siècle*, contenant le résumé de l'article de M. Chatin sur le Pin de Riga, est déposé sur le bureau.

— M. le docteur Turrel, notre délégué à Toulon, adresse deux exemplaires d'un Mémoire sur la *pêche côtière en France*, offerts à la Société par l'auteur, M. Rimbaud (de Toulon). M. Turrel appelle l'attention sur l'avantage particulier que trouverait le midi de la France dans l'introduction de graines de Palmiers des régions froides du Mexique, de l'Australie et de la Nouvelle-Zélande.

— Des demandes de graines de végétaux et des remercîments pour envois de graines d'*Eucalyptus* et de Pin de Riga sont adressés par plusieurs membres de la Société.

— Il est déposé sur le bureau :

1° Le programme du congrès scientifique de France qui doit avoir lieu à Rouen, le 31 juillet prochain.

2° Un exemplaire du discours prononcé par M. Rochussen, ministre d'État, au congrès d'Amsterdam, le 1er octobre 1864, sur le régime des colonies hollandaises.

3° Le molleteur, inventé par M. E. P. Malapert, de Poitiers (Vienne).

— M. le Secrétaire lit un Mémoire sur les animaux domestiques et sauvages et sur les oiseaux du Soudan, adressé par M. Garnier, premier drogman du consulat général de France en Égypte. (Voyez au *Bulletin*.)

— M. Aug. Duméril lit un fragment d'une Note qu'il vient de publier sur les produits que les Squales et les Raies fournissent à l'homme pour son alimentation et pour diverses industries. Ce fragment est relatif au profit considérable que les pêcheurs, sur diverses côtes, tirent de la vente des nageoires de Squale, de Rhinobate et de Scie. Ces nageoires, en effet, occupent une place extrêmement importante dans l'alimentation des Chinois. Pendant l'année 1845-1846, il fut envoyé aux comptoirs de Bombay, par les batnians (marchands hindous), 229 240 kilogrammes, représentant une valeur de 239 677 francs, et provenant de la pêche de la côte orientale d'Afrique, celle de Malabar, dans la mer Rouge, etc.

Des relevés faits par notre collègue M. Natalis Rondot, ancien membre de la mission commerciale envoyée en Chine par le gouvernement français, sous la direction de feu notre collègue Lagrenée, il résulte que l'on peut porter à 650 ou même 700 000 kilogrammes les quantités de nageoires de Squale introduites chaque année dans tous les ports de Chine par des navires de toutes nationalités. La valeur de ces nageoires est de 1 million à 1 200 000 francs.

On prépare avec les nageoires ou ailerons, comme avec le nid de la Salangane (*Hirundo esculenta*), une sorte de vermicelle. On les fait cuire dans du bouillon ou dans de l'eau pure, mais il faut alors un assaisonnement pour relever la saveur du mets. Cet aliment, très-recherché, passe pour être tonique, stimulant et peut-être même aphrodisiaque.

— Son Exc. M. le Ministre des affaires étrangères transmet une Note que lui adresse M. Tiran, consul de France à Valence, au sujet d'une maladie qui s'est déclarée depuis deux ans environ en Espagne, sur les Orangers, et qu'il a été à même d'étudier dans la province de sa résidence, où elle a principalement exercé ses ravages. (Voyez *Bulletin*, p. 319.)

M. le docteur Cloquet dit qu'il se trouvait à Hyères lors de la maladie des Orangers. Il a remarqué sur les racines les mêmes caractères de maladie que ceux indiqués dans la note de M. le consul de France à Valence : une matière jaune semblable à la gomme-gutte couvrait les grosses racines. M. Cloquet ajoute qu'il n'en a pas eu de malades dans sa propriété de Lamalgue, près de Toulon.

M. Cosson dit qu'il a vu des Oliviers malades dans des conditions analogues, et que les moyens qui lui paraissent devoir être employés pour combattre cette maladie consistent à éviter l'humidité exagérée, et dans le chaulage et un fort élagage des branches supérieures. M. Cosson a vu, au jardin de Bone, la maladie passer de l'Olivier à l'Oranger.

— Notre confrère M. Ray demande que M. Bouteille (de Grenoble) et nos autres collègues qui possèdent des Autruches ou des Casoars, soient invités à recueillir les plumes que ces animaux peuvent donner chaque année, afin de constater l'utilité et la valeur de ces oiseaux sous ce rapport.

Le Secrétaire des séances,

J. Léon Soubeiran.

III. CHRONIQUE.

Maladie des Orangers dans le royaume de Valence (Espagne),

Par M. TIRAN, consul de France.

Sa nature et ses causes. — La maladie qui, depuis deux ans environ, a attaqué les Orangers dans le royaume de Valence, est par cela même *endémique ;* on pourrait même la dire *locale*, puisqu'elle affecte invariablement, d'abord, les racines de l'arbre. Quant à ses causes, nul doute qu'elles ne soient dues, en principe, à de certaines influences atmosphériques, ainsi qu'on l'a constaté dans beaucoup d'autres cas analogues appartenant à la pathologie végétale. Mais on ne saurait nier non plus, l'expérience l'a démontré, qu'il existe dans le pays des causes secondaires, qui ont dû favoriser l'invasion et le développement de la maladie. C'est d'abord l'humidité permanente ou trop prolongée autour des racines, ainsi que cela est arrivé dans la province de Castellon de la Plana. Là les terrains compactes, argileux, et par conséquent peu perméables, ayant conservé au pied des Orangers toute l'eau qui tomba pendant l'hiver si pluvieux de 1861 à 1862, l'épidémie se déclara immédiatement et y exerça des ravages considérables.

Les conditions défectueuses que présentent généralement les greffes dans le royaume de Valence sont encore une des causes qui ont contribué aux progrès du fléau. Au lieu de choisir (comme il est de règle en horticulture, lorsqu'on veut multiplier par la greffe un arbre fruitier quelconque) des sujets d'espèces plus robustes, plus fortes que celles qu'il s'agit de multiplier, on a ici la funeste coutume de greffer les Orangers sur poncire et sur citronnier, deux sujets beaucoup plus délicats, en même temps que bien plus sensibles à l'humidité pénétrante de l'hiver. Ce défaut de méthode a coûté cher : la plupart des arbres présentant ces conditions ont été atteints par la maladie et beaucoup en sont morts, tandis qu'elle a respecté tous ceux qui étaient sur franc, c'est-à-dire qui avaient été greffés sur Oranger à fruits aigres ou sur Oranger à fruits doux de graine.

Enfin, les difficultés à peu près insurmontables du *drainage* dans la campagne de Valence ont privé les producteurs d'Orangers de l'un des moyens les plus efficaces d'arrêter, dès le principe, les progrès de l'épidémie. Ces difficultés proviennent des canaux d'irrigation qui coupent en tous sens le pays plat, et qui s'opposent ainsi à l'opération du drainage, soit au moyen de conduites, soit à ciel ouvert.

Symptômes et moyens curatifs. — Ainsi qu'on l'a dit, le mal attaque d'abord les racines par les extrémités (*spongioles*), qui meurent ; va gagnant, comme une gangrène, les grosses racines qu'il détruit également, jusqu'à amener la mort du végétal, si l'on n'y apporte remède. Il va sans dire que, dès le début de la maladie, les feuilles commencent à jaunir, se dessèchent et offrent les symptômes de la chlorose.

De tous les moyens curatifs employés par les horticulteurs dans le royaume de Valence, celui qui a complétement réussi se réduit aux opérations suivantes :

Déchausser entièrement l'arbre atteint, et trancher toutes les racines mortes, lesquelles apparaissent d'une couleur brune et recouvertes, tantôt d'une substance gommeuse, tantôt de moisissures blanchâtres ; sur les racines attaquées seulement en partie, enlever cette partie qui est l'écorce ; frictionner à la chaux vive les plaies qui en résultent, ainsi que les moignons des racines coupées carrément, et les laisser ainsi exposées à l'air pendant trois ou quatre jours. Ce temps écoulé, couvrir le tout de sable calcaire ou siliceux, mélangé d'une moitié ou seulement d'un tiers de chaux vive ; après un nouveau délai de trois ou quatre jours, étendre sur ce mélange une couche de sable, pur cette fois, de manière à former une butte que l'on pourra alors recouvrir avec la terre du sol, mais en ayant soin que les parties de l'arbre traitées soient dans un milieu très-léger. Au cas où cet arbre aurait conservé un feuillage abondant, en supprimer dans la partie supérieure une quantité à peu près égale à celle des racines enlevées, afin d'équilibrer les deux organes absorbateurs (les racines et les feuilles).

Si l'opération a lieu à une époque où la végétation est en activité, on verra, avant un mois, de nouvelles racines naître des parties coupées et de jeunes drageons se montrer à l'extérieur. Il convient alors d'arroser le sujet convalescent, mais seulement à la main, et cela pendant un mois ou deux, parce que les moyens usuels lui seraient pernicieux. Dès que les pousses auront atteint 12 à 15 centimètres de longueur, on pourra le traiter comme les autres, en conservant toutefois le sable en forme de butte qui entoure le pied. Enfin, si l'on désirait activer la convalescence du végétal, il suffirait de répandre une livre de guano ou de tout autre engrais actif sur la butte de sable avant de la recouvrir avec la terre ordinaire.

Telle est la méthode qui joint à la certitude du succès l'économie et la facilité des moyens à employer, et que l'on croit devoir recommander, par conséquent, aux agronomes français, de préférence à d'autres remèdes coûteux ou compliqués, et nullement éprouvés dans tous les cas, tels que ceux, par exemple, dont parle une revue sicilienne (*Annali di agricoltura Siciliana*) dans un de ses derniers numéros de l'année 1864.

Moyens préservatifs. — Le drainage, entre autres, partout où il sera possible de l'établir, afin de faciliter l'écoulement des eaux surabondantes pendant l'époque hivernale.

I. TRAVAUX DES MEMBRES DE LA SOCIÉTÉ.

RAPPORT

DE LA

COMMISSION DE COMPTABILITÉ

DE LA SOCIÉTÉ ZOOLOGIQUE IMPÉRIALE D'ACCLIMATATION

Composée de MM. PASSY, DUPIN,

et M. Frédéric JACQUEMART, rapporteur.

(Séance du 31 mai 1865.)

MESSIEURS,

Nous venons, au nom de votre Commission des finances, vous soumettre le tableau des recettes et des dépenses de votre Société pendant l'exercice de 1864, et vous présenter la situation financière au 31 décembre dernier.

Comme toujours, jusqu'à présent, nous devons vous signaler la parfaite régularité de vos écritures, et vous proposer de voter des remercîments à M. le trésorier.

Recettes en 1864.

En caisse au 31 décembre 1863.	15,476 fr. 59
Pendant l'année 1864, les recettes se sont élevées, conformément au tableau n° 1 ci-annexé, à.	82,482 44
Le total des sommes entrées dans la caisse pendant l'année 1864 a donc été de.	97,359 fr. 03

Dépenses en 1864.

Les dépenses se sont élevées, conformément au tableau n° 2 ci-annexé, à.	83,713 fr. 31	
Mais a ce chiffre il convient d'ajouter ce qui reste dû :		
A l'imprimeur, pour divers.	319	
Id., pour solde du Bulletin de 1864.	1,205 15	
A M. Masson, pour le Bulletin de 1864.	2,105	
Ce qui élève la dépense totale pour 1864 a.	87,342 fr. 46	87,342 fr. 46
L'excédant des recettes sur les dépenses est donc de :		10,016 fr. 57

Report. . . . . 10,016 fr. 57

En outre, il est dû à la Société pour cotisations arriérées, savoir :

Pour 1858-1860.	705 fr.
1861.	1,539
1862.	2,465
1863.	3,954
1864.	7,168
Total	16,811 fr.

Nous évaluerons la somme à recouvrer sur cet arriéré seulement à. . . . . 5,000 fr.

Mais la Société doit ce qu'elle a reçu en dépôt :

De la famille Remy. . .	21 fr.	95		
De divers	50			
Médaille d'or.	260			
Médaille Guérineau. . .	274	65		
Les prix : A. G.	306	80		
Althammer.	1,000			
Theillier-Desjardins.	500			
Dutrône	400			
Sacc.	200			
Solde du prix Chagot. .	20			
Total.	3,033 fr.	20	3,033	20
La différence en faveur des recettes			1,966 fr.	80

La différence en faveur des recettes 1,966 fr. 80	1,966	80
entre les deux articles précédents doit être ajoutée à l'excédant des recettes sur les dépenses, ce qui porte la somme à la disposition de la Société au 1er janvier 1865, tous ses engagements étant payés, à.	11,983 fr.	37

Il est facile de contrôler l'exactitude de ce chiffre disponible.

Le compte du trésorier établit que le disponible était, au 1er janvier 1865, de. . . . . 10,612 fr. 52

Aux articles qui figurent au compte du trésorier nous avons ajouté :

Aux recettes, pour cotisations arriérées.	5,000 fr.			
Aux dépenses, pour mémoires non payés	3,629	15		
La différence.	1,370 fr.	85	1,370	85

à porter en recette donne pour le disponible total le chiffre déjà trouvé. . . . . 11,983 fr. 37

Résultat de 1864.

Nous avons vu que le disponible, au 31 décembre 1864, était de.	11,983 fr.	37
Au 31 décembre 1863, il était de.	6,198	65
Les économies de 1864 seraient donc de.	5,784 fr.	72

Report.	5,784 fr.	72
Mais pendant cet exercice la Société a employé qui figurent parmi les dépenses, à l'achat de 68 obligations du Midi restant dans votre portefeuille. Cette somme doit donc être ajoutée aux économies de l'année, ce qui	19,959	40
en élève le chiffre à.	25,744 fr.	12

L'accroissement de la réserve avait été :

En 1857, de.	11,073 fr.	
1858, de.	12,323	04
1859, de.	15,014	70
1860, de.	9,166	01
1861, de.	11,163	45
1862, de.	752	
1863, de.	14,738	87

Situation au 1er janvier 1865.

En résumé, la Société possède, au 1er janvier 1865, non compris les animaux, qui ont une véritable importance :

1° Valeurs disponibles.	11,983 fr.	37
2° 80 obligations du Dauphiné.	24,011	40
3° 120 — du Midi.	35,922	20
4° 20 — des Ardennes (don A. G.)	5,793	80
5° 100 actions du Jardin zoologique d'acclimatation.	25.000	
Total.	102,710 fr.	77

On continue, en vertu des pouvoirs que vous avez donnés, de rayer des listes de la Société les personnes qui refusent de payer leur cotisation.

Les recettes sont si difficiles à faire en pays lointains, les rentrées sont tellement douteuses, que nous ne cesserons, dans l'intérêt de la Société, de prier nos confrères qui présenteront des membres étrangers, d'inviter les candidats à se libérer par une cotisation définitive de 260 francs.

Au 1er janvier 1865, la Société comptait, après les radiations nouvelles, 2647 membres, dont :

44	honoraires,
17	sociétés affiliées,
51	sociétés agrégées payantes,
201	souscripteurs définitifs.
2334	membres payants.
2647	

Pendant l'année écoulée, il y a eu 36 souscriptions définitives, chiffre beaucoup plus considérable que pour les années précédentes. Cela tient à ce qu'on a transformé un certain nombre de souscriptions arriérées en souscriptions définitives. Le nombre total de ces dernières, déduction faite de celles annulées pour cause de décès, était, nous venons de le voir, de 201 au 31 décembre dernier.

Les dépenses annuelles occasionnées par les souscripteurs définitifs, telles que l'envoi du Bulletin et une partie des frais généraux, peuvent etre évaluées a 7 fr. 50 par an et par tête. soit à 1500 francs pour les 201 souscripteurs définitifs.

Le revenu de 100 obligations à prendre sur les 200 qui sont libres ferait face à cette dépense. Il serait donc très-prudent, dans ces conditions, de ne pas laisser à notre réserve moins de 100 obligations.

Détail des recettes de 1864.

Vous avez vu, messieurs, que les recettes, pendant l'année 1864, s'élevaient à. . . . . 82,182 fr. 44

Elles se composent de :

fr.	c.	
2,075 fr.	»	Dons faits à la Société :
		Par M. Demidoff. . . . . 75 »
		Par Sa Majesté le roi de Suède. . . 500 »
		Par le ministère du commerce, son allocation pour 1864. . . . . . 1,500 »
291	20	Intérêts de la fondation A. G.
500	»	Médaille d'or offerte par M. le Président, Son Excellence M. Drouyn de Lhuys.
620	»	Versement Althammer, comme complément du prix de 1000 francs qu'il a fondé.
65,378	»	Cotisations perçues, dont :
		3,003 fr. pour cotisations arriérées.
		50,710 pour cotisations de 1864.
		Disons qu'en 1863, on avait déja reçu 620 fr. à valoir sur les cotisations de 1864, ce qui porte le total perçu à 51,330 fr. Il reste encore à toucher 7168 fr. sur cet exercice :
		9,200 pour 36 cotisations définitives.
		2,430 pour cotisations de 1865.
		35 pour cotisations de 1866.
100	»	Vente du Bulletin des années précédentes.
110	»	Vente de médailles de la Société.
30	»	Vente des gravures des Yaks.
5	75	Remboursement de frais de poste.
550	65	Remboursement par le Jardin de la moitié des frais d'impression du Compte rendu de l'exposition des races canines en 1863.
2,358	60	Ventes d'animaux, savoir :
		La moitié d'un Lama . . . . 30 fr. »
		4 Boucs d'Angora. 165 60
		4 Chèvres d'Angora. . . . . 104 »
		Toisons d'Angora. . . . . 100 »
		La moitié d'une Vache Sarlabot . . . . 64 »
		Yaks. . . . . 1875 »
		2358 fr. 60
72,019 fr. 20		*A reporter.*

72,019 fr.	20	*Report.*
2,296	30	Intérêts des fonds placés.
1,400	»	Loyer de la Société protectrice pour les années 1863 et 1864.
1,342	84	Fonds déposés, savoir : Par la famille Remy. . . . . 106 fr. 84 Par les souscripteurs de la statue de Daubenton. . . . . 1236 »
5,000	»	Écriture d'ordre pour ouvrir le compte intitulé *Prix du Sultan*.
124	10	Intérêt dudit compte.
82,182 fr.	44	Chiffre égal à celui des recettes pour 1864, indiqué plus haut.

Détail des dépenses de 1864.

Nous allons passer à l'examen détaillé des dépenses. Leur ensemble s'élève à. . . . . 87,342 fr. 46

Savoir :

3,564 fr.	75	Solde du Bulletin de 1863.
12,618	15	Bulletin de 1864 tiré à 2800 exemplaires, soit 4 fr 50 par exemplaire.
319	»	Solde pour divers dus à l'imprimeur.
204	»	Achats de Bulletins antérieurs.
7	50	Solde des dépenses de l'Annuaire.
1,101	35	Frais d'impression du Compte rendu de l'exposition des races canines (1863).
818	70	Transport de Marseille à Paris des 25 Moutons chinois. Gratifications (200 fr.) et nourriture de ces 25 Moutons pendant quinze jours au Jardin. . . 90 fr. 70
65	50	Frais divers pour Chèvres d'Angora.
7,434	15	Frais de transport, de nourriture, gratification et divers pour 26 Alpa-Lamas et Alpacas ramenés par les frégates *la Galatée* et *la Cornélie*. 4 sujets sont morts peu de jours après leur arrivée. Sur les 22 animaux restant, 7 ont été envoyés en Algérie, et les 15 autres sont en cheptel, soit chez le prince Napoléon, à Meudon, soit chez M. , dans le département de l'Ain, et au Jardin d'acclimatation. Ces animaux avaient été offerts à l'Empereur par le président de la république de l'Équateur. Sa Majesté a bien voulu les donner à la Société.
82	»	Frais divers pour Yaks.
143	40	Frais pour animaux divers.
191	70	Frais pour les Vers du Chêne.
26,550 fr.	20	*A reporter.*

26,550 fr.	20	*Report.*
		On vous a déjà dit, messieurs, que si les éducations du *Yama-maï* avaient été très-malheureuses en 1864 dans les environs de Paris, malheur qui peut s'expliquer par l'origine de la graine, elles avaient parfaitement réussi sur les autres points en 1864. La troisième éducation se fait en ce moment.
698	60	Transports et achats de plantes et de graines.
		Sur cette somme, 500 francs ont été consacrés à l'achat de graines d'*Eucalyptus globulus*, cet arbre magnifique de l'Australie. Ces graines ont été distribuées par la Société.
1,486	»	Dépenses extraordinaires, savoir :
		A M. Roehn. . . . . 500 fr.
		A M. Champion. 986
		complément du passage de Marseille à Chang-haï. M. Champion, qui voyage pour son instruction en Chine, accompagne M. Simon. Il compte étudier les questions qui pourraient intéresser la Société.
4,609	98	Séance publique annuelle et récompenses, dont :
		Prix et récompenses. . . . . 4,082 fr. 28
		Séance publique 527 70
750	»	Pour 1500 billets du Jardin, distribués comme jetons de présence, aux membres de la Société qui assistent aux séances générales.
1,883	35	Solde du traitement des employés et gratifications pour 1863.
10,599	90	Traitement du personnel et gratifications pour 1864.
		A l'occasion de ce chapitre, nous étions habitués à apprécier, comme ils le méritaient, les services rendus à la Société par votre agent général, M. Hébert. Aujourd'hui, messieurs, il nous est douloureux de le rappeler, une terrible maladie nous a privés de son concours. Le Conseil a voulu donner à votre agent général une preuve de sa sympathie, et reconnaître, autant qu'il était en son pouvoir, le dévouement dont M. Hébert a fait preuve pendant dix ans. Votre Conseil a consacré une somme de 11,307 fr. 30 à l'achat d'un titre de 500 francs de rente 3 pour 100, dont il a donné l'usufruit à M. et Mme Hébert, et la nue propriété à leur jeune fils.
7,684	85	Frais généraux, savoir :
		3,947 fr. 05 { 3,250 fr. » Loyer. / 162 05 Impôts. / 44 » Assurance. / 461 » Chauffage.
54,262 fr.	88	*A reporter.*

54,262 fr. 88		*Report.*
		3,767 80 { 1,160 fr. 40 Ports et affranchissements. 1,340 05 Impressions et imprimés. 1,150 35 Frais divers. 117 » Fournitures de bureau.
718	71	Frais de recouvrements, dont 449 fr. 65 pour change de place. Il faut attribuer l'élévation du chiffre de cette dépense à l'achèvement de l'opération ayant pour but la rentrée des cotisations arriérées.
20	»	Remboursés à divers.
601	37	Remboursement à la famille Remy.
6,780	10	Solde des dépenses faites pour l'érection et l'inauguration de la statue de Daubenton, due à l'habile ciseau de M. Godin. Cette belle statue, dont le marbre a été donné par l'État, a coûté 16,182 fr. 95, savoir :

Remis au sculpteur.	11,500 fr.	»
Piédestal.	2,700	»
Transport et pose.	300	»
Frais d'inauguration.	780	10
Impressions et divers	902	85

Les souscriptions se sont élevées à 14,735 francs, et la Société a contribué pour 1,447 fr. 95 à cette création, qui est tout à la fois une noble pensée et une belle œuvre.

19,959	40	Achat de 68 obligations du Midi.
5,000	»	Don du Sultan, écriture d'ordre.
87,342 fr.	46	Total égal à celui des dépenses.

Si, de ce total, vous retranchez les dépenses :

1° Qui s'appliquent à l'année dernière :		
Bulletin.	3,567 fr.	75
Personnel.	1,883	35
2° Celles qui ne sont que des remboursements :		
Pour la famille Remy.	601	27
Pour la statue de Daubenton. . .	4,132	15
3° Les placements de fonds	19,959	40
4° Et les écritures d'ordre.	5,000	»
Soit au total.	35,144 fr.	02

35,144	02	
52,198 fr.	44	La différence représentera les dépenses réelles pour l'exercice de 1864.

Nous allons, messieurs, vous présenter un aperçu des recettes et des dépenses pour l'année 1865.

Recettes pour 1865.

Souscriptions renouvelées, 2200 sur 2647, déduction faite de 385, représentées par 44 membres honoraires, 17 sociétés affiliées 201 souscripteurs définitifs et 123 membres douteux ; soit, à 25 fr.	55,000 fr.
Souscriptions nouvelles, 200 à 30 fr.	6,000
Souscriptions définitives, 20, au lieu de 36, à 260 fr., soit 5200 fr., dont la moitié doit être mise à la réserve, soit net.	2,600
Allocations du Ministre et dons	1,600
Revenu des capitaux	3,500
Revenu de la fondation A. G.	300
Loyer de la Société protectrice.	700
Total des recettes probables pour 1865.	69,700 fr.

Dépenses pour 1865.

Loyer, impôts, assurances, chauffage.	4,000 fr.
Bulletin, 2800 exemplaires.	13,000
Frais généraux : poste, imprimés, fournitures de bureau, distributions, ports et divers	4,000
Recouvrements en province.	500
Traitement des employés.	12,000
Séance annuelle, récompenses, imprimés et frais.	4,000
Dépense extraordinaire : achat d'un titre de rente de 500 fr. en 3 pour 100 au profit de M. Hébert.	11,307
Total des dépenses pour 1864.	48,807 fr.

Si des recettes probables pour 1865.	69,700 fr.	»
nous retranchons la dépense probable.	48,807	»
on trouve un excédant de recettes de.	20,893 fr.	»
Cet excédant, joint au disponible du 1er janvier 1865 .	11,983	37
donnerait pour l'année 1865 un disponible de.	32,876 fr.	37

Nous devons ajouter, messieurs, qu'en 1865 nous aurons une recette extraordinaire provenant des bénéfices réalisés sur l'opération des graines de Vers à soie du Japon, et qui s'élèvent au total à 71,017 fr. Mais, M. le Président, lorsqu'il proposa cette opération à la Société, ayant manifesté le désir qu'une partie du béné-	71,017 fr.	»
A reporter.	71,017 fr.	»

Report.	71,017 fr. »
fice à en provenir fût attribuée au Jardin d'acclimatation, Votre Conseil a décidé qu'une somme de 27,000 fr. serait mise à la disposition du Jardin. Cette somme devra être consacrée à des créations nouvelles, faites dans cet établissement, d'accord avec la Société impériale. Le	27,000 »
bénéfice restant à la Société sera donc de.	44,017 fr. »

Ce chiffre, qui paraît si énorme dans nos tableaux financiers, est très-inférieur cependant au bien qui aura été produit, à l'immense satisfaction qu'éprouvent tous les possesseurs de nos cartons, à l honneur qui rejaillira sur la Société, et dont une bonne part doit remonter jusqu'à notre Président.

Malgré ce brillant succès, la Société ne renouvellera pas cette opération. Aujourd'hui la voie est ouverte au commerce, c'est à lui d'y entrer.

Au résumé, messieurs, sans toucher à vos réserves, vous pourriez disposer d'une somme de 76.893 fr. 37 pendant l'année 1865. Mais votre Conseil ne prévoyant pas d'emploi pour des sommes aussi importantes, a décidé que la majeure partie serait placée en obligations, tout en réservant le nécessaire pour les besoins ordinaires de la Société.

On peut dire qu'aujourd'hui (1er juin), notre réserve est de 150,000 fr.

L'accroissement de nos richesses ne doit nous rendre ni avares ni prodigues, mais il doit nous donner cette énergie tout à la fois résolue et prudente, qui veut faire de nouvelles conquêtes, et ne se laisse pas effrayer par la crainte d'un échec, quand il s'agit d'atteindre un des buts désirés de la Société impériale zoologique d'acclimatation.

EXPOSITION DES RACES CANINES.

DISCOURS

PRONONCÉ, A L'OCCASION DES RÉCOMPENSES,
le 17 mai 1865,

Par M. DE QUATREFAGES
(de l'Institut),
Vice-président de la Société impériale zoologique d'acclimatation,

MESSIEURS,

Pour la seconde fois le Jardin d'acclimatation a tenté une exposition spéciale des races canines. En m'appelant à l'honneur de la présider, il m'a donné pour la seconde fois la joie de constater un vrai succès. Vous avez pu en juger par vous-mêmes : l'exposition de cette année ne le cède en rien à la précédente ; elle l'emporte à certains égards sur son aînée. Races utiles et races de luxe de tout genre ont pris place dans nos chenils temporaires. Elles y sont représentées par de remarquables spécimens, et les prix proposés à l'ambition des éleveurs, des propriétaires, ont été noblement gagnés. L'avenir de ces expositions est donc désormais assuré. Le vieil ami de l'Homme ne retombera plus dans l'injuste oubli d'où vous l'avez tiré. Désormais il aura sa place dans ces solennités où l'Homme passe en revue ces serviteurs dociles dont il change comme à son gré les instincts et les formes, et dont les ancêtres furent tous des bêtes sauvages ou féroces, dont les frères vivent encore dans une farouche liberté.

C'est là, messieurs, un grand spectacle, et qui mieux que tout autre atteste que nous sommes bien les rois de la création. Asservir la nature brute, dompter les forces qui régissent la matière, et, — pour ne citer qu'un exemple, — réduire les éléments de la foudre à l'humble rôle de courrier, est certainement un merveilleux triomphe. Mais il est plus merveilleux encore d'atteindre ce mystérieux *je ne sais quoi* qui donne aux êtres vivants leur activité propre et différencie les espèces animales ou végétales. Ici l'Homme semble toucher à l'essence même des choses. Former des *races*, c'est presque créer des *espèces* nouvelles ; et la ressemblance est telle, que bien des gens s'y sont trompés et s'y trompent journellement.

Plus qu'aucun autre animal domestique, le Chien s'est métamorphosé entre nos mains, et la cause en est facile à comprendre. Au Bœuf, au Cheval, au Mouton, on a toujours demandé à peu près les mêmes services. Du Chien on a *tout* exigé. Mettant certainement à profit des accidents, des hasards de naissance, les aidant, les exagérant par son industrie, l'Homme a poussé en tout sens et aux extrêmes la nature flexible du Chien. C'est ainsi qu'il a obtenu le Havanais et le Dogue de Bordeaux, le Caniche et le Chien turc, le Bouledogue et le Lévrier, tous ces types enfin qui ont passé sous vos yeux.

De pareils résultats ne sauraient être que l'œuvre des siècles ; et la tradition des moyens employés, celle des origines des races, se sont presque toujours perdues. Aussi l'histoire du Chien, féconde en enseignements, n'est-elle guère moins riche en problèmes.

Quelle est l'origine du Chien domestique? Toutes nos races descendent-elles d'une souche unique, ou de plusieurs? Dans les deux hypothèses, peut-on retrouver le point de départ? Le Chien a-t-il été de tout temps l'allié de l'Homme ? Dans le cas contraire, à quelle époque s'est conclue une alliance qui devait devenir si intime, si universelle? Une fois soumis, le Chien n'a-t-il jamais repris sa liberté native, et, en ce cas, que sont devenus les descendants de ces rebelles? — Voilà quelques-unes des questions que soulève l'histoire dont votre exposition est comme l'illustration vivante.

J'ai essayé déjà de répondre à la première (1). Fort des recherches faites sur place par Guldenstädt, Pallas, Empricht, Ehrenberg, Nordmann, etc., appuyé sur les études comparatives

(1) Exposition de 1852, discours de M. de Quatrefages, dans les *Bulletins de la Société d'acclimatation*.

accomplies au Muséum par Isidore Geoffroy Saint-Hilaire, j'ai cherché à vous montrer dans le Chacal l'espèce souche du Chien et de ses mille races. Je ne reviendrai sur ce point que pour vous citer une confirmation curieuse recueillie tout récemment.

Le Chacal, ont dit les adversaires de la doctrine que je défends, est un animal qui se terre, et le Chien ne se terre pas. — Eh bien, voici un Chien, accepté comme tel par tous les naturalistes, qui vient de présenter ce trait de mœurs d'une façon très-inattendue (1).

Vous savez tous que M. le duc de Luynes vient d'accomplir, avec des compagnons dignes de lui, un voyage scientifique sur la mer Morte et dans les contrées voisines. Il en a ramené deux *Chiens de bazar*, pris tout jeunes dans les fossés de Jérusalem. Quelque temps après leur arrivée en France, on s'aperçut que la femelle était pleine. Au bout du temps voulu, on reconnut qu'elle était délivrée ; mais on ne trouvait pas les petits. Après bien des recherches seulement, on les découvrit au fond d'un terrier de 2 mètres de profondeur, que la mère avait creusé en cachette dans un coin écarté du parc. — C'est que, fille d'une race qui vit libre et sans maîtres, quoique au milieu des villes, cette Chienne avait conservé ou retrouvé ses instincts natifs, attestant ainsi une fois de plus, au milieu de nous, sa parenté avec le Chacal.

Ainsi, tout le prouve de plus en plus, le Chacal est le Chien sauvage ; le Chien est le Chacal civilisé et modifié par les mille conditions d'existence que lui a faites la main de l'Homme. Mais à quelle époque remonte cette prise de possession ?

Sans être la première de nos conquêtes sur la création vivante, le Chien est incontestablement un des animaux les plus anciennement domestiqués. Il est nommé dans les *Védas*, le *Zend-Avesta*, les *King*, c'est-à-dire dans les plus vieilles archives de l'humanité. Il figure sur les murs de Ninive et sur ceux qu'ont élevés les premières dynasties égyptiennes. Dans

(1) Je tiens les détails suivants de M. Lartet fils, un des savants qui ont accompagné M. le duc de Luynes dans son beau voyage d'exploration dans la mer Morte.

ces peintures, dans ces bas-reliefs, on le voit montrant parfois des oreilles tombantes, indices d'une sujétion déjà ancienne. C'est donc au delà de ces monuments et dans la nuit des temps antéhistoriques qu'il faut presque toujours aller chercher la solution du problème que je viens de poser. Ne soyez pas surpris si cette solution n'est encore ni générale ni bien précise.

A en juger par les résultats actuels d'une science encore fort nouvelle, il est vrai, les restes du Chien domestique manquent aux premiers ossuaires humains de notre Europe occidentale ; on ne retrouve pas l'empreinte de ses dents sur les débris de repas, dont il n'eût pas manqué de faire sa part (1). C'est donc sans son aide et armés seulement de leurs flèches d'os ou de pierre, de leurs haches de silex grossièrement taillé, que nos ancêtres primitifs ont chassé le Renne, alors si commun en France, affronté l'Hyène et l'Ours des cavernes qui leur disputaient cette proie, et très-probablement lutté contre l'Éléphant, leur contemporain.

Avec les Hommes qui ont poli leurs armes encore empruntées aux roches dures, avec la race humaine qui a fondé les villages sur pilotis de la Suisse, de la France, de l'Italie, arrivent au contraire deux races de Chiens dont nous reconnaîtrons peut-être un jour les descendants dans quelqu'une de nos expositions. Mais ces populations sans histoire ne nous fournissent pour elles-mêmes que des époques relatives, et nous ne pouvons par conséquent dire à quelle date elles amenèrent chez nous le Chien domestique.

Il en est autrement en Chine. Ici nous pouvons presque préciser l'année de l'introduction, ou au moins fixer le moment où le Chien, qui fait aujourd'hui partie de l'alimentation journalière dans cette contrée, était encore une rareté.

C'était vers l'an 1122 avant notre ère (2), c'est-à-dire à peu près à l'époque de la guerre de Troie, peut-être à ce moment même où le noble Argus, immortalisé par Homère, expirait de

(1) M. Lartet père a bien voulu me remettre sur cette question une note que je regrette de ne pouvoir reproduire ici.

(2) J'emprunte ces faits à l'*Histoire de la Chine* par M. Pothier.

joie en revoyant son maître. Le prince Fa venait de détrôner le dernier des Chang et de fonder la dynastie des Tchéou. Sous le nom de Wou-wang, il régnait sur un immense empire et recevait de toute part hommages et tributs. Parmi les cadeaux envoyés du pays de Lou, situé à l'ouest de la Chine, figurait un grand Chien que le *roi-guerrier* (1) semble avoir accueilli avec une faveur trop marquée, car elle lui attira de sérieuses remontrances de la part du premier ministre. Permettez-moi de vous citer textuellement un passage de la harangue prononcée par ce grave personnage, il a bien sa moralité :

« Le peuple trouve ce qui lui est nécessaire, quand on ne recherche pas les choses rares et qu'on ne méprise pas les choses utiles. Un chien, un cheval, sont des animaux étrangers à votre pays, il n'en faut pas nourrir ; de même n'élevez pas chez vous de beaux oiseaux ni des animaux extraordinaires. »

Ce langage, messieurs, n'est pas nouveau pour vos oreilles ; c'est exactement celui des adversaires de l'acclimatation. — A quoi bon introduire de nouveaux oiseaux, de nouvelles bêtes à laine, de nouveaux vers à soie ? N'avons-nous pas tout ce qu'il nous faut ? — Voilà ce que disent encore quelques incorrigibles. Eh bien ! à ceux qui répéteraient ces arguments, vieux de trente siècles, contentons-nous de rappeler que les *Chiens*, les *Chevaux*, ont été traités d'*animaux inutiles*, et renvoyons nos détracteurs au vénérable mandarin de Wou-wang.

Voilà donc au moins trois mille ans que le Chien a atteint, de l'est à l'ouest, les deux extrémités de l'ancien monde, et les monuments égyptiens attestent qu'il était en Afrique bien avant cette époque. A partir de ce moment, toutes les fois qu'un document de nature à jeter du jour sur ces questions nous est révélé, nous y voyons l'Homme et le Chien associés, ou marchant ensemble à la conquête du monde. Ainsi, en Amérique, les manuscrits quichés nous montrent le Chien à la cour de Xibalba, de cette mystérieuse Palenqué dont les

(1) Signification littéraire du nom de Wou-wang.

ruines bien des fois séculaires étonnent les yeux les plus familiarisés avec les merveilles monumentales de l'ancien monde (1). Ainsi, les chants sacrés recueillis par sir George Gray chez les Mahoris nous font voir les premiers colons partis d'Hawaïki pour la Nouvelle-Zélande amenant avec eux ce même Chien qu'on a retrouvé dans presque toute la Polynésie (2).

Représentez-vous, messieurs, toutes les vicissitudes subies par le Chien dans ce voyage incessant autour du monde, commencé nous ne savons quand, à peu près complété sans doute il y a déjà trente siècles, et qui dure encore aujourd'hui; songez à tout ce que l'homme a exigé de ce compagnon inséparable, du Groenland à l'équateur et au Cap, de la terre des Patagons au détroit de Behring; rappelez-vous les modifications déjà si grandes subies à côté de nous par les animaux domestiques, par les plantes cultivées, et vous ne serez plus surpris de la multitude de formes, de tailles, de proportions, de couleurs, que présente notre exposition. Vous vous expliquerez de même un fait remarquable, et qui, plus que tout autre peut-être, a jeté de la confusion dans l'histoire du Chien.

Sur plusieurs points du globe on rencontre, à côté du Chien domestique, des animaux qui lui ressemblent beaucoup, mais qui présentent les caractères et les mœurs des espèces sauvages. Quelques naturalistes ont voulu voir en eux autant d'espèces, les souches des diverses races avec lesquelles ils ont des rapports de forme ou de pelage, et expliquer ainsi les variétés du Chien. Mais cette théorie laisse en dehors précisément les races les plus anormales, telles que le Caniche et le Chien turc, le Bouledogue et le King's-Charles, et pour cette raison seule elle est inacceptable.

(1) Voyez dans l'*Histoire du Mexique avant la conquête*, par M. l'abbé Brasseur de Bourbourg, la légende de Hunahpu et Exbalanqué.

(2) *Polynesian Mythology*. J'ai donné dans la *Revue des deux mondes* (1853) une analyse de ces chants historiques, et mentionné entre autres les passages relatifs à l'importation à la Nouvelle-Zélande du Chien et du Rat, les deux seuls mammifères qu'y aient trouvés nos premiers navigateurs.

Tout prouve, au contraire, que, pour être dans le vrai, il faut en renverser les termes, et rattacher ces Chiens sauvages aux Chiens domestiques, dont ils ne sont que les fils redevenus libres.

Rappelons ici un fait tout récent et néanmoins trop oublié. Lorsque les Espagnols abordèrent en Amérique, ils y introduisirent leurs grands Limiers de chasse et de guerre. Quelques individus, égarés dans les forêts et les pampas, s'y multiplièrent ; d'autres Chiens de diverses races vinrent se joindre à ces déserteurs, et leurs descendants réunis forment aujourd'hui des bandes redoutables aussi farouches, aussi féroces que si leurs ancêtres n'eussent jamais connu l'esclavage. Dans ces nouvelles conditions d'existence, tous ont repris quelques-uns des caractères du Chien primitif : le poil est devenu plus rude, les teintes sont plus uniformes, les oreilles se sont redressées, etc.; mais, au milieu de ces hordes vagabondes, on n'en retrouve pas moins les races qui leur donnèrent naissance (1). Ainsi, la liberté reconquise n'efface pas l'empreinte imprimée par la main de l'Homme : le Chien, rendu à lui-même, ne redevient pas pour cela le Chacal; il enfante seulement une nouvelle race de Chiens sauvages ou mieux de Chiens libres (2).

Ce qui s'est passé en Amérique et de nos jours a dû nécessairement se passer en d'autres lieux, en d'autres temps. Toujours, lorsque le Chien a trouvé en dehors de l'action de l'Homme un abri et la nourriture, quelques individus ont dû s'écarter et faire souche. Ainsi ont pris naissance le Dingo de l'Australie, le Buansa du Népaul, le Paria des jungles et de l'Himalaya, le Dhole des monts Rhangany, et toutes ces *races libres* prises plus tard pour des *espèces* (3).

(1) Ce fait important a été constaté par M. Martin de Moussy.

(2) Ce qui est vrai pour le Chien l'est aussi pour les autres animaux domestiques redevenus libres. Le Cochon, par exemple, redevenu libre en Amérique, ne ressemble pas pour cela à notre Sanglier, et a même donné naissance à des races sauvages distinctes. — Voyez le beau mémoire de M. Roulin dans le *Recueil des savants étrangers* de l'Académie des sciences.

(3) Toutes ces races sont plus ou moins cantonnées. Le Chacal présente

Eh bien, messieurs, ces races libres et leurs sœurs restées domestiques, il faut que quelque jour elles viennent prendre place dans nos cages, sur nos lits de camp. Peut-être me trouverez-vous trop ambitieux ; mais je ne crois pas l'entreprise au-dessus de vos forces, et le résultat à atteindre mérite bien quelques efforts. Parmi ces Chiens exotiques, il en est certainement de bons à acquérir pour satisfaire, soit à des besoins réels, soit à quelques-uns de ces instincts du superflu qui alimentent tant d'industries. A coup sûr aussi, il en est que le zoologiste, l'archéologue, le paléontologiste, étudieront avec bonheur et avec fruit. En les réunissant à nos races européennes, vous répondrez à tout ce qu'on doit attendre de ces expositions, et vous montrerez qu'entre des mains intelligentes, les délassements mêmes du sport peuvent à la fois satisfaire de nobles curiosités, servir des intérêts très-positifs et être utiles aux sciences les plus élevées.

au contraire une aire d'habitat immense. Que cette circonstance soit primitive, ou qu'elle soit la conséquence de la dissémination involontairement opérée par l'Homme, elle ne m'en paraît pas moins décisive et devoir faire regarder le Chacal comme la souche première.

SUR LES ZÈBRES
DE LA COLONIE DU CAP DE BONNE-ESPÉRANCE.

LETTRE ADRESSÉE
A M. LE PRÉSIDENT DE LA SOCIÉTÉ IMPÉRIALE D'ACCLIMATATION

Par M. HÉRITTE,
Consul de France.

(Séance du 8 juillet 1865.)

Ville du Cap, 12 mai 1865.

Monsieur le Ministre,

..... Certaines régions de la colonie du Cap renferment encore différentes espèces de Zèbres. L'une est le Zèbre dont nous avons été à même de voir des exemplaires dans certains jardins zoologiques d'Europe, c'est l'*Equus montanus* ou Cheval de montagne; il est rayé sur tout le corps et sur les jambes jusqu'aux sabots. L'autre est le Zèbre de plaine, appelé quelquefois Cheval sauvage, mais désigné plus spécialement sous le nom hottentot de *Qua-cha* ou *Quagga*. Il est faiblement rayé et en couleurs plus foncées que ne l'est le Zèbre de montagne; contrairement aussi à ce dernier, il est rayé seulement sur le corps, sans l'être sur les jambes. C'est un animal bien fait, bien proportionné, très-vigoureux, se rapprochant autant du cheval que le Zèbre (de montagne) se rapproche de l'Ane ou du Mulet. Contrairement aussi à ce dernier, il n'est pas du tout vicieux, mais très-susceptible d'être domestiqué, et, en l'état de domesticité, il est fort doux et fort traitable. J'ai pu en juger par mes propres yeux. Il se nourrit, pour ainsi dire, de tout et ne maigrit jamais absolument.

Cependant, malgré tous ces avantages, on n'a pas encore songé, dans la colonie du Cap, à tirer parti de ce charmant animal, et tout au contraire les fermiers achèvent de le détruire de tous côtés avec une ignorante brutalité. Il est évident, toutefois, qu'on pourrait précieusement l'utiliser, soit en l'acclimatant lui-même, soit en le croisant avec le Cheval ou l'Ane. On trouve à s'en procurer au Cap à des prix raisonnables, et il est vraiment pénible de constater le peu d'intérêt pratique qu'on attache à l'existence d'un animal aussi original et intéressant, qui devient chaque jour plus rare.

Agréez, etc. *Signé* HÉRITTE.

GUÉRISON ET AMÉLIORATION DU VER A SOIE,

Par le capitaine HUTTON,
à Mussooree (Indes orientales).

Extrait du *Journal de la Société d'acclimatation de Berlin*,

et traduit par M. le Dr SACC.

Depuis quelques années, on craint beaucoup en Europe pour l'avenir du Ver à soie commun (*Bombyx Mori*), dont la constitution est si profondément minée par une domestication prolongée, et plus encore par des soins mal entendus, que l'existence même de cette utile espèce est menacée. Ces craintes sont fondées; il suffit, pour le prouver, de rappeler, avec M. Guérin-Méneville, qu'une seule des maladies du Ver à soie, la muscardine, enlève chaque année le quart des éducations. D'autre part, les entomologistes s'accordent à dire avec les éleveurs, que depuis dix ans les récoltes, ne cessant de diminuer, ne donnent plus que la moitié de leur rendement primitif. Tous les essais faits jusqu'ici pour arrêter les progrès du mal ont en réalité été nuls, bien que quelques-uns d'entre eux aient momentanément donné ici ou là des résultats favorables. Effrayée par ces maladies, et plus encore par l'impossibilité d'en arrêter la marche toujours plus menaçante, la France a cherché avec le zèle le plus louable à remplacer, par l'importation de nouvelles espèces de Vers à soie, le vide immense produit dans ses revenus par la maladie de l'espèce commune.

C'est dans le but d'aider notre alliée du continent, autant pour l'importation des espèces nouvelles qui vivent dans les forêts occidentales de l'Himalaya, que pour arriver à la guérison de l'espèce commune, que j'ai entrepris depuis quelques années une série de travaux que je vais exposer. Dans mes recherches, je n'ai pas cherché à *guérir* l'une ou l'autre des maladies du Ver à soie du Mûrier, mais j'ai voulu lui rendre la vigueur qu'il avait au début de sa domestication, et écarter ainsi d'emblée la débilité, cause principale et peut-être unique de toutes les maladies qui l'attaquent. J'ai l'immense satisfaction d'annoncer aux éleveurs que mes essais, qui datent déjà de trois ans, ont complétement réussi, ce qui me permet d'espérer que les années à venir me donneront des résultats de plus en plus satisfaisants.

De tous les groupes de la famille des Bombycides, celui des vrais Bombyx est le plus intéressant pour l'industrie. Cette famille si utile embrasse, outre quelques espèces sauvages vivant sur tout le continent de l'Inde, toutes les espèces productives de soie, domestiquées et importées, il y a bien longtemps déjà, du nord de la Chine, où elles sont élevées en captivité depuis bien des siècles. Comme j'ai décrit, dans mon *Mémoire sur les Vers à soie de l'Inde*, toutes les espèces de Chine, je ne m'en occuperai que pour leur appliquer quelques faits nouveaux. Abordant mon sujet, je vais m'attacher à prouver d'abord que la constitution du Ver à soie du Mûrier est tellement affaiblie, qu'elle doit infailliblement conduire la race entière à une destruction totale, et à développer ensuite les moyens aussi simples que naturels que j'ai découverts pour rendre à cette précieuse espèce toute sa vigueur primitive.

Découverte du Ver à soie. — On admet généralement que le Ver à soie fut découvert en Chine 2460 ans avant Notre-Seigneur. Dès qu'on eut trouvé le moyen de dévider son cocon, il fut l'objet d'une éducation régulière. Il est naturellement très-difficile de décider si cette espèce est bien celle que les entomologistes appellent Ver à soie du Mûrier (*Bombyx Mori*), ou bien s'il n'y en a pas eu plusieurs autres étudiées en même temps qu'elle. Cependant, une citation tirée du *Récit des cérémonies de la cour de Chine*, par J. Moore, semble établir qu'il n'y en a pas eu plusieurs, quoiqu'elle fasse allusion à deux récoltes de soie par an. La voici : « L'employé qui taxait les chevaux défendit au peuple de » faire une seconde éducation de Vers à soie dans le courant

» de l'année. » Ce passage peut s'appliquer, à la rigueur, au *B. Mori*, puisqu'il suffirait probablement de le replacer, pendant quelques années consécutives, dans les conditions climatiques où il se trouve à l'état sauvage, pour en obtenir une éducation automnale. On observe ce phénomène sur une autre espèce qui ne donne pourtant qu'une génération par an, excepté à Mussooree, dans l'Himalaya occidental : c'est le *Boro pulu* du Bengale, que j'appelle *Bombyx textor*. Cette analogie a conduit quelques auteurs à regarder ces deux espèces comme des variétés d'une seule et même souche, et à admettre que, soumises à une température convenable, toutes nos espèces de Vers à soie donneraient plusieurs éducations par an. Il est donc possible que ces deux espèces aient une même origine ; en sorte qu'on doit admettre que si elles ne donnent pas en Europe deux récoltes par an, c'est que les circonstances atmosphériques ne s'y prêtent pas (1). Quant aux vers à éducations mensuelles, il est clair que si leur extraordinaire fécondité est due au climat chaud des pays où on les élève, ils devront ne produire aussi qu'une éducation par an, si on les transportait dans un pays froid. Je dois à la vérité de dire que je n'ai cependant pas réussi à entraver l'éclosion du petit Ver à soie mensuel de la Chine (*Bombyx sinensis*, Nob.), quoique j'en aie soumis les œufs à une température de + 12 degrés centigrades, tandis que, d'autre part, j'ai facilement amené le *Bombyx Mori* de Cashmir et le *B. textor* de la Chine à produire deux générations annuelles. C'est sur cette raison que je me base pour en faire autant d'espèces distinctes. Or, comme tous les renseignements accumulés par Moore et d'autres auteurs établissent que le Ver à soie primitivement cultivé en Chine ne donnait qu'une éducation printanière, on doit laisser à cette espèce, qui est celle qu'on élève en Europe, la dénomination de *Bombyx Mori*, et admettre que la défense faite au peuple par la cour de Chine,

(1) C'est à l'une de ces espèces que se rapportent les jolis petits cocons jaunes rapportés de l'Annam par notre zélé confrère M. P. Jæger.

de faire deux éducations de Vers à soie par an s'applique bien à elle, et non à une autre espèce, puisqu'elle a trait à une seconde éducation facultative ; car s'il avait été question de la race à double éclosion, il est clair que l'arrêt impérial en aurait détruit l'espèce, ce qui est inadmissible.

Importation en Europe. — Il paraît que le Ver à soie fut exclusivement cultivé en Chine depuis 2640 ans avant Notre-Seigneur jusqu'à l'année 550 après sa naissance. Les peines les plus sévères s'opposaient à l'exportation de ce précieux insecte, qui ne fut apporté en Europe et présenté à l'empereur Justinien qu'en 550, par des moines qui avaient visité la Chine et appris à connaître tout à la fois le Ver à soie, son éducation, et la manière d'en utiliser les produits.

Abâtardissement de la race par la culture. — L'éducation du Ver à soie étant restée pendant trois mille ans entre les mains des Chinois, il n'est pas surprenant que, sous l'influence du manque d'air, d'une alimentation insuffisante et de soins mal entendus, l'espèce en soit parvenue à l'Europe déjà fortement abâtardie. Comme nous avons élevé cet insecte, à l'exemple des Chinois, dans des conditions toujours différentes de celles de la nature, il n'y a donc pas lieu de s'étonner si chaque année de nouvelles maladies sont venues assaillir ce précieux insecte, que l'incurie des éleveurs a conduit bien près de sa destruction totale. En effet, jusqu'à ces dernières années, personne n'a fait des éducations naturelles, ni essayé de rafraîchir le sang de la variété domestique par de nouvelles importations d'œufs de la Chine ; il semble, au contraire, que les éleveurs aient pris à tâche de détruire les pauvres Vers à soie, tant ils se sont appliqués à en accélérer l'éducation par l'emploi d'une chaleur artificielle et le manque d'air et de lumière.

Si j'ai fait allusion à l'importation de graines de Chine pour rafraîchir le sang de nos Vers à soie, ce n'est pas que je condamne l'éducation entre consanguins, contre laquelle on s'élève en France d'une manière aussi violente qu'irréfléchie, puisqu'elle est *partout* dans la nature. Non, l'union entre consanguins n'est dangereuse que lorsque les parents sont malades, parce que leurs produits sont naturellement de plus en plus infectés à chaque génération, ce qui est le cas actuel pour nos Vers à soie. Je suis heureux de me rencontrer, sous ce rapport, avec M. Guérin-Méneville, dont l'autorité en matière de sériciculture est aussi incontestable qu'incontestée.

J'affirme, en conséquence, qu'il n'existe plus une seule race de Vers à soie absolument saine; leur couleur blanche indique assez que la dégénérescence est complète, et je ne comprends pas que cet insecte ait pu résister pendant une aussi longue série de siècles aux traitements irrationnels qu'on lui a fait subir; aussi ne puis-je assez admirer sa remarquable rusticité. Dès le temps de l'empereur Justinien, on décrit la couleur des Vers à soie comme étant blanc grisâtre ou jaunâtre, et cette indication suffit pour prouver que, sous l'influence de l'éducation chinoise, cet insecte était assez dégénéré pour avoir perdu sa coloration primitive. Il est vrai que dans toutes les grandes chambrées, on rencontrait quelques vers de couleur foncée; mais on les regardait comme une variété produite par la domestication, et non point comme ce qu'ils sont en réalité, comme un retour à la coloration primitive de l'espèce. C'est à cette fausse interprétation qu'il faut attribuer l'erreur des naturalistes au sujet de la coloration naturelle des Vers à soie; car je vais prouver qu'elle est grise, et que la coloration blanche est le fruit de la domestication, et l'effet de leur débilitation amenée par des soins mal entendus.

Inutile de chercher des œufs sains. — On m'objectera sans doute que, pour améliorer nos Vers à soie, on a fait venir des œufs d'Asie, et qu'on les a croisés avec leurs produits, mais qu'on n'a jamais réussi dans ces tentatives. Cela est tout simple, puisque notre race d'Europe est plus saine encore que celle qu'on élève aux Indes et en Chine, où l'on a si bien oublié la coloration du type sauvage, que tout le monde croit que la couleur blanche est inhérente au Ver à soie du Mûrier.

Exposé de mes essais. — Si l'on me demande des preuves de la maladie du Ver à soie et du changement de sa couleur primitive, je répondrai, quant au premier point, qu'il n'y a que trop de faits qui l'établissent; et, quant au second, par une série d'expériences qui me semblent décisives. Toutes les personnes qui ont élevé des Vers à soie ont remarqué, dans la plupart des chambrées, des vers de couleur grise, plus ou moins foncée, qu'on appelle *tigrés* ou *zébrés*, et qui se détachent fortement au milieu de leurs congénères à peau blanche : eh bien, ils ont la coloration primitive de l'espèce (1).

Comme ces vers à teinte foncée avaient fixé depuis longtemps mon attention, j'ai cherché à déterminer, par une série d'expériences, la cause de leur coloration. Convaincu que ce phénomène était le fruit du croisement du Ver à soie commun avec une autre espèce, croisement dont les éléments se dissocient, comme cela arrive toujours après quelques générations, ou celui d'un effort que la nature faisait pour ramener l'espèce malade à son énergie normale en lui rendant sa couleur primitive, je résolus d'aider la nature en réunissant tous les vers gris de mes éducations, et les élevant à part. Pour contrôler cet essai, j'en fis un autre uniquement avec des chenilles blanches. Dès le printemps suivant, les œufs des premiers ne fournirent, à peu de chose près, que des chenilles tachées de gris, tandis que les œufs des seconds en donnèrent beaucoup de blancs et quelques gris; ceux-ci furent réunis avec les gris, et les blancs mélangés aux gris reportés à la chambrée blanche. A la troisième année, la teinte des chenilles grises s'était considérablement foncée; elles étaient beaucoup plus fortes et plus grosses que les

(1) L'observation du capitaine Hutton est confirmée par les miennes; car, dans mes petites éducations d'amateur, j'ai constamment trouvé que les vers tigrés étaient plus robustes que leurs congénères blancs. Il y a quelques années que l'intelligent et persévérant gardien de la Ménagerie des reptiles, M. Valée, a fait une éducation assez considérable de vers tigrés dont l'incroyable vigueur m'avait vivement frappé; tous leurs cocons étaient d'un beau blanc verdâtre comme ceux de la variété japonaise.

blanches, et donnèrent des cocons infiniment plus gros et mieux faits. Malheureusement, un ouragan qui survint après la ponte emporta les papiers couverts d'œufs, et interrompit cette série d'expériences, qu'il me fallut reprendre à nouveau.

Au printemps de 1862, je demandai des œufs à M. Cope, d'Umritsir, dans le Punjab. Il m'en donna qui arrivaient, dit-il, directement de Cashmir ; cependant leur examen attentif me donna à penser qu'il faisait erreur, et que ces œufs provenaient du Punjab : ce qui est positif, c'est que, étant déformés, ils devaient provenir d'une race malade. En effet, ils ne donnèrent que des vers faibles, qui se tachèrent de noir avant la montée, et devinrent, suivant l'expression technique, *poivrés*. Malgré cela, les chenilles filèrent leurs cocons, qui, comme je m'y attendais, furent minces, papyracés et pauvres en soie. Afin de connaître la qualité de cette soie, je fis filer une portion de mes cocons par M. Turnbull, l'habile directeur de la filature de Ganthal, qui avait aussi été chargé par MM. Cope (d'Umritsir) et Clark (d'Oudh) de dévider les leurs. Le résultat fut que mes cocons donnèrent une soie identiquement de la même qualité que celle de ces messieurs, qui est célèbre dans toute la contrée. Quoique M. Cope eût déclaré par écrit que les cocons de M. Clark étaient les plus beaux qu'il eût vus dans l'Inde, M. Turnbull, qui les fila, déclara qu'ils étaient de 56 pour 100 au-dessous de ceux de la race dite de Cashmir, livrés par M. Cope. Comme, d'autre part, le produit de cette récolte est de 50 pour 100 au-dessous de celui qu'on obtient en France et en Italie, on est forcément amené à conclure que les meilleures races de Vers à soie du Mûrier de l'Inde donnent des cocons de 75 pour 100 au-dessous de ce qu'ils eussent dû être normalement. Voilà le fait que j'oppose, plus une pratique de vingt-cinq ans, aux personnes qui soutiennent, contre tout bon sens, que le Ver à soie n'est pas malade.

Ce qu'il y eut de plus remarquable dans mon éducation, c'est que tous les vers malades étaient blancs, et que pas un des gris que j'en séparai ne fut attaqué, bien qu'ils fussent élevés à côté des premiers, et par conséquent soumis à la même température, à la même alimentation et soignés encore de même. Les papillons produits par des chenilles foncées furent accouplés, et donnèrent en abondance la graine avec laquelle je continuai mes essais au printemps 1863. Remarquons, en passant, qu'il est de notoriété publique que les éducations sont d'autant meilleures, qu'il s'y trouve davantage de chenilles foncées, et *vice versâ*.

Comme les graines que M. Cope m'avait fournies en 1862 ne donnèrent que fort peu de vers foncés, et que celles que j'en tirai moi-même en 1863 ne donnèrent presque que des vers blancs, il est clair que la race avec laquelle j'opérais devait être très-gravement atteinte, ce dont je trouve la confirmation dans l'état des graines que je reçus en 1862 d'Umritsir, parce qu'elles se *détachaient* toutes du papier sur lequel elles avaient été pondues. Toutes les fois que les œufs n'adhèrent pas solidement au papier, on peut être assuré que le papillon qui les a pondus était malade, et assez faible pour ne plus sécréter la colle nécessaire pour les fixer.

Lorsque, le 16 mars 1863, les œufs obtenus des chenilles foncées commencèrent à éclore, je ne remarquai pas trace de maladie sur les vers ; cependant il y eut quelques papillons déformés et dont les ailes portaient des taches noires. Somme toute, cependant, cette éducation était en progrès bien marqué sur celle de l'année précédente. Elle présentait, il est vrai, encore beaucoup de vers blancs, mais ils étaient sains, et je n'en perdis pas un seul. Les chenilles étaient d'un quart de pouce plus longues ; elles mesuraient 3 à 3 pouces un quart, et filaient en conséquence des cocons plus gros, quoique encore pauvres en soie, et les papillons qui en sortaient pondaient de beaux gros œufs, bien qu'ils présentassent encore des traces de la maladie. Les œufs adhéraient presque tous fortement au papier, qu'ils couvraient d'une couche parfaitement régulière : c'était la première fois que dans ma longue pratique de vingt-cinq ans je remarquais une adhérence aussi persistante, et je n'ai jamais entendu dire que d'autres éleveurs aient vu quelque chose d'analogue. Il est vrai que les œufs des autres espèces adhèrent aux corps sur lesquels ils sont déposés, mais je crois que cette observation est absolument neuve pour le *Bombyx Mori*, et qu'elle prouve une amélioration bien positive de sa race. Ce qui me confirme dans cette idée, c'est que les papillons mâles, qui sont généralement trop paresseux pour essayer de voler, s'envolaient (ceux, bien entendu, provenant des chenilles grises) et allaient chercher leurs femelles d'une table à l'autre, souvent à l'autre bout de la chambre. Ce caractère est propre au Ver à soie sauvage, appelé *Bombyx Huttoni*, dont le mâle vole d'arbre en arbre, souvent à des distances considérables, à la recherche de sa femelle.

Un fait bien plus important encore que tous ceux que nous venons de rapporter, c'est que quelques œufs de la race grise, provenant de l'éducation de 1863, et par conséquent de la seconde génération, vinrent à éclore le 7 août de la même année, ce qui me semble prouver à quel point j'avais fortifié cette race de Vers à soie en la ramenant à son type primitif. L'éclosion continua pendant tout le mois d'août, jusqu'au 23 septembre. Craignant que les feuilles ne vinssent à manquer, j'arrêtai le développement des œufs en les exposant à une température de plus de 20 degrés centigrades. Les chenilles se développèrent normalement, atteignirent une longueur de 3 pouces trois quarts, et filèrent des cocons plus gros que ceux de l'éducation printanière. Les papillons étaient du double plus gros que ceux du printemps et pondaient de superbes œufs. Au commencement de décembre, j'eus le chagrin de découvrir que les œufs du printemps continuaient à éclore, bien que la température fût descendue à plus de 12 degrés centigrades, ce qui m'obligea à exposer les graines qui me restaient aux nuits froides de cette saison, afin d'en arrêter l'éclosion. Toutes les chenilles sorties de ces œufs étaient de couleur foncée, sauf trois, qui ne tardèrent pas à périr. Il m'est impossible d'attribuer cette éclosion biennale si extraordinaire à une autre cause qu'à l'extraordinaire vitalité de ma variété foncée. Tels sont les résultats de mes éducations de 1863, et j'espère bien que les œufs que j'en ai obtenus au mois d'octobre me donneront au printemps 1864 des résultats décisifs.

La couleur naturelle du Ver à soie est foncée. — Ce fait ressort évidemment de la surprenante analogie dans la distribution des taches foncées avec celles des races sauvages de l'Inde ; de même encore les ailes et la partie inférieure du corps des mâles deviennent gris foncé, tandis que la partie antérieure seule reste blanche, comme chez le *Bombyx Huttoni*. Il me semble d'ailleurs que les observations rapportées dans le chapitre précédent établissent nettement, au point de vue physiologique, que la coloration normale du Ver à soie est foncée, et que, s'il est blanc, c'est parce qu'il a été affaibli par la domestication. Ce qui a miné la constitution du Ver à soie, c'est surtout l'aération incomplète des locaux dans lesquels on l'élève, puis aussi la qualité de la feuille du Mûrier, qui change avec les espèces, les climats et la nature du sol. Or, toutes les fois que nos races d'animaux domestiques, élevées dans des conditions anomales, risquent de s'éteindre, on voit la nature faire des efforts pour les ramener à leur vigueur primitive, en faisant apparaître dans les troupeaux malades quelques individus sains et vigoureux. Connaissant cette loi naturelle, j'en ai profité pour essayer de ramener le Ver à soie usé de nos magnaneries à son type primitif.

Tel fut donc le point de départ de mon travail, qui eut pour but de découvrir si les vers foncés étaient ou non le produit d'un retour de l'espèce malade à sa coloration et à sa vigueur primitives. Ce qui me fortifia dans l'idée que la coloration foncée devait être la normale, c'est l'observation de M. Boitard, qui assure que les vers foncés, si communs dans les éducations du nord de la France, sont inconnus en Italie, et que les œufs qui en proviennent sont très-recherchés par les Italiens. Cela prouve à quel point le climat influe, même en Europe, sur la santé de ces insectes, et semble établir que, si les vers foncés manquent dans les éducations d'Italie, il ne faut l'attribuer qu'à la température élevée des magnaneries, qui énerve et affaiblit le Ver à soie. Le même auteur dit plus loin qu'en Italie, l'espèce à cocons blancs donne constamment un seul cocon jaune contre dix blancs, tandis qu'en France la même race fournit toujours plus de cocons jaunes que de blancs. Cette observation s'accorde avec l'idée que je m'étais faite que, hormis le cas de parfaite constance de la race, l'apparition des cocons blancs coïncide toujours avec l'affaiblissement de l'insecte, et marche d'autant plus rapidement que la température est plus élevée. Il est donc certain que les races à cocons blancs d'Italie donneraient beaucoup plus de cocons jaunes si on les transportait dans un climat froid. La même chose arrive au *Boro pulu* du Bengale (*Bombyx textor*, Nob.), dont les cocons sont blancs en Chine, et ici sont presque tous jaunes sous le climat froid de Mussooree. Enfin, au Cashmir, il est fort rare de trouver des cocons blancs dans les éducations.

Il est donc positif que la couleur blanche des chenilles et de leurs cocons prouve la mauvaise santé des insectes soumis à une température trop élevée et à une éducation trop artificielle. Si la couleur blanche ou jaune des cocons était constante dans tous les climats, elle constituerait un caractère spécifique important; mais, comme nous venons d'établir qu'elle est en rapport direct avec la température, il est clair qu'elle ne dépend que de la santé de l'insecte. Or, si la chaleur excessive mine la santé de l'insecte en l'affaiblissant, il est clair qu'on le fortifiera en le transportant dans un climat tempéré, et en l'y soumettant à une hygiène bien entendue.

Preuves de l'abâtardissement du Ver à soie. — Bien que les hommes compétents ne nient pas la dégénérescence de nos Vers à soie, comme il est dans l'intérêt de certains spéculateurs de ne pas l'admettre, je vais leur prouver combien ils se trompent, en me servant de leurs propres arguments pour les convaincre d'erreur. Comme le simple bon sens indique que les Vers à soie importés du nord de la Chine ne devaient pas conserver longtemps leur vigueur sous le climat brûlant des plaines de l'Inde, un éleveur du Punjab envoie ses graines dans les montagnes de Duroumsala, et un autre, Jaffer Ali (de Mooltan), les conserve dans une grotte très-froide, celle de Tykhana. Il est donc bien établi que les œufs ne supportent pas le climat torride du Punjab ; or, il est tout naturel qu'elle doive être encore plus nuisible aux autres âges de l'insecte. Cela est si vrai, que Jaffer Ali perd un quart à un tiers des œufs qu'il conserve dans sa cave de Tykhana, malgré sa basse température, parce qu'ils s'y dessèchent.

Mais ce n'est pas tout, car les chenilles donnent peu de soie, puisque, ainsi que nous l'avons dit ailleurs, M. Turnbull affirme que les cocons d'Umritsir contiennent 56 pour 100 de soie de moins que ceux de Cashmir. Suivant cette grave autorité, les cocons d'Oudh ressemblent à ceux d'Umritsir, et tous, en une seule éducation, descendent de 56 pour 100 au-dessous de ceux importés du Cashmir quelques années auparavant par M. Cope. Pour une livre de soie, il faut 5200 cocons des éducations du docteur Bonavia, à Lucknow, dans l'Oudh ; il en faut 4500 de ceux que les Afghans élevaient en 1840 à Candalia, tandis qu'en France, et avant l'épidémie actuelle, il n'en fallait que 2500. Il n'y a donc pas moyen de nier l'influence désastreuse du climat des plaines de l'Inde sur la constitution du Ver à soie.

Comme M. Turnbull admet que les cocons de Cashmir et de Candalia sont de la même qualité, que ceux d'Oudh et du Punjab sont de 50 à 56 pour 100 inférieurs à ceux de Cashmir, et que, d'autre part, ces derniers sont bien plus pauvres en soie que ceux de France, il est évident que les cocons de l'Inde sont de 75 pour 100 moins riches en soie qu'ils ne devraient l'être. Il suffit d'exposer cet état de choses pour faire voir qu'il n'y a rien à attendre des graines que le docteur Carlio Orio vient d'importer de Cashmir en Italie.

La bonne qualité de la soie n'est pas l'indice de la bonne santé du Ver. — On m'objectera sans doute que l'on fait dans le Punjab de la soie excellente, qu'on paye vingt-cinq shillings la livre : cela prouve que le ver n'est pas malade et que sa constitution n'est en rien affaiblie (1). Pour répondre

(1) Les éleveurs de moutons confirmeront en plein le raisonnement que fait le capitaine Hutton pour les Vers à soie ; car tous ont reconnu que plus

à cette objection, il faut que j'aie recours à ma monographie du genre *Attacus*. J'ai établi dans ce mémoire, d'après Kirby, Spence et d'autres auteurs, que la matière soyeuse chassée vers la bouche par la contraction de l'enveloppe musculaire des sacs séricigènes, traverse deux petits orifices de la lèvre inférieure, et que les deux fils qui en sortent, après avoir été tordus par l'appendice crochu de la bouche, apparaissent au dehors sous forme d'un fil unique. Or, comme c'est le diamètre des orifices qui règle la grosseur du fil, il est clair qu'il est d'autant plus grand, que la chenille est mieux développée, ensuite qu'un ver sain; gros et vigoureux, donnera un fil moins fin qu'un ver faible.

Tant que les sacs séricigènes renferment de la soie, le diamètre du fil ne change pas; que les chenilles soient malades ou non, cela est naturel, puisque celui des orifices reste le même. La grosseur, la force et l'élasticité de la soie restent les mêmes chez les individus malades que chez ceux qui se portent bien, tant que l'organe séricigène n'est pas directement attaqué; la qualité reste bonne : ce qui change, c'est la quantité. C'est pour cette raison que les cocons produits par M. Clark dans l'Oudh, et déclarés par M. Cope les plus beaux de l'Inde, donnèrent une soie identique avec celle des cocons d'Umritsir et à celle que j'avais obtenue à Mussoorec avec les œufs malades que M. Cope m'avait fournis en 1862, et qui contenaient cependant si peu de soie, qu'ils n'avaient plus aucune valeur. Les Vers à soie élevés en 1863 dans l'Oudh par le docteur Bonavia, et provenant de graines de M. Cope, donnèrent une soie tout aussi belle que celle des autres éducations que nous venons de citer ; mais, comme il fallut 5200 cocons pour une livre de fil, on peut se faire une idée de leur pauvreté en soie. Quand les organes séricigènes sont malades ou que la feuille est mauvaise, les chenilles meurent

leur laine est fine, moins leur santé est robuste. Cela est si vrai, qu'en accouplant entre eux les individus à laine superfine, on arrive toujours à créer une race si faible et de si petite taille, que les produits deviennent nuls.

sans filer, ou bien se changent en chrysalides sans faire de cocon : ce fait se présente dans presque toutes les éducations.

Les personnes qui affirment qu'en alimentant les chenilles avec des feuilles bien développées, on n'obtient qu'une soie grossière, prouvent qu'elles ne connaissent ni l'anatomie, ni la physiologie du Ver à soie, dont les filières sont disposées de telle manière que, quelle que soit la qualité de la soie accumulée dans ses réservoirs séricigènes, il ne peut donner qu'un fil exactement du diamètre de leurs orifices.

Alimentation des chenilles. — Essayons à présent de répondre à la question qui m'a si souvent été posée : Quelle est l'espèce de Mûrier dont la feuille fournit la plus belle soie? La réponse serait aisée, si tous les climats étaient les mêmes, et si l'on n'élevait qu'une seule et même espèce de Ver à soie; mais il n'en est pas ainsi. Dans l'Inde, on trouve, à côté du *Bombyx Mori*, connu sous le nom de Ver du Cashmir, une seconde espèce annuelle, le *Bombyx textor*, et trois espèces mensuelles, les *Bombyx Crœsi*, *fortunatus* et *sinensis*, qui donnent six à huit générations par an. Des différences aussi profondes dans la manière de vivre devaient faire admettre que ces diverses espèces ne se nourrissaient pas à l'état naturel d'une seule et même espèce de Mûrier, mais que les espèces annuelles devaient rechercher les Mûriers des pays tempérés, et les espèces mensuelles ceux qu'on trouve dans les régions chaudes. Pour résoudre la question, il faut donc tenir compte à la fois de l'espèce qu'on élève, ainsi que du climat sous lequel on opère, et bien se garder d'affirmer avec quelques auteurs que le Mûrier à fruits blancs est toujours et partout celui qui produit la meilleure soie. Il y a longtemps déjà que Dandolo a remarqué ce que mes observations ont d'ailleurs pleinement confirmé, c'est que le Mûrier blanc est une variété albine du Mûrier à fruits roses, qui lui-même est une variété du Mûrier type à fruits noirs. Il est donc naturel d'admettre que, s'il y a une différence dans la qualité de la feuille de ces trois variétés d'une seule et même espèce, elle ne doit pas être grande. C'est aussi ce que Dandolo admet tacitement, puisqu'il dit que la feuille du Mûrier noir est dure, coriace, et que partout où on l'emploie à l'alimentation des chenilles, comme en Calabre, en Sicile, en Grèce et en Espagne, elle fournit en abondance une soie forte, mais sans finesse; tandis que la feuille des Mûriers blancs plantés sur des terres légères et exposées aux vents fournit en général une soie tout à la fois nerveuse et fine. Si l'expression « *grossière* », qu'applique Dandolo à la soie faite avec les feuilles du Mûrier noir est relative au diamètre du fil, elle n'a pas grande valeur, puisqu'il suffira, pour la faire disparaître, de prendre moins de cocons pour obtenir un fil composé d'une grosseur voulue; d'ailleurs, on remarque aussi de grandes différences dans le diamètre des fils produits par les chenilles alimentées uniquement avec les feuilles du Mûrier blanc. S'il y a réellement une différence dans la finesse des fils produits par les chenilles nourries avec les feuilles des Mûriers blanc ou noir, elle ne peut provenir que d'une différence de grosseur dans le diamètre des filières, due elle-même à un changement dans la grosseur ou la santé de l'insecte.

La feuille des Mûriers *multicaulis* et *cucullata* n'est pas bonne pour les Vers à soie, parce qu'elle est trop aqueuse; j'ai dû y renoncer.

Il faut donc adapter l'espèce de Ver à soie et celle du Mûrier au ciel sous lequel on vit, et non pas faire l'inverse, ainsi qu'on en a l'habitude presque partout. J'en trouve la preuve dans notre Mûrier sauvage de Mussooree, dont les feuilles épaisses et grossières, mais gorgées de suc laiteux, sont tellement couvertes de chenilles du *Bombyx Huttoni*, qu'à la fin de mai, elles ont déjà totalement disparu, tandis qu'elles ne touchent pas aux feuilles minces du Mûrier blanc cultivé tout à côté. Telle est la raison pour laquelle je suis disposé à conseiller la feuille du Mûrier noir pour l'alimentation du *Bombyx Mori* dans les régions élevées et froides.

Il en est de même pour les autres espèces de Vers; en sorte qu'il faudra laisser les Vers à soie mensuels aux plaines brûlantes de l'Inde, et le *Bombyx Mori* aux pays tempérés et froids. De là ressort qu'il est absurde de préconiser une espèce de Ver à soie ou une espèce de Mûrier aux dépens des autres, puisque chacune d'elles n'a de valeur que relativement au climat sous lequel on la place.

On a beaucoup parlé de l'excessive sensibilité du Ver à soie pour les changements de température; ici, où ils sont aussi brusques que fréquents et très-sensibles, puisque les chenilles sont élevées sous des hangars en plein air, je n'ai jamais remarqué rien de semblable.

En finissant, qu'il me soit permis de faire remarquer, avec M. Guérin-Méneville, combien il est contre nature de séparer les papillons accouplés, puisque, en agissant ainsi, on s'expose à n'obtenir que des œufs stériles. Il faut laisser l'accouplement se terminer de lui-même, et ne pas toucher aux insectes, aussi longtemps qu'il dure.

II. EXTRAITS DES PROCÈS-VERBAUX DES SÉANCES GÉNÉRALES DE LA SOCIÉTÉ.

SÉANCE DU 19 MAI 1865.

Présidence de M. A. Duméril, vice-président.

M. le chevalier Baruffi, membre honoraire et délégué de la Société à Turin, prend place au bureau, sur l'invitation de M. le Président.

Le procès-verbal de la séance précédente est lu et adopté.

M. le Président fait connaître les noms des membres nouvellement admis :

MM. Bezier (Eugène), propriétaire, à Paris.
Ginestous (le marquis de), membre du conseil général du Gard, président du Comice agricole du Vigan, à Paris.
Lefebvre-Norville (Édouard-Auguste), à Paris.
Narbonne-Lara (le marquis de), propriétaire, à Paris.
Thierry-Wil, directeur de la sériciculture, à Kronstadt (Transylvanie).

— MM. Desmeure, Victor Herran et Le Biguais adressent leurs remercîments pour leur récente admission dans la Société.

— M. le docteur Sacc (de Barcelone) demande des graines de diverses espèces d'*Eucalyptus*, pour notre confrère Son Exc. M. le marquis de la Romana, à Palma, qui cultive avec succès l'*Eucalyptus globulus*.

— M. Ramel, qui a éjà fait don à la Société, à plusieurs reprises, de diverses graines d'Australie, et spécialement des différentes espèces d'*Eucalyptus*, offre à la Société des graines de la collection qu'il possède en ce moment, pour satisfaire à la demande de M. le docteur Sacc. A cette occasion, M. Ramel fait quelques observations sur le service des accusés de réception, et exprime le regret que les dons faits à la Société n'aient pas toujours été exactement mentionnés aux procès-verbaux.

— M. le Président répond que les observations de M. Ramel seront prises en considération.

— M. le Président de la Société transmet une lettre de M. Richard (du Cantal), dans laquelle ce dernier s'attache à rectifier certaines appréciations qui tendraient à contester la part légitimement attribuéé à Daubenton dans la naturalisation du Mérinos en France. (Voyez *Bulletin*, p. 275.)

— M. L. de Fenouillet écrit de Montpellier, pour annoncer la naissance d'un veau d'Yak, vigoureusement constitué.

— M. A. Corbière de Juges informe la Société que, malgré la maladie épizootique qui s'est récemment déclarée avec une extrême vigueur dans sa vacherie, le taureau Yak que lui a confié la Société à titre de cheptel s'est toujours très-bien porté ; il croit pouvoir affirmer qu'il y aurait un immense avantage à élever dans de grandes proportions cet animal dans les montagnes où le climat est rigoureux en hiver. M. Corbière de Juges rappelle sa demande à titre de cheptel d'une femelle Yak et d'un lot de Lamas et Alpacas.

— Son Exc. le Ministre des affaires étrangères envoie un extrait du *Courrier de Saigon*, contenant de curieux renseignements sur des envois d'animaux reçus au Jardin d'acclimatation de Saigon, et dont une partie est destinée à venir enrichir les collections des jardins de Paris.

— M. Manès (de la Réunion) envoie un second nid de Gouramis, en donnant des détails sur ses nouvelles tentatives pour expédier, soit des œufs, soit des jeunes poissons. Il annonce la perte des Gouramis qu'il avait envoyés à Alexandrie à Son Exc. M. Kœnig-bey. Il recommande de ne jamais changer *brusquement* l'eau où se trouvent les Gouramis, d'éviter les courants trop forts et les eaux trop vives ; il ajoute qu'il faut à ce poisson des eaux stagnantes et se renouvelant lentement ; que les eaux de l'Égypte sont peut-être trop froides en hiver, et que si l'Égypte a, en hiver, la température des hautes régions de la Réunion, il faut désespérer d'y acclimater le Gourami, car jamais ce poisson n'a pu franchir la zone du littoral à la Réunion.

— M. le marquis de Selve donne quelques détails sur son établissement de pisciculture et sur la fécondation des Écrevisses. Il invite la commission nommée l'an dernier, et composée de MM. de Quatrefages, Coste, Cloquet, Fr. Jacquemart, Cosson, R. Caillaud, L. Soubeiran et Dupin, à aller prochainement visiter les travaux par lui entrepris.

— M. Millet demandant le renvoi à la 3e section, de la lettre de M. le marquis de Selve, M. le Président prononce ce renvoi. La section pourra adjoindre quelques-uns de ses membres à la commission déjà nommée.

— M. le secrétaire donne lecture d'un rapport sur la pisciculture et la fécondation artificielle en Vendée, transmis par M. le Président de la Société, et à lui adressé par M. Octave Gillet, conducteur des ponts et chaussées, qui a entrepris, avec M. des Nouhes de la Cacaudière, des essais de pisciculture à Pouzauges.

— M. le docteur Berg, délégué de la Société à la Réunion, adresse un numéro du *Journal du commerce*, contenant un arrêté de M. Dupré, gouverneur de l'île, qui concède pour dix ans, au comité d'acclimatation de la colonie, le jardin de l'État à Saint-Denis. Il ajoute que le comité, profitant des offres de M. Imhaus, receveur général de l'Ariége, actuellement à Bourbon, se dispose à faire à la Société un envoi d'animaux. Cette collection se compose de Gouramis offerts par MM. A. Manès et A. Vinson, tous deux membres du comité et de notre Société; de Pigeons bleus de Madagascar, de *Coturnix striata* et de quelques Pintades. M. Berg dit que cet envoi, fait sans frais à la Société, doit quitter la Réunion en mai. Il demande des détails sur l'état des animaux par lui offerts au nom du comité de la Réunion, et qu'il a confiés à M. Alphonse Féry d'Esclands, lors de son retour en France.

— M. Rufz de Lavison fait observer qu'il a reçu de M. le docteur Berg des renseignements analogues, et que M. Imhaus doit quitter la Réunion aujourd'hui même, apportant de nouveaux Gouramis.

— M. E. Liénard fait remarquer, à ce sujet, que tous les Gouramis apportés récemment à Marseille par M. Autard de Bragard sont morts. M. Ramel ajoute que la majeure partie des Gouramis apportés à M. Hardy, à Alger, sont morts.

— M. Millet dit que, pour ces essais d'acclimatation des Gouramis, il faudrait surtout tenir compte de la température; les eaux froides ou dures et leurs variations brusques de température pouvant avoir de graves inconvénients. A cet égard, il recommande l'emploi du thermomètre.

— M. Aug. Duméril fait hommage à la Société d'une Notice sur la reproduction, dans la ménagerie des reptiles au Muséum d'histoire naturelle, des *Axolotls*, batraciens urodèles à branchies persistantes, de Mexico (*Siredon mexicanus* vel *Humboldtii*), qui n'avaient encore jamais été vus vivants en Europe. Ils se sont accouplés le 18 janvier 1865 ; la ponte a commencé dès le 19, et s'est terminée le 20. Elle recommença le 6 mars. Les œufs, mis à part pour les sauvegarder de la voracité de leurs parents, ont éclos vingt-huit à trente jours après la ponte. Des dessins représentant ces animaux aux diverses phases de leur développement sont mis sous les yeux de la Société.

— M. le professeur Cloquet fait remarquer la très-grande ressemblance qui existe entre les Axolotls et les Protées de la grotte de la Carniole. Des détails donnés par MM. Duméril, Cloquet et Rufz de Lavison, il résulte que les Protées sont aveugles, et que les Protées changent de couleur selon qu'ils sont ou non exposés à l'action de la lumière: blancs dans les grottes, ils prennent une couleur fauve, et même brune, lorsqu'ils sont exposés à la lumière. Les Axolotls, qui vivent dans les lacs des environs de Mexico, et qu'on voit assez communément sur les marchés de cette ville, où ils sont appliqués à l'alimentation, ont des yeux très-évidents, bien que très-petits, et sont toujours de couleur brune : ce n'est qu'exceptionnellement qu'on a observé des cas d'albinisme chez eux.

— M. Rufz de Lavison rappelle que ces variétés albines se rencontrent chez divers animaux, et dit qu'il a remarqué que l'Axolotl blanc de l'Aquarium du Jardin d'acclimatation recherchait toujours le dessous des rochers, et redoutait la lumière plus que les autres.

— M. le baron Larrey demande qu'il lui soit remis un extrait de ces communications, en offrant de le faire parvenir à la commission scientifique du Mexique, afin d'obtenir des renseignements complémentaires sur ce sujet.

— A la suite de ces observations, et relativement aux yeux presque imperceptibles des Axolotls, une discussion s'engage entre MM. Chatin, le docteur Pigeaux et le comte d'Esterno, au sujet de la Taupe. M. d'Esterno pense que la Taupe voit suffisamment pour le milieu où elle vit ; qu'elle est herbivore et surtout carnivore, et qu'elle est excessivement nuisible, surtout en détruisant certains travaux faits pour l'irrigation. M. le docteur Pigeaux dit que l'utilité relative de la Taupe est incontestable ; elle est essentiellement carnivore, et vit de tous les parasites souterrains, les plus cruels ennemis des plantes cultivées par l'homme : elle dérange parfois l'harmonie de ses cultures, mais aussi elle draine les prairies et les améliore. Si elle rompt les digues de celles qu'on irrigue, c'est pour échapper à la submersion dont elle est menacée, et qui aurait bien aussi son danger, si l'eau ne trouvait pas un prompt écoulement. Le plus éclatant hommage rendu à son utilité, c'est la vente qu'on en fait publiquement dans les marchés des Vosges, pour en peupler les prairies qui n'ont pas l'avantage d'en posséder.

— M. le docteur Rufz de Lavison présente à l'assemblée une fiole contenant des insectes destructeurs de la betterave, envoyés par M. Maurice Legrand, de Saint-Quentin (Aisne).

— M. Ramel transmet une demande de M. le docteur Bonnes (Aude), à l'effet d'obtenir à titre de cheptel quelques animaux, et spécialement des Chèvres d'Angora. M. Ramel ajoute que M. Bonnes lui a adressé des Perdrix qu'il a envoyées avec des Calandres à M. Wilson, en Australie, et compte lui procurer l'an prochain des Perdrix rouges pour l'Australie.

— M. le Président accepte les offres bienveillantes de M. Bonnes, auquel il sera transmis les remercîments de la Société, avec la décision du Conseil au sujet de ses demandes d'animaux.

— M. le docteur Pigeaux donne quelques détails sur son éducation de Vers à soie du Mûrier du Japon. Sur 2000 œufs qu'il avait reçus de la Société, à peine 100 sont restés sans éclore ; les Vers ont passé la troisième mue et sont très-vigoureux.

— M. Jacquemart dit que les renseignements arrivés de l'Ardèche, de la Drôme et d'autres localités du Midi, annoncent d'excellents résultats.

— M. Chatin, qui avait reçu de la Société un demi-carton de graines, a vu presque tous les Vers éclore en trois jours, un quarantième à peine est resté sans éclore; les Vers sont près d'accomplir leur deuxième mue, et il n'en est pas mort un seul.

— M. le Président transmet deux lettres de M. le docteur Soubeiran, en mission dans le Midi, qui confirment les bons résultats annoncés.

— La Société d'agriculture de la Drôme fait parvenir son *Bulletin*, contenant divers documents sur les éducations de Vers à soie.

— M. H. Sauvageon, de Visan (Vaucluse), écrit que depuis cinq ans, il obtient de la graine de Vers à soie exempte de maladie ; il offre d'en remettre aux éducateurs au prix de revient.

— M. Am. Ligounhe, en accusant réception de graines de Vers à soie que lui a expédiées la Société, dit qu'à Montauban, l'éclosion des graines du Japon se fait dans d'excellentes conditions.

— Il est déposé sur le bureau un prospectus intitulé : *Souscription Berlandier*. Dans cet imprimé, M. Berlandier annonce qu'il va retourner au Japon chercher de nouvelles graines de Vers à soie, et indique les conditions de la souscription.

— M. Théron (de Ganges) annonce que la graine de Vers à soie de Servie qui lui a été adressée par la Société a donné un résultat médiocre.

— Son Exc. M. Drouyn de Lhuys transmet à la Société :

1° Un compte rendu des expériences de MM. Jouve et Méritan sur les éducations précoces de graines de Vers à soie.

2° Un extrait d'un journal de Bucharest, sur l'introduction de la semence japonaise en Roumanie.

3° La copie d'une lettre de M. Blanchard des Farges, consul de France à Stettin, contenant quelques détails relatifs à la maladie qui a sévi, l'an dernier, en Poméranie, sur les Vers à soie de race japonaise.

4° Un numéro du *Morning Post* contenant un article « sur » les voyages de M. Berlandier au Japon, sur ses efforts enfin » couronnés de succès, pour en rapporter des graines de Vers » à soie, et sur le juste hommage rendu par la Société d'accli- » matation à l'intelligente persévérance grâce à laquelle » M. Berlandier est parvenu à rendre à la sériciculture un » immense service. »

— M. le docteur G. Brouzet (de Nîmes) adresse un Mémoire imprimé, ayant pour titre : *Recherches sur les maladies des Vers à soie*, ainsi que divers procès-verbaux de personnes qui ont suivi les indications consignées dans ce mémoire. M. Brouzet demande que ce travail soit soumis au jugement de la commission chargée d'examiner les mémoires qui doivent être admis au concours ouvert récemment par la Société impériale d'acclimatation. — Des remercîments seront adressés à M. Brouzet, et M. le Président renvoie ce travail à l'examen de la commission.

— M. Brierre (de Saint-Hilaire de Riez) adresse un nouveau compte rendu de ses cultures de végétaux.

— Mgr Chauveau, de la mission du Yun-nan, annonce l'envoi de graines de Coton jaune de Chine, et signale deux espèces de céréales qu'il croirait avantageux d'introduire en France.

— M. Dupré, gouverneur de l'île de la Réunion, signale

l'immense avantage que présenterait pour notre colonie l'introduction dans l'île des arbres à quinquina; il réclame l'intervention de la Société pour obtenir que des graines des trois variétés de *Cinchona* (arbres à quinquina) soient envoyées du Pérou à la Réunion.

— M. L. Bouchard-Huzard offre à la Société une Notice biographique sur J. N. Bréon, ancien jardinier en chef à l'île Bourbon, introducteur en Europe de la Rose dite Rose Bourbon.

— M. le docteur Turrel, délégué de la Société à Toulon, adresse à la Société le numéro du *Toulonnais* du 16 mai, contenant un article sur la possibilité pour Toulon de devenir une *résidence d'hiver*.

SÉANCE DU 2 JUIN 1865.

Présidence de M. A. DUMÉRIL, vice-président.

Le procès-verbal de la séance précédente est lu et adopté après quelques observations de MM. J. Cloquet, Vavasseur et Pigeaux sur sa rédaction.

M. le Président proclame les noms des membres nouvellement admis :

MM. ARNAULT, conseiller maître à la cour des comptes, à Paris.

BOUCHER, propriétaire, à Montfavet (Vaucluse), et à Paris.

GIBERT, propriétaire agriculteur, à la ferme de la Chassagne, près de Pierrefort (Cantal).

MORANGE (le comte de), à Paris.

RIVET (Gustave), négociant, à Marseille.

SUAN DE LA CROIX (E. du), à Paris.

THIER (Léon de), rédacteur du journal *la Meuse*, à Liége (Belgique).

VALDOR (le vicomte H. de), à Paris.

— M. le Président annonce que M. Autard de Bragard, ex-président de la Société d'acclimatation de l'île Maurice, auquel la Société doit les *Gouramis* dont l'introduction a été annoncée récemment, assiste à la séance, et lui adresse les remercîments de la Société pour les soins qu'il a pris dans le but d'amener à bien la désirable acclimatation de ces précieux poissons.

— Des remercîments, pour leur récente admission, sont adressés par MM. Alfred Lehman et José M. Achà.

— M. le doyen de la Faculté de médecine de Paris remercie des échantillons d'écorce de *Musenna* qui lui ont été adressés pour le musée de cette école.

— Son Exc. M. le Ministre des affaires étrangères transmet un numéro de la *Gazette officielle* du royaume d'Italie, qui renferme un rapport sur la récente exposition des races canines, publié par notre dévoué délégué à Turin, M. Baruffi. — Remercîments.

— M. Léonce de Corny adresse un numéro de la *Revue des eaux et forêts*, dans lequel il a publié un compte rendu de l'exposition des races canines. — Remercîments.

— M. le président de la Société zoologique pour la région des Alpes informe Son Exc. M. Drouyn de Lhuys que, dans son assemblée générale du 28 mai, cette Société lui a décerné le titre de *président honoraire*, comme témoignage de déférence de la Société affiliée avec la Société impériale, et surtout comme celui de la très-haute considération qui s'attache à la personne de son Président.

— M. Folsch (de Marseille) fait ses offres de services à la Société, pour lui procurer ce qu'elle voudra en animaux et plantes du Caucase. — Remercîments.

— M. Berlandier (de Barbentane), au moment de repartir pour l'extrême Orient, se met à la disposition de la Société pour lui procurer les plantes et animaux du Japon qui lui seront indiqués. — Remercîments.

— M. A. Thomas envoie une Note sur l'abondance des Vipères dans les environs d'Aigrefeuille (Loire-Inférieure).

— Son Exc. M. Drouyn de Lhuys transmet une lettre

et un mémoire de M. Barthélemy-Lapommeraye sur les Gouramis.

— Son Exc. M. le Ministre des affaires étrangères transmet deux lettres de M. le secrétaire de la Société d'acclimatation de Melbourne, dont il doit la communication à M. P. Ramel, et relatives à l'envoi de trois *Emeus* destinés à l'Algérie. M. P. Ramel fait connaître en même temps qu'une occasion se présente pour faire un envoi d'animaux et de plantes en Australie. On pourrait en profiter pour adresser des Autruches d'Algérie à nos confrères. — Renvoi au conseil.

— M. le docteur Sacc a adressé la traduction d'un Mémoire important de M. le capitaine Hutton sur l'éducation des Vers à soie, et dont il pense que l'insertion au *Bulletin* pourra être très-utile aux sériciculteurs. (Voy. p. 339.)

— M. le Président, en annonçant le renvoi de ce travail au comité de rédaction, rappelle à la Société les importants services que notre dévoué confrère lui a rendus et lui rend encore, et propose de lui voter des remercîments. M. le Président saisit cette occasion pour rappeler à la Société le zèle avec lequel notre confrère M. P. Ramel n'a cessé de donner des traductions d'articles anglais importants, et de fournir tous les moyens de favoriser la cause de l'acclimatation. Il adresse aussi les remercîments de la Société à M. Ramel, et l'assemblée ratifie par acclamations unanimes les paroles de M. le Président.

— M. Sacc, dans une seconde lettre, datée du 26 mai, annonce que toutes les chenilles de *Bombyx yama-maï*, qu'il avait obtenues des graines envoyées cette année par la Société, ont péri, à la suite de chaleurs humides très-fortes. Sous cette influence, les vers, au nombre de 400, prirent une couleur jaune-citron, cessèrent de manger, et périrent du 13 au 24 mai. Aucune tache n'a pu être remarquée sur le corps des vers, le mode d'éducation ayant été le même que celui des deux années précédentes, M. Sacc pense que c'est à l'excès d'humidité de l'air qu'il doit attribuer le désastre qui a frappé ses chenilles, et pense que les contrées sèches, qui sont aussi celles où le Chêne réussit le mieux, devront être choisies de préférence pour élever le *B. yama-maï.*

— Des lettres de MM. Perrusson, Frérot et Soubeiran confirment les faits observés par M. Sacc, et prouvent que l'affection s'est généralisée.

— MM. Richard (du Cantal), Marlingues, Maumenet, Mugnier, de Campredon, Falguières, Salles (fils), Sermant et Brouzet, adressent des lettres dans lesquelles ils donnent les meilleures nouvelles des éducations de Vers à soie du Mûrier du Japon, et principalement de ceux provenant de la Société.

— M. le docteur Brouzet adresse un mémoire *sur les maladies des Vers à soie*, pour le concours ouvert par la Société (renvoi à la commission), et un travail *sur l'influence de la température sur les Vers à soie.*

— Son Exc. le Ministre des affaires étrangères transmet une certaine quantité de Pommes et de graines de Pin envoyées par M. Héritte, consul de France, au cap de Bonne-Espérance. Cet arbre, qui est connu dans le pays sous le nom de *Pin de Californie*, est très-répandu dans le district du Cap. (Voyez au *Bulletin*, p. 375.) — Remercîments.

— Son Exc. le Ministre des affaires étrangères annonce l'envoi au Jardin du bois de Boulogne de ceps de Vigne de Constantinople, donnés par Djemil-pacha, ambassadeur de Turquie. Ces ceps très-précieux produisent le fameux raisin, nommé le *tchaouch*, et qui a de grandes analogies avec le Chasselas de Fontainebleau. — Remercîments.

— M. Pompe van Meerderwoort offre à la Société une certaine quantité de graines du Chêne sur lequel vivent au Japon les *B. yama-maï.* — Remercîments.

— M. David offre à la Société un très-bel échantillon d'Igname des Antilles, provenant de Santiago de Cuba. — Remercîments.

— M. Brierre (de Riez) annonce la naissance de nouvelles plantes provenant des graines qu'il a reçues de la Société.

— M. Rufz de Lavison informe la Société de l'envoi d'une grande quantité de graines de Pondichéry, fait par M. J. Lépine ; mais, malheureusement, la plus grande partie de ces graines s'est avariée pendant la traversée.

— M. Millet lit un Rapport au nom de la 3e section, qui a décidé qu'elle renonçait à la visite qu'elle avait le projet de faire à l'établissement de pisciculture de M. le marquis de Selve.

— M. Millet annonce qu'il vient d'être informé par M. le secrétaire du Conseil d'administration, que son Rapport sur la pêche a été tiré à part à 125 exemplaires. Notre confrère demande que, conformément aux conclusions adoptées en assemblée générale, le 21 avril dernier, ces exemplaires soient envoyés aux fonctionnaires désignés dans ledit rapport.

L'examen de cette proposition est renvoyé au Conseil.

— M. Fréd. Jacquemart donne lecture au Conseil du Rapport sur la position financière de la Société. (Voy. au *Bulletin*, p. 321.)

La Société, par un vote unanime, ratifie les conclusions de ce rapport, et adresse ses remercîments à M. le trésorier et à M. Fréd. Jacquemart pour leur zèle infatigable.

— M. le docteur J. Léon Soubeiran rend compte verbalement des faits qu'il a pu observer dans le Midi, durant la mission qui vient de lui être confiée par le Conseil, et qui témoignent de la rusticité des Vers à soie du Mûrier de provenance japonaise : il ajoute que partout les éducateurs ont obtenu les meilleurs résultats de l'élevage de ces vers, qui n'ont donné aucun des mécomptes si fréquents dans les autres races.

— M. le docteur Pigeaux confirme les renseignements de M. Soubeiran sur la rusticité et sur l'ardeur de ces animaux à manger les feuilles du Mûrier, et signale ce fait que les vers de son éducation ont même mangé des feuilles de Mûrier à papier (*Broussonnetia papyrifera*), que les *Bombyx Mori* refusent ordinairement.

— M. Chatin confirme également ce qui a été dit sur la rusticité remarquable de cette espèce.

— M. Cortambert fait hommage à la Société d'une *Notice*

qu'il vient de publier *sur le célèbre voyageur Édouard Vogel*. — Remercîments.

— M. Bouchard-Huzard fait hommage d'une *Note bibliographique*, qu'il vient de publier *sur les publications des Sociétés d'horticulture siégeant à Paris, depuis* 1827 *jusqu'en* 1865. — Remercîments.

— M. Georges Legrand, demeurant à Crépy en Valois (Oise), a envoyé au Jardin d'acclimatation du bois de Boulogne un échantillon de terre et quelques insectes provenant d'un champ de betteraves ravagé par ces insectes.

— M. Millet, en présentant ces échantillons, qui lui ont été remis par M. Rufz de Lavison, fait connaître que l'insecte dont il s'agit, est un tout petit coléoptère, l'*Atomaria linearis*, dont il a pu récemment apprécier les ravages dans le département de Seine-et-Marne. Notre confrère pense que l'on ne peut espérer de remédier au mal que par des alternances de culture.

— M. Lucy rappelle à ce sujet que les horticulteurs ont dit s'être bien trouvés de l'emploi de la poussière de chanvre, pour tuer les insectes parasites des plantes, tels que papillons; et demande si l'on n'obtiendrait pas un résultat avantageux en semant du chanvre en rayons au milieu des plantes qu'on voudrait préserver.

— M. Vavin, qui a essayé de ce dernier moyen, n'en a obtenu aucun avantage.

— M. le professeur J. Cloquet rappelle l'expérience faite par M. P. Thenard pour préserver des colzas, au moyen de sciure de bois imprégnée de coaltar et semée sur les champs. A sa propriété de Lamalgue, il a fait palisser des champs avec des bois imbibés de coaltar, et a observé que les insectes étaient beaucoup moins nombreux dans le voisinage de ces palissades.

— M. Millet fait remarquer que ces moyens de destruction ou de préservation ne peuvent agir que sur les insectes qui exercent leurs ravages à l'extérieur, et non sur ceux qui se tiennent dans le sol, et qui attaquent les racines des végétaux.

— M. Ramel signale l'immense quantité de chenilles processionnaires qui se sont développées cette année dans les environs de Paris, et annonce à la Société que M. Peltier, qui a imaginé un appareil très-portatif pour détruire ces animaux au moyen d'un jet de vapeur, offre ses services au Jardin du bois de Boulogne. M. Ramel demande ensuite si quelqu'un des membres de la Société connaît quelque fait qui vienne à l'appui de cette idée, que la plantation des Ricins éloigne les Taupes. MM. Vavin et Ray, qui ont expérimenté le Ricin dans cette intention, ne lui ont reconnu aucune qualité véritable en ce sens.

— M. le Président présente, au nom de M. Aimé de Soland, une étude sur une nouvelle race de Perdrix (*Perdix atrorufa*). — Remercîments.

— M. le docteur Pigeaux demande à la Société quel usage il devra faire des cocons provenant de la graine de *Bombyx Mori* du Japon que lui a confiée la Société, et s'il devra l'employer tout entière à des reproductions ?

— M. Chatin pense que les cocons élevés dans le Nord doivent être très-employés à faire de la graine pour les contrées méridionales, et qu'il est surtout très-important de ne faire que de petites éducations.

— M. J. Cloquet dit que, lorsqu'il a visité la Lombardie, il y a remarqué que les petites éducations donnaient des résultats de beaucoup supérieurs aux grandes.

— M. le Président rappelle à la Société que depuis longtemps déjà notre confrère M. de Quatrefages a insisté sur la nécessité de ne faire que de petites éducations, pour régénérer la sériciculture.

— MM. Rufz de Lavison et Fréd. Jacquemart confirment l'importance des petites éducations pour obtenir des récoltes satisfaisantes.

— M. Ramel demande quels résultats pratiques a amenés la culture du *Bombyx* de l'Ailante : il a vu des rapports nombreux sur des productions assez considérables de cocons, mais il désirerait savoir si des étoffes ont été faites exclusivement avec leur produit.

— M. Fréd. Jacquemart répond que la Société a proposé un prix de 1000 francs pour la première pièce d'étoffe qui lui serait présentée, mais que jusqu'à ce jour on ne connaît aucun candidat pour cette récompense.

— M. J. Lecreux rapporte que le colonel Mathieu a pu nourrir et mener à bien des Vers à soie du Mûrier en leur donnant seulement des feuilles de Scorsonère.

Le Secrétaire des séances,

J. LÉON SOUBEIRAN.

III. CHRONIQUE.

Daubenton à Montbard.

Je ne sais si Dieu jette souvent sur la terre de ces natures d'élite qu'il destine à devenir un jour les bienfaitrices de l'humanité. Il me semble qu'il n'en est pas trop prodigue, car les hommes utiles sont rares ; mais s'il est permis à une nation d'en posséder dans sa longue existence, il est un devoir pour elle de recueillir et de conserver avec soin, pour l'enseignement de l'avenir, toutes les particularités de l'existence précieuse de ces hommes trop rares, qui ont contribué au bonheur de l'humanité par la marche du progrès.

Il est, au Jardin des plantes, ombragée par les branches du beau cèdre que de Jussieu y planta en 1734, il est, dis-je, une petite colonne de marbre, simple d'art, dont la base est cachée dans la mousse et les rochers garnis de pervenches : sous ce modeste monument repose Daubenton, mort à Paris le 31 décembre 1799. Daubenton était né à Montbard en 1716, neuf ans après Buffon. Où trouve-t-on souvent une localité qui ait eu ce privilége de voir naître, dans le même moment et presque sous le même toit, les deux créateurs d'une science jusqu'alors presque inconnue, et qui depuis devait captiver tant d'esprits sérieux, atteindre tant de développement, et dépasser aujourd'hui tout ce que l'on croyait avoir acquis dans les limites du possible ?

Daubenton, fils d'un bourgeois de Montbard, fut destiné par son père à l'état ecclésiastique, et envoyé à Paris pour étudier la théologie. Mais l'étude des Pères de l'Église ne sembla pas beaucoup sourire au jeune séminariste, qui abandonna bientôt saint Augustin pour Hippocrate. Essentiellement humanitaire, doué d'un remarquable talent d'observation, travailleur passionné, toutes ces facultés réunies semblaient appeler Daubenton à l'étude des sciences médicales, que la mort de son père lui permettait de continuer sans obstacle.

Reçu médecin, Daubenton revint à Montbard pour y exercer cette profession, modeste toutefois, mais qu'il n'avait jamais cessé de considérer comme le sacerdoce le plus utile à l'humanité, et qu'il était résolu d'exercer en faveur de ses concitoyens, quand à la même époque, le jeune comte de Buffon, son voisin et son ami, esprit inquiet, aventureux, entreprenant, qui avait essayé de tout, venait d'entreprendre l'étude des sciences naturelles, mais sur des données si incomplètes, si pleines d'erreurs, qu'il se vit dans la nécessité de les refondre entièrement. C'était un travail dont il entrevoyait toute l'étendue, mais que l'impatience de son génie ne lui permettait pas d'étudier dans les minutieux détails anatomiques.

C'est alors que Buffon appela à lui Daubenton, dont il connaissait l'esprit finement observateur et l'aptitude pour les sciences naturelles et l'anatomie.

Pendant vingt ans, le scalpel en main, Daubenton se livra à l'étude de tous nos animaux domestiques, de tous les grands quadrupèdes étrangers, des quadrupèdes de nos forêts, à la minutieuse anatomie des oiseaux, etc. Daubenton, par ces études approfondies, a enrichi les sciences naturelles de documents entièrement inédits; c'est ce dont on peut se convaincre en lisant l'*Histoire des quadrupèdes*, qui, selon Cuvier, est de tous les ouvrages de Buffon (la seule qui fut faite en commun) *la plus exempte d'erreurs.*

M. Eugène Noel, dans un précédent article sur Daubenton, dont il a enrichi le JOURNAL DE LA FERME, énumère les titres de notre naturaliste comme savant; de notre côté, nous revendiquons l'honneur de faire connaître Daubenton comme introducteur de la race mérinos en France, et de dire un mot des études auxquelles il s'est livré pour l'acclimatation de cette race, avec quelques particularités sur l'existence si modeste du célèbre naturaliste à Montbard.

La vie de Daubenton a été entièrement absorbée par l'étude et l'observation; elle fut par conséquent pauvre en petits faits particuliers ou vulgaires. A Montbard, où il venait chaque année dans sa jeunesse, il habitait un petit pavillon qu'il avait fait bâtir dans le quartier haut de la ville, en avant des jardins de Buffon, sur une terrasse d'où sa vue s'étendait sur une campagne charmante et très-vaste. Ce pavillon n'a subi aucun changement extérieur; la belle allée de sapins que Daubenton avait plantée derrière cette habitation toute patriarcale a également été respectée : ces beaux arbres, qui maintenant ont atteint une grande hauteur, contribuent fort à la beauté du site de Montbard. Daubenton, dans ses séjours à Montbard, voyait peu de monde; les savants qui s'arrêtaient en cette ville pour y visiter nos deux naturalistes, recevaient ordinairement l'hospitalité chez le comte de Buffon, au château, comme on disait alors. Daubenton, qui n'avait ni les allures, ni les habitudes d'un grand seigneur, se contentait ici d'un logement au-dessous du modeste. Dans l'été de 17..., quand J. J. Rousseau s'arrêta à Montbard pour rendre hommage à Buffon et à Daubenton, le premier était absent, le second n'avait pas de chambre à lui offrir, de façon que le philosophe dut loger à l'auberge du père Mignot, à l'angle de la rue de Dijon, dans le quartier bas.

Ce fut à Courtangy, sur la colline en face de la ville, et dans un clos de 8 hectares qu'il avait acheté exprès, que Daubenton établit, en 1766, sa bergerie d'essai sous les auspices du gouvernement. Il transforma en hangars à l'usage des moutons les bâtiments qui s'y trouvaient, conserva une habitation pour lui, et un petit pavillon pour Clément Junot et son neveu, auxquels était confié le soin des moutons, et qui en même temps faisaient valoir les terres. Daubenton créa là pour la nourriture de ses bêtes à laine des prairies artificielles qui, avant lui, étaient inconnues dans le pays, et qui, depuis, devinrent la source de la richesse actuelle de l'Auxois et du Châtillonnais.

Daubenton avait vingt-quatre ans lorsque Buffon lui confia la direction du cabinet d'histoire naturelle au Jardin des plantes. Forcé de quitter sa ville natale, il y venait régulièrement chaque année, surtout après l'établissement de sa bergerie, où il passait toutes ses journées à ses études favorites, à ses expériences sur les moutons, et à améliorer la culture des terres de son petit domaine de Courtangy.

Il y a quelques jours, je voulus visiter de nouveau et en détail l'ancienne bergerie de Daubenton ; je me fis accompagner dans cette visite du seul homme qui, à Montbard, pouvait me fournir les renseignements les plus exacts. C'était le neveu et gendre de Clément Junot, le berger et fermier de Daubenton pendant cinquante-huit ans, de l'homme qui avait vécu dans l'intimité du célèbre naturaliste.

Ce respectable vieillard, qui porte également le nom de Clément Junot, comme son beau-père, et qui a passé son enfance à la ferme de Courtangy, se souvient de tous les détails intéressants de la bergerie, et des expériences auxquelles étaient soumises les bêtes à laine.

Il se souvient et parle avec plaisir du parcage dans les différents endroits du clos ; de la parturition des brebis en plein air, ayant souvent la neige sur le dos ; de leur traitement, en cas de maladie, dans un local ménagé à part, et désigné sous le nom d'hôpital.

Mais le cabinet d'anatomie que Daubenton avait formé à la bergerie avait surtout attiré l'attention de l'enfant, et Clément aura toujours présents à la mémoire ces squelettes de moutons pendus le long des murs de la pièce affectée à cet usage.

Ce digne vieillard et sa femme, qui ont succédé à leurs parents dans la culture des terres de Courtangy et l'élevage du mouton d'après la méthode enseignée par le grand naturaliste, conservent le plus profond respect pour la mémoire de leur célèbre maître. Mme Clément Junot garde religieusement les lettres que Daubenton écrivait de Paris à son père. Ces lettres renferment toutes des instructions sur les soins à donner aux moutons, et sur la culture des terres de Courtangy.

Je ne résiste pas au désir de faire connaître le texte de l'une d'elles qui m'a été offerte par Mme Clément Junot. La voici :

« Paris, 24 pluviôse an VII républicain.

» Je ne sais pourquoi Clément m'appelle monsieur, je lui ai déjà dit qu'il » doit m'appeler citoyen.

» Il faut labourer et fumer comme à l'ordinaire, et parquer. Je voudrais » faire des expériences sur le produit du parcage, comme je l'ai expliqué » l'an passé à Clément. Il faut parquer la moitié d'un champ près de la » bergerie ; il faut labourer un des carrés de l'enclos du bas, qui est en pré

Vue actuelle de la bergerie de Courtangy, d'après un dessin communiqué par M. Caumont-Bréon.

1. Du temps de Daubenton existait à cette place un bâtiment pour les moutons malades, appelé l'hôpital. — 2. Au lieu de haies existaient autrefois des murs. — 3. Maison habitée par Daubenton — 4. Habitation de Clément Junot, berger de Daubenton. — 5 et 6. Constructions modernes. — 7. Entrée actuelle de la propriété. — 8. Abreuvoir qui servait de lavoir pour les moutons.

» et qui rapporte le moins, en parquer la moitié et le semer en orge. Clément » commencera tout de suite à parquer et à labourer, et m'écrira quels sont » les champs à ensemencer pour les mars. Clément peut vendre des béliers » à 40 francs pièce, payés comptant, car, en donnant à crédit, on a de la » peine à être payé : je n'ai pas encore pu être remboursé de l'argent que » Clément a avancé pour le C. Amelot, ni payé du prix des béliers. Si l'on » demande des brebis, Clément m'écrira le nombre que l'on demandera » à proportion des béliers, mais il ne faut rien promettre, parce que ce serait » s'engager inutilement.

» La laine de la bergerie convient mieux à un fabricant de Châtillon que » de Troyes, parce que c'est plus près ; il faudrait écrire à ceux de Châtillon » qui en ont demandé et leur marquer le prix.

» DAUBENTON. »

Après la mort de Daubenton, les moutons de la bergerie d'essai furent vendus au marquis de Tanlay, le clos de Courtangy fut conservé par sa veuve (qui était la fille de son frère, et par conséquent sa nièce). Après la mort de celle-ci, Courtangy et la maison qui lui appartenait en ville échurent à M. Pion, parent de Daubenton, et encore par succession à M. Vaussain, gendre de M. Pion. Courtangy est devenu la propriété de M. Vaussain fils, médecin à Orléans. Sa sœur, Mme Bissey, habite en ville le charmant petit pavillon dont j'ai parlé. On se plaît, à Montbard, à rappeler aux étrangers que les arrière-petits-neveux de Daubenton ont su conserver intact, et avec le respect qui y demeure attaché, l'humble toit du modeste et savant naturaliste qui contribua tant à la gloire de Buffon.

P. CAUMONT-BRÉON.

(*Extrait du Journal de la Ferme et des Maisons de campagne.*)

Lettre sur le Pin de Californie,

Par M. Héritte, consul de France au cap de Bonne-Espérance.

« Ville du Cap, 25 janvier 1865.

» Monsieur le Ministre,

» Une des choses qui m'ont frappé en arrivant, il y a peu de mois, dans cette colonie, a été la richesse, l'exubérance de végétation d'une certaine espèce de Pin désignée ici sous le nom de Pin de Californie, et qui abonde notamment dans tout le district du Cap. Cette sorte de Pin est d'une nature bien plus robuste et plus vigoureuse que celle des Pins que j'ai été à même de voir, soit en France, soit dans d'autres parties de l'Europe. Au lieu de pousser et s'élever en une tige principale, comme font les Pins des contrées du Nord, l'espèce dont il s'agit, à partir d'une certaine hauteur qui varie suivant le mérite du plant ou la qualité du terrain, se divise et développe en forme de puissant bouquet, et tire principalement sa force de cette particularité que les branches s'égalent alors à peu près en force et en grandeur.

» Par sa trempe toute vigoureuse, son essence modérément flexible, le développement régulier, serré et abondant de ses branches et de son feuillage, cet arbre était admirablement approprié à la destination que lui ont donnée les premiers colonisateurs du cap de Bonne-Espérance, consistant principalement à garantir les habitations et les routes des terribles vents de sud-est d'été et de nord-ouest d'hiver qui règnent presque continuellement dans l'Afrique australe, et y seraient un véritable fléau s'ils n'étaient, d'un autre côté, si précieusement assainissants et rafraîchissants.

» C'est par suite des qualités de l'arbre dont il s'agit, que les Hollandais, qui s'y entendent en fait de travaux substantiels et bien raisonnés, l'ont répandu à profusion dans le district du Cap ; c'est à eux, en effet, qu'on doit les splendides routes et avenues plantées, soit de Pins de l'espèce en question, soit de Chênes, qui sillonnent toute la campagne de Cape-town, jusqu'à une distance de 10 et 12 kilomètres. Malheureusement les Anglais, qui sont venus depuis, ont beaucoup détruit de celles des plantations qui décoraient et garantissaient du soleil la ville et les terrains adjacents.

» La pomme fournie par le Pin de Californie est beaucoup plus grosse, plus trapue, plus arrondie, plus pesante que celle des Pins de nos contrées, lesquelles ne renferment, on le sait, qu'une amande insignifiante et ne dépassant guère la grosseur d'une tête d'épingle. La première, au contraire, et c'est ce qui lui donne sa forme toute rebondie, renferme un nombre considérable de graines grosses comme des avelines, et dont les amandes, d'une saveur fine et délicate, surtout quand elles sont fraîches, sont parfaitement propres à être employées pour l'alimentation, plus spécialement par les confiseurs, glaciers et pâtissiers. Ici, au Cap, où il n'y a aucune industrie, où l'on est habitué à tout recevoir du dehors, et où les matières les plus utiles traînent par les rues et les grandes routes, ce qui est une conséquence du très-grand éloignement des centres de fabrication, on n'emploie pas plus la graine du Pin dont il s'agit, comme aliment, que sa pomme même comme combustible ; mais il me paraît hors de doute qu'il y aurait beaucoup à en tirer et obtenir.

» Je ne saurais croire qu'en raison de sa beauté et de ses avantages très-remarquables, l'espèce de Pin dont je m'occupe n'ait pas encore été introduite en France ; j'ai pensé, toutefois, monsieur le Ministre, qu'il ne serait peut-être pas sans intérêt pour l'administration compétente de France, ou pour le Jardin d'acclimatation, d'avoir sous les yeux et de posséder des pommes et graines provenant de l'arbre en question ; et c'est dans cette supposition que j'ai l'honneur d'en envoyer sous ce même pli quelques échantillons à Votre Excellence. Je profite, pour cet envoi, de l'occasion d'un de nos bâtiments de la marine de l'État qui est actuellement au mouillage du Cap et va partir prochainement pour France.

» Agréez, etc. » *Signé* HÉRITTE. »

Lettre sur la maladie des Citronniers,

Par M. BOULARD, consul de France à Messine.

« Messine, le 25 mai 1865.

» Monsieur le Ministre,

» La maladie qui, depuis deux ans, s'est déclarée en Espagne sur les Citronniers (la lettre de Votre Excellence dit, par erreur de copiste, sans doute, sur les Orangers, arbres qui, du moins ici, n'ont encore rien eu à souffrir), a paru à peu près à la même époque en Sicile, dans la province, ou plus exactement dans les environs immédiats de Messine.

» Cette maladie n'était pas, du reste, entièrement nouvelle et inconnue ; déjà elle s'était montrée, dit-on, il y a trois ou quatre ans, sur les bords du lac Majeur et dans le comté de Nice, lieux où elle aurait fait sa première apparition.

» Ses débuts en Sicile ont été lents et obscurs, et n'ont pas d'abord appelé l'attention. Concentrée, pour ainsi dire, dans la banlieue de Messine, elle atteignait quelques jardins, en laissant d'autres intacts, et les dégâts qu'elle produisait étaient, en somme, de trop peu d'importance pour devoir être signalés.

» Cette année, cependant, la maladie a pris des développements aussi fâcheux qu'inquiétants, car elle a non-seulement dévasté les campagnes voisines de la ville, mais elle s'est étendue sur un plus vaste espace, et déjà elle a atteint au nord Milazzo, à 40 kilomètres, et au sud Scaletta, à 30 kilomètres de distance. Les provinces de Catane et de Palerme sont menacées, mais n'ont point encore été atteintes par la contagion.

» La côte de Calabre faisant face au détroit du Phare n'a pas été aussi heureuse, la maladie s'y est développée, et là, comme dans les environs de Messine, presque tous les Citronniers se trouvent aujourd'hui atteints par la maladie. Ce qui est plus fâcheux encore, le mal y frappe aussi les Bergamotes, arbustes qui produisent l'essence aussi rare que recherchée qui porte leur nom, et dont les fruits, par une singularité qui mérite d'être signalée, ne mûrissent exclusivement que sur la côte de Calabre comprise entre Reggio et villa San Giovanni, c'est-à-dire sur un espace de quelques milles à peine.

» Les symptômes de la maladie qui menace d'anéantir des produits également précieux pour la Sicile et pour l'étranger, sont des taches noires qui se montrent sur l'écorce des arbres. Ces taches s'étendent, et, dès que le tronc de l'arbre en est même partiellement entouré, il se dessèche et périt. Si l'on enlève ces taches au couteau, dans le but d'en prévenir l'extension, il se forme une plaie d'où s'échappe une gomme ou résine noire et purulente d'une nature différente de celle que distille l'arbre dans son état normal.

» Tous les moyens employés jusqu'ici pour remédier au mal ou pour le prévenir, la chaux, le charbon végétal, etc., sont restés impuissants, et l'on se borne maintenant à enlever les taches par incision, et surtout à préserver autant que possible les racines des arbres qu'au besoin on met momentanément à nu ; car, dès que ces dernières sont atteintes, le sujet est perdu.

» Cette maladie, sur la nature de laquelle on ne peut que former des conjectures, est généralement attribuée à une disposition atmosphérique délétère réagissant sur la végétation. Ce serait cette même disposition ou influence atmosphérique qui, dans d'autres conditions, aurait précédemment attaqué les pommes de terre et la vigne. Fatale aujourd'hui aux Citronniers, elle serait encore la cause du mal dont les Mûriers sont attaqués, mal d'où proviendrait en réalité le dépérissement des Vers à soie en Europe. Enfin, cette même disposition ou influence atmosphérique menacerait en outre, aujourd'hui, l'Olivier lui-même, dont quelques symptômes accusent déjà le danger.

» La maladie qui frappe les Citronniers épargne jusqu'à présent les Orangers, leurs congénères, et se montre d'ailleurs, de tout point, des plus capricieuses dans ses effets. On la voit, sans cause saisissable, sévir dans un jardin voisin, passer, revenir sur ses pas, et affecter enfin les formes et les allures les plus diverses.

» Si le mal est grand, car la perte des Citronniers serait pour la Sicile, qui exporte annuellement pour plus de vingt millions de francs de fruits frais, et pour plus de dix millions de francs d'essences et de jus de citron concentré, un véritable désastre, il n'y a pas lieu encore toutefois de désespérer. Si l'on a trouvé dans le soufre un préservatif infaillible contre l'oïdium, il est permis de penser que le mal actuel ne sera pas non plus sans remède.

» D'un autre côté, quelques symptômes favorables font croire déjà que la maladie des Citronniers pourra n'être que passagère. Dès à présent on signale une certaine amélioration dans l'état des arbres, et le mois d'octobre prochain, époque de la seconde floraison des Citronniers, viendra confirmer, il faut le souhaiter, les espérances qu'on a conçues.

» Les exportations en fruits frais, essences et jus de citron concentré, de Messine, port par lequel s'écoule la majeure partie des produits de la Sicile et de la côte de Calabre voisine, n'ont pas été encore sensiblement affectées et réduites par les effets de la maladie qui frappe les Citronniers et les Bergamotes. De onze à douze cent mille caisses de fruits frais, l'exportation est descendue à neuf cent mille caisses environ. La diminution a été moins sensible encore sur l'exportation des essences, les Bergamotes n'ayant été attaquées que cette année même. . . . .

. . . .

» Agréez, etc.

» *Signé* BOULARD. »

JARDIN D'ACCLIMATATION DU BOIS DE BOULOGNE.

RAPPORT

PRÉSENTÉ A L'ASSEMBLÉE ORDINAIRE DES ACTIONNAIRES du 30 avril 1865,

Par M. RUFZ DE LAVISON,
Directeur du Jardin.

MESSIEURS,

Je vais vous présenter, au nom du Conseil d'administration de la Société du Jardin zoologique d'acclimatation, les comptes de cet établissement pendant l'année 1864.

Inventaire arrêté au 31 décembre 1864.

Actif.			*Passif.*		
Espèces en caisse	5,835	95	Comptes courants créditeurs	19,725	80
Espèces au Crédit foncier	16,261	70	Fonds de réserve	127,016	80
Obligations	60,843	90	Solde	140,532	07
Cautionnement	5,000	»			
Effets à recevoir	782	65			
Animaux, d'après inventaire	96,862	15			
Mobilier	13,000	»			
Constructions nouvelles (1) en 1862-63 : 26,861 93 / Id. en 1864 : 20,359 35	47,221	28			
Mobilier industriel et outillage	7,741	»			
Approvisionnements	1,972	30			
Comptes courants débiteurs	31,753	74			
Total égal	287,274	67	Total égal	287,274	67

Vous voyez que l'excédant de l'actif, y compris le fonds de réserve de 127,016 fr. 80 c., s'élève à la somme de 267,548 fr. 87 c.; celui de l'inventaire de 1863 n'était que de 229,580 fr. 99 c.: c'est donc une augmentation en 1864 de 37,967 fr. 88 c., qui se compose de 17,608 fr. 53 c., bénéfice net de l'exercice, et de 20,359 fr. 35 c. de constructions nouvelles faites dans le courant de cette année.

Voici le compte d'exploitation de l'exercice 1864.

(1) Constructions nouvelles en 1864 : Volière d'élevage. — Chenil. — Parcs nouveaux. — Installation de Perroquets.

Compte d'exploitation, exercice de 1864.

Dépenses.			*Recettes.*		
Conduites d'eau........	330	10	Entrées du jardin.......	178,709	50
Personnel............	50,801	70	Entrées des serres.....	4,490	»
Animaux de l'aquarium..	2,178	45	Abonnements.........	467	25
Nourriture des animaux.	45,400	50	Bénéfice sur la vente des animaux..........	16,153	»
Entretien du jardin et des chemins............	16,977	50	Vente d'œufs..........	7,457	10
Entretien du jardin d'hiver	9,542	55	Vente de plumes.......	403	55
Salon de lecture	444	»	Vente de graines et plantes	36	»
Entretien et appropriation des bâtiments.......	8,327	55	Animaux reproducteurs..	225	»
Entretien des parcs et clôtures (1)...........	5,862	30	Notices de l'aquarium...	272	05
Mobilier industriel et outillage (2)..........	4,469	65	Livrets (Guide du Jardin).	1,364	05
Publicité............	4,267	80	Buffet...............	4,250	»
Fournitures et frais de bureau (3)..........	4,811	05	Fermage des chaises....	250	»
Chauffage............	3,561	35	Intérêts des comptes courants.............	4,313	28
Charrois et recouvrements.............	591	»	Dons d'animaux.......	4,569	75
Loyer...............	1,000	50	Rabais et escomptes....	519	35
Assurances...........	674	10			
Impôts...............	2,098	95			
Timbre des actions.....	502	»			
Assemblée générale.....	748	95			
Abonnement des eaux...	3,130	»			
Frais généraux........	3,310	»			
Livrets..............	1,482	»			
Total des dépenses.	170,512	»	Total des recettes...	223,479	88
Excédant des recettes.	52,967	88			
Total égal.......	223,479	88	Total égal.......	223,479	88

Sur l'excédant des.....................................		52,967 88
il faut déduire pour constructions nouvelles.....	20,359 35	35,359 35
id pour l'amortissement des serres..	15,000 »	
Bénéfice net actif..................................		17,608 53

DÉPENSES.

Les dépenses ordinaires de 1864, c'est-à-dire celles destinées à l'exploitation et à l'entretien de l'établissement, ont été un peu moindres que celles de 1863.

Le chiffre de ces dépenses avait été, en 1863, de. .	175,901 fr. 88
Il est en 1864 de..................	170,512 »
Différence en moins......	5,389 fr. 88

(1) Peinture des clôtures et réparation de grillages.
(2) Voitures, harnais, cages, perchoirs, entretien et réparation d'outils.
(3) Ports et affranchissements de lettres, registres, imprimés et papeterie.

Le détail en est sous vos yeux dans les tableaux qui vous ont été remis, et qui sont disposés dans le même ordre et sous les mêmes titres que les années précédentes, afin que vous puissiez comparer ces divers exercices.

Vous verrez que la diminution des dépenses ne provient pas d'économies faites sur les besoins des services, mais de la diminution du traitement de la Direction.

Les dépenses extraordinaires comprennent, comme les années précédentes :

1° L'annuité des serres, dont vous connaissez la nature. C'est un payement qui, aux termes du bail des serres, diminue d'autant celui que vous auriez à faire, si vous vouliez acquérir les serres définitivement, et qui par conséquent doit être considéré comme un véritable acquêt. . . . . 15,000 fr. »

2° Et les constructions nouvelles, qui ont coûté. . . 20,359 35

Total des dépenses extraordinaires. . . . . 35,359 fr. 35

Les dépenses extraordinaires de 1863 n'avaient été que de. 27,784 47

Différence en plus en 1864. . . . . 7,574 fr. 88

Les constructions nouvelles n'ont jamais été faites qu'après que la nécessité en a été examinée, reconnue et votée par le Conseil de direction et approuvée par le Conseil d'administration.

Ces constructions sont une volière d'élevage dont le besoin s'était fait sentir dès l'origine de l'établissement. Dans les installations primitives, tout avait été disposé pour faire jouir le public de la vue des animaux; mais ceux-ci, sans cesse troublés au moment de la reproduction, ne se reproduisaient pas, ou ne donnaient que des produits inféconds. Le Jardin était dans l'impossibilité de remplir sa destination spéciale, de multiplier les animaux dont il désire l'acclimatation. C'est ce qui a motivé la construction de cette volière d'élevage, dont le prix s'est élevé à 11,373 fr. 30.

Un chenil entrait aussi dans le programme du Jardin. Mais, un véritable chenil devant entraîner une dépense considérable, on s'est borné à en construire un modèle en petit qui n'a coûté que 1393 fr.

Plusieurs nouveaux parcs ont dû être établis, à cause de l'augmentation et de l'importance du fonds d'animaux, dont la valeur, qui n'était que de 78,120 fr. d'après l'inventaire de 1863, figure dans celui de 1864 pour 96,862 fr. 15 c., ce qui fait en 1864 une augmentation de 18,744 fr. 15 c.

Toutes les réparations, toutes les dépenses d'entretien ont été complétement et scrupuleusement faites. Rien n'a été laissé en souffrance; chacun de vous peut en juger par la vue des objets et par le chiffre des allocations portées pour ces dépenses, qui sont, dans le budget de cette année, plutôt augmentées que réduites. Vous pouvez vous assurer que votre propriété est en aussi bon état et plus développée qu'aux premiers jours de sa fondation.

L'administration a pensé que c'était répondre à votre intention d'assurer avant tout la bonne tenue du Jardin Les dépenses faites sont toutes de l'ordre de ces dépenses productives qui contribuent au développement et au succès des grandes entreprises.

RECETTES.

Les recettes ont été en 1864 de.	223,479 fr. 88
Elles avaient été en 1863 de.	254,363 40
Elles sont donc diminuées de..	30,883 fr. 52

Cette diminution s'explique : 1° parce qu'il n'y a pas eu d'exposition cette année au Jardin (celle des chiens en 1863 figurait pour 14,885 fr.).

Et surtout parce que les recettes de l'entrée ont donné un déficit de 21,743 fr. 45 c.

Il n'y a pas eu d'exposition cette année, parce que l'on a craint, par une répétition trop rapprochée de ces sortes d'exhibitions, d'affaiblir la la curiosité du public. On a pensé que l'interruption d'une année, permettant de varier et de renouveler les éléments des expositions, leur donnerait plus d'attrait et assurerait le succès. Celle des chiens, qui doit s'ouvrir prochainement, s'annonce sous les auspices les plus favorables. Le lieu choisi (Cours-la-Reine), et très-bienveillamment concédé par la haute Administration de la ville, met cette exposition à la portée des visiteurs, en même temps que le déploiement qui lui est donné exercera, nous l'espérons, une plus grande attraction.

La diminution des recettes a porté surtout sur le premier semestre, et s'explique par le printemps froid et pluvieux de 1864, si peu favorable aux promenades extra-urbaines, et par une affluence peut-être moins grande que d'ordinaire des étrangers à Paris, par suite de causes générales.

Dans le second semestre, avec le retour du beau temps et l'augmentation des visiteurs étrangers, les recettes se sont élevées au-dessus de ce qu'elles avaient été dans le second semestre de 1863, et nous ont permis de recouvrer une partie du déficit laissé par le premier semestre. En effet, le beau temps et la présence des étrangers sont des conditions principales de la prospérité du Jardin du bois de Boulogne.

Mais cette diminution de recettes ne nous permet de vous apporter, pour l'exercice de 1864, qu'un bénéfice net de 17,608 fr. 53 c.

C'est le moins satisfaisant que nous ayons eu encore à vous présenter.

Ce bénéfice devra, aux termes de nos statuts, être joint aux 127,016 fr. 80 c. portés déjà à la réserve par les exercices précédents, et constituera une somme de 144,625 fr. 33 c., somme bien proche, comme vous le voyez, de celle de 150,000 francs prescrite par nos statuts pour la réserve définitive, après la constitution de laquelle l'excédant des recettes restera disponible.

Bien que la vente des animaux se soit élevée à peu près au même chiffre que l'année précédente, vous remarquerez que le bénéfice est presque doublé, puisqu'il a été de 16,153 francs au lieu de 9,346 fr. 05. Nous vous disions l'an dernier que cette partie de l'exploitation était l'objet de sérieuses études. Vous voyez que ces études n'ont pas été sans effet. Comme les ventes dépendent moins de l'incertitude du temps et que l'expérience et l'activité humaine y peuvent davantage, nous espérons que les ventes iront toujours en s'améliorant. C'est par les ventes que le Jardin étend son action jusqu'aux provinces et aux pays étrangers, se tient en rapport continuel avec eux, et les invite en quelque sorte à le venir visiter.

La vente des œufs a diminué. Cette diminution tient à quelques suppressions dans le nombre des oiseaux, occasionnées par les réformes essayées ; nous espérons qu'elle ne se reproduira pas cette année.

Les dons sont doubles de ce qu'ils étaient l'année dernière, 4569 fr. 75 au lieu de 2545 fr. 50 c. ; ils sont précieux non-seulement par leur valeur (c'est par les dons que nous acquérons les animaux rares ou inconnus)(1), mais ils sont précieux aussi par leur signification. Ils proviennent pour la plupart de la haute administration de MM. les consuls de France et des grands officiers de la marine, dont la coopération nous est si nécessaire. C'est ainsi que, dans la liste de nos donateurs, après les noms de LL. MM. l'Empereur et l'Impératrice, de S. A. le Prince Napoléon, de LL. EExc. les Ministres, vous lirez ceux du maréchal Forey, de l'amiral La Grandière, de M. de Berthemy, ministre plénipotentiaire en Chine, de M. Léon Roche, ministre de France au Japon, de M. Vandal, directeur général des postes.

Il semble que désormais, dans toutes les entreprises, conquêtes ou négociations lointaines de la France, la Société d'acclimatation doive trouver sa part. Dans cette bienveillance organisée, vous reconnaîtrez l'incessante sollicitude de notre président, M. Drouyn de Lhuys, qui ne manque jamais une occasion de se manifester.

Vous en avez encore une preuve éclatante dans la participation que le Jardin a été admis à prendre dans les résultats des ventes de graine de Vers à soie du Japon effectuées par les soins de la Société impériale d'acclimatation. Cette participation a été fixée à 27,000 francs, qui devront être employés en améliorations et en embellissements ayant pour but d'entretenir et de stimuler la faveur du public.

Nous ne pouvons nous dissimuler qu'au début de l'entreprise, bien des prédictions sinistres étaient faites ; on annonçait qu'un établissement de cette sorte, basé sur la seule association des particuliers, sans le concours de l'État, ne saurait réussir en France ; que le public, accoutumé à pénétrer partout gratuitement, se refuserait à payer le tribut de sa curiosité, que notre faveur serait tout au plus celle d'une mode éphémère.

Vous le voyez, Messieurs, voici la quatrième année de notre existence. Voici quatre fois que nous venons vous annoncer que non-seulement l'acclimatation paye ses frais, mais qu'elle laisse un excédant de recettes qui lui permet d'assurer l'avenir et d'espérer encore des résultats meilleurs. Au mois de mai prochain, c'est-à-dire dans peu de jours, va s'ouvrir, aux Champs-Élysées, notre grande exposition de chiens, que tous les journaux ont signalée à la faveur du public, et qui doit, selon toute pro-

(1) Les Crossoptilons songhki, envoyés de la Mongolie, la belle paire d'*Euplocomus prælatus*, provenant de la Cochinchine, ainsi que le Paon spicifère ; les Roulouls des îles de la Sonde, animaux qui jusqu'à présent n'avaient jamais été vus vivants en Europe, et que ne possède aucun autre jardin zoologique.

babilité, dépasser de beaucoup celle de 1863, dont les résultats avaient déjà été si heureux pour nous. De plus, nous ne sommes pas loin de l'année 1867, où doit avoir lieu à Paris la grande Exposition universelle des produits de l'industrie, et vous savez combien cette solennité a été favorable à l'un des établissements congénères du nôtre, le Jardin zoologique de Londres, pour qui les expositions faites en cette ville ont été une source de prospérité.

Si, détournant un moment vos regards des résultats financiers, qui ne répondent peut-être pas encore complétement à votre attente, vous vouliez bien les porter sur ces résultats effectifs et incontestables de l'acclimatation, qui sont bien aussi une partie de l'œuvre que vous vous êtes proposé d'accomplir, là vous verriez, Messieurs, bien d'autres motifs de satisfaction et d'espérance. La possibilité d'un grand nombre d'acclimatations confirmée ; ce qui n'avait été que des vœux et des conjectures de la science devenu des réalités; le cercle des végétaux et des animaux acquis s'étendant de plus en plus ; bien des objections théoriques réfutées par l'expérience ; bien des questions en voie de solution ; un nouveau genre de plaisir, d'instruction et d'industrie créé pour nos concitoyens ; la confiance publique venant à nous de tous côtés ; une vaste clientèle établie : voilà, Messieurs, non pas des résultats spéculatifs, mais des garanties de la vitalité de l'œuvre que nous poursuivons.

Ces considérations nous font espérer que l'année 1865, malgré le résultat peu satisfaisant de ses trois premiers mois, dont la température a été exceptionnellement rigoureuse, complétera enfin notre réserve statutaire, et nous permettra de faire aux actionnaires une première répartition de bénéfices, moment vivement désiré par l'administration comme le couronnement de l'œuvre du Jardin zoologique d'acclimatation, et comme la seule condition qui lui reste à remplir pour être proclamé une œuvre bien réussie.

Après la lecture de ce Rapport, les comptes soumis à l'assemblée ont été adoptés à l'unanimité.

I. TRAVAUX DES MEMBRES DE LA SOCIÉTÉ.

SUR

LES ANIMAUX DOMESTIQUES ET SAUVAGES

ET SUR LES OISEAUX DU SOUDAN,

LETTRE ADRESSÉE A M. LE PRÉSIDENT DE LA SOCIÉTÉ IMPÉRIALE D'ACCLIMATATION

Par M. GARNIER,
Premier Drogman du Consulat général de France en Égypte.

(Séance du 21 avril 1865.)

Kufit (province de Kossala, Soudan égyptien), le 20 janvier 1865.

Monsieur le Président,

Chargé par M. le consul général de France en Égypte d'une mission au Soudan, et encouragé par lui à recueillir de mon voyage tout le fruit possible, je n'ai pu, en traversant un pays riche en animaux de toute sorte, ne pas être jaloux de concourir, autant qu'il dépendrait de moi, au but, si éminemment utile, que poursuit avec tant de succès la Société que vous présidez.

J'ai, en conséquence, pris à tâche, partout où je me suis arrêté depuis trois mois et demi que je suis en route, de me renseigner exactement sur les espèces d'animaux sauvages et domestiques, particulières à chaque contrée et dont l'acclimatation pourrait offrir quelques avantages sous le rapport de l'utilité ou de l'agrément.

Permettez-moi, monsieur le Président, de vous rendre compte du résultat de mes recherches.

Depuis Berbec jusqu'à Kartoum et plus haut sur le Nil bleu, j'ai rencontré d'immenses troupeaux de Bœufs, de Moutons et de Chèvres, que des bergers, appartenant aux tribus riveraines, conduisaient au fleuve vers le milieu du jour. L'espèce bovine est partout vigoureuse, de belle taille et bien proportionnée. Les mâles ont, comme le Zébus de l'Inde, au sommet des épaules, une bosse ou excroissance charnue qui, bouillie, offre une nourriture aussi succulente que substantielle. La couleur la plus commune de leur robe est d'un beau brun foncé.

L'espèce ovine a particulièrement appelé mon attention. Nulle part, je n'ai vu de Moutons d'aussi haute taille, ni aussi fortement membrés; ils n'ont pas de laine, comme le Mouton commun, mais un poil droit et court. La chair en est excellente. Cette espèce, acclimatée et multipliée, fournirait une ressource précieuse à notre boucherie. J'en enverrai quelques paires; mais je crois qu'il serait bon, si cela entrait dans les vues de la Société, d'en exporter un plus grand nombre, afin de tenter l'expérience sur une plus vaste échelle.

Les Chèvres communes du Soudan, quoique plus belles, en général, que celles qu'on élève en Égypte, ne possèdent aucune particularité qui sollicite l'attention.

A côté de ces espèces qu'on rencontre communément sur les marchés, il existe, soit dans le Soudan même, soit dans les contrées qui l'avoisinent, des variétés que je crois, monsieur le Président, devoir vous signaler.

Dans le Taka, par exemple, j'ai vu de petits Bœufs, à peine plus hauts qu'un Veau, qui servent de bête de somme; ils fléchissent les jambes et s'accroupissent comme le Chameau pour qu'on puisse les monter et les charger. On les dirige au moyen d'une bride qui s'attache à un anneau passé dans les cartilages du nez; leur pas est sûr, rapide et régulier. C'est le seul animal sur lequel il soit possible d'aller d'un lieu à un autre pendant la saison des pluies, alors que le sol détrempé devient impraticable aux Chameaux, aux Anes et aux Chevaux. Je me propose de ramener quelques individus de cette intéressante espèce.

Il existe chez les Gallas, tribus guerrières, dont le territoire confine au sud et au sud-ouest à celui de l'Abyssinie, une race de Bœufs dont on vante la sobriété. Ces animaux peuvent, assure-t-on, vivre, ainsi que le Chameau, plusieurs jours sans boire, et, comme lui, ne se nourrissent que de plantes sauvages et de buissons épineux. Ils servent aussi de montures et de bêtes de transport. Le roi Théodore, qui règne aujourd'hui sur l'Abyssinie, ayant, dans ces derniers temps, opéré sur ces tribus une razzia qui lui a valu plusieurs milliers de têtes de bétail, des chefs qui vivent sous sa dépendance ont eu part au butin, et l'un d'eux a vendu au docteur Ori, qui collectionne dans le Soudan, d'ordre de S. M. le roi d'Italie, un certain nombre d'individus provenant de cette expédition. Le docteur Ori a bien voulu me céder deux Bœufs et quatre Vaches sur les vingt qu'il a pu se procurer. Ces animaux grossiront le troupeau dont je serai heureux de faire hommage à la Société.

Une variété de l'espèce ovine dont j'ai vu quelques individus à Kartoum a vivement excité ma curiosité. Ce sont de jolis Moutons tout blancs, de la hauteur d'une Chèvre, en ayant les formes saillantes, couverts d'un poil fin et d'une longue crinière pendante comme celle du Lion. Cette intéressante variété existe chez des peuplades répandues sur les rives du Bahr-el-Ghayal (un des affluents du Nil blanc) et auxquelles on donne le nom de Niamniam, c'est-à-dire, en idiome soudanien, *mangeurs par excellence*, épithète que ces peuples doivent à leur habitude de se nourrir de chair crue et même, dit-on, de chair humaine. Je dois à l'obligeance d'un compatriote, M. Tiran, pharmacien en chef de l'armée du Soudan, une femelle de cette espèce; le docteur Ori, qui ne se lasse pas de me venir en aide, m'a offert un mâle. Je serai donc en mesure d'envoyer à la Société au moins un couple de cette curieuse variété. J'ai d'ailleurs profité du départ de barques pour le fleuve Blanc pour en commissionner d'autres.

Je crois, monsieur le Président, avoir épuisé la liste des animaux domestiques du Soudan, dont l'acclimatation rentre dans le programme de la Société. Si, dans la suite de mon voyage, j'en découvrais de nouvelles variétés, j'en joindrais des échantillons à mon envoi.

Quant aux animaux sauvages qui errent dans les plaines ou vivent dans les bois de cette immense contrée, les espèces en sont innombrables et leurs variétés infinies. Bien que la faune du Soudan ait été étudiée par des hommes fort compétents, je ne crois pas qu'on puisse se flatter d'en posséder une connaissance parfaite, car chaque jour amène la découverte de quelque espèce ou variété nouvelle. Je n'entreprendrai donc pas, monsieur le Président, de dresser même une simple nomenclature de ces animaux. Ce travail me prendrait plus de temps que je n'en puis distraire de mes occupations, et dépasserait, à lui seul, les proportions d'une lettre. Aussi ne vous entretiendrai-je que du petit nombre d'espèces que je connais et qui me paraissent susceptibles de se plier aux habitudes domestiques ou propres à améliorer, par le croisement, quelques-unes des races que nous possédons.

Aux environs de Berbec, dans des plaines accidentées qui portent le nom d'Akaba et sur les bords de la rivière Atbara, vit une race d'Anes sauvages qui diffère essentiellement des onagres que j'ai vus dans certaines contrées de l'Asie. Ceux-ci, de petite taille, d'une couleur jaunâtre de sale apparence et d'un caractère d'une indomptable sauvagerie, ne pouvaient être maintenus qu'au moyen de liens solides qui leur enveloppaient la tête et les jambes. Malgré ces entraves mises à leurs mouvements, du plus loin qu'on les approchait, ils lançaient des ruades impuissantes et semblaient vouloir vous déchirer des dents. Je ne sache pas qu'il existe d'animal plus farouche, plus difficile à dompter que ces méchantes petites bêtes.

Les Onagres de l'Atbara sont d'une espèce toute différente. Leur taille est celle des Anes les plus grands, dont ils ont les mêmes formes, mais plus belles et plus vigoureuses. La couleur de leur robe est, en général, gris cendré plus ou moins foncé. Le dos, dans sa longueur jusqu'à l'extrémité de la croupe et d'une épaule à l'autre, est marqué d'une raie noire plus mince que celle qu'on observe sur le dos de l'Ane domestique. Leur course est d'une extrême rapidité. Souvent lorsqu'ils en rencontrent dans la plaine, les Arabes se donnent le plaisir de les poursuivre. Les Onagres, confiants dans leur agilité, s'effarouchent peu de cette poursuite ; ils se contentent de conserver entre eux et le cavalier une distance d'une cinquantaine de pas, retournant la tête de temps à autre comme pour mesurer l'intervalle qui les sépare ; puis lorsqu'ils ont bien fatigué l'homme et le cheval ou qu'eux-mêmes se sont lassés de cette course inutile, d'un élan rapide ils disparaissent à l'horizon.

Ces Onagres viennent boire aux mêmes endroits où s'abreuvent les troupeaux, et, fréquemment, couvrent les Anesses domestiques qui les accompagnent ou que les indigènes laissent à dessein dans les lieux qu'ils fréquentent. Les mâles et les femelles dont on s'empare se croisent aussi dans les écuries de Berbec avec leurs congénères domestiques, et, de ce mélange, est résulté une race d'Anes qui jouit dans le Soudan d'une réputation méritée pour la vigueur de sa constitution, sa sobriété et la rapidité de son allure.

Peut-être, monsieur le Président, serez-vous curieux de savoir comment on prend ces animaux. Voici le procédé qu'emploient les Arabes de l'Atbara : ils creusent, sur le passage que suivent les Onagres pour se rendre à l'eau, un trou en forme d'entonnoir de 30 à 40 centimètres de diamètre. Sur ce trou on applique un bourrelet rond, en forme de couronne, de même dimension, fait de joncs liés ensemble, et dont les brins, partant de la circonférence, se joignent au centre. Ce bourrelet se nomme *Kaffa*. On l'entoure d'un nœud coulant (*zérédé*) que termine une corde dont l'autre extrémité est attachée à un long morceau de bois (*Dayhal*). Lorsque l'Onagre en marchant met le pied dans le trou, en le retirant, il soulève, avec le nœud coulant, le koffa ou bourrelet que les brins de joncs maintiennent à sa jambe et qui le grattent ; plus il fait d'efforts pour s'en débarrasser, et plus le nœud coulant se serre : dès ce moment, il est pris, et, s'il veut s'enfuir, la corde et le bois auquel elle est attachée mettent obstacle à sa course, le chasseur s'en rend maître facilement. Sa chair est, dit-on, fort bonne et constitue, pour les Arabes, un de leurs mets de prédilection.

M. Lafargue, un honorable négociant français de Berbec, m'a fait cadeau d'une magnifique femelle prise depuis quelques mois; elle était pleine lorsqu'on en a fait la capture, mais elle a avorté. Depuis elle a été couverte par un Ane domestique, et j'en espère un beau produit.

M. Lafargue m'a assuré qu'on n'était pas encore parvenu à apprivoiser aucun de ces animaux au point de leur imposer un bât ou un fardeau. J'avoue, monsieur le Président, que, malgré l'autorité fort compétente de M. Lafargue, je ne suis pas entièrement convaincu qu'en sachant s'y prendre on ne puisse parvenir à les familiariser. La femelle qu'il m'a donnée et qui, dès à présent, appartient à la Société impériale d'acclimatation, fait, en effet, fort bon ménage avec ses voisins d'écurie; retenue par un simple licou, elle ne cherche pas à s'échapper, et on l'approche d'assez près. Ce n'est que lorsqu'on veut la toucher, qu'elle s'écarte, tourne le dos et menace de ruer ou de mordre. Il me semble qu'en employant les procédés dont on se sert pour dresser les Chevaux de manége, on réussirait à la dompter. Ce qui, toutefois, est un fait acquis, c'est que les produits croisés de ces Onagres ont une supériorité notoire sur l'espèce commune et qu'ils sont, par conséquent, d'excellents instruments de reproduction. Aussi, ai-je prié M. Lafargue, ainsi que le gouverneur de Berbec, de s'employer pour que les Arabes de l'Atbara m'en procurent le plus possible. J'ai donc lieu d'espérer que je serai à même d'envoyer à la Société plusieurs individus de cette race.

Après les Onagres, les animaux les plus intéressants que j'ai rencontrés, appartiennent au genre Antilope, famille si nombreuse et d'une si grande variété au Soudan. Il en est de toutes les tailles, depuis le Diedic (*Eleotrabus pigmeus*), qui est à peine plus haut qu'un Lièvre, jusqu'au Tétel (*Coama bubalis*), qui atteint à la hauteur du Cheval. De toutes les espèces que j'ai entendu nommer, je n'en connais encore que quatre : le Diedic, qui me paraît être le même que le Beni-Israël (*Ant. Saltiana*), si j'en juge par la description que Salt a donné de ce dernier. Le Diedic est, comme je viens de le dire, un tout petit Antilope de la grosseur d'un Lièvre, mais un peu plus haut sur jambes; sa tête n'a pas la finesse de celle des Antilopes en général; entre ses petites cornes unies se trouve une houppe de poils qui se hérissent lorsque l'animal ressent de la frayeur; sa robe est d'un gris foncé qui se confond avec celle du sol, ce qui rend difficile de l'apercevoir, d'autant plus qu'il ne vit que par couple, blotti au milieu de touffes de buissons épais, dont il s'écarte peu dans la crainte des carnassiers.

Après le Diedic, viennent, par ordre de taille, les Gazelles dont je ne parlerais pas, tant cette espèce est commune, si celles du Taka ne m'avaient paru plus hautes que les Gazelles de Syrie et d'Arabie, et si elles ne se distinguaient de ces dernières par la couleur fauve foncée de leur robe et par une large raie noire qui leur sillonne les flancs.

L'Ariel, appelé aussi *Ril* en certains endroits, est le Dama du Soudan. C'est un bel Antilope, double de la Gazelle en volume et en hauteur; sa tête est striée de raies blanches et noires, son pelage est gris clair sur le cou et sur le dos; la croupe et le ventre sont blancs. L'Ariel est, avec la Gazelle, l'Antilope le plus commun du Soudan. On le rencontre par troupes de dix, vingt, trente individus : rien de beau à voir comme ces élégants troupeaux. Entre Kassala et Kufit, j'en ai tué une dizaine qui ont procuré à ma caravane une nourriture aussi abondante que délicate.

Sur le penchant d'une montagne escarpée, j'ai aperçu deux grands Antilopes appartenant à une espèce que les indigènes désignent sous le nom de *Niélet*. Ils m'ont paru ressembler au Chamois. Leur robe est gris foncé et leur taille à peu près celle d'un Poney. J'étais tellement essoufflé lorsque je les ai approchés à portée de carabine, que ma balle, mal dirigée, ne les a pas atteints. Je ne suis donc pas encore à même fournir sur ces beaux animaux des détails plus précis.

Indépendamment de ces quatre variétés d'Antilopes, les seules que j'aie vues ou aperçues jusqu'à présent, il en est beaucoup d'autres que j'espère bien rencontrer, par exemple, le Tétel (*Bubalis*), déjà nommé, l'Angothia (*Ant. Strepcicaros*), le Maaref (*Redunca*), l'Otrob (*Bosbog*), le Bagar-el-ahach (*Addax*) et d'autres qui ne sont encore connues que de nom, comme le Ganem-el-Kal'a (Mouton de montagne), le Mouflon sans doute, le Khoussi, le Lédra, etc.

C'est pendant le Kharif, la saison des pluies, qui commence en juin et finit en septembre, que les gens des tribus du Soudan font la chasse aux Antilopes; leurs chiens les atteignent facilement, grâce à la mollesse du sol, qui, à cette époque, se change en boue. C'est aussi le moment que choisissent les Européens de Kartoum pour en demander à leurs agents, dans l'intérieur du pays. Malheureusement ces Antilopes sont très-difficiles à conserver : les adultes, dont on s'empare, se laissent mourir de faim ou se tuent en voulant se débarrasser de leurs entraves; les jeunes, qui se familiarisent, au contraire, promptement, sont sujets à l'hydrocéphalie et à d'autres maladies, résultat du changement de nourriture et de la privation d'exercice. Le chiffre de ceux qui échappent à ces accidents est fort restreint, et la concurrence qu'on se fait aujourd'hui au Soudan pour en obtenir, en diminuant la facilité qu'on avait jadis de s'en procurer, ajoute aux difficultés qu'il y a d'en sauver quelques-uns. En effet, le gouvernement égyptien, qui crée maintenant au Caire un jardin d'acclimatation, a enjoint à tous ses agents, au Soudan, de ramasser le plus d'animaux qu'ils pourraient. Le docteur Ori est chargé, par le roi d'Italie, d'une mission analogue; j'ai rencontré un Italien qui cherche pour son propre compte et comme spéculation; enfin, les négociants de Kartoum collectionnent aussi de leur côté pour des destinations diverses : arrivant le dernier, j'aurai donc à lutter contre une foule de concurrents. Je tâcherai de le faire, monsieur le Président, sans trop de désavantage.

Le champ de l'ornithologie présente à l'explorateur un sujet d'observations bien plus vaste encore que celui des Mammifères. Je suis ébloui et ravi de la beauté des oiseaux qui s'offrent journellement à mes regards, de la variété, de la richesse de leurs couleurs et de l'élégance de leur plumage. Les espèces les plus communes dans nos climats ont ici des formes plus gracieuses, des nuances métalliques aux plus vifs reflets. C'est ainsi que le Moineau, cet effronté parasite de nos habitations et de nos jardins, au lieu des couleurs obscures qu'il revêt chez nous, est ici d'un beau rouge lie de vin ; que le Guépier a la tête rouge cramoisi, la gorge jaune d'or, le corps rose, la queue verte et les ailes bleues; que la Pie est complétement noire, avec un reflet indigo ; que le Corbeau, sauf la tête, les ailes et la queue, est blanc comme la neige. Il ne connaissait pas cette variété de l'espèce, ce poëte arabe qui, en quittant sa tribu, composa ce vers en manière d'éternel adieu :

« Je reviendrai chez les miens lorsque le corbeau aura » blanchi et que le bitume aura pris la couleur du lait ! »

Cette citation, en tombant de ma plume, me fait apercevoir, monsieur le Président, que, depuis bien longtemps, j'abuse de vos moments. Involontairement j'ai cédé au plaisir, qu'éprouvent les voyageurs, de parler des objets qui les impressionnent, et je l'ai fait avec peu de discrétion ; je vous prie de m'excuser. Je termine donc en vous donnant l'assurance que je ferai pour les oiseaux comme pour les mammifères, c'est-à-dire que je chercherai à me procurer le plus d'individus des espèces qui pourront présenter quelque caractère d'utilité. J'ajouterai que si la Société impériale d'acclimatation avait des directions à me donner, je me ferais un devoir de m'y conformer.

SUR

L'INCUBATION ARTIFICIELLE EN CHINE,

Par M. P. DABRY,

Consul de France à Han-Keou.

(Séance du conseil du 7 juillet 1865.)

Les établissements destinés à faire éclore les œufs portent, en Chine, le nom *Pao-jang ;* ces établissements qui sont nombreux ne diffèrent que par les dimensions. Voici la description d'un *Pao-jang* construit, en avril 1865, à une lieue de Han-Keou, province de Hou-Pé.

C'est une petite maison de torchis, ayant 3 mètres de hauteur jusqu'au toit; celui-ci, de tuiles, est élevé de 0^m,80 : la longueur de la maison, qui est orientée E.-O., est de 7^m,8, la largeur de 4 mètres; l'épaisseur du mur, qui est garanti du vent de N.-E. par une couche de paille est de 0^m,10 : une porte de planches de 2 mètres de haut sur 1 mètre de large, s'ouvre sur un des côtés de la face exposée au midi. Quatre petites ouvertures, percées dans le toit, servent à éclairer la chambre. Dans l'intérieur sont dix-huit fours de torchis, contigus, adossés au mur et ayant 0^m,85 de hauteur et de largeur ; ils reçoivent l'air par une porte de 0^m,33 de hauteur sur 0^m,22 de largeur.

Chaque four renferme un grand vase de terre de 0^m,60 de profondeur et de 0^m,015 d'épaisseur : dans le fond du vase, est une couche de cendre de 6 centimètres environ, sur laquelle repose un panier de rotin qui contient les œufs, reposant sur un peu de paille. Chaque panier contient douze cents œufs et est fermé au moyen d'un couvercle mobile de rotin ou de paille, ayant 1 centimètre d'épaisseur au milieu et 5 centimètres à la périphérie.

La chambre est coupée en trois étages par deux planches, le premier, à $2^{m},20$ du sol ; le second, à $0^{m},80$ au-dessus du premier : tous deux ont 2 mètres de largeur.

Neuf fours sont allumés à la fois : huit seulement contiennent des œufs, le neuvième étant destiné à régler la température de la chambre qui doit être constante. Le combustible employé est le charbon de bois. Lorsqu'on allume les fours, on les chauffe jusqu'à ce qu'on obtienne une température de 38 degrés centigrades dans le panier fermé de son couvercle, ce que les Chinois apprécient avec la main. Il faut régler le feu, suivant la température extérieure et de manière que celle des paniers varie aussi peu que possible. Les œufs sont changés de place cinq fois par vingt-quatre heures; quatre fois pendant le jour et une fois pendant la nuit : ceux qui formaient la couche *supérieure* sont mis au fond du panier, où ils forment la couche inférieure, ceux de *dessous* occupent alors le milieu, et ceux du *milieu* forment le dessus du panier et constituent la nouvelle couche supérieure : ces manipulations se font au moyen du couvercle.

Le cinquième jour, on perce un petit trou dans la porte, et au moyen de la lumière qui pénètre par ce trou, on *mire* tous les œufs pour reconnaître ceux qui sont en voie d'incubation.

Le douzième jour, on retire les œufs des paniers et on les transporte sur les planchers, recouverts d'un lit formé d'une natte recouverte de 3 centimètres de paille qui est elle-même recouverte d'une autre natte : on y dispose les œufs par couches, on les recouvre d'un lit de coton de 5 à 6 centimètres d'épaisseur, et d'une couverture de coton de 3 centimètres d'épaisseur, qui est doublée six fois sur elle-même sur les côtés, et y est maintenue au moyen d'une grosse corde de paille, pour empêcher l'introduction de courants d'air. On change également alors les œufs de place cinq fois par jour, en mettant au milieu ceux des côtés, et sur les bords ceux du milieu.

Aussitôt que l'on a retiré les œufs des paniers, on laisse éteindre les fours et l'on allume les neuf autres pour lesquels on répète les mêmes opérations.

L'éclosion a lieu le vingt et unième jour, et donne, à moins que le vent d'ouest n'ait soufflé, car il agit d'une façon désastreuse, en moyenne sept cents poulets, quelquefois huit cents pour mille œufs.

Les *Pao-jangs* sont ouverts en avril et ferment en août. Les œufs sont achetés six sapèques par l'établissement, et les poulets qui viennent d'éclore sont vendus quatorze sapèques (1250 sapèques valent 8 francs à Han-Keou).

Lorsque les petits poulets sont éclos, on attend quatre jours avant de les descendre. Le premier jour, on ne leur donne pas de nourriture; le second, on les nourrit avec du riz écrasé et sec; le troisième jour on leur offre du riz qui a trempé pendant quelques instants dans de l'eau froide. Cette dernière nourriture leur est distribué pendant dix jours, après quoi on peut leur donner de l'orge, du blé, etc.

Les jeunes poulets sont surtout sujets à deux maladies, la diarrhée et la constipation; mais on en devient facilement maître par l'emploi de médicaments spéciaux, que nous pourrons, sans doute, faire connaître dans quelque temps, ainsi que les caractères auxquels les Chinois reconnaissent les œufs dont l'incubation sera la plus profitable.

Températures observées à midi pendant une incubation, au thermomètre centigrade.

Jours.	Chambre.	Chambre.	Panier.	Panier.	Jours.	Chambre.	Sous les couvertures, sur le plancher.
1er jour.	22°	»	38°	»	12e jour.	30°	42°
2e.....	21	»	38	»	13e.....	28	35
3e.....	19	»	36	»	14e.....	28	36
4e.....	18	»	35	»	15e.....	27	36
5e.....	25	»	35	»	16e.....	28	37
6e.....	30	»	38	»	17e.....	27	36
7e.....	30	24° (à minuit.)	42	37° (à minuit.)	18e.....	28	38
8e.....	28	28	38	38	19e.....	28	38
9e.....	32	30	42	39	20e.....	28	37
10e.....	30	30	40	41	21e.....	29	38
11e.....	29	»	39	»			

(Pour compléter les renseignements donnés par M. Dabry, sur l'incubation artificielle en Chine, nous croyons devoir reproduire l'article suivant de M. de la Gironnière, publié en 1860 dans les *Annales de l'agriculture des colonies et des régions tropicales*, p. 205) (Réd.) :

« Dans quelques villages, les habitants s'occupent presque exclusivement de l'éducation du Canard pour faire le commerce des œufs. Ils ont un moyen de leur invention pour pratiquer l'œuvre de l'incubation. Cette industrie singulière, que j'ai étudiée avec soin, me semble mériter une petite description.

» Les habitants du bourg de Payteros, situé à l'entrée du lac, sur un des bras du Pasig, se livrent particulièrement à l'éducation du Canard. Chaque propriétaire a un troupeau de 800 à 1000 Canes, qui lui produisent chaque jour 800 à 1000 œufs, un par Cane. Cette grande fécondité est due à la nourriture qu'on leur donne.

» Un seul Indien est chargé de pourvoir à la subsistance de tout le troupeau. Il pêche tous les jours, dans le lac, une grande quantité de petits coquillages ; il les concasse et les jette dans la rivière, dans un lieu circonscrit par des bambous flottants qui servent de limite à son troupeau et empêchent ses Canards de se mêler à ceux des voisins.

» Les Canes vont au fond de l'eau chercher leur nourriture ; et, le soir, au premier son de l'*Angelus*, on les voit sortir elles-mêmes de l'eau et se retirer dans une petite cabane pour y pondre leurs œufs et y passer la nuit.

» Après trois ans, la stérilité succède à cette grande fécondité, et il faut alors renouveler complétement le troupeau. Ce n'est pas l'opération la moins curieuse de cette industrie, qui rappelle les fours des Égyptiens pour l'éclosion des œufs. Cependant la méthode des Indiens est toute différente ; elle est de leur invention, comme on va pouvoir en juger.

» Quelques Indiens ont, pour unique profession, de faire éclore des œufs ; c'est un métier qu'ils apprennent, comme ils apprendraient celui de menuisier ou de charpentier ; on pourrait les nommer des *couveurs*.

» Près de la maison de celui qui a réclamé les soins d'un couveur, dans un lieu choisi, bien abrité du vent et exposé toute la journée au soleil, le couveur fait construire une petite cabane de paille, de la forme d'une ruche ; il n'y laisse qu'une petite ouverture, celle absolument nécessaire pour s'introduire dans la ruche.

» On lui confie mille œufs, maximum qu'il puisse faire éclore en une seule couvée, de mauvais chiffons et de la balle de riz séchée au four. Il sépare ses œufs de dix en dix, les renferme par dix dans un chiffon avec une certaine quantité de balle. Après cette première opération, il place une forte couche de balle au fond d'une caisse de bois de 5 à 6 pieds de longueur sur 3 de largeur, ensuite une couche d'œufs ; et il continue en alternant, jusqu'à ce qu'il y ait logé les cent petits paquets. Il termine par une épaisse couche de balle et une couverture.

» Cette caisse doit lui servir de lit et la cabane de prison, pendant tout le temps nécessaire à l'incubation.

» On introduit tous les jours par l'ouverture, que l'on referme ensuite avec soin, les aliments qui lui sont nécessaires.

» Chaque trois ou quatre jours, il change ses œufs de place ; il met en dessus ceux qui étaient en dessous.

» Le dix-huitième ou le dix-neuvième jour, lorsqu'il croit que l'incubation est à sa dernière période, il pratique une petite ouverture à sa cabane pour y laisser pénétrer un rayon de lumière ; il y présente quelques œufs, les examine, et juge, au plus ou moins de transparence, et à des signes que ceux qui exercent cette industrie connaissent seuls, si l'incubation est complète.

» Lorsqu'il en est ainsi, son travail est presque terminé ; il n'a plus de précautions à prendre. Il sort de la cabane, il retire ses œufs de la caisse, et il les casse un par un. Les petits Canards, aussi forts que s'ils étaient éclos sous leur mère, courent immédiatement à la rivière.

» Le lendemain, l'Indien sépare soigneusement les mâles des femelles. Ces dernières seulement sont conservées ; les mâles sont rejetés.

» Les huit premiers jours, on nourrit les jeunes Canes de petits papillons de nuit, qui voltigent le soir en si grande quantité, en suivant le cours de la rivière, qu'il est facile de s'en procurer autant qu'il est nécessaire. On leur donne ensuite des coquillages, et, aussitôt qu'elles commencent à pondre, elles ne s'arrêtent plus pendant trois ans.

» On comprendra facilement que dans un climat brûlant comme celui des Philippines, dans une cabane soigneusement fermée, exposée à un soleil ardent, avec la présence continuelle d'un homme, il se produise et se conserve une chaleur tout à fait convenable pour l'incubation des œufs. Aussi le plus remarquable dans cette méthode n'est pas le résultat de l'incubation, mais c'est que les Indiens aient su apprécier et trouver les moyens que la nature mettait à leur portée.

» Les Indiens des Philippines ont probablement appris des Chinois la méthode d'éclosion artificielle des œufs de Canard. Il est de fait que cette industrie est pratiquée depuis un temps très-reculé à l'île de Chusan ; seulement, tandis que les Tagales de Luçon n'ont qu'à laisser la nature opérer, les Chinois, sous un climat moins chaud, sont obligés de recourir à des procédés artificiels pour amener l'éclosion. »

Voici comment le célèbre voyageur Fortune décrit un établissement d'éclosion artificielle à Chusan :

« Une des notabilités de Chusan est un habitant fort âgé qui, chaque
» année, à l'époque du printemps, fait éclore des milliers d'œufs de Canard

» par la chaleur artificielle. Son établissement est situé dans une vallée » au nord de Tinghae, et attire constamment un grand nombre de visi- » teurs.

» La première question qu'on fait à un étranger, c'est de lui demander » s'il connaît l'établissement d'éclosion artificielle, et, dans le cas de la » négative, on l'engage fortement à ne pas manquer d'aller le visiter.

» Je m'y rendis par une belle matinée de mai, et j'arrivai en peu de » temps à la demeure de ce brave homme, qui me reçut avec toutes les » formes de la politesse chinoise, m'offrant le thé et la pipe ; je le remer- » ciai de son offre sans l'accepter, et lui témoignai le désir de visiter tout » de suite son établissement.

» Le bâtiment d'éclosion attenant à la maison n'était, à proprement » parler, qu'une espèce de hangar couvert de chaume, avec des murs de » terre. A l'une des extrémités et par terre, le long d'un des murs, étaient » rangés un assez grand nombre de paniers de paille, enduits, extérieure- » ment, d'une forte couche de terre pour les garantir de l'action du feu, » et ayant un couvercle mobile de la même matière. Au fond de chaque » panier est placée une forte tuile, ou, pour mieux dire, c'est la tuile elle- » même qui forme le fond. C'est sur elle que le feu agit, chaque panier » étant placé sur un petit fourneau. Le couvercle, qui ferme herméti- » quement, est maintenu sur le panier pendant tout le temps que dure » l'opération.

» Au centre du bâtiment sont disposées des tablettes destinées à recevoir » les œufs à un certain moment donné.

» Lorsque les œufs sont apportés à l'établissement, ils sont immédiate- » ment placés dans les paniers, et l'on allume les fourneaux. On a soin » d'entretenir, autant que possible, une chaleur toujours à peu près égale, » et que je crois pouvoir évaluer, d'après quelques observations que je fis » à l'aide d'un thermomètre dont je m'étais muni, de 95 à 102 degrés » Fahrenheit (35 à 38 degrés centigrades). Toutefois, comme les Chi- » nois n'apprécient et ne règlent la chaleur que d'après leurs propres » impressions, il est facile de supposer que celle-ci est sujette à certaines » variations.

» Lorsque les œufs ont été soumis, pendant quatre ou cinq jours, à cette » température, on les retire pour les vérifier. Cette vérification se fait » d'une manière assez singulière. Une des portes du bâtiment est percée de » quelques trous de la dimension d'un œuf de Canard. Les ouvriers pré- » sentent les œufs un à un à ces ouvertures, et, les considérant à travers » le jour, ils jugent s'ils sont bons ou non.

» Ceux qui sont clairs sont mis de côté. Les autres sont replacés dans » les paniers et soumis de nouveau à l'action du feu. Au bout de neuf à dix » jours, soit, conséquemment, quatorze ou quinze jours, à partir du com- » mencement de l'opération, on les retire et on les place sur les tablettes. » Là, ils sont seulement recouverts d'une pièce d'étoffe de coton, sous laquelle

» ils restent encore quinze jours, au bout duquel temps les jeunes Canards » crèvent leurs coquilles.

» Ces tablettes sont fort larges ; elles peuvent recevoir plusieurs milliers » d'œufs, et l'on juge que, lorsque l'éclosion a lieu, ce doit être une chose » assez curieuse à voir.

» Ceux des habitants qui se livrent à l'élève du Canard savent, à point » nommé, l'époque de l'éclosion. Deux jours ne se passent pas sans qu'ils » viennent faire leurs approvisionnements, et en très-peu de temps le bon- » homme est débarrassé de toute cette progéniture nouvelle. »

DES ÉCREVISSES ET DE LEUR CULTURE,

PAR

MM. SAUVADON et J. L. SOUBEIRAN.

(Séance du 16 juin 1865.)

Ayant remarqué que beaucoup de nos rivières, qui, autrefois, fournissaient une grande quantité d'Écrevisses, se trouvaient par suite de pêches trop fréquentes et trop abondantes, ou par d'autres motifs, que nous signalerons dans le cours de ce mémoire, presque complétement dépeuplées, M. Sauvadon eut l'idée de tenter leur acclimatation dans les ruisseaux qui traversent les marais de Clairefontaine, près Rambouillet (Seine-et-Oise), et a successivement pris des notes sur tout ce qu'il observait aux diverses phases de son éducation. C'est le résultat de ces observations, dont le rédacteur de cet article a pu vérifier, à plusieurs reprises, l'entière exactitude, que nous allons faire connaître pour guider ceux de nos confrères qui voudraient se livrer à des expériences du même genre.

Une certaine quantité d'Écrevisses grises (*Astacus fluviatilis*), achetées à des pêcheurs, furent déposées (mai 1856) dans des bassins creusés *ad hoc*, mais soit que la nature du terrain (tourbeux), soit que la qualité de l'eau ne fut pas convenable, une mortalité considérable les fit bientôt disparaître : toutefois, nous pensons que la véritable cause de cet insuccès tenait à ce que l'eau dans laquelle on avait mis les Écrevisses n'était pas courante.

Une autre tentative fut faite avec l'Écrevisse à pattes rouges, dite *du Rhin*, en juin 1856. Ayant su qu'une pièce d'eau des environs peuplée de ces animaux allait être mise à sec, M. Sauvadon s'y rendit et la trouva peuplée d'un nombre infini d'Écrevisses de tous les âges. Comme il reconnut qu'une de ses pièces d'eau, empoissonnée comme celle-ci, de Carpes et de Tanches, offrait la plus grande analogie avec ce qu'il avait sous les yeux comme terrain et comme eau, il emporta trois mille Écrevisses pour les y déposer (le bassin a environ 6000 mètres de superficie). Mais en septembre de la même année, tout avait disparu, dévoré, sans doute, par une Loutre qui fut bientôt mise à mort dès que sa présence eut été reconnue, et par d'autres ennemis, encore inconnus, mais que nous signalerons plus loin.

Ce premier insuccès fut suivi d'une nouvelle tentative, et nous devons le dire immédiatement, d'un nouvel insuccès. Pour pouvoir exercer une surveillance continuelle et plus facile, M. Sauvadon fit creuser deux bassins près de son habitation, et comme la saison était déjà très-avancée (octobre 1856), il laissa l'eau et le terrain se bien reposer jusqu'au printemps suivant. Le 20 mai 1857, il y déposa trois cents Écrevisses ; mais au bout de quelques jours, une mortalité considérable encore se présenta, due cette fois à la décomposition des fascines qui avaient servi à consolider les galeries creusées dans la tourbe pour offrir un refuge aux Écrevisses : sous cette influence l'eau s'était corrompue et en peu de jours tout avait disparu, par la mort au fond de l'eau de celles des Écrevisses qui n'avaient pas la force de venir mourir dans l'herbe, sur les bords des bassins.

Il fallait donc recommencer encore ; on creusa trois nouveaux bassins, deux de 12 mètres de superficie, et un d'environ 100 mètres : on y déposa une assez grande quantité d'Écrevisses, de tous âges, pesant de 2 à 100 grammes et qui furent réparties dans les trois bassins, en les partageant, autant que possible, par âge et grosseur. Ce fut alors une surveillance continuelle ; à chaque instant, on leur portait de la nourriture, tant et si bien que les Écrevisses d'un des petits bassins devinrent malades parce que l'excès de nourriture (Grenouilles), qui leur été donnée, avait en se corrompant, empoisonné l'eau. Mises dans le grand bassin, et se trouvant ainsi, dans un milieu plus pur, elles se rétablirent promptement. En novembre 1857, on observa pour la première fois leur accouplement, ce qui semblait présager la réussite, mais tout à coup tout disparut, détruit cette fois par les Râles d'eau (voy. p. 411) surtout, les Perches, les Anguilles, et quelques autres ennemis qui n'ont été reconnus que plus tard.

Au commencement de mars 1858, malgré tous ses insuccès, mais fort des découvertes qu'il avait faites, M. Sauvadon, déposa dans un bassin, cent neuf Écrevisses, dont la moitié environ avait sous le ventre des grappes d'œufs, et auxquelles il offrit plusieurs aliments, pour connaître celui qui leur convenait le mieux, jusqu'au jour où il reconnut qu'elles *broutaient* avec avidité les *Chara*. Le 19 juin, on aperçut de petites Écrevisses dans une poignée d'herbe, et l'examen de plusieurs mères démontra que, chez quelques-unes, les petits étaient entièrement détachés des grappes, tandis que d'autres en avaient encore de dix à vingt-cinq, et que d'autres, enfin, n'avaient encore aucun œuf d'éclos. Ceci est facile à reconnaître, car dans ce dernier cas, la mère replie sa queue en dessous, pour protéger ses œufs en train d'éclore, et d'autre part, au lieu de donner des secousses avec sa queue, elle ne cherche à se défendre qu'avec ses pinces. Ce retard dans l'éclosion n'a, du reste, rien d'extraordinaire, puisque l'accouplement s'effectue depuis les premiers jours de novembre jusqu'au commencement de décembre. A partir de ce jour, la surveillance devint plus active que jamais, pour s'assurer que les jeunes Écrevisses mangeaient bien, mais les grosses seules se montraient, et si l'on n'avait eu la facilité d'en prendre à volonté, on aurait pu croire qu'elles avaient disparu. A la fin de l'année, les jeunes Écrevisses avaient grossi, mais peu; quant aux grosses, elles s'accouplaient et commençaient à se retirer dans les galeries des berges pour y passer l'hiver. Dès ce moment, on les vit rarement, cependant quelquefois on en aperçut se promenant sous la glace pendant les fortes gelées. On n'observa pas autre chose jusqu'à la fin de 1858.

En février 1859, en fouillant dans quelques trous, on retira plusieurs femelles qui portaient un assez grand nombre d'œufs sous l'abdomen. Ce ne fut qu'en avril que quelques Écrevisses commencèrent à se montrer, mais ce n'étaient que des mâles ou des femelles qui n'avaient point d'œufs. En mai et dans la première quinzaine de juin, il en sortit une plus grande quantité, mais c'est à partir du 20 au 25 juin que l'éclosion étant au moment de se faire, les femelles sortirent presque toutes et s'écartèrent davantage pour chercher de la nourriture. Les jeunes ne se montrent guère avant la seconde année, et, pour manger, elles s'approchent peu des grosses, qui, du reste, les éloignent avec leurs grandes pinces.

Depuis 1859, jusqu'à ce jour, tout a continué à bien marcher, et les bassins renferment des Écrevisses de tous les âges, qui sont très-faciles à reconnaître à la grosseur, et que nous pouvons reconnaître jusqu'à six ans. Les mâles, faciles à distinguer à leurs pattes plus longues et grêles, à leur abdomen moins aplati, prennent plus de volume, dans un même temps donné, et nous avons remarqué que les mâles de trois ans sont gros comme une femelle de quatre ans. Les mâles les plus volumineux que nous ayons vus, atteignaient le poids de 125 grammes environ, tandis que les plus fortes femelles atteignent rarement le poids de 80 à 90 grammes. Du reste, cela n'influe pas sur la précocité de la fonction générative, car nous n'en n'avons jamais vu âgées de moins de quatre ans en accouplement (1). Voici, du reste, le résultat d'observations faites en juillet 1864, sur des Écrevisses de divers âges :

	POIDS.	LONGUEUR.
	grammes.	mètre.
Écrevisses de l'année (écloses depuis un mois environ).	0,15	0,025
d'un an	1,30	0,050
de deux ans	3,50	0,075
de trois ans	6,50	0,090
de quatre ans	17,50	0,110
de cinq ans	18,50	0,125
âge indéterminé	30	0,160
id.	110	0,220
id.	125	»

L'Écrevisse, bien que quelques auteurs aient prétendu le contraire, ne grossit que très-lentement, et est obligée de

(1) Dans un article intéressant publié pendant l'impression de ce travail dans le numéro 31 du *Journal de la Ferme et des Maisons de campagne* (p. 489), M. Koltz dit avoir observé des accouplements sur des Écrevisses de trois ans; pour nous, nous n'avons jamais observé ce fait dans nos marais.

changer de robe pour augmenter de volume. Le temps de la mue est un moment de maladie pendant lequel elle reste inerte, et paraît quelquefois comme morte, et assez souvent on en trouve qui, succombant à cette phase de leur existence, ne peuvent sortir de leur vieille carapace. L'ouverture se fait sur le dos, de telle sorte que le corselet se détache des anneaux abdominaux et se fend des deux côtés au-dessus de la naissance des pattes : toutes les autres parties de l'enveloppe restent intactes. Après cela, l'Écrevisse est très-molle et reste plusieurs jours sans prendre de nourriture, jusqu'à ce que sa nouvelle robe soit bien formée et durcie. La mue ne nous a paru se faire qu'une seule fois dans la première année de son existence (1), tandis que celles qui sont plus âgées ont trois mues, du mois d'avril au mois de septembre, et gagnent environ un tiers de leurs poids à chaque mue (2). Jusqu'à l'âge de cinq ans, elles grossissent plus proportionnellement que passé cet âge, et même lorsqu'elles ont acquis un certain volume, elles ne prennent presque plus d'accroissement. De nos observations, il résulte qu'il faut au moins sept ans pour faire une belle Écrevisse, sans qu'elle soit de première force. L'Écrevisse grise de rivière n'atteint jamais les dimensions de la race à pattes rouges, qui a l'avantage, en outre, d'avoir une chair meilleure, moins molle, et qui n'a pas besoin d'une eau aussi courante que la grise, ce qui permet de l'introduire avantageusement dans beaucoup de marais et de pièces d'eau.

(1) D'après le professeur Lereboullet, auquel on doit un excellent travail sur l'Écrevisse (*Recherches d'embryologie comparée sur le développement du Brochet, de la Perche et de l'Écrevisse*, 1862), a remarqué une première mue chez les petites Écrevisses pendant qu'elles sont encore fixées dans l'abdomen. M. Coste a fait remarquer à l'Académie des sciences, dans la séance du 12 juin 1865, la différence notable que présentent les jeunes Écrevisses et les jeunes Homards au point de vue des mues de la première année. En effet, les Écrevisses ne présentent qu'une seule mue (peut-être deux), tandis que les Homards en subissent six.

(2) Réaumur pense que l'Écrevisse augmente environ d'un cinquième après chaque mue, et cette augmentation lui a paru être décroissante. Il émet l'opinion qu'une Écrevisse de sept à huit ans est à peine marchande.

Les Écrevisses ne sont pas exclusivement carnivores comme on le pense généralement, mais elles aiment beaucoup les matières végétales, telles que Carottes, Potirons, tiges des roseaux et des autres plantes aquatiques ; mais, comme nous l'avons dit plus haut (p. 403), elles préfèrent de beaucoup à toutes ces plantes les *Chara*, qui croissent si abondamment dans un grand nombre de ruisseaux et de pièces d'eau. C'est en avril 1858 que M. Sauvadon a reconnu ce fait dans les circonstances suivantes : ayant un jour par hasard mis une fort belle touffe de *Chara* dans un petit bassin tout à fait privé d'herbes, dans l'intention d'assainir l'eau, il fut très-étonné de la trouver le lendemain *broutée* au ras du pied. Craignant que ce ne fut le fait de quelque animal susceptible d'attaquer ses chères élèves, il se mit à l'affût et le lendemain, au petit jour, en s'approchant avec précaution, il surprit plusieurs Écrevisses cherchant et ramassant pour les dévorer les petites parcelles de *Chara* qui étaient restées de la veille. Ce fut un trait de lumière et depuis ce moment les bassins qui sont plantés de ce végétal suffisent à la nourriture des Écrevisses, auxquelles on ne donne d'autres aliments qu'exceptionnellement. On comprend, du reste, l'utilité du *Chara* pour des animaux qui ont besoin d'une notable quantité de calcaire pour refaire leur carapace, et qui trouvent ces éléments dans cette plante éminemment calcarifère. Du reste, quelquefois nous avons observé des Écrevisses dans diverses eaux, mangeant la carapace qu'elles venaient de quitter, et peut-être cherchaient-elles à suppléer au manque de calcaire, que le milieu dans lequel elles vivaient ne leur offrait pas en suffisante quantité. Ce n'est qu'exceptionnellement que l'Écrevisse mange des viandes avancées, elle préfère de beaucoup celle qui est fraîche, et si elle a pris la veille un repas suffisant, elle dédaignera le lendemain les reliefs de son festin. Si elle est affamée, toute nourriture l'attirera et on la voit ramener les plus petites parcelles de nourriture qui passent des grandes pinces aux premières pattes et de là aux mandibules. Si une Écrevisse trouve une proie, elle chasse les autres crustacés qui l'entourent et cherchent à lui ravir sa proie ; sont-elles de force égale, elles se poussent l'une l'autre, sans se faire grand mal, s'enlèvent réciproquement leur butin, et quelquefois aussi, après quelques minutes de dispute, elles s'accordent à partager le repas, mais quelques fois aussi, pendant la bataille.....

Arrive un troisième larron,
Qui saisit.....

le butin. Les petites, bien qu'en aient dit quelques auteurs, ne restent pas dans les trous où leur mère les a déposées, à attendre la pâture que celle-ci leur apporterait. Nous n'avons jamais vu les petites Écrevisses réunies dans le même trou, mais, sitôt leur éclosion, elles se dispersent un peu partout, sans que jamais la mère paraisse s'en occuper, ni surtout sans que jamais elle leur apporte à manger.

Les Écrevisses aiment, surtout les femelles, à se retirer dans les cavités de la berge, mais souvent elles trouvent déjà des habitants dans les cavités qu'elles explorent, et alors elles se retirent précipitamment, tandis que celle qui a été dérangée dans son domicile se montre un instant au dehors, comme si elle voulait reconnaître la cause de cette violation de sa demeure : du reste jamais nous n'avons vu une Écrevisse, si grosse qu'elle fût, en *exproprier* une autre. Quand une Écrevisse s'est bien assurée qu'elle ne trouve pas de logement vacant, elle se décide à se creuser un domicile dans la berge. Pour cela elle creuse un peu la terre avec ses pinces et, quand elle en a détaché une petite quantité, elle se retire emportant cette terre avec ses pinces qui sont alors rapprochées l'une de l'autre par leurs extrémités. Lorsque le trou est excavé suffisamment, l'Écrevisse y entre à reculons, et, au bout de queltemps, ressort, poussant devant elle avec ses pinces un peu de terre. Le travail est assez long et est coupé par plusieurs repos que prend l'animal avant d'avoir fini son travail qui lui prend quelquefois trois à quatre heures.

Nous avons pu observer dès novembre 1857 (1), le fait de

(1) M. le marquis de Selve, dans une lettre adressée à la Société en décembre 1864, a fait connaître dans tous ses détails l'accouplement des Écrevisses qu'il avait pu observer dans le magnifique établissement qu'il

l'accouplement que Baster avait rapporté autrefois, sur la foi d'autrui, et nous avons reconnu son observation exacte. La femelle, après avoir été lutinée quelques instants par le mâle, est couchée sur le dos, et très-étroitement embrassée par celui-ci, dont la face inférieure thoracique est appuyée sur la région abdominale de la femelle, de telle sorte que la tête de celle-ci dépasse, des deux tiers environ, celle du mâle. Pendant l'accouplement (peut-être vaudrait-il mieux dire le *frai*, car nous n'avons jamais pu nous assurer qu'il y eut un véritable accouplement), il n'y a guère de mouvement que celui des pattes des deux individus, et lorsqu'il a duré trois ou quatre heures, on trouve sous le ventre de la femelle dix à quinze filaments, jaune paille, assez semblables à des bouts de vermicelle fin, d'une longueur de 7 à 8 millimètres environ. La femelle porte dans ses ovaires des œufs apparents au moins quatre mois avant l'accouplement et ces œufs qui, d'abord, ne paraissaient pas plus gros que de la graine de pavot avaient acquis, vers le mois d'octobre, le volume de la graine de navet. L'accouplement s'est toujours présenté à nous des premiers jours de novembre au commencement de décembre (1). Quelque temps après l'accouplement, les œufs sont accrochés aux appendices que la femelle porte sous l'abdomen, et y forment des grappes plus ou moins considérables, formées de cent cinquante à deux cent cinquante œufs. Une fois la femelle fécondée, elle se retire dans un trou

a fondé au château de Villiers, près de la Ferté-Alais, et a observé les mêmes faits que nous signalons plus haut. M. de Selve n'a jamais vu d'intromission véritable alors que le mâle promène ses verges sur les orifices génitaux de sa femelle et le long des suspenseurs sous-abdominaux.

(1) D'après M. Lereboullet, qui a fait ses observations à Strasbourg, la fécondation se ferait à des époques non encore précises. Cependant d'après l'état des organes génitaux du mâle, elle devrait avoir lieu en octobre : en effet, à cette époque, ils sont turgescents, et leurs canaux déférents sont remplis d'une matière blanche contenant des spermatozoïdes. Les amas de cylindres vermicellés analogues, que portent les femelles, proviennent sans doute de quelque mâle. (*Loc. cit.*)

Nous n'avons jamais observé d'accouplements passé le mois de décembre, et nos observations ne confirment pas celles de M. Koltz qui dit que le rapprochement a lieu de novembre à avril et quelquefois même seulement en été.

et n'en sort que très-rarement, ou du moins ne s'en éloigne que peu, tandis que les mâles, au contraire, sont essentiellement voyageurs. Durant les sept mois que la mère porte ses œufs sous son abdomen, ceux-ci ne grossissent guère que du quart de leur volume : tous ceux qui, par une cause quelconque, se détachent de la mère, sont irremédiablement perdus.

L'éclosion a lieu, en général, vers la mi-juin (1), à moins que l'hiver n'ait été très-doux, auquel cas elle se trouve avancée. Les petites Écrevisses, quoique semblables aux adultes, sont alors très-molles, transparentes, et ont la base des pinces, le bord radial de la main, et l'extrémité des jambes rouge, le reste des membres étant pâle; la longueur est d'environ 12 millimètres. Pendant quelque temps, elles restent fixées sous la queue de leur mère, qu'elles abandonnent après la première quinzaine. Lorsqu'elles ont opéré leur première mue (dit M. Lereboullet, mais nous ne l'avons pu vérifier), elles deviennent entièrement libres, et nagent avec une grande vivacité dans l'eau, quand on les y met.

Quelquefois, il y a des accouplements entre des Écrevisses de races différentes (nous ne pensons pas qu'il y ait ici des espèces réellement distinctes) et les métis, qui résultent de ce rapprochement, offrent des caractères communs aux deux races, et se distinguent surtout par leurs pinces, moins longues que celles des Écrevisses dites du *Rhin*.

Les ennemis des Écrevisses sont nombreux et parmi ceux-ci nous avons pu reconnaître les Loutres, les Rats d'égoût, les Musaraignes, les Hérons, les Canards, les Martins-Pêcheurs, les Râles d'eau, les Couleuvres, les Grenouilles, les Anguilles, les Perches, et divers insectes, parmi lesquels nous citerons les Nautonectes, etc.

Tous ces animaux détruisent les Écrevisses et sont des ennemis plus ou moins dangereux, dont l'éducateur devra se garder, sous peine de voir tous ses soins superflus.

Les Grenouilles mangent des Écrevisses jeunes jusqu'à leur troisième année, mais elles n'occasionnent qu'une perte assez

(1) En 1865, probablement par suite des grandes chaleurs des mois d'avril et de mai, nous avons observé une avance de quinze jours sur les autres années pour les éclosions.

minime, car sur deux cent quatre-vingt-treize Grenouilles prises dans les bassins à Écrevisses et dont l'estomac fut visité avec soin, dix-neuf seulement renfermaient dans sa cavité une petite Écrevisse.

Sur deux Hérons tués dans le marais de Clairefontaine, un seul avait une Écrevisse dans l'estomac, en même temps que plusieurs Grenouilles ; l'autre n'avait dans cet organe que des Têtards.

Une seule fois, on a surpris un Canard mangeant une Écrevisse qui venait de muer, mais nous croyons que les Canards sont des hôtes dont il faut se défier.

La Loutre, qui préfère surtout le poisson, ne fait pas cependant fi des Écrevisses, et nous avons eu dans une de nos premières tentatives à constater qu'elle ne professe pas un dédain absolu pour ces crustacés.

Les Martins-Pêcheurs à défaut de petits poissons ou d'une autre proie convenable, mangent quelques Écrevisses, car chez cinq sur trente, que nous avons ouverts, nous avons trouvé de ces crustacés dans l'estomac, mais de petit volume.

Les Musaraignes les tuent pour leur manger une partie du corps, et laisse la majeure partie du cadavre sans y goûter; aussi font-elles de grands ravages.

La Couleuvre à collier (*Tropidonotus natrix*), en mange quelquefois, car nous en avons ouvert une qui avait une Écrevisse dans son tube digestif.

Les Nautonectes attaquent les très-jeunes Écrevisses, et même quelquefois celles d'un an, comme nous avons pu nous en assurer plusieurs fois.

Tous les animaux que nous venons de citer ne sont véritablement dangereux que si les bassins n'ont pas une profondeur suffisante et surtout si ceux-ci n'ont pas des bords droits, et ce qui serait meilleur, de pierres. Les autres ennemis, que nous allons citer, sont bien autrement redoutables et peuvent en bien peu de temps ruiner toute une exploitation.

L'Anguille est le poisson le plus destructeur des Écrevisses : elle les prend par une patte et la tourne jusqu'à ce qu'elle l'ait arrachée, puis successivement elle lui arrache tous les membres et finit par l'avaler toute entière, si elle n'est pas trop grosse. Nous avons eu un bassin entièrement dévasté par un de ces poissons, que nous considérons comme le plus dangereux ennemi de la pisciculture, car partout où l'on en introduira, comme on est trop porté à le faire aujourd'hui, on amènera la destruction de tout poisson, sans compenser cette perte par des avantages sérieux.

Le Râle d'eau (*Rallus aquaticus*), n'est pas moins redoutable que l'Anguille ; il plonge au fond de l'eau et va chercher les Écrevisses qu'il apporte sur les bords dans les touffes d'herbes ou de roseau : là, il leur perce le corselet et les vide complétement ; la trace de ses méfaits est facile à constater, car il laisse toujours les carapaces vides dans le lieu qu'il a choisi pour local habituel de ses repas. C'est un des premiers ennemis, dont nous ayons eu à constater la fâcheuse appétence et dont une chasse active a pu seule nous débarrasser.

Le Rat d'égoût (*Mus rattus*) est assez dangereux, car non-seulement il attaque les Écrevisses dont il mange une partie de la tête et de la queue, mais encore si l'un d'eux est venu visiter votre bassin, vous pouvez être assuré que bientôt d'autres individus de son espèce le suivront et viendront pêcher à vos dépens (1).

Les Perches (*Perca fluviatilis*) mangent un grand nombre d'Écrevisses, car sur plusieurs que nous avons ouvertes, nous n'en avons pas rencontrée une seule qui ne renfermât au moins une Écrevisse dans son estomac. Nous devons cependant observer que ces Perches, ayant été prises dans un étang où les poissons ne fraient pas, elles ont été amenées à se nourrir d'Écrevisses qu'elles auraient peut-être dédaignées sans cette circonstance.

Un des ennemis les plus redoutables que l'on puisse rencontrer pour les Écrevisses, car sa petite taille lui permet de se dérober facilement aux recherches des obser-

(1) Depuis la rédaction de cette note, en deux jours, les rats d'égout ont détruit soixante-trois grosses Écrevisses, auxquelles ils avaient coupé les grandes pinces et une partie des petites pattes à leur insertion au thorax. Chez quelques-unes une partie du corselet était dévorée, chez d'autres la tête seulement. En un mot, il semblait qu'il y eût eu destruction pour le plaisir de détruire plutôt que pour satisfaire l'appétit.

valeurs, est un insecte assez semblable de forme à une petite sangsue, qui s'introduit dans l'appareil respiratoire des Écrevisses, et agit d'une façon très-fâcheuse sur leur santé, ou tout au moins ne s'attaque jamais qu'aux Écrevisses malades. Sa longueur est de 8 à 9 millimètres ; il offre une ventouse anale et une ventouse orale, ce qui le rapproche évidemment des Hirudinées parasites. Non-seulement, il attaque l'Écrevisse et la fait périr, mais ses petits qui se développent sur les branchies, abandonnent le crustacé dès qu'il est mort, pour se fixer après le premier individu qui passera à leur portée. Le meilleur moyen de s'en préserver serait d'enlever avec soin toutes les Écrevisses qu'on reconnaît attaquées de cet animal, car il meurt promptement hors de l'eau. Cet ennemi des Écrevisses est une hirudinée, qui nous paraît se rapporter au genre *Branchellion*.

Les Écrevisses sont sujettes à deux maladies : l'une inévitable, qui est la *mue*. C'est surtout à la première mue, qui a lieu vers la fin d'avril, ou le commencement de mai, que la mortalité est la plus considérable, ce que nous attribuons, quoique avec doute, aux gelées blanches et aux nuits très-froides de cette époque dans nos marais, car nous avons remarqué que la perte est bien moindre quand cette saison est chaude, que quand elle est de température très-peu élevée. La seconde maladie des Écrevisses est celle que l'on désigne ordinairement sous le nom de *Rouille* : elle est caractérisée par une tache couleur de rouille qui se manifeste sur la carapace, tend à augmenter de plus en plus et finit par tuer l'animal. On peut considérer toute Écrevisse qui est atteinte de rouille comme perdue, car presque toujours elles ne tardent pas à succomber. Nous pensons que la cause de cette maladie est dans l'élévation de température de l'eau, frappée par les rayons du soleil, car nous avons observé dans des bassins ainsi surchauffés que presque toutes les Écrevisses étaient atteintes, et même quelquefois, elles sortaient de l'eau pour aller chercher de la fraîcheur dans l'herbe des bords, où elles mouraient bientôt. Nous devons ajouter que dans ces bassins l'eau avait tellement baissé de niveau que les Écrevisses étaient obligées de quitter leurs galeries mises à sec, pour trouver une quantité d'eau presque insignifiante. Si l'on peut entretenir une hauteur d'eau suffisante pour que sa température ne s'élève pas trop, on peut être assuré d'éviter la rouille pour ses élèves.

Pour peupler avec avantage et pouvoir tirer de suite parti de son exploitation, il faudrait mettre dans la pièce d'eau ou rivière où l'on veut opérer, des Écrevisses ayant au moins un an et au plus six à sept ans, et autant que possible, quatre ans environ, qui est l'âge de reproduction. On devra mettre plus de femelles que de mâles, ou au moins autant, ce qu'il est important de vérifier, car presque toujours on pêche de plus grandes quantités de mâles que de femelles. On peut, si l'on a suivi notre conseil, commencer à pêcher en ayant soin de rejeter toutes les femelles qui sont prises, ce qui sera d'autant plus avantageux que les mâles étant toujours plus gros auront plus de valeur, et d'ailleurs, seront remplacés tous les ans par de nouveaux mâles plus jeunes : il n'y a pas à craindre de détruire ce sexe, car il naît toujours plus de mâles que de femelles. Il n'y a aucun inconvénient à ce que la pièce d'eau où l'on déposera les Écrevisses, soit empoissonnée avec de la Carpe, de la Tanche, du Gardon ou toute autre espèce non carnivore.

Toutes les eaux ordinaires sont généralement bonnes pour l'éducation des Écrevisses, à la condition d'être propres, saines et un peu calcarifères. Si cette dernière condition manque, il faudrait y suppléer par un choix judicieux de nourriture, c'est-à-dire donner une plus grande quantité d'aliments animaux. On a bien parlé de leur donner des coquilles d'œufs pour leur fournir le calcaire dont elles ont besoin, mais, bien que nous en ayons vu qui attaquaient cette substance, nous ne pouvons croire que ce soit un moyen pratique.

Les Écrevisses peuvent se propager et prendre de l'accroissement dans toute pièce d'eau, mais si celle-ci a des bords droits et une profondeur d'eau suffisante, pour empêcher l'action d'un certain nombre d'ennemis, la garde en sera singulièrement facilitée. La meilleure profondeur est de 80 centimètres à 1 mètre d'eau. Si la pièce d'eau est dans un terrain sablonneux, il faudra nécessairement faire les bords en pierre sèche, pour éviter les éboulements qui pourraient dégrader la pièce d'eau, et gêner les Écrevisses dans leurs retraites. Si le sol est solide, tourbe, glaise, ou terre forte, on peut se dispenser des murs de pierre et se contenter de quelques enrochements, qui serviraient en même temps à l'ornementation. Des plantations, faites sur les bords avec des Iris jaune (*Iris pseudo-Acorus*), des roseaux ou d'autres plantes palustres, serviraient à tenir la terre et à la nourriture des animaux ; cette bordure doit être plantée à quelque distance de la berge et à environ 30 à 40 centimètres au-dessous du niveau de l'eau pour ne pas donner accès aussi facile aux déprédateurs et en même temps rendre la surveillance plus facile. On peut aussi planter des Iris et d'autres plantes d'eau sur les amas de pierres mis au milieu du bassin, pour fournir à leur alimentation et cette disposition aurait en outre, cet avantage de faciliter le frai des Carpes, si la pièce d'eau en contenait.

Pour faire voyager les Écrevisses au loin, il faut prendre un panier à bords assez hauts et dont la paroi en osier ne soit pas tressée trop serrée pour laisser un libre accès à l'air. Au fond du panier, on mettra une bonne couche d'orties, puis au-dessus les Écrevisses qu'on aura soin de ne pas trop presser les unes contre les autres : au-dessus, on place un grillage d'osier assez serré pour qu'elles ne puissent le traverser et on le fixe à 1 centimètre environ, au-dessus des animaux, et l'on achève de remplir le panier de paille humide ou de foin avant de le fermer. Si l'on veut envoyer une plus grande quantité d'Écrevisses, on peut en faire une seconde couche sur un nouveau lit d'ortie et recouvert d'un second grillage, et ainsi de suite. Une excellente précaution à prendre, surtout pour les transports à de grandes distances, c'est de très-peu serrer les animaux les uns contre les autres, et surtout de ne pas mêler les petites aux grosses. Pour faire voyager de très-petites Écrevisses, il serait bon de mêler aux orties une certaine quantité de *Chara*, et surtout de faire arroser le panier une ou deux fois par vingt-quatre heures, pour les maintenir en bon état.

NOTE
SUR LA CULTURE DE LA COCHENILLE
AUX CANARIES,

Par M. le comte de VEGA-GRANDE.

La culture du Nopal, ou du *Cactus ficus indica*, qui est celui que l'on cultive aux îles Canaries, et l'ensemencement de la Cochenille, sont parfaitement décrits et détaillés à la page 266 et suivantes, volume 1, de l'excellent ouvrage écrit par M. Gustave Heusé, *Sur les plantes industrielles* (qui forme le tome VII du *Cours d'agriculture pratique*, par M. Gustave Heusé).

La Cochenille est un insecte extrêmement délicat pour sa croissance, il se développe seulement sous un climat égal et tempéré et dans les limites de 12 à 24 degrés Réaumur; au-dèssous de 12 degrés, le froid le tue et au-dessus de 24 degrés la chaleur le tue, si elle vient accompagnée d'airs chauds : c'est ainsi que l'on ne peut multiplier la Cochenille dans toutes les localités des îles Canaries, parce que tous les terrains élevés sont exclus de cette multiplication, qui, seule, réussit sur les terrains bas de la côte où la température est plus égale et tempérée, c'est pour cela que ni dans l'île de Madère ni en Espagne, on n'a jamais obtenu de résultat.

Aux îles Canaries même, il faut une multitude de soins spéciaux, non pour le Cactus ou Nopal, qui se développe avec plus ou moins de vigueur dans toutes les localités, mais pour l'insecte, surtout au moment de l'ensemencement; le plus grand soin à apporter est surtout à l'élevage d'hiver, pour la conservation des mères qui doivent servir pour l'ensemencement de la récolte d'été, parce que pour cela, il faut choisir des endroits très-tempérés et bien abrités et dont la température ne descende pas au-dessous de 12 degrés Réaumur, et même dans ces conditions, il faut couvrir les plantations de Nopals avec des draps de toile légère pour mettre l'insecte à l'abri des pluies et des grands vents qui règnent souvent en hiver; malgré ces précautions, la Cochenille a besoin de 20 ou 30 jours de plus que l'ordinaire pour arriver à son développement complet, en hiver, quand la température descend à 12 degrés.

II. EXTRAITS DES PROCÈS-VERBAUX

DES SÉANCES GÉNÉRALES ET DES SÉANCES DU CONSEIL DE LA SOCIÉTÉ.

SÉANCE DU 16 JUIN 1865.

Présidence de M. DROUYN DE LHUYS.

Le procès-verbal de la dernière séance est lu et adopté.

M. le Président proclame les noms des membres nouvellement admis :

MM. AUTARD DE BRAGARD, à l'Ile de France, et à Paris.

BILLOT (Émile), pharmacien, à Mutzig (Bas-Rhin).

BONJEAN, sénateur, président à la cour de cassation, à Paris.

BROUSSEAU (Jean-Docile), membre de l'Assemblée législative au Canada, et éditeur-propriétaire du journal *le Courrier du Canada*, à Québec (Canada).

CARVALLO (Jules), ingénieur des ponts et chaussées et agriculteur, Villa-Saïd, à Paris.

COSENTINO (le marquis de), membre de différentes Académies, à Paris.

DUPLESSIS (Joseph), ancien élève diplômé de l'École impériale d'agriculture de Grignon, et répétiteur actuel de génie rural au même établissement.

MENONVILLE (Guillaume-Thierry de), inspecteur (en voyage), pour l'introduction de la sériciculture en Transylvanie, à Cronstadt.

MURO, premier secrétaire de l'ambassade d'Espagne en France, à Paris.

SAFVET-PACHA (Son Exc.), ambassadeur de la Sublime-Porte, à Paris.

— La Société apprend avec regret la mort de Son Exc. M. le maréchal Magnan, membre de notre Société.

— Des lettres de remercîments, pour leur récente admission, sont adressées par MM. Autard de Bragard, E. Billot, Gibert, Lefebvre-Norville et Carvallo.

— M. Léon Roches, ministre de France au Japon, adresse

ses remercîments à la Société pour le titre de membre honoraire qui lui a été décerné dans la dernière séance publique, et renouvelle l'assurance de ses offres de service le plus dévoué.

— Son Exc. M. le Ministre de l'agriculture, du commerce et des travaux publics, accuse réception de la copie des deux rapports de MM. le comte d'Esterno et Millet, sur la chasse et sur la pêche, qui lui a été adressée par la Société et annonce que le travail de M. le comte d'Esterno a été renvoyé par lui à Son Exc. M. le Ministre de l'intérieur.

— M. le Secrétaire général du comité d'aquiculture pratique de Marseille, écrit une lettre à M. le Président pour signaler des erreurs involontaires qui ont été commises dans plusieurs *Bulletins* de la Société impériale d'acclimatation au sujet du comité. Il rappelle, en particulier, que le comité d'aquiculture pratique de Marseille reconnaît seulement la Société fermière, qui est son annexe au canal de la Molle à Port-de-Bouc. Il annonce en même temps que M. J. B. Vidal, qui avait envoyé au concours régional de Nice un bouchot mobile d'un an, tout monté, et contenant 400 kilogrammes de Moules vivantes et de naissain formé sur place, a obtenu la médaille d'or.

— M. Turrel, délégué à Toulon, annonce que le congrès international des sciences sociales, qui tient sa réunion cette année à Berne, doit s'occuper de la question de la protection aux oiseaux insectivores, et demande que la Société y soit représentée par quelques délégués. — Renvoi au conseil.

M. Turrel fait connaître en même temps que M. d'Estienne va faire un séjour de plusieurs années à la Guyane et se met à la disposition de la Société pour lui procurer les productions de ce pays.

— Son Exc. M. le Ministre des affaires étrangères annonce que Son Exc. M. le Ministre de la marine et des colonies vient de l'informer de l'envoi par M. le gouverneur de la Cochinchine, d'une riche collection d'animaux pour le Jardin d'acclimatation. — Remercîments.

— M. Baruffi, délégué à Turin, adresse deux numéros de la *Gazette officielle du royaume d'Italie,* dans lesquels notre zélé confrère a fait insérer des articles sur les Vers à soie du Chêne, et l'Exposition des races canines à Paris.

— M. L. de Fenouillet informe la Société de la naissance d'une femelle d'Yack, qui est dans les meilleures conditions de santé.

— M. Euriat-Perrin (de Roville) adresse l'état du troupeau de Chèvres d'Angora, qui lui a été confié à titre de cheptel.

— M. Hardy annonce le prochain envoi de deux jeunes Autruches, nées cette année en Algérie, et destinées à la Société d'acclimatation de Melbourne.

— Son Exc. M. le Ministre des affaires étrangères transmet une lettre de M. E. Simon annonçant l'envoi d'une caisse contenant trois spécimens de poissons, qui offre de l'intérêt au point de vue de la fabrication de l'ichthyocolle. Un mémoire de M. P. Champion, accompagné de photographies des animaux et annexé à la lettre de Son Excellence, donne des détails circonstanciés sur ces poissons, dont il serait facile d'envoyer au printemps prochain de jeunes individus pour tenter leur introduction.

— M. Wallon adresse un rapport circonstancié sur les opérations de pisciculture faites cette année, sous sa direction, dans le Jardin de la Société d'horticulture et d'acclimatation de Tarn-et-Garonne. — Renvoi à la commission des récompenses.

— M. J. Léon Soubeiran dépose en son nom et en celui de M. Sauvadon (de Clairefontaine), un mémoire sur l'éducation des Écrevisses à pattes rouges. (Voy. au *Bulletin*, p. 401.)

— M. Léon Roches, ministre de France au Japon, fait hommage de plusieurs Mémoires japonais sur l'éducation des Vers à soie du Mûrier et du *Bombyx yama-maï*, qui sont renvoyés à l'examen de notre zélé confrère M. Pagès.

— MM. Bouteille, Maumenet, Gagnat, de Lachadenède, Fleury, de Saulcy, Mugnier, Berlandier, Marès, Rouillé-Courbe, Maillé, adressent des Rapports sur leurs éducations de Vers à soie de diverses espèces.

— M. le Président de la Société régionale d'acclimatation

du nord-est transmet un Rapport sur une éducation du *Bombyx yama-maï* avec la feuille du Chêne commun.

— M. Turrel, délégué à Toulon, informe la Société que le maire de Toulon, M. Audemar, vient de faire planter, dans le jardin de cette ville, une belle collection de Palmiers exotiques dont il veut tenter l'éducation en pleine terre.

— M. Brierre (de Riez) adresse un nouveau rapport sur ses cultures de plantes, provenant des graines de la Société.

— Son Exc. M. le Ministre des affaires étrangères transmet une lettre de M. Garnier, qui parcourt en ce moment la Haute-Égypte et l'Abyssinie, sur l'écorce de *Musenna :*

« L'écorce de *Musenna* (*Albizzia anthelminthica*) est un » spécifique énergique et plus efficace encore que le *Kousso* » (*Brayera anthelminthica*), au dire des Abyssins, contre le » ver solitaire. Le *Cossô*, ou *Kousso*, il est vrai, expulse le » ténia deux ou trois heures après qu'on en a pris ; avec le » *Musenna*, il faut attendre un jour ou deux ; mais avec le » *Cossô*, le ténia revient peu de temps après, surtout, si, » comme les Abyssins, on se nourrit de chair crue. Le *Musenna* l'empêche de se reproduire pendant un intervalle de » plusieurs années, même en faisant usage de cette nourriture. Il a encore, dit-on, sur le *Cossô*, l'avantage de n'être » pas comme lui nauséabond et repoussant à prendre. Pour » le préparer, on enlève l'épiderme de l'écorce et les fibres » corticales, puis on pulvérise le reste, et de cette poudre on » fait un breuvage dont on atténue l'amertume, au gré du » malade, avec du sucre ou du miel. »

— M. Pepin fait hommage d'un *Rapport sur la culture du Prunier d'Agen et la préparation de son fruit pour le commerce.* — Remercîments.

— M. de Saint-Quentin fait don d'un sachet de graines d'un *Dolichos*, dit à Cayenne, *Haricot de sept ans*, qui donne des fruits sous nos climats, où il est annuel et non plus vivace. — Remercîments.

— M. Vavin, à propos des insectes qui attaquent les végétaux utiles, et dont il a déjà été question dans la dernière séance, rapporte plusieurs faits relatifs aux moyens de détruire ces animaux, par l'emploi des pyrites, ou cendres noires, qui sont employées dans plusieurs pays comme engrais.

— Plusieurs observations, qui confirment le bon usage que l'on peut faire des lignites pyriteux en agriculture, sont présentées par MM. Drouyn de Lhuys, Millet et Fréd. Jacquemart.

— M. Rufz de Lavison fait connaître à l'assemblée les résultats observés, dimanche dernier, dans la belle exploitation d'Écrevisses créée par notre confrère M. le marquis de Selve, dans sa propriété de Villiers, près la Ferté-Alais.

— M. Rufz de Lavison informe les membres de la Société, que les conférences au Jardin du bois de Boulogne viennent de recommencer, et se feront comme les années précédentes, tous les jeudis.

— M. René Caillaud transmet à la Société deux certificats, l'un de M. le maire de Sainte-Hermine, l'autre de M. le maire de la Réorthe (Vendée), constatant que M. du Fougeroux, membre de la Société impériale d'acclimatation, a fait déposer, le 24 mars 1864, dans deux cours d'eau publics, le Lay et la Semagne, la quantité de 5000 Saumoneaux et 300 jeunes Truites de l'année, provenant des opérations de pisciculture auxquelles il se livre depuis quelque temps dans les eaux du Fougeroux, sous la direction de M. René Caillaud.

— M. Soubeiran donne lecture en son nom et en celui de M. Olivier Moquin-Tandon, d'une partie d'un mémoire sur les établissements piscicoles de Concarneau et de Port-de-Bouc. (Voy. au *Bulletin*.)

— Après la lecture du rapport relatif à la visite faite par l'honorable M. Soubeiran à l'exploitation aquicole de Bouc, M. le Président prie M. Léon Vidal, présent à la séance, de vouloir bien donner à ce sujet quelques nouvelles explications.

— M. L. Vidal ne croit pas devoir rien ajouter au travail si complet qui vient d'être communiqué à la Société, mais il accepte avec satisfaction l'occasion qui lui est offerte de résumer, en quelques mots, le but spécial qu'il poursuit, de concert avec le comité d'aquiculture de Marseille.

A la suite d'une minutieuse exploration qu'il vient de faire sur toutes les parties du littoral méditerranéen français, à bord du *Favori*, avec M. Trotabas, délégué aussi par le comité, il a acquis la ferme conviction que des richesses piscicoles considérables pourraient être développées dans la plupart des étangs salés qui existent entre Port-de-Bouc et Cette.

Des informations précises lui ont démontré le bon vouloir des propriétaires de ces étangs, la plupart très-disposés à entrer dans la voie nouvelle et assurément si féconde de l'aquiculture, mais à condition toutefois d'être entraînés par la vue de résultats sérieux, de démonstrations décisives.

De là, la pensée de créer dans la Méditerranée une ferme modèle d'aquiculture pratique.

Cette ferme, dit M. Vidal en terminant, est entièrement organisée ; déjà, des travaux sérieux et pratiques y sont accomplis ou en cours d'exécution. La sanction de l'État, celle aussi de la Société impériale d'acclimatation, contribueraient puissamment à l'utilité de cette création. De là rayonnerait l'impulsion ; c'est là que viendraient étudier les hommes pratiques, désireux d'appliquer les procédés reconnus les plus avantageux. C'est là aussi que s'effectueraient toutes les expériences et observations régulières susceptibles soit d'accroître par l'acclimatation le nombre des espèces comestibles, soit de faciliter à la marine les moyens de réglementation de la pêche. Ce serait, en un mot, comme l'a fort bien dit M. Soubeiran, le Concarneau de la Méditerranée.

M. Vidal s'engage, pour assurer le succès de ces tentatives, à y apporter une persévérance toujours plus grande, une continuelle énergie.

Sur la proposition de M. le Président, l'assemblée vote des remercîments unanimes à M. Léon Vidal, pour les soins qu'il se donne pour répandre les notions d'une saine pisciculture sur les côtes méditerranéennes, et à M. Trotabas, commandant le *Favori*, qui a toujours prêté le concours le plus dévoué à toutes les expériences faites sur les côtes de Provence.

— M. Millet fait une communication sur les ravages causés dans plusieurs localités, depuis plusieurs années, par les insectes, et spécialement par les Chenilles processionnaires, sur les arbres, et insiste sur l'importance qu'il y aurait à obtenir une application plus sévère et plus générale de la loi sur l'échenillage.

M. le Président demande que M. Millet veuille bien remettre une copie de son travail, pour qu'il soit renvoyé au comité de publication.

Une discussion s'élève alors entre MM. Ramel, Bretagne, Calais, Rufz de Lavison, Geoffroy Saint-Hilaire, Larrey et Duméril sur les meilleures mesures à prendre pour éviter la trop grande multiplication des chenilles et particulièrement des chenilles processionnaires. L'assemblée regrette que la loi sur l'échenillage ne soit pas appliquée plus régulièrement, car il en résulterait la disparition du plus grand nombre des inconvénients qui ont été signalés dans la discussion.

Le secrétaire des séances,
J. L. SOUBEIRAN.

SÉANCE DU CONSEIL DU 7 JUILLET 1865.

Présidence de M. RICHARD (du Cantal), vice-président.

Le procès-verbal de la dernière séance est lu et adopté.

M. le Président proclame les noms des membres nouvellement admis :

MM. PICHON (Alphonse), attaché à la légation de France en Chine, à Pékin.
PIERRE, président du tribunal supérieur, à Saigon (Cochinchine française).

— La Société d'acclimatation de l'île Maurice est, sur sa demande, présentée par M. Autard de Bragard, son ancien président, admise au nombre des sociétés affiliées à la Société impériale d'acclimatation.

— Le conseil apprend, avec le plus vif regret, la mort de M. L. S. Hébert, ancien agent général de la Société, qui, depuis sa fondation, n'a cessé de travailler avec le zèle le plus dévoué au progrès de son œuvre d'utilité.

— MM. Chaussonnet et Dabry adressent des remercîments pour les récompenses qui leur ont été décernées à la dernière séance publique annuelle, et renouvellent l'assurance de leur dévoué concours.

— Le conseil est informé que M. Federico Lancia di Brolo, secrétaire de la Société d'agriculture et d'acclimatation de Palerme, est venu ces jours derniers à Paris, et a donné les plus chauds témoignages de la sympathie de la Société sicilienne pour l'œuvre qu'elle poursuit avec la Société impériale d'acclimatation.

— M. Leprestre, délégué de la Société, dément la mort de Monseigneur Verrolles, membre honoraire de la Société, dont il communique une lettre.

— M. Nieger, docteur en médecine et pharmacien à Cayenne, au moment de retourner dans cette colonie, fait ses offres de service à la Société, pour lui procurer des espèces utiles végétales et animales, et demande des instructions. — Remercîments.

— Son Exc. le Ministre des affaires étrangères transmet un numéro du *Bulletin de l'observatoire impérial de Paris*, dans lequel M. Marié Davy, directeur du service météorologique, fait un éloquent appel aux amis de la science en faveur du capitaine Maury. Ce savant, dont les travaux sur la physique de l'Océan ont doté la navigation de méthodes précises qui représentent des économies de plusieurs millions par année, se trouve, par suite des commotions politiques des États-Unis, réfugié à Londres dans une position des plus pénibles et un Comité anglo-russe-hollandais s'est organisé, dans cette ville, afin de venir à son secours par une souscription internationale à laquelle la France est conviée à participer. Le conseil, désireux de s'associer à ces témoignages de sympathie que les nations maritimes accordent à une grande infortune, vote une somme de 500 francs pour la souscription de la Société.

— Son Exc. M. le Ministre des affaires étrangères transmet un avis concernant l'exposition de pêche et d'aquiculture que la Société scientifique d'Arcachon se propose d'ouvrir en 1866.

(L'examen de cette question est renvoyé à une séance ultérieure.)

— Le conseil décide que le cheptel de Chèvres d'Angora, consenti par M. Fabre (d'Avignon), sera rompu, suivant son désir, et que ces animaux seront remis à M. le docteur Bonnes, qui les a demandés.

— Son Exc. le Ministre des affaires étrangères transmet copie d'une lettre de M. Héritte, consul au cap de Bonne-Espérance, sur les Zèbres qui existent dans ce pays. (Voy. au *Bulletin*, page 338.)

— M. Dabry adresse, de Han-Kéou, une note sur l'*Incubation artificielle dans la province du Hou-pé*. (Voy. au *Bulletin*, page 394.)

— Son Exc. le Ministre des affaires étrangères transmet au nom de M. le Président de la *Société d'acclimatation pour la zone nord-est de la France*, un rapport de M. Galmiche sur le troupeau de Lamas qui lui avait été confié et qui a malheureusement péri au commencement de cette année. Il exprime le désir d'obtenir une femelle destinée à s'appareiller avec l'unique mâle qui ait échappé à l'épidémie.

— M. Morpurgo fait hommage à la Société de Chèvres d'Égypte *Zaraïbi*, de moutons du Héjas et d'une Poule du Soudan. — Remercîments.

— M. Romulus Bonhomme adresse un rapport sur les grainages qu'il a fait opérer dans le Transcaucase, et demande à être chargé d'une mission de la Société dans le Cachemire et le Thibet, pour rechercher des races de Vers à soie, non encore atteintes par la maladie.

— M. Baruffi, délégué à Turin, transmet un numéro du journal *le Alpi*, dans lequel il a fait insérer une note importante sur les travaux de la Société impériale. Le conseil reçoit avec satisfaction cette nouvelle preuve de zèle de notre confrère, aux progrès de notre œuvre, et lui vote des remercîments.

— M. Buisson, qui avait adressé précédemment une boîte d'échantillons de cocons et de soie, provenant de ses éducations à la Tronche (Isère), fait parvenir un rapport très-circonstancié sur ses éducations et signale le succès inespéré des éclosions et des mues nécessaires des Vers à soie du Mûrier du Japon, bien que leur rendement en soie demeure encore au-dessous de celui des cocons du pays. — Remercîments.

— MM. Bouteille, Lemaistre-Chabert, comte Taverna, Bonnefoy et comte de Galbert adressent des rapports sur les éducations de Vers à soie, en rappelant le succès obtenu avec les graines d'importation japonaise.

— M. Rouillé-Courbe adresse à la Société quelques beaux cocons de *Bombyx yama-maï*, provenant de l'éducation qu'il a faite cette année dans les environs de Tours. — Remercîments.

— M. Frérot (d'Aussonce) annonce que les Vers de *Bombyx yama-maï* dont il avait reçu de nouvelles graines cette année, ont éprouvé tout à coup une mortalité considérable.

— M. Herbet, directeur au ministère des affaires étrangères transmet une note de M. le gérant du consulat de France à Andrinople, qui annonce que l'éducation de Vers à soie qui s'annonçait très-bien dans ce pays a, tout à coup, été arrêtée par l'apparition de la maladie et que celle-ci a sévi d'une manière désastreuse.

— M. le baron Anca remercie la Société des soins qu'elle a bien voulu prendre pour lui procurer de nouvelles cochenilles et exprime le désir que cet envoi ne soit fait que plus tard, l'état de sa santé ne lui permettant pas encore de s'occuper de l'éducation de ces précieux insectes.

— MM. Hesse et Sicard écrivent pour annoncer que la mission qui leur avait été confiée de soigner les Gouramis rapportés par M. Imhaus dès leur arrivée à Marseille, n'a pu être exécutée par suite de la mort de ces poissons à Suez, et renouvellent l'assurance de leur dévoué concours à la Société. — Remercîments.

— Son Exc. M. le Ministre des affaires étrangères informe la Société que M. Simon, consul à Ning-po, a pris des mesures pour envoyer à l'automne prochain les bulbes de Crocus, dont quelques agriculteurs de l'arrondissement de Pithiviers ont demandé l'introduction à la Société pour régénérer la culture du Safran en France.

— Son Exc. M. le Ministre des affaires étrangères transmet une lettre de M. le vicomte Brenier de Montmorand, consul général à Shang-haï, qui lui annonce l'envoi d'un Polype à vinaigre et d'une petite Tortue à poils verts (*lou mao Kouei*).

— M. Brierre (de Riez) adresse un nouveau rapport sur ses cultures.

— M. Richard (du Cantal) rappelle au conseil qu'il a, dans le courant de l'année, adressé une lettre à M. le Président sur l'intérêt qu'il y aurait à ce que la Société établisse une succursale, sorte de ferme modèle, en Algérie, et demande que sa proposition, qui avait été renvoyée à l'examen d'une commission composée de MM. Davin, Jacquemart et Rufz de Lavison, soit l'objet d'un rapport.

Le Secrétaire du conseil,

A. GEOFFROY SAINT-HILAIRE.

III. CHRONIQUE.

Projet de loi relatif à la pêche du Saumon et de la Truite.

RAPPORT

FAIT AU NOM DE LA COMMISSION CHARGÉE D'EXAMINER CE PROJET,

Par M. DE DALMAS,

Député au Corps législatif.

Messieurs,

Le domaine des eaux renferme des êtres vivants dont les nombreuses espèces sont douées d'une prodigieuse fécondité, et que l'homme peut facilement assujettir à sa volonté pour les faire servir à ses besoins. La nature, en prodiguant ses richesses dans les cours d'eau, semble avoir voulu mettre à notre portée des ressources inépuisables ; car elle se charge d'en assurer la constante reproduction, et cependant notre imprévoyance est telle qu'elle est parvenue, sinon à détruire, du moins à arrêter le développement de son œuvre. L'augmentation incessante de la population, le prix croissant des choses nécessaires à la vie, donnent aux questions d'alimentation une importance chaque jour plus grande, et le législateur doit leur prêter toute son attention, lorsqu'une sage règlementation permet de les résoudre au profit de tous.

Depuis saint Louis, chaque gouvernement s'est occupé de la pêche et a cherché à la protéger par des règlements tutélaires. Ces règlements ont varié dans leur expression : leur but a toujours été de remédier aux abus. Le plus célèbre, l'ordonnance des eaux et forêts du 16 août 1669, avait codifié la pêche en résumant les différentes conditions dans lesquelles elle pouvait s'exercer utilement ; et si ses dispositions, appropriées aux nécessités du temps, n'avaient pas été incomplétement reproduites dans la loi de 1829, il est probable que le poisson serait maintenant aussi abondant dans les fleuves et dans les rivières qu'il l'était à la fin du XVIIe siècle, et que nous ne nous trouverions pas dans la nécessité de vous proposer d'édicter une loi nouvelle.

Notre pays est sillonné de cours d'eau dont les conditions climatériques se prêtent merveilleusement à la reproduction de toutes les espèces de poissons; cependant les produits de la pêche fluviale sont insignifiants quant à leur importance. Depuis le commencement de ce siècle, loin d'augmenter en raison des besoins de la consommation, ils ont beaucoup diminué : un seul fait permet de voir dans quelle proportion. Avant 1789, les États de Bretagne affermaient les pêcheries de saumons de la province moyennant 200 000 francs, équivalant au double de cette somme de nos jours, en tenant compte de la diminution de la valeur monétaire, et maintenant la pêche de tout le poisson pris dans les cours d'eau de France est affermée pour une somme inférieure à 600 000 francs (1).

Dans un pays voisin, moins favorisé que le nôtre par son climat et sa constitution géographique, en Angleterre, la législation a su établir sur les cours d'eau des règles de protection telles que la production du poisson y est devenue une des principales richesses du royaume. La seule pêche des salmonidés dans les rivières d'Irlande et d'Écosse produit annuellement une somme de 18 à 20 millions de francs. Dans quelques contrées, le saumon se trouve en si grande abondance que les domestiques stipulent dans leurs contrats de louage, comme cela avait lieu autrefois en France, les jours où ils seront dispensés d'en manger.

Cette abondance, due à une réglementation prévoyante, peut facilement se produire dans notre pays, car nous possédons des cours d'eau beaucoup plus nombreux et plus étendus que ceux du Royaume-Uni. C'est le but du projet de loi que nous avons l'honneur de soumettre à votre approbation.

La pêche fluviale est actuellement réglementée par la loi du 15 avril 1829 : cette loi, bien qu'incomplète, aurait pu cependant suffire jusqu'à un certain point et permettre d'exercer une bonne police des eaux, si l'administration chargée de la mettre à exécution ne l'avait en quelque sorte laissée tomber en désuétude. Aucune des prescriptions tutélaires qu'elle contient n'a reçu ni ne reçoit d'exécution. Elle probibe la pêche du poisson qui n'a pas encore atteint la taille réglementaire ; or cette taille n'a jamais été déterminée pour la plupart des espèces, et chaque jour nos marchés sont encombrés de poissons tellement petits que la consommation ne les reçoit qu'avec répugnance. Dans certaines localités, on ne se contente pas de prendre le poisson non adulte, on pêche l'alevin pour le donner en pâture aux animaux domestiques ou pour en faire de l'engrais. L'article 24 interdit de placer dans les cours d'eau aucun barrage ayant pour effet d'empêcher le passage du poisson ; et cependant à tous les points, dans les fleuves comme dans les plus petits ruisseaux, aux déversoirs de tous les moulins, il existe des barrages qui s'ouvrent sur des coffres ou des paniers dans lesquels on capture facilement tout ce qui passe. Nous n'ignorons pas qu'il y a peu de temps encore, par une anomalie singulière, la police de la pêche fluviale et la police générale des eaux appartenant à deux administrations distinctes, il résultait de cette fâcheuse division un manque d'entente préjudiciable à tous les intérêts ; mais il n'en est plus de même maintenant ; toutes les attributions relatives à la police fluviale ont été réunies dans une seule main, et

(1) Produit de la location de la pêche dans les eaux navigables ou flottantes.

1847.	470 858 fr.	1854.	514 035 fr.
1848.	469 526	1855.	510 701
1849.	471 350	1856.	501 620
1850	508 559	1857.	493 540
1851.	526 397	1858.	515 645
1852.	525 016	1859.	581 023
1853.	518 945		

cependant la situation ne s'est pas sensiblement améliorée. Nous faisons des vœux pour que cet état de choses soit modifié. Le projet de loi qui vous est présenté consacre de nouveaux moyens de développer la production du poisson. Il a pour objet d'accroître, dans une grande proportion, les richesses alimentaires du pays; nous espérons que l'administration comprendra la portée sociale d'une semblable entreprise et que, dans l'avenir, sa sollicitude saura protéger les cours d'eau contre la dévastation qui en a amené le dépeuplement.

Bien que vivant dans le même milieu, les poissons ne sont pas tous soumis à des conditions identiques d'existence ; leurs mœurs sont déterminées par des caractères physiologiques particuliers. D'une manière générale, ils peuvent être divisés en deux grandes classes : les espèces sédentaires et les espèces voyageuses. Les premières comprennent les poissons qui vivent dans l'espace restreint d'une partie du cours d'eau où ils sont nés ; quant aux secondes, à chaque saison nouvelle elles accomplissent de lointains voyages. Soumises à la loi de reproduction, avec leur instinct pour guide, elles vont à la recherche des lieux où elles doivent rencontrer les conditions nécessaires à la fécondation de leur progéniture.

Ces espèces comprennent le Saumon, la Truite, l'Anguille et l'Alose, qui passent alternativement de l'eau douce dans l'eau salée, afin d'accomplir les différentes évolutions de leur existence.

Ce qui précède suffit à faire comprendre que la police des eaux doit consister principalement, soit à préserver de toute dévastation les frayères pendant l'époque de la ponte et jusqu'à l'éclosion, soit à permettre les migrations périodiques qui s'accomplissent à la descente comme à la remonte des cours d'eau.

Parmi les espèces voyageuses dont nous venons de parler, le Saumon, la Truite et l'Anguille ont une valeur propre dont l'importance est considérable pour l'alimentation, et plusieurs dispositions du projet de loi que nous vous proposons d'adopter sont arrêtées en vue de favoriser leur reproduction.

L'Anguille fraye dans l'eau salée ; au commencement de chaque année, ses embryons sortent des profondeurs de la mer sous la forme de fils gélatineux et se rapprochent de l'embouchure de nos fleuves, de la Manche, de l'Océan et de la Méditerranée. La Seine, l'Orne, la Charente, le Rhône en reçoivent des quantités innombrables. C'est par millions, c'est par milliards qu'il faudrait compter, et souvent leur nombre est si grand que la limpidité des eaux en est troublée. Ils s'entassent les uns sur les autres afin de vaincre plus facilement les obstacles qui s'opposent à leur marche, et ils remontent ainsi les fleuves jusqu'au point où ils prendront leur développement et attendront le moment d'aller à leur tour se reproduire dans l'eau salée.

Tandis que l'Anguille croît à la mer et grossit dans l'eau douce, l'Alose et le Saumon font l'inverse. Les rejetons de ces espèces, arrivés à une certaine taille, s'abandonnent au courant des eaux, qui les conduisent à la mer ; parvenus dans les retraites inaccessibles que les profondeurs de l'Océan offrent à leur faiblesse, ils y vivent, se développent et grossissent. Lorsqu'ils ont atteint une taille de 30 à 40 centimètres, la nature leur impose son œuvre universelle de reproduction ; ils se rapprochent alors de l'embouchure des fleuves, ils y pénètrent, gonflés d'œufs et de laitance, et les remontent pour aller frayer bien avant dans les terres, là où des ruisseaux, alimentés par des sources, leur permettent de rencontrer une eau limpide d'une température peu variable.

Lorsque leur frai est déposé, ces poissons reprennent leur course et retournent à la mer. Leurs voyages s'accomplissent lentement, de sorte qu'ils passent à peu près une moitié de l'année dans l'eau salée et l'autre moitié dans l'eau douce.

Le Saumon rapporte, de chacune de ses campagnes en mer, environ trois kilogrammes de chair. Le temps de son séjour dans les eaux douces est une époque de sobriété pour lui, en vertu du privilége qu'ont les poissons de supporter de longues abstinences ; en sorte qu'il n'emprunte rien à la terre et donne à l'homme une chair qui ne lui coûte rien à produire.

Le Saumon est fidèle aux lieux de sa naissance. On s'en est assuré en marquant les nageoires de certains individus au moyen de l'emporte-pièce : toujours on les a vus revenir à leur point de départ pour y déposer une fertile semence. Cette constance rend facile le peuplement d'un fleuve et de tous les affluents qui composent son bassin ; mais au moins faut-il que ses effets ne soient pas empêchés par des obstacles matériels.

Le Saumon est doué d'une grande force musculaire ; elle lui permet de remonter facilement le courant, et même de franchir les obstacles verticaux qui s'opposent à son passage. Néanmoins cette force a des limites, et quand les obstacles, placés en travers des cours d'eau, ne sont pas mis à sa portée, ils en excluent le poisson, qui, après avoir vainement tenté de passer, renonce forcément à une entreprise impossible.

L'observation ayant conduit à comprendre que la disparition du Saumon dans la plupart de nos fleuves devait être attribuée aux barrages établis en travers de leur cours, on a cherché le moyen de remédier aux conséquences fâcheuses qui en résultent.

Les barrages sont de deux sortes : ou ils sont établis dans l'unique but de faire une pêche illicite, ou ils existent pour créer des forces industrielles.

Le défaut absolu de surveillance a fait que les premiers se sont multipliés à l'infini, mais il n'est pas difficile de les faire disparaître ; quant aux autres, ils sont établis pour créer une force motrice nécessaire à l'industrie, et l'on ne pourrait songer à les détruire.

Un savant, que ses intéressants et utiles travaux ont fait connaître, M. Coste, a exposé, dans un rapport qu'il adressait le 21 septembre 1859 à l'Empereur, comment on peut, sans diminuer la puissance des forces hydrauliques créées par les barrages, organiser ces derniers de manière à permettre aux poissons de les franchir. Ce moyen bien simple consiste à disposer à l'une des extrémités de chaque barrage un plan incliné uni, ou bien coupé par des degrés élevés de quelques centimètres les uns au-dessus des autres, sur lequel s'écoule une quantité d'eau trop faible pour diminuer la puissance de la chute, et suffisante cependant pour permettre au poisson de franchir l'obstacle en s'élevant par des sauts répétés.

Les premiers essais de ce système ont été faits, il y a dix ans, en Irlande ; ils ont donné des résultats concluants. Dans certains endroits, on est parvenu, au moyen des échelles, à permettre au Saumon de franchir des hauteurs de 8 à 10 mètres, et l'on a vu le poisson paraître dans des cours d'eau où jamais auparavant il n'avait pu pénétrer. Nous pouvons ajouter que des essais du même genre ont été faits en France depuis quelque temps, notamment dans le Blavet, et qu'ils ont eu le même succès.

Si, en assurant la viabilité des eaux, on permet au poisson de se rendre dans les lieux qu'il cherche pour se reproduire, il faut aussi que l'on protége les frayères qu'il adopte, et que les jeunes soient mis à l'abri de la destruction.

Le Saumonneau, au moment où il commence à descendre les cours d'eau, atteint déjà une taille suffisante pour exciter la convoitise ; aussi il est exposé à une lutte impitoyable. On lui ferme le passage par des barrages mobiles, on l'enivre, on l'empoisonne avec de la chaux, avec de la coque du Levant, et tous les riverains, hommes, femmes et enfants, s'acharnent à sa destruction. Il n'y a pas longtemps encore, le produit de ce maraudage était en grande partie donné en pâture aux pourceaux ; et si aujourd'hui les voies rapides permettent de l'envoyer aux marchés des villes, il n'en est pas moins vrai qu'il s'exerce avec une déplorable activité. Les Saumonneaux échappent-ils à ces poursuites, c'est pour se trouver arrêtés et détruits par myriades aux barrages des moulins ; et quand la rapacité des voisins est repue, on sale et l'on embarille des sujets sans valeur, qui en auraient acquis beaucoup en grandissant.

Deux décrets, en date des 19 et 24 octobre 1863, ont interdit la pêche de la Truite et du Saumon dans les eaux douces et dans les eaux salées, du 20 octobre au 31 janvier de chaque année. L'insuffisance du nombre des gardes et la difficulté de la constatation des délits ont été les causes de l'inexécution de ces décrets.

Le projet de loi présenté par le Gouvernement avait pour but unique de réglementer la pêche de la Truite et du Saumon. Il est vrai que, par l'article 7, il réservait à l'administration le droit de rendre applicables à d'autres espèces les dispositions relatives au colportage et à la vente, mais les salmonidés étaient son objet spécial.

Ces espèces ont été dans tous les temps l'objet d'une préoccupation exclusive en Angleterre, ainsi que nous l'apprend l'exposé des motifs joint au projet de loi. Cela est naturel, puisque les salmonidés abondent dans toutes les rivières de ce pays, et que les autres poissons y sont rares ; mais il n'en est pas de même en France. Du moment où nous reconnaissions la nécessité de remédier aux insuffisances de la loi de 1829, il nous a semblé opportun de comprendre dans les prohibitions de vente et de colportage en temps de frai toutes les espèces de poissons sans exception, et nous avons effacé du projet de loi le premier paragraphe du premier article, ainsi que l'article 7. Cette double suppression laisse la pêche sous l'empire des dispositions de la loi de 1829. Cette loi donne au Gouvernement le droit et le devoir de déterminer par des décrets : 1° les temps, saisons et heures pendant lesquels la pêche sera interdite dans les rivières et cours d'eau quelconques ; 2° les procédés, modes de pêche, filets, engins et instruments de pêche qui seront défendus comme étant de nature à nuire au repeuplement des rivières; 3° les dimensions de ceux dont l'usage sera permis dans les divers départements pour la pêche des différentes espèces de poissons; 4° les dimensions au-dessous desquelles les poissons des différentes espèces ne pourront être pêchés et devront être rejetés en rivière ; 5° les espèces de poissons avec lesquelles il sera défendu d'appâter des hameçons, nasses, filets ou autres engins.

La modification que nous avons ainsi apportée aux propositions qui nous étaient faites vous paraîtra, nous l'espérons, logique et rationnelle. Chaque espèce de poissons fournit, en effet, un égal contingent à l'alimentation; et quant aux espèces qui ne sont pas comestibles, comme elles servent de nourriture aux autres, il y a un intérêt égal à assurer leur reproduction.

Il était du reste impossible que la rédaction primitive ne fût pas modifiée : aux termes du projet, la pêche ne devait être réglementée que dans certains fleuves ou rivières. Or, si la règlementation ne s'étendait pas à tous les cours d'eau sans exception, la prohibition du colportage et de la vente deviendrait d'une application impossible ; car on ne pourrait jamais établir que le poisson mis en vente ne provient pas d'un cours d'eau où la pêche est restée libre, et le but que l'on se propose ainsi d'atteindre serait facilement éludé.

Un de nos honorables collègues aurait voulu que le projet mentionnât la pêche des écrevisses comme comprise parmi celles qui devront être réglementées à l'avenir. MM. les Commissaires du Gouvernement, auxquels nous avons fait connaître ce désir, qui avait reçu notre approbation, nous ont répondu que, bien que l'écrevisse soit un crustacé, ils pensent que l'esprit de la loi de 1829 a été de la comprendre au nombre des habitants des eaux dont la pêche peut être réglementée ; et comme il a été bien entendu que la reproduction de cette espèce serait à l'avenir protégée comme celle du poisson, nous avons renoncé à insérer dans la loi un paragraphe spécial.

D'après la nouvelle rédaction, le premier paragraphe de l'article 1er détermine que certaines parties des fleuves, rivières et cours d'eau pourront être réservées pour la reproduction du poisson, et qu'il sera possible d'y interdire la pêche pendant l'année entière. L'article 2 du projet spécifie que cette interdiction ne pourra être prononcée que pour une période de cinq années.

Il arrive fréquemment que les poissons, par suite de causes qui jusqu'à ce jour ont été imparfaitement déterminées par l'analyse, adoptent de préférence telle ou telle partie d'un cours d'eau pour y déposer leurs œufs ; d'un autre côté, par l'organisation de frayères artificielles, l'industrie humaine peut facilement déterminer tous les poissons d'un fleuve ou d'une rivière à venir déposer leur semence sur les points qu'elle leur assigne ; et, dans l'un comme dans l'autre de ces cas, il est nécessaire de pouvoir interdire temporairement la pêche sur ces lits de fécondation. Ce ne sera, du reste, que sur l'avis des Conseils généraux que l'administration pourra déterminer ces réserves, et il nous a paru que le principe qu'il s'agit de consacrer ne pouvait soulever aucune objection. Pour compléter la proposition du Gouvernement, nous avons cru devoir comprendre les canaux dans la nomenclature des cours d'eau qui pourront être soumis à cette interdiction.

Nous avons également pensé qu'il était nécessaire d'autoriser l'établissement des *échelles* dans les canaux, en même temps que nous l'autorisions dans les fleuves, rivières et cours d'eau. Nous avons expliqué plus haut l'utilité des échelles ; sans elles, les poissons voyageurs se trouvent dans l'impossibilité d'accomplir leurs migrations incessantes, et nous pensons, messieurs, que les dispositions du second paragraphe de l'article 1er recevront votre approbation.

Nous avons introduit dans le projet une disposition qui formera l'article 4, et qui prescrit une réglementation uniforme pour la pêche dans la partie fluviale et dans la partie maritime des fleuves. C'est dans le but de rendre la police de la pêche efficace que nous l'avons fait ; jusqu'à ce jour, les règlements de la police de la pêche fluviale ont été arrêtés, sans une entente préalable avec le ministère de la marine, à qui appartient la police de la pêche jusqu'au point où les eaux cessent d'être salées.

Il y a ainsi, dans cette réglementation, des divergences qui mettent obstacle à la police de la pêche et à toute répression des délits. En effet, pour ne citer qu'un exemple, si les règlements fluviaux décident qu'un poisson ne pourra être pêché et mis en vente que lorsqu'il aura atteint une taille déterminée, et que les règlements maritimes en fixent une autre pour la même espèce, il naît de cette contradiction une confusion devant laquelle les agents chargés de constater les délits sont complétement désarmés ; c'est afin d'y remédier que le projet propose que toutes les eaux soient assujetties à des prescriptions uniformes.

Parmi les causes qui nuisent au repeuplement des rivières, on doit mettre au premier rang le jet des résidus délétères des usines, et la coutume générale dans quelques contrées de faire rouir le chanvre et le lin dans les cours d'eau. Votre Commission s'est préoccupée de remédier à ces inconvénients. Plusieurs de ses membres auraient voulu obliger les usiniers à obtenir une autorisation qui n'aurait été délivrée qu'après enquête et sur la preuve acquise qu'ils se trouvaient dans l'impossibilité d'agir autrement. Cette proposition est restée sans suite, parce que MM. les Commissaires du Gouvernement nous ont déclaré que l'administration est suffisamment armée par les règlements généraux de la voirie, ainsi que par la loi de 1829, qui, généralisant les prescriptions de l'article 452 du Code pénal, les a complétées en les déclarant applicables au jet dans un cours d'eau de toutes substances de nature à enivrer le poisson ou à le détruire, pour mettre fin à cette déplorable coutume.

Nous espérons, messieurs, qu'une surveillance efficace préservera à l'avenir nos cours d'eau de ces mortels mélanges, et que l'on contraindra l'industrie, dans la mesure possible, à avoir recours à des procédés qui concilient tous les intérêts.

Il en est de même du rouissage du chanvre et du lin. Dans quelques pays, les riverains ont la funeste habitude de le préparer sur la voie publique, au grand préjudice de la pureté des eaux. Il est très-facile de pratiquer cette opération dans des réservoirs séparés, alimentés par une prise d'eau, en laissant ensuite à l'évaporation ou à la filtration le soin de tarir ces sources empoisonnées. Ces précautions, fort simples à prendre, sont obligatoires en Écosse, en Irlande, ainsi que dans d'autres pays d'Europe, et nous savons qu'elles sont pratiquées dans plusieurs de nos départements : rien ne s'oppose, par conséquent, à ce qu'elles soient généralisées et qu'elles deviennent partout obligatoires. Elles ont, du reste, été reconnues nécessaires de tout temps, car non-seulement la prohibition de faire rouir le chanvre dans les rivières se trouve consignée dans la plupart des ordonnances des rois de France depuis le règne de Philippe le Bel, mais elle avait pris place dans les coutumes de plusieurs provinces, notamment dans celles de Normandie, du Bourbonnais, d'Amiens, etc., etc.

Dans un but de prévoyance analogue, quelques-uns d'entre nous auraient voulu introduire dans le projet une disposition ayant pour but de régler les époques auxquelles devraient avoir lieu le curage et le faucardement des rivières, canaux et cours d'eau. La manière dont on procède à ces opérations peut, en effet, avoir une certaine importance pour le repeuplement. Un grand nombre d'espèces ont coutume de pondre sur les plantes aquatiques ; or, si elles sont coupées avant que les œufs ne soient éclos, la condition essentielle de l'incubation se trouve supprimée. Il est facile, dans la pratique, de faire coïncider l'époque du faucardement avec celle de l'éclosion. Dans le cas où les besoins de la navigation ne permettraient pas de retarder cette opération, on pourrait toujours ménager à l'avance, dans les lieux les plus favorables, des touffes isolées, et l'on assurerait ainsi la reproduction et le repeuplement. Rien ne s'oppose non plus à ce que l'on procède avec intelligence aux curages. Presque toujours ils sont entrepris sur un entier parcours à la fois, et de cette manière on détruit la semence de tout le cours d'eau sur lequel on opère. Si, au contraire, on répartissait leurs travaux en plusieurs années, on arriverait au résultat de laisser une partie du fond et des rives tranquille pour le repos et la reproduction.

Comme les décrets de décentralisation ont remis aux préfets des départements le soin d'assurer l'écoulement des eaux en aménageant la coupe des herbes aquatiques, il aurait fallu revenir sur ces décrets pour introduire dans la loi la disposition dont nous venons de parler. Nous n'avons pas cru devoir le faire, mais nous espérons que l'administration reconnaîtra utile de prendre des mesures pour remédier aux inconvénients que l'imprévoyance pourrait produire.

Le principe le plus important de la loi que nous proposons à votre sanction est l'interdiction du colportage et de la vente du poisson en temps prohibé. Il ne constitue pas une innovation dans notre législation, car la loi sur la chasse a déjà prévu le colportage et la vente du gibier en temps prohibé : il nous a paru établir la plus grande et la meilleure garantie contre les fraudes qu'il s'agit de réprimer. Il protégera toutes les espèces de poissons et les préservera de la destruction.

Le second paragraphe de l'article 5 déclare que la prohibition du colportage et de la vente n'est pas applicable aux poissons provenant des étangs.

Nous avons beaucoup hésité avant d'adopter cette disposition qui nous a été proposée par le Gouvernement. Il nous semblait qu'aucune exception ne pouvait être admise au principe de la prohibition du colportage sans troubler son économie et le rendre d'une application difficile.

L'intérêt particulier doit toujours céder devant l'intérêt général ; et, d'ailleurs, en assimilant le poisson de rivière, sous ce rapport aurait-on causé un préjudice réel à ses détenteurs ?

La population des étangs et des réservoirs se compose exclusivement de poisson blanc, dont la pêche et la vente, ainsi que nous aurons l'occasion de le dire plus loin, ne seront défendues qu'en été, au moment où, par conséquent, la pêche des étangs est depuis longtemps terminée. La loi sur la chasse a défendu indistinctement le colportage du gibier en temps prohibé, bien qu'il puisse provenir de propriétés privées, fermées de clôtures : pourquoi la loi sur la pêche agirait-elle autrement ?

Ces considérations pesaient de tout leur poids sur nos déterminations ; néanmoins elles n'ont pu nous amener à porter une atteinte à la propriété en gênant sa liberté. La réglementation de la pêche dans les eaux qui dépendent du domaine public nous appartient évidemment, mais nous n'avons pas le droit de la restreindre lorsqu'elle est faite par le propriétaire d'un établissement piscicole créé sur son fonds, alimenté par ses sources, empoissonné à ses frais et sans aucune communication avec un cours d'eau quelconque. La loi sur la chasse, il est vrai, n'a pas établi de distinction quant à la provenance du gibier ; mais une assimilation complète manquerait de justesse ; on ne tue pas du tout le gibier d'une terre pour le mettre en vente en même temps ; tandis que, dans beaucoup de pays, notamment en Sologne, les étangs ne sont autre chose qu'une sorte d'assolement. Le poisson qu'ils contiennent n'y est pas élevé en vue de la reproduction ; on laisse les prairies se couvrir d'eau pendant trois ou quatre ans ; au bout de ce temps, on les étanche et l'on pêche ; il faut donc nécessairement laisser au propriétaire la possibilité de tirer parti de ses produits au moment où les exigences de l'agriculture les mettent entre ses mains.

Du reste, messieurs, l'exception que notre respect pour la propriété nous a amenés à admettre, si elle laisse une porte ouverte à la fraude, ne la rendra pas cependant facile. Ce sera toujours au pêcheur ou au marchand qui mettra en vente du poisson d'étangs, pendant les époques de prohibition, à faire la preuve de son origine, et les tribunaux auront à apprécier si cette preuve est satisfaisante.

L'administration, elle aussi, contrôlera par ses agents la sincérité des certificats d'origine. La proximité des étangs et des réservoirs des lieux de mise en vente, les époques, la nature et la qualité du poisson, deviendront autant de circonstances qui serviront à établir le degré de confiance qu'il faudra leur accorder. En vous proposant d'accueillir la rédaction proposée par le Gouvernement, nous avons concilié, autant que cela nous était possible, l'intérêt public et l'intérêt privé : nous pensons que vous voudrez bien approuver notre détermination.

L'article 5 assimile au colportage et à la vente l'importation et l'exportation du poisson en temps prohibé ; c'est encore une conséquence du principe que la loi a pour but d'établir ; pour en assurer la rigoureuse exécution, il était, en effet, indispensable de généraliser et de ne laisser aucun moyen d'éluder la loi ; mais il reste entendu que ces défenses ne s'appliquent qu'au poisson frais et que l'on pourra, comme par le passé, importer en toute saison le poisson fumé. Cette faculté ne saurait, en effet, porter atteinte aux garanties qu'il s'agit d'établir, car les conserves ne sont pas préparées dans notre pays.

L'article 6 du projet donne à l'administration la faculté d'autoriser, pendant le temps de la prohibition, le transport du poisson destiné à la reproduction. Cette faculté, qui sera commune au frai et à l'alevin, est nécessaire pour permettre l'ensemencement, soit des cours d'eau, soit des nouveaux étangs. Comme son exercice sera entouré de précautions, et qu'elle ne peut pas donner naissance à la fraude, nous avons cru devoir la rendre possible.

La loi de 1829 punit de l'amende toute infraction aux ordonnances relatives à la pêche ; l'article 7 du projet que nous examinons propose de rendre passible des mêmes peines l'infraction aux dispositions de l'article 1er et à celles du premier paragraphe de l'article 5. Nous avons admis cette pénalité, mais il nous a paru nécessaire de l'augmenter pour les cas de récidive et pour ceux où il sera constaté que le poisson aurait été enivré ou empoisonné. Dans ces deux cas, ainsi que dans celui où le transport aurait été effectué par bateaux, voitures ou bêtes de somme, nous proposons de punir les délinquants d'une amende double, et en outre de les rendre passibles d'un emprisonnement de dix jours à un mois.

Ces pénalités sont conformes à celles qui ont été édictées par la loi sur la chasse.

Nous avons admis, ainsi que le Gouvernement nous le proposait, que la recherche du poisson pourra être faite à domicile chez les aubergistes, chez les marchands de comestibles et dans les lieux ouverts au public, nous avons seulement apporté une modification à la rédaction primitive de ce paragraphe dans un but de clarté.

L'article 8 rend applicable au frai de poisson et à l'alevin les dispositions relatives à la pêche et au transport des poissons. Cette prohibition ne résulte qu'imparfaitement des dispositions de la loi de 1829 ; elle répond à l'esprit du projet qui nous occupe ; elle aura un grand effet pour le repeuplement des cours d'eau, en empêchant de détruire dans leur germe des quantités considérables de sujets, que dans beaucoup de contrées on donne en pâture aux animaux domestiques ou dont on se sert comme engrais, et qu'il y a avantage à laisser se développer pour qu'ils apportent leur contingent aux ressources de l'alimentation du pays.

L'usage de plomber ou de marquer les filets, introduit par la loi de 1829, a un double inconvénient : il peut involontairement mettre en faute les personnes de bonne foi, et il n'offre aucune garantie contre la fraude. En effet, il arrive souvent, ou que les marques s'effacent, ou que les plombs tombent d'eux-mêmes, et, d'un autre côté, il est toujours facile de les détacher des filets autorisés pour les placer sur d'autres engins prohibés.

Nous nous sommes résolus, de concert avec le Gouvernement, à vous proposer d'abroger l'article 32 de la loi de 1829 et de décider que le mode de vérification de la dimension des mailles des filets autorisés pour la pêche de chaque espèce de poisson sera déterminé par des décrets spéciaux. Ce nouveau mode de vérification consistera à établir des gabarits de la grandeur des mailles autorisées pour chaque espèce de pêche, et d'en munir les gardes, qui n'auront qu'à apposer ce type sur les filets pour reconnaître s'ils sont réglementaires ; toute incertitude et toute discussion deviendront impossibles devant ce moyen de contrôle, et l'exécution des règlements ne pourra qu'y gagner. Ce n'est, du reste, qu'un recours à d'anciennes coutumes, car jusqu'en 1793 les mailles des filets sont restées fixées et soumises à deux moules qui avaient pour calibres le gros tournois d'argent et le denier parisis.

L'article 10 indique les agents qui seront chargés de constater les infractions aux dispositions des articles précédents, nous avons cru devoir légèrement modifier la rédaction primitive du projet. Après avoir parlé des agents des douanes, des agents des contributions indirectes et des octrois, nous nous sommes demandé si nous devions nous borner à viser la loi de 1829 et le décret de 1852, qui contiennent la nomenclature des agents auxquels incombe la police de la pêche. Cette loi et ce décret ne mentionnent pas les gendarmes, par exemple ; il avait semblé à quelques membres de votre Commission qu'il importait de les désigner nominativement pour trancher d'une manière précise la question de savoir si leurs procès-verbaux en matière de pêche peuvent faire foi jusqu'à inscription de faux ou s'ils doivent êtres considérés comme de simples rapports. Le doute qui pourrait, jusqu'à un certain point, résulter du texte de la loi de 1829 a été dissipé par la jurisprudence ainsi que par les termes du décret du 1er mars 1854, portant règlement sur l'organisation de la gendarmerie. Dans ces circonstances, nous n'avons pas pensé qu'il fût nécessaire de désigner nominativement tous les agents qui ont à rechercher et à constater, par des procès-verbaux, les contraventions en matière de pêche pour confirmer un droit qu'ils tiennent de lois antérieures, et nous nous sommes bornés à adopter la rédaction arrêtée par le Conseil d'État.

Nous avons cru utile de vous proposer d'allouer aux rédacteurs des procès-verbaux, à titre de gratification, une partie de l'amende qui pourra être prononcée en cas de condamnation.

Nous avons emprunté ce principe à la loi de 1844 sur la chasse et au décret du 9 janvier 1852 relatif à la pêche côtière ; vous savez qu'il a été très-fructueusement introduit dans la réglementation relative à la constatation des délits ou des contraventions en matière de douane ou de grande voirie, et nous espérons que vous voudrez bien accueillir notre proposition. Elle renferme la garantie la plus certaine de l'exécution de la loi, car c'est en intéressant les gardes de pêches et autres agents à la constatation des contraventions ou des délits que l'on peut être assuré de leur vigilance.

Nous n'avons pas fixé le taux de la gratification à laquelle chaque rédacteur de procès-verbal aura droit ; nous avons laissé au Gouvernement le soin de la déterminer. Nous estimons que plus il sera élevé et mieux cela vaudra, car la surveillance sera en raison directe de l'avantage qu'elle assurera aux agents.

D'après le projet que nous vous présentons, la poursuite des faits commis en violation de ses articles appartiendra au ministère public. La loi de 1829, que nous avons visée à ce sujet dans l'article 11, ne laisse aucun doute à cet égard. Nous croyons devoir nous expliquer à ce sujet, parce que, bien qu'elle soit formelle, nous savons que dans des cas spéciaux certains magistrats ont cru ne pas pouvoir poursuivre des délits qui leur étaient déférés, et nous tenons à ce qu'il soit bien établi que la poursuite des délits de pêche incombe aux officiers du ministère public, comme la répression de tous les délits intéressant l'ordre public.

Nous avons eu l'honneur de vous expliquer, au début de ce rapport, comment nous avons été amenés à généraliser l'article 1er de ce projet en étendant ses dispositions à toutes les espèces de poissons. L'article 7 du projet primitif s'est, en conséquence, trouvé supprimé, et nous avons l'honneur de vous proposer de le remplacer par une disposition qui forme l'article 12 et qui a pour effet de mettre l'ancienne législation en harmonie avec la nouvelle.

Telles sont, messieurs, les modifications que nous avons cru devoir apporter au projet primitif du Gouvernement ; nos propositions ont été accueilies par le Conseil d'État, et nous espérons qu'elles recevront aussi votre approbation.

La loi que nous vous proposons est précise ; si nous nous sommes efforcés de la rédiger ainsi, c'est que, comme nous l'avons déjà dit, les questions d'alimentation ont pris, au temps où nous vivons, une importance que la cherté des choses nécessaires à la vie rend chaque jour plus grande. Les restrictions que nous vous proposons de formuler causeront peut-être un tort momentané à quelques pêcheurs, mais au bout de peu de temps ils s'apercevront d'un grand changement dans les conditions de leur métier ; car, au lieu de passer les jours et la moitié des nuits à poursuivre une proie d'un produit insuffisant, dont ils ne s'emparent le plus souvent que par la fraude, ils trouveront dans l'exercice loyal de leur industrie des bénéfices assurés.

Nous l'avons dit et nous le répétons, la principale condition de ce résultat est que l'administration s'applique à faire exactement observer toutes les prescriptions de la loi ; si le but de sa vigilance est bien compris, nous nous plaisons à penser qu'elle trouvera partout le concours qui lui est nécessaire et que de vifs désirs gastronomiques ou l'orgueil d'un luxe répréhensible n'amèneront pas pour cette loi des violations semblables à celles dont chacun de nous a pu souvent être témoin en ce qui concerne la chasse. Il n'est pas rare de voir consommer du gibier en temps prohibé, et malheureusement c'est souvent sur la table des personnes auxquelles leur position commande le plus grand respect de la loi, car ce sont elles qui sont chargées de la faire exécuter, qu'il est possible de constater ces regrettables infractions. On ne saurait trop s'élever contre de semblables abus. Nous sommes certains de répondre à votre sentiment en faisant appel à la plus grande sévérité, afin qu'ils ne se perpétuent pas, car ils seraient la destruction des règlements tutélaires que nous cherchons à établir.

Nous nous sommes efforcés, dans ce rapport, de faire comprendre et bien saisir l'esprit qui a présidé à nos délibérations ; en le terminant, nous vous demandons de permettre d'adresser à l'administration quelques observations sur des points qui pourraient largement contribuer au repeuplement si désirable de nos cours d'eau.

La loi que nous vous proposons consacre des principes qui auront d'excellents résultats ; mais il existe une question capitale qu'elle ne résout pas et qu'il nous paraît utile d'examiner.

En réglementant la pêche dans la partie fluviale des cours d'eau, la loi de 1829 l'a laissée complétement libre dans leur partie maritime, et cette liberté absolue, si elle continue à subsister, sera un grand obstacle à ce que nous voyions les espèces de poisson les plus importantes, le Saumon et la Truite, reparaître dans nos rivières.

Si, comme vous allez le prescrire, on donne des passages aux Saumons pour gagner leurs frayères ; si l'on fait détruire les pêcheries qui n'existent qu'en violation de la loi, si l'on comble les trous qui se trouvent au bas de tous les déversoirs, si l'on interdit la pêche et la vente du Saumon et de la Truite pendant les mois de reproduction, si la police est exercée avec vigilance, toutes ces mesures nécessaires seront efficaces, mais elles ne suffiront pas. A l'embouchure de toutes nos rivières, il y a un bras de mer resserré entre des collines qui s'avance dans les terres pendant 6, 10, 20 et 25 kilomètres, et où la marée monte et descend deux fois toutes les vingt-quatre heures.

Quand la mer est haute, on aperçoit une rivière qui souvent même prend l'aspect d'un fleuve. Les barques, les bateaux, les petits navires peuvent y pénétrer ; mais quand la mer se retire, l'aspect change, l'illusion se détruit : à la place du fleuve il ne nous reste plus que de la vase et un chenal où coule, le plus souvent un léger filet d'eau de quelques centimètres de profondeur et de quelques mètres de largeur.

La pêche de ces bras de mer, qui sont de véritables rivières, car elles en portent toutes le nom, appartient à l'inscription maritime, et dans presque tous elle est réglementée par la loi sur la pêche côtière.

Si l'on examine ce qui s'y passe, la facilité de pêche qui existe par le va-et-vient de la marée, on reconnaîtra qu'il est impossible d'espérer une amélioration quelconque, s'il n'y a pas un changement complet apporté aux règlements de pêche actuellement en vigueur.

Le Saumon, en revenant de la mer, a d'abord à franchir ces bras de mer avant d'atteindre l'eau douce. Il attend toujours le premier flot pour remonter ; on le voit s'avancer frisant la surface, devancer même quelquefois le flux et se hasarder dans des endroits où l'eau n'est pas encore assez profonde. Les pêcheurs sont là qui le guettent, qui l'attendent et ils sont certains de leur prise même avec le plus petit filet. Ils connaissent les endroits où les Saumons s'arrêteront pendant quelque temps ; ils vont y tendre des guideaux, des poches, des sennes, des trémails ; s'ils les manquent d'abord, ils se portent plus haut pour attendre l'arrivée de la mer et ils recommencent.

Il est facile de comprendre qu'avec cette facilité de pêche pendant 15, 20 ou 25 kilomètres, quelques Saumons à peine parviennent à s'échapper. Il y en a cependant qui ne sont pas capturés et qui atteignent les limites de la marée ; ils trouvent alors une écluse ou une chaussée de moulin qui sépare l'eau douce de l'eau salée.

D'après la loi que nous allons voter, on aura établi sur ces obstacles des échelles qui permettront aux Saumons de gagner la partie fluviale de la rivière ; mais cette échelle, qui est nécessaire, n'est pas naturelle ; ce n'est pas non plus une rivière, ce sera un simple passage où l'on ne peut pas espérer de voir le Saumon s'élancer de prime abord. Il s'y arrêtera, tournera autour et ne s'y hasardera pas sur-le-champ, car il craindra une embûche, souvent même il laissera la mer se retirer et force lui sera de descendre avec elle ; s'il trouve quelque trou dans la descente, il y restera ; mais là il est probable qu'il sera pris avant le retour du flot. Que l'on juge d'après cela du peu de chance qu'ont les Saumons de pouvoir atteindre l'eau douce,

C'est dans la partie des rivières qui sont du domaine de l'inscription maritime que se fait le plus de mal ; c'est là qu'il faut atteindre et empêcher la destruction. Il y a déjà longtemps que l'on s'en est rendu compte. En 1852, on a décrété que la loi sur la pêche fluviale serait appliquée à une portion de ces rivières, mais que la pêche continuerait à appartenir à l'inscription maritime.

Ces mesures n'augmentèrent pas la prospérité de la pêche, parce qu'elles ne changeaient rien aux conditions dans lesquelles elle s'exerçait et parce qu'elles ne permettaient pas de limiter le nombre des pêcheurs ainsi qu'on le fait dans les cantonnements fluviaux. La seule manière de leur donner de la force serait de les étendre et de déclarer toutes les rivières où la mer se fait sentir, navigables et flottables dès leur véritable embouchure, sans s'inquiéter du plus ou moins de salure des eaux. Elles seraient alors affermées au profit de l'État, qui, si l'intérêt des populations maritimes l'exigeait, pourrait en tirer une redevance très-minime, mais qui du moins exercerait jusqu'à la mer un droit de police efficace. Nous faisons des vœux pour que l'administration reconnaisse la justesse des observations que nous venons de présenter et pour qu'elle se détermine à y faire droit.

Avant de terminer sur ce sujet, nous vous prions, messieurs, de nous permettre d'émettre un autre vœu dont la réalisation aurait une grande importance pour la production du poisson et qui, sous beaucoup de rapports, se rattache à l'esprit du projet de loi.

Nous voulons parler de l'aliénation des rivages compris dans les limites de l'inscription maritime. Ainsi que vous le savez, tous les terrains qu'arrose le grand flot de mars font partie du domaine public maritime. Ces terrains, situés tant sur le bord de la mer qu'à l'embouchure et sur une certaine étendue des fleuves ou des rivières, comprennent une superficie de près de 200 000 hectares. Jusqu'à présent et malgré d'incessantes réclamations, le Gouvernement a pensé que ces terrains, faisant partie du domaine public maritime, sont inaliénables, bien que l'article 41 de la loi du 16 septembre 1807 lui donne le droit de les concéder, et ils sont restés frappés d'une stérilité absolue sans utilité pour personne. Le Ministère de la marine a, il est vrai, accordé certaines concessions dans différents endroits ; mais d'abord ces concessions, faites temporairement à titre essentiellement révocable, ne présentent aucune garantie, et ensuite les exigences sans nombre de l'administration, les tracasseries incessantes de ses différents agents éloignent ceux qui seraient tentés d'en entreprendre l'exploitation.

Ces terrains peuvent cependant se prêter merveilleusement à la reproduction du poisson et apporter un contingent considérable au repeuplement de nos cours d'eau. L'État n'a aucun intérêt à conserver des marais ou des landes maritimes qu'il pourrait utilement aliéner toutes les fois qu'il n'en résulterait pas un préjudice et qui deviendraient productives d'impôt. Il est à désirer qu'il ne résiste pas plus longtemps aux vœux déjà maintes fois exprimés par plusieurs Conseils généraux, vœux dont la Commission du budget s'était rendue l'interprète dans son rapport de l'an dernier, et nous vous demandons de vouloir bien insister une fois de plus dans ce but.

En ce qui concerne les fraudes auxquelles les différentes pêches donnent lieu, il nous serait impossible d'indiquer toutes les circonstances dans lesquelles l'administration peut utilement intervenir. Leur constatation et les moyens d'y porter remède doivent nécessairement être abandonnés à ses soins ; nous pouvons cependant, par un fait cité comme exemple, indiquer jusqu'à quel point la sollicitude que nous invoquons doit être multiple pour devenir efficace.

Depuis quelques années la pêche des grenouilles est devenue l'objet d'un commerce très-important. C'est principalement dans les Vosges, en Alsace et dans les départements de l'Est qu'on la pratique. Elle se fait pendant presque toute l'année ; mais sa plus grande activité a lieu en automne et en hiver. Les personnes qui s'y livrent barrent les ruisseaux au moyen de filets en forme de sacs, puis, à l'aide d'une longue perche, elles fouillent le fond afin d'épouvanter les animaux qui, en se sauvant, tombent dans le piége préparé pour les prendre. Il résulte un double inconvénient de cette pratique : elle permet, pendant l'époque de fermeture, de pêcher un grand nombre de Truites et d'autres poissons qui sont troublés dans le repos qu'ils cherchent pour se livrer à la reproduction ; en même temps le pêcheur détruit, en les écrasant, les œufs déposés sur le fond et anéantit ainsi les récoltes de l'avenir.

En citant ce fait, notre but, nous le répétons, est d'indiquer comment, en cette matière, toutes choses se tiennent ; il nous a paru utile, pour prouver que les faits les plus insignifiants ont une importance relative considérable, et établir qu'aucun moyen de protection ne doit être omis, si l'on veut arriver au repeuplement que nous désirons assurer.

La location du droit de pêche dans les fleuves, canaux ou rivières navigables et flottables peut exercer une influence considérable sur la reproduction du poisson, et nous pensons qu'il y aurait avantage à modifier dans une certaine nature le mode actuellement suivi.

On a cru et l'on croit encore qu'en divisant à l'infini les cantonnements de pêche, en fixant la durée des baux à un temps relativement court, on peut mettre un plus grand nombre de personnes à même de prendre part aux adjudications, et que l'on augmente ainsi naturellement les ressources du trésor public. C'est une erreur.

Afin de vous mettre à même de saisir notre pensée, nous vous demandons, messieurs, la permission de placer sous vos yeux un exemple de la manière dont l'administration procède actuellement. Nous prendrons la Loire ; cet important cours d'eau est classé au nombre des rivières navigables à partir du confluent de l'Arzon, près Vorey, à quelques kilomètres du Puy ; de ce point à la limite méridionale du département de Saône-et-Loire, en traversant les départements de la Haute-Loire et de la Loire, elle a un développement de 187 700 mètres. Cet espace est divisé en trente-six cantons de pêche qui, dans ces dernières années, étaient affermés pour une somme totale de 5689 francs, c'est-à-dire que l'étendue moyenne de chaque cantonnement est de 5 kilomètres, et son produit moyen de 158 francs.

L'exposé de ce système suffit pour montrer ce qu'il a de défectueux. Ses résultats financiers sont insignifiants et pour ainsi dire nuls ; quant à ses conséquences, loin d'assurer le repeuplement des rivières, elles ne peuvent que les appauvrir de plus en plus. Le fermier d'un cantonnement d'une courte étendue et d'une durée très-limitée ne saurait avoir ni mettre en pratique aucune idée d'amélioration dont il aurait à supporter les charges sans en recueillir les profits, car les élèves qu'un bon aménagement des eaux produirait pourraient lui échapper au profit du voisin, et son intérêt personnel le pousse nécessairement à un épuisement systématique dont l'effet est d'absorber ou de détruire les éléments de reproduction.

Pour entraver une convoitise illicite mais qui devient naturelle dans la situation où se trouve le fermier, l'administration pourrait compter sur l'activité de ses gardes s'ils n'étaient, par la force même des choses, dans l'impossibilité de prévenir ou de réprimer les abus. La surveillance de chaque garde s'étend sur 25, 30 ou 40 kilomètres, c'est-à-dire qu'en raison des distances à parcourir cette surveillance est illusoire, sinon tout à fait impossible ; ces agents sont insuffisamment rétribués, et la misère est une si mauvaise conseillère, qu'il est permis d'admettre que, dans beaucoup de cas, leur vigilance peut se trouver aux prises avec leur intérêt.

Si, abandonnant son système, l'administration, au lieu de diviser les cantonnements les réunissait, si elle mettait en adjudication la pêche de tout un cours d'eau depuis sa source jusqu'à son embouchure, si, en même temps elle consentait des baux de longue durée, nous croyons que des résultats beaucoup meilleurs seraient promptement atteints. Le fermier, en effet, sûr de profiter des améliorations qu'il exécuterait, assuré d'un avenir qui lui permettrait de retrouver le fruit de ses dépenses, n'hésiterait pas à faire des travaux importants ; au lieu d'épuiser le fond par une pêche à blanc, il ne s'y livrerait qu'avec mesure, de manière à conserver les jeunes et à assurer le repeuplement continu de son exploitation ; comme il serait de son intérêt d'organiser un gardiennage qu'il saurait rendre efficace, l'administration pourrait supprimer ses gardes, et en même temps que le Trésor profiterait de cette économie, il verrait naître des recettes importantes qui ne seraient qu'une faible partie de la richesse des produits livrés à l'alimentation publique.

La rédaction des baux que l'administration passe en faisant l'adjudication des cantonnements de pêche laisse beaucoup à désirer sous certains rapports : plusieurs de leurs clauses sont inexécutables et donnent facilement passage à la fraude. Ainsi, en ce qui concerne la pêche de nuit, qui a toujours été considérée avec raison comme désastreuse, parce qu'il est facile aux pêcheurs de se servir de toutes sortes d'engins prohibés, une clause des cahiers des charges dit que les pêcheurs devront amener leurs bateaux à un endroit désigné pour les faire enchaîner le soir par le garde, qui viendra les déchaîner et les leur rendre au lever du soleil. Dans la pratique, cela ne se fait pas, parce que ce n'est pas praticable ; les gardes qui ont à surveiller un long parcours ne pourraient suffire à une semblable tâche ni se trouver à la même heure à plusieurs lieues de distance. Sans renoncer à cette précaution, dont le but est d'empêcher la pêche de nuit, il y aurait un moyen plus simple à prendre, ce serait d'obliger les pêcheurs à enchaîner eux-mêmes leurs bateaux le soir au poteau désigné par l'administration, sous peine d'une contravention qui serait constatée par les gardes chargés de faire de fréquentes tournées de nuit.

En examinant les différentes améliorations que nous avons cherché à apporter à la loi de 1829, nous avons eu à nous demander si nous ne devions pas vous proposer d'abroger la partie de l'article 5 de cette loi qui, en autorisant la pêche à la ligne flottante tenue à la main, la prohibe cependant pendant le temps du frai. La pêche à la ligne flottante ne saurait apporter aucun empêchement à la reproduction, car le poisson qui fraye ne mord pas à l'hameçon ; nous avons néanmoins pensé que, dans certains cas, cette pêche pouvait jeter du trouble dans les frayères, et nous avons maintenu cette disposition ; mais à ce sujet nous devons vous exprimer notre étonnement que, dans certains départements, on ait cru pouvoir faire des règlements par lesquels on a fixé la grosseur des hameçons et le poids des plombs que le pêcheur à la ligne est autorisé à employer. L'article 5 de la loi de 1829 ne contient aucune restriction pour ce genre de pêche ; les règlements dont nous parlons n'ont pu être faits que par une fausse interprétation de son texte, et nous pensons qu'il aura suffi de le rappeler pour que l'on rentre dans son esprit.

Votre Commission a été saisie de deux amendements qui ont été présentés par M. Thoinnet de la Turmélière et par le comte Napoléon de Champagny.

Par le premier de ces amendements notre honorable collègue M. Thoinnet de la Turmélière proposait de décider que les décrets qui seront faits pour l'exécution des dispositions de l'article 1er de la loi devraient être rendus sur *l'avis conforme du Conseil général du département.*

Cette proposition, dont la conséquence aurait été de laisser à chaque département le soin de réglementer la pêche sur son territoire aurait eu des effets contraires à ceux que nous nous proposons d'atteindre.

En effet, pour que l'interdiction du colportage et de la vente du poisson en temps prohibé reçoive son exécution, il faut que les différents départements, loin de pouvoir faire chacun leur règlement spécial, soient soumis à des règlements généraux conformes entre eux et rédigés d'après les époques de ponte des différentes espèces.

Quelques courtes explications suffiront pour le faire comprendre.

Si nous nous étions bornés à maintenir les dispositions de l'article 5 de l'ordonnance du 15 novembre 1830 qui, par une interprétation singulière de l'article 26 de la loi de 1829, a permis à chaque préfet de déterminer dans son département les temps, saisons et heures de l'interdiction de la pêche, une confusion nuisible à la reproduction du poisson continuerait à exister. Les règlements actuels, dans les départements où il en existe, ont été faits sans un concert préalable et sans une entente réfléchie des conditions des différentes pêches ; ils présentent cette anomalie, que sans objet, sans raison, sans nécessité, contraitement aux exigences de la nature, la pêche de chaque espèce ferme ou ouvre quinze jours ou un mois plus tôt ou plus tard dans des départements limitrophes. Chaque département ayant un règlement local rédigé sans entente avec le département voisin, il en est résulté des exigences contradictoires, et si un tel chaos subsistait, il serait impossible de prohiber le colportage ou la vente du poisson, car l'époque de la prohibition variant à l'infini, le marchand aurait toujours pour excuse de s'être procuré le poisson là où la pêche en serait permise : si, au contraire, une réglementation générale fait disparaître ces anomalies, l'interdiction du colportage et de la vente sera d'une application facile et aura des résultats efficaces.

Cette réglementation générale peut être faite, bien que tous les cours d'eau du pays ne se trouvent pas sous une même latitude et que l'époque du frai soit par conséquent variable. Malgré la situation climatérique des diverses contrées, il n'y a pas entre le moment de la ponte de chaque espèce des différences aussi grandes que l'on pourrait s'imaginer. En prenant une période moyenne des pontes, il est possible de rédiger des règlements qui embrasseront tous les départements ; la seule différence qui existera entre eux, c'est que dans les uns ils seront plus efficaces que dans les autres.

Il n'est pas nécessaire, en effet, de comprendre dans la réglementation toute la durée des pontes ; il suffit de la faire porter sur sa période la plus active pour permettre de recueillir des quantités suffisantes à la reproduction. Et, du reste, si dans quelques parties des cours d'eau de certains départements la ponte est très-hâtive ou très-tardive d'après leur situation topographique, et que l'on reconnaisse la nécessité d'une exception, on pourra toujours les assujettir à une défense permanente mais temporaire.

La ponte de toutes les espèces de poissons peut se diviser en deux saisons, la ponte d'hiver et la ponte d'été. Les salmonidés pondent l'hiver. Les poissons blancs pondent l'été.

Le Saumon et la Truite se présentent à l'embouchure des fleuves vers la fin d'août, et c'est au printemps seulement, vers la fin de mars et le commencement d'avril, qu'ils rentrent dans l'eau salée.

La ponte du poisson blanc commence en février et se prolonge jusqu'au mois de juillet. Ainsi l'espèce la plus hâtive, le brochet, pond en février, mars et avril, tandis que la carpe, la plus tardive, pond en mai, juin et juillet. Si, dans les cinq mois qui s'écoulent de février à juin, on prend un terme moyen ; si, par exemple, on défend la pêche du poisson blanc depuis le 1er avril jusqu'au 1er juin, on se trouvera avoir protégé la ponte du Brochet pendant un mois (avril), la ponte de la Carpe pendant un mois (mai), et cette période comprenant, ainsi que nous l'avons dit, la ponte de toutes les espèces de poisson blanc, on sera assuré de leur reproduction, puisqu'elles auront pu s'y livrer avec sécurité pendant un laps de temps suffisant.

Nous sommes entrés dans ces détails, messieurs, afin de vous mettre à même d'apprécier la possibilité en même temps que l'utilité d'une réglementation générale, conséquence inévitable de la prohibition du colportage et de la vente. Si cette règlementation, au lieu d'être généralisée, pouvait rester locale, elle serait tout à fait inutile, car alors même qu'elle interdirait la vente du poisson sur les lieux de pêche, elle ne pourrait empêcher l'exportation indépartementale ou interrégionale. Il y a quelques années, en Angleterre, on avait promulgué une loi sur le colportage en temps prohibé et l'on se croyait en sécurité, mais l'on n'avait pas songé à rendre cette loi internationale, et, alors qu'on ne mangeait plus de poisson dans le pays, chaque jour il en sortait des ports des quantités considérables que des navires apportaient sur le continent. C'est pour prévenir un fait analogue dans l'intérieur de notre pays que nous nous sommes ralliés au principe d'une réglementation générale et non localisée. C'est pour ce motif aussi que nous n'avons pas accueilli l'amendement de notre honorable collègue.

L'amendement de M. le comte de Champagny était ainsi conçu :

Art. 4. — Au lieu de ces mots : « De colporter, d'exporter et d'importer, » mettre : « De colporter et d'exporter. »

Art. 5. — Au lieu de ces mots : « Le colportage, l'exportation et l'importation, » mettre : « Le colportage et l'exportation. »

Art. 7. — Au lieu de ces mots : « De l'article 3, » mettre : « Des articles 1, 2 et 4. »

La prohibition de l'importation a paru superflue à notre honorable collègue. Dans sa pensée, l'importation du poisson venant de l'étranger ne peut nuire en rien aux mesures prescrites par le projet, sa prohibition peut avoir certains inconvénients : il y a donc lieu de l'autoriser.

Nous avons établi plus haut les considérations qui nous ont fait adhérer à la proposition du Gouvernement et qui nous portent à vous proposer d'interdire l'importation en temps prohibé. Cette mesure nous paraît indispensable pour détruire tout prétexte à la fraude. Nous n'avons pas cru devoir revenir sur notre détermination et nous n'avons pas admis l'amendement.

La modification que M. le comte de Champagny proposait d'apporter à la rédaction de l'article 7 consistait uniquement à corriger une faute typographique qui s'était glissée dans l'impression du projet ; mais comme l'article 7 n'a pas été conservé dans sa rédaction primitive, nous n'avons pas dû nous en préoccuper.

Projet de loi relatif à la pêche.

(Nouvelle rédaction adoptée par la Commission et le Conseil d'État.)

Article 1er.

Des décrets rendus en Conseil d'État, après avis des Conseils généraux de département, détermineront :

1° Les parties des fleuves, rivières, canaux et cours d'eau réservées pour la reproduction, et dans lesquelles la pêche des diverses espèces de poissons sera absolument interdite pendant l'année entière ;

2° Les parties des fleuves, rivières, canaux et cours d'eau dans les barrages desquelles il pourra être établi, après enquête, un passage appelé *échelle*, destiné à assurer la libre circulation du poisson.

ART. 2.

L'interdiction de la pêche, pendant l'année entière, ne pourra être prononcée pour une période de plus de cinq ans. Cette interdiction pourra être renouvelée.

ART. 3.

Les indemnités auxquelles auront droit les propriétaires riverains qui seront privés du droit de pêche, par application de l'article précédent, seront réglées par le conseil de préfecture, après expertise, conformément à la loi du 16 septembre 1807.

Les indemnités auxquelles pourra donner lieu l'établissement d'échelles dans les barrages existants seront réglées dans les mêmes formes.

ART. 4 (*nouveau*).

A partir du 1er janvier 1866, des décrets, rendus sur la proposition des Ministres de la marine et de l'agriculture, du commerce et des travaux publics, règleront d'une manière uniforme, pour la pêche fluviale et pour la pêche maritime dans les fleuves, rivières, canaux affluant à la mer :

1° Les époques pendant lesquelles la pêche des diverses espèces de poissons sera interdite ;

2° Les dimensions au-dessous desquelles certaines espèces ne pourront être pêchées.

ART. 5 (*nouveau*). (Partie de l'ancien art. 4.)

Dans chaque département il est interdit de mettre en vente, de vendre, d'acheter, de transporter, de colporter, d'exporter et d'importer les diverses espèces de poissons, pendant le temps où la pêche en est interdite, en exécution de l'article 26 de la loi du 15 avril 1829.

Cette disposition n'est pas applicable aux poissons provenant des étangs ou réservoirs définis en l'article 30 de la loi précitée.

ART. 6 (*nouveau*). (Partie de l'ancien art. 4.)

L'administration pourra donner l'autorisation de prendre et de transporter, pendant le temps de la prohibition, le poisson destiné à la reproduction.

ART. 7 (*nouveau*). (Partie de l'ancien art. 4.)

L'infraction aux dispositions de l'article 1er et du premier paragraphe de l'article 5 de la présente loi sera punie des peines portées par l'article 27 de la loi du 15 avril 1829, et, en outre, le poisson sera saisi et vendu sans délai, dans les formes prescrites par l'article 42 de ladite loi.

L'amende sera double et les délinquants pourront être condamnés à un emprisonnement de dix jours à un mois :

1° Dans les cas prévus par les articles 69 et 70 de la loi du 15 avril 1829 ;

2° Lorsqu'il sera constaté que le poisson a été enivré ou empoisonné ;

3° Lorsque le transport aura lieu par bateaux, voitures ou bêtes de somme.

La recherche du poisson pourra être faite, en temps prohibé, à domicile, chez les aubergistes, chez les marchands de denrées comestibles et dans les lieux ouverts au public.

ART. 8 (*nouveau*).

Les dispositions relatives à la pêche et au transport des poissons s'appliquent au frai de poisson et à l'alevin.

ART. 9 (*nouveau*).

L'article 32 de la loi du 15 avril 1829 est abrogé en ce qui concerne la marque ou le plombage des filets.

Des décrets détermineront le mode de vérification de la dimension des mailles de filets autorisés pour la pêche de chaque espèce de poisson, en exécution de l'article 26 de la loi du 15 avril 1820.

ART. 10 (*nouveau*). (Ancien art. 5.)

Les infractions concernant la pêche, la vente, l'achat, le transport, le colportage, l'exportation et l'importation du poisson seront recherchées et constatées par les agents des douanes, les employés des contributions indirectes et des octrois, ainsi que par les autres agents autorisés par la loi du 15 avril 1829 et par le décret du 9 janvier 1852.

Des décrets détermineront la gratification qui sera accordée aux rédacteurs des procès-verbaux ayant pour objet de constater les délits. Cette gratification sera prélevée sur le produit des amendes.

ART. 11 (*nouveau*). (Ancien art. 6.)

La poursuite des délits et contraventions et l'exécution des jugements pour infractions à la présente loi auront lieu conformément à la loi du 15 avril 1829 et au décret du 9 janvier 1852.

ART. 12 (*nouveau*).

Les dispositions législatives antérieures sont abrogées en ce qu'elles peuvent avoir de contraire à la présente loi.

Utilisation industrielle des Asclépiadées.

Il résulte d'une dépêche adressée à Son Exc. M. le Ministre des affaires étrangères par M. Gauldrée-Boilleau, consul général de France, à New-York, qu'une Compagnie se serait formée dans cette dernière ville pour exploiter un nouveau procédé destiné à utiliser la matière textile des *Asclépiadées*. Ces plantes, appartenant à l'intéressante famille des *Apocynées*, croissent en abondance à l'état sauvage dans l'Amérique du Nord. Au Canada, une espèce porte le nom de *Silk-weed* (herbe à soie), à cause du duvet soyeux qui enveloppe les graines renfermées dans les gousses qui constituent le fruit de l'*Asclepias*. Aux États-Unis, la même plante est appelée vulgairement *Milk-weed* (herbe à lait), parce qu'il sort un suc laiteux de la tige, qui est, d'ailleurs, susceptible de donner des filaments analogues à ceux du chanvre.

Déjà, dans de précédentes communications, mises sous les yeux du conseil de la *Société d'acclimatation*, M. Gauldrée-Boilleau avait signalé les tentatives faites pour tirer parti de l'*Asclepias*, à l'époque où la disette du coton attirait l'attention des filateurs sur les végétaux propres à remplacer ce textile. Les expériences qui, jusqu'à présent, n'avaient eu que des résultats peu satisfaisants, paraissent avoir enfin abouti à une solution pratique. D'après notre consul général à New-York, qui a eu occasion d'examiner le produit tiré du duvet des graines, ce produit prendrait fort bien les diverses teintures qu'on lui fait subir, et l'on aurait pu en fabriquer des échantillons d'étoffes dans lesquelles il entre dans la proportion des quatre cinquièmes, et qui ont l'aspect des tissus mélangés de soie et de coton. Le problème de l'emploi de l'*Asclepias* serait donc matériellement résolu, mais il reste à savoir si, depuis la baisse de prix des cotons, le procédé dont il s'agit peut donner les bénéfices qu'en espèrent ses inventeurs.

I. TRAVAUX DES MEMBRES DE LA SOCIÉTÉ.

NOTE SUR L'ÉDUCATION DES HOCCOS,

Par M. Paul AQUARONE.

Hoccos adultes. — J'ai un mâle du Brésil et trois femelles adultes qui m'ont donné cette année quinze œufs.

Le premier a été fait le 12 juin et le dernier le 30 septembre 1864 ; sur les quinze œufs, deux ont été cassés, et sur les treize mis en incubation, huit ont été fécondés, et j'ai eu huit Hoccos.

Je n'ai jamais vu côcher le mâle, mais je l'ai vu poursuivre les femelles. Cette année-ci je n'ai pas vu pondre une seule femelle, je suppose pourtant qu'elles ont toutes fait des œufs : j'en ai eu de deux genres, les uns avec la coquille unie, et d'autres avec la coquille graveleuse. J'ai une femelle qui n'est pas de la même espèce que le mâle ; elle a le bec rouge, mais ce n'est pas le Pauxi ; pourtant elle vit depuis deux ans avec lui. J'ai compris qu'elle n'a jamais voulu se laisser côcher, mais elle a dû pondre, et par conséquent donner des œufs clairs. Je l'ai surprise un soir caressant un œuf qui était tout chaud ; je n'ai pas de petit qui ait de la ressemblance avec elle. Et puis à l'époque de la ponte, j'ai vu presque tous les jours le mâle la poursuivre à outrance, de trois à quatre heures du soir, pour la côcher ; elle n'a jamais voulu se laisser faire, peut-être parce qu'elle n'est pas de la même espèce. Je comprenais qu'il ne voulait pas la battre, parce que le mâle l'appelait dans la journée, quand il rencontrait quelque chose de bon, et elle venait tout de suite le manger à son bec. S'il l'avait côchée, il ne l'aurait pas poursuivie chaque jour comme il le faisait, puisqu'il laissait tranquilles les deux autres femelles, et j'ai reconnu à leurs descendants qu'il les côchait toutes les deux, car j'en ai qui ont de la ressemblance avec ces deux femelles, tandis qu'ils n'ont aucun rapport avec celle qui était poursuivie.

J'ai une Hoccote qui a toujours été un peu délicate, et de plus cet hiver elle a beaucoup souffert : d'abord de l'ophthalmie, puisqu'elle a perdu un œil ; elle a craint aussi le froid, ou du moins la neige que nous avons eue en janvier 1864, et elle a perdu la première phalange de tous les doigts. Ces animaux ne craignent cependant pas le froid, ils ne redoutent que l'humidité, comme en général tous les Gallinacés ; mais pas autant que la neige, car un séjour de vingt-quatre heures sur les neiges peut leur faire perdre toutes les phalanges, voire même les tarses, chez les Hoccos jeunes et chez les adultes malades. Ceux qui sont très-forts résisteront, mais il ne faudrait pas que le séjour sur la neige se prolongeât plus de vingt-quatre heures, car ils subiraient le même sort que les autres ; tandis que le même laps de temps passé dans l'eau ou dans la boue leur fera du mal, mais jamais au point de leur faire tomber les phalanges.

En janvier 1864, j'ai été obligé de tuer un beau Hocco, âgé de quinze mois, qui était resté sur la neige quarante-huit heures, quoiqu'il eût un abri. Les premiers jours, il marchait très-difficilement, j'ai compris qu'il avait les pattes gelées ; il a vécu comme cela une vingtaine de jours, ce n'est qu'aux derniers moments qu'il se tenait affaissé sur ses jambes. Un matin, j'ai trouvé mon Hocco qui avait les deux tarses détachés des cuisses, ils ne tenaient que par un ligament ; rien ne dénotait qu'il fût à ses derniers moments, il paraissait encore très-vigoureux. J'ai été forcé de le tuer pour ne pas le faire souffrir davantage.

La Hoccote qui a perdu les phalanges, et qui a toujours été plus délicate que les autres, a les pattes couleur de chair, ce qui confirma une remarque que j'ai faite pour les Poules, c'est-à-dire que lorsqu'il y en a qui ont les pattes claires et d'autres foncées, les premières sont beaucoup plus frileuses et délicates, tandis que les autres sont toujours robustes. J'ai remarqué aussi que pour les œufs en incubation, provenant d'animaux chétifs, le petit tient beaucoup moins de place dans l'œuf : ainsi les trois Hoccos qui me sont venus de la femelle malade, et dont deux sont morts, occupaient tout au plus un tiers de l'œuf; tandis que les cinq autres qui me viennent d'une femelle très-forte tenaient plus de la moitié de l'œuf.

(Cette figure a été empruntée au *Journal de la Ferme*, nº du 1er juillet 1865.)

Quoique je n'aie pas vu les femelles pondre, j'ai reconnu que la Hoccote chétive faisait des œufs avec la coquille graveleuse, puisque j'ai une petite femelle exactement comme elle, tant par ses couleurs que par sa délicatesse; et je sais qu'elle sort d'un œuf graveleux, comme je sais aussi que les deux petits qui me sont morts au bout de douze jours provenaient d'œufs graveleux. Je suis fondé à dire que les œufs que l'on met en incubation, faits par des animaux chétifs ou malades, ne peuvent pas donner de bons résultats : ou ils meurent dans l'œuf, parce qu'ils n'ont pas assez de force pour rompre leur coquille, ou ils meurent peu de temps après leur naissance, à moins de soins extraordinaires; ce qui prouve que le germe de la maladie existe déjà dans l'œuf, en sorte que les animaux sont toujours chétifs, lorsqu'ils viennent d'un sujet malade.

Par contre, j'ai une femelle qui est très-robuste et très-familière; elle pond les œufs avec la coquille unie. Elle m'a donné cinq petits sur les six que j'ai : ils sont tous très-forts, ils courent toujours les champs par n'importe quel temps; tandis que l'autre (c'est une femelle) est toujours frileuse et cherche les abris au moindre mauvais temps; la nuit comme le jour, elle est sans cesse auprès de sa mère et tâche de se mettre sous son aile.

Ces trois femelles ont pondu deux œufs dans l'espace de quatre ou cinq jours, puis elles restaient de quinze à dix-huit jours sans en faire; elles recommençaient encore par en pondre deux, et j'en avais pour quinze jours à attendre une nouvelle ponte. Je pense que les petits que j'ai me donneront par la suite une ponte plus régulière et des œufs en plus grand nombre.

Les Hoccos ne sont pas méchants, ils sont trop poltrons pour cela. Le mâle que j'ai ne cherche pas querelle à des animaux éloignés de sa race, même s'ils sont plus petits que lui; il les évite. Mais si un Coq de la grosse espèce ou un Faisan vient à lui chercher dispute, il n'y fait pas attention; seulement, s'il persiste, il se défend, et il finit par le tuer, si on le laisse faire. Dans la volière, il a vécu en bonne intelligence avec toute espèce d'animaux, tels que : Oies, Faisans, Coqs, Poules, etc. Ce n'est qu'avec un Hocco mâle d'une espèce différente qu'il n'a pas pu s'arranger à l'époque du rut : il l'aurait tué si je ne le lui avais enlevé, et l'autre se sauvait sans se défendre ; pourtant ils avaient vécu tranquillement ensemble pendant tout un hiver. Ils ne se battent pas avec acharnement, comme le font les Coqs; tout de suite le plus faible a peur, et il se sauve dans un coin ; malgré cela, le plus fort persiste toujours à le battre.

Les femelles sont d'un assez bon naturel, elles ne se taquinent pas, comme le font les Faisannes et les Poules; pourtant on rencontre certaines Hoccotes qui, de loin en loin, donnent des petits coups de bec à une femelle qui voudrait venir leur enlever la pâtée. Au résumé, cet animal est plutôt poltron et méfiant que méchant; peut-être que les descendants auront d'autres mœurs.

Observations sur les jeunes Hoccos nés en 1864. — En général, ces animaux ne mangent pas beaucoup étant jeunes, c'est-à-dire les quinze premiers jours ; il faut alors leur donner souvent pour les engager chaque fois à manger. Ils n'aiment pas à être regardés quand ils mangent; ils sont très-méfiants : ou ils se cachent derrière la Poule, ou ils ne cessent de vous regarder fixement tant que vous êtes là. On peut attribuer cela au petit nombre de Hoccos que j'ai eus dans les couvées, de un à trois au plus ; tandis que s'ils étaient en plus grand nombre, ils s'encourageraient à manger et se soucieraient fort peu de vous regarder.

Quand vient la nuit, c'est la même chose. Si vous vous montrez, ils ne trouvent pas de place pour se jucher, ils ne font que voler contre le grillage et ne font pas attention à la Poule qui les appelle pour se coucher sous son aile. Je n'ai jamais eu un Hocco qui ait passé une seule nuit sous sa mère, malgré toutes les précautions que j'aie pu prendre ; ils veulent se jucher dès le premier soir.

Ils sont tranquilles pendant toute la journée, mais quand vient la nuit, ils se heurtent contre le grillage au point de se faire mal pour vouloir sortir; puis fatigués, ils finissent par se mettre sur le dos de leur mère ou sur l'abreuvoir de zinc que je tiens dans la boîte à élevage : ils aimeraient, le premier jour, à avoir un juchoir et même assez élevé.

Tous les huit Hoccos que j'ai eus cette année ont fait la même chose, ainsi que celui que j'ai obtenu il y a deux ans.

Il ne convient donc pas de tenir longtemps ces animaux dans des boîtes à élèves : deux ou trois jours au plus, car ils n'aiment pas à être renfermés, surtout le soir. Il faut les mettre dans une petite volière de 1 mètre carré, avec au moins un juchoir à la hauteur de 40 à 50 centimètres; on les verra tous les soirs s'y établir dessus et même dans la journée, car ils aiment dès les premiers jours à avoir de l'espace, quoiqu'ils soient presque toujours à côté de leur mère, mais parfois ils veulent courir ou sauter.

Ces animaux ont les doigts très-tendres : si on les laisse un ou deux jours de plus dans une boîte, on verra leurs doigts tout contournés; pour éviter cela, il n'y a qu'à leur donner des juchoirs, et dans très-peu de temps leurs doigts reviendront à l'état naturel, s'ils sont difformes.

Pendant les deux ou trois premières semaines, on ne voit pas beaucoup grossir ces animaux, ils ne font pas les progrès que font les Poulets et les Faisans ; mais après un mois ils se développent très-rapidement.

La petite volière où l'on mettra les Hoccos au sortir de la boîte doit être exposée au midi et avoir le sol couvert de sable fin, car ils aiment, après avoir mangé, à s'étendre au soleil et à se vautrer dans le sable, tout en se frottant contre la Poule ; s'ils se mettent parfois sous son aile, c'est plutôt pour jouer que pour se chauffer.

Une semaine après leur naissance, on peut très-bien les laisser sortir avec la Poule, ils ne la quitteront jamais. Ils aiment assez à manger l'herbe qu'ils rencontrent, ne serait-ce parfois que pour imiter la mère ; seulement, il faut avoir le soin que des chiens ou des chats ne s'approchent pas d'eux, car ils sont très-poltrons et s'habituent bien difficilement à ces animaux, même en les voyant chaque jour ; ce n'est qu'après deux ou trois mois qu'ils commenceront à se faire à eux ; s'ils sont de la ferme, bien entendu, car une bête étrangère les effraye toujours, et ils ont ensuite de la peine à rejoindre la mère.

Quand vient la nuit, si l'on oublie de les faire rentrer, quoique très-jeunes, on les verra tous jucher sur un arbre le plus haut possible, seulement ils auront eu la précaution de se rapprocher de la mère, car ils la quittent très-difficilement ; et si dans la volière il y a des perchoirs, ils rentreront sans difficulté avec elle, quand même la Poule couche à terre, et si elle se perche haut, tous les petits la suivront pour se mettre à ses côtés ou sur son dos ; si, au contraire, elle se tient à une certaine élévation, elle n'aura qu'un ou deux petits près d'elle. Ces animaux sont très-longs à trouver une place qui leur convienne, aussi piaulent-ils longtemps avant de se coucher.

Tant que les Hoccos courent dans un jardin, il convient de leur laisser toujours la mère, non pas de peur qu'ils s'en aillent, car ils ne sont pas sauvages, mais ils sont très-méfiants et très-poltrons, de manière que le moindre bruit, quoique éloigné, les effraye, même quand ils sont très-avancés en âge; et si un chien ou un chat venait à les surprendre, ils se disperseraient, et l'on aurait beaucoup de peine pour les réunir, car ils restent très-longtemps à se remettre de leur frayeur. On s'approche difficilement d'eux, même pour leur donner à manger : ils sont d'une méfiance extraordinaire ; pourtant, quand on les appelle, ils viennent assez bien, mais jusqu'à une certaine distance. Ce n'est qu'au bout de trois ou quatre mois qu'ils viennent manger sur la main, mais avec une certaine crainte, et encore il faut, pour cela, qu'ils soient en plein air ; dans une volière, on ne peut guère les approcher : pourtant on reconnaît qu'ils ne sont pas sauvages, ce n'est que la peur qui les rend méfiants ; ils s'effrayent entre eux-mêmes. Je les ai souvent surpris se sauvant parce que l'un d'eux avait fait un mouvement vif. Ils ne se laissent jamais prendre à la main; mais je pense qu'après une ou deux générations, ils seront très-familiers, surtout s'ils sont conduits par une Poule bien douce.

Malgré leur poltronnerie, ils se hasardent beaucoup plus facilement que les Faisans à prendre une nourriture qu'ils n'ont jamais vue.

Les Hoccos sont très-sociables, ils vivent en parfaite intelligence avec les Poulets et les Faisans ; si parfois ils poursuivent quelque bête, ce n'est que pour jouer, et s'ils trouvent de l'opposition, ils se sauvent, fussent-ils deux fois plus gros que leur adversaire. Je ne les ai jamais vus se battre entre eux, même quand je réunissais les couvées. Ils montrent aussi beaucoup d'attachement pour la Poule qui les a élevés, et pour une nouvelle, si on la leur change. Ainsi mes six Hoccos viennent de quatre couvées différentes ; étant jeunes, ils avaient chacun leur mère, et j'ai fini par les donner tous à la même, qui les a adoptés sans jamais leur faire aucun mal. Les petits se sont attachés à elle aussitôt, parce qu'ils sont bons naturellement, et puis mes couveuses se ressemblent beaucoup par le plumage. Chaque fois que je réunissais les couvées, les gros avaient toujours peur des petits, et cela durait plusieurs jours ; ils se sauvaient vers la mère qui n'était pas la leur ; mais au bout de quelque temps ils vivaient très-bien ensemble,

Ils ont beaucoup plus d'attachement que les autres bêtes. Le Hocco que j'ai eu le 31 juillet a vécu avec sa mère jusqu'à la fin de décembre : quand je l'ai réuni aux cinq autres, il a montré tout de suite de l'amour pour sa nouvelle mère, et il se sauvait chaque fois que les petits s'approchaient de lui pour faire sa connaissance; mais quelques jours après, tout est rentré dans l'ordre. Malgré cela, mon Hocco pensait toujours à sa première mère ; il l'appelait de temps à autre, surtout le soir, et il volait par-dessus le jardin pour tâcher de la rencontrer, puis revenait coucher avec les autres. Il semblait donc qu'il l'avait oubliée ; mais, un beau jour, il a fini par trouver les poulaillers, qui sont assez éloignés, et sa mère, qui pourtant était bien cachée.

Il est resté toute la journée avec elle, j'ai été obligé de le faire rentrer le soir. De deux ou trois jours, il n'a plus quitté le jardin pour aller la voir ; mais après cela, il a été chaque jour passer une couple d'heures dans la basse-cour, à côté de sa mère, et il s'en retournait tout seul au jardin, en volant par-dessus les murs, quand la porte n'était pas ouverte, et allait caresser la Poule et les petits qu'il avait abandonnés quelques instants.

Au bout de huit jours, les jeunes Hoccos commencent à branler la tête : c'est un mouvement qu'il leur arrive souvent de faire, mais jamais à propos de rien ; c'est chez eux un signe de contentement et d'étonnement.

Ainsi, quand ils voient devant leur volière plusieurs personnes, ou bien une bête qu'ils connaissent et qu'ils aperçoivent de temps à autre (bien entendu, celles qui ne sont pas susceptibles de leur faire du mal) ; puis, quand ils se rencontrent avec les adultes, chacun alors remue la tête, de même que lorsqu'ils voient sur leur passage quelque chose d'étrange, ou quand la nourriture ne leur convient pas trop.

Les Hoccos ont une très-grande force dans le bec, et ils en abusent à propos de rien ; ils brisent très-souvent de petites branches d'arbustes, ils s'acharnent sur tout ce qu'ils rencontrent et sur ce qui ne fait pas de résistance ; les petits, comme les adultes, renversent toujours leur mangeoire et leur abreuvoir, quand il n'y a plus rien dedans.

Quoique gros, ces animaux ne sont pas lourds, ils sont très-lestes et ont le vol léger.

Je ne sais pas encore l'époque à laquelle ils seront adultes ; pour sûr, ce n'est pas la première année, car je n'ai rien reconnu à un qui était né chez moi et que j'ai gardé un an et demi. On reconnaîtra ce moment chez le mâle quand la caroncule du bec sera de couleur bien normale (chose qui n'a pas encore lieu aujourd'hui, 15 juillet 1865), et puis quand il bourdonnera : c'est un bruit que le mâle seul fait, et quand il est en rut ; on ne l'entend jamais pendant l'hiver, ni au commencement du printemps, ce n'est que de mai en octobre, époque à laquelle ces animaux pondent. Quant aux femelles, rien ne fait connaître l'époque à laquelle elles doivent commencer à faire des œufs. Je pense que ce ne sera pas la première année. Chez elles, le bec n'est pas un indice comme chez le mâle, car mes deux femelles ont la couleur du bec tout à fait normale ; elle ne changera plus, sauf à l'époque du rut, où elle deviendra plus vive. Il est peut-être des espèces chez lesquelles le bec pourrait annoncer l'approche de la ponte. Je suppose pourtant que ces animaux doivent être comme les Faisans argentés; c'est-à-dire que des femelles peuvent pondre des œufs la première année, mais ils ne doivent pas être fécondés.

Dans presque toutes les espèces, je ne vois que la huppe qui puisse bien faire distinguer les sexes : un bariolage blanc, ou seulement deux ou trois points blancs dans toute une huppe suffisent pour faire reconnaître les femelles. Puis, vient l'iris : en naissant, ils l'ont tous brun marron ; les femelles conservent toujours la même couleur, tandis que chez les mâles il noircit en avançant en âge. Ainsi, à un mois, il est brun ; à trois ou quatre mois, il est brun foncé, et, quand ils deviennent adultes, il est presque noir ou brun très-foncé. D'après les élèves que j'ai eus, je comprends aussi qu'avec un peu d'habitude, on doive distinguer le mâle de la femelle le premier jour de leur naissance, d'abord par la couleur du bec, qui est plus ou moins rose, et puis le duvet, un peu plus foncé chez l'un que chez l'autre : le mâle a la base du bec plus pâle et le duvet plus foncé. J'ai eu trois couvées qui m'ont donné chacune deux individus; j'ai toujours eu un petit plus foncé que l'autre et la teinte du bec était un peu différente. Je supposais, d'après cela, avoir un mâle et une femelle, et je ne me suis pas trompé, car, dans une couvée, il m'est resté une femelle; l'autre est mort. Dans les deux autres couvées, j'ai eu un mâle et une femelle chaque fois, comme j'avais pensé le premier jour. En suivant bien cela, un éleveur doit finir par distinguer le mâle de la femelle au moment de sa naissance, et l'on pourra dire de cet oiseau que l'on connaît le sexe même avant qu'il soit sorti de l'œuf, pour peu qu'on puisse voir le bec. Je parle là d'après les animaux que j'ai eus; reste à savoir si, dans les autres espèces, c'est la même chose.

Après la première mue, les Hoccos ne doivent plus changer de plumage chez les deux sexes; pourtant il peut se rencontrer parfois une femelle (mais jamais un mâle) qui vienne avec un bariolage et le perde petit à petit, après plusieurs années. J'ai quatre mâles qui ne changeront jamais plus de plumage; sur les deux femelles, une restera toujours de la même couleur; quant à l'autre, j'en doute : j'ai peur que le bariolage ne finisse par disparaître ou qu'il n'en reste que très-peu.

J'ai fait la remarque que chez les femelles, la huppe se présente beaucoup plus fournie que chez les mâles, et puis les plumes commencent à paraître au centre de la tête, tandis qu'aux mâles elles apparaissaient d'abord sur les côtés.

Les jeunes Hoccos ne craignent pas le froid, ils redoutent un peu les gros vents, beaucoup l'humidité, et encore plus la neige. Ils courent toute la journée dans le jardin et ne rentrent dans la volière que pour manger; lorsqu'il fait des grands coups de vent, ils cherchent de temps à autre des abris. Par des journées froides et sèches, ils courent tout le jour et ils ne se pressent pas le soir de s'abriter; au contraire, si je retarde de les faire rentrer, je les trouve toujours perchés sur un arbre, prêts à y passer la nuit : tandis que les jours de pluie ou humides, je n'ai pas besoin de beaucoup m'occuper d'eux, ils sont souvent dans leur volière, et le soir je les y trouve couchés de bien bonne heure. Mes Hoccos ne perdent pas un seul instant leur mère de vue, tant les jours de grand vent que les jours de froid ; mais quand il pleut, ils la laissent courir seule et ils demeurent dans la volière : ce qui prouve qu'ils redoutent l'humidité. Chez les adultes, c'est la même chose : les jours et les nuits humides et de grand vent, ils se tiennent sous un hangar dans la volière, et, quand il fait froid, ils passent la nuit sur des arbres.

Nourriture des jeunes Hoccos. — La nourriture des jeunes Hoccos est la même que celle des Faisandeaux. Elle consiste, les premiers jours, en œufs durs hachés avec de l'herbe et mélangés avec de la mie de pain ; les œufs de fourmis ne sont que des friandises que l'on peut se dispenser de leur donner (mes Hoccos sont toujours venus à une époque où l'on ne trouvait plus d'œufs de fourmis). Ils ont aussi un mélange de graines, qui est la graine de chanvre, le riz, le petit blé et la navette ; ils commencent à en manger les premiers jours. La meilleure de toutes les graines, pour n'importe quel animal, c'est la navette, ou l'alpiste des Canaris. J'en donne à tous mes élèves sans exception, voire même les Dindes, les Oies et les Canards.

Ces animaux mangent peu et très-délicatement ; ils ne sont pas voraces comme les Poulets et les Faisandeaux. Au bout de quatre ou cinq jours, ils mangent toute espèce de petites bêtes, telles que sauterelles, mouches, fourmis, cancrelats, vers de farine, etc. ; mais étant très-jeunes, ils mangent de préférence ceux qui sont les plus fermes. Ainsi, ils sont très-friands de sauterelles, de grosses mouches, de fourmis ailées et de vers jaunes de farine, tandis que les cancrelats, les petites mouches et les vers blancs de farine sont mangés plus difficilement, un ou deux leur suffisent, surtout les vers de ruisseaux (les petits lombrics) ; ils ne les regardent presque pas, il leur arrive souvent de ne pas en manger un seul. Quinze à vingt jours après, ils mangent toute espèce de bêtes, sauf les petits lombrics, dont ils ne veulent pas manger avant un mois, et encore il faut qu'ils les prennent eux-mêmes au bord du ruisseau, dans une mangeoire ils les dédaignent ; mais, avancés en âge, ils en sont très-gourmands, cependant ils seraient plutôt fatigués avec ceux-là qu'avec toute autre bête qui aurait plus de consistance. J'ai souvent fait la remarque

que plus le Gallinacé a le bec fort, plus il demande à avoir une nourriture ferme, et surtout dans son jeune âge, on reconnaît qu'il la mange plus volontiers.

Au bout de quinze jours, outre la pâtée d'œufs, je leur donne du riz à demi-cuit, bien détaché et mélangé avec du petit son et de la salade, pour toujours la continuer quand je supprimerai les œufs : ils le mangent volontiers. Je leur donne aussi du pain trempé dans le lait ; ils en sont très-friands, surtout quand le pain n'est pas trop imbibé. J'ai l'habitude de donner à mes petits Poulets, ainsi qu'à mes Faisandeaux, le restant des crabes, langoustes et écrevisses que l'on enlève de table, d'abord parce qu'ils les mangent très-volontiers, ensuite c'est pour eux une nourriture excellente qui les fortifie beaucoup. Au bout d'un mois, j'ai essayé d'en donner à mes jeunes Hoccos, et je me suis aperçu qu'ils les mangeaient plus volontiers que les Poulets, aussi je leur en ai donné souvent ; mais, pour ne pas être forcé de manger tous les jours des crabes pour faire plaisir à mes Hoccos, j'ai essayé de les leur donner crus : ils les ont mangés encore plus volontiers. J'avais le soin de détacher les pattes et de briser le corps ; ils avalaient les pattes, mangeaient la chair, et finissaient par la carapace, qu'ils brisaient avec leur bec, quand le morceau était un peu gros. Mes six Hoccos m'en ont mangé jusqu'à douze par jour.

Je leur donne aussi de petits escargots. J'ai reconnu cette nourriture excellente pour tous les animaux, surtout pour les Canards et les Faisans ; ceux-ci les avalent en entier, tandis que les Hoccos les brisent pour manger la chair : on dirait qu'ils éprouvent du plaisir à les broyer entre leur bec, surtout les Hoccos adultes.

Je leur donne aussi des baies d'arbustes qu'ils aiment bien, voire même des olives, qu'ils avalent quand elles sont petites. Au résumé, ces animaux ne sont pas difficiles sur la nourriture, ils s'accommodent de tout ce que vous leur donnez.

Plus tard je vous enverrai des détails sur le plumage des jeunes Hoccos.

Œufs pondus par les Hoccos en 1864.

NOMBRE d'œufs.	DATES DES ŒUFS.	COQUILLES des œufs.	ŒUFS féconds ou clairs	RÉSULTAT des œufs.
Le 1er œuf.	A été pondu le 12 juin.........	Unie.	Clair.	»
Le 2e œuf.	— le 14 juin, à 7 h. 1/2 du soir.	Id.	Id.	»
	Ils sont restés 15 jours sans pondre.			
Le 3e œuf.	A été fait le 29 juin..........	Id.	Id.	»
Le 4e œuf.	— le 1er juillet........	Id.	Bon.	1 mâle.
	1re Couvée. J'ai mis à couver ces quatre œufs le 1er juillet, un seul a été bon. C'est celui fait dans la journée. Il est venu le 31 juillet.			
	Ils sont restés 16 jours sans pondre.			
Le 5e œuf.	A été fait le 17 juillet..........	»	Cassé.	»
Le 6e œuf.	— le 19 juillet, à 7 h. 1/4 du soir.	Unie.	Clair.	»
	Ils sont restés 18 jours sans pondre.			
Le 7e œuf.	A été fait le 6 août, à 7 h. 1/4 du soir.	Graveleuse.	Bon.	Mort.
	2e Couvée. Le 6 août, j'ai mis ces deux œufs en incubation ; l'œuf fait dans la journée a été bon. Il est venu un petit de l'œuf graveleux, le 4 septembre, qui n'a vécu que 11 jours.			
	Ils sont restés 16 jours sans pondre.			
Le 8e œuf.	A été fait le 22 août............	»	Cassé.	»
Le 9e œuf.	— le 24 août, à 7 h. du soir.	Unie.	Clair.	»
Le 10e œuf.	— le 29 id	Graveleuse.	Bon.	1 femelle.
Le 11e œuf.	— le 31 id	Id.	Id.	Mort.
	3e Couvée. Le 6 septembre, j'ai mis ces trois œufs sous une Poule. Le plus vieux, qui avait la coquille unie, a été clair. Les deux autres avec la coquille graveleuse ont été bons ; ils sont venus le 6 octobre. Un est mort estropié douze jours après sa naissance. L'autre est une femelle ; quoique plus âgée que les deux autres nés après, elle est plus petite et très délicate ; sa mère a été très-malade cet hiver, et elle est chétive. Ce qui me fait dire que l'on ne doit pas mettre des œufs			

NOMBRE d'œufs.	DATES DES ŒUFS.	COQUILLES des œufs.	ŒUFS fécondés ou clairs.	RÉSULTAT des œufs.
	d'une bête malade : ou le petit meurt dans l'œuf ou peu de temps après son éclosion, et, s'il survit, il ne fait jamais une fameuse bête. C'est cette femelle malade qui m'a pondu les œufs granuleux ; sur trois qu'elle m'a donnés, deux sont morts, et l'autre, quoique bien portant, est très-frileux et très-délicat. Ils sont restés 9 jours sans pondre.			
Le 12e œuf.	A été pondu le 9 septembre......	Unie.	Bon.	1 mâle.
Le 13e œuf.	— le 11 id..........	Id.	Id.	1 femelle
	4e Couvée. Le 10 septembre, j'ai mis en incubation l'œuf fait le 9 septembre, et, le lendemain 11 septembre, j'ai mis le soir celui qui venait d'être fait : la coquille de ces deux œufs était unie. Ce qui me fait dire que ce n'est pas la femelle malade, c'est que j'ai un petit semblable à une adulte par le plumage ; de plus il est très-fort et très-familier comme sa mère. — Ils sont venus tous les deux le 10 octobre au matin. — L'incubation a été de 29 jours pour un et de 30 jours pour l'autre. Ils sont restés 17 jours sans pondre.			
Le 14e œuf.	A été fait le 28 sept., à 6 h. du soir.	Unie.	Bon.	1 mâle.
Le 15e et dernier œuf	— le 30 id..........	Id.	Id.	1 femelle.
	5e Couvée. Le 1er octobre, j'ai mis ces deux derniers œufs en incubation ; ils sont venus le 31 du même mois. — J'ai cru quelque temps avoir deux mâles, mais j'ai fini par voir deux ou trois points blancs à la huppe et l'iris plus clair que chez l'autre ; deux signes très-distinctifs du sexe. — Aujourd'hui, 1er juin 1865, les deux ou trois points blancs de la huppe ont disparu, l'iris est brun foncé. Je me trouve par conséquent avoir deux mâles, au lieu d'un mâle et d'une femelle.			

ÉDUCATION
DES CARDINAUX GRIS A TÊTE ROUGE,

Par M. E. BILLOT.

M. Cornely faisait dernièrement un appel aux amateurs d'oiseaux et de volatiles pour que ceux-ci voulussent bien faire part des résultats qu'ils auraient pu obtenir dans l'éducation de différents oiseaux. Je vais répondre à cet appel, car, comme lui, je suis persuadé que les amateurs d'oiseaux exotiques seraient plus nombreux, si les heureux, dans ces éducations, voulaient faire part de leurs succès.

Ce n'est qu'en facilitant la tâche, ce n'est qu'en faisant éviter les écueils, que l'on parviendra à encourager les amateurs, car rien ne décourage plus qu'une longue suite de mécomptes.

Je possédais en 1860, depuis deux à trois ans, un couple de Cardinaux gris à tête rouge. Ces Cardinaux étaient les compagnons d'oiseaux exotiques enfermés dans une assez grande volière, dont deux des côtés étaient fermés par une toile métallique du tissu le plus fin, c'est-à-dire de ces toiles qui servent à la fabrication du papier mécanique. Le couple vivait en bonne harmonie avec les autres oiseaux, lorsqu'un jour, en avril de la même année, je m'avisai d'introduire dans cette volière une paire de Canaris hollandais. Pour faire nicher ces Canaris, j'ôtai le couvercle d'un des troncs d'arbre dans lesquels nichent les Perruches ondulées, et j'y enfonçai un nid à Canaris. Ceux-ci se mirent à bâtir un nid avec de la charpie, et le nid allait être terminé, lorsqu'un beau matin je vis mes Cardinaux arracher la charpie du nid des Canaris, puis chercher à arracher avec fureur les fils de la toile métallique pour les porter dans le nid dont ils avaient pris possession. De ce jour la guerre fut déclarée entre les Cardinaux, les Canaris et les autres oiseaux. Je fus obligé de mettre dans une autre volière les Canaris pour les préserver des fureurs de ces deux Cardinaux.

Voyant que ce que je prenais pour de la fureur était uniquement la recherche de matériaux pour la construction d'un nid, je mis dans la volière, brins de foin, mousse, plumes ; mais rien de tout cela n'était pris, et leur acharnement après les fils de la toile métallique n'en était que plus violent. Je fis effiler de cette toile par mon domestique, je coupai les fils de la longueur de 0m,10, et je les mis dans la volière. Le lendemain, le nid était garni de ces fils, mais la femelle ne se décidait pas à pondre ; je mis une nouvelle quantité de fils métalliques, et trois jours après j'eus le bonheur de voir trois œufs (d'un brun olivâtre tacheté de brun foncé) dans le nid. Quinze jours après, j'eus une éclosion de trois jeunes, qui mouraient le cinquième jour après leur naissance. J'attribuai cette mort au manque de nourriture convenable, malgré le pain trempé dans du lait et les œufs durs que j'avais mis dans la volière. En 1861, je plaçai mes Cardinaux dans une grande volière à compartiments, dans laquelle j'élève des Faisans. Je mis dans cette volière le même nid qu'ils avaient dans la volière de ma chambre, et je remarquai avec satisfaction une ponte de deux œufs, dix jours après l'installation dans cette volière. L'éclosion eut lieu quinze jours après ; mais cette fois les jeunes, que j'étais décidé à élever moi-même, grandissaient. Je surveillai les père et mère, et je vis qu'ils ne nourrissaient les petits qu'avec des œufs de fourmis qui servaient à la nourriture de jeunes Faisans élevés dans ce compartiment. Lorsque les jeunes furent grands, j'examinai le nid, et je le vis complétement tapissé de filaments aussi minces qu'un cheveu, arrachés à la vigne qui garnit le fond de tous les compartiments de la volière. Les jeunes ne différaient des vieux que par la couleur de la huppe et de la gorge, qui, au lieu d'être rouges, étaient d'un brun marron, et cette couleur si vive ne leur vint qu'après la mue, qui eut lieu dans la chambre, au mois de décembre.

En mai 1863, je mis les vieux et les jeunes dans deux compartiments : les jeunes furent logés dans un compartiment où se trouvaient des Colombes qui avaient pondu dans un nid de Rouge-queue, que j'avais placé dans un nid de bois.

Les jeunes Cardinaux ne songèrent pas à nicher pendant

les deux premiers mois; mais, un beau jour, je les vis en train de démolir le nid de ma Colombe qui couvait, et retirer les fils de ce nid, précisément de celui qui était fait avec le nid de Rouge-queue. Leur colère fut telle, que les pauvres Colombes quittèrent le nid, et les Cardinaux, après en avoir fait tomber les œufs, se mirent à pondre trois œufs qui produisirent trois petits, dont un mourut le deuxième jour, et les deux autres survécurent et devinrent aussi beaux que leurs parents. Les œufs de fourmis firent encore les frais de leur éducation.

Le tout n'est pas, dans cette éducation, de les élever, mais le difficile est de leur faire quitter les œufs de fourmis pour prendre le millet; ce que l'on n'obtient qu'en faisant cuire le millet pour le ramollir, et encore souffrent-ils de ce changement.

Dans les classifications, on n'a pas assez insisté sur les oiseaux qui nourrissent leurs petits en dégorgeant, et sur ceux qui les nourrissent en leur portant la nourriture dans le bec; car cette distinction peut aider les éleveurs dans l'éducation des oiseaux, et les guider sur la nourriture qu'ils doivent donner aux parents pour élever leurs petits. Les Cardinaux sont très-attachés à leur progéniture : quand je voulais prendre les jeunes, les vieux se précipitaient sur moi avec fureur. Ils sont aussi très-attachés aux lieux qu'ils habitent; car plusieurs fois un des vieux a pu s'échapper, il s'éloignait même à une très-grande distance, mais il revenait toujours comme un Pigeon, et je n'avais d'autre peine, pour le faire rentrer, que de lui ouvrir la grande porte de la volière. Je ne fais même plus attention, quand un de ces Cardinaux s'échappe, tant je suis sûr de pouvoir le faire rentrer. En résumé, ce qui, la plupart du temps, cause les insuccès, c'est le manque des matières nécessaires à la construction des nids. Ceux qui font le commerce d'oiseaux exotiques, ou les voyageurs naturalistes, pourraient parfaitement obvier à cette lacune, et l'on pourrait espérer des reproductions d'oiseaux exotiques comme l'on a pu obtenir des nichées de Canaris.

LE MERLE MOQUEUR,

ÉDUCATIONS FAITES A BORDEAUX,

Par M. C. CHIAPELLA.

Cet oiseau, célèbre entre tous par son chant, l'élégance de ses formes et son intelligence, a été décrit longuement par plusieurs ornithologistes. Ces descriptions, dont le mérite littéraire ne laisse rien à désirer, contiennent cependant une foule d'inexactitudes sur les mœurs et sur la nature de ce chantre du printemps de la Louisiane.

Audubon, qui, en sa qualité d'Américain, aurait dû mieux connaître ce qu'il décrivait ; Audubon, dans une page admirablement écrite, rend un hommage éclatant au chant du moqueur :

« L'Européen, dit-il, qui entend cette voix vigoureuse et passionnée à travers le feuillage du Magnolia de la Louisiane, le compare avec l'hymne nocturne du Rossignol, et ressent un secret mépris pour ce qu'il admirait autrefois. »

Buffon, qui ne connaissait qu'imparfaitement le Moqueur, n'est pas moins exclusif, quand il s'exprime ainsi au sujet du Rossignol :

« Il n'est point d'homme bien organisé à qui ce nom ne rappelle quelqu'une de ces belles nuits de printemps où, le ciel étant serein, l'air calme, toute la nature en silence et pour ainsi dire attentive, il a écouté avec ravissement le ramage de ce chantre des forêts... »

Ainsi, les deux plus savants historiens de la nature ont tracé, chacun selon ses impressions, le plus séduisant tableau des chants du Moqueur et du Rossignol. La littérature y a gagné de belles pages; quant à la vérité, on conçoit que devant deux virtuoses de cette force, déployant leurs talents à 2500 lieues l'un de l'autre, Buffon, qui écrivait presque sous la dictée du Rossignol, ait donné la palme à cet oiseau, tandis qu'Audubon la décerne tout entière au Moqueur. Pour nous, qui avons le plaisir de posséder dans toute leur beauté naturelle ces deux coryphées du printemps des deux mondes, nous pensons que l'un et l'autre ont des mérites particuliers, qui ne peuvent se comparer; tous deux excellent dans un genre différent.

Le Moqueur se trouve dans la partie septentrionale de l'Amérique, entre le 8e et le 38e degré de latitude. Il est de la grosseur du Mauvis; sa forme se rapproche de celle de la Bergeronnette; sa taille est svelte, élégante, sa queue longue et bien portée.

Quand il est à terre et qu'il y cherche sa proie en marchant comme la Bergeronnette, il déploie fréquemment ses ailes et sa queue, en allongeant la tête en avant, et ce mouvement, exécuté avec grâce, semble être un signe ou une expression de méfiance. Sa physionomie est fine et gaie. Il a plusieurs cris qui expriment les différentes émotions qu'il éprouve : cri de méfiance, cri de colère, cri de joie.

Quoique les couleurs de son plumage soient des plus modestes, leur symétrie, quand elles sont fraîches, lui donne un ensemble qui plaît.

Chez l'oiseau sauvage, l'œil est d'un jaune foncé; en captivité, il est gris bleuâtre, et les pattes, de noires qu'elles étaient, prennent une teinte plombée..., comme si la nature, jalouse de ses droits, avait voulu marquer d'un signe les êtres que l'homme soustrait à sa loi.

Le plumage des jeunes est d'un roux brun sur le dessus du corps, et blanc gris, tacheté d'un brun foncé sous le ventre; mais, à la première mue, le dos prend une couleur gris cendré avec des reflets lustrés, et le dessous du corps un blanc gris tirant sur le fauve. Les plumes des couvertures des ailes ont un fond ardoisé, avec les extrémités ou bordures blanches; les pennes des ailes et celles du milieu de la queue sont de la même couleur ardoise; le milieu des ailes est traversé par une plaque blanche; les pennes latérales de la queue sont, ou entièrement blanches, ou bordées de cette couleur.

Dans l'état sauvage, le Moqueur commence à s'apparier, à la Louisiane, vers le mois de mars. Les mâles et les femelles, ennemis mortels jusque-là, se disputent à outrance et avec grand bruit le petit canton convoité : un coin de jardin ou de verger, 2 ou 3 arpents carrés. Le mâle, victorieux, fait alors résonner son brillant ramage, perché sur l'arbre le plus élevé; et ce n'est qu'après avoir pourchassé vigoureusement la femelle assez hardie pour venir s'offrir à ses désirs, qu'il finit par la reconnaître et lui faire bon accueil. Dès cet instant, l'accord le plus parfait s'établit parmi le couple, et la construction du nid commence immédiatement. Ce nid est composé de petites branches sèches, épineuses, qui en établissent l'assiette ; de mousses, de plumes, de filaments de chiendent et de crins, qui complètent le berceau de la future famille. Ils l'établissent à une hauteur moyenne, sur un arbrisseau épineux ou sur un arbre fruitier. La femelle y dépose depuis trois jusqu'à sept œufs bleuâtres tachetés de brun.

Elle commence à couver à compter de l'avant-dernier œuf, et douze ou treize jours après les petits éclosent. Si tous les œufs réussissent, il y en a toujours un qui arrive un jour après les autres: c'est le dernier pondu.

Pendant tout le temps de l'incubation, le mâle, établi sur un point élevé, fait entendre la plus étonnante, la plus merveilleuse de toutes les mélodies champêtres, et poursuit avec courage les oiseaux de proie et les animaux de rapine qui passent à portée de son domaine, dans lequel il se fait tyran et despote, ne redoutant, le croira-t-on? qu'un seul être, le plus faible de tous, mais dont la hardiesse et la prestesse de mouvement, jointes au bourdonnement sonore de ses ailes, en font un objet de terreur, même pour les oiseaux de proie les plus redoutables : l'Oiseau-Mouche rubis. Quand j'étais enfant, je connaissais exactement le nombre de couples d'oiseaux établis dans le jardin et le vaste verger qui entouraient la modeste habitation de mon père. J'explorais tous les nids, et devenais un objet de terreur pour ces innocents volatiles. Les Moqueurs, entre tous, savaient bientôt me distinguer. Dès que je paraissais hors de la maison, j'étais poursuivi par un concert unanime de malédictions et de coups de bec.

Dès que les petits sont éclos, le mâle accomplit avec fidélité et dévouement ses devoirs de père de famille, et fait la chasse aux insectes pour donner la becquée à sa chère progéniture.

A sept jours, les petits sortent du nid, et se cachent dans l'herbe et dans les buissons touffus, où ils grimpent. Leur développement est si rapide, qu'au bout de vingt jours, leur croissance est achevée, et que leurs parents les chassent du domicile paternel pour s'occuper d'une seconde nichée, qui sera suivie de deux ou trois autres, jusqu'à l'époque de la mue, c'est-à-dire au mois de septembre, où les vieux s'isolent pour aller muer dans les endroits retirés. Leur association conjugale se termine là, et ils ne se reconnaissent plus....

Les jeunes, qui ont passé tout l'été à errer dans les champs, se rapprochent alors des jardins et des vergers pour manger les figues, dont ils sont très-friands. On les entend gazouiller de tous les côtés. Leur voix se fortifie et se hausse par degrés. Comme leur mue est moins absolue que celle des vieux, que même les derniers de l'année ne changent pas toujours les pennes de la queue; qu'en aucun cas, les premiers et les derniers ne changent celles des ailes, ils arrivent promptement à l'état adulte et se livrent entre eux de bruyants combats. Le vainqueur ou les vainqueurs se réservent alors chacun un petit canton, et font retentir l'air de leur chant parvenu à toute sa perfection. C'est le moment, pour un véritable amateur, de se pourvoir d'un chanteur à son choix. Un trébuchet fait rapidement l'affaire. Le nouveau prisonnier, bien traité, ne tarde pas à reconnaître et à aimer son maître, qu'il récompense, le printemps suivant, par les mélodies les plus brillantes de son répertoire acquis. Rien, à l'extérieur, ne distinguant le mâle de la femelle, on s'épargne ainsi les petits soucis de l'élevage, et les mécomptes qui peuvent en résulter.

Quoique la femelle chante aussi, il est très-facile de la reconnaître à sa voix rauque et sans expression; elle ne chante que lorsqu'elle va pondre, comme pour appeler son mâle, et aussi après la mue, mais bien doucement.

Pendant l'hiver, le Moqueur chante quelquefois, lorsqu'il fait une de ces belles journées si fréquentes, à cette époque de l'année, dans les contrées voisines des tropiques ; mais ce n'est qu'une faible imitation du grand chan des amours :

l'expression, la vigueur, la rapidité des arpéges et des batteries, la passion en un mot, tout cela fait complétement défaut à l'exécutant : et cependant, ce chant négligé conserve encore la netteté et la précision des phrases, tandis que celui des Moqueurs élevés misérablement par des oiseliers ou dans les arrière-boutiques des épiciers n'est qu'une suite de cris désagréablement unis entre eux, auxquels l'oiseau ajoute, quand il est importé en France, le bruit des cordages du navire, le grincement des poulies et les sifflements des oisifs du bord. J'ai vu bon nombre de ces malheureux prisonniers, dont le talent d'imitation se bornait à redire sans cesse, d'un ton criard et assourdissant, les cris des Perruches et des Pierrots du voisinage ; ce qui autoriserait les auditeurs à taxer Audubon de mauvais goût et d'exagération, car comment comparer cette suite de cris discordants au chant si doux et si brillant du Rossignol !

Quoiqu'il n'y ait pas d'émigration proprement dite chez le Moqueur, il existe néanmoins un mouvement qui le rapproche du sud en automne et du nord au printemps. Ceux qui restent l'hiver à la Louisiane se réservent un très-grand parcours et ne souffrent pas que leurs voisins s'en approchent.

Ils sont plus insociables en cette triste époque de l'année qu'en aucune autre, à cause, sans doute, de la rareté des insectes dont ils se nourrissent. C'est l'unique cause de l'isolement dans lequel vivent beaucoup d'insectivores.

Il y a plus de trente ans que je fais nicher des Moqueurs en captivité ; mais comme je n'en fais pas le commerce, cette multiplication est entièrement subordonnée aux vides à remplir dans ma collection. Que l'on juge cependant de la fécondité de ces animaux captifs : chaque femelle, isolée dans sa cage, fait en moyenne trente œufs, ou six pontes, du 15 mai au 15 septembre.

Il est vrai que, pour éviter la dégénérescence et renouveler le sang de cette génération de Moqueurs européens, j'ai eu plusieurs fois recours à des mâles exotiques, et les individus issus de ces alliances sont supérieurs par la taille, la vigueur et l'élégance, au type primitif lui-même. Quant au chant, il ne peut qu'être infiniment varié par le voisinage constant de près de deux cents espèces de petits oiseaux exotiques ou indigènes.

Le Moqueur est un oiseau intelligent, auquel on pourrait apprendre à siffler des airs, si son ramage naturel n'était pas supérieur à tous les airs de serinette ou de flageolet. Il s'attache fortement aussi à la personne qui le soigne, semble la comprendre, lui répondre quand elle lui parle, et s'en montre jaloux à l'excès.

M. F... avait deux Moqueurs que je lui avais cédés depuis plusieurs années. Un jour, il fit porter un de ces oiseaux chez moi, afin qu'il rectifiât son chant et acquît de nouvelles phrases ; je me prêtai avec plaisir à ce désir de mon honorable ami, non sans lui dire que le nouvel écolier, âgé de près de deux lustres, serait peu apte à retenir et à répéter de nouveaux airs. A peine arrivé chez moi, cet oiseau montra de l'inquiétude, s'agita et refusa la nourriture pendant tout un jour. En vain lui avais-je présenté des insectes délicats, la pâtée la mieux faite, des fruits et des baies, il avait tout refusé, et se serait laissé mourir de chagrin, si je ne m'étais empressé de le faire reporter chez son maître, où il reprit sa gaieté et son appétit, dès qu'il eut revu la vieille gouvernante qui, depuis huit années, le soignait et lui tenait fidèle compagnie.

Le Moqueur n'est pas difficile sur le choix de sa nourriture ; il use de toutes les pâtées et de tous les fruits qu'on lui donne.

Cela le fait vivre ; mais si l'on veut lui conserver toutes ses facultés, il faut le traiter de la manière suivante. Le loger dans une grande cage munie d'un abreuvoir de faïence, assez grand pour qu'il puisse s'y baigner ; tenir le plancher de cette cage sablé et propre ; l'exposer dans un lieu aéré à couvert des intempéries. Le mettre à l'abri des visites inquiétantes, telles que chat ou oiseau nocturne. Lui donner pour ordinaire la pâtée de pommes de terre et œufs, toujours d'une extrême fraîcheur. Tenir constamment suspendues dans sa cage, et à sa portée, une poire ou une pomme douce pelée, des baies de sureau dans la saison ; de temps en temps, et surtout pendant la mue, du maigre de bœuf haché, séché et rendu friable par la poudre de tortillon : cette dernière pâtée est nuisible quand elle est aigre.

Un balcon élevé, situé au-dessus d'une place, où il y a grand mouvement, sera l'endroit le plus favorable pour placer le Moqueur. Le bruit qui se fait au-dessous de lui l'excitera, et il cherchera à le dominer par son chant.

Admettez, dans cette hypothèse, un Moqueur robuste et bien appris, et vous jouirez réellement de son grand chant pendant les mois de juin et de juillet, et vous direz sans doute comme Audubon...

La vie moyenne du Moqueur est de dix années ; cependant, et par exception, elle peut atteindre jusqu'à trois lustres.

Je n'ai pas à ma disposition les ressources et le temps nécessaires pour faire multiplier plus de deux ou trois couples d'oiseaux par année ; mais depuis près de trente ans que je fais nicher les Moqueurs, les Papes et les Cardinaux rouges, j'ai toujours constaté une prodigieuse fécondité chez ces oiseaux.

Une seule paire de Polyglottes m'a donné, cette année, douze petits en trois nichées. Il y a deux ans, j'en ai obtenu dix-huit dans le même nombre de pontes.

Un couple de Papes a donné quinze petits en trois pontes.

Et une paire de Cardinaux, dix-neuf petits en quatre pontes (de juin à septembre).

Ces oiseaux nés en captivité sont plus intelligents, plus robustes et plus beaux que ceux qui nous viennent d'Amérique.

Il serait, je crois, oiseux de chercher à acclimater dans le pays les oiseaux migrateurs, tels que le Pape ; mais les Moqueurs et les Cardinaux pourraient facilement y devenir aussi communs que les Merles et les Pinsons. Un seul obstacle, sérieux toutefois, s'opposerait à la réalisation de ce projet : le haut prix de ces oiseaux, qui en ferait le point de mire des chasseurs et des oiseliers.

Mais au point de vue de l'ornement des jardins zoologiques, rien, ce me semble, n'est plus attrayant que la réunion de ces bijoux de la nature vivante, qui permet d'admirer sur le plumage d'élégantes et gracieuses petites créatures les reflets les plus brillants des pierres et des métaux précieux.

Je ne suis qu'un humble amateur dont le savoir est très-borné, et cependant, en voyant la facilité avec laquelle je conserve dans toute leur beauté originelle, et pendant nombre d'années, les oiseaux les plus délicats des contrées équatoriales, je ne puis m'empêcher de songer combien il serait plus facile au Jardin zoologique du bois de Boulogne, dirigé par de si hautes intelligences, et ayant des ressources si étendues, de créer une galerie de petits oiseaux vivants, depuis la Pie jusqu'à l'Oiseau-Mouche. Je suis persuadé que ce n'est pas la difficulté de l'exécution qui serait un obstacle à la réalisation de ce projet, et que la Société n'aurait qu'à vouloir, pour que son vœu fût accompli promptement.

Il y a plus de trente ans que le Merle moqueur se reproduit en captivité chez moi ; j'ai commencé mes essais en Louisiane, puis je les ai continués ici avec succès.

Le nid, construit sans art, contient, suivant la force de la femelle, de trois à sept œufs bleuâtres tachetés de brun. L'incubation dure treize jours. Dès que les petits sont assez forts, je les enlève du nid pour les élever à la main, ce qui est aussi facile qu'agréable, tant ces oiseaux sont gentils et gracieux. Comme les parents se remettent aussitôt à pondre, j'obtiens ainsi quatre couvées par an.

Bien soignés, les jeunes atteignent tout leur développement en trois semaines, et sont adultes l'année suivante.

La nourriture des adultes consiste en pommes de terre cuites broyées avec des œufs crus, de manière à former une pâte épaisse ; on leur donne aussi des fruits de toute espèce, et des insectes, dont ils sont très-friands.

J'ai publié dans le *Journal de Bordeaux*, du 22 décembre 1863, une histoire détaillée du Merle moqueur.

NOTE
SUR TROIS ESPÈCES DE POISSONS CHINOIS
ET SUR LEUR EMPLOI DANS L'INDUSTRIE ET L'ALIMENTATION,

Par M. P. CHAMPION.

L'ichthyocolle, ou colle de poisson, est employée en Chine sur une grande échelle, pour des usages très-variés.

Cette matière, qu'on n'obtient guère chez nous qu'en traitant la vessie natatoire de diverses espèces d'*Acipenser*, et spécialement du grand Esturgeon, se fabrique en Chine d'une autre manière.

L'ichthyocolle possédant d'assez nombreux usages en Europe, et son prix s'élevant parfois assez haut, j'ai pensé qu'il pourrait être utile de décrire les moyens employés par les Chinois pour sa fabrication, ainsi que les diverses espèces de poissons qui fournissent cette matière.

On trouve dans le commerce des plaques d'un aspect corné, blanchâtres et d'un tissu analogue à celui des membranes animales; ces plaques affectent différentes formes, et portent en Chine le nom de *ju-ka*.

Cette matière, traitée comme je le dirai plus loin, fournit une colle d'excellente qualité ; on l'emploie spécialement pour la confection des meubles, industrie dans laquelle la ville de Ning-po s'est fait une juste renommée. Cette colle, dont je n'ai ni le temps ni les moyens de faire une analyse complète, présente d'assez nombreux caractères analogues à ceux de la gélatine. Comme elle, c'est une matière très-azotée, fournissant, par la distillation, des composés ammoniacaux et un charbon volumineux. Ce charbon, incinéré, donne une cendre blanchâtre, composée probablement, en majeure partie, de phosphate de chaux. Mais, au point de vue de l'industrie, elle en diffère en fournissant une colle d'une résistance beaucoup plus considérable. La colle de première qualité est réservée pour la fabrication des meubles de prix ; je l'ai vue, d'ailleurs, employée pour réunir des pièces de bois devant présenter une grande résistance.

Cette matière, outre ses usages industriels, sert aussi de substance alimentaire, et à ce point de vue, est fort estimée des Chinois.

Parmi les trois espèces de poissons qui font l'objet de cette note, les deux premières vivent dans la mer ; la troisième, dans les rivières, et spécialement dans celle de Ning-po, qui est saumâtre, surtout aux heures de la marée, qui se fait sentir fort loin dans l'intérieur.

Ce sont :

1° Le *My-yu* (poisson recouvert d'écailles grisâtres, ressemblant par sa couleur à un grand nombre de poissons de mer).

2° *Ta-houang-yu* (poisson présentant des parties, telles que la tête, les nageoires, d'un jaune vif).

3° *Mung-yu* (poisson ressemblant à l'Anguille).

On peut, je crois, se procurer ces deux premières espèces en vie ; j'y mettrai mes soins, si la Société d'acclimatation le juge utile. Quant à la troisième espèce, elle se rencontre vivante chez tous les marchands de poissons, qui les conservent dans cet état fort longtemps. Les deux premières espèces arrivent certainement à des grosseurs considérables ; mais, dans le commerce, les plus gros que j'ai vus ne dépassaient pas une longueur de deux pieds et un poids de trois à six livres.

Les Chinois estiment beaucoup ces deux poissons ; la troisième espèce est d'un prix très-inférieur.

L'ichthyocolle se fabrique avec les estomacs de ces poissons. Suivant la convenance de l'acheteur, on vend ces poissons avec ou sans estomac, ce qui change totalement leur valeur.

Pour extraire cette matière, on soulève les ouïes, et, au moyen du doigt qu'on introduit dans l'intérieur, on arrache l'estomac. On sépare les parties d'intestin ou membranes qui entourent cet organe, puis avec un couteau on le fend longitudinalement ; on relève les deux lèvres, et l'on enlève une membrane blanchâtre qui se trouve de chaque côté. Reste l'estomac, qui est une matière blanche, cornée et très-extensible.

Dans cet état, elle se vend comme matière alimentaire. On la fait bouillir dans l'eau assez longtemps; elle ne se dissout pas, mais forme une masse gélatineuse d'une saveur fade.

Quant à la troisième espèce, on lui ouvre le ventre, et l'on enlève l'organe, qui possède parfois une grande dimension.

La colle que l'on fabrique avec ces estomacs est de très-bonne qualité, et souvent colorée en jaunâtre ou gris, vu la qualité inférieure des produits employés pour cet usage.

Voici comment on la prépare :

On met tremper dans l'eau le *ju-ka,* environ deux heures; on le retire, et on le met sans eau au bain-marie, pendant un certain temps. Quand on sent au toucher que la matière est molle, on la saisit, et on la bat très-vivement avec un lourd marteau de fer. Cette préparation est assez délicate, disent les Chinois ; il faut saisir exactement l'instant où elle doit être faite. Puis, on aplatit de nouveau la matière ; on la roule à la main, et l'on pratique des incisions horizontales pour que l'air ait plus d'accès et que la dessiccation soit plus rapide.

Quand on veut se servir de la colle, on la brise en morceaux, et on la met fondre au bain-marie, en ajoutant un peu d'eau.

L'estomac du *Ta-houang-yu* est préféré pour la fabrication des meubles. Je n'ai pas rencontré cette colle toute préparée dans le commerce, les fabricants qui l'emploient la font eux-mêmes. L'échantillon de *ju-ka* desséché en rubans provient de la troisième espèce, qui vit dans l'eau douce. Les marchands disent qu'on soude souvent deux estomacs à la suite l'un de l'autre. En tout cas, je n'ai pu trouver de *Mung-yu* d'une dimension suffisante pour que les estomacs pareils à l'échantillon pussent en provenir.

Cette fabrication de la colle est donc assez analogue à celle qui est en usage pour les vessies natatoires des *Acipenser.*

Il est probable que si l'on traitait l'ichthyocolle chinoise par l'acide sulfureux, comme on le fait souvent chez nous, on obtiendrait un très-beau produit, même avec les qualités inférieures.

On donne souvent à l'estomac du *Ta-houang-yu* la forme

ronde qu'affecte un des échantillons. Cette matière fraîche était très-extensible.

Je joins à cet envoi un croquis du *Ta-houang-yu*, pour indiquer la couleur jaune de certaines parties du corps de cet animal, le reste est recouvert d'écailles grises; et une photographie des trois poissons, que j'ai faite moi-même à la hâte.

Je ne manquerai pas d'en faire autant chaque fois que des sujets intéressants se présenteront.

Ici se terminent tous les renseignements que j'ai pu me procurer sur ce sujet, mais je ne doute pas que cette matière n'ait encore d'autres usages importants dans l'industrie chinoise.

Note additionnelle, par M. AUG. DUMÉRIL.

Les trois poissons mentionnés par M. Champion sont deux Sciénoïdes et un Anguilliforme, placés maintenant dans les collections du Muséum, auquel la Société impériale zoologique d'acclimatation en a fait présent.

L'une des Sciènes a été décrite, pour la première fois, par M. Richardson (*Voyage of the Sulphur*, *Ichthyology*, p. 87, pl. 44, fig. 3 et 4), et il l'a nommée *Sciœna lucida*. Très-commune dans les mers de Chine, dit-il (*Report on the Ichthyology of the seas of China and Japan*, p. 224), elle s'est trouvée dans toutes les collections qui y ont été formées et qu'il a eu occasion d'examiner. Il ajoute qu'on la sert fréquemment pour le déjeuner aux étrangers en résidence à Macao.

La seconde Sciène, munie de fortes canines, appartient au genre Otolithe. C'est l'espèce dite *Otolithus maculatus*, décrite d'abord, d'après un dessin de Kuhl et Van Hasselt, par Cuvier et Valenciennes (*Histoire des Poissons*, t. V, p. 64, et figurée plus tard dans le *Règne animal illustré* de Cuvier, pl. 27, fig. 2 et 2[a]).

Chez les poissons de ce groupe, la vessie natatoire, que

l'auteur de la note désigne comme étant l'estomac (1), a un grand développement, et peut, de même que celle des Esturgeons, fournir une excellente ichthyocolle. Aux États-Unis, avec la vessie natatoire d'une espèce du même genre (*Otolithus regalis*, Cuv., Val., d'après Schneider), et aux Indes orientales, avec celle des poissons nommés *Otolithus ruber*, Cuv., Val., d'après Bloch ; *Otolithus versicolor*, Cuv., Val., on fabrique de la colle de poisson en grande quantité.

Le poisson anguilliforme appartient à la division des Anguilles proprement dites.

Il représente une espèce nouvellement décrite, *Anguilla (Muræna) pekinensis*, Basilewski (*Ichthyographia Chinæ borealis*, 1852, dans les *Nouv. Mém. de la Soc. impér. des naturalistes de Moscou*, 1855, t. X, p. 246, pl. III, fig. 2). On voit ce poisson, en tout temps, sur les marchés de Pékin, dit le naturaliste russe, et il est très-estimé des Chinois, tandis qu'il y a, dans les mêmes eaux douces, d'autres espèces d'Anguilles considérées comme vénéneuses.

La vessie natatoire des Anguilliformes est volumineuse, et il est facile de comprendre que les Chinois aient songé à l'utiliser pour la préparation d'un produit qui a une assez grande importance commerciale, à cause de la consommation considérable de l'ichthyocolle dans l'industrie, dans les arts et dans les préparations culinaires. Partout où l'on pêche en abondance des poissons à vessie natatoire volumineuse, elle devient un objet de commerce.

(1) Il faut noter cependant que l'estomac, les intestins et même la peau de différents poissons peuvent également servir comme ichthyocolle, après avoir été coupés et soumis à l'action de l'eau bouillante; puis de la presse, qui donne à cette matière l'apparence de feuilles minces semblables à du parchemin.

SUR LA CULTURE DU *PISTACIA LENTISCUS*,

LETTRE ADRESSÉE
A M. LE PRÉSIDENT DE LA SOCIÉTÉ IMPÉRIALE D'ACCLIMATATION

Par M. Ernest CRAMPON,
Consul de France.

Janina, 28 août, 1864.

Monsieur le Président,

Lorsque j'ai visité, en 1861, l'île de Chio, j'ai été particulièrement frappé d'une culture à laquelle se livre la moitié de la population de cette île sur une moitié de son territoire, la culture du *Pistacia lentiscus*. L'incision des rameaux de cet arbuste, au mois de mai, donne lieu à l'écoulement d'une gomme résineuse d'une saveur exquise, nommée *mastic de Chio*, et avec laquelle on fabrique une eau-de-vie blanche justement renommée, et une confiture délicate très-goûtée des Orientaux. Cette gomme se consomme aussi en nature. Elle est mâchée, dans tous les harems de la Turquie, par les femmes, dont elle parfume la bouche et endort l'ennui.

Ce produit est si apprécié, que les vingt et un villages de l'île où on le cultive formaient autrefois l'apanage du Sultan. Les habitants étaient obligés d'en fournir, tous les ans, 22 000 ocques à titre de redevance, et le surplus de la récolte était acheté de droit par Sa Hautesse, qui le payait à raison de 75 paras l'ocque, c'est-à-dire environ 37 centimes. Des peines sévères étaient infligées au cultivateur qui détournait une partie de ce produit pour le vendre à des particuliers. Ce privilége du souverain a été supprimé après la révolution de Grèce. L'île de Chio étant dévastée, sa population détruite ou fugitive, la ville et bon nombre de villages en ruines, il fallut changer un système que l'île avait pu supporter dans sa prospérité, mais qui était devenu impraticable dans son malheur. L'ambassadeur de France à Constantinople voulut bien, m'a-t-on dit, s'y employer, et, grâce à sa haute et bienfaisante intervention, la Porte consentit à substituer à l'ancienne livraison en nature une contribution en argent de 750 000 piastres, qui forme à elle seule la moitié de l'impôt payé par l'île entière au gouvernement. Dès lors le cultivateur vendit librement son produit, et l'ocque de gomme, qui se vendait autrefois au Sultan 75 paras, c'est-à-dire de 35 à 40 centimes, se vend aujourd'hui au public de 70 à 130 piastres, c'est-à-dire de 15 à 25 francs.

Mais ce prix élevé n'est pas seulement dû au changement de régime économique. Il résulte encore d'une autre circonstance sur laquelle je veux précisément appeler l'attention de la Société d'acclimatation. Le cultivateur du *mastic de Chio*, assuré d'un prix rémunérateur, a voulu étendre sa culture, et « *il ne l'aurait pas pu* ». L'exploitation, encouragée par une loi libérale, se serait encore trouvée circonscrite par la nature, qui se refuse, dit-on, à laisser croître et prospérer sur aucune autre partie de l'île le rare et précieux arbuste. On a essayé, à ce qu'il paraît, de le cultiver dans d'autres îles voisines, telles que Métélin ; il n'y a point réussi davantage : et c'est une opinion aujourd'hui répandue à Chio et dans le Levant, que les vingt et un villages qui forment ce qu'on appelle le *département du mastic*, après avoir été longtemps victimes d'un privilége, sont devenus maîtres d'un monopole.

Mais cette opinion est-elle bien fondée ? La science peut-elle ratifier ce qui n'est peut-être qu'une erreur propagée à dessein par des cultivateurs intéressés ? Les essais dont on parle ont-ils été faits dans les conditions requises ? Le climat et le sol des *villages du mastic* sont-ils d'une nature si spéciale, qu'on ne puisse trouver leur analogue dans aucune des contrées que baigne la Méditerranée ? Pour mon compte, je me refuse à le croire. Je pense, au contraire, que si des recherches étaient faites avec le soin et la persévérance que peut y mettre une Société telle que celle que vous présidez, avec toutes les ressources de science et d'observation qu'elle possède, ces recherches ne seraient point sans résultat.

Il faudrait d'abord faire recueillir à Chio, par quelque membre ou délégué de la Société, les données essentielles de tout problème d'acclimatation, les éléments constitutifs du sol, la hauteur et l'exposition des croupes montagneuses sur lesquelles est actuellement établie cette culture privilégiée, ainsi que ses procédés traditionnels. Une fois ce travail accompli, je crois qu'on pourrait trouver dans quelques-unes de nos possessions un terrain propre aux essais. La Provence, la Corse, l'Algérie, se présentent tout d'abord comme un champ ouvert aux plus sérieuses tentatives ; et si l'une d'elles réussissait, nous aurions, sans contredit, ajouté à l'ensemble de la richesse agricole et industrielle de notre pays un détail intéressant.

En quelque quantité que le *mastic de Chio* soit jeté sur le marché, il sera toujours au-dessous des besoins de la consommation, qui s'étendrait bientôt dans toutes les classes de la population orientale, et se répandrait peu à peu dans des pays où elle est encore inconnue. Non-seulement la gomme résineuse du *Pistacia lentiscus* se consomme en nature, comme je l'ai dit plus haut et sert à la fabrication de deux ou trois produits recherchés ; mais, si elle entrait dans le domaine supérieur de la distillerie française, elle subirait de nouvelles et plus heureuses transformations. Elle est susceptible aussi de nombreuses applications industrielles et médicinales.

Telles sont, monsieur le Président, les idées que vient de me suggérer la lecture de mes notes de voyage, et que je crois devoir communiquer à la Société d'acclimatation. Si, dans cette première communication, la Société trouve une preuve du zèle avec lequel j'apporterais à ses utiles travaux le tribut de mes observations et de mes services, je serais trop heureux qu'elle voulût bien, sous votre haute recommandation, me compter au nombre de ses membres.

Veuillez agréer, etc. Ernest CRAMPON.

II. EXTRAITS DES PROCÈS-VERBAUX DES SÉANCES DU CONSEIL DE LA SOCIÉTÉ.

SÉANCE DU 28 JUILLET 1865.

Présidence de M. JACQUEMART, membre du Conseil.

Le procès-verbal de la séance précédente est lu et adopté.

M. le Président fait connaître le nom des membres nouvellement admis :

MM. BORDIER (Frédéric), juge d'instruction, à Parthenay.

GREHAN (Amédée de), consul général de S. M. le roi de Siam, à Paris.

VIGONI (Jules), capitaine d'artillerie dans l'armée italienne, à Milan.

— Le Conseil apprend avec regret la mort de M. le général marquis d'Hautpoul, grand référendaire du Sénat.

— Des remercîments pour leur récente admission ont été adressés par MM. Pichon et d'Arnaud-bey.

—L'administration des services maritimes des Messageries impériales annonce que, conformément à la demande de la Société, elle a accordé, le 20 juin 1865, la réduction à 50 pour 100, au lieu de 30 pour 100, du prix du port des animaux et végétaux destinés à la Société. — Remercîments.

— Les directeurs des chemins de fer de Paris à Lyon et à la Méditerranée, de l'Est, de Paris à Orléans, de l'Ouest et du Nord annoncent qu'ils ont accordé la réduction de 50 pour 100 sur le prix du tarif pour le transport des animaux destinés à la Société. — Remercîments.

— M. Brot, délégué de la Société à Milan, annonce qu'il vient de faire publier dans plusieurs journaux italiens une note pour prémunir les éducateurs de Vers à soie contre une fraude qui se prépare pour vendre, comme provenant de la Société, des cartons de la vente faite en 1865 par ses soins, et sur lesquels on aurait mis des graines de tout autre origine, et pour rappeler que la Société a décidé de ne plus faire d'opération analogue à celle de 1865. M. Brot fait connaître que M. le chevalier Baruffi, délégué à Turin, a fait faire des déclarations analogues dans divers journaux italiens. — Remercîments.

— M. d'Estienne écrit qu'il a profité de son passage à Madère, en se rendant à la Guyane, pour adresser à la Société, par l'entremise de M. le lieutenant Philippe, commandant de l'*Étoile*, des Bananiers à fleurs rouges, un Coq et des Poules du pays et des Pigeons à queue en éventail. — Remercîments.

—M. le marquis André de Cambefort, attaché à la légation de France à Rio de Janeiro, annonce l'envoi, par le navire *la Guienne*, de plusieurs des animaux qu'il a réunis pour la Société. Ce sont : un Cerf et une Biche, un *Coati*, un *Agouti*, une Pénélope *Jacu*, deux Toucans, et une paire de Canards. — Remercîments.

— Son Exc. M. le Ministre des affaires étrangères annonce que M. Mauret de Pourville, qui a fait précédemment à la Société une proposition relative à la fondation d'un Athénée central, l'informe que le plan de cet édifice a été dressé et un devis approximatif rédigé par M. Davioud, architecte, et désire que le Conseil veuille bien nommer une commission chargée de prendre connaissance de l'affaire. Le Conseil décide qu'il n'y a pas lieu de s'occuper de ce projet, du moins en ce moment.

—Son Exc. M. le Ministre des affaires étrangères fait hommage, de la part de M. le général Daumas, d'un exemplaire d'une nouvelle édition de son ouvrage intitulé : *Les Chevaux du Sahara, et les mœurs du désert.* Conformément au désir de M. le général Daumas, l'examen de cet ouvrage est renvoyé à M. Richard (du Cantal), qui sera prié d'en rendre compte à la Société. — Remercîments.

— M. Bonnes écrit pour annoncer son acceptation de cheptel de Chèvres d'Angora que la Société veut bien lui accorder.

— M. Le Biguais adresse quelques observations à l'occasion du rapport de M. le comte d'Esterno sur la répression du braconnage.

— M. le marquis de Fournès adresse un numéro du journal *l'Ordre et la Liberté*, de Caen, dans lequel il a fait insérer le rapport de M. le comte d'Esterno. — Remercîments.

— M. Sermant (de Pierrelatte) envoie un Mémoire sur les Vers à soie, et annonce qu'il pourra affecter, l'an prochain, à ses recherches, un local magnifique et très-propice à faire des expériences. Il renouvelle ses offres de services à la Société. — Remercîments.

— M. le comte Cocastelli annonce que les *B. yama-maï* ne lui ont donné aucun résultat satisfaisant, et qu'il pourra mettre à la disposition de la Société une certaine quantité de graines de *B. Cynthia*, bien que les circonstances climatiques aient maltraité son éducation. — Remercîments.

— Diverses lettres sont déposées sur le bureau, qui demandent que la Société fasse venir de nouvelles graines de Vers à soie du Mûrier du Japon, pour les céder aux éducateurs, qui tous ont retiré les plus beaux résultats des Vers japonais d'importation 1865. — Le Conseil regrette de ne pouvoir accéder à ce désir, et maintient sa décision de ne prendre part à aucune nouvelle importation.

— Mme veuve Boucarut et M. Frérot annoncent que leurs éducations de *B. yama-maï* ont complétement échoué.

— M. R. Bonhomme demande à la Société de vouloir bien le charger d'une mission séricicole dans les Indes et le Cachemire, et adresse à l'appui de sa demande un Mémoire sur les grainages qu'il a faits dans le Caucase et en Perse.

— Mme la baronne de Pages, née de Corneillan, communique deux faits qu'elle a observés sur les *B. Cynthia* :

« ... L'an dernier, à la suite d'une éducation de *Bombyx* de l'Ailante en automne très-heureuse, je me trouvais, au moment de la chute des feuilles, avec une énorme quantité de superbes papillons occupés à la ponte. Quoique persuadée qu'une partie de mes cocons vivants passerait l'hiver sans papillonner, je regrettais extrêmement la graine produite dans des conditions excellentes, et qui paraissait saine et belle. Je voulus courir la chance de la recueillir et de la conserver comme celle du *Bombyx Mori*. Je divisai donc le produit des pontes en trois lots. J'en enfermai un dans un flacon bouché à l'émeri, qui fut conservé dans une cave au frais. Le second fut disposé en couches minces sur des feuilles de carton percées de trous d'épingle et superposées dans une boîte percée elle-même. Enfin, le troisième lot, consistant en graines restées attachées à la toile métallique qui environne ma caisse à ponte, fut conservé tel quel et à l'air libre. (Par quelques études sur les œufs ordinaires d'oiseaux et sur les chrysalides de papillons, j'ai acquis la certitude que l'œuf et la chrysalide *respirent*, par cela même qu'ils vivent; les entasser sans air, les uns ou les autres, c'est amener la mort ou la putréfaction. De là les fâcheux résultats des envois de cocons vivants de M. Simon. De là aussi, dans un autre ordre d'idées, la maladie, ou plutôt une des origines de la maladie des Vers à soie du Mûrier. Les graines *envoyées sur cartons et espacées* vivent; celles qui arrivent en boîtes closes sont *typhoïdées*, quand elles survivent.) Pour en revenir à mes graines de *Cynthia*, je lavai plusieurs fois l'hiver mon lot n° 3, ce que rendait facile la toile métallique, afin d'empêcher la graine de durcir et de se salir. Au printemps, le n° 1 du flacon était aplati, noirâtre et corrompu ; le n° 2 était quasi desséché, mais net et de bon aspect, et le n° 3 gonflé et tel que des graines fraîchement pondues. Avec la chaleur, les graines ont peu à peu foncé et m'ont donné, à des intervalles inégaux, des Vers bien vivants, quoique frêles. Le lot n° 2 n'en produisit que *peu*. J'ai ouvert de ses graines, et y ai cependant trouvé des Vers. J'en ai conclu que la coque durcie s'était opposée à leur éclosion. Le lot n° 3, sans éclore en entier, tant s'en faut, m'a donné un assez grand nombre de Vers qui ont bien marché. Les deux premiers âges ont été lents, mais après la troisième peau ils ont été à merveille. Toutefois les cocons sont plus petits que d'ordinaire. J'en conclus qu'avec des soins plus intelligents que les miens, on aurait certainement des graines passant l'hiver comme pour le *B. Mori*. Et quant au *B. Mori*, je dis également que la maladie peut provenir non-seulement du manque de soins apporté à la confection de la graine, mais aussi, et peut-être surtout, du mauvais soin donné *à la conservation de la graine*, faite cependant dans de bonnes conditions, ce qui fait éclore le ver *malade déjà*.

» La seconde observation que je crois utile de faire connaître, intéresse la *santé des éducateurs du Bombyx Cynthia.* Bien que la cage à mariage où j'enferme mes papillons soit très-vaste, et plutôt une *pièce* qu'une cage, les papillons du *Cynthia*, qui ont le vol très-élevé, se froissent les ailes, et en général, lorsqu'ils meurent, ils les ont brisées et dépouillées de toute leur poudre colorée, qui n'est qu'un composé de petites écailles et de petites plumes *barbelées*. Cette poudre voltige en masse dans la pièce au papillonnage, elle s'attache facilement à la peau, surtout avec la chaleur, et entre dans les voies respiratoires. Je la crois dangereuse, extrêmement dangereuse pour les ouvrières. Sans en comprendre la cause d'abord, j'ai eu, lors des papillonnages, les mains, le cou et le visage couverts d'ampoules, de rougeurs et de cuissons très-douloureuses, qui n'ont cessé qu'après des lotions vinaigrées ou avec de l'eau saturée d'alcali. Mais ce qui a été plus grave, c'est que j'ai été prise de douleurs de poitrine et d'une toux continue qui a été jusqu'à cracher le sang, et qui évidemment, pour moi, provient de l'absorption de la poussière d'ailes de papillons, dont les atomes *barbelés* entrent et s'accrochent dans les voies respiratoires. Depuis lors je n'entre plus dans ma cage que *le visage couvert d'une mousseline mouillée*. Je suis sûre que les éleveurs, sans de sérieuses précautions semblables, pourraient fort bien devoir des maladies de poitrine à leurs magnaneries. »

— M. Rouillé-Courbe adresse à la Société des cocons de *B. yama-maï* provenant de ses éducations. — Remercîments.

— M. Auzende adresse de Toulon plusieurs cocons de *B. yama-maï* provenant de ses éducations, et adresse un rapport sur les faits qu'il a observés.

— M. le baron d'Aigueperse adresse un rapport sur ses cultures.

— M. Viennot fait hommage à la Société, pour la bibliothèque, de deux brochures dans lesquelles il a puisé les documents de deux articles publiés précédemment dans le *Bulletin*. — Remercîments.

— La Société italienne des sciences naturelles annonce sa réunion extraordinaire à la Spezzia pour les 17, 18, 19 et 20 septembre 1865.

— La Société d'horticulture de la Gironde annonce une exposition du 31 août au 3 septembre 1865.

— M. le docteur Sacc propose à la Société la fondation de deux prix : l'un pour encourager la culture de l'*Ortie utile*, l'autre pour son utilisation en grand, et l'insertion au *Bulletin* du travail publié sur cette plante par M. Decaisne, dans les *Comptes rendus de l'Institut*. M. Sacc donne quelques détails sur cette culture, et joint à sa lettre un échantillon de filasse de cette Ortie, dont il a déjà été question dans plusieurs des bulletins de notre Société, notamment t. V, p. 512 et 621 ; t. VI, p. 232 ; t. VII, p. 205-208, 263-267, 343-345, et t. IX, p. 976. Notre zélé confrère termine en rappelant que M. Hardy (d'Alger) peut fournir des plants d'*Ortie utile*.

SÉANCE DU 18 AOUT 1865.

Présidence de M. A. DUMÉRIL, vice-président.

Le procès-verbal de la dernière séance est lu et adopté.

— M. le contre-amiral Roze, gouverneur de la Cochinchine française, adresse ses remercîments pour son admission.

— Son Exc. M. le Ministre de l'agriculture et du commerce transmet une note de M. Héritte sur une espèce de Zèbre du Cap, qui pourrait être utilement introduite en France et livrée avec succès à la domestication.

— Son Exc. M. le Ministre des affaires étrangères transmet une lettre de M. Frédéric Jacquemart, qui demande à être inscrit comme candidat au prix de dressage des métis de Yaks comme bêtes de somme ou de bât.

— M. le directeur de la Compagnie des chemins de fer du Midi annonce que, conformément à la demande qui lui en a été faite par la Société, il accorde une réduction de 50 pour 100 sur le prix du transport des animaux de la Société. — Remercîments.

— MM. Paquet et Compagnie informent la Société qu'ils lui accordent la réduction de 50 pour 100 sur le prix de fret pour les envois destinés à la Société sur la ligne du Maroc, qui leur appartient. — Remercîments.

— M. Turrel, délégué de la Société, adresse un numéro du *Toulonnais*, dans lequel il a fait insérer un article sur la souscription en faveur du commandant Maury.

— Son Exc. M. le Ministre des affaires étrangères informe la Société que M. le vicomte de Beaumont, secrétaire d'ambassade à Rio de Janeiro, adresse à la Société divers Gallinacés originaires des régions tempérées du Brésil. — Remercîments.

— M. le régisseur de Son Altesse impériale le Prince Napoléon adresse un rapport sur les animaux de la Société que Son Altesse impériale a pris à cheptel.

— M. Euriat-Perrin (de Roville) fait parvenir l'état du troupeau de Chèvres d'Angora qu'il a reçu à cheptel de la Société.

— M. A. de Surigny écrit pour annoncer qu'il accepte le cheptel d'une paire de Moutons *Ti-yang* (dits *Ong-ti*).

— M. Hardy annonce qu'il attend l'envoi de trois Émeus et de plusieurs Kangurous, qui lui sont adressés par la Société d'acclimatation de Melbourne.

— M. Baraquin fait hommage à la Société d'un Canard du fleuve des Amazones, qui a été rapporté par M. le capitaine Coste. — Remercîments.

— M. le vice-consul de Bathurst (Gambie) annonce l'envoi de plusieurs dépouilles d'animaux de sa résidence. — Remercîments.

— M. Autard de Bragard annonce, dans une lettre adressée au Président, la prochaine arrivée en France de Gouramis envoyés, sur sa demande, par la Société d'acclimatation de Maurice. Cet envoi a été préparé par M. Charles Bonnieu. Des mesures devront être prises pour assurer la conservation de ces animaux dans des eaux ayant au moins 20 degrés de température.

Plusieurs lettres relatives à cet envoi, et adressées par MM. Hesse et Sicard, sont jointes à celle de M. Autard de Bragard.

— M. Tourniol, de Milianah (Algérie), offre à la Société ses bassins pour recevoir tout ou partie des Gouramis que la Société voudrait déposer en Algérie. — Remercîments.

— Son Exc. M. le Ministre des affaires étrangères rappelle au Conseil qu'une exposition d'engins de pêche et de matériel piscicole, analogue à celle qui doit prochainement s'inaugurer à Arcachon, en France, est ouverte depuis le 4 de ce mois à Bergen (Norvége). Une étude simultanée, pour ainsi dire, de ces deux expositions pourrait offrir des enseignements instructifs, sans parler de l'effet moral de la présence d'un représentant de notre Société, venant témoigner de l'intérêt que nous inspire l'industrie si importante de la pêche dans les contrées du Nord. Son Excellence demande au Conseil d'examiner s'il n'y aurait pas lieu d'envoyer à Bergen un délégué, avec la mission de rédiger un rapport qui serait inséré au *Bulletin*. Le Conseil, reconnaissant l'importance que présentera la réunion des documents qui pourront être recueillis à Bergen, décide que M. le docteur J. L. Soubeiran, secrétaire délégué, sera chargé de se rendre dans cette ville, et devra faire un rapport aussi complet que possible sur tout ce qu'il aura observé dans ce voyage.

— M. Davin sera prié, au nom du Conseil, de vouloir bien aller visiter les animaux placés à cheptel chez MM. Fabre, Euriat-Perrin, Lequin et Pinondel de la Bertoche.

— M. Roussin, aide-commissaire de marine à Quimper, fait don à la Société d'œufs de l'*Insecte feuille*, qui vit à Java sur les feuilles du Goyavier (*Psidium pomiferum*). — Remercîments.

— M. Léon Vidal (de Marseille) adresse un rapport sur ses éducations de Vers à soie du Mûrier du Japon, de race *trivoltine*, qui ont très-bien réussi à Port-de-Bouc.

— M. E. Nourrigat adresse une *Note sur les conditions d'éducation les plus propices à l'acclimatation des races de Vers à soie du Mûrier originaires du Japon.*

— M. le président de la Société d'horticulture et d'acclimatation de Tarn-et-Garonne adresse un mémoire sur ses éducations de Vers à soie japonais.

— M. A. de Malzac (de Sengla) adresse, pour le concours ouvert devant la Société, un mémoire sur deux éducations faites de Vers à soie du Mûrier du Japon introduits en 1865 par la Société.

— M. Clarou (de Limoux) fait parvenir un rapport sur ses éducations de Vers à soie.

— M. Gottardo Cattanco fait hommage d'une brochure intitulée : *Della riacclimazione del Gelzo.* Milan, 1865. — Remercîments.

— M. le comte de Vega-Grande adresse une note sur ses éducations de Cochenilles aux Canaries. (Voy. au *Bulletin*, p. 415.)

— M. de Maupassant transmet, au nom de M. de la Roche Macé, des graines de Teck et une note sur leur culture.

— M. Hardy informe le Conseil qu'il peut mettre à la disposition de la Société un certain nombre de jeunes pieds d'*Eucalyptus*.

— M. le Président transmet à la Société une série d'épreuves photographiques qui lui ont été offertes par M. Duchesne-Thoureau, reproduisant des Cépages (de treille) et des arbres soumis à des procédés nouveaux. — Remercîments.

— M. Brierre (de Riez) adresse un nouveau rapport sur ses cultures.

— M. Ladislaü Netto fait hommage d'une brochure intitulée : *Remarque sur la destruction des plantes indigènes au Brésil, et sur le moyen de les en préserver*, 1865. — Remercîments.

— Le Conseil autorise l'échange du *Bulletin* avec les publications de la *Société zootechnique de Seine-et-Oise*.

— Le Congrès pomologique de France annonce sa dixième session, qui s'ouvrira à Dijon le 6 septembre 1865.

— La Société d'horticulture et d'acclimatation de Tarn-et-Garonne annonce une exposition horticole, avec concours, pour le 7 septembre 1865.

Le Secrétaire du Conseil,

A. Geoffroy Saint-Hilaire.

III. CHRONIQUE.

L'ACCLIMATATION EN ANGLETERRE EN 1864,

Par M. Th. C. VIENNOT,
Chef de bureau au Ministère des Affaires étrangères.

La *Société d'acclimatation de la Grande-Bretagne, de l'Irlande et des colonies britanniques* vient de publier son cinquième *Rapport annuel* pour les douze mois finissant au 31 mai dernier, anniversaire de sa fondation (1).

Depuis son précédent compte rendu, la Société a eu le regret de perdre son président, feu le duc de Newcastle (2), qui, entre autres services rendus à ces collègues, avait adressé aux gouverneurs des colonies relevant de son département, et aux agents diplomatiques et consulaires de l'Angleterre à l'étranger, auxquels le *Foreign Office* avait bien voulu le transmettre, un questionnaire ayant pour objet de s'informer des animaux et plantes qu'il serait utile d'introduire du dehors dans le Royaume-Uni et ses dépendances, ou qui pourraient au contraire leur être empruntés par les autres pays. Les réponses à ce questionnaire sont parvenues au conseil de la Société, qui en donne un résumé sommaire, en attendant la prochaine publication intégrale de ces curieux renseignements dans un appendice spécial.

Une note du directeur du dépôt que la Société possède à Clapham, près de Londres, fait connaître l'état de cet établissement jusqu'en avril 1865. Voici la substance des observations de M. Buckland :

En octobre 1864, lord Walsingham a fait don de deux Taureaux et d'une Vache de la race romagnole. Ces animaux, que l'on se propose de croiser avec la Vache commune, se distinguent par la sveltesse de l'arrière-train, caractère indiquant qu'ils sont encore peu éloignés de la souche sauvage primitive. Le plus fort des Taureaux est d'une nuance gris de fer; les jambes sont noires et d'une grande finesse; le front est noir et couronné d'une magnifique touffe de poils; le fanon est long et pendant. La robe de la femelle est également d'un gris de fer tirant sur le noir. Les cornes sont bien plantées et d'un aspect élégant.

S. M. la reine Victoria a envoyé de Windsor une paire de Cerfs d'Aristote (*Rusa Aristotelis*). Cette belle espèce, dont la ramure est moins contournée que chez le Cerf ordinaire (*Cervus elaphus*), convient le mieux aux régions boisées et surtout peu élevées. Le couple en question a été transporté dans le parc de Blenheim, appartenant au duc de Marlborough, l'un des vice-présidents de la Société.

Un autre vice-président de la Société, le vicomte Powerscourt, mande que

(1) Londres, 1865, brochure de 77 pages in-8.
(2) Depuis la mort du Ministre des colonies, S. A. R. le prince de Galles a daigné accepter la présidence de la Société.

les Cerfs du Canada (*Cervus wapiti*) prospèrent à merveille dans son parc, mais que l'espèce japonaise s'y est seule reproduite jusqu'à présent.

Les derniers individus survivants du troupeau de Moutons de Chine ont succombé pendant l'hiver. Le climat de l'Angleterre semble définitivement trop froid et trop humide pour cette race, qui, selon M. Buckland, serait d'une forme défectueuse au point de vue de la boucherie, mais que sa toison soyeuse, pouvant remplacer les laines d'Alpaca et de Vigogne, rendrait précieuse pour l'industrie. On a pu du reste la croiser avec les Moutons anglais, entre autres avec la race de Southdown, et il en est résulté de nombreux métis.

Le dépôt a reçu de l'Australie trois Kangurous de la petite espèce, dite de Bennett. Un de ces individus, mort dans le cours de l'année, est remplacé par un petit, né le 18 octobre 1864, chez M. Bush, trésorier de la Société, après un mois seulement, en apparence, de gestation intérieure. Le duc de Marlborough, d'autre part, conserve à Blenheim, dans un enclos entouré d'un grillage de fil de fer, quatre de ces Marsupiaux, qui ont le défaut de ronger les arbres. Ils sont fort apprivoisés, et leurs allures bizarres sont une source perpétuelle d'intérêt pour l'observateur. On sait qu'ils se sont souvent reproduits en Angleterre, et si leur acclimatation se généralise, il y a lieu d'espérer qu'on pourra les utiliser pour l'alimentation publique, ou du moins à titre de gibier nouveau.

La Société possédait, à la date d'avril 1865, dix pigeons de la grande espèce australienne dite *Wonga-wonga* (*Leucosarcia picata*). Ces oiseaux paraissent se tenir de préférence à terre, bien qu'ils passent la nuit sur les arbres; ils aiment les fruits et les légumes, et ont résisté au rude hiver de 1864; mais ils n'ont pas encore couvé.

Le Pigeon aux ailes bronzées (*Peristera chalcoptera*), autre espèce australienne, dont la Société ne compte pas moins de dix-sept individus en sa possession, paraît au contraire très-apte à se reproduire dans nos climats, pourvu qu'on ne le dérange pas. Les paires confiées à M. Bush ont fait plusieurs nids, et dans chaque nid il y avait deux petits. Ce pigeon au riche plumage et au vol rapide sera recherché des chasseurs.

Les trois *Guans* que compte l'établissement de Clapham se refusent toujours à couver. Comme le même fait a lieu pour tous les individus tenus en captivité dans les habitations de l'Amérique du Sud, patrie de cet oiseau, peut-être faut-il renoncer à l'idée d'en enrichir nos basses-cours d'Europe.

Le nom de *Native Companion* que les colons ont donné à la Grue d'Australie (*Grus australasiana*) paraît mérité, en raison du caractère sociable et facile à apprivoiser de ces beaux échassiers, qui atteignent une hauteur de 4 pieds 6 pouces. Ils exécutent les pirouettes les plus divertissantes, semblent flattés quand on les regarde, et se laissent caresser sans difficulté.

La Société, qui avait reçu dans l'année plusieurs envois de Talégalles (*Talegalla Lathami*), n'en a conservé que trois spécimens vivants. On a remarqué qu'ils avaient, en grattant le sol, amassé un monceau de terre, seul nid que se fassent ces bizarres gallinacés, qu'on espère voir se décider à pondre à la saison suivante.

Sur un convoi de sept *Tétras des prairies* (*Tetrao cupido*), arrivé du Canada en février, six ont survécu, et S. M. la reine Victoria en a accepté une paire pour le parc de Windsor. Ces oiseaux perchent la nuit sur les arbres, et ne sont nullement farouches. Comme d'autres individus se sont déjà reproduits en Angleterre, on compte que les nouveaux venus pourront servir aussi à propager l'espèce.

La Société possède huit spécimens de la *Dinde de Honduras*, dont quatre sont répartis chez différents membres. L'un de ceux-ci, M. Malcolm, l'a croisée avec l'espèce sauvage du Canada ; mais l'humidité a fait périr les petits. L'opinion d'après laquelle la Dinde du Honduras serait un métis de la Dinde ocellée et de la Dinde ordinaire paraît être une erreur. La présence d'individus de la race pure de Honduras ne peut qu'être utile dans les basses-cours où l'on élève le Dindon domestique ; l'infusion d'un sang nouveau étant toujours désirable, quand il s'agit de régénérer une souche abâtardie par le temps.

L'*Emeu* (*Dromaius Novæ Hollandiæ*) continue à donner les résultats les plus satisfaisants. Si les quatre individus du dépôt de Clapham n'ont pas encore eu de petits, le duc de Marlborough, qui élève six Emeus dans un coin de son parc, dont quatre jeunes et deux plus âgés, annonce qu'une paire de ces oiseaux a pondu neuf œufs et les conduira sans doute à bon terme. M. Samuel Gurney garde aussi chez lui trois Emeus et une Autruche. L'Emeu mâle n'a pas quitté pendant tout l'hiver son enclos en plein air, et c'était plaisir de le retrouver le matin, après une nuit neigeuse, la tête et le cou émergeant seuls de la nappe blanche qui ensevelissait le reste du corps et lui donnait l'aspect d'un énorme tas de neige. L'Autruche a également bravé la saison rigoureuse, sans paraître souffrir de la gelée, bien qu'elle soit originaire d'un des pays les plus chauds du monde.

Les nouvelles volières construites à Clapham renferment des spécimens de Faisans rares, tels que le Faisan à dos de feu, qu'on cherche à croiser avec l'espèce ordinaire ; des métis du Faisan versicolore et du Faisan à collier, et un mâle ayant sept huitièmes des caractères du Faisan de Reeves, qu'on a placé avec trois femelles communes pour en obtenir d'autres métis.

Le dépôt a donné l'hospitalité à un petit troupeau de bêtes ovines envoyé par la Société d'acclimatation de Moscou à celle de Melbourne, comprenant un Bélier et une Brebis de la race kalmouke, et un Bélier et trois Brebis de la race de Romanoff. C'est sur la demande de ses confrères d'Australie que la Société a pris soin de ces animaux, afin qu'ils fussent bien reposés avant d'entreprendre le voyage des antipodes. La Société zoologique héberge dans son jardin à Londres deux beaux Anes de Catalogne, destinés à la province de Queensland. M. J. W. Buckland, qui a déjà procuré à la colonie australienne ce couple, y a joint quatre Perdrix, ainsi que douze Faisans, ces derniers offerts à la Société d'acclimatation de Brisbane par M. Holford, membre du parlement britannique. De son côté, la Société d'acclimatation de Londres a expédié à celle de Brisbane, dans des cages séparées et avec les approvisionnements de nourriture nécessaires pour chaque espèce pendant ce long trajet, un convoi de dix Faisans, seize Grives, six Merles et dix-huit Alouettes.

Quoique la Société ait renoncé temporairement à ses opérations de pisciculture, M. Frank Buckland les a continuées pour son propre compte, sur une assez grande échelle. Il a fait éclore chez lui plus de trente mille œufs de Saumon, et a pu organiser des échanges avec M. Coumes d'Huningue, en France; avec le docteur Scheam, directeur du Jardin botanique de Bruxelles; avec M. Adam d'Aberdeen, qui s'occupe d'empoissonner la Dee et le Don en Écosse; avec M. J. Miller, des pêcheries de Galway, en Irlande; avec M. A. Miller, inspecteur des pêcheries de Saumons de la Wye, en Angleterre, et avec plusieurs membres de la Société et autres, qui ont établi chez eux des appareils réussissant fort bien. M. Buckland a également installé des appareils dans le parc de Windsor, dans le Jardin de la Société d'horticulture, et a distribué des œufs et des poissons au Jardin de la Société zoologique, au Palais de cristal à Sydenham, etc.

De nombreux spécimens du *Silure* (*Silurus glanis*) ont été envoyés en Angleterre par sir Stephen Lakeman, qui réside aux environs de Bucharest. Onze de ces poissons ont été placés chez M. Highford Burr, à Aldermaston (Berkshire), et treize autres chez M. Francis, à Twickenham, près de Londres. Les premiers pesaient un quart de livre chacun et avaient 14 pouces de longueur lors de leur arrivée chez M. Burr, qui leur a réservé exclusivement un étang traversé par une eau courante, où on leur jette leur nourriture chaque jour. Le Silure croît très-rapidement dans son pays natal, et pèse jusqu'à 400 et 500 livres. La tête desséchée d'un individu de cette espèce, que M. Buckland a reçue du docteur Jæger de Vienne, ne mesure pas moins de 1 pied 2 pouces de longueur, et 2 pieds 11 pouces et demi de circonférence. La Société doit également à sir Stephen Lakeman le don de plusieurs spécimens d'un autre curieux poisson, provenant des étangs de la Valachie, et qu'on appelle le *Poisson tonnerre*.

Par les soins de M. Ramel, M. Bush a reçu un certain nombre de graines du Ver à soie dit *Yama-maï*, qui se nourrit des feuilles du Chêne. Ces graines ont éclos dans d'excellentes conditions, et les Vers semblent dévorer avec beaucoup d'appétit les feuilles du Chêne anglais. Les Vers de l'Ailante continuent à prospérer entre les mains de lady Dorothy Nevill.

La Société de Londres publie, à la suite du compte rendu de ses propres opérations, le troisième rapport annuel du Comité d'acclimatation, fondé dans l'île de Guernesey sous ses auspices, et qui compte actuellement dix-neuf membres. L'année précédente, des échantillons de tuiles couvertes d'Huîtres de divers âges, apportés de Bretagne par MM. Lowe et Tupper, avaient été exposés publiquement, et avaient vivement frappé l'attention des pêcheurs et d'autres habitants de l'île. L'idée de se livrer à la culture artificielle de ce précieux mollusque germa rapidement, et déjà douze ou treize compagnies se sont formées et ont obtenu à bail de la couronne, moyennant une modique redevance, le droit d'établir des parcs à Huîtres sur certaines parties du littoral. Des capitaux considérables ont été engagés dans ces opérations. Le Comité remarque avec satisfaction que les enclos avaient généralement résisté aux tempêtes hivernales ; seulement, de même qu'on l'a constaté sur les côtes d'Angleterre et d'Irlande et même à l'île de Ré, le naissain qui s'est fixé sur les appareils collecteurs ne se montre pas aussi abondant que dans d'autres années, et il est mêlé de beaucoup de jeunes Anomies, espèce non comestible. Le Comité engage les ostréiculteurs à faire usage des derniers perfectionnements introduits par M. le docteur Kemmerer, en France, et rappelle la recommandation, faite par la Société de Londres, de ne pas se borner aux espèces indigènes, mais d'essayer d'acclimater l'Huître d'Amérique et celle du Cattégat.

On a compris aussi à Guernesey l'importance qu'il y aurait à installer des réservoirs où le poisson de mer puisse vivre et se reproduire, et d'où on le tirerait pour approvisionner le marché les jours où l'état du temps ne permet pas aux pêcheurs de sortir. Un membre du Comité, M. Collings, a acquis à cet effet l'étang situé près de Vale-Church, bassin naturel où la marée vient se mêler aux eaux douces qui y affluent de l'intérieur de l'île. Des grilles placées aux débouchés de l'étang, convenablement approfondi et entouré de hauts murs pour le garantir contre les maraudeurs, empêchent le poisson qu'on y a placé de s'échapper, et toutes les mesures sont prises pour atteindre le but proposé, déjà si heureusement réalisé en France.

Les tentatives faites pour obtenir la reproduction du Hocco et du Pigeon wonga-wonga sont demeurées inefficaces, bien qu'on eût placé près de l'espèce australienne des Pigeons ordinaires, dans l'espoir de les encourager par l'exemple.

Les Vers d'Ailante ont réussi toutes les fois qu'on a pu les préserver de la voracité des oiseaux et des fourmis. Quatorze cocons ont donné trois papillons, qui ont pondu des œufs fécondés. M. Willis a reconnu que le meilleur moyen de préserver les larves du *Bombyx Cynthia* consiste à planter l'Ailante en haies serrées et basses, que l'on recouvre d'un filet tendu horizontalement sur des perches. Cette méthode est précisément celle que M. le docteur Forgemol a conseillée aux éleveurs français dans le *Bulletin* de la Société d'acclimatation de Paris. Avec ces précautions, les éducations en plein air offrent plus de chances qu'en chambre ; mais il ne faut pas laisser les cocons sur la plante, de crainte qu'ils ne se dessèchent et ne perdent de leur vitalité.

Parmi les végétaux exotiques déjà naturalisés en grand nombre à Guernesey, le Comité signale le *Gunnera scabra*, à cause de ses propriétés utiles. Au Chili, d'où cette plante est originaire, on en retire une belle teinture noire, et, dans le tannage des cuirs, elle leur procure une souplesse plus grande que lorsqu'on emploie les procédés ordinaires. Apportée d'abord en

Belgique, sa richesse en tannin l'a fait préconiser comme une plante industrielle. pouvant se cultiver dans le Midi en guise de succédané de l'écorce de Chêne. Les essais faits pour la répandre en Angleterre paraissent avoir échoué presque partout ; tandis qu'à Guernesey ses feuilles mesurent jusqu'à 7 pieds 4 pouces de diamètre et 22 pieds de circonférence. Ajoutons qu'en Amérique, le naturaliste Darwin a trouvé, pour les mêmes dimensions, 8 et 24 pieds, et nous pourrons conclure de ces chiffres que déjà le *Gunnera scabra*, tel qu'il est acclimaté à Guernesey, n'est pas loin d'atteindre en Europe le développement qu'il offre sur son sol natal. Il serait donc intéressant de soumettre à l'analyse chimique ses feuilles, ses épis, ses tiges et ses racines, afin de s'assurer s'il contient en quantité appréciable le tannin, qu'il fournirait à bon marché, en raison de sa facile propagation. Il croît en effet rapidement, et n'exige d'autre soin que d'en placer les graines ou les boutures dans un terrain humide, abrité par des arbres. M. Elliott Hoskins termine son rapport en annonçant que le docteur Collings a semé des graines de Nardou, plante alimentaire à l'usage des indigènes de l'Australie, et de l'herbe dite *Elephant grass*. Tous deux ont bien poussé. Le Pois de la Jamaïque et la Fève de Lima, tout en présentant une végétation magnifique, n'ont pas encore donné de gousses, malgré des tentatives souvent renouvelées pour les amener au point de fructification.

I. TRAVAUX DES MEMBRES DE LA SOCIÉTÉ.

DES MOYENS LES PLUS EFFICACES POUR PRÉVENIR LA DESTRUCTION DES OISEAUX DE PASSAGE,

Par M. le docteur L. TURREL,
Membre et délégué à Toulon de la Société impériale d'acclimatation (1).

> « Tous les efforts tendant à empêcher les énormes dégâts commis par les insectes doivent être internationaux..... Toute l'Europe doit y prendre part, et la zoologie pratique a aussi bien le droit que le devoir de combattre sans relâche, pour que la protection des oiseaux utiles (car ceux-ci se répandent sur un continent entier) devienne un article du droit des peuples. »
>
> (*Lettre de M. le professeur Gloger, de Berlin, à Isidore Geoffroy Saint-Hilaire.*)

I

L'idéal des sciences naturelles est la découverte des lois qui régissent les rapports des êtres. C'est à ce résultat que doivent, en effet, aboutir les recherches des savants, qui, après de longues et patientes investigations de détails, sur la structure apparente et intérieure des corps, après des études laborieusement continuées sur les mystères de la vie individuelle, sur la formation des espèces et des races et sur leurs mutuels rapports, arrivent enfin à la formule qui résume tous ces travaux.

C'est alors qu'une vue d'ensemble est possible sur la création : c'est alors que de ces détails accumulés, de cette masse de faits groupés dans une confusion apparente, de ce semblant d'anarchie, de cette mêlée d'antagonismes et de luttes que les mœurs des êtres vivants nous ont révélés, se dégage la conception d'un plan providentiel, d'une harmonie préétablie par l'éternelle Sagesse, de lois admirablement

(1) Ce mémoire a été envoyé au Congrès de Berne par M. le docteur Turrel qui avait été délégué par la Société impériale d'acclimatation pour le présenter et en soutenir les conclusions. Mais l'épidémie de choléra régnant à Toulon a retenu notre délégué dans la ville qu'il habite et l'a empêché de remplir sa mission.

combinées pour le maintien de l'équilibre dans le mobilier vivant de notre globe. Si l'ordre a été altéré réellement, c'est que l'homme est intervenu, trop souvent avec ignorance, apportant le trouble et les fléaux, où Dieu avait préparé la pondération et l'harmonie.

Dans le plan providentiel, cependant, l'action perturbatrice d'une force supérieure et douée de raison a été prévue. L'homme, appelé à gouverner la terre, devait en modifier les conditions naturelles, avec une puissance proportionnée à l'énergie et à la direction de ses aptitudes. L'équilibre établi entre les diverses créatures ayant été rompu au gré des besoins ou des caprices du roi de la création, il en est résulté des modifications plus ou moins graves des conditions naturelles de notre planète. C'est par la souffrance que l'homme a été averti qu'il se trompait, qu'il sortait des voies tracées par le Créateur à notre terre. C'est par la science que, pénétrant peu à peu dans les secrets de la vie, il parviendra à connaître ce qu'il doit faire, pour rétablir l'équilibre fâcheusement compromis par son ignorance. Il faut, pour cela, qu'il conforme ses actes aux lois de Dieu. — C'est alors seulement qu'il rétablira l'harmonie dont l'altération est évidente pour les observateurs les plus superficiels.

Ce que nous disons du monde physique est aussi vrai du monde moral ; mais ici s'arrête notre compétence, et nous n'avons à étudier dans le plan de la création, qu'un détail, plein d'intérêt et de grandeur, il est vrai, celui de l'équilibre entre la vie végétale et la vie animale au moyen des oiseaux.

Dans les pays où l'homme n'a pas approprié le sol à ses besoins de civilisation, le végétal couvre de ses espèces herbacées ou arborescentes de vastes espaces, suivant les conditions favorables qu'il rencontre au développement de quelques-unes de ses innombrables tribus.

Chaque végétal est à son tour le support et le moyen d'existence d'un ou de plusieurs animaux. Ce sont surtout les insectes qui attaquent chaque espèce végétale, avec un appétit insatiable, un luxe inouï de moyens de destruction, servis par une prodigieuse fécondité qui menacerait de supprimer la végétation, si l'architecte suprême n'avait placé à côté de l'insecte son antagoniste, le modérateur efficace de sa multiplication, l'oiseau.

II

L'insecte est donc l'ennemi naturel du végétal, parce qu'il s'en nourrit.

L'oiseau est l'ennemi naturel de l'insecte, parce qu'il en fait sa pâture.

L'homme est devenu l'ennemi le plus acharné de l'oiseau, parce qu'il a trouvé que sa chair est d'une extrême délicatesse.

Mais, comme en toutes choses, l'homme n'a pas su conserver la mesure : au lieu d'user d'une précieuse ressource alimentaire et d'une jouissance de luxe, il a abusé. Il a chassé à outrance l'oiseau, son auxiliaire le plus actif, le seul efficace contre les attaques de l'insecte. Il a presque détruit les infatigables tribus ailées que Dieu avait créées pour protéger ses cultures : voilà pourquoi nous voyons nos campagnes vouées, par cette lacune que nous faisons journellement dans la pondération des êtres, aux ravages de l'infiniment petit rongeur que notre vue ni notre main ne sauraient atteindre.

Cet abus, cette imprévoyance, cette ingratitude de l'homme envers l'oiseau, sont aujourd'hui compendieusement démontrés. Cependant, il n'est pas inutile d'insister sur les services que nous rendent les oiseaux, bien autrement utiles aux sociétés civilisées qu'aux agglomérations barbares ou sauvages, et de montrer quels dangers résultent, pour nos cultures, de la presque disparition des oiseaux les plus utiles, les oiseaux dits de *passage*.

Pour signaler les moyens les plus efficaces de prévenir leur destruction imminente, il sera aussi nécessaire que nous examinions quelles sont les causes réelles de la diminution tous les jours plus menaçante des insectivores, et comment il est possible de les atténuer, sinon même de les faire cesser.

Nous avons dit que, dans l'harmonie naturelle de la planète, les végétaux se développent dans les localités favorables à leur existence. Les plantes finiraient donc par envahir complétement de vastes espaces, si l'insecte n'avait été prédestiné à en modérer l'extension indéfinie. C'est ce qui s'observe encore de nos jours, dans les forêts vierges du nouveau monde, à peine entrevues par l'homme sauvage, et livrées à peu près exclusivement aux seules actions naturelles.

Mais l'homme civilisé vient, au gré de ses besoins ou de ses convenances, abattre de grandes forêts, découvrir et livrer aux influences directes du soleil d'impénétrables marécages, et enrichir la solitude de cultures spéciales, qui, faisant revenir sur le même sol certains végétaux utiles, remplaceront par une nourriture accumulable les ressources précaires de la chasse ou de la pêche.

Par cette substitution de la culture à la forêt, l'homme rompt l'équilibre des harmonies naturelles. L'oiseau ne trouve plus ses abris et sa pâture sous le dôme vert des végétaux ligneux auxquels il confiait son nid. Certaines espèces d'insectivores tendent donc, dans les lieux déboisés, à disparaître ou à devenir plus rares, indépendamment de la destruction inconsidérée dont ils sont directement victimes, par le fait de l'homme lui-même.

Le manque d'abris, par suite de la suppression des forêts, a aussi pour effet de livrer l'insectivore aux attaques des oiseaux de proie, auxquels il échappait plus facilement, au milieu du fouillis d'arbres qui contrariait l'essor des grands voiliers aux gênantes envergures.

Dans les vastes forêts, il y avait des myriades d'insectes, mais répartis sur l'innombrable variété des végétaux qui couvraient le sol, et maintenus dans des proportions raisonnables par les oiseaux qui animaient la solitude et protégeaient, autour de leurs refuges, des périmètres étendus. C'est là, il ne faut pas l'oublier, une des fonctions utiles et d'intérêt général des grands bois.

Les forêts supprimées, l'homme a cultivé, sur un espace plus ou moins étendu, un certain nombre de plantes appropriées à ses besoins, et dès lors, il a, par cela même, cultivé en même temps l'insecte parasite de ces végétaux. Ces insectes, comme leur support, ont régné sur d'immenses étendues. Ce ne sont plus les Scolytes des bois qui ont dominé : ce sont les Pyrales et l'Eumolpe de la vigne, l'Alucite et le Charançon des blés, la Teigne et le Dacus de l'olivier qui se sont multipliés d'une façon excessive, comme les végétaux aux dépens desquels ils vivent.

Mais l'oiseau était loin de se multiplier dans la proportion de l'insecte. Non-seulement les vastes plaines consacrées aux céréales n'offraient plus l'abri des bois nécessaire aux jeunes couvées, mais encore l'Alouette protectrice des moissons et amie des plaines découvertes, succombait par myriades, dans les piéges que lui tendait l'homme, son plus infatigable destructeur, et l'insecte, devant la moisson plantureuse à laquelle nous semblons le convier à plaisir, multipliait en paix et à notre grand dommage ses innombrables et dévorantes légions.

Nous avons eu raison d'avancer que les oiseaux insectivores sont plus utiles aux sociétés civilisées, chez lesquelles la culture est intensive, qu'aux barbares qui cultivent peu ou mal, et aux sauvages qui ne cultivent pas du tout. Plus les peuples s'élèvent dans l'échelle de la civilisation, plus ils ont besoin du concours de l'oiseau pour protéger leurs cultures contre l'envahissement des insectes, et plus il semble que par une aberration déplorable, les peuples civilisés augmentent contre les oiseaux les moyens de destruction.

Si l'insouciance et l'absence de préoccupation du lendemain, sont le trait distinctif des sociétés enfantines, au point de vue de l'aliment et de l'abri, l'imprévoyance et l'égoïsme insolidaire pour les plus grands intérêts sociaux sont la caractéristique des sociétés civilisées.

User et abuser, sans souci du dommage qui en résulte pour les voisins ou les descendants, voilà le funeste résultat de la propriété individuelle, voilà la tendance qui a conduit au déboisement des montagnes, à la formation des torrents dévastateurs et par suite aux inondations, à la destruction du sol cultivable des terrains en pente, par le ravinement et les intempéries de l'hiver. C'est cet égoïsme à courte vue qui a fait de la chasse un métier, de la destruction du gibier une industrie, et de tous les consommateurs des oiseaux en temps prohibé des complices d'une atteinte aux droits sociaux, du gaspillage de la fortune publique.

Un jour viendra, où l'association étendant ses bienfaits sur les propriétés agricoles comme elle l'a fait sur les capitaux, l'esprit de prévoyance et de solidarité se développera par la mise en jeu de l'intérêt personnel bien entendu. Mais actuellement, c'est à l'État représentant les intérêts de tous, c'est à la commune, germe embryonnaire de la société, qu'il appartient de reboiser les montagnes, de conserver les forêts en plaine, et de protéger les oiseaux.

L'intervention de l'État, dont on a tant abusé, et qu'il ne faut réclamer que le plus rarement possible, est donc ici parfaitement légitime et même indispensable. Le gouvernement, en effet, représente les intérêts collectifs, aujourd'hui à l'état d'incohérence, d'insolidarité, quelquefois même d'antagonisme : il peut donc, seul, limiter, au profit de tous, l'abus du droit de jouissance, qui compromet gravement l'agriculture, et introduit un nouvel élément perturbateur dans la solution du problème social des subsistances.

III

Presque tous les oiseaux, en effet, se nourrissent d'insectes destructeurs de nos aliments, les uns exclusivement et d'une manière absolue, les autres par occasion et pendant une certaine période de leur existence; d'autres, enfin, associent l'insecte à leur régime dans une proportion plus ou moins notable. A part les Pigeons, qui sont complétement granivores, et les Rapaces, qui se nourrissent de la chair d'autres animaux, nous ne connaissons point de familles d'oiseaux qui ne comptent des chasseurs d'insectes, et qui ne méritent, par conséquent, notre intérêt et notre protection.

Des erreurs intéressées ou involontaires ont été longtemps accréditées contre la plupart des oiseaux sédentaires ou de passage. Il appartenait à un savant français, à M. Florent-

Prévost, de donner la démonstration expérimentale du régime presque universellement insectivore des oiseaux de passage, par l'examen de leurs estomacs. Ce mode de vérification est irréfutable, à la portée de tout le monde, et permet d'apprécier les services rendus par les oiseaux à l'agriculture.

Un cultivateur normand qui faisait garder son champ nouvellement ensemencé contre les prétendus larcins de vols de Corneilles qui s'y abattaient en grand nombre, étant parvenu à en tuer quelques-unes et en ayant fait l'autopsie, remarqua qu'elles n'avaient dans le gésier que des vers, des larves de hannetons et d'autres insectes nuisibles, tandis qu'il ne s'y trouvait pas un seul grain de blé.

Mieux avisés, les cultivateurs de la Sarthe assurent que les Freux, variété de la Corneille, protégent les grandes fermes, près desquelles ils s'établissent, contre les rongeurs, les vers blancs et les reptiles venimeux; aussi les associations agricoles de ce département ont-elles interdit le tir de ces oiseaux, et l'on sait qu'en Angleterre, où les cultures sont conduites avec tant d'intelligence, les propriétaires aiment à voir ces curieuses républiques noires se fixer sur leurs domaines, d'où elles chassent les animaux malfaisants.

Il est aussi facile de vérifier par l'examen du gésier des Alouettes, que s'il s'y trouve quelques grains de blé, on y rencontre en abondance des vers, des grillons, des sauterelles, des œufs de fourmis, des élatérides, des cécydomies du froment et le taupin des moissons qui naît de la larve redoutable connue sous le nom de *ver jaune*.

Or, tous ces petits insectes détruisent d'énormes quantités de blé. MM. Charles Bazin, Géhin et Châtel ont constaté les ravages causés sur les froments par ces insectes, ravages, qui, au rapport de M. Géhin, ont été, en 1856, pour le seul département de la Moselle, d'une valeur de quatre millions de francs. N'est-ce donc pas, comme nous le disions, une question sociale que la conservation des oiseaux qui débarrassent nos froments d'hôtes aussi dangereux?

Dans une très-intéressante notice publiée par le *Bulletin* de la Société impériale d'acclimatation, sur la conservation des espèces utiles, M. de Jonquières-Antonelle cite ce fait curieux :

Dans le Beaujolais et dans quelques autres contrées vinicoles du Midi, les agriculteurs remarquaient jadis, à la belle saison, des troupes d'oiseaux envahissant les vignes, et faisant sur les ceps un travail analogue à celui du Pivert sur les Chênes : « C'était un bruit incessant, répété et comparable à celui des Cigales », dit un praticien du Midi, qui se souvient d'avoir fait cette observation, au temps où les diverses maladies de la Vigne ne se produisaient pas ; et déplorant le départ, indéfini peut-être, de ces oiseaux utiles, la même personne a constaté douloureusement celui d'un fort grand nombre d'autres espèces insectivores.

Ces espèces protectrices de la Vigne appartenaient surtout au genre Traquet et au genre Fauvette. Bien que nos souvenirs d'enfance ne remontent pas très-haut, nous nous rappelons avoir vu, au printemps, nos Vignes de Provence couvertes de Traquets (Vitcharcha de Provence) et de Traquets tariers (Grasset) ; on n'en revoit plus aujourd'hui que de rares représentants. Ces oiseaux, ainsi que la Mésange et les diverses Fauvettes, se nourrissent des larves de la Pyrale, de l'Attelabe, de l'Eumolpe et de la Teigne. Or, l'administration des contributions évalue à 34 080 000 francs, soit plus de 3 millions par an, les dommages causés par la Pyrale, de 1828 à 1837, dans vingt-trois communes du Mâconnais et du Beaujolais (Victor Audoin).

Le Moineau, si décrié par Bosc et par Valmont de Bomare, qui veut que sa tête soit mise à prix, a été réhabilité par MM. Ray, Châtel et Florent-Prévost.

M. Ray plaça au mois de mai, dans une cage, un nid de moineaux francs. Pendant douze jours, la moyenne des carapaces de hannetons apportés par les parents pour la nourriture des jeunes fut chaque jour de soixante à soixante-cinq.

Si l'on fait entrer en ligne de compte les hannetons consommés par les parents, approximativement 25 par jour, on trouve un total de 1000 hannetons détruits en douze jours, par une seule nichée de moineau franc ; en admettant les femelles pour moitié dans ce total, on a 500 femelles qui auraient pondu 12 500 œufs, et la descendance de ces germes peut se compter par millions au bout de trois ou quatre générations.

Le même chiffre de destruction des hannetons a été obtenu par l'observation d'un couple de moineaux francs : leur nid avait été établi sur une terrasse de la rue Vivienne, à Paris, où cependant les débris de nos aliments leur fournissaient une abondante nourriture qui semblait devoir les dispenser des fatigues de la chasse. M. Florent-Prévost, qui tenait ce fait de M. Ray, le raconta à M. le sénateur Bonjean, au remarquable rapport duquel nous l'empruntons.

Le nombre des élytres de hannetons recueillis par M. Ray et rejetés du nid était de 1400. C'étaient donc 700 hannetons détruits pour l'alimentation d'une seule couvée, et il faut admettre que le ménage en consommait, pour son compte, une notable quantité.

R. Bradley, cité par M. Domenico Sacchi, professeur d'agriculture à Turin, évalue à 3360 insectes, larves, sauterelles, scarabées, vers et fourmis, la matière alimentaire qu'emploie chaque semaine un couple de moineaux pour la nourriture de sa couvée.

On voit donc quels sont les services rendus par cet oiseau, si calomnié parce qu'il prélève une dîme un peu large sur nos grains et sur nos fruits. Outre qu'on a exagéré beaucoup le bilan de ces larcins, l'histoire nous rapporte ce qui est arrivé partout où l'on a essayé de le détruire.

L'Angleterre, la Prusse, la Hongrie, le pays de Bade, avaient fait une guerre d'extermination à cet auxiliaire, d'autant plus précieux qu'il se multiplie, de préférence, près des habitations et dans les lieux où le sol est le plus divisé : au bout de peu d'années, ces pays de proscription pour le moineau ont dû le réintroduire à grands frais, parce qu'aucune culture n'était plus à l'abri du ravage des insectes. (Tschudi.)

Une noble dame, patronnesse de la Société protectrice des animaux à Paris, Lady Gordon, dans une lettre écrite à M. Châtel de Vire, qui l'a publiée, cite ce fait bien constaté dans l'ouvrage de Mac-Gillivray sur les oiseaux que, « les jardins potagers des environs de Londres ne pourraient pas fournir un seul chou au marché de cette ville, sans les moineaux aux recherches desquels n'échappent pas ces larves (chenilles) qui, déposées tous les ans sous forme d'œufs, sur les feuilles, et cachées à la vue de l'homme, auraient bientôt pris tout leur développement et porté la disette au foyer des cultivateurs de ces jardins. »

Si ce sont là les incontestables mérites d'un oiseau de mœurs sédentaires et dont la nourriture se compose surtout de grains et de fruits, les oiseaux de passage dont nous avons surtout à nous occuper, et dont le régime est exclusivement insectivore, nous rendent à l'envi d'inappréciables services aussi gratuits que mal récompensés.

L'Hirondelle, outre les mouches et les moucherons qu'elle happe dans ses gracieuses et rapides évolutions, saisit les cécydomies, les élaters, les taupins du blé et les altises ou puces de terre, ce grand ennemi des colzas, des choux et des navets.

Un cultivateur de Chemillé (Maine-et-Loire), cité par M. Châtel, raconte qu'une luzerne, attaquée et à moitié dévorée par les altises, fut sauvée en quelques jours par le retour des Hirondelles, qui trouvèrent dans son champ une abondante pâture.

Dans le gésier d'un Martinet, M. Florent-Prévost a compté 680 insectes, dont le plus grand nombre se composait de nitidules, coléoptères plus petits qu'un grain de millet, et dont la larve vit aux dépens des écorces des arbres.

Le Martinet avait été tué vers le soir, et cette masse d'insectes se trouvait encore intacte. Or, comme les Martinets chassent deux fois par jour, un peu après l'aurore et un peu avant le crépuscule, on peut en conclure qu'un seul Martinet détruit de dix à onze mille insectes par semaine.

Dans les hautes régions de l'air qu'il fréquente, le Martinet rencontre surtout les insectes qui s'élèvent très-haut dans l'atmosphère pendant les soirées calmes de la belle saison. Les scarabées, les hémiptères, disparaissent dans la vaste ouverture de son bec, aussi bien que les tipules et les cousins microscopiques qu'il engloutit par myriades.

L'Engoulevent, grande Hirondelle crépusculaire, se nourrit de hannetons, de stercoraires et d'insectes nocturnes auxquels il fait la chasse la plus active.

Le Guêpier, ce magnifique oiseau qui passe dans nos régions vers le mois de mai, après avoir fait sa ponte dans les ravins des bois des Maures, dont il fouille la berge de ses pattes courtes et robustes pour y creuser la cavité protectrice de son nid, se nourrit de guêpes, de frelons, d'abeilles, de bourdons, qu'il saisit adroitement de son bec aussi largement ouvert que celui de l'Engoulevent, dans ses rapides et incessantes évolutions.

Le Loriot fait justice des insectes destructeurs des bois : les noctuelles, les lasiocampes, les sphinx, les charançons du Sapin, la guêpe cartonnière dont l'aiguillon est si dangereux.

L'Étourneau débarrasse les troupeaux de la vermine qui les infeste ; de plus, comme le Merle et la Grive, ses congénères, il détruit les sauterelles, les limaces et limaçons, les mordelles, les vers de terre, et une infinité d'insectes qui vivent aux dépens de la Vigne.

Le Coucou a pour spécialité la recherche des chenilles velues des bois que peu d'autres oiseaux peuvent manger, et de processionnaires que les insectivores évitent, et dont le contact est malsain. On peut compter qu'il détruit toutes les cinq minutes au moins une chenille, environ cent quatre-vingts en un jour, dont les poils restent attachés à la membrane muqueuse de l'estomac, et souvent la tapissent entièrement.

Le Vanneau est pour l'homme un précieux auxiliaire, car il le défend contre les effroyables ravages du taret, ce destructeur des constructions navales et des digues de la Hollande. Cependant, sur les plages où il aime à établir sa résidence d'amour, depuis l'Elbe jusqu'à l'Oder, cet oiseau est l'objet d'une exploitation aussi cruelle qu'inintelligente. Les Allemands recherchent ses œufs, dont ils sont très-friands, de sorte que le malheureux couple spolié est obligé de faire une seconde ponte, ou de renoncer à élever une famille.

C'est donc une grave atteinte portée à la multiplication d'une espèce, dont il faudrait, au contraire, soigneusement protéger les couvées.

Le Héron garde-bœuf défend au pâturage les troupeaux contre les mouches bovines et les tiquets. C'est une race rare et proscrite, malgré les services qu'elle peut rendre. Elle a le malheur de tenter les assassins par son beau plumage blanc. (Toussenel.)

Passons maintenant aux auxiliaires plus directs de l'agriculture.

Le Pic, cet infatigable forestier, si étrangement accusé d'attaquer les arbres sains, qu'il creuserait pour le plaisir d'un travail pénible et sans but, est incontestablement le meilleur et le plus sagace destructeur des larves qui vivent aux dépens des bois.

Son bec robuste fouille les profondeurs des galeries creusées par les vers, et va les saisir au fond de leurs mines. Le Pivert, les Pics cendré, noir et tridactyle, ne s'attaquent jamais à des arbres sains, mais seulement à ceux qui sont pourris ou atteints par des insectes. Ils détruisent ainsi d'énormes quantités de noctuelles, de lasiocampes, de sphinx du pin, de hilotomes ; ils attaquent aussi les guêpes du Bouleau, les bostrychins du Pinastre, les charançons du Sapin, enfin des masses de fourmis sur lesquelles ils dardent leur langue longue et gluante.

« L'été dernier, dit M. Aimé de..., je me promenais dans une allée de mon parc, lorsque je vis un Pivert se placer à une cinquantaine de pas devant moi, regarder s'il était épié, puis se coucher et faire le mort, étendu, immobile, la langue tirée démesurément. De temps à autre, il la faisait rentrer dans son bec ; près de lui, était, dans l'allée, une fourmilière souterraine. Les fourmis sortant de leur demeure, croyaient voir dans le Pivert un être mort, et s'amoncelaient sur sa langue pour la dévorer ; mais le contraire arrivait : lorsque la langue du Pivert était couverte de fourmis, il les avalait. — Il recommença ce manége jusqu'à ce qu'il fût complétement rassasié. Alors il courut vers son nid pour porter la nourriture à ses petits. Je remarquai, pendant plusieurs jours, la même manœuvre. » (*Les Mondes.*)

Les Grimpereaux et les Sitelles cherchent constamment les larves et les œufs des insectes, sur les écorces des arbres. Ils détruisent aussi les cloportes et les femelles de guêpes qui hivernent dans les troncs creux et près de terre.

La Fauvette fait la chasse la plus active aux mêmes insectes, et de plus aux mouches, aux pyrales de la Vigne, aux pucerons, aux bruches, aux taupins, aux cécydomies du froment, aux cynips du Chêne, aux charançons, aux calandres et aux sauterelles.

La Mésange si féconde et si avide d'insectes, puisque c'est par centaines qu'elle donne en pâture les chenilles à ses jeunes couvées, est le plus merveilleux échenilleur des vergers et des bosquets. De plus, elle débarrasse les plantes des pucerons qui en soutirent les sucs, et consomme, pendant l'hiver, des millions de ces œufs que les insectes pondent si prodigieusement. Une seule Mésange en détruit plus de 200 000 dans une seule année (Glóger). — M. Girardeau-Leroy a constaté, par expérience directe, qu'en vingt et un jours, temps nécessaire aux Mésanges pour élever leurs petits, une nichée de ces oiseaux avait consommé 45 000 chenilles, et la Mésange fait jusqu'à trois nichées par an. (*Bulletin de la Société protectrice des animaux*, 1857, page 125.)

Le Troglodyte, le Roitelet huppé, les plus petits des insectivores, fournissent par jour à leur couvée 150 chenilles. De plus, ils détruisent, pendant l'hiver, d'innombrables quantités d'œufs d'insectes, qu'ils quêtent très-adroitement sur les troncs d'arbres et sous les feuilles.

Que dirons-nous du Rossignol, cet infatigable destructeur des cossus, des scolytes et des œufs de fourmis, ce chantre merveilleux des nuits du printemps, qui ne trouve pas grâce devant les destructeurs d'oiseaux, malgré son double mérite d'ouvrier et d'artiste.

Le Rouge-gorge est l'émule du Rossignol dans sa quête incessante des larves et des œufs d'insectes. Mais vainement il égaye les froides matinées d'hiver par son petillement familier : il tombe dans les piéges assassins ou sous le plomb, au-devant desquels il court, près de nos habitations, avec une confiance trop aveugle.

Il nous semble inutile d'insister plus longuement sur les services que nous rendent les oiseaux et sur la protection qui leur est due, puisque la Fauvette et le Rossignol sont devenus presque des mythes, même en France, leur séjour de prédilection.

IV

Comment s'est produite cette destruction inconsidérée. Quels sont les moyens de l'arrêter, d'y remédir? Tels sont les deux points que nous allons successivement étudier.

Nous avons indiqué une cause naturelle de la diminution des oiseaux, dans l'étendue croissante des cultures et la destruction des bois. Mais le véritable motif de la calamité qui menace notre agriculture par la disparition des insectivores, c'est d'une part le braconnage et le massacre auquel se livrent les chasseurs avec toutes sortes d'engins meurtriers, et d'autre part, le pillage des nids et des couvées par les enfants et par les animaux de proie.

Le braconnage, en effet, doit s'entendre, non-seulement de la destruction en tout temps et par des moyens illicites du gibier proprement dit : Perdrix, Caille, Faisan, Lièvre, Lapin, Chevreuil, mais encore de l'effrayante boucherie des oiseaux de passage ou sédentaires, au moyen des engins prohibés ou de l'empoisonnement.

Voyons comment il procède dans les divers pays de l'Europe, et dans les régions situées autour du bassin de la Méditerranée, route habituelle des migrations annuelles des oiseaux.

En France seulement, depuis le département des Alpes-Maritimes jusqu'aux Pyrénées-Orientales, toutes les hauteurs de la côte sont garnies de piéges et d'engins de chasse : trappes, raquettes, gluaux, filets, tout est mis en usage pour saisir et tuer les pauvres voyageurs au moment où ils accomplissent leur migration providentielle.

Dans certaines gorges des Pyrénées-Orientales, la chasse au filet donne à chaque chasseur, dans une demi-journée, de 200 à 300 oiseaux, et cette chasse se continue pendant les mois de mars et d'avril. Or, le chiffre de cette capture se multiplie par un nombre de chasseurs qui n'est pas inférieur à 50 pour ce seul département. C'est donc, dans les *bonnes journées*, une capture de 10 000 petits oiseaux.

Dans le Var, les Bouches-du-Rhône et les Alpes-Maritimes, les Génois, grands chasseurs aux gluaux, s'établissent sur un olivier qu'ils louent au propriétaire jusqu'à 40 ou 50 francs pour la saison. Ils couvrent l'arbre de leurs perfides baguettes, et prennent journellement dans les jours de passage jusqu'à trois ou quatre cents oiseaux. M. Pellicot, président du comice de Toulon, cite un seul tendeur de gluaux, M. Brémond fils, négociant en cuirs, un simple amateur, qui, en 1858, prit pendant la saison, 1800 oiseaux. En 1859, le chiffre de ses captures descendit à 800, et en 1860, à 600. Effrayé de cette rapide diminution, M. Brémond renonça aux gluaux. Il ne chassait que les dimanches et jours de fête : que l'on juge de ce que font journellement les tendeurs de profession, braconniers de la pire espèce, et par quel chiffre se solde annuellement le ravage de leur abominable industrie, si nous ajoutons, que pour notre seul département, sur une étendue de côtes de 20 kilomètres à l'est de Toulon, il y a plus de cent chasseurs aux gluaux, et qu'il n'en manque pas à l'ouest. (Pellicot.)

Dans le Languedoc, c'est par milliers que l'on prend les Cailles qui viennent, en avril et en mai, s'abattre sur le rivage, pour gagner les régions où elles couvent. Les appréciations les plus modérées évaluent à 20 000 le nombre des Cailles détruites à cette époque dans le seul département de l'Hérault. (Pellicot.)

Dans un excellent opuscule intitulé : « Ne tuez pas vos amis, » M. H. Lasserre raconte qu'il a vu à Nice les habitants rangés en deux files sur les rives du Paillon, avec des perches, pour abattre les pauvres Hirondelles, qui, affamées, fatiguées de la traversée, venaient y chercher des larves de moustiques.

C'est avec raison que l'on a reproché aux départements

méridionaux les abus de leur chasse destructive aux insectivores. Que dire des massacres organisés dans les départements de l'Est? Écoutons, à ce sujet, l'éloquente plainte d'un écrivain qui s'est fait avec infiniment de sens et d'esprit l'avocat des espèces victimes.

« J'ai vu en Lorraine, dit Toussenel, dans mon enfance, tous les sentiers et toutes les lisières des bois, tous les mangeoirs et tous les abreuvoirs quelconques des forêts, garnis pendant des vingtaines de lieues de suite, de piéges si serrés et si drus, qu'il était à peu près impossible aux malheureuses espèces obligées de passer par cette voie scélérate, de mettre pied à terre sans tomber dans un guet-apens... La fortune territoriale de la France est totalement compromise par ces débordements scandaleux d'insectes dévorants qui envahissent toutes les cultures l'une après l'autre, et qui finiront par demeurer seuls maîtres du sol, si l'administration n'y met ordre. »

La Lorraine, en effet, et la partie boisée du département de la Haute-Marne, ont seules en France le privilége de cette terrible chasse de la tendue. Le nombre des sauterelles et raquettes placées dans les seules forêts de Viterne a été évalué à 36 000; et à 15 000 celles placées dans les bois qui couronnent Champigneulles, Frouard et Marbache. Les forêts de Pont-à-Mousson et de Xocourt sont pavées de piéges auxquels il est impossible qu'échappent les oiseaux de passage.

Mais ce n'est pas en France seulement que l'on se rend coupable de ces meurtres aussi horribles que préjudiciables à nos plus vitaux intérêts.

En Italie, la chasse aux petits oiseaux est une passion qui approche de la folie.

A l'époque de la migration des oiseaux, au printemps et surtout à l'automne, gens de tout âge et de toute condition, enfants, vieillards, nobles, négociants, prêtres, ouvriers et paysans, tous abandonnent leur travail accoutumé, pour attaquer ces hôtes passagers. Ce qu'on en détruit est inouï. Dans un seul district du lac Majeur, le nombre des petits insectivores égorgés chaque automne est de 60 à 70 000. On évalue à plusieurs millions ceux qui périssent aux environs de Vérone, Bergame, Brescia, et il en est de même dans tout le reste de la péninsule, aussi bien qu'en Sicile. Les malheureux chanteurs insectivores qui ne sont pas consommés sur place sont salés, expédiés au loin, et mangés ailleurs sous les noms de Mauviettes, de Bec-figues, d'Alouettes.

« Cette passion vraiment italienne, écrit M. de Tschudi, a aussi pénétré en Suisse, dans le canton du Tessin, où aucune patente ne limite la manie universelle de faire la chasse aux oiseaux. Faut-il s'étonner dès lors, si les Moineaux mêmes y sont devenus une rareté? Il règne comme une odeur de meurtre sur le pays riant des orangers : l'homme y est devenu un ennemi et un traître pour ses petits amis. Les belles contrées dans lesquelles les joyeux chanteurs ont cherché pendant l'hiver une patrie, ou au moins une hospitalité passagère, respirent la mort et la destruction. »

Toutefois, les contrées méridionales de l'Europe ne sont pas les seules coupables de cette destruction inconsidérée. « Dans quelques contrées de l'Allemagne, dit encore M. de Tschudi, on prend et l'on mange en très-grande quantité des Hirondelles. Dans l'Allemagne centrale, on tue les Alouettes par cent mille. »

L'*Indépendance belge*, dans son numéro du 20 octobre 1864, contenait l'entrefilet suivant qui a bien son éloquence :

« Les Grives continuent à passer en abondance, un tendeur des environs de Spa en a pris récemment neuf cent vingt-cinq en deux jours. »

Ainsi, neuf cent vingt-cinq Grives prises en deux jours, dans une seule localité de Belgique, par un seul tendeur! Ce détail n'est-il pas effrayant?

Il y a donc une sorte d'émulation destructive dans tous les pays civilisés, et le douloureux étonnement que manifestait avec une si éloquente sagesse notre regrettable Isidore Geoffroy Saint-Hilaire, aura malheureusement encore sa raison d'être, si la morale publique ne vient mettre un terme à de si graves abus.

« Il paraîtra un jour singulier, écrivait ce savant de haut titre, qu'il y ait lieu d'insister, dans notre époque à tant d'égards si avancée, sur la conservation des animaux sauvages utiles. Conserver ce qu'on possède est d'une sagesse si vulgaire, qu'aucun vœu ne semble ici pouvoir être émis, aucun progrès indiqué, qui ne se trouve déjà et depuis longtemps réalisé par le bon sens public. Mais ce qui devrait être est malheureusement ce qui n'est pas, et il est vrai de dire que, sur ce point, la barbarie des temps passés est encore debout au milieu de la civilisation du XIXe siècle. L'homme se fait plus que jamais un jeu de détruire autour de lui des biens que lui offrait libéralement la nature, et en présence desquels il suffisait de s'abstenir pour les conserver : la guerre que fait l'homme, sous les noms de chasse et de pêche, à tous les animaux qu'il peut atteindre, est aussi acharnée de nos jours qu'au moyen âge, et la seule différence étant qu'il la fait aujourd'hui avec des engins plus perfectionnés et des armes plus redoutables, la civilisation est venue la rendre plus meurtrière, et par conséquent, plus pernicieuse que jamais. »

Il est dur de l'avouer, mais à la honte de la civilisation, partout où l'Européen pose le pied, il érige en principe et met en pratique la destruction des oiseaux. Le journal *l'Égypte*, du 14 septembre 1864, nous donne, en ces termes, un aperçu de ce qui se passe tous les ans à Alexandrie :

« Les disciples de saint Hubert ont fait rage ces derniers jours. On s'était dit de proche en proche, *il y a un passage de Cailles ;* et chacun de fourbir à l'envi ses armes et de graisser ses bottes. Un massacre de ces pauvres voyageuses a eu lieu hier, dans les plaines de Ramlé. Les favorisés du jour en ont entassé jusqu'à soixante dans leur carnier. L'époque approche où ces victimes seront comptées par centaines à la grande joie des nemrods alexandrins. »

Heureusement les *nemrods* d'Alexandrie n'ont pas encore songé à la chasse plus expéditive du filet.

L'Afrique française est aussi devenue un champ de massacre pour les oiseaux migrateurs, et la Tunisie, qui compte une nombreuse colonie d'Italiens, complète la ligne infranchissable des destructeurs d'oiseaux, qui, avant 1830, bornaient du moins leur manie dévastatrice aux seules côtes méridionales de l'Europe, et laissaient les oiseaux voyageurs se multiplier en paix sur le continent africain.

Toute la côte d'Asie, depuis Jaffa jusqu'à Smyrne, tout l'Archipel et le Péloponèse, sont aussi des lieux de carnage pour les oiseaux que l'on voit vendre par masses, sur les marchés, à vil prix. Dans quelques îles de l'archipel et sur les côtes du Magne, on prend au filet les Cailles en si grande quantité, qu'on les sale et l'on en fait un commerce d'exportation.

V

Mais ce n'est pas seulement à la chasse, aux piéges et aux engins déjà si redoutables que l'on a recours pour détruire les oiseaux de passage. Ce sont là jouets d'enfant et procédés naïfs. On a remplacé tout cela par une méthode facile, sommaire et économique. On se sert très-généralement du poison.

Un pharmacien ne peut pas délivrer, sans ordonnance signée du médecin, une très-petite dose d'un poison violent, mais le droguiste a le droit d'en livrer, sans contrôle, des quantités importantes. Aussi des braconniers de la pire espèce obtiennent-ils facilement du commerce en gros, de la poudre de noix vomique, qu'ils font bouillir avec de l'eau avec laquelle ils imprègnent des grains de blé. L'effet de ce poison est infaillible et foudroyant : des masses énormes d'oiseaux attirés par l'appât, surtout en temps de neige et de famine, tombent bientôt sur le sol. Le braconnier n'a plus qu'à ramasser sa proie dont il remplit des sacs, et voilà comment on voit s'entasser dans les boutiques des monceaux, disons mieux, des montagnes d'oiseaux, venus du Languedoc et de la Haute-Provence.

En admettant que ces oiseaux ainsi tués ne soient pas malsains, ce qu'il est difficile de soutenir, car ce gibier est cuit avec son appareil digestif qui recèle le poison, il est profondément immoral de permettre ce procédé de destruction, même abstraction faite du dommage qu'il occasionne à l'agriculture (1).

M. Charles de Ribbes, qui signale cet attentat à la morale publique, dit à cet égard :

« Le fait n'est pas spécial à quelques grandes villes, qui, comme Marseille, sont des centres importants de commerce et de consommation, où affluent, où se concentrent les aliments de luxe. Il est général ; il se produit dans les petites villes, et nous en avons la preuve sous les yeux ; nous avons vu en une seule fois, à Aix, plus de dix mille Alouettes amoncelées dans un magasin. Peu de jours auparavant, et au lendemain de la neige, le marché était littéralement couvert de Becs-fins apportés par les paysans, et dont la plupart (cela n'était douteux pour personne) avaient été empoisonnés. »

Après avoir rappelé le régime alimentaire de ces oiseaux insectivores, M. Charles de Ribbes, président de la Société d'agriculture des Bouches-du-Rhône, ajoute :

« Combien ces dix mille Alouettes représentent-elles d'insectes nuisibles, cécydomies, élatérides, taupins, qu'elles eussent détruits, et qui seront pour la contrée où a eu lieu cette boucherie insensée, un véritable fléau ? Des milliards, sans nul doute. Les historiens ont dit ce que la perte de certaines races d'oiseaux a occasionné de souffrances à certains pays. Pourrait-on affirmer que les maladies, aujourd'hui si nombreuses et de plus en plus calamiteuses dont sont

(1) A l'appui de cette opinion, je crois devoir citer l'extrait suivant du *Mémorial de Vaucluse*, 4 novembre 1865.

« Nous apprenons, dit ce journal, que plusieurs personnes d'Avignon ont été assez gravement indisposées pour avoir mangé des petits oiseaux achetés au marché. Dans une famille, entre autres, trois des membres ont éprouvé de douloureuses coliques, qui n'ont cédé qu'à un traitement énergique et immédiat. Heureusement que, par étourderie, la cuisinière avait vidé les Tourdes (Grives) ; le chat de la maison, qui en mangea les intestins, a failli mourir.

» Il résulterait des informations prises, que la cause de ce mal devrait être attribuée aux graines empoisonnées dont certains braconniers se servent pour attraper les oiseaux. »

atteintes un grand nombre de plantes, ne tiennent pas en partie à cette cause? »

VI

Mais quelle que soit l'effrayante intensité des moyens de destruction que nous venons d'énumérer, il est une autre cause de la diminution du nombre des oiseaux, qu'il importe de signaler avec d'autant plus d'insistance qu'elle a échappé jusqu'ici à la répression légale et à la réprobation de la morale publique. Nous voulons parler de la destruction des nids et des couvées.

« Ce ne sont pas tant les piéges et le fusil qui empêchent la reproduction des oiseaux, que les enfants qui détruisent les nids, pénètrent dans les fourrés les plus épais, et dispersent ensuite les œufs de tous côtés... il serait temps que l'autorité publique intervînt avec une énergique prévoyance, afin de préserver d'une totale destruction ces petits oiseaux de qui dépend, en partie, la subsistance des populations. (R. Bradley.) »

D'après une note communiquée à M. le sénateur Bonjean, par le professeur Isidore Geoffroy Saint-Hilaire, M. Gosselin estime, par un calcul qui ne peut évidemment être qu'approximatif, qu'on détruit annuellement en France de 80 à 100 millions d'œufs d'oiseaux : c'est par mille milliards qu'il faudrait compter les insectes qu'auraient détruits les oiseaux produits par ces œufs.

Voici, du reste, sous une autre forme, une démonstration non moins saisissante du dommage causé par la destruction des nids : nous l'extrayons du *Moniteur universel*, du 24 juillet 1865, qui l'emprunte au *Mémorial* d'Aix.

« Autrefois, alors qu'on n'avait pas encore fait cette guerre sans trêve ni merci aux Merles, aux Rossignols, aux Fauvettes, aux Mésanges, aux Rouges-gorges, aux Chardonnerets, aux Linots, aux Pinsons, aux Roitelets, etc., on comptait terme moyen, à chaque printemps, dix mille nids par chaque lieue carrée de pays. Or, tout le monde sait que chaque nid contient, en moyenne, quatre petits. Eh bien, il a été constaté qu'à chaque petit, le père et la mère donnaient par jour quinze chenilles, soit soixante chenilles, et que le père et la mère en mangeaient soixante autres pour leur part, ce qui faisait cent vingt chenilles pour la consommation quotidienne de chaque nid. Si donc vous multipliez cent vingt chenilles par dix mille nids, vous aurez un total de un million vingt mille chenilles qui étaient détruites chaque jour ; par conséquent, trente-six millions pour un seul mois dans un rayon d'une lieue carrée. »

Trente-six millions de chenilles ! Mais a-t-on bien songé que ces trente-six millions de chenilles, si l'on ne respecte pas l'existence de tous ces oiseaux du bon Dieu, qui les mangeaient, mangeront à leur tour, la feuille, la fleur, le fruit de nos arbres, et toutes nos plantes potagères, et toutes nos plantes d'agrément ! Avis aux cultivateurs. (Cardinal Donnet.)

Cet avis sera-t-il entendu ? Il serait puéril d'y compter : dans les campagnes, l'œuvre infernale de la destruction des nids a pour agents les plus dangereux l'ignorance des paysans, l'insouciance des enfants, moins responsables que leur entourage, de cette guerre stupide aux nids et aux couvées, et enfin l'appât du gain par la vente des jeunes que recherchent certains amateurs de chanteurs en cage. Il est juste de dire que c'est surtout la Belgique qui fournit ce contingent indirect à la horde sauvage des dévastateurs.

La destruction des nids coïncide précisément avec l'époque où les insectes exercent leurs plus grands ravages, elle occasionne donc à l'agriculture un dommage d'autant moins justifiable, qu'elle n'a même pas pour excuse, comme la chasse, un but de sensualité ou un besoin d'alimentation.

Ce ne sont pas seulement les enfants qui détruisent les nids des espèces utiles. Certains oiseaux ovivores, parmi lesquels nous signalons spécialement à la vindicte publique la Pie et le Geai, sont de véritables fléaux pour les couvées des insectivores. Or, comme ces espèces scélérates ne sont pas bonnes à manger et qu'elles se laissent difficilement approcher, étant sédentaires et rusées, il s'ensuit que leur nombre augmente à mesure que celui des autres oiseaux diminue, et que leur œuvre de rapine devient d'autant plus étendue et de jour en jour plus irréparable.

VII

Examinons maintenant quels sont les moyens de prévenir cette destruction à laquelle semblent vouées les espèces innocentes et utiles, que tant d'ennemis attaquent avec une si déplorable entente, sans trêve ni merci.

Ces moyens sont : la police de la chasse, la protection des nids, la destruction des animaux nuisibles, assurés et garantis par des mesures d'ordre public européen, et des conventions internationales.

La police de la chasse.

La loi qui régit actuellement l'exercice de la chasse date du 3 mai 1844. — Sa principale disposition, pour l'objet qui nous occupe, est contenue dans l'article 9, dont les deux premiers alinéa sont ainsi conçus :

« ARTICLE 9. — Dans le temps où la chasse est ouverte, le permis donne à celui qui l'a obtenu le droit de chasser, de jour, à tir et à courre, sur ses propres terres et sur les terres d'autrui, avec le consentement de celui à qui le droit de chasse appartient.

» Tous autres moyens de chasse, à l'exception des furets et des bourses destinés à prendre le Lapin, sont formellement prohibés.

» Néanmoins, les préfets des départements, sur l'avis des conseils généraux, prendront des arrêtés pour déterminer : 1° L'époque de la chasse des oiseaux de passage autres que la Caille et les modes et procédés de cette chasse. »

L'exception introduite dans le dispositif général de la loi au sujet des oiseaux de passage, et la faculté laissée aux préfets d'avancer ou de retarder les époques d'ouverture et de fermeture, ainsi que celle d'autoriser des battues hors des époques légales, ont été fatales au gibier, parce qu'elles ont justifié tous les moyens de destruction appliqués à cette vague catégorie d'oiseaux de passage, et même au gibier sédentaire.

En effet, sur les soixante-neuf espèces d'oiseaux insectivores connues en France, vingt-cinq seulement sont sédentaires, en ce sens qu'elles naissent, vivent et meurent en France, restant l'hiver comme l'été, dans le pays où elles sont nées. Quarante-quatre espèces naissent dans notre pays et y reviennent au printemps, mais ne peuvent y passer l'hiver, parce que, pendant cette saison, elles ne trouveraient pas assez d'insectes pour se nourrir.

Or, en admettant même qu'on pût distinguer, dans les petites espèces, les oiseaux du pays des oiseaux de passage, les uns et les autres étant, comme nous l'avons démontré, nécessaires à l'agriculture, pourquoi autoriser la destruction en masse de ceux-ci, tandis que l'on promet à ceux-là la protection de la loi, protection bien illusoire, car on ne saurait frapper les oiseaux de passage sans atteindre du même coup les oiseaux du pays, les piéges ne faisant pas la distinction subtile de la loi. (*Rapport de M. le sénateur Bonjean.*)

L'exception du troisième alinéa de l'article 9 doit donc être supprimée, et tous moyens de chasse autres que le tir et le courre devront être interdits.

Dans l'intérêt de la conservation du gibier et à la suite du rapport au Sénat de M. Bonjean, des mesures protectrices ont été prescrites par M. le Ministre de l'intérieur ; c'est ainsi que l'ouverture et la fermeture de la chasse ont été déterminées par zones et non plus abandonnées comme autrefois à l'arbitraire de l'administration. Mais l'exception de l'article 9 n'a pas disparu de la loi du 3 mai 1844, et nous voyons, dans nos départements méridionaux, sous la pression des *chasseurs au poste*, la chasse aux gluaux et aux filets être maintenue pendant une certaine période. Cette année, pour le Var, elle est limitée du 5 au 20 octobre ; mais comme toutes les mesures discrétionnaires, on comprend qu'elle pourrait être prolongée ou même indéfiniment autorisée.

Quant aux chasses ou battues en dehors de l'époque légale,

autorisées par un autre paragraphe de l'article 9, pour la destruction des animaux nuisibles, elles ont été définies et limitées par une circulaire ministérielle du 1er mars 1865, qui cherche à remédier à l'abus introduit à la suite de la tolérance. Il faut donc que la loi édicte soigneusement les dispositions qui mettront d'accord l'intérêt des propriétaires avec l'intérêt public de la conservation du gibier.

Mais le but du législateur ne sera pas atteint, tant que le braconnage ne sera pas sévèrement réprimé ; car c'est par lui que le gibier est détruit en temps prohibé, et par des moyens illicites, ce qui constitue une double violation de la loi et de la morale publique.

Nous empruntons à M. le comte d'Esterno des détails sur les encouragements plus ou moins directs donnés en France à cette coupable industrie qui recrute, suivant certaines statistiques, une véritable armée du désordre de plusieurs centaines de mille soldats :

« Les tribunaux ont trop souvent à réprimer les voies de fait, quelquefois même les meurtres commis par les braconniers contre les personnes et contre les agents de la force publique ; et cependant, ils obtiennent partout une sorte de tolérance, qui a sa source non-seulement dans la terreur qu'ils inspirent, mais encore, dans l'habitude prise de leur acheter le produit de leur chasse. Des gens irréprochables, d'ailleurs, et qui rejetteraient avec horreur l'idée d'acheter un autre objet volé, ne s'aperçoivent pas qu'ils se font recéleurs et complices d'un délit, quand ils achètent à un braconnier le gibier qu'il s'est procuré en violant la loi... des fonctionnaires nombreux et d'un ordre élevé ne se font nul scrupule de couvrir leurs tables de gibier, sans distinction de temps de chasse prohibée ou permise... Le mauvais exemple donné par ceux qui devraient donner le bon n'a pu manquer d'exercer une influence contagieuse, et le respect pour les lois de la chasse a cessé d'être considéré comme un devoir sérieux. » (*Bulletin de la Société d'acclimatation*, 1865, p. 258.)

Il importe que les fonctionnaires ne donnent pas le scandale signalé par M. le comte d'Esterno. Contre les complaisances démoralisantes d'une population égarée, il faut une ligue du bien public, et les associations défensives de chasseurs qui se sont organisées contre ce fléau, notamment à Amiens, Lille, Saint-Quentin, Rouen, Meaux, etc., seront efficaces, si elles se généralisent, pour réprimer les maraudeurs et rappeler au respect de la loi.

Mais la loi elle-même ne doit pas être complaisante ni complice, et tant qu'elle ne poursuivra pas par ses agents les délits de chasse commis sur les terres des particuliers par les chasseurs pourvus de permis, tant surtout qu'elle n'atteindra pas les marchands de gibier qui mettent en vente des oiseaux tués par des engins prohibés ou par l'empoisonnement, il ne sera pas possible d'espérer une répression sérieuse du braconnage.

Ce n'est pas, en effet, sur le terrain de chasse que la loi peut utilement le poursuivre et l'atteindre. C'est surtout chez l'acheteur du gibier, recéleur et complice, c'est en tarissant la source de ses coupables profits, c'est en ne lui laissant que des dangers sans compensation, que la loi peut venir à bout du braconnage.

« Il faudrait qu'en temps prohibé, des agents de police se présentent déguisés comme consommateurs chez les marchands de gibier, restaurateurs, etc., et dressent des procès-verbaux, à la suite desquels de fortes amendes, imposées aux délinquants, les décourageraient de l'achat du gibier tué en violation de la loi. (*Bulletin de la Société d'acclimatation*, 1865, page 262.)

Protection des nids.

Les articles 4 et 11 de la loi de 1844 défendent de prendre, sur le terrain d'autrui, les œufs et couvées des Faisans, Perdrix et Cailles, et prononcent pour ce fait la peine de 16 à 200 francs d'amende.

« On voit qu'à l'époque où elle fut votée, la loi ne se préoccupait que de l'intérêt des chasseurs et n'avait souci de conserver que le gibier proprement dit. Quant aux petits oiseaux, le texte et la discussion de la loi témoignent assez qu'on était peu frappé alors du rôle important que leur a réservé la Providence dans la loi mystérieuse de destruction, qui maintient l'équilibre et l'harmonie entre les diverses parties de la création. » (Bonjean, sénateur.)

On ne peut pas, en effet, considérer comme assurant suffisamment les nids contre l'activité malfaisante des petits vauriens de nos villages, le paragraphe de l'article 9, qui *permet* aux préfets de prendre des arrêtés pour prévenir la destruction des oiseaux : car la loi ne leur fait même pas un mandat précis et impératif; elle laisse dans un vague favorable à l'inertie ou à l'inattention, les termes de cette délégation qu'il nous est impossible de trouver suffisante.

Il est donc indispensable qu'une disposition expresse étende les mesures de protection à tous les nids, et punisse la destruction de toutes les couvées, sauf celle des oiseaux nuisibles dont nous parlerons bientôt. M. le sénateur Bonjean insiste avec raison, pour que l'amende infligée aux pilleurs de nids, puisse être abaissée par le juge à un franc, afin que nul n'échappe à la peine, ce qui peut arriver si l'amende trop forte équivaut à la ruine des parents civilement responsables.

« Dans certains États, quiconque s'empare d'un Rossignol et trouble sa couvée est passible d'une amende et même de la prison. J'ai vu à Berlin trois jeunes garçons et deux petites filles conduits par des soldats dans une maison d'arrêt pour avoir abattu des nids d'Hirondelles et soustrait une nichée de Mésanges et de Fauvettes. » (Cardinal Donnet, archevêque de Bordeaux.)

En Saxe, il faut payer 20 francs pour garder un Rossignol en cage. Qu'y aurait-il d'excessif à frapper d'un impôt la possession en cage d'oiseaux autres que ceux qui peuvent se reproduire en captivité ?

Puisque c'est l'ignorance qui est l'ennemi le plus dangereux des oiseaux, le gouvernement devrait chercher à faire pénétrer dans les campagnes des notions simples, claires et familières, sur l'utilité de ces précieux auxiliaires, et sur les dommages qu'entraîne la destruction de leurs nids. C'est ce qu'on a fait avec succès en Prusse, où des instructions de cette nature, répandues par le Ministre de l'instruction publique, sont lues et commentées pendant les classes, par les instituteurs communaux.

Mais il ne suffit pas d'empêcher la destruction des nids. La prévoyance sociale doit être active, et c'est dans cette voie que les gouvernements peuvent le plus.

L'oiseau recherche les bois touffus et les frais ombrages : il fréquente le buisson protecteur qui lui offre la nourriture et l'abri. On comprend donc que la multiplication de l'oiseau soit intimement liée à l'existence des bois, et l'on ne s'étonne pas que l'un de nos plus humoristiques écrivains, Toussenel, ait pu dire que c'est la haine de l'Arabe pour le moineau, qui a voué à la stérilité les pays occupés par cette race incendiaire des bois. Il est donc indispensable que l'État conserve ses forêts, non-seulement au point de vue de la climature, du régime des eaux, des constructions navales, mais encore dans l'intérêt de la multiplication des oiseaux, intimement dépendant des ressources que les bois offrent à leurs couvées.

Mais, objectera-t-on, l'Europe possède, dans certaines régions, d'immenses forêts où, malgré l'abri et les conditions favorables pour les oiseaux, les insectes pullulent et occasionnent des dégâts considérables. L'excellent opuscule de M. Frédéric de Tschudi : *Les insectes nuisibles et les oiseaux*, cite les ravages que les insectes ont produit dans les forêts d'Annaburg, près de Torgau, en Silésie ; dans la Marche de Brandebourg, en Franconie ; dans les forêts de Stralsund, en Poméranie ; dans le Wurtemberg, etc. Un savant inspecteur des forêts et domaines en Suisse, M. de Meuron, nous a confirmé que l'Allemagne tout entière souffre des dommages considérables produits dans ses vastes districts forestiers par la pullulation des insectes.

L'objection n'est que spécieuse, car la plupart des oiseaux insectivores ne sont pas sédentaires ; ils sont essentiellement migrateurs, obéissant à un instinct secret qui les pousse à la recherche de leur nourriture, vers les pays où la chaleur favorise le développement des insectes. Si donc ils sont détruits hors de l'Europe, ils ne pourront pas purger nos forêts de leurs ennemis.

La protection que réclame l'oiseau, ne doit donc pas se limiter à un seul pays.

Mais si la sollicitude du gouvernement doit se manifester au profit des oiseaux par des lois soigneusement étudiées, par des instructions répandues avec intelligence, et par l'œuvre de haute prévoyance sociale de la conservation de ses forêts, il faut que les particuliers ne restent pas dans une inaction coupable, et au delà du concours moral que doivent les plus éclairés, leur initiative peut s'exercer d'une manière utile pour l'intérêt collectif, et profitable pour leur avantage personnel. L'extrême division du sol n'est pas un obstacle à la coopération des propriétaires pour favoriser la multiplication des oiseaux; et, puisque un goût très-vif les porte à orner d'arbres et de plantations d'agrément le voisinage de l'habitation rurale, il n'y a qu'à diriger ce goût, par le raisonnement, vers la satisfaction du but que nous nous proposons.

Chaque propriétaire peut, en consacrant une petite étendue de terrain à former un asile pour les oiseaux, les attirer autour de sa demeure, d'où ils étendront leur protection sur tout le domaine. Qu'il plante, comme le conseille M. de Tschudi, un bosquet très-épais de buissons épineux, de quelques Sorbiers et Merisiers, de Chênes et de Pins; qu'il sépare son héritage des terres voisines par des haies vives, et il aura ainsi ménagé aux petits oiseaux des abris et des ressources d'alimentation. Il est en outre facile de préparer pour les jeunes couvées des réduits artificiels au moyen de petites caisses de bois, revêtues de mousse, ou de branches d'arbres creusées qui attireront les insectivores dont on connaît la prédilection pour les creux des vieux arbres. Une fois ces dispositions prises, une foule de petits oiseaux viendront chercher autour de la demeure hospitalière, qu'ils égayeront de leurs chants et qu'ils purgeront de la vermine, la sécurité, l'ample pâture et le domicile d'amour.

Ces abris artificiels, que nous recommandons avec MM. Lenz, Glöger, Schott, de Tschudi, docteur Sacc, aux propriétaires jaloux d'attirer les oiseaux autour de leurs demeures, devraient être ménagés dans tous les établissements publics, tels que jardins zoologiques, fermes-écoles, jardins et pépinières des départements ou des communes. Le presbytère et l'école communale, lorsqu'ils sont pourvus d'un jardin, sont aussi les asiles naturels de ces colonies d'oiseaux élevés en liberté, dont les enfants prendraient ainsi l'habitude de respecter les nids.

Destruction des oiseaux nuisibles.

Il y a dans la nature humaine certains côtés violents et agressifs d'où procèdent la guerre, la chasse, une certaine passion de détruire, dont il faut bien tenir compte, mais qu'il vaut mieux utiliser que maudire.

Ne vaudrait-il pas mieux employer cet instinct contre les animaux de proie qui prélèvent une si forte dîme sur les espèces innocentes et utiles? Et, puisque le gaspillage des nids, ou plutôt les dangers de la gymnastique au sommet des grands arbres offrent un si irrésistible attrait, pourquoi n'en tirerait-on pas parti contre les nids des espèces malfaisantes, Pies, Geais, Pies-grièches, Corbeaux et Rapaces diurnes, toutes espèces ovivores ou qui font leur proie de petits oiseaux et de gibier.

Un système de primes largement organisé pour la destruction des animaux de proie, surtout les oiseaux ovivores, et à leur tête la Pie scélérate, serait donc un moyen de protéger la multiplication des oiseaux utiles aux dépens desquels ils se nourrissent.

Citons, à cet égard, un exemple qui a été donné par M. Girou de Buzareingues, député au Corps législatif.

L'honorable député fit publier dans deux ou trois petites communes voisines de sa résidence, qu'il donnerait 5 centimes par chaque œuf de Pie qu'on lui apporterait.

La première année, il en fut récolté plus de 300.

La deuxième année, le nombre dépassa 500.

La troisième année, on en détruisit plus de 800.

Le rayon de destruction s'étendait donc de plus en plus, et le nombre des Pies diminuant sensiblement, M. Girou de Buzareingues put constater que les petits oiseaux, et même les Perdreaux que les Pies détruisent aussi activement que les braconniers, augmentaient dans une notable proportion.

Aussi, sur sa proposition, le Conseil général de l'Aveyron vota, en 1856, une allocation pour que le préfet pût poursuivre d'une manière plus générale l'œuvre entreprise par lui dans une seule localité.

En l'étendant sur toute la France, et surtout dans nos départements méridionaux où la Pie pullule d'une manière inquiétante, on ferait une œuvre très-utile pour la multiplication des espèces victimes, car on sait que, dans un seul jour, une Pie peut enlever une compagnie entière de jeunes Perdreaux, et dévorer un nombre considérable d'œufs. (*Bulletin de la Société d'acclimatation*, t. IV, p. 265.)

Si M. Girou de Buzareingues trouva d'intelligents auxiliaires dans sa croisade contre les Pies, il importe de mettre en garde les dépositaires de l'autorité contre le zèle de certains agents. L'Empereur Napoléon ayant voulu, il y a trois ans, essayer l'introduction en France de la Perdrix rouge d'Afrique, en avait fait demander quelques œufs au gouverneur général de l'Algérie. Des instructions furent données aux bureaux arabes, qui ordonnèrent, dans les tribus, la recherche des nids de Perdrix. Le nombre des œufs qui furent, à cette occasion, détruits ou envoyés en France est effrayant. Il en parvint à destination trois mille, dont pas un n'arriva à éclosion, malgré les soins qui leur furent donnés, soit chez les membres de la Société d'acclimatation auxquels ils furent confiés, soit dans les faisanderies impériales. Mais le nombre de nids détruits fut si considérable, que l'espèce dont on avait voulu tenter l'acclimatation en France avait presque complétement disparu ou du moins notablement diminué en Algérie. N'oublions donc pas, en matière d'acclimatation, les sages conseils d'Isidore Geoffroy Saint-Hilaire, et attachons-nous, préalablement, à conserver ce que la nature nous donne sans soins, avant de tenter de nouvelles conquêtes que compromettraient gravement du reste, même en cas de complète réussite, les causes actuelles de destruction que nous avons analysées.

Protection internationale.

Nous avons adopté pour épigraphe de notre Mémoire, la déclaration de l'éminent naturaliste de Berlin, M. le professeur Glöger, que la protection des oiseaux utiles doit devenir un article du droit des peuples.

En effet, s'il est possible d'assurer la conservation du gibier sédentaire, par de simples mesures de police, assurant le respect de lois intelligentes sur la chasse, il n'en est plus de même pour les oiseaux de passage : or c'est précisément à cette catégorie qu'appartiennent en majorité les insectivores, oiseaux migrateurs par nécessité à la poursuite de leur nourriture, dont ils suivent l'éclosion successive dans les diverses contrées du globe, à mesure que la vie animale y est excitée par la chaleur du soleil.

Quand la loi aura suffisamment réglementé, en France, l'exercice de la chasse, et empêché les boucheries des oiseaux insectivores ou protégé leurs couvées, elle n'aura réussi qu'à interdire à nos nationaux l'abus d'une jouissance à laquelle nos voisins se livrent sans contrôle et sans scrupule. Protégés en deçà des Alpes et des Pyrénées, les oiseaux seront anéantis au delà, et notre générosité tournera contre nous, aussi longtemps qu'une législation locale, toute semblable à la nôtre, n'aura pas garanti à l'oiseau voyageur la franchise du littoral méditerranéen, où il est forcé d'atterrir avant de s'arrêter chez nous.

« Donc point de solution possible à la question, en dehors de la conclusion préalable d'un traité de conservation réciproque entre la France, l'Italie, l'Espagne, la Grèce, la Turquie et les autres États. » (Toussenel.)

Étudions, avec l'importance qu'ils méritent, les indices d'une satisfaction promise, dans un avenir assez prochain, à ce vœu des amis éclairés de l'agriculture.

Lors de la réunion à Bruxelles du congrès international d'agriculture, et dans sa séance du 20 avril 1864, un membre éminent du Sénat belge, M. le baron de Selys-Longchamps, proposa au congrès d'émettre l'avis qu'il y a lieu pour la législature de prendre des mesures efficaces, à l'effet d'empêcher la destruction des oiseaux chanteurs insectivores qui peuplent si agréablement les jardins, qui rendent les plus grands services à l'agriculture, et qui par suite des développements qu'acquiert la science agricole et du perfectionnement apporté aux engins de destruction, deviennent de plus en plus rares, surtout dans les centres agglomérés.

Cette proposition, appuyée par plusieurs orateurs, fut accueillie par les acclamations de l'assemblée.

Comme conséquence de ce vote, nous voyons le congrès international pour l'avancement des sciences sociales, qui doit se réunir à Berne, le 25 août 1865, proposer par l'organe du comité local de Berne, de donner place dans son programme à cette question :

« Quels sont les moyens les plus efficaces pour prévenir la destruction des oiseaux de passage ? »

Il est fâcheux que cette question n'ait pas été acceptée par le comité directeur ; mais elle se présente devant le congrès par l'initiative d'un de ses membres, avec l'assentiment sympathique d'un grand nombre de ses adhérents, et le concours de la Société impériale d'acclimatation qui a bien voulu me déléguer auprès du congrès pour soutenir ce grand intérêt international. Donc nous ne mettons pas en doute le patronage du congrès.

D'après un savant agronome, M. Eugène Gayot, l'idée de protection internationale des oiseaux aurait germé au sein d'un congrès européen, tenu à Hambourg, en 1862. Mais il est juste d'en rapporter l'honneur à M. le professeur Glöger, qui, depuis 1850, soutient en Allemagne, par sa parole et par ses écrits, cette thèse intelligente. J'ai moi-même, dans un mémoire inséré au *Bulletin* de la Société d'acclimatation, en 1860, insisté sur la nécessité d'une entente européenne pour la conservation des oiseaux insectivores.

Quoi qu'il en soit, l'idée se manifesta de nouveau en 1864, en Autriche, à Vienne, au sein d'un nouveau congrès de sociétés protectrices des animaux, représentées par des délégués venus de l'Angleterre, de la France, de la Russie, de la Norvége, de toutes les parties de l'Allemagne et de la Suisse. C'est à ce moment qu'elle a été formulée par le secrétaire rédacteur de la section centrale helvétique, fonctionnant au nom de tous et s'adressant officiellement et respectueusement aux divers gouvernements de l'Europe, pour les prier de vouloir bien remédier aux inconvénients si graves qui ont motivé les délibérations des congrès.

C'est le 1er juillet 1864 qu'a été élaborée, à Zurich, cette pétition adressée à S. M. l'Empereur des Français ; elle mérite par son importance comme germe d'une entente européenne, une sommaire analyse :

« Une observation universelle, faite de nos jours dans presque tous les pays, dit-elle, montre d'une façon évidente que les familles d'oiseaux insectivores, parmi lesquels se rangent presque tous les oiseaux chanteurs, diminuent d'une façon inquiétante.

» Il résulte de cette diminution, que des insectes qui cherchent leur nourriture sur les plantes des jardins et des forêts augmentent à un tel point, que l'existence de forêts entières et de plantations de tout genre en est dangereusement affectée. L'agriculture en souffre gravement ; et c'est là un dommage que toutes les forces humaines et toutes les mesures de précaution ne sauraient faire éviter, si l'on n'est aidé par les oiseaux eux-mêmes, dont la Providence a fait comme une sorte de corps de police dans la nature.

» Nous croyons pouvoir assurer, sans exagération, que si l'on n'obvie pas avec autant de promptitude que d'énergie, à la diminution des oiseaux insectivores, l'augmentation toujours croissante des insectes amènera, dans beaucoup de pays, pour la génération présente et plus encore pour la subséquente, des dommages incalculables. L'existence même des populations sera dangereusement compromise, puisqu'elle est intimement liée à la prospérité du règne végétal.

» Il n'y a que des lois jointes à des punitions, en cas de contravention, qui puissent être utiles, alors que les conseils ne suffisent plus et que la voix de l'humanité n'est plus écoutée.

» Telles sont les principales raisons qui engagent les soussignés, au nom de leurs commettants, à présenter au hau gouvernement français leur respectueuse requête.

» Puisse l'intérêt qu'il prend à la prospérité des peuples avec lesquels il est allié l'engager à prendre, au nom de l'humanité elle-même, les moyens les plus énergiques pour la réussite de notre entreprise..... »

Parvenue à destination, cette importante manifestation internationale a eu l'honneur d'un triple renvoi et d'un triple examen : elle a été chez le Ministre des affaires étrangères, chez celui de l'agriculture et aussi chez celui de l'intérieur.

Nous avons le regret de constater que ces Ministres n'ont pas compris la portée de cette démarche, et ne l'ont pas considérée comme l'une des bases d'une entente européenne. Aussi ont-ils été par trop optimistes et ne se sont-ils pas suffisamment émus de ces plaintes, qui ne sont que l'intelligente interprétation des doléances des agriculteurs ruinés par les maladies des végétaux et n'en discernant pas la principale cause. Toutefois M. le Ministre de l'agriculture reconnut que les mesures qu'il s'agirait de prescrire impliquaient une modification à la loi du 3 mai 1844.

Donc c'est avec raison que nous avons insisté sur la nécessité de la révision de cette loi, et si nous sollicitons, sur cette question capitale, l'assentiment du congrès pour déclarer l'urgence d'une entente internationale sur des mesures protectrices en faveur des oiseaux, c'est que nous croyons le moment venu d'agir sur l'opinion publique ; c'est que nous sommes convaincu que, grâce à leur influence, les membres de ce congrès peuvent, s'ils le veulent, avoir l'honneur de rendre inévitable la prise en considération par leurs gouvernements respectifs des moyens que nous recommandons.

Il y a d'autres conséquences lointaines, mais pratiques, qui découleraient de ce premier succès, car tout se tient dans l'ordre moral comme dans la création, et une entente universelle sur une grande question qui semblait destinée à rester dans le domaine d'un sentimentalisme spéculatif, mais qui touche de la manière la plus étroite au problème des subsistances, pourrait conduire à des solutions internationales intéressant d'autres bases plus politiques de l'ordre social.

Nous croyons avoir démontré qu'il importe que tous les gouvernements européens adoptent une législation uniforme, pour protéger sur leurs territoires respectifs les oiseaux de passage et leurs couvées. Il serait facile, si l'Europe entière adoptait l'unité de législation pour la police de la chasse, d'obtenir des États barbaresques et musulmans le respect de ces mesures d'ordre public.

Mais en admettant que nos instances soient vaines; en supposant que la France reste seule à poursuivre cette utile mission, nous disons que cet isolement ne devrait même pas arrêter un gouvernement animé du noble désir de réparer une grande iniquité et de remédier à un grave danger public.

Fais ce que dois, advienne que pourra, doit être plus que jamais, en cette occasion, la devise de la France. Dût-elle être seule à proclamer le principe sauveur de l'agriculture, dût-elle être seule à assurer sur le territoire national la conservation des oiseaux, elle ne devrait pas hésiter à le faire : d'abord parce que c'est une chose juste, honnête et intelligente, ensuite parce que ce serait un exemple utile, une invitation permanente au bien, et que ce n'est jamais en vain, c'est toujours au grand profit de sa gloire et de son rayonnement sur le monde, qu'une nation proclame, avec une persévérance inébranlable, un droit, un devoir, une vérité.

L'incrédulité ne résistera pas à cette conviction, l'indifférence ne persévérera pas devant cette noble activité, l'hostilité même se sentira désarmée et vaincue, devant cet apostolat, qui ne demande à s'exercer qu'au profit de tous, qui ne réclame d'autre satisfaction que l'intérêt universel.

ÉTABLISSEMENTS DE PISCICULTURE

DE CONCARNEAU ET DE PORT-DE-BOUC,

Par MM. O. MOQUIN-TANDON et J. L. SOUBEIRAN.

(Séance du 16 juin 1865.)

Il y a deux ans, le rapport de notre zélé confrère, M. Gillet de Grandmont (1), appelait votre intérêt sur une fondation naissante. Vous étiez vivement frappés de la nouveauté des plans et des immenses avantages qu'ils présentaient pour la science théorique et pour la pisciculture pratique. Surprendre la nature sur le fait, voir se développer les moindres particularités de la vie marine, posséder un monde de la mer en miniature dans une maison transparente où rien n'échapperait à l'investigation, telles étaient réellement les promesses de l'établissement de Concarneau. Ces promesses, Messieurs, sont aujourd'hui réalisées ; l'œuvre marche rapidement vers son but ; et en vous rendant compte de la mission dont vous nous avez chargés, nous n'aurons à vous signaler que de prompts et heureux résultats, dignes de vous être soumis, et répondant pleinement aux intentions de notre savant confrère.

Concarneau est une jolie petite ville située à l'entrée de la baie de la Forêt. Un groupe considérable d'îlots, les îles de Glenans situées à trois ou quatre lieues au large, et des masses de roches couvertes ou à fleurs d'eau, lui forment une digue naturelle contre les violents coups de mer ; son port, accessible à marée basse, compte plus de six cents bateaux qui retirent de l'Océan, à l'aide de filets, de la drague et des autres engins de pêche, plus de cent millions de Sardines, un nombre considérable de diverses espèces de poissons et de crustacés, les productions marines les plus abondantes et les plus variées, et généralement tous les animaux qui se plaisent dans les fonds de roche ou de sable et qui recherchent les eaux chaudes et tranquilles.

(1) Gillet de Grandmont, *Viviers-laboratoires de Concarneau* (*Bulletin de la Soc. d'acclim.*, 2e série, t. I, p. 261).

C'est sur cette côte privilégiée, à l'entrée de ce port important, au milieu de toutes ces richesses, de toutes ces facilités pour l'étude et l'expérimentation, que notre confrère, M. Coste, a eu l'heureuse pensée de créer des *viviers-laboratoires*. Vous le savez, ils ont été creusés à la mine et construits au milieu des récifs sous la surveillance du pilote Guillou, votre lauréat; placés en avant de la falaise, ils reçoivent les vagues de la haute mer; les navires peuvent à marée haute se mettre à quai le long du mur extérieur.

Ils se composent de bassins et d'un corps de bâtiments.

Les bassins occupent un espace d'environ 1500 mètres carrés, au nombre de six, de différentes dimensions, séparés par des murs épais, capables de résister à la pression de l'eau quand on les vide ou les remplit inégalement. Un système d'orifices à grilles, qui s'ouvrent à volonté, permet l'entrée et l'écoulement des eaux. L'eau se renouvelle ainsi deux fois en vingt-quatre heures, suivant le flux et le reflux, et rend aux animaux prisonniers leurs conditions normales. En général, les bassins ne s'assèchent, à chaque marée, que sur une petite partie de leur surface et conservent des portions submergées pour ceux de leurs hôtes qui ne sauraient quitter l'élément marin; le maximum d'eau qu'ils renferment est d'environ 3 ou 4 mètres; les animaux ont par conséquent la facilité de rechercher la profondeur qui leur plaît le mieux. Ils trouvent aussi des fonds de diverses natures, fonds de sable, fonds de vase, fonds de roches et de sable. Ces viviers ne sont-ils pas en effet une mer en miniature?

Deux compartiments sont des viviers-parcs, sorte d'entrepôts qui reçoivent les Langoustes et les Homards dont le pilote Guillou fait un commerce considérable. La quantité de Crustacés qu'on peut entasser dans un espace de 400 mètres carrés au plus est à peine croyable; nous y avons vu jusqu'à 12 000 Langoustes sans parler des Homards, et nous estimons que la multitude de ces Crustacés, séjournant dans ces parcs durant l'année, dépasse le chiffre de 200 000 : c'est un très-beau succès qui doit appeler votre attention.

Les quatre autres bassins sont des *viviers-laboratoires*, où l'observation et l'expérimentation se prêtent un mutuel appui dans l'étude des animaux marins. Ils renferment un grand nombre d'espèces, et l'on peut dire que la faune tout entière de Concarneau y a ses représentants. Nous y avons trouvé : des Rougets, des Mulets, des Bars, des Congres, des Anguilles, des Dorades, des Grondins, des Chats de mer, diverses espèces de Raies, des Plies, des Soles, des Turbots qui mesuraient

Vue générale des viviers-laboratoires de Concarneau

depuis 25 centimètres jusqu'à 75, un Esturgeon vivant depuis trois ans, ayant oublié ses habitudes de migration, un Marsouin dont la vie se passait à tourner dans sa prison, en venant de temps à autre souffler à la surface ! Des Crustacés, des Poulpes, des Sèches, des Doris, des Eolis, des Lièvres de mer, des Annélides, des Oursins, des Astéries, des Ascidies sociales ou solitaires.....

Les viviers sont dominés par un bâtiment qu'au premier

abord on prendrait pour un édifice d'art militaire. C'est un arsenal en effet, mais tout pacifique, l'arsenal de la science. Le premier étage comprend des laboratoires spacieux ayant neuf fenêtres de façade sur la haute mer; les observateurs y trouveront les éléments nécessaires à leurs études. Au-dessous sont les salles disposées pour les *aquaria* qui occuperont tout le rez-de-chaussée. Lors de notre visite, on voyait dans une vaste pièce 85 bacs, grands ou petits, contenant une ou plusieurs espèces; ils sont placés les uns à la lumière, les autres à l'obscurité; il y en a de profonds et de plats suivant les animaux qu'ils doivent recevoir. En général ils ont, dans leur simplicité, une grande analogie avec ceux que nous admirons au jardin du bois de Boulogne. Mais s'ils n'offrent point le luxe de décoration et le fini d'une installation définitive, ils sont supérieurs par l'abondance et la fraîcheur de l'eau salée. On peut affirmer que, sous ce rapport, ces aquaria n'ont point de rivaux.

Jour et nuit, on surprend l'éclosion des animaux; on suit leur développement et leurs métamorphoses, leurs ruses et leurs industries, leurs combats et leurs amours.

Il nous a été donné d'observer les mœurs d'une centaine au moins d'espèces différentes (1). Nous avons été témoins de

(1) Voici la liste des animaux que nous avons observés dans les bacs de Concarneau : bac n° 1, Langouste venant du large; *id.* 2, Rougets, Mulet laugrier, Pironneau dorade, Demoiselle, Grondin bichichi; *id.* 3, Alcyoniens, Spongiaires, Ascidies composées; *id.* 4, Évêque, Cardinal, Bichichi vrai, Loche; *id.* 5, Coffres jeunes, Renards, Janick, Ange; *id.* 6, Anémones de mer, Kikic, œufs de Raie, œufs de Squale; *id.* 7, Congres, Chabot rossignol, Loche; *id.* 8, Vieilles vertes, Cardinal, Épinoches de mer, Guerlaso; *id.* 9, Squale chat d'Espagne; *id.* 10, Bar; *id.* 11, Gorgones; *id.* 12, Plie; *id.* 13, Squale chat en ponte; *id.* 14, Poulpe; *id.* 15, Bernard l'ermite; *id.* 16, Épinoches de mer, Syngnates; *id.* 17, Maïa en incubation; *id.* 18, Crevettes en incubation; *id.* 19, œufs de Squale chat d'Espagne en incubation; *id.* 20, idem; *id.* 21, Portunes marbrées accouplées et en incubation; *id.* 22, œufs d'Aiguillette en incubation; *id.* 23, Homards très-jeunes; *id.* 24, petites Anguilles de mer; *id.* 25, Crustacé non déterminé; *id.* 25, œufs de Raie en incubation; *id.* 27, vide; *id.* 28, Galathées; *id.* 29, vide; *id.* 30, Aplysies accouplées; *id.* 31, Polypier des îles Glénans; *id.* 32, Galathées petites; *id.* 33, Crevettes avec Goëmon fixé à la carapace;

la voracité des Vieilles et des Turbots, des Poulpes et des Sèches ; nous avons vu la délicate opération de la mue des Homards et des Langoustes, l'accouplement des Aplysies, l'incubation des Plies toutes rondes de frai, la ponte pénible du Chat de mer, qui attacha ses dix-huit œufs, par leurs longs filaments contournés en vrille, aux goëmons et aux rochers, où ils seront retenus tout le temps que durera le travail embryonnaire; enfin nous avons assisté à l'accouchement laborieux des Syngnathes et d'un Hippocampe : nous avons vu cette pauvre bête fixée par l'enroulement de sa queue à une branche de Gorgone, tantôt noire, tantôt verte, tantôt pâle de douleur, donner successivement naissance, par intervalles irréguliers, à plus de cent cinquante petits, qui, aussitôt nés, se mettaient à nager dans toutes les directions, emportés par leur caprice ou leur étourderie, indifférents aux souffrances de leur mère, tandis que le mâle, tournant autour de sa femelle, la caressant, l'entourant de sa queue, imitait ses attitudes et ses changements de couleur, comme pour lui témoigner sa sympathie pour tant de souffrance.....

Les animaux sont surveillés et soignés par le pilote Guillou, qui leur consacre le temps que lui laissent ses affaires. Il sait les placer dans les milieux qu'ils préfèrent et donner à chacun la nourriture qui lui convient. Quel spectacle curieux et instructif que le moment du repas! Dès que le pilote (ou celui qui parfois le supplée dans la distribution) se présente, et

id. 34, *Fucus* divers; *id.* 35 à 41, réservés pour les mues des jeunes Homards; *id.* 42, Anémones de mer; *id.* 43, jeunes Turbots âgés d'un an; *id.* 44, jeunes Raies; *id.* 45, jeunes Turbots âgés de quinze mois; *id.* 46, vide; *id.* 47, jeunes Turbots de deux ans; *id.* 48, Diable de mer; *id.* 49, Anémones de mer; *id.* 50, Serpent de mer; *id.* 51, vide; *id.* 52, Sole et Plie en incubation; *id.* 53 à 57, vides; *id.* 58, Crevettes; *id.*, 59 et 60, vides; *id.* 61, Congres; *id.* 62 et 63, vides; *id.* 64, Maja de grande taille; *id.* 65, Langoustes; *id.* 66, Tourteaux; *id.* 67, Chabots; *id.* 68, Guerlaso; *id.* 69, Langoustes ayant des œufs; *id.* 70, Merlu de roche; *id.* 71, Crabes; *id.* 72 et 73, Bernard l'ermite; *id.* 77, Plies; *id.* 78, Astéries; *id.* 79, Anémones de mer; *id.* 80 et 81, vides; *id.* 82, Huîtres mères, œufs d'Holoturies; *id.* 83, Anémones de mer et Huîtres de différents âges sur des tuiles; *id.* 84, Homards; *id.* 85, œufs de Plie et de divers Poissons.

avant même qu'il ait jeté la pâture, tout ce qui se meut se précipite vers lui; quelques individus même, sortant à moitié de l'eau, viennent réclamer plus familièrement leur proie. Les Mulets, les Grondins, se font surtout remarquer par leur hardiesse; nous avons vu une Tair prendre son repas entier dans la main de l'un des fils du pilote et sauter impatiemment hors de l'eau lorsque le morceau se faisait trop attendre.

Peu de jours suffisent pour amener les poissons à cette sorte de domesticité, qu'on ne saurait attribuer au seul besoin de nourriture, puisque les viviers leur fournissent en abondance des Mollusques (Moules, etc.), et certains petits Crustacés dont ils sont très-friands.

Quand on voit les poissons accourir à la vue du maître, ainsi que le feraient les animaux d'une basse-cour, n'est-on pas en droit de se demander si une telle facilité d'éducation n'est pas le meilleur garant de la reproduction de ces animaux dans les viviers, et ne fait-elle pas entrevoir la possibilité d'obtenir un jour des races domestiques marines, de même qu'on a formé des races domestiques terrestres.

A notre passage dans les viviers nous avons cru devoir prendre la mesure et le poids de Homards et de divers poissons, aux différents âges, nous réservant de recommencer plus tard cette opération sur les mêmes individus, afin d'avoir les éléments d'un tableau qui nous donnerait graphiquement les lois de la croissance de chaque espèce.

Le 18 avril 1865 de jeunes Turbots, ayant environ dix mois (nés en juin 1864), avaient une longueur de 5 à 6 centimètres et un poids moyen de 4 grammes. D'autres, un peu plus âgés (du mois d'avril 1864), avaient de 14 à 19 centimètres de long et pesaient de 52 à 126 grammes. D'autres, plus âgés encore (deux ans environ) mesuraient 20 à 28 centimètres et donnaient un poids, l'un de 200 grammes, l'autre de 380. Tous ces Turbots avaient été pêchés à la seine, sur le sable blanc des plages voisines, par le commandant L. Hautefeuille; leurs dimensions n'excédaient pas alors celles d'une pièce de 2 francs. Cet ingénieux et patient observateur les a suivis ou plutôt conduits aux différents états de grosseur dans lesquels nous les avons trouvés. Vous serez frappés comme nous de l'extrême inégalité de croissance des Turbots du même âge ; cette inégalité est constante ; elle provient de ce que les individus les plus gloutons et les plus hardis se jettent sur la nourriture, la happent avant leurs voisins plus timides et se développent ainsi rapidement aux dépens de ces derniers. Leurs progrès sont tels que si on ne les avait observés journellement avec attention, on ne pourrait les croire du même âge que leurs camarades. Bientôt, on est obligé d'enlever ces voraces et de les parquer ailleurs, car ils affameraient les plus petits, et, peut-être, ne se feraient aucun scrupule de les manger. A peine délivrés, quelques-uns de ceux qui restent, de victimes deviennent oppresseurs, accaparent à leur tour toute la nourriture, augmentent rapidement de volume et, comme les premiers, finissent par nécessiter la séparation.

D'autres expériences analogues ont été faites sur des Congres (1), des Squales (Chats de mer) (2), des Anges (3) et des Raies (4).

De jeunes Homards de l'année, éclos dans les viviers, nous ont donné pour les différentes mues existant alors dans les bassin :

		LONGUEUR. cent.	POIDS. gr.
HOMARD.	4e mue........	0,17	0,101
	8e id.........	5,00	3,00
	9e id.........	6,00	5,00
	10e id.........	6,50	6,250
	11e id.........	7,50	10,50
	12e id.........	9,00	17,00
	13e id.........	10,00	19,50
	14e id.........	11,70	37,00

La facilité avec laquelle se reproduisent et se développent

(1) Deux Congres âgés d'un an environ mesurent, l'un 28 centimètres, l'autre 30 ; le premier pèse 23 grammes, le second 31 (18 avril 1865).

(2) L'animal, qui a doublé de volume depuis qu'il est dans un bac où il se porte parfaitement, mesure 36 centimètres de longueur et pèse 183 grammes (18 avril 1865).

(3) Un individu de onze jours pèse 12 grammes et a une longueur de 25 centimètres (18 avril 1865).

(4) Une Raie âgée d'un an environ mesure 12 centimètres et pèse 33 grammes (18 avril 1865).

les jeunes Homards dans les bassins de Concarneau est un sûr garant que sur nos côtes on trouverait facilement des localités propices pour former des viviers semblables où l'on pourrait obtenir des myriades de petits qu'on ne laisserait gagner la mer libre que lorsqu'ils seraient assez avancés en âge pour résister à la plupart des causes de destruction qui les menacent incessamment. Ce que nous avons vu depuis notre première visite à Concarneau (juillet 1865), c'est-à-dire les bassins littéralement noirs de petits Homards éclos dans le vivier, et ce que nous savons de l'habitude qu'ont un grand nombre d'espèces de poissons de venir, en immense quantité, aleviner le long des côtes dans des régions spéciales, nous fait espérer que l'on pourrait *régénérer* la pêche sur certains de nos rivages ; par des *réservoirs-pépinières* on arriverait à créer une source abondante de nourriture. Ce qui existe déjà à Concarneau et à Arcachon prouve l'excellence de l'idée de M. Coste de préparer un bercail aux innombrables phalanges d'alevin d'espèces comestibles (1) pour y puiser les éléments d'une perpétuelle moisson, et démontre la facile réalisation des vues du savant professeur.

Il serait à désirer que le gouvernement entrât plus largement dans cette voie féconde en succès.

L'établissement de Concarneau était à peine construit, qu'il offrait des ressources considérables pour les pisciculteurs et les savants; c'est là que MM. Coste et Gerbe ont trouvé les matériaux des beaux travaux que vous connaissez, et M. Hollard les éléments de son étude sur le cerveau des poissons; que le docteur Moreau a jeté un nouveau jour sur la physiologie de la vessie natatoire ; que le professeur Charles Robin a éclairci la question controversée depuis si longtemps de l'existence et de la nature de l'électricité des Raies; que le docteur Marey a donné de l'extension à ses recherches sur les mouvements du cœur dans les diverses espèces marines; que le commandant L. Hautefeuille a fait, d'après les données

(1) Coste, *De la liberté de la mer au point de vue des pêches* (*Comptes rendus de l'Acad. des sciences*, 21 août 1862).

de M. Coste, sur le développement du Turbot, des expériences importances et suivies, et démontré la possibilité de l'élève et du parcage de ce précieux poisson.

Ces résultats accomplis vous font juger, Messieurs, des travaux à venir. Sous la puissante activité et la haute direction de notre illustre confrère, M. Coste, s'accumulent des

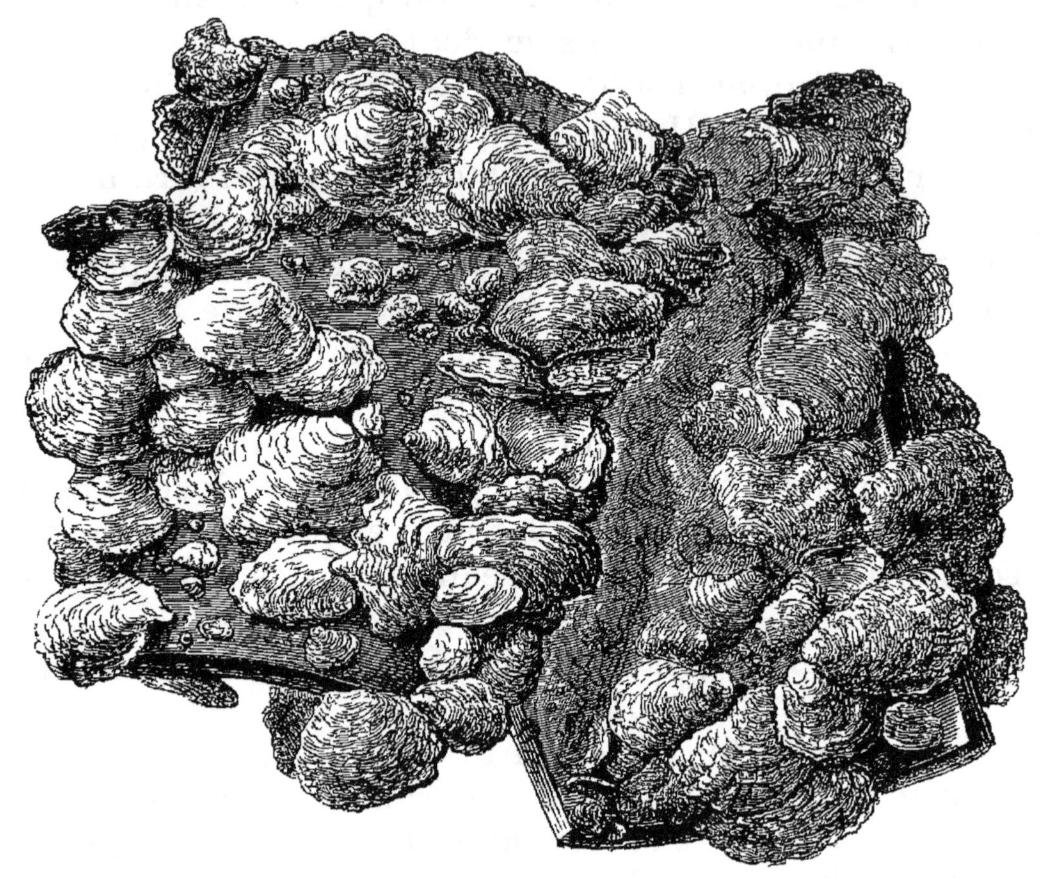

Tuile recouverte de ciment chargée d'Huîtres d'environ dix-huit mois (1)

matériaux immenses pour les progrès de l'aquiculture et l'histoire des animaux marins.

Nous n'avons pas négligé de nous rendre, lors de notre séjour à Concarneau, à la baie de la Forest, où nous avons vu les Huîtres d'origine anglaise se développer et couvrir de leur naissain les tuiles collectrices placées dans le voisinage.

La gravure ci-contre représente, d'après une photographie

(1) Le dessinateur a cru devoir simplifier son dessin ; il n'a représenté que la moitié des Huîtres.

que nous devons à l'obligeance du commandant Hautefeuille, une tuile chargée d'Huîtres. Nous croyons devoir ajouter qu'on trouverait dans le parc beaucoup de tuiles semblables et même de plus belles. Le gardien nous a assuré avoir compté plus de trois cents Huîtres sur plusieurs tuiles enduites de ciment.

Nous avons visité à l'île de Tudy les beaux viviers de M. de Cresoles, destinés à conserver et nourrir des Homards et des langoustes, et les différentes espèces de poissons. Ces viviers, dont les diverses parties sont, les unes peu profondes, les autres en pente douce et très-faible, offrent des conditions excellentes pour la conservation et le développement des poissons. Les petits y trouvent des refuges pour éviter l'atteinte des plus gros ; et sur une plage considérable, bien échauffée par le soleil, l'alevin peut en liberté se livrer à ses ébats. Aussi serait-il à désirer que ces viviers, qui constituaient un grand progrès lors de leur établissement, reçoivent les perfectionnements que la pratique indique tous les jours, et qui leur permettront de devenir une fabrique de matières alimentaires comme celle d'Arcachon, tandis que Concarneau, plus restreint, conservera son rôle d'expérimentateur, de *ferme modèle*.

Notre savant confrère, M. Coste, a parlé, dans la remarquable et si intéressante relation de son voyage d'exploration, d'une culture de Moules faite par le gardien de l'arsenal de Venise sur deux planches mobiles, et a signalé ce moyen ou tout autre analogue comme très-propre à la culture de cet utile coquillage sur toutes les parties convenablement situées du littoral méditerranéen. Ce conseil a été suivi, et un essai d'abord sur une petite échelle (1) et aujourd'hui assez développé (2) est tenté en ce moment dans les eaux du Port-de-Bouc, à peu de distance de Marseille.

(1) M. L. Vidal a commencé ses expériences sur quelques bouchots mobiles placés dans le canal de Lamolle, et a pu ainsi s'assurer que la réalisation des prévisions de M. Coste était facile.

(2) Aujourd'hui, deux rangs de *bouchots mobiles* sont établis sur une longueur d'un kilomètre.

Cette culture, que nous avons eu occasion de visiter depuis notre excursion à Concarneau, est entreprise sous les auspices du Comité d'aquiculture de Marseille (société affiliée à la Société impériale d'acclimatation et dont les travaux ont mérité plus d'une fois ses éloges) et occupe une partie du canal de Lamolle, appartenant à M. J. B. Vidal. La position de ce canal est des plus favorables aux expériences de pisciculture marine et en particulier à celle de la mytiliculture. En effet, il est comme une des artères qui mettent la mer en communication avec l'étang de Berre, et doit à cette position topographique d'être traversé continuellement par des courants. Or, ce mouvement de va-et-vient des eaux détermine un passage incessant à travers ce canal de petits animaux de toute espèce, qui tantôt remontent vers l'étang, tantôt redescendent vers la mer, et constituent ainsi une circulation sans fin d'infusoires, de diatomées, de matières organiques en suspension, qui sont éminemment propres à la nourriture des coquillages. Ajoutons à ces conditions, déjà si favorables, que les eaux sont garanties contre tout coup de vent par des digues assez resserrées qui les protégent, assurant ainsi que le travail sera possible et régulier en même temps, et donnant la garantie absolue du maintien en parfait état des appareils de culture.

L'essai de mytiliculture dont il s'agit occupe un espace en développement de près d'un kilomètre de longueur. On fait usage d'un système imité de celui que depuis si longtemps déjà on emploie à la baie de l'Aiguillon, mais qui cependant en diffère d'une manière essentielle. Au lieu d'être *fixes* comme ceux de la Charente-Inférieure, les *bouchots* de Port-de-Bouc sont *mobiles*. Cette différence était indispensable, car il fallait dans la Méditerranée suppléer à la marée, dont le bénéfice manquait, par la mobilité des claies, qu'il est aisé, avec un surcroît de main-d'œuvre il est vrai, de tenir soit émergées, soit immergées, suivant que l'exigent les besoins de la culture. Sauf cette disposition particulière, le système usité est la reproduction complète de celui de la baie de l'Aiguillon, et est dirigé par un *bouchoteur* de la Charente-Inférieure.

Les claies, chargées de Moules, sont placées verticalement

entre de longs pieux à coulisses, le long desquels il est aisé de les faire monter et descendre au moyen d'un treuil flottant. Quand on émerge les claies, elles sont suspendues à des traverses qui relient tous les pieux entre eux. Le *bouchoteur* alors n'a qu'à cueillir, regarnir, laver, etc., à faire enfin tout le travail nécessaire, après quoi il remet la claie à l'eau de la même manière qu'il l'a enlevée.

Chacune de ces claies contient environ 10 000 Moules et pèse de 300 à 400 kilogrammes, quand le coquillage dont elle est garnie a acquis la grosseur marchande. On garnit une première fois les bouchots avec du naissain recueilli sur le littoral ou dans l'étang de Berre, et on laisse ensuite la reproduction s'opérer d'elle-même. Nous avons pu observer déjà, à Bouc, des bouchots de date très-récente couverts de très-petites Moules ou *renouvelain* en assez grande quantité pour que, selon toute probabilité, cette reproduction sur place soit suffisante pour couvrir complétement de naissain toutes les claies. Mais si cette prévision était trompée, il serait aisé de se procurer à très-bas prix tout le naissain nécessaire pour achever le peuplement des claies.

La mytiliculture, telle que nous l'avons étudiée à Bouc, offre un grand intérêt à plusieurs points de vue. D'abord le littoral méditerranéen est, comme on sait, fort peu riche en coquillages et en Moules, et les résultats déjà obtenus donnent lieu de croire qu'on pourra ainsi le peupler. La Moule, bien qu'ayant une valeur commerciale beaucoup moindre que l'Huître, n'en est pas moins digne d'intérêt comme produit alimentaire ; car le bas prix auquel on peut la livrer au consommateur permettra de l'adresser aux populations pauvres de l'intérieur comme du littoral pour servir de base à une véritable alimentation, tandis que l'Huître, pendant longtemps encore, ne pourra être qu'un comestible de luxe réservé seulement aux classes riches. Il faut, d'autre part, à l'Huître trois à quatre ans pour être marchande ; la Moule, dans la Méditerranée, ne demande qu'une année ; elle a donc encore, à ce point de vue, l'avantage sur l'Huître. Quoique moins délicate que l'Huître, elle est encore fort recherchée dans le Midi.

Ce que l'on peut observer aujourd'hui dans l'établissement de Bouc fait concevoir les meilleures espérances pour l'avenir, et annonce qu'une précieuse ressource alimentaire peut être donnée aux populations méditerranéennes, et l'exemple de ce qui se passe à la baie de l'Aiguillon en est une preuve péremptoire, puisque des populations entières doivent leur existence à l'heureuse innovation de Walton. Et l'on peut dire que pour la Méditerranée les motifs d'utilité sont encore mieux fondés, puisque ses côtes, en France, sont presque complétement dépourvues de mollusques alimentaires. C'est, du reste, un fait qui a été reconnu d'une voix unanime par le jury du concours régional de Nice, qui, en raison de l'utilité de la tentative faite par MM. Vidal, leur a décerné la médaille d'or de Son Exc. le ministre de l'agriculture et du commerce.

En même temps que cette application industrielle des principes de la mytiliculture, nous avons pu remarquer à Bouc des essais similaires dans les mêmes eaux, et les résultats déjà obtenus, bien que sur une petite échelle, font espérer que l'on pourra aussi trouver les éléments d'une culture productive de l'Huître, mais l'essai n'est encore qu'à son début et n'a pas acquis l'importance de celui dont nous venons de vous entretenir.

Nous en dirons autant des essais de stabulation de Poissons et de Crustacés, tentés dans les mêmes eaux, et auxquels des expériences récentes, couronnées d'un plein succès, semblent promettre le plus heureux avenir.

Terminons en disant que nous avons trouvé chez M. Vidal un laboratoire-vivier parfaitement aménagé et qui nous paraît appelé à jouer un jour dans la Méditerranée le rôle que joue déjà dans l'Océan celui de Concarneau. Sans doute il est petit encore, mais il doit en être d'un vivier comme du poisson, qui

> Deviendra grand
> Si Dieu lui prête vie.

II. EXTRAITS DES PROCÈS-VERBAUX DES SÉANCES DU CONSEIL DE LA SOCIÉTÉ.

SÉANCE DU 29 SEPTEMBRE 1865.

Présidence de Son Exc. M. DROUYN DE LHUYS, président.

Le procès-verbal de la séance précédente est lu et adopté.

M. le Président proclame les noms des membres nouvellement admis :

MM. CRAMPON (Ernest), consul de France, à Janina (*Albanie*).
ELLIOT (D. G.), à New-York.
FARINA (P.), sénateur du royaume d'Italie, villa Ponteravone (*province d'Alexandrie*).
FRANCQ (le baron E. de), au château de Ramersdorf, près Bonn (*Prusse rhénane*).
GROUVELLE (Ernest), propriétaire, à Paris.
LABURTHE (Félicien), chef du secrétariat au Crédit mobilier, à Paris.
LUNEL (Hippolyte), à Villeneuve-lez-Avignon (*Gard*).
MADRIZ (Francisco de), propriétaire au Venezuela, à Paris.
PONTÉCOULANT (le comte Roger de), attaché au département des affaires étrangères, à Paris.
ROUSSEAU (Émile), à Paris.
ROUSSET (de la Marne) (le docteur), à Paris.
VOUGA-AMIET (Henri), à Yverdon (Suisse).
VOUGA-PRADEZ (E.), à Genève.

— Le Conseil apprend avec le plus vif regret la mort de M. le maréchal de Santa-Cruz, l'un de nos membres les plus zélés et les plus assidus.

— Des remercîments pour sa récente admission sont adressés par M. C. de Béarn.

— M. le Président de la Société transmet, pour le *Bulletin*, une Notice rédigée par M. Viennot, chef de la statistique au ministère des affaires étrangères, sur l'acclimatation en Angleterre en 1864.

— M. le maire de la ville de Montbard (Côte-d'Or), informe la Société que l'inauguration de la statue élevée à la mémoire de Buffon aura lieu à Montbard, le 8 octobre prochain, et il invite les membres du Conseil de la Société à assister à cette solennité. Le Conseil délègue MM. Duméril, vice-président, et A. Geoffroy-Saint-Hilaire, secrétaire, pour les représenter à cette cérémonie.

— M. le secrétaire analyse diverses lettres de MM. Lequin, H. Bonnes, Euriat-Perrin et P. de la Bertoche, chepteliers de la Société, relatives à leurs troupeaux et à la visite que doit en faire M. Davin, délégué à cet effet par le Conseil.

— M. Vial, de Digne, adresse à la Société un exemplaire d'un opuscule par lui publié, sur l'utilité du Lama au sujet du reboisement des montagnes, et demande des Lamas à titre de cheptel.

— M. Teyssier des Farges demande en cheptel des Agneaux ou Brebis *Ti-yang*.

— M. de Vernouillet, chargé de l'intérim du Ministre de France à Buenos-Ayres, adresse à la Société la réponse au questionnaire par elle envoyé, sur les animaux et végétaux que possède la république Argentine. M. de Vernouillet ajoute que M. Salvador del Carril, ancien vice-président de la république Argentine, sous la présidence du général Urquiza, actuellement juge à la Cour suprême nationale, se met à la disposition de la Société pour lui transmettre tous les renseignements dont elle pourrait avoir besoin sur ces contrées. M. del Carril désirerait obtenir de la Société des Chèvres d'Angora *pur sang*. Des remercîments seront adressés à MM. de Vernouillet et del Carril, et des animaux seront confiés, à titre de cheptel, à ce dernier.

— M. Albert de Surigny accuse réception du Bélier et de la Brebis *Ti-yang* (*Ong-ti*) que la Société lui a confiés à titre de cheptel.

— M. le Président transmet copie d'une lettre de M. Baligot de Beyné, secrétaire et chef du cabinet de S. A. le prince Alexandre-Jean, hospodar des Principautés-Unies de Valachie et de Moldavie, l'informant que le Prince l'a chargé de réunir, pour l'offrir à la Société d'acclimatation, une collection d'animaux de Roumanie. M. Baligot de Beyné ajoute qu'il a remis à M. le Directeur du Jardin d'acclimatation, quelques types de la race galline de ce pays, avec une Note spéciale sur leurs mœurs et leur caractère, et un échantillon des cocons obtenus à l'école d'agriculture de Panteleimon, près Bukharest, avec la graine japonaise propagée par notre Société. Cette éducation, habilement dirigée par M. Auréliano, ancien élève de l'école de Grignon, a donné de fort beaux résultats. — Des remercîments seront adressés à M. Baligot de Beyné, et il sera prié de transmettre au prince Alexandre-Jean, l'expression de la reconnaissance de la Société pour ses bienveillantes intentions.

— M. le Président adresse à la Société une lettre qu'il a reçue de M. Pierre Pichot, délégué de la Société impériale russe d'acclimatation, et par laquelle il l'informe de l'arrivée d'un couple d'Aurochs et d'autres animaux envoyés au Jardin d'accclimatation du bois de Boulogne par la Société impériale d'acclimatation de Moscou, en échange d'autres animaux.

— Son Exc. M. le Ministre de la marine et des colonies transmet à la Société un extrait du Rapport de fin de campagne de M. le chirurgien major de l'*Isis*, relatif à divers animaux d'Australie embarqués à Melbourne pour le Jardin d'acclimatation du bois de Boulogne, et dont un très-petit nombre arriva vivant en France.

— M. le Président fait parvenir à la Société, copie d'une lettre de M. Poujade, consul général de France à Turin, annonçant qu'il serait question de créer dans cette ville une société d'acclimatation, sur le modèle de celle de Paris. Cette lettre est accompagnée d'un numéro de la *Perseveranza*, contenant un article du président du Comice agricole de Bergame, traitant de l'influence que les Oiseaux et les Insectes exercent sur l'agriculture.

— Son Exc. M. le maréchal de Mac-Mahon, gouverneur général de l'Algérie, informe la Société qu'il fait expédier à Paris trois Autruches qui, avec celle qui a survécu au Jardin d'acclimatation du bois de Boulogne, formera les deux couples de ces oiseaux que notre Société destine à la Société d'acclimatation de Melbourne (Australie). — Remercîments.

— MM. Hardy d'Alger, E. Lacroix de Marseille et A. Geoffroy Saint-Hilaire adressent à la Société, des lettres relatives à l'envoi de ces Autruches.

— M. Ramel prie la Société de vouloir bien prendre des renseignements sur trois Émeus envoyés d'Australie et qui doivent être arrivés à Londres.

— M. le vice-consul de France à Sainte-Marie de Bathurst (Gambie) écrit relativement à l'envoi, déjà annoncé à la Société, de cinq dépouilles d'Oiseaux originaires de ce pays, et de deux bocaux contenant : deux Caméléons, un Naja du Congo et un Annelé du Gabon. Cet envoi est arrivé à la Société en assez bon état. — Remercîments.

— M. le docteur L. Turrel, de Toulon, informe la Société qu'il ne pourra, à son grand regret, assister au comité de Berne, auquel il fera néanmoins parvenir une copie d'un Mémoire qu'il vient de rédiger sur les moyens les plus efficaces pour prévenir la destruction des Oiseaux de passage.

M. le Président dépose sur le bureau l'original de ce Rapport que lui a adressé M. le docteur Turrel et qui sera inséré au *Bulletin*. (Voy. page 497.)

— M. le docteur Sacc informe la Société que M. Adolphe Baux, négociant à Marseille, possède dans ses serres un aquarium à eau chaude, où il recevrait très-volontiers des Gouramis, à l'occasion, si la Société jugeait à propos de lui en confier.

— M. le Président transmet à la Société une lettre de M. Barthélemy-Lapommeraye annonçant que les Gouramis attendus de Maurice ne sont point arrivés.

— Notre confrère M. G. Imhaus, receveur général de l'Ariége, informe la Société que les deux cents Gouramis embarqués sur un navire des Messageries impériales ont tous péri avant d'arriver à Suez. M. Imhaus ajoute que des ordres sont donnés pour qu'on reprenne la question avec vigueur au mois de mai prochain. — Des remercîments seront adressés à M. Imhaus pour le zèle infatigable avec lequel il s'occupe de cette intéressante acclimatation.

— M. le directeur du Jardin d'acclimatation annonce qu'il vient de recevoir deux Poissons vivants envoyés de Chine par M. Champion, par l'intermédiaire du ministère des affaires étrangères.

— M. E. S. Delidon adresse à la Société une Note sur un procédé pour la destruction des Insectes de la Betterave et autres.

— M. Ramel qui a déjà plusieurs fois signalé l'avantage que présenterait l'acclimatation de l'Abeille ligurienne, cite ce fait remarquable, qu'à la ferme modèle d'Arundel, près Melbourne, appartenant à M. Ed. Wilson, une ruche d'Abeilles liguriennes a donné l'énorme produit de 58$^{kil.}$,50 de miel (gâteaux) pour un travail de six mois.

— M. E. Mercier annonce que son éducation de Vers à soie d'Ailante a été entièrement détruite par la grêle, et il demande de nouvelles graines.

— M. P. S. Aureliano, directeur de l'Institut national d'agriculture de Panteleimon (Roumanie), adresse à la Société une demande de graines de Vers à soie d'Ailante et une Note sur l'éducation qu'il a faite de Vers à soie du Mûrier du Japon provenant des graines propagées par notre Société. Cette éducation a donné d'excellents résultats ainsi que le prouve l'échantillon de cocons adressé à la Société par M. Aureliano. — Remercîments.

— M. Ph. Rocher qui avait reçu de la Société des graines de Vers à soie *Yama-maï*, annonce avec regret que son éducation a fort mal réussi. Il a constaté que les Vers mangeaient avec avidité les feuilles du *Quercus Robur*. M. Rocher termine son compte rendu en priant la Société de vouloir bien lui envoyer de nouvelles graines pour faire une seconde expérience.

— M. J. Eynard, de Cambrai, adresse à la Société un Rapport détaillé sur les diverses races de Vers à soie du Mûrier du Japon.

— Son Exc. M. le Ministre des affaires étrangères transmet

une lettre de Mgr L. S. Faurie, évêque d'Apollonie, vicaire apostolique du Kouy-Tcheou (Chine), informant la Société que la plupart des envois de graines de Vers à soie du Chêne, par lui faits depuis dix ans, ayant mal réussi, probablement à cause de la longueur du trajet, il y aurait plus de chances de réussite en prenant les graines au *Hô-nân* qui est près de Han-Keou, et d'où cette graine a été originairement tirée. Mgr Faurie termine en se mettant entièrement à la disposition de la Société. — Remercîments.

— M. Dufour, délégué de la Société à Constantinople, adresse à la Société une Note sur les éducations générales du *Bombyx Mori* en Turquie, pendant la dernière campagne, ainsi que sur une éducation expérimentale du *Bombyx Yama-maï*. Ce travail est renvoyé à l'examen de la commission de publication.

M. Dufour demande à la Société qu'il lui soit adressé d'Alexandrie, ou de Paris, des graines du *Bombyx yama-maï* pour tenter une nouvelle expérience.

— M. E. de Plagniol, secrétaire de la Société d'agriculture de l'Ardèche, adresse à notre Société un Rapport sur les races japonaises du Ver à soie. Il demande que ce Rapport soit examiné pour le concours ouvert par la Société.

— M. P. Farina, sénateur du royaume d'Italie, adresse à la Société une demande de graines de Vers à soie.

— MM. Quevreux (de Nay), Chazereau (d'Aubigny) et A. Lejourdan (de Marseille) adressent des demandes de graines de végétaux.

— M. le docteur Ferdinand Mueller (de Melbourne) fait parvenir à la Société, par l'intermédiaire de M. Alfred Lejourdan (de Marseille), trois espèces de graines d'*Eucalyptus* australiens : 1° *Eucalyptus globulus* ; 2° *Eucalyptus mahagony* dont le bois est très-dur et est principalement employé dans les constructions marines, il résiste aux attaques du *Teredo navalis* mieux encore que le bois du *Tectona grandis* ; 3° *Eucalyptus calophylla* dont le bois est moins dur que celui du *mahagony*, mais qui est plus ornemental par ses feuilles grandes et coriaces ressemblant à celles d'un *Ficus*.

— M. le directeur du Jardin transmet des graines de divers Haricots récoltés aux environs de Caracas, et comme échantillon, un cocon de Ver à soie sauvage du Venezuela, vivant sur une espèce de Ricin, le tout offert par M. Léonce Levraud, consul général de France à Caracas.

— M. Brierre, de Saint-Hilaire de Riez, envoie un nouveau Rapport accompagné de dessins sur ses cultures de végétaux.

— Notre confrère M. René Caillaud transmet à la Société : 1° le Rapport du Conseil général de la Vendée (session 1864), relativement aux heureux effets d'une prime de 25 centimes par tête, appliquée, sur l'initiative de M. le préfet, à la destruction de la Vipère dans ce département ; 2° une lettre que lui écrit notre confrère M. P. Abbadie, concernant le développement remarquable de vingt-cinq espèces différentes de graines de Coton que la Société avait confiées à M. René Caillaud, et qu'il avait fait mettre en expérience chez M. Saudé, jardinier à Luçon, qui a fait cette culture avec un zèle tout dévoué à notre œuvre.

— M. Chevrey-Rameau, attaché au consulat général de France au Japon, envoie des graines d'une Liane grimpante du Tonquin, dont la feuille jouirait de la propriété de guérir les plaies. — Remercîments.

— M. le Président signale un article du *Constitutionnel*, du 31 août dernier, reproduisant un passage du Rapport annuel présenté au Conseil général du Loiret par M. le préfet de ce département, dans lequel ce magistrat signale l'importance de la culture du Safran dans l'arrondissement de Pithiviers, et la prochaine régénération de la plante par l'arrivée de graines de *Crocus* d'Asie demandées au Japon. Un extrait du discours de M. Dureau accompagne la lettre de M. le Président. (Voy. page 547.)

— Son Exc. M. le Ministre des affaires étrangères transmet une lettre de M. Ernest Crampon, consul de France à Janina, sur la culture du *Pistacia lentiscus* qu'il a eu l'occasion d'étudier à Chio et sur l'opportunité de faire recueillir dans l'île des données plus précises, en vue de propager, dans la Corse ou l'Algérie, la plante dont il signale les produits si recherchés dans l'Orient. (Voyez au *Bulletin.*)

— M. le Président fait parvenir à la Société : 1° une lettre de M. Vion, gérant du consulat général de France au Pérou, contenant des explications sur la difficulté de se procurer dans ce pays des graines de *Cinchona*. M. Vion annonce que M. Borsani a bien voulu se charger de deux plants et de deux tubercules de *Coca*. Cet envoi a été immédiatement expédié au Jardin d'acclimatation. 2° Une Note de M. Florian Pharaon, accompagnée de graines et d'épis de Blé d'Égypte, provenant de semences trouvées dans un tombeau romain à Cherchell (ancienne *Julia Cæsarea*). — Remercîments.

— M. le comte du Buisson adresse à la Société diverses graines qu'il a rapportées d'Abyssinie. — Remercîments.

— M. le directeur du Jardin d'acclimatation informe que, des graines reçues de l'Orégon, par M. Chappellier, il n'a poussé qu'une plante désignée sous le nom de *Skeouane* (herbe à fumer), et que cette plante est morte après avoir végété quelque temps.

— M. le docteur J. Rosen, actuellement professeur de chimie et de botanique à l'école technique supérieure de Ruremonde (Pays-Bas), annonce à la Société qu'il est chargé de créer un jardin pour l'acclimatation des végétaux, et qu'il se propose de la tenir au courant du résultat de ses expériences. — Remercîments.

— M. Joseph Auzende, jardinier en chef du Jardin de Toulon, fait part à la Société d'un procédé pour la fabrication, à très-bas prix, d'un onguent ou *Brai gras* par lui composé en 1852 et destiné à enduire les coupures des branches, les troncs d'arbres, les écorchures, les cancers et pourritures de troncs à l'intérieur, etc. Cet onguent, qui produit les meilleurs résultats, peut aussi être employé pour les greffes.

M. Auzende sera prié d'envoyer un peu de cet onguent à M. Quihou, jardinier en chef du Jardin d'acclimatation, pour en faire l'expérience.

— M. le Président transmet à la Société une lettre de la

Compagnie générale transatlantique annonçant que les animaux et plantes expédiés à bord de ses paquebots et destinés à notre Société seront transportés *gratuitement*. — Une lettre de remercîments sera adressée au directeur de la Compagnie.

— M. Davin rend compte au Conseil de la mission dont il avait été chargé au sujet de l'inspection des troupeaux de la Société. Il ajoute qu'il remettra prochainement un Rapport sur ces divers animaux. Le Conseil vote à l'unanimité des remercîments à M. Davin, pour le zèle dévoué et intelligent avec lequel il s'est acquitté de cette mission ; et il l'autorise à donner aux chepteliers de la Société toute permission pour tuer les animaux inutiles.

Le Secrétaire du Conseil,

A. GEOFFROY SAINT-HILAIRE.

III. CHRONIQUE.

Note sur les progrès de l'hippophagie en France.

Par M. E. DECROIX,
Membre de la Société impériale d'acclimatation.

L'illustre fondateur de notre Société, Isidore Geoffroy Saint-Hilaire, avait été frappé de l'insuffisance de la production animale.

L'augmention rapide de la population en Europe, et, on peut le dire aussi, les progrès de la civilisation, créent incessamment des besoins nouveaux auxquels il faut satisfaire.

Pour cela deux moyens s'étaient présentés à son esprit.

Le premier : Tenter de nouvelles conquêtes sur le règne animal en introduisant chez nous des espèces étrangères dont les unes peuvent être employées au travail, les autres fournir des ressources par leur chair, leur toison et d'autres produits. C'est de cette première idée qu'est née notre Société, que la mort prématurée et si regrettable de notre fondateur n'a pas ralenti dans ses progrès.

Le second moyen : Utiliser, selon le mode le plus profitable, les animaux que nous possédons déjà. Et à cette occasion il se demandait s'il était sage de continuer à affecter à des usages secondaires, et même de laisser perdre en partie, la viande des animaux domestiques et particulièrement celle du Cheval.

Dès 1842, M. le docteur Perner, de Munich, combattait le préjugé qui existait contre la viande de Cheval. Grâce à ses efforts persévérants, il y a une vingtaine d'années déjà que la vente de cet aliment est officiellement autorisée et réglementée dans la capitale de la Bavière. Bientôt après des boucheries spéciales furent ouvertes dans d'autres villes de l'Allemagne. Chez nous, les innovations utiles ne sont pas acceptées aussi vite.

Lorsqu'en 1847 Isidore Geoffroy Saint-Hilaire commença à proclamer, contre toutes les idées reçues, que la viande de Cheval est *saine*, *agréable*, *très-nourrissante* et qu'elle fournit un *excellent bouillon*, on ne connaissait plus guère cet aliment que par le récit lamentable de cruelles épreuves où il avait été dévoré par des hommes menacés de mourir de faim.

L'éminent naturaliste savait combien de difficultés on rencontre quand on attaque de front un préjugé populaire ; mais il était soutenu par l'ardent désir d'être utile à ses semblables et par la conviction profonde que la chair du cheval peut rendre de grands services aux classes peu aisées et par contre-coup aux classes plus favorisées de la fortune.

Il profitait de toutes les occasions pour répandre ces idées, tant dans ses leçons et ses conversations particulières que dans ses communications à l'Institut, à la Société protectrice des animaux, à la Société d'acclimatation. Toute sa pensée se trouve résumée dans cette phrase qu'il livrait à la méditation des économistes, des hygiénistes et des philanthropes :

« Il y a des millions de Français qui ne mangent pas de viande, et, » chaque mois, des millions de kilogrammes de bonne viande sont livrés » à l'industrie pour des usages secondaires ou même jetés à la voirie. »

Cette grave proposition ne produisit pas d'abord un bien grand effet ; elle excita l'étonnement chez quelques-uns, l'admiration chez quelques autres, sans faire sortir les masses de leur indifférence. Avec le temps et à force d'insistance, Isidore Geoffroy Saint-Hilaire provoqua de nombreuses objections. C'était un progrès : à chaque attaque l'hippophagie gagnait du terrain, tant la cause était bonne en elle-même.

Dans son admirable ouvrage intitulé : *Lettres sur les substances alimentaires et particulièrement sur la viande de Cheval*, toutes les objections, même celles qui se reproduisent aujourd'hui, sont réfutées sous une forme pleine de charme par le savant professeur.

Le débat eut pour avantage de fixer l'attention du public ; des banquets s'organisèrent sur différents points de la France, et un grand nombre de personnes éclairées par l'expérience embrassèrent la cause de l'hippophagie. Citons MM. Richard (du Cantal), notre honorable vice-président, Renault, Beaud, Munaret, Blatin, Leblanc, Ducoux, Amédée Latour, Barral, Joly et beaucoup d'autres qu'il serait trop long de nommer ici.

Comme conséquence, des industriels demandèrent, en 1857, l'autorisation d'ouvrir des boucheries de viande de Cheval (à cette époque la liberté de la boucherie n'existait pas et il fallait une autorisation).

Le Conseil de salubrité de la Seine fut consulté par l'administration. Il répondit officiellement que la chair du Cheval est saine, et qu'il y avait lieu d'en permettre la vente pour la consommation.

Cette conclusion confirmait tout ce qu'avait soutenu Isidore Geoffroy Saint-Hilaire.

En 1860, un autre corps compétent, la *Société de médecine d'Alger*, étudia aussi la question, et elle déclara à l'unanimité que la viande de Cheval peut entrer dans l'alimentation publique, et de plus elle émit le vœu que, dans l'*intérêt de l'hygiène*, l'administration autorisât l'établissement de boucheries spéciales.

En 1864, notre Société protectrice des animaux, qui n'a cessé depuis 1856 de s'occuper de l'hippophagie (comme il est dit dans le *Moniteur* du 31 décembre), a nommé une Commission et l'a chargée de « faire toutes » les démarches les plus propres à obtenir que la viande de Cheval entrât » dans la consommation. »

L'année dernière plusieurs personnes ont réitéré la demande d'autorisation de vendre le nouvel aliment. M. le vicomte de Valmer, à la tête d'une députation de la Société protectrice, a fait une démarche auprès de M. le Préfet de police pour l'engager, en vue de l'amélioration du sort des vieux chevaux, à accorder l'autorisation qui lui était demandée. M. le Préfet de police en a référé à Son Exc. M. le Ministre de l'agriculture, qui a consulté le Comité d'hygiène de la France. Nous croyons pouvoir affirmer que le rapport de ce Comité est favorable.

Ces jours derniers, un membre de la Société protectrice des animaux a écrit au Président de cette Société pour annoncer qu'il fondait une prime de *cinq cents francs* destinée à celui qui, en 1865, ouvrirait régulièrement et officiellement la première boucherie de viande de Cheval en France ou en Algérie. La prime sera de *six cents francs*, si cette boucherie est ouverte dans l'enceinte de Paris. Voici pourquoi cette différence. Dans une petite localité la nouvelle industrie ne réussirait pas faute d'éléments d'approvisionnements, et faute d'un nombre suffisant de consommateurs; tandis que dans la capitale, où les approvisionnements sont assurés, elle rendra de grands services, puisque, d'après des calculs approximatifs, elle pourra fournir chaque année, lorsque le préjugé sera complétement tombé et que le *courant* sera bien établi, *douze à quinze cent mille* kilogrammes de bonne viande, quantité plus de dix fois aussi considérable que celle fournie par les vingt bureaux de bienfaisance aux indigents assistés (1).

Enfin, pour hâter la maturité de l'œuvre, un Comité composé de MM. le docteur Blatin, Boncompagne, Bourrel, Cordier, chef d'escadron, Decroix, Ducoux, A. Geoffroy Saint-Hilaire, et de Lavallette, organise en ce moment un banquet de viande de Cheval.

Énumérons rapidement un autre ordre de faits. Isidore Geoffroy Saint-Hilaire a dit excellemment :

« Un progrès qui importe au bien public est toujours trop tard réalisé.....
» un mois, un jour n'est pas à négliger quand il s'agit de ceux qui souffrent. »

Or, en attendant que nous soyons aussi avancés que les peuples d'outre-Rhin, l'idée de notre fondateur entre peu à peu dans le domaine de la pratique. Depuis quelques années, quand un cheval est abattu pour cause d'accident, le vétérinaire prend souvent un morceau de l'animal et les spectateurs suivent l'exemple.

Au dernier camp de Châlons, une pension de l'état-major, ne sachant quel gibier offrir dans un repas extraordinaire, fit demander à Paris de la viande de Cheval.

Depuis un an, un grand nombre de personnes de toutes les classes de la société parisienne ont fait servir sur leur table le nouvel aliment. A quelques rares exceptions près, il a été trouvé aussi bon que le Bœuf, quelquefois meilleur.

Voici un exemple qui prouve une fois de plus que les reproches adressés à la viande dont il est question ne sont pas toujours fondés.

Le filet d'un Cheval âgé d'une vingtaine d'années fut partagé en deux et envoyé, moitié à Mme la comtesse de Brancion, moitié à M. le baron Poisson. Chez Mme de Brancion il a été trouvé bon et agréable, tandis qu'il a paru

(1) Dans le IVe arrondissement, le bureau de bienfaisance donne un bon de viande de 50 centimes tous les trois mois, non par indigent, mais par ménage assisté

dur, a peine mangeable chez M. Poisson, dont le cuisinier n'est pas partisan de la nouvelle industrie.

Comme par le passé, le Cheval a continué à être servi, dans bien des maisons particulières, pour du Cerf ou du Chevreuil ; mais de plus, il a honoré d'autres espèces animales auxquelles il a été substitué.

Il y a deux mois, dans un dîner parfaitement organisé, on l'a fait passer pour du Chamois venant des Alpes.

Le 1er janvier, dans un grand festin auquel l'un des premiers négociants de Paris conviait de nombreux parents et amis, le cheval a été servi sous forme de pâté truffé, pour du *Kangurou*. La chair de l'animal prétendu exotique fut trouvée délicieuse, et l'un des convives fit même quelques quatrains pour en célébrer les qualités tout à fait exceptionnelles.

Examinons le sujet à un point de vue plus sérieux, au point de vue des services qu'il doit rendre aux classes ouvrières et aux pauvres.

Pendant quelques temps, Renault, notre affectionné maître, a donné de la viande de Cheval aux pauvres des environs de l'école d'Alfort.

A Alger on a distribué des quantités considérables de cet aliment, jusqu'à 1200 livres en un seul jour, sur la place de Chartres.

A Cambrai, le trimestre dernier, on a préparé deux Chevaux pour la consommation.

Dans sa constante sollicitude pour tous les progrès utiles, M. Vallon, préfet du Nord, vient de demander à M. Pommeret, vétérinaire du département, un rapport qui constate que dans plusieurs villages les habitants « font entrer » la viande de Cheval pour une assez grande quantité dans leurs usages » culinaires. »

On y fabrique aussi des saucissons que l'on envoie à Paris, à l'époque de la foire aux jambons.

Depuis quelque temps, des prisonniers enfermés à Sainte-Pélagie et à la Conciergerie ont demandé de la viande de Cheval. Seuls, les premiers ont pu s'en procurer.

Beaucoup de malades de mon quartier se sont parfaitement trouvés du bienfaisant aliment, qui leur est recommandé par leurs médecins comme étant très-nourrissant et d'une digestion facile.

Depuis deux ans, on donne aux pauvres tous les dimanches, et quelquefois dans la semaine, de la viande de Cheval *cuite* et du bouillon sans en dissimuler la nature, et jamais il n'y a eu assez de provisions pour satisfaire tous ceux qui se présentent.

Voici encore des faits plus concluants.

L'année dernière, pendant quelques mois, presque tous les samedis, on a donné aux indigents la chair crue d'un ou deux Chevaux, rue du Fauconnier, n° 9. Depuis six semaines les distributions continuent rue de Gentilly, n° 23. Demain samedi, il sera donné 620 livres de viande (1). Et cette

(1) Le Cheval a coûté 43 francs, ce qui met la viande à 7 centimes la livre. Ordinairement elle revient à 8 ou 9 centimes.

quantité sera loin d'être suffisante pour contenter toutes les pauvres mères de famille, tous les vieillards infirmes et tous les enfants envoyés par leurs parents malades.

Ces distributions *gratuites*, dont les frais sont couverts par une souscription qui monte actuellement à 905 francs, exercent la plus heureuse influence sur les classes peu aisées qui ne peuvent se procurer la viande ordinaire, tant le prix en est élevé. Il est donc extrêmement important de les continuer et même de leur donner plus d'extension, jusqu'à ce que des boucheries spéciales soient établies ; c'est le meilleur moyen de répondre à l'objection du préjugé.

Malheureusement les fonds de la souscription sont à peu près épuisés, et il est à craindre que les distributions soient interrompues. Dans cette fâcheuse occurence, je fais appel à la Société d'acclimatation et je la prie de prendre part à cette souscription.

Ne restons pas indifférents, Messieurs, au développement de l'œuvre de prédilection de notre illustre et vénéré fondateur. Il s'agit de faire triompher un progrès *éminemment humanitaire*, qui intéresse directement ou indirectement toutes les classes. Et lorsqu'il sera réalisé, nos ressources alimentaires seront augmentées de trois espèces animales : le *Cheval*, le *Mulet* et l'*Ane*. Et l'on ne verra plus — spectacle navrant — des milliers de kilogrammes de bonne viande perdue pour l'alimentation, tandis que des millions d'indigents sont affamés de viande.

Je conclus donc en proposant que notre Société prenne part à la souscription (1).

Culture du Safran.

Extrait du CONSTITUTIONNEL *du* 31 *août* 1865.

M. Dureau, préfet du Loiret, en présentant son rapport annuel au Conseil général de ce département, à l'ouverture de la session de 1865, a résumé, dans un discours préliminaire qui vient d'être imprimé, les améliorations accomplies sous son administration depuis la session précédente. Nous avons lu avec plaisir les informations que contient ce document, et nous y avons remarqué notamment, après des données fort satisfaisantes sur l'état de l'agriculture et les progrès de reboisement dans la Sologne, un paragraphe sur la culture du safran dans les environs de Pithiviers. M. le préfet du Loiret, en rendant compte de la régénération de cette intéressante branche de notre industrie nationale, a rappelé avec reconnaissance le concours que Son Exc. M. Drouyn de Lhuys a bien voulu lui prêter, en facilitant par son entremise

(1) La Société a souscrit pour 500 francs. La souscription, qui est toujours ouverte, s'élève actuellement à 2000 francs.

un acte d'utile acclimatation. Nous reproduisons ce passage de l'allocution de M. Dureau, qui nous paraît mériter une attention particulière.

« Travailler la terre », suivant l'énergique familiarité de notre belle langue, ce n'est pas seulement remuer la glèbe, l'ouvrir, la briser et appeler les combinaisons chimiques de l'air, de la chaleur et de l'eau, c'est approprier aussi la plante à la nature du sol et renouveler la plante, lorsque le sol, en dépit des amendements et malgré sa bonne volonté, ne donne que des produits affaiblis. Les cultivateurs du Gâtinais l'avaient bien compris lorsqu'ils m'ont fait part de leurs appréhensions au sujet de la dégénérescence du Safran. Vous connaissez cette précieuse industrie rurale, qui est la fortune de la petite culture dans l'arrondissement de Pithiviers ; elle verse annuellement plusieurs millions entre les mains de modestes et infatigables cultivateurs ; elle est une joie et un travail pour les veillées d'automne ; femmes, enfants, y sont employés ; elle occupe tous les bras.

Il s'agit donc de sauver cette nature de produits de son propre alanguissement, et d'importer chez nous des sujets neufs et vivaces. D'ailleurs la concurrence redoutable de l'Espagne et de la Lombardie nous presse. Je me suis adressé avec une respectueuse confiance à Son Exc. M. le Ministre des affaires étrangères pour obtenir, par sa puissante entremise, l'envoi de *Crocus* d'Asie, et je n'ai pas tardé à recevoir l'assurance que des instructions avaient été données à notre consul général au Japon. Qu'il me soit permis, messieurs, de devancer, par l'hommage de mes remercîments, l'expression de votre reconnaissance envers l'homme d'État qui, au milieu des travaux si considérables de son département ministériel, a su prêter l'oreille aux vœux de vos concitoyens et tenir la main à la réalisation d'une mesure chère à votre agriculture. »

I. TRAVAUX DES MEMBRES DE LA SOCIÉTÉ.

INAUGURATION DE LA STATUE DE BUFFON

A MONTBARD (CÔTE-D'OR).

Le 8 octobre 1865, a eu lieu, à Montbard, l'inauguration solennelle de la statue de Buffon.

La Société impériale zoologique d'acclimatation a accueilli avec empressement une invitation adressée par M. le maire de Montbard, M. le docteur Viard, qui, à la tête d'une députation de la ville, avait assisté, le 13 novembre 1864, à l'inauguration de la statue de Daubenton dans le Jardin zoologique d'acclimatation du bois de Boulogne, et y avait pris la parole au nom de ses concitoyens (voyez le *Bulletin de la Société*, 1864, p. 645-681).

Nous empruntons au *Moniteur* le récit de la cérémonie :

La statue qu'on allait inaugurer, érigée sur la place de l'Église, en haut de la colline, non loin de l'entrée du parc, n'avait pas encore reçu de consécration solennelle. Tout le monde a pu admirer à Paris, au Palais de l'Industrie, ce bronze majestueux dû à l'un de nos sculpteurs les plus éminents, à M. Dumont, de l'Institut, qui a su arrêter et graver sur le visage de sa statue l'éclair du génie qui brillait sur les traits de Buffon. Le grand écrivain est représenté en élégant costume de la cour de Louis XV. C'était bien là le costume dont il fallait revêtir l'image de Buffon, si ami du faste et de l'étiquette, toujours aussi brillant dans son costume que dans son style. Ne l'a-t-il pas dit lui-même : « Le style, c'est l'homme ? »

Sur le piédestal on lit en lettres dorées :

BUFFON, NÉ A MONTBARD, LE 7 SEPTEMBRE 1707,
MORT LE 16 AVRIL 1788.

C'est d'après le vœu exprimé en mourant par Mme de Buffon, que la statue a été placée à l'endroit où elle se trouve.

Mais passons aux détails de la fête, dont nous suivrons le programme depuis le matin jusqu'au soir.

On n'inaugurait pas seulement à Montbard la statue de Buffon, on inaugurait aussi les nouvelles fontaines publiques de la ville, et l'on peut dire de M. Viard, maire de Montbard, l'organisateur de la double fête, qu'il a su habilement mélanger l'utile et l'agréable, *utile dulci..... omne tulit punctum.*

Donc, à dix heures du matin, après une messe solennelle, le clergé descendait en procession des hauteurs de l'église, et se rendait à la source bienfaisante qui va désormais fournir de l'eau à la ville, pour y procéder à la bénédiction des réservoirs.

A midi la Société chorale de Dijon arrivait à Montbard et faisait son entrée en ville, bannière au vent.

A trois heures, un cortége composé des délégations des corps savants, des principales autorités du département, du corps municipal et des invités, partait de l'hôtel de ville pour se rendre au pied de la statue de Buffon. En ce moment, quelques gouttes de pluie commencèrent à tomber... Cette pluie, depuis si longtemps demandée par les populations, se montrait dans un moment inopportun. Au reste, elle ne dura guère, car un soleil radieux éclairait la statue lorsqu'on arriva sur l'esplanade.

Des tentes avaient été dressées pour recevoir les invités ; mais la foule les avait envahies ; elle voulait entendre de près les voix éloquentes chargées de faire l'éloge de *son* Buffon.

La cérémonie était présidée par M. Chevreul, directeur du Muséum d'histoire naturelle, représentant S. Exc. le ministre de l'instruction publique. A sa droite siégeait M. Rolle, député de l'arrondissement ; à sa gauche, le maire de Montbard. Au premier rang avaient aussi pris place M. le sous-préfet Bouillet, MM. Decaisne, Milne-Edwards, Daubrée, Dumont, de l'Institut ; M. Duméril, délégué par la Société d'acclimatation ; le général Guyot, membre de la commission de la statue ; M. Trémisot, trésorier général de la ville de Paris. M. Chevreul fils était délégué par l'Académie de Dijon.

La séance a été ouverte par la lecture d'une lettre de M. Duruy, ministre de l'instruction publique, s'excusant de ne pouvoir assister à la fête, et déléguant pour le représenter M. Chevreul, à juste titre appelé par son S. Exc. *l'un des héritiers légitimes de Buffon.*

M. Chevreul a ensuite pris la parole pour prononcer un long et remarquable discours, souvent interrompu par les applaudissements de l'assistance. Ce discours a été dit avec une force et une verve dont chacun eut bien le droit de s'émerveiller lorsque l'orateur rapporta qu'il allait bientôt atteindre l'âge auquel mourut Buffon. Dans les passages de son discours étrangers aux discussions scientifiques, l'éminent directeur du Muséum a parlé avec cette émotion profonde et sincère qui est la véritable éloquence du cœur. Il a d'abord représenté Buffon comme administrateur du Jardin du Roi, de ce jardin qu'il a tellement agrandi qu'on pourrait presque dire qu'il l'a créé. Après avoir rappelé les faveurs dont l'illustre naturaliste fut comblé par les rois Louis XV et Louis XVI, l'orateur envisagea Buffon comme savant et comme écrivain ; il parla de son antagonisme avec Linné ; il détruisit les attaques souvent dirigées contre le style de Buffon, qui, loin d'être trop prétentieux, ainsi qu'on l'a quelquefois soutenu, convient admirablement à la diversité de son sujet. M. Chevreul a montré Buffon à la cour, puis dans sa retraite de Montbard, et il a fait l'éloge de sa vie privée. Enfin la péroraison de ce discours a été consacrée à démontrer les progrès du présent sur le passé, les progrès effectués depuis la Révolution, notamment en ce qui concerne l'instruction publique.

M. Chevreul a prononcé en terminant quelques paroles au nom de M. Nisard, qui n'avait pu, pour cause de santé, venir représenter l'Académie Française à Montbard.

M. Chevreul ayant donné la parole à M. Viard, maire de Montbard, ce dernier a, pendant quelques minutes, charmé l'assistance par un discours aussi délicat que bien placé dans la bouche du représentant de la ville reconnaissante envers Buffon et sa famille. Après avoir parlé des souvenirs précieux que l'on rencontre à chaque pas à Montbard, et notamment du cabinet de travail de Buffon, M. Viard a rendu hommage à l'auteur de la statue, M. Dumont. Envisageant ensuite Buffon comme écrivain et comme savant, il a combattu l'accusation de matérialisme qu'on a souvent fait peser sur lui ; puis il a quitté le savant pour l'homme privé, il a démontré l'injustice de la critique dirigée contre le comte de Buffon, à propos de son faste prétendu exagéré et ridicule ; puis il a touché tous les cœurs en racontant des traits de la délicate charité du célèbre écrivain. Il est arrivé ainsi à la famille de Buffon, à son fils mort à Dijon à l'âge de vingt-neuf ans, sur l'échafaud révolutionnaire ; à sa femme, à la dernière comtesse de Buffon ; à ses neveux, qui sont encore les bienfaiteurs de la ville.

La parole ayant été donnée ensuite à M. Duméril, l'un des vice-présidents de la Société impériale zoologique d'acclimatation, celui-ci a, dans une courte allocution, établi les rapports existant entre les travaux de Buffon et les travaux de cette Société.

Un hymne à Buffon remarquablement chanté par la Société chorale de Dijon sous la direction de M. Jules Mercier, et quelques morceaux exécutés par la fanfare de Montbard, ont complété la cérémonie de l'inauguration.

A six heures, un banquet réunissait les invités à l'hôtel de ville. M. Bouillet, sous-préfet de Semur, officier d'académie, a porté un toast. L'inauguration des fontaines publiques fut son point de départ pour démontrer quelle activité le gouvernement déploie afin d'améliorer le sort des populations. Puis, il porta un toast à l'Empereur, à l'Impératrice, au Prince impérial, et les cris de *vive l'Empereur ! vive l'Impératrice ! vive le Prince impérial !* retentirent dans la salle du banquet.

M. Rolle, député de Montbard et de Semur, réunit ces deux villes dans un toast chaleureux.

Le Maire ayant porté la santé de M. Chevreul et de S. Exc. le ministre de l'instruction publique, M. Chevreul a remercié en son nom et au nom du ministre. Il a été vivement acclamé.

M. Mongis, conseiller à la Cour de Paris, a prononcé une assez longue allocution pour remercier la commission de la statue au nom de la famille de Buffon. Il a porté un toast à Montbard et à sa municipalité, à Buffon et à M. Viard.

Le soir, un feu d'artifice a été tiré ; le parc, la tour, le château de Buffon et les maisons de la ville étaient brillamment illuminées.

Le lendemain, la fête a continué par des divertissements populaires.

(*Moniteur.*)

Voici l'allocution prononcée par M. Duméril :

Messieurs,

« Buffon disait en 1764 : « Nous n'usons pas à beaucoup près de toutes les richesses que la nature nous offre... Elle nous a donné le cheval, le bœuf, la brebis, tous nos autres animaux domestiques pour nous servir, nous nourrir, nous vêtir, et elle a encore des espèces de réserve qui pourraient suppléer à leur défaut et qu'il ne tiendrait qu'à nous d'assujettir et de faire servir à nos besoins. L'homme ne sait pas assez ce que peut la nature et ce qu'il peut sur elle. »

» Ces belles paroles rappelées dans une des séances solennelles de la *Société zoologique d'acclimatation* par le président, Son Exc. M. Drouyn de Lhuys, résument en quelque sorte le programme de notre association scientifique. Le but qu'elle poursuit n'est-il pas, en effet, d'augmenter partout où les tentatives semblent praticables le nombre des animaux et des végétaux destinés à accroître les matériaux de notre alimentation ou à doter l'industrie de précieux produits, et d'importer dans les pays qui ne les possèdent point encore, des races animales dont les services peuvent être utilisés ? Travailler à multiplier les ressources de tout genre que nous trouvons dans le règne animal et dans le règne végétal, n'est-ce pas se conformer aux grandes vues de Buffon touchant le pouvoir de l'homme sur la nature ? Notre Société, reportant jusqu'au grand naturaliste l'idée première de l'œuvre qu'elle poursuit, a voulu prendre part à la solennité qui nous réunit autour du monument destiné à conserver toujours vivant le souvenir de l'homme célèbre, dont le génie s'est montré digne de la majesté de la nature (1).

» Celui qui est appelé à l'honneur de représenter, en ce jour, la *Société impériale d'acclimatation*, ne peut oublier qu'il appartient, en même temps, au Muséum d'histoire naturelle illustré par Buffon et dont la ménagerie a été nommée, à si juste titre « école d'acclimatation ». La gloire d'une si belle et si utile création était réservée à ses successeurs, mais c'est en décrivant les

(1) *Majestati naturæ par ingenium.* Tels sont les mots que porte le piédestal de la belle statue de Buffon qui orne les galeries de zoologie du Muséum d'histoire naturelle.

animaux qui furent le noyau des magnifiques collections actuelles, que Buffon, plein d'enthousiasme au milieu des trésors rassemblés autour de lui, sentit, suivant ses propres expressions « jusqu'où s'étend pour nous la libéralité de la nature ».

» Il fit alors entendre les plus chaleureux appels pour exciter à des tentatives ayant pour but d'augmenter ce qu'il nomme « les vraies richesses des nations. » J'imagine, dit-il, en parlant du Lama et de ses congénères, que ces animaux seraient une excellente acquisition pour l'Europe, spécialement pour les Alpes et pour les Pyrénées, et produiraient plus de biens réels que tout le métal du nouveau monde.

» Ce que, le premier, il comprit et proclama à plusieurs reprises, en écrivant l'histoire du Buffle, du Chameau, du Nylgau, du Renne, du Lama, espèces dont il souhaitait la naturalisation dans les pays où elles manquent, Daubenton que Montbard s'honore aussi de compter au nombre de ses enfants, Daubenton, le premier, « passant comme on l'a dit, de la parole à l'action », le démontra possible par l'acclimatation, en France, des moutons à laine fine d'Espagne.

» Parmi les enseignements que les naturalistes de notre siècle ont tirés des grandes idées de Buffon sur quelques-uns des points restés jusqu'alors les plus obscurs dans les sciences naturelles, il est donc permis de ranger ceux qui se rapportent à l'asservissement des animaux utiles qui n'ont pas encore été soumis à la domestication.

» Les orateurs que vous venez d'entendre ont rappelé dans des paroles éloquentes les titres de celui dont nous saluons l'image à une gloire immortelle. Cependant un fleuron aurait manqué à sa couronne, si l'on avait omis de signaler ici le rang qu'il occupe à la tête des zoologistes dont les études, dirigées vers un but pratique, ont toujours en vue le développement du bien-être général. »

REVUE DES ANIMAUX UTILES

EXISTANT DANS LES JARDINS ZOOLOGIQUES D'ANVERS, COLOGNE, FRANCFORT, HAMBOURG ET PARIS,

Par M. le docteur SACC.

Notre but, en publiant ce travail, a été d'indiquer aux amateurs les sources auxquelles ils pourront découvrir les animaux qu'ils désirent voir, et de faire connaître à la Direction des Jardins zoologiques, les richesses qui se trouvent chez leurs émules, afin d'établir entre eux un système d'échanges, desquels il résultera souvent la conservation d'une espèce précieuse dont un seul individu se trouve, comme cela arrive pour le Cabiai, dans chaque jardin, et par conséquent n'a pas la possibilité de se reproduire, ce qui serait le cas, si les directions des divers jardins s'entendaient entre elles pour réunir, dans l'un ou dans l'autre, les individus de sexes différents disséminés dans chacun d'eux.

Le jardin d'Anvers, l'un des plus anciens de l'Europe, est devenu le fournisseur de la plupart des autres, autant par sa position topographique, que par l'habileté de son directeur, qui réussit à y multiplier sans peine la plupart des animaux qui s'y trouvent, et cela sur une échelle si grande, qu'il tire de la vente de leurs descendants environ 50 000 francs par an.

Parmi ses mammifères on remarque :

De jolis Poneys de Java et des îles Shetland ; des Porcs à masque du Japon. Cette laide espèce à peau noire se développe avec une incroyable rapidité ; mais comme elle ne donne pas de lard, sa chair entièrement grasse et délicate ne vaut rien pour la salaison, et doit être consommée fraîche.

Les Tatous appartiennent à plusieurs espèces ; peu connus encore, ils méritent d'attirer l'attention, autant parce qu'ils sont de grands destructeurs d'insectes, qu'on pourrait employer peut-être à la chasse des vers de hannetons, que parce que la plupart d'entre eux fournissent une chair abondante et délicate.

Les Kangurous géant et enfumé se reproduisent régulièrement. Je ne comprends réellement pas quel parti les acclimateurs comptent tirer de l'importation de cet animal, gros mangeur, et dont la multiplication est fort lente, puisqu'il ne fait qu'un petit par an. On m'assure, d'ailleurs, que sauf celle de la queue, qui est succulente, sa chair est filandreuse et mauvaise. Le fait est que c'est un gibier si peu apprécié en Australie, qu'on lui fait partout une chasse de destruction pour lui substituer le mouton.

Les Agoutis font chaque année deux portées de deux petits chacune; ce sont de jolis animaux, doux, timides, mais qui ont l'inconvénient d'être de terribles destructeurs de bois; leur chair est d'ailleurs douée d'un fumet si détestable qu'elle ne prendra jamais place sur nos tables.

Le Mouton de l'Yémen mérite, par contre, la plus sérieuse attention de la part des acclimateurs et des éleveurs. Cette belle espèce s'étend de l'Arabie heureuse jusqu'en Perse, et offre le type le plus accompli du mouton producteur de chair. Basse sur jambes, os fins, cou nul, tête petite; elle s'offre à nous sous la forme d'un véritable cylindre de chair, que dépare une queue très-fine, aux deux côtés de laquelle se développent des loupes grosses comme la main, et pleines d'une graisse demi-fluide, d'un goût délicieux. A six mois, les agneaux qui naissent au nombre de deux en général, ont atteint tout leur développement; malheureusement ils ne vivent pas dans les pays froids, en sorte que jusqu'à ce qu'ils soient acclimatés, on ne pourra élever avec succès les moutons de l'Yémen que dans le sud de la France. Leur pelage noir et blanc ne consiste qu'en gros poils roides, très-serrés, sous lesquels se trouve en abondance une laine brune, excessivement chargée de suint, qu'on enlève au peigne, et dont la finesse surpasse celle de la laine de cachemire; elle peut donc avoir, pour notre industrie textile, un très-grand avenir. Le nez est très-busqué, les oreilles manquent en général; j'ai eu un bélier dont le trou auditif même était complétement oblitéré. Les femelles sont excellentes laitières. Jusqu'ici, il a été impossible de croiser cette espèce avec celle du mouton domestique, tant les béliers de l'Yémen l'ont en horreur.

Les Cerfs wapiti, de Virginie, et axis, n'ont de l'intérêt que pour le chasseur.

Le cerf cochon, dont la multiplication est aisée, pourrait bien tenir une fois une place importante dans l'alimentation de nos marchés, si l'on parvenait à l'élever plus en grand.

Le Cerf hippélaphe à la haute stature, au caractère doux, et prenant facilement la graisse, est destiné, je crois, à entrer dans nos étables, autant comme bête de selle et de trait, que comme producteur de viande. Celui du Jardin zoologique de Marseille se laissait volontiers monter par son gardien, qui le menait aussi facilement qu'un mouton.

Il nous semble impossible de ramener à la même espèce les chameaux et les dromadaires, tant les premiers sont plus grands, plus robustes et plus forts que les seconds; leur habitat est d'ailleurs tout différent, mais si, comme on l'assure, ils produisent entre eux des métis féconds, il faudrait bien ne voir en eux que des variétés locales d'un même type primitif.

Les Antilopes canna, gnou, leucoryx, dama, adax, nylgau, et bubale, toutes plus belles les unes que les autres, seront longtemps encore la gloire de nos parcs, avant que d'être l'ornement de nos étables, tant leur bestiale sauvagerie est difficile à maîtriser ; on est vraiment confondu en voyant le gigantesque Canna et le puissant Nylgau se précipiter avec effroi contre les balustrades de leur enclos à l'aboiement du moindre roquet, à la simple vue d'un objet qu'ils ne connaissent pas. Il est cependant possible d'apprivoiser ces superbes animaux, puisque M. Kœchlin Schwartz affirme avoir vu souvent dans les Indes Orientales, aux environs de Delhi, des Nylgaus attelés à de petites voitures à deux roues. Quant au Canna, ses formes lourdes, sa force et son aptitude à prendre la graisse, le désignent à l'avance comme devant devenir un digne émule du bœuf.

Les Éléphants d'Asie seraient une bien heureuse acquisition

pour notre humide et fertile Guyane, dont ils faciliteraient beaucoup la mise en culture à cause de leur résistance à la chaleur humide qui y détruit tous nos autres animaux domestiques ; il est incroyable qu'on ne les ait pas introduits aussi dans les savanes noyées des bords du golfe du Mexique, et du fleuve des Amazones, dont ils faciliteraient beaucoup l'exploitation commerciale, en rendant le transport des marchandises possible en toutes saisons.

Le Zèbre, le Couagga et le Dauw n'ont d'autre avantage sur l'âne que la beauté de leur pelage ; ils sont d'ailleurs traîtres, rétifs et mordeurs ; on dit leur chair excellente, surtout celle du zèbre, ce qui fait que les indigènes de l'Afrique du Sud lui font une chasse si active, que son espèce commence à y devenir rare.

Les Yaks ne sont malheureusement pas assez répandus ; quand leur prix sera assez bas pour que les agriculteurs puissent les acheter, ils en apprécieront bien vite la rusticité, la force, l'agilité et la douceur. Il est bien à regretter que ces animaux soient encore trop peu nombreux pour qu'on puisse en faire l'étude spéciale, et s'attacher à développer leur richesse lactifère, qui paraît n'être pas grande, ce qui d'ailleurs pourrait fort bien venir de ce qu'on n'utilise pas le lait des femelles.

Les Lamas se développent si lentement, leur rendement est si faible, qu'ils ne payeront jamais leurs frais d'entretien, partout où l'on peut élever des moutons ; ils pourraient, par contre, fort bien servir à utiliser les plateaux élevés des Alpes et des Pyrénées, sur lesquels il n'est pas possible d'entretenir d'autres animaux domestiques.

Le Cabiai unique du Jardin est fort doux, docile et, pour un rongeur, remarquablement intelligent, car il connaît son gardien, le suit, recherche ses caresses et les lui rend. La grosseur de cet animal et l'excellence de sa chair en feraient une utile acquisition pour la basse-cour, si sa multiplication n'était pas si lente.

Le Sanglier du Gabon, dont on a fait une espèce particulière sous le nom de Potamochère, est une charmante espèce, de moyenne taille, à poil roux vif et qui semble très-doux; elle vaut donc la peine d'être essayée comme bête à viande, quand elle sera acclimatée; car elle est frileuse et ne supporte pas nos hivers en plein air. Il y a bien des années que le Muséum en a possédé une belle paire qui y a péri sans se reproduire.

En oiseaux, le jardin d'Anvers est encore plus riche qu'en mammifères; aussi ne pouvant les admirer en détail, nous bornerons-nous à signaler à l'attention des amateurs ses belles collections de :

Perroquets, Poules, Canards et Oies, parmi lesquelles on remarque des Céréopses. Cette belle espèce, à plumage gris cendré et cire jaune, est, comme toutes ses congénères à longues jambes, d'une humeur querelleuse, ce qui en rendra l'introduction difficile dans les basses-cours, auxquelles elle aurait pu être utile.

Le Paon spicifère est certainement la plus brillante importation ornithologique de ces dernières années. Plus grand que l'espèce commune, le Paon spicifère a les joues jaune-citron, l'aigrette en épi, et le col couvert de petites plumes squamiformes. La femelle ne diffère du mâle que par l'absence des yeux sur les plumes de la queue qui est courte; elle est d'ailleurs aussi brillamment colorée que son mâle. Bien que cet oiseau ait une réputation de grande méchanceté, ce défaut pourrait bien n'être qu'individuel, puisque nous avons vu chez M. Crémieux, à Marseille, un mâle de cette superbe espèce parfaitement doux.

Hoccos mitu et pauxi. Ces belles espèces ne seront jamais que des oiseaux d'ornement, parce que, délicates, difficiles à nourrir, leur ponte est peu abondante et leur chair de médiocre qualité.

Pénélopes guan et marail. Ces beaux oiseaux, dont les mœurs se rapprochent de celles des dindons, pondent abondamment et sont moins délicats que les Hoccos. Comme leur chair est excellente, leur introduction dans les basses-cours est fort désirable.

Le Lophophore resplendissant mérite bien son nom; il est le plus brillant de tous les faisans. Sa rusticité et sa belle taille lui ouvriront les portes de toutes les faisanderies, si sa chair est aussi bonne et sa multiplication aussi facile qu'on l'assure.

L'Agami se trouvera dans toutes les fermes, dès le jour qu'on pourra l'obtenir à bas prix. Beau port, charmant plumage, caractère doux et affectueux, courage indomptable, il a tout pour lui ; il est bien le chien de la gent emplumée. Quoique l'Agami mange de tout, il se nourrit plus volontiers d'insectes et de mollusques que de grains. Quoique originaire des tropiques, il est très-robuste et supporte facilement quelques degrés de froid, pourvu qu'il passe la nuit dans une écurie où il ne gèle pas. Les pontes abondantes et la finesse de sa chair le rendent l'émule de la poule, sur laquelle il a l'avantage de ne rien risquer des oiseaux de proie, qu'il attaque au contraire et repousse.

La grande et la petite Outarde ne valent pas le classique dindon.

Les Grues grise, demoiselle, couronnée et blanche du Japon, sont des oiseaux fort remarquables par le développement de leur intelligence. Elles s'attachent à leur maître, le suivent partout, aiment les caresses et les lui rendent. Dans la ferme, elles sont utiles en débarrassant les prés des mulots et ne permettant pas les disputes parmi les oiseaux de la basse-cour. Les belles plumes molles, qui ornent leur queue et le bout de leurs ailes, seraient utilement employées par les plumassiers.

Le Cariama, bel échassier de l'Amérique du Sud, bien que se nourrissant essentiellement d'insectes et de mollusques, possède une chair excellente ; on le dit très-intelligent, en sorte que si ses pontes sont abondantes et son éducation aisée, son acquisition est fort désirable.

Les Ibis sacré et rouge sont des oiseaux remarquablement doux et pacifiques, qui n'emploient leur long bec qu'à la recherche des petits animaux qui se cachent dans la vase ou la terre molle ; ils pourraient donc servir avantageusement les jardiniers, en débarrassant leurs légumes des divers insectes qui les dévorent.

Les Autruches d'Afrique, nandou, émeu et le Casoar à casque, sont toutes de bons producteurs de viande; l'Autruche d'Afrique paye largement son entretien avec ses superbes plumes; quant aux autres, elles n'ont de valeur que par leurs œufs et leur chair. Le Casoar à casque est remarquable en ce que ses plumes sans barbes ont l'extrémité de la tige acérée, ce qui les fait ressembler aux piquants du Porc-épic. Les œufs sont du plus beau vert foncé. Cette curieuse espèce, au lieu d'habiter comme ses congénères les plaines découvertes, se cache au contraire dans les taillis et les plus impénétrables fourrés des forêts des îles de la Sonde.

Le Jardin de Cologne est l'un des plus beaux et des plus riches; il possède :

Des Zébus de l'Inde. On sait que c'est cette espèce de ruminants qui possède les races de taille les plus différentes, puisqu'à côté du gigantesque Zébu brahmine, plus haut que les chevaux de trait, elle possède des nains qui ne dépassent guère la taille des moutons. Il y a des Zébus coureurs, de trait et laitiers; cette dernière race serait la seule intéressante pour les pays tempérés; aussi est-il fort à désirer qu'on l'importe. La finesse des os et de la peau des Zébus indique surabondamment que ces animaux sont des producteurs de chair et de graisse de première qualité.

Un beau Taureau Sarlabot, de M. Dutrône, est une précieuse acquisition pour les agriculteurs des bords du Rhin, auxquels il fait connaître une des meilleures races de bœufs désarmés.

Les Rennes paraissent malades; il en est de même dans les autres jardins zoologiques; cela ne tient-il pas à ce qu'on laisse manquer ces intéressants animaux des mares dans lesquelles ils aiment à se plonger?

Un Guépard nous fait nous demander encore une fois pourquoi ce superbe chat n'est pas plus répandu; doux, agile, gentil, il serait un hôte bien venu dans toutes les familles.

Des Chamois; des Antilopes nylgau, dorcas, arabique, bubale et leucoryx.

Des Kangurous rat et géant; des Agoutis.

Des Chameaux et des Dromadaires.

Des Marmottes. Il est à désirer que cet utile rongeur se répande davantage, car, outre qu'il est très-facile à alimenter, il fournit de la chair à bon marché, une pelisse excellente et ne coûte rien à nourrir pendant l'hiver ; si on l'importait dans les Vosges, il fournirait aux habitants un supplément de nourriture très-important.

Des Lamas et des Guanacos; des Sangliers; des Porcs à masque et de Siam ; un Pécari à collier ; un Tapir d'Amérique ; des Chevreuils; un Ægagre de Candie.

Des Chèvres d'Angora et de Wydah; des Moutons de Hongrie à grosse queue, et de Guinée ; des Mouflons de Corse et à manchettes.

Des Pacas. Ce joli rongeur, fournissant une chair de première qualité, mérite qu'on s'occupe de lui ; il est très-doux et facile à nourrir.

Un Renard bleu. La pelisse si recherchée de ce carnassier rendrait sa multiplication en captivité lucrative ; il est malheureusement très-difficile de l'obtenir en vie.

La Martre noble s'apprivoise facilement, et comme sa dépouille se vend très-cher, il vaut la peine de la multiplier en captivité.

Buffle commun et kerabau ; ce dernier ne diffère de l'espèce commune qu'en ce qu'il est beaucoup plus grand et plus fort.

Des Yaks ; des Aurochs, et des Bisons.

Des Cerfs axis, des Moluques, de Virginie, cochon, sika, wapiti et d'Aristote.

Des Tatous qui se reproduisent.

Les oiseaux sont tout aussi nombreux et bien choisis que les mammifères ; on y voit :

Une belle collection de Poules.

Un Geai bleu de l'Amérique du Nord.

Un Maïnate de Java. Ce beau merle a un talent remarquable pour reproduire le chant des autres oiseaux, ainsi que le son de la voix humaine, en sorte que son importation serait infiniment précieuse pour les amateurs d'oiseaux de volière; il aurait d'ailleurs, pour les forêts, le même avantage que le merle commun, celui de les débarrasser de vermine.

Un Touraco et un Musophage violet, dont le plumage soyeux possède un éclat particulier.

Une collection de Perdrix, cendrée, rouge, de roche et des collines. Cette dernière espèce, qui se trouve en abondance en Catalogne, est plus grosse et plus robuste que la Perdrix rouge. Elle est douce, multiplie facilement en captivité, et comme sa chair est parfaite, nous ne pouvons trop en recommander l'acquisition aux amateurs.

Des Colins houïs. Cette espèce, plus délicate que le colin de Californie, est plus douce : aussi, la recommandons-nous aux personnes qui disposent de volières chaudes et exposées au midi, dans lesquelles ce bon gibier se reproduit aisément. La ponte est de dix-huit à vingt-deux œufs blancs, énormes pour un aussi petit oiseau.

Des Gangas.

Des Pigeons goura, huppé, à ailes bronzées, voyageur, vert de Java, et à tête blanche. Ces beaux volatiles ne présentent pas grand intéret pour l'acclimatation, sauf le goura qui sera utile aux basses-cours, si l'on parvient à le rendre moins sensible au froid.

Les Colombi-gallines brune et à cravate sont fort jolies et robustes. On assure que c'est le meilleur gibier des Antilles; aussi est-il fort à désirer qu'on les importe dans le midi de la France, où elles se reproduiront certainement.

Une belle collection de Pigeons domestiques, des Paons spicifères.

Des Pintades à joues bleues venues des bords du Nil blanc. Cette acquisition est importante pour la basse-cour, parce que la Pintade à joues bleues, qui est moins criarde que l'espèce commune, en possède, d'ailleurs, toutes les remarquables qualités.

Une collection de Grues comprenant l'espèce du Canada, qui est un peu plus petite que la grise, à laquelle elle ressemble du reste.

Des Tétras cupidons; des Poules sultanes; des Agamis; des Pénélopes à huppe blanche, *pileata*, *jacucaca* et *superciliaris;* des Hoccos *alector*, *rubra*, *Yarelli* et *mitu*.

Une belle collection de Cardinaux et petits oiseaux des Iles; une belle collection de Canards.

Des Sarcelles de Caroline et de Chine.

Des Oies eiders. Cette espèce serait précieuse à domestiquer afin d'en obtenir le duvet ; mais cela sera difficile à raison de son alimentation presque exclusivement animale.

Des Oies de Gambie. Cette superbe espèce est à éloigner des autres oiseaux de basse-cour, parce que, aussi forte que méchante, elle les tue sans pitié.

Des Céréopses et des Oies d'Égypte qui se reproduisent régulièrement ; enfin des Bernaches de Sandwich et de Magellan. J'ai peu vu d'oiseaux aussi beaux de formes et de plumage que la Bernache de Magellan, qui, plus grosse qu'une Oie domestique, a le plumage blanc chez le mâle et brun foncé chez la femelle. Comme cet oiseau s'est reproduit dès l'année même de son importation au Jardin, on peut le regarder comme définitivement acquis aux basses-cours d'Europe.

Une superbe collection de perroquets.

Le Jardin de Francfort nous est une preuve vivante de l'amour qu'ont les Allemands pour les sciences naturelles ; car il est un des plus beaux, des plus riches et des mieux tenus.

C'est son ancien directeur scientifique, M. le docteur Weinland, qui a fondé le *Thiergarten*, journal des plus intéressants, dans lequel tous les amateurs d'animaux déposent leurs observations, qu'une rédaction savante autant qu'intelligente complète et corrige toutes les fois qu'il en est besoin.

Cet établissement possède :

Des Kangurous de Bennet et Rat; un Guépard ; un Tatou à neuf bandes.

Des Chamois; des Antilopes nylgau, *dorcas,* arabique, bubale et *leucoryx;* un Cerf muntjac des îles de la Sonde; des Cerfs axis et cochons.

Des Agoutis.

Des Chameaux et des Dromadaires.

Des Marmottes; un Zèbre; des Rennes; des Lamas; des Mouflons communs.

Des Moutons de Chine. Cette espèce à queue charnue et laine grossière n'a pas d'oreille extérieure; elle est haute sur jambes, très-robuste et très-fertile. Sa chair excellente devrait engager à la multiplier. Il y en a deux belles paires à vendre chez notre confrère M. Haeffely, maire de Pfastatt près Mulhouse.

Des Moutons de Guinée. Cette espèce robuste n'a pas de laine; la viande est parfaite.

Des Chèvres noires de Wydah. C'est une jolie espèce noire, à longs poils pendants et cornes plates et écartées de la tête. Il y a encore des Chèvres noires de Cachemire et d'Égypte à nez busqué. Cette race est aussi bonne qu'elle est laide; douce, facile à nourrir, presque dépourvue de l'odeur qui rend le Bouc commun si repoussant, elle donne avec plus d'abondance que l'espèce commune un lait crémeux et excellent. Je ne saurais trop engager les propriétaires de Chèvres à substituer les Chèvres d'Égypte aux Chèvres communes, si elles n'étaient pas si frileuses.

Un Pécari à mâchoires blanches et des Sangliers d'Europe.

Parmi les oiseaux, on remarque :

Un Touraco; une belle collection de Perroquets.

Des Merles bleus et de roche. De ces deux éminents chanteurs, le premier, qui est le plus beau, a aussi la voix plus forte et plus variée; il est facile à nourrir et l'un des plus aimables compagnons de chambre qu'on puisse avoir.

Des Étourneaux, des Martins roselins et des Troupiales à épaulettes jaunes et rouges méritent autant l'attention des forestiers comme échenilleurs et mangeurs d'insectes et de vers, que celle des amateurs par leurs qualités aimables; car tous s'apprivoisent au delà de toute idée et deviennent vraiment caressants. Le Martin roselin, qui est le plus beau, est malheureusement aussi le plus difficile à conserver.

Une jolie collection de Cardinaux et d'oiseaux des Iles.

Des Sarcelles de Caroline et de la Chine; des Bernaches de Magellan qui se reproduisent.

Des Oies de Turquie, dont les plumes blanches et molles offrent une précieuse ressource aux plumassiers. Cette jolie espèce est l'une des plus fécondes; on l'appelle aussi Oie du Danube.

Des Hoccos; des Pigeons huppés et à ailes bronzées; une belle collection de Pigeons domestiques; des Dindons sauvages qui se reproduisent.

Une belle collection de poules domestiques.

Des Autruches et des Casoars à casque.

Une belle collection de Canards; des Grues commune, couronnée et demoiselle; un Cariama.

Quoique le Jardin zoologique de Hambourg soit l'un des plus récemment fondés, il a été si bien établi et il est si admirablement dirigé par le savant docteur Brehm, qu'il mérite d'être visité aussi bien par les zoologistes de profession que par les acclimateurs. Ce qui l'a rendu justement célèbre, c'est son aquarium, le plus beau du monde, et dans les vastes flancs duquel on a réuni presque tous les habitants des mers et des eaux douces.

Il renferme, parmi les mammifères :

Les Cerfs mazame, rusa ordinaire et rusa d'une variété inconnue encore, de Duvaucel et de Wallich.

Un Phascolome à large front, admirablement logé dans un bâti en briques placé au-dessus du sol, en sorte qu'il est toujours au sec et au chaud.

Des Buffles kerabau; des Bisons; un Tapir de l'Inde; un Cabiai.

Un Renard bleu.

Un Chien crabier. Cette espèce de Chacal, qui vient des bords de l'Orénoque, est fort recherchée dans son pays comme chasseur de rats; il pourrait donc rendre service partout où ces hideux rongeurs sont répandus.

Un Guépard aussi beau que gai et docile.

Des Chameaux et des Dromadaires; des Guanacos et des Lamas.

Cinq espèces de Kangurous, entre autres le géant.

Des Mouflons à manchettes; des Chamois; des Zébus grands et nains; des Hémiones; des Nylgaus.

Des Agoutis verts et dorés et des Paças qui sont très-doux et font de un à deux petits par portée.

La collection d'oiseaux est riche, surtout en espèces aquatiques ; elle possède :

Des Gangas ; des Pigeons verts de Nicobar, qui ont pondu plusieurs fois ; mais se sont jusqu'ici refusés à couver.

Des Corneilles des Alpes ; un Touraco ; des Colombes voyageuses.

Des grands Harles huppés. Ce Canard, le plus beau et le plus grand des espèces européennes, serait une bien belle et bonne acquisition pour les basses-cours ; espérons donc que M. Brehm réussira à les domestiquer.

Des Foulques, qui nichent dans les hautes herbes ; l'une d'elles conduit en ce moment une jolie couvée de huit petits.

Des grands et des petits Tétras ; ces derniers ont pondu ; des Tétras des saules, de Suède.

Des Casoars à casque ; des Ibis sacrés et une collection de Grues.

Enfin nous arrivons au Jardin du bois de Boulogne, duquel nous pouvons nous enorgueillir à juste titre ; car le plus fugitif coup d'œil jeté sur ses animaux fait immédiatement ressortir son immense supériorité en espèces utiles. Grâce aux incessants efforts de MM. Rufz et Geoffroy, notre beau Jardin ne cesse pas de se développer. Il n'est que juste de dire que ces messieurs sont admirablement soutenus par un conseil d'administration formé d'hommes d'élite et présidé par un homme, véritable génie de dévouement, de persévérance et d'intelligence. Partout dans le Jardin on sent la main de M. Drouyn de Lhuys, auquel il doit ses animaux les plus rares, ses espèces les plus précieuses.

Ah ! si, dans tous les pays, les hommes d'État s'appliquaient, comme notre illustre et excellent ministre des affaires étrangères, à procurer à leurs nationaux ce qui est beau et utile en n'employant d'autres armes que celles si puissantes de la conviction et de l'amabilité, combien nous marcherions vite dans la voie du progrès et de la paix !

Nous possédons de belles espèces de Chien, savoir : le Dingo, le Lévrier de Russie, le Dogue d'Espagne et le Chien de Laponie.

Des Chevaux nains des îles Shetland, de Java et de Siam ; un Zèbre, un Dauw, des Hémiones et une belle paire d'Hémippes.

Des Pécaris à collier, dont l'un vient de mettre bas un petit.

Des Guanacos, des Lamas et des Alpacas.

Une superbe paire de Chameaux.

Des Chevrotains qui se sont reproduits ; des Cerfs de Mantchourie, Wapiti, d'Aristote, hippélaphe, de Cochinchine, cochon, axis, du Mexique, et des bois.

Des Rennes ; des Antilopes blessbok de Delalande, dorcas, de Sœmmerring, leucoryx, nylgau et gnou.

Des Vaches Sarlabot. Il est à regretter que nous ne puissions pas offrir aux agriculteurs la plus belle race de Vaches sans cornes, celle d'Angus.

Des Zébus grands d'Afrique et nains de l'Inde.

Une belle collection d'Yaks, parmi lesquels font tache quelques hybrides de vache commune qu'on devrait s'empresser de faire disparaître d'un établissement qui ne doit offrir au public que des races pures.

Des Chèvres d'Égypte, d'Angora, du Népaul, et naines du Sénégal. A cette collection manquent l'excellente race laitière blanche d'Appenzell et le Bouquetin des Alpes.

Des Mouflons de Corse et à manchettes.

Des Moutons mérinos, sans laine, d'Afrique, grosse queue, de Chine, de l'Yémen, de Hongrie, d'Astrakhan et Romanoff. On dit cette dernière race très-prolifère.

Trois espèces d'Agoutis ; des Akouchis ; un Paca, un Cabiai.

Une belle collection de Lapins.

Trois espèces de Tatous qui se reproduisent.

Huit espèces de Kangurous.

Un Phascolome à large front, qui est bien mal logé dans un petit enrochement où il ne trouve d'abri ni contre l'humidité ni contre le froid. Cette espèce est assez précieuse pour qu'on lui consacre une cabane chaude et solide, toute de bois.

La collection d'oiseaux est splendide et ne pèche que par sa richesse qui est telle que presque tous les parquets renferment plusieurs espèces, ce qui rend leur reproduction impossible ou peu s'en faut. On y remarque :

Une belle collection de Perroquets ; des Corneilles de roche ; des Merles dorés et bronzés.

Une collection de Cardinaux ; mais fort peu de petits oiseaux des Iles.

Une superbe collection de Pigeons domestiques ; des Pigeons *picazuro*, à tête blanche, voyageurs, longup, huppés, lumachelles, Nicobar et Goura ; des Colombi-gallines à cravate, à moustaches, rousses, et à collier.

Six espèces de Pénélopes ; onze espèces de Hoccos.

Des Pintades à joues bleues et à tiare. Cette dernière espèce, venue de Madagascar, a le casque rouge ; elle ressemble à l'espèce commune, mais elle est plus grande.

Des Paons du Japon et spicifères logés ensemble dans un parquet trois fois trop petit.

Des Tragopans et des Lophophores.

Onze espèces de Faisans dont la plus rare est appelée Prélat.

Trois beaux Faisans Soughi, grosse espèce grise dont l'apparence robuste et charnue fait bien augurer pour leur multiplication à venir.

Une magnifique collection de Poules, au milieu de laquelle on regrette de ne pas voir figurer un seul exemplaire des espèces sauvages.

Deux espèces de Perdrix et Francolins ; sept espèces de Cailles et Colins ; des Tétras cupidons ; des Gangas ; deux espèces de Tinamous ; des Outardes grandes et petites ; trois espèces d'Agamis ; des Grues de Mandchourie, d'Australie, et Antigone ; des Ibis sacrés et rouges ; neuf espèces de Poules sultanes.

Des Foulques ; des Bernaches d'Égypte, de Gambie, Céréopse

et de Magellan. Une paire de Céréopses a en ce moment une couvée de huit petits.

Des Sarcelles de Chine et de la Caroline.

Une superbe collection de Canards sauvages et domestiques.

Une superbe collection d'Oies sauvages et domestiques, comptant de beaux exemplaires des variétés du Danube et de Toulouse.

Trois espèces d'Autruches; mais pas de Casoars à casque.

Parmi les animaux utiles ou intéressants qui manquent au Jardin, qu'on nous permette de signaler :

Les Éléphants, les Buffles, les Bouquetins, les Ægagres, les Chamois, les Castors, les Cannas, les Chèvres de Cachemire, les Marmottes, les Cariamas, les grands Tétras, les Grives, les Martins, les Dindons sauvages, les Pigeons ramiers, les Chiens crabiers, les Guépards et les Chats.

ENVOI D'ANIMAUX DE ROUMANIE

A LA SOCIÉTÉ IMPÉRIALE D'ACCLIMATATION

Par S. A. le prince ALEXANDRE-JEAN.

Pendant son dernier voyage à Paris, M. Baligot de Beyne, chef du Cabinet du Prince Régnant, adressa la lettre suivante à M. Drouyn de Lhuys, ministre des affaires étrangères et président de la Société d'acclimatation :

« Paris, le 23 août 1865.

» Monsieur le Président,

» Le but si utile de la Société d'acclimatation, les résultats déjà si précieux obtenus sous la haute direction de Votre Excellence, ont attiré depuis longtemps l'attention du Prince Régnant des Principautés-Unies. Son Altesse Sérénissime a désiré concourir à une œuvre dont Elle apprécie à toute leur valeur les intéressants travaux et Elle m'a fait l'honneur de me charger de réunir une collection des animaux indigènes qu'il serait possible d'acclimater en France, soit comme animaux de travail, soit comme animaux de chasse ou d'agrément.

» La Roumanie possède, sinon des races propres, au moins des variétés des espèces bovines, ovines, porcines et gallines, qui semblent dignes d'être étudiées. Le Danube et ses affluents sont aussi fort riches en poissons délicats, et nos forêts des Carpathes sont habitées par des cerfs et des chamois d'une taille fort remarquable.

» Les limites du congé que S. A. S. a bien voulu m'accorder ne m'ont pas permis de réunir tous les échantillons que le prince Alexandre-Jean se propose d'offrir à la Société d'acclimatation. Au moins ai-je voulu présenter à Votre Excellence, en lui faisant part des intentions de Son Altesse Sérénissime, quelques types de la race galline, que j'ai eu l'honneur de remettre à M. le Directeur du Jardin d'acclimatation, avec une note spéciale sur leurs mœurs et leur caractère.

» Je suis en même temps porteur d'un échantillon des cocons obtenus à l'École d'agriculture de Panteleimon, près Bukarest, avec la graine japonaise que la Société d'acclimatation avait obligeamment mise à la disposition du Gouvernement de S. A. S. Cette éducation, habilement dirigée par M. Aureliano, ancien élève de l'École de Grignon et directeur actuel de l'École de Panteleimon, a donné de fort beaux produits.

» Je prie Votre Excellence de vouloir bien agréer l'expression du profond respect avec lequel j'ai l'honneur d'être,

« Monsieur le Président,

» Votre très-humble et très-obéissant serviteur.

» A. BALIGOT DE BEYNE. »

M. Drouyn de Lhuys répondit :

« Paris, le 31 août 1865.

» Monsieur,

» J'ai reçu la lettre que vous m'avez fait l'honneur de m'écrire pour m'informer que Son Altesse le prince Alexandre-Jean, prince régnant des Principautés-Unies de Moldavie et Valachie, se proposerait de réunir pour en faire don à la Société impériale d'acclimatation, divers animaux de la Roumanie qu'il serait possible de propager en France, comme races de travail, de chasse et d'agrément.

» Le Conseil de la Société, à qui je me suis empressé de faire part de cette communication, me charge de vous prier de transmettre à Son Altesse l'expression de toute sa reconnaissance pour ses bienveillantes intentions et de vous remercier pour les échantillons d'espèces gallines et les cocons de vers à soie japonais que vous avez pris la peine de remettre à M. le Directeur du Jardin du Bois de Boulogne.

» Recevez, Monsieur, les assurances de ma considération très-distinguée.

» DROUYN DE LHUYS. »

M. Baligot de Beyne, comme on le voit par les lettres précédentes, avait apporté en France plusieurs échantillons d'espèces gallines, entre autres l'Oie frisée du Danube et le Coq et la Poule tsiganes, ainsi que des cocons obtenus par les graines japonaises et dont on a admiré à Paris la grosseur et l'excellente qualité. En échange de ces dons, M. Albert Geoffroy Saint-Hilaire, directeur du Jardin zoologique d'acclimatation du Bois de Boulogne, a eu l'obligeance d'offrir au Gouvernement des Principautés-Unies tous ceux des produits du Jardin de Paris qui pourraient être introduits utilement en Roumanie. Voici la lettre adressée par lui à ce sujet à M. Baligot de Beyne :

« Bois de Boulogne, le 25 août 1865.

« Monsieur,

» J'ai transmis à la Société impériale d'acclimatation (19, rue de Lille) les cocons et les notes qui vous avaient été remis par M. Aureliano. J'espère que réponses satisfaisantes seront faites à vos demandes.

» Indépendamment des Graines de Vers à soie de l'Ailante qui pourront vous être remises par la Société impériale, je me ferai un plaisir d'en envoyer moi-même d'autres par la poste à M. Aureliano, aussitôt que j'en aurai, c'est-à-dire bientôt.

» Je me réserve, Monsieur, de vous envoyer, profitant de votre obligeance, une liste des animaux roumains que je serais heureux d'avoir. Vos naturalistes sauront bien les désigner à la simple lecture de leur nom zoologique.

» Enfin je vous rappelle que je serais heureux de vous rendre pleines les cages que vous avez apportées garnies d'oiseaux. Je pourrais vous remettre un couple de nos belles Oies du Midi, qui deviendrait chez vous la souche d'une race excellente.

» J'aurai l'honneur de faire signer par M. le Président une lettre de remerciement à S. A. S. le prince Couza. Nous avons été vraiment touchés en apprenant que S. A. a pensé de si loin, et au milieu de toutes ses grandes affaires, à notre humble Société.

» Agréez, Monsieur, l'assurance de ma plus haute considération.

» A. Geoffroy Saint-Hilaire. »

Nous avons la satisfaction d'ajouter que les animaux offerts si gracieusement par M. A. Geoffroy Saint-Hilaire sont arrivés à Bukarest, où ils seront l'objet de soins et d'études particulières. De plus, M. Baligot de Beyne a reçu ces jours derniers de la graine de Vers à soie de l'Ailante, qui a été remise immédiatement à M. le Directeur de l'École d'agriculture de Panteleimon. Nous rendrons compte de cette éducation qui est déjà commencée.

(Extrait de la *Voix de la Roumanie*, du 26 octobre 1865.)

Note sur les Animaux envoyés au Jardin d'acclimatation

Par S. A. le Prince régnant de Roumanie.

Poule frisée. — La Poule frisée n'est pas aussi recherchée des cultivateurs que la Poule commune, parce qu'elle est moins apte à résister aux froids de l'hiver, et d'autre part parce qu'elle n'a pas autant de facilité à s'engraisser. On ne l'élève guère que pour son plumage élégant, qui en fait l'ornement des basses-cours, surtout dans celles des villes. Les individus, ornés d'une huppe, sont particulièrement très-estimés des amateurs. Cette jolie espèce ne demande pas d'autre nourriture que la Poule ordinaire.

Poule ordinaire. — Cette Poule, la plus répandue dans toute la Roumanie, est très-estimée en raison de sa facilité à prendre la graisse (il suffit de donner un supplément de nourriture pendant quelques semaines), de la régularité de sa ponte, et de l'instinct qui la porte à trouver seule la nourriture qui lui est nécessaire. Sa chair, très-savoureuse, prend surtout des qualités de *finesse* extrême, quand elle a pu courir à travers champs et s'y nourrir de graines, de vers, etc. On fait grand usage, comme aliment, des Poussins parvenus à l'âge d'un mois, qui ont alors une chair tendre et succulente : en général on vend les mâles pour être mangés, et l'on garde les femelles pour la ponte.

La Poule ordinaire offre de grandes variations dans la coloration de son plumage ; on en trouve de noires, de grises, de rousses, de blanches, de jaunâtres, etc. Mais en général on donne la préférence aux couleurs bigarrées.

La Poule du pays a été remplacée pendant quelque temps à Bukarest, et dans d'autres grandes villes, par la Poule cochinchinoise qui s'élève très-bien ; mais on n'a pas tardé à abandonner la race étrangère, qui est de beaucoup inférieure à celle du pays au point de vue de la qualité de sa chair, du développement exagéré de son squelette, et qui d'ailleurs résiste moins bien aux intempéries des saisons et est plus difficile pour sa nourriture.

Oies frisées.—Cette belle espèce, dont les amateurs estiment surtout les individus blancs pour orner leurs étangs, se nourrit seule, du printemps à l'hiver, sur les herbages et dans les cours. Pendant l'hiver on lui donne du maïs en grains et de menues graines, et l'on peut aussi l'engraisser très-facilement. Les jeunes oisons sont recherchés pendant l'été pour l'alimentation. Les amateurs préfèrent les Oies huppées à celles qui n'ont pas cet ornement.

MÉMOIRE
SUR LA PÊCHE ET LA CHASSE.

Par M. le comte de SAINT-AIGNAN,
Membre de la Société (1)

Messieurs,

Notre Société qui obéit à une direction chaque jour plus ferme et plus puissante, que les hommes les plus distingués font profiter de leur science et les plus hardis voyageurs de leurs découvertes, accueille également avec intérêt les communications les plus simples qui peuvent être d'un intérêt général.

C'est dans cette conviction que je vous demanderai la permission de vous lire un petit travail sur la pêche et la chasse dont les conclusions, j'aime à le croire, ne vous paraîtront pas hors de propos.

L'une des préoccupations actuelles les plus vives, c'est sans contredit le haut prix des subsistances. De ce côté le pouvoir a fait les plus louables efforts, tantôt par la réglementation, tantôt par la liberté, pour arriver à un résultat qui fuit toujours devant lui.

Pour nous, notre rôle est différent. La production est le but que nous cherchons à atteindre, et c'est là qu'il nous appartient de créer des ressources.

Dans ces derniers temps, Messieurs, le zèle de beaucoup d'entre vous a été grandement surexcité par ce généreux mobile.

Sans compter d'autres travaux d'une utilité manifeste, qu'il me suffise de citer le développement qu'a pris tout à coup l'hippophagie.

(1) Ce travail dont la communication a été faite à la Société, par M. le comte de Saint-Aignan, dans la séance générale du 24 mars dernier, a donné lieu au Rapport de M. le comte d'Esterno, sur la Chasse (*Bulletin*, 1865, p. 257), et au Rapport de M. Millet, sur la Pêche (même *Bulletin*, p. 263).

Nous nous empressons de l'insérer, pour réparer l'omission involontaire de sa publication dans l'un de nos précédents numéros.

(*Note de la rédaction.*)

Par sentiment je ne suis pas hippophage, je m'en excuse. Mais je constate l'immense besoin d'aliments à bon marché qui frappe tout le monde.

Sans aucun doute, un intérêt aussi puissant a levé les derniers scrupules de nos honorables confrères de la Société protectrice des animaux, lorsque, dans l'intérêt stoïquement bien entendu d'une vieillesse outragée et malheureuse, — mais par un sacrifice assurément pénible, — ils ont consenti à livrer à la boucherie ce généreux animal, notre ami et notre compagnon d'armes, l'associé de tous nos travaux comme celui de tous nos plaisirs. Réellement le mal est grand et appelle des remèdes.

Je ne vois pas sans plaisir d'intelligents agriculteurs déguster au Grand-Hôtel les Poulardes de plus en plus nombreuses et délicates qu'engraissent nos provinces. J'aime à les entendre célébrer le progrès en quatrains spirituels. Ce progrès existe, et ils ont raison d'y applaudir.

Toutefois, il faut bien le reconnaître, ce n'est là qu'un faible point de la question. La hausse n'en va pas moins son train.

Jamais, peut-être, la viande de boucherie, la volaille, le gibier, le poisson, n'ont atteint un prix plus élevé. Il reste donc beaucoup à faire du côté de la production, et mon avis est que la chasse et la pêche, sans parler même de celle de nos côtes maritimes, devraient de moins en moins y rester étrangères.

La chasse, messieurs (pour commencer par elle), on l'a trop souvent considérée sous le point de vue à peu près unique de l'amusement. Il n'en est pas moins vrai qu'elle pourrait apporter un secours considérable à l'alimentation. Mais le pitoyable état où elle est tombée a pu aisément, sous ce rapport, faire prendre le change et déterminer sa place entre les objets de luxe.

Proscrite, il y a trois quarts de siècle, comme un privilége suranné et odieux, elle devint momentanément la proie du braconnage.

On ne fut pas longtemps, cependant, sans s'apercevoir des richesses qu'on avait jetées au vent.

En effet, le braconnage, c'est la destruction organisée, la destruction du présent sans le moindre souci des besoins de l'avenir.

L'abolition des anciennes lois sur la chasse datait du 11 août 1789. Dès le 20 avril 1790, on s'occupait de la réglementer par une loi nouvelle, et le droit de conserver son gibier était restitué à chaque propriétaire. Ces premières dispositions durent arrêter le dépeuplement. Pendant nos longs troubles civils, la question de la chasse devint d'un intérêt bien secondaire. Elle dut passer inaperçue.

Il est même permis de croire que ces sombres années, fatales à tant d'hommes, ne le furent pas autant au gibier, et que nos discordes civiles lui furent en quelque sorte favorables.

Car, à l'issue de la Révolution et au début de l'Empire, plusieurs provinces étaient encore fort bien peuplées. Le gros gibier, le faisan, avait disparu à quelques exceptions près; mais la perdrix et le lièvre restaient en abondance.

Douze ou quinze ans plus tard, époque où me reportent les premiers souvenirs de mon enfance, le Maine, l'Anjou, la Touraine, la Normandie, la Bretagne et plusieurs autres pays fourmillaient encore de gibier.

Je me rappelle les nombreux coups de fusil et les gros carniers qui excitaient mon admiration.

Le chasseur de cette époque ne brillait pourtant pas par les armes.

Son mince canon, sa charge microscopique, ressemblaient aux puissants calibres d'aujourd'hui, à peu près comme nos pièces rayées, enlevant des escadrons d'Autrichiens à plusieurs kilomètres, ressemblent à la première artillerie qui donna contre nous la victoire aux Anglais.

Malgré cette infériorité de moyens, la chasse était tout autrement productive alors qu'à présent.

Par des règlements de 1810 et 1812, l'obligation du port d'armes avait été imposée et l'époque du tir, restreinte à une limite de temps, demeurait fixée par les préfectures.

Cependant la destruction s'accomplissait peu à peu partout où ne régnait pas une active surveillance.

Lorsque l'âge me vint de prendre moi-même un fusil, j'habitais chez une aïeule octogénaire dont la maison avait vieilli avec elle. Il va sans dire que sa domesticité n'avait ni le bras bien dur, ni l'œil très-ouvert pour réprimer le désordre et le pillage. Chassait sur ses terres à peu près qui voulait, et comme dans la caricature de ce lièvre qu'on voit tranquillement ajuster le chasseur endormi, les braconniers auraient pu, sans danger, prendre leur gibier jusque dans la carnassière des gardes, tant la surveillance sommeillait profondément!

Des bois assez étendus et plusieurs centaines d'hectares cultivés suffisaient à peine à entretenir la table de gibier. Ce fut peu d'années après que je devins moi-même propriétaire de l'habitation et d'une grande partie des terres qui l'environnent.

Permettez-moi ici d'entrer dans les détails d'une expérience toute personnelle ; elle a été, je pense, celle de bien d'autres, et elle peut aisément être imitée. Je trouvai tout dévasté, et je me souviens que ma petite meute, qui prenait assez bien le Lièvre, n'était inférieure que du côté du change. C'est que tout s'apprend par habitude, et que rarement un Lièvre chassé avait la fortune de rencontrer sur son chemin un de ses semblables.

J'entrepris le repeuplement. Il fut d'abord lent ; mais je réussis enfin, et, arrivé à un certain point, les progrès devinrent extrêmement rapides.

Maintenant on tue sur la propriété une grande quantité de Lièvres et plusieurs centaines de Perdrix, sans en diminuer le nombre. Encore le braconnage et le colletage en enlèvent-ils quelques-uns, malgré la surveillance sérieuse aujourd'hui de plusieurs gardes uniquement occupés de la chasse.

Le petit exemple que je viens de vous citer, Messieurs, en dit beaucoup. Mais il nous reste à considérer les choses sous un point de vue plus général.

De 1825 à 1840, la diminution du gibier en France se produisit sur une grande échelle, et ce qu'il y a de vraiment affligeant, c'est qu'elle se produisait en raison même du développement de la richesse publique. A mesure que les voies de communication se multipliaient, que les routes se macadamisaient, que le commerce prenait plus d'étendue, l'agriculture un plus grand essor, l'industrie du braconnage se faisait aussi plus active et plus entreprenante, et il devenait de plus en plus difficile d'arrêter ses dégâts.

En 1844, le gouvernement et les chambres furent frappés de l'étendue du mal déjà accompli. On songea à reviser sérieusement la législation; car évidemment, sans des mesures sévères, le gibier allait disparaître complétement de notre belle patrie.

Un projet fut élaboré, et il en résulta une discussion longue et approfondie, d'où sont sorties les lois qui nous régissent encore, lois d'une sévérité bien suffisante, mais dont on n'a pas obtenu les résultats qu'on espérait, à cause des difficultés de leur exécution.

La destruction du gibier hors le temps de la chasse, le colletage et le filetage ont continué partout, malgré les peines spéciales décrétées contre ces délits. Ainsi les pays même les plus favorisés n'ont conservé le gibier courant qu'avec une difficulté extrême.

Certaines localités étaient presque inaccessibles aux grands courants du commerce. Les chemins de fer en ont coupé les bruyères solitaires, percé les montagnes sauvages. Là se sont immédiatement établis des entrepôts de gibier, d'où il rayonne maintenant sur les grands centres et sur Paris, comme tout ce que le luxe recherche. La rapidité des transports assure sa conservation, et tandis qu'au lieu de diminuer, sa valeur augmente chaque jour, le pillage ne cesse de s'accroître aux lieux de la production.

Vous n'ignorez pas, Messieurs, avec quelle perfection toute bonne affaire s'organise à notre époque.

Il existe des sociétés occultes dont le but est de soutenir le braconnage qui les enrichit.

Elles patronnent cette funeste industrie avec d'autant plus de sécurité, que leur commerce apparent n'a rien d'illégal. Mais sous le manteau de transactions avouables, se cache un honteux trafic. . .

Le braconnier, si j'en crois des bruits sérieux, serait assuré contre les amendes et les pertes matérielles causées par l'emprisonnement, comme on s'assure contre l'incendie ou les fléaux du ciel. Son honneur seul resterait exposé, et quel honneur !

Mieux encore : on lui fournirait les instruments les plus perfectionnés, les recettes les plus sûres, en un mot il ne serait qu'un agent, déployant contre l'infortuné gibier toutes les ressources d'une force centralisée.

Je ne sais si je m'abuse, Messieurs, et si j'ai trop légèrement accepté des bruits qui circulent et que des faits, à moi personnels, tendent à confirmer.

Quoi qu'il en soit, ne nous flattons pas d'être ici dans le domaine de la fable ; j'ai touché à des réalités et à des réalités en *progrès*, comme tout le reste, ce qui nous précipite dans la voie malheureuse où nous sommes entrés, et de nouveau nous prédit un désastre complet.

Si j'en juge par la partie de la France qui m'est le plus connue, quelques espèces de gibier ont déjà disparu complétement.

Ainsi la Perdrix rouge, fort commune il y a vingt ans, ne se trouve plus dans des pays entiers ; le Lièvre a quitté les contrées déboisées et celles dont les propriétés sont divisées ou les propriétaires éloignés de leurs terres.

Sans doute, le tir seul ne serait jamais arrivé à cette dévastation.

Le tir a ses limites de temps et ne s'exerce autrement que par la main du braconnier. Celui-ci, sans pitié, détruit les couples, tandis qu'un être plus dangereux rampe jusqu'au milieu des moissons pour tendre ses infaillibles collets auxquels rien n'échappera.

Quel sera donc le dernier refuge du gibier ? Peut-être en quelque province reculée. Peut-être en cette immense Bretagne que commencent à peine à sillonner nos lignes de fer. Non, détrompez-vous. Jusqu'à son extrémité j'y ai reconnu l'affûteur et le colleteur, décidés à n'y rien laisser. D'année en année on compte le déficit, le vide deviendra complet.

Mais il y a encore de vastes plaines où la Perdrix, pendant huit mois, est comme chez elle et se rit du plomb des chasseurs. Vous la croyez sauvée.

Erreur encore. Le traîneur de filets passe une nuit, et les guérets sont dépeuplés pour dix ans.

Déjà la Caille a été attendue sur son chemin. Elle remplit les cages des oiseleurs; mais elle n'arrivera plus qu'en petit nombre dans nos provinces centrales, où l'ouverture de la chasse la trouvait en si grande abondance.

Tels sont les désastres du présent! Telles sont les craintes de l'avenir!

Maintenant il nous reste à jeter un rapide coup d'œil sur ce que nous perdons.

La France contient 540 000 kilomètres carrés, ou 54 millions d'hectares; disons 50 millions avec les déductions possibles.

D'après des calculs fondés sur ma propre expérience, un Lièvre et une compagnie de Perdrix peuvent, sans aucun tort pour l'agriculture, vivre sur 4 à 5 hectares de terrain.

Ce serait donc environ 10 millions de ces utiles animaux, ou, si vous voulez, 35 à 40 millions de kilogrammes d'une chair délicate et nourrissante, que le pays devrait produire.

Ce serait en moyenne 6 à 8 millions de Perdreaux qui viendraient dans nos marchés, et, servis sur la table du riche, augmenteraient celle du pauvre d'autant de bonne viande de boucherie.

Et que faudrait-il pour cela?

Une culture de la chasse un peu entendue, ou, si vous voulez, l'élève du gibier, pratiquée à l'abri du pillage, comme celle des autres animaux qui alimentent nos tables.

Malheureusement, Messieurs, je ne me flatte point d'être en mesure de vous proposer les moyens qui, sous ce rapport, pourraient conduire à un résultat complet.

Cependant, en face d'une utilité partout reconnue, en face de lois de répression suffisamment étendues et suffisamment tutélaires, il serait pusillanime de ne pas mettre la main à l'œuvre.

Le malheur de la chasse n'est-il pas tout entier dans cette

anomalie que le véritable chasseur, celui qui se promène à la lumière du jour, commence et s'arrête au temps légal, ne recueille que la moindre partie de ses produits, tandis que le braconnier sournois et nocturne en a le revenu véritable.

Il y aurait donc un double but proposé à nos efforts : le premier, de développer la chasse légitime et les associations de chasseurs ; le second, d'obtenir de l'administration une police assez bien organisée pour saisir le délit, qui échappe presque toujours à la répression.

A Dieu ne plaise que j'entende provoquer des mesures personnelles.

Elles ne sont plus de notre temps ; mais si les rigueurs s'adoucissent dans notre législation, selon la nature de la faute, la surveillance, d'un autre côté, a acquis une perfection qu'elle n'avait jamais eue.

Cet œil toujours ouvert contribue infiniment plus à arrêter le crime que la grandeur du châtiment.

Ne peut-il en être de même pour de simples délits.... qu'il vaudrait infiniment mieux prévenir que livrer aux tribunaux?

Voici, Messieurs, les mesures que je propose à votre examen.

En premier lieu, et aux endroits mêmes où s'exerce le braconnage, une surveillance plus active des livraisons clandestines de poudre et des acquisitions d'engins prohibés; mais surtout et avant tout, l'obligation imposée au marchand de gibier de rendre compte de son commerce, presque toujours malfaisant et malhonnête.

Oui, je ne crains pas de le dire, le marchand de gibier, dans nos petites villes de province, n'est, le plus souvent, qu'un recéleur de la pire espèce. Il favorise toute sorte de fraude et donne un écoulement facile et certain aux produits d'un véritable vol.

Messieurs, à quoi nous servira de parcourir l'univers à la recherche de gibiers nouveaux, de développer, en ce genre, les plus belles acclimatations, si nous manquons d'un terrain pour les recevoir, si le fruit de nos travaux est aussitôt dévoré que répandu au milieu de nos campagnes !

Nous possédons un grand nombre de Faisans et de Colins nouveaux.

Plusieurs espèces sans doute pourraient devenir pour la France de véritables conquêtes. Oui.... mais à la condition qu'elles ne soient pas, dès leur apparition, livrées au pillage.

Lorsqu'il s'agit d'oiseaux destinés à l'état sauvage, c'est une erreur manifeste de croire à un résultat — parce qu'on les ferait vivre dans des basses-cours. Qu'ils naissent là ; qu'ils s'envolent de là, je le veux bien. — Il faut aider la nature. S'ils y restent.... si même ils ne finissent pas par n'y plus rentrer.... il y a, Messieurs, un article ajouté à la colonne des dépenses de luxe, et voilà tout.

On s'est félicité de la diminution du prix des Faisans à Paris. Cela sans doute a favorisé le budget des gourmets.

Mais combien de ces oiseaux portaient la place honorable du plomb qui les avait frappés? Je crains qu'il n'y en eût guère ; et il y a assez longtemps que j'élève des Faisans de basse-cour pour vous assurer, qu'à prix égal, le commerce gagnerait aussi bien que les consommateurs à ce qu'ils fussent remplacés par de bonnes volailles.

Avec les soins et la nourriture qu'il exige, ce ne sera jamais que par erreur que le Faisan privé sera cultivé, s'il n'atteint, comme objet de luxe, une valeur considérable.

Tout autre serait sa destinée si, vivant à ses dépens, il retrouvait, avec ses instincts sauvages, sa nourriture gratuite et son fumet délicieux.

Quelque sérieuse que soit la question, je crains, Messieurs, d'abuser de vos moments.

Je résume donc mes conclusions :

Imposer aux marchands de gibier l'obligation de justifier de la provenance de leurs expéditions et de leurs ventes.

Autoriser les commissaires de police à forcer tout individu suspect d'expliquer la possession du gibier dont il se trouverait porteur.

J'aimerais ensuite une série de mesures destinées à favoriser les associations de chasseurs et les locations de chasse.

Ces associations existent déjà dans certains pays. Aussi

peut-on, avec une fortune médiocre, se procurer les plaisirs des plus grands propriétaires.

Si cet usage se généralisait, au moyen d'une faible redevance au cultivateur, bientôt on verrait le gibier renaître comme par enchantement.

Ce ne serait plus un privilége de tuer Faisans et Chevreuils.

Tout le monde le ferait à propos et à heure permise.

Mais égorger traîtreusement le couple destiné à reproduire, massacrer une jeunesse à demi élevée, si ce n'était plus un crime, ce serait une honte abandonnée à des misérables dont la police rendrait bientôt le vil métier impraticable.

J'avais encore, Messieurs, à vous faire le tableau de la pêche qui ferait un triste pendant à celui que je viens de tracer.

Je ne parle pas, remarquez-le bien, de la pisciculture; cette science, née d'hier, progresse avec une admirable rapidité, et elle est entrée dans la pratique par de superbes résultats. Je ne parle pas non plus de la pêche maritime. La pêche maritime, grâce au ciel, nous reste encore avec les immenses ressources qu'elle offre à l'industrie de nos côtes.

Je parle de la pêche de nos fleuves, de celle de nos rivières, avec leurs innombrables affluents.

Tous ces cours d'eau, autrefois si bien empoissonnés, sont aujourd'hui presque vides et déserts.

De vastes contrées, où le rouissage du chanvre est pratiqué sur une large échelle, voient chaque année flotter sur l'eau les cadavres de ce qui reste de vivant.

D'un autre côté, les mesures de curage et de biaunage, adoptées dans des intérêts agricoles, mais souvent avec un zèle exagéré et sans précautions suffisantes, rendent le repeuplement impossible.

Nos ingénieurs, aides de syndicats complaisants, ont procédé sans consulter, la plupart du temps, les riverains dont les nombreuses protestations sont arrivées jusqu'au Conseil d'État.

Mais l'inertie de la petite propriété, trop faible pour résister, l'indifférence des conseils municipaux, ont laissé les opposants dans l'isolement.

Je n'ai pas ici à traiter la question de droit. Mais en perdant la propriété des cours d'eau, la surveillance déjà faiblement exercée par les riverains a dû disparaître tout à fait.

On sait ce qu'elle coûterait à l'État.

Du reste, comme pour la chasse, on ne s'en est pas utilement occupé.

Des règlements ont été portés. Mais l'exécution a fait défaut.

Le pêcheur de profession, braconnier d'une autre espèce, arrive de huit à dix heures sur les cours d'eau en curage. Il en enlève jusqu'au frai. Rien ne reste que ce que l'avare marchand refuse.

Nos rivières étaient pleines de Carpes, de Tanches, de Perches et de Brochets ; nos ruisseaux regorgeaient de Truites et d'Écrevisses ; maintenant, c'est un luxe d'en voir dans nos marchés. Une grosse Truite vaut un prix énorme, et on la fait venir de Paris, où toute rareté se dirige et où, avec de l'or, on peut tout trouver.

Quoi ! Messieurs, l'abondance du gibier serait-elle l'apanage exclusif des peuples sauvages? La chasse et la pêche n'appartiendraient-elles qu'au marin qui descend sur l'île inhabitée ?

Je ne puis le croire, notre civilisation peut tout concilier. J'en ai la conviction, une époque qui enfante des sociétés comme la nôtre, et leur donne une si haute prospérité, doit savoir recueillir le fruit de ce qu'elle a semé.

C'est donc à nous de solliciter du gouvernement un ensemble de mesures qui puisse nous rendre avec usure ce que nous avons perdu.

Ce code rural, qui s'élabore, nous ne devons pas y rester étrangers.

Et c'est pour cela, Messieurs, que j'ai cru devoir vous soumettre ces réflexions, et les recommander à votre attention, ainsi qu'à celle des hommes distingués qui nous dirigent et de notre illustre Président, dont le vaste esprit, si occupé des affaires de l'État, n'oublie cependant jamais les nôtres.

SUR LES ANIMAUX ET LES VÉGÉTAUX
DE LA RÉPUBLIQUE ARGENTINE.

LETTRE ADRESSÉE A M. LE COMTE D'ÉPRÉMESNIL, SECRÉTAIRE GÉNÉRAL DE LA SOCIÉTÉ,

Par M. **DE VERNOUILLET**.

Monsieur le Comte,

Bien que j'aie reçu depuis plusieurs mois la circulaire qu'au nom de la Société zoologique d'acclimatation vous avez adressée au Ministre de France dont j'ai l'honneur de faire l'intérim, je n'ai point voulu répondre au questionnaire joint à votre lettre avant d'avoir pu, par un plus long séjour et par ma propre observation, me procurer une partie des renseignements qui peuvent intéresser la Société si éminemment utile que vous représentez.

Parmi les mammifères de la république Argentine dont le poil ou la laine puisse fournir des tissus spéciaux et l'emportant en solidité sur les nôtres, on ne peut guère citer que le Guanajo, espèce de Lama sauvage, assez commun dans la province de Santa Fé et dans les provinces du Nord voisines du Gran Chaco ou Grand Désert, mais qui n'a point été jusqu'ici réduit à l'état de domesticité. C'est avec la laine de cet animal que les Indiens et les *Ganchos* fabriquent leurs meilleurs ponchos ; l'étoffe en est véritablement inusable, mais son prix fort élevé. D'après l'*Indépendance belge*, on aurait beaucoup parlé en Europe d'une sorte de Chèvre-Mouton à laquelle on donnait le nom de Chabri ou d'Ovicapre, et dont la peau ou *pellion* sert aux habitants des deux versants de la Cordillère des Andes, pour couvrir leurs selles ou *recados*. C'est le seul usage auquel on l'emploie ; encore ces peaux coûtent-elles fort cher. Le poil de cet animal, extrêmement long et très-épais, tient plutôt du poil de la chèvre que de la laine du mouton. Il est tellement dur qu'il passe ici pour impossible à tisser. La chair de l'Ovicapre est ordinaire et l'on n'en fait aucun cas dans le pays. On a dit que cet animal avait tous les avantages de la Chèvre sans en avoir les inconvénients. Rien ne paraît plus douteux ; dans la république Argentine, il n'en existe qu'un petit nombre de troupeaux, près de Mendoza, au pied de la Cordillère. Comme tous les métis, il ne se reproduit qu'avec la plus grande difficulté.

Dans le sud de la province de Buenos-Ayres, au delà du rio Salado, on rencontre fréquemment dans la Pampa des troupeaux de huit, quinze, vingt, trente petits cerfs d'un pelage assez clair et connus sous le nom de *Venados* (*Cervus campestris* des naturalistes). Ces animaux, dont la chair est très-bonne, surtout celle de la femelle, paraissent se multiplier facilement. Un peu plus forts que nos chevreuils de France, ils portent à peu près les mêmes bois, mais plus grands, plus lisses, plus clairs et plus plats à leur naissance. Ces bois ont trois andouillers de chaque côté, et quelquefois quatre. Ils vont par groupes, mais leurs accouplements se font par paires. Les femelles mettent bas, comme nos chevrettes, un ou deux petits à la fois. La saison du rut doit être au mois de juin, à en juger par l'odeur extrêmement forte que répandent les mâles à cette époque. Ces gracieux animaux, qui vivent sous un climat dont la température moyenne est semblable à celle du nôtre, pourraient, peut-être, se propager aisément en France, comme bêtes de chasse. Leur peau est forte et souple et m'a paru posséder toutes les qualités de la peau de Daim. Le *Cervus campestris* est surtout remarquable par la longueur de sa queue, qui le distingue principalement de toutes les espèces voisines.

Quant à la *Biscacha*, qui creuse ses terriers dans les plaines et que l'on appelle vulgairement Lapin de la Plata, c'est un rongeur très-nuisible aux cultures, d'une forme et d'une physionomie laide et désagréable, et qu'il n'est pas bon d'acclimater nulle part.

Parmi les oiseaux, je n'en ai observé qu'un jusqu'ici qui m'ait semblé valoir la peine d'être acclimaté chez nous. C'est un oiseau particulier à l'Amérique, voisin des râles, ayant la figure d'un grand gallinacé, connu dans la Plata sous le nom de *Chaja*, qui est probablement l'onomatopée de son cri, assez semblable à celui du paon. Il vit dans la Pampa, sous la même latitude que le petit cerf dont je viens de parler, et fréquente de préférence les lieux humides et le bord des *Lagunas*. Il n'est pas d'un naturel fort sauvage et pourrait sans doute aisément être réduit à l'état de domesticité. Ses plumes, qui sont très-grosses et très-fortes, pourraient peut-être remplacer avec avantage, pour la fabrication des pinceaux de grande dimension, les plumes d'aigle dont on se sert habituellement dans le commerce et dont le prix est fort élevé. Comme oiseau d'ornement, il est magnifique : le tarse et les pieds sont d'un beau rose foncé, trois doigts devant, un derrière articulé à la même hauteur, les trois premiers réunis par une membrane jusqu'à la première articulation ; le bec court, fort, nu à la base, à mandibule supérieure voûtée, convexe, courbée à son origine ; l'orbite des yeux est entouré d'un espace nu d'un rouge vif ; la tête grise, ornée d'une huppe de couleur plus foncée ; le cou gris, entouré vers sa base d'un large collier d'un beau noir ; les ailes armées d'un double éperon, semblable à celui du *Terutero* (Vanneau armé, très-commun dans la Plata), sont d'un brun foncé ; la troisième rémige la plus longue. Le dessous des ailes est blanc, le dos gris, la gorge, la poitrine et le ventre de la même couleur. Les pennes caudales sont d'un brun foncé comme les ailes et au nombre de douze. La longueur de l'oiseau, de la pointe du bec à l'extrémité de la queue, est de 98 à 99 centimètres, à peu près la taille du Tétras auerhahu, vulgairement et improprement appelé Coq de bruyère. Je ne puis rien dire de la saveur de sa chair, n'ayant pas encore eu l'occasion de la goûter. Quelques personnes l'apprécient beaucoup ; les gens du pays ne la mangent généralement pas ; mais il serait téméraire de s'en rapporter à cet indice, car ils ne mangent pas non plus le *Venado*, qui est excellent, et il y a à peine quelques années qu'ils commencent à manger du Mouton. En revanche, ils estiment beaucoup une grande Perdrix qu'ils appellent improprement *Martineta* et qui est un manger fort ordinaire, mais le plus bel oiseau de chasse que l'on puisse acclimater chez nous (*Crypturus rufescens*).

Cette belle Perdrix, qui tient le milieu entre la nôtre et le Faisan, habite les mêmes lieux que les *Venados* et les *Chajas*, choisissant de préférence, comme ces derniers, les endroits légèrement humides. Chez les *Crypturus*, comme chez nos Perdrix grises, dont ils ont à peu près les couleurs, le mâle se distingue peu de la femelle. Leur nom seul suffit à indiquer qu'ils n'ont pas la queue du Faisan, mais ils en ont la forme gracieuse, élégante, élancée, et le vol, bruyant et lourd d'abord, droit et rapide ensuite. Leur taille varie de 40 à 45 centimètres. On sait que la longueur du corps de la plus grosse Bartavelle atteint à peine 37 ou 38 centimètres. Les grandes Perdrix vont ordinairement par couples, il n'est cependant pas rare d'en rencontrer trois ou quatre dans un espace très-resserré de terrain ; mais jamais elles ne forment de compagnies et partent toujours l'une après l'autre. Comme le Faisan à l'état sauvage, elles marchent beaucoup et fournissent au chien d'arrêt l'occasion de déployer tout son savoir-faire. C'est, en un mot, pour employer l'expression consacrée par les chasseurs, un magnifique coup de fusil.

On rencontre également dans les Pampas et en très-grande abondance, une petite Perdrix dont les mœurs se rapprochent beaucoup de celles des grandes. Par la taille, le vol et le plumage, elle tient le milieu entre la Caille et notre Perdrix grise. Comme celle du *Crypturus*, sa chair est transparente, blanche et un peu sèche quand elle est cuite, bien qu'en certains lieux et en certaine saison, elle se charge souvent d'une graisse fine et abondante. Le goût de ces deux Perdrix de la Plata est loin de valoir celui des nôtres ; mais on peut attribuer cette différence à la nourriture aromatique qu'elles trouvent dans la Pampa. Je ne veux parler d'ailleurs que de la grosse et de la petite Perdrix *rôties ;* en salmis ou aux choux, elles sont excellentes. Ce joli gibier serait, assez probablement, d'une acclimatation facile.

Les poissons de la Plata, du reste fort peu nombreux, sont tous très-inférieurs aux nôtres. La même remarque s'applique aux crustacés et aux mollusques.

Le seul insecte médicinal de la république Argentine est la

Cantharide qui y est extrêmement abondante, comme dans tous les pays chauds de la terre. Parmi les espèces très-nombreuses (au nombre de plus de cent) que l'on peut recueillir dans la République, figurent en première ligne : la *Cantharis adspersa*, *Lytta adspersa*, connue vulgairement sous le nom de *bicho moro* (insecte noir) et qui abonde dans tous les jardins; la *Lytta punctata* que l'on rencontre surtout dans l'Entre-Rios près du Parana, la *Nemognatha nigricornis*, et enfin la *Cantharis viridipennis* qui habite les provinces de Catamarca et de Mendoza, et probablement toute la partie occidentale de la république Argentine qui s'étend au pied de la Cordillère. Cette dernière espèce est une des plus grandes connues ; elle a près d'un pouce de longueur. Noire, avec pieds jaunes et élytres d'un vert métallique, elle paraît être la plus efficace comme caustique, parmi les espèces argentines. C'est en effet la seule qui ait une couleur métallique comme l'espèce d'Europe, et l'on sait que les entomologistes ont toujours considéré la puissance caustique de ces insectes comme en rapport direct avec le plus ou moins de rugosité et de brillant métallique des couvertures de leurs ailes. La *viridipennis*, qui est employée avec beaucoup de succès par les pharmaciens à Mendoza, a été nommée par le savant docteur Burmeister, conservateur du Musée de Buenos-Ayres, auquel je dois ces intéressants détails.

Pour ce qui regarde les insectes produisant la soie, tous les Bombyx du pays sont fort inférieurs aux nôtres.

En ce qui concerne les matières colorantes, il existe au nord du Gran Chaco, une Cochenille assez voisine de l'espèce du Mexique, mais dont on n'a fait jusqu'ici que fort peu d'usage.

Il n'y a point d'Abeilles donnant du miel ; les principaux Insectes mellifères sont des Guêpes, comme le *Camonati* et le *Lecheguanna*.

Quant aux plantes utiles, je les crois nombreuses dans la république Argentine, sans avoir pu cependant les étudier à loisir. J'ai toutefois la satisfaction de vous envoyer ci-joint, dans une petite caisse et par l'intermédiaire du département des affaires étrangères, une certaine quantité de graines de *Quillo-Quillo*, plante annuelle, saponifère, du genre *Solanum*, suivant un horticulteur de Valparaiso. Elle croît spontanément à Mendoza, où le peuple s'en sert pour remplacer le savon, en en faisant simplement bouillir les graines. La fleur du Quillo-Quillo est absolument semblable à celle de la pomme de terre pour la couleur et pour la forme. L'eau *dégraissante* que l'on obtient par l'ébullition de ses graines paraît contenir beaucoup de saponine, car elle gerce aisément les mains des personnes qui l'emploient. Elle est plus efficace encore que celle que l'on peut obtenir par l'ébullition de l'écorce de *Quillay* du Chili, bien connue en France sous le nom d'*Écorce de Panama* et qui a la propriété de nettoyer les taches. Il est presque inutile de faire remarquer que la grande ressemblance des noms indiens de Quillo-Quillo et de Quillay indique la similitude des propriétés chez les deux plantes, et que cette double dénomination doit avoir rapport à leurs qualités saponacées. Le Quillo-Quillo pourrait bien être, du reste, le Soap-Berry tree des Anglais, *Saponaria americana*. Le climat de la province de Mendoza, située au pied des Cordillères entre le 32ᵉ et le 36ᵉ degré de latitude australe, se rapprochant beaucoup du nôtre, il est probable que le Quillo-Quillo pourrait facilement être cultivé en France, surtout aux environs de Marseille, où ses propriétés seraient peut-être avantageusement employées par nos fabricants de savon.

Dans le même ordre de produits, on peut citer l'*Ombu* dont les cendres renferment, assure-t-on, 35 pour 100 de potasse. Ce bel arbre de la Pampa, qui donne un ombrage si frais, et dont les feuilles ont aussi une propriété médicinale purgative, pourrait croître sans doute dans les plaines de l'Algérie. On en a planté avec succès dans le sud de l'Espagne. On en voyait un à Cadix au commencement de ce siècle.

Veuillez agréer, etc.

M. DE VERNOUILLET.

II. CHRONIQUE.

Récolte de Soie provenant des Graines du Japon importées en Europe.

Lettre adressée à Son Exc. M. le Ministre des affaires étrangères, par M. Eug. SIMON, *consul de France.*

Ningpo, le 11 septembre 1865.

Monsieur le Ministre,

Je viens de lire dans quelques journaux italiens, que la récolte de soie, provenant des graines du Japon importées en Europe cette année, n'avait pas partout donné les résultats auxquels on s'était attendu, et que, par exemple, dans beaucoup de localités, il avait fallu 16, 17, et jusqu'à 18 kilogrammes de cocons pour 1 de soie.

L'opinion s'émeut bien vite en Europe, et l'on a si vite fait de brûler ce qu'on adorait la veille, qu'il y a lieu de craindre que ces plaintes ne causent un découragement fatal à la plus riche de nos productions et à la plus belle de nos industries.

Je me hâte d'ajouter que le mal serait d'autant plus regrettable, que les faits rapportés par les journaux italiens ne doivent point faire condamner les races japonaises, et qu'ils sont tout au plus imputables, selon moi et quelques autres personnes compétentes, à quelques causes que l'on peut indiquer et éviter: 1° jusqu'à l'année dernière, les Japonais ne produisaient que la quantité de graines qui leur était nécessaire, puisqu'ils ne devaient, ni ne pouvaient en vendre, et à l'époque de l'année dernière où notre Ministre au Japon obtint du gouvernement local qu'il en autorisât la vente, la première et la deuxième récoltes étaient déjà faites et *il n'y en aurait pas eu pour la vente,* si la troisième récolte qui se faisait en ce moment n'avait pas donné aux Japonais la possibilité de satisfaire aux nouvelles demandes, très-fortes relativement à celles auxquelles ils avaient satisfait jusque-là en cachette. On n'a donc pu avoir, pour la plus grande partie, que des graines de la race *trivoltini,* et encore n'était-elle que de la troisième récolte. Quant à la première, les Japonais ont bien soin de la garder pour eux, d'autant plus que l'on se contentait de celle qu'ils offraient; 2° il est plus que probable que, libres de toute surveillance, les Japonais n'auront mis à l'éclosion que les cocons les plus faibles, les moins garnis de soie, c'est-à-dire renfermant les chrysalides les moins robustes.

On éviterait ces causes d'insuccès : 1° en arrivant au Japon pendant la première éducation, on serait du moins sûr de n'avoir que des graines de première récolte; 2° en obtenant du gouvernement japonais qu'il autorisât un ou deux Européens réellement compétents à surveiller le choix des cocons mis à l'éclosion, et la préparation de la graine. Ce serait d'autant plus nécessaire, que les Japonais vont maintenant fabriquer des graines pour l'exportation. Les graineurs pourraient faire venir des cocons vivants de l'intérieur, et préparer leurs graines à Yokohama sous la surveillance *toujours indispensable* d'un agent du Gouvernement français. Les graines seraient mises en boîtes en sa présence, et scellées par lui.

Ce que je viens de dire des races japonaises peut s'appliquer aux races chinoises. Elles ont rendu cette année 1 kilogr. de soie pour 14 kilogr. de cocons, et cependant les cocons étaient réputés faibles. En outre, elles ne sont pas malades. D'où vient donc qu'elles ont l'air de dégénérer quand on les transporte en Europe? Pour moi, tant que je pourrai douter qu'elles ont été tirées de deux ou trois localités d'où les Chinois les tirent pour eux-mêmes, ainsi que je l'ai dit dans une lettre, en date du 5 décembre 1861, tant que je pourrai douter des soins et de la loyauté de ceux qui ont préparé la graine, je ne pourrai considérer comme sans appel l'opinion qui règne aujourd'hui sur les races chinoises. Il est d'ailleurs, en Chine, des contrées aussi différentes de celles où ces graines ont été prises jusqu'ici que le Japon lui-même l'est de la Chine; ainsi, par exemple, le Se-tchuen, le nord du Chantong, le nord du Honan, d'où l'on n'en a pas encore eu.

En terminant cette lettre, je crois pouvoir annoncer à Votre Excellence le prochain envoi de graines de Vers à soie race jaune du Se-tchuen et du Kouy-tcheou, que j'attends incessamment, ainsi que des graines de la petite espèce sauvage des Vers à soie du Mûrier, dont j'ai parlé pour la première fois dans une note lue à la Société, dans la séance du 28 février 1862. J'espère que ce nouvel envoi, fait en temps opportun, arrivera en bon état.

Agréez, etc. G. Eug. SIMON.

Sur la Sériciculture italienne.

Lettre adressée à Son Exc. M. le Ministre des affaires étrangères, par M. Léon PILLET, *consul général de France.*

Venise, le 17 septembre 1865.

Monsieur le Ministre,

Le *Journal officiel de la Chambre commerciale de Venise* publie aujourd'hui le texte d'un long rapport lu récemment à l'Académie d'agriculture et de commerce de Vérone par son président, le docteur Giulio Camuzzoni, sur les opérations de la Société vénitienne, instituée pour l'achat de semences de Vers à soie du Japon et l'élève de leurs produits.

Pour utiliser ces semences et faire d'utiles expériences sur la manière de les traiter, la Compagnie avait formé une sorte de magnanerie modèle dans une commune des environs de Vérone, nommée San Bonifacio. Le rapport du docteur Camuzzoni est destiné à constater le succès de ces expériences pendant la saison de 1865.

Afin de procéder par ordre et de bien se rendre compte du résultat de chaque épreuve, la Société avait divisé les semences en sept classes, recommandant expressément de ne donner que d'une seule semence à chaque cultivateur, et de tenir un registre exact des quantités livrées et des cocons produits.

La première série comprenait des semences de Gkodady ; la deuxième, des semences de Yokohama ; la troisième, de Nangasaki ; la quatrième, des semences fournies par la Société impériale d'acclimatation de Paris, provenant de l'envoi fait par M. Léon Roches ; la cinquième, de semences fournies par le gouvernement suisse ; la sixième, de reproductions vertes obtenues en 1864 à Lugano par la Société ; la septième, de reproductions blanches mêlées de vertes, obtenues en Suisse.

Eu égard à l'importance de l'entreprise, le produit des cocons ne pouvait être plus satisfaisant qu'il ne l'a été. Une notable différence a été remarquée dans ce produit en raison du degré de chaleur qui régnait quand les Vers étaient montés sur les arbres. Pour les Vers des sixième et septième séries, c'est-à-dire les provenances de reproductions verte et blanche, une once vénitienne de semence produisit, avec une chaleur de 19 degrés Réaumur, environ 30 kilogrammes de cocons, tandis qu'avec une température de 25 degrés, elle en produisit à peine le tiers. En moyenne, les deux séries réunies produisirent environ 67 livres véronaises par once de semence. Le produit fut encore bien plus élevé pour les séries première et deuxième, et les proportions, à raison de la température, furent à peu près les mêmes que pour les séries précédentes, savoir : à 19 degrés, 92 livres véronaises pour trois quarts d'une once de semence, et 26 seulement à 25 degrés, ce qui donne une moyenne pour les cinq séries de 98 livres véronaises par once. De cette expérience résulte la preuve qu'il faut hâter autant que possible l'incubation pour échapper aux grandes chaleurs de la saison avancée. Il en ressort aussi des démonstrations de deux caractères, les unes de l'ordre négatif, les autres de l'ordre positif.

Ainsi, il est prouvé : 1° qu'il n'est pas vrai que les Vers du Japon de la première année ne puissent supporter jusqu'au troisième âge aucun contact de la main ; il faut seulement que ce contact soit rare et délicat : 2° qu'il n'est pas absolument nécessaire de suivre la règle établie par quelques sériciculteurs de ne pas changer les vers de lit pendant les deux premiers âges ; 3° qu'il n'est pas vrai qu'ils aient besoin, comme on l'a prétendu, de douze repas par vingt-quatre heures ; qu'il n'est pas non plus indispensable de les nourrir pendant le premier âge avec des feuilles de Mûrier sauvage.

Passant aux démonstrations de l'ordre positif, on trouve : 1° que, pendant les trois premiers âges, il faut aux Vers à soie une atmosphère de 18 ou au moins 17 degrés de chaleur Réaumur ; 2° que, pendant le premier âge, il faut aux vers un renouvellement d'air continu, mais calme ; 3° que, pendant le premier âge, il leur faut au moins neuf repas par jour, huit pendant le second, et six pendant le troisième, étant observé qu'il est indispensable que ces repas soient régulièrement distribués la nuit comme le jour; 4° que l'air ne doit pas être chargé de plus d'humidité qu'il n'en comporte habituellement; 5° qu'après le troisième âge, il est indispensable d'établir un courant d'air constant; 6° après le troisième âge, l'air ambiant doit être maintenu constamment au-dessus de 18 degrés; 7° enfin, pendant le dernier âge, il faut tenir les Vers dans des locaux spacieux, ouverts à la tramontane, et surtout ne les jamais mettre en contact avec les toits des maisons.

Ces prescriptions, dit le rapporteur, ne sont pas présentées comme des règles infaillibles; on les donne seulement comme le résultat d'expériences faites avec le plus grand soin par des hommes compétents, et dont le succès a été tel, que cette année, au milieu de la ruine universelle des magnaneries, le bourg de San Bonifacio *semblait une oasis souriante dans le désert.*

Agréez, etc.

Signé : Léon PILLET.

Extrait d'un rapport de fin de campagne de M. le chirurgien major de l'Isis.

Communiqué par Son Exc. M. le Ministre de la marine.

« ..... Nous devions prendre à Melbourne des animaux pour le Jardin d'acclimatation du bois de Boulogne. Des Kanguroos, des Oies du cap Barren, des Cygnes noirs, des Casoars furent embarqués.

» Le Kanguroo, très-commun en Australie, est vendu comme gibier sur le marché ; toutefois, sa viande noire, à saveur urineuse, nous plaisait médiocrement. Il est probable qu'il s'acclimatera bien en France. Très-jeune, il s'apprivoise très-facilement; il n'en est plus ainsi quand il est plus âgé, et il meurt, le plus ordinairement, quand on le prive de sa liberté. On avait rassemblé à Melbourne un assez grand nombre de ces animaux qui nous étaient destinés, et qui moururent tous avant notre arrivée. Sur vingt-cinq qui furent mis à bord, six seulement sont allés jusqu'à Brest ; les autres périrent presque tous pendant la traversée de Melbourne à Port-de-France (Calédonie).

» Le voyage que faisait l'*Isis* est beaucoup trop long pour les Kanguroos et les autres animaux; aussi, avons-nous vu succomber nombre d'entre eux (19 Kanguroos, 3 Oies du cap Barren, 1 Cygne noir). Le plus sûr moyen de les faire arriver à bonne destination serait de les expédier par les voies rapides. Le paquebot ne met guère que quarante-cinq jours d'Australie en Europe, et c'est là le moyen le plus certain et le plus économique de se procurer un grand nombre de ces animaux vivants.

» Un des Casoars (*Casuarius Novæ Hollandiæ*) est mort, quelque temps avant notre arrivée à Brest, mais victime de sa gloutonnerie. Ces oiseaux avalaient tous les petits objets qui se trouvaient à leur portée, et souvent, nous leur avons vu déglutir des boutons de métal, des clous, des pièces de monnaie, du papier, des bouts de ficelle, etc.

» Pensant retrouver la plupart de ces objets réfractaires à toute digestion, que l'animal qui venait de succomber avait avalés, nous en fîmes l'autopsie.

» Nous trouvâmes dans l'estomac un corps étranger, pesant 1700 grammes environ, et composé de chiffons (fourrure) et d'étoupes. Ce corps étranger avait la forme d'un gros boulon dont la tête, du volume de deux poings, était dans l'estomac, tandis que la portion effilée, cylindrique, ayant 25 millimètres de diamètre, était engagée de 12 centimètres dans le duodénum.

» Stase veineuse très-prononcée de toute la partie sous-diaphragmatique du tube digestif, qui est revenu sur lui-même et ratatiné. Ouvert dans toute son étendue, il offre, près du pylore, une invagination (bout supérieur dans inférieur) dans l'étendue d'un pouce et demi, et un commencement d'adhérence entre les séreuses. L'estomac comprime le corps étranger; la muqueuse, représentée par une couche fibro-épidermique, paraît sèche et enflammée.

» Pas de trace de liquide. Le foie, volumineux, est gorgé de sang. L'ovaire présente plusieurs vésicules de Graaf, de volume variable (pois à noisette). Je n'ai point retrouvé les pièces de monnaie, etc. que l'oiseau avait avalées.

» La largeur du pylore, qui ne mesurait pas moins de 3 centimètres (c'était peut-être l'effet de la dilatation lente produite par le tampon qui, en absorbant les humeurs de l'estomac, a fonctionné comme une éponge préparée), explique très-bien que les corps étrangers avaient pu franchir cette voie. »

LES CHEVAUX DU SAHARA
ET LES MŒURS DU DÉSERT

PAR M. LE GÉNÉRAL DAUMAS, SÉNATEUR.

NOUVELLE ÉDITION AVEC DES COMMENTAIRES
PAR L'ÉMIR ABD-EL-KADER.

RAPPORT

FAIT SUR CET OUVRAGE A LA SOCIÉTÉ IMPÉRIALE D'ACCLIMATATION
AU NOM DE LA SECTION DES MAMMIFÈRES,

Par M. RICHARD (du Cantal).

Messieurs,

Notre honorable collègue, le général Daumas, a offert à la Société impériale d'acclimatation une nouvelle édition de son remarquable ouvrage sur les chevaux du Sahara et les mœurs du désert, suivi de commentaires de l'émir Abd-el-Kader. M. le président a envoyé ce travail à la section des mammifères, avec invitation de l'examiner et d'en faire le sujet d'un rapport, si elle le jugeait utile. La section des mammifères s'est réunie, et après avoir examiné cet excellent livre, elle m'a chargé de vous rendre compte de son opinion sur le sujet qui y est traité, et qui intéresse autant l'agriculture que l'armée. Je viens donc m'acquitter de ce devoir.

Le Cheval est l'animal de la création qui a le plus occupé les peuples et les gouvernements depuis les temps les plus reculés. Les poëtes, les historiens, les naturalistes de l'antiquité comme ceux de nos jours, ont écrit sur lui ; les agriculteurs, les industriels, les militaires, ont toujours attaché la plus grande importance à son élevage, et aujourd'hui plus que jamais, il est un sujet de sollicitude toute spéciale pour l'administration des haras, chargée d'étudier les moyens de le perfectionner et de le multiplier. On sait avec quel soin Buffon s'est occupé de ce précieux animal, et Mathieu de Dombasle, l'illustre promoteur de l'enseignement de l'agriculture dans

notre pays, a dit, dans son ouvrage sur la production des chevaux : « Il n'est aucune branche de l'art agricole sur la-
» quelle on ait plus écrit que sur l'amélioration des races de
» chevaux, et il n'en est aucune dont le gouvernement se soit
» occupé avec plus d'activité et de persévérance. »

Il est facile d'expliquer pourquoi le Cheval a été, partout et toujours, un sujet de si sérieuse attention. Chez les peuples barbares, il a été l'un des plus puissants éléments de la force des armées en remontant la cavalerie, et chez les nations civilisées, nul animal n'est soumis à des services plus multiples et plus variés, que ce généreux et puissant auxiliaire de l'homme. Lorsqu'il est perfectionné au degré que peut permettre la richesse de sa nature, sa docilité, son intelligence, sa force, sa vigueur, sa bonne volonté, sa légèreté et la vitesse de ses allures, sa sobriété, sa durée, sa résistance aux fatigues, sa rusticité, sa souplesse, son heureuse conformation, son élégance, le rendent propre, tantôt aux promenades hygiéniques ou d'agrément, tantôt aux exercices variés du manége et de l'équitation dans toutes ses conditions. Il est utilisé à la chasse, aux voyages ; quand on le transforme de manière à augmenter le développement de son corps dans des proportions variables suivant les besoins, il est attelé à nos voitures de luxe comme aux lourdes charrettes de roulage. Il sert aux postes, aux messageries, au remorquage des bateaux sur nos canaux, nos fleuves et nos rivières. Il fait tourner les manéges de nos usines, il contribue à l'exploitation du sol et au transport de ses produits ; il monte la cavalerie, l'artillerie ; il traîne les canons, toutes les munitions de guerre, tout le matériel des équipages des armées ; on le dresse enfin pour les spectacles des cirques, pour les théâtres où il devient acteur, et il nous étonne par l'intelligence avec laquelle il remplit ses rôles, par sa douceur comme par ses tours d'adresse et de force. Quand nous avons épuisé toutes les ressources de sa puissante organisation, quand ce pauvre animal, toujours docile et obéissant, exténué par les fatigues, usé par le travail, succombe, *meurt pour mieux obéir*, comme le dit Buffon, il nous lègue, en mourant, ses dépouilles diversement employées dans les arts et l'industrie, en attendant que sa chair nous serve d'aliment dont nous sommes encore privés par un préjugé qui ne saurait durer longtemps désormais (1).

Voilà le Cheval, voilà sa vie. On comprend donc tout l'intérêt que provoque sa multiplication et son perfectionnement; on conçoit pourquoi le prince des naturalistes français a dit qu'il était *la plus noble conquête* que l'homme eût faite sur la nature vivante.

Mais de tous les peuples qui ont utilisé ce courageux animal pour combattre, nul n'a mieux compris que les Arabes les moyens de le perfectionner et de le rendre apte au service des armées, en campagne surtout; nul ne l'a mieux élevé, mieux dressé pour cette fin. On pourrait même dire qu'entre les mains des Arabes, le Cheval est devenu, moralement et physiquement, le prototype de son espèce employé à la guerre. Cette vérité, messieurs, n'était pas absolument ignorée, elle avait été reconnue de temps immémorial. Mais avant la publication du livre dont je ne puis vous donner ici qu'une faible idée, nul auteur n'avait aussi bien étudié que le général Daumas les procédés employés dans le désert, pour élever et perfectionner le Cheval oriental; nul ne vous avait fait savoir aussi bien que lui, et avec autant de détails et de précision, comment les sectateurs du Prophète étaient parvenus à faire le modèle le plus complet du Cheval d'armes. Nul auteur, d'ailleurs, n'avait pu être placé dans de meilleures conditions que M. Daumas pour faire le beau livre dont il a doté la science hippique sur le Cheval d'Orient. Officier de cavalerie

(1) Dans son ouvrage sur les substances alimentaires, et particulièrement sur la viande de cheval, le président qui dirigea le premier les travaux de de la Société impériale d'acclimatation, Isidore Geoffroy Saint-Hilaire a porté, à ce préjugé, un coup dont il ne se relèvera pas. La Société protectrice des animaux, qui, comme la nôtre, donne chaque jour tant de preuves de zèle et de dévouement au bien, continue cette œuvre philanthropique, et les hommes de cœur qui la poursuivent sont à la veille de voir leurs louables efforts couronnés, en France, par le succès qui est déjà observé chez diverses nations de l'Europe. Deux boucheries de viande de cheval vont être fondées à Paris; d'autres villes de France ne manqueront pas de suivre cet exemple.

et élève distingué de la célèbre école de cavalerie de Saumur d'où il est sorti avec l'un des premiers numéros de mérite; ayant étudié le Cheval, comme il le dit lui-même, autant par goût que par état et par patriotisme ; mis en rapport, comme militaire et comme administrateur, pendant seize ans consécutifs, avec les Arabes les plus haut placés, les plus érudits et les plus influents; consul auprès de l'émir Abd-el-Kader de 1837 à 1839; enfin directeur central des affaires de l'Algérie, M. Daumas, en relation avec les grandes familles du pays, avec les chefs indigènes et parlant leur langue, a saisi toute occasion de recueillir avec le plus grand soin tout ce qui pouvait l'éclairer sur l'intéressant sujet qu'il a traité. On comprend donc comment il a si bien réussi, et pourquoi son ouvrage, d'un style clair et précis, a un cachet d'exactitude qui séduira toujours et convaincra ceux qui le liront.

.... « J'ai voulu savoir, dit M. Daumas, non par ouï-» dire, mais par le témoignage de mes yeux ; non par les » livres, mais par les hommes.

« Ce qu'on va lire est donc un résumé, tant de mes ob-» servations personnelles, que de mes entretiens avec les » Arabes de toutes les conditions, depuis le noble de la tente, » jusqu'au simple cavalier qui, comme il le dit lui-même dans » son pittoresque langage, n'a d'autre profession que celle » de vivre de ses éperons.

» C'est annoncer, continue le général, que je me suis in-» formé auprès de ceux qui possèdent beaucoup, comme au-» près de ceux qui possèdent peu ; auprès de ceux qui élèvent » des chevaux, comme auprès de ceux qui ne savent que les » monter ; enfin auprès de tous. Les notions que je vais con-» signer dans cet écrit n'émanent donc pas de la tête d'un » seul homme, on les trouverait répandues parmi tous les » cavaliers d'une grande tribu. Je n'ai d'autre mérite que » d'avoir recueilli, réuni, et mis en ordre, des documents épars » et difficiles à obtenir.

» Il faut en effet beaucoup de patience, d'adresse même, à » un chrétien, pour arracher aux musulmans des renseigne-» ments peut-être insignifiants, mais qu'un fanatisme ombra-

» geux leur fait paraître très-importants ou dangereux pour » leur religion.

» Maintenant je fais mes réserves », dit M. Daumas en terminant son chapitre préliminaire, « je ne viens nullement » dire ceci est bon, ceci est mauvais, je dis tout simplement » bon ou mauvais, voici ce que font les Arabes. »

M. Daumas a voulu se borner modestement (bien qu'il soit mieux que personne en état de les juger) à nous faire connaître les procédés arabes pour élever leurs chevaux. Toutefois, nous ne négligerons pas de vous dire et de vous prouver que ces procédés sont, à quelques exceptions près, en parfaite harmonie avec la science raisonnéee du Cheval, quoique ceux qui les emploient n'aient pas étudié cette science dans les livres qui, malheureusement, ne sont que trop souvent dans l'erreur sur la question chevaline.

L'ouvrage de M. Daumas se divise en deux parties distinctes. Dans la première, il traite du Cheval sous tous les rapports chez les Arabes ; dans la deuxième, il décrit les mœurs des habitants du désert ; les guerres qu'ils se font entre eux, les razzias, les pillages, les vols qui sont commis ; les chasses à l'autruche, à la gazelle, au gibier de toute nature. Mais nous n'examinerons avec soin que la première partie de ce travail, parce qu'elle se rattache directement à la zoologie appliquée dont s'occupe spécialement notre Société, digne héritière de la science des naturalistes qui ont cherché à éclairer l'agriculture sur le perfectionnement des animaux qu'elle élève.

M. Daumas recherche d'abord quelle peut être l'origine du Cheval arabe. Pour avoir, sur ce sujet, les documents les plus précis, il s'est surtout adressé à l'homme qui pouvait lui donner les meilleurs renseignements, à Abd-el-Kader qui, par son érudition, sa haute intelligence, son esprit d'observation, et par l'étude scrupuleuse qu'il a faite du Cheval, était plus que tout autre musulman en mesure de répondre aux questions qui lui étaient posées.

Vous vous souviendrez peut-être, messieurs, de la lettre remarquable adressée par l'émir au général Daumas, qui la communiqua à notre Société. Cette lettre traitait de l'origine du Cheval arabe. Confiée par M. le Président à la section des mammifères, pour l'examiner, j'eus l'honneur d'être chargé par elle de vous faire un rapport qui vous fut communiqué à la séance du 18 juin 1858. Il résultait de l'opinion d'Abd-el-Kader, que l'amélioration du Cheval arabe devait dater surtout du temps du prophète Mahomet, parce que cet envoyé de Dieu aux Arabes leur aurait inspiré l'amour du Cheval, en promettant le Paradis à ceux qui le multiplieraient et l'amélioreraient. Suivant Mahomet, rien ne pouvait être plus agréable à Dieu, que d'élever et améliorer un cheval pour la guerre sainte contre les infidèles. Or, depuis le Prophète, cette idée religieuse a un tel empire sur les Arabes, qu'ils y pensent toujours. Ils se priveraient de nourriture et ils l'économiseraient à leurs enfants, plutôt que d'en laisser manquer leurs chevaux. Ce fait corrobore l'opinion de M. Daumas et d'Abd-el-Kader sur l'origine de l'amélioration du Cheval arabe, opinion d'ailleurs très-probable.

Suivant l'avis de M. Daumas et d'Abd-el-Kader, avis que nous partageons entièrement, les chevaux élevés en Afrique, en Égypte, en Arabie, en Syrie, dans la Turquie d'Asie ou en Perse, etc., sont d'une même famille, et constituent la race connue sous le nom générique de *sang oriental.* « Force, dit » M. Daumas, agilité, vigueur dans la conformation comme » dans l'action, c'est l'apanage du Cheval, du moment où il » se trouve en deçà de l'Euphrate, et au delà de la Méditer- » ranée et du Caucase, où il reste sur la terre de l'Islamisme ; » c'est toujours le Cheval nerveux, sobre, invincible à la pri- » vation et aux fatigues, vivant entre ciel et sable. Appelez- » les maintenant turc, persan, numide, barbe, arabe de » Syrie, du Nedjed, peu importe, toutes ces dénominations » ne sont que des prénoms, si l'on peut ainsi parler. Le nom » de famille est un : *Cheval d'Orient.*

» L'autre famille, en deçà de la Méditerranée, c'est la race » d'Europe. »

D'après cette opinion, il serait probable que si l'Arabie a eu la réputation, d'ailleurs méritée, d'avoir élevé le type le plus estimé de la race orientale actuelle, elle a dû ce privilége à la présence du Prophète qui a prêché d'abord dans ce pays, premier foyer de sa puissance, ses maximes sur le perfectionnement du Cheval, et y a prescrit le devoir religieux de l'étudier et de le perfectionner sans cesse. Si Mahomet, au lieu d'exercer son influence en Arabie, au début de sa carrière, avait commencé à répandre ses idées ailleurs, en Perse ou en Égypte, dans l'Algérie, la Tunisie ou le Maroc, le Cheval oriental aurait été amélioré d'abord dans ces contrées, au lieu de l'avoir été premièrement en Arabie. La présence de Mahomet dans ce pays serait donc la cause présumable des débuts du perfectionnement du type oriental tel que nous le connaissons aujourd'hui.

Mais maintenant la même cause n'existe plus, et les préceptes de Mahomet s'étant vulgarisés dans tous les pays de l'islamisme indistinctement, il est très-possible qu'on trouve de nos jours, dans chaque contrée musulmane, des types aussi beaux qu'en Arabie, puisque tous les mahométans partagent le même amour pour le Cheval, et qu'ils emploient tous, religieusement partout, les mêmes prescriptions, les mêmes procédés d'élevage et de perfectionnement dans chaque pays qu'ils habitent (1).

(1) Les Arabes étonnent les penseurs par la persévérance avec laquelle ils conservent partout, et à toutes les époques, les mêmes coutumes, les mêmes mœurs. Un inspecteur général des haras, M. Péliniaud, qui a passé plusieurs années en Asie pour y étudier les chevaux et en acheter, fait remarquer au général Daumas, dans une lettre qu'il lui a écrite, que, du temps d'Hérodote, les mœurs des Arabes étaient absolument les mêmes qu'aujourd'hui ; que sous ce rapport, ce que disait cet auteur, il y a deux mille trois cents ans, est identique avec ce que contient le livre sur les chevaux du Sahara et les mœurs du désert ; qu'il n'y a absolument rien de changé. — « N'est-ce pas quelque chose » d'admirable, dit M. Daumas, que de voir un peuple disséminé sur de vastes » espaces, du golfe Persique à l'Océan, sans voies de communication, sans » imprimeries, sans télégraphies, sans aucun des moyens de civilisation » moderne, mais parlant la même langue et obéissant à la même loi, et con- » servant par sa simple tradition, aussi bien que nous aurions pu le faire » par des livres, les usages, les mœurs, et jusqu'aux préceptes de ses » pères ?..... » (*Du cheval de guerre*, p. 14.)

M. Daumas demande si le Cheval d'Arabie est supérieur, pour la guerre, à celui de nos possessions d'Afrique. Pour mieux élucider la question, il s'adresse encore à Abd-el-Kader, afin d'avoir son avis. Dans sa réponse, l'émir n'admet pas la supériorité du Cheval arabe sur le Cheval barbe, puisque, suivant lui, ce dernier a été conduit en Afrique, du pays où ont été les meilleurs chevaux orientaux, par les émigrations des Berbères de l'est à l'ouest, en traversant l'Égypte. Il ajoute qu'avant la venue du Prophète, et d'après le témoignage d'Aamrou-el-Kaïs, ancien roi arabe, les chevaux berbères, dont la première patrie fut la Palestine, et qui furent la souche des chevaux barbes actuels, étaient supérieurs aux chevaux arabes. Suivant l'émir, le sang des chevaux barbes aurait donc une origine plus noble que celle du sang arabe, et M. Daumas, qui a si bien approfondi cette question, ajoute: « Ce qui est certain, c'est que cheval barbe doit au ciel sous » lequel il se développe, à l'éducation qu'il reçoit, à la » nourriture qu'on lui donne, aux fatigues qui lui sont fami- » lières, une vigueur qui lui permet d'égaler, sinon de sur- » passer, les chevaux les plus vantés de la Perse et de la » Haute-Égypte. »

Un témoignage incontesté est venu corroborer l'opinion du général Daumas, comme celle de l'émir. Ce témoignage est une course qui eut lieu le 25 juillet 1836 en Égypte, entre des chevaux du Nedjed, qui ont une si grande réputation en Orient, des types de choix de Syrie et d'Égypte, et un cheval barbe de la régence de Tunis, appartenant à M. Ferdinand de Lesseps. Tous furent battus par le cheval barbe (1).

(1) Nous reproduisons ici la lettre écrite par M. Ferdinand de Lesseps à M. Daumas, et la note détaillée qu'il lui a donnée sur cette course d'épreuve.

« Paris, le 21 avril 1852.

» Mon cher général,

» Je vous transmets la copie du compte rendu des courses qui ont eu lieu à » Alexandrie d'Égypte, le 25 juillet 1836. Je vous autorise tout à fait à l'insérer » dans votre ouvrage, comme un argument utile à l'appui de votre thèse sur » l'excellence des chevaux barbes. Je vous ai raconté comment ces courses avaient » eu lieu, à la suite d'une conversation que j'avais eue avec Mehemet-Ali, et

N'est-ce pas un cheval barbe, Godolfin-Arabian, acheté, dit-on, par un Anglais, pendant que ce cheval était attelé à la voiture d'un porteur d'eau, sur le Pont-Neuf, à Paris, qui fut l'une des principales sources du pur sang anglais ; et ce barbe, ne fut-il pas ascendant d'Éclipse, coursier qui est resté d'une célébrité légendaire dans les annales du turf britannique ?

Mais de toutes nos possessions d'Afrique, le Sahara paraît être le pays où sont élevés les meilleurs chevaux barbes. Les Arabes y sont nomades, toujours en mouvement, et les che-

» dans laquelle le vice-roi d'Égypte m'avait plaisanté sur l'arrivée d'un cheval » que mon frère Jules m'avait envoyé de Tunis.

» Agréez, etc. » FERDINAND DE LESSEPS. »

Distance parcourue : 4 kilomètres et demi en ligne droite.

PREMIÈRE COURSE. — Cheval nejdi, gris pommelé, quatre ans et demi, appartenant à Suby-bey, monté par lui-même.

Cheval nedji, né au Caire, bai, neuf ans, appartenant à M. Jules Pastré, monté par lui-même.

Cheval anézé, de Syrie, gris de fer, trois ans et demi, appartenant à M. Méreinier, monté par M. J. Dufey.

Cheval nejdi, né au Caire, appartenant à S. E. Moharrem-bey, gendre de Mehemet-Ali, et monté par Terata-Tutemy-i-Bachi du pacha.

Le cheval monté par M. Jules Pastré est arrivé le premier.

DEUXIÈME COURSE. — Cheval barbe, de Tunis, bai, quatre ans, appartenant à M. Ferdinand de Lesseps, monté par lui-même.

Cheval nejdi, blanc, six ans et demi, appartenant à M. Étienne Rolland, monté par M. J. Dufey.

Cheval nejdi, bai, cinq ans, appartenant à Subi-bey, monté par lui-même.

Cheval nejdi, né au Caire, sept ans, appartenant à S. E. Moharrem-bey, monté par Cerkès-Osman-Sakallé.

Le cheval barbe monté par M.de Lesseps est arrivé le premier.

TROISIÈME COURSE. — Cheval nejdi, né au Caire, gris, six ans, appartenant à Hussein-effendi monté par lui-même..

Cheval nejdi, gris-pommelé, cinq ans et demi, appartenant au docteur Gaetani-bey, monté par M. Ferdinand de Lesseps.

Cheval nejdi, né au Caire, gris de fer, six ans, appartenant à M. W. Peel et monté par lui-même.

Cheval de Samos, bai, neuf ans, appartenant à Ibrahim-effendi-Bimbachi, monté par lui-même.

Le cheval égyptien monté par Hussein-effendi, est arrivé le premier.

QUATRIÈME COURSE. — Cheval nejdi, né au Caire, bai, huit ans, appartenant à M. Henricy, monté par M. Escalou.

Cheval égyptien, d'Atfé, bai, huit ans, appartenant à M. Samuel Miur-junior, monté par M. Sanders.

vaux leur sont encore plus précieux qu'aux populations sédentaires du Tell et du littoral. « Aussi, dit M. Daumas, les » Arabes du Sahara se livrent-ils encore, avec passion, à l'é- » lève des chevaux. Ils savent ce que vaut le sang, ils soignent » leurs croisements, ils améliorent leurs espèces. »

« Les bons chevaux, » ajoute Abd-el-Kader, dans ses observations consignées dans le livre de M. Daumas, « se trou- » vent de préférence dans le Sahara, où le nombre des mau- » vais chevaux est très-petit. En effet, les populations qui » l'habitent et celles qui en sont voisines, ne destinent leurs » chevaux qu'à faire la guerre, ou à lutter de vitesse. Aussi, » ne les appliquent-elles ni à la culture, ni à aucun exercice » autre que le combat. C'est pour ce motif qu'à peu d'excep- » tions près leurs chevaux sont excellents. »

Les Arabes ont fait une étude si approfondie du Cheval, ils ont de tout temps si bien observé les bonnes conditions de sa conformation et de son sang, qu'ils sont parvenus à le con-

Cheval nejdi, né au Caire, bai, huit ans, appartenant à Turki-Bachi, monté par lui-même.

Cheval nejdi, gris, âgé de quatre ans, appartenant à M. Roquerbe, monté par M. Bartolomeo.

Le cheval nejdi, monté par M. Bartolomeo, est arrivé le premier.

Récapitulation des chevaux vainqueurs :

Première course. — Cheval du Caire, appartenant à M. Pastré, monté par lui-même.

Deuxième course. — Cheval barbe, appartenant à M. Ferdinand de Lesseps, monté par lui-même.

Troisième course. — Cheval du Caire, appartenant à Hussein-effendi, monté par lui-même.

Quatrième course. — Cheval nejdi, appartenant à M. Roquerbe, monté par M. Bartolomeo.

Suivant les conventions faites, les quatre chevaux vainqueurs, ayant ensemble parcouru la même carrière, ont dû seuls fournir la cinquième course.

Ils sont arrivés dans l'ordre suivant :

1° Cheval barbe, de Tunis, appartenant à M, Ferdinand de Lesseps, monté par lui-même.

2° Cheval du Caire, appartenant à M. Jules Pastré, monté par lui-même.

3° Cheval nejdi, à M. Roquerbe, monté par M. Bartolomeo.

4° Cheval nejdi, à Hussein-effendi, monté par lui-même.

Certifié l'exactitude du compte rendu ci-dessus.

Signé : FERDINAND DE LESSEPS.

M. Daumas ajoute :

Pour en finir avec le cheval barbe, et donner, en sus des autres qualités qu'il possède, une idée exacte de sa force et de son énergie, je ne puis mieux faire

naître, à quelques exceptions près, comme s'ils avaient étudié l'anatomie et la physiologie comparées, la mécanique animale et l'hygiène, sciences remplacées chez eux par un esprit d'observation de tous les temps et de tous les moments. Ainsi, sans chercher à expliquer pourquoi, car il l'ignore (1), l'Arabe vous dira *que la chair du cheval doit être dure comme celle du zèbre; que sa bouche et ses oreilles doivent ressembler à celles de la gazelle dont il doit avoir la grâce et la légèreté, s'il est de noble origine; que ses narines doivent être ouvertes comme la gueule du lion, afin qu'il soit buveur d'air*. Expression qui rend parfaitement l'idée de la quantité d'air que doit

que de consigner ici quel a été le poids porté, dans la plupart de nos expéditions, par le cheval d'un chasseur d'Afrique.

Poids porté par le cheval d'un chasseur d'Afrique partant en expédition :

	kilogr.	hectogr.	décagr.
Cavalier armé et en tenue	82	»	»
Harnachement avec le pistolet	24	»	»
Pain pour deux jours	1	5	»
Biscuit pour trois jours	1	6	5
Café pour cinq jours	»	6	»
Sucre pour cinq jours	»	6	»
Lard pour cinq jours	1	»	»
Riz pour cinq jours	»	3	»
Sel	»	»	8
Fourrage roulé pour cinq jours	25	»	»
Orge pour cinq jours	20	»	»
Trois paquets de cartouches	1	3	»
Quatre fers	1	6	»
Total	159	6	3

159 kilogrammes, soit 19 de plus que le cheval d'un carabinier, et 26 de plus qu'un cheval de cuirassier en France.

Il va sans dire que ce poids diminue à mesure qu'on s'éloigne de la garnison.

Remis le 21 février 1847, par le colonel Duringer, au moment du départ d'une colonne.

Maintenant, le cheval, qui dans un pays difficile et accidenté, marche, court, monte, descend, supporte des privations inouïes, et fait vigoureusement campagne, avec un pareil poids sur le dos, est-il, oui ou non, un cheval de guerre.

(1) La science raisonnée du cheval est une question d'anatomie et de physiologie comparées et de mécanique animale, qu'on ne peut bien traiter qu'avec le concours de ces connaissances. Or, ces sciences ne sont pas enseignées aux Arabes qui les ont remplacées par les moyens exceptionnels que nous indiquerons plus loin.

respirer tout animal à grandes allures. Il ajoutera *que son front doit avoir la largeur de celui du taureau*, ce qui indique un grand développement de l'encéphale ; *que ses jarrets doivent ressembler à ceux de l'autruche ; que les rayons supérieurs de ses membres doivent avoir la longueur de ceux de cet oiseau coureur, et qu'ils doivent être garnis de muscles, comme ceux du chameau ; que le cheval, enfin, doit avoir en même temps le galop raccourci du renard, et la course facile et allongée du loup.*

Voici d'ailleurs une des instructions arabes pour bien choisir un cheval ; les hommes spéciaux jugeront si elle est juste et bien fondée. « Cherche dans le Cheval le fonds et la » vitesse ; celui qui n'a que de la vitesse et pas de fond, doit » avoir une tache dans son origine, et celui qui n'a que du » fonds et pas de vitesse, doit avoir quelque défaut apparent » ou caché.

» Repousse le Cheval haut monté, à poitrine étroite, à côte » plate, à membres grêles, et qui trottine sans cesse, en por- » tant au vent. Quand on lui rend la main, il dit retiens-moi, » et quand on le retient, il dit lâche-moi.

» Mais trouves-tu, dans le cours de la vie, un cheval de » noble origine, qui ait les yeux grands, vifs et éloignés, et » les narines noires, larges et rapprochées, dont l'encolure, » les épaules, les hanches et les cuisses soient longues, en » même temps que le front, les reins, le flanc et les membres » sont larges, avec le dos, les canons, les paturons et le tronçon » de la queue courts ; le tout accompagné d'une peau douce, » de crins fins et souples, de puissants organes respiratoires » et de bons pieds à talons loin du sol ; hâte-toi de l'acheter, » si tu peux décider son maître à le vendre, et remercie Dieu » matin et soir, car il t'aura envoyé une bénédiction. »

Pour s'exprimer plus laconiquement enfin, les Arabes disent que le Cheval doit avoir :

QUATRE CHOSES LARGES.	QUATRE CHOSES LONGUES.	QUATRE CHOSES COURTES.
Le front,	L'encolure,	Les reins,
Le poitrail,	Les rayons supérieurs,	Les paturons,
La croupe,	Le ventre,	Les oreilles,
Les membres.	Les hanches.	La queue.

Abd-el-Kader ajoute trois choses pures :

Les yeux, la peau et les sabots.

La nature de la note que je vous soumets en ce moment, messieurs, les limites qu'elle m'impose, ne me permettent pas de vous donner ici tous les développements scientifiques qui démontreraient combien sont fondées ces opinions des Arabes, combien leurs observations sont judicieuses (1); mais j'affirme qu'elles sont en parfaite harmonie avec les principes qui sont basés sur l'anatomie, la physiologie comparées et la mécanique animale. Nul zoologiste sérieux ne le contestera.

Mais, dira-t-on sans doute, comment les Arabes ont-ils pu deviner quelle peut être la bonne ou la mauvaise organisation de telle ou telle partie du corps du Cheval, de tel ou tel de ses organes, sans avoir appris les sciences qui seules peuvent nous les faire connaître et faire juger de la nature de leurs fonctions? Comment ont-ils pu comprendre quelles peuvent être les bonnes ou mauvaises conditions de mécanisme et d'action de tel ou tel organe de locomotion ou de la vie végétative? M. le général Daumas va nous l'apprendre.

« L'amour du Cheval, dit-il, est passé dans le sang arabe.
» Ce noble animal est le compagnon d'armes et l'ami du chef
» de la tente; c'est un des serviteurs de la famille. On étudie
» ses mœurs, ses besoins; on le chante dans les chansons, on
» l'exalte dans les causeries. Chaque jour, dans ces réu-
» nions au dehors du douar, où le privilége de la parole est au
» plus âgé seul, et qui se distingue par la décence des audi-
» teurs. Assis en cercle sur le sable ou sur le gazon, les jeunes
» gens ajoutent à leurs connaissances pratiques les conseils et
» la tradition des anciens. La religion, la guerre, la chasse,
» l'amour et les chevaux, sujets inépuisables d'observations,
» font de ces causeries en plein air de véritables écoles où se

(1) J'ai développé ces théories, avec les détails nécessaires, dans mon ouvrage sur l'étude du cheval de service et de guerre, 3me édition, et dans mon Dictionnaire raisonné d'agriculture et d'économie du bétail, suivant les principes élémentaires des sciences naturelles.

» forment les guerriers, où se développe leur intelligence en » recueillant une foule de faits, de préceptes, de proverbes » et de sentences dont ils ne trouveront que trop l'application » dans le cours de la vie pleine de périls qu'ils ont à mener. » C'est là qu'ils acquièrent cette expérience hippique que » l'on est étonné de trouver chez le dernier des cavaliers » d'une tribu du désert. Il ne sait ni lire ni écrire, et pour- » tant chaque phrase de la conversation s'appuiera sur l'au- » torité des savants commentateurs du Koran ou du Prophète » lui-même : notre seigneur Mohammed a dit..., Sidi-Ahmed- » ben-Youssef a ajouté..., Si-ben-Dyab a raconté... Et croyez- » le sur parole, ce savant ignorant ; car tous ces textes, toutes » ces anecdotes, qu'on ne trouve le plus souvent que dans les » livres, il les tient, lui, des tholbas ou de ses chefs, qui s'enten- » dent aussi sans le savoir, pour développer ou maintenir chez » le peuple l'amour du cheval, les préceptes utiles, les saines » doctrines ou les meilleures règles hygiéniques. Le tout est » bien quelquefois entaché de préjugés grossiers et de super- » stitions ridicules ; c'est une ombre au tableau. Soyons indul- » gents ; il n'y a pas si longtemps qu'en France on proclamait » à peu près les mêmes absurdités comme vérités incontes- » tables. »

Ainsi donc, l'étude pratique de la nature, qui partout et toujours est la plus féconde comme la plus fructueuse et la plus solide des études ; l'esprit d'observation, la réflexion et la tradition, qui n'ont jamais ralenti leur action depuis le Prophète ; l'enseignement mutuel qu'ils ont toujours pratiqué dans le désert, et le sentiment religieux qui leur a imposé le devoir sacré de ne jamais négliger l'examen approfondi de tout ce qui se rattache à l'élevage, à la multiplication et au perfectionnement du Cheval, ont tenu lieu de science chez les Arabes, en éclairant leur jugement de manière à leur faire formuler des préceptes vrais. Le génie humain n'a-t-il pas fait, par intuition, d'autres découvertes bien autrement importantes? Son histoire nous en fournirait tant de preuves, si nous voulions la consulter ! N'est-ce pas *en y pensant toujours*, comme il le disait lui-même, que l'immortel Newton a découvert le système du monde sidéral? N'est-ce pas en y pensant toujours aussi, sans doute, que Galilée découvrit l'erreur qui avait toujours régné jusqu'à lui, sur la prétendue stabilité du globe terrestre (1).

Les Arabes ont cependant un côté faible sur la connaissance du Cheval. Ce côté est la médecine vétérinaire, notamment en ce qui concerne les maladies internes. Cela se conçoit. Pour être judicieusement exercée, la médecine des animaux a besoin, comme la médecine humaine, du concours d'un savoir étendu et varié qui ne peut s'acquérir que dans des écoles spéciales, et ces écoles n'existent pas chez les Arabes. Abd-el-Kader lui-même reconnaît cette lacune. « Le manque » d'écoles vétérinaires, dit-il, empêche les Arabes d'étudier » cette science (la médecine vétérinaire) d'une manière plus » complète, et je ne connais pas d'école de ce genre ni dans » le Sahara, ni dans le Gharb (empire du Maroc). »

Je ne connais pas de pays musulman qui possède d'écoles vétérinaires, et je suis étonné qu'un peuple qui professe un culte religieux strictement observé pour le Cheval (et l'on sait avec quelle ferveur les musulmans se livrent d'ailleurs à leurs pratiques religieuses), n'ait pas créé un enseignement spécial pour guérir ses maladies, ne fût-ce que pour plaire à Dieu et au Prophète. Est-ce parce que Mahomet ne leur en a pas parlé? Si, comme Buffon, il avait signalé l'importance de l'art de guérir les maladies de l'inséparable compagnon de leur vie, les Arabes, plus forts que nous dans l'art de l'élever, nous seraient sans doute aussi supérieurs dans celui de traiter toutes ses affections.

Pour démontrer la valeur du Cheval oriental et sa supériorité sur les races européennes plus ou moins éloignées de ce types ou dégradées, le général Daumas rapporte des faits incroyables de vitesse, de fond et de sobriété. Il a vu des chevaux barbes faire soixante, soixante-dix et même quatre-

(1) On a affirmé que les élèves de Pythagore avaient découvert, avant Galilée, le mouvement de rotation du globe terrestre. Nous laissons à plus érudit que nous le soin de juger si cette assertion est exacte.

vingts lieues en vingt-quatre heures, dans des chemins plus ou moins accidentés et difficiles, et sans presque prendre de repos et de nourriture. Lorsque j'ai eu l'honneur de faire partie du premier corps de cavalerie indigène qui fut formé en Algérie, au commencement de la conquête de ce riche pays, j'ai pu me convaincre moi-même des qualités exceptionnelles du Cheval d'Afrique dans les marches forcées que nous étions souvent obligés de faire. Vigueur, sobriété, résistance, docilité, fonds et vitesse, toutes ces conditions si essentielles au Cheval de campagne, au rude métier de la guerre, dans un pays défendu par des populations guerrières nomades, sans habitations, sans villages ni abris pour nous reposer, toutes ces conditions, dis-je, étaient réunies dans ces petits chevaux barbes, amaigris par les fatigues et les privations de toute nature, chétifs en apparence, et cependant si supérieurs aux chevaux de troupe d'Europe. Que ne doit-on pas espérer d'une pareille race, en choisissant les reproducteurs pour perfectionner nos chevaux français destinés aux remontes.

Nos types légers surtout, élevés dans les montagnes des Pyrénées et du centre de la France, pourraient trouver, dans les Chevaux barbes, des reproducteurs. Ces étalons leur donneraient les qualités qui avaient contribué à faire leur ancienne réputation si bien méritée dans la Navarre, le Limousin, l'Auvergne, le Rouergue, le Morvan et dans tant d'autres lieux où les anciens types n'existent plus.

Les chevaux arabes, les algériens surtout, ont été longtemps en défaveur en France, soit comme reproducteurs, soit comme Chevaux de service; et certes, cette défaveur était concevable. A très-peu d'exceptions près, et d'après l'opinion du général Daumas, d'ailleurs bien fondée, les types orientaux que les musulmans ont cédés à l'Europe, ont généralement été des rebuts de leur race. Leur religion leur a toujours défendu, sous peine *de péché et de damnation*, de vendre des Chevaux, et surtout des Chevaux de choix, aux *infidèles*. « Abd-el-Kader, au plus fort de sa puissance, dit » M. Daumas, punissait impitoyablement de mort tout croyant

» convaincu d'avoir vendu un Cheval à un chrétien. » Mais j'ai vu moi-même, en Afrique, des chefs arabes, et même des officiers de notre armée, notamment dans le corps où je servais, monter des chevaux de sang noble, aussi bien étoffés, aussi bien développés et aussi bien conformés que les plus beaux types de selle européens, sans en excepter même ces remarquables modèles anglais qui font notre admiration. Ces types orientaux auraient fait des étalons d'élite pour nos races de Chevaux de selle, et ils auraient prouvé combien le discrédit jeté sur le sang oriental était peu fondé.

Les Arabes attachent une grande importance au choix de l'étalon. « Choisissez l'étalon, disent-ils, et choisissez-le encore, » car les produits ressemblent toujours plus à leurs pères » qu'à leurs mères. » *Le poulain suit l'étalon*, dit Abd-el-Kader (1).

(1) Dans une lettre adressée à M. Daumas, en réponse à celle qu'il lui écrivit sur la préférence donnée par les Arabes à la jument sur le cheval; lettre insérée dans la brochure publiée par le général sous le titre de LE CHEVAL DE GUERRE, Abd-el-Kader donne de très-bonnes raisons pour prouver que le produit tient beaucoup plus du père que de la mère dans l'espèce chevaline. Nous avons chaque jour sous les yeux des faits qui le démontrent. Les tares des étalons sont souvent héréditaires; voyez l'influence de l'étalon baudet sur la jument; le mulet ne ressemble-t-il pas plus, beaucoup plus, au baudet qu'à la jument; ne ressemble-t-il pas à un grand âne par ses longues oreilles, par la conformation de ses yeux, de sa tête en général, par sa crinière, par son encolure et par la queue, par son dos, par ses pieds, par la conformation générale de son corps, par son tempérament et par son caractère. On dirait qu'il n'a eu de la mère que la taille.

Le bardot, au contraire, petit mulet provenant du cheval et de l'ânesse, a les oreilles plus courtes que sa mère, la crinière et sa queue sont plus fournies de crins, la conformation générale se rapproche plus de celle du père pour s'éloigner de celle de la mère.

Il est encore un autre exemple frappant de l'influence du père sur le produit, et cet exemple est fourni par la pathologie. On sait que la fluxion périodique des yeux est héréditaire. Il est remarqué qu'un étalon fluxionnaire transmet presque toujours la maladie à son produit; il en est de même, d'ailleurs, de la mère. Eh bien, l'expérience a démontré aux éleveurs, que lorsque une jument a perdu la vue par suite de la fluxion périodique, il peut la livrer sans crainte à la *mulasse*. La fluxion périodique doit être excessivement rare chez l'âne; je ne l'ai, pour mon compte, jamais obser-

L'étalon, en effet, exerce la plus grande influence sur le perfectionnement des races, non-seulement dans l'espèce chevaline, mais dans toutes nos races d'animaux domestiques; et si la science des animaux en général est toujours utile pour les bien élever et les multiplier, à plus forte raison l'est-elle pour savoir faire un bon choix des reproducteurs. De tous les animaux, le Cheval est le plus difficile à bien connaître et à perfectionner, parce qu'il est celui dont on exige le plus de qualités variées, suivant les services divers auxquels on le destine. Le bœuf, le mouton, la chèvre, le porc, etc., etc., sont loin d'être dans les mêmes conditions. Pourvu qu'ils fournissent beaucoup de viande, de graisse, de lait, de laine, et en bonne qualité, on leur pardonne volontiers les défauts qui ne nuisent pas à l'abondance de ces produits; mais il n'en est pas de même du Cheval. Ce n'est pas pour ses produits animaux que nous l'élevons, mais pour les services qu'il nous rend comme locomotive. Pour bien remplir notre but, nous voulons qu'il soit docile, élégant, sobre, intelligent, rapide et dégagé dans ses allures, résistant aux fatigues. Nous voulons qu'il ait une belle robe, une bonne conformation, une excellente vue; qu'il ne soit ni craintif, ni ombrageux, ni rétif, ni volontaire, ni capricieux, mais toujours doux, obéissant. Nous exigeons de lui enfin une infinité de qualités qu'on ne demande pas aux autres animaux domestiques. Or, pour leur donner ces qualités par le perfectionnement de nos races, il faudrait, comme le font les Arabes, passer sa vie à étudier le Cheval, ou abréger le temps, ce qui est possible, par la vulgarisation de la science spéciale du Cheval, qui peut éclairer nos éleveurs sur l'art difficile de modeler nos types suivant les services que nous leur demandons.

M. le général Daumas nous initie avec détail et avec une

vée chez lui, pas plus en Europe qu'en Afrique. je n'ai jamais vu non plus de mulet provenant d'une jument fluxionnaire devenir fluxionnaire lui-même. Dans le Limousin, l'Auvergne, les Pyrénées, on voit des juments borgnes, aveugles, livrées au baudet, et leurs muletons ont toujours une bonne et solide vue, qu'ils doivent à leur père. La supériorité de l'influence de l'étalon sur le produit est donc ici encore incontestable.

persistance que nous ne saurions assez approuver, dans les méthodes rationnelles que les Arabes appliquent à l'art difficile d'élever le Cheval et de le perfectionner : il parle du prix qu'ils attachent au choix des reproducteurs, aux soins à donner aux poulinières. Il nous fait connaître la part importante que les femmes prennent dans l'élevage des poulains, traités par elles avec tant de douceur et d'affection, cause première de leur grande docilité quand ils sont adultes.

Mais ce n'est pas seulement pendant qu'il est poulain que la femme de l'Arabe s'occupe du Cheval. Ses soins ne lui font jamais défaut sous la tente. « En course, en campagne, loin » du logis, dit M. Daumas, c'est le cavalier qui s'occupe du » Cheval ; mais en station, sous la tente et au repos, c'est la » femme qui dirige, surveille et nourrit le noble compagnon » d'armes qui vient souvent augmenter la réputation de son » mari, tout en subvenant aux besoins des enfants.

» Le matin, c'est elle qui lui donne à manger, qui le soigne, » et, si le temps le permet, lui fait la crinière et la queue. » L'emplacement qu'il occupe est-il accidenté, couvert de » pierres, inégal, elle l'établit dans un endroit plus convenable pour son repos et pour ses aplombs. Elle le caresse, » lui passe légèrement la main sur l'encolure et les joues, » lui donne du pain, du kouskoussou, des dattes, et quelquefois même de la viande préparée et séchée au soleil.

» *Mange, ô mon fils, lui dit-elle d'une voix douce et sympathique, un jour tu nous sauveras des mains de l'ennemi,* » *et tu rempliras notre tente de butin.*

» C'est encore le matin que la femme arabe va dans les » pâturages faire pour l'animal qu'elle chérit une ample provision d'herbes connues dans le désert pour leurs propriétés toniques et nutritives ; à son retour, aperçoit-elle des » enfants qui, n'ayant point encore l'âge de raison, s'amusent » à taquiner ou maltraiter les Chevaux entravés devant la » tente, du plus loin qu'elle peut se faire entendre, elle leur » crie :

» *Enfants, ne battez pas les Chevaux. Malheureux !* ce sont » eux qui vous nourrissent. Vous voulez donc que Dieu mau-

» disse notre tente ? Si vous recommencez, je le dirai à votre
» père. »

Si le mari, négligent, ne traite pas bien le Cheval et ne lui prodigue pas tous les soins qu'elle croit lui être dus, elle ne balance pas à porter plainte au chef de la tribu qui, intéressé à avoir des cavaliers bien montés, réprimande le délinquant, toujours sensible à ses reproches.

M. Daumas traite du harnachement, de la ferrure, de l'art vétérinaire chez les Arabes, art bien arriéré chez eux. Nous en avons donné la cause. Tout ce qui regarde enfin le Cheval d'Afrique a été étudié et exposé de manière à rendre le livre sur les Chevaux du Sahara précieux pour la science hippique, et pour faire triompher la vérité sur le choix des reproducteurs qui conviennent bien, pour croiser nos races françaises et les améliorer.

Mais un des chapitres qui offrent le plus d'intérêt au point de vue de l'économie rurale de l'Algérie et de la France, comme à celui des remontes, est le chapitre qui traite du parti à tirer du Cheval barbe comme reproducteur et améliorateur de nos races françaises. « Nous avons étudié jusqu'à présent, dit
» M. Daumas, le Cheval entre les mains des indigènes; nous
» avons montré ce compagnon du guerrier arabe tel qu'il est
» dans sa primitive et militante société où il occupe, de par
» la religion et de par les mœurs, une place si importante.
» Mais notre œuvre ne serait pas complète si nous passions
» sous silence la carrière que notre domination ouvre en
» Afrique à la race chevaline. Maintenant, tout ce qui appar-
» tient à une terre où notre drapeau a flotté, doit être envisagé
» sous un rapport nouveau, sous celui de notre intérêt natio-
» nal. Dans le pays par excellence de la vie équestre, il faut que
» le Cheval devienne notre instrument, qu'il passe du service
» arabe au service français, et que ce ne soit pas seulement
» notre colonie, mais notre patrie elle-même qui profite de
» cette précieuse conquête. »

La guerre de l'Algérie, continuée depuis la conquête de cette colonie jusqu'à sa pacification, et avec une énergie non interrompue sur toutes les parties du territoire que nous voulions posséder, porta une atteinte sensible à l'élevage et à la multiplication du Cheval arabe. Les fatigues de la campagne en faisaient beaucoup périr d'une part; de l'autre, les Arabes, attaqués, poursuivis sur tous les points à la fois, ne pouvaient se livrer, comme avant, à la multiplication de leur précieuse race. Aussi notre cavalerie d'Afrique avait-elle de la peine à se remonter. Les Arabes conduisaient peu de Chevaux dans les marchés, parce que leur religion leur défendait de nous en vendre; et, d'ailleurs, leur nombre avait diminué. Le gouvernement fut même obligé d'envoyer de France en Afrique, des escadrons de cavalerie montés avec des Chevaux français. « Aujourd'hui, dit M. Daumas, les maux de la guerre se réparent et le préjugé religieux s'affaiblit. » Les Arabes, en effet, nous vendent volontiers quelques bons Chevaux. Enfin M. Daumas ajoute : « Le Cheval européen a disparu de notre » armée d'Afrique dont il ne pouvait seconder les charges » impétueuses ni les marches incessantes... Qu'un officier » arrive du continent en Algérie, pour prendre part à quel- » que expédition, et son premier soin sera de se procurer des » chevaux indigènes. Il se gardera bien de s'aventurer dans » le désert, et encore moins dans la montagne, avec les che- » vaux qui seraient le plus applaudis sur le turf de Chantilly, » du Champ-de-Mars et de Satory.

» Il ne s'agit donc plus aujourd'hui de discuter, mais de » régler et de développer l'emploi du Cheval de nos posses- » sions africaines... »

L'avis de M. Daumas est que l'Algérie offre à la France, non-seulement de grandes ressources en étalons pour perfectionner nos races, mais elle peut élever relativement plus de Chevaux que nous pour nos remontes, parce que, dit-il, « l'élevage, chez nous, est hésitant, considéré, par les uns, » comme une spéculation hasardeuse, et par les autres, comme » un jeu ruineux. En Afrique, au contraire, l'industrie che- » valine est facile; car tout Arabe est éleveur. Le penchant » naturel, la foi religieuse, la tradition nationale et l'intérêt » privé, poussent les maîtres des grandes comme des petites

» tentes à l'élevage. C'est donc en Afrique qu'il faudrait créer » des établissements destinés à améliorer notre race chevaline. »

Pour légitimer son idée, M. Daumas examine les richesses que possèdent les établissements hippiques qui ont été fondés dans les trois provinces d'Alger, de Constantine et d'Oran. Plusieurs dépôts d'étalons y sont en pleine prospérité, et l'on y trouve des reproducteurs de premier mérite, qui ont déjà fait leurs preuves par les améliorations qu'ils ont provoquées dans les contrées où ils se trouvent.

Délégués, en 1857, par la Société impériale d'acclimatation pour étudier les animaux domestiques de l'Algérie, M. A. Geoffroy Saint-Hilaire, directeur du Jardin d'acclimatation, et moi, nous avons vu des dépôts d'étalons et des exhibitions de poulinières et de poulains très-remarquables et qui confirment l'opinion de M. Daumas.

Pendant qu'il était gouverneur général de l'Algérie, M. le maréchal Randon, qui avait très-bien compris la question des haras en Afrique, et qui l'a prouvé par l'emploi des mesures qu'il avait imaginées, avait adopté un excellent procédé pour faciliter aux Arabes les moyens de multiplier et de perfectionner leurs Chevaux. Comme ils n'avaient pas tous et toujours des étalons d'élite pour féconder leurs juments, le maréchal avait établi un système d'étalons rouleurs, comme on le voit dans quelques contrées du nord de la France, pour les Chevaux de trait. Ces étalons, conduits dans les tribus, étaient très-recherchés par les Arabes, parce qu'ils étaient d'un choix qui leur convenait.

Ce moyen de propagande, aussi judicieux que facile à pratiquer, favorisait la multiplication comme le perfectionnement du Cheval chez les tribus trop éloignées des dépôts d'étalons, pour y conduire leurs poulinières.

M. Daumas énumère la quantité d'étalons mis à la disposition de l'industrie chevaline de l'Algérie. Il en compte 2207, dont 334 sont d'un type supérieur et hors ligne. L'État possède 111 de ces étalons; les tribus en ont 223, et 1863 appartiennent à des particuliers. Ces étalons doivent féconder

62 000 juments, qui sont réparties dans les provinces d'Alger, de Constantine et d'Oran.

En donnant ces chiffres, M. Daumas pense être encore au-dessous de la vérité. Suivant lui, nous pourrions être mieux fixés sur l'importance de toutes nos ressources de l'Algérie, lorsque nous connaîtrons mieux les tribus éloignées de notre action directe.

M. Daumas expose un projet d'organisation générale des haras dans toute l'Algérie. Il énumère les ressources actuelles de toutes les tribus qui sont sous notre domination. D'après cet exposé, fait avec beaucoup de soin, et qui a dû demander, pour être établi, un travail étendu et minutieux de renseignements et d'observations, ces ressources seraient très-considérables et pourraient fournir à notre cavalerie une grande quantité d'excellents Chevaux. Avec de tels types de guerre, nulle cavalerie d'Europe ne serait mieux montée que la nôtre.

Après avoir épuisé cet important sujet, M. Daumas pose une question qui intéresse au plus haut degré l'agriculture, l'industrie, les messageries et le roulage de l'Algérie. Cette question est celle-ci :

L'Algérie peut-elle être dotée de Chevaux et de Mulets de trait dont elle manque (1).

Cette question devrait être étudiée pratiquement pour être résolue, et son importance mérite d'attirer toute l'attention de l'administration. L'Algérie, en effet, n'a pu être, jusqu'ici, qu'un pays agricole, et l'exploitation de son sol sera longtemps encore sans doute, sa principale, sinon son unique industrie. Or, comment comprendre un progrès sérieux et facile

(1) La production du cheval et du mulet de trait en Afrique est une question à étudier et à résoudre. L'Orient, pas plus que le midi de l'Europe, comme la Turquie, la Grèce, l'Italie, le midi de la France, l'Espagne, le Portugal, n'ont de ces beaux chevaux de trait comme nos boulonnais, nos percherons ou nos franc-comtois, etc., et comme aussi en élève l'Angleterre. Cela tient-il au climat ou à tout autre cause? Quant à la nourriture, elle peut être aussi abondante dans le Midi que dans le Nord. C'est là un fait d'étude pratique de la nature, dont on ne s'est jamais sérieusement préoccupé que je ne sache.

en agriculture, sans chevaux et mulets de trait, de mulets surtout, dans un pays ou la température est si élevée ! Aussi, comme le fait remarquer le général Daumas, les cultivateurs algériens sont-ils obligés de faire venir à grands frais d'Europe, et surtout de France, des types de trait. M. Daumas pense qu'il serait possible d'en produire en Afrique, et je serais volontiers de son avis « en cherchant dit-il, non pas » dans les montagnes, mais dans les vallées où ils y existent, » des étalons propres à ce service, je suis convaincu que nous » parviendrions, avec les juments de nos colons, à doter l'Al- » gérie d'une espèce qui ne le céderait en rien à nos chevaux » percherons dont la réputation est si bien établie. »

» Cependant, « ajoute le général Daumas » c'est là une ques- » tion très-grave qui mérite le plus sérieux examen. Beau- » coup de bons esprits pensent que la race barbe est trop pré- » cieuse, comme cheval de guerre, pour qu'on songe à » l'embrouiller en la rendant propre à la voiture, aux char- » rois, à l'agriculture. J'avoue que je suis de leur avis. »

Je partagerais, certes, ces craintes, messieurs, s'il s'agissait, comme le dit M. Daumas, d'*embrouiller* le type barbe par des croisements qui le perdraient. Mais on se garderait bien de commettre un pareil acte de folie. Le type de trait, si on l'obtenait en Algérie, resterait type de trait, et le type oriental de guerre, type oriental. Est-ce qu'en France nous n'avions pas nos beaux chevaux de selle, limousins, navarins, nos auvergnats, dans les pays dont ils faisaient l'orgueil et la richesse, en même temps que nous possédions nos chevaux de trait du Boulonnais, de la Flandre française, de la Picardie, du Perche, de la Franche-Comté ? Si l'Afrique française peut faire le cheval et le mulet de trait, qu'elle les produise pour son agriculture et son industrie, qui en ont un pressant besoin, mais qu'elle conserve précieusement, avec ces utiles animaux, son incomparable race de guerre, sans mélange. C'est ainsi que, pour mon compte, je comprendrais la production du cheval et du mulet de trait en Algérie, mais pas autrement.

Une lettre remarquable d'Abd-el-Kader en réponse à des questions que lui avait posées le général Daumas sur le cheval arabe, termine la première partie du livre sur les chevaux du Sahara. Ces questions sont celles-ci :

1° Combien de jours le cheval arabe peut marcher sans se reposer et sans trop souffrir.

2° Quelle distance ce cheval peut parcourir en un jour;

3° Faire connaître de exemples de sobriété du cheval arabe et des preuves de la force pour supporter la faim et la soif;

4° Pourquoi les Arabes commencent-ils à dresser leurs chevaux si jeunes (de dix-huit mois à trois ans) alors que les Français ne les montent qu'après quatre ans ;

5° Si l'étalon donne aux produits plus de qualités que la mère, pourquoi, chez les arabes, les juments sont cependant d'un prix plus élevé que les chevaux (1).

6° Les Arabes du Sahara tiennent-ils des registres pour établir la filiation de leurs chevaux?

7° Quelles sont les tribus de l'Algérie les plus renommées pour la noblesse de leurs chevaux ?

8° Les chevaux de l'Algérie sont-ils d'origine arabe ? Quelques hippologues le contestent.

9° Quels sont les préceptes arabes dans la manière d'entretenir et de nourrir leurs chevaux?

L'Émir a répondu à toutes ces questions avec le bon sens pratique que donne l'intelligence unie à l'esprit d'observation chez un peuple dont les mœurs l'obligent à faire du cheval, élément indispensable aux conditions de son existence; une étude de toute la vie. Du reste, les observations d'Abd-el-Kader contenues dans les commentaires que M. Daumas a eu l'heureuse idée de publier dans son ouvrage à l'appui des faits qu'il a avancés, ont beaucoup contribué à étendre nos connaissances sur les qualités du sang oriental et les procédés

(1) Notre savant confrère, le docteur Pigeaux qui a voyagé dans l'Asie Mineure, nous a dit ce que Volney a déjà avancé, que les Arabes préfèrent les juments, surtout pour les expéditions de surprise, parce qu'elles ne hennissent pas ; elles favorisent ainsi un coup de main que le hennissement des Chevaux peut faire échouer en prévenant, par ce bruit, ceux qui doivent être attaqués.

employés par les Arabes pour son élevage, son entretien, sa multiplication et son perfectionnement.

Dans la première partie de son ouvrage, M. Daumas a dit comment les Arabes produisent le cheval. Dans la deuxième, il fait connaître leur manière de s'en servir, et surtout son utilité pour eux, en décrivant les mœurs du Sahara. L'Arabe du désert est toujours en mouvement, soit que sa tribu change de place, soit qu'il fasse la guerre, qu'il pille (c'est là sans doute ce qu'il appelle *vivre de ses éperons*), ou qu'il soit en fête, en voyage ou à la chasse. On conçoit donc que pour mener une semblable vie, il lui faut des chevaux d'un sang de premier ordre, pour attaquer et poursuivre un ennemi, ou pour fuir devant lui et sauver sa tête. La loi du plus fort et du plus rusé paraît avoir une grande autorité dans ce pays « où il s'est formé, dit M. Daumas, un code, un ensemble » d'usages traditionnels auxquels il est ordinaire et prudent » de se soumettre, sous peine d'être hors la loi parmi les hors » la loi ; et ce code, « ajoute M. Daumas », *il faut bien le* » *dire*, *est à peu près la régularisation et la réglementation* » *du brigandage ; mais il suffit à prévenir*, *le coup fait*, *les* » *querelles entre frères*, *amis ou associés*. Il est de plus sanc- » tionné par la religion qui, chez les Arabes, intervient là, » comme partout ailleurs, et est ouvertement invoquée comme » nous invoquons le Dieu des batailles. »

Cet aveu est triste à faire, mais la vérité le commande. Quel service ne rendrons-nous pas à ce peuple qui subit, de temps immémorial, un semblable état de choses, en le protégeant contre ses propres excès, par l'influence de notre domination même, et celle de nos lois. Est-ce vivre que de se préparer sans cesse à se piller ou à s'entr'égorger réciproquement? Par l'usage qui en est fait dans le désert, le cheval arabe qui, par nécessité rigoureuse, doit toujours être d'un sang de choix, se trouve donc sans cesse entraîné, toujours prêt pour les fatigues. C'est ce qui explique sa sobriété, ses tours de force pour supporter la faim et la soif dans les courses forcées, pendant les razzias, les guerres, les rapines, les chasses, les fêtes et fantasias auxquelles il est constamment employé. Si comme le disent les Arabes, *les plus grands ennemis du cheval sont la graisse et le repos,* ces ennemis ne sauraient se trouver dans le désert. Aussi Abd-el-Kader dit-il *que le nombre des mauvais chevaux y est très-petit.* Avec une semblable vie de guerre, de pillage et de meurtre, que faire d'un mauvais cheval qu'il est toujours dangereux de monter, surtout dans les combats. N'expose-t-il pas son cavalier qui fait métier de *pirate de terre* suivant l'expression de Buffon, à une mort certaine ? Il ne peut, avec lui, ni atteindre un ennemi fuyant, ni le fuir avec succès. Tout le prix attaché au cheval dans le Sahara est donc une question de vie ou de mort pour l'Arabe, une question de richesse ou de misère pour lui et les siens. C'est là certes, quoiqu'on dise, un genre de vie qui n'est pas à envier. Mais puisque cet état social est l'état normal du désert, on comprend que des efforts perpétuels sont faits dans ce pays pour avoir de bons chevaux, et que tout moyen possible est mis en œuvre pour les obtenir, tout sacrifice est fait pour les posséder.

Grâce à Dieu, la civilisation préserve les pays qui jouissent de ses bienfaits d'une pareille existence; mais si, pour eux, le cheval n'est pas, comme pour l'Arabe, d'une nécessité absolue pour la conservation de la vie et des biens possédés, on ne doit pas moins s'attacher à rendre cet animal le meilleur possible, pour bien répondre aux besoins qu'il doit satisfaire.

L'ouvrage du général Daumas contribuera largement à une heureuse solution de la question chevaline, discutée en France depuis deux siècles surtout, et cependant encore ténébreuse, parce que la science spéciale du cheval ne l'a pas suffisamment élucidée; mais les efforts faits par l'administration pour répandre la lumière aujourd'hui ne sauraient être vains, et tout nous fait espérer que le pays, mis dans une bonne voie par une instruction solide sur le cheval et sur le perfectionnement de nos races, répondra au vœu de tout temps renouvelé par le gouvernement, par l'agriculture et par l'armée. La France est, de toute l'Europe, la nation la mieux favorisée pour se procurer de bons reproducteurs orientaux, par la brillante conquête de l'Algérie, et pour élever leurs produits. Elle profitera de cet heureux privilége, d'une part, et des dispositions exceptionnelles des populations arabes de l'autre, pour faire de bons chevaux, propres aux remontes surtout.

En terminant cette note bien incomplète, sur un sujet d'économie rurale et politique, qui intéresse à un haut degré la prospérité de notre agriculture et notre force nationale, permettez-moi de vous dire, messieurs, que la section de mammifères vous propose d'adresser des remercîments à M. le général Daumas, pour l'utile et intéressant ouvrage qu'il a offert à notre Société, dont il est un des membres les plus éminents.

NOTE
SUR LE COLIN DE CALIFORNIE
ET SON ACCLIMATATION EN FRANCE,

Par M. BUSSIÈRE DE NERCY.

(Séance du 10 novembre 1865.)

Le Colin huppé de Californie, vulgairement appelé Perdrix de Californie, est un oiseau des plus féconds, en même temps que des plus gracieux.

Découvert par le célèbre Lapérouse, le Colin de Californie fut introduit en France, en octobre 1852, par M. J. Deschamps, ex-chef de la faisanderie du Jardin zoologique d'acclimatation du bois de Boulogne. Cet amateur distingué, qui a bien voulu me donner les première notions de l'élevage, en acheta six couples à San-Francisco, au prix de 200 fr. la paire ; deux mâles et une femelle périrent dans la traversée ; les autres ayant survécu et donné des jeunes, M. Deschamps put céder une partie de sa collection à MM. Pomme, de Rothschild et Saulnier. La vogue venant à la suite de ce succès, le prix d'un seul couple monta bientôt à 400 fr.

Au printemps de 1857, M. Deschamps lâcha, dans un terrain accidenté et boisé de la Haute-Vienne, deux couples de cet oiseau qui furent revus en juin 1858, suivis d'une nombreuse famille.

Dès lors, le problème de l'acclimatation en volière et de la reproduction en liberté était résolu.

Il ne s'agit donc plus aujourd'hui que de s'occuper en grand de l'élevage de cet oiseau, afin d'en semer le plus possible sur le sol de France. Tous les efforts des éleveurs doivent donc tendre, selon moi, à ce qu'avant peu le Colin de Californie, dont la chair ne le cède pas à celle de la Caille, devienne un gibier français ; le tableau ci-dessous fera connaître les résultats auxquels je suis parvenu.

En 1862, j'ai acheté dix œufs et les ai mis à l'incubation sous une poule ordinaire du pays qui, beaucoup trop lourde pour cette fonction, les cassa tous avant l'éclosion.

L'année suivante, M. de Chalaniat, propriétaire à la Sauvetat (Puy-de-Dôme), me fit don de quatorze œufs que je donnai à une poule naine de soie à peau noire, les seules qui soient propres à couver les œufs à coque mince. J'obtins quatre femelles ; M. de Chalaniat me fit l'échange de deux mâles ; ma première femelle mourut après avoir pondu un œuf non fécondé, et je perdis la seconde avant qu'elle n'eût commencé sa ponte. Ainsi qu'on le verra plus bas, les années 1864 et 1865 me dédommagèrent amplement de mes tristes débuts. Si pendant quelques années encore je puis obtenir des résultats semblables, j'aurai la satisfaction d'avoir coopéré à l'œuvre de M. Deschamps, car l'introduction du Colin de Californie est un service rendu à l'économie française.

RÉSULTAT DES COUVÉES.	1862		1863		1864		1865	
Quantité d'œufs mis à l'incubation....	10	»	14	»	111	»	607	»
Œufs cassés par les couveuses......	»	10	»	2	»	13	»	78
Œufs reconnus clairs par le mirage..	»	»	»	5	»	48	»	279
Germes étouffés par les couveuses....	»	»	»	»	»	12	»	42
Quantité d'œufs éclos.............	»	»	»	7	»	38	»	208
Totaux égaux......	10	10	14	14	111	111	607	607
RÉSULTAT DES ÉCLOSIONS.								
Quantité d'œufs éclos........	»	»	7	»	38	»	208	»
Colins perdus après l'éclosion.......	»	»	»	3	»	10	»	86
Colins arrivés à l'état d'adulte......	»	»	»	4	»	28	»	122
Totaux égaux........	»	»	7	7	38	38	208	208

RAPPORT
SUR LES CULTURES FAITES EN 1865
AU JARDIN ZOOLOGIQUE D'ACCLIMATATION DU BOIS DE BOULOGNE,

(CONFÉRENCE FAITE LE 5 OCTOBRE 1865)

Par M. QUIHOU,
Jardinier en chef.

Chaque année, nous recevons de tous les points du globe des plantes et une grande quantité de graines qui doivent être soumises à des cultures expérimentales. Chaque année aussi, je suis chargé de donner des renseignements sur ces plantes nouvellement introduites et sur celles des années précédentes, qui ont été conservées. C'est ce que je vais faire, si vous voulez bien me suivre dans cette revue. Elle peut offrir quelque intérêt à ceux qui s'occupent de plantes utilisables.

PREMIÈRE PARTIE. — Plantes d'ornement.

CATALPA DE BUNGE (*Catalpa Bungeana*).

De la famille des Bignoniacées ; originaire de la Chine ; nouvelle espèce très-rustique et très-précieuse. Ces pieds viennent d'un semis de l'année dernière, et l'un d'eux, comme vous pouvez le voir par ces graines, a donné deux fleurs. C'est un grand avantage pour un genre qui ne fleurit ordinairement que quand il est déjà grand. Les feuilles, froissées, dégagent une odeur désagréable, qui l'a fait nommer par les Chinois : Arbre puant.

BOULEAU (*Betula*)? (Non déterminé.)

De la famille des Amentacées ; origine ignorée. Les graines qui l'ont produit nous sont arrivées sans indication de patrie ; il nous faudra attendre un plus grand développement pour voir s'il diffère de notre bouleau ordinaire, duquel il paraît se rapprocher beaucoup.

POMMIER A FLEURS DOUBLES (*Malus kaido*).

De la famille des Rosacées ; originaire de la Chine. Nouvelle espèce, plus jolie que notre ancienne variété dite pommier à bouquet ; ses fleurs sont plus grosses et d'un coloris plus vif; il sera tout aussi rustique, puisqu'il a passé l'hiver sans souffrir. Nous allons le multiplier afin d'en répandre la culture. Nous devons cette nouvelle plante à M. Dabry, consul de France à Hang-Kéou.

MURIER A PAPIER (*Broussonetia papyrifera*).

De la famille des Urticées; originaire de la Chine. Ce Mûrier à papier me paraît être l'individu mâle, qui est assez rare dans nos jardins. L'individu femelle, qui y a été longtemps seul cultivé, est plus commun. Le Mûrier à papier est un bel arbre d'agrément au feuillage large ; les fruits, rouges, font un très-bel effet et peuvent se manger. On ne les voit pas souvent, parce que la plante est dioïque, c'est-à-dire que chaque individu ne porte que des fleurs mâles ou des fleurs femelles, mais jamais les deux ensemble comme dans la plupart des végétaux. Il faut donc, pour avoir des fruits, réunir les deux sexes dans des lieux assez rapprochés.

PAVIER DE L'OHIO (*Pavia Ohiotensis*).

De la famille des Hippocastanées; originaire de l'Amérique septentrionale. Les Paviers sont des arbres de moyenne grandeur, ressemblant à de petits marronniers. Celui-ci est un des plus grands, mais il laisse à désirer par ses fleurs, dont la couleur jaunâtre est insignifiante.

PAVIER GLABRE (*Pavia glabra*).

Du même genre que le précédent, mais plus nouveau; nous attendrons un plus grand développement pour le juger.

KETMIE A FLEURS CHANGEANTES (*Hibiscus mutabilis*).

De la famille des Malvacées; originaire de l'Inde. Charmante plante de serre chaude, dont les fleurs sont grandes, blanches le matin, roses à midi et pourpres le soir. C'est ce qui lui a valu le nom spécifique de *mutabilis*, qui veut dire changeant; on la nomme aussi, pour la même raison, Rose changeante. Comme vous le voyez, on peut cultiver cette plante en pleine terre pendant l'été et la remettre en vase à l'automne, pour lui faire passer l'hiver dans la serre chaude. Malheureusement, ces transplantations la fatiguent un peu et nuisent à la floraison ; ainsi, le pied que vous voyez est cultivé de cette manière depuis trois années, et nous ne l'avons pas encore vu fleurir. La plante est émolliente dans toutes ses parties, et son écorce sert à faire des cordages.

KETMIE DES MARAIS (*Hibiscus palustris*).

Originaire de l'Amérique septentrionale. Plante vivace d'ornement, qui passe très-bien l'hiver en plein air. Ses grandes et belles fleurs la feront admettre dans nos jardins d'agrément, où elle ne réclame qu'un peu d'humidité.

VIORNE A FEUILLES PLISSÉES (*Viburnum plicatum*).

De la famille des Caprifoliées ; originaire de la Chine. Arbuste dont les fleurs stériles, aussi fortes que celles de notre boule de neige, et durant très-longtemps, font beaucoup d'effet. La plante est encore nouvelle et mérite d'être chaleureusement recommandée.

VIORNE A GROS CAPITULES (*Viburnum macrocephalum*).

Originaire de la Chine. Espèce également nouvelle, dont les fleurs blanches atteignent le volume de celles de l'Hortensia. C'est une très-précieuse introduction pour nos jardins.

FONTANÉSIE DE FORTUNE (*Fontanesia Fortunei*).

De la famille des Jasminées; originaire du Japon et de la Chine. Nouvel arbuste d'un beau port, au feuillage presque persistant. Il se couvre de fleurs modestes ressemblant à celles du troëne, dont le défaut d'ampleur est compensé par la multiplicité.

SPIRÉE A GRANDES FLEURS (*Spirea grandiflora*).

De la famille des Rosacées ; originaire de l'Amérique septentrionale. Le genre Spirée, un des plus appréciés pour nos jardins, s'enrichit de temps en temps d'espèces nouvelles.

Celle-ci est une des plus méritantes. Comme son nom l'indique, elle a de très-grandes fleurs, d'un rose brillant, qui la rendent admirable. Le spécimen que vous voyez est malheureusement en mauvais état, par suite de mutilations que lui ont fait subir les lapins du bois, qui en paraissent très-friands.

Seringat a grandes fleurs odorantes (*Philadelphus grandiflorus speciosissimus*).

De la famille des Myrtacées; indigène. Cette nouvelle variété de seringat a été obtenue en Belgique ; elle réunit les qualités de nos deux anciennes variétés par ses fleurs, qui sont odorantes comme celles du seringat commun, et aussi grandes que celles du seringat à grandes fleurs. Elle est en même temps très-vigoureuse et très-florifère.

Céanothe a fleurs roses (*Ceanothus fontesianus roseus*).

De la famille des Rhamnées ; originaire de Californie. Les Céanothes ne figurent dans nos jardins que depuis quelques années. On n'en connaissait que de blancs et de bleus plus ou moins foncés avant l'introduction de celui-ci, qui est à fleurs roses, et qui jouira, à juste raison, de la même faveur que ses congénères.

Pivoine bijou de Chusan (*Pœnia moutan*).

De la famille des Renonculacées; originaire de la Chine et du Japon. Nouvelle variété à fleurs blanches très-pleines.

Pivoine osiris.

Variété également nouvelle et de même provenance, très-intéressante par le coloris de sa fleur, qui est presque noir. Ces deux variétés ont été importées de Chine, il y a quelques années, par M. Fortune.

Glycine de Chine (*Wisteria*)?

De la famille des Légumineuses; originaire de la Chine, d'où nous l'avons reçue, sans nom, de M. Dabry, l'année dernière; elle ressemble beaucoup à notre belle glycine de la Chine et n'en diffère que par la forme de ses feuilles, un peu moins allongées et pubescentes, ainsi que les tiges. Comme les animaux, les végétaux se modifient un peu en changeant de patrie, et il est possible que ces petites différences ne soient que des modifications climatériques, comme il peut arriver aussi que nous ayons là une nouvelle espèce ou variété. La floraison, qui, je l'espère, arrivera l'année prochaine, nous fixera à ce sujet.

TROENE IBOTA (*Ligustrum ibota*).

De la famille des Jasminées ; originaire de la Chine. Charmant arbuste nouveau, au feuillage semi-persistant, qui ne manquera pas d'être apprécié dans nos jardins. C'est la première fois qu'il est cultivé ici, et j'ai besoin de le revoir l'année prochaine pour juger sa rusticité et sa floraison.

TROËNE DU JAPON (*Ligustrum Japonicum*).

Originaire du Japon. Nous avons reçu de M. Dabry cet arbuste de la Chine sans aucune indication; je crois bien reconnaître notre troëne du Japon, qui est très-répandu, mais nous attendrons néanmoins l'époque de la floraison pour être fixé définitivement.

LYCIET DE CHINE (*Lycium Chinense*).

De la famille des Solanées ; originaire de la Chine. Le Lyciet, plus connu sous le nom de Jasminoïde, sert à faire des clôtures ; on l'emploie aussi avantageusement sur des rochers ou dans des ravins où l'on veut conserver un aspect sauvage. Cette variété nouvelle, dont les fleurs et les fruits sont plus apparents que dans l'espèce indigène, sera employée avec avantage aux mêmes usages.

SAINFOIN BLANCHÂTRE (*Hedysarum incanum*).

De la famille des Légumineuses ; originaire de la Jamaïque. Plante ornementale de médiocre qualité, parce qu'elle exige la serre tempérée. Nous n'en continuerons pas la culture.

ROSIER SAUVAGE DE CHINE (*Rosa*) ?

De la famille des Rosacées ; originaire de la Chine. Semis de deux ans, qui a fleuri cette année. La fleur est insignifiante, et il est probable que les Chinois ne s'en servent que comme sujet. C'est à ce seul point de vue qu'on en pourrait continuer la culture pour le comparer à notre églantier.

BAMBOU COMESTIBLE DE CHINE (*Bambusa*)?

De la famille des Graminées; originaire de Chine. Ce Bambou a été envoyé de Chine par M. de Montigny, consul général de France. Il a été planté l'automne dernier et a bien passé l'hiver; il est donc permis d'espérer qu'il réussira bien en plein air sous le climat de Paris, où il pourra nous rendre de grands services comme plante ornementale dans nos jardins. Il est probable aussi qu'une fois bien enraciné, il produira des tiges qui seront utilisées dans le commerce.

BAMBOU DE CHINE (*Bambusa*)?

Paraît être le même que le précédent; il nous est venu de Chine il y a deux ans, et nous espérons être à même de les comparer l'année prochaine.

BAMBOU GRÊLE DE CHINE (*Bambusa gracilis*).

Petit Bambou très-élégant, que nous cultivons pour la première fois en plein air et dont nous ne pourrons apprécier la rusticité que l'année prochaine; il n'offre pas les avantages industriels que l'on peut attendre de ses voisins, mais il sera très-intéressant au point de vue ornemental. Nous tenons ces deux dernières variétés de M. Jules Cloquet.

PODOCARPE DE LA CHINE (*Podocarpus Chinensis*).

De la famille des Conifères; originaire de la Chine. Arbrisseau délicat jusqu'à présent sous notre climat. Il y est peu cultivé, et depuis peu de temps seulement. Peut-être s'acclimatera-t-il par la suite.

STIPE A PANACHE (*Stipa pennata*).

De la famille des Graminées; indigène. Plante vivace d'ornement avec laquelle on fait de jolies bordures. Ses épis, à longues barbes plumeuses, servent d'ornement pour la coiffure des dames. Ses barbes sont très-hygrométriques. La saison est malheureusement trop avancée pour juger l'effet de cette belle graminée, dont les hampes sèches ont dû être coupées.

ERIANTHE DE RAVENNE (*Erianthus Ravennæ*).

De la famille des Graminées; originaire de l'Europe méridionale. Cette plante n'est pas nouvelle, mais elle n'a pas été appréciée à sa juste valeur, et c'est pour cela que nous la cultivons. Son port élégant la rapproche du *Gynerium argenteum*, qui jouit d'une si grande faveur auprès des amateurs. Ses fleurs, il est vrai, n'ont pas le brillant de ce dernier, mais son port ne lui cède en rien, si même il ne lui est supérieur au point de vue de son plus grand développement en hauteur. C'est avec les tiges de cette plante que l'on fait les longs tuyaux de pipe dont se servent les Turcs et les Arabes.

LIGULAIRE DE KÆMPFER (*Ligularia Kæmpferi*).

De la famille des Composées; originaire de la Chine. Plante vivace nouvelle à cultiver dans les endroits humides. Le genre Ligularia est plutôt employé comme plante pittoresque que comme plante réellement ornementale.

TUBÉREUSE DES JARDINS (*Polyanthus tuberosa*).

De la famille des Liliacées; originaire du Mexique. Cette plante à fleurs blanches, très-odorantes, est connue depuis longtemps. Elle nous a été envoyée sans nom, et nous ne l'avons reconnue qu'après la végétation. C'est une bonne mais vieille connaissance, qui n'est pas à sa place dans un jardin d'essai.

HÉMÉROCALLE BLANCHE DU JAPON (*Hemerocallis Japonica alba*).

De la famille des Liliacées; originaire du Japon. Plante vivace bien connue, qui nous est revenue de Chine, sans nom, comme nouveauté. Elle est recommandable pour son feuillage et ses belles fleurs blanches odorantes. On fait avec l'infusion de ses fleurs une liqueur digestive.

VIOLETTE A LONG PÉDONCULE (*Viola*)?

De la famille des Violariées; originaire d'Afrique. La fleur de cette violette est très-odorante et portée sur de très-longs pédoncules, ce qui la rend très-propre à la confection des bouquets. Elle ressemble beaucoup au type de la violette de Parme (à fleur simple), mais il ne m'a pas encore été possible de savoir si c'est cette ancienne et rare variété ou si c'est une espèce nouvelle.

LISERON NERVÉ (*Convolvulus nervosus*).

De la famille des Convolvulacées ; originaire de Cochinchine. Ce liseron est remarquable par son beau feuillage, il est connu depuis longtemps déjà et ne passe pas l'hiver dehors ; il lui faut la serre tempérée.

ŒILLET DOUBLE NAIN (*Dianthus caryophyllus*).

De la famille des Caryophyllées ; indigène. Nouvelle variété naine semée ce printemps et qui n'a pas encore fleuri. Ce n'est donc que l'année prochaine que nous pourrons la juger.

PYRÈTHRE ROSE DOUBLE. M. BARRAL (*Chrysanthemum roseum*).

De la famille des Composées; originaire du midi de la France. Nouvelle et magnifique variété, très-rustique. Ses fleurs se succèdent très-longtemps, mais elles ne sont jamais aussi nombreuses qu'à la première floraison, qui a lieu en avril.

MILLEPERTUIS DES CANARIES (*Hypericum Canariense*).

De la famille des Hypéricées ; originaire des Canaries. Arbuste d'ornement qui nous rendrait quelque service s'il pouvait être cultivé en plein air. Mais il lui faut la serre, et nous ne manquons pas, pour les serres, d'arbustes plus intéressants.

MILLEPERTUIS PYRAMIDAL (*Hypericum pyramidale*).

Originaire de la Chine. Les Millepertuis sont peu utilisés dans nos jardins d'agrément, ce n'est que dans les grands parcs pittoresques qu'on peut les employer avec avantage. Cette variété n'a de particulier que sa forme pyramidale.

ACTÉE A ÉPI (*Actea spicata*).

De la famille des Renonculacées ; originaire de l'Amérique septentrionale. Plante vivace ornementale à fleur blanche en épi. Ses racines sont employées aux États-Unis comme astringent, et en teinture contre la phthisie.

PANCRACIER MARITIME (*Pancratium maritimum*).

De la famille des Amaryllidées ; originaire de l'Europe. Plante ornementale des bords de la mer, très-ancienne mais peu cultivée dans nos jardins, où elle est un peu délicate. Ses graines sont oléagineuses.

SYMPLOCARPE FÉTIDE (*Symplocarpus fœtidus*).

Plante vivace venue du Canada, que le mauvais état de sa végétation ne nous a pas encore permis d'apprécier.

STRAMOINE MÉTEL (*Datura metel*).

De la famille des Solanées ; originaire d'Asie. Belle plante annuelle, qui mériterait d'être cultivée dans nos jardins si elle n'avait le défaut capital d'être très-vénéneuse. Aussi, loin de la recommander, allons-nous dès aujourd'hui la détruire.

DOLIC (*Dolichos*).

De la famille des Légumineuses ; originaire des Indes orientales. Ces dolics sont nouveaux, mais, comme presque tous leurs congénères, ils arrivent difficilement à mûrir leurs graines sous le climat de Paris, et ne peuvent, par conséquent, nous rendre de grands services comme plantes grimpantes ornementales.

VOLUBILIS (*Ipomea*).

De la famille des Convolvulacées ; originaire des Indes. Je n'ai trouvé cette plante décrite dans aucun ouvrage ; il est probable qu'elle ne supportera pas nos hivers, et elle ne paraît pas valoir la culture en serre.

VOLUBILIS MURIQUÉ (*Ipomea muricata*).

Originaire de Cochinchine. Plante grimpante très-vigoureuse, propre à garnir les tonnelles ; elle est vivace, mais elle exige la serre tempérée pour l'hiver, et ne pourra, par conséquent, être cultivée que comme plante annuelle.

LIN A GRANDES FLEURS ROUGES (*Linum grandiflorum rubrum*).

De la famille des Linées ; originaire de l'Algérie. C'est une de nos plus belles plantes annuelles ; ses fleurs rouges, grandes et nombreuses, durent très-longtemps et font un effet magnifique. Elle a le mérite d'être très-rustique ; on la sème en place au printemps, et elle est en pleine floraison en juillet.

CROTALAIRE JONCIFORME (*Crotalaria juncea*).

De la famille des Légumineuses ; originaire de l'Inde. Cette plante n'est pas commune et mérite d'être répandue. Indépendamment de ses qualités ornementales, elle est très-estimée comme plante textile. Le résultat de végétation que nous avons obtenu cette année nous engage à en recommander la culture, qui pourrait devenir une nouvelle source de produit agricole.

DEUXIÈME PARTIE. — Plantes industrielles.

SUMAC SUCCÉDANÉ (*Rhus succedanea*).

De la famille des Térébinthacées ; originaire du Japon. Planté seulement au printemps dernier, nous ne pouvons en connaître la rusticité sous notre climat ; ce n'est qu'après plusieurs hivers que nous serons fixé à ce sujet. Au Japon, les graines produisent une huile solide, avec laquelle on fait d'excellentes chandelles. Sa séve produit un des vernis usités dans ce pays.

SUMAC SEMI-AILÉ (*Rhus semi-alata*).

Originaire de la Chine. Arbre ressemblant beaucoup au sumac vernis que nous avons cultivé ici sans succès il y a deux ans. Il est à craindre, à en juger par sa végétation rapide, qu'il n'ait le même sort, c'est-à-dire que, le bois n'étant pas suffisamment aoûté à l'arrivée des froids, il ne périsse complétement ; c'est ce que l'avenir nous apprendra. Il serait doublement à désirer qu'il réussît, car, indépendamment des avantages qu'on en pourrait tirer comme de son voisin, il ferait un arbre magnifique pour nos parcs.

FRÊNE A FLEURS OU FRÊNE A LA MANNE (*Fraxinus ornus*).

De la famille des Jasminées; originaire d'Italie. Cet arbre, bien connu comme ornement de nos parcs, nous a été envoyé de Chine avec des larves de l'insecte à cire dans son écorce. Malheureusement ces larves ont souffert du trajet, et aucune ne s'est développée.

CHÊNE A FEUILLES DE CHATAIGNIER (*Quercus castaneifolia*).

De la famille des Amentacées; originaire de la Chine. Arbre d'ornement très-rare et très-méritant qui supporte nos hivers sans souffrir. En Chine et au Japon, où il est très-répandu, ses feuilles servent de nourriture aux vers à soie (*Bombyx Pernyi* et *yama-maï*).

LO-ZA OU NERPRUN A TEINTURE (*Rhamnus utilis*).

De la famille des Rhamnées; originaire de la Chine. Arbuste très-vigoureux et parfaitement acclimaté, qui nous donne chaque année des graines en abondance. C'est la plante qui fournit le vert de Chine si estimé.

LO-ZA OU NERPRUN A TEINTURE.

Ces jeunes plants proviennent de graines récoltées sur le pied dont je viens de vous parler. Ce fait prouve l'acclimatation complète de ce végétal.

COGNASSIER DE LA CHINE (*Cydonia sinensis*).

De la famille des Rosacées; originaire de la Chine. Cet arbrisseau, qui nous est venu l'année dernière sans désignation, n'est pas nouveau; c'est avec ses fruits que l'on fait particulièrement le sirop de coing. Avec ses graines, on prépare des boissons et des collyres émollients; l'écorce de son fruit sert à teindre la laine en jaune.

PLANERA A FEUILLES POINTUES (*Planera acuminata*).

De la famille des Amentacées; originaire du Japon. Le

Planera se rapproche beaucoup de l'Orme ; il est plus vigoureux, son écorce est plus lisse et se détache par plaques comme celle de nos Platanes. Cette nouvelle espèce est très-rare, et je n'en ai pas encore vu de fort sujet. Celui-ci n'étant pas assez développé pour être jugé, je ne puis en rien dire jusqu'à présent.

ÉRABLE A SUCRE (*Acer saccharinum*).

De la famille des Acérinées ; originaire de l'Amérique septentrionale. Cet arbre atteint une grande hauteur au Canada; dans nos cultures, son développement est moindre ; c'est un moyen arbre d'un beau port, qui produit du bois d'excellente qualité. En Amérique, on en tire, par incision, une séve qui produit en grande quantité d'excellent sucre. Nous n'avons malheureusement pu encore l'utiliser sous ce rapport dans nos cultures européennes.

MURIER D'ITALIE (*Morus Italica*).

De la famille des Urticées ; originaire d'Italie. Ce Mûrier ressemble beaucoup à notre mûrier blanc. Ses fruits comestibles sont surtout recherchés des volailles ; on le fait entrer dans les boissons rafraîchissantes et on en compose un sirop très-usité ; son écorce produit l'acide morique ; ses feuilles peuvent nourrir les vers à soie, et son bois est très-estimé dans plusieurs industries.

PIN SYLVESTRE (*Pinus sylvestris*).

PIN DE RIGA (*Pinus sylvestris rubra*).

PIN NOIR D'AUTRICHE (*Pinus nigra Austriaca*).

PIN LARICIO (*Pinus laricio*).

De la famille des Conifères ; originaires d'Europe. Tout le monde connaît les Pins. Ces espèces sont ici pour faire des comparaisons qui ne seront appréciables qu'au fur et à mesure de leur développement.

BARBON RUGUEUX (*Andropogon squarrosum*).

De la famille des Graminées ; originaire de l'Inde. C'est la racine de cette plante qui donne le Vétyver, que l'on emploie pour parfumer les étoffes et les fourrures et en éloigner les insectes. C'est la première fois que nous le cultivons en plein air, et nous saurons l'année prochaine s'il peut supporter notre climat,

ARACHIDE SOUTERRAINE (*Arachis hypogæa*).

De la famille des Légumineuses; originaire des Antilles. Plante annuelle très-intéressante par son phénomène de fructification. Après la fécondation des ovaires, le pédoncule se courbe vers la terre et y dépose ses fruits, qui s'y enfoncent pour s'y développer l'année suivante. C'est de ses graines que l'on tire l'huile d'Arachide.

PYRÈTHRE DU CAUCASE (*Pyrethrum rigidum*).

De la famille des Composées; originaire de Dalmatie. Plante vivace dont les fleurs pulvérisées donnent la poudre insecticide découverte par M. Willemot.

ASCLÉPIADES VARIÉES (*Asclepias*)?

De la famille des Apocynées; originaire de l'Amérique septentrionale. Ces plantes vivaces nous ont été envoyées pour être expérimentées comme plantes textiles. Toutes les Asclépiades donnent un duvet soyeux contenu dans leurs gousses, et dont on se sert pour la garniture des vêtements comme ouate. Depuis longtemps on cherche le moyen d'utiliser ce duvet par le filage et la teinture, afin d'en faire des étoffes, et il résulte d'une lettre adressée à S. Ex. le ministre des affaires étrangères, par M. Gauldrée-Boilleau, consul général de France à New-York, qu'une compagnie formée à cet effet dans cette ville est arrivée à un résultat assez satisfaisant pour espérer bientôt une solution favorable.

FENOUIL (*Anethum fœniculum*).

De la famille des Ombellifères; originaire d'Europe. Cette plante, qu'on nous a envoyée des Indes orientales sans nom, n'est pas nouvelle et n'aurait pas dû être cultivée ici. Tout le monde connaît le Fenouil ou Anet, qui sert à aromatiser les mets et jouit de propriétés apéritives.

LARME DE JOB (*Coix gigantea*).

De la famille des Graminées; originaire de l'Inde. Cette plante est fourragère, mais peu usitée sous notre climat, où elle n'arrive pas à maturité. Ses graines brillantes ressemblent à des perles grises, et c'est ce qui lui a fait donner le nom de Larme de Job. On en fait des colliers et des bracelets. Dans le midi de l'Europe, on se nourrit de ses graines moulues, dans les années de disette de blé.

MILLET EN ÉPI OU SAGOU DES NÈGRES (*Penicellaria spicata*).

De la famille des Graminées; originaire de l'Inde. Les tiges de cette plante sont fourragères. Ses graines font d'excellents potages, et servent aussi à faire de la bière.

PIMENT A FRUITS RONDS (*Capsicum sphæricarpum*).

De la famille des Solanées ; originaire de l'Inde. Ce piment, à petits fruits ronds, a les mêmes qualités que le gros piment ordinaire. C'est un des excitants les plus énergiques, soit en vert, mêlé aux cornichons, soit en sec et réduit en poudre comme le poivre noir.

SORGHO PENCHÉ (*Sorghum cerneum*).

De la famille des Graminées ; originaire de l'Inde. Ce sorgho, comme le sorgho à sucre, produit un bon fourrage très-abondant. Son grain sert d'aliment sous diverses formes, mais il arrive rarement à maturité à Paris. On en a abandonné la culture pour cette raison.

BETTERAVE ÉLECTORALE (*Beta vulgaris*).

De la famille des Chénopodées ; originaire d'Europe. Nouvelle variété, obtenue en Allemagne par sélection dans la betterave blanche à sucre de Magdebourg. On la dit plus riche en matière saccharine que l'espèce ordinaire, et d'un produit brut au moins égal.

POIRE DE TERRE COCHET (*Polymnia edulis*).

De la famille des Composées ; originaire de l'Amérique du

Sud. Depuis cinq années que nous cultivons cette plante, elle vient seulement de fleurir pour la première fois le 20 septembre. Ce fait, qui est dû en grande partie à la chaleur exceptionnelle que nous avons eue cette année, pourrait bien être aussi un fait d'acclimatation. Comme j'ai eu l'honneur de vous le dire, dans le cours de cette conférence à l'article *Glycine*, les végétaux sont susceptibles de modifications minimes, sans doute, mais qui tendent à en rendre la culture plus facile dans un climat moins chaud. Les années suivantes, nous aurons quelque certitude, à ce sujet, qui aurait bien son importance pour la qualité des racines qui, arrivant à un état plus complet de maturité lorsque la plante fleurit, que quand elle est surprise par la gelée qui arrête brusquement sa végétation, nous donneraient un produit certainement supérieur. Depuis que nous cultivons cette plante, son rendement a toujours été le même; elle produit des tubercules dans le genre de ceux du dalhia, et dont le poids a varié de 5 à 10 kilogrammes. Ces tubercules produisent de l'alcool, du sucre et de la potasse. Des analyses chimiques, faites sous nos yeux, ont prouvé qu'on peut tirer de ce nouveau végétal un produit supérieur à celui de la betterave.

Nous l'avons livrée pour la première fois aux cultivateurs le printemps dernier, en les priant de nous communiquer le résultat qu'ils auraient obtenu dans la grande culture. Nous avons reçu des détails sur sa culture dans les départements de la Charente, du Bas-Rhin, d'Indre-et-Loire, de l'Ardèche et de la Vienne; tous ces renseignements sont unanimes pour reconnaître la vigueur de la plante et la probabilité d'un rendement avantageux en racine. Nous attendrons toutefois le moment de la récolte pour être fixé sur ce point capital, quoiqu'il ne nous reste plus guère de doute maintenant, d'après ces premiers renseignements et la régularité de produit obtenue ici pendant cinq années consécutives. Nous engageons donc toutes les personnes qui s'occupent de culture à nous aider à vulgariser ce nouveau produit agricole et industriel. (Voir les Bulletins de juin 1863 et septembre 1864.)

KITAIBELIE A FEUILLES DE VIGNE (*Kitaibelia vitifolia*).

De la famille des Malvacées ; originaire de Hongrie. Plante bisannuelle pouvant être avantageusement utilisée, isolément ou par groupe dans les jardins pittoresques. Son plus grand avantage est le produit de ses tiges, qui donnent un chanvre avec lequel on fait de beaux tissus. Elle est rustique ici, et se multiplie rapidement par le semis en pépinière au printemps et le repiquage des plants à l'automne.

ORTIE DE CHINE (China grass, — *Urtica nivea*).

De la famille des Urticées ; originaire de l'Inde et de la Chine. Plante vivace, d'un effet pittoresque dans les jardins ; son feuillage blanc, agité par le vent, est très-remarquable. Indépendamment de sa qualité décorative, cette plante rend un grand service comme textile. On obtient avec ses tiges une filasse fine avec laquelle on fait une toile légère pour la confection des vêtements d'été. Introduite en France depuis quelques années seulement, elle rend déjà de grands services dans nos départements méridionaux.

BROME DE SCHRADER (*Bromus Schraderi*).

De la famille des Graminées ; originaire de l'Amérique septentrionale. On a beaucoup parlé de ce nouveau fourrage depuis deux ans ; nous en avons semé l'automne dernier et ce printemps, afin d'être à même de juger ce qu'il y a de vrai dans les divers rapports plus ou moins contradictoires qui ont été faits sur cette graminée. Quoique nos expériences ne soient pas assez anciennes pour que nous soyons définitivement fixé, nous pouvons dire, dès aujourd'hui, que le semis d'automne réussit moins bien que celui du printemps, comme on peut en juger par ces deux essais, qui ont été faits avec une égale quantité de graines. Celui d'automne a moins bien levé que celui de printemps, et les froids de l'hiver en ont détruit une grande partie. Le semis de printemps a parfaitement réussi, et nous avons été obligé de l'éclaircir ; il a parfaitement végété, sans cependant arriver à donner autant de coupes qu'on l'a dit. Il a bien mûri ses graines de la première et de la seconde coupe, et nous verrons plus tard jusqu'à quelle époque il continuera sa végétation. Comme fourrage en vert, il est recherché des animaux. Il arrivera probablement pour cette plante ce qui arrive souvent en pareil cas : elle sera moins mauvaise que ne le prétendent ses détracteurs, et moins bonne que ne l'ont dit ses partisans. Il pourrait arriver que la rusticité qu'on lui attribue ne fût que le résultat d'un semis successif qui se fasse tout seul, car cette plante donne beaucoup et très-vite ses graines, dont les premières mûres tombent sur le sol et y germent. Voilà ce que nous savons du Brome de Schrader, nous attendrons à l'année prochaine pour nous prononcer plus catégoriquement. Les autres Graminées qui suivent ont été semées ici comme point de comparaison afin de mieux juger le Brome de Schrader.

Brome des prés, Ray-grass d'Italie, Dactyle aggloméré, Houlque laineux.

Luzerne de Chine (*Medicago sativa*).

Luzerne rustique *id.*

Luzerne de Provence *id.*

De la famille des Légumineuses; indigène. Ces trois fourrages ont également été semés pour être comparés entre eux, et faire apprécier la nouvelle Luzerne de Chine, qui pourrait bien n'être que notre Luzerne ordinaire. Il faut attendre pour se prononcer.

TROISIÈME PARTIE. — Plantes alimentaires.

Vignes de Chine (*Vitis vinifera*).

De la famille des Vignes ; originaire de l'Asie. Semis de l'année dernière, de graines venues de la Chine. Nous attendrons la fructification pour l'apprécier.

Vignes du Canada.

Ces Vignes proviennent des graines reçues du Canada, il y a deux ans. Nous attendrons également la fructification pour les juger.

VIGNES DU CANADA en variétés.

Nous avons reçu ces variétés de Vignes, il y a deux ans, en sarments; elles ont montré quelques fruits cette année, mais des mains étrangères les ont enlevés avant qu'il fût possible de les juger. Nous espérons être plus heureux l'année prochaine, grâce aux précautions que nous prendrons.

HOVENIA A FRUITS DOUX (*Hovenia dulcis*).

De la famille des Rhamnées; originaire du Japon. Cet arbre donne des fleurs dont les pédoncules se mangent au Japon et en Chine. Ils ont le goût de la poire beurré. Sous notre climat, il est peu probable qu'il fleurisse, quoique les pieds y aient bien passé les deux derniers hivers. Il serait préférable de le cultiver dans le midi de la France.

ABRICOTIER DU STEPP DU FORT DE VERNÉZÉ (*Armeniaca vulgaris*).

De la famille des Rosacées, originaire de l'Arménie. Cet abricotier est cultivé ici depuis deux ans, mais il nous faudra attendre encore jusqu'à sa fructification pour le juger.

POMMIERS VARIÉS (*Malus communis*).

De la famille des Rosacées; indigènes. Toutes ces variétés nous sont venues de divers pays, et particulièrement du Canada. Plusieurs ont eu quelques fruits cette année qui, malheureusement, ont été enlevés avant d'être parvenus à grosseur. Il est donc permis d'espérer d'en voir un grand nombre fructifier l'année prochaine, et nous ferons en sorte de les soustraire aux maraudeurs inintelligents afin de les apprécier par nous-même.

PÊCHER DE TULLINS (*Amygdalus persica*).

De la famille des Rosacées; originaire de la Perse. Ce pêcher est planté depuis trois ans, il nous a donné des fruits cette année en assez grande quantité, mais qui ont été ravagés avant maturité par les mêmes mains ignorantes et peu délicates. Un fruit cependant, très-dissimulé sous le feuillage, a pu échapper à la dévastation et être dégusté. Il n'est pas comparable à notre belle et bonne pêche de Montreuil, sous le double rapport de la grosseur et du sucre, mais il ne lui cède en rien pour le fondant, et lui est supérieur pour le goût. C'est une espèce à cultiver dans les campagnes, et préférable aux pêches de vignes.

BLÉ HALLET (*Triticum sativum*).

De la famille des Graminées; originaire de l'Europe. Variété anglaise créée par M. Hallet, en choisissant pour la semence, pendant plusieurs générations, les plus beaux pieds, et, sur les pieds, les plus beaux épis, et enfin, dans ses épis, les plus gros grains. C'est la deuxième récolte que nous faisons, et le résultat continue d'être satisfaisant; en conséquence, nous engageons les cultivateurs à en faire des expériences dans la grande culture. Le semis doit se faire à l'automne.

MAÏS NAIN ROUGE D'ALGER (*Zea maïs*).

De la famille des Graminées; originaire du Pérou. Variété naine très-productive et à petits grains, qui peuvent être mangés par la volaille sans être concassés.

MAÏS NAIN BLANC D'ALGER.

En tout semblable au précédent, sauf la couleur.

MAÏS KING-PHILIP.

Cette variété, très-estimée en Amérique, est introduite seulement depuis quelques années; son produit est aussi abondant que notre Maïs ordinaire, mais bien plus précoce. Nous ne saurions trop en recommander la culture, qui réussit même dans le nord de la France.

COUCOURZELLE D'ITALIE (*Curcubita pepo*).

De la famille des Cucurbitacées; originaire d'Italie. Espèce de Courge qui, indépendamment de son emploi en potage comme ses congénères, donne un mets délicat avec ses jeunes fruits lorsqu'ils ont atteint une longueur de 10 à 15 centimètres. On les mange de plusieurs manières, mais c'est surtout frits qu'ils sont recherchés.

COURGE A LA MOELLE (*Cucurbita pepo*).

Originaire de l'Amérique méridionale. Très-estimée en Amérique, sous le nom de Moelle végétale. Elle est ici très-hâtive ; on la mange particulièrement à la sauce blanche ou farcie lorsque le fruit est à moitié grosseur. Arrivée à maturité, la chair est ferme et sèche, et peut se manger crue ; elle a un goût de noisette très-agréable. Cuite, elle est très-savoureuse en potage, mais elle manque un peu de sucre.

COURGE MUSQUÉE (*Cucurbita moschata*).

Originaire de l'Europe méridionale. Nous cultivons cette courge depuis trois années. Elle n'est pas aussi rustique ni aussi productive que nos Potirons et nos Courges ordinaires; mais, d'un autre côté, elle rachète ces inconvénients par une qualité supérieure et l'avantage de se conserver très-longtemps. Nous en avons gardé jusqu'en avril qui n'avaient rien perdu de leur qualité. Nous engageons les amateurs de bons potages maigres à la cultiver.

COURGE PORTEMANTEAU HATIVE (*Curcubita moschata*).

Originaire de l'Europe méridionale. Espèce très-hâtive, à chaire rouge, très-pleine. Elle est d'une bonne culture pour les climats du Nord. Ne l'ayant pas encore dégustée, nous ne pouvons, quant à présent, nous prononcer sur la qualité.

POTIRON VERT D'ESPAGNE (*Cucurbita maxima viridis*).

Ce potiron a la chair orangée, très-sucrée et savoureuse ; il se conserve longtemps, et doit, par conséquent, être cultivé de préférence aux gros potirons jaunes, qui ne sont plus conservés maintenant que par le commerce, qui vise plus à la quantité qu'à la qualité.

CITROUILLE DU CAP (*Cucurbita maxima*).

C'est la première fois que nous cultivons ce potiron, sur lequel nous ne connaissons rien de particulier. Il faudra attendre la maturité pour l'apprécier.

PASTÈQUE (*Cucurbita citrullus*).

Originaire d'Orient. Très-ancienne plante qui n'est cultivée au Jardin que parce qu'elle nous est arrivée sans indication. La pastèque ne nous rend ici aucun service. Ce n'est qu'en Provence qu'elle est avantageusement utilisée, soit en nature, soit en confiture. Le fruit que vous voyez est extraordinaire pour notre climat; cela tient à la chaleur exceptionnelle et continue de cette année.

IGNAME DE CHINE (*Dioscorea batatas*).

De la famille des Dioscorées; originaire de la Chine. L'igname n'est plus nouvelle; sa racine, accommodée comme les pommes de terre, fournit un mets délicat justement apprécié. Le seul défaut de ce légume est la longueur de sa racine, dont l'arrachage difficile n'a pas permis de l'utiliser dans la grande culture. Depuis plusieurs années, nous nous occupons d'en faire des semis, dans l'espoir de modifier la forme de sa racine. Quoique nous n'ayons pas jusqu'alors obtenu une modification bien sensible, nous avons un commencement d'amélioration qui nous engage à continuer, et nous espérons qu'avec le temps, nous parviendrons à généraliser cet excellent légume qui, jusqu'alors, n'a fourni qu'un mets de luxe.

CAROTTE ROUGE DEMI-LONGUE NANTAISE (*Daucus carotta*).

De la famille des Ombellifères; originaire d'Europe. Nouvelle espèce de l'ouest de la France que nous tenons de la maison Vilmorin de Paris. Elle est excellente, et son produit est assez abondant pour que nous en recommandions la culture.

POMMES DE TERRE (*Solanum tuberosum*).

De la famille des Solanées; originaires du Chili. Depuis quelques années, nous avons reçu un certain nombre de variétés nouvelles de ce précieux légume. La plus grande partie nous viennent des deux Amériques, et sont tout à fait nouvelles; d'autres ont été choisies dans les meilleures variétés cultivées depuis plus ou moins de temps, pour servir de comparaison. Nous n'avons conservé et nous ne conserverons que les variétés au moins égales aux anciennes. Ces variétés ont le grand avantage de n'avoir pas encore été atteintes par la maladie.

Les voici placées par ordre de maturité, en commençant par la plus hâtive, et en indiquant le poids moyen d'une touffe :

		kil.	
Mi-juillet...........	Handworth prolifique...	1	Europe.
Fin juillet	Marjolin.............	1	Europe.
Id.............	Lapston Kidney	2	Chili.
Id.............	Australie............	2	Australie.
Commencement d'août.	Santa Helena.........	1,800	Amérique méridionale.
Id.............	Innomée n° 1	1	Amérique septentrion.
Id.............	Id n° 3	1,200	Id.
Id.............	Black Kidney.	1,900	Canada.
Id.............	Blanchard............	2	Europe.
Id.............	Kidney rouge.........	1,800	Id.
Mi-août...........	Rufziana	2,300	Patrie ignorée.
Id.............	Caillaut.............	2,200	Id.
Id.............	Innomée n° 4	2,300	Amérique septentrion.
Fin août...........	Leseble	2,300	Patrie ignorée.
Id.............	Mazars...............	1,400	Europe.
Id.............	Innomée n° 2.........	2,600	Amérique septentrion.
Id.............	Confédérée...........	2,600	(*)
Commencement de sept.	Jaune longue de Hollande.	1,500	Europe.

(*) Importée, dit-on, en Angleterre, par un navire ayant forcé le blocus des ports des États-Unis du Sud, sur lequel elle avait été chargée comme provision. Le plus gros tubercule mesure plus de 31 centimètres de longueur.

Navet jaune de Finlande (*Brassica napus*).

De la famille des Crucifères ; originaire d'Europe. Cette variété de navet a été obtenue en Russie. Il acquiert une grande dimension, et sa chair jaune pâle est très-tendre et très-sucrée.

Radis gris du Texas (*Raphanus niger*).

De la famille des Crucifères ; originaire d'Europe. Cette variété de radis nous est venue du Texas. Nous ne lui avons pas trouvé de différence avec les radis noirs et les radis gris que l'on consomme à Paris. Il est très-probable qu'il est de même origine, et qu'il nous a été renvoyé, à tort, comme nouveauté.

Betterave longue jaune sucrée (*Beta vulgaris*).

De la famille des Chénopodées ; originaire d'Europe. Nouvelle espèce de l'ouest de la France, à chair jaune et destinée à l'usage de la table. Quoique généralement on préfère celles à chair rouge pour cet usage, on nous assure que celle-ci fera exception. Dans quelque temps, nous serons à même de juger la question et d'en recommander la culture s'il y a lieu.

BETTERAVE CRAPAUDINE OU ÉCORCE.

Variété hâtive à chair rouge foncée; originaire de l'Anjou. C'est une des meilleures à manger en salade; elle est plus grosse que l'ancienne variété et très-curieuse par sa peau simulant une écorce d'arbre. Cultivée ici déjà l'année dernière, elle a été trouvée très-bonne, et va cette année nous servir de comparaison avec la précédente.

TOMATE A TIGE ROIDE DE LAYE (*Lycopersicum pyramidalis*).

De la famille des Solanées; originaire de l'Amérique méridionale. Variété nouvelle, obtenue au château de Laye, dans le midi de la France. Son fruit est très-gros et plus charnu que celui de la tomate ordinaire. Nous en avons pesé un qui a atteint 345 grammes. Elle a en outre l'avantage de n'avoir pas besoin d'être soutenue par des tuteurs. C'est une excellente conquête que nous nous empressons de signaler aux amateurs, en les prévenant toutefois qu'elle est un peu moins acidulée que la tomate ordinaire.

HARICOT DE SEPT SEMAINES (*Phaseolus vulgaris*).

De la famille des Légumineuses; originaire de l'Inde. Ce haricot, qui nous vient de Chine, a justifié son titre pour la précocité. Il est très-productif, son grain est farineux et d'un goût particulier, très-agréable, ce qui nous engage à en recommander la culture.

HARICOT JAUNE CENT POUR UN.

Espèce très-estimée en vert pour la finesse de ses aiguilles. En grains, il n'est pas très-bon et produit un bouillon noir peu agréable à voir.

HARICOT SOLITAIRE.

Variété obtenue du haricot de Bagnolet, mais plus rameux, ce qui permet d'en semer un seul grain à la touffe (d'où le nom de Solitaire). Il a du reste les qualités du haricot de Bagnolet, qui est très-estimé.

HARICOT D'ALGER BLANC.

Espèce dite mange-tout, très-productive en vert et qui est délicieuse, si on a le soin de ne pas la laisser trop grossir.

POIS DE COMMENCHON (*Pisum sativum*).

De la famille des Légumineuses; originaire d'Europe. Nouvelle variété obtenue dans le Nord, il y a quelques années. Il est à peu près aussi hâtif que le Prince-Albert, mais plus productif; il est de bonne qualité.

POIS DE L'INDE.

Ce pois nous est arrivé trop tard pour être semé en bonne saison. Le peu de graines que nous avons récoltées nous permettront de le juger l'année prochaine.

TÉTRAGONE OU ÉPINARD DE LA NOUVELLE-ZÉLANDE (*Tetragonia expansa*).

De la famille des Ficoïdes; originaire de la Nouvelle-Zélande. Plante annuelle dont les feuilles antiscorbutiques se mangent comme les épinards, auxquels elle ne le cède en rien pour le goût. Le principal mérite de ce légume est de donner pendant la grande chaleur (de juin à septembre), époque à laquelle nos épinards produisent peu. Cette précieuse plante, qui n'est pas nouvelle, mérite d'être plus répandue qu'elle ne l'est. Elle est rustique et ne demande que quelques soins pour le semis, qui doit se faire en avril, en pot et sous châssis. Ensuite on la livre à la pleine terre, aussitôt que les gelées printanières ne sont plus à craindre, à raison d'une potée par mètre carré environ; on ne laisse dans chaque potée que les deux plus beaux pieds.

II. EXTRAITS DES PROCÈS-VERBAUX DES SÉANCES DU CONSEIL DE LA SOCIÉTÉ.

SÉANCE DU 10 NOVEMBRE 1865.

Présidence de M. RICHARD (du Cantal), vice-président.

Le procès-verbal de la séance précédente est lu et adopté.

— Des remercîments, pour leur récente admission, sont adressés par MM. Laburthe, Grouvelle, de Madriz.

— La Boston Society of Natural History demande l'échange du *Bulletin*. — Accordé.

— Il est déposé sur le bureau un numéro de la *Voix de la Roumanie*, du 26 octobre 1865, sur des échanges d'animaux entre le Jardin et le gouverneur des Principautés Unies. (Voy. au *Bulletin*, p. 582.)

— Son Exc. M. le Ministre des affaires étrangères transmet de la part de M. Chevreul un exemplaire du discours prononcé par lui à l'inauguration de la statue de Buffon à Montbard, et la copie d'une lettre de M. le directeur du Muséum d'histoire naturelle à l'occasion de cet envoi.

— M. Leplay, conseiller d'État, commissaire général de l'Exposition universelle de 1867, adresse le règlement général de cette Exposition, et invite la Société à lui faire connaître l'espace de terrain qui lui serait nécessaire. — Après quelques observations des membres présents, le Conseil décide que la Société se présentera à l'Exposition universelle de 1867, mais seulement pour des animaux et végétaux morts ou leurs produits.

— Son Exc. M. le Ministre des affaires étrangères informe le Conseil que, sur la demande de M. Ernest de Grandmont, précepteur des enfants du premier ministre du bey de Tunis, M. le général Khérédine a donné les ordres les plus formels aux chefs des tribus de l'intérieur de la Régence, à l'effet de réunir les animaux les plus rares et les plus curieux de la Tunisie, afin d'en enrichir le Jardin d'acclimatation. D'autre part, M. Ernest de Grandmont annonce l'envoi d'une collection de Pigeons domestiques et une paire de Gerboises, provenant du même pays. — Remercîments.

— M. Roehn annonce l'envoi d'une caisse d'objets d'histoire naturelle, et fait parvenir un rapport au chargé d'affaires de France au Venezuela, sur divers gisements de mines.

— M. Bretagne adresse une note sur l'efficacité du musc comme prophylactique du choléra.

— M. Sacc adresse une note sur l'utilisation des marais par l'importation du Castor et de la Zizanie aquatique. (Voy. au *Bulletin.*)

— M. Pinondel de la Bertoche demande que le Conseil lui donne en cheptel des Vaches métisses d'Yak, en attendant qu'il puisse avoir des animaux de pur sang.

— La Société régionale d'acclimatation pour la région du Nord-Est adresse un extrait de son *Bulletin : Le cheval mis à profit jusqu'au bout.*

— Son Exc. M. le Ministre des affaires étrangères transmet une dépêche télégraphique de M. Torelli, ministre du commerce et de l'agriculture du royaume d'Italie, relative à l'envoi d'Alpacas que la Société doit lui faire.

— M. Corbière de Juges annonce la naissance, à Font-Brûno, d'un métis d'Yak et de Vache bretonne. La femelle, âgée de quinze mois seulement, a mis bas en juillet un jeune Veau mâle, très-bien constitué et ressemblant, autant que possible, à son père. Ce jeune animal prospère et paraît devoir être aussi robuste que son père. M. Corbière de Juges renouvelle à cette occasion sa demande d'un Yak femelle et d'un lot d'Alpacas.

— M. Bussière de Nercy, receveur de l'enregistrement et des domaines à Chantelle-le-Château (Allier), adresse une Notice sur le Colin de Californie. (Voy. p. 637.)

— M. Ramel demande que la Société obtienne de Son Exc. M. le Ministre de l'intérieur une autorisation de prendre au filet, dans le département de l'Aude, quelques Alouettes Calandre, destinées à être remises, au nom de notre Société, à l'agent de la Société d'acclimatation de Melbourne, qui se charge de les ramener avec lui en Australie.

— Son Exc. M. le Ministre de l'intérieur annonce qu'il veut bien autoriser, en raison de son intérêt scientifique, la chasse d'Alouettes Calandre destinées à l'Australie. — Remercîments.

— M. Chagot aîné transmet le passage suivant d'une lettre de M. Bouteille sur ses éducations d'Autruches à Grenoble :

« Permettez-moi de signaler la différence qu'il y a entre » les reproductions d'Autruches obtenues à Marseille, à » Madrid et à Alger, et celles qui ont lieu à Grenoble, car ces » dernières seules me paraissent conduire à la domestication » de l'espèce.

» A Marseille, à Alger, à Madrid, on s'est ingénié à créer » aux Autruches de petits déserts, où, cachées aux regards » du public et loin des bruits de la basse-cour, elles trouvent » un semblant de patrie et de liberté. La nature y est chargée » de pourvoir à tout ce qui concerne la reproduction. Tout » s'y passe en plein air, et les couvées se trouvent ainsi expo- » sées aux vicissitudes du climat. Il est facile de concevoir » que ce procédé ne pourra jamais profiter qu'aux pays » analogues aux pays d'origine de l'Autruche, et qu'en » tous cas, il sera sans profit pour la domestication de » l'animal.

» A Grenoble, nous procédons autrement. Nos Autruches » vivent en basse-cour. Nos employés vivent avec elles et » leur donnent les mêmes soins d'alimentation et de propreté » qu'aux autres animaux. Le soir, à l'appel de leur gardienne, » elles rentrent dans la loge fermée, pour y passer la nuit, » tout comme les Poules. A l'époque de la reproduction, la » femelle vient pondre dans un lieu préparé, parfaitement clos » et couvert. L'incubation se fait ainsi à l'abri de toute intem- » périe. Ce dernier fait, celui de l'incubation, est le plus im- » portant de notre expérimentation : « Avoir fait nicher les » Autruches dans un lieu fermé, m'écrivait un de mes savants » correspondants lors de notre première réussite, c'est avoir » résolu le problème de leur domestication. La nature est

» domptée : il devient possible d'obtenir des résultats sous » toutes les latitudes. »

— Son Exc. M. le Ministre des affaires étrangères transmet une lettre de M. le docteur A. Gillet de Grandmont qui annonce que la commission impériale a réservé dans l'Exposition universelle de 1867 une large part à l'exhibition des engins et des produits de la pêche, et exprime le désir que ceux des membres de la Société qui s'occupent de la culture des eaux veuillent bien prendre part à cette Exposition.

— M. des Nouhes de la Cacaudière demande que la Société veuille bien faire exposer ses Truites en 1867.

— M. G. Lacoin adresse un rapport sur l'Exposition de pêche et d'aquiculture qui doit avoir lieu en 1866, à Arcachon, et diverses circulaires émanant de la Société scientifique d'Arcachon qui a pris l'initiative de cette entreprise.

— M. le président de l'Exposition de pêche à Boulogne-sur-Mer adresse un programme de cette Exposition qui doit avoir lieu du 1er au 16 août 1866.

— M. Hanson (de Stavanger) adresse une note sur ses expériences de pisciculture en Norvége et particulièrement sur les métis de *Salmo fario* et *Salmo Alpinus*.

— M. Delidon insiste sur l'inconvénient que présente la trop grande multiplication des chenilles et sur l'importance qu'il y a pour l'agriculture à ce que des mesures efficaces soient prises pour la destruction de ces animaux.

— M. Sacc propose au Conseil de mettre la Société en rapport avec MM. Vaucher (de Fleurier), pour toutes importations de Vers à soie du Mûrier ou du Chêne, de Chine ou du Japon.

— Son Exc. le Ministre des affaires étrangères transmet une lettre de M. E. Simon sur le commerce des graines de Vers à soie en Chine et au Japon. (Voy. *Bulletin*, p. 604.)

— M. André Leroy adresse des renseignements qui lui ont été fournis par plusieurs personnes auxquelles il avait confié les œufs de Vers à soie qu'il avait reçus de la Société et ajoute : « En ce qui concerne les Vers à soie du Chêne, j'en » ai élevé une centaine sur différentes espèces de Chênes, soit

» d'Europe soit de l'Inde ; tous ont semblé un aliment convenable aux Vers. L'espèce qu'ils mangeaient avec le plus de plaisir est le *Quercus cerris*, comme espèce d'Europe, puis le *Quercus palustris*, espèce d'Amérique. Comme je cultive le Chêne de Chine, même les deux espèces introduites par M. de Montigny, j'ai pu faire l'essai de leur feuille : les Vers l'ont mangée avec avidité, ils semblaient préférer la variété à feuilles lisses en dessous à celle qui est cotonneuse. Voici la liste des Chênes que j'ai expérimentés pour la nourriture de mes Vers à soie du Chêne. — EUROPE : *Quercus pedunculata, cerris, tozza, sessiliflora.* — AMÉRIQUE DU NORD : *Quercus palustris, coccinea, phillox.* — INDE : *Quercus glabra, tomentosa, annulata.* Les Vers ont parfaitement mangé toutes ces espèces de Chêne. J'ai élevé tous mes Vers jusqu'à la troisième phase, puis ils ont tous péri. Il en est arrivé de même à M. Blain, mon concitoyen ; il n'a sauvé que les Vers provenant de ses graines ; il paraît que cela est arrivé en partie à tous les Vers de provenance étrangère. Si M. Blain veut bien me donner de ces bonnes semences, je répéterai ces expériences avec plaisir. »

— Son Exc. M. le Ministre des affaires transmet le programme d'une Exposition internationale de fruits et de légumes dans les jardins de la Société royale d'horticulture de Londres à South-Kensington, qui aura lieu du 9 au 16 décembre 1865.

— M. le Président transmet une lettre de M. le docteur Ferdinand Mueller, directeur du Jardin botanique et zoologique de Melbourne, membre honoraire de notre Société, annonçant l'envoi d'une provision de graines de *Corypha Australis* et d'une petite collection d'autres graines d'Australie, qui sont toutes arrivées en parfait état. M. Mueller termine en se mettant entièrement à la disposition de notre Société. — Des remercîments seront adressés à notre zélé et dévoué collègue.

— M. A. Geoffroy Saint-Hilaire offre, au nom de M. Sabin Berthelot, des graines de plusieurs végétaux des Canaries. — Remercîments.

— M. le Secrétaire fait remarquer que la Société s'est procuré des Pommes de terre, dites *de trois mois*, venant de Brest, et qui doivent être plantées dès la fin de janvier. Les membres de la Société qui désirent en cultiver peuvent dès maintenant en faire la demande au siége de la Société.

— M. Sacc fait parvenir diverses brochures de M. Mosselmann, relatives à l'engrais humain. — Remercîments.

— M. André Leroy annonce l'envoi des marrons destinés par la Société au gouvernement de S. M. l'Empereur du Brésil, et qui ont été remis à Bordeaux entre les mains du consul de S. M. Impériale.

— MM. Brierre, Quevreux, Léon Maurice et le baron d'Aigueperse adressent des comptes rendus de leurs cultures.

Le Secrétaire du Conseil,

A. Geoffroy Saint-Hilaire.

III. CHRONIQUE.

Exposition universelle de 1867, à Paris.

COMITÉS D'ADMISSION.

(Classes XLII, XLIX, LXX et LXXXII.)

COMMISSION CONSULTATIVE POUR L'EXPOSITION DES OBJETS CONCERNANT LA CULTURE DES EAUX (1).

Les produits variés que les eaux douces et les mers peuvent fournir aux besoins de l'homme se répandent de plus en plus sur les marchés, à mesure que les moyens de communication plus rapides et moins coûteux ouvrent au commerce de plus larges débouchés. En devenant plus active, l'exploitation des eaux ne tarderait peut-être pas à compromettre les richesses naturelles qu'elle a pour but de mettre en œuvre, si l'on ne s'efforçait de substituer aux procédés grossiers d'exploitation usités dans un trop grand nombre de contrées une récolte intelligente des produits propres à la consommation ; si l'on n'enseignait aux pêcheurs l'art d'épargner et d'accroître les ressources de l'avenir par un aménagement méthodique et un ensemencement rationnel des eaux et des rivages.

Depuis plusieurs années, un grand concours d'efforts s'est produit dans cette direction. Des savants ont consacré leur expérience et leur parole à diriger les tentatives des hommes pratiques intéressés à ce genre de progrès. Les encouragements de l'opinion publique et les secours des gouvernements se sont ralliés peu à peu à cette œuvre naissante. Déjà des praticiens persévérants et habiles ont obtenu, isolément et en divers pays, des résultats importants dont la vulgarisation est à la fois un moyen de succès pour leurs auteurs et un utile enseignement pour le public.

L'Exposition universelle de 1867 offre aux personnes qui s'occupent de la culture des eaux l'occasion d'une grande publicité ; ce concours universel leur permettra de comparer leurs engins et leurs procédés d'exploitation, leurs produits, leurs méthodes d'aménagement et de multiplication ; de cette comparaison résulteront de nouveaux et rapides progrès ; les produits déjà obtenus se révéleront aux consommateurs et s'ouvriront ainsi les débouchés dont ils ont besoin. Dans le classement général des produits du travail, la Commission impériale qui dirige cette Exposition n'a pas pu réunir en un même groupe tous les objets qui se rattachent à la culture des eaux ; mais elle leur a peut-être ménagé plus de ressources pour se manifester aux yeux du public en les distribuant dans quatre classes de son système de classification.

(1) Cette Commission se compose de MM. Coste, de l'Institut, professeur au Collége de France, *président* ; Gillet de Grandmont, docteur en médecine, *secrétaire* ; Lestiboudois, conseiller d'État ; Payen, de l'Institut, professeur au Conservatoire des arts et métiers ; Coumes, ingénieur en chef des ponts et chaussées ; Duméril, professeur au Muséum d'histoire naturelle, Z. Gerbe, préparateur au Collége de France ; A. Focillon, professeur au lycée Louis-le-Grand.

La classe XLII (*Produits de la Chasse, de la Pêche et des Cueillettes*), installée dans une des salles de la cinquième galerie du Palais (Galerie des *Produits des Industries extractives*), comprendra les produits de l'exploitation des eaux qui ne servent pas à la nourriture de l'homme, et que l'on peut ranger dans les catégories suivantes : 1° produits employés dans l'industrie ou l'agriculture : huiles d'animaux marins ; blanc de baleine ou sperma ceti ; colle de poisson ou ichthyocolle ; peaux de requins ou de squales divers, tels que galuchat, peau de chien de mer, de sagre, d'aiguillat ; écailles de tortues ; ambre gris ; nacre et perles ; sépia ; matières colorantes tirées des mollusques ; corail brut ; éponges ; varechs, goëmons ; débris de poissons employés comme engrais ; sables de mer, tangue, maërl, sables de rivières, calcaires madréporiques et madrépores ; — 2° produits utilisés en pharmacie : huiles de foie de morues ou de squales à l'état brut, yeux d'écrevisses, sangsues, mousse de Corse, fucus, laminaires ; — 3° produits des eaux encore peu connus ou sans emploi, présentés comme documents d'histoire naturelle.

La classe XLIX (*Engins et Instruments de la Chasse, de la Pêche et des Cueillettes*) est destinée à réunir sous les yeux du public les instruments et appareils employés dans l'exploitation et la culture des eaux. Ces objets d'exposition seront groupés dans la vaste galerie des *Instruments et Procédés des Arts usuels*, mais toutes les fois que leurs dimensions l'exigeront, c'est au bord de la Seine ou dans le Parc qu'ils seront installés dans les conditions les plus propres à faire connaître leurs usages et faire apprécier leur utilité. On peut citer comme appartenant à cette classe : 1° instruments et procédés de pêche et de conservation : bateaux de pêche, pièces de gréement spéciales à la pêche, tonnes, paniers et autres objets d'arrimage des bateaux pêcheurs ; bateaux-viviers, bateaux-glacières, bateaux flottants, boutiques ; aquariums, bassins ; modèles ou spécimens de pêcheries, bourdigues ; filets et engins de pêche, lignes, hameçons, harpons, matières premières de la fabrication, de la teinture et de la conservation des filets, lignes et autres engins ; instruments de détroquage des huîtres, appâts de tous genres ; appareils de transport des animaux aquatiques vivants, souffleries et procédés d'aération appliqués au transport de ces animaux, procédés d'emballage des produits de pêche dirigés sur les marchés, appareils et procédés de conservation, marinade, salaison, boucanage des poissons ; matières employées dans ces opérations ; plans et modèles des établissements où elles se pratiquent, des habitations de pêcheurs ; objets d'équipement ou pièces de costume propres à l'exercice de leur industrie ; — 2° instruments et procédés de culture et d'ensemencement : appareils d'exploration, tels que scaphandres, cloches à plongeur, bateaux plongeurs destinés à la pêche du corail et des éponges ; plans, cartes, tracés des fonds de mer, de lacs ou de rivières ; plans et modèles d'échelles à saumons, d'écluses, de digues, de frayères, de parcs-viviers ; machines de dragage et d'assainissement des fonds ; appareils de reproduction artificielle, modèles de bouchots à moules, appareils collecteurs; moyens et appareils d'emballage pour l'expédition des œufs; procédés de production artificielle des perles, d'engraissement des animaux aquatiques; ouvrages scientifiques ou pratiques relatifs à l'exploitation et au repeuplement des eaux; — 3° animaux et produits utiles ou nuisibles à l'exploitation des eaux; spécimens ou exemplaires conservés.

Dans la galerie des *Aliments et Boissons*, qui se développe au pourtour du Palais, viendront se ranger les produits alimentaires de la pêche, compris dans la classe LXX (*Viandes et Poissons*) : oiseaux aquatiques et leurs produits, tortues comestibles et leurs œufs, grenouilles et autres batraciens, poissons comestibles de toutes sortes, homards, langoustes, crabes, crevettes, écrevisses, sèches, calmars, huîtres, moules, vignots et autres coquillages, holothuries, oursins ou châtaignes de mer, algues comestibles. Tous ces objets pourront être présentés à l'état frais, et, dans ce cas, la vente journalière en sera permise pour en assurer le renouvellement. Ils pourront aussi être présentés à l'état de conserves alimentaires, salaison, saurage, etc. Quant aux spécimens d'animaux aquatiques comestibles, conservés ou montés par les méthodes des naturalistes, ils devront être réunis aux objets compris dans la classe XLII, mentionnée ci-dessus Tous les objets de la classe LXX pourront, à la condition d'être renouvelés, être vendus et livrés aux visiteurs.

Enfin la Commission impériale a voulu ménager les moyens de présenter en action les procédés d'amélioration, de multiplication, et les produits mêmes de la culture des eaux à l'état vivant. La classe LXXXII (*Poissons, Crustacés et Mollusques*), entièrement installée dans le Parc ou sur le bord de la Seine, est affectée aux appareils d'incubation, d'éclosion et d'élevage, aux échelles à saumons, digues et écluses, bouchots à moules, parcs à huîtres, etc., en pleine expérimentation; aux aquariums peuplés de leurs habitants, aux bassins, viviers, etc., mis en action. Sous la direction de la Commission consultative, un aménagement particulier du Parc a été étudié, en vue de préparer les dispositions de terrain propres à ces divers genres d'établissements. C'est aux exposants qu'il appartiendra de s'entendre entre eux pour les installer et les construire en prenant, selon leur industrie, chacune des parties comme objets d'exposition. Les constructeurs de rocailles et autres accidents des petits cours d'eaux, de bassins et autres appareils hydrauliques, les fabricants d'aquariums, se concerteront avec les pisciculteurs, et autres praticiens qui peuvent exposer les animaux aquatiques. La Commission impériale fournira tous les renseignements nécessaires pour mettre en rapport les exposants de ces diverses catégories, et elle laissera à chacun la faculté de placer sur le produit qu'il aura installé dans l'ensemble son nom, sa résidence et son genre d'industrie.

La Commission consultative, instituée pour diriger l'exposition des objets qui concernent la culture des eaux, fait donc appel à toutes les personnes qui peuvent vulgariser les indications contenues dans la présente note, et particulièrement aux Présidents de Comités départementaux, aux Ingénieurs des ponts et chaussées, aux Préfets et aux Commissaires maritimes des villes du littoral de la France, aux Capitaines de port, aux membres des Sociétés diverses qui ont voué leurs efforts aux progrès de la culture des eaux. Les demandes d'exposition qui n'auraient pas encore été adressées au Commissariat général, à Paris, devront être faites maintenant par l'intermédiaire du Président du Comité départemental, qui les fera parvenir au Commissaire général. Il importe de faire ces demandes sans aucun retard, car la répartition des espaces a commencé dans le mois de novembre, et toute demande tardive risquerait d'arriver lorsque cette répartition serait achevée.

Pour la Commission consultative :

Le Président, COSTE.

Le Secrétaire, A. GILLET DE GRANDMONT.

Eucalyptus et Dahlia imperialis.

Lettre adressée à M. le Président de la Société impériale d'acclimatation, par M. HUBER, d'Hyères, membre de la Société.

..... Dans l'envoi que nous devons à votre bienveillance, se sont trouvées des graines d'*Eucalyptus globulus*, et à ce sujet nous nous permettons de vous transmettre quelques renseignements sur cet intéressant et bel arbre.

Nous possédons dans notre établissement un magnifique exemplaire de cette Myrtacée gigantesque. Il est en pleine terre et provient d'un semis que nous avons fait au printemps 1857. Bien qu'il n'y ait que huit ans de cela, cet arbre a atteint aujourd'hui la hauteur phénoménale de 17 mètres. En ce moment il est en pleine floraison et c'est, du reste, la cinquième année déjà qu'il fleurit. Les graines que nous en avons récoltées ces dernières années sont très-bonnes.

Les boutons de fleurs ainsi que les fleurs épanouies de l'*Eucalyptus globulus* ne ressemblant en rien à nos arbres européens, nous avons pensé que des branches fleuries de cet arbre ne seraient pas indignes de votre bonne attention et nous vous en avons adressé hier, dans une caissette. — Nous y avons joint des branches fleuries de l'*Eucalyptus saligna*, qui est d'un développement moins rapide et dont les proportions ne sont pas colossales comme celles de l'*Eucalyptus globulus*. — Enfin nous avons ajouté quelques fleurs de notre superbe *Dahlia imperialis*, introduit du Mexique par M. Roezl et que nous sommes les premiers à avoir en floraison, en pleine terre, en France.

Veuillez agréer, etc. *Signé* : CH. HUBER frères et Cie.

I. TRAVAUX DES MEMBRES DE LA SOCIÉTÉ.

RAPPORT SUR LES TROUPEAUX CONFIÉS PAR LA SOCIÉTÉ A TITRE DE CHEPTELS,

Par M. Frédéric DAVIN,
Membre du Conseil.

(Séance du 29 décembre 1865.)

Messieurs,

J'ai l'honneur de vous rendre compte des travaux et de l'inspection des cheptels dont vous avez bien voulu me charger. Je suis heureux de vous dire, messieurs, que nos chepteliers ont bien mérité de la Société, et que tous ont rivalisé de zèle, de soins et d'intelligence dans la mission qui leur a été confiée. Il ne faut pas nous dissimuler, messieurs, que c'est une rude tâche pour celui qui veut bien se charger d'animaux qu'il ne connaît pas ; il faut, en vérité, avoir le feu sacré de l'acclimatation pour suivre ces animaux pas à pas, étudier leurs habitudes, la nourriture qui leur convient, et arriver enfin à les acclimater sans dégénérescence et sans mortalité.

La toison de la Chèvre d'Angora est très-susceptible à se feutrer, aussi ai-je recommandé à nos chepteliers d'éviter à la bergerie la pression des animaux l'un contre l'autre, d'exiger une grande propreté de la part de ceux qui les soignent, et en cas de nécessité, de brosser et peigner la toison ; il ne faudra pas attendre trop longtemps pour faire la tonte, et il serait bon d'en avancer au besoin la coupe. Que nos chepteliers en soient bien convaincus, une toison feutrée perd la majeure partie de sa valeur.

J'ai eu à visiter six cheptels :

1° Celui de M. le docteur Bonnes, situé à 23 kilomètres sud de Narbonne, au château de Gléon (*Aude*).

2° Celui de M. Fabre, directeur de la ferme-école de Saint-Privat, près de Carpentras (*Vaucluse*).

3° Celui de M. Pinondel de la Bertoche, au Chalet d'Arguel, 14 kilomètres de Besançon (*Doubs*).

4° Celui de M. F. Lequin, directeur de la ferme-école de Lahayevaux (*Vosges*).

5° Celui de M. Euriat-Perrin, à Roville, près de Nancy, 15 kilomètres (*Meurthe*).

6° Celui de M. F. Jacquemart, à Quessy, près de la Fère (*Aisne*).

CHEPTEL DE M. LE DOCTEUR BONNES.

La propriété se compose de 300 hectares au milieu des montagnes ; un petit ruisseau coule près de la maison ; la situation et les terrains sont parfaitement propices à l'élevage de la Chèvre d'Angora. M. le docteur Bonnes est un homme très-intelligent et consciencieux ; notre petit troupeau y sera parfaitement soigné et devra prospérer.

M. le docteur Bonnes a, depuis fort peu de temps, notre cheptel; il lui a été remis par M. Fabre, qui ne peut le conserver dans sa localité.

Un premier envoi a été fait à M. Bonnes par M. Fabre ; il se compose de treize animaux détaillés comme suit :

Premier envoi fait avant mon arrivée.

1 Bouc vieux de pur sang.
1 Bouc de deux ans, pur, petit, mais très-bien fait, belle soie, né chez M. Fabre.
1 Bouc de quatre ans, pas très-pur.
1 Chèvre de pur sang, belle, six à sept ans.
1 Chèvre de pur sang, id., id.
1 Chèvre de pur sang, belle soie, deux ans, née chez M. Fabre.
1 Chèvre de pur sang, belle soie, deux ans, id.
2 Chèvres sans nature mauvaise, quatre à cinq ans (à tuer).
3 Chèvres id., très-vieilles (à tuer).
1 Chèvre vieille, sans cornes, de demi-sang (une oreille malade).
13 animaux.

Deuxième envoi fait par M. Fabre après mon inspection.

1 Bouc de trois quarts de sang, deux ans.
1 Bouc de trois quarts de sang, deux ans.
4 Boucs de trois quarts de sang, six mois.
1 Bouc de demi-sang, six mois.
1 Chèvre de trois quarts de sang, deux ans.
1 Chèvre de trois quarts de sang, deux ans.
4 Chèvres petites, d'un quart de sang, six mois.
13 animaux.

Ensemble 26 animaux, dont il conviendra de supprimer les 5 vieilles bêtes sans nature. Il restera alors 21 têtes.

CHEPTEL DE M. FABRE.

M. Fabre a reçu un cheptel composé de treize animaux. Ce cheptelier ayant exprimé l'intention de ne pas conserver notre petit troupeau de Chèvres, la Société impériale s'est empressée de le confier en cheptel à M. le docteur Bonnes, qui avait manifesté le désir de le recevoir et de le faire prospérer à notre satisfaction. Les treize animaux formant la souche du cheptel ont d'abord été envoyés à M. Bonnes, et, parmi ces animaux, se trouvent un Bouc de deux ans et deux Chèvres purs, nés chez M. Fabre. (Il y avait eu trois mortalités parmi les treize animaux envoyés par la Société.) Le deuxième envoi fait à M. Bonnes, composé de treize animaux nés chez M. Fabre, provient du partage que nous fîmes ensemble à l'amiable ; je dois toutefois dire à la louange et à la générosité de M. Fabre, qu'il a bien voulu me laisser choisir dans la part qui nous revenait les plus belles bêtes nées chez lui. M. Fabre a dû cesser à regret de garder plus longtemps son cheptel ; il n'était pas dans un pays convenable pour l'élevage de la race caprine, et certes il y a eu courage à lui à conserver dans sa culture un troupeau de Chèvres qui lui a été très-onéreux.

CHEPTEL DE M. PINONDEL DE LA BERTOCHE.

La propriété de M. de la Bertoche, dite Chalet d'Arguel, se trouve à 14 kilomètres de Besançon ; elle est située sur un vaste plateau en haut d'une montagne. 350 hectares de bois, terres, prairies et vignes, composent ce domaine. Des pâturages de plusieurs natures, plus ou moins substantiels, sont à la disposition de nos animaux. Nous ne pouvions trouver un cheptel plus convenable sous tous les rapports pour l'acclimatation de nos Alpacas et Lamas. Nos animaux sont magnifiques de vigueur et d'aspect ; le poil de leur toison est nerveux et homogène, l'œil est vif, la peau tendue et d'un blanc rosé, indiquant leur rusticité et leur excellent état de santé.

La bergerie est située près d'une grande cour terrassée, où nos animaux peuvent prendre leurs ébats ; la cuisine, donnant sur cette cour, excite toujours leur attention, car la cuisinière, qui a su les y attirer par toutes sortes de friandises, telles que sel, débris de légumes, etc., est parvenue à les domestiquer et à les rendre peu craintifs. J'ai été on ne peut plus étonné et satisfait, en arrivant au Chalet, de voir nos Alpa-Lamas courir vers moi et m'entourer sans aucune crainte. M. de la Bertoche a, pour diriger et soigner nos Alpacas et Lamas, un ancien sous-officier d'artillerie, qui surveille et étudie ces animaux avec la plus grande sollicitude ; c'est certainement à ses soins et à ses attentions de tous instants que nous devons en partie le bon état de santé dans lequel se trouve notre petit troupeau.

Je joins à mon rapport une note détaillée de cet excellent gardien, dans laquelle il nous fait part de ses impressions après l'étude qu'il fit sur ces nouveaux animaux. J'espère, messieurs, que, répondant à mes désirs, vous voudrez bien accorder une prime pécuniaire au sieur Moutotte, garde de M. de la Bertoche.

Un petit berger fort intelligent, qui a su se faire aimer de son troupeau, s'acquitte on ne peut mieux de sa mission.

M. de la Bertoche a manifesté le désir de recevoir dans son cheptel des Chèvres d'Angora et des Yaks, afin d'en obtenir un croisement qui devra rendre de grands services dans ce pays de montagnes.

J'ai promis à M. de la Bertoche d'appuyer sa demande auprès de la Société, qui s'empressera, je l'espère, de l'accueillir favorablement.

Animaux existant chez M. de la Bertoche.

Nos 1. Un *mâle* noir, de trois quarts de sang Alpaca, très-beau et vigoureux (sert principalement pour la lutte).

2. Un *mâle* brun et blanc Alpa-Lama, assez bien portant, avait été malade au commencement de l'année (destiné à l'Italie).

3. Un *mâle* blanc, de trois quarts de sang Alpaca, né au jardin du bois de Boulogne ; il avait huit mois en partant pour le Chalet d'Arguel ; bel animal et belle toison.

4. Une femelle marron et blanc, Alpa-Lama (mère du petit blanc), un peu fatiguée, maigre.

Nos 5. Une femelle brune, métisse (venant de l'Équateur), belle bête; a avorté.

6. Une femelle brun fauve (venant de l'Équateur), belle bête; a fait un joli animal femelle.

7. Une femelle brun clair, en bon état (venant de l'Équateur); a fait un petit, mort après quarante-huit heures.

8. Une femelle brun foncé, en très-bon état, venant de l'Équateur.

Naissances chez M. de la Bertoche.

9. Un *mâle* Alpaca blanc presque pur, très-beau de formes et bien portant, magnifique toison très-fine; six mois environ.

10. Un *mâle* de trois quarts de sang Alpa-Lama, magnifique de formes, marron fauve; il a tout à fait la tête et les formes de l'Alpaca.

11. Une femelle marron, tête noire, très-fine de formes, vigoureuse, d'un tiers de sang Alpaca.

Mortalité.

Une femelle blanche et marron, morte en avortant.
Une femelle brun clair (Équateur), morte vingt-huit jours après avoir mis bas un petit mort-né.
Un mâle blanc, Alpa-Lama, très-vieux.

CHEPTEL DE M. FRÉDÉRIC LEQUIN.

(Ferme modèle à Lahayevaux, 20 kilomètres de Neufchâteau.)

M. F. Lequin est un éleveur persévérant, courageux et soigneux; quoique n'étant pas dans les conditions économiques voulues pour l'élevage de la race caprine, il n'a rien négligé pour obtenir un troupeau du premier ordre et dont les toisons fines de nos Chèvres d'Angora ne dégénèrent aucunement.

Le troupeau de Chèvres d'Angora de M. Lequin est, sans contredit, le plus beau comme finesse de toisons; ses animaux sont parfaits de santé; leur peau rosée et tendue atteste que la nourriture est bonne, et que les soins ne leur manquent pas.

Un magnifique Bouc d'un an, très-beau de formes, une toison de grande finesse et sans aucune jarre, permettra à M. Lequin d'obtenir de très-beaux résultats dans les nouvelles naissances.

J'ai été fort heureux d'adresser à la sœur de M. Lequin des remercîments bien sincères au nom de la Société, pour les soins de tous instants qu'elle donne à notre troupeau de Chèvres d'Angora, ainsi qu'à nos Yaks. Les deux fils de cette dame méritent aussi d'être signalés à notre reconnaissance, principalement pour le dressage de nos Yaks. J'ai vu l'un de ces jeunes gens monter sur l'Yak mâle pur sang, et le diriger en tous sens, soit au trot, soit au pas, en le conduisant par une simple courroie attachée à un anneau fixé au nez.

M. Lequin avait eu l'espoir d'obtenir le prix pour la naissance d'Yaks de pur sang nés chez lui ; malheureusement, deux mortalités sur cinq naissances sont venues détruire ce qu'il espérait.

1° *Chèvres d'Angora envoyées par la Société.*

Nos 1. Bouc de pur sang, bel animal, bonne toison, demi-fine.
2. Chèvre de pur sang, cinq ans, en bon état.
3. Chèvre de pur sang, id., id.
4. Chèvre de pur sang, id., id.
5. Chèvre d'un quart de sang, cinq ans, belle de formes.
6. Chèvre d'un quart de sang, id., id.
7. Chèvre, peu de sang, six ans, id.
8. Chèvre, peu de sang, six ans, id.
9. Chèvre d'un quart de sang, six ans, id.
10. Chèvre d'un quart de sang, cinq ans, id.
11. Chèvre d'un quart de sang, cinq ans, id.
12. Chèvre, peu de sang, vieille (à tuer).
13. Chèvre, id., grise, vieille (id.).
14. Chèvre, id., grise, jarreuse (id.).
15. Chèvre, id., échine grise (id.).
16. Chèvre, id., échine grise (id.).
17. Chèvre, id., échine grise (id.).

Ensemble 17 têtes envoyées par la Société. — 6 bêtes à tuer.

Naissances.

Nos 18. Bouc d'un an, très-pur, admirable de formes, magnifique toison, fine, sans jarre (doit servir de reproducteur).
19. Bouc de pur sang, huit mois, très-bel animal.
20. Bouc castré, de trois quarts de sang, belle toison, un an.
21. Bouc castré, id., id., un an.
22. Bouc castré, id., id., dix-huit mois.
23. Bouc castré, id., id., six mois.
24. Bouc castré, id., id., six mois.
25. Bouc castré, id., id., six mois.
26. Bouc castré, id., id., six mois.
27. Bouc castré, id., id., six mois.
28. Bouc castré, id., id., six mois.

Nos 29, 30, 31, 32, 33, 34, 35, 36, 37. Neuf Boucs castrés de six mois à deux ans, d'un quart, de demi, de trois quarts de sang, vilains de formes, toisons jarreuses, gris, etc., *à tuer*.

38. Chèvre de pur sang, belles formes et belle toison, un an.
39. Chèvre de pur sang, id., id., huit mois.
40. Chèvre de pur sang, id., id., huit mois.
41. Chèvre de trois quarts de sang, bonne toison, assez bien faite, deux ans.
42. Chèvre de trois quarts de sang, id., id., deux ans.
43. Chèvre de trois quarts de sang, id., id., deux ans.
44. Chèvre de trois quarts de sang, id., id., huit mois.
45. Chèvre de trois quarts de sang, id., id., six mois.
46. Chèvre de trois quarts de sang, id., id., six mois.
47. Chèvre de trois quarts de sang, belle de formes, bonne toison, échine grise, deux ans.
48. Chèvre de trois quarts de sang, belle de formes, id., id., deux ans.
49. Chèvre de trois quarts de sang, belle de formes (pleine), deux ans.

Résumé.

11 Bêtes du cheptel, dont 1 Bouc et 10 Chèvres.
6 Bêtes du cheptel à tuer, vieilles Chèvres.
2 Boucs de pur sang.
3 Chèvres de pur sang.
9 Boucs de trois quarts de sang, castrés.
9 Boucs d'un quart, de demi, de trois quarts de sang, castrés, à tuer.
9 Chèvres de trois quarts de sang.
———
49
15 Bêtes à tuer.
———
34 Reste un troupeau de 34 têtes, le 25 septembre 1865.

2° *Yaks confiés par la Société.*

Un mâle de pur sang, sans cornes, très-bel animal, belle peau, en très-bon état.
Une femelle de pur sang en très-bon état.

Naissances chez M. Lequin.

Deux jeunes Yaks mâles purs, jumeaux, dix-huit mois, très-beaux, très-doux, en bon état.
Une femelle pure, dix-huit mois, en parfait état. (La mère morte du farcin.)
M. Lequin a perdu deux jeunes Yaks purs venus à huit jours.

Yaks de demi-sang.

Un mâle de demi-sang, six mois, provenant de Vache bretonne, très-bel animal, en parfait état.

Une femelle de demi-sang, six mois, très-belle de formes, provenant de Vache bretonne.

Une femelle de demi-sang, trois mois, provenant d'une Vache du pays. Cette bête est aussi forte que celle ci-dessus âgée de six mois.

Mortalité.

Une femelle de pur sang morte du farcin.

M. EURIAT-PERRIN.

Le troupeau de M. Euriat-Perrin est placé dans de très-bonnes conditions hygiéniques; sa ferme de Roville, placée près des montagnes des Vosges, convient admirablement à l'élevage des Chèvres d'Angora. M. Euriat est un agriculteur habile et consciencieux; notre troupeau, que j'ai trouvé dans un état parfait de santé, ne pouvait tomber dans de meilleures mains. Un berger, vraiment amoureux de ce troupeau, n'a pas peu contribué à la bonne réussite de notre cheptel; je recommande ce gardien tout particulièrement à la Commission des récompenses.

Animaux envoyés par la Société.

Nos 1. Bouc de trois à quatre ans (il avait six mois), bel animal, mais à poil commun; toutes les naissances se sont ressenties de la toison de cet animal.
2. Bouc de six ans, soie commune, mal fait.
3. Chèvre de pur sang, six ans, assez belle de formes et de toison.
4. Chèvre id., six ans, belle bête, bien faite.
5. Chèvre id., quatre ans, assez belle, toison passable.
6. Chèvre id., six ans, soie commune sur l'échine.
7. Chèvre id., très-vieille, a une jambe cassée, plus de dents (à tuer).
8. Chèvre d'un quart de sang, vieille, sept ans, assez belle de formes.
9. Chèvre de pur sang, grise, huit ans, id.
10. Chèvre d'un quart de sang, vieille, mauvaise (à tuer).
11. Chèvre, peu de sang, vieille, mauvaise (id.).
12. Chèvre marron, six ans, mauvaise (id.).

Ensemble 12 animaux envoyés par la Société, dont 4 à tuer.

Naissances de mâles de pur sang.

Nos 13, 14, 15, 16, 17, 18, 19, 20, 21. Neuf Boucs de pur sang envoyés au Jardin du bois de Boulogne (un an et plus).
22. Bouc de pur sang, un an, échine à poils durs, assez bel animal (un bouton).
23. Bouc de pur sang, six mois, soie commune sur l'échine.
24. Bouc de pur sang, six mois, id.
25. Bouc de pur sang, six mois, id.

Naissances de Chèvres de pur sang.

N°s 26. Chèvre de pur sang, deux ans, soie commune sur l'échine.
27. Chèvre de pur sang, un an, belle bête, bien faite.
28. Chèvre de pur sang, un an, belle bête, bien faite.
29. Chèvre de pur sang, six mois, belle de formes.

Résumé des naissances de pur sang.

9 Boucs d'un an et au-dessus envoyés au Jardin.
1 Bouc d'un an.
3 Boucs de six mois.
3 Chèvres d'un an et au-dessus.
1 Chèvre de six mois.

Ensemble 17 animaux de pur sang.

Naissances de mâles d'un quart, de demi et de trois quarts de sang.

N°s 30. Bouc d'un an, de trois quarts de sang, belle soie, échine commune.
31. Bouc de huit mois, de trois quarts de sang, bel animal, bien fait.
32. Bouc de six mois, de demi-sang, soie grosse, échine grise.
33. Bouc de six mois, de demi-sang, assez belle soie.
34. Bouc de six mois, de trois quarts de sang, belle toison.
35. Bouc castré, six mois, de demi-sang, belle toison.
36. Bouc gris, castré, de demi-sang (à tuer).
37. Bouc castré, six mois, d'un quart de sang (id.).
38. Bouc castré, peu de sang (id.).
39. Bouc castré, de demi-sang, jarreux (id.).
40. Bouc gris, castré, d'un quart de sang, six mois (id.).
41. Bouc castré, peu de sang (id.).
42. Bouc castré, peu de sang (id.).

Ensemble 13 Boucs d'un quart, de demi et de trois quarts de sang, dont 7 à tuer.

Naissances de femelles d'un quart, de demi et de trois quarts de sang.

N°s 43. Chèvre de dix-huit mois, échine commune, grise, de trois quarts de sang.
44. Chèvre de dix-huit mois, assez belle, de trois quarts de sang.
45. Chèvre de deux ans, assez belle, id.
46. Chèvre de deux ans, belle, bien faite, de demi-sang.
47. Chèvre d'un an, assez belle, id.
48. Chèvre d'un an, assez belle, id.
49. Chèvre d'un an, belle, bien faite, de trois quarts de sang.
50. Chèvre de six mois, bonne, assez belle, id.
51. Chèvre de six mois, bonne, assez belle, de demi-sang.
52. Chèvre de six mois, belle, bien faite, de trois quarts de sang.
53. Chèvre de six mois, assez bonne, de demi-sang.
54. Chèvre de six mois, assez bonne, de trois quarts de sang.
55. Chèvre de six mois, poil jaune, assez belle, d'un quart de sang.
56. Chèvre de deux ans, mauvaise, peu de sang (à tuer).
57. Chèvre de six mois, jaune, peu de sang (id.).
58. Chèvre d'un an, jaune, peu de sang (id.).

Ensemble 16 Chèvres d'un quart, de demi et de trois quarts de sang, dont 3 à tuer.

Résumé des naissances d'un quart, de demi et de trois quarts de sang.

6 Boucs de demi et de trois quarts de sang, à conserver.
7 Boucs castrés (à tuer).
13 Chèvres de demi et de trois quarts de sang, à conserver.
3 Chèvres mauvaises (à tuer).

29

En déduisant les 9 Boucs de pur sang envoyés au Jardin d'acclimatation, et en supprimant les 14 bêtes désignées pour être abattues, le troupeau de M. Euriat se trouvera réduit à 35 têtes au 27 septembre 1865.

M. FRÉDÉRIC JACQUEMART.

Notre excellent et zélé confrère, qui a déjà tant fait pour notre Société, et ne cesse de lui être si dévoué et si utile, a bien voulu se charger du petit troupeau de Brebis chinoises, dites *Ti-yang* (ancien *Ong-ti*), afin d'étudier et de suivre les naissances de cette race que l'on nous vantait tant à cause de sa fécondité.

Depuis plus d'une année que ce troupeau se trouve entre les mains de notre collègue, il n'a pu que constater des résultats en tout semblables à ceux obtenus dans sa magnifique bergerie composée d'environ 1400 bêtes de la race Mérine pure et Mérine-Alfort (Rambouillet, Mauchamp, Dishley), c'est-à-dire de n'obtenir qu'un agneau par année, et rarement deux, comme cela arrive quelquefois dans nos troupeaux de France.

Le mérite prolifique que l'on attribuait à cette race ne s'étant pas effectué chez ces Moutons dans notre pays, il n'y a vraiment pas de raison pour conserver davantage une race dont les formes sont beaucoup moins belles que celles de nos animaux de France, et dont la laine dure et excessivement jarreuse n'offre que de bien faibles avantages à la vente. Toutefois je ne puis m'empêcher de constater un fait qui m'a paru digne de remarque, c'est le croisement d'un Bélier chinois avec plusieurs Brebis mérinos. Ce croisement a donné des résultats fort satisfaisants au point de vue de la viande, de la laine et des formes. Un jeune Bélier de onze mois, que nous fîmes peser sur place, nous a donné 71 kilogr.; j'ai trouvé ce poids extraordinaire pour un animal aussi jeune. La laine, que je trouvais si mauvaise et si peu tassée chez les animaux de pur sang chinois, avait un tout autre aspect chez le demi-sang ; et tout en ayant conservé son brillant et son aspect lisse, comme on la trouve dans la race de Mauchamp, qui ont, à mes yeux, une valeur incontestable, je fus, je l'avoue, fort surpris, de voir une toison assez tassée, fine, forte de mèche, très-longue de brins, et, chose extraordinaire, presque exempte de jarres ou poils morts. Chez les autres animaux de demi-sang que j'examinai ensuite, je trouvai également une force et un poids à peu près semblables au premier que nous pesâmes.

J'ai donc engagé notre excellent confrère à conserver douze à quinze des plus belles Brebis du troupeau chinois, ainsi que deux Béliers choisis, et de continuer à faire des croisements divers, soit avec mâle chinois et Brebis mérinos, soit avec Béliers Mérinos-Mauchamp demi-sang ou Mérinos-Rambouillet et Brebis chinoises.

Un de nos collègues, M. Teyssier des Farges, a fait faire quelques croisements avec un Bélier chinois et des Brebis du magnifique troupeau mérinos de M. Garnot de Genouilly. Une mèche provenant de croisement m'ayant été soumise, j'ai remarqué beaucoup de ressemblance avec la laine du même croisement obtenu chez M. Jacquemart; toutefois j'ai trouvé un peu plus de finesse dans la laine des métis de M. Jacquemart.

Je me propose de travailler la laine de ces croisements, et d'en montrer les produits en peignés, fils et tissus, à notre prochaine exposition de 1867.

Je suis heureux, en passant, de signaler le troupeau de notre confrère comme un des plus beaux et des plus importants de France. M. Jacquemart a, à juste titre, remporté des prix dans nos concours régionaux, et les éleveurs qui cherchent de beaux types comme reproducteurs ne peuvent trouver rien de mieux que les descendants du Bélier qui fut primé de la première médaille d'or à l'exposition universelle de 1855 (troupeau Godin).

J'ai aussi, messieurs, à vous signaler le dressage de quatre Yaks de demi-sang provenant de Vaches d'Aubrac.

Ces quatre animaux, envoyés très-jeunes par notre collègue et ami M. Richard (du Cantal), l'un de nos vice-présidents, se composent d'un Taureau noir, très-beau de formes et très-vigoureux; un deuxième Taureau; un troisième coupé (ces deux moins bien faits), et une Vache admirable de formes et de finesse. Le garçon de ferme à qui l'on a confié le dressage de ces animaux, et qui a obtenu à force de douceur et de patience des résultats des plus satisfaisants, a amené ses quatre animaux attelés à un lourd chariot vide, et les a fait manœuvrer dans tous les sens, comme on ferait de chevaux bien dressés. Un fait m'a fort étonné, c'est l'obéissance de ces animaux, qui, à la voix de leur conducteur, agissent sans guides et sans coups de fouet.

Un peu plus tard après cette première manœuvre, le conducteur de ces Yaks est revenu avec son attelage, mais cette fois avec une charge de 2000 kilogr., plus un poids de 1000 kilogrammes attribué au chariot, et un tirage dans un terrain humide et défoncé; tout cela pouvait donner un poids de 4000 kilogr. environ. J'eus la satisfaction de voir ces animaux traîner le chariot plein avec la même facilité que lorsqu'il était vide; s'arrêter et marcher à la voix du maître, et, chose étrange, ne pas faire le plus petit effort à la reprise de leur marche. Une selle et une bride avec mors et caveçon sur le nez ont été placés et mis sur la femelle de demi-sang; puis notre dresseur d'Yaks est monté sur son élève, et l'a dirigé au pas et au trot, comme il eût fait d'un cheval. D'après ces faits des plus satisfaisants, nous devons donc engager par tous les moyens possibles la propagation de ces métis, qui devront, j'en ai la plus entière conviction, rendre de grands services à notre agriculture des montagnes.

NOTE

SUR LE TYPHUS CONTAGIEUX

AU JARDIN D'ACCLIMATATION,

Par M. A. GEOFFROY SAINT-HILAIRE.

(Séance du 15 décembre 1865.)

Messieurs,

L'intérêt que vous prenez à ce qui touche le Jardin d'acclimatation me fait un devoir de vous apprendre quels malheurs l'ont frappé. Le Jardin a été envahi par le typhus contagieux qui, depuis des mois, décime les troupeaux et les étables de la Hollande et de l'Angleterre.

Le 30 novembre dernier, au matin, une Vache sans cornes, un Zébu, deux Yaks et cinq métis d'Yaks toussaient et refusaient toute nourriture; la veille, le repas du soir avait été consommé, les animaux semblaient dans le meilleur état de santé.

M. Leblanc, l'habile et consciencieux médecin vétérinaire qui veut bien donner au Jardin d'acclimatation le concours de son expérience consommée, fut immédiatement mandé. Les symptômes qu'il observa sur les animaux l'alarmèrent; et, convaincu dès lors qu'ils étaient atteints du typhus contagieux des bêtes à cornes, il désira faire étudier nos malades par M. le professeur Bouley, d'Alfort. M. Bouley se rendit immédiatement au Jardin d'acclimatation, avec cet empressement de l'homme de science toujours disposé à prêter le secours de ses lumières. M. Reynal, l'éminent professeur d'Alfort, accourut aussi à la nouvelle du malheur qui frappait notre établissement.

Le typhus contagieux fut reconnu par cette commission d'hommes compétents, et les mesures les plus énergiques furent prises, les ordres les plus sévères donnés pour concentrer l'épidémie dans son foyer.

Son Exc. M. le Ministre de l'agriculture, du commerce et des travaux publics, prévenu sur-le-champ des faits graves qui se passaient au bois de Boulogne, délégua MM. Bouley et Reynal pour surveiller l'épidémie et lui en rendre compte. De son côté, l'autorité municipale de Neuilly, à laquelle incombait le devoir de prescrire les mesures à prendre pour prévenir autant que possible la propagation du mal, délégua, pour la représenter, M. Leblanc. C'est, messieurs, assisté de ces trois médecins-vétérinaires, dont les noms et les opinions font autorité partout, que nous avons traversé l'épidémie.

Je ne dois pas oublier quel concours, plein de sollicitude et de bienveillance, l'autorité municipale de Neuilly, M. Ancelle, maire, et M. le docteur Soyer, adjoint, ont bien voulu nous prêter.

Les pertes que nous avons faites sont grandes ; quelques-unes même presque irréparables. La sévérité des règlements prescrivant l'abatage de tous les animaux suspects ou atteints, ces règlements ont été exécutés scrupuleusement.

Nous avons perdu :

1 Aurochs femelle (*Bos bonasus*).
1 Yak blanc femelle (*B. grunniens*).
1 Yak noir femelle (*B. grunniens*).
2 Yaks de trois quarts de sang mâles.
1 Yak de demi-sang femelle.
2 Yaks d'un quart de sang femelles.
1 Zébu du Sénégal (*B. indicus*).
1 Vache cotentine sans cornes (*B. taurus*).
1 Bouc du Sénégal (*Capra depressa*)
7 Chèvres (*C. depressa*).
1 Chèvre ordinaire à quatre cornes (*C. hircus*).
1 Chèvre ordinaire (1) (*C. hircus*).
1 Chèvre d'Angora (1) (*C. angorensis*).
1 Gazelle de Cuvier mâle (*Gazella Cuvieri*).
2 Gazelles dorcas, mâle et femelle (*G. dorcas*).
1 Gazelle de l'Inde femelle.
1 Antilope springbock femelle (*Antilope euchore*).
1 Cerf muntjac (*Cervulus muntjac*).
2 Cerfs roux du Brésil, mâle et femelle (*Cervus rufus*).
2 Chevrotains, mâle et femelle (*Tragulus meminna*).
4 Pécaris, 2 mâles et 2 femelles (*Dicotyles torquatus*).
35

(1) Semblait malade, a été abattue, mais n'a présenté aucun des signes auxquels peut se reconnaître le typhus. Le nombre des animaux qui ont été atteints du typhus est donc de 34, en ajoutant à cette liste l'Aurochs mâle, qui a été malade pendant quelques jours et s'est sauvé.

Le typhus contagieux est-il né dans notre établissement, ou bien y a-t-il été importé ?

Je sais à quelles longues et savantes discussions la solution de la question que je pose pourrait donner lieu, si les documents recueillis, si la précision des faits observés, ne nous permettaient de suivre, en quelque sorte pas à pas, le chemin qu'a fait la maladie pour arriver jusqu'à nous.

Le typhus contagieux a été importé d'Angleterre par deux Gazelles qui sont arrivées de Londres au Jardin d'acclimatation, par la voie de Newhaven et de Dieppe. M. le professeur Bouley, qui a été envoyé en Angleterre dans le but spécial de rechercher le parcours suivi par ces animaux, qui devaient, selon nous, être les auteurs de l'infection, a rapporté des renseignements d'une précision absolue. D'un autre côté, les faits observés au Jardin étaient concluants.

Les Gazelles ont habité successivement deux écuries; ces deux écuries sont celles où le fléau s'est développé tout d'abord.

Lorsque l'épidémie s'est déclarée, nous avons recherché quels étaient, parmi les nouveaux venus de l'établissement, ceux qui pouvaient avoir apporté le typhus. Les livres d'entrée, consultés, ont confirmé nos souvenirs : les Gazelles étaient les deux seuls mammifères qui fussent arrivés depuis quinze jours. En dehors des locaux habités par ces deux Gazelles, aucun animal n'a été atteint au début de l'épidémie. Quelques jours après seulement, d'autres animaux ont présenté des symptômes de la maladie; et, pour ceux-là, nous pouvons suivre en quelque sorte les pas qui leur ont porté l'infection.

Cependant ne pourrait-on pas nous objecter que le typhus aurait pu naître de l'encombrement de nos locaux.

Indépendamment de ce que nos étables n'ont jamais été encombrées d'animaux, la question a été examinée avec soin par les hommes de l'art, et leur réponse est absolument négative.

Ne pourrait-on pas aussi nous reprocher d'avoir introduit d'Angleterre, pendant l'épidémie qui y sévit, deux ruminants, deux Gazelles ?

Non, messieurs : les Antilopes n'avaient jamais été considérées comme capables de prendre et de transporter le typhus. La science a enregistré, je crois, un fait relatif à une Chèvre morte de cette maladie; on a signalé quelques cas sur les Moutons; mais, en somme, le typhus contagieux avait toujours été considéré jusqu'ici comme une maladie propre du Bœuf, et les autres ruminants ne semblaient pas aptes à recevoir, à engendrer cette infection.

L'épidémie du Jardin d'acclimatation a donné nombre de faits nouveaux pour l'histoire du typhus. Les Moutons exposés à la contagion se sont montrés réfractaires. Parmi les Chèvres, nous avons vu certaines races être absolument exemptes, et d'autres succomber. Les Antilopes ont été atteintes ; les trois Cerfs, les deux Chevrotains habitant les lieux infectés ont été malades, puis abattus. Enfin, et c'est là un fait auquel personne n'aurait pu s'attendre, même en poussant les analogies à l'extrême, des Pécaris, des Sangliers, ont eu le typhus, et l'un d'eux a présenté les ulcérations intestinales les plus apparentes que nous ayons trouvées.

Mais il ne m'appartient pas de traiter ce sujet avec détail. Notre confrère M. Leblanc, qui a suivi les phases de la maladie avec une attention minutieuse et une rigueur d'investigations dont profitera la science, voudra bien vous donner quelques détails sur les résultats techniques de ses observations.

Ce n'est pas, messieurs, sans d'amers regrets que nous avons vu enfouir dans un lieu écarté du Jardin d'acclimatation ces animaux réunis à grand'peine, et dont quelques-uns nous avaient été envoyés par de généreux donateurs qui se montrent heureux de nous témoigner l'intérêt que leur inspire notre établissement.

Si nos alarmes et nos inquiétudes ont été grandes pendant les journées d'épreuve que nous avons traversées, je dois dire que les encouragements ne nous ont pas manqué. Son Exc. M. le Ministre de l'agriculture et du commerce, dans une lettre en date du 5 décembre, nous a donné un témoignage précieux de satisfaction pour la vigueur avec laquelle ont été exécutées les mesures prescrites. Ces paroles d'éloges, Son Excellence a bien voulu me les répéter de vive voix lorsqu'elle vint avec M. Monny de Mornay, directeur de l'agriculture, voir par elle-même dans quelle situation se trouvait l'établissement et quels avaient été les ravages de l'épidémie.

Ai-je besoin de vous dire, messieurs, que notre Président, lui aussi, m'a secouru de ses bienveillants conseils. Vous le connaissez assez pour deviner la chaleur de ses encourageantes paroles et la vivacité des regrets que les pertes du Jardin d'acclimatation lui ont fait éprouver.

Nous donnons ici la liste complète des animaux qui habitaient au Jardin d'acclimatation les lieux où l'épidémie s'est déclarée et les écuries situées dans leur voisinage immédiat.

(*Les numéros placés à l'extrémité de chaque ligne indiquent le compartiment occupé par les animaux, et se rapportent au plan qui accompagne cette liste.*)

(Les animaux dont le nom est précédé du signe * ont été abattus.)

RUMINANTS.

Bœufs.

*1 Vache sans cornes (race dite Sarlabot) (*Bos taurus*), n° 2.
*1 Taureau Zébu du Sénégal (*B. indicus*), n° 2.
2 Taureaux Zébus trotteurs de Cochinchine (*B. indicus*), n° 2.
1 Vache Zébu naine de l'Inde (*B. indicus*), n° 2.
1 Yak noir mâle adulte (*B. grunniens*), n° 1.
*1 Yak noir femelle adulte (*B. grunniens*), n° 1.
1 Yak noir femelle adulte (*B. grunniens*), n° 1.
1 Yak blanc mâle adulte (*B. grunniens*), n° 3.
1 Yak blanc femelle adulte (*B. grunniens*), n° 3.
*1 Yak blanc femelle (un an) (*B. grunniens*), n° 3.
*2 Yaks de trois quarts de sang, mâles (quatre mois), n° 1.
*1 Yak de demi-sang, femelle adulte, n° 1.
*2 Yaks d'un quart de sang, femelles (un et deux ans), n° 1.
1 Aurochs de Lithuanie mâle (trois ans) (*B. bonasus*), n° 10.
*1 Aurochs de Lithuanie femelle (dix-huit mois) (*B. bonasus*), n° 10.

Chèvres.

*1 Chèvre ordinaire sans cornes (*Capra hircus*), n° 6.
(N'était pas atteinte du typhus.)
1 Chèvre ordinaire sans cornes (*C. hircus*), n° 32.
*1 Chèvre ordinaire à quatre cornes (*C. hircus*), n° 4.
2 Boucs d'Égypte (*C. ægyptiaca*), n° 32.

4 Chèvres d'Égypte (*C. ægyptiaca*), n° 32.
2 Chèvres d'Égypte (*C. ægyptiaca*), n° 6.
2 Boucs de l'Inde (grande race), n° 29.
1 Chèvre de l'Inde (grande race), n° 29.
1 Chèvre de Sénégambie (grande race), n° 6.
1 Chevreau de Sénégambie (grande race), n° 6.
1 Bouc du Népaul (*C. nepalensis*), n° 31.
2 Chèvres du Népaul (*C. nepalensis*), n° 31.
1 Chèvre du Népaul (*C. nepalensis*), n° 6.
*1 Chèvre d'Angora (*C. angorensis*), n° 6.
(N'était pas atteinte du typhus.)
3 Chèvres d'Angora (*C. angorensis*), n° 6.
1 Chèvre d'Angora croisée, n° 22.
*1 Bouc nain du Sénégal (*C. depressa*), n° 4.
*7 Chèvres naines du Sénégal (*C. depressa*), n° 4.
1 Bouc de Tuggurt, n° 1.

Moutons.

1 Brebis d'Abyssinie (*Ovis yemenensis*), n° 6.
1 Agneau (*O. yemenensis*), n° 6.
1 Brebis de Mongolie, n° 1.
1 Brebis de Mongolie, n° 22.
2 Brebis Ti-yang de Chine, n° 22.
3 Agneaux Ti-yang de Chine, n° 22.
2 Brebis de Romanow, n° 22.
4 Brebis sans laine (*O. longipes*), n° 22.
3 Agneaux sans laine (*O. longipes*), n° 22.
3 Brebis hongroises, n° 22.
2 Brebis de Caramanie, n° 22.
1 Brebis mérinos de Naz, n° 22.
1 Brebis ordinaire croisée, n° 1.

Antilopes.

*1 Gazelle de Cuvier (*Gazella Cuvieri*), n° 7.
*2 Gazelles ordinaires (*G. dorcas*), n° 8.
*1 Gazelle de l'Inde, n° 9.
*1 Antilope springbock (*Antilope euchore*), n° 9.

Cerfs.

1 Daim mâle (*Cervus dama*), n° 31.
*1 Cerf roux mâle du Brésil (*C. rufus*), n° 29.
*1 Cerf roux femelle du Brésil (*C. rufus*), n° 31.
*1 Cerf muntjac (*Cervulus muntjac*), n° 31.

Chevrotains.

*2 Chevrotains de Ceylan, mâle et femelle (*Tragulus meminna*), n° 11.

Chameaux.

2 Dromadaires femelles (*Camelus dromedarius*), n° 5.

GRANDES ÉCURIES

du Jardin zoologique d'acclimatation du bois de Boulogne.

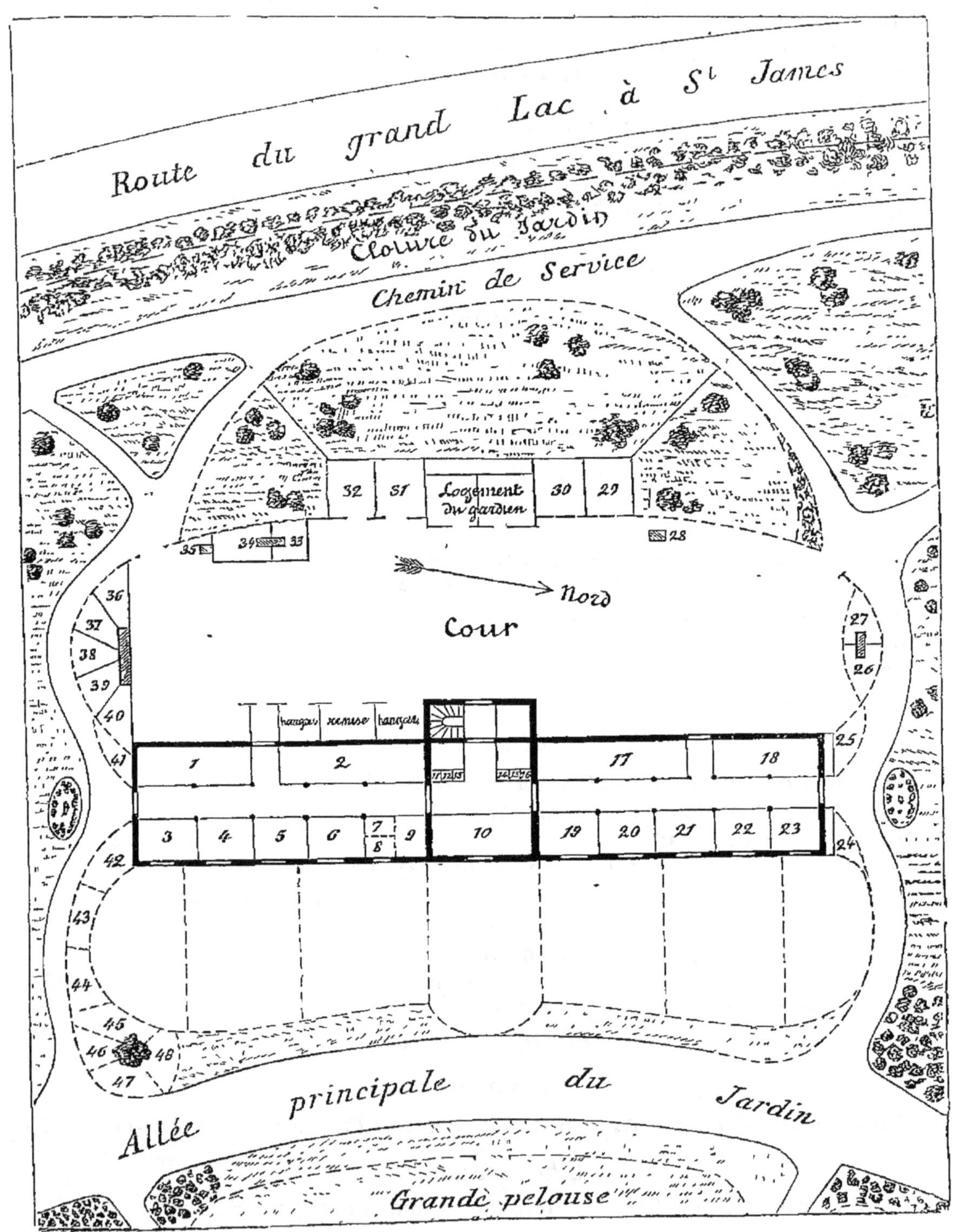

PACHYDERMES.

Sangliers.

*4 Pécaris mâles et femelles (*Dicotyles torquatus*), n° 32.
2 Sangliers de l'Amérique du Sud, n° 31.

Chevaux.

1 Anesse sauvage du Soudan (*Equus asinus*), n° 23.
1 Anon du Soudan (*E. asinus*), n° 23.
1 Hémione mâle (*E. hemionus*), n° 20.
1 Hémione femelle (*E. hemionus*), n° 21.
1 Hémione femelle (*E. hemionus*), n° 17.
2 Hémiones métisses, n° 17.
2 Hémippes, mâle et femelle (*E. hemippus*), n° 18.
1 Dauw mâle (*E. Burchelli*), n° 17.
1 Zèbre femelle (*E. zebra*), n° 17.
2 Chevaux siamois (mâle et femelle), n° 17.
4 Chevaux de petites races, mâles et femelles, n° 18.
3 Poulains de petites races, n° 19.

Rongeurs.

Les Rongeurs se trouvaient assez disséminés autour des écuries. On en trouvait dans les compartiments n° 31 (Lapins et Porcs-épics), nos 36 et 39, 14 et 15 (Agoutis), n° 16 (Acouchis), n° 13 (Cabiai), n° 12 (Paca), etc.

1 Kangurou se trouvait dans la loge n° 37.

LE TYPHUS CONTAGIEUX
AU JARDIN D'ACCLIMATATION,

Par M. LEBLANC,
Membre de la Société.

(Séance du 15 décembre 1865.)

La maladie qui a frappé si inopinément, et d'une manière si subite, les animaux que M. Albert Geoffroy Saint-Hilaire a indiqués et énumérés, est bien évidemment l'affection qui a été désignée jusqu'à présent sous la qualification du *typhus contagieux des bêtes à cornes*. Dès le premier jour de l'invasion manifeste, c'est-à-dire dès le moment où les premiers animaux atteints présentèrent le signe le plus ordinaire des maladies dites internes, le refus des aliments qu'on leur avait distribués le 30 novembre au matin, des symptômes du typhus purent être constatés. Dix-sept animaux, savoir : sept Yaks de pur sang ou métis, un Zébu, une Vache cotentine Sarlabot, un Aurochs mâle, une Antilope springbock, quatre Gazelles (dont une Gazelle de l'Inde), une Biche du Brésil et un Cerf muntjac, que l'on me signala comme n'ayant pas mangé leur ration, furent examinés avec soin. Il n'y avait, parmi ces animaux, que la Gazelle de l'Inde qui était indisposée depuis le 25 novembre ; tous les autres animaux se portaient très-bien le 29 novembre au soir. Je les avais moi-même vus, il y avait peu de jours, en faisant ma visite avec M. Geoffroy Saint-Hilaire.

Les dix-sept animaux présentaient des signes plus ou moins manifestes du typhus. Les Yaks, dont plusieurs étaient attachés, se trouvaient reculés au bout de leur longe ; tous les malades avaient cessé de ruminer ; leur tête était baissée, la pointe des oreilles dirigée en arrière et en bas ; le poil redressé et terne ; le regard peu vif, les paupières peu écartées ; des larmes coulaient sur le chanfrein ; du liquide très-fluide sortait par les naseaux; de la salive, quelquefois écumeuse, s'écoulait de la bouche ou restait en dehors du bord des lèvres. La station des animaux n'était pas normale ; ou les membres étaient très-écartés, ou ils étaient très-rapprochés du centre de gravité. Lorsqu'on faisait changer les animaux de place, d'un côté à l'autre, ils vacillaient; si l'on cherchait à les faire marcher, ils trébuchaient. On les entendait souvent grincer des dents. La respiration était précipitée, parfois très-vite ; elle était plaintive ou accompagnée d'un râle bronchique et trachéal. Quelques animaux toussaient; leur flanc était relevé; le pouls très-petit, très-faible, vite, quelquefois inexplorable. Tous éprouvaient des frissons sur divers points du corps ; un assez bon nombre avaient des mouvements convulsifs, très-désordonnés, dans les masses musculaires des membres ; chez d'autres, on constatait un mouvement de la tête très-singulier, d'un côté à l'autre, ou d'avant en arrière, que l'on a comparé au tremblement de tête des vieillards. Quand on s'approchait des animaux pour les explorer de près et pour les toucher, ils étaient d'une docilité inaccoutumée ; ils se laissaient saisir facilement ou faisaient de très-faibles efforts pour résister ou se débarrasser des étreintes. On pouvait ainsi examiner sans difficulté l'état de leurs membranes muqueuses apparentes et de leur peau. La conjonctive, la face interne des lèvres de la vulve, les gencives, étaient d'un rouge très-foncé, très-nuancé, du reste, lie de vin, violacé, bleuâtre, jamais roses. Sur quelques individus, on trouvait çà et là des taches irrégulières ecchymotiques, pétéchiales, livides, quelquefois couleur de brique, qui correspondaient évidemment à des régions de la membrane muqueuse où la circulation était suspendue. Les gencives formaient, chez beaucoup d'animaux, un bourrelet quelquefois très-saillant, qui aurait pu faire croire que les dents étaient déchaussées. Les oreilles, les régions inférieures des membres, les cornes, étaient alternativement ou très-froides ou brûlantes. La totalité de la peau, chez les plus malades, devenait glaciale. Les excréments, toujours moins consistants et couverts d'une plus grande quantité de mucus que dans l'état normal, étaient liquides chez quelques animaux.

Ces symptômes, et la soudaineté avec laquelle ils apparurent sur un assez grand nombre d'animaux à la fois, ne pouvaient guère laisser de doute sur l'invasion du typhus.

Le 30 novembre, à deux heures après midi, je pus m'assurer avec M. le professeur Bouley, invité par moi à venir m'aider de ses lumières, que l'état de plusieurs des dix-sept animaux s'était aggravé. Il y avait notamment un Yak de quatre mois et demi qui présentait au plus haut degré les signes que je viens d'indiquer ; de tous les symptômes les plus graves du typhus, il ne manquait que la diarrhée liquide, d'odeur infecte et sanguinolente, qui est quelquefois lancée par jets rapides, et qui précède ordinairement la mort naturelle des animaux qui succombent au typhus ; mais déjà les excréments étaient très-mous. L'animal était étendu sur la litière ; le rhonchus trachéal était très-bruyant ; les yeux étaient enfoncés ; du liquide spumeux sortait de la bouche et des narines. La température de la peau s'était considérablement abaissée. Nous n'hésitâmes pas à avancer de quelques heures, de quelques instants peut-être, la mort de l'Yak. Nous désirions confirmer par l'autopsie l'opinion que nous avions émise, après avoir observé les symptômes seulement. Nous fîmes l'ouverture immédiatement après la mort.

La masse gastro-intestinale était colorée en rouge, mais inégalement. La caillette et les intestins avaient une teinte foncée, qui dépendait, et de leur coloration propre, et de celle du liquide qu'elle contenait. Le liquide n'était pas mélangé de substances alimentaires visibles à l'œil nu. Cette circonstance, qui s'est présentée dans l'immense majorité des autopsies qui ont été faites, tient évidemment à ce que le tube intestinal, étant toujours irrité dans cette maladie, ses contractions sont devenues plus vives et plus fréquentes, et ont accéléré l'évacuation des matières alimentaires, même alors qu'elles étaient à l'état mou ou solide avant que la diarrhée se soit déclarée. Les vaisseaux sanguins mésentériques étaient fortement injectés. Les ganglions lymphatiques de l'intestin étaient très-tuméfiés ; quelques-uns étaient entourés d'ecchymoses, leur tissu profond nuancé de noir et de gris.

Le tube digestif ouvert dans toute sa longueur, nous constatâmes ce qui suit : Les gencives, la membrane muqueuse du rumen, celle du bonnet, épaissies et d'un rouge violacé ; le feuillet contenait des matières alimentaires desséchées, qui, quand on les détachait, entraînaient l'épithélium des lamelles, et l'on voyait le tissu de ces lamelles d'un rouge brun. La caillette contenait une assez grande quantité de liquide trouble de la nuance de lavure de chair, composé d'eau, de mucus et de sang. Sa membrane muqueuse était épaissie, d'un rouge cramoisi, plus foncé au sommet des plis membraneux. L'ouverture pylorique était presque entièrement close par suite de l'épaississement extraordinaire de la membrane muqueuse. L'intestin grêle contenait un liquide analogue à celui de la caillette, mais moins foncé en couleur. Sa membrane muqueuse, très-ridée en long, était inégalement rouge, mais toujours d'une nuance plus foncée au sommet des plis. Un grand nombre d'ecchymoses se voyaient dans la portion cæcale, dans la région opposée à l'insertion du mésentère. Tantôt les parties ecchymosées faisaient saillie, tantôt elles étaient déprimées. Dans ce dernier cas, si l'on passait le doigt sur le fond des dépressions, on pouvait enlever une partie du sang coagulé qui y adhérait légèrement, et alors on rendait plus profondes ces dépressions, qui étaient de véritables ulcérations produites par la destruction des couches superficielles des parois intestinales. En passant les parois de l'intestin entre deux doigts, on s'apercevait que ces parois étaient inégalement épaissies dans la région des glandes de Peyer et de Brünner, qui étaient tuméfiées. Le cæcum renfermait aussi du liquide trouble, teinté de rouge ; sa membrane muqueuse était très-rouge et épaissie, mais plus uniformément que celle de l'intestin grêle. On y voyait beaucoup de taches ecchymotiques, de dimensions très-diverses ; elles étaient généralement circulaires. Le côlon était presque vide ; sa membrane muqueuse un peu rouge et épaissie ; la membrane muqueuse du rectum très-épaissie et d'un rouge cramoisi. Le foie était gros, sa vésicule remplie de bile outre mesure. La rate, plus volumineuse et moins ferme qu'à l'état normal. Les poumons, souples et un peu emphysémateux. Le cœur, vide, avec des ecchymoses sous-endocardiques. Le sang, d'une nuance foncée; ses caillots étaient très-mous. Les globules sanguins, examinés au microscope, étaient entiers.

Après cette autopsie, tout doute cessa pour moi, qui avais observé le typhus en 1814-1815 et 1816, et pour M. Bouley, qui venait de l'étudier en Angleterre.

Cependant, à cette autopsie, nous n'avons pas rencontré toutes les lésions que l'on trouve dans les cas du typhus, quand on ouvre un grand nombre d'animaux, et lorsqu'on les ouvre à des époques plus ou moins éloignées de l'invasion du mal ou de son incubation.

Pendant la durée de l'épizootie au Jardin d'acclimatation, j'ai eu l'occasion de constater toutes les autres lésions. Je vais les décrire sommairement pour compléter le tableau des lésions anatomiques du typhus; elles devront être ajoutées, bien entendu, à celles que je viens déjà d'indiquer, et qu'elles accompagnent dans des proportions et des combinaisons extrêmement variées. Les autres lésions sont encore plus caractéristiques que les lésions trouvées chez l'Yak qui a été tué le premier, celui dont je viens de parler. Ces lésions sont les suivantes :

Souvent on trouve sur les points de la membrane muqueuse, qui ont été d'abord ecchymosés, puis érodés superficiellement, puis ulcérés plus ou moins profondément, des productions fibrineuses décolorées, de volume variant d'une tête d'épingle à une grosse olive. Leurs formes varient aussi : tantôt ce sont de petites masses déchiquetées, irrégulières ; tantôt ce sont des plaques plus ou moins épaisses; tantôt, enfin, ce sont des corps olivaires qui paraissent avoir été moulés par l'intestin. Toutes adhèrent faiblement à la membrane muqueuse par la partie de leur surface qui correspond aux érosions ou aux ulcérations dont je viens de parler. Ce sont, à n'en guère douter, des caillots hémorrhagiques lavés par les liquides intestinaux et malaxés par les contractions de la membrane musculeuse.

Une autre lésion, très-remarquable, consiste dans des taches d'un demi à 3 centimètres de diamètre, circulaires, régulières, d'une couleur claire, mais nuancée, selon des cercles concentriques, en violet bleuâtre, en jaune-paille et en blanc sale. On les a trouvées dans les lamelles du feuillet, dans la caillette, dans le cæcum. Elles intéressent toute l'épaisseur des parois de l'organe; elles sont circonscrites par un liséré d'un rouge très-foncé. Les tissus sur lesquels on les voit sont secs, se déchirent facilement; ils sont sphacélés. Leur destruction produit la perforation des parois du canal digestif.

Une troisième lésion, très-distincte de toutes les autres, se présente toujours avec les mêmes caractères et à des phases bien déterminées. Elle débute par des taches rouges circulaires ou un peu allongées, d'un demi à un centimètre de diamètre; ces taches ne tardent pas à devenir un peu saillantes à leur centre; le tissu de la membrane muqueuse intestinale qui en est le siége se tuméfie; il est rouge dans toute son étendue; il forme alors une petite tumeur pisiforme. Un peu plus tard cette petite tumeur change de couleur au centre; elle devient jaunâtre par suite du dépôt d'une matière, ayant cette nuance, dans les interstices de son tissu; puis, toute la tumeur prend la couleur jaunâtre très-pâle. Jusqu'alors la tumeur est entière; sa surface, qui est encore recouverte par les villosités et l'épithélium de la membrane muqueuse, est lisse. Les villosités et l'épithélium se détruisent, la matière jaune déposée est à nu; peu à peu elle se détruit à son tour, et il ne reste qu'une cavité à paroi d'un rouge cramoisi et à surface chagrinée, qui constitue un ulcère plus ou moins profond et qui intéresse quelquefois toute l'épaisseur des parois du tube digestif, lequel se trouve ainsi perforé. Cette lésion, qui me paraît tout à fait particulière au typhus, a le plus ordinairement son siége dans le duodénum. Je l'ai cependant trouvée dans diverses autres régions du tube gastro-intestinal.

J'ai déjà dit que dix-sept animaux avaient été trouvés malades à ma première visite, et que ces dix-sept animaux présentaient des signes manifestes du typhus, mais à des degrés différents. Sur mon affirmation et sur celle de M. Bouley relativement à l'existence du typhus dans le Jardin d'acclimatation, M. Geoffroy Saint-Hilaire fit toutes les démarches prescrites par les lois et les règlements. Je fus chargé par M. le maire de Neuilly d'indiquer les mesures à prendre dans le cas dont il s'agissait.

Je prescrivis immédiatement la séquestration de tous les animaux logés dans les lieux contaminés. Puis je fis abattre successivement, et selon que la prudence l'ordonnait, les animaux malades, en commençant par ceux qui étaient le plus gravement atteints. Sur les dix-sept animaux trouvés malades le 30 novembre, je jugeai sage de ne conserver que l'Aurochs mâle, parce que les symptômes ne s'aggravaient pas comme chez les autres animaux. Dès le 4 décembre, au matin, il ne restait plus que l'Aurochs mâle et trois Antilopes. Mais, à compter de ce jour, d'autres animaux tombèrent successivement malades, savoir : des Chèvres naines du Sénégal, l'Aurochs femelle, des Chevrotains, un Cerf du Brésil et des Pécaris ; je les fis tous tuer. Les progrès de la maladie furent si rapides chez l'Aurochs femelle, que quatre jours après les premiers symptômes, l'animal était à l'agonie. Le 14 décembre, au soir, il n'y avait plus de malades. L'Aurochs mâle, le seul survivant de tous les malades, ne présentait plus de symptômes de typhus. De tous les animaux habitant les deux logements du même enclos, il reste encore quatre Yaks, trois Zébus, un Aurochs, deux Dromadaires, seize Chevaux (Hémione, Hémippes, Zèbre, Dauw, Anes), vingt-quatre Chèvres, vingt-cinq Moutons, deux Sangliers, cinq Agoutis, cinq Acouchis, un Lapin.

En prescrivant l'abatage aussi prompt, non-seulement je me suis conformé à l'opinion générale des vétérinaires instruits de tous les pays, et, en particulier, des vétérinaires français, mais j'ai aussi agi d'après ma conviction bien intime. C'est l'application sévère de cette opinion qui a préservé la

France de l'envahissement d'un fléau qui était à nos portes. Le virus typhique est tellement subtil, qu'il faut en éteindre la source le plus vite possible. Partout où l'on n'a pas agi ainsi, on a eu lieu de s'en repentir.

Il existe, d'ailleurs, pour certaines contrées, un autre bien grand motif de sacrifier immédiatement les animaux atteints du typhus contagieux des bêtes à cornes : c'est cette circonstance, bien connue aujourd'hui, qui prouve que cette maladie ne se développe pas spontanément dans tous les pays. Jusqu'à présent il a été constaté que l'encombrement même, auquel on attribue avec juste raison beaucoup d'autres maladies, n'engendre pas le typhus des bêtes à cornes ; c'est à certaines régions de la Russie et de l'Asie que cette triste faveur est réservée. Le typhus, quand il apparaît en France, est donc toujours importé, soit directement des steppes de la Russie, soit indirectement d'autres contrées contaminées.

C'est ce dernier cas qui s'est présenté au Jardin d'acclimatation. Lors de l'invasion du typhus au Jardin, un de mes premiers soins a été de m'informer si des animaux venant d'un pays infecté n'étaient pas entrés au Jardin. J'appris que deux Gazelles de l'Inde achetées à Londres étaient parties d'Angleterre le 14 novembre, et arrivées au Jardin le 15 du même mois; que l'une de ces Gazelles tomba malade le 19, et mourut le 24, ayant une très-forte diarrhée ; que l'autre tomba malade le 25, et se trouvait au nombre des dix-sept animaux que je trouvai atteints du typhus le 30. J'appris plus tard, de M. Bouley, qui fut chargé par Son Exc. M. le Ministre de l'agriculture de faire une enquête à Londres, chez le vendeur des deux Gazelles, M. Jamrach, Saint-Georges street, 189, que les deux Gazelles avaient séjourné deux mois chez ce dernier au milieu d'autres animaux ; que dans la rue qu'habite M. Jamrach, trois vacheries importantes avaient été ravagées par le typhus, et qu'enfin les Gazelles avaient fait le trajet de Londres à Newhaven dans un wagon qui sert ordinairement au transport de viandes dépecées provenant souvent, à n'en guère douter, d'animaux atteints du typhus, animaux dont on tire le plus de parti possible, et qui ne devaient pas manquer en Angleterre où existait et où existe encore aujourd'hui cette maladie. L'invasion du typhus au Jardin est alors très-facile à expliquer. Les deux Gazelles, en quittant l'Angleterre, le 14 novembre, étaient sous l'influence de l'incubation du typhus, incubation qui est de trois à dix jours ordinairement; la manifestation des symptômes a eu lieu le 19 chez l'une, et le 25 chez l'autre; puis, le 30, chez les autres animaux qui étaient depuis longtemps au Jardin. Ces Gazelles ont d'abord habité du 15 au 19 novembre un compartiment situé à côté de deux autres compartiments où se trouvaient deux petits Cerfs qui ont été atteints du typhus; puis elles ont été transférées dans le logement des Yaks, des Zébus et des Chèvres, près des Aurochs.

La dernière Gazelle de l'Inde, la seule que j'ai vue, examinée et ouverte en présence de M. Bouley et de M. Reynal, était évidemment atteinte du typhus : d'abord, parce que nous avons constaté chez elle les symptômes et les lésions du typhus; puis, parce que mon fils a pu communiquer le typhus à un Veau en inoculant du liquide pris dans l'intestin de cette Gazelle. Cette contre-épreuve est concluante.

Le fait de l'invasion du typhus sur des espèces différentes, de plusieurs genres et de plusieurs familles même, d'animaux mammifères, a une importance immense. Pendant très-longtemps on avait cru que le typhus était particulier à l'espèce bovine. Les observations recueillies en France, notamment en 1814, 1815 et 1816, avaient contribué à accréditer cette croyance. Pas un seul cas de contagion à d'autres espèces qu'à l'espèce bovine n'avait été constaté à cette époque, que je sache, du moins. C'est en 1834 seulement que M. Jessen, professeur vétérinaire russe, avait signalé un fait du typhus chez une Chèvre; un autre fait analogue avait été constaté par le même vétérinaire en 1852. Plus tard, en 1861, M. Maresch, dans son service de police sanitaire en Bohême, et M. Galambos, professeur vétérinaire à Pesth, reconnurent que le typhus de l'espèce bovine pouvait se communiquer au Mouton, chez lequel, d'après eux, le typhus ne se développait pas spontanément. Ces animaux pouvaient se communiquer le typhus entre eux et le transmettre à l'espèce bovine; mais le Cochon avait paru toujours exempt de l'influence contagieuse. Ces opinions ont été adoptées dans les deux congrès vétérinaires internationaux tenus à Hambourg en 1863, et à Vienne en 1865. Dernièrement, en 1865, l'éminent professeur du collége vétérinaire de Londres, M. Simonds, a constaté un fait de transmission du typhus du Bœuf au Mouton.

L'état de la science en était là, lorsque l'événement du Jardin d'acclimatation est arrivé.

Cent trente-cinq animaux, savoir : onze Yaks, quatre Zébus, deux Aurochs, trente-quatre Chèvres, deux Dromadaires, cinq Gazelles, quatre Cerfs, vingt-cinq Moutons, deux Chevrotains, quatre Pécaris, deux Sangliers, cinq Agoutis, cinq Acouchis, seize animaux du genre Cheval, huit Chiens, un Cabiai, un Paca, deux Porcs-épics, un Lapin, un Kangurou, étaient réunis dans des compartiments dépendant des deux bâtiments qui communiquaient entre eux par des issues intérieures ou par une cour enclose par un treillage. Deux Gazelles venues de Londres et contaminées du typhus furent introduites au milieu de ces animaux, dont trente-six furent atteints du typhus. Parmi ces derniers animaux, il y eut une Vache, des Yaks, des Aurochs, des Antilopes, des Cerfs, des Chèvres, des Chevrotains, des Pécaris. C'est ce fait qui a motivé la modification du décret impérial du 5 septembre, et qui a déterminé le gouvernement à rendre le nouveau décret du 5 décembre, qui est ainsi libellé :

« ARTICLE 1er. — Les mesures indiquées dans notre décret » du 5 septembre 1865, en ce qui concerne les animaux » domestiques, sont et demeurent applicables à tous les qua- » drupèdes autres que le Cheval, l'Ane, le Mulet et le Chien. »

Il est donc évident aujourd'hui que plusieurs espèces d'animaux appartenant à des genres différents et à plusieurs familles des Mammifères peuvent être atteints du typhus.

Mais il est évident aussi que, d'après ce qui s'est passé pendant cette épizootie, les Moutons, qui étaient au nombre de vingt-cinq, les Dromadaires, les deux Sangliers, les Chevaux, les Chiens, les Agoutis, les Acouchis, un Cabiai, un Paca, un Lapin, se sont montrés réfractaires à la contagion. Je ferai remarquer encore que parmi les Chèvres, dont les races étaient variées, il n'y a eu que les Chèvres naines du Sénégal qui ont été atteintes. Ce peu d'aptitude des Moutons et des Chèvres à contracter le typhus tiendrait-il à ce que ces animaux diffèrent un peu du Bœuf et des Antilopes par le manque de mufle?

Enfin, je signalerai ce fait très-curieux que, parmi les animaux atteints, il n'y a eu, en dehors des ruminants, que les Pécaris. Ne pourrait-on pas expliquer cette singularité par la disposition du tube digestif, et de l'estomac en particulier, de ces derniers animaux, disposition qui, en raison de la division de l'estomac en compartiments, les rapprocherait des ruminants? Les Pécaris diffèrent aussi du Cochon domestique, qui, jusqu'à présent, du moins, a paru exempt de contracter le typhus, par des dispositions organiques différentes dans les dents et dans les doigts. Il n'en est pas moins très-prudent de prendre toutes les précautions pour préserver les Chèvres, les Moutons et les Cochons de toute contamination.

Je n'ai pas besoin de répéter, après M. Geoffroy Saint-Hilaire, que toutes les précautions possibles ont été prises pour prévenir la propagation de la maladie, non-seulement en dehors du Jardin, mais aussi au dedans. Je veux ajouter que la vigilance de M. Geoffroy Saint-Hilaire a été incessante; et elle était bien utile, car il y avait encore dans plusieurs parcs du Jardin un bon nombre d'animaux que l'événement dont il s'agit avait fait reconnaître comme aptes à contracter le typhus; il y avait des Cerfs, des Antilopes de diverses espèces, des Chèvres. Ces animaux, qui n'étaient malheureusement pas très-éloignés du foyer de contagion, ne pouvaient pas être déplacés. On n'a pu éviter la contamination par voie indirecte que par l'extrême soin qui a été pris de ne laisser communiquer ces animaux avec aucun objet animé ou non animé, capable de servir de véhicule au typhus. Il n'y avait donc que la propagation par l'air qui fût à redouter. On a désinfecté, autant que possible, les lieux infectés; on a enfoui les cadavres, les fumiers et le purin à 2 mètres de profondeur; on les a recouverts de chaux vive. La direction du vent, du reste, a été très-favorable pendant presque toute la durée de l'épizootie.

Les mesures préservatives n'ont pas cessé avec l'épizootie ; elles se continueront encore un certain temps, par excès de précaution, quoique, dans un établissement aussi isolé, on pourrait, sans risque pour la propagation au dehors, être moins sévère pour les mesures à prendre en dedans de l'enceinte du Jardin. Depuis l'invasion du typhus, il n'est pas sorti de l'établissement un seul mammifère (1).

(1) J'ai communiqué à l'Académie impériale de médecine une relation beaucoup plus étendue de cette épizootie. Cette relation sera publiée dans le numéro du 15 janvier du *Bulletin de l'Académie.*

SUR DES ANIMAUX DU SOUDAN

ADRESSÉS A LA SOCIÉTÉ IMPÉRIALE D'ACCLIMATATION,

Par M. B. GARNIER.

(Séance du 15 décembre 1865.)

Alexandrie, le 30 octobre 1865.

Monsieur le Président,

En janvier dernier, me trouvant à Kouffit, dans le haut Taka, non loin des frontières de l'Abyssinie, je pris la liberté de signaler à Votre Excellence quelques-unes des espèces d'animaux particulières aux localités que j'avais parcourues, et j'exprimai l'intention, lorsque, après avoir rempli la mission dont j'étais chargé au Soudan, je reprendrais le chemin de l'Égypte, de ramener avec moi des individus de chaque espèce pour en faire hommage à la Société impériale d'acclimatation.

Rentré à Alexandrie depuis quelques jours seulement, je viens, Monsieur le Président, entretenir Votre Excellence des dispositions que j'avais prises pour tenir mon engagement, et des circonstances fâcheuses qui en ont, dans une certaine mesure, contrarié l'exécution. — Si maigre que soit le résultat que j'ai obtenu, après que j'aurai exposé les causes de mes déceptions, Votre Excellence jugera peut-être, j'ose du moins l'espérer, qu'il n'a pas dépendu de moi qu'il fût plus digne de la Société.

Quand on veut, au Soudan, ramasser des animaux sauvages et les dépayser, il faut compter avec trois difficultés principales : la première, de se les procurer ; la seconde, de les nourrir ; la troisième, de les transporter. De ces trois difficultés, la première est sans contredit la plus aisée à surmonter, car ce n'est, après tout, qu'une question d'opportunité. Il suffit d'être présent, par soi-même ou par mandataire, dans les endroits de chasse, de septembre à novembre, alors que les petits nés durant la saison des pluies, de juin en août, sont encore incapables d'échapper à la poursuite des chasseurs. Prises jeunes, élevées parmi les troupeaux des Arabes, qui se nourrissent des mêmes plantes et broutent les feuilles des mêmes arbres qu'elles, les belles Antilopes du Taka et du Cordofan se familiarisent, s'élèvent facilement, et l'on n'a bientôt plus à se préoccuper que de les conduire à leur destination. C'est ici que l'opération se complique des deux autres difficultés. Quelque direction que l'on prenne pour regagner l'Égypte, on doit calculer sur vingt, trente ou quarante jours de marche, une caravane de ces animaux délicats et capricieux se prêtant moins volontiers qu'une caravane de chameaux aux allures accélérées. — Néanmoins la longueur du chemin est un inconvénient léger en comparaison de son aridité. — Si l'on se met en route après les chasses, en décembre ou en janvier, on ne traverse plus, entre le Soudan et l'Égypte, que des déserts de sables mouvants ou des plaines brûlées ; plus d'eau dans les ravins, plus d'herbe dans les vallées : partout un sol aride, sec, nu, désolé ; à de longs intervalles seulement quelques puits d'eau saumâtre. Le Nil, il est vrai, offre bien, depuis les hautes régions du Soudan jusqu'au delta de la basse Égypte, une voie de communication directe ; mais ce fleuve, semé sur un parcours de deux cents lieues, de Berber à Dadi-Halfa, de cataractes se succédant sans interruption, n'est navigable dans toute son étendue qu'à l'époque de la crue ; encore sa navigation est-elle si périlleuse, que les reis qui l'entreprennent ne sont jamais certains d'arriver à bon port. Les barques sont d'ailleurs un moyen de transport aussi coûteux que celui des chameaux, car il n'est guère possible de s'en procurer une, à Kartoum ou à Berber, à moins de 5000 francs, les salaires de l'équipage compris jusqu'au Caire. Mieux vaut donc prendre la voie de terre, plus sûre et moins dispendieuse, à la condition toutefois de faire route au bon moment, c'est-à-dire pendant les mois d'automne de l'année qui suit celle où l'on a chassé. Ainsi voulais-je faire. La mission dont j'étais chargé se prêtait d'ailleurs à la prolongation de mon séjour au Soudan, puisque, abstraction faite de son objet le plus pressé, mes autres travaux, qui exigeaient du temps, ne pouvaient que gagner à mûrir sur les lieux.

Dans la croyance que mon projet ne serait pas contrarié, je m'assurai, en revenant de Kouffit à Kassala, chef-lieu de la province de Taka, le concours d'un négociant de cette ville, lequel, en rapports d'affaires avec les tribus du voisinage, était bien placé pour me ramasser des animaux et, quand le moment serait venu, les diriger sur Soakin. Moi-même, une fois de retour à Kartoum, je pourrais, grâce à la position centrale de cette ville, épier les arrivages du fleuve Blanc et faire en même temps rechercher dans les bons endroits du Cordofan. Ma campagne achevée, je reprenais avec mon troupeau le chemin de Berber, où je voulais former un dépôt des espèces qui vaguent sur les bords de l'Atbara, et de là coupant droit sur Soakin, j'y ralliais ma récolte du Taka. Ce plan, Monsieur le Président, n'était pas mal combiné, et je suis persuadé qu'il aurait réussi à souhait si, d'une part, de malheureux événements, de l'autre, le défaut de temps, ne m'avaient empêché de le réaliser.

Je demande à Votre Excellence la permission de lui exposer succinctement la série de mes déceptions. En juillet, pendant que, de Kartoum, je faisais tendre de tous côtés filets, piéges et trébuchets, une révolte militaire éclate à Kassala. Les soldats nègres de la garnison s'insurgent, pillent la ville, massacrent leurs officiers et une partie de la population. Voilà la contrée bouleversée pour longtemps, et mon chercheur de bêtes, s'il a sauvé sa vie, ce dont je ne suis pas encore bien certain aujourd'hui, n'a plus, à coup sûr, la tête aux Antilopes. A Berber, je ne suis guère plus heureux. Des hommes envoyés pour mon compte sur l'Atbara en reviennent (témoin la lettre ci-jointe) à moitié assommés par des irréguliers qui battent la campagne, ainsi que les gens qu'ils rencontrent. Enfin, pour comble de malheur, des raisons de service me pressent de regagner mon poste aussitôt le gros de ma besogne terminé. Force m'est donc, en août, c'est-à-dire avant le retour des barques du fleuve Blanc, avant l'époque des chasses au Cordofan, de plier bagage, abandonnant les œufs des oiseaux rares que je faisais couver sous mes yeux, laissant dans leur nichée les petits trop jeunes encore pour voyager.

C'est ainsi que, bon gré, mal gré, j'ai dû remonter précipitamment à chameau, n'emmenant avec moi que des Moutons à crinière, des Chèvres, des Singes, quelques oiseaux communs, et mon Anesse sauvage qui, par manière de compensation, a mis bas en plein désert une fille qu'il a fallu porter à bras tendu pendant dix jours sur vingt qu'a duré mon voyage de Berber à Soakin. Quant à mes Bœufs, j'avais été forcé, faute de pâturages dans le rayon de Kartoum, de les laisser chez mes amis les Choukrich, qui occupent la région bornée à droite par l'Atbara, à gauche par le Nil Bleu.. Dès que j'eus arrêté mon départ, je fis partir coup sur coup plusieurs courriers avec ordre de me les ramener. Mais les cheikhs étaient occupés à rassembler des chameaux pour le service des troupes envoyées à Kassala, et ils avaient par précaution éloigné leurs troupeaux des chemins qu'elles devaient suivre. Ce dernier contre-temps m'a empêché de rallier mon gros bétail. J'espère cependant que le docteur Ori, que j'ai laissé en mars sur le haut Atbara, collectionnant pour S. M. le roi d'Italie, me l'amènera au printemps avec lui.

En résumé, Monsieur le Président, j'ai le regret de ne pouvoir offrir actuellement à la Société que les animaux dont voici l'énumération. Deux Anesses, dont l'une, la mère, de pur sang sauvage ; quatre Moutons du Nil Blanc : leurs crinières ont souffert en voyage, mais elles se renouvellent chaque année ; trois Brebis de même provenance que les Moutons ; un Bouc du Cordofan ; une Chèvre, un Chevreau ; huit Singes : cinq Abalenk gris du Nil Bleu, deux rouges vivant dans les bois de gommiers à écorce rouge (Talha), un Gird, cynocéphale de l'Atbara ; un Chat musqué ; quelques oiseaux. En perspective, six Bœufs et Vaches du Taka, autant d'origine gallas.

Je profiterai d'un transport de guerre attendu prochainement à Alexandrie pour expédier ces bêtes à Toulon. Je prie Votre Excellence de vouloir bien faire prendre des mesures pour que, aussitôt leur arrivée en France, elles soient dirigées sur Paris avant le commencement de l'hiver.

Je suis avec respect, Monsieur le Président, etc.

B. GARNIER.

DES MOYENS D'ENCOURAGEMENT

POUR LES PROGRÈS DE LA PÊCHE COTIÈRE,

Par M. S. BERTHELOT,

Consul honoraire de France.

SOMMAIRE : Importance de la pêche côtière et aperçu de cette industrie sur notre littoral de l'Océan et de la Méditerranée. — Moyens d'encouragement. — Comparaison entre l'agriculture et la pêche. — Mesures à prendre. — Nécessité d'une direction générale des pêches. — Programme statistique. — Recherches sur les cantonnements poissonneux. — Bienfaits de l'enseignement chez les pêcheurs. — Comices, expositions et congrès maritimes. — *Post-scriptum :* Expositions internationales de Bergen en Norvège, et d'Arcachon et Boulogne en France.

(*Extrait d'un ouvrage inédit sur les pêches maritimes.*)

La pêche est l'agriculture de la mer.

Lorsqu'on envisage les progrès des grandes industries, on se demande pourquoi une des plus importantes, la pêche, qui alimente nos marchés et vivifie notre marine, est restée si longtemps sans réveiller la sollicitude des économistes. La pêche pourtant a droit aux sympathies de tous ceux qui peuvent coopérer à son développement ; il importe que, par une marche ascendante et un système mieux conçu, elle atteigne le niveau des autres améliorations, car cette industrie pèse aussi d'un grand poids dans la balance des intérêts matériels.

Trente mille marins, dévoués à la grande et à la petite pêche, versent annuellement dans la consommation journalière et dans le commerce plus de 120 millions en produits de la mer. La France a, dans l'Océan, près de trois cents lieues de côtes ; cinq grandes rivières débouchent sur ce littoral ; un bras de mer considérable, trois grands golfes et plusieurs petites îles fréquentées des pêcheurs, constituent les meilleures stations poissonneuses de l'Europe occidentale. Cette assertion n'est pas hasardée ; les Anglais eux-mêmes en conviennent, et la préférence qu'ils accordent à notre marée fraîche du canal de la Manche est due à l'excellente nature de notre fond de pêche et à la délicatesse de goût du poisson qu'on y prend.

Depuis l'extrémité de la Flandre jusqu'au cap Ouessant, la grande majorité de nos ports doivent à la pêche leur origine et leur prospérité. Dunkerque d'abord, à l'entrée de la mer du Nord, où termine notre frontière ; ensuite, dans la partie la plus resserrée du bras de la mer qui nous sépare de l'Angleterre, se présentent successivement tous les ports pourvoyeurs de Paris : Calais et Boulogne, où abonde la marée fraîche ; Saint-Valéry et Tréport, à l'embouchure de la Somme et de la Bresle ; Dieppe, autrefois le rendez-vous des Harengs, mais qui, malgré leur dispersion, tire toujours ses principales ressources de son activité maritime ; à l'embouchure de la Seine, le Havre, ancienne bourgade de pêcheurs, dont François Ier commença la fortune ; Honfleur, qui, de même que Dunkerque et d'autres ports du canal, arme pour la Baleine et la Morue. Plus loin, en remontant vers le nord-ouest ; Cherbourg, posté au cap de la Hogue, protége nos pêcheries ; Granville expédie ses navires à la grande pêche, et porte son capital d'exploitation à près de 5 millions. Je cite, en passant, Cancale aux Huîtres renommées, et Roscoff, devenu l'entrepôt des Homards (1) ; puis, après ce grand canal de la Manche, dont les fonds nourriciers sont visités tous les ans par les poissons voyageurs, et où se plaisent la Barbue, la Raie, la Limande, la Sole, le Bar, le Turbot, et une foule d'autres espèces recherchées, se dessinent sur le littoral accidenté de la Bretagne : Brest et sa belle rade ; la baie de Douarnenez, si abondante en Sardines ; Quimper, sur l'Odet, et le chenal qui y conduit ; Concarneau et ses bassins de pisciculture ; Lorient et Port-Louis, autant de stations poissonneuses, où la pêche occupe 4000 hommes et rapporte plus de 2 millions, seulement entre Brest et le Croisic. Signalons encore Belle-Isle, la baie de Quiberon, le Morbihan, cette petite mer bretonne (2) ; enfin, Saint-Nazaire et Paimbœuf, les deux ports avancés de la Loire, et, plus avant dans le fleuve, Nantes, qui reçoit et confectionne tous les produits de la mer.

(1) Le vivier créé par M. Chevalier, capitaine au long cours, a envoyé aux halles de Paris, pendant l'hiver de 1863 à 1864, 7400 Homards et Langoustes. Il a été construit pour contenir 20 000 Crustacés.

(2) *Morbihan*, en breton, *petite mer*.

A partir de l'île de Noirmoutier, recommencent les grèves et les plages, jusqu'aux Sables-d'Olonne; ensuite, en se rapprochant de la Rochelle et de Rochefort, l'île de Ré avec ses parcs à Huîtres, le pertuis Breton et l'île d'Oléron, découpent un littoral où la pêche apporte aussi tribut. De l'embouchure de la Gironde, que l'opulente Bordeaux anime de son commerce, à la région des étangs salés du pays des Landes, et du bassin d'Arcachon aux Pyrénées, la côte est basse, sablonneuse, uniforme; les ports deviennent plus rares, mais la mer n'est pas moins productive : Bayonne et Saint-Jean-de-Luz soutiennent, par leurs armements, l'ancienne réputation des pêcheurs basques, et, dans tout ce grand golfe de Gascogne, qui s'étend de la chaussée de Sein (1) au cap Ortegal, les Sardines et les Maquereaux en bandes innombrables, les Thons et les Germons de l'Océan, les Aloses et les Saumons, qui remontent l'Adour, fréquentent toujours ces parages.

Dans la Méditerranée, la France possède l'Algérie et la Corse; elle est maîtresse du golfe de Lion, et étend aujourd'hui sa frontière maritime jusqu'à l'entrée du golfe de Gênes. Elle embrasse ainsi plus de cent soixante-dix lieues de côtes; un grand fleuve, le Rhône, et trois rivières importantes, l'Aude, l'Hérault et le Var, débouchent sur ce littoral, et mêlent aux eaux qui le baignent leur tribut chargé de limon, précieux engrais de la mer qui augmente ainsi sa fécondité.

Depuis Port-Vendres jusqu'au cap Couronne, un plateau sous-marin borde les atterrages du Rhône, du Languedoc et du Roussillon, sur une étendue de cent vingt milles. C'est un fond de pêche des plus recherchés, les nations voisines nous en envient la possession, et, chaque année, l'affluence des pêcheurs étrangers nous en fournit la preuve. Là abondent toutes sortes d'excellents poissons, espèces aventurières qui habitent les grandes profondeurs, et qui se déplacent à certaines époques pour changer de cantonnements et se choisir des frayères. La nature semble nous avoir favorisés d'une manière

(1) Ile sur la côte la plus occidentale du Finistère, habitée par 400 pêcheurs. Ancien sanctuaire de druidesses.

spéciale; toujours prévoyante dans ses créations, elle a su ménager sur des fonds de vase, de sable coquillier, d'algues, de rocailles ou de mousses, des retraites pour chaque espèce, la vie pour toutes.

Une série d'étangs salés, en communication avec la mer, bordent le fond du golfe. Le cap Couronne, à l'entrée de la baie de Marseille, est la limite de cette région marécageuse, si admirablement disposée pour la pêche, et dont les populations riveraines pourraient tirer de grands profits. C'est dans ces lagunes, qui se succèdent depuis Berre jusqu'au delà de Sérignan, que vient s'engraisser le poisson du golfe partout où il rencontre des passes faciles.

D'immenses bandes de poissons, aux instincts migrateurs, se montrent aussi sur les côtes de Provence, et ce vaste champ de pêche serait un des plus productifs, si des méthodes pernicieuses et d'autres causes perturbatrices n'éloignaient trop souvent les espèces voyageuses. Toutefois la dispersion des poissons de passage n'est qu'accidentelle, et, par les différentes dispositions que nous occupons dans la Méditerranée, nous devons espérer d'heureuses compensations, puisque notre pêche peut s'étendre maintenant sur l'autre bord de ce vaste bassin. La mer se prête aussi à tous les genres de pêche sur les cent soixante lieues de côtes conquises par nos armes : les rochers de la Calle sont très-bien connus des pêcheurs de corail; les petits golfes de Stora et de Bougie, les approches d'Alger, de Mostaganem, d'Arzew, la grande baie de Mers-el-Kebir, tout ce littoral devenu notre conquête n'attend que des mains actives pour nous livrer ses richesses. Les arts de pêche applicables dans ces parages sont les mêmes que ceux en usage sur nos côtes méridionales; les mêmes que les Génois, les Napolitains, les Maltais, pratiquent à Alger, à Philippeville, à Bone, et les Espagnols sur tout le littoral jusqu'au détroit; les mêmes, en un mot, qu'ils transportèrent à Oran en 1509, qu'ils y exercèrent pendant deux siècles d'occupation, et auxquels ils se livrent encore aujourd'hui à l'abri de notre drapeau.

Mais pour que la pêche côtière puisse atteindre une grande

prospérité avec les éléments que nous possédons, doit-on conserver sans modification le système de législation qui la régit, et ne vaudrait-il pas mieux lui laisser le champ libre?

Quelles seraient les mesures à prendre pour donner tout de suite une grande impulsion à cette industrie?

Telles sont les questions que je vais hasarder de traiter.

Quand on s'est proposé de lancer l'agriculture dans la voie des améliorations et du progrès, le gouvernement, qui avait à se préoccuper de l'alimentation d'un grand peuple, est entré largement dans un grand système de liberté de production et de liberté commerciale. En matière de pêche, on a procédé différemment : on a fait une multitude de règlements, de déclarations, d'édits, de promulgations, d'ordonnances; règlements sur le nombre, les dimensions et la forme des filets, sur la grandeur de leurs mailles, sur les postes qu'ils devaient occuper, sur l'espace où ils pouvaient agir ; puis, après les dispositions réglementaires, sont venues les pénalités, amendes, confiscation d'engins et mesures disciplinaires, marchant à la suite de cet échafaudage de lois bien plus fait pour entraver l'action du pêcheur que pour protéger le poisson.

Il fallait, dira-t-on, pour réglementer la pêche, des mesures conservatrices, dont l'application avait son utilité. J'en conviens, jusqu'à un certain point ; mais, au-dessus des lois protectrices, au-dessus des restrictions qu'elles imposent, je mets, avant tout, les moyens qui ont pour but de soutenir et d'éclairer cette industrie, de l'aider dans ses entreprises, de la pousser vers son développement progressif.

La pêche côtière ne jouit d'aucune subvention ; l'action des Sociétés d'assurances maritimes ne s'étend pas jusqu'aux garanties qui pourraient la compenser de ses pertes ou de ses désastres. A ses souffrances matérielles vient se joindre le défaut de crédit, car on ne prête pas aux pêcheurs; et si, dans quelques districts du littoral, il se trouve des gens qui leur font des avances, ce n'est, le plus souvent, qu'à des conditions très-onéreuses. Il est donc des mesures à prendre dans l'intérêt de cette classe d'hommes non moins utile à l'État que nécessaire au pays. Il faut aux pêcheurs une protection vigilante, efficace, « qui puisse les soustraire à ces *écoreurs*, à ces *mareyeurs* et autres sangsues qui les ruinent par une inexorable usure (1). » L'établissement de banques maritimes ou de comptoirs d'escompte serait un bienfait pour les progrès de la pêche.

Il ne suffit pas toutefois de garantir le pêcheur des disgrâces ou des pertes qu'il peut éprouver ; ce n'est pas assez de lui venir en aide dans ses embarras d'argent et de le délivrer des prêts usuraires, il faut encore lui fournir les moyens d'augmenter ses ressources par l'exploitation d'un champ plus vaste et plus productif ; il faut lui indiquer les perfectionnements dont ses procédés sont susceptibles, lui faire connaître ceux qu'il ignore et dont l'expérience a confirmé les bons résultats dans d'autres régions maritimes que celles où il a coutume d'opérer.

L'agriculture a ses établissements publics, ses écoles spéciales, ses fermes modèles, ses jardins d'acclimatation, d'essais ou d'expériences, ses exhibitions de machines et d'instruments aratoires : la pêche n'a pas de centre d'impulsion, parce qu'elle n'a pas de lieu de réunion où l'on puisse discuter ses pratiques, exposer ses moyens d'action, proposer les améliorations qu'elle attend et les réformes qu'elle réclame. Restée stationnaire dans son isolement, on l'a laissée sans comices, sans sociétés d'encouragement ou d'émulation pour récompenser le zèle, l'intelligence, le dévouement et l'abnégation de ces braves laboureurs de la mer, enfants abandonnés à la Providence. Et pourtant ce ne sera que par la création d'établissements à l'instar de ceux qui ont été fondés pour l'avancement de l'agriculture, qu'on pourra espérer des

(1) M. le commandant Dorré, qui s'est exprimé ainsi, dans un rapport qu'il a bien voulu me communiquer, proposait, pour les pêcheurs de la Manche, de créer à Paris un syndicat dont le premier devoir serait de transmettre, dans tous les ports de pêche qui pourvoient la capitale, le bulletin spécial de l'état du marché, pour faciliter les transactions et sauvegarder les intérêts presque toujours compromis des patrons.

progrès dans la marche de l'industrie justement appelée le *gagne-pain de nos populations maritimes*.

Les perfectionnements de l'économie rurale ont été puissamment secondés par les études agronomiques, par le zèle des sociétés savantes, par l'application des méthodes. Des études qui se rattacheraient à l'exploitation de la mer n'auraient pas moins d'importance; l'économie et la bonne organisation de la pêche y trouveraient beaucoup à gagner. La pêche a sur l'agriculture un immense avantage; la nature se charge seule d'ensemencer le champ où le pêcheur moissonne. Les produits de la mer, de même que ceux de la terre, entrent pour une grande part dans la masse des ressources alimentaires; la pêche en pourvoit nos marchés pour la consommation journalière, et les livre aussi au commerce, qui peut les exporter au loin. La pêche a ses fonds régionaux où incessamment elle s'exerce, ses grandes mers qu'elle exploite; de là une distinction suivant l'usage du champ qu'elle embrasse, les différents moyens qu'elle met en œuvre, et les capitaux dont elle nécessite l'emploi. C'est la grande ou la petite pêche, comme nous dirions la *grande* ou la *petite culture*, s'il s'agissait de l'exploitation du sol. Ainsi, qu'il soit question de régions, de saisons, de règles ou de méthodes, de système d'exploitation suivant le champ où l'on opère, la pêche et l'agriculture peuvent, sous plusieurs rapports, se comparer entre elles. Ici c'est la nature du fond et les instincts des poissons qu'il faut bien connaître; là c'est la composition du terrain et les besoins des plantes. Et ceci est tellement vrai, qu'aujourd'hui qu'on commence à mieux apprécier cette grande industrie des eaux, deux nouveaux noms, auxquels personne n'avait songé auparavant, ont été appliqués à la pêche : *aquiculture*, *pisciculture*. Ainsi, la pêche est l'agriculture de la mer, et cette définition, qui n'est pas nouvelle, mais qui a longtemps manqué d'application, la science vient la consacrer aujourd'hui.

Or, l'agriculture, c'est-à-dire l'exploitation du sol, soit qu'on la considère comme science, ou bien qu'on l'envisage comme art au point de vue des moyens qu'elle emploie et des résultats qu'elle donne, a son histoire et sa statistique, ses temps de prospérité et ses époques de décadence, ses bonnes et ses mauvaises années, ses méthodes préférées et ses routines qu'on doit proscrire. La pêche a aussi tout cela ; mais la statistique de cette industrie est encore à créer, car il n'existe, en réalité, aucune direction pour prescrire les recherches et coordonner les renseignements ; point de véritable centre d'administration, aucun formulaire, aucune méthode pour se guider.

Le ministère de la marine a toujours eu la haute main sur la direction de cette industrie. Il doit naturellement se montrer jaloux d'une prérogative qui place sous son patronage une classe d'hommes accoutumés à compter sur sa protection, et dont il peut disposer au besoin. La surveillance et l'administration des pêches étaient dévolues anciennement aux amirautés. Auxilié aujourd'hui par des agents spéciaux et une administration plus complète, il appartient au département de la marine de conserver l'initiative de la bonne organisation des pêches, et de diriger les travaux statistiques qui doivent nous éclairer sur l'état de l'industrie dont il suit les développements et qui s'exerce sous son contrôle. Le bureau des pêches, qui fait partie d'un des nombreux services de ce département, peut facilement centraliser tous les travaux et en faire le classement. C'est-là que viennent aboutir tous les renseignements sur les armements de la grande pêche et sur les résultats de chaque campagne ; ce bureau reçoit en même temps les états fournis par les divers agents du commissariat maritime sur la pêche côtière, en ce qui concerne son personnel, le nombre de bateaux employés et le rendement annuel de cette industrie. La publication officielle de ces documents, d'après des tableaux statistiques comparatifs, nous éclairerait sur l'état réel de notre pêche nationale (1). Mais ce bureau important réclame une organisation plus indépendante, une action plus directe, en un mot, des attri-

(1) De 1840 à 1844, le commerce général, tant d'importation que d'exportation, dû à la grande pêche, opérait sur une valeur de 18 à 20 millions de francs. L'exportation avait atteint le chiffre de 4 millions. Dans le commerce

butions plus étendues. L'industrie de la pêche, aussi bien que l'agriculture, est en droit de prétendre de la part de l'État à une administration spéciale qui la place sur la même ligne, car elle n'embrasse pas moins d'intérêts. Les encouragements et la sollicitude de protecteurs puissants ne lui sont pas moins nécessaires. Je ne viens pas proposer la création d'un nouveau ministère, bien convaincu, au contraire, que celui de la Marine suffit et peut répondre à tout ce qu'on attend ; mais il serait à désirer que le bureau des pêches de ce département fût élevé au rang de direction générale. Alors seulement, l'administration, éclairée par les renseignements qui viendraient se réunir dans ce centre directif, pourrait mettre en lumière les conditions vitales de la pêche française.

Hasardons ici le programme à suivre pour parvenir à la connaissance parfaite de l'industrie maritime, qu'il serait si important d'apprécier dans son ensemble et dans ses détails. Ce simple aperçu suffira pour faire comprendre toute ma pensée :

NOTIONS PRÉLIMINAIRES : Historique des pêches en général. Division de l'industrie en grande et petite pêche.

PÊCHE COTIÈRE : Classement des pêches régionales du littoral français. Conditions naturelles des différents fonds de pêche. Cantonnements poissonneux.

STATISTIQUE : Recensement de la population littorale adonnée à la pêche. Industrie ou moyens d'action, arts de pêche et engins. Bateaux, employés. Capital d'exploitation.

Résultats : Nature des produits. Quantités et valeurs.

Débouchés : Consommation localé. Consommation intérieure. Importations et exportations.

MOYENS AUXILIAIRES : Action gouvernementale. Direction générale des pêches. Assurances et crédit maritime. Établissements et institutions piscicoles.

MOYENS D'ENCOURAGEMENT : Comices maritimes. Concours et primes. Expositions et Congrès pour le progrès des pêches.

Je donnerai quelques explications sur certains points que je n'ai fait qu'indiquer dans cet aperçu statistique.

d'importation, le poisson de mer, pour la pêche de la Morue et du Maquereau seulement, s'élevait à plus de 10 millions, et les rogues à près de 2 millions, pendant la moyenne quinquennale indiquée plus haut.

Il serait difficile d'établir, même approximativement, la valeur des

La répartition hydrographique du littoral français et des eaux qui le baignent, donne lieu à des fonds de diverse nature dans les différentes régions maritimes de la Méditerranée et de l'Océan où s'exerce notre pêche côtière. Il en résulte une grande variété de poissons en espèces sédentaires, aventurières ou de passage. La distribution géographique de ces régions poissonneuses offre une étude pleine d'intérêt, et qui acquiert chaque jour plus d'importance par les travaux de plusieurs officiers de notre marine impériale, poursuivis sous l'intelligente direction du chef du bureau des pêches au ministère de la Marine.

Partant du principe que le système de pêche varie suivant la nature du fond et les instincts des poissons qui fréquentent nos mers, on a pu, d'après un plan uniforme d'observations et de recherches, qui réunit les données obtenues dans les différents parages, commencer à dresser des cartes où sont indiqués les cantonnements régionaux qu'occupent les diverses espèces de poissons, les profondeurs et la nature des fonds qu'elles affectent suivant les saisons, la température des eaux et les époques du frai. Et comme la diversité de ces circonstances paraît motiver la préférence que certaines espèces donnent aux cantonnements qu'elles choisissent, soit comme points de réfection ou de reproduction, il résulte de cette série de recherches la réunion de tous les éléments d'une sorte de cadastre sous-marin, qui permettra d'apprécier la richesse de nos mers littorales sur toute l'étendue de notre fond de pêche. Les gisements des cantonnements poissonneux, où des observations répétées à différentes époques

produits de la petite pêche pendant la même période. Les documents officiels que j'ai pu consulter dans le temps la portaient, pour les côtes de la Méditerranée, à 3 500 000 francs : mais je n'ai aucune donnée pour la pêche côtière des ports de l'Océan. Quoi qu'il en soit, le relevé général du matériel et du personnel de la petite pêche accusait déjà, à cette époque, un état stationnaire et des symptômes de décadence dans une industrie qui touche à de si grands intérêts. La moyenne quinquennale de la pêche côtière accusait à peine 6000 bateaux pêcheurs, représentant ensemble 41 207 tonneaux, et le personnel employé n'atteignait que 26 768 hommes, y compris les gens de mer déjà hors de service.

auront constaté l'existence de grandes frayères, nous fixeront sur les parages qu'il faudra aménager, c'est-à-dire mettre en réserve pour que les poissons puissent se reproduire et nos eaux se repeupler.

La connaissance de ces précieux renseignements sera des plus avantageuses pour les pêcheurs, dès qu'ils pourront les mettre à profit. La théorie, basée sur l'observation et l'expérience, viendra alors éclairer la pratique. Mais, pour obtenir ces résultats, il faut commencer d'abord par répandre l'instruction chez cette classe, qui, dans son ignorance, ne saurait apprécier ce qu'elle ne comprend pas; il faut des écoles où les pêcheurs puissent apprendre toutes les ressources d'un art difficile, et dans lequel ils ne sont guidés jusqu'ici que d'après des routines traditionnelles. N'attendez de ces gens, la plupart illettrés et habitués à être tenus en état de tutelle, aucune espèce d'amélioration, aucun esprit d'initiative; l'instruction seule peut les lancer dans la voie du progrès.

Quand on réfléchit aux bienfaits de l'enseignement sous quelle forme qu'on le répande, quand on pense à l'émulation qu'ont développée et entretenue les comices agricoles, aux avantages qu'en ont retirés les populations rurales depuis la création de nos assemblées, on comprend bientôt tout ce qu'on est en droit d'espérer d'institutions analogues, organisées dans le but d'instruire les pêcheurs et d'imprimer à la pêche une grande impulsion, afin qu'elle puisse répondre à tous nos besoins. — Des comices maritimes, qui réuniraient les différentes classes de nos populations littorales vivant de l'industrie de la mer, des assemblées régionales qui prendraient l'initiative de l'exposition des produits, des engins, des nouveaux modèles, c'est-à-dire des résultats et des moyens, en même temps qu'elles ouvriraient le champ aux communications et aux discussions sur les arts de pêche, sur les procédés les plus avantageux, contribueraient puissamment à vaincre, par le spectacle des faits réels, la défiance naturelle des pêcheurs. — Ces concours ouverts dans nos ports de pêche, comme l'a si bien démontré un de nos meilleurs agronomes en traitant des progrès de l'agriculture française dans un ouvrage que le titre séul recommande, « *Patria*, » ces concours régionaux, dis-je, serviraient à étendre et à rectifier les idées de nos gens de mer, en les mettant en rapport entre eux et parfois aux prises avec les opinions d'hommes compétents, quoique moins pratiques. Ils serviraient encore à exciter l'émulation, à récompenser les plus habiles, à faire prévaloir des améliorations profitables à tous ; à populariser, en un mot, une industrie trop longtemps regardée avec indifférence par ceux-là mêmes qui avaient le plus d'intérêt de la voir grandir. — Ces congrès maritimes, ces fêtes annuelles de la pêche, accueillies, n'en doutons pas, par toutes les populations littorales, répandraient parmi elles l'esprit d'association qui leur manque, et leur donneraient la vie dont elles ont besoin.....

P. S. — Réjouissons-nous ! Au moment où j'écris ces lignes, mes espérances commencent à se réaliser, et les moyens d'encouragement que j'ai proposés pour le progrès des pêches sont déjà mis en œuvre. — Occupé, dans cette île perdue au sein des mers, de la rédaction des derniers chapitres de l'ouvrage dont j'adresse aujourd'hui un nouveau fragment à la Société impériale d'acclimatation, l'annonce de la grande exposition de Bergen est parvenue jusqu'à moi. Que Dieu soit loué ! J'aurai donc assez vécu pour voir s'ouvrir une ère nouvelle, et c'est la Norvége qui a pris l'initiative. Bergen, le grand entrepôt de pêche du Nordland ; Bergen, qu'on pourrait surnommer la *poissonneuse*, comme Icarie l'*ichthyoesse*, cette ville de l'ancienne Grèce que la mer avait envahie ; Bergen, dis-je, est la première qui livre au monde maritime le spectacle des produits de l'industrie scandinave. Certes, cette priorité lui était acquise de droit ; car Bergen étend ses relations jusqu'au cap Nord ; ses transactions commerciales, en matière de pêche seulement, s'élèvent à plus de 12 millions de francs ; ses salaisons de Harengs ont dépassé souvent 300 000 tonnes ; deux fois par an, son superbe port reçoit la flotte des pêcheurs nordlandais ; elle expédie ses yachts dans le Löfoden pour la pêche de la Morue, et vend chaque année à l'Angleterre plus de 400 000 Homards pêchés dans ses fiords. — Cette première exposition internationale (1), où sont venus se grouper, avec les engins de pêche, tous les produits des mers du Nord-Européen, n'a pas tardé d'être imitée. Je reçois, presque en même temps, par l'intermédiaire du Ministère des affaires étrangères, les circulaires des programmes de la Société scientifique d'Arcachon et du port de Boulogne sur les deux expositions de pêche et d'aquiculture qui vont s'ouvrir simultanément, dans quelques mois, sur nos côtes françaises sous les auspices du gouvernement. L'industrie des eaux va donc enfin rivaliser d'émulation avec l'industrie du sol, et l'on pourra mettre en comparaison ces deux grandes sources de l'alimentation des peuples. Oh ! je répondrai plein de joie à cet appel ; j'assisterai à ces solennités de la pêche ; j'y apporterai mon zèle et tout mon dévouement pour la belle et utile industrie qui fait depuis trente ans l'objet de mes plus chères études !

(1) Un compte rendu détaillé des faits observés à l'exposition internationale de Bergen doit être publié prochainement dans le *Bulletin*.

(R.)

NOTES
SUR LA RÉCOLTE SÉRICICOLE DE LA TURQUIE
EN 1865,

Par M. DUFOUR,

Délégué de la Société impériale d'acclimatation à Constantinople.

La température normale qui a régné presque pendant tout le temps de l'élevage de 1865, en Turquie, a favorisé relativement la marche des éducations de cette contrée séricicole.

Les graines qui ont servi aux éducations de la Turquie provenaient généralement de la Boukharie, du Caucase, de la Syrie, du Kurdistan, des montagnes de l'Anatolie, soit de Tourbalet et de Saratchelé, ainsi que de la Roumélie. Quelques centaines de cartons de diverses races du Japon seulement ont marqué parmi les éducations de la Turquie ; au nombre de ces dernières races se trouvaient des Trivoltini en assez grand nombre.

Les races qui ont donné en Anatolie les meilleurs résultats sont celles des montagnes de l'Asie Mineure et de la Roumélie ; les unes et les autres ont produit de 55 à 60 kilogrammes de cocons par once. Les races japonaises en général n'ont procuré aux éducateurs que la moitié du produit des races indigènes, et cela encore en cocons peu fournis, dont il faut 20 kilogrammes environ pour obtenir 1 kilogramme de soie. Aussi paye-t-on les cocons en frais des races des montagnes de l'Anatolie jusqu'à 10 francs le kilogramme, tandis qu'on ne dépasse pas le prix de 4 francs pour les cocons japonais. Toutefois, comme les races japonaises, quoique délicates, parviennent, sans trop de mortalité, à faire leurs cocons, elles sont préférables, suivant nous, aux provenances du Caucase et de la mer Caspienne, du moins celle de ces races qui fournit des cocons d'un beau blanc ; d'autant plus qu'on parviendrait bientôt à l'élever au niveau des races d'élite des montagnes de l'Anatolie, que les sériciculteurs et les filateurs préfèrent à toutes les origines, en raison de la richesse de leurs cocons, qui fournissent une belle soie, nerveuse et sans duvet. Mais, pour parvenir à améliorer ainsi la race japonaise que nous venons de mentionner, il faudrait, conformément à nos dernières expériences, suivre le système d'éducation relaté dans nos *Observations pratiques faites en Orient sur la maladie actuelle des Vers à soie.* Cette opinion, qu'il nous soit permis de le dire, paraît être justifiée une fois de plus par les résultats que les éducateurs ottomans ont généralement obtenus pendant cette dernière campagne : en effet, la récolte séricicole a été des plus abondantes en Syrie ; si elle laisse à désirer dans certains districts de la Roumélie et de l'Anatolie, quant à la production générale en elle-même, comme cela a été remarqué plus particulièrement chez les éducateurs *pauvres*, on ne peut attribuer ces lacunes qu'au manque de graines et à leur détérioration, puisque généralement aucune plainte concernant les maladies ordinaires ne s'est fait entendre pendant la campagne ; et pour ce qui est spécialement de l'épidémie, aucun symptôme n'a été signalé que nous sachions.

En conséquence, ces résultats, qui sont pour ainsi dire les mêmes que ceux de 1863, nous amènent à répéter ce que nous avons précédemment avancé, à savoir : que les mécomptes éprouvés par les éducateurs orientaux ne peuvent être attribués en quelque sorte qu'aux maladies ordinaires, lesquelles ont été causées principalement par la basse température, et relativement par le grainage industriel. Nous précisons : la principale cause de ces insuccès serait la basse température ; vu que les Vers à soie ne contractent la plupart des maladies en Orient, que parce qu'ils y sont élevés pour ainsi dire en plein air, sans chauffage. Du reste, ces maladies, qui étaient connues en Turquie avant qu'on y eût signalé l'épidémie, n'ont jamais apparu, entre autres celles des gras et des petits, que lorsque la saison, pendant l'élevage, a été froide et par-dessus tout humide. Quant au grainage industriel, ses effets pernicieux ont été si souvent constatés dans toutes les contrées séricicoles, qu'il serait pour ainsi dire superflu d'insister sur cet errement né de la nécessité et de l'ardeur à la curée, si l'imprévoyance de la majeure partie des éducateurs n'en faisait une espèce d'obligation. En conséquence, nous sommes conduit à soutenir, comme précédemment, qu'avec le grainage en grand, on ne peut obtenir des œufs de Vers à soie aussi bien fécondés que ceux qui sont produits par chaque éleveur à l'intention de sa propre éducation. A l'appui de cette manière de voir, nous prendrons la liberté de faire observer qu'il est impossible aux producteurs de quantités considérables de graines de laisser les papillons accouplés pendant tout le temps nécessaire à une bonne fécondation ; c'est là une vérité, suivant nous, qu'aucun praticien ne saurait contester. Qui plus est, si l'on ajoutait à ce vice radical de production les détériorations que la fermentation et les accidents causent à ces amas de graines pendant le transport d'une contrée à une autre, on resterait convaincu qu'il est urgent de revenir au grainage à l'intention de chaque éducation, et cela sans retard ; car, si de tout temps, en Turquie, la basse température a causé les mécomptes qu'on a par erreur, suivant nous, attribués uniquement à l'épidémie qui ravage les contrées séricicoles de l'Europe, le grainage industriel a contribué à les augmenter, depuis que les spéculateurs européens ont fait perdre à l'éducateur oriental la bonne habitude de faire ses graines.

La question séricicole, s'il nous est permis de le dire, paraît être, quant à l'Orient, suffisamment élucidée, lorsque l'on compare la différence notoire qui existe entre les résultats désastreux des années 1857 et 1858, pendant lesquelles le thermomètre ne s'est pas élevé au-dessus de 11 degrés Réaumur, avec la production de plus en plus abondante des campagnes de 1859, 1860, 1861 et 1862, qui ont été favorisées par une température plus élevée et plus régulière. Qui mieux est, le problème épidémique semble près d'être résolu, lorsque l'on constate que l'insuccès de 1864, qui a été causé par des variations extrêmes de température, se trouve entre deux bonnes récoltes, — celles de 1863 et de 1865, qu'une température normale a favorisées.

En résumé, les résultats sus-mentionnés ne pourraient-ils pas servir d'enseignement aux sériciculteurs européens, qui se sont sans doute égarés, parce qu'ils ont hésité à prendre la voie qui conduit les éducateurs orientaux au but proposé, lorsque la température est normale ? En regard de faits probants, ces sériciculteurs ne devraient-ils pas se décider à vérifier par eux-mêmes, dans les conditions indiquées, nos expériences physiologiquement comparatives, ainsi que leurs résultats arithmétiques, qui ont été mentionnés à cet effet, dans la séance du 13 avril 1863, à l'Académie des sciences, par l'un de ses membres éminents, — notre très-honoré vice-président, — M. de Quatrefages (1) ? Cela paraît d'autant plus rationnel, que déjà les éducateurs qui utilisent les feuilles des Mûriers sauvages recepés chaque année dont quelques parcelles de leurs propriétés sont bordées, ont reconnu implicitement la supériorité de cette espèce de feuilles comme alimentation pendant le jeune âge. On le voit, il n'y a pas loin de ces prémisses à la conclusion de cette question séricicole qui, au point de vue de la *résistance* des Vers à soie à l'invasion de

(1) Ces résultats arithmétiques au profit des habitudes séricicoles de la Turquie (que nous avons établies en système rationnel en indiquant les lacunes à remplir et les améliorations réelles à y apporter), entre deux éducations du même nombre de vers, les uns élevés à l'orientale, les autres à l'européenne, étaient :

1° 27 pour 100 de vitalité de plus ;
2° 23 — d'économie de feuilles pour la nourriture ;
3° 23 — d'assimilation de plus, ce qui est prouvé par l'écart entre les deux résidus excrémentitiels ;
4° 5 — de rendement en plus quant au poids des cocons ;
5° 23 — de rendement en plus pour la soie tirée des cocons ;
6° 25 — d'économie de feuilles, résultant du recepage annuel du Mûrier et de la distribution des feuilles attachées aux rameaux ;
7° 65 francs d'économie de main-d'œuvre au minimum par élevage de chaque once métrique de graines au moyen du recepage annuel et de la distribution des feuilles attachées aux rameaux ;
8° 25 pour 100 de production de feuilles de plus en cultivant les Mûriers à l'orientale.

l'épidémie, consisterait, selon nos doctrines, à *nourrir ces insectes exclusivement avec des feuilles de Mûrier blanc sauvage recepé annuellement, et à les élever sur les rameaux de ces mêmes feuilles, toutes conditions hygiéniques gardées d'ailleurs.*

Notre insistance au sujet d'éducations expérimentales à faire dans les mêmes conditions qu'en Orient (1) semble être surtout justifiée par les diverses considérations plausibles qui ressortent simultanément de la culture du Mûrier à l'orientale et de l'aménagement de la séve, et cela tant au point de vue de la production des feuilles et du rendement plus considérable des cocons, que de la résistance des belles et vigoureuses races de la Turquie à l'invasion de l'épidémie. Suivant nous, les sériciculteurs européens ne devraient point hésiter à faire ces essais ; vu que, dans le cas même d'insuccès relativement à la question si complexe de l'épidémie, les habitudes séricicoles de la Turquie leur procureraient toujours une grande économie de main-d'œuvre. Pour ce qui est spécialement du Mûrier blanc sauvage et de son recepage annuel, nous prendrons la liberté de répéter que ce système de culture, qui réussit en Turquie à toutes les altitudes et dans tous les terrains, devrait en grande partie la bonne venue des feuilles et leur efficacité hygiénique à la taille graduée des branches de l'arbre au moyen d'une serpette à scie dont les dents sont très-courtes, très-fines et très-serrées. L'emploi de cette serpette paraîtrait également atteindre le but désiré; car l'opération ne laisse aucune bavure, et il semble qu'il en résulte une cicatrisation plus prompte que lorsqu'on se sert

(1) Nous prendrons la liberté de faire observer que l'application de l'ensemble de ces conditions, — l'alimentation avec des feuilles de Mûrier blanc sauvage recepé annuellement et l'élevage sur les rameaux de ces mêmes feuilles, — est indispensable pour obtenir les mêmes résultats qu'en Orient. En appliquant seulement l'une de ces deux conditions, — qui sont adéquates l'une à l'autre, — on risquerait fort d'échouer, ainsi que cela nous est arrivé à nous-même, surtout si l'on négligeait l'alimentation indiquée, qui est, suivant nous, la principale condition, si ce n'est toute la question.

de la serpette à tranchant lisse; et la preuve, c'est que l'arbre ne pleure presque pas.

D'ailleurs, si les observations pratiques que nous avons faites depuis 1857 jusqu'à ce jour laissent à désirer quant à l'évidence des causes, il n'en est pas de même des effets, ce semble; car les sériciculteurs européens, sans pénétrer dans les arcanes de la nature, peuvent constater par eux-mêmes l'efficacité des habitudes séricicoles de l'Orient : puisque la Turquie, pendant les années à température normale, produit en quantité de la bonne et belle soie, tandis que les contrées séricicoles de l'Europe fournissent de moins en moins des soies dont la qualité laisse beaucoup à désirer.

SUR L'ESSAI D'ACCLIMATATION DU YAMA-MAI EN TURQUIE.

Contrairement à la marche des éducations générales du *Bombyx Mori* dont nous venons de parler, l'essai d'acclimatation du Yama-maï a complétement échoué en Turquie.

D'abord l'éclosion s'est effectuée très-irrégulièrement et très-lentement; ensuite les vers ont péri d'âge en âge des suites de l'épidémie qui sévissait dejà, à ce qu'il nous a paru, contre ces pauvres insectes avant l'éclosion. Le petit nombre qui a pu résister au fléau et parvenir jusqu'au cinquième âge, a fini par périr sans faire le cocon. Il est vrai que ces derniers, qui avaient été placés sur un Chêne sous la surveillance spéciale d'une personne expérimentée, afin de leur procurer une feuille plus fraîche, ont éprouvé peut-être quelque mauvaise influence atmosphérique... Quoi qu'il en soit, tout a péri des suites de l'épidémie *bien constatée* et non d'une autre maladie. Il est donc évident que le Yama-maï avait déjà été attaqué dans l'œuf par l'épidémie, en France, avant l'envoi en Turquie de ces graines, puisque aucun cas d'épidémie n'a été constaté dans cette contrée séricicole sur le *Bombyx Mori* pendant cette dernière campagne. C'est encore là une preuve de plus en faveur de notre système, — *l'alimentation au moyen des feuilles du Mûrier blanc sauvage recepé annuellement.*

Quant au Yama-maï, nous sommes conduit, par les observations pratiques que nous avons faites, à espérer que ce Ver à soie du Chêne réussirait en Turquie. Mais pour être sûr du résultat de ce nouvel essai d'acclimatation du Yama-maï en Turquie, il faudrait procéder avec des graines qui n'auraient subi d'aucune manière l'influence de l'épidémie. En conséquence, il serait prudent, en vue d'une autre expérience plus concluante, de nous faire adresser d'Alexandrie à Constantinople la petite quantité de graines qui peut nous être destinée pour la prochaine campagne, sur l'envoi du Japon à notre Société.

PLANTATION DE SAULES EN NORVÉGE,

Par M. HANSON (de Stavanger).

(Séance du 15 décembre 1865.)

Il y a à peu près six ans que j'ai commencé la plantation de Saules du pays, particulièrement du *Salix fragilis*, qui pousse très-facilement dans quelques-uns de nos districts du Nord, et que j'espérais pouvoir utiliser. Après en avoir planté beaucoup de pieds tant dans les terrains marécageux que dans d'autres terrains, j'ai trouvé que, quoique ce Saule poussât très-bien, il ne pourrait rendre les services que l'on en attendait. Je portai mon attention alors sur l'Osier hollandais (*Salix lanceolata*), employé pour la tonnellerie. J'en fis venir de Hollande un millier de pieds, croyant trouver là un osier susceptible d'être utilisé ; mais mes essais me donnèrent un osier impropre à la fabrication des cercles de tonneaux, et dont les prix de revient étaient si élevés, que j'ai dû cesser cette expérience. C'est de Hambourg que je fis venir d'autres *Salix lanceolata*, et ce sont ceux-là qui ont constitué ma pépinière. Comme mes premiers essais m'avaient donné la certitude de produire des osiers aussi bons que ceux de Hollande, car, après trois ans de plantation, ils étaient très-bons pour cet emploi, j'établis avec l'assistance du gouvernement norvégien une pépinière plus grande, et, par notre consul général, à Amsterdam, qui en a reçu l'ordre de notre gouvernement, j'ai eu 5000 pieds du vrai *Salix lanceolata*. Je reçus aussi d'Angleterre plusieurs espèces de très-bons osiers de paniers (*palm-pile*, *menings-pile*, *œsœr-pile*). Ces osiers sont très-bons pour de petits cercles et de gros ouvrages de vannier. Pour les fins ouvrages de vannerie, j'ai obtenu de bons résultats du *Salix purpurea* et du *Salix viminalis*, d'Allemagne, *Salix americana*, etc.; j'ai pu réunir ainsi quinze espèces d'osiers dans mes cultures.

Mon but, en établissant une plantation d'osiers, a été d'en prouver l'utilité et les profits, de manière que les petits propriétaires du pays puissent m'imiter. Notre district, par suite de la pêche, emploie quantité de vannerie et de cercles de tonneaux (à Stavanger seul, par an, pour un demi-million de tonneaux), et comme pour chaque tonneau il faut douze cercles; il est facile de voir l'intérêt de la production de l'osier pour notre pays. Je suis surpris que cette utilité n'ait pas fait faire depuis longtemps des essais. L'affaire a excité, depuis mes travaux, l'intérêt dans le pays, après que j'ai eu démontré clairement que l'on pouvait ici produire l'osier pour des cercles. Comme preuve, il en a été en moins de six mois commandé 25 000 pieds, surtout par des paysans, et à peu près 50 000 par de riches propriétaires.

Ma manière de reproduire l'osier est fort simple et peu coûteuse. En novembre et décembre, je coupe toutes les branches fortes à une longueur de 25 pouces environ ; la tranche est aussi nette que possible et toujours en biseau. Les boutures sont conservées dans un caveau garanti du froid, avec le pied mis dans des *Sphagnum* humides; en humectant de temps à autre les pieds avec de l'eau, non-seulement les boutures se conservent pendant l'hiver, mais même il peut se développer des racines. De cette façon, les boutures sont plus vigoureuses, et poussent plus vite que si elles étaient faites au printemps, comme c'est l'usage habituel. Au printemps, quand la terre est préparée (ce qui se fait ici en formant des *billons* pour les terrains humides, et dans les terrains secs en creusant des fossés), je commence la plantation. Dans de mauvaises terres marécageuses où l'on fait des billons, je plante des boutures à une distance de 2 à 3 aunes dans un sens, et de 30 à 40 pouces dans l'autre. Dans la bonne terre sèche, je les plante à une distance de 20 pouces dans un sens, et de 40 dans l'autre. La plantation se fait de la manière suivante. On tire d'abord un cordeau suivant la longueur que l'on veut donner au champ; le long du cordeau on établit un fossé d'environ 18 pouces; dans ce fossé, on met les boutures de telle sorte, que celui qui plante peut d'une main enfoncer la bouture, et de l'autre prendre les distances. Lorsque les boutures sont placées, on remplit la moitié du fossé avec la terre qu'on en a tirée; au-dessus de cette terre, on met du fumier entre les boutures sans les toucher, après quoi on remplit le fossé de terre. On établit une seconde ligne parallèle, et ainsi de suite. Quand la plantation est formée, on arrose toutes les boutures avec de l'eau de fumier (1/3 eau de fumier, 2/3 eau ordinaire). Ceci est absolument nécessaire dans nos terrains pauvres; car, comme les racines sont déjà formées, il faut leur donner tout de suite de la nourriture, le fumier enterré ne doit nourrir que plus tard. Après avoir tâtonné, je suis arrivé à cette culture qui m'a donné les meilleurs résultats. Après cinq mois, mes boutures ont acquis plus de 5 aunes, ce qui est un résultat unique pour notre pays, au climat très-rude et exposé à tous les vents. Pour faire mes essais, j'ai choisi un terrain tel, que les experts pensaient que c'était le plus mauvais des environs. J'ai dans ma pépinière environ 15 000 pieds.

Les boutures sont plantées légèrement inclinées avec le biseau tourné vers le nord; car s'il était placé vers le sud, il pourrait être endommagé par l'action du soleil et de la pluie. La chaleur du soleil est plus utile en frappant sur l'arête exposée au soleil, qui est plus grande. Dans la terre sèche, on ne met pas de billons. On enfonce les plantes de 21 à 22 pouces en terre, car le vent pourrait les déraciner, si elles étaient moins enfoncées. La première année, on laisse pousser les branches.

Tout ce qui est plus haut ne concerne que les osiers pour faire des cercles de tonneaux. Pour la vannerie, il faut agir comme suit. Je forme des haies autour des autres Saules; chaque plant est distant de 12 pouces; là où la terre est assez profonde, et où il faut se garantir des vents du nord ou de l'ouest, qui sont très-préjudiciables aux plantes, je fais un remblai de tourbe qui arrête aussi les bestiaux. Ce remblai a environ 2 aunes de haut et 20 pouces de large au sommet. Ce mur, dont la partie centrale est de terre, est recouvert de tourbe herbeuse fixée par des pieds pénétrant dans l'intérieur, à cause des grands vents qui règnent parfois. La terre de ce mur est prise à l'intérieur, de façon à faire un fossé qui forme un obstacle de plus aux bestiaux. Ce mur est très-utile à la haie; une haie ainsi placée m'a donné pendant trois ans une hauteur de 6 à 7 aunes, et protége toute ma pépinière contre le vent. Il faut couper la partie sud d'une enceinte continue, à cause de l'ombre. C'est là le moyen le plus économique, et il protége en outre contre la violence des vents.

II. EXTRAITS DES PROCÈS-VERBAUX DES SÉANCES GÉNÉRALES DE LA SOCIÉTÉ.

SÉANCE DU 15 DÉCEMBRE 1865.

Présidence de M. DE QUATREFAGES, vice-président.

Le procès-verbal de la séance précédente a été, conformément au règlement, lu et adopté dans la séance du Conseil qui a suivi l'ouverture des vacances de la Société.

— M. le Président proclame les noms des membres récemment admis par le Conseil :

MM. DEFRANCE (Charles), ingénieur des mines, à Vixnees, près de Stavanger (Norvége).

DIBOS (Édouard), négociant, à Paris.

GOUX (A.), vétérinaire principal de la garde impériale, à Paris.

LESSEPS (Edmond de), chargé d'affaires et consul général de France à Lima, à Paris.

— L'assemblée apprend avec un vif regret la mort de MM. le docteur Bazin, délégué de la Société à Bordeaux, le prince de Castelcicala, et Dupin, sénateur.

— M. Berrier-Fontaine s'excuse de ne pouvoir assister aux premières séances de la Société.

— Il est déposé sur le bureau le compte rendu de l'inauguration de la statue de Buffon à Montbard.

A ce propos, M. A. Duméril entre dans quelques détails sur la cérémonie à laquelle il a assisté en qualité de délégué de la Société. (Voy. au *Bulletin*, p. 561.)

— M. Bretonnet, instituteur à Mézières (Seine-et-Oise), fait ses offres de service à la Société. — Remercîments.

— M. Consonove, sculpteur, informe la Société qu'il a exécuté un buste de M. Isid. Geoffroy Saint-Hilaire, de grandeur naturelle et une réduction de ce buste.

— La Société reçoit un ouvrage intitulé : *Documentos relativos à la esposicion de productos Argentinos en Paris, en el mes de abril de* 1867 (Buenos-Ayres, 1865).

— M. Sacc adresse une Notice extraite du *Zoologischen Garten's*, sur les mœurs du Castor d'Europe, par M. Fitzinger. (Voy. au *Bulletin*.)

— Son Exc. M. le Ministre des affaires étrangères transmet une lettre de M. Garnier, premier drogman du consulat général de France à Alexandrie, sur un envoi d'animaux adressés à la Société. (Voy. au *Bulletin*, p. 705.)

— M. Bobœuf fait hommage d'une lettre imprimée adressée à Son Exc. M. le Ministre de l'agriculture et du commerce sur le typhus contagieux des bêtes à cornes, et dans laquelle il préconise l'emploi du phénol sodique.

— Son Exc. M. le Ministre des affaires étrangères transmet deux dépêches de M. Torelli, ministre de l'agriculture, de l'industrie et du commerce du royaume d'Italie, sur le parfait état de santé des deux Alpacas qui lui ont été adressés par la Société.

— M. A. Geoffroy communique la Note suivante sur les Coqs de bruyère et les Gelinottes, qu'il a reçue d'un amateur : « J'ai eu des œufs du grand Coq de bruyère, je les ai donnés » à des couveuses, et j'ai élevé les jeunes pendant plusieurs » mois. Je leur donnais surtout des brimbelles noires (*Vaccinium myrtillus*), des fruits de Sorbier et de jeunes pousses » de Sapin. Mais arrivés presque à la taille naturelle, ils dépé» rissaient subitement, et mouraient en fort peu de jours. » J'ai obtenu les mêmes résultats négatifs à plusieurs reprises, » sans pouvoir m'expliquer les motifs qui pouvaient les pro» voquer. Je n'ai jamais expérimenté sur le petit Coq de » bruyère ni sur les Gelinottes ; mais je crois la Gelinotte un » gibier impossible à élever en captivité, par la raison que » ses habitudes et sa manière de se nourrir sont encore » moins connues que celles des Coqs de bruyère... »

— M. A. Geoffroy Saint-Hilaire communique l'extrait suivant d'une lettre de M. Ponsard, membre de la Société, à Oncey (Marne) : « La Canepetière (Outarde), presque inconnue » en Champagne il y a douze ans, s'y est multipliée à tel » point, qu'il n'est pas rare d'en rencontrer des troupes de » 200 à 300 individus après les moissons. C'est un oiseau

» migrateur : il arrive pour nicher en avril, et repart à la fin » de septembre. »

— Le prince Stirbey fait hommage à la Société d'un Aigle des Alpes pris au col de Tende. — Remercîments.

— M. Deleuil (d'Aix) adresse un Mémoire intitulé : *Respect aux Oiseaux.*

— M. le docteur A. Gillet de Grandmont, secrétaire de la commission consultative de pisciculture à l'Exposition universelle de 1867, adresse des exemplaires de l'instruction relative aux expositions concernant la culture des eaux. (Voy. au *Bulletin*, p. 669.)

— M. Carbonnier transmet la lettre suivante de M. le marquis de Selve sur l'incubation des œufs de *Féra :* « Je m'empresse de vous informer que je crois avoir trouvé le moyen » de faire éclore les œufs de Féra; si vous jugez qu'il est bon, » vous serez prévenu encore en temps utile pour le mettre à » profit. Voyant que les diverses manières employées par moi » ne réussissaient pas, j'ai pris, sur 20 000 œufs qu'on m'a » envoyés une première fois, une centaine d'œufs encore » sains, et je les ai soumis au régime suivant. Je les ai placés » dans un petit globe de toile métallique (qui sert dans les » petits ménages à faire le thé). J'ai passé dans l'anneau une » baguette qui lui permettait de monter et de descendre » à volonté ; j'ai fixé cette baguette au bas de la cascade, dans » l'endroit où l'eau bouillonne le plus : depuis ce jour je n'ai » pas eu de perte. Les œufs ont une très-belle apparence ; » l'incubation se fait déjà : on voit très-distinctement les yeux » bleus des embryons. Il m'est arrivé hier 30 000 œufs de » Féra grande espèce ; je les ai mis dans un vaste globe. J'ai » immergé la moitié, et la moitié supérieure est recouverte » par l'écume de la cascade par intermittences fréquentes. Ce » globe est attaché par une corde, ce qui lui permet de suivre » le remou de l'eau et d'avoir un léger mouvement de rotation. Je vous tiendrai au courant, si je puis réussir. Je n'ai » pas voulu attendre le résultat, bon ou mauvais, pour que » vous puissiez faire cette communication à la Société d'acclimatation, au moment même de l'incubation des œufs de

» Féra, pour qu'on puisse l'essayer, s'il est jugé bon. Tout me » le fait espérer, puisque les œufs mis dans cette position ont » pris immédiatement l'apparence de la vie, et que l'embryon » se développe à vue d'œil. »

M. le marquis de Selve ajoute qu'il a pêché une Truite bécardée de dix-huit à dix-neuf mois, ayant 44 centimètres de long, 23 de tour, et pesant 825 grammes. Ce poisson provient de ses expériences de pisciculture.

— M. Malard adresse un Rapport sur ses éducations de poissons à Commercy. — Commission des récompenses.

— M. Georges Renaud, attaché au Ministère de l'agriculture, du commerce et des travaux publics, fait hommage à la Société d'un travail *Sur la sériciculture en France*, publié dans l'*Economiste français*. — Remercîments.

— MM. Ribouleau et Baumgärtner adressent des comptes rendus de leurs éducations de Vers à soie.

— Son Exc. M. le Ministre des affaires étrangères transmet copie d'une lettre de M. le consul général de France à Belgrade, qui renferme les renseignements suivants sur l'industrie séricicole dans la Principauté : « Depuis deux ou » trois ans, des sériciculteurs français et italiens commencent » à venir en Serbie acheter des cocons et des Vers à soie. La » maladie qui, en tant d'autres pays, sévit sur le Ver, n'a pas » encore paru dans la Principauté. Le Mûrier, d'autre part, » y vient parfaitement, et aujourd'hui on en laisse encore » perdre presque partout les feuilles. Le gouvernement cepen- » dant a fait quelques efforts pour encourager cette industrie. » Il a fait traduire en serbe, et distribuer gratuitement, les » instructions élémentaires de l'élève du Ver à soie. Mais la » production est loin d'avoir atteint l'importance qu'elle pour- » rait avoir. Je ne connais pas le chiffre de l'exportation en » 1864 ; en 1862, elle a été de 203 266 piastres, cocons, » graines et soie réunis ; en 1863, de 153 029 piastres. Elle » doit avoir été plus forte en 1864 et 1865. Quelques sérici- » culteurs viennent ici au moment de la récolte, et achètent » les cocons tels qu'ils se trouvent. D'autres arrivent au » moment du grainage, et donnent eux-mêmes la graine aux

» paysans, qui s'obligent par contrat à en livrer les cocons » à un prix convenu. Ce prix est alors d'ordinaire de » 6 zwanzigs l'oka (le zwanzig vaut 4 piastres; la piastre, » 20 centimes. L'oka représente 1$^{kil.}$,27). Il faut en moyenne » 20 okas de cocons pour faire une oka de graine, et l'on peut » calculer les frais de production à 25 francs par oka, non » compris le loyer des maisons et les gages des employés » étrangers qui surveillent l'opération. Tels sont du moins » les renseignements qui m'ont été donnés. Il y a en Serbie » deux espèces de Vers à soie. L'une est médiocre et doit être » abandonnée. L'autre, bien que meilleure, donne des cocons » qui, sous plusieurs rapports, laissent encore à désirer. J'ai » transmis à Votre Excellence une oka de graine de Serbie, » que le gouvernement m'avait prié de faire parvenir au » directeur du Jardin d'acclimatation. Une égale quantité a été » envoyée en Italie, par l'entremise du consul général de ce » pays à Belgrade. Les vers éclos d'une partie de cette graine » ont été étudiés avec soin à Voghera, dans leurs différentes » mues et leurs développements successifs. Un rapport en a été » fait au Ministre de l'agriculture, de l'industrie et du com- » merce, rapport que le journal du comice agricole de » Voghera a publié (n° 12, du 16 juin). Aucun signe, dit » ce rapport, de la maladie dominante ne s'est fait remar- » quer. Les vers, au contraire, ont toujours été beaux, » robustes et mangeant bien (*buoni mangiatori*). Très-peu » sont morts, et ils ont fait heureusement toutes leurs mues. » 10 grammes de graine ont produit 7 kilogrammes de » cocons. Mais le même rapport constate que ces cocons » pesaient peu : il en faut 200 et plus pour faire un demi- » kilogramme, tandis que d'ordinaire 160 ou 170 cocons » suffisent. La forme d'une grande partie d'entre eux, en outre, » a été jugée défectueuse. En résumé, l'auteur de ce rapport » ne pense pas que l'importation de la graine de Serbie en » Italie doive être conseillée. Il lui préfère la graine du » Japon. »

— Son Exc. M. le Ministre des affaires étrangères informe la Société de l'heureuse arrivée à Marseille des graines de

Vers à soie du Japon importées par M. Folsch, qui se propose d'organiser une vente publique aux enchères de ces graines. M. Folsch offre à la Société quelques cartons de graines de Vers à soie du Mûrier du Japon pour être distribués à ses membres. — Remercîments.

— M. Huber (d'Hyères) adresse à la Société des spécimens d'*Eucalyptus globulus* en fleurs, de *Dahlia imperialis* et vingt-cinq nouvelles variétés de Chrysanthèmes du Japon. — Remercîments. (Voy. au *Bulletin*, p. 672.)

— MM. Durieu de Maisonneuve, P. Massot, G. Thuret et Gourdin adressent leurs remercîments pour les graines qui leur ont été envoyées.

— Son Exc. M. le Ministre des affaires étrangères transmet la copie d'une délibération du conseil général du Loiret contenant l'expression des remercîments de cette assemblée pour le concours que lui assure notre Président dans ses efforts tendant à régénérer, par une acclimatation opportune, la culture du Safran, qui a une si grande importance locale.

— MM. Brierre (de Riez) et Lemaistre-Chabert, font parvenir de nouveaux rapports sur leurs cultures.

— Son Exc. M. le Ministre des affaires étrangères annonce l'envoi par M. Munzinger, gérant de l'agence consulaire de Massouah (Abyssinie), d'une caisse de *Kousso* (*Brayera anthelminthica*). — Remercîments.

— M. Luigi Croff fait don de graines de *Sorghum tataricum* dont il tente l'acclimatation en Europe. — Remercîments.

— M. l'abbé Voisin, directeur du Séminaire des Missions étrangères, fait don d'un sachet de graines de Poivre du Su-tchuen (*Cardamonum* ?). — Remercîments.

— M. le docteur Turrel adresse un numéro du journal *le Toulonnais*, dans lequel est inséré un article qu'il a publié sur le choléra. — Remercîments.

— Il est déposé sur le bureau un numéro du journal *le Siècle* où est reproduit en partie un travail, extrait du *Bulletin*, sur Concarneau.

— M. A. Duméril entretient l'assemblée des faits importants

qu'il a observés sur les *Axolotls*, qui ont été remis au Muséum d'histoire naturelle par le Jardin d'acclimatation. (Voy. au *Bulletin*.)

— MM. de Quatrefages et Pigeaux font, à propos de l'importante communication de M. A. Duméril, quelques observations sur l'intérêt que présentent les faits signalés.

— M. le professeur Jules Cloquet présente des épis de Maïs de Cuzco provenant de cultures de notre confrère, M. Lesèble, maire du Ballon, près Tours. Notre honorable collègue a parfaitement réussi dans la culture de Maïs de Cuzco dont les grains lui ont été confiés par la Société. Il faut semer en serre tempérée ce Maïs à la fin de février ; le mettre en pleine terre vers le milieu d'avril, lorsqu'il a déjà acquis le développement nécessaire pour que la floraison puisse avoir lieu au commencement de l'été et qu'il arrive à parfaite maturité pendant juillet, août et septembre. Ce Maïs acquiert 9 à 10 pieds de hauteur ; il est d'une force remarquable ; sa fécule est d'une blancheur éclatante, d'un goût fort délicat et se réduit facilement en poudre sous la pression des doigts.

— M. Lucy qui a cultivé le Maïs de Cuzco à Beaumont-sur-Oise, a obtenu des pieds de 4 mètres de haut, qui ont fructifié, mais que le froid a tués avant leur maturité. Ces végétaux étaient plantés au pied d'un mur qu'ils ont dépassé de 40 centimètres ; on a eu soin de butter les pieds pour fournir à la nourriture des racines adventives.

— M. A. Geoffroy Saint-Hilaire donne lecture d'un Rapport sur le typhus contagieux qui vient de sévir. (Voy. au *Bulletin*, p. 685.)

— M. Leblanc donne des détails pratiques sur la marche de la maladie. (Voy. au *Bulletin*, p. 693.)

— M. J. L. Soubeiran lit une partie de son Rapport sur l'exposition de pêche de Bergen (Norvége). (Voy. au *Bulletin*.)

— M. A. Geoffroy Saint-Hilaire donne lecture du Rapport de M. Richard (du Cantal) sur le Cheval du désert. (Voy. au *Bulletin*, p. 609.)

SÉANCE DU 29 DÉCEMBRE 1865.

Présidence de M. A. DUMÉRIL.

Le procès-verbal de la séance précédente est lu et adopté.

— M. le Président proclame les noms des membres admis récemment par le Conseil :

MM. BERTRAND-BOCANDÉ (Emmanuel-Mathurin), négociant au Sénégal, à Paris.

BURCHEZ (le docteur Henri), professeur au gymnase de Kronstadt (*Transylvanie*), Autriche.

BUSSIÈRE DE NERCY DE VESTU, receveur de l'enregistrement et des domaines, à Chantelle-le-Château (Allier).

GARNIER (Benoît), premier drogman du consulat général de France à Alexandrie (Égypte), à Paris.

LABEUNIE (Albert), à Lubersac (Corrèze).

LAFARGUE, négociant français, à Berber (Soudan).

LAPORTE (Edmond), négociant, à Grand-Couronne (Seine-Inférieure).

VOELKEL (Paul), à Paris.

— L'assemblée apprend avec regret la mort de notre confrère M. Didier.

— M. le Président informe l'assemblée que notre collègue M. Durieu de Maisonneuve a été nommé, par le Conseil, délégué de la Société à Bordeaux, en remplacement de M. Bazin, dont la mort a été annoncée à la dernière séance.

— M. Dibos, en adressant ses remercîments pour sa récente admission, annonce qu'il vient de remettre un flacon contenant de la graine de *Coca* (*Erythroxylon Coca*), et qu'il pense pouvoir communiquer prochainement des renseignements sur la culture de cette plante au Pérou. — Remercîments.

— M. le docteur Daguillon, médecin de colonisation à Oran, fait ses offres de service à la Société. — Remercîments.

— M. le général Daumas adresse ses remercîments pour le Rapport qui a été lu et adopté dans la dernière séance sur son ouvrage intitulé : *Les Chevaux du Sahara et les mœurs du désert*.

— M. Teyssier des Farges demande à être inscrit sur la liste des candidats aux récompenses de la Société, et qu'une commission soit chargée de visiter, chez M. Garnot (de Genouilly), ses métis de Bélier chinois et de Brebis mérinos. — Renvoi à la Commission des récompenses.

— M. Révérend dépose une Note sur quelques produits zoologiques et agricoles des environs de Sainte-Marthe (Nouvelle-Grenade), et propose à la Société de compléter cet aperçu de vive voix dans une des prochaines séances.

— M. de Fenouillet informe la Société que son petit troupeau d'Yaks s'élève, au 21 décembre, à cinq individus : 1° le vieux mâle ; 2° les deux femelles (du cheptel), et 3° les deux jeunes produits mâle et femelle qui ont maintenant de huit à neuf mois. Tous ces animaux sont dans un parfait état de santé et de vigueur : les deux femelles sont de nouveau pleines, et tout fait espérer qu'au printemps prochain de nouveaux produits viendront augmenter le troupeau. Comme le vieux mâle pourra être remplacé pour la lutte l'an prochain par le jeune taureau qui est déjà plein d'ardeur, et qui, en septembre prochain, alors que les femelles auront mis bas, sera très-bien en état de faire le service, M. de Fenouillet prie la Société de vouloir bien, si cela ne la dérange en rien, lui retirer le vieux mâle qui ne lui est plus nécessaire. — Renvoi au Conseil.

— M. Sabin Berthelot, membre honoraire, adresse à la Société un nouveau fragment de son ouvrage inédit sur les Pêches. (Voy. au *Bulletin*, p. 709.)

— M. A. Duméril fait hommage d'une Note intitulée : *Nouvelles observations sur les Axolotls nés dans la Ménagerie des reptiles au Muséum d'histoire naturelle, et qui y subissent des métamorphoses.* — Remercîments.

— M. René Caillaud transmet, pour la Commission des récompenses, diverses pièces constatant les travaux de plusieurs candidats, et une Note accompagnée d'échantillons sur les travaux d'ostréiculture de M. Chevrier. — Renvoi à la Commission des récompenses.

— M. Millet transmet un Mémoire de M. de Frarière intitulé : *Simples observations sur le mode de reproduction des Poissons.* — Renvoyé à la 3e Section.

— MM. Abdourahim et Mustapha, négociants à Nouka (Caucase, Russie), qui se sont procuré des graines de Vers à soie de la Tartarie indépendante, d'une race qui n'a pas été atteinte de la maladie, en adressent un échantillon à la Société. — Remercîments.

— M. Camille Personnat adresse le Rapport de ses éducations de *Bombyx yama-maï* en 1865. — Renvoi à la Commission des récompenses.

— M. Allibert, à l'occasion de la communication faite dans dans la dernière séance par M. le professeur J. Cloquet, écrit pour faire connaître les détails suivants : « Il y a déjà quatre » ans, en 1862, sur le conseil de M. le comte de Gourcy, » j'ai essayé le Maïs dent de cheval, dans une ferme que je » cultive directement, à quelques lieues de Tours ; j'ai con- » tinué mes essais en 1863 ; enfin, en 1864, j'ai ensemencé » une pièce de terre de 30 ares, avec 30 litres de Maïs ; le » produit de ces 30 ares m'a fourni la majeure partie de » la nourriture de vingt-quatre bêtes de gros bétail, du » 16 août au 19 septembre. Le Maïs coupé à la faux, mis » en bottes, haché au hache-paille, était distribué aux ani- » maux, et tous, sans exception, l'ont recherché avidement. » Mais les plantes nouvelles, même les plus productives, rencon- » trent toujours de graves difficultés pour entrer dans la pra- » tique, et surtout quand il faut acheter la semence ; souvent on » oublie de se la procurer en temps utile ; plus souvent encore, » on recule devant la dépense. Le Maïs dent de cheval passe » pour ne pas mûrir en France ; cependant, j'ai voulu essayer. » A cet effet, j'ai fait réserver quelques pieds ; la graine en » a parfaitement mûri, en plein champ et sans aucune espèce » de soins ; la semence que j'ai récoltée m'a suffi pour plus » de la moitié de mes ensemencements en 1865 ; enfin, c'est » encore sur les pieds provenant des graines obtenues chez » moi en 1864, que j'ai récolté ma semence pour 1866. J'ai » beaucoup étendu cette culture en 1865, et les produits, » obtenus sur des terres de différente nature, ont été des plus

» abondants. Le Maïs dent de cheval est donc entré chez moi » dans la pratique. La maison Vilmorin-Andrieux et Cie chez » laquelle je m'étais procuré la semence, m'avait engagé, ce » printemps, à essayer le Maïs de Caragua et le Maïs de Cuzco ; » j'ai semé 10 litres de chacune de ces deux espèces sur une » partie des terres préparées pour le Maïs dent de cheval ; » les produits ont été inférieurs en qualité et en quantité ; » les tiges, moins développées, étaient un peu plus dures, et, » inconvénient très-grave, leurs graines n'ont pas mûri. Je » termine cette lettre, déjà un peu longue, en ajoutant que » j'ai cultivé le Maïs à peu près comme la Betterave ; forte » fumure, labours profonds, ensemencements en ligne. »

— M. Bossin en offrant à la Société quelques graines d'une nouvelle variété dite *Laitue Bossin*, donne sur cette plante les détails suivants : « Dans un de mes voyages, je trouvai, dans un » jardin d'une petite ville de l'Auvergne, une Laitue *mons-* » *trueuse* et que je ne connaissais pas. J'abordai le jardinier, » vieux et modeste, pour lui en demander des graines. Il m'en » refusa d'abord, et ce n'est que d'après mes démarches réité- » rées et plusieurs sollicitations, que je parvins à en obtenir » quelques-unes. Je les semai chez moi, et, pour point de » comparaison, je plantai à côté les grosses Laitues connues » en horticulture sous les dénominations de Laitues *Batavia* » *blonde* et *brune*, de Laitue *Chou de Naples*, de Laitue *de* » *Malte*, etc. A la récolte, elle s'est montrée de beaucoup » supérieure en qualité et en grosseur. Elle monta à graines » au moins trois semaines après ses congénères. Cette Laitue » que mes voisins désignent sous le nom de *Laitue Bossin*, » nom sous lequel nous allons la faire connaître, est une des » meilleures Laitues d'été, si ce n'est la meilleure. Mes pre- » miers semis ont lieu fin de février sur couche, et je les con- » tinue de mois en mois jusqu'à la fin de juin, de la même » manière que pour les autres Laitues. Elle est aussi un peu » d'hiver, puisque, sur 40 plantées en automne 1864, 22 ont » résisté à l'hiver. Plantée en pleine terre, je lui donne 40 » à 60 centimètres de distance en tous sens. Je lui donne des » binages, des sarclages et des arrosements assez copieux.

» Dans mon terrain sec, crayeux et brûlant, la Laitue *Bossin* » n'a jamais excédé le poids de 3 kilogrammes (6 livres). » Mais dans les terres fraîches et bien fumées, elle atteint » souvent celui de 3 à 6 kilogrammes (6 à 12 livres), j'en ai » vu de ce poids chez le donateur et ailleurs. La Laitue *Bossin* » est juteuse, cassante, croquante et d'un excellent goût qui se » distingue facilement de celui des autres Laitues, quand elle » est mélangée avec elles dans un saladier. Ce sont tous ces » avantages qui me la font recommander aux amateurs de » salades cuites ou crues. Que cette Laitue soit connue ou » non dans quelques localités ; qu'elle soit nouvelle ou » ancienne, ce n'en est pas moins une bonne variété à intro- » duire dans les jardins où elle ne s'y trouve pas. Il y a plu- » sieurs années que je la cultive à Haunaicourt, avec les plus » grands succès, et nous lui donnons la préférence sur la » Laitue *de Malte*, qu'on aime beaucoup chez moi. »

— M. E. Dibos, qui a reçu du Pérou une caisse de la graine tinctoriale du *Airampo*, dont les Indiens se servent pour donner à leurs étoffes la belle et résistante couleur rouge qui les distinguent, offre à la Société de mettre à sa disposition cette graine pour faire des essais et de prendre à sa charge les frais occasionnés par ces expériences. — Remercîments.

— M. Frédéric Jacquemart appelle l'attention de la Société sur l'avantage qu'il y aurait à se procurer en Cochinchine du plant d'un arbre incorruptible qui y est employé à faire des barques. — Renvoi au Conseil.

— Son Exc. M. le Ministre des affaires étrangères adresse des spécimens de cigares et de Tabac en feuilles provenant des cultures faites au Brésil par M. Texeire Leite, avec des plants originaires de la Havane. — Renvoyé à une Commission spéciale.

— MM. Albert de Surigny, Graux (de Mauchamp) et Louis Neumann envoient des comptes rendus de leurs cultures.

— Des remercîments pour les graines et tubercules qu'ils ont reçus sont adressés par Mme Delisse et MM. le marquis de Fournès, Auzende, le baron d'Aigueperse, Faustin-Gonneau, Léon Maurice, B. Verlot et de Thury.

— M. Ramel exprime à l'assemblée ses regrets qu'un télégramme adressé par lui, de Londres, le 15 décembre dernier, à M. le professeur Coste, n'eût pu, par suite de l'absence de notre confrère, être communiqué à l'assemblée. Ayant eu en main, le 14 décembre, à Addiscombe, un bocal renfermant deux Saumons de la longueur de 6 pouces, provenant d'Australie, et M. Wilson ayant eu tout d'abord l'obligeance de lui offrir de les emporter pour les mettre sous les yeux de la Société, M. Ramel pensa qu'il était convenable et juste que l'annonce d'un fait d'acclimatation aussi considérable vînt de la bouche même de celui qui, par ses études constantes, y avait le plus contribué. L'absence de M. Coste fut un contretemps. Plus tard, au moment de prendre congé de M. Wilson, notre tout dévoué confrère pria M. Ramel de vouloir bien suspendre son offre pour quelques jours, parce que M. Youl, après avoir vu ces deux spécimens de Saumons australiens, avait été tellement satisfait du résultat de ses efforts répétés, qu'il avait manifesté le désir de les exposer pendant quelque temps dans les bureaux du *Field* pour réjouir les croyants, éclairer les aveugles, réchauffer les tièdes et convertir les détracteurs de l'acclimatation.

— M. Soubeiran donne lecture, au nom de M. Davin, d'un *Rapport sur les troupeaux confiés à cheptel par la Société.* (Voy. au *Bulletin*, p. 673.)

A la suite de ce rapport qui témoigne du bon état de nos animaux et du zèle de nos chepteliers, M. Ramel exprime le doute, étayé des réflexions de gens compétents, que ce fût une obligation pour maintenir la race pure de recourir à des croisements avec des sujets inférieurs, ainsi qu'on l'a indiqué d'après ce qui, dit-on, se pratique dans les pays d'origine. Il semble qu'il y ait là une coïncidence de tendance avec l'habitude qu'ont les Arabes de castrer les jeunes Boucs qu'ils vendent pour sortir de leur pays. C'est le même esprit égoïste qui fait que les Indiens du Pérou empoisonnent les Alpacas qu'ils savent devoir sortir de leur pays. (C'est l'opinion de M. Ledger.) A propos des Moutons chinois, M. Ramel pense qu'on ne peut juger l'espèce sur le troupeau envoyé de

Chang-haï par M. E. Simon, mais seulement sur le Bélier de Son Exc. M. Rouher. M. Ramel annonce, pour une prochaine séance, des échantillons de laine peignée, teinte et tissée en différents grains, provenant d'agneaux de brebis mérinos couvertes par le Bélier de Son Exc. M. Rouher.

La Société vote à l'unanimité des remercîments à M. Frédéric Davin.

— M. Soubeiran donne lecture d'un Mémoire *Sur l'ostréiculture à Arcachon.* (Voy. au *Bulletin.*)

M. A. Gillet de Grandmont rappelle à la Société qu'il a eu occasion de voir des Huîtres qui, ayant séjourné dans une localité très-ocreuse, avaient pris une couleur rouge prononcée et le goût particulier des ferrugineux : il pense qu'il y aurait intérêt à faire des expériences pour se procurer ainsi des Huîtres qui seraient un moyen facile et agréable de faire absorber le fer aux malades.

— M. le comte de Fontenay (de l'Orne) fait hommage d'un Mémoire intitulé : *Les Luzernes, Trèfles et Sainfoins placés sur le cadre de réserve par l'introduction en France du Brôme de Schrader*, 1865; et d'une *Notice sur l'engrais liquide Boutin*, 1865. — Remercîments.

A cette occasion, M. le comte de Fontenay entre dans quelques détails sur les avantages que présente l'emploi de l'engrais *Boutin*, surtout dans les pays de petite culture, pour suppléer à l'insuffisance de l'engrais commun.

Il recommande la culture du Brome de Schrader qui se sème en octobre et novembre ou mars, à raison de *deux litres environ* de graine par *are*, en ayant soin de fumer convenablement le terrain avant de semer, d'amincir la terre et de la fouler pour bien enfoncer la graine qui est d'une extrême ténuité.

Il est préférable de semer en octobre ou novembre, à l'exposition du midi. Cependant toute exposition et toute espèce de terrain peuvent convenir à cette culture, il n'y aurait lieu d'excepter que les terrains exclusivement calcaires ou sableux. Le Brome aime l'humidité, il peut rendre par année, en fourrage vert, de quatre à cinq coupes donnant de

32 à 38 000 kilog. par hectare, ce qui dépasse toutes les proportions établies pour les autres fourrages artificiels.

M. de Fontenay ajoute que pour les pays d'élevage, le Brome résistant aux gelées pourrait être d'une ressource incalculable et doubler peut-être les produits du croît des animaux ; et qu'il n'a pas l'inconvénient de donner au beurre le mauvais goût qu'on signale dans le beurre provenant de Vaches nourries avec la Luzerne.

— M. Vavin fait observer que le Brome de Schrader, qui ne lui avait donné que des résultats médiocres au printemps dernier, est devenu très-beau cet automne et est avidement recherché par les animaux.

— M. Aubé fait observer que si la Luzerne est souvent considérée comme un mauvais fourrage dans le Midi, donnant un mauvais goût au beurre, cela tient à ce qu'elle y est souvent infectée par un petit Chrysomélide puant, le *Colaphus barbarus.* Chez lui ses Vaches sont nourries avec de la Luzerne et le beurre n'a aucun mauvais goût.

— MM. J. Cloquet, Collardeau et Ramel font ensuite quelques observations tendant à démontrer que le Brome de Schrader a donné de bons résultats dans diverses localités de France, et en Australie où il est connu sous le nom de *Cerochla uniolioides.*

— M. de Milly lit une Note sur le Maïs de Cuzco et le Brome de Schrader : « Au commencement de mai dernier, j'ai semé » en pleine terre des graines de Maïs de Cuzco, que la Société » d'acclimatation avait bien voulu me donner. Malgré les cha- » leurs exceptionnelles et continues de cette année et quoique » semé dans la région sud-ouest du midi de la France, à » 16 kilomètres de Mont-de-Marsan, ce Maïs n'avait pas encore » formé ses épis vers la fin d'août. A cette époque, les tiges » atteignaient 2^m,50 de hauteur. Ce n'est qu'en septembre que » les épis se montrèrent, malheureusement les gelées hâtives » du mois d'octobre vinrent empêcher la maturation de ces » épis. Je ne pense pas, d'après cet essai fait dans les conditions » les plus favorables que cette plante puisse réussir dans » cette partie de la France ; peut-être arrivera-t-elle à par-

» faite maturité dans une région plus méridionale encore, » mais j'en doute. Quoi qu'il en soit, ce Maïs ne fût-il semé » qu'en vue du fourrage, les animaux lui préféreraient » encore le Maïs du pays dont les feuilles sont infiniment plus » succulentes. Ce fut également en mai que je semai les » graines de Brome de Schrader. Elles ont très-bien germé » et, à la fin de juillet, la plante s'élevait à une hauteur de » 1m,30 à 1m,50. Le pied avait parfaitement tallé et tous les » animaux : Chevaux, Mules, Bœufs et Vaches mangeaient » cette nouvelle plante fourragère avec assez d'avidité. Néan- » moins, je dois dire qu'ils lui préféraient la Luzerne; et la » Luzerne, suivant moi, a le grand avantage sur le Brome de » Schrader de durer cinq et six ans et de donner cinq à six » coupes par an à condition toutefois de bien la herser et de » bien la fumer chaque année, tandis que le Brome ne dure » que deux ans et est loin de donner autant de coupes que la » Luzerne. Je crois cependant que, dans certaines contrées, là » surtout où la Luzerne est envahie facilement par les mau- » vaises herbes, le Brome de Schrader est appelé à rendre de » grands services à l'agriculture. » M. de Milly dépose sur le bureau des graines de Brome de Schrader. — Remercîments.

MM. J. Cloquet, Vavin, le comte de Fontenay et Ramel font quelques observations sur cette communication.

Le Secrétaire des séances,

J. Léon Soubeiran.

III. CHRONIQUE.

Envoi d'Animaux.

Lettre adressée à M. le Président de la Société impériale d'acclimatation, par M. DE PINA, consul de France à Padang.

« Padang, le 28 juillet 1865.

» Monsieur le Président,

» J'ai l'honneur de vous annoncer que j'envoie à l'improviste, pour être de là dirigés sur France, un certain nombre d'animaux destinés à la Société impériale d'acclimatation.

» Cet envoi se compose de : 1° six Poules frisées de Sumatra ; 2° seize Pigeons formant trois variétés, dix *Paneï tanah* (dont le dos est d'un beau vert émeraude, la poitrine violet foncé, le bec et les pattes rouge cramoisi), deux *Paneï rimbow* (le plumage du corps est semblable à celui de nos bécasses), trois Paneï verts ; 3° quatre Tourterelles (une à nuque perlée, trois d'une espèce plus petite et pour laquelle les indigènes ont une sorte de vénération) ; 4° quatre Cailles (les mâles ont le collier blanc) ; 5° huit petites Perruches et dix petits Oiseaux de volière que les indigènes appellent *oiseaux de riz ;* 6° deux *Kantjiel* ou *Napœ* (sorte de Gazelles), et enfin quatre Chats sans queue, d'une race particulière à Sumatra, assure-t-on. Je joins pour le Muséum d'histoire naturelle deux *Siamangs* (Singes noirs à longs bras) et un Singe ordinaire de Sumatra.

» J'avais espéré pouvoir expédier ces animaux par navire voilier ; mais comme depuis plus de trois ans il n'est pas venu de bâtiment français, et qu'il n'est pas à présumer qu'il en arrive prochainement, je me décide à les faire transporter par les steamers hollandais qui desservent le port de Padang. A Singapore, ils pourront être embarqués sur l'un des transports de l'État qui font trimestriellement le trajet de Saïgon à Suez.

» Il est à craindre, malgré les soins qui seront pris pour le voyage (un indigène les accompagnera jusqu'à Singapore), qu'un certain nombre de ces animaux ne succombent pendant la traversée. J'ai eu beaucoup de peine à en conserver quelques-uns pour la Société ; au bout de plusieurs mois de captivité ils dépérissaient, et il m'a fallu renouveler chaque espèce plusieurs fois. Les *Siamangs* sont si frileux, que pendant la nuit où le thermomètre ne descend, pourtant, qu'à 85 degrés Fahr., il faut les rentrer dans une pièce fermée. En outre, de Padang à Singapore seulement, il faut subir quatre transbordements successifs, et séjourner un mois entier à Batavia, pour attendre le départ qui correspond avec le passage à Singapore du bâtiment destiné à les recevoir.

» Je n'ai pu conserver ni le Faisan *Argus*, ni le Singe *Simpei*, que je m'étais proposé d'envoyer ; on ne les trouve que dans les forêts de l'intérieur à une distance de quinze ou dix-huit journées de marche ; aussi lorsque les naturels en apportent, parfois, sur la côte, ces animaux se trouvent, par suite de la longueur du voyage, dans de si mauvaises conditions, qu'ils meurent presque aussitôt.

» Veuillez agréer, etc.

» A. DE PINA. »

— Les animaux envoyés de Padang (Sumatra), par M. de Pina, pour la Société, sont arrivés au Jardin d'acclimatation le 5 décembre 1865.

Les fatigues du voyage ont malheureusement considérablement diminué le nombre des animaux expédiés. Ceux qui sont arrivés, par l'intérêt qu'ils présentent, font vivement regretter les morts du voyage.

Le Jardin a reçu :

4 Coqs et Poules domestiques frisés de Sumatra.
4 Turverts (*Panei tanah*) (*Columba Javanica*).
1 Colombe à large queue (*Columba Malaccensis*).
1 Oiseau bleu, dit *Oiseau de riz*, a été laissé à Toulon pour l'hiver.
1 Chevrotain (*Kantjiel*) (*Tragulus*).
5 Chats à queue cassée (race de Sumatra).
2 Maimous (Macaques à queue de cochon) (*Macacus nemestrinus*) ont été envoyés au Muséum d'histoire naturelle.

Culture de la Pomme de terre dite d'Australie.

Lettre adressée à M. le Président de la Société par M. GRAUX (de Mauchamp).

...... J'ai planté, au printemps de 1860, la Pomme de terre d'Australie, qui m'avait été envoyée par un de mes amis, à la suite d'une distribution de ces tubercules par la Société d'acclimatation. Je ne l'ai pas coupée comme on me conseillait de le faire pour en avoir plusieurs touffées, car j'ai toujours cru que, dans les mêmes conditions, on obtient de moins beaux tubercules qu'en laissant la Pomme de terre entière. Au mois d'octobre, j'en ai récolté 36 ; j'en ai mangé une que j'ai trouvée délicieuse et j'ai planté les 35 autres en 1861. Elles ont produit un hectolitre. Je conservai pour la reproduction toutes celles qui étaient rondes et régulières, et après en avoir fait deux lots, l'un des 415 plus petites et l'autre des 250 plus grosses, je les plantai dans le jardin (1862). Chaque lot, malgré la différence numérique occupait le même espace (1 are 50 centiares). J'ai obtenu 6 hect.,25 avec les 415 petites et 8 hect.,75 avec les 250 grosses. Quelques touffées de ces dernières ont donné jusqu'à 80 belles Pommes de terre ; depuis cette époque, je n'en ai jamais planté de petites. Je commençai en 1863 à les cultiver dans les champs : une terre de 41 ares me rendit 50 hectolitres, tandis que 123 ares dans le même terrain ne me rendirent que 100 hectolitres en Pommes de terre ordinaires, c'est-à-dire un tiers en moins. La fumure et les labours avaient été les mêmes. La terre était sablonneuse et de moyenne qualité. En 1864, en terre calcaire, où les Pommes de terre réussissent mal quand il fait trop sec, le rendement moyen a encore été de 100 hectolitres à l'hectare, tandis que les Pommes de terre hâtives ne m'ont pas rendu 20 hectolitres dans les mêmes conditions. Enfin, en 1865, dans 1 hectare 40 ares de sable argileux, excellent pour la culture des tubercules et des racines, j'ai obtenu, malgré quatre mois de sécheresse à l'époque la plus favorable à leur développement 312 hectolitres de Pommes de terre et je ne crains pas d'affirmer que la récolte aurait été plus que doublée, si la température avait été favorable.

Les Pommes de terre d'Australie sont les plus avantageuses pour la culture; meilleures que la Pomme de terre Chardon, elles donnent un égal rendement, se conservent très-bien et résistent admirablement à la sécheresse. Je ne leur connais qu'un défaut, c'est de rester trop longtemps en terre. On les plante au mois de mars et elles ne mûrissent que vers les derniers jours de septembre ou le commencement d'octobre. Je n'ai cependant pas remarqué qu'elles épuisent beaucoup la terre, car les récoltes suivantes n'offraient pas de différence. J'avais eu soin de planter, dans les mêmes pièces, d'autres Pommes de terre pour les comparer sous tous les rapports.

ÉTAT DES ANIMAUX VIVANTS,

PLANTS, GRAINES ET SEMENCES DE VÉGÉTAUX, OBJETS DE COLLECTION, PRODUITS INDUSTRIELS ET OBJETS D'ART,

DONNÉS A LA SOCIÉTÉ IMPÉRIALE ZOOLOGIQUE D'ACCLIMATATION,

Du 1er janvier au 31 décembre 1865 (1).

NOMS DES DONATEURS.	OBJETS DONNÉS.	RENVOI au BULLETIN.
	1° ANIMAUX VIVANTS.	
S. A. le prince Alexandre-Jean, hospodar des Principautés-Unies de Valachie et de Moldavie.	Gallinacés de Roumanie et cocons de Vers à soie du Mûrier.	548, 582-586
S. Exc. M. le maréchal de Mac-Mahon, duc de Magenta, gouverneur général de l'Algérie.	Quatre Autruches.	548
M. le Gouverneur de la Cochinchine.	Collection d'animaux.	417
Comité d'acclimatation de la Réunion.	Collection d'animaux de l'ile de la Réunion.	357
Société d'acclimatation de l'île Maurice.	Onze Gouramis vivants.	313, 363, 488
Société d'acclimatation de Melbourne (Australie).	Animaux d'Australie. Trois Emeus.	548, 607 549
MM. Abdourahim et Mustapha, à Nouka.	Graines de Vers à soie de la Tartarie indépendante.	741
Aureliano (P. S.), à Panteleimon (Roumanie).	Cocons de Vers à soie du Mûrier.	550
Auzende, à Toulon.	Cocons de *Bombyx yama-mai.*	486
Baraquin, à Sainte-Marie de Belem (Para).	Canard du fleuve des Amazones.	488
Beaumont (le vicomte de), à Rio-de-Janeiro.	Divers Gallinacés du Brésil.	488
Beavan (le capitaine), des Indes.	Cocons d'*Antherea Paphia.*	130, 216

(1) Pour les livres, voyez les pages 46, 47, 116, 117, 121, 122, 123, 124, 131, 216, 217, 225, 228, 311, 312, 315, 316, 317, 358, 360, 361, 362, 367, 419, 483, 486, 490, 547, 663, 664, 668, 732, 735, 740, 741, 745.

NOMS DES DONATEURS.	OBJETS DONNÉS.	RENVOI au BULLETIN.
BRENIER DE MONTMORAND (le vicomte), à Shang-haï.	Polype à vinaigre et Tortue.	426
CAMBEFORT (le marquis André de), à Rio-de-Janeiro.	Collection d'animaux du Brésil.	483
CAUSANS (comte de), au Puy.	Deux cents œufs de Truite saumonée.	46
CHAMPION (P.), en Chine.	Deux Poissons vivants de Chine.	550
CHARTRON, à Saint-Vallier.	Échantillons de graines de Vers à soie du nord de la Chine.	223
CHEVRIER, à Saint-Gilles (Vendée).	Echantillons de *naissains* d'Huîtres.	129
DABRY, à Han-Keou.	Collection d'Oiseaux, Tortue et Vers à soie, de Chine.	45
DESNOYERS, à Honolulu.	Une paire d'Oies sauvages de l'île Hawaï.	222
ESTIENNE (d').	Pigeons, Coq et Poules, Bananiers (de Madère).	483
FAIDHERBE (le général), au Sénégal.	Cocons vivants du *Bombyx Bauhiniæ*, et fruits et branches de *Zizyphus orthacantha*.	315
FECHOZ (l'abbé), à Paris.	Cocons vivants de Vers à soie.	45
FOLSCH, à Marseille.	Cartons de graines de Vers à soie du Mûrier du Japon.	737
GARNIER (B.), en Egypte.	Collection d'animaux (Mammifères et Oiseaux).	708, 733
GERENDO (de), consul de France à Porto.	Graines de *Bombyx Mori* des montagnes occidentales.	228
GRANDIERE (contre-amiral de la), à Saigon.	Animaux de Cochinchine.	118
GRANDMONT (Ernest de), à Tunis.	Pigeons domestiques et une paire de Gerboises.	664
GUILHEM (F.), de Nîmes.	Graines de Ver à soie du Mûrier du Caucase.	52

NOMS DES DONATEURS.	OBJETS DONNÉS.	RENVOI au BULLETIN.
LEGRAND (Georges), à Crépy-en-Valois.	Échantillon de terre et insectes destructeurs de la Betterave.	367
MEYNARD, de Valréas.	Échantillon de graines de Vers à soie à cocons jaunes.	116
MONTVAL (de), à Avignon.	Cocons de Vers à soie du Mûrier du Japon.	130
MORPURGO.	Chèvres d'Égypte *Zaraibi*, Moutons du Héjas et Poule du Soudan.	424
PINA (de), à Padang.	Collection d'animaux de Sumatra.	748-749
ROUILLÉ-COURBE, à Tours.	Cocons de *Bombyx yama-maï*.	425, 486
ROUSSIN, à Quimper.	Œufs de l'*Insecte feuille*.	489
SALATS (H.), à St-Quentin.	Graines de Vers à soie du Mûrier.	315
STIRBEY (le prince), à Nice.	Aigle des Alpes.	734

2° VEGÉTAUX.

PLANTES, GRAINES ET SEMENCES.

BERLANDIER, à Barbentane.	Graines de Tabac et cocons de Vers à soie de Cochinchine.	125
BERTHELOT (Sabin), à Sainte-Croix de Ténériffe.	Graines de végétaux des Canaries.	667
BOSSIN, à Paris.	Pommes de terre *de trois mois*. Graines de *Laitue Bossin*.	130 742
BUISSON (le comte du), à Paris.	Graines d'Abyssinie.	553
CHAPPELLIER, à Paris.	Graines de l'Orégon.	553
CHAUVEAU (Mgr), de la mission du Yun-nan.	Graines de Coton jaune de Chine.	361
CHEVREY - RAMEAU, au Japon.	Graines de Liane grimpante du Tonquin.	552
CROFF (Luigi), à Milan.	Graines de *Sorghum tataricum*.	737

NOMS DES DONATEURS.	OBJETS DONNÉS.	RENVOI au BULLETIN.
DABRY, à Han-Keou.	Pommier à fleurs doubles	316
DAVID, à Paris.	Pommes de terre d'Australie. Échantillon d'Igname des Antilles.	124 365
DELISSE (Mme veuve), à Bordeaux.	Collection de cépages du Bordelais, pour la Chine. Échantillons de Lo-za.	53 121
DIBOS, à Paris.	Graine de *Coca.*	739
DJEMIL-PACHA, à Paris.	Ceps de Vigne de Constantinople.	365
FONTAINE et DUFLOT, à Paris.	Brome de Schrader et Haricots solitaires.	53, 131
GILBERT (Pierre), à la Nouvelle-Calédonie.	Deux Pins de Norfolk.	53
GODEAUX, ancien consul à Hong-Kong.	Graines de Chanvre chinois.	224
GOUJON, à Braisne.	Légume de *Dolichos sesquipedalis.*	46
HÉRITTE, au cap de Bonne-Espérance.	Pommes et graines de Pin de Californie.	365
LACERDA (A. de), à Bahia.	Graine de Cotonnier jaune; échantillon d'étoffe.	124
LAVALLÉE (A.), à Paris.	Un kilogramme de graine de Brome de Schrader.	53
LEBRUN (le capitaine), à Dives-sur-Mer.	Échantillons de graines.	130
LÉPINE (J.), à Pondichéry.	Graines de Pondichéry.	365
LESEBLE, maire du Ballon.	Épis de Maïs de Cuzco.	738
LEVRAUD (Léonce), à Caracas.	Graines de Haricots, et un cocon de Ver à soie sauvage du Venezuela.	552
MILLY (L. de), au château de la Chevrette.	Graines de Brome de Schrader.	747
MUELLER (le docteur Ferdinand), à Melbourne.	Trois espèces de graines d'*Eucalyptus* australiens. Collection de graines de *Corypha australis*, et autres gr. d'Australie.	551 667

NOMS DES DONATEURS.	OBJETS DONNÉS.	RENVOI au BULLETIN.
PHARAON (Florian).	Graines et épis de Blé d'Egypte.	553
PICHON (le baron), à Paris.	Pommes de terre d'Australie.	53
POMPE VAN MEERDERWOORT (Pays-Bas).	Graines de Chêne.	365
RAMEL, à Paris.	Graines d'*Eucalyptus* et autres graines d'Australie.	355
ROCHE MACE (de la).	Graines de Teck.	490
SAINT-QUENTIN (de).	Graines de Haricots de sept ans.	419
TYNNE (Mlle), par M. Cany, du Caire.	Oignons et graines de plantes de l'Afrique centrale.	217
VERNOUILLET (M. de), à Buenos-Ayres.	Graines de *Quillo-quillo*.	603
VION, au Pérou.	Deux plants et deux tubercules de *Coca*.	553
VOISIN (l'abbé), directeur du séminaire des Missions étrangères, à Paris.	Graines de Poivre du Su-tchuen.	737
	3° OBJETS DIVERS. PRODUITS INDUSTRIELS ET OBJETS D'ART.	
Le vice-consul de France à Sainte-Marie de Bathurst (Gambie).	Cinq dépouilles d'Oiseaux, et deux bocaux contenant : deux Caméléons, un Naja du Congo et un Annelé du Gabon.	488, 549
BRIERRE, à Saint-Hilaire de Riez.	Dessins de végétaux par lui cultivés.	46, 131, 229, 316, 552
BUISSON, à la Tronche (Isère).	Echantillons de cocons et de soie.	424
CHAMPION (P.) et E. SIMON, en Chine.	Spécimens de Poissons et photographies.	418
CHEVRIER, à Saint-Gilles sur Vie.	Echantillons d'Huîtres.	740
DABRY, à Han-Keou.	Echantillons de Laine de Chine.	129

NOMS DES DONATEURS.	OBJETS DONNÉS.	RENVOI au BULLETIN.
FREMONT (le capitaine).	Cercle de tonneau recouvert d'œufs de Poisson.	47
GARNIER, en Egypte.	Paquet d'écorce de *Musenna*.	316
HUBER (Ch.) frères et Cie, à Hyères.	Branches fleuries d'*Eucalyptus globulus* et d'*Eucalyptus saligna*, fleurs de *Dahlia imperialis* et autres.	672, 737
LEGRAND (Maurice), à Saint-Quentin.	Fiole contenant des insectes destructeurs de la Betterave.	359
MUNZINGER, à Massouah (Abyssinie).	Caisse de *Kousso*.	737
ROEHN, naturaliste voyageur.	Une caisse d'objets d'histoire naturelle.	664
SIMON (E.) et P. CHAMPION, en Chine.	Spécimens de Poissons et photographies.	418
TEXEIRE-LEITE, au Brésil.	Cigares et Tabac en feuilles.	743

INDEX ALPHABÉTIQUE DES ANIMAUX

MENTIONNÉS DANS CE VOLUME.

INDEX ALPHABÉTIQUE DES VÉGÉTAUX

MENTIONNÉS DANS CE VOLUME.

TABLE ALPHABÉTIQUE DES AUTEURS

MENTIONNÉS DANS CE VOLUME.

TABLE DES MATIÈRES.

NEUVIÈME SÉANCE PUBLIQUE ANNUELLE DE LA SOCIÉTÉ IMPÉRIALE ZOOLOGIQUE D'ACCLIMATATION.

DOCUMENTS RELATIFS A LA SOCIÉTÉ.

GÉNÉRALITÉS.

(1) La Commission des récompenses était ainsi composée :
Membres de droit : le vice-président délégué, M. A. Aug. Duméril, et le secrétaire général, M. le comte d'Eprémesnil.
Membres élus par le Conseil : MM. Dupin, Jacquemart, Rufz de Lavison et Soubeiran.
Membres élus par les cinq Sections : MM. le baron d'Avène, Bigot, F. Moreau, docteur Pigeaux et Wallut.

MAMMIFÈRES.

OISEAUX.

POISSONS, CRUSTACÉS, ANNÉLIDES ET ZOOPHYTES.

INSECTES.

VÉGÉTAUX.

EXTRAITS DES PROCÈS-VERBAUX.

Procès-verbaux des séances générales de la Société.

Procès-verbaux des séances du Conseil.

CONFÉRENCES ET LECTURES.

FAITS DIVERS ET EXTRAITS DE CORRESPONDANCE.

CHRONIQUE.

Paris. — Imprimerie de E. Martinet, rue Mignon, 2.

www.ingramcontent.com/pod-product-compliance
Lightning Source LLC
LaVergne TN
LVHW080955230826
846092LV00006B/1039

* 9 7 8 2 3 2 9 7 9 9 3 9 1 *